学以致用系列丛书

局域网组建与维护
(第3版)

杨章静　主　编

陈长伟　钱建军　万鸣华
詹天明　张凡龙　副主编

清华大学出版社
北　京

内 容 简 介

本书基于“快速掌握、即查即用、学以致用”的原则所编写，通过本书的学习，读者可以轻松、快速地掌握局域网组建与维护的实际应用技能，得心应手地使用局域网。

本书共分为 20 章，详细地介绍了局域网基础知识、局域网的硬件设备、网络操作系统、局域网与互联网的连接、组建局域网的准备工作、安装工作站和服务器、组建家庭双机网、宿舍自主组网、组建网吧、组建办公局域网、组建无线局域网、组建虚拟专用网络、局域网安全攻略、局域网维护与优化、局域网升级、软件定义网络、网络测试与验收、网络故障检测与排除、网络性能管理及常见问题与疑难解答等内容。此外，本书还介绍了局域网的应用与技巧，以便用户真正用好局域网，充分发挥局域网的优势，使自己成为一名出色的网络管理员。

本书及配套的微课面向初级和中级计算机用户，适用于希望快速掌握局域网组建与维护的网络管理人员，以及希望组建家庭、学生宿舍、网吧和中小型办公室局域网的各类人员，也可以作为大、中专院校师生学习的辅导书和培训用书。

图书在版编目(CIP)数据

局域网组建与维护/杨章静主编. —3 版. —北京：清华大学出版社，2021.1（2022. 7 重印）
(学以致用系列丛书)
ISBN 978-7-302-56600-7

Ⅰ. ①局… Ⅱ. ①杨… Ⅲ. ①局域网 Ⅳ. ①TP393.1

中国版本图书馆 CIP 数据核字(2020)第 192634 号

责任编辑：章忆文　桑任松
封面设计：李　坤
责任校对：李玉茹
责任印制：杨　艳
出版发行：清华大学出版社
　　网　　址：http://www.tup.com.cn, http://www.wqbook.com
　　地　　址：北京清华大学学研大厦 A 座　　**邮　　编：**100084
　　社 总 机：010-83470000　　**邮　　购：**010-62786544
　　投稿与读者服务：010-62776969, c-service@tup.tsinghua.edu.cn
　　质量反馈：010-62772015, zhiliang@tup.tsinghua.edu.cn
　　课件下载：http://www.tup.com.cn, 010-62791865
印 装 者：北京嘉实印刷有限公司
经　　销：全国新华书店
开　　本：210mm×285mm　　**印　张：**23.75　　**字　数：**798 千字
版　　次：2008 年 1 月第 1 版　2021 年 1 月第 3 版　　**印　次：**2022 年 7 月第 3 次印刷
定　　价：69.00 元

产品编号：087370-01

出版者的话

感谢您阅读本书！正是因为有您的支持和鼓励，“学以致用”系列丛书才得以问世。

臧克家曾经说过：读一本好书，就像交一个益友。对初学者而言，选择一本好书十分重要。“学以致用”是一套专门为计算机爱好者量身打造的系列丛书。有了它，您将不虚此“行”，因为它将带给您真正“色、香、味”俱全，营养丰富的计算机知识的“豪华盛宴”！

关于本书★

局域网最大的优点就是可以实现资源的共享和最佳利用。例如，共享打印机、共享磁盘和设备、协同办公和开发等。其实，局域网的组建与维护并不是一件特别难的事。配备一个路由器、一些网线，就可以自己动手“丰衣足食”了。

为了让读者快速掌握局域网组建与维护的相关技能，我们编写了本书。本书共分为20章，内容新颖，精选实例，涵盖局域网的基础知识、组建局域网的注意事项、组建局域网的各种方案和步骤(如家庭网、宿舍网、网吧、办公网等)、维护与升级局域网等内容。用实例讲解最实用的知识和操作，覆盖面广，专业性强。此外，本书还介绍了局域网的应用技巧，便于读者真正用好局域网，充分发挥局域网的优势，最终使自己成为一名出色的网络管理员。

为了进一步方便读者学习，本书配有精心制作的微课学习视频，读者可以使用移动终端扫描二维码随时随地观看、学习。

本书特点★

本书基于“快速掌握、即查即用、学以致用”的原则，具有以下特点。

一、内容上注重“实用为先”

本书在内容上注重“实用为先”。精选最需要的知识，介绍最实用的操作技巧和最典型的应用案例。真正将笔者对局域网组建与维护使用的技巧和心得完完全全地传授给读者，教会读者在生活和工作中真正能用、实用的东西。

二、方法上注重“活学活用”

本书在方法上注重“活学活用”。以任务为驱动，根据用户实际需要取材谋篇；以应用为目的，将局域网组建与维护的技能完全展现给读者，教会读者更多、更好的应用方法，解决实际运用中的问题。同时，提醒读者学无止境，除了学习书面上的知识外，自己在实践中还应该善于发现和学习。

三、讲解上注重“丰富有趣”

本书在讲解上注重“丰富有趣”。风趣幽默的语言搭配生动有趣的实例，采用全程图解的方式，细致地进行分步讲解，并采用鲜艳的喷云图将重点标注在图上，读者翻看时会感到兴趣盎然，回味无穷。

讲解时还提供了大量的“提示”“注意”“技巧”等精彩点滴，让读者在学习过程中随时认真思考，对初、中级用户在局域网组建与维护过程中随时进行贴心的技术指导，迅速将“新手”打造成“高手”。

四、信息上注重“见多识广”

本书在信息上注重“见多识广”。每页底部都有知识丰富的“长见识”栏，以拓展见闻的方式扩充读者的计算机知识，让读者在学习正文内容过程中对其他信息和技巧也有所了解，以便更好地使用计算机来为自己服务。

五、布局上注重“科学分类”

本书在布局上注重“科学分类”。采用分类式的组织形式，交互式的表述方式，翻到哪儿学到哪儿，不仅适合系统学习，更加方便即查即用。同时采用由易到难、由基础到应用技巧的科学渐进方式来讲解，逐步提高读者的水平。

本书每章最后附有“思考与练习”小节，使读者能够针对本章内容温故而知新，利用实例得到新的感悟，真正做到举一反三。

作者团队★

本书的作者和编委会成员均是有着丰富计算机教学和使用经验的IT精英，他们长期从事计算机研究和教学工作，本书是他们多年的感悟和经验之著。

本书在编写和创作过程中，得到了清华大学出版社的大力支持和帮助，在此深表感谢！本书由杨章静任主编，陈长伟、钱建军、万鸣华、詹天明、张凡龙任副主编，刘菁组织策划并确定本书的框架结构。丁永平、黄璞、刘海松、倪震、业巧林、张义萍、朱俊等人在资料收集、整理及部分章节的文字校对工作中付出了辛勤劳动，在此表示感谢。

互动交流★

由于计算机科学技术发展迅速，计算机学科知识更新很快，书中难免有不足和疏漏之处，恳请广大读者批评、指正，不吝赐教。

编　者

目　录

学以致用系列丛书

第1章

局域网基础知识

本章微课

在组建局域网之前，我们应该学习一些网络基础知识。这样才不至于对本书后面章节中的各种概念和术语感到陌生！

学习要点

- ❖ 计算机网络的概念；
- ❖ 计算机网络的发展历史；
- ❖ 计算机网络的分类；
- ❖ 局域网的应用领域；
- ❖ 局域网的分类；
- ❖ 局域网的通信协议；
- ❖ 局域网的相关术语。

学习目标

通过对本章内容的学习，读者应该掌握计算机网络的定义、分类以及发展历史，局域网的分类、通信协议以及相关术语等方面的知识。这些都是学习本书的基础，虽然枯燥，但非常重要，希望读者重视。

如果您在后面的学习中遇到困难，也可以重新阅读这一章的相关内容，相信会有新的体会和收获。

顺便说一句，理论与实践应该是相辅相成的，而不是彼此独立的。读者不必拘泥于章节限制，可以按自己的能力与兴趣来自由学习本书，并在实践中深化理论知识，在理论学习中提高实践水平。

1.1 认识计算机网络

计算机网络是计算机技术与通信技术紧密结合的产物。计算机网络技术对信息产业的发展有着深远的影响。

21 世纪的关键技术是信息技术。信息技术涉及信息的收集、存储、处理、传输与利用。21 世纪信息技术的发展主要表现在以下几个方面。

(1) 现代通信技术向网络化、数字化、宽带化方向发展。

(2) 信息技术的高速发展，使得全球范围内的电话通信系统、卫星移动通信系统、光纤与天线通信系统迅速建立与广泛应用。

(3) 信息技术将会促进传感技术的蓬勃发展。

(4) 计算机技术与通信技术相互渗透、密切结合的产物——计算机网络的发展、Internet 的广泛应用与全球信息高速公路建设热潮的兴起。

计算机网络的应用已经改变了人们的工作方式与生活方式，引起世界范围内产业结构的变化，促进全球信息产业的发展，在各国的经济、文化、科研、军事、政治、教育和社会生活等领域发挥着越来越重要的作用。

1.1.1 计算机网络的定义和特点

提到“网络”，相信大家并不陌生，因为我们身边存在各种各样的网络，如有线电视网、固定电话网、电力网、校园网，等等。它们的共同特征是什么呢？一是网络中有许多相似的个体或者节点，二是有线路或介质把这些节点彼此连接起来。计算机网络只是一类特殊的网络。

根据计算机网络的特点，下面我们给“计算机网络”一个确切的定义。

1. 计算机网络的定义

我们常说 21 世纪是信息时代，信息时代包含两个概念：信息量的急剧膨胀和信息的快速传播。

信息的快速传播，主要依赖的就是网络。

这里说的网络，主要包括电信网络(电话、传真等)、有线电视网络和计算机网络。虽然这三种网络在信息化过程中都起到十分重要的作用，但其中发展最快并起到核心作用的仍是计算机网络。发展趋势显示，前两种网络的功能完全可以在计算机网络中得以实现。相信在不久的将来，这两种网络大部分会被计算机网络取代。

在计算机网络的发展历程中，根据侧重点不同，人们对计算机网络从不同角度提出了不同的定义，主要有以下几个方面：

① 从强调资源共享的角度出发；

② 从强调信息传播的角度出发；

③ 从强调用户透明的角度出发。

虽然侧重点各有不同，但本质上并没有分别。一般来讲，计算机网络包括以下三个方面的含义。

(1) 一个计算机网络应该包含多台独立的计算机。所谓“独立”就是指这些计算机离开计算机网络之后仍能单独运行和工作。因此，通常将这些计算机称为主机(HOST)，在网络中又叫作节点或站点。网络中的共享资源(即硬件资源、软件资源和数据资源)均分布在这些计算机中。

(2) 同一个计算机网络内的计算机必须能互相交换信息，即计算机之间有传播信息的介质存在。能有效交换信息的另一个前提是各计算机必须遵守相同的表达意义的约定和规范，就像我们说话的语言规范一样。在计算机网络中这些约定和规则就是我们常说的通信协议。

(3) 建立计算机网络的主要目的是实现信息交流、计算机资源共享以及协同工作。一般将计算机资源共享作为网络的最基本特征。

根据以上三个方面，我们可以把计算机网络的概念简单归纳如下：

为了实现计算机之间的通信、资源共享和协同工作，采用通信手段，将地理位置上分散的具备自主功能的一组计算机有机地联系起来，并且由网络操作系统进行管理的计算机复合系统就是计算机网络。

2. 现代计算机网络的特点

现代计算机网络，一般指现在常规意义上的以个人计算机为主要节点的计算机网络，其发展趋势有以下几个特点。

(1) 网络用于各计算机之间各种信息的全向传送，包括多种信息形式和功能，如文字、语音、图像、控制信号……完全不同于传统的电话网络或有线电视网络。

(2) 网络能够连接不同类型的计算机，包括生产厂商、体系结构、配置、性能和操作系统等方面的差异。

(3) 所有的网络节点都具有同等或相似的地位，或者将重要功能分布到多台计算机上。部分节点停止运行不影响整个网络，这样网络的生存能力大大提高。

(4) 计算机在进行通信时，必须有冗余的沟通信道，即某一条通信线路出现故障后，计算机网络各部分依然

1946 年，世界上第一台计算机问世。这台计算机被命名为“电子数值积分和计算机”，英文缩写为 ENIAC。它是一个庞然大物，体积大约 90 立方米，占地 170 平方米，总质量达到 30 吨，拥有 1.8 万个电子管、1500 个继电器，以及无数的电阻、电容等，每秒钟的运算速度达到 5000 次。

能进行沟通。与前一条类似，同样提高了网络的容错性和生存能力。

(5) 计算机网络的结构应当尽可能地简单和可靠。这样才能提高网络架设的速度，减少维护工作，出现故障也能很快恢复，保证网络能不间断工作或间断时间很短就能恢复运行。

提示

在计算机网络基础知识的学习中，大部分是概念性的知识，略显枯燥。读者可结合生活中对网络的接触和认识情况来理解。

1.1.2 计算机网络的发展

计算机网络的发展离不开计算机。不过说来有趣，计算机的发展不是我们通常想的那样从小向大，而是从大到小发展的。

早期的计算机都是一些大型的机器，一个庞大的主机可能占据整个房间。这样的计算机有很多个终端，可以接很多台显示器和数个键盘等输入/输出设备，可以供许多人同时使用。使用这种计算机，几十人在同一间屋子里工作，每人面前有一台显示器和键盘(如下图所示)，他们之间还能发邮件通信，人们认为这是一个小型计算机网络，但他们使用的是同一台计算机，所以这不是一个网络。早期的计算机都是这种形式，价格高昂，那时还没有家用计算机的概念。

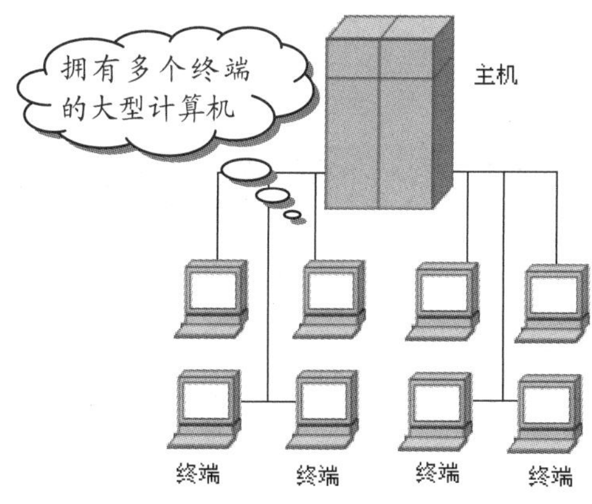

随着科技的发展，1981 年 IBM 正式推出全球第一台 IBM PC。这种新的“小家伙”一次只能供一个人使用，这就是现在我们接触最多的计算机的原始形状。

说了这么多只是想让读者把多终端计算机与计算机网络区别开来，前者实际上只是一台计算机，而不是真正的计算机网络。

当人们厌倦了在计算机之间传递信息必须用磁带拷来拷去时(早期计算机使用的存储介质容量非常小，传递文件特别烦琐)，他们尝试用线缆将计算机直接连接起来，于是计算机网络就诞生了。但这类网络功能单一，容纳的计算机也非常少。

20 世纪 60 年代初，美国国防部提出了研究一种新型网络，即著名的 ARPANET，它奠定了现代计算机网络的基础。这种网络由多台计算机相互连接组成。当网络中计算机较多时，每两台计算机都用线路连接起来，不现实，也不可靠。这时研究者们发明了分组交换技术，解决了首要的网络寻址问题。

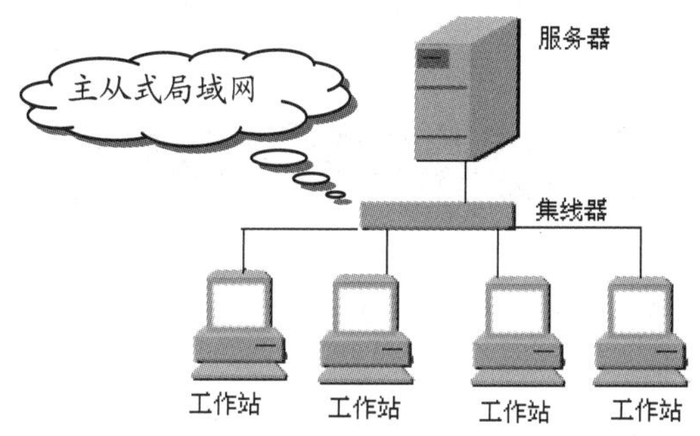

20 世纪 80 年代，由于 ARPANET 的发展使美国国家科学基金会(NSF)认识到计算机网络对科学研究的重要性，逐步建立了一个大型的国家科学基金网——NSFNET。它是一个三级计算机网络，分为主干网、地区网和校园网。NSFNET 覆盖了全美的主要大学和科研机构，这就是今天国际互联网的雏形。

经过多年发展，国际互联网已经发展成为一个覆盖全世界的超级网络，拥有几千万个节点和十几亿用户，彻底改变了人们的生活。

注意

“节点”的英文名词是 node。

虽然 node 有时也可译为“节点”，但这是指像天线上的驻波的节点，这种节点很像竹竿上的“节”。在网络中 node 的标准译名是“结点”，而不是“节点”。因为大家使用“节点”成了习惯，现在也不严格区分了。

除了规模上的发展，计算机传输速度的发展也是十分惊人的。

20 世纪 70 年代中期，局域以太网技术诞生，将网络传输速度提高了一个数量级。从最初的 56Kb/s、1.544Mb/s，再到今天的 100Mb/s、1000Mb/s 以及构想中的 100Gb/s(注：b/s 也可写成 bit/s，即每秒的比特数)，网络传输速度的发展现在已经走在了计算机技术的前列，

Intel 推出了第一个商品化的微处理器，即含有 2300 个晶体管的 4004。1977 年，基于 MOS 技术公司 MCS6502 的苹果 II 型机推出，它已经具有了 CRT、键盘和软盘，组装好能够立即运行，微型计算机时代自此开始。

超过了硬盘、光驱等其他外部设备的传输速度。有人设想将来的计算机可以是只需要网络而不依赖于硬盘的。

1.1.3 计算机网络的分类

按照不同的标准，可以对计算机网络进行不同的分类。但这些分类并不是绝对的，有的类型已经消失或者正在消失，比如粗缆网络。同时又有新的网络类型正在诞生或发展。

网络的分类只是反映网络某方面的特征，读者没有必要深入研究它们的区别，只需要简单了解即可。

本节内容的主要目的是希望读者对网络类型有一个大概的了解，有些术语不必深究。

1. 按网络的交换功能分类

对网络的设计者来讲，可以按交换功能来将网络分类。常用的交换方法有：电路交换、报文交换、分组交换、混合交换。

这些概念的意义应该是专业人士、IEEE 和 ISO 组织应该考虑的事，普通读者简单了解即可。

2. 按网络的作用范围分类

对普通读者来讲，更多情况下是按网络的作用范围进行划分。这种分类读者应该不太陌生，也应该作重点了解。

按网络的作用范围一般有如下类别。

1) 广域网(Wide Area Network，WAN)

广域网的作用范围一般为几十到几千公里，有时也称为远程网(Long Haul Network)。广域网是因特网的核心部分，其主要任务是通过长距离跨越不同的国家和地区传输数据。各广域网节点间一般用光缆连接起来，如连接世界各大洲的海底光缆，它具有极快的传输速度和通信带宽。

2) 局域网(Local Area Network，LAN)

局域网的作用范围一般不超过 3km。更多情况是将范围限制在一栋建筑物内。早些时候，一家企业拥有一个局域网已经难能可贵了，但现在局域网大量普及，在网络被广泛使用的地方，甚至每个房间或每个建筑内都有一个局域网。现在人们往往把一个学校内的局域网称为校园网，相应地把一家企业内的局域网称为企业网。

3) 城域网(Metropolitan Area Network，MAN)

城域网的作用范围在广域网和局域网之间，是两者间的连接和过渡，其作用范围是一个城市，可跨越几个街区甚至整个城市。城域网可以为一个或几个单位所拥有，也可以是一种公用设施，用来将多个局域网进行互联。城域网的传输速率比局域网更高，作用距离为 5～50km。从网络的层次上看，城域网是广域网和局域网之间的桥梁。城域网因为要和多种局域网(或校园网)连接，因此必须适应多种业务、多种网络协议以及多种数据传输速率，并保证能够方便地将各种局域网连接到广域网。城域网内部节点或不同城域网之间也需要有高速链路相连接，从而使得城域网的范围逐渐扩大，因此，现在城域网在某些地方有点像范围较小的广域网。城域网在最近一段时期发展较快。从技术上看，目前很多城域网采用的是以太网技术。由于城域网与局域网使用相同的体系结构，有时也可并入局域网范围进行讨论。

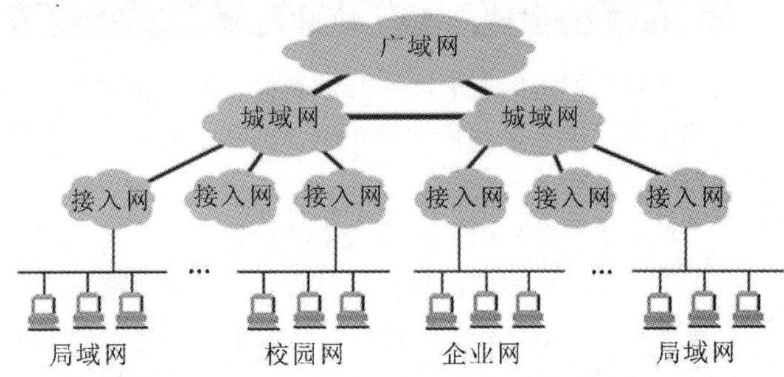

4) 接入网(Access Network，AN)

接入网又称为本地接入网或居民接入网，它是近年来由于用户对高速上网需求的增加而出现的一种网络技术。接入网是局域网和城域网之间的桥接区。接入网的推广使得普通民众能方便地进入国际互联网。现在各居民小区内各种服务商提供的宽带接入就是一种接入网。一些大学校园内的宿舍、教室宽带线路也可以认为是接入网。

3. 按网络用户分类

按照用户不同还可以将网络划分为公用网和专用网。

1) 公用网(Public Network)

这是指国家电信公司出资建造的大型网络。“公用”的意思就是所有愿意按电信公司的规定交纳费用的人都可以使用。因此，公用网也可称为公众网。我们通常说的上网指的就是公用网。

2) 专用网(Private Network)

这是某个部门为本单位的特殊业务需要而建造的网络。这种网络不向本单位以外的人提供服务。例如，军队、铁路、电力等系统均有本系统的专用网。

公用网和专用网都可以传送多种业务，如传送计算机数据。

长见识 无线局域网的一个标准称为 IEEE 802.11，俗称 Wi-Fi，它已经得到非常广泛的使用。

1.1.4 计算机网络的功能

计算机网络的作用非常大，一些企业会通过组建企业信息网络，共享企业范围内的信息资源，联机处理事务，进行日常业务数据采集和处理等。对单个网民来说，通过计算机网络可以开展上网冲浪、收发电子邮件、网上交易、下载网络免费资源与网络写作等丰富多彩的网络活动。下面为大家介绍几个常用的网络功能。

1. 上网冲浪

随着 Internet 技术的不断发展和广泛应用，网络为我们的工作与生活带来了许多便利。通过网络，您足不出户就能轻松获得海量的信息，实现与外界的沟通交流，如下图所示。

2. 收发电子邮件

电子邮件是 Internet 应用最广的服务，使用方便快捷，只要连上 Internet 就可以随时随地收发邮件，它是信息交换的好工具。

在电子邮件中可以通过添加图片、音频与视频信息来丰富邮件内容(如下图所示)，这些都是传统信件所没有的特色。同时，还可以为电子邮件设置密码以提高信件的安全性，让大家放心交流。

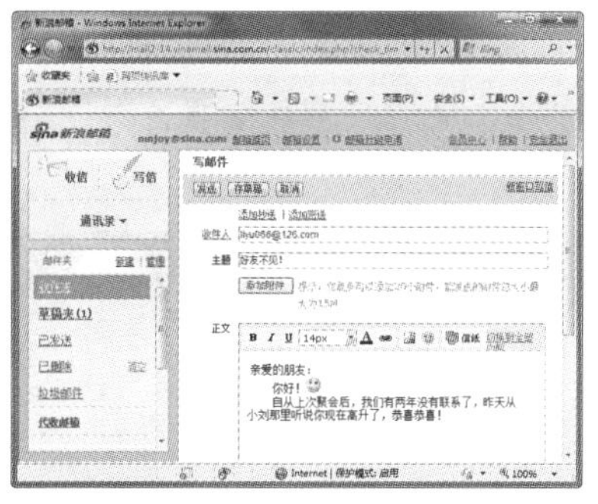

3. 网上交易

网上购物、网上开店与网上拍卖等都是现在最热门的网上商务活动。网上炒股让您时时掌握股市行情，及时处理手中的股票；网上购物让您足不出户就可以买到很多东西；网上开店是时尚新潮的商务模式，它免去了现实生活中的多个烦琐步骤，交易起来相当简单，为每个想做老板的人开拓了一片新天地；网上拍卖价格战惊险刺激，可以为您赢取非常满意的商品，如下图所示。

4. 下载网络免费资源

网络上有海量的免费资源，用户可以从网络上搜索自己需要的信息，并将它们下载到自己的计算机中。例如，下载自己喜欢的音乐、电视、电影以及其他资源，方便快捷。

5. 网络写作

计算机作为新的书写工具已为广大用户所喜爱，再辅以电子笔、语音输入器、打印机等设备，越来越方便、简洁。有写作能力的用户，可通过网络文学网站注册成为作者，最终使自己成为网络写手和网络作家。

1.2 认识局域网

局部网是一种计算机化的通信网络，它可支持各种数据通信设备间的互联(也称互连)、信息交换和资源共享，其覆盖距离较小，信道具有高速数据传输速率和低误码率。从广义上讲，局部网应是局域网络、高速局域网络和计算机化分支交换(CBX)网的统称。

在此，我们先讨论局域网的特征、优点与组成。

1984 年，ISO 正式颁布了“开放系统互连基本参考模型”(OSI/RM 模型)，即国际标准 ISO 7498，该模型目前已被国际社会普遍接受，并被公认为是新一代计算机网络体系结构的基础。

1.2.1 局域网的概念和特点

局域网(LAN)是一种地理分布范围较小的计算机网络，它具有以下几个特征。

- 为一个单位所拥有，地理范围和站点数都有限。
- 所有的站点共享较高的总带宽，即具有较高的数据传输速率。
- 较低的时延和误码率。
- 各站点为平等关系，而不是主从关系。
- 能进行广播(一个站点向所有其他站点发送。一个站点向多个站点发送，又称为组播)。

有限的区域使LAN内的计算机及其他设备局限于一幢大楼或相邻的建筑群内，受外界干扰很小，加上使用高质量的通信线路，可确保局域网的传输误码率极低。局域网内的站点相距不远，一般不采用速率较低的公用电话线，而使用高质量的专用线，如同轴电缆、双绞线、光纤等。这类传输介质抗干扰性强，具有较高的数据传输率，一般在1000Mb/s以上，光纤的传输速率可达几个Gb/s。局域网通常只属于一个单位或部门，网络设计受非技术因素影响较小。局域网的工作站和服务器通常都是微机(服务器也可能是小型机)，既能降低组网费用，又容易被用户接受，因为熟悉微机单任务环境的用户容易掌握基于微机的网络环境。

一台工作在多用户系统下的小型计算机，基本上可以完成局域网所能做的工作。二者相比，局域网具有如下优点。

(1) 能方便地共享昂贵的外部设备、主机，以及软件、数据，从一个终端可访问全网。

(2) 便于系统的扩展和演变。

(3) 提高系统的可靠性、可用性。

(4) 响应速度较快。

(5) 各设备的位置可灵活调整和改变，有利于数据处理和办公自动化。

局域网的上述特征使得它与广域网在拓扑结构、通信介质以及网络协议上存在很大差异。

1.2.2 局域网的组成

局域网由网络硬件和网络软件两大部分组成。网络硬件主要包括服务器、客户机、对等机、通信介质、连接部件、中继器、集线器、交换机、路由器等。网络软件是指网络操作系统NOS。

这里只作简要介绍，我们将在第2章与第3章中作重点讲解。

1. 服务器(Server)

服务器是局域网的核心部件，是为网络上的其他计算机提供服务的功能强大的计算机。根据服务器在网络中的作用不同，服务器通常分为文件服务器、打印服务器、通信服务器、数据库服务器、WWW服务器、E-mail服务器等。

(1) 文件服务器是局域网上最基本的服务器，它为网络上的客户机(工作站)提供充足的共享磁盘空间，存储和管理各种数据文件、应用程序，供网络用户共享使用。它接收客户机的各种数据处理、文件访问请求，装入并运行网络操作系统NOS的主要模块，控制、管理整个局域网。

(2) 打印服务器为客户机提供网络共享打印服务，为用户建立打印队列，集中管理各客户机提交的打印作业，使网络用户能够共享网络打印机。

(3) 通信服务器负责本地局域网与其他网络、主机系统或远程工作站的通信，实现网络互联。通常，网桥、路由器、网关都属于通信服务器。

(4) 数据库服务器提供数据库检索、更新等服务。

(5) WWW服务器为网络上的其他用户提供WWW(World Wide Web)信息发布与浏览服务。

(6) E-mail服务器为网络上的其他用户提供电子邮件服务。

2. 客户机(Client)

客户机就是通常所说的工作站。客户机通常是一台个人计算机(PC)。与服务器相反，客户机使用服务器提供的各种服务，如文件服务、数据库服务、打印服务和通信服务等。每台客户机都可以在自己的操作系统下使用服务器资源，好像这些资源就在客户机中一样。

3. 对等机(Peers)

对等机同时具有服务器和客户机的双重功能，它既能提供网络服务，又能共享其他服务器或对等机提供的服务。

4. 通信介质(Medium)

通信介质是网络数据流动的载体。LAN使用的通信介质有双绞线、同轴电缆和光纤等。双绞线的成本低，

所有的IP地址都由国际组织NIC(Network Information Center)负责统一分配。目前全世界共有三个这样的网络信息中心：InterNIC负责美国及其他地区，ENIC负责欧洲地区，APNIC负责亚太地区。我国申请IP地址要通过APNIC。APNIC的总部设在日本，申请时要考虑申请哪一类的IP地址，然后向国内的代理机构提出。

易于敷设，但抗噪声和抗电磁干扰能力较差，不能直接连接计算机，须使用集线器(Hub)。目前，局域网使用较多的传输介质是双绞线。

同轴电缆具有数据传输率高、抗干扰能力强和易安装等优点。

光纤通信技术近年来发展很快，光纤传输数据的速率极高，抗干扰能力极强且保密性好，特别适合传输语音、图像等多媒体信息。由于其价格仍偏高且安装较复杂，目前光纤在局域网中的使用正在普及。从长远来看，光纤是一种最有前途的传输介质。

5. 网络连接部件(Connector)

1) 通信介质连接部件

细同轴电缆使用T形连接器和BNC连接器，粗同轴电缆使用外收发器和 N 系列连接器，双绞线使用 RJ-45 连接器。

2) 网络适配器(Network Adapter)

网络适配器是站点与网络的接口部件，俗称网卡。它除了作为网络站点连接入网的物理接口外，还能控制数据帧的发送和接收(相当于物理层和数据链路层协议功能)。每一个站点必须在其扩展槽中插入一块网卡才能连接入网。网络适配器通常由接口控制电路、数据缓冲器、链路控制器、编(译)码电路、内收发器和通信介质接口等部分组成。

3) 中继器(Repeater)

数据信号在通信介质上传输时，随着传输距离增加会使信号衰减加剧。因此，信号只能在有限的距离内传输，该距离称为段距离。下表给出了几种主要传输介质的最大段距离。当实际传输距离超出最大段距离时，中间需用中继器进行信号放大。

常见传输介质的最大段距离

传输介质	最大段距离/m
双绞线	150
细同轴电缆	200
粗同轴电缆	500
光纤	2000

4) 交换机(Switch)

交换机能够将多条线路的端点集中连接在一起。交换机分为无源和有源两种。无源交换机只负责把多条线路连接在一起，不对信号作任何处理；而有源交换机具有信号处理和信号放大功能。星形局域网和 100Base-T 以太网采用交换机连接多个站点。

5) 路由器

路由器是连接两个或多个网络的硬件设备，在网络间起网关的作用，是读取每一个数据包中的地址然后决定如何传送的专用智能性的网络设备。它能够理解不同的协议，例如某个局域网使用的以太网协议、因特网使用的 TCP/IP 协议。这样，路由器可以分析各种不同类型网络传来的数据包的目的地址，把非 TCP/IP 网络的地址转换成 TCP/IP 地址，或者反之；再根据选定的路由算法把各数据包按最佳路线传送到指定位置。路由器可以把非 TCP/IP 网络连接到因特网(Internet)上。

6. 资源

在网络上，客户机可获得的任何东西都可视为资源。打印机、数据、传真设备和其他网络设备以及信息都是资源。

7. 用户

网络用户是指任何使用客户机访问网上资源的人，俗称网民。

8. 网络操作系统

网络操作系统由一组软件组成。就像一台计算机必须有操作系统支持一样，LAN 也必须有自己的网络操作系统(NOS)。NOS 在网络硬件的支持下，管理整个网络的运行，并提供友好的用户界面。通过用户界面，用户能够方便地获取各种网络服务。

构成一个简单局域网的常见网络组件如下图所示。

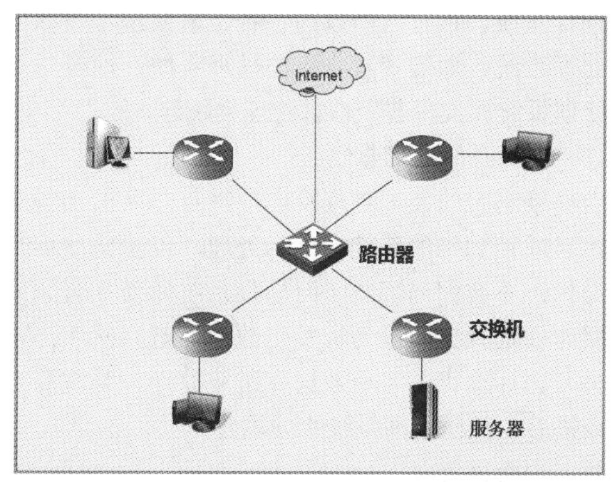

1.2.3 局域网的功能

计算机网络，在过去几十年中经历了突飞猛进的发展，现在能向数以亿计的用户提供广泛的服务，像远程

因特网也称“国际互联网”，从网络设计者角度考虑，它是计算机互联网络的一个实例；从因特网使用者角度考虑，因特网是一个信息资源网。Internet 由硬件和软件两大部分组成，硬件主要包括通信线路、路由器和主机，软件部分主要指信息资源。

长见识

文件访问、数字化图书馆、视频会议等。能够取得这样的发展很大程度上归功于计算机网络的通用特性，特别是它能够通过编写运行在高性能计算机上的软件来为网络添加新的功能。

以资源共享为主要目的，局域网的主要功能表现在以下几个方面。

1) 信息交换

信息交换是局域网的最基本功能，也是计算机网络最基本的功能，主要完成网络中各节点之间的系统通信。

2) 资源共享

共享网络资源是开发局域网的主要目的，网络资源包括硬件、软件和数据。硬件资源有处理机、存储器和输入/输出设备等，它们是共享其他资源的基础。软件资源是指各种语言处理程序、服务程序和应用程序等。数据资源则包括各种数据文件和数据库中的数据等。在现代局域网中，共享数据资源处于越来越重要的地位。通过共享资源，可以解决用户使用计算机资源受地理位置限制的问题，也避免了资源重复设置造成的浪费，大大提高了资源的利用率，提高了信息的处理能力，节省了数据处理的费用。

3) 数据信息的快速传输、集中和综合处理

局域网是现代通信技术和计算机技术相结合的产物，分布在不同地区的计算机系统可以及时、高速地传递各种信息。随着多媒体技术的发展，这些信息不仅包括数据和文字，还可以是声音、图像和视频等。

通过局域网将分散在各地的计算机中的数据信息适时集中和分组管理，并经过综合处理后生成各种报表，提供给管理者和决策者分析及参考。例如，政府部门的计划统计系统、银行与财政的各种金融系统、数据的收集和处理系统、地震资料收集与处理系统、地质资料采集与处理系统和人口普查信息管理系统等。

4) 提高系统的可靠性

当局域网中的某一处理发生故障时，可由别的路径传送信息或转到别的系统中代为处理，以保证该用户的正常操作，不会因局部故障而导致系统瘫痪。假如某一个数据库中的数据因处理机发生故障而遭到破坏，可以使用另一台计算机的备份数据库进行处理，并恢复被破坏的数据库，从而提高系统的可靠性。

5) 均衡负荷

均衡负荷是指通过合理的网络管理，将某一时刻处于重负荷的计算机上的任务分发给别的负荷轻的计算机去处理，以达到负荷均衡的目的。对于地域跨度大的远程网络来说，可以充分利用时差因素来达到均衡负荷。

当然，这些功能也是计算机网络所具备的。

当您读完本书后，就能够从头开始建立一个完整功能的局域网络。本章为实现这个目标奠定了基础。

如前所述，我们对局域网的优点已经有所了解。由于其价格便宜，实现容易，且通信速率很高，所以在学校、家庭、企业、网吧等场所得到了广泛的应用。

1.2.4 局域网的分类

局域网常按拓扑结构和应用结构进行分类。

值得注意的是，计算机网络拓扑结构主要反映网络中各实体之间的结构关系，因而，它是针对通信子网而言的。

1. 按拓扑结构分类

计算机网络的拓扑结构是指整个网络的通信线路和节点的几何排列或物理布局图形。网络的拓扑结构设计是设计计算机网络的第一步，也是实现各种协议的基础。在设计网络拓扑结构时，要根据实际情况来考虑所采用的结构。准备联网的计算机数量和位置、线路的数据流量、所传输数据的重要程度等都是考虑的因素。采用何种拓扑结构对建成后网络的性能、系统可靠性、通信费用等都有很大的影响。

下面来看看选择不同的网络拓扑结构主要考虑的三个因素。

(1) 安全性：由于数据的重要程度不同，在选择网络时要考虑不同拓扑结构的安全和可靠性。当网络出现故障时，有可能导致整个网络无法运行，也可能只是部分网络受到影响。当对网络安全、可靠性要求较高时，应选择故障对网络影响最小的拓扑结构。

(2) 灵活性：建立网络之后有可能会增加或减少一些网络设备。这就要求建网络之初考虑拓扑结构的扩展性。

(3) 经济性：建网和维护都需要资金，不同的网络在建立和维护时所需的资金不尽相同。合理利用资金，建立、维护一个能达到预期目的的网络才是明智的选择。

重点考虑以上三个因素后，便可以根据需要选择合适的拓扑结构。

网络的拓扑结构主要分为总线型、环形、星形、树形和复合型。

提示

网络拓扑结构是指用传输介质把各种设备进行连接的物理布局。

有线局域网的拓扑结构通常以点到点链路为基础。俗称以太网的IEEE 802.3是如今最常见的一种有线局域网。在交换式以太网中，每台计算机按照以太网协议规定的方式运行，通过一条点到点链路连接到一个盒子，这个盒子称为交换机，这就是交换式以太网名字的由来。

1) 总线型拓扑结构

总线型拓扑结构使用一根传输线(也就是总线)作为通信介质，所有节点都通过相应的硬件接口直接连接到总线上。它采取广播方式进行通信，任何一个节点发送的信号都可以沿总线传输并被其他所有节点接收，无须做路由选择。由于多个节点都连接到一条公用总线上，因而一般采取分布式控制策略来分配信道，即在一段时间内只能有一个节点传送信息。在总线上可以连接网络服务器来提供网络通信及资源共享服务，也可以连接打印机等提供网络打印服务。

下图显示了总线型拓扑结构的示意图。

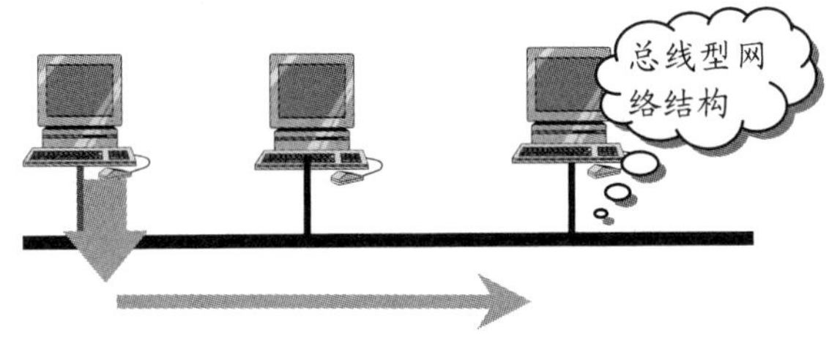

总线型拓扑结构的优点如下：

- ❖ 由于使用一条公用总线，所以需要的电缆较短，从而降低了建立网络的成本，也易于局域网的布线和维护。
- ❖ 使用公用总线来传输信息，使得信道的利用率较高。
- ❖ 当需要在网络中加入新节点时，可在总线的任何点直接加入，易于扩充网络规模。
- ❖ 建立总线型网络操作起来比较简单，不需要很高的技术和硬件要求，是一种比较容易实现的计算机局域网络。

总线型拓扑结构的缺点如下：

- ❖ 由于公用总线的长度受到一定限制，所以总线型网络的地理覆盖范围比较小，一般在 2.5km 范围以内。当需要延长总线长度时应配置中继器、剪裁网线、调整终端器等。
- ❖ 总线型网络不是集中控制的，所以故障检测需要对网络上的各个节点逐一排查，使得故障的诊断较为困难。
- ❖ 公用总线使得信息的传输采用竞争的方式进行，故网络在重负荷下效率明显降低。
- ❖ 当总线出现故障时将使整段网络无法使用。

2) 环形拓扑结构

环形拓扑结构是由连接成封闭回路的网络节点组成的，连接各个节点的电缆构成一个封闭的环，如下图所示。

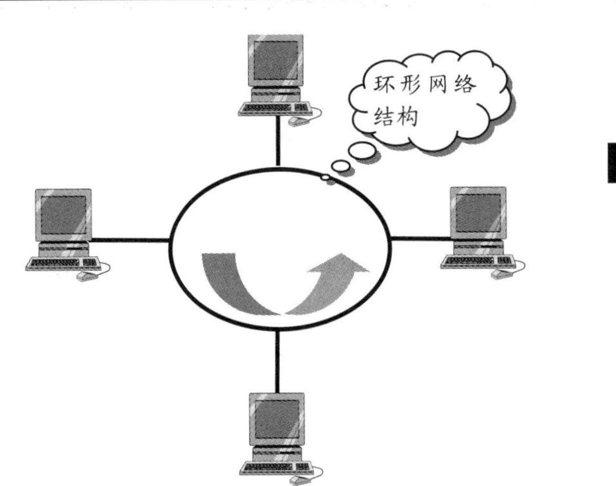

在环形拓扑结构中，数据的传输路径是连续的，没有逻辑的起点与终点，因此也没有终结器。工作站和文件服务器在环的周围各点上相连。当数据传输到环时，将沿着环从一个节点流向另一个节点，找到其目标，然后继续传输，又回到始发节点。

在环形拓扑结构的开发早期，它只允许数据沿一个方向传输，沿着环绕圈并在原传输节点结束。新型高速环形技术采用两个环，使冗余数据可以沿相反的方向传输。如果一个方向上的环中断了，那么数据还可以相反的方向从另一个环中传输，最终到达目标节点。

用来创建环形拓扑结构的设备能轻易地定位故障的节点或电缆问题，所以环形拓扑结构管理起来比总线型拓扑结构容易。这种结构非常适合于 LAN 中长距离传输信号，在处理高容量的网络信息流通量时要优于总线型拓扑结构。

然而，环形拓扑结构在实施时比总线型拓扑结构昂贵。一般情况下，它在开始时需要的电缆和网络设备都比较多。环形拓扑结构的应用不像总线型拓扑结构那样广泛，因此供用户选择的设备较少，扩展高速通信的选择也不多。

环形拓扑结构的优点如下：

- ❖ 从一个节点发出的信息可以在确定的时间内到达目标节点。
- ❖ 所需电缆较短，安装方便，结构简单。
- ❖ 使用点到点通信链路，被传输的信号在每一个节点上再生，传输的误码率大大降低。

环形拓扑结构的缺点如下：

- ❖ 环形网络中使用的网卡等通信设备较贵且管理较复杂，使建立和维护费用增加。
- ❖ 当环形网络中的任何一个节点或任一段节点间的电缆出现故障时，整个网络的通信都会受阻。解决这个问题可以在某些环形网中增加一个备

历经链式局域网、令牌环和 AppleTalk 技术后，以太网和 Wi-Fi(无线网络连接)是现今局域网中常用的两项技术。

用环，当主环发生故障时备用环继续工作。

❖ 当需要增加或减少网络节点时，需要断开原有环路，并对介质访问控制进行调整。这样灵活性比较差。

3) 星形拓扑结构

星形拓扑结构是由通过点到点链路连接到中央节点的各个节点构成的。采用集中控制方式，每个节点都有一条唯一的链路和中央节点相连，节点间的通信都要经过中央节点并由其控制。因此，中央节点较为复杂，其他节点的通信处理负担都很小。

中央节点一般使用集线器，其他外围节点可以是服务器或工作站。当某工作站有信息发送时，将向中央节点申请，中央节点响应该工作站，并使该工作站与目的工作站或服务器建立会话，进行无延时的信息传输。

星形拓扑结构是最古老的一种通信设计方式，它植根于电话交换系统。虽然非常古老，但在先进的网络技术的推动下，星形拓扑结构仍然是现代网络很好的选择。

星形拓扑结构网络的优点如下：

❖ 中央节点和其他外围节点间的线路是专用的，不会出现拥挤现象。

❖ 使用集中控制方式，利用中央节点可以方便地提供服务和进行网络更新配置。

❖ 单个连接点的故障只影响一个设备，不会影响全网，容易检测和隔离故障，便于维护。

❖ 每一个连接只涉及中央节点和一个外围节点，访问控制方法比较简单。

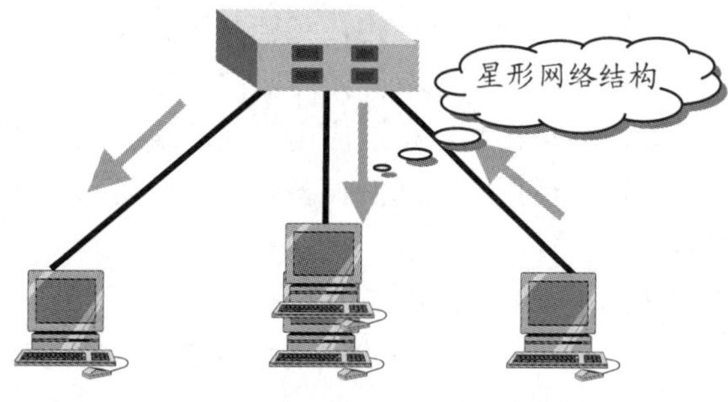

星形拓扑结构网络的缺点如下：

❖ 每个外围节点都需要电缆与中央节点直接相连，使得线路比较多，网络布线比较麻烦，建网费用也较高。

❖ 外围节点对中央节点的依赖性大，如果中央节点出现故障，则整个网络都不能正常工作，因此对中央节点的可靠性要求较高。

❖ 每条通信线路只连接一个外围节点，线路利用率低。

❖ 受硬件接口和软件功能限制，扩展性较差。

4) 树形拓扑结构

树形拓扑结构实际上是星形拓扑结构的发展和扩充。将多级星形网络按层次进行排列即形成树形网络。下图为树形拓扑结构示意图。

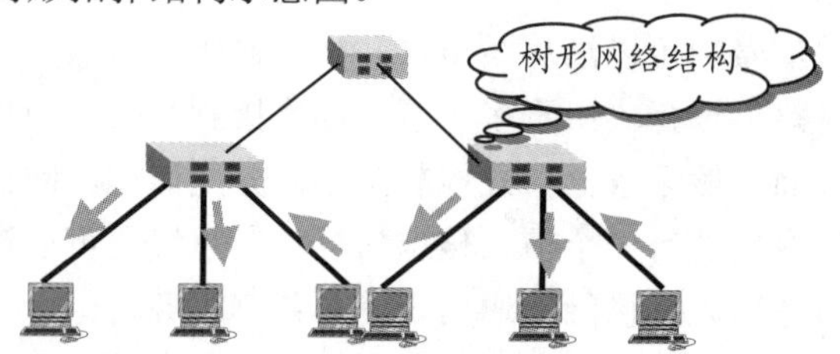

由于树形拓扑结构是由星形拓扑结构扩充而来，它的很多特性和星形网络是相同的，但树形结构也具有一些星形结构不具备的特点。

❖ 树形结构可以延伸出许多分支，这样新的节点很容易加入网络中，也就是说网络的扩展性得到了加强。

❖ 多个节点可以共享一条通信线路，提高了线路的利用率。

5) 复合型拓扑结构

复合型拓扑结构是指以上介绍的拓扑结构复合后形成的一种拓扑结构。建立复合型网络有利于发挥各种网络拓扑结构的优点，避免相应的局限。下图为将总线型和环形拓扑结构复合而形成的复合型拓扑结构。

综合以上介绍的多种网络拓扑结构，在实际选择时，应按照需要考虑各种因素和实际情况做决定。

注意

使用其他的拓扑结构最终也能够建立一个满足需要的局域网，但和星形拓扑结构建立的局域网相比，成本较高或者性能较差。

2. 按应用结构分类

局域网按其应用和内部关系大体上可以分为四类：对

长见识

以太网(Ethernet)指的是由 Xerox(施乐)公司创建，并由 Xerox、Intel 和 DEC 三家公司联合开发的基带局域网规范，它是当今局域网采用的最通用的通信协议标准。

等网、客户机/服务器网、浏览器/服务器网、无盘工作站网。

1) 对等网(Peer to Peer)

对等网是非结构化地访问网络资源。对等网中的每一台设备都可以是客户机和服务器。网络中的所有设备可直接访问数据、软件和其他网络资源。也就是说，每一台网络计算机与其他联网的计算机之间的关系是对等的，它们没有层次之分。

对等网一般用于建立一些小型的局域网。由于没有专门的服务器，所以成本相对较低。它只是局域网中最基本的一种，所以很多管理功能都不能实现。目前计算机的普及，再加上人们对联网的热情，对等网在实际应用中十分普遍，已经可以满足很多场合的需求。

对等网组建简单、成本低、维护方便、可扩充性好，特别适合在小范围内建立。这样的局域网对于满足信息交流、资源共享、娱乐游戏等基本功能已足够。

2) 客户机/服务器网(Client/Server)

客户机/服务器网又叫服务器网络。在这样的局域网中，计算机被划分为客户机和服务器两个层次。这样的层次结构是为了适应随网络规模增大所需的各种支持功能也增多的情况而设计的。

客户机/服务器网应用于较大规模的局域网中，它可以将大量本来需要手工操作的管理放到网上进行网络化管理。利用它还可以建立强大的内部网(Intranet)，实现多种服务的完美结合，可以说这种模式的局域网是一种理想的局域网构架。但它需要一台或多台高档的服务器，所以成本较高，不适合在太小的范围内建立。

3) 浏览器/服务器网(Browser/Server)

浏览器/服务器网是近年才兴起的一种新形态的局域网模式。这样的模式和客户机/服务器网模式相比较而言，最大的区别就是所使用的网络资源访问方法不同。

在浏览器/服务器网中同样有层次之分，但和客户机/服务器网不同，它是一种松散的结构。用户不需要登录为服务器的用户，而是直接通过浏览器来使用网络资源。

例如，网络打印服务。在客户机/服务器局域网中，需要设立一台打印服务器。当用户请求打印服务时，要先登录为服务器的用户，这样打印服务器才会为之提供打印服务。而在浏览器/服务器局域网中，用户不需要登录服务器，打印机可以通过一个Web页面直接访问。这样，用户需要使用打印机时可以通过浏览器找到该打印机并使用。

这样的结构在层次上显得较为松散，但在管理和使用上更加集中。所有的网络共享资源都可以通过Web页面管理和使用。

这种模式随着Internet不断发展而产生、发展，也是局域网与Internet融合的一种表现。

4) 无盘工作站网

无盘工作站网络中，工作站利用网络适配器上的启动芯片与服务器连接，使用服务器的硬盘空间进行资源共享。

无盘工作站局域网可以实现客户机/服务器局域网的所有功能。由于工作站上没有磁盘驱动器，每台工作站都需要从远程服务器启动，所以对服务器、工作站、网络组建的要求较高。它的成本不一定比客户机/服务器局域网低，但它的稳定性、安全性要好许多，适合于那些需要局域网安全系数高的场合。

1.3 网络通信协议

共享计算机网络的资源，以及在网络中交换信息，就需要实现不同系统中各实体之间的通信。实体包括用户应用程序、文件传送包、数据库管理系统、电子邮件设备以及终端等。系统包括计算机、终端和各种设备等。一般来说，实体是能发送和接收信息的任何对象。

系统是物理上明显存在的物体，它包含一个或多个实体。两个实体要想成功地通信，它们必须具有同样的语言。交流什么、怎样交流及何时交流，必须遵从有关实体间某种互相都能接受的一些规则。这些规则的集合称为协议，它们可以被定义为在两实体间控制数据交换的规则的集合。协议的关键成分如下。

- ❖ 语法(Syntax)：包括数据格式、编码及信号电平等。
- ❖ 语义(Semantics)：包括用于协调和差错处理的控制信息。
- ❖ 定时(Timing)：包括速度匹配和排序。

1.3.1 TCP/IP 协议

当计算机通过Internet相互通信时，它们使用的协议是传输控制协议/网际协议(TCP/IP)。TCP/IP 也是大多数中等和大型网络的通信协议，Novell、UNIX和Windows网络都可以实现 TCP/IP。在不断增长的网络上，以及客户机/服务器网或者基于 Web 的应用更是如此。TCP/IP是最为古老的协议之一，它是一种经过全球上亿万计算

美国国家标准化协会(ANSI)是在多项技术领域都有很大影响力的标准化组织。ANSI成立于1918年，主要处理美国商务、政府机构和国际组织中有关产品标准的问题以达成协议，其中产品的概念很广，从自行车头盔到通信电缆都有。在计算机行业，该组织已经在屏幕显示属性、数字通信和光纤电缆传输等方面实现了标准化。

机用户使用考验的技术。广泛的用户群、可靠的应用历史和扩展能力，使它成为大多数局域网、广域网的首选协议。即使在小型网络上，为了以后便于扩展，也常常选用 TCP/IP。

1. TCP 协议

TCP 是一种传输控制协议，它可以在网络用户启动的软件应用进程之间建立通信会话。TCP 通过控制数据流量来提供可靠的端到端数据传送。网络节点可以就数据传输的“窗口”大小达成一个协议，该窗口大小规定了将要发送的数据字节数。传输窗口可以根据当前的网络流量进行即时调整。TCP 的基本功能包括监测会话请求、和另外一个 TCP 节点建立会话、传输和接收数据、关闭传输会话等。TCP 帧包含头和负载数据两个部分，称为一个 TCP 段。

IP 的基本功能是提供数据传输、包编址、包寻径、分段和简单的包错误检测。通过 IP 编址约定，可以成功地将数据传输并路由到正确的网络或者子网。每个网络节点具有一个 32 位的 IP 地址，它和 48 位的 MAC 地址一起协作，完成网络通信。该地址不但标识一个既定的网络，而且还指明是哪个节点下载了网络传输头。

TCP/IP 协议具有很强的灵活性，支持任意规模的网络，几乎可连接所有类型的服务器和工作站。但这种灵活性也带来了许多不便，在使用 NetBEUI 和 IPX/SPX 及其兼容协议时不需要进行配置，而 TCP/IP 协议需要进行复杂的设置。

使用 TCP/IP 协议的节点至少需要一个“IP 地址”、一个“子网掩码”、一个“默认网关”和一个“主机名”。如此复杂的设置，确实给一些初识网络的用户带来了不便。不过，Windows XP 提供了一个称为动态主机配置协议(DHCP)的工具，它可以自动为客户机完成与 IP 有关的设置，从而减少了联网工作量。当然，DHCP 所拥有的功能必须有 DHCP 服务器才能实现。

同 IPX/SPX 及其兼容协议一样，TCP/IP 也是一种可路由的协议。

2. IP 地址

在 TCP/IP 网络上，每台主机都有与其他主机不同的 IP 地址，该机制是通过 IP 协议来实现的。IP 协议要求在与 IP 网络建立连接时，每台主机都必须为这个连接分配唯一的 32 位地址，此地址就是所谓的 IP 地址。IP 地址不但可以用来识别每一台主机，而且隐含着网络路径信息。在 TCP/IP 网络中进行数据通信，涉及 IP 寻址、路由选择以及多路复用功能。

在 IP 网络中，IP 地址实际上是分配给网络适配器的。一台计算机有多少个网络适配器，就会有多少个不同的 IP 地址。

1) IP 地址的分配

IP 地址由 32 位二进制数组成，在实际应用中，这 32 位二进制数分成 4 段，每段包含 8 位二进制数。为了便于应用，将每段都转换为十进制数，段与段之间用“.”号隔开，如 192.168.0.1 等。这种表示 IP 地址的方法称为“点分十进制”表示法。

通常用 IP 地址标识一个网络和与此网络连接的一台主机。IP 地址采用两级结构：一级表示主机所属的网络，另一级代表主机。主机必须位于特定的网络中。IP 地址的组成形式如下图所示。

网络标识号	主机标识号

地址分配的基本原则是，要为同一网络内的所有主机分配相同的网络标识符号，但同一网络内的不同主机必须分配不同的主机标识号，以区分各主机。不同网络内的每台主机必须具有不同的网络标识号，但可以具有相同的主机标识号。

将计算机接入 Internet 时，为避免与其他网络冲突，必须向 InterNIC(Internet Network Information Center，国际互联网信息中心)申请一个网络标识号，然后再为网络上的主机分配主机标识号。如果网络不与外界连接，则自行选择一个网络标识号而不必申请。

2) IP 地址的级别

考虑到不同规模网络的需要，为充分利用 IP 地址空间，IPv4 协议定义了 5 类地址，即 A 类至 E 类。其中 A、B、C 三类由 InterNIC 在全球范围内统一分配，D、E 类为特殊地址。IP 地址采用高位字节的高位来标识地址类别。下表有助于理解地址编码方案。

地址类别	高位字节	最高字节范围	可支持的网络数目	支持的主机数
A	0…	1～126	126	16777214
B	10…	128～191	16384	65534
C	110…	192～223	2097152	254

A 类地址的第 1 字节为网络标识号，后面 3 字节为主机标识号。其中第 1 字节的最高位为 0，其余 7 位用于标识网络地址。格式如下表所示。

学以致用系列丛书

国际电信联盟是主管信息通信技术事务的联合国机构，负责分配和管理全球无线电频谱与卫星轨道资源，制定全球电信标准，向发展中国家提供电信援助，以促进全球电信发展。

1位	7位	24位
0	网络ID	主机ID

A类地址能够提供126个网络标识号，每个网络最多支持大约1678万个主机地址。由于每个网络支持的主机数量非常大，因此只有大型网络才需要A类地址。由于Internet网络发展的历史原因，A类地址早已被分配完了。

B类地址的前两字节为网络标识号，后两字节为主机标识号。其中第1字节中的高2位为10，其余6位和第2字节(共14位)用于标识网络地址，格式如下表所示。

2位	14位	16位
10	网络ID	主机ID

B类地址能够提供16384个网络标识号，每个网络最多支持65534个主机地址。由于每个网络支持的主机数量较大，所以B类地址适用于小型网络，通常将此类地址分配给规模较大的单位。由于剩余的B类地址数量已经很少，因此，B类地址的申请变得越来越困难。

C类地址的前3字节为网络标识号，最后一字节为主机标识号。其中第1字节的高3位为110，其余5位和后面2字节(共21位)用于标识网络地址，格式如下表所示。

3位	21位	8位
110	网络ID	主机ID

C类地址能够提供约200万个网络标识号，每个网络最多支持254个主机地址。由于每个网络支持的主机数量较小，所以适用于小型网络。

D类地址的前4位是1110，表示多播(multicast，也译为组播或多址传送)地址，并不表示特定的网络，而是用来指定一组计算机，这些计算机可共享同一应用程序(如视频广播)。

E类地址的前4位是1111，是特殊的保留地址，目前还未应用。

在IP地址中，网络标识号或主机标识号不能全为0或全为1。

如果需要直接连入Internet，应使用InterNIC分配的合法IP地址。如果通过代理服务器连入Internet，也不能随便选择IP地址，而应使用由LANA(因特网地址分配管理局)保留的私有IP地址，以避免与Internet上合法的IP地址相冲突。这些私有地址的范围如下。

10.0.0.1～10.255.255.254　(A类)

172.13.0.1～172.32.255.254　(B类)

192.168.0.1～192.168.255.254　(C类)

在组建Intranet时，应尽量选用这些私有IP地址。

3)　子网掩码及其作用

TCP/IP网络中的子网掩码用于实现两大功能，一是区分IP地址中的网络部分和主机部分，二是将网络进一步划分为若干子网。

(1)　确定网络和主机地址。

对于IPv4协议而言，子网掩码是一个32位的数字，其作用是声明IP地址的哪些位为网络地址，哪些位为主机地址。TCP/IP协议利用子网掩码判断目标主机地址是位于本地网络还是远程网络。

下表列出了A、B、C三类网络的子网掩码。从中可以看出，掩码中为1的位表示IP地址中相应的位为网络标识号，为0的位则表示IP地址中相应的位为主机标识号。

类别	二进制值	十进制值
A	11111111.00000000.00000000	255.0.0.0
B	11111111.11111111.00000000.00000000	255.255.0.0
C	11111111.11111111.11111111.00000000	255.255.255.0

例如，某台主机的IP地址为202.112.10.101，子网掩码为255.255.255.0，则两个数值做逻辑与运算后，所得结果即为网络标识号(可以把主机标识全为0的IP地址看作网络标识号)，这里是202.112.10.0，而IP地址中的最低字节则为主机标识号，这里是101。

如果另一台主机的IP地址为202.112.15.55，子网掩码也是255.255.255.0，则其网络标识号为202.112.15.0，主机标识号为55，可判定这两台主机不在同一网络内。

(2)　划分IP子网。

如前所述，可供分配的IP地址数量有限，B类地址已所剩无几，假定某个大型组织获得了一个B类地址，从而可以对65534台主机进行IP编址。如果这些主机只能归属于同一个网络，则在许多情况下是不合适的。

一个大型网络往往需要分成由路由器连接的短小的物理网络(子网)，原因如下。

①　减少每个子网上的网络通信量。同一子网中主机的广播和彼此间的通信路由器限制在子网内部，只有不同子网的主机相互通信时，才在路由器的管理控制下进行跨子网转发。

②　便于网络管理。将网络分成几个便于控制的部分后，可由单独的管理员管理本地用户，或在单位内部

1991年6月，我国第一条互联专线从中科院的高能物理所(简称高能所)连到斯坦福大学的直线加速器上，标志着中国开始进入互联网领域。

创建彼此隔离的子网，以阻止敏感信息的扩散。

③ 解决物理网络本身的某些问题，如网络覆盖范围超过以太网段最大长度的问题。

又如，在连接中采用了两个C类网络，每个C类网络只设置了25个主机地址，无疑会造成地址空间的浪费。

将一个网络进一步划分为若干个子网，即可解决上述两个问题。

根据上述思路，可以将IP地址原有的两级结构扩充为如下表所示的三级结构。

网络标识部分	子网标识部分	主机标识部分

IP 地址内的原主机部分被分解为子网标识和主机标识两个部分，这种子网的划分是通过子网掩码机制来实现的。

例如，现有一个C类网络，网络地址是202.112.10.0，要划分为多个子网，可将子网掩码设为255.255.255.224，最后一字节的二进制值是 11100000，最高位是 111，即将原来用于标识主机的3个位用来表示子网G。3个位共有8种组合，其中表示网络自身的000、表示广播地址的111不可使用，可用的共有6个组合，能够表示6个子网。

每个子网最多只能支持30台主机。经子网划分后，一些IP地址就不能使用了，如202.112.10.95。

由此可见，使用子网掩码技术，只要有一个 C 类 Internet 网络地址，就可以在内部拥有多个网络，这对单位内部的网络管理而言是非常有利的。

3. IPv6 协议

至今 IPv4 已经存在 20 多个年头了。在 20 世纪 90 年代中期，人们就认识到了它的局限性。主要的一点是 32 位地址，这在今天网络铺天盖地、网络用户多如牛毛的时代尤为明显。IPv4 已经消耗尽了所有的地址。另外，由于 IPv4 不能提供网络安全，也不能实施复杂的路由选项，如在 QoS 水平上创建子网等，所以其应用也受到了限制。IPv4 除了提供广播和多点传送编址外，并不具备多个选项来处理多种不同的多媒体应用程序，如流式视频或视频会议等。

为适应IP爆炸式的应用，Internet工程任务组(IETF)开始了IPng(IP next generation)的初步开发。1996年，IPng研究诞生了一种称为IPv6的新标准，并在 RFC 1883 中得到定义。IPv6的目的是从IPv4中提供一条逻辑的增长路径，使得应用程序和网络设备可以处理新出现的要求。目前，IPv4仍应用在全世界的绝大多数网络中，但向IPv6的升级已经开始。IPv6的新特点如下：

- 128位编址能力；
- 一个单独的地址对应着多个接口；
- 地址自动配置和CIDR编址；
- 以40字节的头取代了IPv4的20字节的头；
- 可将新的IP扩展的头用于特殊需要，包括用于更多的路由技术和安全选项中。

IPv6编址使得一个IP标识符可以与多个不同的接口相关，从而更好地处理多媒体信息流量。在IPv6网络中，传送的多媒体流量不是进行广播或多点传送组，而是将所有接收接口都指定为同一个地址。

IPv6 并不沿基于分类的地址而行，而是与 CIDR 兼容，从而使地址可以通过很大范围的选项来进行配置，使得路由和子网的通信能力更出色。IPv6 编址是自动配置的，可以减轻网络管理员管理和配置地址的工作负荷，它支持两种自动配置技术。

(1) 动态主机配置协议(Dynamic Host Configuration Protocol，DHCP)。

该协议用于动态编址。每次计算机登录到网络时，动态编址都会自动地给它分配一个IP地址。在DHCP下，一个 IP 地址在给定时间内是租用给某一特定的计算机的。具有 DHCP 服务的服务器可以检测到新的工作站、服务器或网络设备，并给它们分配一个 IP 地址。要实现这项功能，需要在服务器上加载 DHCP 服务，并将其配置为 DHCP 服务器。DHCP 服务器还可以充当文件服务器，并且具有增加的自动分配IP地址的功能。安装完成后，DHCP 服务器使用 DHCP 服务器软件在一定时间内出租 IP 地址。这段时间可以是一周、一个月、一年或者无限期地租用(如 Web 服务器)。当租用期到了后，IP 地址就返回服务器维护的可用的IP地址池。在IPv6中，这种动态编址称为有状态自动配置(Stateful auto configuration)。

(2) 无状态自动配置技术。

在无状态自动配置中，网络设备指派自己的IP地址，而不是从服务器获得。它简单地通过将 NIC 的 MAC 地址与从子网路由器中获得的子网命名结合在一起，就创建了自己的IP地址。

IPv6 包分为三种类型：单点传送、任意点传送和多点传送。在单点传送包中，一个单独的网卡接口对应一个单独的地址，并且是点到点传输的。任意点传送的包中包含一个与多个接口关联的目标地址，而且这些接口通常位于不同的节点上。任意点传送的包只向最近的接口传送，并不试图到达具有同一地址的其他接口。多点

长见识 在Internet中传输消息至少需要遵守三条协议：网络协议(Network)、传输协议(Transport)、应用程序协议(Application)。

传送包与任意点传送包相似，都具有与多个接口相关联的目标地址，与任意点传送包不同的是，它将流向具有这个地址的所有接口。

4. TCP/IP 应用协议

借助 TCP/IP，各种应用协议如用于电子邮件、终端仿真、文件传输、路由、网络管理和其他服务等(总称为 TCP/IP 套)得以协同工作。与 TCP/IP 相似，这些应用协议也具有半双工和全双工的通信能力。在 TCP/IP 中，有 6 种最常用的应用服务：Telnet、FTP、SMTP、DNS、ARP 和 SNMP。

1) Telnet

Telnet 是 TCP/IP 套中的一种应用协议，可以为终端仿真(如给 IBM 3270 终端和 DEC VT 220 终端的仿真)提供支持。Telnet 可使用户连接到主机上，使主机响应起来就像它直接连接在终端上一样。例如，带 3270 仿真程序的 Telnet 可以像终端一样连接在 IBM ES9000 大型机上。Telnet 运行在 TCP/IP 层(等价于 OSI 的会话层)，但是在传输层上启动操作。

Telnet 通过 TCP 传输，具有两个重要的其他仿真程序不具备的特点：一是它携带几乎所有厂商的 TCP/IP 实施；二是它是一个开放的标准，意味着任何厂商或开发人员都可以轻而易举地实施 Telnet。Telnet 的有些实施要求主机配置为 Telnet 服务器。Telnet 支持的范围极广，得到了 MS-DOS、UNIX、Linux 及 Windows 等工作站的支持。Telnet 通信由一个头和应用数据组成，它们被封装在 TCP 段的 TCP 数据部分，如下图所示。

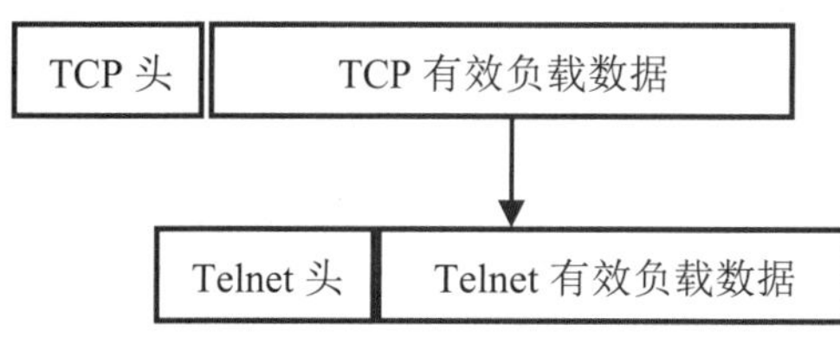

Telnet 在发送端和接收端使用 TCP 的 23 号端口进行专用的通信。Telnet 包含许多通信选项，如 7 位或 8 位兼容、不同终端模式的使用、发送端和接收端的字符回应、同步通信、字符流或单独字符的传输以及流控制等。

2) 文件传输协议

TCP/IP 支持三种文件传输协议：文件传输协议(File Transfer Protocol，FTP)、普通文件传输协议(Trivial File Transfer Protocol，TFTP)和网络文件系统(Network File System，NFS)。

FTP 是 Internet 用户所偏爱的文件传输协议，所以它应用最广。通过 FTP，南京的用户可以登录到北京的主机上下载一个或多个数据文件，当然用户在主机上首先要具有授权的用户 ID 和密码。

FTP 是一种使用 TCP 协议使得数据可以从一台远程设备向另一台设备传输的算法。与 Telnet 相同，FTP 的头和跟随着的数据负载也被封装在 TCP 数据负载区中。FTP 较 TFTP 和 NFS 的优越性在于它使用两个 TCP 端口，20 号和 21 号端口。21 号端口是 FTP 命令的控制端口，可控制数据如何发送。例如，get 命令可以用来获取文件，而 put 命令可以用来向主机发送文件。

FTP 分别通过 binary 和 ascii 命令支持二进制和 ASCII 格式的文件传输。21 号端口专门用于由 FTP 命令决定的数据交换。

FTP 的设计旨在仅从整体上传输完整的文件，这使得它非常适合于在 WAN 上交换极大的文件。FTP 不能传输文件的一部分或者文件内的一些记录，因为它们被封装在 TCP 中。FTP 数据传输非常可靠，而且受到面向连接的服务的质量保证，包括在接收了包后，发送回一个“回执”。FTP 传输是由一个单独的数据流组成的，以文件结束定界符(EOF)结束。

TFTP 是一种 TCP/IP 文件传输协议，是为数据传输而设计的，使得无盘工作站可以通过从服务器上传输来的文件来引导。TFTP 是无连接的，用于当数据传输错误无关紧要而且无须安全性时的小型文件的传输。TFTP 运行在 UDP (通过 UDP 的 69 号端口)而不是 TCP 内，因此是无连接的。也就是说，包被接收后，不会发送确认已经接收到包的“回执”，也没有其他面向连接的服务来确保包成功地到达了目的地。

一个深受欢迎的可代替 FTP 的协议是 SUN Microsystems 推出的网络文件系统(NFS)软件，它通过 TCP 111 号端口使用 SUN 的远程过程调用规范。NFS 安装在发送端节点和接收端节点上，作为远程过程调用软件，一台计算机的 NFS 软件可运行另一台计算机的 NFS 软件。NFS 经常应用在 UNIX 系统中，以记录流形式而不是以整个文件流形式发送数据。

与 FTP 相同，NFS 是面向连接的协议，在 TCP 内运行。当计算机执行包含存储在数据文件或数据库的记录的高容量事务处理时，以及当数据文件分布在几台服务器上时，尤其适合采用 NFS 协议。

3) 简单邮件传输协议

简单邮件传输协议(Simple Mail Transfer Protocol，SMTP)是为网络系统间的电子邮件交换而设计的。UNIX、MVS、VMS、Windows 以及 Novell NetWare 操

长见识：WWW(World Wide Web，万维网)是指用于建立多媒体文件的全球超文本链接的 Internet 系统，其文件是用超文本格式编写的。

作系统都可以通过SMTP在TCP/IP上交换电子邮件。

从一台计算机向另一台计算机发送文件，SMTP提供了一种代替FTP的选择。SMTP并不需要使用远程系统的登录ID和密码。SMTP只能发送文本文件，其他格式的文件必须被放置到SMTP消息之前转换为文本。

SMTP消息由两部分组成：地址头和消息文本。地址头可以很长，因为其中包含了消息经过每个SMTP节点的地址和每个转换点的日期戳。如果接收节点不可用，那么SMTP等待一段时间后再重新发送消息，接收节点在给定时间内仍不活动，那么SMTP就将邮件退回到发送端。

SMTP遵循TCP/IP标准，但不与E-mail系统的X.400协议兼容。SMTP在TCP内发送，而TCP为E-mail提供了一个基本的面向连接的可靠服务。配置SMTP需要在发送节点和接收节点都有与SMTP兼容的电子邮件应用程序。SMTP应用程序为连接的工作站指定一个服务器作为中央邮件网关，并通过文件目录或打印池中的一个队列来处理电子邮件的分发。该队列对连接在服务器上的用户来说，充当着“邮局”或域的角色。用户可以登录到服务器上获取消息，服务器也可以向客户提交消息(如下图所示)。

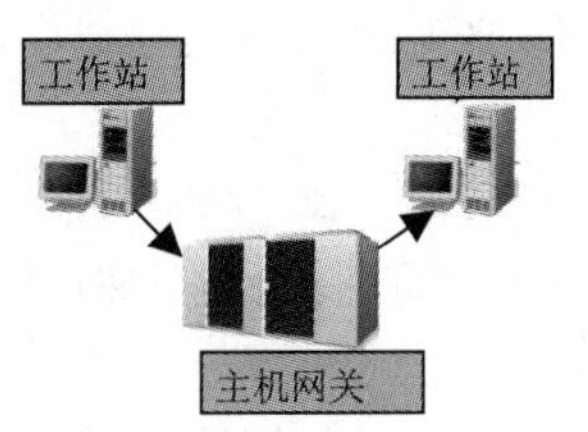

4) 域名服务

TCP/IP协议包中包含一个域名服务(Domain Name Service，DNS)，DNS通过一个名为“解析”的过程将域名转换为IP地址，或将IP地址转换为域名，名字比用点分隔的十进制IP地址更好记。既然计算机仍然使用IP地址，那么就必须有一种方法在二者之间进行转换。

DNS使用查找表格来将二者的值关联起来。计算机名称由两部分组成，这与IP网络和主机ID非常相似。一部分是个人或节点的名称，另一部分是组织的名称，两部分被“at”(@)字符分隔，如my_name@my_organization。名称的组织部分通常又划分为一些子部分，由点号(.)分隔，以反映组织的名称、类型、所在的国家等。例如nuaa.edu表示的就是南京航空航天大学，这是一家教育组织(edu)。名称的组织部分称为域名，表示所有与组织关联的个人名字都在计算机的同一个域中。有时大型的组织又被分为多个域。例如一所综合性的大学，可能就有学生域(student.nuaa.edu)和教职员工域(fs.nuaa.edu)。

DNS通过客户端的域名解析器和一个或多个主机上的域名服务器协同工作。中型和大型网络可能会在一个域中采用多个名称服务器来分布信息流量，然而，通常总会有一个主要的名称服务器(称为权威名称服务器，或根服务器)来维护名称和IP地址的主表。这个表通常规则地分布在辅名称服务器上，并在辅名称服务器上更新。辅名称服务器可以存在于一个LAN或WAN上。当根服务器繁忙或不能到达根服务器时，辅名称服务器为用户提供了备份。DNS软件经常包含一个选项，其设置对另一网络上的一个根名字服务器的数据传送器，以便查找特定的IP地址或域名。数据传送器可以快速访问特定的计算机，如Web服务器等。如果许多人试图访问Web服务器，就会在网络上对根服务器(以及辅名称服务器)产生繁忙的网络信息流量，数据转发器就会指向另一网络上的DNS服务器，从中获取IP地址和域名解析。具有DNS服务器应用程序的UNIX、Novell NetWare和Windows NT服务器是网络域名服务器的典型例子。域名服务器表由网络管理员维护，并对域内或域外(包括Internet)的计算机地址进行转换。

5) 地址解析协议

有些情况下，发送节点在把包向目的地发送的时候，需要知道IP地址和MAC地址。例如，多点传送既包括IP地址，也包括MAC地址。IP地址和MAC地址在任何情况下都不会相同，并且两者的格式也不相同，一个为点分十进制，一个为十六进制。发送节点在发送包时，可以利用地址解析协议(ARP)来获取目标节点的IP地址和MAC地址。发送节点需要知道目标节点的MAC地址的时候，它发送一个ARP广播帧，该帧中包含有自己的MAC地址和目标节点的IP地址。目标节点接收到ARP请求后，便发送一个包含自己MAC地址的ARP响应。ARP的补充协议为反向ARP协议(RARP)，该协议用于获取网络节点的IP地址。例如，无盘工作站无法确定自己的IP地址，它可以使用该协议向主服务器发送一个RARP请求，以便得到自己的IP地址。有时，在工作站上运行的某些应用也需要使用RARP协议来获得该工作站的IP地址。

6) 简单网络管理协议

网络管理员可以利用简单网络管理协议(SNMP)来连续地监控网络的活动。SNMP形成于20世纪80年代，目的是在TCP/IP协议簇中提供OSI网络管理标准——公共管理接口协议(CMIP)的一种替代方案。虽然SNMP是为TCP/IP协议簇开发的，但是它符合OSI模型。由于TCP/IP具有非常广泛的应用，并且SNMP具有易于使用的优点，所以大多数厂商都选择了SNMP，而没有选择

浏览器用来显示万维网或局域网等上的文字、图像及其他信息，它还可以让用户与这些文件进行交互操作。浏览器是计算机上网时经常使用的应用软件，是Internet时代的产物。

CMIP。支持SNMP的网络设备有上百种，其中包括文件服务器、网络接口卡、路由器、中继器、网桥、交换机和集线器。相反，CMIP常由IBM公司在某些令牌环网中使用。

SNMP的主要优点在于它是独立于网络运行的，也就是说，SNMP并不依赖于协议级与其他网络实体的双向连接。这种特点使得SNMP可以分析网络的活动，如检测不完整的包、监控广播活动，也不依赖于来自失效节点的信息。CMIP则与网络节点在协议级相连，即它对网络故障的分析是根据失效节点的精确性进行的。

SNMP还有一个优点，其管理功能是在一个网络管理站上执行的。这与CMIP相反，CMIP的管理功能分布在单个或被管理的网络节点上进行。SNMP的另一优点是它比CMIP消耗的内存要小，CMIP运行时需要每个参与节点的内存达1.5MB，而SNMP只需要64KB。

SNMP使用两种网络节点：网络管理工作站(NMS)和网络代理。NMS监视通过SNMP进行通信的连在网络上的设备，被管理的设备运行着与网络管理工作站相接触的代理软件。

与现代网络相连的大多数设备都是代理，包括路由器、中继器、集线器、交换机、网桥、PC(通NIC的PC)、打印服务器、访问服务器和UPS等。

用户可以在NMS上使用控制台向网络设备发送命令，以获得性能的统计数据。NMS可以创建整个网络的映像，如果添加了一台新设备，NMS就可以立即发现。NMS上的软件有能力检测代理的崩溃或误操作。一旦出现异常，那台代理就会高亮显示为红色或者发出警报。所有的NMS软件目前都是按GUI格式编写的，解释起来非常方便。

1.3.2 NetBEUI/NetBIOS协议

NetBEUI(NetBIOS Extended User Interface，NetBIOS下的扩展用户接口)是一种体积小、效率高、速度快的通信协议，它是微软钟爱的一种通信协议。在微软的主流产品中，如Windows 2000、Windows XP，NetBEUI已经成为其固有的默认协议。

NetBEUI是专门为由几台到几百台计算机所组成的单网段小型局域网而设计的，它不具有跨网段工作的能力，即NetBEUI不具备路由功能。如果在一个服务器上安装了多个网卡，或者要采用路由器等设备进行两个局域网的互联，就不能使用NetBEUI协议。

虽然NetBEUI存在许多不尽人意的地方，但是它具有其他协议所不具备的优点：在三种通信协议中，NetBEUI占用内存最少，在网络中基本不需要任何配置。因此，它很适合广大的网络初学者使用。

1. NetBIOS(网络基本输入/输出系统)

NetBIOS是IBM公司于1983年开发的用于实现PC间通信的协议。

NetBIOS接口为使用它的应用程序提供了一个访问网络服务的标准方法，从而向上层隐藏了与通信建立和管理有关的各种细节。

NetBIOS接口独立于网络低层结构，可以在不同的局域网系统上运行。

为了访问NetBIOS，应用程序需要调用一个软件中断，同时给出参数以描述需要进行的操作，这些参数被称为网络控制块(NCB)。

NetBIOS可提供以下几组服务功能：

(1) 名字支持。允许加入或删除名字。名字表示网络中的实体。为方便操作，NetBIOS提供了与网络地址对应的主机名字以进行网络寻址。这种名字类似于与IP地址对应的域名。

(2) 数据报支持。利用NetBIOS可方便地在网络中发送、接收数据报。此外，NetBIOS还提供了广播功能。

(3) 会话支持。会话支持是NetBIOS最复杂的功能。其中，呼叫功能用于在主机间建立连接，成功的连接将建立一条虚链路，主机与主机可以通过此虚链路通信，其他的服务则提供了发送和接收各种类型的报文和结束会话等功能。

(4) 一般服务。这组服务提供复位网卡、获取网卡状态等功能。

2. NetBEUI协议

NetBEUI由IBM公司于1985年推出，是NetBIOS的改进版。该协议特别适用于局域网网段内部的通信。

在微软的主流产品(如Windows 2000和Windows XP)中，NetBEUI会自动与网卡连接，连接在网络上的计算机就能够自动利用其功能与其他计算机进行通信。微软之所以选择NetBEUI，主要是该协议在工作时占用的内存少，速度快。

将NetBEUI用于小型网络是合适的。但是，在大型网络中，NetBEUI不能很好地发挥其效能。因为NetBEUI用计算机名作为网络地址，但网络中无法避免出现彼此同名的计算机。

此外，NetBEUI是不可路由协议，不支持跨越路由

TCP/IP以其两个主要协议——传输控制协议(TCP)和网络互联协议(IP)而得名。实际上这是一组协议，包括多个具有不同功能且互为关联的协议。TCP/IP是多个独立定义的协议集合，因此也被称为TCP/IP协议簇或协议栈。

器的通信。

基于上述认识，在网络中选择通信协议时，通常将NetBEUI与一种可路由协议(如TCP/IP)配套使用，并以NetBEUI为主协议。当在局域网网段内部进行通信时，使用NetBEUI；当需要进行跨越网段的通信时，则使用其他的可路由的协议。

1.3.3 IPX/SPX协议

IPX/SPX(Internet work Packet Exchange/Sequences Packet Exchange，网际包交换/顺序包交换)是Novell公司的通信协议集。

1. IPX/SPX通信协议的特点

与NetBEUI形成鲜明对比的是，IPX/SPX显得比较庞大，对复杂环境具有很强的适应性。IPX/SPX在设计时考虑了多网段的问题，其具有强大的路由功能，适合于大型网络使用。当用户端需要与NetWare服务器连接时，IPX/SPX及其兼容协议是最好的选择，但在非Novell网络环境中一般不使用IPX/SPX。

在Windows NT网络和由Windows 9x组成的对等网中，无法直接使用IPX/SPX通信协议。

2. IPX/SPX兼容协议

Windows NT中提供了两个与IPX/SPX兼容的协议：NW Link IPX/SPX兼容传输协议和NW Link NetBIOS协议，两者统称为NW Link通信协议。NW Link协议是IPX/SPX协议在微软网络中的实现，它一方面拥有IPX/SPX协议的优点，另一方面又能够适应微软的操作系统和网络环境。Windows NT网络和Windows 9x用户可以利用NW Link协议获得NetWare服务器的服务。当网络从Novell平台转向微软平台，或两种平台共存时，NW Link通信协议是最好的选择。不过，在NW Link中，NW Link IPX/SPX兼容传输协议类似于Windows 9x中的IPX/SPX兼容协议，只能作为客户端的协议实现对NetWare服务器的访问，离开了NetWare服务器，此兼容协议将失去作用。而NW Link NetBIOS协议不但可在NetWare服务器与Windows NT之间传递信息，而且能够用于Windows NT计算机之间、Windows 95/98计算机之间以及Windows NT计算机与Windows 9x计算机之间的通信。

1.4 局域网工作模式

局域网的工作模式是指LAN中数据处理、运算、通信等的操作方法，通常可分为对等式网络模式、专用服务器模式和客户机/服务器模式。

1.4.1 对等式网络模式

对等式网络模式也称点对点通信，即LAN中的每一台工作站都处于同等地位，每个节点既可以为他人提供服务(相当于服务器)，又可以要求别人为自己提供服务(相当于客户机)。

这种工作模式的网络主要提供传送文件和共享打印机功能，其网络操作系统的功能比较简单，故价格也较便宜。但由于这种结构中某一工作站节点可以直接取用其他站节点的数据，故其数据的安全性较差。

1.4.2 专用服务器模式

该种模式的LAN中至少要有一台文件服务器来担任网络系统的中央控制站及存储网络中共用的文件数据。这种结构也可以说是“集中式管理结构”，即网络上的数据集中存储于文件服务器内，当用户需要时必须到文件服务器中去读取，然后再将它们装入工作站中作个别处理。

这种模式因其数据集中存储，数据的安全性较高，是目前局域网中使用较为普遍的一种网络工作模式。但这种模式也有一个很大的不足，当用户集中在同一时间内读取数据时，因各工作站与文件服务器之间进行大量的数据传输会造成“阻塞”现象，因此会使网络速度变得很慢。

1.4.3 客户机/服务器模式

客户机/服务器模式是近年来开发的一种新的信息技术，它改善了传统的“基于服务器”模式下集中式的数据处理方式，大幅度提高了网络的效率，是目前网络上最理想的数据处理方式。

在该工作模式下，首先由客户机向服务器提出委托处理申请，这种请求可以是信息服务，也可以是执行一项任务。收到请求后服务器按照委托内容进行相应的查询与处理，完成后将结果送回客户机，客户机再做进一

固定IP地址是指长期固定分配给某一台计算机使用的IP地址，一般只有特殊的服务器才拥有固定IP地址。

步处理后予以输出。

提示

客户机/服务器模式与基于服务器模式的最大区别在于，后者将文件传给用户后剩下的工作交由用户自行处理；前者则是由客户机与服务器两端各负担一部分工作，属于“集中管理”和“分散处理”操作方式。这样的结构不但能提高数据处理的速度，也可减轻网络的负担，目前在因特网上已普遍采用客户机/服务器工作模式。

1.5 局域网的相关术语

本节将介绍 CSMA/CD 介质访问控制协议、局域网的共享与交换以及局域网中数据的传送方式等相关的术语，侧重应用的读者可以只作理解。

1.5.1 CSMA/CD 协议

CSMA/CD 介质访问控制协议由 IEEE 802.3 定义。IEEE 802.3 是按照体系结构来组织的，它强调将系统划分为两大部分：数据链路层的介质访问控制子层(MAC)和物理层。这些层严格地对应于 OSI 开放系统互连模式的最低两层，如下图所示。LLC 子层和介质访问控制子层一起完成 OSI 模式所定义的数据链路层功能。

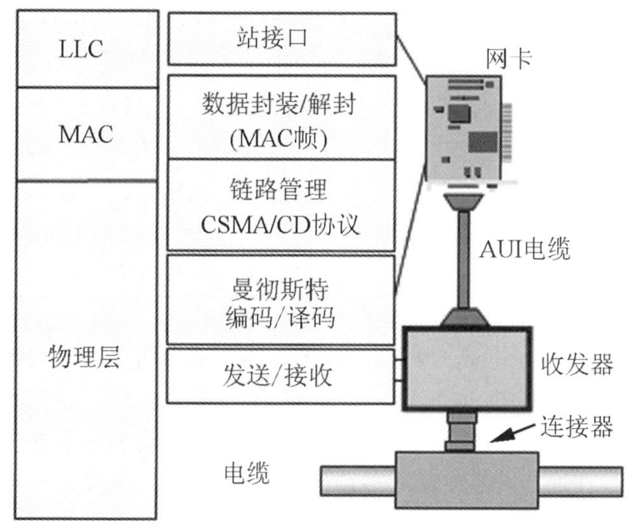

体系结构模式建立在一组接口之上，这些接口不同于具体实现时所强调的那些接口。但是，设计中有一个关键问题必须极大地依赖于具体实现的接口，那就是兼容性。两个重要的兼容接口在物理层内定义，即依赖于介质的接口 MDI 和附属单元接口 AUI。

在 OSI 体系结构模式中，各层通过精确定义的接口相互作用，同时提供服务规范中所规定的服务。介质访问控制子层和逻辑链路控制子层间的接口，包括发送和接收帧的设施，提供每个操作的状态信息，以供更高一层差错恢复之用。介质访问控制子层和物理层间的接口，包括成帧(载波监听，起动传输)和解决争用(冲突控制)的信号，在两层之间传送一对串行比特流(发送、接收)，用于定时等待功能。

1. 介质访问控制方法

IEEE 802.3 标准提供了介质访问控制(MAC)子层的功能说明，主要有以下两个。

- 数据封装(发送和接收)：成帧(帧定界、帧同步)、编址(源和目的地址的处理)与差错检测(物理介质传输差错的检测)。
- 介质访问管理：介质分配(避免冲突)，解决争用(处理冲突)。

1) 发送数据封装

当 LLC 子层请求发送一幅帧时，CSMA/CD 介质访问控制子层的发送数据封装部分用 LLC 提供的数据结构成帧，它将一个前导码和一个帧起始定界符加到帧的开头部分。利用 LLC 子层送来的信息，CSMA/CD 介质访问控制子层还将足够长度的 PAD 附加到 MAC 信息字段的结尾部分，以确保传送帧的长度满足最小帧长的要求，它还附加目的和源地址、长度计数字段和一个供差错检测用的帧检验序列，然后把该帧交给介质访问控制子层的发送介质访问管理部分以供发送。

2) 发送介质访问管理

借助监视物理层收发信号(PLS)部分提供的载波监听信号，发送介质访问管理设法避免与介质上其他信息量发生争用。当介质空闲时，在短暂的帧间延迟(提供介质恢复时间)之后启动帧发送，然后该介质访问控制子层将串行比特流送给 PLS 接口以供发送。PLS 完成产生介质上电信号的任务，同时监视介质和产生冲突检测信号，在无争用情况下，即完成发送。

完成无争用发送后，CSMA/CD 介质访问控制子层通过 LLC 介质访问控制的接口通知 LLC 子层，然后等待帧发送的下一个请求。

假如多个站试图同时发送，就会产生冲突，此时 PLS 接通冲突检测信号，接着发送介质访问管理开始处理冲突。首先，它发送一个称作阻塞的比特序列来强制冲突，以保证有足够的冲突持续时间，以便其他与冲突有关的发送站都能得到通知。阻塞信号结束时，发送介质访问

A 类网络地址 127.X.X.X 是一个保留地址，用于网络软件测试以及本地机进程间通信。

管理就停止发送。

发送介质访问管理在随机选择的时间间隔后再进行重发尝试，在重复的冲突面前反复进行重发尝试。发送介质访问管理用二进制指数退避算法调整介质负载。最后，或者重发成功，或者在介质故障或过载情况下放弃重发尝试。

3) 接收介质访问管理

在每个接收站，到达的帧首先由 PLS 检测，并用同步到达的前导码和接通载波监听信号来响应。随后，当编码的比特从介质上送来时，就对它们进行译码并转换成二进制数据。介质访问控制要检测到达的帧是否错误，即帧长是否超过最大值，是否为 8 位的整数倍，还要过滤冲突的信号，将小于帧最小长度的帧过滤掉。

同时，监视载波监听的介质访问控制子层接收介质访问管理部分正在等待要送交的输入的每个比特，它收集从 PLS 来的各个比特，并将它们按 8 位一组传给接收数据解封部分进行处理。

4) 接收数据解封

接收数据解封部分检验帧的目的地址，决定本站是否应当接收该帧。如地址符合，就将它发送到 LLC 子层，同时进行差错检验。

2. CSMA/CD 的主要特点

CSMA/CD 方式的主要特点如下。

(1) 原理简单，技术上容易实现。网络中各个工作站处于同等的地位，不需要集中控制。

(2) 不提供优先级控制，不提供急需信息的优先处理功能，各个站点争用总线，不能满足远程控制所需要的精确延时和绝对可靠性要求。

(3) 效率高，但是当负载增大时，发送信息的等待时间长，网络传输速率立刻下降。

为了克服上述缺点，产生了 CSMA/CD 的改进方式，如带优先权的 CSMA/CD 方式、带回答包的 CSMA/CD 访问方式、避免冲突的 CSMA/CD 访问方式等。

注意

有关 IEEE 802.3 CSMA/CD 介质访问子层的详细描述，有兴趣的读者可参阅 IEEE 802.3 文本。

1.5.2 共享与交换

共享与交换是网络中两种不同的工作机制。共享是指用户发出的数据共同抢占一个信道的无序情形。这样，当数据传输量和用户数量超出一定限量时，就会造成冲突，使网络性能衰退。交换式网络则避免了共享式网络的不足，它根据所传递信息包的目的地址，将每一信息包独立地从源端口发送至目的端口，避免和其他端口发生冲突，从而提高了网络的效率。

1. 资源分配和共享

所谓资源是指在有限时间内能为用户服务的设备，包括软设备和硬设备。例如，通信信道是一种资源，它的资源容量是单位时间内传输的比特数(bit/s)。又如计算机是一种资源，它的资源容量是单位时间内的操作次数。要求通信信道传输报文，或要求计算机处理作业，则是用户对资源的需求。

为了合理分配资源，首先要对需求进行分析，对网络的需求有以下四个特性：

① 难以预测用户需要网络资源的确切时刻；

② 难以预测用户占用网络资源的时间；

③ 大部分时间，用户并不需要占用网络资源；

④ 一旦用户需要占用网络资源，用户希望能及时得到资源。

上面四个特性表明，这是一种猝发性的异步需求。这种需求给资源分配和共享增加了不少难度。一个好的资源分配策略，一方面要很好地满足用户服务的需求，另一方面要提高资源的利用率。一个关键的概念是使用多用户访问冲突解决方案。下面列出几种可能的分配策略。

(1) 排队：它的特点是同时只有一个用户得到服务，其他用户都在排队等待。

(2) 分割：将资源容量分成若干片，给每一个要求服务的用户分一片。

(3) 封锁：同时只有一个用户得到服务，其他用户的服务要求都被拒绝。

(4) 粉碎：很多用户争用资源，结果没有一个用户拿到足够的资源容量，得不到需要的服务。

排队策略是一种很高明的策略，在日常生活中也经常用到，有时也可引入优先度以保证重要的用户首先得到服务。分割资源策略能使多个用户同时得到所需的资源，在通信网络中频分多路复用技术(FDM)就采用这种分配策略。封锁分配策略只有在用户要求资源服务的时刻正好资源处于空闲状态才能得到服务。最后一种称为粉碎的策略，有可能发生灾难性的情形，即没有一个用户能得到服务。在网络技术中，如分组无线电网、总线结构争用策略的局部网都可能发生这种现象。

长见识 因为 IP 地址资源非常短缺，用户一般不具有固定 IP 地址，而是由 ISP 动态分配一个暂时的 IP 地址。

当然，也可能将上述几种分配策略混合起来使用，如对头两个用户的要求使用分割资源策略，对另外10个用户需求采用排队策略，而多于12个用户的需求采用封锁策略。一般说来，排队和分割两种策略比较妥当，它们都是动态分配资源策略，这种策略对于不能预测的猝发性异步需求的用户更为合适。

2. 资源共享定理

有两个十分重要的资源共享定理。

(1) 大数定理：当大量用户共享系统资源时，系统总的容量只需是各个用户的平均负载之和，而不是各个用户的峰值之和。利用大数定理的平滑效应，可以大大提高资源的利用率。

(2) 比例尺定理：如果系统的吞吐量增加 *m* 倍，系统的总容量也增加 *m* 倍，那么，系统的响应速度将加快 *m* 倍。

1.5.3 双工和半双工

根据数据信息在通信线路上传输方向不同，可以把数据通信方式分为单工、半双工、双工三种。这里我们重点介绍半双工和双工通信方式。

1. 半双工

该方式允许数据在传输线路上双向传送，但在某一时刻，数据只能沿一个方向传送。半双工通信方式的优点是只用一条通信线路即可实现双向通信，缺点是在双方交互的过程中，需要频繁地改变信息的传输方向，其通信效率较低。局域网最早使用的就是这种通信方式。

2. 双工

该方式采用两条信道，因而允许两端的数据分别沿两个相反的方向同时传送，相当于把两个方向相反的单工通信方式组合在一起。显然，其通信效率较高。目前，大量的局域网交换机和网卡都采用了这一技术。

1.6 思考与练习

一、选择题

1. IP地址192.168.0.32属于_____地址。
   A. A类　　B. B类　　C. C类
2. 下列IP地址中，_____是非法地址。
   A. 131.109.55.1　　B. 78.35.6.90
   C. 220.103.9.56　　D. 240.9.12.2
3. B类地址支持的主机数为______。
   A. 65534　　B. 12768
   C. 4086　　D. 20000
4. 下列_____是数据资源共享定理。
   A. 当大量用户共享系统资源时，系统总的容量只需是各个用户的平均负载之和，而不是各个用户的峰值之和。利用大数定理的平滑效应，可以大大提高资源的利用率
   B. 如果系统的吞吐量增加 *m* 倍，系统的总容量也增加 *m* 倍，那么系统的响应速度将加快 *m* 倍
   C. 共享是指用户发出的数据共同抢占一个信道的无序情形

二、简答题

1. 计算机网络的发展分哪几个阶段，每个阶段各有什么特点？
2. 什么是计算机网络？具有通信功能的单机系统是不是计算机网络？
3. 计算机网络可从哪几方面分类，怎样分类？
4. 计算机网络由哪几部分组成，各部分的主要功能是什么？
5. 计算机局域网的基本拓扑结构有哪几种，各有什么特点？
6. 按地理位置范围可以将计算机网络分为几种，它们各自有什么特点？
7. 数据在通信线路上的传输方式有哪几种，各自的特点是什么？
8. 共享和交换的定义是什么？
9. CSMA/CD介质访问控制协议的定义和内容分别是什么？
10. 简述TCP/IP网络中IP地址和子网掩码的作用。
11. 某主机在一个C类网络上的IP地址是198.123.6.237，如果需要将该主机所在的网络划分为4个子网，应如何设置子网掩码？

平时，应该对网络流量进行监控，对于突然出现的网络流量跳变，要引起重视查明原因，以防网络内部被安装木马程序。

第 2 章

局域网的硬件设备

本章微课

本章介绍局域网的硬件，并以常用的网络硬件为主，包括服务器、工作站、网卡、传输介质、路由器及其他网络互联设备。相关的硬件选择是本章的学习重点！

学习要点

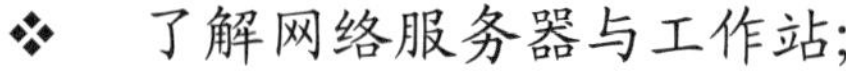

- ❖ 了解网络服务器与工作站；
- ❖ 了解服务器的性能；
- ❖ 了解工作站的选择；
- ❖ 了解网卡的性能与选择方法；
- ❖ 了解网络传输介质；
- ❖ 了解交换机的功能与使用；
- ❖ 了解网络中继器；
- ❖ 了解路由器的功能；
- ❖ 了解网桥的功能；
- ❖ 了解无线路由器；
- ❖ 了解网关的功用。

学习目标

网络硬件是构建局域网的基础，选择合适的硬件设备对局域网的组建可谓至关重要。本章应重点了解各类硬件设备的功能与应用范围，对部分常用重要硬件还应了解其基本工作原理和参数指标。

需要注意的是，硬件的选择不应一味追求高性能或低价格，而应该结合实际应用需求，预留一定的升级空间，选择性价比最高的产品。在满足应用的前提下，合理控制硬件成本。

2.1 网络服务器与工作站

网络服务器与工作站是局域网基本的组成单元，是用户直接使用的设备。

2.1.1 网络服务器

网络服务器是局域网中为用户提供服务的专用计算机。服务器上通常安装具有管理功能的操作系统，如Windows Server(目前最新版本是Windows Server 2019)和Linux等。另外，还安装了许多服务器应用系统软件，如Web服务等。

服务器是计算机的一种，它是网络上一种为客户端计算机提供各种服务的高性能计算机，它在网络操作系统的控制下，将与其相连的硬盘、磁带、打印机、Modem及昂贵的专用通信设备提供给客户站点共享，能为网络用户提供集中计算、信息发表及数据管理等服务。

由于许多重要的数据都保存在服务器上，网络服务都需要在服务器上运行，并且需要连续不断地长时间工作，因此需要服务器具有较高的稳定性和可靠性。一旦服务器发生了故障，将会丢失数据、停止服务，严重时甚至会造成网络的瘫痪。

小型对等网络不必采用服务器，但在大中型网络中，服务器是网络的核心，直接决定整个网络的功能和效率。

1. 服务器的分类

1) 按CPU体系架构划分

根据体系结构不同，服务器可分为三大类别：IA架构服务器、RISC架构服务器和VLIW服务器。

IA架构服务器，又称CISC(复杂指令集)架构服务器，即通常所讲的PC服务器，它是基于PC体系结构，使用Intel及其兼容的处理器芯片的服务器。IA架构的服务器采用了开放体系结构，有大量的硬件和软件支持者。在这个阵营中主要的技术领头者是最大的CPU制造商Intel，国内主要的IA架构服务器制造商有浪潮、联想等，国外著名的IA服务器制造商有IBM、HP等。

RISC(精简指令集)架构服务器，是使用RISC芯片并且主要采用UNIX操作系统的服务器。RISC架构服务器主要采用封闭的发展策略，即由单个厂商提供垂直的解决方案。从服务器的系统硬件到系统软件都由这个厂商完成，这种服务器的典型代表是SUN的ULTRA SPARC系列的服务器系统、IBM的POWER PC服务器系统等。

VLIW(Very Long Instruction Word)意为“超长指令集架构”。VLIW架构采用了先进的EPIC(清晰并行指令)设计，这种构架也叫作IA-64架构。IA-64在每个系统时钟周期内可运行20条指令，而IA架构只能运行1～3条指令，SC架构只能运行4条指令，可见VLIW要比CISC和RISC强大得多。VLIW简化了处理器的结构，删除了处理器内部许多复杂的控制电路。VLIW的结构简单，价格相对较低廉，能耗小，单位功耗的性能也比其他架构芯片高得多。目前IA-64架构服务器只能采用64位的处理器，主要有Intel的IA-64和AMD的x86-64两种。

从当前的网络发展状况看，以小、巧、稳为特点的IA架构的PC服务器凭借其可靠的性能、低廉的价格，得到了更为广泛的应用，在互联网和局域网内用于完成文件服务、打印服务、通信服务、Web服务、电子邮件服务、数据库服务、应用服务等主要应用。

从长远来看，随着64位处理器和操作系统的普及，VLIW服务器会成为未来的主流。

2) 按用途划分

服务器按用途可划分为通用型服务器和专用型服务器两类。

通用型服务器不是为某种特殊服务专门设计的，可以提供各种服务功能，当前大多数服务器都是通用型服务器。这类服务器因为不是专为某一功能而设计，所以在设计时兼顾了多方面的应用需要，服务器的结构相对较为复杂，而且要求性能较高，价格上也更贵些。

专用型服务器是专门为某一种或某几种功能设计的服务器。与通用型服务器不同，其硬件配置往往有所偏重。如文件服务器要求具有超大的硬盘容量，极强的I/O吞吐能力，但不需要进行复杂的数据运算，因此可以采用普通的CPU，其浮点运算功能甚至还不如一台普通个人计算机，在实际应用中却无法用个人计算机来取代它。

3) 按外观分类

服务器若以外形来分，大致可分为四类：直立式服务器(塔式服务器)、机架式服务器、机柜式服务器和刀片式服务器。

直立式服务器是小型服务器常见的形式，机箱结构与普通个人计算机类似，外形稍大，功能也更强劲。前面板一般带有锁功能，运行时可以把电源按钮和光驱等设备锁起来，以防止非法操作。

长见识 服务器的构成与微机基本相似，有处理器、硬盘、内存、系统总线等，但它们是针对具体的网络应用特别制定的，因而服务器与微机在处理能力、稳定性、可靠性、安全性、可扩展性、可管理性等方面存在很大的差异。

机架式服务器的机箱扁平，可以将多个服务器单元安装在一个标准的 19 英寸机柜中，统一供电、散热和管理。机架式服务器有 1U、2U、4U、6U、8U 等多种规格。机架式服务器的机箱宽度都是相同的，U 代表机架式服务器的机箱高度，1U=1.75 英寸。机架式服务器装卸十分方便，便于组建服务器集群。这类服务器的功能十分强大，成本相对高昂，多用于具有一定规模的网络。

机柜式服务器是指服务器主机安装在一个或多个大型机柜中的大型服务器。有时候机柜式服务器和机架式服务器并不严格区分。一些高档的企业服务器由于内部结构复杂，设备较多，便将关键设备单元和服务器核心都放在一个机柜中以便于管理。像我们熟知的超级计算机银河、深蓝都可以认为是机柜式服务器。

刀片式服务器比机架式服务器更极端，每个服务器单元都有各自的 CPU、内存和主板芯片，集成在一块薄薄的电路板上，人们形象地称它为“刀片”。多个刀片服务器安装在一个机箱内，最多可以达到几百个“刀片”。由于其高度集成化，容错性好，便于组建服务器集群，在网络高端应用领域已经占据了不可替代的地位。

2. 服务器的性能指标

了解服务器的性能对选购合适的服务器十分重要。服务器的性能指标包括多个方面，如 CPU 类型、频率，内存大小、带宽等。用户应根据实际需求来决定选择何种品牌和型号的服务器。

1)　CPU

CPU 是服务器的核心部件，也是衡量服务器性能的首要指标。同种架构下，CPU 主频越高，运算速度就越快；CPU 缓存越大，性能越好；数据总线宽度决定了 CPU 与外部系统交换数据的速度。随着新的处理器架构的出现，现在 CPU 不再一味追求高频率，而是综合考虑运算能力。目前 CPU 从单核心向多核方向发展。CPU 通常不会成为系统瓶颈，但对于需要 CPU 进行密集型的运算，如数据库类应用，CPU 的作用十分重要。如果再增加一颗 CPU，内存容量也要同时加倍，才能有效发挥 CPU 的性能。

2)　内存

内存是计算机必不可少的基本组件之一。服务器一般需要容量大、速度快、稳定性好的内存。现阶段一般采用 DDR4 内存，频率一般在 2000MHz 以上。企业级应用每个 CPU 应至少配备 8GB 的内存。提高内存容量通常是提高服务器性能的有效方法。

3)　硬盘

硬盘是服务器的数据仓库，用来存储所有的软件和重要数据。服务器一般采用高速、稳定、安全的 SCSI 硬盘，以确保能容纳大量的数据并长时间工作。但 SCSI 硬盘价格较高，随着 SATA 技术的发展，SATA 硬盘存取速度越来越高，价格也越来越低，低端服务器采用 SATA 硬盘也是不错的选择。为进一步提高存取速度与安全性，一般安装多硬盘搭建 RAID 阵列。

4)　I/O 性能

I/O 性能是指服务器的数据吞吐能力。服务器网络接口一般在 100Mb/s 以上，较新服务器达到 1000Mb/s。可安装多个网络接口以充分提高服务器的吞吐能力。

另外，选购时还应注意服务器的数据容错、系统监控能力和稳定性。

总而言之，选择服务要本着高可用性、可扩展性和

大多数刀片中心都有特殊的供电需求，这意味着特殊电缆额外的前期成本。

易管理性的原则。如果网络规模不大，也可以使用高性能的普通PC作为服务器。

3. 服务器的发展趋势

IA服务器技术及其操作系统的发展方向如下：

① 更高速、更强大的处理能力；

② 更高的I/O性能，更好的扩展能力；

③ IA服务器在系统可管理性、可靠性、稳定性、容错能力和系统综合可用性上有了巨大的提高；

④ 群集技术；

⑤ 更大的存储容量，更可靠的存储系统，更高速的数据传输能力；

⑥ 各种数据库产品技术更加成熟，应用软件多样化、专门化。

2.1.2 工作站

工作站就是接入局域网中的普通个人计算机。在主从式网络中，当其连接到网络中并登录到服务器后，就可以使用服务器所提供的各种资源和服务。一般包括普通台式个人计算机和笔记本电脑，如下图所示。

选购工作站也应根据需求而定，一般有专门书刊介绍PC选购知识，这里我们只对工作站的选择做简单介绍。

工作站计算机按购买方法不同可以分为品牌机和组装机。市场上的组装机只针对台式机而言，对于笔记本电脑，由于不易拆装和硬件通用性问题，目前还没有出现组装机。

在购买品牌机时，商家已经把计算机整机装配调试好，硬件配置不会再做大的调整，只有硬盘或内存容量可根据用户要求增加。品牌机一般都有较完善的售后服务，用户购买时尽量选择口碑较好的知名品牌，如联想、戴尔、方正、惠普等。

用户去计算机城(即所谓的DIY市场)购买组装机时，经销商并不提供现成的计算机，而是安排装机员与用户商谈计算机的各个硬件和价格，灵活性较大。

选择组装机要求用户对计算机硬件和行情有一定的了解，以免被一些不良商家欺骗。价格上相对而言，组装机要比品牌机便宜，不过同时也失去了整机的售后服务，如果计算机出现问题，需要找相应硬件的代理商或厂商解决，否则只能自己解决。由于组装机的各部分硬件由用户决定，具体选择上用户有很大的自由，可以根据自己的使用要求、经济状况装配合适的机器。当硬件厂商推出一款新产品后，DIY市场马上就能买到这款产品，而品牌机往往要等一两月。具体组装时要注意货比三家，仔细观察，防止经销商以次充好或漫天要价。

用户自己组装的机器并不能保证良好的兼容性，经销商虽然会提供一些必要的建议，但商人与消费者的出发点毕竟不同，如果用户对计算机硬件不是十分精通的话，不易配置性能最佳的计算机。品牌机一般经过专业人员的测评，技术上相对成熟。需要注意的是，品牌机厂商一般不允许用户在保修期内自行修理、改装计算机，否则不予保修。

选择品牌机还是组装机不可一概而论，用户应结合自身经验和知识水平、经济能力、使用要求以及市场行情做选择。

无论品牌机还是组装机，用户都应该对硬件的性能参数有一定的了解，以免选择失当。一些配置相似的计算机，性能上往往有着天壤之别。下面简单介绍计算机各主要硬件的相关知识。

1. CPU

CPU的主要指标包括以下几个方面。

1) 主频

CPU主频(主频=倍频×外频)表示CPU在一秒内进行运算的次数，如通常所说的酷睿 i7 CPU 3.0GHz，表示CPU每秒能运算30亿次。由于CPU技术发展得非常快，频率远远超过其他设备的频率，因此必须通过这种分频方式将CPU外部频率降下来，以便于和外部设备通信。

很多用户认为，CPU主频越高，性能就越好。这样理解是片面的，同一系列CPU可以这样理解，如酷睿i7 3.2GHz的性能就要优于酷睿 i7 3.0GHz的性能。不同系列的测评就不能这样理解，因为不同架构的CPU在一次运算中所完成的工作量不同。主频只是CPU性能表现的一个方面，而不是整体性能。CPU主频越高，价格也越昂贵，同时消耗的功率也越大，发热量也呈直线上升。目前工艺水平下，5.0GHz差不多成为CPU频率无法逾越的极限。CPU厂商把目光转向八核、多核CPU，因为频率大战已经走到了尽头。

2) 前端总线频率(FSB)

前端总线频率表征CPU和主板交换信息的能力。

长见识

服务器是一类计算机的总称，从应用上来讲，包括网络信息服务、OA办公、财务服务等。服务器主要用于网络和企业，通常所说的刀片式机箱、塔式机箱等名词，实际上说的就是服务器。

目前主流 Intel CPU 的前端总线频率已达到 2400MHz。AMD 的 CPU 与配套主板采用不同的结构，频率上无法对比。

3)　地址总线位宽

人们常问 CPU 是 32 位还是 64 位的，这里的 32 和 64 是指 CPU 地址总线位宽，而不是数据总线位宽，表示 CPU 的寻址能力。64 位的 CPU 能支持更大的内存，运算能力也更加强大，是现在的主流。64 位运算需要操作系统和应用软件算法上的支持，如果采用传统的 32 位算法，其寻址能力是无法发挥出来的。

4)　缓存容量

由于 CPU 核心运算速度实在太快，内存速度无法跟上，工程师设计了缓存作为 CPU 与内存间的缓冲。现在 CPU 一般采用两级缓冲设计，我们所说的缓存容量通常指二级缓存。缓存容量大的 CPU 性能较好，但价格也贵一些。

经过激烈的市场竞争和淘汰，目前主要的计算机 CPU 厂商只剩下两家，即 Intel 和 AMD，它们占据全球 90%的市场。

目前，Intel CPU 的主要系列有：凌动(移动 CPU)、赛扬(低端 PC)、奔腾(中端 PC)、酷睿(高端 PC)、志强(低端服务器和中端工作室)、安腾(高端服务器)等。每个系列都有它的最新产品，各个系列相对独立。

AMD 公司的 CPU 产品由于其出色的超频能力和高性价比，一直深受广大 DIY 用户和超频玩家的喜爱。AMD CPU 的主要系列有皓龙、速龙、闪龙、羿龙、雷鸟、钻龙、翼龙等。

值得一提的是，虽然 CPU 设计制造技术长期被国外商家垄断，但中国的科学家和工程师从来没有放弃制造一颗“中国芯”的努力和梦想。2002 年，龙芯处理器的发布在业界就引起了不小的轰动。据报道，龙芯 3A 处理器(如下图所示)采用 65nm 的制作工艺，芯片使用 BGA 封装，集成了四个 64 位超标量处理器核、4MB 的二级 Cache、两个 DDR2/3 内存控制器、两个高性能 HyperTransport 控制器、一个 PCI/PCIX 控制器以及 LPC、SPI、UART、GPIO 等低速 I/O 控制器，其性能有了大幅度提升。龙芯 3A 在服务器、高性能计算机、低能耗数据中心、个人高性能计算机、高端桌面应用、高吞吐计算应用、工业控制、数字信号处理、高端嵌入式应用等产品中具有广阔的应用前景。

另外，继龙芯 3A 后，更先进的龙芯 3B 处理器已流片成功。龙芯公司相关部门已对该芯片做了进一步开发和测试工作。龙芯 3B 采用 65nm 制作工艺，在单个芯片上集成 8 个增强型龙芯 GS464 处理器核，可以与 MIPS64 兼容，并支持 X86 虚拟机和向量扩展。其对外接口与四核龙芯 3A 完全一致，两款芯片引脚完全兼容，可实现无缝更换。目前新一代通用处理器 3A4000/3B4000 使用 28nm 的制作工艺，通过设计优化，性能在上一代产品的两倍以上，主频达到 1.8M～2.0GHz。在此基础上，龙芯计划于 2020 年前后推出 12nm 制作工艺的新 CPU，主频提高到 2.5GHz，通用处理性能有望达到世界级先进水平。

2. 内存

内存是决定计算机性能优劣的又一重要组件。内存是计算机运行时存放数据和指令的半导体存储体。

有的读者可能会问，硬盘不是也能存放数据吗，为什么还需要内存呢？对简单的单片机而言，内存和硬盘是同一个存储体。但对现代计算机而言，CPU 运行的速度实在太快，而硬盘读写的速度太慢了，远远跟不上 CPU 的速度，人们发明了高速高频的存储体，即我们现在说的内存。内存虽然读写速度快，但有一个缺点，只有在通电的时候才能保存数据，一旦断电，数据就丢失了。

DDR(Double Data Rate，双倍数据速率)内存由 SDRM 内存发展而来，但 DDR 采用的是双倍数据传输，在一个时钟周期内能传输两次数据，其性能相比 SDRM 内存有了显著改善，并且能够支持更高的工作频率。

由于 DDR 内存是双倍传输，一般用 DDR 内存工作频率的两倍命名内存型号，如工作频率为 133MHz 的内存称为 DDR266；另一种方式是用内存带宽命名，如 DDR266 最大理论传输率是 64×2×133/8=2128Mb/s，所以又称为 PC2100。DDR266 在市场上已很少见，同型号内存一般为 DDR333、DDR400、DDR533 和 DDR667。DDR 内存使用 2.5V 电压，184 针的插口。

DDR2 作为 DDR 的升级版，采用新的技术手段和电气规范，工作时钟至少为 400MHz。DDR2 内存工作效率相比同频的 DDR 提高 50%以上。DDR2 使用 1.8V 电压供电，与 DDR 内存不能互换也不能混合使用。

DDR2 内存型号有 DDR2 667、DDR2 800、DDR2 800+、DDR2 1066、DDR2 1100 和 DDR2 1200。

服务器不等于高性能计算机，服务器虽然运算能力很强，但图形处理能力一般都很差。用服务器来玩大型游戏的想法是不切实际的。

为了实现更省电、传输效率更快的目标，DDR3 研发面世，它是 DDR2 的后继者，提供相较于 DDR2 更高的运行效能与更低的供电电压。它使用SSTL 15的I/O接口，运作 I/O 电压是 1.5V，采用 CSP、FBGA 封装方式包装。除了延续 DDR2 的 ODT、OCD、Posted CAS、AL 控制方式外，DDR3 新增了更为精进的 CWD、Reset、ZQ、SRT、RASR 功能。

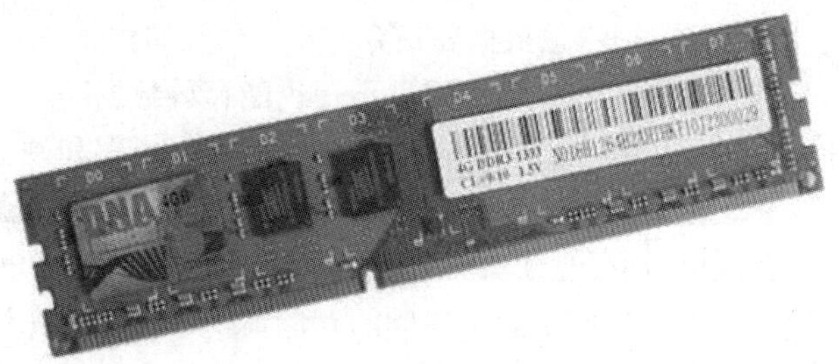

在计算机日益普及的今天，DDR4 内存应运而生，该内存继承 DDR3 内存的规格，采用 Single-ended Signaling(传统的 SE 信号技术)、Differential Signaling(差分信号技术)并存的信号传输方式，目前内存主要以 DDR4 为主。金士顿骇客神条FURY 16GB DDR4 3200内存如下图所示，该内存的容量为 16GB，主频为 3200MHz。

内存的主要性能指标为工作频率和内存容量。

工作频率决定了内存的数据带宽。一般而言，频率越高，带宽越大。但高频率也会带来较大的延迟，因此性能不一定能提升。内存带宽(MB/s)=时钟频率×数据总线宽度×每时钟传输次数/8。

内存的工作频率不一定要与 CPU 外频相符，在异步时钟条件下也可以工作，但内存带宽一定要满足 CPU 要求，否则会成为系统性能的瓶颈。通过采用内存双通道技术(需主板支持)，安装两条相同规格的内存，可以实现内存带宽加倍的效果。

内存的容量与系统运行速度并没有直接的关系。不同容量的内存，如果型号和频率相同，内存带宽是一样的。操作系统和应用程序运行时都需要占用一定的内存，当内存容量满足要求后，再增大内存容量，系统性能也不会有显著改善。目前单条内存容量一般为 4GB、8GB、16GB。具体安装多大的内存，应该根据操作系统和需要使用的大型软件决定。

用户往往容易过分关注内存容量而忽视内存带宽，前者对系统性能的影响更大。

生产内存的厂家非常多，主要有金士顿、三星、现代等。需要注意的是，许多同一规格(同频率同容量)内存，不同厂商由于使用不同的原材料和封装技术，内存的性能不一样，价格也会有很大差别，用户购买时要仔细甄别。

3. 主板

主板是整个计算机的基础，因为其他的元件要安装在主板上。

1) 主板芯片组

谈到主板，最先关注的是主板芯片组。不同的主板芯片支持的 CPU 不同。一块主板一般只能支持接口相同、规格相近的 CPU。

支持 Intel CPU 的主板上一般包括南桥芯片和北桥芯片，芯片规格越高，支持的处理器就越新，其功能也更强。

目前生产主板芯片组的厂商有 Intel、华硕、英伟达(NVIDIA)、威盛、SiS 等。Intel 主要为自己的 CPU 产品制造配套芯片组，作为高端用户的首选，市场影响非常大。而 NVDIA 的 nforce 芯片组系列由于其出色的表现和良好的兼容性深受好评。台湾的芯片组厂商威盛的产品物美价廉，一直深受 DIY 用户的欢迎。

主板功能直接决定了计算机性能的基调。因为能装配什么元件是由主板型号决定的。用户购买前一定要弄清楚主板能支持哪些规格的硬件，以免出现兼容性的问题而影响使用。

长见识 龙芯系列是我国自主研发、设计、生产的CPU，拥有完全的自主知识产权，没有模仿任何公司的产品。

2)　几种插槽

从上图可以看出，主板上布满了各类插槽，各类插槽在设计时为了避免差错，都采用了防错设计，即只有符合规格的元件才能插入对应的插槽中，强行插入会导致元件损坏。

(1) CPU 插槽：用于安装 CPU，特定规格的插槽只能安装相应规格的 CPU，不同规格的插槽不仅针脚数量不同，供电电压也不相同。

(2) 内存插槽：一般有 2～4 个。有的是 DDR2 插槽，有的是 DDR4 插槽，有的主板是两者兼有。现在多数中高端显卡都支持内存双通道。需要注意组建双通道的内存必须插在指定的一对插槽中，否则双通道功能无法实现。

(3) 显卡插槽：又分为 AGP 插槽和 PCI Express 插槽，一般只有一个，有些集成了显卡芯片的主板甚至没有显卡插槽。不过现在许多主板提供两个 PCI Express×16 插槽，供用户搭建双显卡平台，以满足较高的图形处理要求。

(4) PCI 插槽：一般有 3～5 个，用来安装其他 PCI 扩展设备，如电视卡、声卡、硬盘保护卡、网卡等。

3)　几种接口

(1) IDE 接口和软驱接口。IDE 接口一般有两个，每个接口通过排线能连接两个设备，用来连接光驱和 IDE 硬盘。软驱接口用来连接软驱，但现在已经很少有人使用软驱。许多主板不再提供软驱接口和 IDE 接口，而是以 SATA 接口代替。

(2) SATA 接口即串行硬盘接口，一般有 2～6 个，速度比 IDE 接口快许多。目前很多主板上都是 SATA 和 IDE 接口并存。SATA 又分为 SATA 1.0 规格、SATA 2.0 规格和 SATA 3.0 规格，三者速率上有很大不同，其中 SATA 1.0 理论传输速度为 1.5Gb/s，SATA 2.0 理论传输速度为 3Gb/s，SATA 3.0 理论传输速度为 6Gb/s。

(3) USB 接口，主要分为 USB 2.0 和 USB 3.0 两种规格。后者在传输速率上快出许多，已达到 5Gb/s，前者则只有 480Mb/s，新式主板上几乎都采用 USB 3.0 规格。老式主板上只有两个，而现在的主板上附带的 USB 接口一般不会少于 6 个。USB 接口的最大成功在于其良好的通用性和热插拔性能。越来越多的设备被制造成使用 USB 接口，并且还在不停地增加。U 盘、移动硬盘、鼠标、键盘、打印机、读卡器……几乎所有低速外部设备都在向 USB 靠拢。

此外还有传统的并行/串行通信接口、PS/2 鼠标键盘接口、电源接口等，不再一一介绍。

现在几乎所有的主板都集成了声卡、网卡。许多主板还集成了显示芯片组，为对图形要求不高的用户节省了采购成本。随着 SATA 的推广，一些主板集成了 RAID 控制器以供普通用户用多个硬盘搭建 RAID 阵列。

生产主板的厂家非常多，比较知名的有华硕、技嘉、微星、昂达、盈通等。主板型号繁多，功能各异，许多采用同样芯片组的主板在功能上却有很大区别。杂牌主板做工粗糙，质量很难得到保证。主板故障是计算机故障中最难查找和解决的。好的主板很少出现故障，一旦有了故障售后服务也很完善。当前各类主板价格上的差异远没有 CPU 那么大，所以消费者应尽量选择知名品牌的主板。

4. 显卡

显卡的主要作用是对图形运算进行加速，所以显卡往往又叫作图形加速卡。

早期，图形运算工作都由 CPU 来完成，随着图形程序特别是 3D 游戏的发展，图形运算工作越来越繁重，因此人们把图形运算的主要工作转移出来，单独设立了一个部件来进行这部分工作。CPU 只需要告诉显卡画一个什么样的图，具体怎么画由显卡来运算完成。

现在主流主板大多采用四相供电技术，为 CPU 和其他设备提供更高品质的驱动电能，为 CPU 高效运行打下基础。

一个独立显卡上包括显卡芯片(GPU)、显存和其他电路，功能已经相当于一个小型的计算机了。

显卡可以分为独立显卡和集成显卡。如果用户不玩大型3D游戏、不使用大型3D软件，即没有大型3D使用要求的话，完全用不着安装独立显卡。对于任何2D应用，现在的集成显卡基本上都可以胜任，许多最新的集成显卡功能已经达到了低端独立显卡的水平。

这里我们主要介绍独立显卡。

按接口可以分为AGP接口和PCI Express接口两种类型的显卡。早期的显卡都是AGP接口，现在正逐步退出市场。

由于3D游戏对画面的要求越来越高，CPU向显卡发送的数据越来越多，传统的AGP总线已无法满足要求。后来人们开发了PCI Express接口，其传输速度达到了AGP接口的好几倍。PCI Express接口根据总线位宽不同有好几种模式，包括×1、×4、×8和×16模式。×16模式传输速度最快，用来作为显卡接口，理想情况下带宽能达到5GB/s，实际带宽也在4GB/s左右，远远超过了AGP×8接口的2.1GB/s带宽。下图所示是影驰GeForce GTX 1650 SUPER显卡的外观。

目前制造显卡芯片的厂商只剩下AMD和NVDIA两大巨头，形成彼此竞争的局面。

NVDIA产品系列编号较为清晰，目前市场上主要产品为英伟达的10系列、20系列。

为与NVDIA竞争，AMD公司于2006年收购ATI公司，目前市场上主流产品是RX590、VEGA64系列。

随着ATI和AMD两大芯片厂家的合并，CPU多核技术的发展迅速并日趋成熟，将来可能会再次将图形处理单元整合到CPU中，因为CPU的运算能力大大强于GPU。在目前技术水平下，由于缺乏操作系统的支持，双核处理器资源利用得不是很充分，经常有一颗CPU处于闲置状态，利用闲置的CPU做图形运算再合适不过。

显卡的主要性能指标有以下几个方面。

1) 显示芯片(GPU)性能

显示芯片的发展与CPU类似，在不停的更新换代中频率越来越高，晶体管数量越来越多。目前较新的GPU时钟频率已经达到2000MHz。GPU的性能是决定整个显卡性能的关键。GPU的渲染管线和顶点着色单元越多，显卡的图形处理能力越强。现在高级显卡渲染管线一般都有12～16个。

2) 显存的容量

显存的主要功能是将GPU处理的数据暂时存储起来。显卡的分辨率越高，所需的显存也越大。但实际上现在独立显存的容量多为6GB、8GB、12GB、16GB、24GB，大部分显存平时都闲置，只有在处理3D图形时用来储存材质和纹理图案。

3) 显存的频率

显存的频率也是影响显卡性能的关键之一。当前显存速度要快于内存速度，显存类型主要有GDDR3、GDDR5、GDDR5X和GDDR6，频率超过了1GHz。

此外，显卡支持的其他功能，如DirectX版本、PS功能，对显卡在3D游戏中的表现也有很大的影响。

选购显卡时，不能忽视显卡的输出接口。显卡接口一般有VGA接口(模拟信号)和DVI接口(数字信号)，DVI接口的传输效果要优于VGA接口，也是将来发展的方向。许多显卡都同时提供两种接口，一些高级显卡不再安装VGA接口，只提供两个DVI接口。

5. 显示器

显示器是计算机最重要的输出设备，是用户直接面对的部件，选择合适的显示器十分重要。

显示器可以分为CRT显示器和LCD显示器。

CRT显示器又称为阴极射线管显示器，其主要元件是一个真空的显像管，利用电子枪发出的射线打在屏幕的荧光粉上发出光线，大量的光点组成用户看到的图像。CRT显示器色彩鲜艳，图像响应迅速，对比度高，可视角度大，价格便宜，缺点是体积较大，占用空间且携带不便。显示器一般以显像管尺寸来区别，由于CRT显示器的电磁辐射较强，已经基本退出了显示器市场。

主板供电部分的质量好坏并不取决于它采用了四相还是三相供电。目前处理器的功率越来越大，如果想要提高供电系统的稳定性，可以选择质量更好的线圈和MOS管，但是这样会导致成本增加，为了节约成本，提高供电功率和散热效果，现在很多厂商采用了四相供电系统。

LCD 显示器的显示原理完全不同，LCD 显示器的主体部分是一块液晶面板。通过对液晶面板不同部位施加不同电压控制光线的通过以产生不同色彩。

液晶显示器体积小，重量轻，便于携带，功耗小。由于显色原理不同，LCD 显示器也不存在屏幕闪烁的问题，已经取代 CRT 显示器成为主流。

LCD 显示器的重要性能参数有以下几点。

1)　屏幕尺寸和最佳分辨率

屏幕尺寸一般为 24 英寸、26 英寸、27 英寸等，近来又出现了一些更大尺寸的宽屏产品，如 30 英寸及以上的 LCD 显示器。屏幕尺寸越大，成本越高，价格也越昂贵。

2)　亮度和对比度

LCD 的亮度单位为坎德拉/平方米(cd/m^2)，目前 LCD 亮度普遍在 300cd/m^2 以上，好一点的显示器达到了 400cd/m^2，达到了 CRT 显示器的水平。对比度表征了 LCD 显示图像层次的能力，一般在 200∶1～400∶1。

LCD 的另一个重要参数为响应时间。响应时间越短，显示效果越好，越不容易产生拖尾现象。2007 年主流的 LCD 显示器的响应时间一般为 8ms，而 16ms 的显示器为过时的产品，不值得购买。

3)　可视角度

站在液晶屏幕旁边的人往往不容易看清屏幕上的内容，而 CRT 显示器则没有这个问题。能看清屏幕的这个角度范围称为可视角度。水平可视角度普通 LCD 一般为 140°，而高端的显示器可以达到 170°。

另外，还有一点需要注意，如果用户对图像质量要求较高，最好选择 DVI 接口的显示器，以保证良好的屏幕画质。

6. 硬盘

硬盘是计算机最重要的存储设备。通过在磁体介质上写入信号保存数据，即使长时间断电数据也不会丢失。

硬盘按接口不同可以分为并口硬盘(IDE 硬盘，也叫 PATA 硬盘)和串口硬盘(SATA 硬盘)。

IDE 硬盘是较早出现的一种硬盘，由于 IDE 接口传输速度慢，被 SATA 硬盘取代。此外，SATA 硬盘采用的连接线比 IDE 的排线窄很多，安装方便，有利于机箱内部散热。

SATA 硬盘还支持热插拔，这一点对需要长时间开机的服务器特别重要。如果计算机只有一块 SATA 硬盘，虽然系统中有卸载硬盘这个选项，但实际上是不可能把硬盘直接拔下来的，因为操作系统安装在这个硬盘上，而系统的运行也要依赖这个硬盘。热插拔硬盘的功能只有在计算机上有多个硬盘的时候才有意义。

显示器可视面积是指显示器可以显示图形的最大范围，用长与高的乘积表示，通常也用屏幕可见部分的对角线长度来表示。

硬盘按尺寸可以分为2.5英寸硬盘和3.5英寸硬盘。前者多用于笔记本电脑和移动硬盘，后者是台式机硬盘的固定尺寸。下面主要和大家讨论3.5英寸硬盘。

硬盘的重要参数有以下几个。

1) 硬盘容量

用户最关心的是容量，2006年硬盘的容量出现了一个大飞跃，目前市场上的硬盘已经达到TB级别，2TB容量的硬盘价格在400元左右。用户买回的硬盘格式化后的容量都达不到硬盘标称的容量，但不会小太多。这是因为厂商使用的单位换算是1GB=1000MB，而操作系统计算的是1GB=1024MB，再者硬盘在格式化的过程中也要占用一部分硬盘空间。

2) 硬盘转速

目前主流的硬盘转速一般为7200r/min，某些高端硬盘可以达到10000r/min。一般来说硬盘转速越高，读取速度就越快，但高转速也会带来其他问题，如噪音增加、硬盘易损坏、发热量加大等。

3) 缓存大小

缓存是硬盘内置的高速缓冲存储器。硬盘磁头读取数据与系统总线时钟是不同步的，因而不能直接传输到总线上，所以设置了缓存。磁头读取的数据先写入缓存，系统总线从缓存读取数据并将缓存清空，这样一次次写入和读取就实现了数据的传输。缓存的大小和速度直接关系到硬盘的性能。目前主流的硬盘缓存一般为64MB、128MB，大容量硬盘的缓存可以达到256MB。

4) 外部数据传输速率

指从缓存向总线传输数据的速度，采用ATA 100传输协议的并口硬盘的理论传输速度可以达到100MB/s，而最新的SATA 3.0规范最高支持6Gb/s的传输率。内部数据传输率指磁头从硬盘磁片上读取数据传输到缓存上的速度，现有技术下内部数据传输率往往低于外部数据传输率，而硬盘真正的读取速度取决于较小的那一个，所以一味追求高外部速度传输率没有多大意义。

生产硬盘的厂商主要有希捷、西部数据、三星、东芝。目前硬盘市场较成熟，各大厂商技术水平相差不大。只要选择正规经销商，硬盘产品都有良好的质保。二手硬盘容易被不法商人修改容量，售后服务也得不到保证，用户应慎重选择。

7. 光驱

光存储产品在数字存储领域一直占有重要的地位，高储存容量、数据保持性好、良好的安全性和便携性使其成为最主要的移动存储介质。光驱(光盘驱动器)用来读取光盘上的信息。

光盘盘片主要由三个部分组成：基片、存储介质和保护层(密封层)。存储介质用于记录数据信息，它由吸光能力强且熔点较低的材料组成，激光束照射在上面，使其发生变化，从而记录数据信息。基片是用来固定记录介质的。光盘介质表面有一层塑料保护膜，即便有轻微的划伤和灰尘也不会损害光盘中的信息。光盘还不易受到外界磁场的干扰，所以光盘的可靠性高，信息保存的时间长。在正常室温下，光盘片可保存100年之久。

现在的光驱功能不再局限于读，刻录光盘也成为越来越多用户选择的功能。

光盘驱动器主要分为以下几类。

1) CD-ROM

CD-ROM是传统的一类光驱，只能读取CD格式的盘片。按读取速度不同可分为不同倍速，如32X、48X，倍速越高，读取速度越快。由于CD盘片存储密度低，每张碟片最多只能储存800MB的内容，因此它已退出主流市场。

光盘驱动器按照数据传输率可分为单倍速、双倍速、4倍速、8倍速、24倍速等，它们的数据传输率分别为150Kb/s、300Kb/s、600Kb/s、900Kb/s、1.2Mb/s、2.4Mb/s、3.6Mb/s。数据传输率越高，数据的存取速度越快。

光盘驱动器按照安装方式不同可分为内置式和外置式。外置式光盘驱动器放在计算机的主机箱外使用，它有自己的机壳、独立的电源，通过通信电缆与计算机连接，可方便地连接在不同的计算机上。内置式光盘驱动器安装在主机箱内，使用起来非常方便。因此，微型计算机上普遍使用的是内置式光盘驱动器。

长见识 内存的频率并不是越高越好，高时钟频率也会带来较长的延迟周期。内存的效率应该综合考虑其位宽与带宽。

2)　CD 刻录机

CD 刻录机具有刻录 CD 格式盘片的功能，一般也能作为普通光驱使用。

3)　DVD-ROM

DVD-ROM 从 CD-ROM 升级而来，不仅能读取 CD-ROM 格式的光盘，还能读取 DVD 格式的光盘。它不仅给用户带来逼真的影音效果，还提供海量的数据存储能力。

DVD-ROM 用来读取 DVD 盘片，也能向下兼容 CD 盘片，已经成为主流的光盘格式。普通 DVD 光盘容量为 4.7GB，目前最大容量为 17.0GB。

4)　DVD 刻录机

DVD 刻录机能够刻录 DVD 盘片。由于其刻录速度快，单张盘存储数据容量高，是目前市场上最受欢迎的产品。刻录一张 DVD 只需要几元钱的成本，越来越多的人选择把他们的重要数据刻录下来，或者为自己的视频制作 DVD 影碟。

5)　DVD-RW 刻录机

DVD-RW(全称为 DVD-ReWritable，可重写式 DVD) 刻录机不仅能读取 DVD 格式的光盘，还能将数据以 DVD 格式或 CDS 格式刻录到光盘上，是 CD-ROM、DVD-ROM 和 CD-RW 等光驱性能的综合。

6)　蓝光刻录机

蓝光刻录机是指基于蓝光 DVD 技术标准的刻录机，主要读取蓝光光盘，或者向蓝光光盘中刻录数据。蓝光光盘是 DVD 之后的下一代光盘格式之一，用于存储高品质的影音以及高容量的数据。蓝光光盘的最大优点是容量大，目前单面单层的就高达 27GB。

7)　COMBO

COMBO(康宝)是一种特殊类型的光盘驱动器，它是集成 DVD 和 CD-RW 的复合一体机，不仅能读取 CD 和 DVD 格式的光盘，还能将数据以 CD 格式刻录到光盘上。

8. 耳机和音箱

随着多媒体技术的发展，多数用户都希望能用计算机来听音乐、看电影，而在计算机游戏和其他娱乐活动中，声音更是不可或缺的一部分。

为了将电信号转换成声音，我们就需要借助耳机或音箱。

计算机用的耳机与 MP3、录音机所用耳机的原理结构一样，但连接线一般比较长，许多都附带有麦克风和音量调节器。

耳机立体声效果比较好，但重低音效果不佳，使用时不易影响他人，多用于网吧、办公场所。

许多喜爱音乐的用户都会选择为计算机配备多媒体音响。计算机音响中最常见的是2.0音响或2.1音响。2.0表示音响有左右两个声道。

2.1中多出的0.1表示单独增加的一个中央重低音单元，如下图所示。

随着声音技术的发展，音响的声道越来越多，市场上又出现了5.1声道和7.1声道的音响。声道比较多的情况下，要获得理想的效果，对各个音响的摆放位置、房间环境都有很高的要求，不是专业人士或音乐发烧友很难做到。对普通用户而言，一般的2.0或2.1声道音响就已经能满足要求。

用户应该理解的是，要获得良好的声音效果，音响只是诸多环节中的最后一个，音源文件的质量和编码率，声卡解析的效果，以及音响的质量都是获得优越听觉享受的关键。此外，传输过程中还应保证音频线不受电磁干扰，以免产生杂音。

音响的主要指标有以下几点。

1) 功率

功率决定了音响所能发出的最大声音强度，功率太小声音听不清楚，功率太大容易损伤听力、影响他人。外置式音响一般都采用独立电源供电，2.1声道有源音响功率一般在30W左右。

2) 信噪比

信噪比是指音响播放的正常声音与发出的噪声信号强度的比值，单位为分贝(dB)。信噪比数值越高，表示噪声越小。普通音响一般要求信噪比在85dB以上。

3) 频率范围

频率范围指音响能发出的最低有效声音频率到最高有效声音频率的范围，单位为Hz。普通人耳的听觉范围为25Hz～20kHz。一般音响的频率范围为40Hz～20kHz，有重低音的音响最低还能达到30Hz。过低的声音频率容易形成次声波，令人感到不适。

目前生产外置有源多媒体音响的厂商主要有漫步者、金河田、麦博、梵高等。用户挑选音响或耳机最好到现场试听一下，以自己感觉良好为准。

9. 机箱

机箱是主机的容器和保护层，用来容纳固定主板和插在主板上的其他设备。

机箱结构一般可分为AT、Baby-AT、ATX、Micro ATX、LPX、NLX、Flex ATX、EATX、WATX以及BTX等结构。其中，AT和Baby-AT是多年前的老机箱结构，现在已经淘汰；LPX、NLX、Flex ATX则是ATX的变种，多见于国外的品牌机，国内尚不多见；EATX和WATX多用于服务器/工作站。

ATX机箱是目前使用最广泛的机箱，扩展插槽和驱动器仓位较多，扩展槽数多达7个，而3.5英寸和5.25英寸驱动器仓位也在3个以上。

Micro ATX(又称Mini ATX)是ATX结构的简化版，也就是大家常说的“迷你机箱”，扩展插槽和驱动器仓位较少，多用于品牌机；BTX是几大硬件厂商新提出的一类机箱结构。

随着CPU和显卡的发热量越来越大，许多厂商改进了机箱的设计，如在侧面开进风口的38度机箱，在前面板上增加数值温度计以显示机箱内部温度。除了散热，另外就是改变机箱的颜色和造型，努力突出用户的个性。

组装机不一定比品牌机便宜。虽然相同配置的品牌机要比组装机贵，但里面包含了售后服务。组装机出了故障，用户维修的费用往往会更多。

计算机选配中，最容易被忽视的就是机箱。许多人感觉机箱没什么技术含量。实际上这么看是不正确的，机箱虽然和整个计算机的性能没有直接的联系，但在长期的使用过程中，机箱的好坏对计算机的寿命和用户的健康有着很大的影响。

购买时最好不要贪图便宜购买劣质机箱。一些不法商人为节省成本往往偷工减料，以次充好。劣质机箱的危害主要有以下几方面。

(1) 底板变形：由于主板、显卡和其他 PCI 插卡都固定在机箱上，机箱板材刚度不够易导致板卡变形损坏。

(2) 噪音问题：劣质机箱钢板太薄容易在风扇带动下共振，产生难以忍受的噪声，影响工作环境。

(3) 振动问题：硬盘和光驱最怕振动，如果机箱长期振动，容易导致硬盘提前“退休”。

(4) 散热问题：劣质机箱散热设计往往不太科学，散热孔不是太小就是放错地方，机箱温度过高容易导致频繁死机，缩短硬件寿命。

(5) 危害健康：机箱内部各种高频元件繁多，充满了电磁辐射，劣质机箱往往不能有效屏蔽电磁辐射，危害使用者的健康。此外，如果机箱内使用的工程塑料不合规范，在长期的高温条件下也会释放毒素。

现在大多数机箱都自带电源，不管分开购买还是购买机箱电源套件，请尽量选择高质量的知名品牌电源，一定要选择有国家 3C 认证的产品，没有 3C 认证的坚决不要购买。劣质电源质量无法得到保证，一旦漏电将危及用户的生命安全。

10. 键盘和鼠标

键盘和鼠标是计算机主要的输入工具。选择合适的键盘和鼠标有助高效地利用计算机。

目前使用较广泛的键盘一般有 101 键或 104 键，接口为 PS/2 或 USB。设计良好的键盘手感舒适，击键后复位快，字符清晰不易磨损。另外，好的键盘底板不易变形。键盘内的电路是以很窄的金属条印刷在塑料膜上，键盘变形容易导致线路折断从而使按键失灵，笔者遇到好几次这种情况。

一些厂商还为键盘增加了一些特殊的功能按键，但需要驱动程序的支持才能实现。还有造型看起来比较怪异的人体工程学键盘(如下图所示)。

许多用户依赖于鼠标而不是键盘操作计算机。

鼠标的形状很像老鼠，它也是计算机的一种主要输入设备。鼠标具有操作方便快捷和较强的图形绘制功能等特点，尤其是在图形(界面)操作环境下，使用鼠标要比使用键盘方便得多。目前大多数应用程序都支持鼠标，通过移动鼠标可以在屏幕上直接把光标移到指定的位置，或者通过鼠标选择菜单中相应的菜单项，按下鼠标的按钮就可执行相应的操作，也可用鼠标模仿画笔画出图形或图画。通常鼠标总是与键盘配合使用。

鼠标分为光电式和机械式两种。机械式鼠标可直接在桌面或塑料板上使用。光电式鼠标需要放在由厂家提供的特制的反光板上使用，不能超出反光板的范围。除此之外，还有一种轨迹球鼠标，它的工作原理与机械式鼠标相同，工作时轨迹球在上面，球座固定不动，用手拨动球进行操作。

鼠标的主要性能指标是分辨率。鼠标分辨率是指每移动一英寸所能检测出的点数。

老式的机械式滚珠鼠标基本上不再生产，目前广泛使用的是光电鼠标。光电鼠标重量轻，对桌面要求不高，不需要定期清洁，定位精确，迅速得到广大用户的青睐。多数光电鼠标还采用 USB 接口，支持热插拔，使用方便。

为摆脱线缆的羁绊，许多用户选择无线鼠标和键盘。无线鼠标或键盘一般通过在计算机上连接一个接收器与鼠标、键盘实现无线连接。无线鼠标使用更灵活，但价

低音指的是频率在 250Hz 以下的声音。低音主要保证声音的饱满与厚度，如果声音中的低音不足，声音会显得单薄，甚至发飘。

格上要高出普通鼠标许多。另外有一个非技术的问题是，无线鼠标容易被用户随手放置而不容易找到。对普通用户来讲，普通光电鼠标就能满足需要了。此外，无线鼠标因为要安装电池，重量也会有所增加而影响使用。

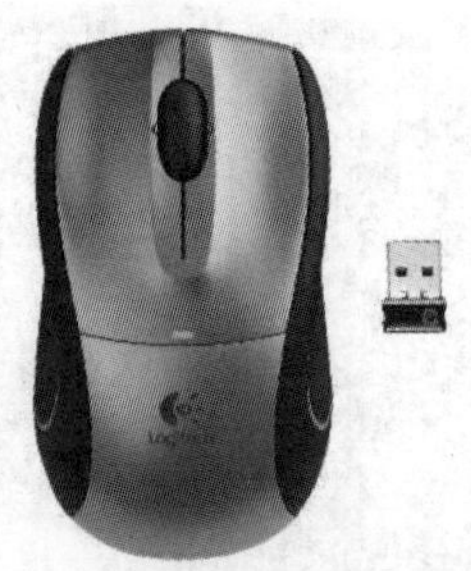

11. 摄像头

数字摄像头是近几年新出现的一类视频设备，用来捕捉相片和视频，也可以用来进行视频聊天或录制视频，为用户的娱乐生活增添了乐趣。

摄像头一般采用 USB 接口，需另外安装驱动程序。

衡量摄像头的重要指标是像素，一般娱乐级摄像头多为 30 万像素，高档摄像头可以达到 1000 万像素。

摄像头与数码摄像机还是有很大的差距，只能将捕捉到的图形转换成电信号传给计算机，具体的视频处理需要 CPU 通过软件模拟过程来完成，对 CPU 运算速度要求很高。在进行大分辨率的视频录制时，更容易受到 CPU 能力的限制。

现在普通摄像头售价不到 100 元，用来与远方的亲人朋友进行视频通话还是物有所值的。

12. UPS

这里的 UPS 并不是那个美国著名的快递公司，全称是不间断供电(Uninterruptible Power Supply)系统。UPS 在市电突然断电时，能紧急取代市电为计算机供电，切换时间极短，计算机根本感觉不到，因而不会出现重启或停机。

UPS 在停电后能为计算机提供 1～5 小时的电力。除了作为后备电源，UPS 还能起到稳压、滤波的作用以保护计算机设备。

对于有重要作用的计算机，如关键服务器，最好配置 UPS 设备。网吧的计费服务器，在停电后依然能保持不间断运行，这样就不会丢失数据而导致经济损失了。

2.1.3 网络打印机

我们存储在计算机中的文档和图片只能在计算机中修改和观看，如果要把这些信息转移到纸介质上，就需要用到打印机。

虽然很多场合都要求或希望实现无纸化办公，但许多文件，例如需要加盖公章的公文，必须以纸张的形式存在。电子文档成本低、传播快，缺点是阅读时需要借助专门工具，容易伪造，不易长期保存。纸质文档成本相对较高，但便于携带，可信度较高。两者其实并不存在谁取代谁的问题，而是各有千秋，互相补充，在各自的场合发挥作用。

要把电子文档变成纸文档需要靠打印机来实现。按打印原理来分有针式打印机、喷墨打印机和激光打印机。针式打印机价格便宜，技术较落后。喷墨打印机成本较高，维护较复杂。激光打印机打印效果最好，成本也高，

UPS 是能够提供持续、稳定、不间断电源供应的重要外部设备，主要用于给单台计算机、计算机网络系统或其他电力电子设备如电磁阀、压力变送器等提供电力。

多用于高清晰的彩色打印。

按打印能力可以分为单色打印机和彩色打印机。

什么是网络打印机？网络打印机和普通打印机并没有本质上的区别。网络打印机没有一个严格的定义。从字面上来理解，网络打印机应该能在网络上进行打印，也就是说，只要把这台打印机放在网络上，接上网线，安装相应的软件就能实现打印，而无须直接连接到需要执行打印任务的主机上。上述要求，目前主要有两种方式来实现：一种是安装一台专门的计算机作为外置的打印服务器管理打印机来实现网络打印，另一种是打印机厂商生产时在打印机内部集成安装一台专用计算机来实现网络打印。两种方式的本质是相同的。区别在于打印服务器位置的不同，前一种方式升级维护方便，但总成本较高。后一种打印机虽然价格高于单独的打印机，但对比外置打印服务器的价格，前一种方式不一定便宜。如果打印任务不是太多，为节省成本可以考虑用一台性能较好的计算机来兼任打印服务器，或者用一台闲置的计算机来充当打印服务器。

在局域网中，共享打印使多个用户能共享其中某个用户计算机上连接的本地打印机。这样做既节省成本，也很方便。网络打印是在共享打印的基础上实现的，它们之间既有继承关系，也存在相互包容的关系。

当局域网的规模很大、打印任务众多时，如果仍然采用共享打印方式，连接打印机的那台计算机就会难承重负。人们想到了一种变通的方式，让那台“难承重负”的计算机“专职化”，于是，“网络打印”的概念就产生了。人们将打印文件数据的管理和传输功能单独剥离出来，设计专门的“打印服务器”或“网卡”，使打印机具有网络功能，极大地提高了效率、稳定性，降低了总体使用和管理成本。

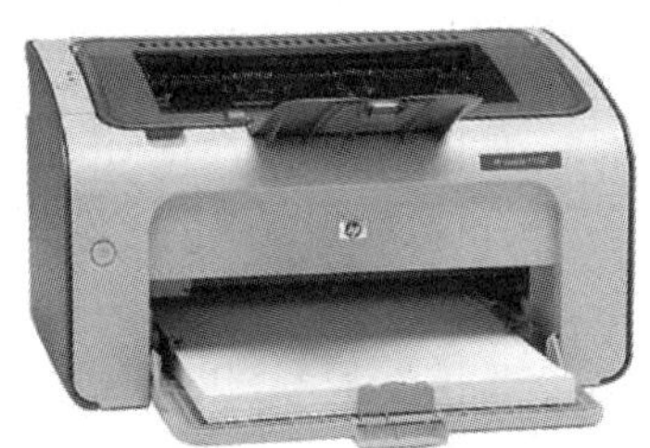

2.2　网卡

网卡又叫网络适配器或 NIC(Network Interface Card)。网卡是物理上连接计算机与网络的硬件设备，是计算机与局域网间的通信介质。由于网络技术的不同，网卡的分类也有所不同，如大家所熟知的 ATM 网卡、令牌环网卡和以太网网卡等。本书重点介绍以太网网卡。

2.2.1　网卡的功能

网卡插在计算机主板插槽中，负责将用户要传递的数据转换为网络上其他设备能够识别的格式，通过网络介质传输。它的基本功能为，从并行到串行的数据转换，包的装配和拆装，网络存取控制，数据缓存和网络信号。目前主要有 8 位和 16 位网卡。

网卡必须具备两大技术：网卡驱动程序和 I/O 技术。驱动程序使网卡和网络操作系统兼容，实现个人计算机与网络的通信。I/O 技术可以通过数据总线实现个人计算机和网卡之间的通信。网卡是计算机网络中最基本的元素。在计算机局域网络中，如果一台计算机没有网卡，那么这台计算机将不能和其他计算机通信，也就是说，这台计算机无法连接网络。

2.2.2　网卡的分类与选择

网卡可以按照网络技术、使用对象、网络带宽、网卡总线等进行分类。

1. 网卡的不同分类

1)　按网络技术分类

根据网络技术的不同，网卡分为 ATM 网卡、令牌环网卡和以太网网卡等。据统计，目前约有 80%的局域网采用以太网技术。

2)　按使用对象分类

按使用对象分类，目前网卡一般分为普通工作站网卡和服务器专用网卡。根据工作对象特点专门为服务器设计的网卡，价格较贵，但性能良好。普通网卡性能普通，价格低廉。

3)　按网络带宽分类

按网卡所支持带宽的不同可分为 10Mb/s 网卡、100Mb/s 网卡、10/100Mb/s 自适应网卡、1000Mb/s 网卡、10/100/1000Mb/s 自适应网卡、10000Mb/s 网卡几种。

计算机键盘来自于机械打字机，采用 QWERT 的布局设置，最初是为了阻止人们打字太快而弄坏打字机，而不是方便人们找到常用的字母。

4) 按网卡总线分类

根据网卡总线类型的不同，主要分为ISA网卡、USB网卡和PCI网卡三大类，其中PCI网卡较常使用。ISA总线网卡的带宽一般为10Mb/s，PCI总线网卡的带宽为10～1000Mb/s。同样是10Mb/s网卡，因为ISA总线为16位，而PCI总线为32位，所以PCI网卡要比ISA网卡快。ISA总线目前已经淘汰。USB网卡插拔方便，但速度受USB总线限制。

目前市面上主要是PCI总线网卡。外围部件互连局部总线(Peripheral Component Interconnect Local Bus，PCI)是Intel规范，它定义了一种局部总线，使用户能够在计算机中插入10个适合PCI的扩展卡。

现在厂商一般将网卡芯片集成在主板上，除了需要双网卡外，一般无须另行购买网卡。

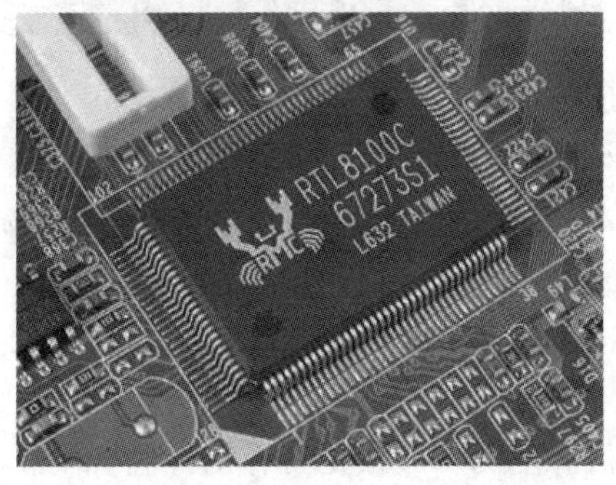

5) 按网卡接口分类

根据传输介质的不同，网卡出现了AUI接口(粗缆接口)、BNC接口(细缆接口)和RJ-45接口(双绞线接口)三种接口类型。在选用网卡时，应注意网卡所支持的接口类型，否则可能不适用您的网络。市面上常见的10Mb/s网卡主要有单口网卡(RJ-45接口或BNC接口)和双口网卡(RJ-45和BNC两种接口)。带有AUI粗缆接口的网卡较少，100Mb/s和1000Mb/s网卡一般为单口卡(RJ-45接口)。除网卡的接口外，在选用网卡时还要注意网卡是否支持无盘启动。必要时还要考虑网卡是否支持光纤连接。

2. 网卡的选购

一般根据应用领域来选择网卡。目前，以太网网卡有100Mb/s、1000Mb/s、100/1000Mb/s及万兆网卡。对于大数据量网络来说，服务器应该采用千兆以太网网卡。这种网卡多用于服务器与交换机之间的连接，以提高整个系统的响应速度。100Mb/s、1000Mb/s和100/1000Mb/s网卡是人们经常购买且常用的网络设备，这三种产品的价格相差不大。所谓100/1000Mb/s自适应是指网卡可以与远端网络设备(集线器或交换机)自动适应，以确定当前的可用速率是100Mb/s还是1000Mb/s。对文件共享等应用来说，100Mb/s网卡已经足够了，但对语音和视频等应用来说，1000Mb/s网卡更有利于实时应用的传输。鉴于100Mb/s技术已经相当成熟(如以前的集线器和交换机等)，变通方法是购买100/1000Mb/s网卡。这样既有利于保护已有的投资，又有利于网络的进一步扩展。随着网卡技术发展和价格下降，千兆以太网卡已经出现在个人计算机上。

当前，台式机和笔记本电脑常见的总线接口方式都可以从主流网卡厂商那里找到合适的产品。值得注意的是，市场上很难找到ISA接口的100Mb/s网卡。1994年以来，PCI总线架构日益成为网卡的首选总线，目前已牢固地确立了其在服务器和高端桌面机中的地位。PCI以太网网卡的高性能、易用性和增强的可靠性使其被标准以太网网络广泛采用，并得到了PC业界的支持。

网卡兼容性技术也不应忽视。快速以太网在桌面系统中普遍采用1000BaseTX技术，以UTP为传输介质，因此快速以太网网卡设计一个RJ-45接口。由于办公室网络普遍采用双绞线作为网络的传输介质，并进行结构化布线，因此选择单一RJ-45接口的网卡就可以了。适用性好的网卡应通过各主流操作系统的认证，并且具备各操

长见识：每一个以太网卡都有一个唯一的物理地址，就是通常所说的MAC地址。该地址的位数为48bit(6字节)，由两部分组成：3字节RAC分配的厂商地址和3字节厂商自行分配号码。

作系统的驱动程序。智能网卡自带处理器或专门设计的AISC芯片，可承担计算机处理器的一部分任务，因而即使在网络信息流量很大时，也极少占用计算机的内存和CPU时间。智能网卡性能好，价格也较高，主要用在服务器上。另外，有的网卡在Boot ROM上做文章，加入防病毒功能；有的网卡则与主机板配合，借助一定的软件，实现Wake on LAN(远程唤醒)功能，可以通过网络远程启动计算机；还有的计算机干脆将网卡集成到主机板上。

一般来讲，同厂商、同品牌的网卡间兼容性较好，组建局域网也应考虑到这点。由于网卡技术成熟，目前生产以太网网卡的厂商除了国外的3COM、Intel和IBM等公司之外，台湾的厂商以生产能力强且多在内地设厂等优势，其价格相对比较便宜。

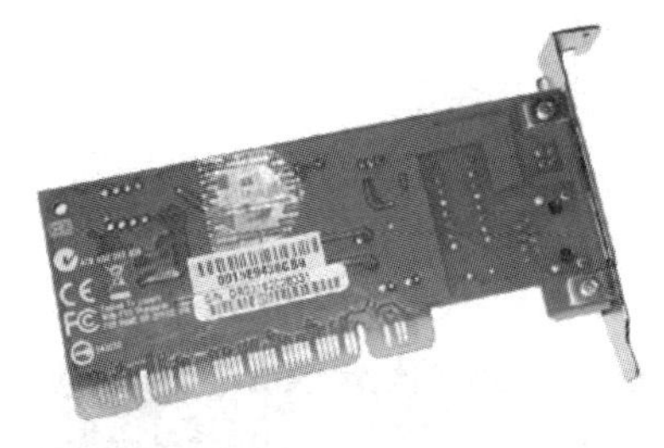

2.2.3　无线网卡

无线局域网(Wireless Local Area Network，WLAN)具有无可比拟的便捷性和移动性。在终端安装无线网卡就可以实现无线连接。要组建一个无线局域网，无线网卡必不可少。

对于台式计算机，我们可以选择PCI或USB接口的无线网卡；对于笔记本电脑，则可以选择内置的MiniPCI接口，以及外置的PCMCIA和USB接口的无线网卡。

在选购无线网卡的时候，需要注意以下几个事项。

1)　接口类型

按接口类型分，无线网卡主要分为PCI、USB、PCMCIA三种。PCI接口的无线网卡主要用于台式计算机，PCMCIA接口的无线网卡主要用于笔记本电脑，USB接口的无线网卡可以用于台式计算机也可以用于笔记本电脑。其中，PCI接口的无线网卡可以和台式计算机的主板PCI插槽连接，安装相对麻烦；USB接口的无线网卡具有即插即用、安装方便、高速传输等特点，只要配备USB接口就可以安装使用；而PCMCIA接口的无线网卡主要针对笔记本电脑设计，具有和USB相同的特点。在选购无线网卡时，应该根据实际情况来选择。

2)　传输速率

传输速率是衡量无线网卡性能的一个重要指标。无线网卡随着技术的发展，传输速率在逐步增大，从早期54Mb/s到108Mb/s、150Mb/s、300Mb/s、450Mb/s等，技术越先进，传输能力越强大，从硬件上说，速度越大越好。

3)　认证标准

目前，无线网卡采用的网络标准主要是IEEE 802.11b以及IEEE 802.11g，两个标准分别支持11Mb/s和54Mb/s的速率，后者可以兼容IEEE 802.11b标准，而新制定的802.11n则达到了600Mb/s的传输速率。在选购时一定要注意，产品是否支持Wi-Fi认证，只有通过该认证的标准产品才可以和其他同类无线产品组成无线局域网。另外，很多厂商提供的支持IEEE 802.11g标准的产品，同时注明兼容IEEE 802.11b标准，这样可以自由选择不同的传输速率。

4)　兼容性

无线局域网相关的IEEE 802.11x系列标准中，除了IEEE 802.11b和IEEE 802.11g标准外，还有IEEE 802.11a标准。该标准可以支持54Mb/s的传输速率，但是与前面两个标准都不兼容。在选购产品时，最好不要选择该标准的产品。在选择多个无线网卡时，必须选择支持同一标准或相互兼容的产品。

5)　传输距离

传输距离同样是衡量无线网卡性能的重要指标，传输距离越大说明其灵活性越强。目前，一般的无线网卡室内传输距离在30～100m，室外在100～300m。在选购时，注意产品的传输距离不低于该标准值即可。另外，无线网卡传输距离的远近还会受到环境的影响，比如墙壁、无线信号干扰等。

6)　安全性

常见的IEEE 802.11b和IEEE 802.11g标准的无线产品使用了2.4GHz工作频率，理论上任何安装了无线网卡的用户都可以访问网络。这样的网络环境，其安全性得不到保障。为此，一般采取WAP(Wireless Application

描述网卡速率时，采用的单位是Gb/s，而不是GB/s，注意1B(byte)=8b(bit)。

Protocol，无线应用协议)和 WEP(Wired Equivalent Privacy，有线等价加密)加密技术，WAP 的加密性能比 WEP 强，不过兼容性不好。目前，一般的无线网卡都支持 68/128 位的 WEP 加密，部分产品可以达到 256 位。

2.3 集线器

早期的局域网中如果有多台计算机，不能直接用网线把计算机连起来。因为一台计算机上一般只有一个网络接口，那个时候通常需要用到集线器。

2.3.1 解说集线器

集线器(Hub)，也叫集中器，是以星形拓扑结构连接网络节点的一种中枢网络设备，具有同时活动的多个输入和输出端口。局域网(以后不做说明均指以太网)上所有的网络设备通过网线与集线器连接，如下图所示。

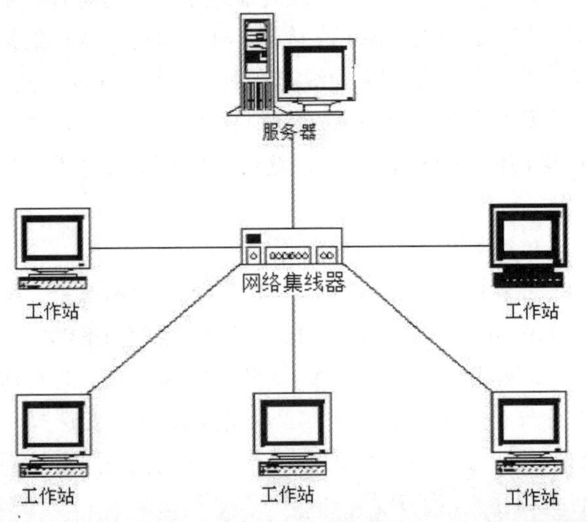

1. 集线器的作用与功能

集线器只是简单地把所有的网络设备连在一起，局域网工作时所有的数据包是广播的，也就是说如果用集线器，从一个端口进来的数据包会被送到所有的端口。Hub 工作在第一层，即物理层，不辨认任何地址，只进行广播。

集线器是对网络进行集中管理的最小单元，它只是一个信号放大和中转的设备，不具备自动寻址能力和交换作用，由于所有传到集线器的数据均被广播到与之相连的各个端口，因而容易形成数据堵塞。

集线器属于数据通信系统中的基础设备，它和双绞线等传输介质一样，是一种无须任何软件支持或只需很少管理软件管理的硬件设备。集线器又像网卡一样，应用于 OSI 参考模型的第一层，因此又称为物理层设备。集线器内部采用了电器互联，当维护 LAN 的环境是逻辑总线或环形结构时，完全可以用集线器建立一个物理上的星形或树形网络。这方面，集线器所起的作用相当于多端口的中继器。其实，集线器实际上就是中继器的一种，其区别仅在于集线器能够提供更多的端口，所以集线器又叫多口中继器。

集线器的功能包括以下几个方面。

(1) 提供一个中央单元，可以连接多个节点。

(2) 允许大量的计算机连接在一个或多个 LAN 上。

(3) 通过集中式网络设计来降低网络阻塞。

(4) 提供多协议服务，如 Ethernet-to-FDDI 连接。

(5) 加强网络主干。

(6) 可以进行高速通信。

(7) 为几种不同类型的介质(如同轴电缆、双绞线和光纤)提供连接。

(8) 可以进行集中式网络管理。

2. 集线器的分类

网络集线器有多种类型。最简单的集线器通过逻辑的以太网总线网络或令牌环网提供中央网络连接，在物理上以星形拓扑连接起来。这称为未管理的集线器，只适用于至多 12 个节点的网络(少数情况也可以多一些)。未管理的集线器没有管理软件或协议提供网络管理功能，这种集线器可以是无源的，也可以是有源的，有源集线器使用得更多。

1) 按端口数量划分

人们购买集线器的时候通常会说是几口的集线器，也就是集线器的输入/输出端口数量。常见的有 4 口、8 口、16 口、24 口等(均是偶数)。

2) 按扩展方式划分

集线器根据扩展方式分类，分为可堆叠式与不可堆叠式集线器。

稍微复杂些的集线器是可以叠起堆放的，也就是说，集线器可以堆放在一起(常称为堆栈式集线器)。根据集线器配置，每一个集线器可以有 8、12 或 24 个端口，同时

长见识 集线器工作在网络的最底层，它既不能识别物理地址，也不能识别 IP 地址。

旁边多出一个堆叠扩展口。可以叠起堆放的集线器的显著特征是 8 个转发器可以通过堆叠扩展口彼此连接(见下图)。这样只需简单地添加集线器并将其连接到已经安装的集线器上就可以扩展网络。这种方法不仅成本低，而且简单易行。

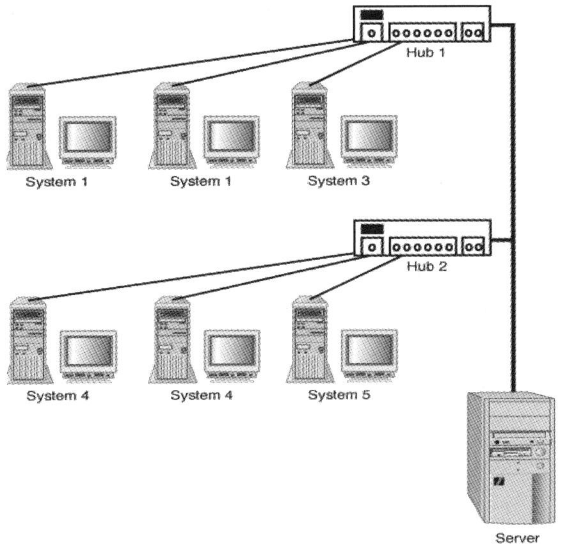

3)　按网络带宽划分

网络带宽直接决定网络的通畅程度。与网卡的划分类似，按照集线器支持的带宽可以分为 10Mb/s、10/100Mb/s 自适应式、100Mb/s 以及 1000Mb/s 等几种。需要注意的是，集线器的带宽必须与网卡的带宽匹配，网络实际带宽取决于网络设备中带宽较小的部分，即所谓的瓶颈效应。因此，选择设备时一定要注意设备间的匹配与兼容。

由于传统集线器通信效率不高，目前已逐步为另一类特殊的集线器——交换式集线器即交换机所取代。集线器价格便宜，在 8 台以下主机的小网络中，交换机的优势并不明显，采用集线器具有更高的性价比。

2.3.2　交换机

交换机同样属于局域网的集线设备。交换机从传统集线器的基础上发展而来，但性能比集线器要好。集线器工作在 OSI 模型的第 1 层(物理层)，而交换机工作在第 2 层(数据链路层)。

集线器的带宽是一定的，所连的设备越多，每个设备所分得的带宽就越少，而交换机的每个设备都是独享带宽的。

1. 交换机的工作原理

在计算机网络系统中，交换概念的提出是对共享工作模式的改进。Hub 就是一种共享设备，Hub 本身不能识别目的地址，当同一局域网内的 A 主机给 B 主机传输数据时，数据包在 Hub 架构的网络上以广播方式传输，由每一台终端通过验证数据包头的地址信息来确定是否接收。也就是说，在这种工作方式下，同一时刻网络上只能传输一组数据帧，如果发生碰撞就得重试。这种方式就是共享网络带宽。

交换机拥有一条很高带宽的背部总线和内部交换矩阵。交换机的所有端口都挂接在这条背部总线上，控制电路收到数据包以后，处理端口会查找内存中的地址对照表以确定目的 MAC(网卡的硬件地址)的 NIC(网卡)挂接在哪个端口上，再通过内部交换矩阵迅速将数据包传送到目的端口，目的 MAC 若不存在才广播到所有的端口。接收端口回应后交换机会“学习”新的地址，并把它添加到内部地址表中。

使用交换机也可以把网络“分段”，对照地址表，交换机只允许必要的网络流量通过。通过交换机的过滤和转发，可以有效隔离广播风暴，减少误包和错包的出现，避免共享冲突。

交换机在同一时刻可进行多个端口之间的数据传输。每一端口都可视为独立的网段，连接在其上的网络设备独自享有全部的带宽，无须同其他设备竞争使用。当节点 A 向节点 D 发送数据时，节点 B 可同时向节点 C 发送数据，而且这两个传输都享有网络的全部带宽，都有着自己的虚拟连接。假使这里使用的是 100Mb/s 的以太网交换机，那么该交换机这时的总流通量就等于 2×100Mb/s=200Mb/s，而使用 100Mb/s 的共享式 Hub 时，一个 Hub 的总流通量不会超出 100Mb/s。

总之，交换机是一种基于 MAC 地址识别，能完成封装转发数据包功能的网络设备。交换机可以“学习”MAC 地址，并把其存放在内部地址表中，通过在数据帧的始发者和目标接收者之间建立临时的交换路径，使数据帧直接由源地址到达目的地址。

2. 交换机的应用

作为局域网的主要连接设备，以太网交换机成为应用普及最快的网络设备之一。随着交换技术的不断发展，以太网交换机的价格急剧下降，交换到桌面已是主流。

如果您的以太网络上拥有大量的用户、繁忙的应用

许多外形漂亮的透明机箱不建议选购，因为非金属的透明材料是无法隔离电磁辐射的。

程序和各式各样的服务器，而且您未对网络结构做出任何调整，那么整个网络的性能可能会非常低。解决方法之一是在以太网上添加一个100/1000Mb/s的交换机，它不仅可以处理100Mb/s的常规以太网数据流，而且还可以支持1000Mb/s的快速以太网连接。

如果网络的利用率超过了40%，并且碰撞率大于10%，交换机可以帮您解决一点问题。带有1000Mb/s快速以太网和100Mb/s以太网端口的交换机可以全双工方式运行，可以建立起专用的200～2000Mb/s连接。

不仅不同网络环境下交换机的作用各不相同，在同一网络环境下添加新的交换机和增加现有交换机的交换端口对网络的影响也不尽相同。

充分了解和掌握网络的流量模式是发挥交换机作用的一个非常重要的因素。因为使用交换机的目的就是尽可能减少和过滤网络中的数据流量，如果网络中的某台交换机由于安装位置设置不当，几乎需要转发接收到的所有数据包的话，交换机就无法发挥其优化网络性能的作用，反而降低了数据的传输速度，增加了网络延迟。

除安装位置之外，如果在那些负载较小、信息量较低的网络中盲目添加交换机，同样可能起到负面作用。受数据包的处理时间、交换机的缓冲区大小以及需要重新生成新数据包等因素的影响，在这种情况下使用简单的Hub要比交换机更为理想。因此，我们不能一概认为交换机就比Hub有优势，尤其是当用户的网络并不拥挤，尚有很大的可利用空间时，使用Hub更能够充分利用网络的现有资源。

3. 交换机的三种交换方式

1) 直通式

直通方式的以太网交换机可以理解为在各端口间是纵横交叉的线路矩阵电话交换机。它在输入端口检测到一个数据包时，检查该包的包头，获取包的目的地址，启动内部的动态查找表转换成相应的输出端口，在输入与输出交叉处接通，把数据包直通到相应的端口，实现交换功能。由于不需要存储，延迟非常小、交换非常快，这是它的优点。它的缺点是，因为数据包内容并没有被以太网交换机保存下来，所以无法检查所传送的数据包是否有误，不能提供错误检测能力。由于没有缓存，不能将具有不同速率的输入/输出端口直接接通，而且容易丢包。

2) 存储转发

存储转发方式是计算机网络领域应用最为广泛的方式。它把输入端口的数据包先存储起来，然后进行CRC(循环冗余码校验)检查，对错误包处理后才取出数据包的目的地址，通过查找表转换成输出端口并送出包。正因如此，存储转发方式在数据处理时延时大，这是它的不足，但是它可以对进入交换机的数据包进行错误检测，有效地改善网络性能。尤其重要的是它可以支持不同速率的端口间的转换，保持高速端口与低速端口间的协同工作。

3) 碎片隔离

这是介于前两者之间的一种解决方案。它检查数据包的长度是否够64字节，如果小于64字节，说明是假包，则丢弃该包；如果大于64字节，则发送该包。这种方式也不提供数据校验。它的数据处理速度比存储转发方式快，但比直通式慢。

4. 交换机的分类

从传输介质和传输速度方面可分为以太网交换机、快速以太网交换机、千兆以太网交换机、FDDI交换机、ATM交换机和令牌环交换机等。

从规模应用方面又可分为企业级交换机、部门级交换机和工作组级交换机等。各厂商划分的尺度并不完全一致。一般来讲，企业级交换机都是机架式，部门级交换机可以是机架式(插槽数较少)，也可以是固定配置式，而工作组级交换机为固定配置式(功能较为简单)。从应用的规模来看，作为骨干交换机时，支持500个信息点以上大型企业应用的交换机为企业级交换机，支持300个信息点以下中型企业的交换机为部门级交换机，而支持100个信息点以内的交换机为工作组级交换机。本书所介绍的交换机是局域网交换机。

2.4 网络传输介质

传输介质用来在网络中传输数据，连接各网络节点。传输介质是网络模型的最底层，最基本的通信就是在这里完成的。目前共有四种基本的介质：同轴电缆、双绞线、光纤电缆和无线电。

同轴电缆与有线电视采用的电缆结构上是一样的，但在电气规范上并不相同。

2.4.1 双绞线

双绞线与电话线很相似，IEEE 于 1990 年批准其可用于网络互联，目前已经成为一种非常流行的通信介质。双绞线是一种柔性的通信电缆，包含成对的绝缘铜线，它们交织在一起以减少 EMI 和 RFI，在外面还套着一层绝缘套。双绞线的柔性比同轴电缆要好，因此非常适合于穿墙、围墙角时采用。如果与合适的网络设备相连，这种电缆可以适应 1000Mb/s 或者更快的网络通信。在大多数应用下，双绞线的最大布线长度为 100m。

带 RJ-45 接头的双绞线

提示

虽然双绞线可以扩展到 100m，但是按通常的经验，考虑到网络设备和布线室内要额外布线，所以双绞线最好限制在 90m 以内。

双绞线用 RJ-45 头连接在网络设备上，这种 RJ-45 头与电话中使用的 RJ-45 头非常相似。这些接头要比 T 形接头便宜，而且在移动时不易损坏。双绞线易于连接，与同轴电缆相比，允许更多的柔性电缆配置。双绞线有两种类型：屏蔽和非屏蔽双绞线。因为非屏蔽双绞线成本低、可靠性高，所以受到用户的喜爱。

1. 屏蔽双绞线

屏蔽双绞线(Shielded Twisted-Pair，STP)由成对的绝缘实心电缆组成，在实心电缆上包围着一层编织的或起皱的屏蔽套。编织的屏蔽套用于室内布线，起皱的屏蔽套用于室外或地下布线。屏蔽套减少了由外部电磁辐射引起的对通信信号的干扰。将一对电线缠绕在一起也有助于减少干扰，但是在一定程度上不如屏蔽的效果好。为了获得最好的效果，插头和插座必须要屏蔽。如果某点的主要屏蔽套损伤了，信号的变形就会很严重。屏蔽双绞线的另一个重要因素是要正确接地，以获得可靠的传输信号控制点。

屏蔽双绞线

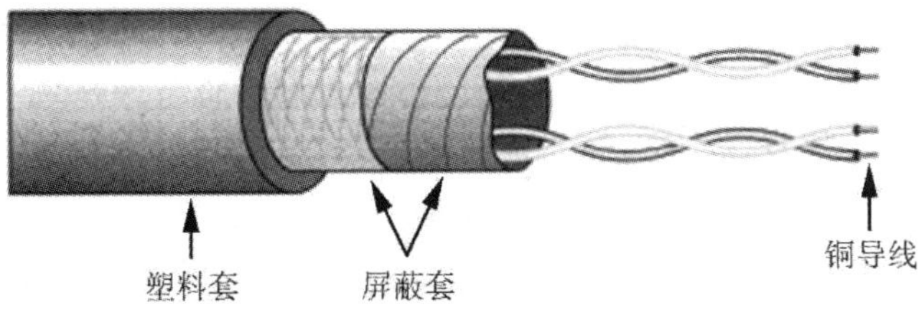

2. 非屏蔽双绞线

由于价格相对便宜且易于安装，所以非屏蔽双绞线(Unshielded Twisted-Pair，UTP)是最常用的网络电缆。UTP 由位于绝缘套的外部遮蔽套内的成对的电缆线组成，在一对缠绕在一起的绝缘电线和电缆外部的套之间并没有屏蔽套。与 STP 相仿，内部的每一根线都与另外一根相缠绕以帮助减少对载有数据的信号的干扰(参见下图)。非屏蔽双绞线又称为 100BaseT 电缆，意思是，其最大传输速率为 100Mb/s。与屏蔽双绞线相比，人们更喜欢用非屏蔽双绞线，因为它没有可能裂开的屏蔽套，插头和墙上的插座也不需要屏蔽，所以失效点也就大大减少了。

非屏蔽双绞线

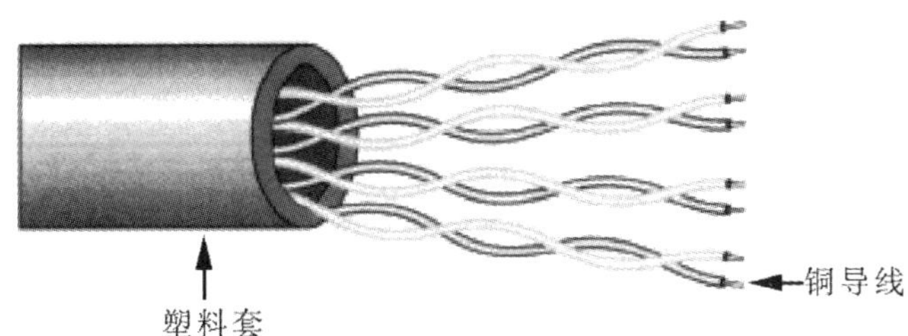

需要注意的是，虽然正确接地对 UTP 来说是非常重要的，但对 STP 信号的纯度来说并不是至关重要的。

2.4.2 同轴电缆

同轴电缆(Coaxial Cable)是早期局域网中常见的传输介质之一。在结构上它与双绞线有很大区别，用来传递信息的一对导体是圆筒式的，外导体套在内导体(一根细芯)外面，两个导体间是一层绝缘材料，外层导体之外包裹绝缘体。外层导体和中心轴芯线的圆心在同一轴心上，所以叫同轴电缆。内层导体与外界绝缘并被外导体屏蔽，

一般双绞线网线都是8芯，实际上使用的却只有4芯。

因此电磁信号不易受到干扰。

同轴电缆有粗、细两种形式。在早期的网络中经常使用粗同轴电缆作为连接不同网络的主干。20世纪80年代早期以太网标准建立时，第一个被定义的介质类型就是粗同轴电缆。自从有了光纤，粗同轴电缆已经不经常使用了。

细同轴电缆的直径与粗同轴电缆相比要小一些。粗缆与细缆采用的结构均为总线拓扑结构，这种拓扑结构适用于机器密集的环境，但容错性很差，而且故障的诊断和修复都很麻烦。当网络上有一个节点发生故障时，整个网络都会受到影响。因此，在小型网络中它逐步被双绞线取代了。但在一些有特殊要求的工业网络中，由于其良好的抗干扰能力和长距离传输能力，还有其特定的用武之地。

1. 粗同轴电缆

粗同轴电缆又称为粗线或粗电缆网线，其中心为铜导体或敷铜箔膜的铝导体。与细同轴电缆相比，粗同轴电缆中导体的直径相对较大(0.4 英寸)。导体被一层绝缘材料包围，在绝缘材料外面还包着一层铝套。聚氯乙烯(PVC)或特氟纶(Teflon)壳覆盖着铝套。

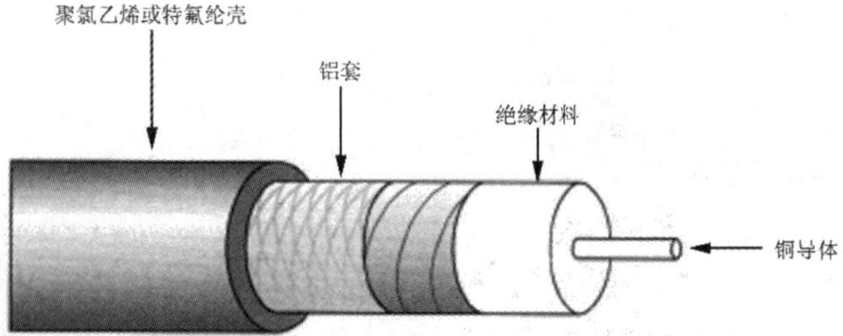

如果连接的设备间的距离不足 2.5m，那么信号就会受损，从而产生网络错误。连接设备是介质存取单元(Media Access Unit，MAU)收发机，由电缆中较低的电流(0.5A)驱动，其中装有 15 针的连接单元接口(Attachment Unit Interface，AUI)插座。网络节点由自身的与网络接口连接的 AUI 连接，连接设备中的 AUI 通过电缆与该网络节点连接。AUI 是插座和接口电路的标准接口，对于使用同轴电缆、双绞线和光纤主干电缆连接的物理网络，各有其电子特性。粗同轴电缆可长达 50m，细或办公室级的 AUI 电缆有 12.5m 长。电缆的阻抗为 50Ω，电缆段由连有 50Ω电阻器的 N 插座来划分。阻抗阻碍着电流，以欧姆为单位衡量。

粗同轴电缆用在传输速度为 10Mb/s 的总线网络上。根据 IEEE 标准，最大长度可延伸为 500m。这一标准可以写为 10Base。10 表示电缆传输速率为 10Mb/s，Base 意为使用的是基带而非宽带。在基带传输中，介质的整个通道容量由一个数据信号使用，因此一次只能传输一个节点。宽带传输在单一的通信介质中使用多个传输通道，允许同时传输多个节点。通道传输数据的容量称为带宽，以给定速度来表示，如 10Mb/s 或 100Mb/s。

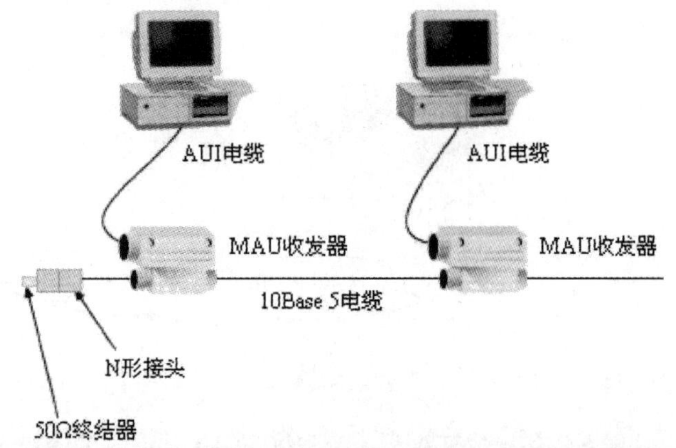

2. 细同轴电缆

细同轴电缆与有线电视的电缆很相似，然而又有所不同，细同轴电缆的电子特性非常精确且必须符合 IEEE 标准。与粗同轴电缆一样，以太网规范要求细同轴电缆的阻抗为 50Ω。细同轴电缆贴有“RG-58A/U”标签，说明这是 50Ω的电缆。一般网络管理员称之为 10Base2，因为其理论网络传输速度最大为 10Mb/s，布线可达 185m (1990 年之前为 200m)，使用基带类型的数据传输。但是，由于转发器等网络设备的实施，可以为长距离的传输放大信号并重新调整其时间，所以二者间的差别越来越模糊。在细同轴电缆的中心，有一个铜或敷铜箔膜的铝导线，并在中轴上包围一层绝缘泡沫材料。有一种高质量的电缆编织铜网，由铝箔的套管包围，缠绕着绝缘泡沫材料，而且电缆由外部的 PVC 或特氟纶套覆盖以绝缘。这与粗同轴电缆很相似，但是直径要小。细同轴电缆的颜色有很多种。细同轴电缆连在同轴电缆连接插件(Bayonet Nut Connector，BNC)上，然后再由 BNC 与 T 形接头连接。T 形接头的中部与计算机或网络设备的 NIC 连接在一起。如果计算机或设备是电缆中的最后一个节点，那么终结器就要连接在 T 形接头的一端。

同轴电缆接插件(BNC)是一种用于同轴电缆的连接器，有一个像接合销钉一样的外壳。

新型光纤系统在行进时弯曲成螺旋形，有效地添加了一个可以携带更多数据的新变量。

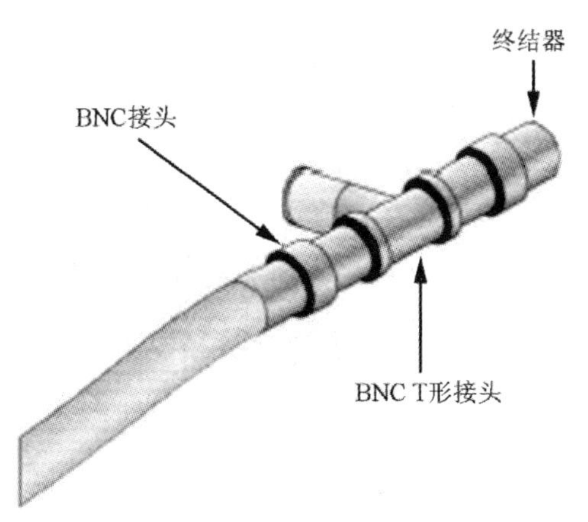

细同轴电缆安装起来比粗同轴电缆容易而且便宜，但是双绞线柔性很好，所以更有利于安装和使用。这也是为什么同轴电缆仅使用在比较有限的范围的原因。细同轴电缆优于双绞线之处在于它可以有效抵抗各种干扰。

2.4.3 光纤

光纤电缆由包在玻璃管子中的一根或者多根玻璃或者塑料光纤芯线构成，外面的玻璃管子叫作包层。光纤芯线和包层均装在一个 PVC 外套中。光纤中的信号传输通常由红外线来完成。常用的光纤电缆有三种尺寸。描述光纤尺寸的参数有两个，即芯线直径和包层直径，其度量单位都为微米。例如，50/125μm 光纤电缆是指该光纤电缆的芯线直径为 50μm 而包层直径为 125μm。另外两种常用的光纤电缆尺寸为 62.5/125μm 和 100/140μm。

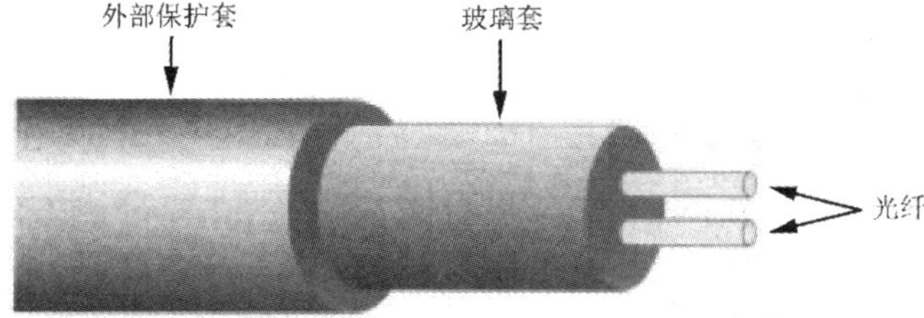

当光波脉冲由激光或者普通发光二极管(LED)发出后，便可以在光纤芯线中传输。玻璃包层的作用是将光线反射回芯线。光纤电缆具有进行高速网络传输的能力，它所支持的传输速度在 100Mb/s～1Gb/s，甚至超过 1Gb/s。光纤电缆一般用作电缆传输主干，例如楼层或者建筑物之间，或者其他方面。在同一栋建筑内的楼层之间使用的光纤主干有时也称为粗管道，因为与基带或者宽带高速传输相比，其带宽更为突出。

在园区网环境中，光纤电缆常用于不同建筑物之间的互联。光纤电缆的优点在于它的带宽大、损耗小，可以持续传输很长的距离。由于数据是通过光脉冲(有和无)进行传输的，所以这种类型的电缆不存在电磁干扰的问题，并且数据传输是纯数字的，不含有任何模拟成分。另外一个优点是他人很难在电缆中放入未经授权的接头，因为这种电缆十分脆弱，并且造价较高，其安装往往需要经过特殊训练的人才能完成。通过光波进行信号传输时，传输行为和光的波长有关。有些波长的光在光纤中进行传输比其他波长的光更有效率。光的波长所使用的计量单位为纳米(nm)。可见光的波长范围是 400～700nm，这种波长的光在光纤中传输时，其数据传输的效率不高。使用波长范围为 700～1600nm 的红外光进行数据传输的效率较高。光波通信的理想波长有三个：850nm、1300nm 和 1550nm。

高速数据传输使用的波长为 1300nm。使用光信号进行数据传输，当光信号到达接收方时它必须具有足够的强度，这样接收方才能够准确地检测到它。衰减或者能量损失是指当信号从源节点(传送节点)向目标节点进行传输时，信号在通信介质中的损失。激光信号在光纤中的衰减用分贝(dB)进行度量。光信号的能量损失直接和光纤的长度以及光纤弯曲的程度、弯曲的数量有关。在光波经过接合点或者接合部时也会有能量损失。

光纤电缆有两种类型，即单模光纤和多模光纤。单模光纤主要用于长距离通信，其芯直径为 8～10μm，包层直径为 125μm。这种光纤的芯直径比多模光纤要小得多。所谓单模光纤是指在给定的时间内，只能有一个光波在光纤中传输。单模光纤使用的通信信号是激光。激光光源包含在发送方发送接口中，由于带宽相当大，所以能够以很高的速度进行长距离传输。

多模光纤可以同时支持多种光波进行数据传输，进行宽带通信。在传输距离上没有单模光纤那么长，因为其可用的带宽较小，光源也较弱。对于多模光纤，在传输时使用的光源为 LED，该设备位于发送节点的网络接口中。

2.4.4 其他传输介质

各种介质都有各自的特点，适用于特定类型的网络。目前最常用的是双绞线电缆。同轴电缆也很常用，但主要应用在原来的 LAN 中。光纤电缆通常用于连接要求高速存取的计算机，以及在不同楼层和建筑物间连接网络。选购时考虑各种介质的传输能力和局限性是很重要的，其包含的因素如下。

实际上光线在光纤内的传播要比电流在铜线上的传播慢，因为光在光纤内是不停地反射转弯的，实际路程远大于光纤长度。

长见识

- ❖ 数据传输速度。
- ❖ 在某网络拓扑结构中的使用。
- ❖ 距离要求。
- ❖ 电缆和电缆组件的成本。
- ❖ 其他网络设备。
- ❖ 安装的灵活性和方便性。
- ❖ 可否防止外界干扰。

目前局域网内一般采用双绞线连接，网间远距离采用光纤连接。

2.5 其他网络连接设备

前面介绍的只是几种最基本的网络设备，要充分实现局域网的众多功能，还需了解其他一些网络设备的功能与使用方法。

2.5.1 调制解调器

我们常常说的拨号上网是怎么实现的呢？拨号上网必须用到一类特殊的设备，即调制解调器，俗称猫。

调制解调器(Modem)是计算机与电话线之间进行信号转换的装置，它由调制器和解调器两部分组成。调制器可以把计算机的数字信号(如文件等)调制成可在电话线上传输的模拟信号，在接收端，解调器再把模拟信号转换成计算机能接收的数字信号。通过调制解调器和电话线就可以实现计算机之间的数据通信。

调制解调器的作用是利用模拟信号传输线路传输数字信号。电子信号分两种：一种是模拟信号，另一种是数字信号。我们使用的电话线路传输的是模拟信号，而计算机之间传输的是数字信号。当您想通过电话线把自己的计算机接入 Internet 时，就必须使用调制解调器来“翻译”两种不同的信号。接入 Internet 后，当计算机向 Internet 发送信息时，由于电话线传输的是模拟信号，所以必须要用调制解调器来把数字信号“翻译”成模拟信号，才能传送到 Internet 上，这个过程叫作调制。当计算机从 Internet 获取信息时，由于通过电话线从 Internet 传来的信息都是模拟信号，所以计算机想要看懂它们，还必须借助调制解调器来“翻译”，这个过程叫作解调。

目前调制解调器主要有两种：内置式和外置式。内置式调制解调器其实就是一块扩展卡，插入计算机内的一个扩展槽中即可使用，它无须占用计算机的串行端口。它的连线相当简单，把电话线接头插入卡上的“Line”插口，卡上另一个接口“Phone”则与电话机相连，平时不用调制解调器时，电话机的使用一点也不受影响。

外置式调制解调器则是一个放在计算机外部的盒式装置，它需占用计算机的一个串行端口，还需要连接单独的电源才能工作。外置式调制解调器面板上有几个状态指示灯，方便用户监视 Modem 的通信状态。外置式调制解调器安装和拆卸容易，设置和维修也很方便。外置式调制解调器的连接也很方便，Phone 和 Line 的接法同内置式调制解调器。但是外置式调制解调器得用一根串行电缆把计算机的一个串行口和调制解调器串行口连起来，这根串行线一般随外置式调制解调器配送。

目前有一种更方便的 USB 接口调制解调器，如下图所示。

调制解调器的一个重要性能参数是传输速率，Modem 的传输速率指的是 Modem 每秒钟传送数据量的大小，传输速率以 b/s 或 bps(比特/秒)为单位。通常所说的 28.8Kb/s、33.6Kb/s 和 56Kb/s 等，指的就是 Modem 的传输速率。因此一台 33.6K 的 Modem 每秒钟可以传输 33600bit 的数据。

随着宽带网络的普及，调制解调器由于传输速度慢，使用得越来越少。但拨号上网也有自己的优点：无须申请账号，使用方便，硬件成本低廉，有真实的 IP 地址。

此外，在 ADSL 等通过电话线上网的方式中，也需要用到调制解调器，不过是特殊的调制解调器。

2.5.2 中继器

有的时候，局域网中的计算机距离很远，或者我们需要把相距很远的局域网连接起来，这个时候就要用到中继器。

网络刚刚开始普及时，调制解调器是上网的主要工具，但随着宽带的普及，调制解调器已逐渐被淘汰了。

网络中继器的基本原理是通过信号整形，增加敏感度来实现通信距离延长，其电压、波形完全符合以太网国际标准，不会对网络带来危害。在五类或超五类屏蔽和非屏蔽网线上均可使用，其原理如下图所示。

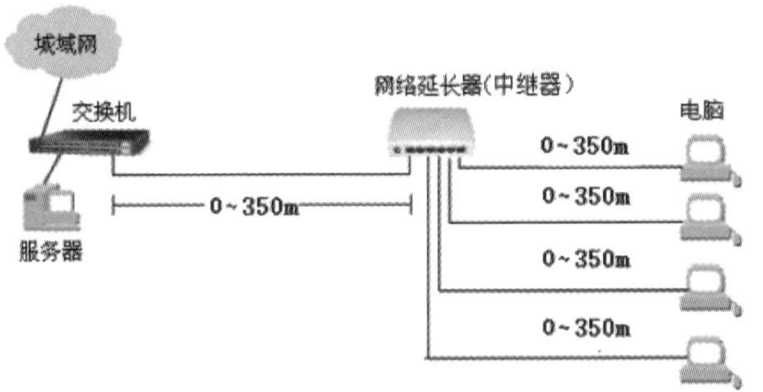

中继器可以连接两个局域网的电缆，重新定时并再生电缆上的数字信号，然后发送出去，这些功能是OSI模型的第一层即物理层的典型功能。中继器的作用是增加局域网的覆盖区域。例如，以太网标准规定单段信号传输电缆的最大长度为500m，但利用中继器连接4段电缆后，以太网中信号传输电缆最长可达2000m。有些品牌中继器可以连接不同物理介质的电缆段，如细同轴电缆和光缆。中继器只将电缆段上的数据发送到另一段电缆上，并不管是否有错误数据或不适于网段的数据。

2.5.3　网桥

网桥，即网络的桥接。网桥是用来连接两个网络，但是网桥有一个特点，就是它有自己独立的IP地址，可以认为网桥起到了路由的作用。也就是说，通过网桥的连接(在设置正确的情况下)，可以使两个网络的互相访问是对等的。

网桥是将一个LAN段与另一LAN段连接起来的网络设备。网桥的用途如下。

(1) 当到达连接限制的最大值(如以太网段上最多可以有30个节点)时，对LAN进行扩展。

(2) 扩展LAN使其超过长度限制。例如，细电缆网的以太网可以超过185m。

(3) 将LAN分段以减少数据信息流量。

(4) 防止未授权者访问LAN。

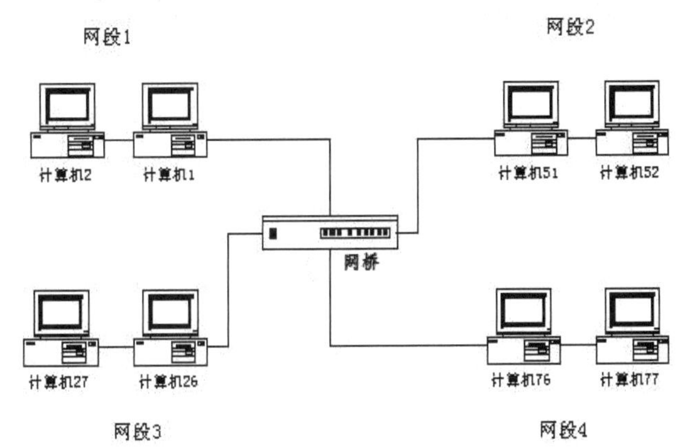

网桥在Ethernet Ⅱ/IEEE 802.3网络上非常盛行，但是仅仅具备桥接功能的设备很快被那些同时执行桥接和路由功能的设备所代替。由于其实施对用户是不可见的，所以我们经常用到“透明网桥”一词。有时说网桥是以混合模式运作的，也就是说，网桥在发送帧时，会先查看每一帧的目标地址。这就将网桥与转发器区分开来，转发器一般不具备查看帧地址的功能。

网桥在OSI数据链路层的MAC子层上工作。网桥可以截取所有的网络信息流并读取每一帧上的目标地址，以确定帧是否可以转发给下一个网络。当网桥工作时，它要检查流经它的帧的MAC地址来建立一个地址表。如果网桥得知帧的目标地址与帧的源在同一个段上，那么就不必转发，它将删除这个帧；如果网桥得知目标是在另一个网段上，那么就将帧传送到那个网段上；如果网桥不知道目标段在哪里，那么网桥会把帧传输到除源地址之外的所有网段上，这个过程称为扩散法。桥接的主要优点在于，它可以限制一定网段上的信息流量。标准的以太网网桥每秒钟可以过滤30000多个帧并转发15000个以上的帧。网桥过滤和转发的速度很快，因为它只查看数据链路层的信息而忽略其他高层的信息。

网桥与协议无关，因此各种协议都可以访问网络。网桥仅查看MAC地址。单个网桥不必考虑帧的结构就转发TCP/IP、IPX、Apple Talk和X.25帧。

由于以太网的广泛使用，在实际组网时用户更偏好于使用交换机来实现网桥的功能。

2.5.4 路由器

典型情况下，路由器用于将地理上分散的网络连接在一起，使得大量计算机联网成为可能。在路由器流行之前，通常使用网桥来达到同样的目的。网桥在小规模网络中表现出色，但在大环境中就会出现问题。网桥要记住网络上所有独立的计算机。用网桥将大量计算机连接在一起的问题就在于网桥不能理解网络号，因此在网络上任何地方生成的广播将被发送到网上的每一个节点。

路由器的作用是根据从网络协议获悉的有关信息，控制通过互联网络的通信量。让我们先来讨论一下计算机网络协议的作用。

在一个有几百台、几千台计算机连在一起的互联网络中，必须有一些约定的方式供这些设备相互访问和通信。随着网络规模的增大，让每一台计算机记住互联网络上其他计算机的地址是不切实际的，因此必须有一些机制来减少每台计算机为实现与其他计算机通信而维护的信息量。

已使用的机制是将一个互联网络分成许多独立但互相连接的网络，这些网络可能又被分为许多子网。记住这些子网络的任务可以交给路由器来完成。使用这种方法，网络上的计算机只需记住互联网络中的子网络，而无须记住网络上的每一台计算机。

要描述互联网络上的计算机是怎样相互寻址的，最好的类比是邮局服务系统。邮寄一封信时，需要提供公寓号码、街区名称和号码、城镇和州名。在计算机术语中，发送信息时需要提供应用端口号、主机号、子网号和网络号。

关键的概念是当邮局接收到发往另一个城镇的信件时，邮政人员首先将它发送到目的城镇所在的分局。从那里，这封信被交给负责特定街区的某个邮递员。最终，这封信被投递到目的地。

计算机网络也采用相似的过程。发往互联网络的信息首先被送到与目的网络相连的路由器。路由器实际上起着网络分发中心的作用，它把信息送到目的子网。最后，此信息被送到目的主机的目的端口。

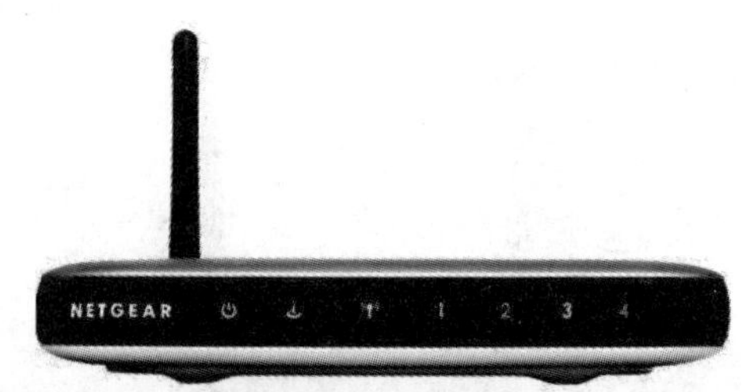

1. 路由器的功能

简单地讲，路由器主要有以下几种功能：

❖ 网络互联。路由器支持各种局域网和广域网接口，主要用于互联局域网和广域网，实现不同网络间互相通信。

❖ 数据处理。提供包括分组过滤、分组转发、优先级、复用、加密、压缩和防火墙等功能。

❖ 网络管理。路由器提供包括配置管理、性能管理、容错管理和流量控制等功能。

为了完成“路由”的工作，在路由器中保存着各种传输路径的相关数据——路由表(Routing Table)，供路由选择时使用。路由表中保存着子网的标志信息、网上路由器的个数和下一个路由器的名字等内容。路由表可以由系统管理员设置，也可以由系统动态修改，并由路由器自动调整，还可以由主机控制。在路由器中涉及两个有关地址的概念，那就是静态路由表和动态路由表。由系统管理员事先设置的路由表称为静态路由表，一般在系统安装时根据网络的配置情况预先设定，它不会随未来网络结构的改变而改变。动态路由表路由器根据网络系统的运行情况自动调整。路由器根据路由选择协议(Routing Protocol)提供的功能，自动学习和记忆网络运行情况，在需要时自动计算数据传输的最佳路径。

2. 路由器的工作原理

为了简单地说明路由器的工作原理，现在我们假设有这样一个简单的网络，如下图所示。A、B、C、D 四个网络通过路由器连接在一起。

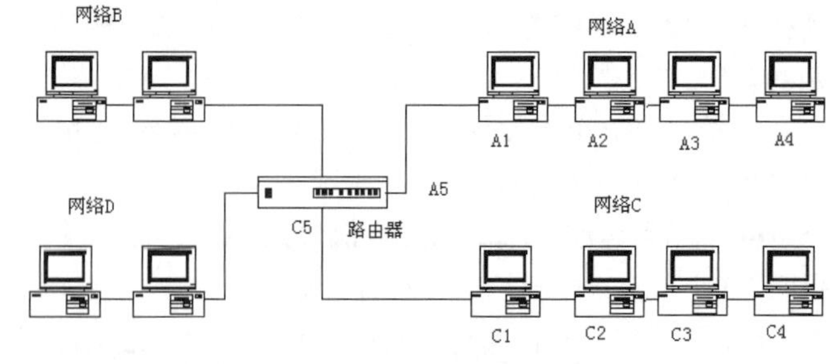

现在我们来看这个网络环境下路由器是如何发挥其路由、数据转发作用的。假设网络 A 中一个用户 A1 要向

所谓第三层交换机，就是交换式路由器，它采用硬件交换技术，而不是软件技术来提高路由器的转发速度。

C 网络中的 C3 用户发送一个请求信号，信号传递的步骤如下。

第 1 步：用户 A1 将目的用户 C3 的地址连同数据信息以数据帧的形式通过集线器或交换机以广播的形式发送给同一网络中的所有节点，当路由器 A5 端口侦听到这个地址后，分析得知所发目的节点不是本网段的，需要路由转发，就把数据帧接收下来。

第 2 步：路由器 A5 端口接收到用户 A1 的数据帧后，先从报头中取出目的用户 C3 的 IP 地址，并根据路由表计算出发往用户 C3 的最佳路径。从分析得知 C3 的网络 ID 号与路由器的 C5 网络 ID 号相同，所以由路由器的 A5 端口直接发向路由器的 C5 端口应是信号传递的最佳途径。

第 3 步：路由器的 C5 端口再次取出目的用户 C3 的 IP 地址，找出 C3 的 IP 地址中的主机 ID 号，如果在网络中有交换机则可先发给交换机，由交换机根据 MAC 地址表找出具体的网络节点位置；如果没有交换机则根据其 IP 地址中的主机 ID 直接把数据帧发送给用户 C3。这样一个完整的数据通信转发过程就完成了。

可以看出，不管网络有多么复杂，路由器所做的工作就是这么几步，所以整个路由器的工作原理基本都差不多。当然实际的网络远比上图所示的要复杂许多，实际的步骤也不会像上述那么简单，但总的过程是这样的。

3. 路由器的分类与选择

路由器作为组建局域网经常使用的网络产品，与网卡、集线器之类的网络产品相比，更为众人所熟知。目前市场上路由器品牌、型号众多，面对这些眼花缭乱的产品，如何选择？一般来讲，选择路由器要注意以下几点。

按照连接方式的不同，路由器又可以分为直连路由和非直连路由。如果要实现两个局域网的点到点连接，可以选用直连路由，该路由器配置操作简单，特别适合那些没有专门网管人员的单位，因为该类型的路由在配置完路由器网络接口的 IP 地址后自动生成，不再需要其他复杂的配置。如果单位组建的局域网和其他许多局域网进行互联，此时就必须选择非直连路由。非直连路由是指人工配置的静态路由或通过运行动态路由协议而获得的动态路由。其中静态路由比动态路由具有更高的可操作性和安全性。

根据性能和价格，路由器还可分为低端、中端和高端三类。高端路由器又称核心路由器。低、中端路由器每秒的信息吞吐量一般在几千万至几十亿比特，而高端路由器每秒的信息吞吐量均在 100 亿比特以上。由于高端路由器设备复杂，技术难度极大，目前国际上只有极少数国家能研制开发。

低端路由器是许多局域网用户首先考虑的品种，这类路由器也是我们局域网用户接触最多的产品。如果局域网中包含的主机很多，需要处理和传输的信息量很大，就应该考虑选择中端路由器。与低端路由器相比，中端路由器支持的网络协议多、速度快，要处理各种局域网类型时，支持多种协议，包括 IP、IPX 和 Vine，还要支持防火墙、包过滤、大量的管理和安全策略以及 VLAN(虚拟局域网)。高端路由器只出现在行业或者系统的主干网上。互联网目前由几十个主干网构成，每个主干网服务于几千个小网络。高端路由器用于企业级网络的互联。由于高端路由器工作的特殊性，因此对它的选择要求是速度和可靠性，价格则处于次要地位。

路由器的接口选择也是很重要的，常见的路由器接口至少应包含局域网接口和广域网接口各一个。广域网接口主要有同步并口和异步串口之分，大部分路由器同时具备这两种接口，具体有 E1/T1、E3/T3、DS3、通用串行口(可转换成 X.21 DTE/DCE、V.35 DTE/DCE、RS 232 DTE/DCE、RS 449 DTE/DCE、EIA530 DTE)、ATM 接口、POS 接口等。

一般的路由器既有串口也有并口，如 Cisco 2501(1AUI 2A/S)，它的广域网口为同步/异步可调，AUX 为一异步拨号备份接口。当主通信线路通信中断时，异步拨号备份线路自动拨通，以保持数据交换的连续性。对于局域网接口，主要包括以太网、令牌环、令牌总线、FDDI 等网络接口，而且大部分局域网都是通过双绞线与路由器连接的，因此大部分路由器都带有 RJ-45 口。不同的接口，用于不同规模、不同要求的局域网，大家一定要根据组建局域网的原则和要求来进行选择。用户在建立局域网时，应首先规划局域网是通过什么方式和因特网连接，这样可以确定路由器应该包含什么广域网接口，然后确定局域网中使用何种连线介质，从而确定路由器的局域网接口类型。从应用角度来看，路由器包含的接口多一点有更大的扩展余地，对局域网规模的拓展非常方便。因此，大家在实际组网的过程中，应该根据实际情况，折中考虑这几方面的因素。

动态路由选择算法就是自适应路由选择算法，它依靠当前网络的状态信息进行决策，从而使路由选择结果在一定程度上适应网络拓扑结构和通信量的变化。

局域网中信息的传输速度往往是用户最为关心的问题，因此选择路由器的传输速度也是用户必须认真考虑的问题。目前 10/100Mb/s 自适应路由器已成为主流，一般的路由器都能够提供全部或部分 10/100Mb/s 接口，单纯提供 10Mb/s 接口的路由器已逐渐淡出市场。

此外，路由器控制管理以及稳定安全方面的功能也应予以充分考虑。

小型局域网中，路由器用得最多的场合是局域网与互联网的连接，因此路由器的可靠性、安全性必须尽可能高。

2.5.5 网关

网关，字面意思就是网络的关口。从技术角度来解释，就是连接两个不同网络的接口。比如局域网的共享上网服务器就是局域网和广域网的接口。网关工作在网络模型第三层，并且有不可逆性。也就是说，局域网用户可以通过网关直接访问广域网，而广域网用户却无法通过该网关来直接访问局域网，如果想访问，必须采用其他技术。

网关曾经是很容易理解的概念。在早期的因特网中，网关即指路由器。路由器是网络中超越本地网络的标记，这个走向未知的“大门”曾经、现在仍然用于计算路由并把分组数据转发到源网络之外。因此，它被认为是通向因特网的大门。随着时间的推移，路由器不再神奇，公共的基于 IP 的广域网的出现和成熟促进了路由器的成长。现在路由功能也能由主机和交换集线器来行使，网关不再是神秘的概念。现在，路由器变成了多功能的网络设备，它能将局域网分割成若干网段、互联私有广域网中相关的局域网以及将各广域网互联而形成因特网，这样路由器就失去了原有的网关概念。然而网关仍然沿用了下来，它不断地应用到多种不同的功能中，定义网关已经不再是件容易的事。唯一保留的通用意义是作为两个不同的域或系统间的连接。

目前，主要有以下三种网关。

1. 协议网关

两部分网络使用的协议不同需要用协议网关来连接与转换。这一转换过程可以发生在 OSI 参考模型的第二层、第三层或第二、三层之间。第二层协议网关提供局域网到局域网的转换，它们通常被称为翻译网桥而不是协议网关。在不同帧类型或时钟频率的局域网间互联可能需要这种转换。

除了帧格式的差异，网络间传输速率的差异也可以用网关来转换。很多过去的局域网技术已经提升了传输速率。例如，IEEE 802.3 以太网现在有 10Mb/s、100Mb/s 和 1Gb/s 版本，它们的帧结构是相同的，主要区别在于物理层以及介质访问机制。

2. 应用网关

应用网关是在使用不同数据格式间翻译数据的系统。典型的应用网关接收一种格式的输入，将之翻译，然后以新的格式发送。输入和输出接口可以是分立的也可以使用同一网络连接。

一种应用可以有多种应用网关。如 E-mail 可以多种格式实现，提供 E-mail 服务的服务器可能需要与各种格式的邮件服务器交互，实现此功能唯一的方法是支持多个网关接口。

应用网关也可以用于将局域网客户机与外部数据源相连，这种网关为本地主机提供了与远程交互式应用的连接。将应用的逻辑和执行代码置于局域网中，客户端避免了低带宽、高延迟的广域网的缺点，使得客户端的响应时间更短。应用网关将请求发送给相应的计算机，然后获取数据，如果需要就把数据格式转换成客户机所要求的格式。

3. 安全网关

安全网关是各种技术的融合，具有重要且独特的保护作用，其范围从协议级过滤到十分复杂的应用级过滤。

实现一个安全网关并不容易，其成功靠需求定义、详细设计及无漏洞的实现。首要任务是建立全面的规则，在深入理解安全和开销的基础上定义可接受的折中方案，这些规则建立了安全策略。

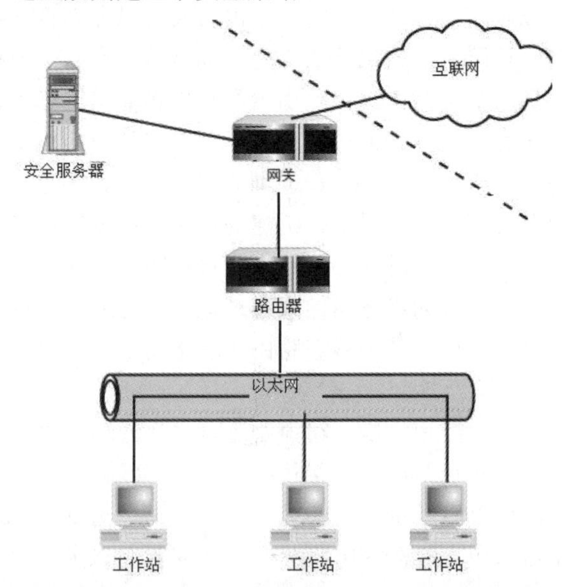

长见识 网络安全的形势越来越严峻，各种安全网关应运而生。可以预见，在未来的计算机防护市场上，安全网关产品将占据很大的份额。

安全策略可以是宽松的、严格的或介于二者之间。极端情况下，安全策略的基础承诺是允许所有数据通过，例外很少，很容易管理，这些例外被明确地加到安全体制中。这种策略很容易实现，不需要预见性考虑，业余人员也能做到最小的保护。另一个极端则极其严格，这种策略要求所有要通过的数据明确指出被允许，这需要精细而科学的设计，其维护的代价很大，但是对网络安全有无形的价值。从安全策略的角度看，这是唯一可接受的方案。这两种极端之间存在许多方案，它们在易于实现、使用和维护代价之间做出了折中，正确的权衡是对危险和代价做出仔细的评估。

安全网关更像一个软件而不是硬件，但确实有很多硬件网关。狭义的网关一般指安全网关。如果用户需要用到网关一定要弄清其软件模型。本章只作简单介绍，如需详细了解请参阅本出版社其他专门书籍。

2.5.6　无线AP与无线路由器

组建无线局域网，无线AP和无线网卡是必不可少的。

1. 什么是无线AP

AP(Access Point，无线访问节点)主要提供无线工作站对有线局域网和有线局域网对无线工作站的访问，在访问接入点覆盖范围内的无线工作站可以通过它进行相互通信。

当前的无线AP可以分为单纯型AP和扩展型AP。

单纯型AP的功能相对简单，缺少路由功能，只相当于无线集线器。此类无线 AP 还没有发现可以互联的产品。扩展型AP也就是市场上的无线路由器，由于它的功能比较全面，大多数扩展型AP不但具有路由交换功能，还有DHCP、网络防火墙等功能。

现在市场上的无线AP大多属于扩展型AP，它们在短距离范围内是可以互联的。如果需要传输的距离比较远，那么就需要无线网桥和专门的天线等设备，其实无线网桥也是无线AP的一种。

2. 无线AP与无线路由器的区别

无线AP是无线网和有线网之间沟通的桥梁。由于无线AP的覆盖范围是一个向外扩散的圆形区域，因此，应当尽量把无线AP放置在无线网络的中心位置，而且各无线客户端与无线AP的直线距离最好不要超过30米，以避免因通信信号衰减过多而导致通信失败。

无线路由器是单纯型AP与宽带路由器的结合体，它借助路由器功能，可实现家庭无线网络中的Internet连接共享，实现ADSL和小区宽带的无线共享接入。另外，无线路由器可以把通过它进行无线和有线连接的终端都分配到一个子网，这样子网内的各种设备交换数据就非常方便。

可以这样说，无线路由器就是AP、路由功能和交换机的集合体，支持有线无线组成同一子网，直接接上Modem。无线 AP 相当于一个无线交换机，接在有线交换机或路由器上，为跟它连接的无线网卡从路由器那里分得IP。

在应用上，无线AP在需要大量AP来进行大面积覆盖的公司使用得比较多，所有AP通过以太网连接起来并连到独立的无线局域网防火墙。

3. 无线路由器的选购

无线AP与无线路由器的差价不是太大，无线路由器使用方便，实际应用中比较多的还是无线路由器。下面谈一谈无线路由器的选购。可能一般用户对无线产品的优点很了解，可是怎么选一台适合自己的产品还不是很明了。其实大家只要注意以下几个指标就可以了。

1)　无线标准

我们常看到产品说明书上会写着遵循IEEE 802.11b、IEEE 802.11g、IEEE 802.11ac标准，这些就是无线协议标准。无线协议直接决定了Wi-Fi的传输速率。

Wi-Fi标准经历了802.11a/g/b/n/ac/ad六代标准。根据现在的路由器市场来看，802.11n和802.11ac协议是主流的协议。802.11n协议的最高理论传输速率为600Mb/s，而802.11ac的无线传输率最高可达3.47Gb/s，最终成为802.11n的继承者。通常看到的千兆路由、11AC无线大

如果无线路由器发射功率不够，还可以安装外置有源定向或全向天线。

概说的就是支持 802.11ac 标准的路由。

2) 发射功率

功率的度量单位为瓦特(W)。相同的道理，无线设备也采用发射功率来衡量发射方的性能高低。发射功率的度量单位为 dBm 或者 mW。如同电灯亮度与瓦数之间的关系，无线设备的传输距离与发射功率同样存在这样的联系。随着发射功率的增大，传输距离也会增大。

3) 端口数目

如今，市面上绝大部分家用无线路由器产品都内置有交换机，一般包括 1 个 WAN(广域网)端口以及多个 LAN(局域网)端口。WAN 端口用于和宽带网进行连接，LAN 端口用于和局域网内的网络设备或计算机连接，这样可以组建有线、无线混合网。如果您需要有更多的 WAN 口和 LAN 口，买的时候就要注意了解清楚路由器后面的接口，WAN 口和 LAN 口分别有几个，是否符合自己的需求。

4) 简易安装

对普通用户来说，网络知识有限，因此我们选购的产品最好是有简洁的基于浏览器配置的管理界面，有智能配置向导，并提供软件升级。这样在使用时可以避免许多麻烦。

2.6 思考与练习

一、选择题

1. 如果需要组建包含 10 台计算机的局域网，组成局域网的各部分中________不是必需的。

   A. 路由器　　B. 网卡

   C. 双绞线　　D. 工作站

2. 下列________设备一般不具备集线功能。

   A. 交换机　　B. 路由器

   C. 调制解调器　　D. 集线器

3. 在下列常见传输介质中，______的传输速率最快，带宽最大。

   A. 双绞线　　B. 同轴电缆

   C. 无线传输　　D. 光纤

二、思考题

1. 服务器与工作站在功能与应用上有何不同？
2. 一台计算机上能否安装多个网卡？
3. 集线器与交换机有何不同？
4. 指出网桥和路由器的区别。
5. 无线路由器与普通无线 AP 各有何优缺点？

长见识　无线路由器可以看作一个转发器，将家中墙上接出的宽带网络信号通过天线转发给附近的无线网络设备(笔记本电脑、支持 Wi-Fi 的手机、平板以及所有带有 Wi-Fi 功能的设备)。

第 3 章 网络操作系统

本章微课

网络操作系统是网络的心脏和灵魂，是向网络计算机提供服务的特殊的操作系统。除了通常操作系统具有的功能外，网络操作系统还具有文件服务、资源共享、远程访问等功能。

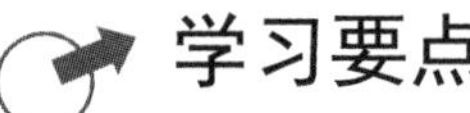

学习要点

- 了解操作系统的作用；
- 了解 NetWare；
- 了解 Windows 98；
- 了解 Windows 2000；
- 了解 Windows XP；
- 了解 Windows Server 2003；
- 了解 Windows 7；
- 了解 Windows Server 2008；
- 了解 Windows 10；
- 了解 Windows Server 2019；
- 了解 UNIX；
- 了解 Linux。

学习目标

通过对本章内容的学习，读者应该了解操作系统的概念、操作系统的简明发展史以及各类操作系统的特点与应用。

读者至少能熟练使用一种操作系统，同时了解并尝试其他类型操作系统的使用。

3.1 认识操作系统

网络的基础是由单个计算机组成的节点，而直接管理计算机的是操作系统。要了解网络如何工作，必须首先了解操作系统。

3.1.1 操作系统概述

操作系统在维基百科中文版中的定义：操作系统(Operating System，OS)，是电子计算机系统中负责支撑应用程序运行环境以及用户操作环境的系统软件，同时也是计算机系统的核心与基石。它的职责常包括对硬件的直接监管、对各种计算机资源(如内存、处理器时间等)的管理以及提供诸如作业管理之类的面向应用程序的服务等。

操作系统是整个计算机系统的灵魂，传统上讲，操作系统是负责对计算机硬件直接控制及管理的系统软件。操作系统实际上是一组程序的集合，用于统一管理计算机资源，协调计算机系统各部分之间、用户与系统之间、用户与用户之间的关系，是用户与计算机的接口。

操作系统的功能一般包括处理器管理、存储管理、文件管理、设备管理和作业管理等。当多个程序同时运行时，操作系统负责规划以优化每个程序的处理时间。

一个操作系统可以在概念上分成两部分：内核(Kernel)以及壳(Shell)。一个壳程序包裹了与硬件直接交流的内核。

有些操作系统的内核与壳完全分开(例如 UNIX、Linux 等)，这样用户可以在一个内核上使用不同的壳；另一些操作系统的内核与壳关系紧密(例如 Microsoft Windows)，内核及壳只是操作层次不同而已。

目前常见的操作系统可以分为两大系列：Windows 系列和 Linux 系列。

微软(Microsoft)公司的 Windows 系列，包括 Windows 95、Windows 98、Windows 2000、Windows NT、Windows XP、Windows Server 2003/2008/2010/2016/2019、Windows 7、Windows 8 以及 Windows 10 系统。

Linux 系列包括著名的 RedHat Linux、国产 Red Flag Linux、OpenLinux 等。

此外 UNIX、NetWare 等系统也在各自特定的应用领域有着举足轻重的作用。

3.1.2 网络操作系统概述

什么是网络操作系统？顾名思义，就是具有网络功能的操作系统。现在网络功能已经成为操作系统必不可少的功能，也就是说常见的操作系统都具有网络功能。

1. 网络操作系统的功能

操作系统是计算机系统的系统软件，它控制和管理计算机硬件资源，合理地组织计算机工作流程，以便有效地利用这些资源为用户提供一个功能强大、使用方便的工作环境，从而在计算机与用户之间起到接口的作用。用户正是通过调用操作系统的功能来使用计算机的。

对计算机网络来说，基础是网络硬件，但决定网络的使用方法和功能的关键是网络操作系统。网络操作系统在网络中的作用如同在计算机中的作用一样，其功能直接影响整个网络系统所具有的性能，所以网络操作系统必须面面俱到地考虑网络系统的各个方面，以保证整个网络在网络操作系统的控制下顺畅无误地运作。

网络操作系统除了具有通常操作系统所具有的功能外，还应该具有以下功能。

(1) 管理与控制服务器的运作，提供高效、可靠的网络连接和多种网络服务。

(2) 与工作站的操作系统密切协调，能方便地使用各种网络资源。

具体地说，网络操作系统应具备下列基本功能。

1) 文件服务

文件服务包括文件的备份、保存、保护等，文件及全部目录的锁定。

2) 资源共享

在对等系统中，工作站可以使用网络上的任何共享资源。在专用系统中，硬盘和打印机安装在文件服务器上，甚至安装在一台专用打印服务器上，供各工作站共享。打印机也可安装在工作站上供其他工作站共享。

3) 系统容错

当系统部分发生故障时，系统容错提供网络生存能力。生存级别取决于最初建立系统的容错级别。例如，可采用驱动器镜像容错技术，安装两个互为镜像的驱动器，把第一个硬盘驱动器上的全部数据镜像转储到对称的第二个硬盘驱动器上，写信息时，两个驱动器同时写。当第一个硬盘驱动器发生故障时，自动启动第二个硬盘驱动器。

4) 磁盘缓冲

通过文件高速缓存和目录高速缓存，将镜像频度高的数据，预先从硬盘读到存储器中。系统在查找文件时，将从内存而不是磁盘上进行搜索，从而提高了查找和读取速度。

如果用户不想等待自动更新，而要手动检查更新(更新更频繁，包括小修补程序和安全更新)，可以自行更新 Windows 操作系统。

5)　事务跟踪系统

事务跟踪系统是网络的一个容错特性，用来防止在数据库应用过程中发生传输故障或其他事故而造成数据库损坏。事务是指对数据库进行变更操作的整个过程。事务必须整个地完成或整个地退回，即任何操作都不进行。只有事务正确执行后跟踪才结束。如果对数据库的更改操作失败，事务跟踪系统立即放弃已做的修改，使数据库里的索引信息恢复到上次的完整状态，以保持数据库的一致性，从而防止数据被破坏。

6)　安全保密性

由于文件集中存放于文件服务器中，共享这些文件的用户很多，因此需要有很高的安全性。网络管理员负责向用户赋予访问权限和口令，建立安全保密机制，未获授权者不能访问服务器及其中的文件，从而保证文件的安全保密性。

7)　远程访问

提供用户远程访问服务器资源的能力，保证远程访问的安全性。

8)　管理工具

提供丰富的实用管理工具箱，使系统管理员有权更好地管理和使用系统。这些管理工具包括：失效管理、配置管理、性能管理、计费管理、安全管理等方面。

9)　用户通信

在网络上，各用户可以互相通信，发送文件。

10)　特殊服务器

允许应用程序在服务器上运行，而不是在工作站上运行。这使应用程序可以临时使用服务器的超级文件、存储器及处理资源，进行远程作业。

11)　打印服务器

这是一种专门执行网络打印任务的专用计算机。它的整个存储器都是用来存储网络打印作业的。打印服务器可以连接多台打印机，也可以用专门软件管理网络打印任务。

12)　远程脱机打印

用户把文件传送给打印机后，返回并继续做其他工作。服务器或打印服务器的存储器保存这些尚未打印的文档，直到被打印为止。网络的打印队列决定打印作业的优先级别，保证打印作业能在规定时间内被打印。

2. 网络操作系统的分类

为了使计算机能在更大的区域里对大量复杂信息进行收集、交换、加工、处理和传输，引入了通信技术，即由通信线路为计算机或终端设备提供数据交换的通路。计算机与通信技术逐渐密切地结合起来，并高速发展，形成了计算机网络。随着计算机网络应用的日益推广，网路用户要求进行数据交换和资源共享，于是网路操作系统应运而生。

网络操作系统按应用可以分为工作站操作系统和服务器操作系统。工作站操作系统即普遍的单机操作系统，如 Windows 2000 Professional、Windows XP、Windows 7、Windows 10 等。服务器操作系统为服务器安装使用的操作系统，如 UNIX、Windows Server 等。

严格来讲两者并没有本质的区别，并且近来还出现了互相靠近的趋势。比如传统 Windows 是主流工作站操作系统，但微软公司一直孜孜不倦地致力于服务器 Server 版本的开发和推广。Linux 向来以多功能见长，使用服务器模式还是工作站模式只需要在安装时选择即可，二者的转换也很方便，甚至不需要重新安装系统。个人用户一直很少使用的 UNIX 系统最近也推出了许多界面友好的单机版本。

近年来还出现了一种 Web 操作系统，其思想就是以基于互联网的网络服务器为核心，以所有用户计算机为工作站，主要操作系统及应用程序都存储在服务器上，为普通用户省去烦琐的维护与升级工作，类似于大型的无盘工作站。这类操作系统的实现还有待于宽带网络的进一步普及与发展，目前还处于研究阶段。

操作系统多种多样，对用户来讲可能需要投入更多精力去学习使用不同的操作系统。从长远来看，多样化可以减小同质化所带来的巨大安全隐患，避免少数厂商操纵市场形成垄断市场。适当的竞争还能促进技术的发展革新，带给用户更多选择。

当然并没有人规定某种计算机只能安装何种操作系统。例如，许多工作不是很繁忙的小型服务器只安装普通操作系统。一些爱好者也会在他们的个人计算机上安装服务器操作系统，同样运行得很好。

3.2　Novell 的 NetWare

NetWare 是 Novell 公司发行的网络操作系统。可以说它是所有操作系统中最符合网络操作系统这一概念的系统。NetWare 最重要的设计思想是基于基本模块的开放式系统结构。NetWare 是一个开放的网络服务器平台，可以方便地对其进行扩充。NetWare 系统能与不同的操作系统，基于不同的网络协议的计算机实现无缝协同工作。在这个平台上，用户可以选择增加其他应用服务(如备

安全加固是指按照系统安全配置标准，结合用户信息系统实际情况，对信息系统涉及的终端主机、服务器、网络设备、数据库及应用中间件等软件系统进行安全配置加固、漏洞修复和安全设备调优。通过安全加固，可以合理加强信息系统的安全性，提高其健壮性，增加攻击入侵的难度，可使信息系统安全防范水平得到大幅度提升。

份、数据库、电子邮件以及记账等)，这些服务可以取自NetWare本身，也可以来自第三方软件。它可以始终保持用户的选择具有充分的自由度。

NetWare有3.11、3.12、4.10、5.0、6.0和6.5等中英文版本，支持所有的单机操作系统，如DOS、Windows、OS/2、UNIX、Macintosh以及IBM SAA环境，为需要在多厂商产品环境下进行复杂的网络计算的企事业单位提供高性能的综合平台。这样用户不必抛弃原有的操作系统，也不必为新引入的操作系统无法有效工作而苦恼。

NetWare是一类能实现多任务、多用户的网络操作系统。它使用开放协议技术(OPT)，使得不同类型的计算机、操作系统之间可以互相访问，这种技术使得在不同种类网络间实现互相通信成为可能。NetWare并不需要专门的服务器，任何一台能正常运行的计算机都能够作为服务器。NetWare易于实现无盘工作站和网络游戏服务器，常用于教学网和网络娱乐中心。

常用的NetWare 6.5平台的特性如下。

- 使用NetWare 6.5可以跨各种类型的网络、存储平台和客户机桌面访问文件、打印机、目录、电子邮件和数据库。支持开放的因特网标准，包含一些全新的基于浏览器的网络服务。
- 通过集成Novell iFolder(智能文件夹)而改变了文件的访问和管理方式，让用户能够随时随地通过万维网设备访问个人文件。保存在一台机器上的iFolder中的内容能在所有其他机器上的iFolder中不间断地进行同步。
- 包含Novell iPrint(智能打印机)，它通过一个标准万维网浏览器提供对所有打印资源的全局访问。Novell iPrint使文档打印过程更简单、更安全、更迅捷。Novell iPrint基于因特网打印协议(IPP)，它通过向管理员提供一个用来管理所有联网打印机的单一管理点，帮助用户降低网络维护成本。

为了进一步拓展网络的范围，NetWare 6.5增加了各类最新的网络协议，如用于Macintosh的Appletalk Filing协议(AFP)、Linux中功能强大的网络文件系统(NFS)和通用因特网文件系统(CIFS)。与NetWare进行通信的客户机不需要安装任何专门软件，因为通信是通过TCP/IP进行的，这使得应用程序可以通过网络运行。用户还可以通过其他操作系统的机器登录NetWare 6.5服务器进行远程管理，如账户设置、文件管理等。

最近，鉴于Linux的优秀品质和影响力，Novell公司负责人表示，今后NetWare的发展将向开源Linux看齐。

3.3 Microsoft的Windows

自从微软公司推出Windows 95以来，Windows系列系统开创了个人计算机图形桌面操作系统的时代，迅速占领了个人计算机操作系统的大部分市场，并将微软帝国的神话延续至今。

因为GUI界面直观、简单易用，Windows系统受到广大用户的欢迎。但由于其层出不穷的安全漏洞和系统的不稳定性，也屡屡遭人诟病。但全世界有如此多的人使用Windows，不得不承认，它是一款优秀的操作系统。

3.3.1 Windows 98

Windows 98发行于1998年6月25日，是16位/32位混合的系统，其版本号为4.1。这个系统是基于Windows 95编写的，它改良了对硬件标准的支持，例如MMX和AGP。其他特性包括对FAT32文件系统的支持、多显示器、对Web TV的支持和整合到Windows图形用户界面的Internet Explorer，称为活动桌面(Active Desktop)。Windows 98 SE(第二版)发行于1999年6月10日，它包括一系列的改进，例如Internet Explorer 5、Windows Netmeeting 3、Internet Connection Sharing、对DVD-ROM和USB的支持。Windows 98被人批评为没有足够的革新。即便这样，它仍然是一个成功的产品。

Windows 98的最低系统需求：486DX/66MHz或更高的处理器，16MB的内存，更多的内存将改善性能；如果使用FAT16文件系统，典型安装需250MB空间；因系统设置和选项不同，所需空间范围是225～310MB；如果使用FAT32文件系统，典型安装需245MB；因系统设置和选项不同，所需空间范围是200～270MB；CD-ROM或DVD-ROM驱动器和VGA或更高分辨率的显示器，微软鼠标或兼容的指针设备。

3.3.2 Windows 2000

Windows 2000发行于2000年12月19日，是32位图形商业性质的操作系统。起初的名称沿用了以前的Windows NT系列，称为Windows NT 5.0，为了纪念特别的新千年，这个新发布的操作系统被命名为Windows 2000。Windows 2000包含新的NTFS文件系统、EFS文件加密、增强硬件支持等一系列新特性。以往在服务器操作系统领域，Windows NT系列一直难登大雅之堂，但Windows 2000的出现为微软公司在服务器领域打开了市

安全加固主要通过人工对系统进行漏洞扫描，针对扫描结果使用打补丁、强化账号安全、修改安全配置、优化访问控制策略、增加安全机制等方法加固系统以及堵塞系统漏洞、后门，完成加固工作。

场，让人们改变了对微软公司产品的一贯看法。在低端服务器操作系统领域，人们有了新的选择，以往人们只能使用昂贵和难以理解的UNIX。

Windows 2000有四个版本：Professional(专业版)、Server(服务器版)、Advanced Server(高级服务器版)和Datacenter Server(数据中心服务器版)。另外，微软提供了Windows 2000 Advanced Server限定版，运行于英特尔Itanium 64位处理器上。所有版本的Windows 2000都有一些共同的新特征，例如NTFS5——新的NTFS文件系统，EFS——允许对磁盘上的所有文件进行加密，WDM——增强对硬件的支持。

Windows 2000的最低系统要求：133MHz或更高主频的Pentium级兼容CPU，推荐最小内存为64MB，更多的内存通常可以改善系统响应性能(最多支持4GB内存)，至少有1GB可用磁盘空间的2GB硬盘(如果通过网络进行安装，可能需要更多的可用磁盘空间)。Windows 2000 Professional支持单CPU和双CPU系统。

3.3.3　Windows XP

Windows XP的原名是Whistler，是微软公司于2001年10月25日发布的一款操作系统，当时包括家庭版(Home)和专业版(Professional)两个版本。家庭版的消费对象是家庭用户，专业版则在家庭版的基础上添加了新的面向商业设计的网络认证、双处理器等特性。字母XP表示英文单词的“体验”(eXPerience)。

在Windows XP之前，微软有两个相互独立的操作系统系列，一个是以Windows 98和Windows ME为代表的面向桌面计算机的系列，另一个是以Windows 2000和Windows NT为代表的面向服务器的系列。

Windows XP是基于Windows 2000代码的产品，同时拥有一个新的用户图形界面(月神Luna)，它包括一些细微的修改，其中一些看起来是从Linux的桌面环境诸如KDE获得的灵感，带有用户图形的登录界面就是一个例子。此外，Windows XP还引入了一个“基于任务”的用户界面，使得工具条可以访问任务的具体细节。

Windows XP包括简化的Windows 2000用户安全特性，并整合了防火墙，用来解决长期以来困扰微软的安全问题。

另外，受到强烈批评的是它的产品激活技术。这使得主机的部件受到监听，并在软件可以永久使用前(30天一个激活周期)在微软的记录上添加一个唯一的参考序列号。在其他计算机上安装系统，或只是简单更换一个硬件(例如网卡)，都将产生一个新的与之前不同的参考序列号，给用户带来诸多麻烦。

尽管有众多的批评，但是市场反应证明了Windows XP的成功。更漂亮的界面、更简单的设置、更好的硬件兼容性、更强大的功能和更多的组件，让它受到用户的广泛喜爱。

Windows XP用于对等式网络，与其他计算机共享资源十分方便，也可以用于主从式网络。

Windows XP的最低系统要求：推荐计算机使用时钟频率为300MHz或更高的处理器，至少需要233MHz(单个或双处理器系统)，推荐使用Intel Pentium/Celeron系列、AMD K6/Athlon/Duron系列或兼容的处理器，推荐使用128MB RAM或更高的内存(最低支持64MB，可能会影响性能和某些功能)，1.5GB可用硬盘空间，Super VGA(800×600)或分辨率更高的视频适配器和监视器，CD-ROM或DVD驱动器，键盘和Microsoft鼠标或兼容的指针设备。

3.3.4　Windows Server 2003

Windows Server 2003是微软在2003年4月24日推出的Windows服务器操作系统，其核心是Microsoft Windows Server System(WSS)，每个Windows Server都与其家用(工作站)版对应(2003 R2除外)。

Windows Server 2003对活动目录、组策略、磁盘管理等面向服务器的功能作了较大改进，对.NET技术的完善支持进一步扩展了服务器的应用范围。

一开始，该产品称作Windows .Net Server，后更名为Windows .Net Server 2003，最终定名为Windows Server 2003，于2003年3月28日发布，并在同年4月底上市。

Windows Server 2003有四个版本，都适合不同的商业需求：Windows Server 2003 Web服务器版本(Web Edition)、Windows Server 2003标准版(Standard Edition)、Windows Server 2003企业版(Enterprise Edition)以及Windows Server 2003数据中心版(Datacenter Edition)。Web Edition主要是为网页服务器设计的，而Datacenter Edition是为极高端系统使用的。标准和企业版本介于两者之间。目前，Windows Server 2003 R2是Windows Server 2003系列的最新版本，它在分公司服务器管理、跨组织身份认证以及网络存储管理等方面进行了强化，并增加了许多新功能。

说到操作系统通常会想到满满一张光盘的安装文件，实际上早期的操作系统都很小，只是在图形界面出现后操作系统占用的空间才爆炸式地增加了。

3.3.5 Windows 7

Windows 7是微软公司在2009年10月22日推出的Windows操作系统，供个人计算机使用，包括家庭及商业工作环境、笔记本电脑、平板计算机、多媒体中心等。

Windows 7系统的宗旨在于让人们的日常计算机操作更加简单和快捷，为人们提供高效易行的工作环境。

1. Windows 7的新增功能

1) 简化日常任务

新增的家庭组可帮助用户通过家庭网络轻松地共享文件和打印机。使用鼠标拖曳操作可以在桌面上调整和比较窗口大小。新设置的Windows Live Essentials链接，可以一次免费下载获得整套精彩的程序，如Mail、影音制作、照片库等。在Windows任务栏新增了更完善的缩略图预览，更易于查看的图标和更丰富的自定义方式。

2) 系统更加人性化

Windows 7系统完全支持64位，以充分地利用64位计算机的强大功能，堪称新的桌面标准。可以利用有趣的新主题、幻灯片或者方便的小工具重新装点桌面。新系统能更快速地休眠和恢复，使用更少的内存，快速识别USB设备。

3) Windows 7系统的技术创新

新增的"播放到"技术支持在家中的其他计算机、立体声设备或电视上播放媒体。"远程媒体流"技术则允许用户在家庭计算机上欣赏音乐和视频，即使不在家中也可以。Windows 7系统支持新增的"Windows触控"技术，若配上触摸屏，用户不需要总使用键盘或鼠标了。

2. Windows 7的配置要求

为了让更多的用户购买Windows 7系统，微软降低了Windows 7的系统配置要求，最低配置要求如下。

- CPU：1GHz及以上，性能比较好的CPU。
- 内存：安装识别的最低内存是512MB，推荐1 GB及以上。
- 显卡：128MB为打开Aero效果最低配置，若不打开Aero效果，集成显卡64MB也可以。
- 硬盘：要求20GB以上可用空间。
- 其他设备：光驱或者U盘等其他储存介质。
- 网络：Windows 7要求PC必须具备网卡，需要联网激活系统，否则只能进行为期30天的试用评估。

3.3.6 Windows Server 2008

Windows Server 2008是微软公司于2008年1月发布的一款服务器操作系统。从工作组到数据中心，Windows Server 2008都提供了令人兴奋且很有价值的新功能，对基本操作系统做出了重大改进，代表了下一代Windows Server。

Windows Server 2008在继承Windows Server 2003所有优点的基础上，通过加强操作系统和保护网络环境提高服务器的安全性，为任何组织的服务器和网络提供一个安全、易于管理的平台。

Windows Server 2008是一款完全基于64位技术的服务器系统，在性能和管理等方面系统的整体优势相当明显。同时，Windows Server 2008完全基于64位的虚拟化技术，在虚拟化应用的性能方面完全可以和其他主流虚拟化系统相媲美。在成本和性价比方面，Windows Server 2008更具有压倒性的优势。

为了满足各种规模的企业对服务器环境的需求，Windows Server 2008也发行了多个版本，包括Windows Server 2008 Standard、Windows Server 2008 Enterprise、Windows Server 2008 Datacenter、Windows Web Server 2008、Windows Server 2008 for Itanium-Based Systems和Windows HPC Server 2008等。另外还有3个不支持Windows Server Hyper-V技术的版本，分别是Windows Server 2008 Standard without Hyper-V、Windows Server 2008 Enterprise without Hyper-V和 Windows Server 2008 Datacenter without Hyper-V。

Windows Server 2008在推出后半年，微软推出内建在Windows Server 2008上的虚拟化平台Hyper-V 1.0。这个版本虽然具有基本虚拟化功能，但相较于其他虚拟化平台，相对薄弱许多，无法在不停止虚拟主机的情况下将VM移转到其他实体服务器上。为了解决这个问题，微软随后推出了Windows Server 2008 R2服务器系统，该系统不仅扩充了Windows Server 2008的适用性，更继续提升了虚拟化、系统管理弹性、网络存取方式以及信息安全等领域的应用。

欲使用Windows Server 2008，必须符合下列需求。

硬 件	需 求
处理器	最低：1.4 GHz(x64处理器) 注意：Windows Server 2008 for Itanium-Based Systems 版本需要Intel Itanium2处理器

操作系统虚拟化技术允许多个应用在共享同一主机操作系统内核环境下隔离运行。主机操作系统为应用提供一个个隔离的运行环境，即容器实例。操作系统虚拟化技术架构可以分为容器实例层、容器管理层和内核资源层。

续表

硬 件	需 求
内存	最低：512 MB RAM 最大：8GB(基础版)或 32GB(标准版)或 2TB(企业版、数据中心版及 Itanium-Based Systems 版)
可用磁盘空间	最低：32GB 或以上 基础版：10GB 或以上 注意：配备 16GB 以上 RAM 的计算机将需要更多的磁盘空间，以进行分页处理、休眠及转储文件
显示器	超级 VGA(800×600)或更高分辨率的显示器
其他	DVD 驱动器、键盘和 Microsoft 鼠标(或兼容的指针设备)、Internet 访问(可能需要付费)

实际需求将根据用户的系统配置以及用户选择安装的应用程序和功能的不同而有所差异。处理器的性能不仅与处理器的时钟频率有关，也与内核个数以及处理器的缓存大小有关。系统分区的磁盘空间需求为估计值。如果是从网络安装，则可能还需要额外的可用硬盘空间。

基于目前的硬件情况，Windows Server 2008 基本满足要求。

3.3.7 Windows 10

1. 概述

Windows 10 是微软公司开发的应用于计算机和平板计算机的操作系统，于 2015 年 7 月 29 日发布正式版。Windows 10 操作系统在易用性和安全性方面有了极大的提升，除了针对云服务、智能移动设备、自然人机交互等新技术进行融合外，还对固态硬盘、生物识别、高分辨率屏幕等硬件进行了优化完善与支持。

在 Windows 10 操作系统中，传统界面环境和之前 Windows 版本相比变化不是很大，自 Windows 8 系统移除的开始菜单也回归桌面任务栏。Windows 10 操作系统的传统桌面环境更加简洁、现代。简洁的环境不失为另一种优秀的视觉体验。

2. 系统功能介绍

1) 生物识别技术

Windows 10 新增的 Windows Hello 功能将带来一系列对生物识别技术的支持。除了常见的指纹扫描之外，系统还能通过面部或虹膜扫描登录。当然，用户需要使用新的 3D 红外摄像头来获取这些新功能。

2) Cortana 搜索功能

Cortana 可以用它来搜索硬盘内的文件、系统设置、安装的应用，甚至是互联网中的信息。作为一款私人助手服务，Cortana 还能像在移动平台上那样帮助用户设置基于时间和地点的备忘录。

3) 平板模式

微软在照顾老用户的同时，也没有忘记随着触控屏幕成长的新一代用户。Windows 10 提供了针对触控屏设备优化的功能，同时提供了专门的平板计算机模式，开始菜单和应用都将以全屏模式运行。如果设置得当，系统会自动在平板计算机与桌面模式间切换。

4) 桌面应用

微软放弃激进的 Metro 风格，回归传统风格，用户可以调整应用窗口大小，久违的标题栏重回窗口上方，最大化与最小化按钮也给了用户更多的选择和自由度。

5) 多桌面

如果用户没有多个显示器，但需要对大量的窗口进行重新排列，那么 Windows 10 的虚拟桌面应该可以帮到用户。在该功能的帮助下，用户可以将窗口放进不同的虚拟桌面中，并在其中进行轻松切换。使原本杂乱无章的桌面变得整洁起来。

6) 兼容性增强

只要能运行 Windows 7 操作系统，就能更加流畅地运行 Windows 10 操作系统。针对固态硬盘、生物识别、高分辨率屏幕等硬件进行了优化支持与完善。

7) 安全性增强

除了继承旧版 Windows 操作系统的安全功能之外，还引入了 Windows Hello、Microsoft Passport、Device Guard 等安全功能。

8) 新技术融合

在易用性、安全性等方面进行了深入的改进与优化。针对云服务、智能移动设备、自然人机交互等新技术进行融合。

3.3.8 Windows Server 2019

1. 概述

Windows Server 2019 是微软推出的最新版服务器操作系统，该系统基于 Windows Server 2016 开发，是微软迄今为止普及速度最快的服务器系统。Windows Server 2019 与 Windows 10 同宗同源，提供了 GUI 界面，包含大量服务器相关新特性，也是微软提供长达十年技术支持的新一代产品。Windows Server 2019 向企业和服务提

在 Windows 10 系统中并没有搭载传统基于 Win32 的应用程序，仅包括文件管理器和控制面板等传统应用。

供商提供最先进可靠的服务，主要用于VPS或服务器，可用于架设网站或者提供各类网络服务。它提供了四大重点新特性：混合云、安全、应用程序平台和超融合基础架构。该操作系统将会作为下一个长期支持版本为企业提供服务，继续提高安全性并提供比以往更强大的性能。

2. 系统功能介绍

1) 企业级超融合基础设施(HCI)

随着Windows Server 2019的发布，微软为其HCI平台推出了三年的更新。微软现在使用的渐进式升级计划，包括半年度渠道版本，将随着服务的可用性而进行增量型升级。每隔几年，微软就会推出一个名为长期服务渠道版本的系统。

在最新的版本中，运行HyperV的服务器可以在不停机的情况下动态增加或减少工作负载。

2) Honolulu项目

Windows Server 2019的Honolulu项目服务器管理工具是一个中央控制台，它可以让IT专业人员轻松地管理GUI和GUI-less。

早期用户已经发现了Honolulu项目所带来的管理的简单性，包括执行诸如性能监控、服务器配置和设置任务等常见任务，以及管理Windows服务。

3) 安全方面的改善

微软继续保留了内置的安全功能，以帮助组织访问安全管理的“预期违约”模式。Windows Server 2019的理念是假定服务器和应用程序在数据中心的核心位置已经被破坏，而不是在企业的外围设置防火墙来防止所有安全问题。

Windows Server 2019包括Windows防御系统高级威胁保护(ATP)，用于评估安全漏洞的公共矢量，并自动屏蔽和警告潜在的恶意攻击。在Windows Server 2019上，可以利用数据存储、网络传输和安全完整性组件来防止Windows Server 2019系统被入侵。

4) 更小、更高效的容器

组织正在迅速减少其IT运营的资源占用和开销，并使用更小、更高效的容器来支撑其工作负载。Windows内部人员已经受益于实现更高的计算密度，以改进总体应用程序运营。在硬件服务器系统中，没有增加额外的开销，也没有扩展硬件容量。

Windows Server 2019有一个更小、更精简的ServerCore镜像，它可以将虚拟机的开销减少50%～80%。当一个组织能够以较小的镜像获得相同(或更多)的功能时，组织就能够降低成本并提高IT投资的效率。

5) Linux上的Windows子系统

十年前，人们很少会说微软和Linux是免费的平台服务，但现在已经改变了。Windows Server 2016支持Linux实例作为虚拟机，而新的Windows Server 2019在Windows服务器上包括一个针对Linux系统的完整子系统，并取得了巨大的进展。

Linux的Windows子系统扩展了Windows服务器上Linux系统的基本虚拟机操作，并为网络、本机文件系统存储和安全控制提供了更深层次的集成。它可以启用加密的Linux虚拟机实例。这正是微软在Windows Server 2016中为Windows提供屏蔽虚拟机的方法，但在Windows Server 2019服务器上，为Linux提供了本地屏蔽的虚拟机。

可以发现，容器的优化以及在Windows Server主机上对Linux进行本地支持可以通过减少两三个基础设施平台而降低成本。

3.4 UNIX和UNIX类操作系统

3.4.1 UNIX系统

1. 概述

UNIX是一类非常古老的操作系统，计算机诞生不久UNIX就诞生了。UNIX主要针对多任务多用户环境，它在内存管理、文件和目录权限以及用户权限方面都有严格的标准。此外，在网络信息的保密性、数据的安全备份方面更有独到之处，从而保证了系统的安全性和可靠性。UNIX内嵌了TCP/IP协议，对网络的支持性非常好，所以大型网络服务器都倾向于选择UNIX操作系统。

UNIX的微内核是公开的，有许多厂商纷纷推出了自己的UNIX版本并形成了各自独立的发展体系。各UNIX版本没有统一的标准，相互之间缺乏独立性，此外对新硬件的支持也不好、命令界面使用困难，这些都制约了UNIX的普及应用。

但UNIX操作系统众所周知的稳定性、可靠性，用来提供各种Internet服务的计算机很大比例是在运行UNIX及UNIX类操作系统。

目前比较常见的运行在PC上的UNIX类操作系统有BSD UNIX、Solaris x86、SCO UNIX等。

在升级期间，Windows将检查计算机中的反恶意软件订阅是否为最新(没有过期)并且兼容。

2. UNIX 的主要特点

UNIX 的主要特点有如下几点。

1) 技术成熟，可靠性高

经过 30 来年开放式的发展，UNIX 的一些基本技术已变得十分成熟，有的已成为各类操作系统的常用技术。实践表明，UNIX 是能达到大型主机可靠性要求的少数操作系统之一。目前许多 UNIX 大型主机和服务器在国外的大型企业中每天 24 小时、每年 365 天不间断地运行。例如，不少大企业或政府部门，即所谓肩负关键使命的场合/部门都将整个企业/部门信息系统建立并运行在 UNIX 服务器的 Client/Server 结构上。目前，世界上还没有一家大型企业将其重要的信息系统完全建立在 Windows NT 系统上。

2) 极强的可伸缩性

UNIX 系统能够在笔记本电脑、PC、工作站直至巨型机上运行，而且能在所有主要 CPU 芯片搭建的体系结构上运行，包括 Intel 与 AMD 所支持的 HP-PA、MIPS、PowerPC、UltraSPARC、ALPHA 等 RISC 芯片。世界上没有第二个操作系统能达到这一点。此外，由于 UNIX 系统能很好地支持 SMP、MPP 和 Cluster 等技术，其可伸缩性又有了很大的增强。目前，商品化 UNIX 系统能支持的 CPU 数已达到几百种，MPP 系统节点已超过 1024 个。UNIX 支持的异种平台 Cluster 技术也已投入使用。因此，UNIX 的可伸缩性远远超过 Windows 操作系统所能达到的水平。

3) 网络功能强

网络功能是 UNIX 系统的又一重要特色，作为 Internet 技术和异种机连接重要手段的 TCP/IP 协议就是在 UNIX 上开发和发展起来的。TCP/IP 是所有 UNIX 系统不可分割的组成部分，UNIX 服务器在 Internet 服务器中占 80%以上。此外，UNIX 还支持所有常用的网络通信协议，包括 NFS、DCE、IPX/SPX、SLIP、PPP 等。UNIX 系统能方便地与已有的主机系统以及各种广域网和局域网相连接，这也是 UNIX 具有出色的互操作性的根本原因。

4) 强大的数据库支持能力

由于 UNIX 具有强大的数据库支持能力和良好的开发环境，因此所有主要数据库厂商，包括 Oracle、Informix、Sybase、Progress 等，都把 UNIX 作为主要的数据库开发和运行平台，并创造出一个又一个性价比的新纪录。UNIX 服务器正在成为大型企业数据中心替代大型主机的主要平台。

5) 开发功能强

UNIX 系统从一开始就为软件开发人员提供了丰富的开发工具。成为工程工作站首选和主要的操作系统和开发环境。可以说，工程工作站的出现和成长与 UNIX 是分不开的。UNIX 工作站仍是软件开发厂商和工程研究设计部门的主要工作平台，有重大意义的软件新技术几乎都出现在 UNIX 上，如 TCP/IP、WWW、OODBMS 等。

6) 开放性好

开放性是 UNIX 的本质特性，开放系统概念的形成与UNIX是密不可分的。UNIX是开放系统的先驱和代表。由于开放系统深入人心，几乎所有厂商都宣称自己的产品是开放系统，而且确实每一种系统都能满足某种开放的特性，如可移植性、兼容性、可伸缩性、互操作性等。但这些系统与开放系统的本质特征——不受某些厂商的垄断和控制并非名副其实，而只有 UNIX 完全符合这一条件。

7) 标准化

国际标准化组织(ISO)、工业团体以 UNIX 为基础制定了一系列标准，如 ISO/IEC 的 POSIX 标准、IEEE POSIX 标准、X/Open 组织的 XPG3/4 工业标准以及后来的 Spec 1170(因为它包含 1170 个应用编程接口，后来改名为 UNIX'95)标准。

UNIX 标准的真实目标是为用户和厂家定义一种规定 UNIX 形态的基础，以保证 UNIX 系统是可操作的，并且其应用是便于移植的。用户可以自己开发产品，也可以从遵循开放、自由竞争的市场购买具有新的扩充产品，以满足自己的特殊需要。

UNIX 工业界再次为用户提供了选择的权利。如果可伸缩性和可移植性对用户的业务是最重要的，用户可以选择遵从 UNIX'95 的应用程序；如果先进技术是关键，则用户可选择某一厂家具有的新扩充的应用程序。

3.4.2 FreeBSD

1969 年 AT&T Bell 实验室研究人员创造了 UNIX，而今 UNIX 已发展成为主流操作系统之一。在 UNIX 的发展过程中，形成了 BSD UNIX 和 UNIX System Ⅴ两大主流。BSD UNIX 开发组织产生了 FreeBSD、NetBSD、OpenBSD 等 UNIX 系统。与 NetBSD、OpenBSD 相比，FreeBSD 的开发最活跃，用户数量最多。NetBSD 可以用于包括 Intel 平台在内的多种硬件平台。OpenBSD 的特点是特别注重操作系统的安全性。

FreeBSD 作为网络服务器操作系统，可以提供稳定的高效率的 WWW、DNS、FTP、E-mail 等服务，还可用来构建 NAT 服务器、路由器和防火墙。

所谓类 UNIX 家族是指一族种类繁多的 OS，此族包含 System V、BSD 与 Linux。UNIX 是 The Open Group 的注册商标，特指遵守此公司定义的行为的操作系统。而类 UNIX 通常指比原先的 UNIX 包含更多特征的 OS。类 UNIX 系统可在非常多的处理器架构下运行，在服务器系统上有很高的使用率。

3.4.3 Solaris

Solaris 是 SUN 公司开发和发布的企业级操作环境，有运行于 Intel 平台的 Solaris x86 系统，也有运行于 SPARC CPU 结构的系统。它起源于 BSD UNIX，但逐渐转移到了 System Ⅴ标准。在服务器市场上，SUN 的硬件平台具有高可用性和高可靠性，Solaris 是当今市场上处于支配地位的 UNIX 类操作系统。目前比较流行的运行于 x86 架构计算机上的 Solaris 有 Solaris 8 x86 和 Solaris 9 x86 两个版本。当然 Solaris x86 也可用于实际生产应用的服务器。

3.5 Linux 系统的特点及发行版本

Linux 是一套免费使用和自由传播的类 UNIX 操作系统，它主要用于 Intel x86 系列 CPU 的计算机上，其目的是建立不受任何商品化软件版权制约、全世界都能自由使用的 UNIX 兼容产品。

Linux 最早由一位名叫 Linus Torvalds 的计算机爱好者开发，他的目的是设计一个代替 Minix 的操作系统，这个操作系统可用于 386、486 或奔腾处理器的个人计算机上，并且具有 UNIX 操作系统的全部功能。

Linux 以高效性和灵活性著称。它能够在个人计算机上实现全部的 UNIX 特性，具有多任务、多用户的能力。Linux 可在 GNU 公共许可权限下免费获得，是一个符合 POSIX 标准的操作系统。Linux 操作系统软件包不仅包括完整的 Linux 操作系统，而且包括文本编辑器、高级语言编译器等应用软件。它带有多个窗口管理器的 X-Windows 图形用户界面，如同使用 Windows NT 一样，允许使用窗口、图标和菜单对系统进行操作。

经过近 20 年的发展，Linux 不仅没有衰落，并且发展得越来越旺盛。最近 Novell 公司也宣布加入 Linux 社区的阵营。鉴于 Linux 阵营的浩大声势，连微软公司也不得不改变态度寻求合作。

Linux 的内核版本最近已经发展到了 2.6 版。

Linux 有很多发行版本，较流行的有 RedHat Linux、Debian Linux、RedFlag Linux 等。

3.5.1 Linux 的主要特点

对于初学者我们并不推荐使用 Linux，因为其复杂的命令行界面往往容易让初学者望而却步。虽然 Linux 也有图形界面，但其便捷性无法与 Windows 相比，也无法体现出 Linux 的强大功能。初学者入门时最好选择界面友好的 Windows。

对于有经验的网络系统管理员，我们推荐使用 Linux，其强大的管理功能会让用户忘记所有 Windows 的笨拙所带来的不快，也有助于用户了解网络的结构与工作原理。本节主要对 Linux 在服务器方面的特点作一定的介绍。

简单地说，Linux 的安全性和功能要强于 Windows，易操作性要优于 UNIX，可以说是集中了两者的长处。

1. Linux 的特点

Linux 作为自由软件有两个特点，一是免费提供源码，二是爱好者可以按照自己的需要自由修改、复制和发布程序的源码，并公布在 Internet 上。这就吸引了世界各地的操作系统高手为 Linux 编写各种各样的驱动程序和应用软件，使得 Linux 成为不仅只是一个内核，而且包括系统管理工具、完整的开发环境和开发工具、应用软件在内，用户很容易获得的操作系统。

由于可以得到 Linux 的源码，所以操作系统的内部逻辑可见，这样就可以准确地查明故障原因，及时采取相应对策。在必要的情况下，用户可以及时地为 Linux 打"补丁"，这是其他操作系统所没有的优势。

Linux 采取了许多安全技术措施，包括读写控制、带保护的子系统、审计跟踪、核心授权等。这为网络多用户环境提供了必要的安全保障。

从发展的背景看，Linux 与其他操作系统的区别是，Linux 是从一个比较成熟的操作系统发展而来的，而其他操作系统，如 Windows NT 等，都是自成体系，无对应的相依托的操作系统。Linux 作为 UNIX 的一个克隆，同样会得到相应的支持和帮助。

UNIX 的绝大多数命令都可以在 Linux 里找到并有所加强。UNIX 的可靠性、稳定性以及强大的网络功能也在 Linux 身上一一体现。

Linux 是一种可移植的操作系统，能够在微型计算机、大型计算机等任何环境和平台上运行。Linux 除了是优良的软件开发平台之外，也是工作、学习的好伙伴。架设服务器更是得心应手，因为 Linux 本身就是基于网络的。嵌入式平台上也处处有 Linux 的身影，安装了 Linux 的 PDA、智能手机功能强大，操作简单，受到用户的热烈欢迎。

Linux 是一套自由软件，用户可以无偿地得到它及其源代码，可以无偿地获得大量的应用程序，而且可以任意地修改和补充它们。

2. Linux 与 Windows 的总体比较

1) 使用费用

Windows 授权费用昂贵，正版用户能获得良好的售后服务与技术支持，非法用户必须面临被起诉的风险。

Linux 操作系统可以从互联网上免费下载使用，而且 Linux 上运行的绝大多数应用程序也是免费的。使用 Linux 不用担心授权是否到期。

2) 硬件兼容性

Windows 的硬件兼容性很好，系统自身就附带了许多硬件驱动程序。多数硬件厂商都会提供 Windows 的驱动。但很多时候 Windows 的驱动程序不能保证发挥硬件的最佳性能。

Linux 最早诞生于微机环境，一系列版本都充分利用了 x86 CPU 的任务切换能力，使 x86 CPU 的效能发挥得淋漓尽致，这一点 Windows 并没有做到。此外，它可以很好地运行在由各种主流 RISC 芯片(ALPHA、MIPS、PowerPC、HP-PA 等)搭建的机器上。但对有些外部硬件特别是比较新的硬件不支持，因为很多硬件是针对 Windows 设计的，厂家没有为 Linux 设计驱动。

3) 多任务实现

只有很少的操作系统能提供真正的多任务能力，尽管许多操作系统声明支持多任务，但并不完全准确，如 Windows。Linux 充分利用了 x86 CPU 的任务切换机制，实现了真正多任务、多用户环境，允许多个用户同时执行不同的程序，并且可以给紧急任务以较高的优先级。

Windows 的多任务管理并不完善，任务过多往往容易导致系统不稳定。

4) 网络功能

实际上，Linux 就是依靠互联网才迅速发展起来的，Linux 具有强大的网络功能也是自然而然的事情。它可以轻松地与 TCP/IP、LANManager、Windows for Workgroups、Novell NetWare 或 Windows NT 网络集成在一起，还可以通过以太网或调制解调器连接到 Internet。

Linux 不仅能够作为网络工作站使用，更可以胜任各类服务器，如文件服务器、打印服务器、邮件服务器等。

Windows 最初并非为网络设计，Windows 网络安全问题较突出。

5) 普及程度

尽管 Windows 有众多不足，但它依然是使用最广的操作系统。多数的学习资料是关于 Windows 的，多数的商业软件也是基于 Windows 的。

Linux 由于种种原因使用人数相对较少，很多习惯了 Windows 的人不愿意转向使用 Linux。

3.5.2 Red Hat Linux

Red Hat Linux 是 Red Hat(红帽)公司开发的发行版本，支持 Intel、Alpha 和 SPARC 平台，具有丰富的软件包。可以说，Red Hat Linux 是 Linux 世界中非常容易使用的版本，它操作简单、配置快捷，独有的 RPM 模块功能使得软件的安装非常方便。

2003 年 9 月，Red Hat 公司突然宣布不再推出个人使用的发行套件而专心发展商业版本(Red Hat Enterprise Linux)的桌面套件，同时宣布将原有的 Red Hat Linux 开发计划和 Fedora 计划整合成一个新的 Fedora 项目。Fedora 项目将由 Red Hat 公司赞助，以 Red Hat Linux 9 为范本加以改进，原开发团队将继续参与 Fedora 的开发计划，同时鼓励开放源码社群参与开发工作。目前最新的发行版本是 Fedora 30。

3.5.3 Red Flag Linux

Red Flag Linux(红旗 Linux)是 Linux 的一个发展产品，由中科红旗软件技术有限公司开发研制，它以 Intel 系列芯片和 Alpha 芯片为 CPU 构成服务器平台上第一个国产的操作系统，标志着我国在发展国产操作系统的道路上迈出了坚实的一步。相对于 Windows 操作系统及 UNIX 操作系统来讲，Linux 凭借其开放性及低成本，已经在服务器操作系统市场获得了巨大发展。但由于其操作界面复杂，一时难以让普通计算机用户接受。红旗 Linux 包括桌面版(Desktop)、工作站版(Workstation)、服务器版(Server)、数据中心服务器版(DC)和嵌入式版等多种版本。目前最新的发行版本是 Red Flag Linux 10。

此外，Linux 还有众多的发行版本，如 Debian Linux 等，在此不一一介绍了，有兴趣的读者可参考其他资料。

3.6 网络操作系统的选择与比较

1. 选择时应注意的事项

网络操作系统各有特色，用户应根据自己的实际需求来选择操作系统。一般来讲，选择网络操作系统应该注意以下几个方面。

1) 性能和兼容性

NetWare、Windows 和 Linux 都能较好地工作在 PC

Linux 最初由一位名叫 Linus Torvalds 的计算机业余爱好者设计，当时他是芬兰赫尔辛基大学的学生，现在他仍然在致力于 Linux 的开发。

上，而 UNIX 多数只能在定制的硬件上工作，一般用于金融、电信系统的核心网络。

Linux、NetWare 对硬件要求不高。Windows 在低级配置的机器上性能很差，但对硬件的兼容性很好，不必费力去寻找驱动程序。

除了系统与硬件的兼容性，系统与系统的兼容性也要充分考虑。一般同类型系统间兼容性最好。

2) 安全性和稳定性

Windows 的安全性与稳定性要比其他同类产品差一些。但对安全性要求不是太高的场合，Windows 基本可以胜任。

相对而言，UNIX、Linux 和 NetWare 的安全性很高，对一般病毒有很强的抵抗能力(但不是万无一失)。发生故障可以马上恢复，一般不需要重新启动计算机。

一般来讲，同一类系统版本越高稳定性越好。

3) 易用性

UNIX 的安装与维护技术要求比较高，一般用户很难做到，目前只用于大型网络。NetWare 的技术难度仅次于 UNIX，需要专业人员指导。

Windows 的安装与使用最简便，稍微通晓计算机知识的人即可胜任。Linux 相对稍复杂，但现在有了很多界面友好的图形化版本。

综合来讲，工作站方面一般选择 Windows 产品，如果为节省成本或者用户基础较好可以选择 Linux。

服务器方面，中小型网络选择 Windows 即可满足日常需求，如要求较高可选择 Linux。对于安全性与稳定性要求很高的大型网络，应该选择 UNIX 操作系统。

2. 几种操作系统的性能比较

下表列出了几种操作系统的性能，读者可以参考该表选择操作系统。

几种操作系统的比较

操作系统	UNIX	Linux	Windows
易用性	差	一般	好
安装难易	复杂	一般	容易
硬件兼容性	非常差	好	好
软件兼容性	很差	一般	非常好
安全性	非常好	好	差
稳定性	非常好	好	差
费用	非常高	免费	很高
运行效率	高	很高	差
更新速度	一般	很快	一般

续表

3.7 思考与练习

一、选择题

1. 关于网络操作系统，以下说法错误的是______。

   A. 提供防火墙服务

   B. 屏蔽本地资源与网络资源之间的差异

   C. 管理网络系统的共享资源

   D. 为用户提供基本的网络服务功能

2. Linux 操作系统与 Windows NT、NetWare、UNIX 等传统网络操作系统最大的区别是______。

   A. 支持多用户

   B. 开放源代码

   C. 支持仿真终端服务

   D. 具有虚拟内存的能力

3. 关于 UNIX 操作系统的结构和特性，以下说法错误的是______。

   A. UNIX 是一个支持多任务、多用户的操作系统

   B. UNIX 提供了功能强大的 Shell 编程语言

   C. UNIX 网状文件系统有良好的安全性和可维护性

   D. UNIX 提供了多种通信机制

4. 对于 Solaris，以下说法错误的是______。

   A. Solaris 是 SUN 公司开发的高性能 UNIX

   B. Solaris 运行在许多 RISC 工作站和服务器上

   C. Solaris 支持多处理、多线程

   D. Solaris 不支持 Intel 平台

二、思考题

1. 比较 Linux 与 Windows 的异同。
2. 选择什么操作系统比较安全、稳定？

长见识　UNIX 和 Linux 都使用 C 语言编写，因此系统易读、易修改、易移植。

局域网与互联网的连接

局域网组建好后，如何与外部网络进行通信，交换数据信息？本章将对这类问题进行详细介绍，同时介绍局域网与互联网常用的连接方式及其选择标准。

学习要点

- ❖ 认识互联网;
- ❖ 了解 IP 地址分配与子网掩码;
- ❖ 了解互联网接入技术。

学习目标

通过对本章内容的学习，读者应该掌握 IP 地址的分类标准与方法、局域网接入互联网的几种主要方法以及各种接入方法的带宽和成本，可以根据各自的优缺点为具体的项目提供互联网接入方案，全面提高局域网组网能力。

4.1 互联网概述

在第1章，我们已对计算机网络作了详细的介绍。计算机网络的发展主要经历了计算机网络互联初期的面向终端的计算机通信网、以通信子网为中心的分组交换网、符合开放系统互连基本参考模型(OSI/RM)的计算机网络以及新一代宽带综合业务数字网等几个阶段。其中Internet/Intranet发展最为迅速。

如今，互联网已经对我们的生活产生了巨大的影响，从某种程度上讲，我们现在已经离不开互联网！

4.1.1 认识互联网

通过第1章的学习，相信大家已经对计算机网络有了初步的了解，这里将从其他方面对互联网进行介绍。

1. 计算机网络发展概况

计算机网络近年来获得了飞速的发展。20多年前，我国很少有人接触过网络。现在，计算机通信网络以及Internet已成为社会生活的一个基本组成部分。网络应用于工商业的各个方面，电子银行、电子商务、企业管理、信息服务等都以计算机网络系统为基础。从学校远程教育到政府日常办公乃至现在的电子社区，很多方面都离不开网络技术。毫不夸张地说，网络在当今世界无处不在。

下面简单介绍因特网的发展过程。

因特网大体上经历了三个阶段的演进。这三个阶段在时间划分上并非截然分开而是部分重叠的，因为网络的演进是逐渐发展的。

第一阶段是从单个网络ARPANET向互联网发展的过程。1969年美国国防部高级研究计划署(ARPA)创建的第一个分组交换网ARPANET，最初只是一个单独的分组交换网(不是互联网)。连接在ARPANET上的主机直接与就近的交换节点相连。ARPANET问世后，其规模增长很快。1984年ARPANET上的主机已超过了1000台。

到20世纪70年代中期，人们已经认识到不可能仅使用一个单独的网络来解决所有的通信问题。于是ARPA开始研究多种网络互联技术，从而形成了后来的互联网。1983年TCP/IP协议成为ARPANET的标准协议。同年，ARPANET分解成两个网络：一个仍称为ARPANET，是进行试验研究用的科研网。另一个是军用计算机网络MILNET(MILNET拥有ARPANET当时113个节点中的68个)。1983—1984年Internet就形成了，1990年ARPANET正式宣布关闭。

第二阶段的特点是建成三级结构的Internet。ARPANET的发展使美国国家科学基金会NSF认识到计算机网络对科学研究的重要性，从1985年起，美国国家科学基金会围绕六个大型计算机中心建设计算机网络。1986年，NSF建立了国家科学基金网NSFNET。它是一个三级计算机网络，分为主干网、地区网和校园网(见下图)。

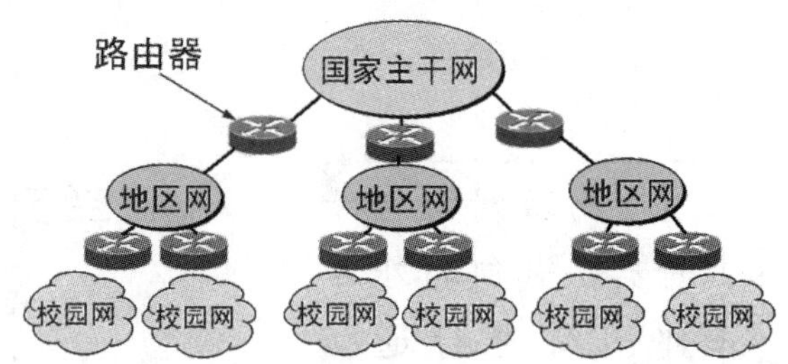

这种三级计算机网络覆盖了全美国的主要大学和研究所。1987年因特网上的主机超过了1万台。最初NSFNET主干网的速率不高，仅为56Kb/s。1989年NSFNET主干网的速率提高到1.544Mb/s，即T1的速率，并且成为因特网的主要部分。

1991年，NSF和美国的其他政府机构开始认识到因特网必将扩大其使用范围，不会仅限于大学和研究机构。世界上的许多公司纷纷接入因特网，使网络上的通信量急剧增大，每日传送的分组数有10亿个之多。因特网的容量已满足不了需要。

于是美国政府决定将因特网的主干网转交给私人公司来经营，并开始对接入因特网的单位收费。1992年因特网上的主机超过100万台。1993年因特网主干网的速率提高到45Mb/s(T3速率)。不久，三级结构因特网(由美国政府资助)演进到现在第三阶段的多数结构因特网(由许多公司经营)。因此，现在的因特网并不是某个单位组织所拥有的。

第三阶段的多数因特网从1993年开始，由美国政府资助的NSFNET逐渐被若干商用因特网主干网替代。这种主干网也叫服务提供者网络(Service Provider Network)。任何人只要向因特网服务提供者ISP(Internet Service Provider)缴纳规定的费用，就可通过该ISP接入因特网。

考虑到因特网商用化后可能会出现很多ISP，为了使不同的ISP经营的网络能够互通，1994年开始创建了4个网络接入点(Network Access Point，NAP)，分别由4个电信公司经营。所谓网络接入点(NAP)就是用来交换因特网上流量的节点。在NAP中安装有性能很好的交换设备(例如ATM交换技术)。到21世纪初，美国的NAP数量已达到十几个。

长见识 浏览器就是用来查看Web站点网页信息的软件。浏览器既可以用来浏览网页，也可以发送E-mail，它是集多项功能于一体的Internet软件。

从 1994 年到现在，因特网逐渐演变成多数结构网络。NAP 是最高接入点。它主要向不同的 ISP 提供交换设施，使它们能够互相通信。NAP 又称为对等点，如下图所示。

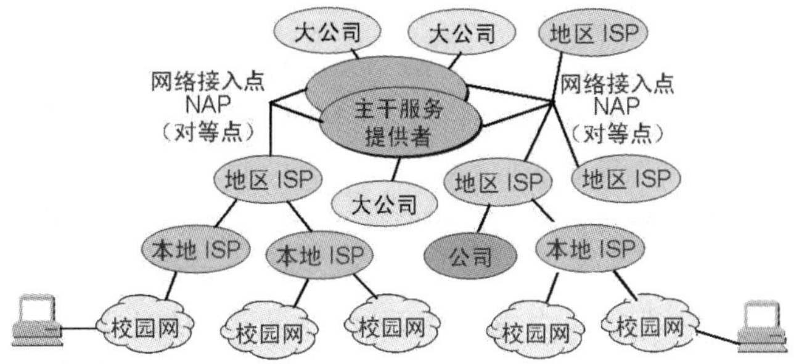

从上图可以看出，今日的因特网已经很难对其网络结构给出细致的描述，但大致上可将主干网分为五个接入级：第一级是网络接入点 NAP，第二级是由多个公司经营的国家主干网，第三级是地区 ISP(商用的、国家的)，第四级是本地 ISP，第五级是校园、企业或家庭计算机上网用户。

1996 年，速率为 155Mb/s 的主干网 vBNS(very high speed Backbone Network Service)建成。1998 年开始建造更快的主干网 Abilene，数据传输速率高达 2.5Gb/s。1999 年 MCI 和 Worldcom 公司开始将美国的因特网主干网速率提高到 2.5Gb/s，因特网注册的主机已超过 1000 万台。

因特网已经成为世界上规模最大和增长最快的计算机网络，没有人能够准确说出因特网究竟有多大。因特网的迅猛发展始于 20 世纪 90 年代。由欧洲原子核研究组织 CERN 开发的万维网 WWW(World Wide Web)被广泛使用在因特网上，大大方便了广大非网络专业人员对网络的使用，成为因特网指数级增长的主要驱动力。万维网的站点数目也急剧增长。1993 年年底只有 627 个，1994 年年底就超过了 1 万个，1996 年年底超过 60 万个，1997 年年底超过 160 万个，而 1999 年年底则超过了 950 万个，上网用户则超过 2 亿。因特网上的数据通信量每月增加 10%。

由于因特网存在技术和功能上的不足，加上用户数量猛增，使得现有的因特网不堪重负。因此 1996 年美国的一些研究机构和 34 所大学提出研制和建造下一代因特网的设想，并宣布今后 5 年内用 5 亿美元的联邦资金实施“下一代因特网计划”，即“NGI 计划”。

NGI 计划要实现的一个目标是：开发下一代网络结构，比现有的因特网高 100 倍的速率连接至少 100 个研究机构，以比现有的因特网高 1000 倍的速率连接 10 个类似的网点，其端到端的传输速率将为 100Mb/s～10Gb/s。另一个目标是使用更加先进的网络服务技术和开发许多带有革命性的应用，如远程医疗、远程教育、有关能源和地球系统的研究、高性能的全球通信、环境监测和预报、紧急情况处理等。NGI 计划将使用超高速全光网络，能实现更快速的交换和路由选择，同时具有为一些实时应用保留带宽的能力。在整个因特网的管理和保证信息的可靠性和安全性方面也会有很大的改进。

2. 计算机网络在我国的发展

下面简单介绍计算机网络在我国的发展情况。

我国最早着手建设专用计算机广域网的是铁道部。铁道部在 1980 年开始进行计算机联网实验。1989 年 11 月我国第一个公用分组交换网 CNPAC 建成运行。CNPAC 分组交换网由 3 个分组节点交换机、8 个集中器和一个双机组成的网络管理中心组成。1993 年 9 月建成新的中国公用分组交换网，改称为 CHINAPAC，由国家主干网和各省、区、市的省内网组成。在北京、上海设有国际出入口。

20 世纪 80 年代后期，公安、银行、军队以及其他一些部门也相继建立了各自的专用计算机广域网。这对迅速传递重要的数据信息起着重要的作用。

除了上述的广域网外，从 20 世纪 80 年代起，国内许多单位都陆续安装了大量的局域网。局域网的价格便宜，其所有权和使用权都属于本单位，因此便于开发、管理和维护。局域网的发展很快，对各行各业的管理现代化和办公自动化起到了积极的作用。

这里应当特别提到的是 1994 年 4 月 20 日我国用 64Kb/s 专线正式连入因特网。从此，我国被国际上正式承认为接入因特网的国家。同年 5 月中国科学院高能物理研究所设立了我国第一个万维网服务器，9 月中国公用计算机互联网 CHINANET 正式启动。截至目前，我国陆续建造了基于因特网技术并和因特网互联的 9 个全国范围的公用计算机网络：

① 中国公用计算机互联网 CHINANET；
② 中国教育和科研计算机网 CERNET；
③ 中国科学技术网 CSTNET；
④ 中国联通互联网 UNINET；
⑤ 中国网通公用互联网 CNCNET；
⑥ 中国国际经济贸易互联网 CIETNET；
⑦ 中国移动互联网 CMNET；
⑧ 中国长城互联网 CGWNET；
⑨ 中国卫星集团互联网 CSNET。

此外，还有一个中国高速互联研究试验网 NSFNet，是中国科学院、北京大学、清华大学等单位在北京中关村建造的研究因特网新技术的高速网络。

IIS(Internet Information Server)是运行于 Windows 网络操作系统上的 Web 服务器软件。IIS 不但可以使用超文本传输协议(HTTP)传输信息，还可以提供文件传输协议(FTP)和 Gopher 服务，以便轻松地将信息发送到 Internet 上。

大家所熟知的Internet是世界上规模最大、用户最多、影响最广的计算机互联网络。早在1996年，全世界已有一百多个国家和地区正式加入Internet，连接的网络数5万多个，全世界有数千万人通过Internet进行信息交换和业务活动。近几年，这些数字呈直线上升趋势。Internet已被广泛应用于全球社会生活的各个领域，进入寻常百姓之家。

提示

什么是Internet？一般认为，Internet是指以美国国家科学基金会(National Science Foundation)主干网NSF为基础的全球最大的计算机互联网，所有入网的网络及主机共同遵守TCP/IP协议。

3. 因特网的功能和服务方式

1) 因特网的功能

由于Internet覆盖全球，再加上高质量通信技术的发展和多媒体技术的应用，Internet的功能非常强大，其作用可以说无处不在。归纳起来有以下8点功能。

(1) 传递电子邮件。所谓电子邮件，指通过计算机网络传递的邮件。正如平常意义的邮件一样，电子邮件可以是一封信、一篇学术论文，甚至一个通知、一张名片等。电子邮件简单快捷，不会丢失，还能做到同时分发给众多的亲友而不必重复书写，也不另加邮费。随着Internet家庭化的普及，电子邮件也越来越普及。

(2) 交换文件。这里的文件指计算机文件(文本文件或可执行文件)，通过计算机网络实现异地计算机之间传输文件是计算机网络的基本功能，其他功能都是以此为基础推广的。举个简单的例子，我们可以把存放在学校机器里面的Basic程序传送到家里的机器上。

(3) 远程调用。Internet上连接了许多计算机系统，在这些联网的计算机之间，可以通过远程调用来登录和使用远地的计算机。也就是说，联网用户可以调用Internet上任意地方的计算机系统为自己服务。当然，这种远程调用必须征得异地计算机主人的同意，而且用户必须拥有远程调用权。

(4) 收看和发送电子新闻。通过网络，可以看到世界各地的网络用户在网络上公开的各种各样的新闻及图片报道，也能看到世界各地的风土民情、商品供求及广告信息，还可以把自己的信息发布到网上，供其他用户阅读。除此之外，还可以通过Internet收看天气预报，看到世界各地的重大体育比赛的新闻报道和情况分析。网络上既有文字，也有图片、声音、影像，趣味性非常强。

(5) 传送和接收声音、图片、动画和电影。随着计算机多媒体技术的发展，Internet用户还可以收看、收听世界各地的电影、电视等图像资料及有声资料。

(6) 进行实时"笔谈"。利用计算机与世界各地见过面或未见过面的朋友通过Internet进行实时"笔谈"，在Internet世界已经司空见惯。所谓实时"笔谈"，即通过键盘输入自己想说的话，很快就能从屏幕上读到对方的回答，十分方便有趣。

(7) 召开电子会议。可以利用Internet进行声音和图像的同步传送。利用这一特性，分散在世界各地的用户可以召开网络会议。

(8) 情报检索和学术交流。学术信息包括有关科学研究的课题及论文，图书馆的藏书及各类杂志等文字和图像资料。通过网络，Internet用户可以检索和查询世界各地已经公开的学术资料，还可以与对方进行资料交换等。除学术交流外，也可以通过Internet进行商业情报检索。

2) Internet的服务方式

Internet的最大优势就是拥有极其丰富的信息资源，

长见识 ADO (ActiveX数据库对象)是微软的数据库访问技术，用于取代以前的DAO(数据访问对象)和RDO(远程数据对象)技术，它可以高效、低系统开销地访问数据库。

为了方便快捷地使用这些资源，它提供了各种各样的服务，主要包括以下几种服务方式。

(1) E-mail：电子邮件是 Internet 提供的最基本的服务项目之一。它为广大用户提供了一种快速、简便、高效、价廉的通信手段，利用它可以和 Internet 上的任何用户交流信息。与实时通信的传真相比虽然慢一些，但费用要便宜得多。它是一种极为方便的通信方式，早期主要用于学术讨论，目前已成为Internet上使用最多的服务，相信大多数读者已经使用过。

(2) WWW：万维网是 Internet 的一种基于超文本方式的信息查询服务系统，也是目前规模最大的服务项目。

WWW 利用超文本语言的强大功能，通过一种特殊的信息组织方式，将位于世界各地的相关信息链接起来，使用户只需通过一个 Internet 信息入口就可以在不同的计算机之间自由切换。更重要的是它提供了对多媒体信息的支持，这使得广大用户可在 Internet 上浏览文字、图片、声音、动画等各种多媒体信息，使得浏览网页是一种享受。因此，尽管 WWW 出现时间不是很长，但已成为目前 Internet 上最受欢迎的信息查询服务。

(3) Telnet：远程登录是 Internet 上较早提供的服务项目。用户可使用 Telnet 命令使自己的计算机成为远程计算机的一个终端，这样就可以实时地使用远程计算机中对外开放的全部资源。可以查询资料、搜索数据库，还可以登录大型计算机完成微机不能完成的计算工作。

(4) FTP：文件传输协议是 Internet 传统的服务项目之一。FTP 使用户能在两台联网的计算机之间快速准确地进行文件传输，而且传输的文件的种类多种多样，文本文件、二进制可执行文件、声音文件、图像文件等都可通过 FTP 传输。FTP 是 Internet 传输文件的主要方法，可以通过它获得很多网上的共享资源。

(5) Gopher：一种基于菜单驱动的交互式的信息查询系统。它为用户提供了一种很有效的信息查询方法，Gopher 将网上的所有信息组成在线的菜单系统。不同于一般查询工具，利用 Gopher 用户可以方便地从 Internet 上的一台主机连接到另一台主机，查找所需资料。

(6) WAIS：基于关键词的 Internet 检索工具。通过将网络上的文献、数据做成索引，用户只要在 WAIS 给出的信息资源列表中选取希望查询的信息资源名称并输入查询关键词，系统就能自动进行远程查询。

以上是 Internet 常用的服务，除了这些服务，Internet 还提供了一些其他服务，例如网上交谈、多人聊天、网络电话、网上购物等。正是 Internet 提供了如此丰富的服务项目，才吸引越来越多的人走进 Internet 世界。

4.1.2 IP 地址分配与子网掩码

关于 IP 地址分配与子网掩码，我们已经在第 1 章中做了初步的讲解，这里做详细介绍。

1. IP 地址

Internet 连接着数千万台计算机，无论是发送 E-mail、浏览 WWW 网页、下载文件还是进行远程登录，计算机之间都要交换信息，这就要求必须有一种方法来识别它们。Internet 上的每一台计算机都有一个唯一的标识，即 IP 地址。

IP 地址是一种层次结构地址，它由网络地址和主机地址两部分组成。因为 Internet 上有许多子网，而同一个子网下又有许多主机，所以必须分别加以标识。网络地址就是某网络在 Internet 上的唯一标识，主机地址是某网络中计算机的标识，同一网络中每个地址只能对应一台主机，但一台主机不一定只对应一个地址。每个网络都是根据自己的规模、分布情况、应用需要及今后的发展等因素，并结合计算机软件和硬件条件及特点来制定各自的编址方案。这样，只要给出一个 IP 地址，马上就能知道它是位于哪个网络的哪一台主机。

Internet 上的每一个主机均被分配了一个唯一的由 32 位的二进制数码组成的地址——IP 地址。它定义了基于 TCP/IP 协议的计算机和网络所使用的网络地址。

在互联网上传送的用户网络通信业务的每个数据包中都包括源发出点的 IP 地址和目的 IP 地址。这些地址经过各种网络设备的选择以便将数据包送到目的地。当 IP 地址送入局域网后，再将其转换成局域网地址(如以太网的 48 位地址)以便正确传送数据。

IP 地址包括两部分：网络部分，称为网络地址；本

Cookies 是指服务器暂时存放在你计算机里的资料。浏览网站时，Web 服务器会先发送资料到计算机上，Cookies 会把网站上的操作都记录下来。当用户下次访问同一个网站时，Web 服务器会先检测有无上次留下的 Cookies 资料，如果有就会依据 Cookies 里的内容来判断使用者，送出特定的网页内容。

地部分，称为本地地址。每一个 IP 地址标识了互联网中的一个特定位置，尤其是已有网络或子网络的网络接口。在一个网络上的计算机通常称为主机，一个连入网中的计算机的 IP 地址也称为主机地址。

在 Internet 上的计算机和网络设备内部，IP 地址是由一串 0、1 组成的二进制数字串。为了便于 Internet 用户和管理者使用，IP 地址采用我们熟悉的十进制数表示。在十进制数表示中，IP 地址由四个数组成，每个数可取值 0～255，每个数之间用一个点号(.)分开。例如 192.168.0.33，这就是一个有效的 IP 地址。

关于 IP 地址的分类，在第 1 章中已有详尽的叙述，此处不再赘述。

2. 域名

IP 地址是以数字串的形式来表示地址，比较难记。为此引入域名来标识地址，域名就是 IP 地址的“英文版”。Internet 通过域名服务器(DNS)把用户输入的域名地址翻译成难记的 IP 地址。

每一个域名由圆点分开的几部分构成，每个组成部分称为子域名。域名采用层次结构，从右向左看各个子域名，范围从大到小，分别说明不同国家或地区的名称、组织类型、组织名称、分组织名称和计算机名称等。例如，有一个域名为 pul2.lib.nuaa.edu.cn，其中顶级域名(通常称最高级子域名为顶级域名)为 cn，表示中国。子域名 edu 表示教育机构，nuaa 表示南京航空航天大学，lib 表示南京航空航天大学图书馆，最后一级 pul2 表示这是某一台位于图书馆的计算机。

通常，子域名由两个以上的字符、数字或“_”组成(@、%和！有时也会用在子域名中)，除此以外的其他字符均不能用在子域名中。

IAHC(国际特别委员会)是负责管理 Internet 域名的最高组织，国际最高域名分为三类。

(1) 国家或地区顶级域名。国家顶级域名的代码由 ISO-3166 规定，通常使用两个字母作为国家(地区)域名代码，如下表所示。

续表

国家/地区顶级域名	含 义
cn	中国
us	美国
tw	中国台湾
au	澳大利亚
jp	日本
in	印度
uk	英国
ca	加拿大
hk	中国香港

(2) 国际顶级域名。在此域名下注册的二级域名应当是那些真正具有国际特性的实体，比如国际联盟、国际组织等。

(3) 通用顶级域名。它是以机构的性质来定义域名，下表表示的是最早出现的一些通用顶级域名。

通用顶级域名	含 义
com	商业组织
edu	教育机构
gov	政府部门
mil	军事机构
net	网络服务商
org	非营利性组织

加入 Internet 的各级网络，依照域名管理系统的命名规则，对本网内的主机命名和分配网内主机号，并负责完成通信时域名到 IP 地址的转换。对使用者来说，绝大部分情况可以不使用 IP 地址而直接使用域名，由 Internet 域名服务器将域名自动转化为对应的 IP 地址。

3. 子网掩码

在两台计算机之间进行通信，首先要判断彼此是否在同一个网络上，如果在同一网络上，就可以直接进行通信，否则转发到本网的出口，由该出口负责处理。

TCP/IP 协议规定，每一个子网的网点都选择一个除 IP 地址外的 32 位的位模式。位模式中的某位为 0，则对应 IP 地址中该位为主机 ID 中的一位。在位模式中某位置为 1，则对应 IP 地址中该位为网络 ID 中的一位。这种位模式称作子网掩码。

这样一来，就可以利用 TCP/IP 区分网络 ID 和主机 ID。当使用 TCP/IP 通信时，子网掩码主要用来确定目的主机是位于本地子网还是远程网。它的两大功能可概括如下：

① 用于区分 IP 地址中的网络 ID 和主机 ID；

② 用于将网络分为多个子网。

注意

子网掩码中的 0 和 1 并不是以字节为单位，而是以比特位为单位。也就是说，32 位的子网掩码有 32 个比特位可以设置成 0 或 1。

Cookies 是一个保存在客户机中的简单的文本文件，这个文件与特定的 Web 文档关联，保存了该客户机访问该 Web 文档时的信息，当客户机再次访问该 Web 文档时，网站利用 Cookies 跟踪统计用户访问该网站的习惯，比如什么时间访问，访问了哪些页面，在每个网页的停留时间等。

下面举几个例子来看一看子网掩码的应用。

例 1：有 A、B 两台计算机进行通信，它们的 IP 地址分别如下。

计算机 A

十进制：128.128.128.1

二进制：10000000.10000000.10000000.00000001

计算机 B

十进制：128.128.128.2

二进制：10000000.10000000.10000000.00000010

它们使用的子网掩码如下。

十进制：255.255.255.0

二进制：11111111.11111111.11111111.00000000

现在来判断这两个 IP 地址是否在同一个子网上。将每个 IP 地址与子网掩码按位进行逻辑“与”运算。

计算机 A 的 IP 地址按位“与”运算后结果为：

10000000.10000000.10000000.0

计算机 B 的 IP 地址按位“与”运算后结果为：

10000000.10000000.10000000.0

可以发现，两台计算机的 IP 地址与子网掩码按位进行“与”运算后得到的结果是一样的。这样，就可以判断这两台计算机在同一个子网上。

例 2：有 A、B 两台计算机进行通信，它们的 IP 地址分别如下。

计算机 A

十进制：128.128.1.1

二进制：10000000.10000000.00000001.00000001

计算机 B

十进制：128.128.2.1

二进制：10000000.10000000.00000010.00000001

它们使用的子网掩码如下。

十进制：255.255.255.0

二进制：11111111.11111111.11111111.00000000

现在来判断这两个 IP 地址是否在同一个子网上。将每个 IP 地址与子网掩码按位进行逻辑“与”运算。

计算机 A 的 IP 地址按位“与”运算后结果为：

10000000.10000000.00000001.0

计算机 B 的 IP 地址按位“与”运算后结果为：

10000000.10000000.00000010.0

不难发现，两机的 IP 地址与子网掩码按位进行“与”运算后得到的结果不一样。这样，就可以判断这两台计算机不在同一个子网上。

例 3：还是例 2 的两台计算机进行通信，这次它们使用的子网掩码如下。

十进制：255.255.0.0

二进制：11111111.11111111. 00000000.00000000

现在来判断这两个 IP 地址是否在同一个子网上。将每个 IP 地址与子网掩码按位进行逻辑“与”运算。

计算机 A 的 IP 地址按位“与”运算后结果为：

10000000.10000000.0.0

计算机 B 的 IP 地址按位“与”运算后结果为：

10000000.10000000.0.0

这次得到的结果又一样了，说明这两台计算机在同一个子网上。

从这三个例子可以发现：

(1) 判断两台计算机是否在同一个子网内，主要是看它们的 IP 地址与子网掩码按位进行“与”运算后得到的结果是否一致。

(2) 使用不同的子网掩码，可以控制子网的大小。就像例 3 一样，由于使用的子网掩码扩大了，使得在例 2 里本来不在同一个子网上的两台计算机处于同一个子网中。

(3) 使用子网掩码时，要根据网络的大小来合理设计，否则会出现网络通信的阻断。

(4) IP 地址与子网掩码进行“与”运算后，IP 地址中的主机 ID 被屏蔽掉了，得到的其实是 IP 地址中的网络 ID。

另外，子网掩码是可以按比特位来设定的，在设定时不需每 8 位都取得一样。例如，下面这个子网掩码也是可以使用的，它设定了一个子网，该子网控制 32 个用户。

十进制：255.255.254.0

二进制：11111111.11111111.11100000.00000000

按位“与”的运算方法如下表所示。

IP 地址	10000000.10000000.00000001. 1
子网掩码	11111111. 11111111. 11111111.0
运算方法	将 IP 地址与子网掩码的每一位对应，同为 1 则该位结果为 1，只要两个对应位中有一个不为 1 则该位结果为 0
结果	10000000.10000000.00000001.0
网络 ID	10000000.10000000.00000001
主机 ID	00000001

4. 网关

前面说过了，两台计算机进行通信，首先要判断两台计算机是否在同一个子网内，两台计算机在一个子网

目前 Cookies 最广泛的作用是记录用户登录信息，当然这种方便也存在用户信息泄密的问题，尤其在多个用户共用一台计算机时很容易出现这样的问题。IE 浏览器的默认设置是“中级”——对部分网站利用 Cookies 有限制。个人计算机的 Cookies 设置可通过在工具栏中选择【工具】|【Internet 选项】命令打开相应的对话框来查看和修改。

内就可以直接通信，若不在同一个子网内，则要把数据先送到该子网的出口处理。

这个出口就是网关。它负责子网间通信时向远程网络发送信息包。简单地说，网关就是通向远程网络接口的 IP 地址。

如果在配置 TCP/IP 协议时没有指定默认的网关，则计算机只能在本地网络中进行通信。

充当网关的可以是一台计算机，也可以是智能交换机等设备。网关就是这些设备在网络中的 IP 地址。

下面举一个例子来看一下网关的作用。

假设有 3 台计算机进行通信。

计算机 A 的 IP 地址为：128.128.128.1

计算机 B 的 IP 地址为：128.128.128.2

计算机 C 的 IP 地址为：128.128.127.1

3 台计算机的子网掩码均为：255.255.255.0

现在来看一下 3 台计算机之间的通信过程。

按前面所讲的，它们之间通信时首先要判断是否在同一个子网内。

计算机 A 的 IP 地址与子网掩码进行“与”运算后的结果为：

128.128.128.0

计算机 B 的 IP 地址与子网掩码进行“与”运算后结果为：

128.128.128.0

计算机 C 的 IP 地址与子网掩码进行“与”运算后结果为：

128.128.127.0

由上面的结果可以看出，计算机 A 与计算机 B 在同一个子网内，而计算机 C 在另一个子网内。这样，当计算机 A 与计算机 B 进行通信时，数据可以直接传输，不需要经过网关；而当计算机 A 与计算机 C、计算机 B 与计算机 C 进行通信时，不能够直接传输。计算机 A 或计算机 B 要先将数据发送给它们所在子网的网关，由网关再将数据传输到计算机 C。它们之间的关系如下图所示。

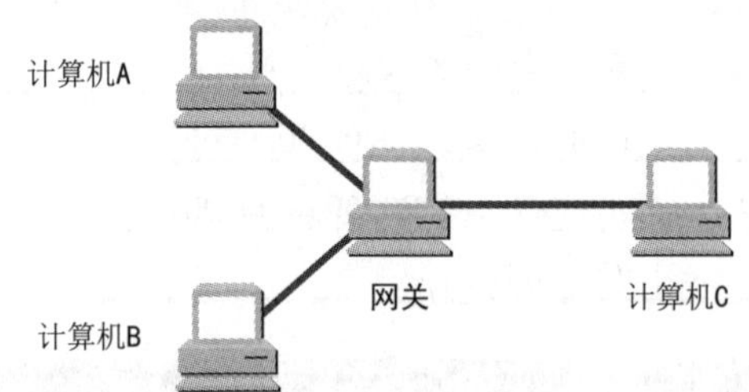

这个例子里的通信状况是非常简单的，只通过一个网关来传递数据，而实际的网络比较复杂，可能需要多个网关来传送信息。

5. E-mail 地址

发 E-mail 也要有一个地址，即 Internet 电子邮箱地址(E-mail 地址)，其基本组成格式如下：

用户名@主机域名

这里的用户名常为收信人的姓名的某种缩写形式，用户可设置任意字母串作为用户名。例如 lijinnuaa@163.com，表示存在于计算机主机 mail.163.com 上的用户名为 lijinnuaa 的电子邮箱地址。

若发信方与收信方的域名相同，则写收信人 E-mail 地址时可省略“@主机域名”；若收发双方不是同一个域名，这时就需注明对方的完整的 E-mail 地址。

6. URL 统一资源定位器

WWW 由众多的网页组成，每一个网页都有自己的地址，称作 URL(Uniform Resource Locater，统一资源定位器)。它从左到右由下述部分组成。

① Internet 资源类型：用来指出 WWW 客户程序的操作工具，如“http://”表示 WWW 服务器，“ftp://”表示 FTP 服务器。

② 服务器地址：用来指出 WWW 所在的服务器的域名。

③ 端口：服务器连接端口，端口是可选项。

④ 路径：指明服务器上某资源的位置(其格式与 DOS 系统中的格式一样，通常由“目录/子目录/文件名”这样的路径结构组成)，路径也是可选项。

URL 地址格式排列为：

scheme:// host:port/Path

例如 http://www.163.com/news/index.html 就是一个典型的 URL 地址。

WWW 客户程序首先看到 http(超文本传送协议)，便知道处理的是 HTML 链接，接下来的 www.163.com 是主机地址，然后是目录 news/index.html。若 URL 是 ftp://ftp.nuaa.edu.cn/soft/2006/web/thunder.exe，WWW 客户程序需要用 FTP 进行文件传送。站点是 ftp.nuaa.edu.cn，然后在目录 soft/2006/web/下，下载文件 thunder.exe。

7. Internet 是怎样工作的

在 Windows 操作系统中，计算机与互联网的连接是由一个叫 Winsock 的程序负责进行的。当运行任何一个互联网软件时(比如浏览器、电子邮件程序、Telnet 程序)，Winsock 将发出的每一条命令都经 TCP/IP 协议转化，然后再经调制解调器传到互联网上。相反，当调制解调器

HTML 是 Hypertext Markup Language 的缩写，即超文本标记语言。它是一种用于创建可从一个平台移植到另一平台的超文本文档的简单标记语言，经常用来创建 Web 页面。HTML 文件是带有格式标识符和超文本链接的内嵌代码的 ASCII 文本文件。

收到信息后，首先利用 Winsock 进行逆变换，然后才传给与 Windows 兼容的程序。

TCP/IP 协议的数据传输过程：TCP/IP 协议是采用分组交换的方式进行通信。所谓分组交换，简单地说就是在传送数据时把它们都分成段，每个数据段称作一个数据包。TCP/IP 协议的基本传输单位是数据包。数据传输过程中，首先由 TCP 协议把数据分成若干段，并给每个数据段标明发送主机和接收主机的地址，一旦写上源地址和目的地址，数据段就可以在网络上传送了。数据段传输途中，IP 协议利用路由算法进行路由选择，以保证数据段被传向正确的目的地，

最后这些数据段经过不同的传输途径(路由)传到目的地，但由于每个数据段的传输路径不同，接收方收到的数据段可能有顺序颠倒、数据丢失，甚至失真或重复的现象，这些问题都由 TCP 协议来解决。它具有查错、纠错、重组数据的功能，必要时它还会要求发送方重发。就这样，在 TCP/IP 协议的协同工作下，实现了数据在互联网上的传送。

4.2 互联网接入技术

经过多年的发展，Internet 已成为世界上覆盖面最广、规模最大、信息资源最丰富的计算机信息网络。Internet 深入到社会生活的每个角落，在人们的生活、工作、学习、娱乐等方面发挥着越来越重要的作用。从依靠电力线路的电力线调制解调器，到利用电话线的 ISDN、DSL，以及依靠有线电视电缆的 Cable Modem，直到通过卫星的 Internet 接入，Internet 接入新技术层出不穷，更新换代极快，真可谓“您方唱罢我登场”。

常用的计算机接入互联网技术主要有：数字数据网(DDN)、异步传输模式网(ATM)、帧中继网(FR)、公用电话网(PSTN)、综合业务数字网(ISDN)、非对称数字线路(ADSL)、混合光纤/同轴电缆网(HFC)等。

4.2.1 电话网接入

电话网是人们日常生活中常见的通信网络，借助电话网接入互联网是用户(特别是单机用户)最常用、最简单的一种办法。通过电话网接入 Internet，用户需要一个调制解调器以及至少一根网线。

用户的计算机(或网络中的服务器)和互联网中的远程访问服务器(RAS)均通过调制解调器与电话网相连。用户在访问互联网时，通过拨号方式与互联网的 RAS 建立连接，借助 RAS 访问整个互联网。通过电话线路连接到互联网如下图所示。

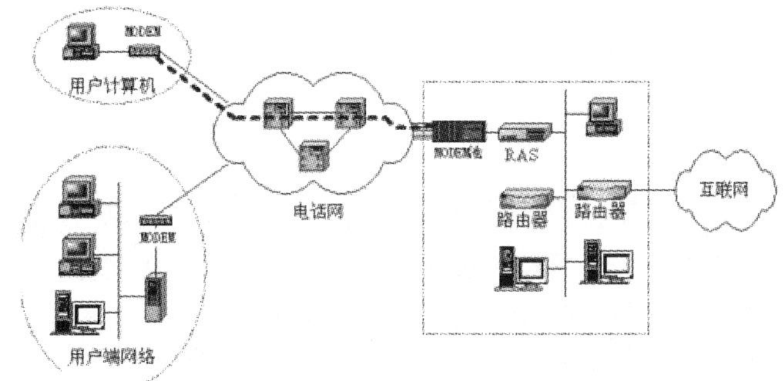

Modem 接入的优点：电话普及率高，电话网覆盖范围大。除 Modem 外，用户基本不需要额外增加硬件设备。电话网+Modem 上网的缺点：速度很慢，最高只有 56Kb/s，而且 Modem 利用的是电话局的普通双绞线，线路噪音大、误码率高，通常实际传输速率也就稳定在 48Kb/s 的水平。

此外，容易受环境干扰，有时会有断线的故障发生。无法实现局域网的建设和网络设备及专线资源共享。用户需分别支付上网费和电话费，上网时造成电话长期占线。

4.2.2 ADSL 接入

ADSL(Asymmetric Digital Subscriber Line，非对称数字用户环路)是一种上、下行不对称的高速数据调制解调技术。在数据的传输方向上，ADSL 分为上行和下行两个通道。下行通道的数据传输速率远远大于上行通道的数据传输速率，这就是所谓的“非对称性”。ADSL 的“非对称性”正好符合人们下载信息量大而上传信息量小的特点。

ADSL 的数据传输速率与线路的长度成反比。传输距离越长，信号衰减越大，越不适合高速传输。在 5km(一般电话局的服务半径)范围内，ADSL 的上行速率为 16～640kb/s，下行速率为 1.5～9Mb/s。

ADSL 接入方式的特点：提供各种多媒体服务，数字信号和电话信号可以同时传输，互不影响。ADSL 所需要的电话线资源分布广泛，具有使用费用低、无须重新布线和建设周期短的特点，尤其适合家庭和中小型企业的互联网接入需求。

ADSL 中的 Modem 常常具有网桥和路由器的功能。整个 ADSL 系统由用户端、电话线路和电话局端三部分组成。其中，电话线路可以利用现有的电话网资源，不需要做任何变动。

ASP 是 Active Server Page 的缩写，它是一种包含了使用 VB Script 或 JScript 脚本程序代码的网页。当浏览器浏览 ASP 网页时，Web 服务器就会根据请求生成相应的 HTML 代码然后再返回给浏览器，这样浏览器端显示的是动态生成的网页。ASP 可以与数据库和其他程序进行交互，是一种简单、方便的编程语言。

利用ADSL进行网络接入如下图所示。

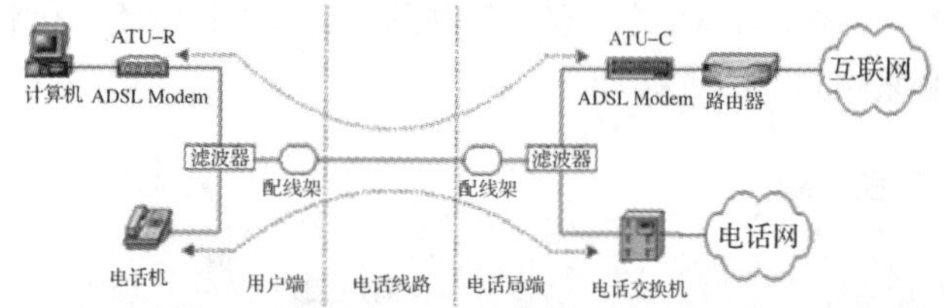

4.2.3 HFC接入

1. 什么是HFC

光纤同轴电缆混合网(Hybrid Fiber Coaxial，HFC)是一种新型的宽带网络，也可以说是有线电视网的延伸。它采用光纤从交换局到服务区，而在进入用户的“最后 1公里”采用有线电视网同轴电缆。它可以提供电视广播(模拟及数字电视)、影视点播、数据通信、电信服务(电话、传真等)、电子商贸、远程教学与医疗，以及丰富的增值服务(如电子邮件、电子图书馆)等。

2. HFC的技术特点

HFC 接入技术是以有线电视网为基础，采用模拟频分复用技术，综合应用模拟和数字传输技术、射频技术和计算机技术所产生的一种宽带接入网技术。以这种方式接入 Internet 可以实现 10～40Mb/s 的带宽，用户可享受的平均传输速率是 200～500kb/s，最快可达 1500kb/s，用它可以非常舒心地享受宽带多媒体业务，并且可以绑定独立 IP。

3. HFC网络结构

下图显示了一个简单的HFC网络结构示意图。其中头端设备将传入的各种信号进行多路复用，然后把它们转换成光信号导入光纤电缆。因为一个方向的信号需要一根光纤传输，所以从头端到光纤节点的双向传输需要使用两根光纤完成。光纤节点将光信号转换成适合于同轴电缆传输的射频信号，然后在同轴电缆上传输。

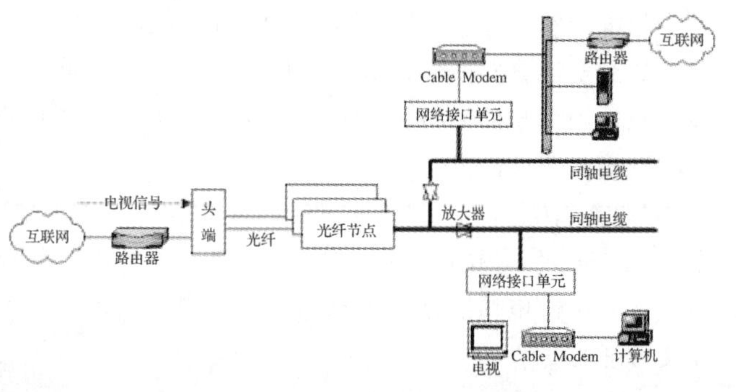

4. HFC的传输模型

HFC 传输的信号分为上行信号和下行信号，上行信号占用的频带范围是 5～42MHz，下行信号占用的频带范围是 50～860MHz。

调制解调器将从计算机接收到的信号调制为可以在同轴电缆中传输的上行信号，同时监听下行信号，并将收到的下行信号转换成计算机可以识别的信号。

HFC传输模型如下图所示。

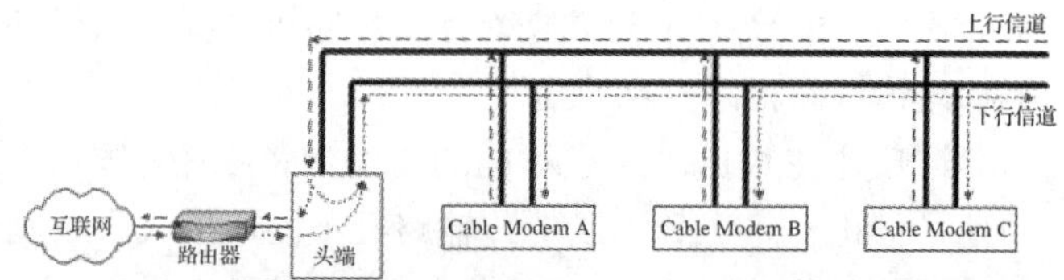

5. HFC接入的特点

(1) HFC 采用非对称的数据传输速率，上行为 10Mb/s 左右，下行为 10～40Mb/s。

HFC 的传输方式为共享式，所有 Cable Modem 的发送和接收都使用同一个上行和下行信道。网上用户越多，每个用户实际可以使用的带宽越窄。

4.2.4 数据通信线路接入

数据通信网是专门为传输数据信息建设的网络，是一种传输性能更好、传输质量更高的接入方式。

通过数据通信线路接入互联网如下图所示。

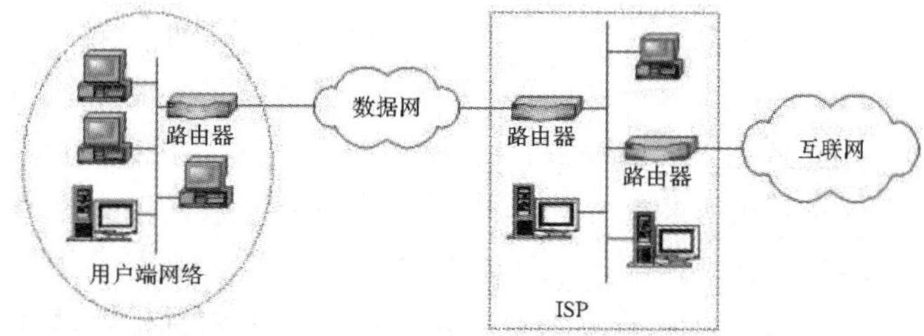

数据通信网的种类有DDN、ATM、帧中继等。

目前，大部分路由器都可以配备和加载各种接口模块(DDN 网接口模块、ATM 网接口模块、帧中继网接口模块等)，通过配备有相应接口模块的路由器，用户的局域网和远程互联网就可以与数据通信网相连，并通过数据网交换信息。

数据通信网的带宽通常较宽，但通信费用昂贵。

利用数据通信线路接入，用户端通常为具有一定规模的局域网。用户端的规模既可以小到一台微机，也可以大到一个企业网或校园网。由于用户所租用的数据通信

PHP(Hypertext Preprocessor，超文本预处理器)也是一种用于创建动态 Web 页面的服务端脚本语言。如同 ASP，用户可以混合使用 PHP 和 HTML 编写 Web 页面，当访问者浏览到该页面时，服务端会首先对页面中的 PHP 命令进行处理，然后把处理后的结果连同 HTML 内容一起传送到访问者的浏览器。

网线路的带宽通常较宽，所以通信费用十分昂贵。因此，用户端通常为一定规模的局域网。

4.3 选择接入方式应考虑的因素

选择接入方式应考虑的因素如下：

- ❖ 用户对网络接入速度的要求；
- ❖ 接入计算机或计算机网络与互联网之间的距离；
- ❖ 接入后网间的通信量；
- ❖ 用户希望运行的应用类型；
- ❖ 用户所能承受的接入费用。

4.4 思考与练习

一、选择题

1. 用户可使用_____命令使自己的计算机成为远程计算机的一个终端。这样就可以实时地使用远程计算机中对外开放的全部资源，可以查询资料、搜索数据库，还可以登录到大型计算机上完成微机不能完成的计算工作。

   A. Telnet　　B. FTP
   C. WAIS　　D. Gopher

2. Internet 通过______把用户输入的域名地址翻译成 IP 地址。

   A. FTP　　B. DNS
   C. 服务器　　D. WAIS

3. ______主要采用 DMT 或 CAP 调制方式。DMT 是离散多频调制，它把全部频带划分为 256 个子信道，根据子信道的瞬时衰耗特性、群时延特性和噪声特性，将输入数据动态分配给它们。

   A. ADSL　　B. DDN
   C. ISDN　　D. Modem

4. 一家大型企业要实现电子商务功能，它选择_________接入互联网最优。

   A. ADSL　　B. 专线接入
   C. ISDN　　D. Modem

5. 有 A、B 两台计算机，子网掩码设置为 255.255.255.0，A、B 两机的 IP 地址分别设置为________和______，使这两台计算机属于同一个子网。

   A. 128.128.128.3　128.128.128.4
   B. 128.128.128.5　128.128.178.3
   C. 128.198.128.7　128.128.128.10
   D. 128.128.0.11　128.128.128.13

6. _____为用户提供上、下行非对称的传输速率，上行为低速传输，其传输速率可达 1Mb/s；下行为高速传输，其速率可达 10Mb/s。

   A. DDN　　B. Modem 接入技术
   C. ADSL　　D. 宽带专线接入技术

二、操作题

1. 在网上申请一个 E-mail 账号，并进行收发邮件操作。
2. 在 http://www.cnxp.com 上利用下载工具下载一部电影，并将其上传到一个 FTP 服务器上。
3. 将笔记本电脑使用手机热点接入互联网。
4. 将 4 台计算机通过宽带路由器接入互联网。

长见识：会话定置攻击是指攻击者向受害者主机注入自己控制的认证 Cookie 等信息，使得受害者以攻击者的身份登录网站，从而窃取受害者的会话信息。

第5章 组建局域网的准备工作

本章微课

本章我们介绍局域网组建的准备工作。重点介绍网线的制作、网络布线以及网卡的安装。这些知识在目前的相关教程中很少介绍，但特别实用！

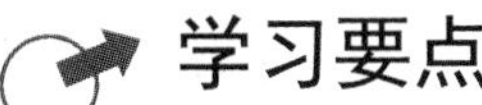

学习要点

- 网线制作工具的选购；
- 双绞线的分类与特点；
- 双绞线的制作；
- 同轴电缆的分类与特点；
- 同轴电缆的制作；
- 星形网络布线的设计；
- 综合布线系统的设计；
- 网卡的分类与特点；
- 网卡的选购；
- 网卡的安装。

学习目标

通过对本章内容的学习，读者应该掌握网线制作工具的选购、星形网络布线的设计与施工、网络综合布线系统设计基础知识、网卡的选购与安装等知识。通过这些准备工作的训练，全面提高组建局域网的实战能力。

5.1 必备工具

“工欲善其事，必先利其器。”在架设局域网之前，请先准备好必要的工具：压线钳、电缆测试仪、万用表。

5.1.1 压线钳

在双绞网线制作中，只需一把网线压线钳即可，如下图所示。

它可以完成剪线、剥线和压线三种工作。在购买压线钳时一定要注意选对品种，因为压线钳针对不同的线材会有不同的规格，一定要选用双绞线专用的压线钳才可用来制作双绞以太网线。

5.1.2 电缆测试仪

网线制作好后，需要测试其是否有故障，这就要用到电缆测试仪，如下图所示。其规格和用法会在产品说明书中附带，此处不再赘述。

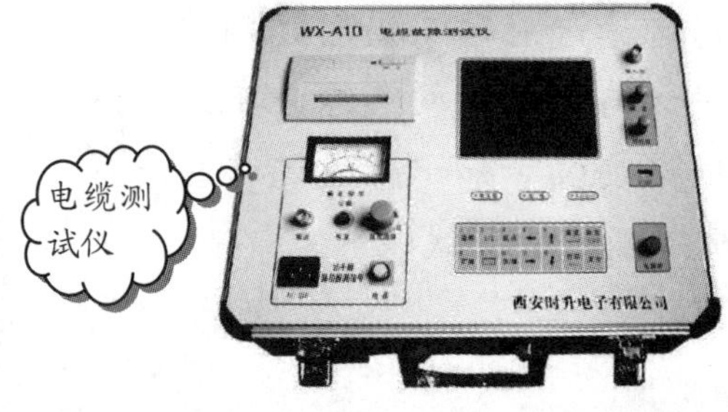

5.1.3 万用表

万用表是比较精密的仪器(如右图所示)，使用不当，不仅会造成测量不准确并且极易损坏。

(1) 万用表使用前，应注意以下事项。

① 万用表应水平放置。

② 应检查表针是否停在表盘左端的零位。如有偏离，可用小螺丝刀轻轻转动表头上的机械零位调整旋钮，使表针指零。

③ 将表笔按要求插入对应的插孔。

④ 将选择开关旋到相应的项目和量程上。

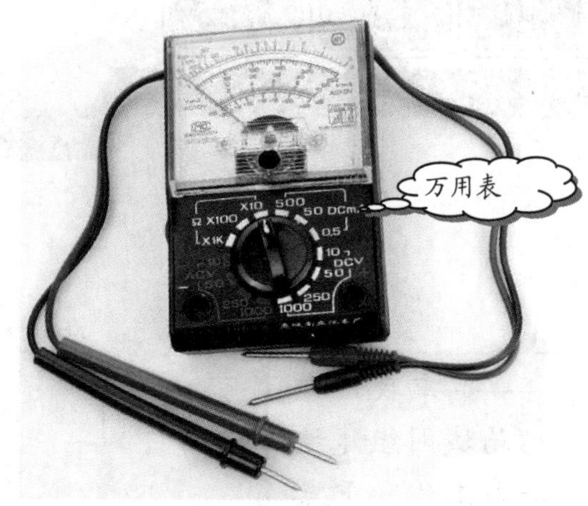

(2) 使用万用表时，应注意以下事项。

① 测量电流与电压不能旋错挡位。如果误将电阻挡作为电流挡去测电压，极易烧坏电表。

② 测量直流电压和直流电流时，注意“+”“-”极性，不要接错。如发现指针反转，则应立即调换表棒，以免损坏指针及表头。

③ 如果不知道被测电压或电流的大小，应先用最高挡，而后再选用合适的挡位来测试，以免表针偏转过度而损坏表头。所选用的挡位越靠近被测值，测量的数值就越准确。

④ 测量电阻时，不要用手触及元件裸露的两端(或两支表棒的金属部分)，以免人体电阻与被测电阻并联，使测量结果不准确。

⑤ 测量电阻时，将两支表棒短接，调“零欧姆”旋钮至最大，指针仍然达不到 0 点，这种现象通常是由于表内电池电压不足造成的，应换上新电池方能准确测量。

(3) 万用表使用后，应注意以下事项。

① 拔出表笔。

② 将选择开关旋至 OFF 挡，若无此挡，应旋至交流电压最大量程挡，如 1000V 挡。

③ 若长期不用，应将表内电池取出，以防电池电解液渗漏而腐蚀内部电路。

5.2 网线的制作

以太网长久以来一直以同轴电缆作为传输介质，自从 IEEE 定义了 10BaseT 结构以后，大多数以太网就改用双绞线作为传输介质。10BaseT 在稳定性和可靠性方面较

不同的网络有不同的接口类型，常见的以太网接口主要有 AUI、BNC 和 RJ-45 接口，还有 FDDI、ATM 及光纤接口。每一种网络都有相应的网络接口，常见的几种局域网接口是 AUI 端口、RJ-45 端口和 SC 端口。

10Base2 大有提高，同时易于管理，深受用户的喜爱。

10BaseT 与 10BaseTX 网络的组建方法基本相同。10BaseTX 是目前使用最为广泛的网络。

本节具体介绍双绞线和同轴电缆的制作方法。

5.2.1 双绞线的制作

双绞线(Twisted Pair，TP)是综合布线工程中常用的传输介质。双绞线由两根具有绝缘保护层的铜导线组成。把两根绝缘的铜导线按一定密度互相绞在一起，可降低信号干扰的程度，每一根导线在传输中辐射出来的电波会被另一根线上发出的电波抵消。双绞线一般由两根 22 号、24 号或 26 号绝缘铜导线相互缠绕而成。如果把一对或多对双绞线放在一个绝缘套管中便成了双绞线电缆。与其他传输介质相比，双绞线在传输距离、信道宽度和数据传输速度等方面均受一定限制，但价格较为低廉。

虽然双绞线主要是用来传输模拟声音信号，但同样适用于数字信号的传输，特别适用于较短距离的信息传输。在传输期间，信号衰减比较大，并且波形会畸变。

采用双绞线的局域网的带宽取决于所用导线的质量、导线的长度及传输技术。只要精心选择和安装双绞线，就可以在有限距离内达到几百 Mb/s 的可靠传输率。当距离很短，并且采用特殊的电子传输技术时，传输率在 100～155Mb/s。

因为双绞线传输信息时要向周围辐射，很容易被窃听，所以要花费额外的代价加以屏蔽，以减小辐射(但不能完全消除)。这就是我们常说的屏蔽双绞线电缆。屏蔽双绞线相对来说贵一些，安装要比非屏蔽双绞线电缆难一些，类似于同轴电缆，它必须配有支持屏蔽功能的特殊连接器和相应的安装技术。但它有较高的传输速率，100m 内可达到 155Mb/s。

20 世纪 90 年代中期，随着 10BaseT 的广泛使用，大多数网络用双绞线取代同轴电缆作为传输介质。20 世纪 90 年代末期，随着 100BaseT 替代 10BaseT 的广泛使用，双绞线成为首选的网络传输介质。由于双绞线具有容易安装、价格低廉、质量较轻等特点，使得它受到普遍欢迎。不过由于网络接头有一定的技术标准，而且它直接关系到整个网络的效率，因此在选择双绞线时，对其质量应给予足够的重视。在安装网络时注意到这些细节，不但可以防止潜在问题发生，而且可以节省一些费用。下图所示为双绞线的结构。

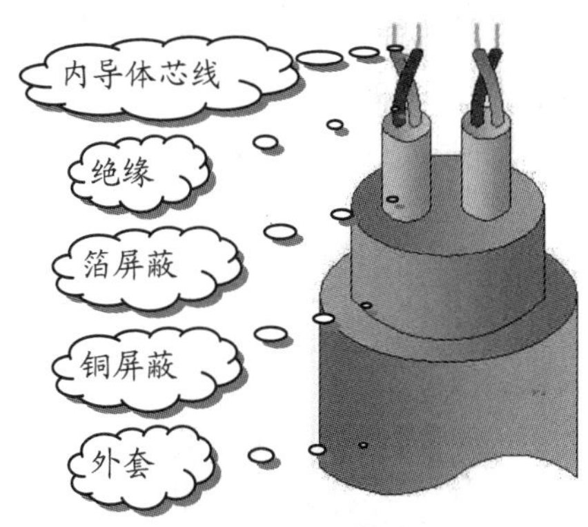

1. 双绞线的分类

根据双绞线内部结构的不同，可以把双绞线分为屏蔽双绞线与非屏蔽双绞线。

屏蔽双绞线(简称 STP)指外面包围着一层皱纹状的屏蔽金属物质，里面有一条接地用的金属铜丝线(用于抗干扰)的双绞线(如图)。STP 内部的传导金属通常为铜导体，其阻抗值在 1MHz 频率时一般为 100Ω。虽然其抗干扰性能良好，但价格较贵，所以较少选用。

非屏蔽双绞线(简称 UTP)指外面无屏蔽金属物质，内部无接地用的铜丝线，只有传导用的铜导体的双绞线。其阻抗值在 1MHz 时一般为 100Ω。由于它的外面少了一层可抗干扰的屏蔽金属，因此较易受到干扰。不过由于价格较便宜，所以目前被广泛地选用。一般常用的 UTP 中心芯线采用 24AWG(直径为 0.5mm)(AWG 是美国规定的标识铜导体直径的一种单位)的单芯铜导线，其数值表示铜导体的直径大小，数值越大，其值越小。通常用的双绞线的 AWG 值在 22～26AWG。本节主要以非屏蔽双绞线为重点进行说明。

2. 双绞线的颜色

双绞线电缆有 4 对芯线，每对两条线，一般由棕、蓝、黄、绿、白五色组成。其中棕、蓝、黄、绿各一根，白色四根。每组都包含一根白色芯线，并将白线和四色线两两对绞。

长见识：AUI 端口是用来与粗同轴电缆连接的接口，它是一种“D”形 15 针接口，这在令牌环网或总线型网络中是一种常见的端口。路由器可通过粗同轴电缆收发器实现与 10Base5 网络的连接，但更多的是借助于外接的收发转发器(AUI-to-RJ-45)实现与 10BaseT 以太网络的连接。

由于双绞线四种色线一般不变。质量较好的catgory5电缆，其中有两对线的对绞次数比另外两对多。这是因为制造厂商在线缆出厂时已经遵循ELA/TLA568B标准，对主要用于发送和接收数据的第二对和第三对线增加了对绞次数，以得到更好的抗干扰能力。通常第二对黄线和第三对蓝线的对绞次数约为每英寸4次，而绿、棕两对线的对绞次数则为每英寸3次。

3. 双绞线的特点

下面我们来认识双绞线的一些特点。

1) 单股和多股双绞线

单股双绞线指中心为单芯铜导线的双绞线，这种双绞线比较容易折断，俗称散铜线。

多股双绞线指中心为多芯铜导线的双绞线，这种双绞线不容易折断，俗称绞铜线。

单股线比多股线的传输效率好，所以单股线一般用于长距离传输；多股线由于韧性较好，一般用于机柜或配线架中。

2) 对绞原因

使用双绞线作为传输介质时影响双绞线传输质量的主要有三个方面：噪声、串扰和信号衰减。

通常噪声由外界电子设备产生。串扰与噪声类似，例如打电话时偶尔听到的第三者的声音，就是由于串扰造成的。

信号衰减与双绞线的长度有关，通常信号传输的距离越远，则信号衰减程度越大，严重时可能导致接收端无法识别。信号衰减其实就是信号能量的减少，也就是信号电压值减小。

中心铜导线的纯度也会影响信号的衰减程度。中心铜导线的纯度越高，信号衰减越少，传输效果越好。

双绞线的制造商采用将线缆对绞的方法来减少噪声和串扰。因为当一条线中有电流流动时，就会产生一个电磁场，这种电磁场会干扰相邻的另一条传输线，采用两两对绞的方法可以抵消这种电磁场的干扰，而且扭绞得越为紧密，抵消电磁场的效果就越好，传输效果也越好。故可用两条线对绞次数的多少来判断双绞线质量的好坏。

为了将噪声和串扰减少至最低限度，充分发挥双绞线两两对绞的抗干扰功能。在使用双绞线时，切勿将已呈对绞状态的两条线分开使用，以免使对绞的功能遭到破坏，即应尽量将双绞线的两条对绞线成对使用，只有这样才能达到最好的传输效果。

3) 近端串扰

近端串扰(Near-End Cross-Talk，NECT)是在数据从双绞线的一端传送到另外一端的过程中引起的。

交换机与计算机端的双绞线，各有一对发送线和一对接收线。以交换机的双绞线为例说明：交换机端的一对发送线要向外发送数据时，由于是数据发送的起始端，因此信号较强；相对地，另一对用于接收数据的双绞线从计算机端接收传送来的数据，其能量到达交换机端时势必较弱。在这种情况下，信号较强的发送数据信号会干扰信号较弱的接收数据信号，所谓NECT就是由于双绞线中相邻的发送对与接收对信号强弱不同而引起的。NECT以dB为单位。

注意

NECT的值越大，表示传输效率越好，因为NECT是由以下公式计算：

NECT=10 log(pi/pc)

其中：pi=干扰端即发送端的信号强度，pc=被干扰端即接收端的信号强度。

由以上公式可见，如果被干扰的串扰端信号越强，即pc值越大，NECT值就会越小，表示此时串扰大，传输效果不好。

4) 影响衰减的因素

衰减的单位也是dB，衰减值越大传输效果越差。一般地，如果双绞线的总长度在规定的100m内，并不会造成衰减值过大；如果发现衰减值太大，则可能由以下原因引起。

(1) 温度过高。一般双绞线的使用环境温度最高为40℃，所以布设双绞线时必须远离热源区域。

(2) 使用错误类型的双绞线。双绞线的种类与传输速率密切相关。例如使用五类双绞线时，切勿用三类双绞线来替代。

(3) 使用不好的RJ-45接头。RJ-45接头制作不好也会引起衰减值增大。当制作RJ-45接头时，应尽可能使双绞线保持对绞的状态，如果未对绞的长度过长(超过13mm)，也会引起衰减增大。

5) 具有耐火特性的双绞线

由于双绞线大多数都在建筑物内部使用，因此必须能够耐火和浓烟，以防止自燃。如何辨别网络中使用的

长见识

SC端口即通常所说的光纤端口，它用于与光纤的连接。不能直接用光纤连接至工作站，而是通过光纤连接到快速以太网或千兆以太网等具有光纤端口的交换机。

双绞线是否具有这些特性呢？一般地，在双绞线电缆的包装箱或外皮上可看到这些规格信息，这些规格都遵循NEC(National Electric Codes)Article 800的建筑物通信线标准。不同特性的双绞线电缆其用途并不相同，如下表所示。

双绞线类别	用　途
CMR	可用于穿透楼层的垂直布线，如楼层之间的布线
CM	主要用于楼层中的水平布线，如房间的布线
CMP	以上两种情况均可使用

4. RJ-45接头与插座

RJ-45接头俗称水晶头，是组建网络最基本的元件。RJ-45接头外形与电话机听筒的RJ-11接头非常相似，不过比电话机上的接头要大一点，引脚数也多了几个。每一个RJ-45接头共有8个引脚，称为8P(Positions)，其中第一只引脚的位置是固定的。下图所示为RJ-45接头。

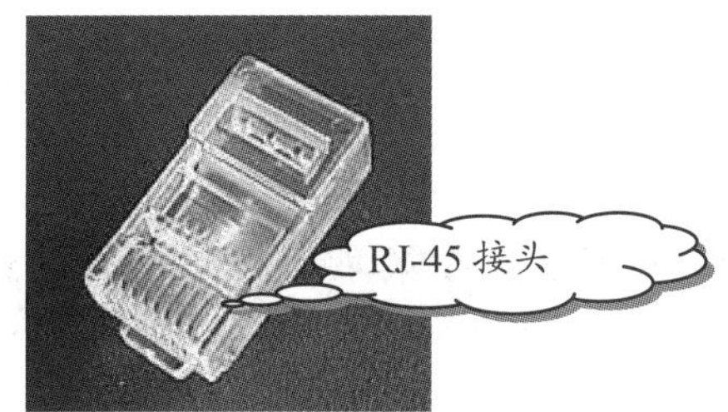

对于RJ-45接头，除了要注意它的引脚之外，还要分清它属于二叉式、三叉式中的哪类接头。这里所说的二叉式或三叉式接头，是指当从侧面观察RJ-45接头时，所看到的金属叉片的形状。尖形的金属叉片用于与双绞线的中心导体相接触，从而使电流导通。显然，如果RJ-45接头内金属叉片的叉点愈多，则接触到双绞线中心导体的点愈多，其中只要某一个叉点与双绞线的中心导体相接触，就可以使电流导通，故三叉式的RJ-45接头要比二叉式的RJ-45接头好。

一般地，如果双绞线的中心导体是单芯的(即散铜线)，则使用三叉式RJ-45接头；如果双绞线的中心导体是多芯的(即绞铜线)，则使用二叉式RJ-45接头。

在购买RJ-45接头时，还需要注意接触金属片的镀金厚度，通常Categoryl和Category2的RJ-45接头的镀金非常薄，如果将RJ-45接头使用在Category3的10Mb/s网络或Category5的100Mb/s网络中，那么最好购买金属片镀金较厚的RJ-45接头，这样才能满足传输速率的要求。

RJ-45插座与RJ-45接头相对应。RJ-45插座常见于网卡和集线器上，也有8个引脚。当RJ-45接头插入RJ-45插座时，听到轻微的“嚓”声，表明连接正确。

5. 双绞线的制作方法

制作网线即将RJ-45接头安装在双绞线上，其方法较为简单。

操作步骤

1. 截下一段双绞线，注意长度至少要有0.6m，最多不超过100m。然后用压线钳夹住双绞线的一头，使其露出约1.5cm，压下钳子的顶部(注意不要用力太大)，再转动钳子，将双绞线的绝缘层切开(注意不要太用力，以免将里面的金属线切断了)，去掉绝缘层，即露出双绞线的内部结构。

提示

某些双绞线电缆上含有一条柔软的尼龙绳，如果在剥除双绞线的外皮时，觉得裸露出的部分太短，而不利于制作RJ-45接头(如下图所示)，可以紧提双绞线的外皮，再捏住尼龙线往外皮的下方剥开，就可以得到较长的裸露线。

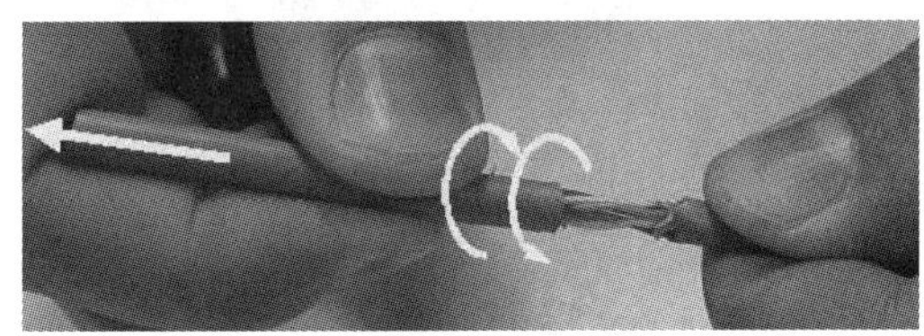

2. 将双绞线白线与四色线分开，按照棕、棕白、蓝、蓝白、橙、橙白、绿、绿白的顺序将8根芯线排列整齐，再用压线钳上的刀片将线头切齐。将线头顺着RJ-45插头的插口插入，一直插到底，再将RJ-45头塞到压线钳里，用力按下压线钳的手柄，这样一个RJ-45接头就做好了。

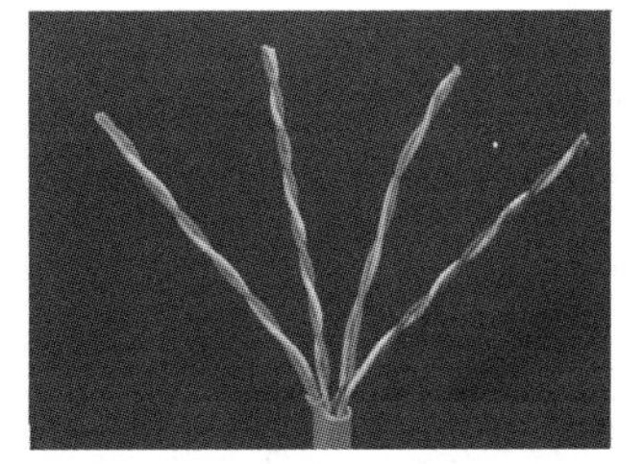
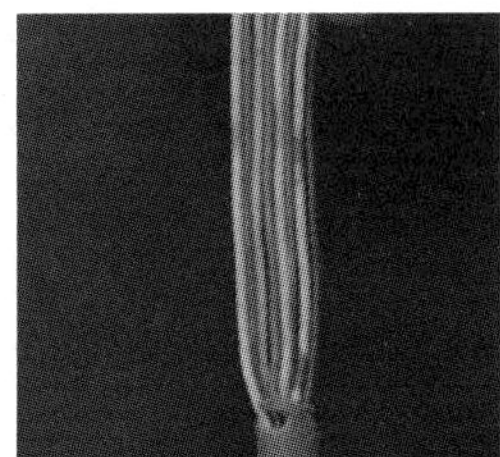

提示

市场上还有一种RJ-45接头的保护套。使用这种保护套时，需要在压接RJ-45接头之前将这种胶套插在双绞线电缆上。

万用表在使用前要水平放置，应检查表针是否停在表盘左端的零位，如有偏离，可用小螺丝刀轻轻转动表头上的机械零位调整旋钮，使表针指零。

注意

8 根芯线的排列顺序实际上没有严格的规定，只要保持双绞线两头 RJ-45 接头的接线顺序相同即可。在实际应用过程中，最好保持双绞线两头的接线颜色和顺序一一对应。

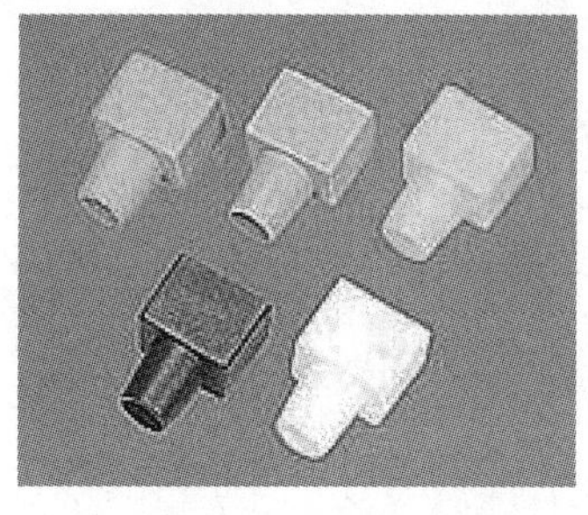
RJ-45 接头保护套

RJ-45 跳接头

③ 重复步骤①、②，再制作双绞线另一端的 RJ-45 接头。因为计算机与集线器之间是直接对接的，所以另一端 RJ-45 接头的引脚接法完全一样。

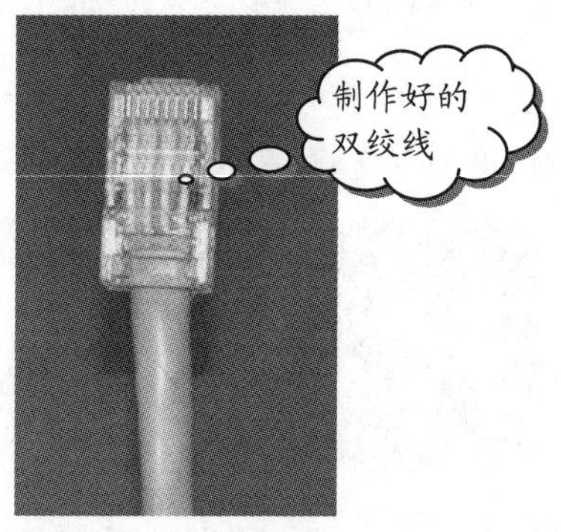

6. 检查网线是否正确

完成 RJ-45 接头的配线工作后，如果不能肯定制作是否正确，可以通过三种方法判断：目视法、万用表测量法和测试器测试法。

市面上有一种价格很便宜的双绞线连通测试器出售，利用这种测试器可以快速测量带两个 RJ-45 接头的网线是否导通。双绞线电线共包括 4 对线，双绞线测试器需要一组两台，上面共有 4 组 LED 红绿灯，可以显示出每一对线是否导通。如果 4 个绿灯依次闪烁，表示正常；反之，如果有红灯亮，则表示 RJ-45 接头制作不正确或网线本身有问题。

5.2.2 同轴电缆的制作

同轴电缆以硬铜线为芯，外包一层绝缘材料。这层绝缘材料用密织的网状导体环绕，网外再覆盖一层保护性材料。有两种广泛使用的同轴电缆：一种是 50Ω电缆，主要用于数字传输系统，由于多用于基带传输，也叫基带同轴电缆。它的抗干扰能力比双绞线优越，被广泛用于局域网中。另一种是 75Ω电缆，用于模拟传输，也称为宽带同轴电缆，它是公共天线电视系统的标准传输电缆。下图所示为同轴电缆结构示意图。

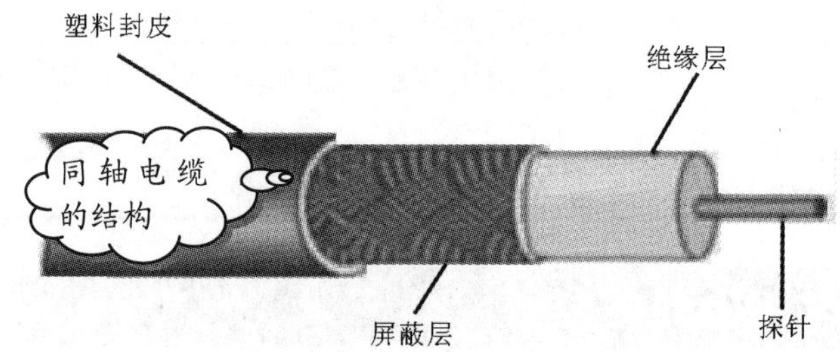

“宽带”这个词来源于电话业，指比 4kHz 宽的频带。然而，在计算机网络中，“宽带电缆”却泛指任何利用模拟信号进行传输的电缆。

1. 同轴电缆的种类

同轴电缆的中心导体可以分为单芯铜导体和多芯铜导体两种，由于单芯铜导体容易断裂，因此普遍采用多芯铜导体。

2. 同轴电缆的制作方法

如果要架设 10Base2 网络，首先要为网络中的每台计算机都安装一块网卡(网卡上必须带有 BNC 接头)，然后为每台计算机配两个 BNC 接头和一个 T 形接头，最后还需要准备两个 50Ω 的终端。

在购买 BNC 接头、T 形头和 50Ω 终端时，最好多买几个，以备损坏时立即取用。

10Base2 使用的细同轴电缆的结构共分为四层，从内到外依次是：中心导体(金属线)、透明的绝缘层、导体网(金属屏蔽层)和外层保护皮(黑色的绝缘层)。其中中心导体主要用于传导电流，导体网则用来接地。当同轴电缆连上接头时，中心导体和导体网恰好可以构成电流的回路。因此，在制作同轴电缆的接头时，千万不能让导体网的任何部分与中心导体相接触，以免造成短路。

万用表使用后，应拔出表笔，将选择开关旋至“OFF”挡，若无此挡，应旋至交流电压最大量程挡；若长期不用，应将表内电池取出，以防电池电解液渗漏而腐蚀内部电路。

同轴电缆的制作步骤如下所述。

操作步骤

1. 先剪裁一段约 50cm 长的细缆，然后将 BNC 头的金属环套在细缆上(套金属环一定要先做，否则后面将无法将金属环套上去)。
2. 用剥线钳夹住细缆的一端，使细缆露出 1～2mm，然后用手指卷动剥线钳 8～9 圈后，取下剥线钳，再将细缆外层的绝缘层、透明的绝缘层去掉，即剥下细缆的外皮。

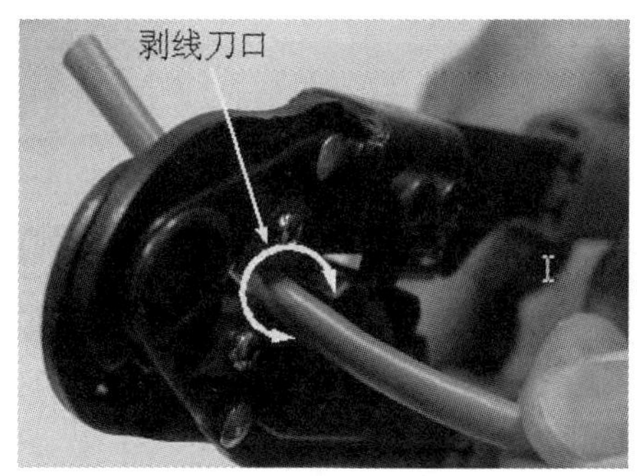

提示

剥线完成的具有层次的细缆结构由里到外的层次为金属线、透明的绝缘层、金属网屏蔽层，最外面则是黑色的绝缘层。

3. 用手将金属网屏蔽层向后剥开，同时将中心金属线拧紧一些。此操作的主要目的是防止同轴电缆的中心导体与 BNC 接头的镀金针头发生松动而造成接触不良。请注意：不能将这些金属网剪掉，以免金属环无法紧密贴住 BNC 接头。
4. 将金属探针插到细缆线上(注意要插到底)，然后用网线钳细孔部分夹住探针底部，将 BNC 接头中的镀金针头与中心导体压紧后放开手，网线钳会自动弹开。
5. 将 BNC 头插在细缆上，使其刚好套在透明绝缘层上。注意不要将屏蔽层的金属线压在里面(即不能让金属网的任何部分与中心金属线导体发生接触，否则会造成短路)。将 BNC 头压紧，同时保证金属探针头与 BNC 头平齐，否则会造成通信不良。然后将屏蔽金属网均匀压在 BNC 头上，再将金属环套在 BNC 头上(一定要套到底)。
6. 在确定没有发生短路的情况下，可以用网钳前端的细缆口将金属套环与 BNC 接头压紧，然后松开手，网线钳自动弹开。
7. 制作完成后，可以用双手轻拉 BNC 接头，以测试是否已将 BNC 接头压紧。

注意

在用网线钳压紧金属环和 BNC 接头之前，应先用万用表测试金属探针与接地导体网之间是否发生短路。如果未经测试就压接，可能会白白浪费一个 BNC 接头。正常情况下，电表指针应该是不动的，即指示针处于 0 位置。如果电表指针移动了，说明发生了短路，必须将 BNC 接头剥开，重新检查导体网是否与金属探针发生了接触。

5.3　网卡的安装

计算机或其他设备一般需要通过网卡接入网络。掌握与网卡有关的知识，对于理解网络的工作原理、组建网络和对网络进行维护等有很重要的意义。

网卡的质量在很大程度上影响网络的性能。网卡故障可能导致严重的网络广播风暴而造成网络阻塞或瘫痪，所以应慎重选择网卡。

随着网络应用的日益广泛，越来越多的用户会使用网络上共享的资源。在组建一个家庭组或者小型办公局域网时，网卡是必不可少的硬件设备，必须在每台机器上安装网卡，才能进行网络设置和联网。

用户在安装网卡时，要先将网卡插入计算机主板上的插槽内，由于现在的网卡大部分具有即插即用的功能，而中文版 Windows 10 系统又具有强大的即插即用功能，所以在安装网卡时基本上不需要用户进行手动安装，系统会自动搜索新硬件并安装其驱动程序。

如果在安装中文版 Windows 10 系统之前已经连接好了网卡，那么在安装中文版 Windows 10 操作系统的过程中会进行自动安装。如果在系统的硬件列表中有该网卡的驱动程序，系统会检测到该硬件并加载其驱动程序；如果列表中没有适合该硬件的驱动程序，进入系统后将会发现托盘区的【网络和共享中心】图标上有一个红色叉号(×)，这时可以安装附赠的网卡安装光盘中的驱动程序。除此之外，还可以通过下述方法搜索更新网卡的驱动程序。

操作步骤

1. 在【控制面板】窗口的【大图标】模式下，单击【设备管理器】图标，如下图所示。

万用表不用时，不要旋在电阻挡，因为内有电池，如不小心易使两根表棒相碰短路，不仅耗费电池，严重时甚至会损坏表头。

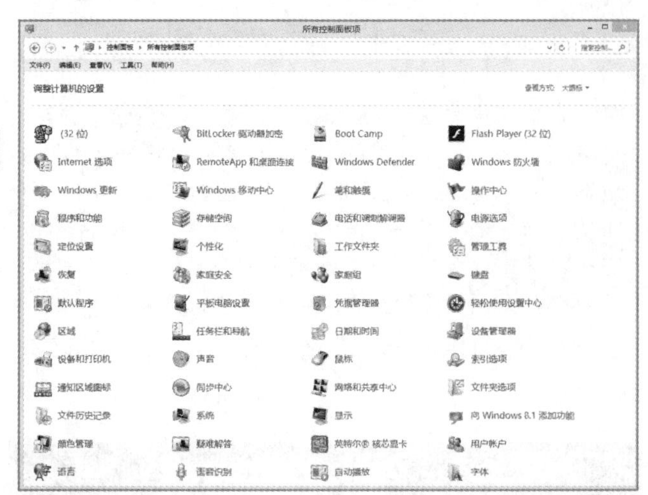

❷ 打开【设备管理器】窗口，然后在【网络适配器】列表下右击【网卡】选项，从弹出的快捷菜单中选择【更新驱动程序软件】命令，如下图所示。

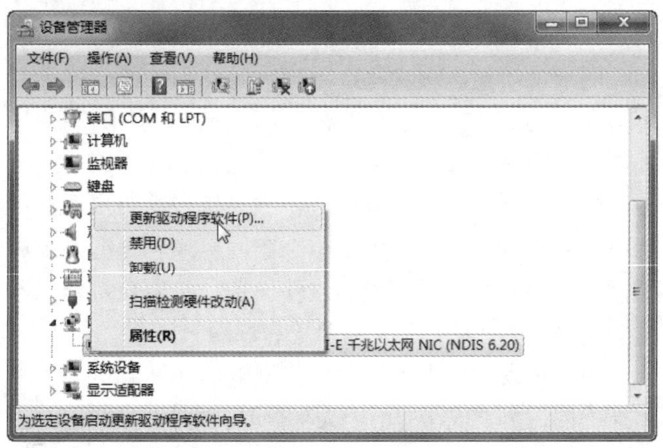

❸ 弹出如下图所示的对话框，单击【自动搜索更新的驱动程序软件】选项，开始搜索、下载网卡的最新驱动程序。

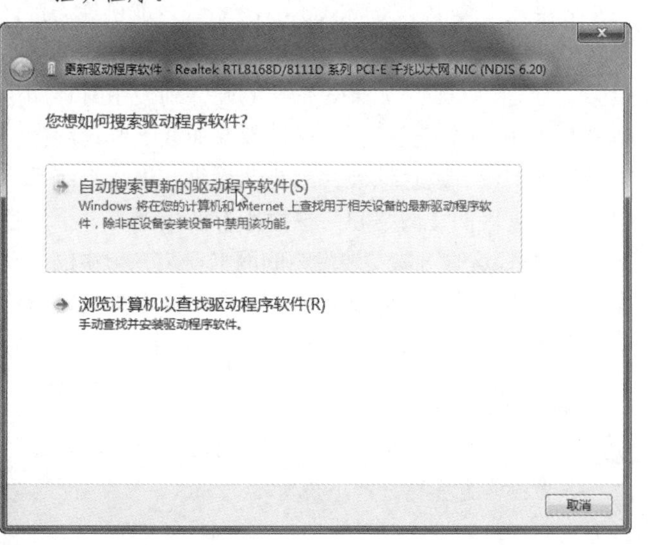

❹ 驱动程序安装完成后，单击【关闭】按钮，如右图所示。

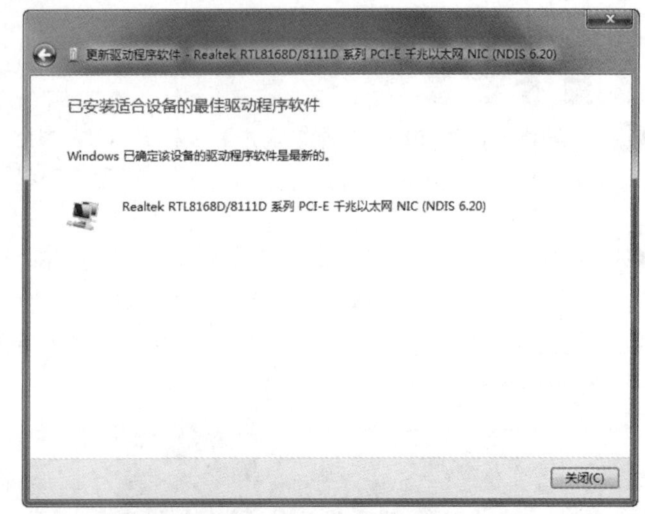

5.4 网络布线

局域网中双绞线的布设方式有两种：星形网络布线与综合布线系统。本节主要介绍综合布线系统，而星形网络布线方法较为简单，通过简要的讲解即可上手。

5.4.1 布线方案设计

网络布线是局域网组建过程中的一个重要步骤，解决好网络布线问题，将对提高网络系统的可靠性起到很重要的作用。本节主要讲述结构化布线的基本概念、结构化布线系统的组成与安装等内容。

1. 结构化布线的基本概念

随着计算机技术的不断发展，局域网技术在办公自动化与工厂自动化环境中得到了广泛的应用。在完成网络结构设计后，如何完成网络布线就成了一个十分重要的问题。据统计，在局域网所出现的网络故障中，有75%以上都是由网络传输介质引起的。因此，解决好网络布线问题，将提高网络系统的可靠性。

20世纪90年代以来，支持10BaseT的非屏蔽双绞线UTP得到了广泛的应用。采用双绞线作为网络的传输介质，其最大的优点是连接方便、可靠，扩展灵活。同时，双绞线不仅能用于计算机通信，而且能完成电话通信与控制信息传输。电话通信比计算机通信的出现早很多，在铺设电话线路方面早就有了各种各样的方法与标准，人们自然会想到将电话线路的连接方法应用于网络布线之中。这样就产生了专门用于计算机网络的结构化布线系统。从某种意义上讲，结构化布线系统并非什么新的

长见识：服务器是整个Intranet的核心部件，它们为整个网络提供网络管理、网络服务和信息服务。服务器的主机根据它所提供的服务分为两大类：提供网络管理的主控服务器和远程服务器以及提供信息服务的服务器。

概念。它是将传统的电话、供电等系统所用的布线方法借鉴到计算机网络布线之中，使之适应计算机网络与控制信息传输的要求。

结构化布线系统是指在一座办公大楼或楼群中安装的传输线路。这种传输线路能连接所有的语音、数字设备，并将它们与电话交换系统连接起来。结构化布线系统包括布置在楼群中的所有电线及各种配件，如转接设备、各类用户端设备接口以及与外部网络的接口，但它并不包括各种交换设备。从用户的角度来看，结构化布线系统是使用一套标准的组网器件，按照标准的连接方法来实现网络布线的系统。结构化布线系统所使用的组网器件包括以下几种类型：

① 各类传输介质；
② 各类介质终端设备及端子；
③ 连接器；
④ 适配器；
⑤ 各类插座、插头及跳线；
⑥ 光电转换与多路复用器等电器设备；
⑦ 电气保护设备；
⑧ 各类安装工具。

结构化布线系统与传统布线系统的最大区别在于，结构化布线系统的结构与当前所连接的设备的位置无关。在传统的布线系统中，设备安装在哪里，传输介质就要铺设到哪里。结构化布线系统则是先按建筑物的结构，将建筑物中所有可能放置设备的位置都预先布好线，然后再根据实际所连接的设备情况，通过调整内部跳线装置，将所有设备连接起来。同一条线路的接口可以连接不同的通信设备，例如电话、终端或微型机，甚至可以是工作站或主机。

2. 结构化布线系统的组成

一个完整的结构化布线系统一般应由以下 6 个部分组成：

① 户外系统；
② 垂直干线子系统；
③ 平面楼层系统；
④ 用户端子区；
⑤ 机房子系统；
⑥ 布线配线系统。

对于上述 6 个部分，不同的结构化布线系统产品的叫法有所不同。例如，有的把用户端子区叫作工作区子系统，把平面楼层系统叫作水平支干线子系统，把布线配线子系统叫作管理子系统。无论采用什么名称，一个完整的结构化布线系统都是由这 6 个部分组成，各部分的功能与相互间关系也相同。6 个组成部分相互配合，便可以形成结构灵活，适合多种传输介质的传输多种信息的结构化布线系统。

3. 结构化布线系统的安装

1)　户外系统

户外系统主要是用于连接楼群之间的通信设备，将楼内和楼外系统连接为一体，它也是户外信息进入楼内的信息通道。户外系统包括用于楼层间通信的传输介质及各种支持设备(如电缆、光缆、电气保护设备)。由于户外系统的安全性直接影响到整座大楼布线系统的安全，因此安装各种电器保护装置是必需的。为了避免雷电等强电流进入楼群破坏设备，必须安装避雷和电流保护装置，以保证楼内系统处于绝对安全的环境中。为了适应各种信息交换的要求，户外系统除了使用各种有线的连接手段外，还可以使用其他通信手段，例如微波、无线电通信等。

户外系统进入大楼时，通常在入口处经过一次转换再与楼内的系统相接，主要是因为楼内与楼外的通信介质规格不同。在转接处可以安装电气保护装置，当进行结构化布线设计时，必须严格执行各种电气保护与安装标准。

户外系统进入大楼内时，其典型的处理方法是让户外系统通过地下管道进入大楼或通过架空方式进入大楼。

户外系统和户内系统的转接处需要专门的房间或墙面，这要视建筑物的规模与安装设备的多少而定。对于大型的建筑物，至少要有一间专用的房间。一般的小系统，有一面安装设备的墙面即可。在房间或墙面上安装的设备主要有各种跳接线系统、分线系统、电气保护装置以及一些专用的传输设备(如多路复用器、光端机等)。对于大多数建筑物，经常将与户外的所有连接集中到一处，这样可能彼此间会产生干扰。因此，要考虑如何屏蔽设备间的干扰。对于尚未施工的建筑物，应在设计阶段考虑户外系统的设计，分配适当的连接位置。对于那些已完工的建筑物，情况就比较复杂一些，应尽量在不影响其他部分的情况下选择安装户外系统的部位。

户外系统进入大楼后，一般要经过金属的分线盒分线后，分别根据各种介质及其信号的相应要求安装电气保护装置。并且，保持良好的接地状态，然后经过线路接口连接到布线配线系统上去。

2)　垂直干线子系统

垂直干线子系统是整个结构化布线系统的骨干部

“域”是由许多网络服务器与工作站连接而成的计算机群组，这个群组的成员可以使用相同的软硬件配置、系统设定、账户系统及共享资源。使用域资源的用户，无须一台一台地为各计算机用户建立账户，并登录到某一域中的某台计算机上，而是只要登录到该“域”就可以共享该域中所有允许访问的资源。

分，是高层建筑物中垂直安装各种电缆、光缆的组合。通过垂直干线子系统可以将布线系统的其他部分连接起来，满足各个部分之间的通信要求。从计算机网络的要求来说，它要保证所有用户端到网络中心的连通性，也要保证用户端之间的连通性。

垂直干线子系统包括从垂直系统到平面系统的分支点，以及到机房子系统的连接线。在高层建筑物中，每层或每隔一层都应该有一个平面楼层系统。垂直干线子系统可以将所有的平面楼层系统连接在一起，满足相互之间的通信要求。垂直干线子系统与平面楼层系统的汇合点称为配线分支点。它们通过垂直干线子系统再连接到户外系统。

垂直干线子系统一般是垂直安装的。典型的安装方法是将垂直电缆或光缆安装在贯穿建筑物各层的竖井中，也可以安装在通风管道中。因为垂直干线子系统包含许多通信电缆和其他设备，本身有一定的重量，在安装过程中一定要考虑这个问题，以防因为重力而造成电线接触不良。在具体施工时，常用的方法是让电缆固定于垂直干线子系统钢铁支架上，以保证电缆的正常安装状态。同时，因为垂直干线子系统是各种传输介质与多种信号的混合体，应该考虑抗干扰问题。由于垂直干线子系统要贯穿建筑物的每一层，在建筑物设计阶段就应预留垂直干线子系统与连接子系统专用的房间。选择垂直干线子系统的位置时，应尽量避开强干扰源，如电梯操作间、动力电系统等。

在选用垂直干线子系统的通信介质时，一方面要考虑满足用户的需要，另一方面要尽量选用高可靠性、高传输率、高带宽的介质。根据目前的情况，应该优先考虑光缆。

需要指出的是，垂直干线子系统不一定要垂直布设。在工厂环境中进行结构化布线时，由于建筑物本身的特点是以单层大范围居多，所以垂直干线子系统也可以变成平面安装。但它的作用仍是连接各个功能子区，起到整个布线系统的中枢作用。

3) 平面楼层系统

与垂直干线子系统相比，平面楼层系统起着支线的作用。它一端连接用户端子区，另一端连接垂直干线子系统或网络中心。平面楼层系统是平面铺设的，而且它的一端必定是安装在墙上或地板上的用户端子。考虑到用户端子上所连设备的多样性，平面楼层系统的通信介质也是多种多样的。随着通信与计算机技术的发展，兼顾计算机通信与电话通信的双绞线占据主要地位。目前，支持速率高达 100Mb/s 的五类双绞线及相应交换设备已经在高速通信领域得到广泛使用。采用双绞线的另一个优点是，它可以保证用户端子区采用标准的 RJ-45 接口。当然，在平面楼层系统中也可以用光缆，因为越来越多的通信设备使用光缆进行通信。

根据布线系统规模的大小，平面楼层系统可不经过垂直干线子系统，而直接连接到机房子系统。常见的平面楼层系统的安装方法有“暗管预埋，墙面引线”和“地下管槽，地面引线”两种。这两种方法分别适用于不同的地理环境，在施工过程中可以因地制宜地合理使用。

暗管预埋的墙面引线施工方法与传统的电话线安装基本一致。它是将连接线路预埋在墙里，从表面引出用户端子。这种方法出现得较早，应用于大多数建筑物。但这种布线方法的缺点也是明显的，它一旦铺设完成就很难再作改动，维护起来很麻烦。所以，在介质选择方面需考虑到未来的发展，尽量采用高带宽的通信介质，并要考虑它的连接可靠性。

地下管槽的地面引线适用于少墙的大面积的办公室、大厅、交易所等应用环境。这种方法容易维护，因此得到了广泛的应用。特别是在铺有地毯或架空地板的地面，这种方法更为合适。采用地下管槽的地面引线方法，用户可以灵活走线，方便地连接各个角落的用户设备。但对于采用大理石板材料的地面，情况就比较复杂，施工难度也较高，使用地下管槽的地面引线方法不太适宜。

4) 用户端子

用户端子是整个布线系统最接近用户的接口。用户端子用于将用户设备连接到布线系统。用户端子主要包括与用户设备连接的各种信息插座及相关配件。目前，常用的是配合双绞线的 RJ-45 插座与连接电话的 RJ-11 插座。前者广泛应用于局域网的连接(如微型计算机、工作站、服务器等)，后者广泛应用于电信系统的连接(如电话机、传真机等)。用户端子的安装部位可以在墙上也可以在用户的办公桌上，甚至放在地毯上。但应避免安放在人们经常走动或易被损坏的地方，以免因人为原因造成线路损坏。

5) 机房子系统

机房子系统指集中安装了大型通信设备与主机、网络服务器的场所。机房子系统一般是安装在计算机机房内的布线系统。根据建筑物大小与具体应用的不同，并非每个结构化布线系统中都需要机房子系统。但对于具有公用设备和网络服务器、主机设备的场合，一般都应该有机房子系统，以便于维护与管理。

如果说用户端子区所连接的设备大多是服务的使用

如果计算机安装补丁失败，此时可以尝试重新安装，或者在计算机上安装相应的更新后再尝试安装。此时需要保证网络畅通，用户能够正常上网。

者，那么机房子系统所连接的设备主要是服务的提供者，因此它包括大量与用户端子相似的器件。由于机房子系统连接的设备数量较多，且集中在一起，所以它采用的器件型号和安装方法往往与用户端子区不同。机房子系统集中有大量的通信电缆，同时也是户外系统与户内系统交汇连接处。因此，它往往兼有布线配线系统的功能。由于机房子系统中的设备对整个系统是至关重要的，因此在进行布线系统安装时，一定要综合考虑配电系统(不间断电源UPS)与设备的安全因素(如接地、散热)等。

如何在建筑物中选择机房位置，这是一个非常重要的问题。因为机房位置直接影响结构化布线系统的结构、造价、安装与维护的难易，以及整个布线系统的可靠性。因此，在选择机房位置时，应充分考虑它与垂直干线子系统、平面楼层系统及户外系统的连接难易情况，还应尽量避开强干扰源(如发电机、电梯操作间、中央空调等)。机房本身应该有较好的空调与通风环境，并保证有一定的温度与湿度。地面应采用有一定架空高度的防静电地板，装饰材料应为防火材料。

6) 布线配线系统

布线配线系统的位置应根据传输介质的连接情况来选择，一般位于平面楼层与垂直干线子系统之间。布线配线系统用于将各个子系统连接起来，它是实现结构化布线系统灵活性的关键所在，有时也称为管理子系统。

大型建筑物中的布线系统的管理是一件复杂、烦琐的工作。据统计，每年大型建筑物内约有35%的设备需要变换位置。此外，办公室的调整、部门的变迁，从而造成布线系统的变迁是在所难免的。如果缺乏必要的调整手段，必然要经常增补布线系统，这样不仅会增加不必要的工作量，干扰正常的工作秩序，而且有可能造成布线系统的混乱。

布线配线系统本身是由各种各样的跳线板与跳线组成的，它能方便地调整各个区域内的线路连接关系。当需要调整布线系统时，可以通过布线配线系统的跳线来更新配置布线的连接顺序。它可以将一个用户端子跳接到另一个设备或用户端子区，甚至可以将整个楼层的线路跳接到另一个线路上。跳线有多种类型，如光纤跳线、电线跳线、单段跳线和多股跳线等。

跳线机构的缆线接续部分是很重要的。对于电缆连接，目前大都采用无焊快速接续法，其基本连接器件是接线子。接线子有不同的连接方法，如穿刺、绝缘移位和搓挤等。根据绝缘移位方法发展起来的快速夹线方法在局域网线路连接中得到了广泛的应用。随着光纤技术在通信和计算机领域的广泛应用，光纤在布线系统中也得到了越来越多的应用。

注意

布线配线系统中光纤的接续与连接均需专用的设备和技术，并需要严格按照操作规程操作，以免损坏光纤。一般来讲，光纤接续分为永久接续与连接器接续两种。永久接续用于光纤之间的连接，连接器接续用于光纤与光器件之间的连接。

4. 墙座模块的制作与安装

设计结构图成形以后，接下来的工作就是墙座模块的制作和安装了。

1) 墙座的组成和选购技巧

众所周知，墙座是建筑物内结构化布线中必不可少的重要组成部分。墙座的主要构件由两部分组成，其中一部分叫模块，另一部分指的是墙座面板。

注意

这两部分的设备目前基本是成套出售，不同厂家生产的墙座构件建议不要混用。现在电子配套市场中常见的墙座品牌主要有AMP、通贝、ATT等，价格一般在每套20～30元。另外，为了进一步简化布线的工作量和技术难度，现在有一些公司推出了集计算机网络数据连接和电话线连接于一体的换代型墙座。当然，这种产品的价格会更高。

在正式进行墙座模块制作之前，还需要做相应的准备工作。在制作模块连接节点时，除需要制作RJ-45接头时的压线钳等工具外，还需要专用的墙座压线钳。墙座压线钳的头部与制作RJ-45接口的压线钳相比较，其结构更复杂。每一个组成部分都非常精细，这样做的目的主要是为了保证其压制的模块质量过关。因此，笔者提醒用户在选购这种墙座压线钳时，一定要注意观察它的工艺质量。否则，压出的模块很有可能会接触不良，最终导致墙座安装后无法导通(此时需全部更换)。目前，质量较好的墙座压线钳价格一般在50元左右，也有100元至数百元不等的进口产品。

2) 模组中双绞线的排列

模块的连接对象是RJ-45连接器，而且它与RJ-45之间的连接相当于一个接头，也就是说两者中线对之间是一一对应的关系。实际连接时，墙座与计算机之间或墙座与集线器之间还要安装一段双绞线。模块中安装有一块印刷电路板，它负责接头与导线之间的线路连接。目前市面上的墙座都是符合双绞线布线标准的，双绞线线

为了降低信号的干扰，电缆中的每一对双绞线一般是由两根绝缘铜导线相互扭绕而成，双绞线也因此而得名。

对与模块之间是直通的，不需要进行错线。大家知道，双绞线中共含 8 根导线，所以模块的连接节点也有 8 个，每个节点连接一根导线。不同厂家生产的模块、导线与节点之间分配方式略有区别，主要是由于模块中印刷电路板的结构有所不同造成的。

3) 墙座模块制作

墙座模块的制作方法与双绞线连接头(RJ-45 连接器)的制作方法不同，双绞线连接头中的 8 根导线可一次压制成功，而墙座模块必须一个节点一个节点地制作，制作过程较为复杂。首先要根据实际距离剪取一根双绞线，然后用普通压线钳削去一端的外层包皮一小段，这个长度大约 2.5cm(要比制作 RJ-45 接头时长)。根据每个节点的排线顺序，将其中的一根导线放入对应的一个节点上。值得注意的是，为了制作方便，一般先制作模块靠里面的节点，然后再依次制作后面的节点。接下来用墙座压线钳将已放好的一根导线压入节点的金属卡片中，在进行这个操作时一定要注意压线钳头部的方向。用力将导线压入模块中，听到一声清脆的咔嚓声即表示压制成功。用同样的方法压制其他 7 个节点，全部完成后还要进行检查。根据相关排线顺序用万用表逐个检查每根导线的连通性，如果全部连通则完成制作。

4) 墙座安装

墙座模块制作完毕，下面开始实战安装。墙座的安装分为模块与墙座面板之间的安装和墙座在墙壁上的固定两部分。将制作好的墙座安装在墙壁上，与普通电话线、电源线墙座的安装方法基本相同。这里主要介绍墙座模块与面板之间的安装。首先核对模块与面板之间的位置，一定要实际试一下，千万不要靠目测。另外，由于现如今许多墙座为了防水、防尘都在面板前面多安装一个弹片。当没有插入相应接头时，这个弹片会自动将其入口堵起来，对墙座中的模块起到一定的保护作用。因此，模块装入面板的方向要正确，否则墙座安装好后双绞线的连接头无法插入进去。接着，将模块放入面板的安装口内，然后用手将模块用力压入面板中，直到听到一声咔嚓的声音为止。说明模块上的弹片已全部压入面板中，可以继续下一个步骤。将墙座固定在墙壁并确定后，就可以将双绞线接入墙座了。

在进行这些操作的过程中，建议大家要稳扎稳打，每一步都要仔细检查，特别是墙座的固定问题。很多用户在组建小型局域网的过程中，过于追求速度，安装墙座不牢固。当插入双绞线的连接头时，会出现松动的情况。

另外，在组建小型网络时，还应注意下面两点。

首先，应尽量避免以使用细缆为主的总线型结构(除非被连接的计算机只有 2～3 台)。因为，总线型网络不可避免地存在可靠性差的缺陷。当总线上的任何一个工作站出问题时，都会影响整个网络的正常工作。维护困难，不易查找故障点。目前，计算机及网络设备的价格已逐渐趋于大众化，购买网络设备的经济支出在整个组网中所占的份额已经很小，所以建议使用星形结构网络。

其次，使用专用服务器的主从式网络结构时，应减少使用对等网。虽然对等网组建简单，但在如今办公局域网中一般不采用。对等网无论在安全性、稳定性，还是在易维护性方面都无法满足办公的实际需要。大量的数据和重要资源需要网络系统具有完善的管理和运行机制，而对等网在这方面显然已经力不从心。另外，与对等网相比，专有服务器网络对小型局域网来说，只需一台高档微机作为服务器。这样用较少的投入换来系统更高的安全性、稳定性，可谓明智之举。

5.4.2 布线施工

这里着重讲解双绞线的布设注意事项。

双绞线的质量直接影响整个网络的传输效率，但如果施工不当，即使使用质量很好的双绞线也无法取得好的效果，所以布线施工质量也不容忽视。注意事项主要有以下几点。

(1) 双绞线的总长度不能超过 100m。

(2) 尽可能使用同一家电缆厂商生产的双绞线电缆。

(3) 不能将单芯双绞线与多芯双绞线混合使用。

(4) 双绞线电缆不能弯曲过度。原则上双绞线的弯曲半径不能超过电缆直径的 8 倍(包含外皮)，对 CAT 5 双绞线而言，弯曲半径不能超过 3.18cm。

(5) 绑线不要太紧，并且绑线应保持整齐。

(6) 尽可能远离噪声源，如电梯等。

5.4.3 网线与网卡连接

在确定好计算机的摆放位置后，用户就可以用网线把计算机通过集线器连接起来。

现在来看看怎样将双绞线的接头插入网卡或集线器的插槽内。RJ-45 的插槽像一座山峰，将 RJ-45 接头凸起的“尾巴”(卡栓)对准 RJ-45 插槽凸起的峰顶，即可轻松插入。这时，可以听到“咔”的一声，表示 RJ-45 接头的卡栓已经顺利地卡入插槽内。要取下插头时，必须先压下插头上的卡栓，然后轻轻拔出双绞线，这样接头马上

UTP 布线系统(也称超五类布线系统)是一个非屏蔽双绞线(UTP)布线系统，通过对它的“链接”和“信道”性能进行测试表明，其性能超过 TIA / EIA586 的五类，与普通的五类 UTP 比较，其衰减更小，同时具有更高的 ACR 和 SRL，更小的时延和衰减，性能得到了提高。

就可以脱离插座。

学会插拔 RJ-45 接头的方法后，建立星形网络就很简单了。只要将双绞线两端的 RJ-45 接头一端接在个人计算机的网卡上，另一端插入集线器的 RJ-45 插槽内即可。每增加一台计算机，就用一条双绞线将计算机和集线器连接起来，原先已经接上集线器的计算机可以不必做任何调整。当然，除了打开计算机的电源外，别忘了也要接通集线器的电源，这样就可以享受网络带来的便利了。服务器、工作站同样可以通过双绞线、集线器和网卡等设备物理地连接起来。如果想把乱七八糟的网线整理好看或埋入墙内，那就必须使用打线器、线槽和接线盒等，当然花费会相应地增加。

5.4.4　数据传输技术中的几个术语

数据传输技术中常用的术语有信道传输速率、通信方式、传输方式、基带传输、宽带传输。

1. 信道传输速率

信道传输速率的单位是 b/s、Kb/s、Mb/s、Gb/s。

1)　调制速率

在模拟通道中传输数字信号时常常使用调制解调器，在调制器的输出端输出的是被数字信号调制的载波信号，因此从调制器输出至解调器的信号的速率取决于载波信号的频率。

2)　数据速率

数据速率是指信源入口/出口处每秒钟传送的二进制脉冲的数目。

2. 通信方式

当数据通信在点对点间进行时，按照信息的传送方向，其通信方式有以下三种。

(1)　单工通信方式：单方向传输数据，不能反向传输。

(2)　半双工通信方式：既可单方向传输数据，也可以反方向传输，但不能同时进行。

(3)　全双工通信方式：可以在两个不同的方向同时发送和接收数据。

3. 传输方式

数据在信道上按时间传送的方式称为传输方式。当按时间顺序一个码元接着一个码元地在信道上传输时，称为串行传输方式，一般数据通信都采用这种方式。串行传输方式只需要一条通道，在远距离通信时其优点尤为突出。另一种传输方式是将一组数据同时传送到对方，这时就需要多个通路，故称为并行传输方式。计算机网络中的数据是串行方式传输的。

4. 基带传输

所谓基带传输是指信道上传输的是没有经过调制的数字信号。基带传输有以下四种方式。

(1)　单极性脉冲是指用脉冲的有无来表示信息的有无。电传打字机就是采用这种方式。

(2)　双极性脉冲是指用两个状态相反、幅度相同的脉冲来表示信息的两种状态。在随机二进制数字信号中，0、1 出现的概率是相同的，因此在其脉冲序列中，可视直流分量为零。

(3)　单极性归零脉冲是指在发送“1”时发送宽度小于码元持续时间的归零脉冲序列，而在传输“0”信息时，不发送脉冲。

(4)　多电平脉冲是相对上面三种脉冲信号而言的。脉冲信号的电平只有两个取值，故只能表示二进制信号。如果采用多电平脉冲，则可表示多进制信号。

5. 宽带传输

在某些信道中(如无线信道、光纤信道)由于不能直接传输基带信号，故要利用调制和解调技术，即利用基带信号对载波波形的某些参数进行调控，从而得到易于在信道中传输的被调波形。其载波通常采用正弦波，而正弦波有 3 个能携带信息的参数，即幅度、频率和相位，控制这 3 个参数之一就可使基带信号沿着信道顺利传输。当然，在到达接收端时均需作相应的反变换，以便还原成发送端的基带信号。这就是所谓的宽带传输。在局域内，宽带传输一般采用同轴电缆作为传输介质。

5.5　思考与练习

一、选择题

1. 双绞线的噪声误差由_________产生。
   A. 外界电子
   B. 双绞线长度影响
   C. 双绞线色线搭接错误
   D. RJ-45 接头短路

传输时延差是不同线对的传输时延的差值，以传输时延的最小值为基准点，其余线对的时延与之的差值即为传输时延差。

2. 制作同轴电缆时用剥线钳夹住细缆的一端，使细缆露出1～2mm，然后用手指卷动剥线钳________圈后，取下剥线钳，再将细缆外层的绝缘层、透明的绝缘层去掉，即剥下了细缆的外皮。

A. 1～3　　B. 4～5
C. 8～9　　D. 10～11

3. 笔记本电脑应选择_______网卡。

A. ISA　　B. PCI
C. PCMCIA　　D. USB

4. 一个宿舍有6台计算机，如果要组建一个局域网，选择_______布线方式最优。

A. 星形　　B. 综合布线系统

5. 在结构化布线系统中，主要用_______连接楼群之间的通信设备，将楼内和楼外系统连接为一体，它也是户外信息进入楼内的信息通道。

A. 垂直干线子系统
B. 户外系统
C. 平面楼层系统
D. 用户子系统

二、操作题

1. 制作一根双绞线，并为RJ-45接头套上保护套。
2. 制作一根同轴电缆，并测试其是否正常。
3. 为一台计算机安装PCI网卡，并手动安装驱动程序。
4. 将4台计算机组成一个小型局域网，使用星形布线。

长见识　衰减串扰比（Attenuation to cross-talk ratio，ACR)是在某一频率上测得的串扰与衰减的比值。ACR为负值，说明噪声的强度高于所传送的信号强度。

第 6 章 安装工作站和服务器

本章微课

在组建局域网之前，用户必须保证网络中每一台计算机都是可用的。为此，本章将为大家介绍如何安装服务器和工作站的操作系统。

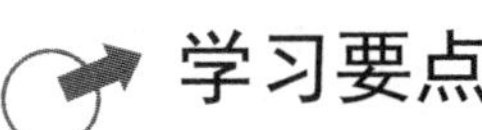

学习要点

- ❖ 安装 Windows 7;
- ❖ 安装 Windows Server 2019;
- ❖ 安装 Linux;
- ❖ 安装并使用虚拟机 VMware;
- ❖ 学习磁盘工具 Smart FDISK 的使用;
- ❖ 学习磁盘工具 Partition Magic 的使用;
- ❖ 学习磁盘工具 Ghost 的使用。

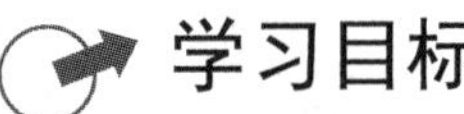

学习目标

组建局域网的硬件安装工作完成后，就该进行软件方面的工作了。本章将介绍几种常见操作系统的安装方法。其中 Windows 7、Windows Server 2019 和 Fedora 的安装是重点内容。

通过对本章内容的学习，读者应该掌握 Windows 系列操作系统的安装方法；了解什么是虚拟机以及 VMware 的安装与使用；掌握常用磁盘工具的使用方法；学会使用 Ghost 软件制作系统镜像。

6.1 安装 Windows 7 工作站

目前使用最广的操作系统非 Windows 莫属。虽然新的 Windows 10 系统安全性更高，但 Windows 7 的优点是能兼容市面上所有的软件。Windows 10 的兼容性和 Windows 7 相比还是略逊一筹。Windows 10 的安装与 Windows 7 类似，因此，这里主要介绍 Windows 7。

Windows 7 是 Windows XP 的升级版，提供高效、易用的工作环境，是一款具有革命性变化的操作系统，该系统旨在让人们的日常计算机操作更加简单和快捷。

操作步骤

❶ 启动计算机，将 Windows 7 系统安装盘放入光驱中，进入初始安装文件加载界面，如下图所示。

❷ 系统检测后，出现 Start Windows 信息界面，如下图所示。

❸ 出现选择语言的界面，选择【我的语言为中文(简体)】选项，如下图所示。

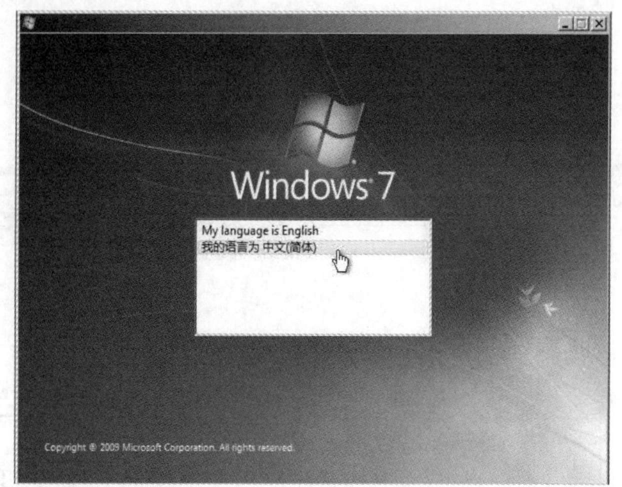

❹ 接着出现下图所示界面，保持默认设置，然后单击【下一步】按钮。

❺ 出现安装选项界面，单击【现在安装】按钮，如下图所示。

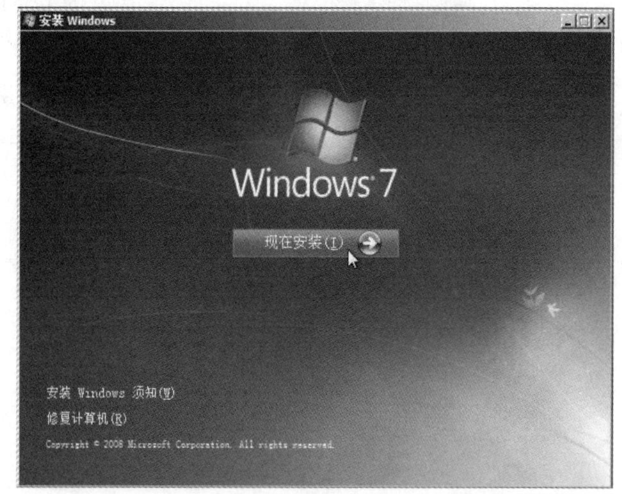

❻ 出现【请阅读许可条款】界面，选中【我接受许可条款】复选框，然后单击【下一步】按钮，如下图所示。

安装 Windows 7 与 Windows 10 双操作系统时，需要将 Windows 7 安装在非系统分区上，因为 Windows 10 版本更高，会将 Windows 7 覆盖掉。

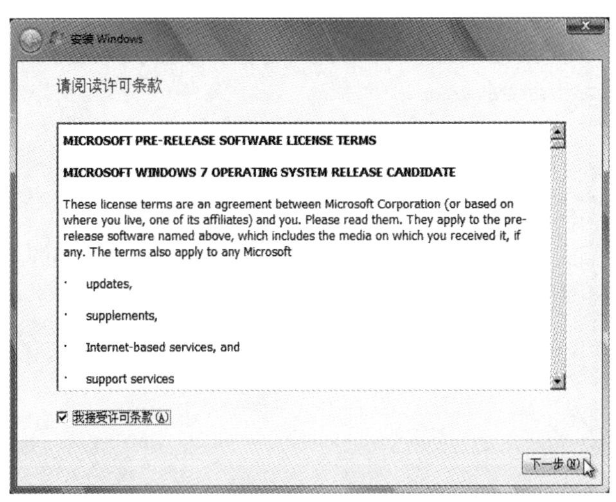

❼ 进入安装方式选择界面，选择【自定义(高级)】选项，如下图所示。

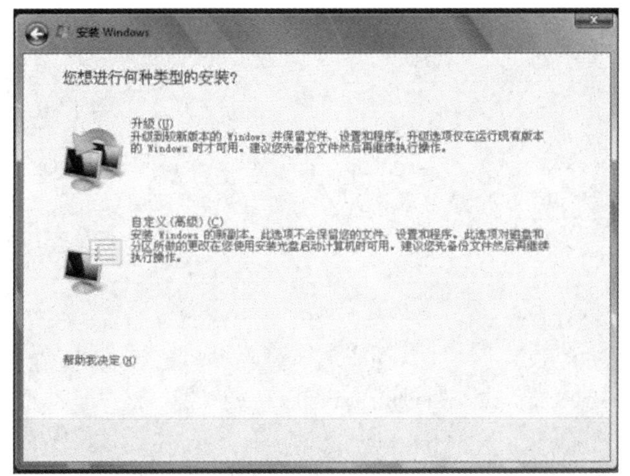

❽ 指定 Windows 7 的安装位置，然后单击【下一步】按钮，如下图所示。

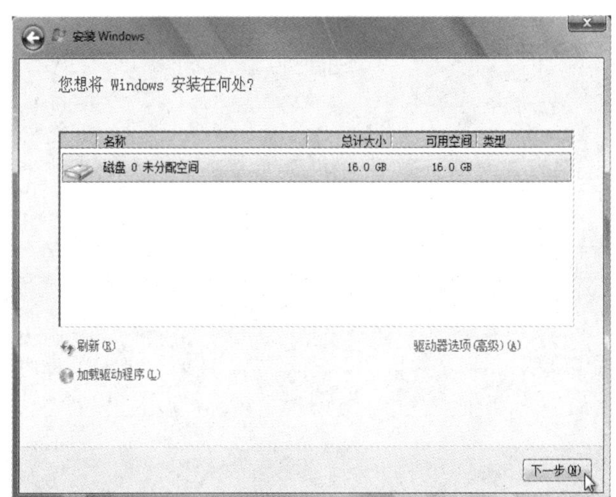

❾ 完成上面的设置后即进入【正在安装 Windows...】界面，当前正在复制 Windows 文件，如下图所示。

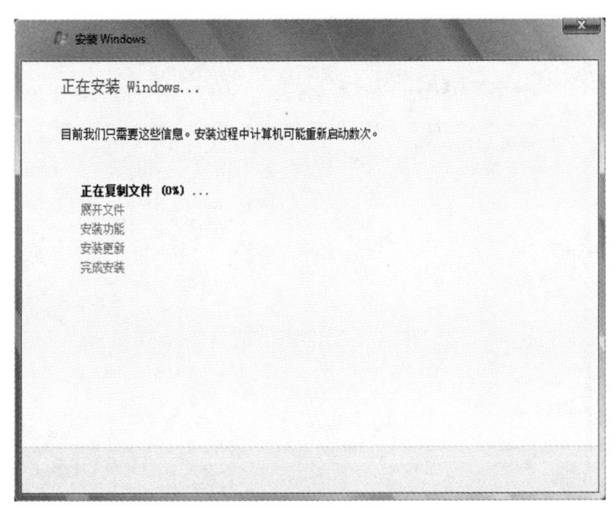

❿ 文件复制完后便开始展开文件操作，如下图所示。

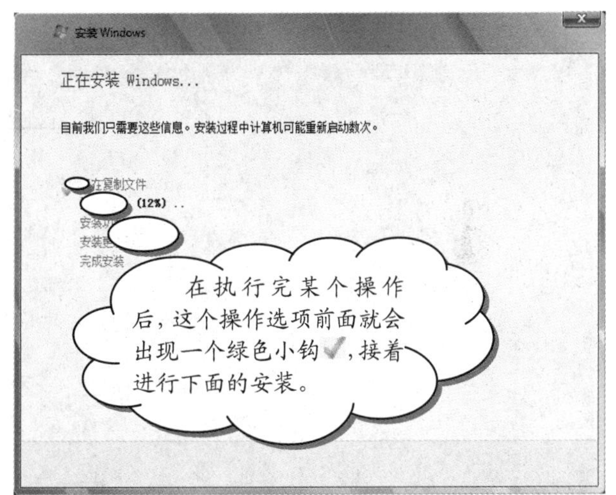

⓫ 按顺序完成安装功能操作，进行安装更新操作，如下图所示。

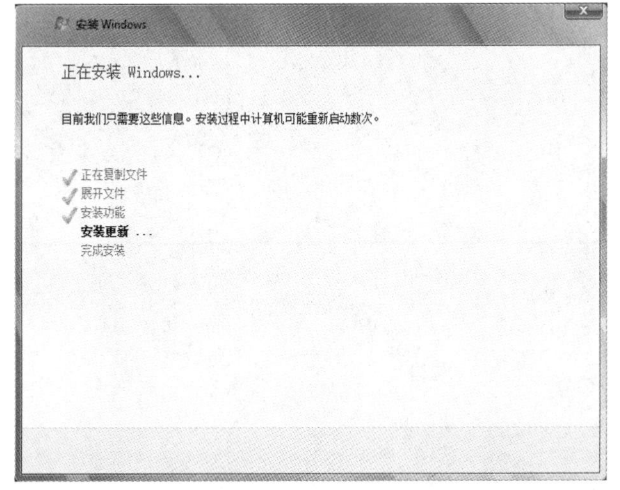

⓬ 在进行安装更新操作过程中会提示需要重新启动计算机才能继续，等待几秒钟后计算机将自动重启，如下图所示。

Windows 7 的网络连接更加快捷和方便，它整合了资源管理器的相关设置，界面更加美观，操作更加合理。

长见识

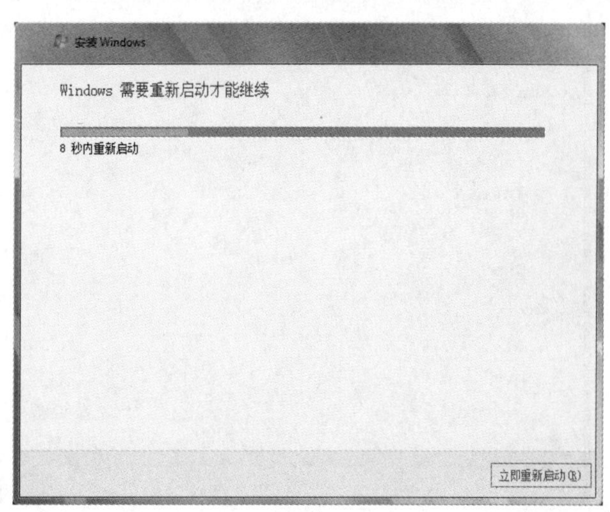

⑬ 重启后，在屏幕上显示【安装程序正在更新注册表设置】，如下图所示。

⑭ 更新注册表后，在屏幕上显示【安装程序正在启动服务】，如下图所示。

⑮ 接着又出现【正在安装 Windows...】界面，如下图所示。

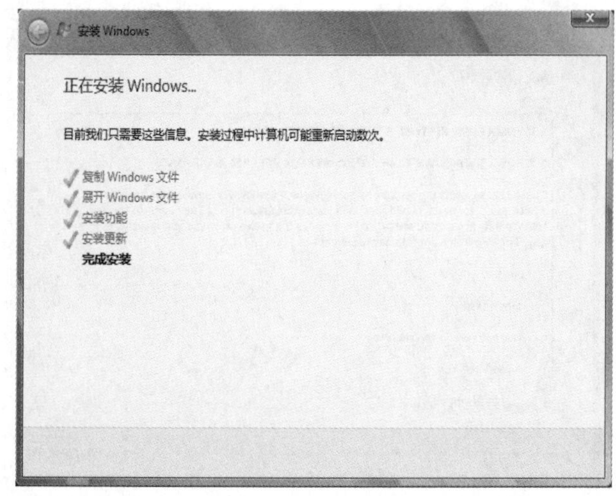

⑯ 完成安装后会再次自动重启计算机，进入如下图所示的界面。

⑰ 这时 Windows 7 将对计算机的视频性能进行检查，如下图所示。

⑱ 接着在弹出的对话框中设置用户名和计算机名称，单击【下一步】按钮，如下图所示。

Windows 7 家庭基础版(Windows 7 Home Basic)提供了家长控制功能，该版本既不支持 Aero 图形界面，也缺乏很多数字多媒体功能。

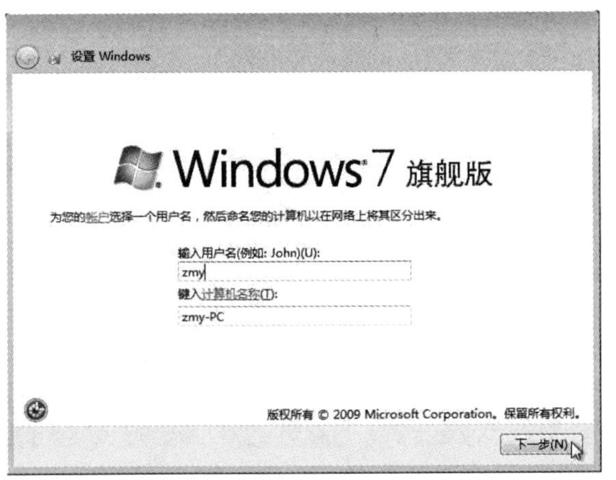

⑲ 进入【为账户设置密码】界面，设置相应的密码，然后单击【下一步】按钮，如下图所示。

设置 Windows
为帐户设置密码
创建密码是一项明智的安全预防措施，可以帮助防止其他用户访问您的用户帐户。请务必记住您的密码或将其保存在一个安全的地方。
输入密码(推荐)(P):
••••••
再次键入密码(R):
••••••
键入密码提示(必需)(H):
name
请选择有助于记住密码的单词或短语。
如果您忘记密码，Windows 将显示密码提示。
下一步(N)

⑳ 进入【键入您的 Windows 产品密钥】界面，输入产品密钥，并选中【当我联机时自动激活 Windows】复选框，再单击【下一步】按钮，如下图所示。

设置 Windows
键入您的 Windows 产品密钥
您可以在 Windows 附带的程序包中包含的标签上找到 Windows 产品密钥。该标签也可能在您的计算机机箱上。激活会将您的产品密钥与计算机进行配对。
产品密钥与此类似:
产品密钥: XXXXX-XXXXX-XXXXX-XXXXX-XXXXX
*****-*****-*****-*****-*****
(自动添加短划线)
当我联机时自动激活 Windows(A)
什么是激活?
阅读隐私声明
下一步(N)

㉑ 进入【帮助自动保护计算机以及提高 Windows 的性能】界面，设置安全选项。一般选择【使用推荐设置】选项，如下图所示。

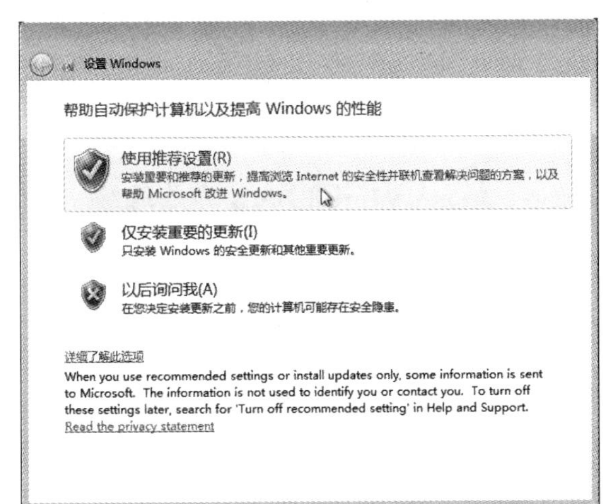

㉒ 进入【复查时间和日期设置】界面，设置正确的时间和日期，也可以在安装完成后进行设置，再单击【下一步】按钮，如下图所示。

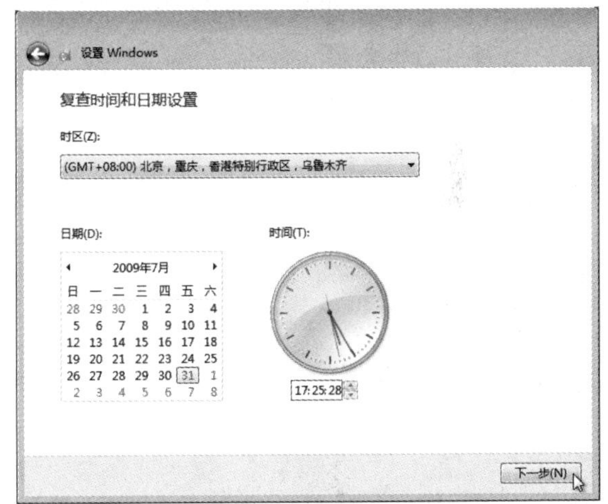

㉓ 进入【请选择计算机当前的位置】界面，设置计算机当前的位置。这里选择【工作网络】选项，如下图所示。

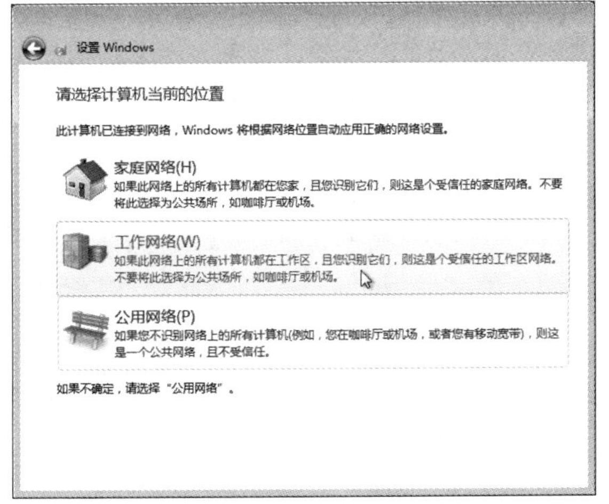

㉔ 完成设置后，出现如下图所示的界面，稍等片刻。

学以致用系列丛书

Windows 7 家庭高级版本(Windows 7 Home Premium)增添了诸如媒体中心(Media Center)和 Windows DVD Maker 等数字多媒体功能，以及 Tablet PC 和预定用户数据备份功能。

长见识

㉕ 正在准备桌面，稍等片刻，如下图所示。

㉖ Windows 7 全部安装完成，进入操作系统桌面，如下图所示。

㉗ 单击【开始】按钮，在弹出的【开始】菜单中右击【计算机】，在弹出的快捷菜单中选择【属性】命令，如下图所示。

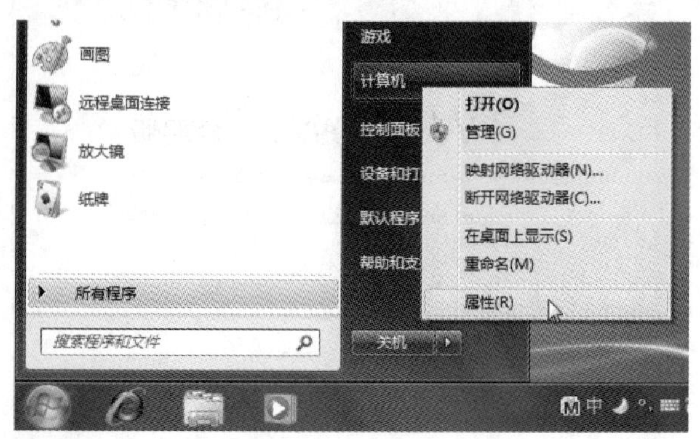

㉘ 打开【系统】窗口后，单击【剩余 30 天可以激活。立即激活 Windows】文字链接，如下图所示。

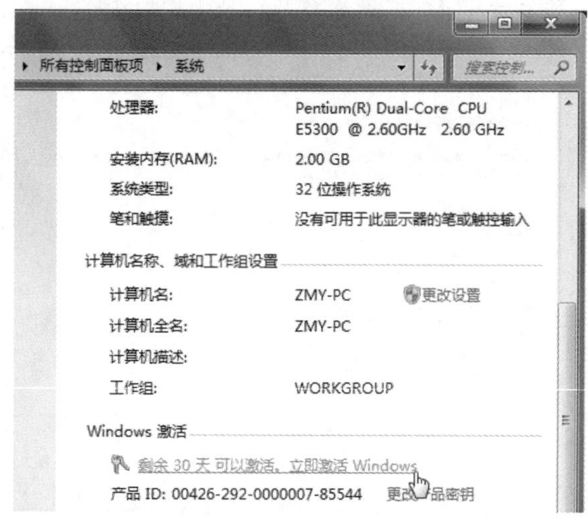

㉙ 进入【Windows 激活】窗口，单击【现在联机激活 Windows】选项，如下图所示。

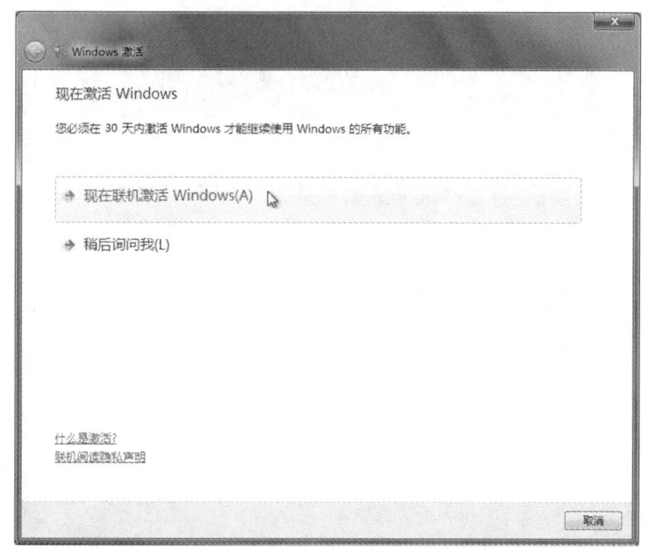

㉚ 进入【键入产品密钥】界面，输入安装光盘上的产品密钥，然后单击【下一步】按钮，如下图所示。

目前很多系统本身集成了各种驱动程序，只需一键安装，不必像以前那样费时费力去安装各种硬件的驱动程序。

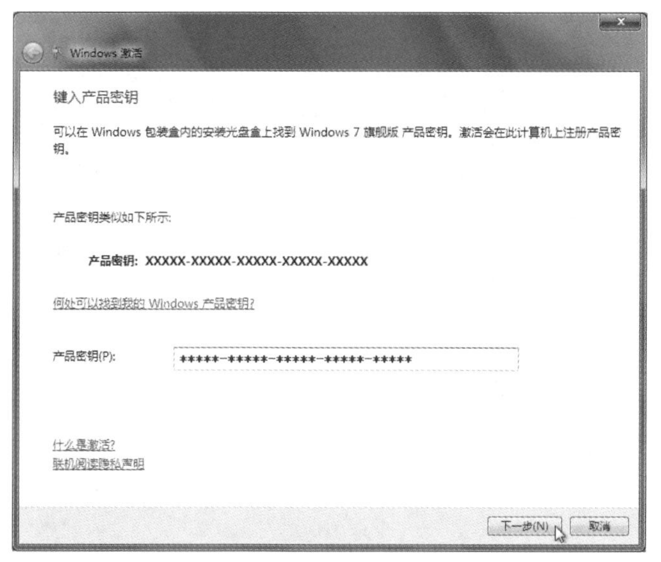

31 开始激活 Windows，稍等片刻，如下图所示。

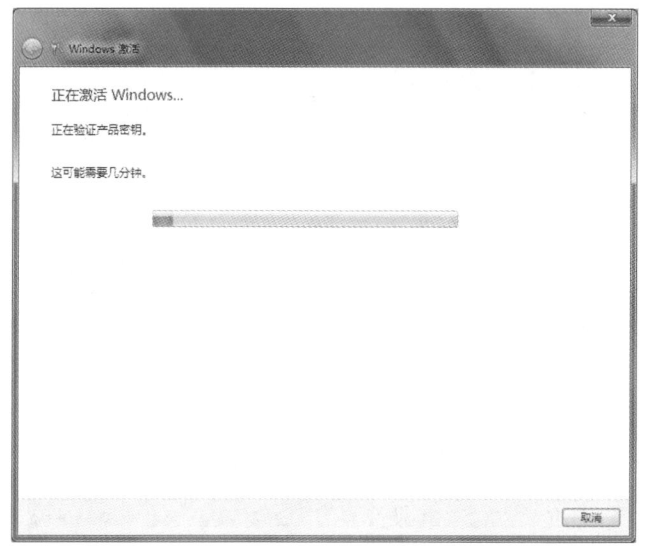

32 Windows 激活成功后，出现【正版授权】标识。单击【关闭】按钮，如下图所示。

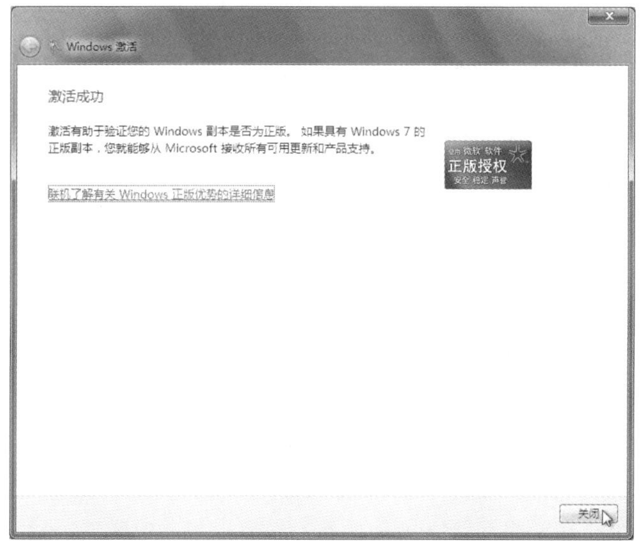

提示

对用户来讲，工作站的安装还没有彻底完成，计算机重新启动后，还需要为计算机硬件安装驱动程序。虽然 Windows XP 号称能驱动所有的硬件，可所谓的驱动不过是能让它基本工作起来而已。对于显卡、主板芯片和其他一些特殊的设备还是要自己安装驱动程序。驱动程序一般在产品附带的光盘中，如果找不到请到厂商网站去下载。

Windows 10 的安装与 Windows 7 类似，由于篇幅有限，不再赘述，读者可以尝试自行进行安装。

注意

如果不想虐待您的眼睛，请确保显示器设置为正确的分辨率和刷新率。CRT 显示器的刷新率应该为 85Hz，不过液晶显示器没有刷新率的问题，60Hz 就够了。

6.2 安装 Windows Server 2019

Windows Server 2019 与 Windows 10 属于同宗同源的网络操作系统，其中有不少功能需要搭配使用。

下面以安装 Windows Server 2019 服务器系统为例进行介绍，具体操作步骤如下。

操作步骤

1 启动计算机，将 Windows Server 2019 服务器系统安装盘放入光驱中，开始加载 Windows 文件，并进入如下图所示的安装界面。

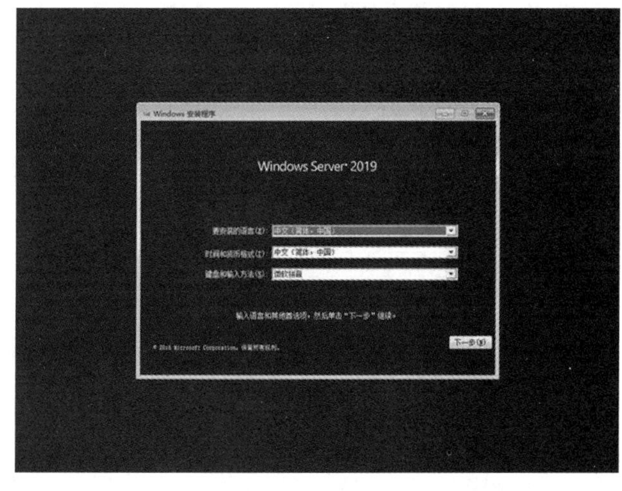

2 和 Windows 10 安装界面类似，选择中文，单击【下

与 FAT/FAT32 相比，NTFS 文件系统有显著的特点：①支持更大的分区大小，最小磁盘分区(或卷)为 100MB，推荐最大分区为 2TB；②支持文件和文件夹级的安全，可以防止未授权用户访问文件或文件夹；③支持文件压缩和加密功能；④支持磁盘配额功能，可以限制用户在某个分区使用空间；⑤可自动修复磁盘错误；⑥突破单个文件 4GB 大小限制。

长见识

一步】按钮，开始启动 Windows 安装程序，如下图所示。

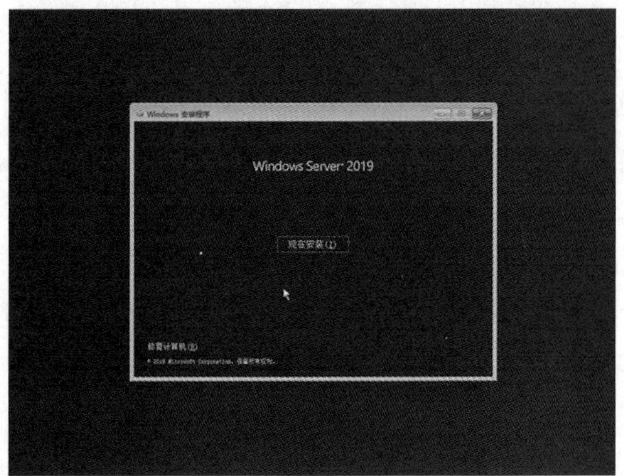

❸ 进入【激活 Windows】界面，输入光盘上的产品密钥，也可以以后再说，再单击【下一步】按钮，如下图所示。

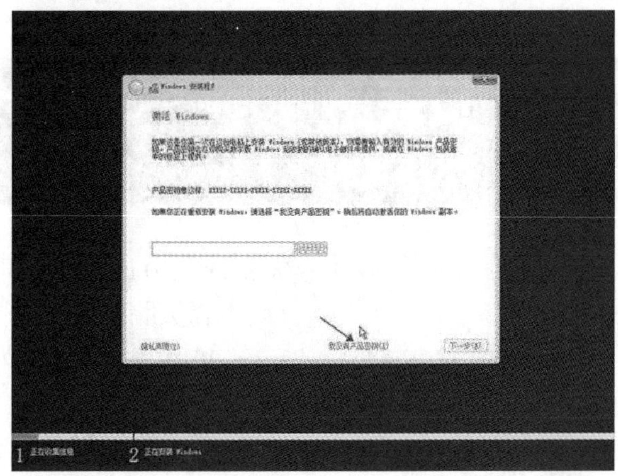

❹ 进入【选择要安装的操作系统】界面，这里选择体验数据中心【Windows Server 2019 DataCenter(桌面体验)】界面，再单击【下一步】按钮，如下图所示。

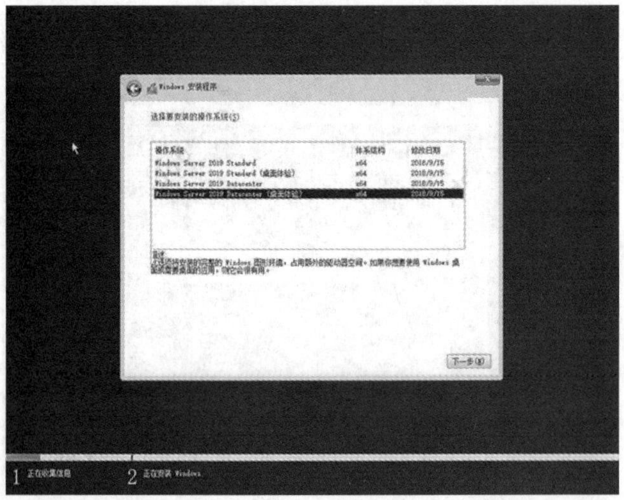

❺ 同意系统安装许可协议，如下图所示。

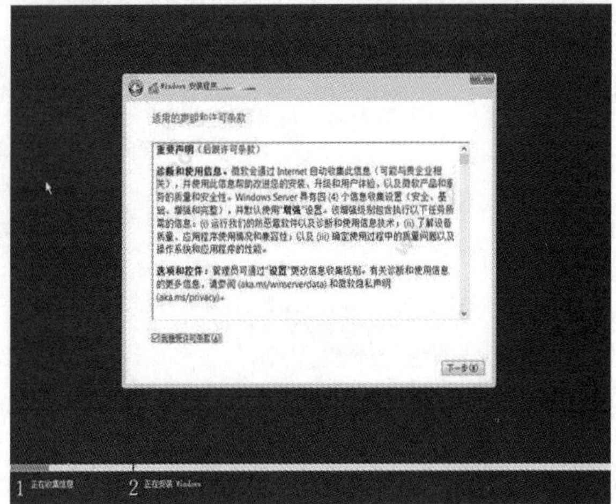

❻ 单击【下一步】按钮等待文件复制安装，如下图所示。

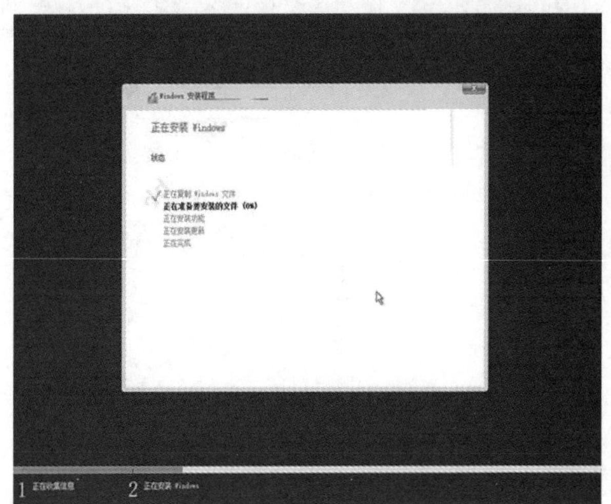

❼ 按顺序完成安装功能操作，在进行安装更新操作过程中会提示需要重新启动计算机才能继续。等待几秒钟后计算机将自动重启，无须干预，如下图所示。

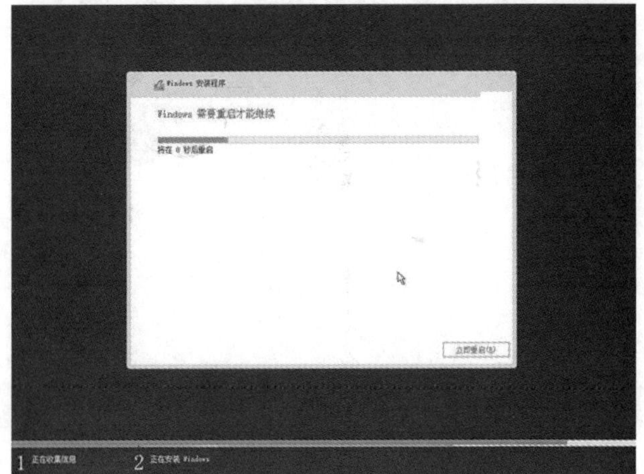

❽ 接着出现【自定义设置】界面，如下图所示。

长见识

Windows Server 2019 系统具有自修复 NTFS 文件系统功能，该功能使用一个新的系统服务会在后台默默工作，检测文件系统错误，并且可以在无须关闭服务器的状态下自动将其修复。

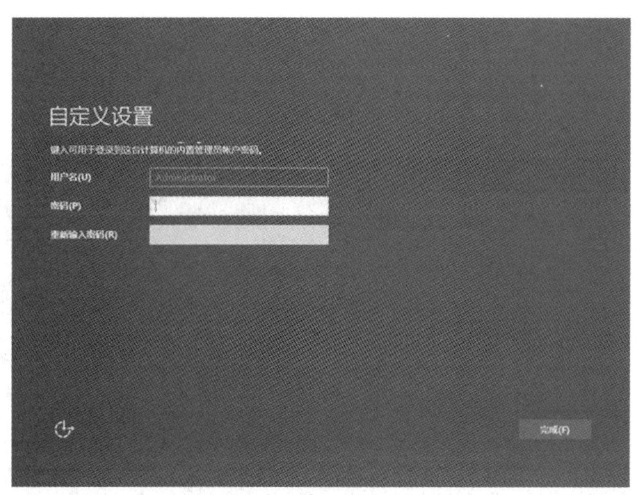

❾ 完成设置后单击【完成】按钮，进入如下图所示的界面，为首次使用计算机做准备。

❿ 按照界面提示按 Ctrl+Alt+Delete 组合键解锁，进入用户登录界面。选择用户名，输入密码并按 Enter 键确认，如下图所示。

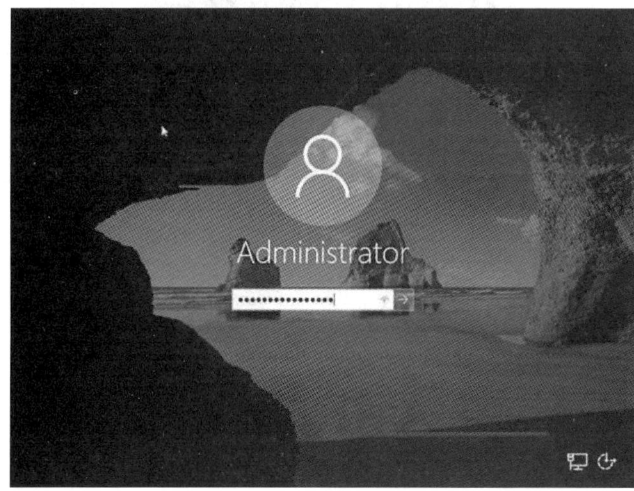

⓫ 正在准备桌面，稍等片刻，进入 Windows Server 2019 系统，其桌面如下图所示。

⓬ 此时系统是未激活的，需要用到激活工具 win10sys.exe。打开它，选择【一键激活】，单击【激活】选项即可，如下图所示。

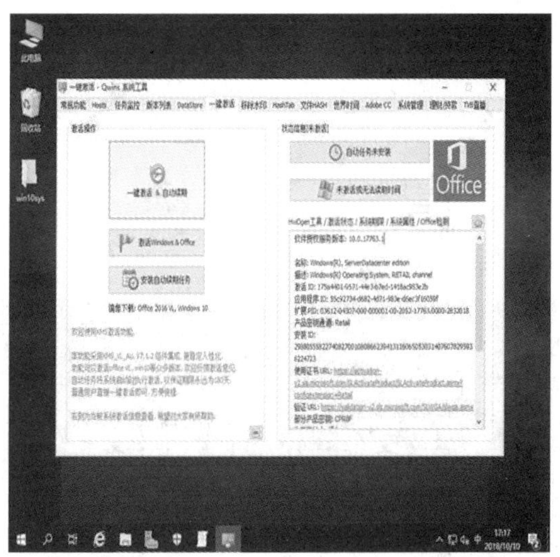

需要注意的是，在激活前，需要手动关闭 Windows Defender 杀毒软件，不然激活程序有可能被当作病毒删除。

⓭ 显示激活成功，系统安装完成，如下图所示。

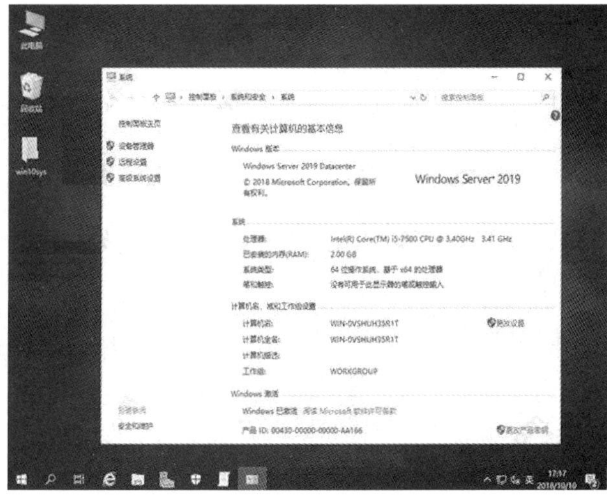

在 windows 10 系统中，如果【高级显示设置】页面中的屏幕分辨率窗口是灰色的，说明当前计算机的显卡没有正确安装驱动程序。更新更加匹配 Windows 10 操作系统的显卡驱动程序后，就能继续更改屏幕分辨率的操作。

长见识

6.3 安装 Linux

许多用户可能习惯性地认为安装 Linux 比 Windows 复杂，实际上安装 Linux 也很简单。只要不带 Windows 的惯性思维去看 Linux，从一个初学者的角度来学习 Linux，也非常容易。

这里我们以安装 fedora core 6 为例，用 DVD 安装光盘安装。

提示

可以从网上下载光盘镜像刻录成碟片，或者从发行商处购买光盘。如果计算机支持，可以选择从硬盘安装，或者直接从互联网上安装。

操作步骤

❶ 将计算机设置为从光盘启动，启动计算机，将安装光盘放入光驱。

❷ 安装方式选择界面，如下图所示。直接按 Enter 键选择图形界面安装方式；熟练的用户也可以选择其他安装选项。

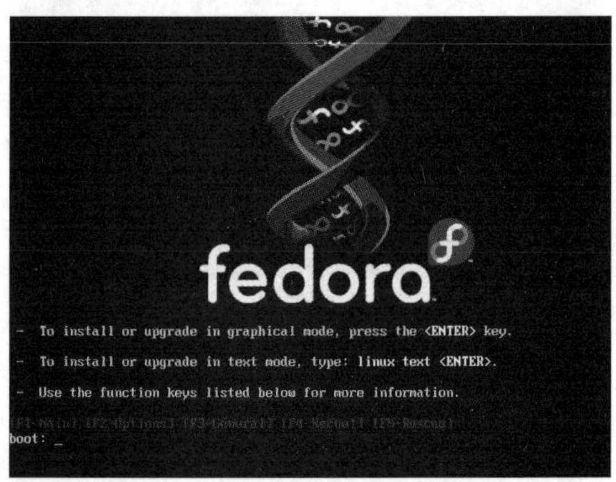

❸ 安装程序载入系统内核，检测系统硬件配置，可能会花一点时间，请耐心等待。

```
mice: PS/2 mouse device common for all mice
md: md driver 0.90.3 MAX_MD_DEVS=256, MD_SB_DISKS=27
md: bitmap version 4.39
TCP bic registered
Initializing IPsec netlink socket
NET: Registered protocol family 1
NET: Registered protocol family 17
Using IPI No-Shortcut mode.
Time: tsc clocksource has been installed.
ACPI: (supports S0 S1 S5)
Freeing unused kernel memory: 240k freed
Write protecting the kernel read-only data: 370k
input: AT Translated Set 2 keyboard as /class/input/input0
Greetings.
anaconda installer init version 11.1.1.3 starting
mounting /proc filesystem... done
creating /dev filesystem... done
mounting /dev/pts (unix98 pty) filesystem... done
mounting /sys filesystem... done
input: AT Translated Set 2 keyboard as /class/input/input1
trying to remount root filesystem read write... done
mounting /tmp as ramfs... done
running install...
running /sbin/loader
_
```

❹ 程序提示是否需要检测安装光盘数据完整性。检查会花费很长时间，通过 Tab 键选择 Skip 按钮，按 Enter 键继续，如下图所示。

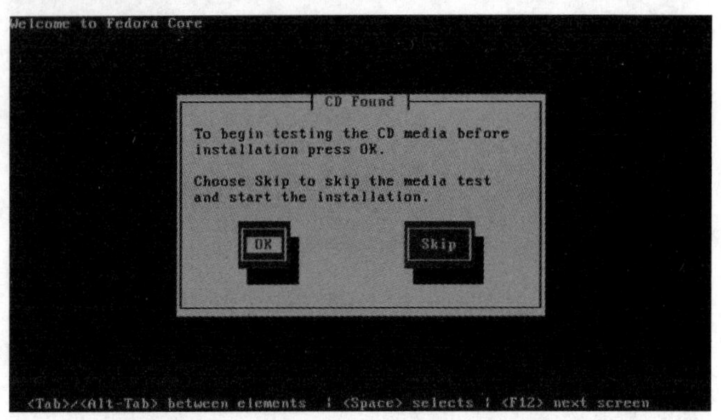

❺ 检测光盘结束，数据完好或跳过检测，系统显示可以开始安装了。按 Enter 键继续，如下图所示。

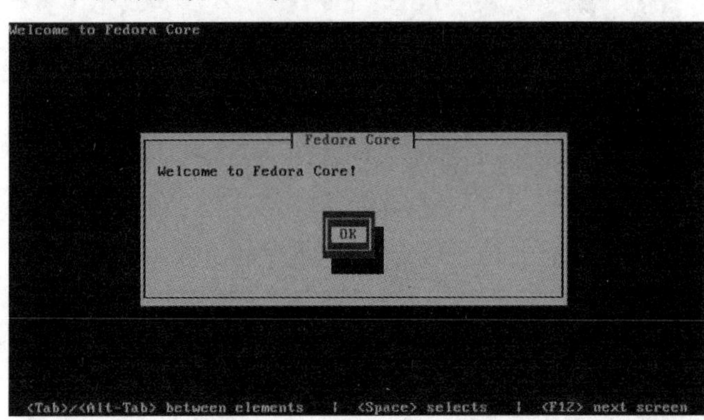

❻ 启动图形界面，显示欢迎界面，现在可以使用鼠标了。单击 Next 按钮继续，如下图所示。

❼ 选择安装时使用的语言，选择【简体中文】选项，单击 Next 按钮继续，如下图所示。

Red Hat 公司将不再继续免费版 RedHat Linux 的开发工作，而由 Fedora Project 接手后续发行版本的开发，简单来说，Fedora Core 取代了原来的 RedHat Linux。今后与 Red Hat 公司相关的 Linux 发行版，将明确地区分为免费但不提供技术支持的 Fedora Core，以及需要付费购买有技术支持服务的 RedHat Enterprise Linux (企业版)。

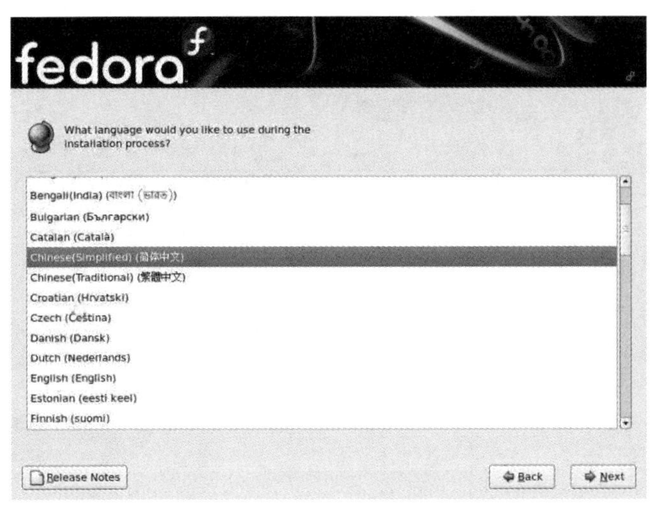

❽ 选择键盘布局，对中国用户来讲，应选择【美国英语式】选项。单击【下一步】按钮继续，如下图所示。

fedora
请为您的系统选择适当的键盘。
瑞士德语式
瑞士德语式 (latin1)
瑞士法语式
瑞士法语式 (latin1)
罗马尼亚语式
美国国际式
美国英语式
芬兰语式
芬兰语式 (latin1)
英联邦式
荷兰语式
葡萄牙语式
西班牙语式
阿拉伯语式 (azerty)
发行注记(R)
后退(B)
下一步(N)

❾ 如果使用的是全新的硬盘，系统会跳出警告表示这个硬盘尚未被格式化，单击【是】按钮，将硬盘初始化，如下图所示。

警告

设备 hda 上的分区表无法被读取。创建新分区时必须对其执行初始化，从而会导致该驱动器中的所有数据丢失。

该操作会覆盖所有先前关于要忽略的驱动器的安装选择。

您想要初始化这个驱动器并删除所有数据吗？

否(N)　是(Y)

❿ 选择分区方式，一般选择【在选定磁盘上删除所有分区并创建默认分区结构】选项，单击【下一步】按钮继续，如下图所示。

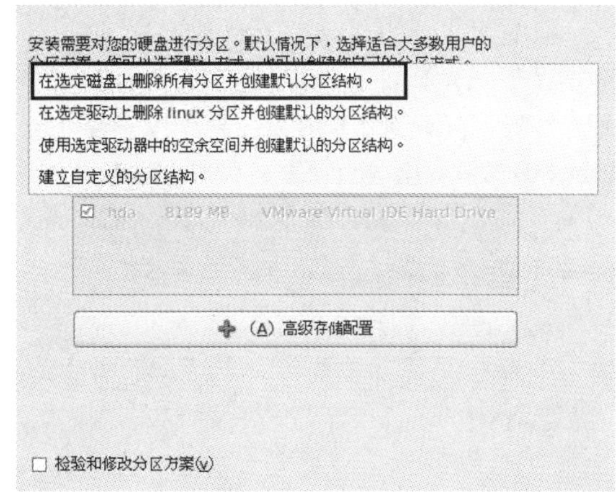

⓫ 要求配置网络参数，如果不想现在配置也可以等安装完成后再在系统中修改；如果网络中有 DHCP 服务器，可以选中【通过 DHCP 自动配置】单选按钮进行自动配置，也可以手动配置相关参数。单击【下一步】按钮继续，如下图所示。

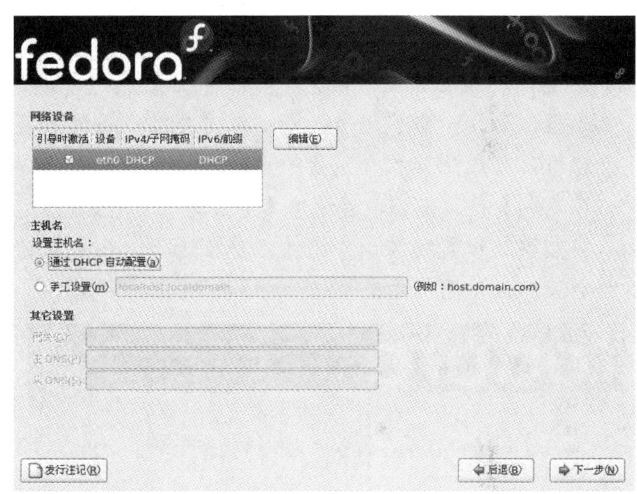

⓬ 提示选择用户所在时区，简体中文版默认为东 8 区，即【亚洲/上海】。单击【下一步】按钮继续，如下图所示。

Linux 完全免费、源代码公开，可运行于普通 PC 的类 UNIX 操作系统。最初，它由一位来自芬兰赫尔辛基大学的大学生 Linus B.Torvalds 开发，其目标是使 Linux 成为一个能基于 Intel 硬件的在微型机上运行的类似于 UNIX 的新的操作系统。

⑬ 提示设定根账号(用户名为 root)的密码，输入密码后单击【下一步】按钮继续，如下图所示。注意不设置密码或密码设置太简单是无法继续安装的，这是 Linux 为保证安全性所采取的强制性措施。

根帐号被用来管理系统。请为根用户输入一个口令。
根口令(P)：
确认(C)：

注意

根用户是 Linux 系统中权限最高的用户，类似于 Windows 中的管理员。由于根用户操作容易给系统带来破坏，普通情况下不推荐用户使用根账号登录。

⑭ 选择系统组件。如果这是一台工作站，选中【办公】复选框；如用于软件开发，则选中【软件开发】复选框；若是一台服务器，则选中【网络服务器】复选框。如果用户根据需要来定制软件，可选中【现在定制】单选按钮，若选中【稍后定制】单选按钮，将按默认设置安装软件组件。单击【下一步】按钮继续，如下图所示。

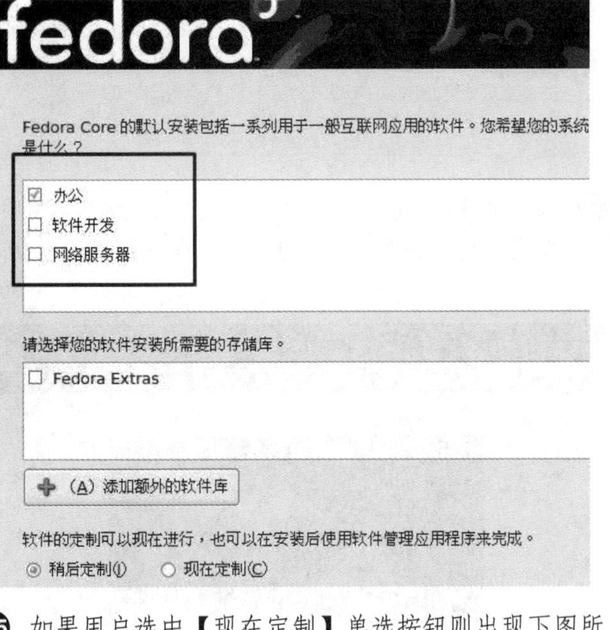

⑮ 如果用户选中【现在定制】单选按钮则出现下图所示的界面，用户可以任意定制需要安装的软件，单击【可选的软件包】按钮，还可以选择其他一些附带的软件包。

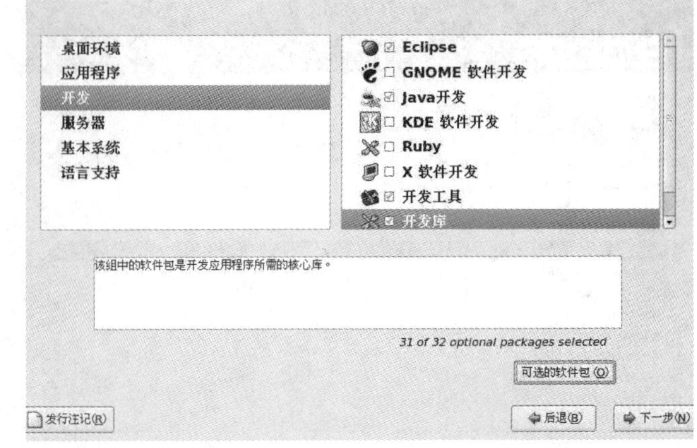

⑯ 在软件包列表框中，选中所需安装的额外软件包，单击【关闭】按钮回到前一界面，单击【下一步】按钮继续，如下图所示。

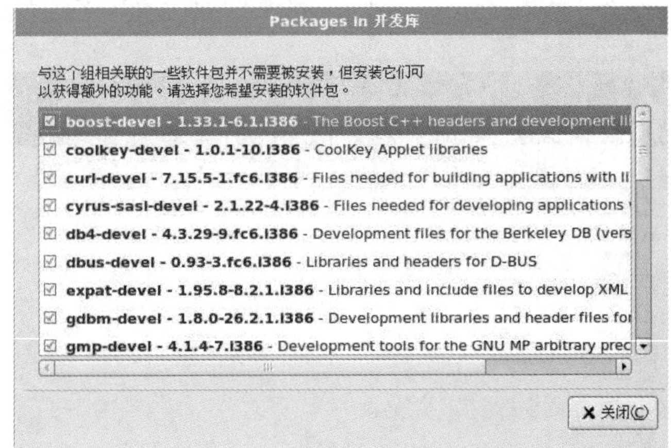

⑰ 系统自动检查各软件包间的依赖关系，如下图所示。选择的软件越多，花费时间越长。

⑱ 检测完成后，单击【下一步】按钮开始安装软件，如下图所示。如果对选择不满意，可以单击【后退】按钮重新设置。

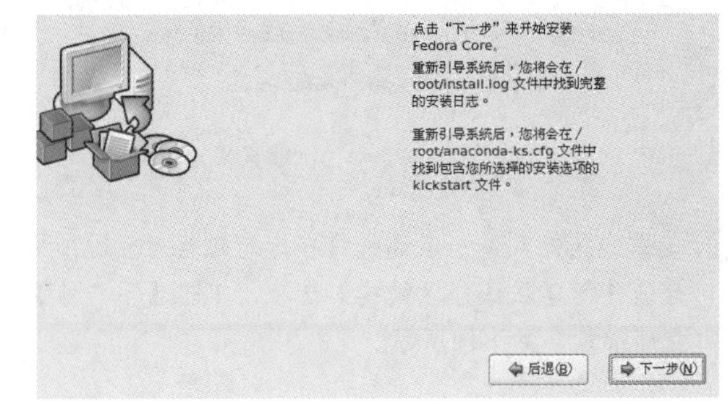

长见识

Linux 通过字母数字的组合来识别硬盘分区。命名规则是：前两个字母表示分区所在的设备类型(hd 表示 IDE 硬盘，sd 表示 SCSI 硬盘)；第三个字母表示分区在哪个设备上(a 表示第 1 块，b 表示第 2 块……)；数字表示分区的次序。例如，/dev/hda3 是指第一个 IDE 硬盘上的第三个主分区或扩展分区。

19 全部软件包安装完成，单击【重新引导】按钮，以重新启动系统，如下图所示。

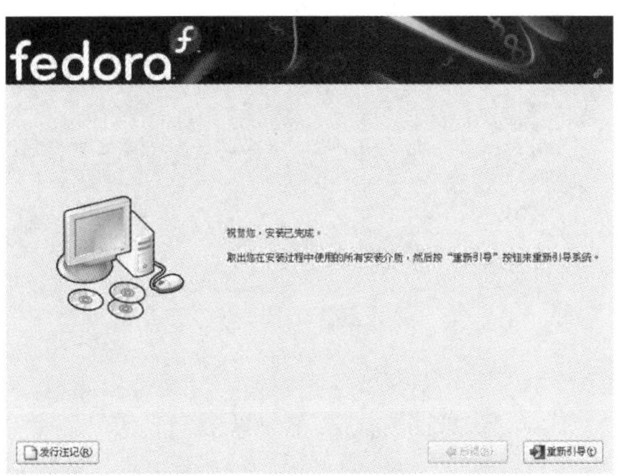

20 下图所示的是 Linux 启动界面，单击【显示细节】可以详细列出启动中各步骤的情况。

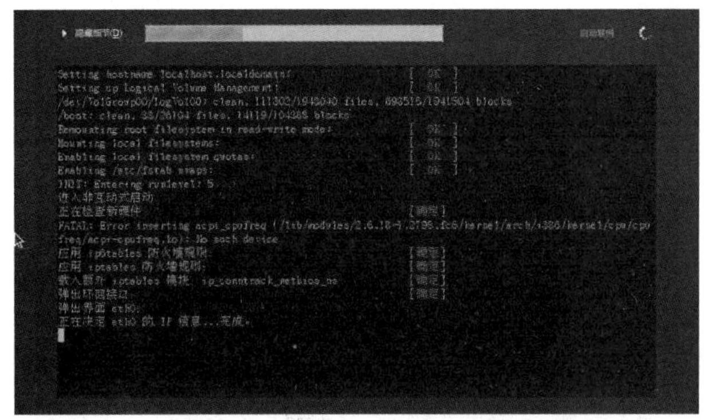

21 系统显示欢迎界面，单击【前进】按钮继续，如下图所示。

22 选择接受许可协议，选中【是，我同意这个许可协议】单选按钮，单击【前进】按钮继续，如下图所示。如果选择不接受这个许可协议是无法继续安装的。

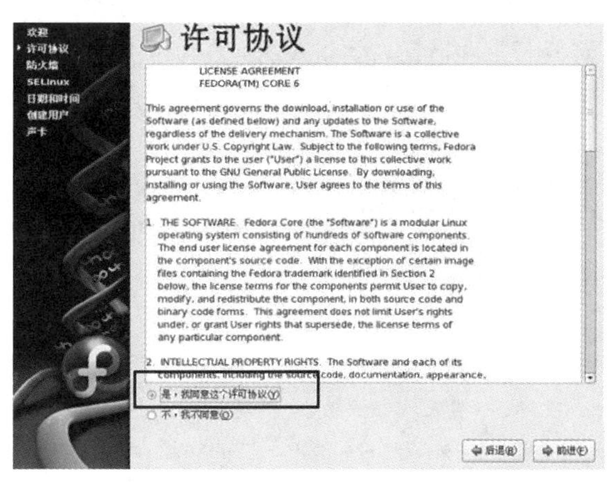

23 选择防火墙设置，默认情况下防火墙所有服务都是开启的。这个防火墙要比 Windows 自带的防火墙功能强大得多，因为 Linux 本身就是基于网络的。单击【前进】按钮继续，如下图所示。

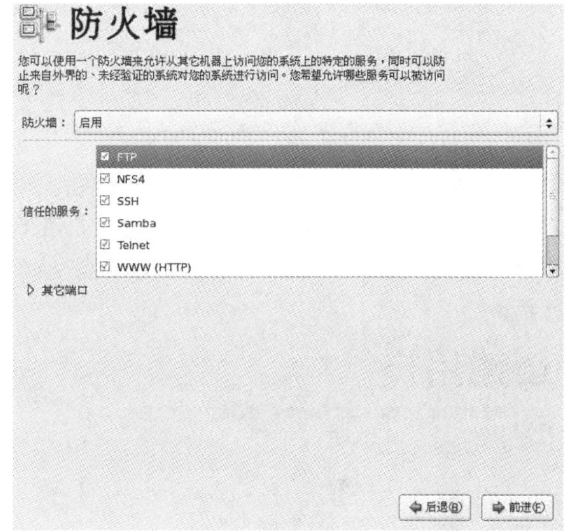

24 选择 SELinux 状态，它将为系统提供强大的安全控制。这里保留默认的【强制】状态，单击【前进】按钮继续，如下图所示。

学以致用系列丛书

安装 Linux 时，至少需要创建根分区(/)和交换分区(swap)。根分区是 Linux 根文件系统驻留的地方；交换分区主要用来支持虚拟内存的交换空间，交换分区的大小建议设置为计算机内存的 1～2 倍。

25 选择日期和时间，操作系统会自动从主板上读取当前时间和日期，如果有误可以手动修改。单击【前进】按钮继续，如下图所示。

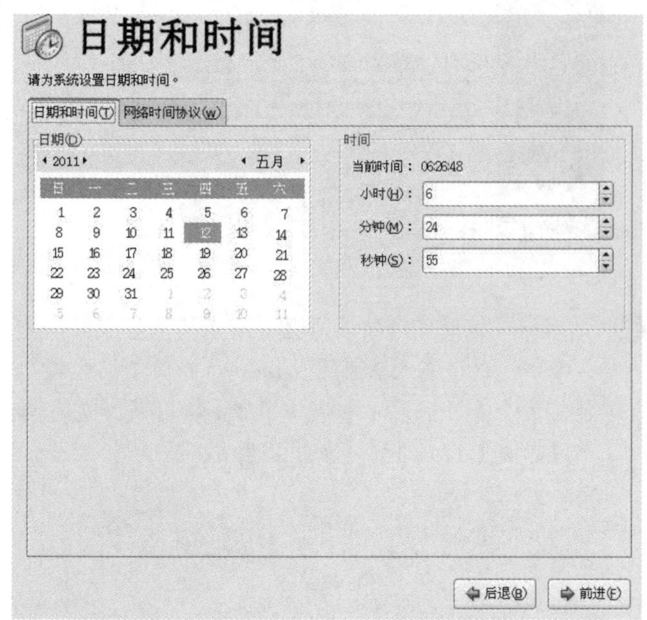

26 系统需要创建一个普通用户账号，以避免使用根用户登录带来的安全问题。这里输入一个用户名 cathy 和口令(即密码)后，单击【前进】按钮继续，如下图所示。

27 系统提示用户对声卡进行检测，单击【播放】按钮，如果安装了耳机或音响，应该能听到一段动听的音乐。单击【完成】按钮结束系统安装，如下图所示。

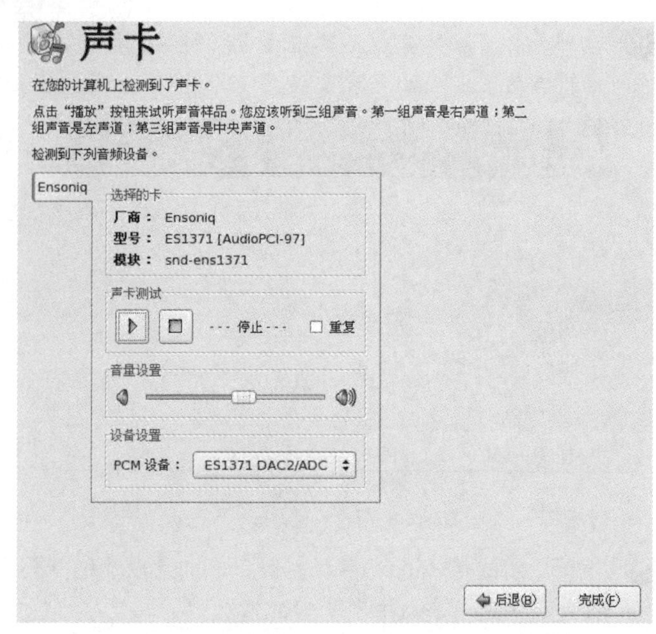

28 系统重新启动到登录界面，提示用户输入用户名。这里输入刚刚创建的普通用户 cathy，按 Enter 键继续，如下图所示。

29 屏幕下方有一排按钮各代表不同功能，单击【语言】按钮可以选择登录后的界面语言，单击【会话】按钮可选择一个网络远程登录，如下图所示。

30 输入用户名和密码后按 Enter 键，系统确认无误通过验证后，开始启动系统服务，如下图所示。

Linux 有 7 个运行级：0——系统停机状态；1——单用户工作状态；2——多用户状态(没有 NFS)；3——多用户字符模式(有 NFS)，是默认运行级；4——系统未使用，留给用户；5——X11 控制台(多用户图形模式)；6——系统正常关闭并重新启动。运行级的切换命令是：init [0123456]。

31 启动完成后显示 Linux 动感十足的 KDE 桌面，Linux 用户可拥有多个桌面，如下方 1、2、3、4 数字代表当前的 4 个桌面。单击左下角的“f”形图标打开一个类似于 Windows 的开始菜单，如下图所示。

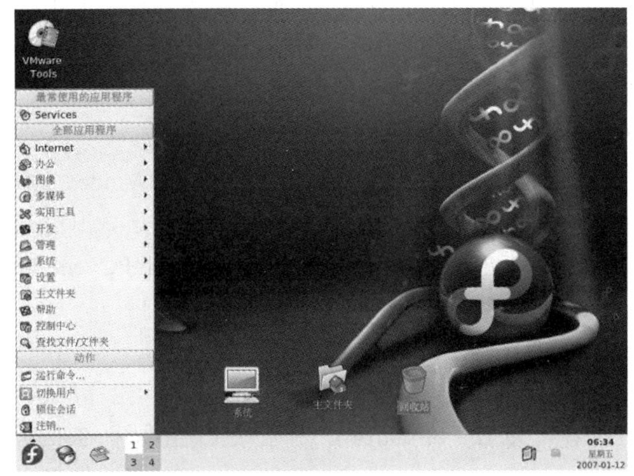

下图是 Linux 自带的 Mozilla Firefox 浏览器的界面，看惯了 IE 界面的用户是不是有耳目一新的感觉呢？

下图是 Linux KDE 桌面的控制中心，相当于 Windows 的控制面板，可以对系统进行更多更详细的设置。

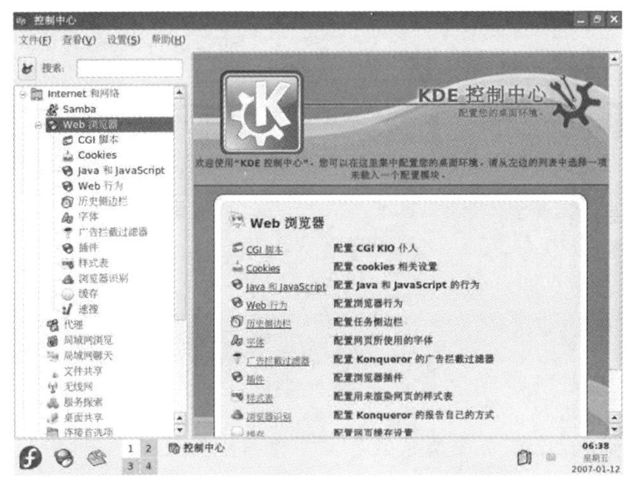

6.4　安装虚拟机

下面我们介绍什么是虚拟机以及虚拟机的特点和安装方法。

6.4.1　虚拟机简介

许多读者可能从未接触过虚拟机，甚至从未听说过。当然，学习虚拟机并不是组建局域网的必要步骤。如果读者不太感兴趣，可以跳过本节。

时下服务器发展的一大趋势就是服务器的虚拟化，如果想了解虚拟服务器，学习虚拟机必不可少。此外，学习虚拟机对研究、学习或调试网络与操作系统也大有益处。

只有一台计算机能不能组建局域网呢？答案是肯定的，因为有虚拟机。

1. 什么是虚拟机

虚拟机本质上讲是一套软件，通过对计算机硬件资源的管理和协调，在已经安装了操作系统的计算机上虚拟出一台计算机来。虚拟机可以让用户在一台实际的机器上同时运行多套操作系统和应用程序，这些操作系统使用的是同一套硬件装置，但在逻辑上各自独立运行互不干扰。虚拟机软件将这些硬件资源映射为本身的虚拟机器资源，每个虚拟机器看起来都拥有各自的 CPU、内存、硬盘、I/O 设备等。

虚拟机与主机、虚拟机与虚拟机之间可以通过网络进行连接，在软件层和真实的网络并没有区别。

可以通过桥接的方式将虚拟机接入实际的局域网，这台虚拟机就成为网络中的一员，与网络中其他计算机的地位一样。还可以使用这台虚拟机上网，安装应用软件，完全和一台真实的计算机一样。

2. 虚拟服务器

虚拟服务器是不久前才发展出来的一个概念。

什么是虚拟服务器呢？就是在计算机上建立一个或多个虚拟机，由虚拟机来做服务器的工作。它将服务器的功能(包括操作系统)从硬件上剥离出来，使得服务器看起来就像一个软件或者文件，因而具有良好的移植性和可恢复性。

在哪些地方可以用到虚拟服务器呢？

在某些场合下，一个局域网中只有一台服务器，但

Virtual PC 的最新版本是 Virtual PC 2007，已明确不再支持 Linux、FreeBSD、NetWare、Solaris 等操作系统，只支持各种微软公司的操作系统产品。

需要提供多个功能，将所有的服务功能都放在同一个服务器上不便于管理，也不安全。比如，有的服务本身存在漏洞容易被恶意控制，这时其他关键的服务也会受到牵连。将不同安全级别的服务安放在不同的虚拟服务器上是个不错的主意。

又比如有些服务程序只能运行在特定的操作系统上，单独为这个服务配置一台服务器过于昂贵，这个时候虚拟机就能经济简单地解决这个问题。

如果网络中有多组计算机需要管理，有些比较老的计算机或特种计算机不适应新的服务器，就可以用虚拟服务器来管理它们。

另外，虚拟服务器的移植和恢复都非常快。可以为虚拟服务器建立快照，就是将服务器当前的状态用一个文件保存下来。如果虚拟服务器死机了，只需要几十秒钟载入快照就能让它重新运行起来。如果虚拟机所在的真实计算机不能用了，将快照文件复制到别的计算机上就能马上重新运行服务器了。虚拟服务器对计算机来讲只是一堆数据而已，却能为用户提供和真实服务器一样的功能。

虚拟服务器的功能有很多，但并不是没有不足之处。将服务器虚拟化有几个方面要注意。

(1) 运行虚拟服务器的计算机的硬件配置要非常高，因为这台计算机要同时运行两个或多个操作系统，对硬件的要求也是双倍或多倍的，特别是内存。如果配置太低，真实机和虚拟机都无法流畅运行。

(2) 虚拟服务器不能有过多的I/O操作，虚拟机的I/O操作毕竟要通过硬件来实现，而且中间还多了一个环节，这个多出的环节会降低数据交换的效率，当数据交换比较多的时候，影响会很大。

(3) 虚拟服务器也不适用于硬件操作比较多的服务器。虚拟服务器能虚拟的硬件比较少，而且都不是很新，对这些虚拟的硬件进行改动是件非常头痛的事情，因为它们只具有功能而不是真实地存在，要对它们做修改或调整，恐怕得联系虚拟机软件的厂商才行。

提示

虚拟机只有在运行时才占用系统资源，如果只是建立了虚拟机而没有运行它，除了占用小部分硬盘空间外它不会占用别的东西。尽可能在一台计算机上建立多个虚拟机，只要控制同时运行的数量就行了。

3. 虚拟机软件

目前常用的虚拟机软件主要有四种：VMware、Virtual PC、Virtual Box和Bochs。

(1) VMware使用非常简便，但没有模拟显卡，需要在虚拟机中安装虚拟机工具VMware-tools才能使虚拟机显示高分辨率和真彩色，否则只能工作在VGA模式下。VMware通过模拟网卡与主机进行网络连接。

(2) Virtual PC是微软公司的产品，对Windows系列操作系统的支持非常好，但其他方面就没这么出色了。Virtual PC通过在现有网卡上绑定Virtual PC emulated switch服务来实现网络共享。

(3) VirtualBox是一款开源虚拟机软件，由德国Innotek公司开发，由Sun Microsystems公司出品的软件。使用者可以在VirtualBox上安装并且执行Solaris、Windows、DOS、Linux、OS/2 Warp、BSD等系统作为客户端操作系统。VirtualBox简单易用，可虚拟的系统包括Windows(从Windows 3.1到Windows 10、Windows Server 2012，所有的Windows系统都支持)、Mac OS X、Linux、OpenBSD、Solaris、IBM OS2甚至Android等操作系统，使用者可以在VirtualBox上安装并且运行上述的这些操作系统。与VMware及Virtual PC比较，VirtualBox独到之处包括远端桌面协定(RDP)、iSCSI及USB的支持，VirtualBox在客户端操作系统上已可以支持USB 3.0的硬件装置。

(4) Bochs是一套免费的开源软件，可以自行修改编译源代码，而前面两个都是商业软件。Bochs对Linux的支持非常好，但操作略显复杂，多用于Linux平台上。

6.4.2 安装VMware

本节安装演示采用的是VMware 5.5版本。

操作步骤

1. 从VMware官方网站上下载VMware安装文件并申请注册序列号，接着双击安装文件图标开始安装，如下图所示。

2. 弹出如下图所示的界面，稍等片刻。

Java虚拟机是一个抽象的计算机，和实际的计算机一样，它具有一个指令集并使用不同的存储区域。它负责执行指令，还要管理数据、内存和寄存器。Java解释器负责将字节代码翻译成特定的机器代码。

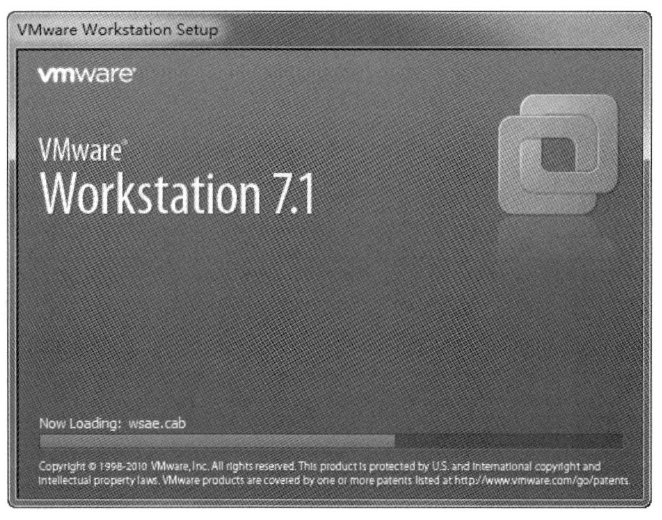

❸ 进入安装界面，如下图所示，单击 Next 按钮继续。

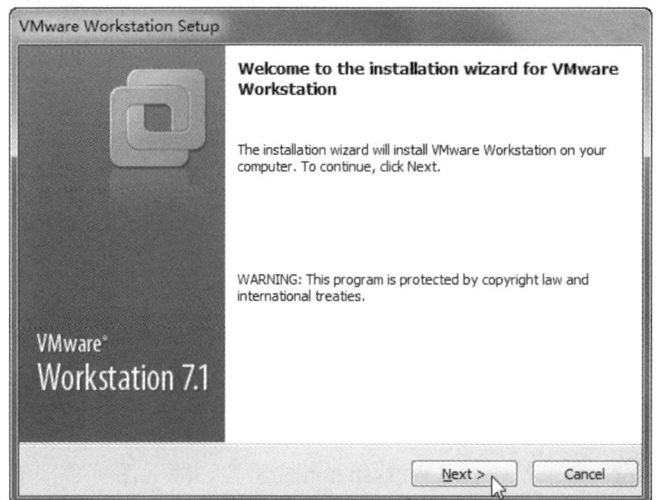

❹ 弹出 Setup Type 界面，如下图所示，单击 Typical 选项。

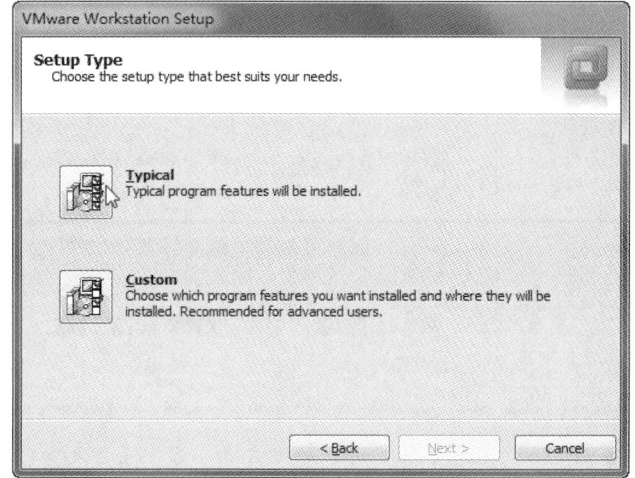

❺ 选择虚拟机软件安装的路径，如下图所示。可单击 Change 按钮更改默认路径，修改完成后，单击 Next 按钮继续。

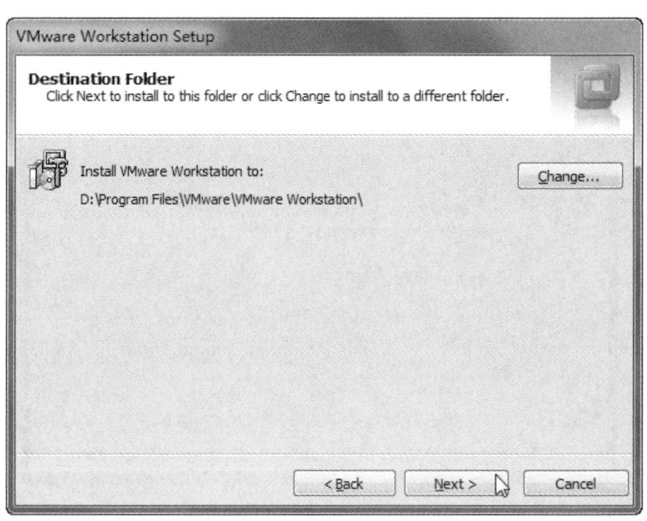

❻ 进入 Software Updates 界面，如下图所示，单击 Next 按钮继续。

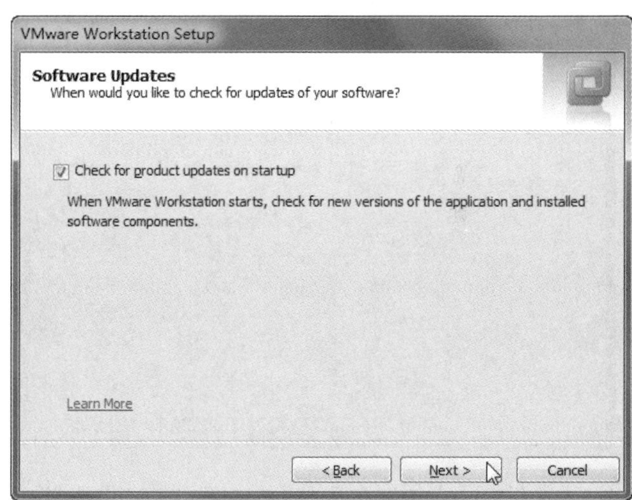

❼ 进入如下图所示的界面，直接单击 Next 按钮。

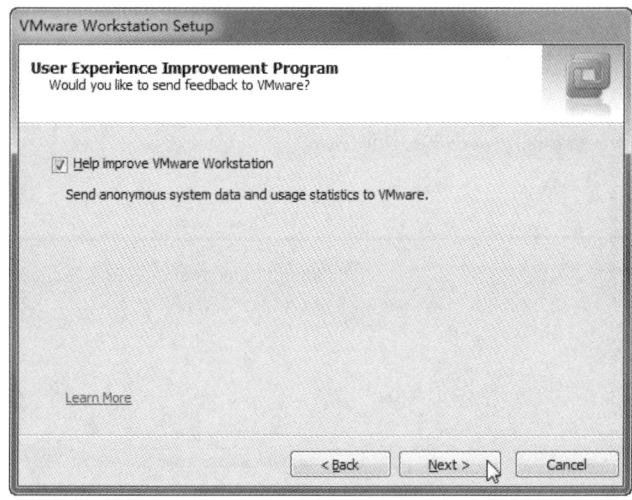

❽ 选择是否创建桌面图标、开始菜单选项和快速启动图标，如下图所示。用户可根据习惯自行勾选相应的复选框，单击 Next 按钮继续。

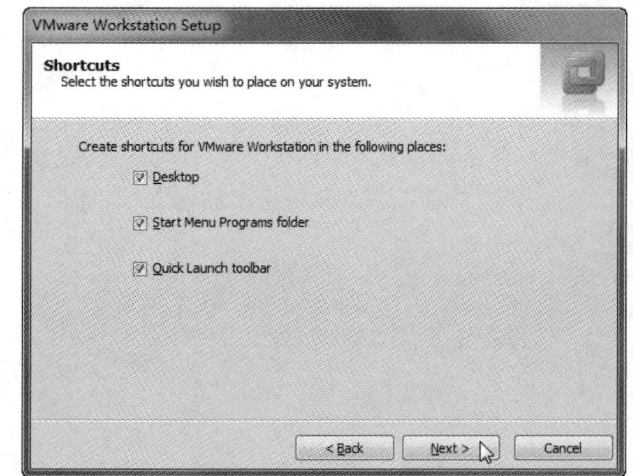

❾ 接着在弹出的界面中单击 Continue 按钮，开始安装程序。

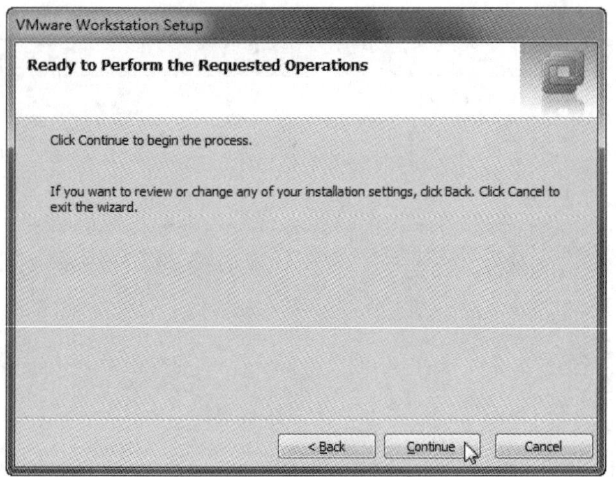

❿ 在弹出的界面中输入产品密钥，再单击 Enter 按钮，如下图所示。

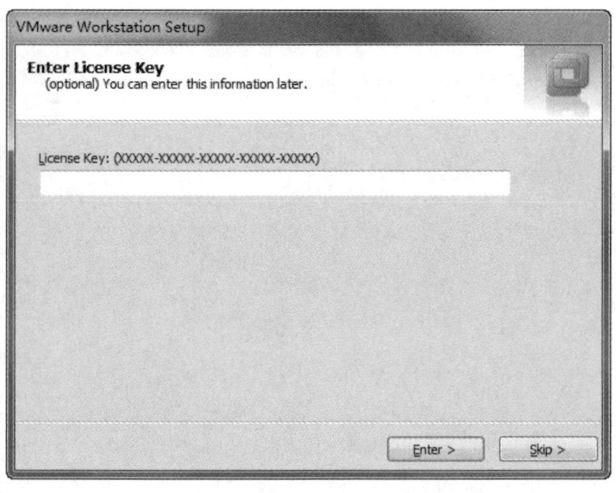

⓫ 程序安装完成后，将会弹出如下图所示的界面。单击 Restart later 按钮，接着安装程序的汉化包。

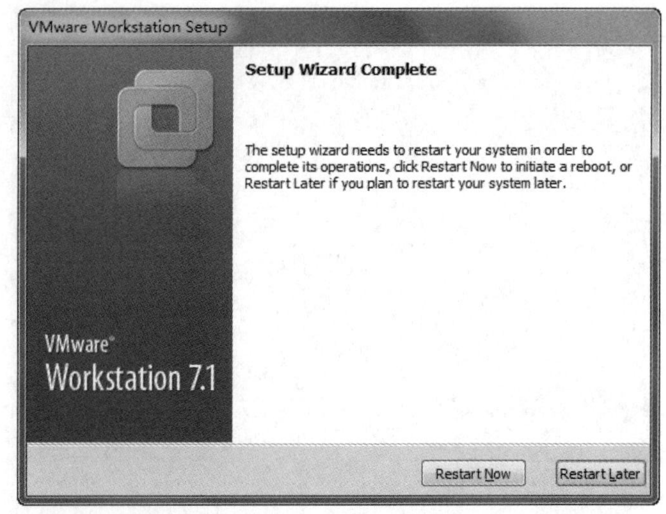

6.4.3 虚拟机的使用

下面我们来演示如何建立和使用虚拟机。

操作步骤

❶ 在计算机桌面上双击 VMware Workstation 图标，如下图所示。

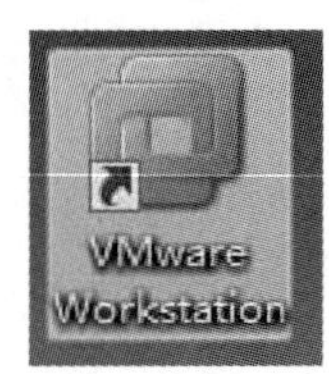

❷ 打开 VMware Workstation 主窗口，如下图所示，单击【新建虚拟机】图标。

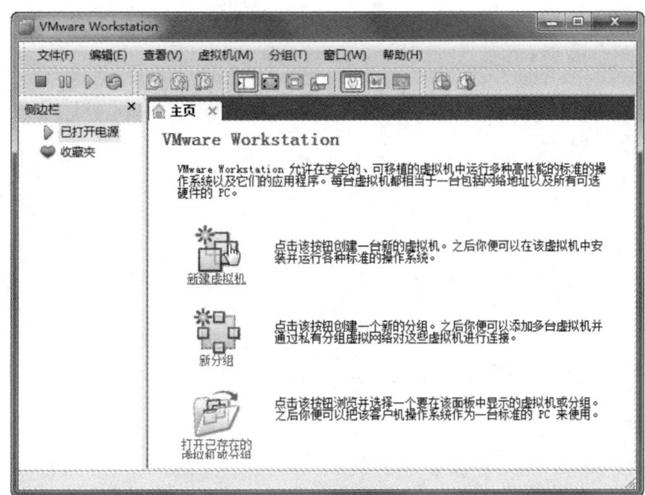

❸ 弹出【新建虚拟机向导】对话框，选中【自定义(高级)】单选按钮，再单击【下一步】按钮，如下图所示。

Java 源程序经过编译器编译后变成字节码，字节码由虚拟机解释执行。虚拟机将每一条要执行的字节码送给解释器，解释器将其翻译成特定机器上的机器码，然后在特定的机器上运行。

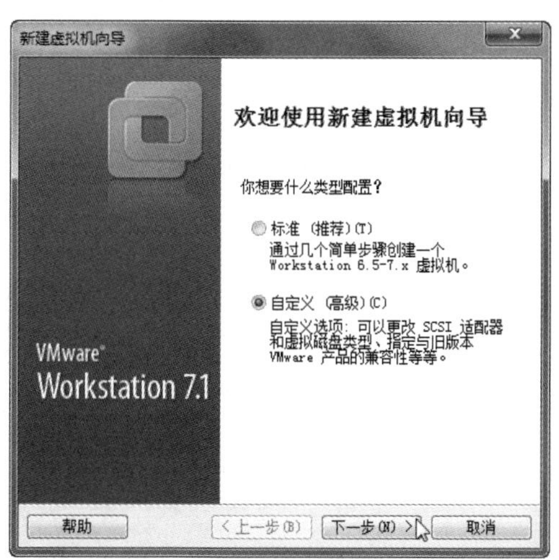

❹ 选择虚拟机硬件兼容性，如下图所示，再单击【下一步】按钮。

❺ 选择虚拟机安装的操作系统，如下图所示，软件会根据选择的操作系统自动选择合适的硬件配置。常见的几大类操作系统都能在这里找到。这里是Windows Server 2003 SP2版本的镜像文件，再单击【下一步】按钮。

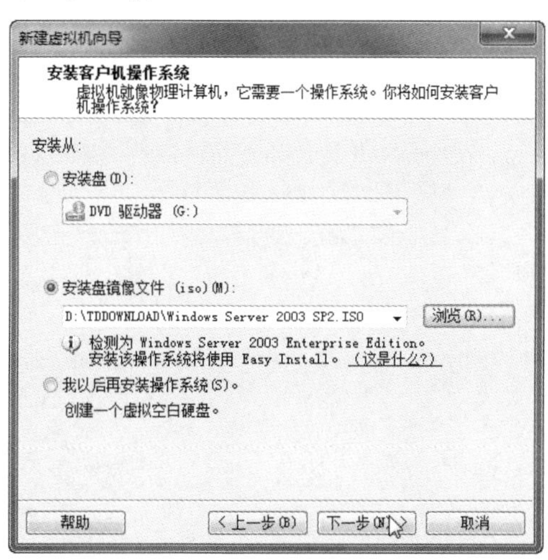

❻ 为虚拟机输入一个名称并指定虚拟机文件的位置(如下图所示)，可以单击【浏览】按钮更改默认位置。由于虚拟机文件会很大，应该指定一个剩余空间多的磁盘分区，再单击【下一步】按钮继续。

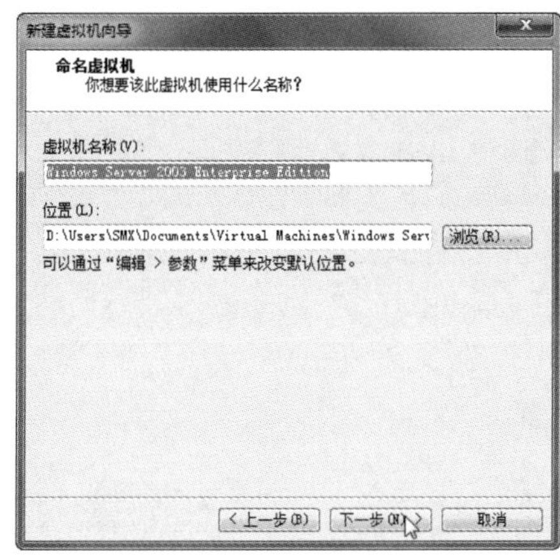

❼ 配置处理器，其参数设置如下图所示，再单击【下一步】按钮。

❽ 设置虚拟机内存大小，如下图所示，再单击【下一步】按钮。

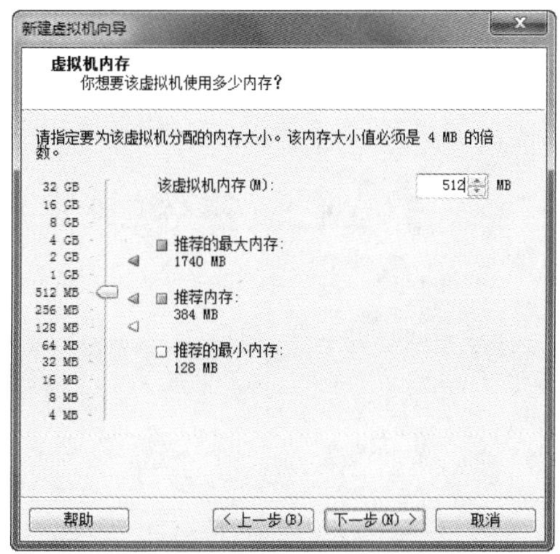

学以致用系列丛书

在Java中引入了虚拟机的概念，即在机器和编译程序之间加入一层抽象的虚拟的机器。这台虚拟的机器在任何平台上都能提供给编译程序一个共同的接口。编译程序只需要面向虚拟机，生成虚拟机能够理解的代码，然后由解释器来将虚拟机代码转换为特定系统的机器码执行。

长见识

9 选择网络类型，如下图所示。这里选中【不使用网络连接】单选按钮，再单击【下一步】按钮。

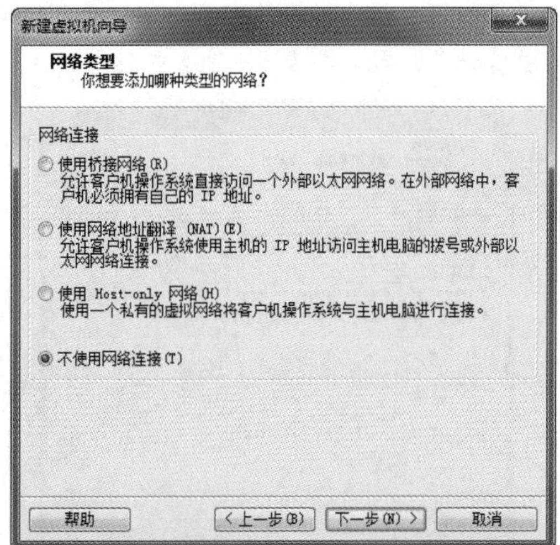

10 选择 I/O 控制器类型，如下图所示，再单击【下一步】按钮。

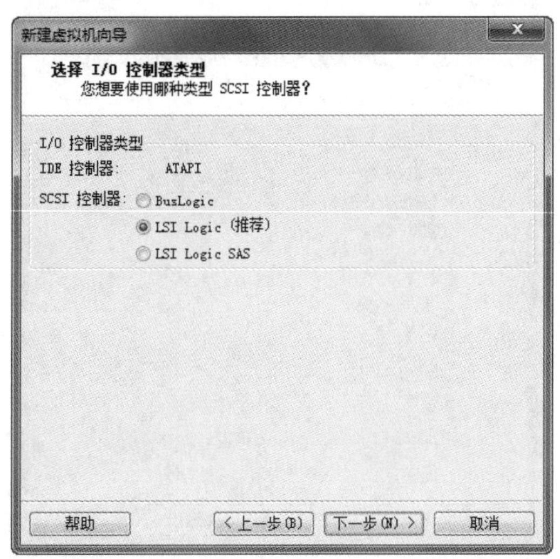

11 选择磁盘，如下图所示。这里选择【创建一个新的虚拟磁盘】单选按钮，再单击【下一步】按钮。

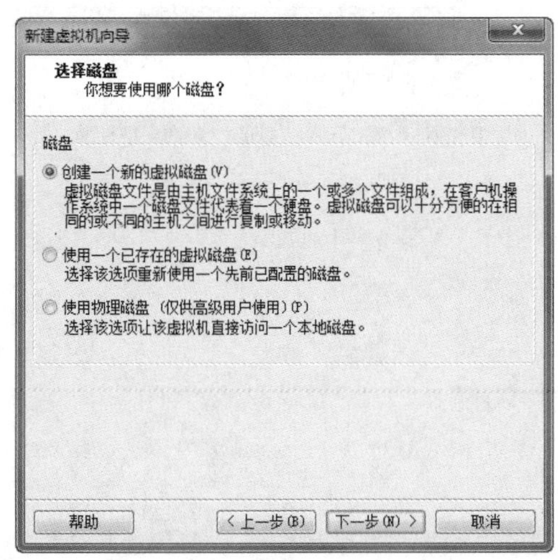

12 选择磁盘类型，如下图所示。这里选择 SCSI(推荐)单选按钮，再单击【下一步】按钮。

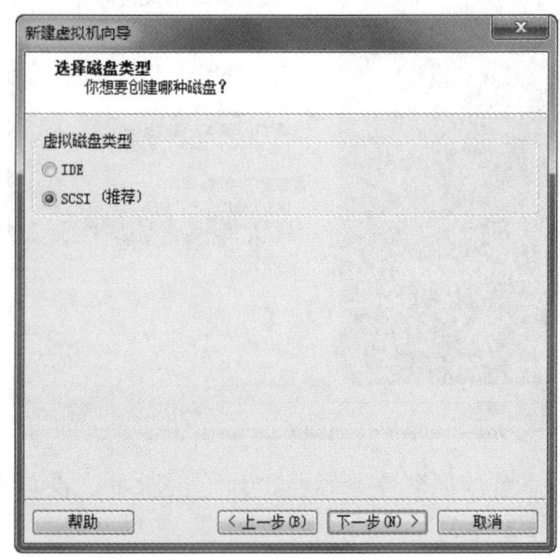

13 指定磁盘容量大小，如下图所示。这里的大小只是允许虚拟机占用的最大空间，并不会立即使用这么大的磁盘空间，再单击【下一步】按钮。

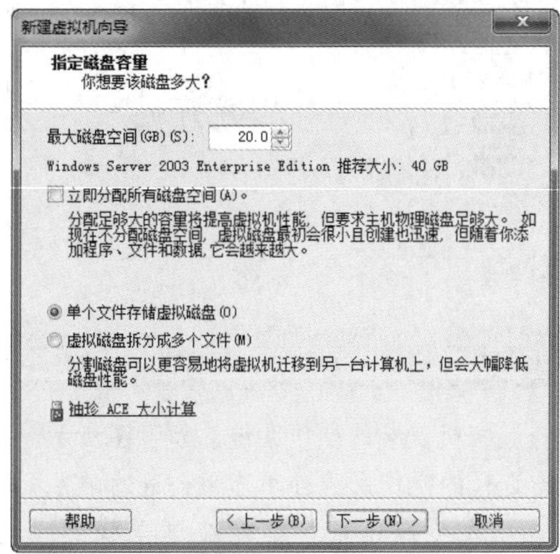

14 指定磁盘文件，如下图所示，再单击【下一步】按钮。

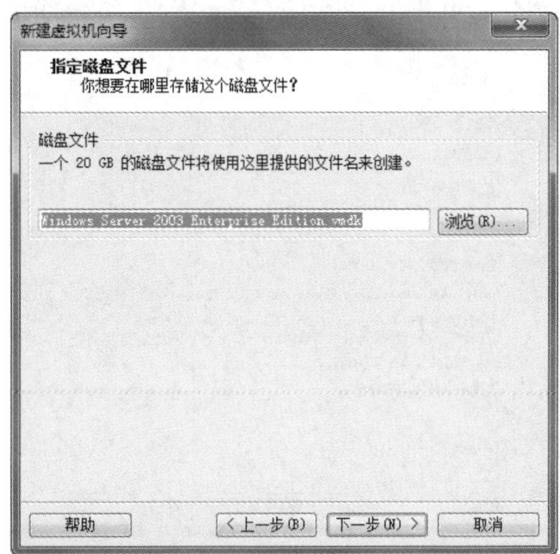

长见识：如果选中【立即分配所有磁盘空间】复选框，软件会立即将这部分空间划给虚拟机使用。

⑮ 查看虚拟机设置，确认无误后单击【完成】按钮，如下图所示。

⑯ 返回虚拟机主界面，在右侧窗格中将会显示出新创建的虚拟机的详细信息，如下图所示。

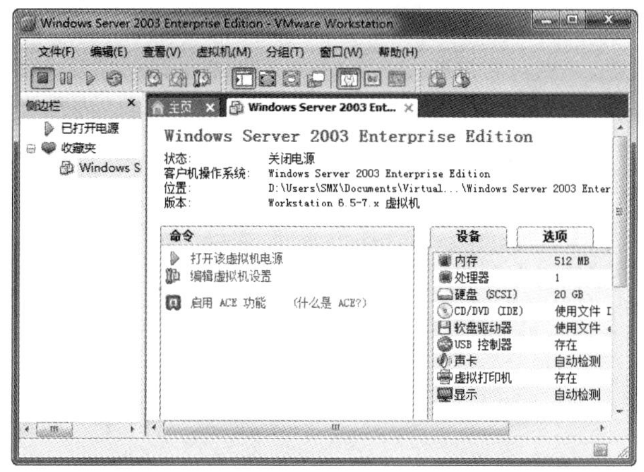

⑰ 单击【打开该虚拟机电源】连接，接着即可在虚拟机中进行系统安装操作了。

6.5　硬盘工具

利用操作系统附带的工具对磁盘进行分区、格式化等操作虽然很简单，但这些工具的功能很差，只有在安装操作系统时才能使用，对于需要管理大量计算机的网络管理员来说，非常不方便。

为了能高效地管理局域网，这里我们来学习使用一些第三方的磁盘工具。这些工具有的可以在网络上免费获得其试用版本。

假设有这样一种情况：有一个新组建的局域网，这个局域网中有 100 多台相同规格的计算机，而且都没有安装操作系统，需要为所有的计算机安装操作系统。这将是一个多么烦琐的工作。如果安装好一台计算机的操作系统需要 2 小时，完成全部工作则需要 200 多个小时。按一天 8 小时工作计算，需要大半个月才能完成。时间太长，肯定难以令人满意。最可怕的是必须每天一次次重复同样烦琐的工作。

如果能掌握一些工具的使用，大可不必这样烦恼。先用磁盘分区工具为每台计算机划分磁盘分区并格式化，然后为第一台计算机安装好操作系统和相关软件。然后用 Ghost 为这台计算机的主分区制作一个镜像，将镜像文件和 Ghost 软件刻录在光盘上，用这张光盘就可以很快为其他计算机安装操作系统了。如果网卡支持网络启动，那样更简单，直接在服务器端将操作系统镜像分发到工作站就行了。

6.5.1　Smart Fdisk 的使用

Smart Fdisk 是一款短小精悍的优秀的分区软件。它从 Fdisk 发展而来，却青出于蓝而胜于蓝，在功能、操作上都比 Fdisk 更佳。Smart Fdisk 支持的最大单个磁盘分区可以达到 2TB 大小，最多可以同时管理 16 个硬盘，这对于 Fdisk 是根本不可能的。Smart Fdisk 支持多种不同格式的磁盘分区(如 FAT16/32、NTFS、Linux 等)在同一个硬盘上共存。对需要在同一台机器上安装多个操作系统的用户特别有用。

Smart Fdisk 不仅支持从硬盘主分区引导系统，还能实现从扩展分区上引导系统，一个磁盘分区损坏后不会影响其他分区。Smart Fdisk 小巧玲珑，大小只有 103KB，能在 DOS 环境下高效运行。Smart Fdisk 采用简单的菜单界面，用户不必记忆烦琐的命令行参数，使用十分方便。

操作步骤

❶ 将安装有 Smart Fdisk 的 DOS 启动盘放入光驱，引导系统从光驱启动。Smart Fdisk 启动后主界面如下图所示。

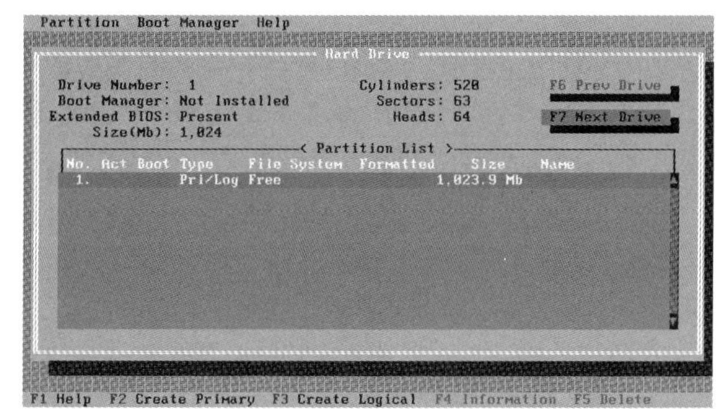

❷ 现在使用的是一块全新的硬盘，如果硬盘已经被分

SATA 3.0 接口的 SSD 依旧是目前市面上的主流，因为该接口适配大部分平台，并且应用最为广泛，技术上也最为成熟，兼容性最好。只要计算机主板上有 SATA 接口，就可以安装 SATA 接口的固态硬盘。虽然 SATA 3.0 带宽只有 6Gb/s，比不上 PCIe 的 32Gb/s，但是 500MB/s 的读写速度对普通用户来说已经足够。

区，能在分区列表(Partition List)中看到分区情况。在Partition菜单中选择Create Primary命令为磁盘创建一个主分区，或者直接按F2键。

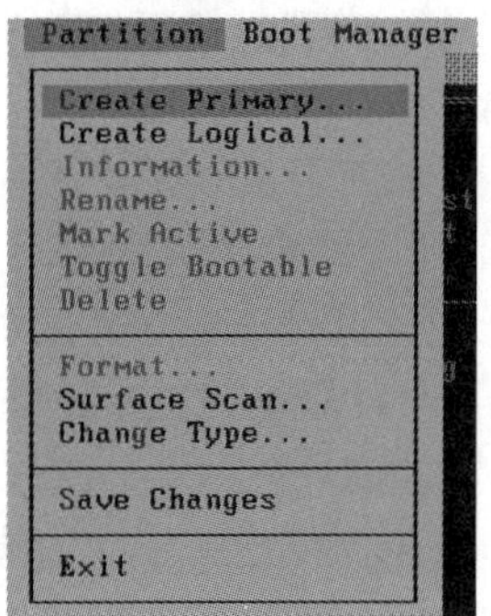

提示

在DOS状态下可能不支持鼠标操作，需要进行键盘操作。选择菜单栏一般使用Alt+对应的快捷字母。再按方向键选择对应项目，并按Enter键确定。

3 为主分区指定分区大小、分区格式和分区所在位置。分区大小不能超过磁盘容量，如果使用Windows操作系统分区格式应该选择FAT-32或HPFS/NTFS。设置完成后，通过Tab键选中OK按钮，按Enter键确定。

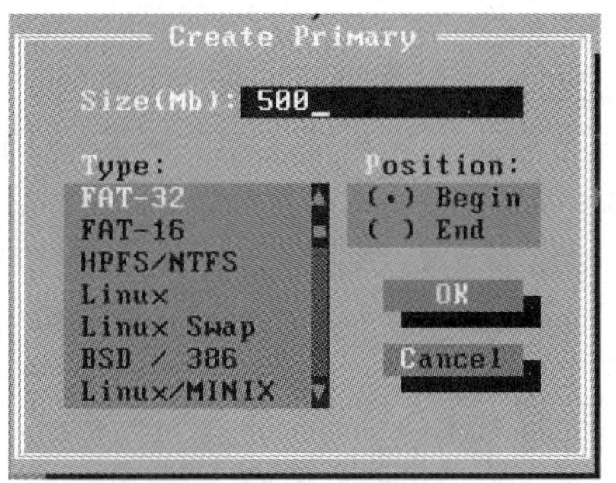

提示

让光标在不同项目间移动可使用Tab键，使用Shift+Tab组合键则实现逆向移动。如果碰到复选框，按空格键可以选中，再按一次则取消选中。根据屏幕提示可以使用对应的快捷键，一般用亮色大写字母标出。

4 回到主界面后，在分区列表中选中尚未使用的分区，在菜单栏中选择对应选项或按F2键为硬盘创建一个逻辑分区。

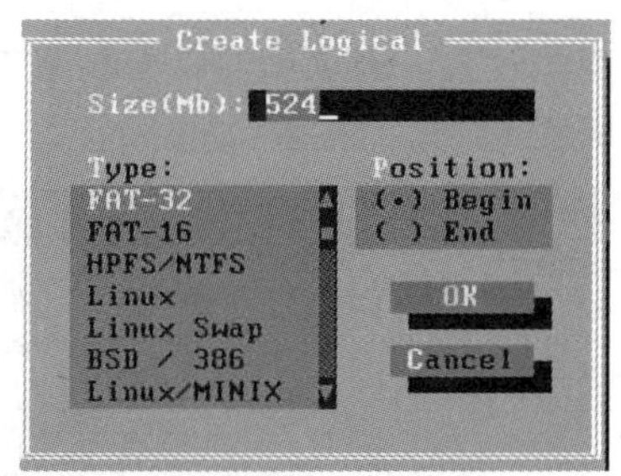

5 现在，在主界面的分区列表中可以看到当前的分区信息。这里的分区设置还没有真正执行，所以用户无须担心数据会丢失。

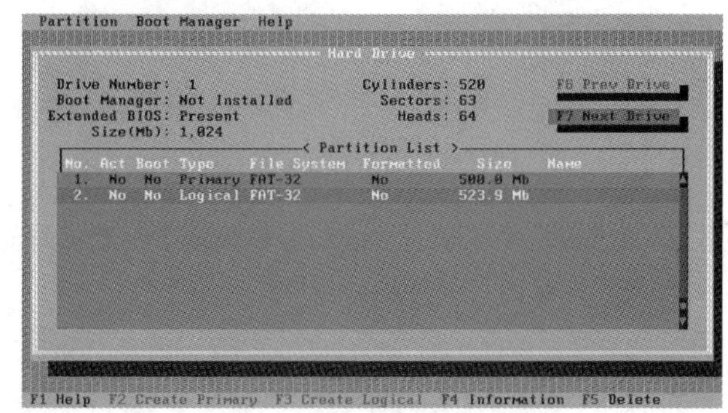

6 用户还能够修改或删除已经设置的分区。选中需要操作的分区，按F5键可以删除分区，软件会询问用户是否真正想删除此分区，以免误操作。选中Yes按钮，按Enter键确定，如下图所示。

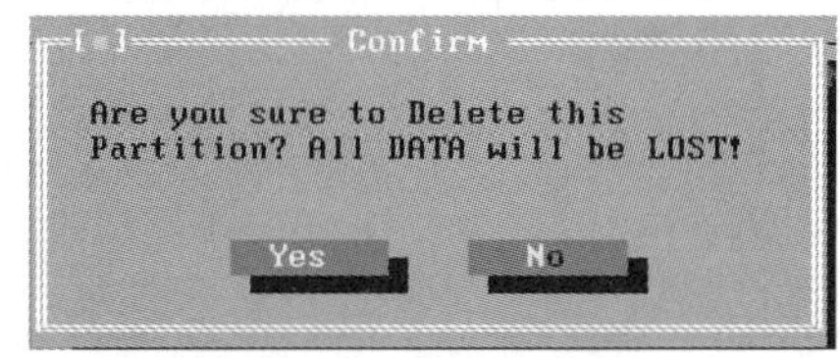

7 此时对磁盘做的修改仍然没有真正地执行。如果在Partition菜单中选择Exit命令退出程序，硬盘不会有任何修改，这样用户不用担心会因为误操作而丢失数据。如果用户已经决定对硬盘进行修改并将重要数据做了备份，在Partition菜单中选择Save Changes命令，这样所有的修改就生效了。

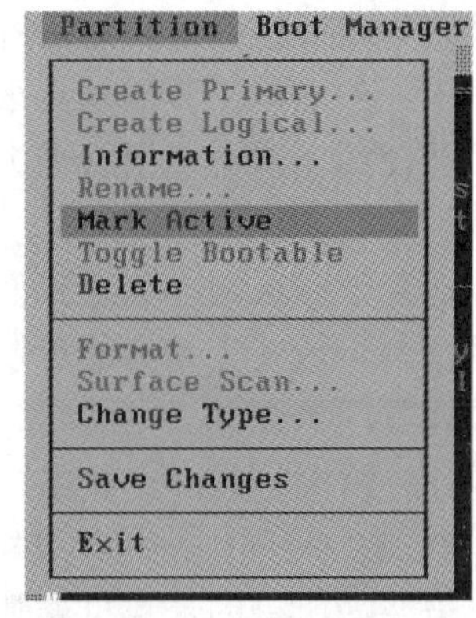

长见识 虽然虚拟机是一台宿主机运行多个操作系统，但每个操作系统都需要内存、本地硬盘和CPU的支持，否则运行起来会很慢。

❽ 格式化硬盘是一个危险的操作，硬盘被格式化后不容易恢复。所以在改变硬盘分区后不会立即格式化硬盘。此时可以手动格式化硬盘分区，选中需要操作的分区，在 Partition 菜单中选择 Format 命令，如下图所示。选择格式化方式(快速、全面或安全)，格式化簇的大小，选中 OK 按钮，按 Enter 键开始格式化磁盘。

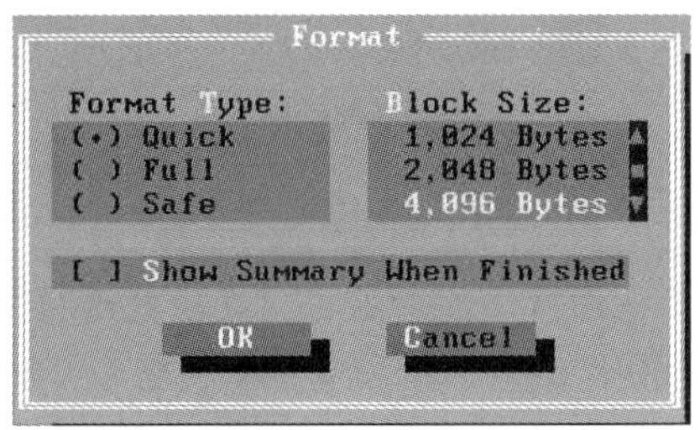

❾ Smart Fdisk 还提供了一个高效简洁的启动管理器，可以安装在硬盘的主引导扇区(MBR)内，用于协调多操作系统的启动。安装方法是在 Boot Manager 菜单中选择 Install Boot Manager 命令，如下图所示。

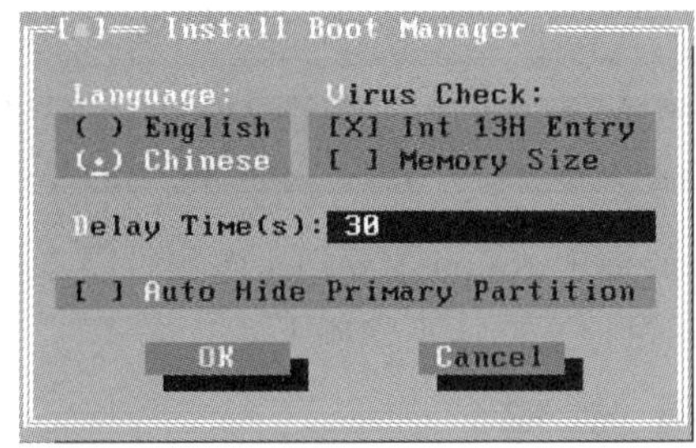

❿ 如果需要卸载启动管理器，可以从 Boot Manager 菜单中选择 Unstall Boot Manager 命令。

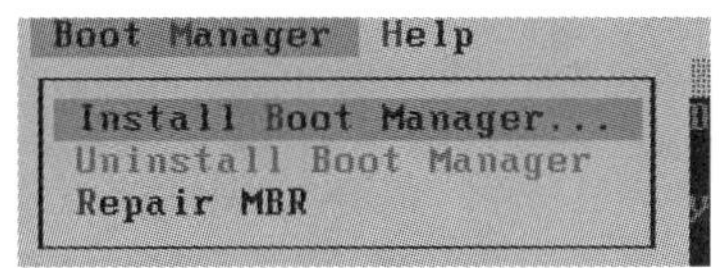

⓫ Smart Fdisk 还有一个非常实用的功能就是修复主引导分区，方法是在 Boot Manager 菜单中选择 Repair MBR 命令，如下图所示。如果主引导分区因病毒或其他原因而损坏数据导致系统无法启动，使用这个功能可以顺利启动硬盘上默认的操作系统。

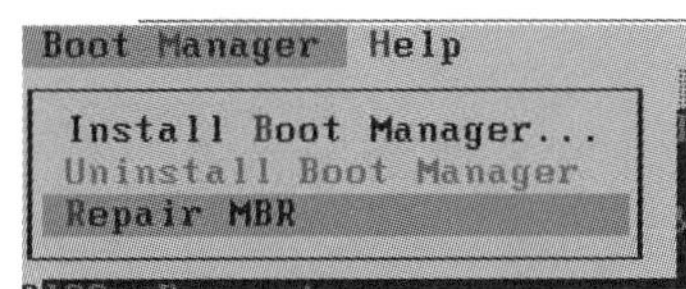

⓬ 使用 Smart Fdisk 还可以改变磁盘分区的格式，如将 Windows 分区转换成 Linux 分区或将 NTFS 分区转换成 FAT32 分区。选中所需操作的分区后，在 Partition 菜单中选择 Change Type 命令，先选中新的分区格式，再单击 OK 按钮，按 Enter 键开始转换，如下图所示。Smart Fdisk 基本上涵盖了目前所有微型计算机上各类操作系统所用到的各种分区格式。

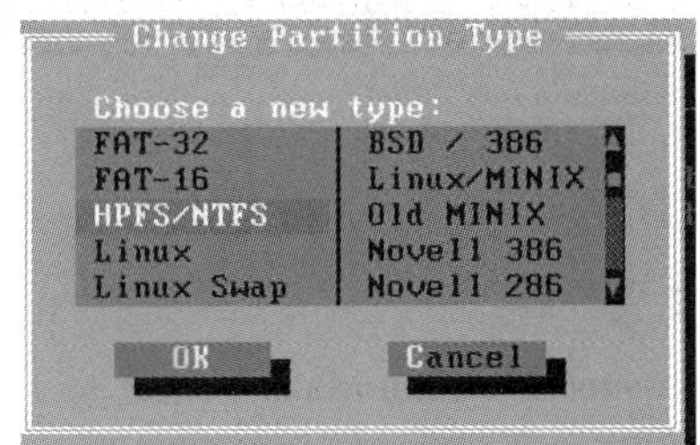

注意

转换分区格式是很危险的磁盘操作，会导致分区上所有的数据丢失，进行此操作前请备份好分区上所有的重要数据。

⓭ 保存所有修改后，在 Partition 菜单中选择 Exit 命令退出程序。重新启动系统，所作的改动即可生效。

6.5.2 Paragon Partition Manager

Paragon Partition Manager 是一套磁盘管理软件，有直觉的图形界面并支持鼠标操作，能直接在 Windows 操作系统中运行。Paragon Partition Manager 的主要功能：能够在不损失硬盘资料的情况下对硬盘分区做大小调整，能够将 NTFS 文件系统转换成 FAT、FAT32 文件系统或将 FAT32 文件系统转换成 FAT 文件系统，支持制作、格式化、删除、复制、隐藏、搬移分区，可复制整个硬盘资料到其他分区，支持长文件名，支持 FAT、FAT32、NTFS、HPFS、Ext2FS 分区和大于 8GB 的大容量硬盘。

安装好 Paragon Partition Manager 后，选择【开始】|【所有程序】| Paragon Partition Manager 命令，即可启动如下图所示的分区主界面。

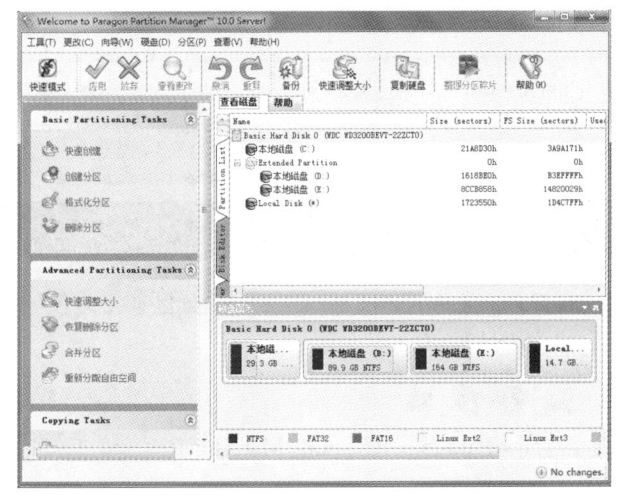

学以致用系列丛书

长见识

IDE 和 SATA 硬盘的区别：IDE 接口硬盘一般就是并行规格的 PATA 硬盘，采用的是 40 或 80 针的扁平硬盘线作为传输数据的通道，而 SATA 接口的硬盘采用串行接口，它的连接线采用七芯的数据线，并采用点对点的传输协议，仅使用两根数据线进行信号传送。

在该界面中，用户可根据需要做多种修改和设置。只要在相应的分区上右击，就有相应的菜单选项弹出。

1. 分区转化

Paragon Partition Manager 的一项重要功能就是转换硬盘格式，操作如下。

操作步骤

❶ 打开 Paragon Partition Manager，进入分区主界面，在要格式化的分区上右击，从弹出的快捷菜单中选择【转换文件系统】命令，如下图所示。

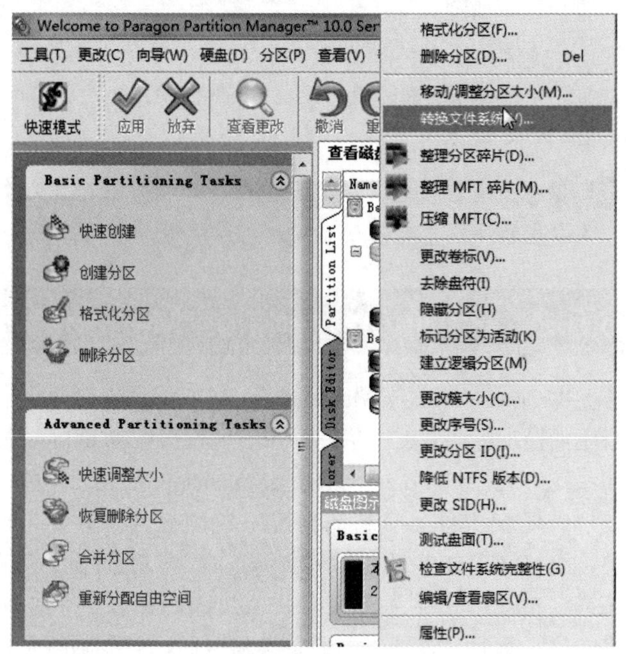

❷ 弹出如下图所示的对话框。在功能选项里，可以选择将硬盘的文件系统进行转换，以及将主分区和逻辑分区进行转换，最后单击【转换】按钮。

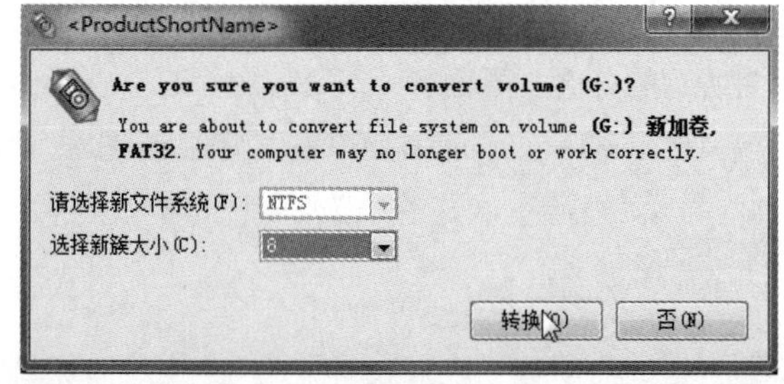

2. 删除分区

用 Paragon Partition Manager 删除分区非常方便、快捷，操作方法如下。

操作步骤

❶ 打开 Paragon Partition Manager，进入 Paragon Partition Manager 分区主界面，在要删除的分区上右击，从弹出的快捷菜单中选择【删除分区】命令，如下图所示。

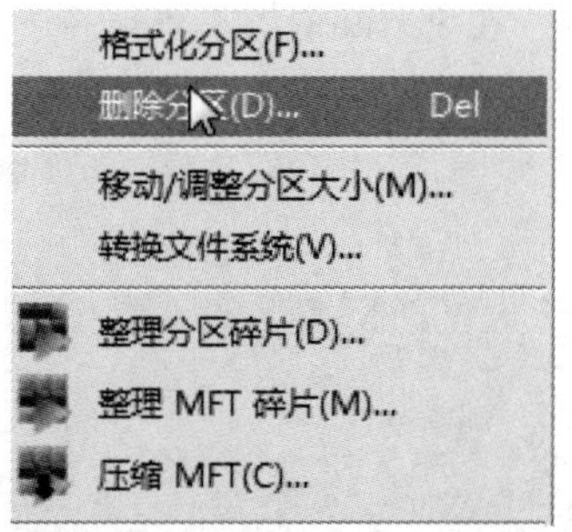

❷ 弹出如下图所示的对话框。在功能选项里，可以将硬盘的分区删除，单击【是】按钮即可删除分区。

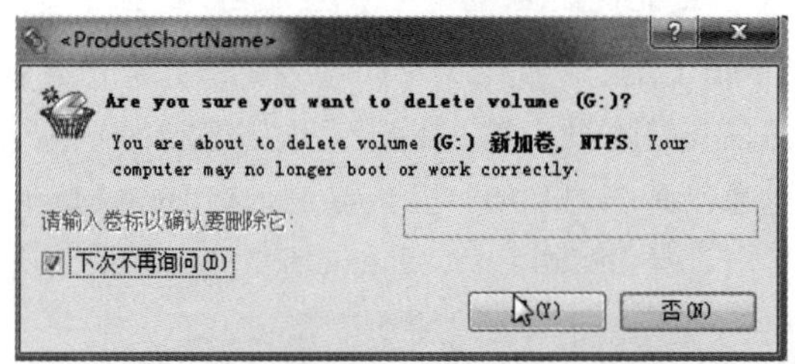

3. 分区属性查看

在 Paragon Partition Manager 中还可以方便、快捷地查看分区信息，其操作步骤如下。

操作步骤

❶ 在要转换的分区上右击，从弹出的快捷菜单中选择【属性】命令，如下图所示。

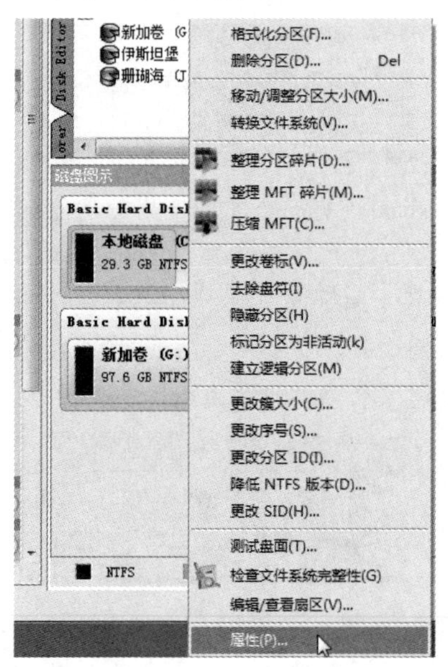

❷ 弹出如下图所示的界面，在这里可以查看有关分区的详细信息。

选择手动安装的时候须从本地选择安装文件，意味着要提前下载安装文件并且拷贝到位。

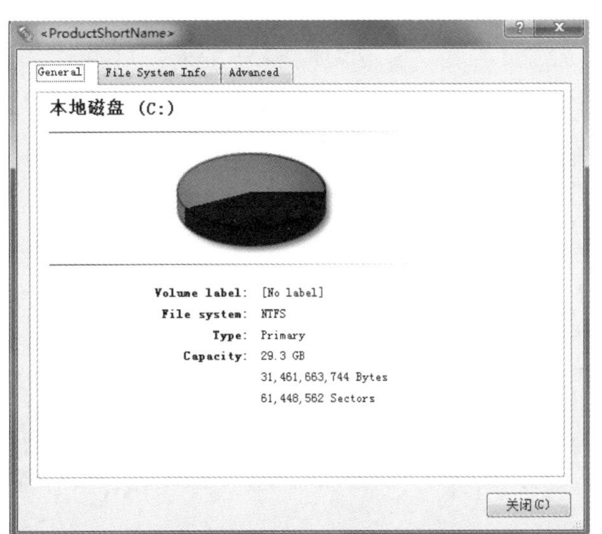

Paragon Partition Manager 除了自身的一些功能外，还可以调用 Windows 的硬盘的相应功能，包括硬盘检查和硬盘碎片整理等功能。

6.5.3 Ghost

Ghost 是赛门铁克公司推出的一款优秀的磁盘备份/恢复工具。Ghost 就像其名字那样，隐藏在计算机深处，使用起来却迅速而方便，可以快速地实现软件装机和系统备份。

Ghost 的主要特色是能将磁盘分区或整个硬盘上的数据快速复制到另外的分区或磁盘上，或者制作成镜像文件。需要时，把镜像文件再恢复到原来的磁盘上，数据内容和格式与当初相比不会有丝毫的改变。

Ghost 能支持众多的硬盘类型和分区格式，支持用户从主机串口、网卡接口传输数据，操作简单，功能强大，受到无数用户的欢迎。普通用户用它来备份操作系统分区，以便在系统崩溃时迅速恢复系统。网络管理员用它来分发文件，快速为客户机安装操作系统，恢复数据。

1. 备份系统

当操作系统安装好后，可以使用该软件将操作系统分区备份到一个镜像文件中，生成备份文件，以便在系统被损坏后进行恢复。

操作步骤

1. 在 DOS 状态下切换到 Ghost 文件所在的位置，运行 Ghost 可执行文件，出现如下图所示的窗口。用键盘或鼠标操作，选择 Local | Partition | To Image 命令。

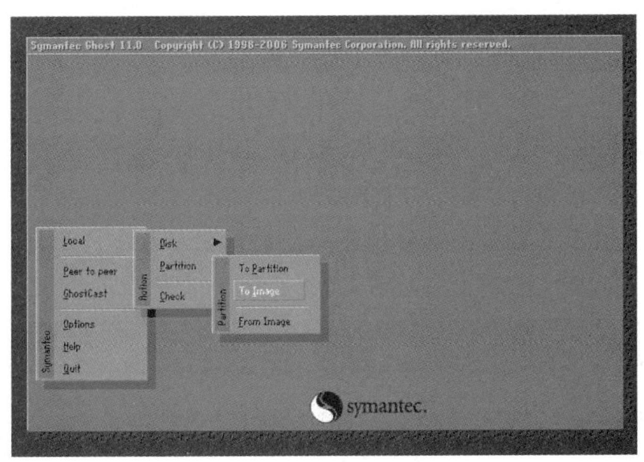

提示

进入 DOS 系统的方法很多，可以用系统启动软盘或启动光盘启动计算机。Ghost 软件可以复制在软盘或者刻录在光盘里，也可以在硬盘分区中。

2. 弹出如下图所示的对话框，选择要备份分区所在的磁盘，再单击 OK 按钮，如下图所示。

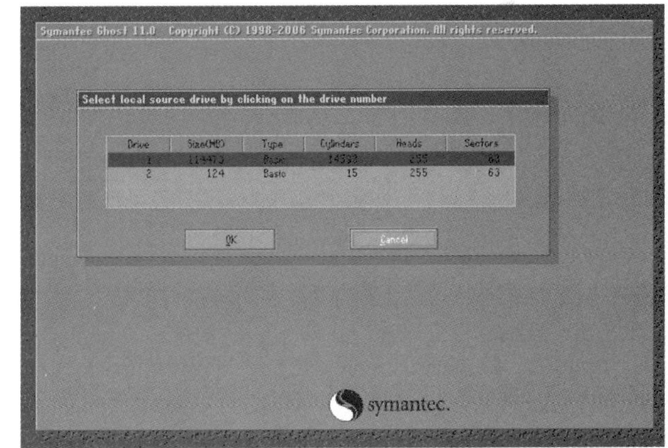

3. 弹出驱动器选择对话框，选择用户要备份的硬盘分区，再单击 OK 按钮，出现如下图所示的窗口。

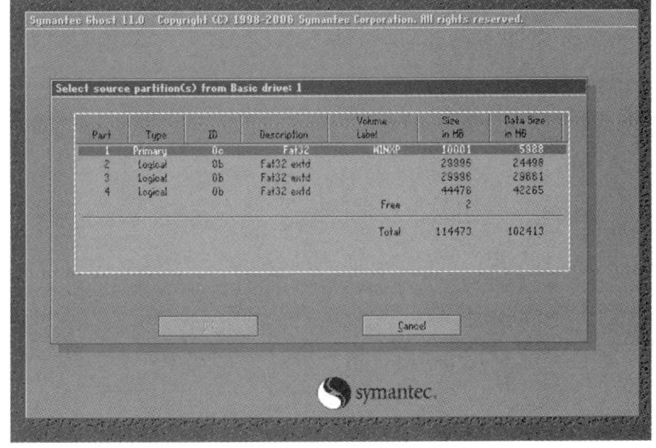

学以致用系列丛书

长见识：随着科技发展，M.2 接口 SSD 将会成为主流，并且以 M.2 SSD+HDD 这样的组合出现。但是在加装 SSD 之前，要先了解设备拥有哪种类型的接口。

注意

DOS一般不可访问NTFS格式的分区。

❹ 选择用户要备份的硬盘分区，单击OK按钮。在弹出的窗口中选择保存的目录并输入备份文件的名称，备份文件以GHO为扩展名，如下图所示。

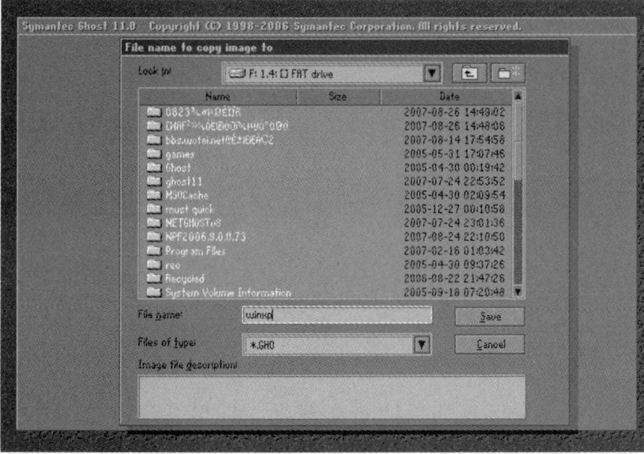

注意

用Ghost进行备份时，不能将备份文件存放到原文件所存放的分区中，如不能将系统备份文件存放在C盘(系统安装在C盘)。

技巧

有时在Ghost环境下不能使用鼠标(因为运行Ghost时没有加载鼠标驱动)，只能使用键盘。用户应该多使用Tab键，方便在各个选项间进行选择。

❺ 单击Save按钮，系统会询问是否对备份文件进行压缩，然后在后面出现的对话框中选择镜像压缩的程度以及镜像制作的速度，如下图所示。这里单击Fast按钮。

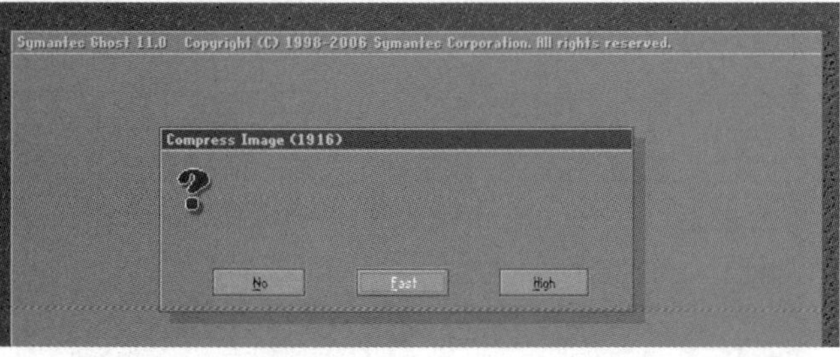

提示

用Ghost对备份文件进行压缩时，No表示不压缩；Fast表示压缩比例小但执行速度较快；High表示压缩比例高但执行速度慢。用户可以根据自己的实际情况进行选择。

❻ 接着在弹出的对话框中单击Yes按钮，即可对硬盘进行备份，如下图所示。

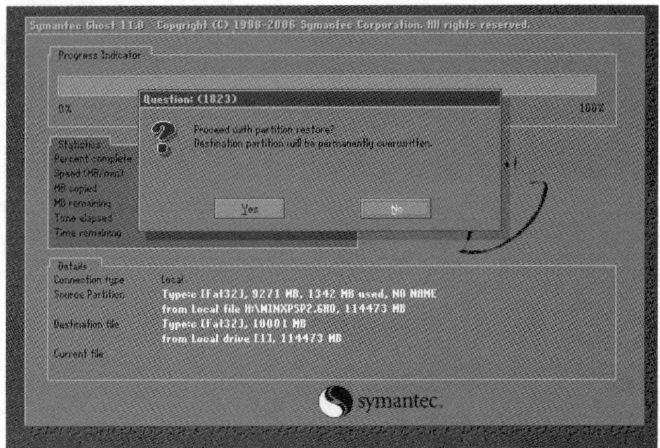

注意

根据备份的磁盘使用空间的大小、计算机的速度、Ghost的版本以及压缩方式，备份的时间也不尽相同，从几分钟到几十分钟不等。

2. 还原系统

还原系统的方法与备份的方法正好相反，具体操作步骤如下。

操作步骤

❶ 进入Ghost主界面，选择Local | Partition | From Image命令，如下图所示。

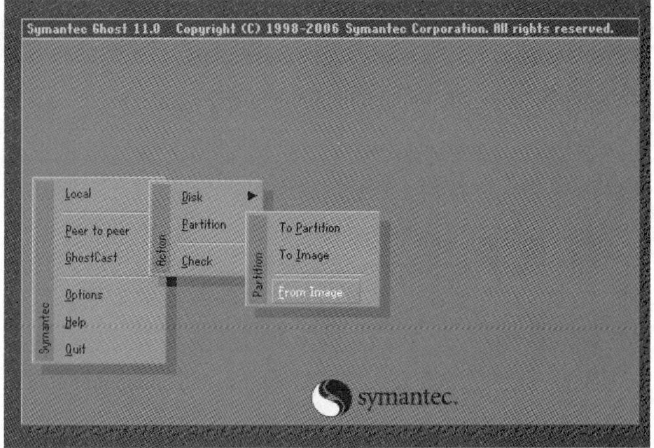

学以致用系列丛书

长见识 启用防火墙有时也会带来一些麻烦，如在进行局域网联机游戏时，会出现无法看到对方的情况。此时，在保证网内安全的情况下，可以暂时关闭防火墙。

❷ 弹出如下图所示的对话框，选择要还原的镜像文件，再单击 Open 按钮。

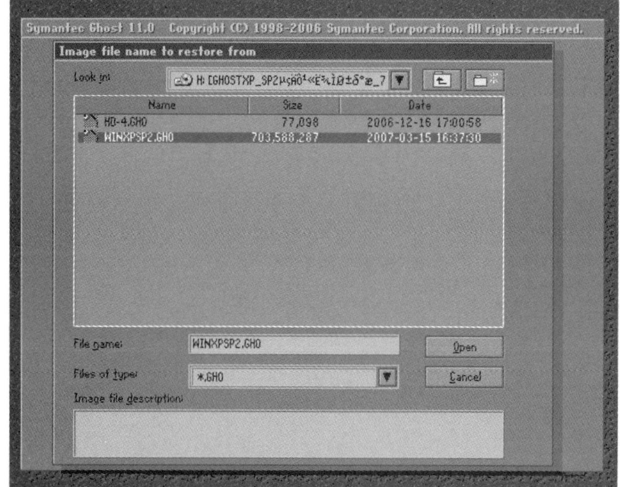

❸ 在弹出的窗口中选择要恢复的硬盘，再单击 OK 按钮，如下图所示。

❹ 弹出如下图所示的分区选择界面。由于一个镜像文件中可能含有多个分区，所以需要选择分区。这里选择第一个磁盘分区，单击 OK 按钮。

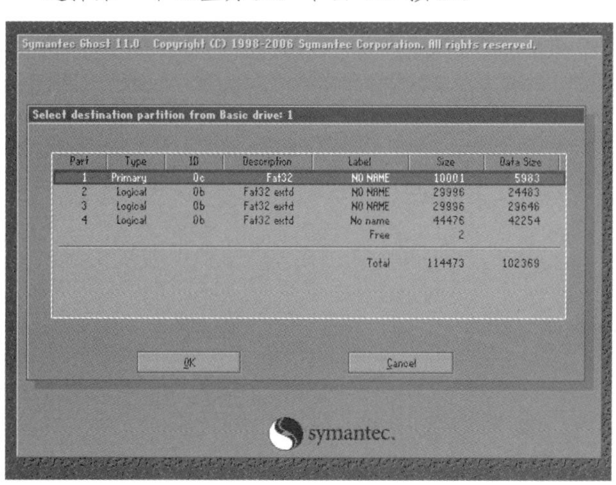

❺ 弹出确认对话框，单击 Yes 按钮，开始分区还原，如下图所示。

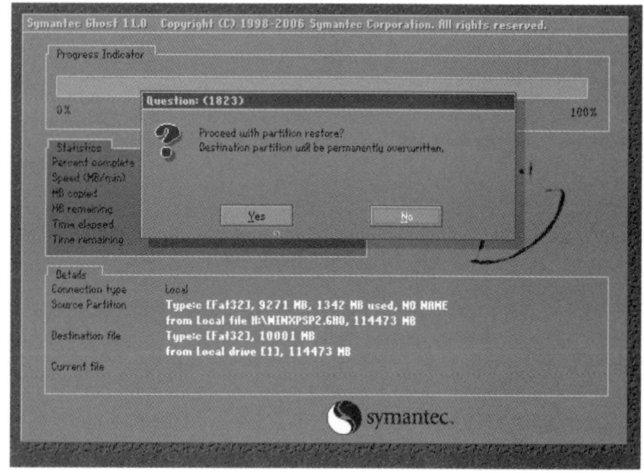

❻ 还原完成后，重新启动计算机即可。

6.6 思考与练习

一、选择题

1. Windows 7 不能支持______分区格式。

A. FAT16　　B. FAT32

C. EXT3　　D. NTFS

2. BIOS 是计算机主板上的基本输入/输出系统的缩写，指集成在主板上的一块______芯片。

A. RAM　　B. ROM

C. DOM　　D. CMOS

3. 一块硬盘上最多能支持_____个主分区。

A. 3　　B. 4

C. 5　　D. 6

二、操作题

1. 参考安装 Windows 7 的方法，练习安装 Windows 10 操作系统。

2. 思考一台计算机上能否安装多个操作系统，如何实现。

3. 学习安装 Windows Server 2019 操作系统。

4. 学习 Linux 操作系统的安装方法。

5. 学习如何将 Windows 和 Linux 安装在同一台计算机上。

6. 练习虚拟机软件 VMware 的安装和使用(可以在 VMware 网站获得测试序列号)。

Paragon Partition Manager 是在 Windows 操作系统中运行的硬盘管理软件，常用的硬盘管理软件还有 Partition Magic(磁盘魔术师)，其功能和操作方式与 Paragon Partition Manager 差不多。

第 7 章 组建家庭双机网

本章微课

学了前面章节的基础知识，是不是很想动手组建局域网呢？别急，下面就为大家介绍如何组建家庭双机网，只需要使用两台计算机就可以组建一个最简单的局域网了。

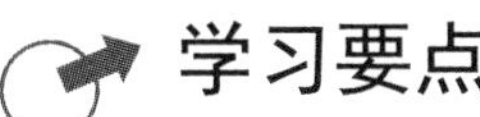

学习要点

- ❖ 对等网的概念；
- ❖ 对等网的组建；
- ❖ 文件共享；
- ❖ 打印共享；
- ❖ 调制解调器的使用；
- ❖ 共线上网的设置；
- ❖ 网页浏览；
- ❖ 收发邮件；
- ❖ 网络电话。

学习目标

通过对本章内容的学习，读者应该掌握双机对等网的组建和调试方法，学会文件共享和打印共享的设置方法，学会调制解调器的使用与共享上网的设置方法，还应学会一些基本的网络应用知识。

对等网是最简单也是最基础的一种局域网，所以我们选择家庭双机对等网作为组网实践的第一个例子。对等网设置的一些知识在其他网络中也会用到，而且相当重要。希望读者认真学习，打好基础。

7.1 组建方案概述

现在很多家庭都不止一台计算机，多台计算机要实现共享上网，以前大家一般都是通过路由器来实现。随着宽带用户的增加，各地的电信纷纷使用“网络尖兵”软件检测、封杀家庭多机共享上网。为每台计算机申请联网账号费用高，并且浪费资源。因此将两台计算机组建成对等网络是实现资源优化利用的最佳方式。

只有两台计算机或者两台计算机需要临时连接时，组建对等网络也十分简单方便，需要拷贝或转移大量文件特别实用。

如果家中需要组网的计算机不止两台，请参考第 8 章。虽然实例场合不同，但原理是一样的。举这些例子只是为了便于读者理解学习，并不是说这些场合只能组建这种网络，希望读者能融会贯通。

如果希望使用无线连接，请参考第 11 章。

7.1.1 家庭网的特点

家庭网络虽然计算机数量少，但用户可能很多，而且使用需求各有不同，因此强调综合性、娱乐性和实用性，而对安全性、网络 I/O 性能方面的要求可以适度放宽。

家庭对等网络有以下作用：

(1) 共享文件和磁盘空间，特别是占用空间较大的影音文件，由于对等网独享带宽，丝毫不用担心传输速度的问题。

(2) 共享互联网接入。一个家庭一般只有一个上网接入口，只让一台计算机上网未免太可惜了。双机同时上网，节省费用，提高了网络利用率。

(3) 共享打印机、光驱等设备。将光驱共享后，旧计算机也能读取 DVD 光盘了，节省了升级成本。

(4) 进行局域网游戏，提高娱乐性。很多游戏一个人玩未免枯燥，和家人或熟人一起游戏岂不更有情趣。

7.1.2 硬件需求

双机对等网结构简单，需要的硬件也很少。两张网卡，一条网线就够了。如果是无线网络甚至连网线也不需要。

1. 网卡

网卡相关知识在前面已经介绍过了，这里选择目前最常见的 1000Mb/s 以太网卡，或 100/1000Mb/s 自适应以太网卡。

目前市场上的笔记本电脑几乎全部内置了以太网卡。台式机主板集成 1000Mb/s 以太网卡更是标准配置，所以一般无须另行安装网卡。

一些老式计算机可能没有自带网卡，或者集成网卡损坏的话，就需要另行安装网卡。

独立网卡常见的是 PCI 网卡，ISA 网卡已经淘汰，USB 网卡速度不高，一般在笔记本电脑上使用。

本章例子中台式计算机使用 PCI 网卡，笔记本电脑使用集成网卡。

2. 网线

对等网对带宽要求不高，使用常见的普通双绞线，长度以 10m 内为佳。本例中使用 4m 带 RJ-45 接头的双绞线。

必须注意双机互联的网线与普通网线是不同的，双机连接使用交叉接法的双绞线。购买时一定要问清楚。如果自己制作，请仔细阅读第 5 章关于双绞线制作的内容。

注意

一定要注意双机直接对接使用的网线的特殊性。如果使用普通网线，网络会显示已接通，可就是无法访问。许多用户忽略了这一点而在调试中白白浪费许多时间。

网线的铺设要做好规划，力求隐藏。胡乱拉设的网线不仅不美观，也会带来安全隐患。

3. 计算机

家庭网络中计算机用户相对较多，使用要求复杂。儿子要用计算机学习，老公要玩游戏，老婆要看电影，因此要求计算机综合性能很好。高性能显卡，大容量硬盘必不可少。为减少辐射，保护家人健康，再者也能节约空间，选择一款 LED 显示器是大势所趋。

最重要的是计算机的易用性和稳定性。如果家里没有一个精通计算机的人，万一出了故障，特别是硬件故障，一家人只能干瞪眼。特别是现在有些家庭依然用看家电的眼光看待计算机，有时候只是出了一点软件小故障就将计算机拿去修理，不明不白多花很多钱，很不值得。

如果家中没有专业人士，推荐购买信誉好、售后服务过硬的品牌机，而不要一味贪图便宜，不然会在使用中会费更多的资金。

双绞线的水晶头制作有两个国际标准：EIA/TIA 568A 和 EIA/TIA 568B。568A 的线序是白绿、绿、白橙、蓝、白蓝、橙、白棕、棕；568B 的线序是白橙、橙、白绿、蓝、白蓝、绿、白棕、棕。

7.1.3 组建准备

本章例子网络基本配置如下。

❖ 台式计算机一台，安装 PCI 以太网卡和打印机，操作系统使用 Windows 10。
❖ 笔记本电脑一台，内置调制解调器和以太网卡，操作系统使用 Windows 10。
❖ 双绞线一根，长度 4m，双机互联交叉接法。

打印机和调制解调器安装在哪台计算机上都可以，但网卡必须是每台计算机上都有。

网卡的选购请参考第 2 章。本章例子中台式计算机使用 PCI 总线 1000Mb/s 网卡，笔记本电脑使用集成 100Mb/s 网卡。

操作系统的选择请参考第 3 章。本例中两台计算机均选择使用 Windows 10 系统。

操作系统的安装请参考第 6 章。

网卡的安装和驱动以及网线的制作请参考第 5 章。

7.2 组建方法与步骤

将网线两端插入网卡接口中后，还需要对网络作一些必要的配置。

7.2.1 布线

本方案适合两台计算机的双绞线直接连接组网。网络结构如下图所示。

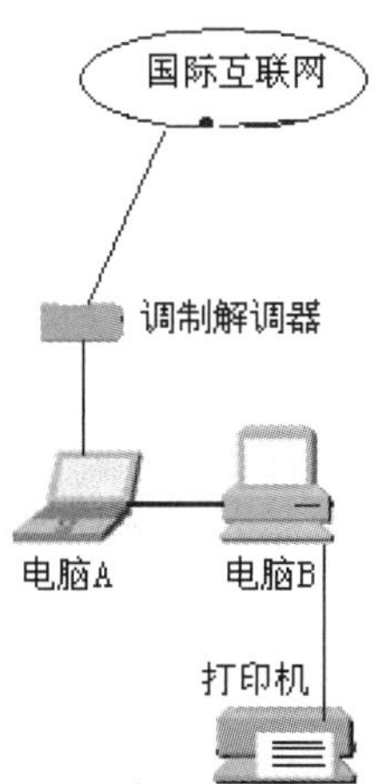

7.2.2 配置网卡参数

正确地安装网卡及驱动程序，并通过交叉双绞线将两台计算机连接之后，现在仍然无法接通网络，因为两台计算机互通，还需要对网卡进行设置，主要是给网卡设置 IP 地址等参数。

操作步骤

❶ 参考前面的方法，在计算机 A 中打开【网络连接】窗口，右击【本地连接】图标，从弹出的快捷菜单中选择【属性】命令，如下图所示。

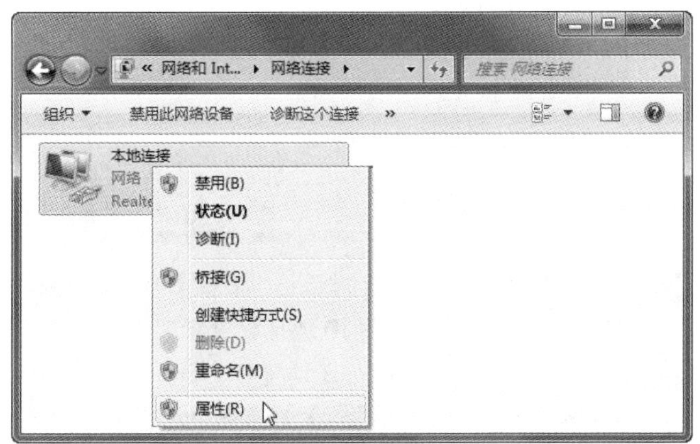

❷ 弹出【本地连接 属性】对话框。在【此连接使用下列项目】列表框中选择【Internet 协议版本 4(TCP/IPv4)】选项，再单击【属性】按钮，如下图所示。

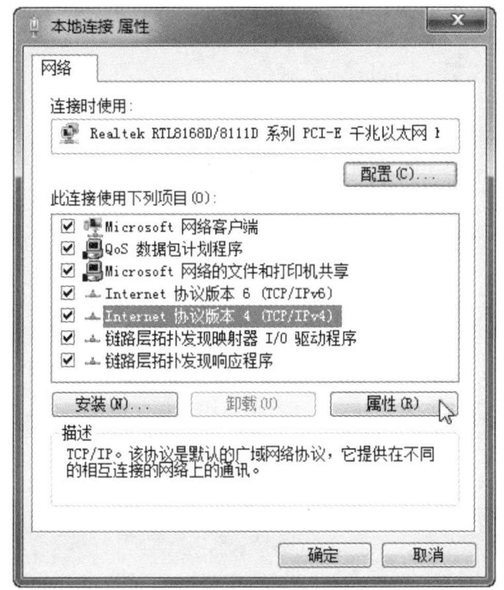

❸ 弹出【Internet 协议版本 4(TCP/IPv4)属性】对话框，选中【使用下面的 IP 地址】单选按钮。在【IP 地址】文本框中填入“192.168.0.60”，在【子网掩码】文本框中填入“255.255.255.0”，其他参数可以不填，如下图所示；最后单击【确定】按钮。

学以致用系列丛书

双绞线有直连线和交叉线两种：直连线——两端水晶头都遵循 568A 或 568B 标准，工程中常用 568B 标准；交叉线——一端遵循 568A 标准，而另一端遵循 568B 标准。计算机与交换机普通口相连时应使用直连线；两台计算机直连、交换机通过普通口级联时应使用交叉线。

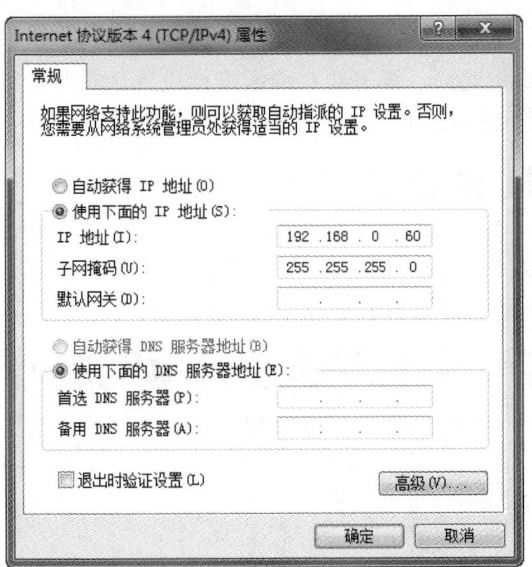

4. 回到【本地连接 属性】对话框，单击【确定】按钮，稍待片刻，计算机 A 的 IP 地址配置就完成了。
5. 用同样的方法，为计算机 B 设置 IP 地址。在【Internet 协议版本 4(TCP/IPv4)属性】对话框中选择【使用下面的 IP 地址】单选按钮。在【IP 地址】文本框中填入“192.168.0.34”，在【子网掩码】文本框中填入“255.255.255.0”，如下图所示。

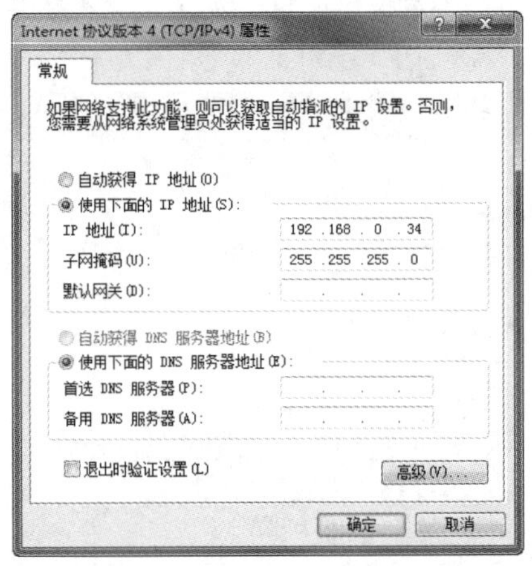

到这里，两台计算机的 IP 地址都配置完成了，若网卡或双绞线正常，这两台计算机就可以通信了。

提示

IP 地址的最后一部分(最后一个点后的数字)，可以在 0～255 中任意选择，但两台计算机不能相同。两台计算机 IP 地址其他部分和子网掩码必须相同。

至于为什么是 192.168.0.X 这样一个奇怪的数字，因为这是互联网上 IP 地址的保留部分，大家习惯上使用这个地址区域。选用其他地址也不会有问题，详情请阅读第 1 章关于子网掩码的部分。

7.2.3 组建局域网

在 Windows 10 系统中，局域网被改名为“家庭组”，其创建十分方便。我们只需要按照向导提示一步步选择就行了。

1. 创建家庭组

操作步骤

1. 在计算机 A 中打开【网络和共享中心】窗口，在左边的任务窗格中单击【家庭组】链接，如下图所示。

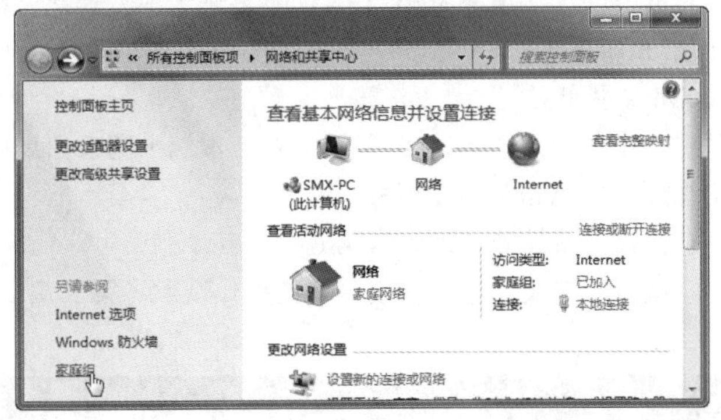

2. 打开【家庭组】窗口，单击【创建家庭组】按钮继续，如下图所示。

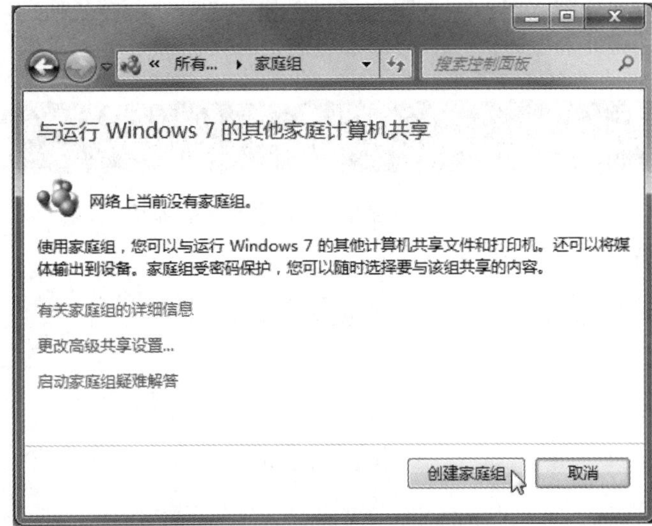

注意

若在【家庭组】窗口中发现【创建家庭组】按钮呈灰色不可用状态，说明当前网络位置不符合家庭组的创建条件，可以通过下述操作调整网络位置。方法是在【网络和共享中心】窗口的【查看活动网络】组中，单击当前的网络位置名称，弹出【设置网络位置】对话框，单击【家庭网络】选项即可，如下图所示。

四核 CPU 就是基于单个半导体的一个处理器上拥有四个一样功能的处理器核心，即将四个物理处理器核心整合到一个内核中。在超线程技术的支持下，每个处理器核心可以看作四个逻辑处理器，从而提高了计算能力。

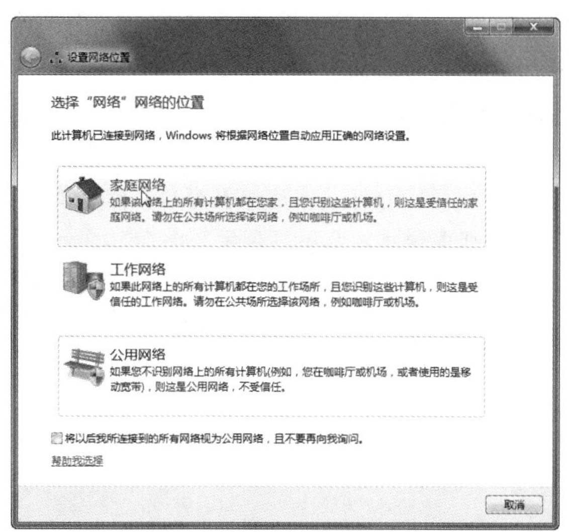

3. 弹出【创建家庭组】对话框，设置要与运行 Windows 10 的其他家庭计算机共享的内容，再单击【下一步】按钮，如下图所示。

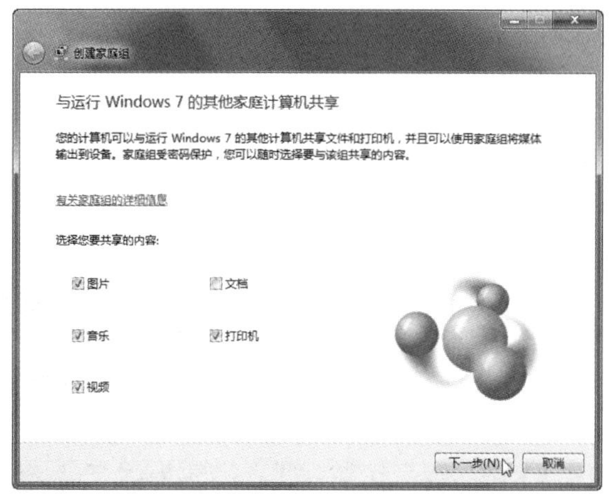

4. 开始创建家庭组，弹出如下图所示的进度对话框，稍等片刻。

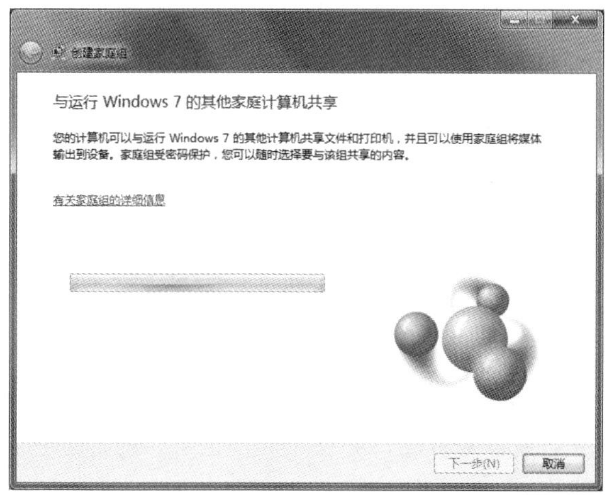

5. 家庭组创建成功后，将会弹出如下图所示的对话框。记下家庭组密码(实际操作时该密码可能会有变化)，再单击【完成】按钮。

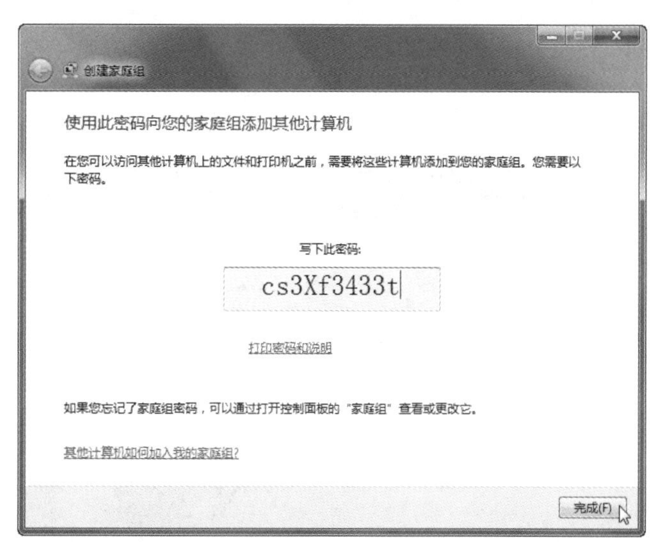

2. 加入家庭组

操作步骤

1. 在计算机 B 中打开【网络和共享中心】窗口，然后在右侧窗格中单击【选择家庭组和共享选项】链接，如下图所示。

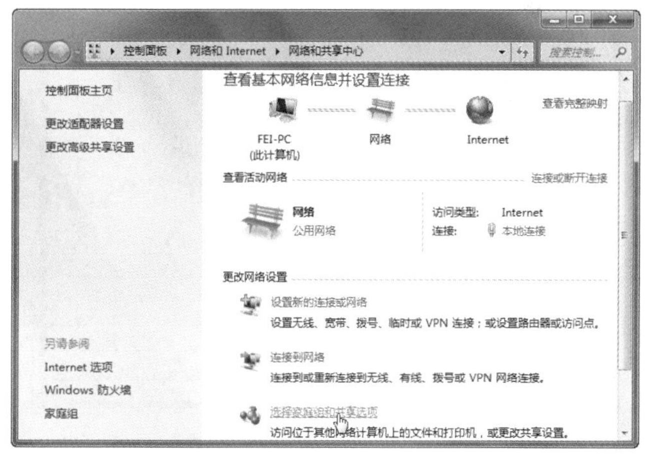

2. 打开【家庭组】窗口，单击【立即加入】按钮，如下图所示。

如果同时有多个窗口打开，要关闭，可以按住 Shift 键不放，然后单击窗口右上角的关闭图标。

❸ 弹出【加入家庭组】对话框，设置要与运行 Windows 10 的其他家庭计算机共享的内容，再单击【下一步】按钮，如下图所示。

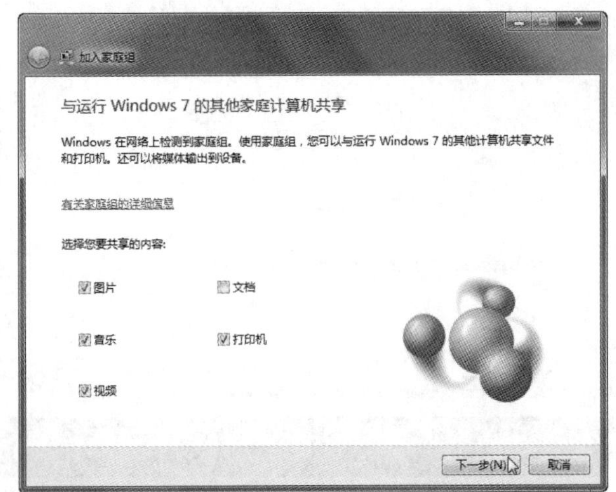

❹ 键入家庭组密码，再单击【下一步】按钮加入家庭组，如下图所示。

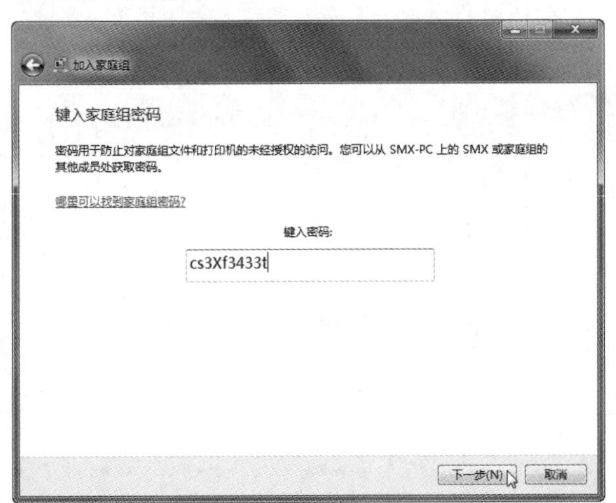

❺ 成功加入家庭组后，将会弹出如下图所示的对话框，单击【完成】按钮。

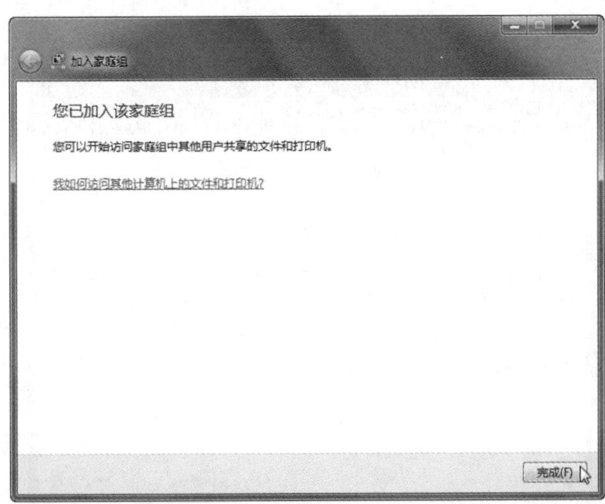

3. 离开家庭组

操作步骤

❶ 在【网络和共享中心】窗口的左侧列表中单击【家庭组】链接，打开【家庭组】窗口，然后单击【离开家庭组】链接，如下图所示。

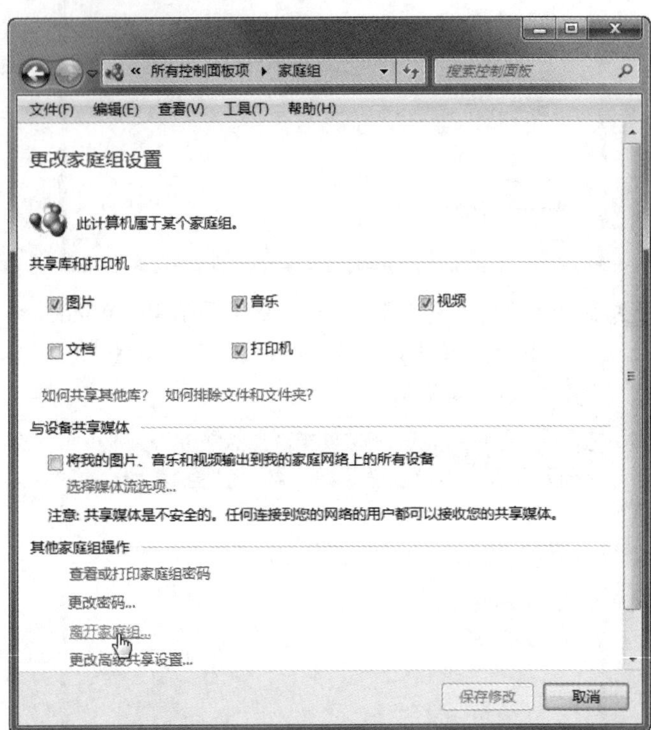

❷ 弹出【离开家庭组】对话框，单击【离开家庭组】选项，如下图所示。

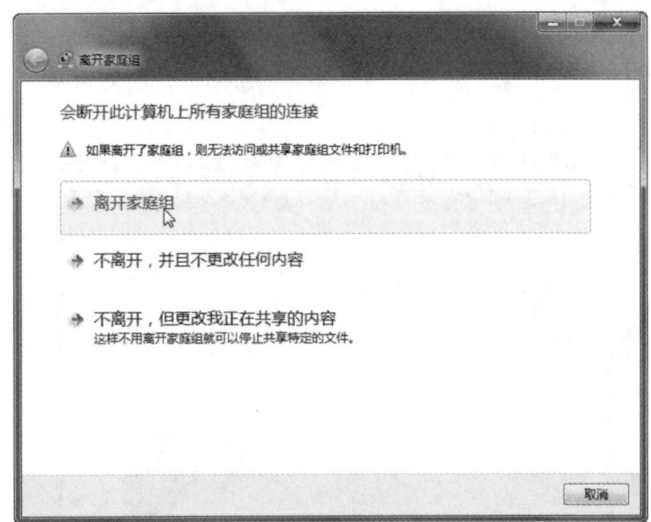

❸ 开始脱离家庭组，并弹出如下图所示的对话框，稍等片刻。

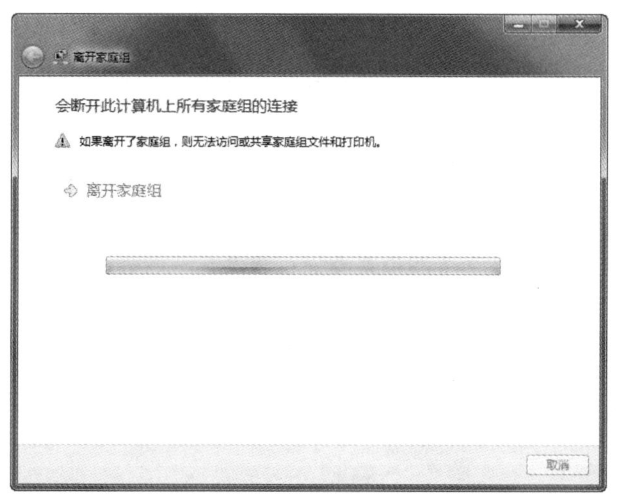

❹ 成功离开家庭组后，将会弹出如下图所示的对话框，单击【完成】按钮。

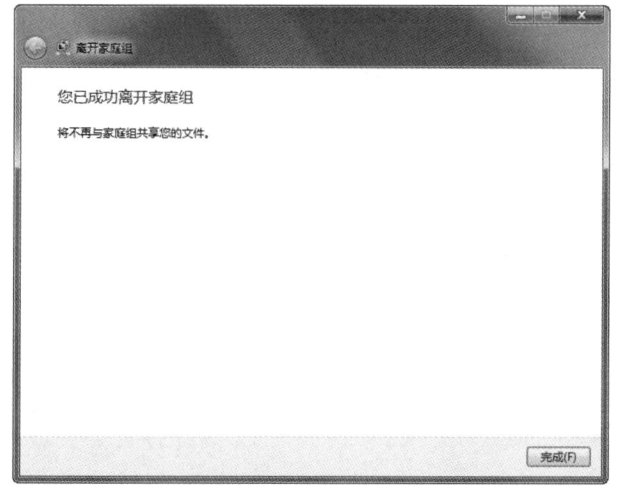

7.2.4　设置和访问共享文件夹

什么是共享？就是局域网中的计算机可以访问或使用其他计算机上的文件。

在安装网络的时候，已经选择了启用文件和打印共享。现在计算机上所有的文件都已经共享了吗？不是。启用共享只是提供了一种可能，具体共享哪些文件还需要另外设置。一般不会把所有的文件都共享。

Windows 10 系统安装时就自动创建了一个共享文件夹。放在该文件夹中的文件都是共享的。但把文件移动或复制到该文件夹中并不是很方便，特别是文件比较大的时候。

注意

只有文件夹才可以设置共享，不能直接在网络上共享一个文件。如果需要共享，请把它放在某个共享的文件夹中。

下面来介绍设置共享文件夹和访问共享的文件夹的方法。

1. 设置共享文件夹

要想让局域网中的其他用户共享自己的文件，除了把它放在系统创建的共享文件夹中以外，还可以自己设置共享文件夹。具体操作步骤如下。

操作步骤

❶ 打开要共享的文件夹所在的目录，然后右击该文件夹图标，在弹出的快捷菜单中选择【共享】|【家庭组(读取)】命令，如下图所示。

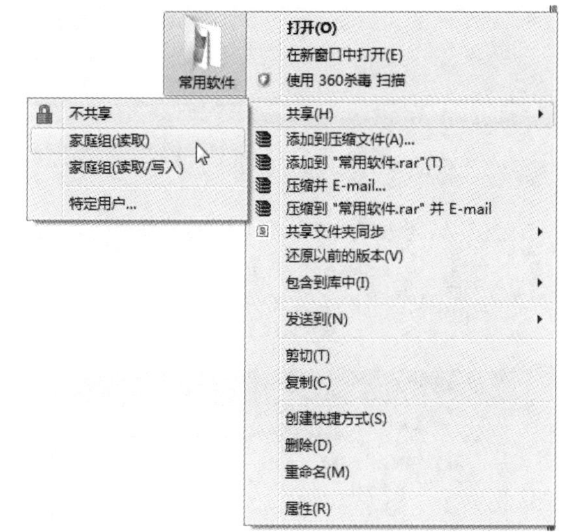

提示

如果在上图中选择【共享】|【特定用户】命令，则会弹出如下图所示的对话框，然后在文本框中输入允许共享该文件夹的其他用户的名称，再单击【添加】按钮，可以指定共享用户。

长见识

除了网卡接口，还可以使用计算机串行口、USB 接口来组建双机对等网。其中，使用 USB 接口直接在两台计算机之间传输文件，需要借助专门的 USB 联机线。

❷ 弹出【文件共享】对话框，单击【是，共享这些项】选项，即可共享该文件夹了，如下图所示。

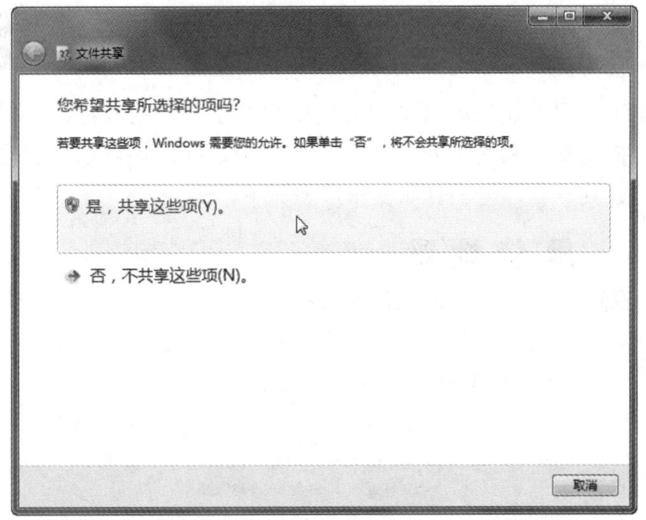

技巧

还可以在步骤❶中选择【属性】命令，然后在弹出的对话框中切换到【共享】选项卡，接着单击【共享】按钮，也可以共享该文件夹，如下图所示。

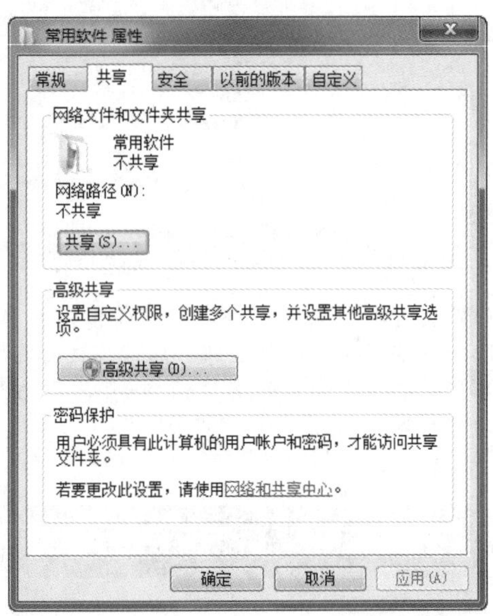

注意

这样设置的共享，网络用户只能读取，不能修改，如果允许其他用户修改，只要在步骤❶中选择【共享】|【家庭组(读取/写入)】命令。

2. 访问共享文件夹

如何访问共享文件夹呢？主要有两种方法：一是利用网络访问共享文件夹；二是将共享文件夹映射成本地的一个“网络驱动器”。现在先来看如何利用网络访问共享文件夹。

操作步骤

❶ 在计算机A中打开【计算机】窗口，然后在左侧列表中单击【网络】选项，接着在展开的列表中选择要访问的计算机，如下图所示。

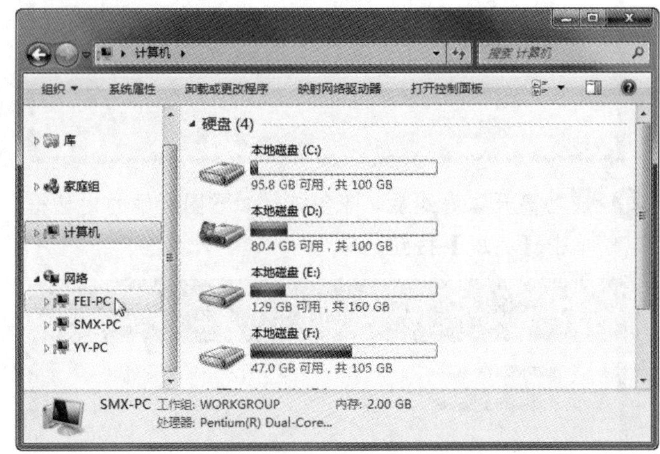

❷ 这时将会在右侧窗格中显示该用户所共享的文件夹，如下图所示。双击要访问的文件所在的文件夹，并在打开的窗口中双击，即可进行阅读了。

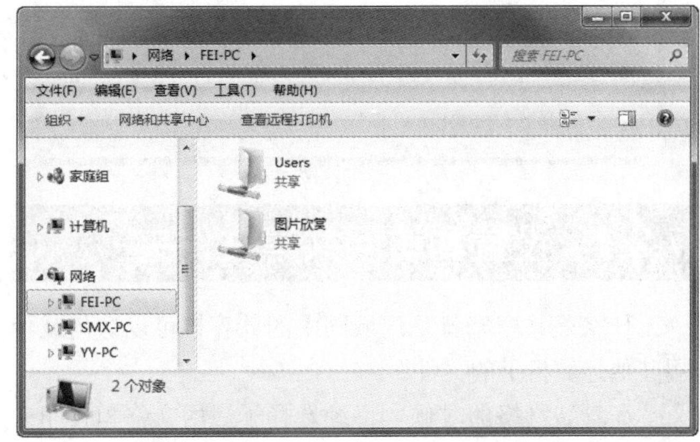

3. 创建网络驱动器

网络驱动器，有的书中也叫网络磁盘。创建网络驱动器能让我们更方便地访问网络共享资源。

操作步骤

❶ 在计算机A中打开【网络】窗口，然后在菜单栏中选择【工具】|【映射网络驱动器】命令，如下图所示。

以太网交换机的帧转发方式有直接交换、存储转发交换和改进的直接交换三种方式。

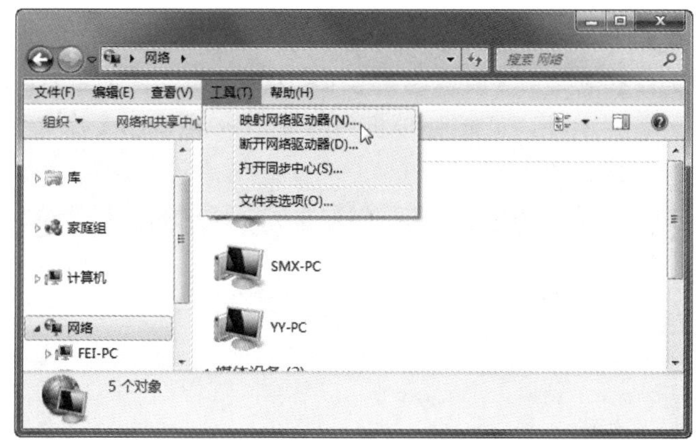

❷ 打开【映射网络驱动器】对话框，如下图所示。选择要创建的网络驱动器的盘符(只能是单个英文字母，而且未被系统使用)，这里使用未使用的“Z:”。接着单击【浏览】按钮以选择共享文件夹。当然，如果知道共享文件夹的完整路径，也可以直接在【文件夹】文本框中输入。

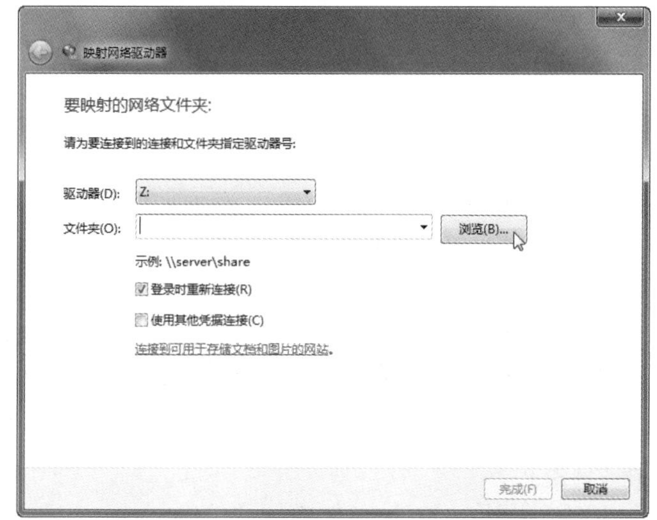

❸ 打开【浏览文件夹】对话框，选择目标文件夹，再单击【确定】按钮，如下图所示。

❹ 回到【映射网络驱动器】对话框，如下图所示。单击【完成】按钮，这样网络驱动器就创建完成了。

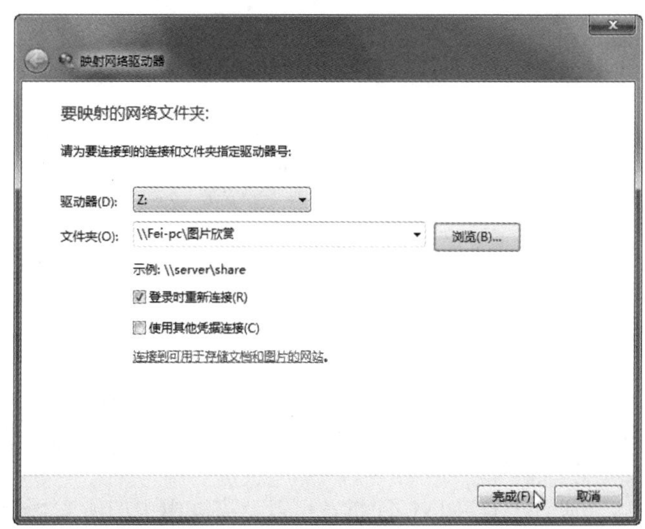

❺ 打开【计算机】窗口，如下图所示。在【网络驱动器】栏中看到了网络驱动器“Z:”。这时，用户可以像访问自己的 C 盘、D 盘一样方便地访问 Z 盘了。当然，前提是网络通畅。

❻ 如果不想使用网络驱动器了，可以右击网络驱动器图标，在弹出的快捷菜单中选择【断开】命令，如下图所示。

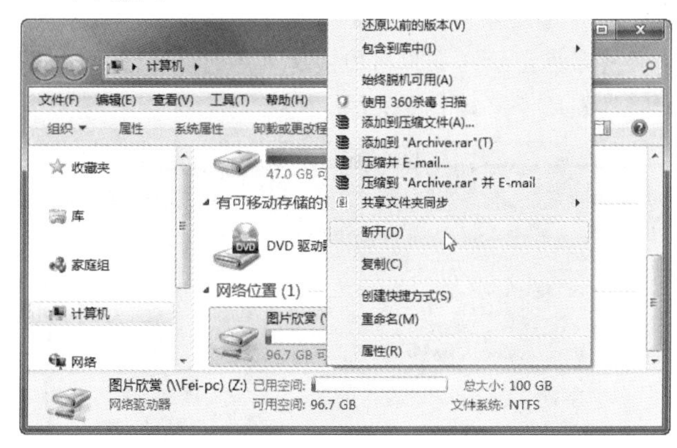

4. 取消共享

如果想取消此文件夹的共享设置，只需要右击设置

在进行电缆连接(插拔)时，需要注意的是，通过该电缆连接(或将要连接)的设备应没有加电，即应当先将设备的电源关掉，然后再进行电缆连接(插拔)操作。如果带电进行电缆连接，会损坏设备。

有共享属性的文件夹，从弹出的快捷菜单中选择【不共享】命令即可，如下图所示。

7.2.5 设置和访问共享打印机

通过设置共享打印机，可以让家庭组中的所有用户都可以使用该打印机，以节省资源。

在设置共享打印机之前，要保证该打印机已经与家庭组中的某台计算机连接，并正确安装好打印机的驱动程序，打印机可以正常工作。

1. 设置共享打印机

设置共享打印机的操作步骤如下。

操作步骤

❶ 在计算机A桌面上选择【开始】|【设备和打印机】命令，如下图所示。

❷ 打开【设备和打印机】窗口，然后右击希望共享的打印机图标，在弹出的快捷菜单中选择【打印机属性】命令，如下图所示。

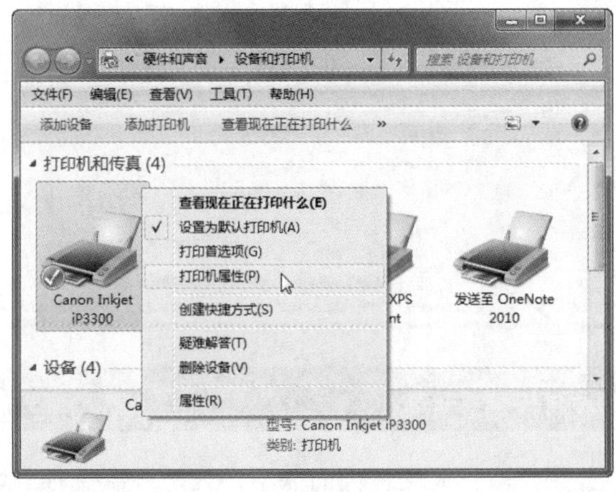

❸ 弹出如下图所示的对话框，切换到【共享】选项卡，接着选中【共享这台打印机】复选框。在【共享名】文本框，设置打印机的共享名，再单击【确定】按钮。

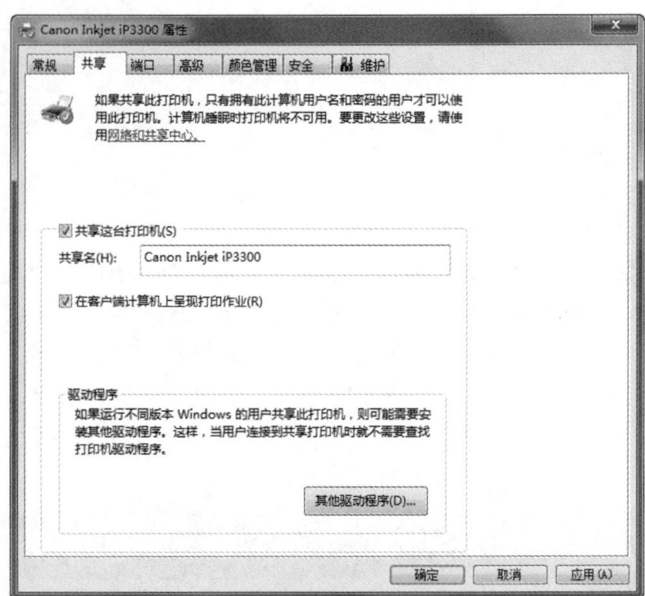

提示

若要取消打印机共享，只需要在上图中取消选中【共享这台打印机】复选框，再单击【确定】按钮即可。

2. 访问共享打印机

下面来访问其他用户计算机中共享的打印机，具体操作步骤如下。

操作步骤

❶ 在计算机A中的【网络】窗口中找到计算机B中的共享文件夹，如下图所示。这时会多出一个打印机图标，双击这个图标。

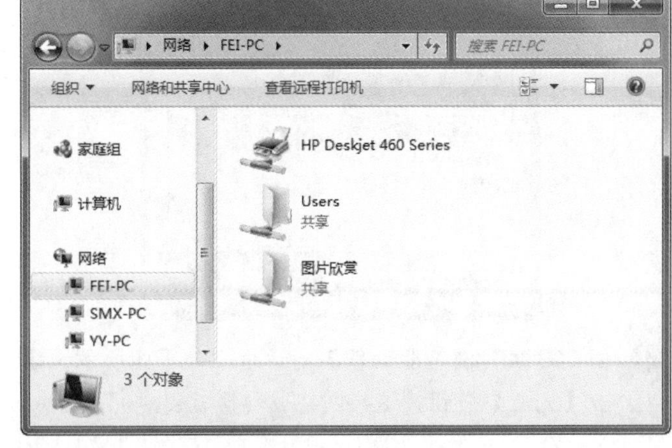

长见识 常用网络互联设备中，局域网—局域网使用的互联设备是网桥，而局域网—广域网、局域网—广域网—局域网以及广域网—广域网使用的互联设备均是路由器或网关。

❷ 弹出如下图所示的对话框，向其中添加打印机任务即可使用该共享打印机进行打印了。

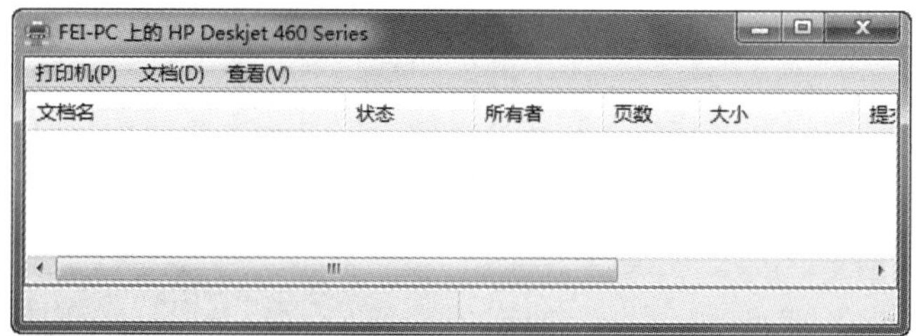

❸ 同时，该共享打印机会出现在【设备和打印机】窗口中，如下图所示。

7.2.6　调试局域网

现在对等局域网的设置已经完成了，如果一切顺利的话这个局域网已经能够使用了。但很多事情并不是一帆风顺的，可能会碰到这样或那样的故障，打开网络看见的可能是一片空白。本节介绍一些简单的检查、排除局域网故障的方法。

1. Windows 防火墙的设置

有的时候可能能看见网络上的计算机，可就是无法访问，提示没有足够的权限，这多半是 Windows 防火墙将用户拒之门外了。

下面介绍如何关闭防火墙。如果遇到故障，调试时应该将使用的计算机和被访问的计算机上的防火墙都关闭。

注意

如果计算机上安装有别的防火墙，调试时建议也要关闭，不然很容易产生一些莫名其妙的故障。

操作步骤

❶ 在【控制面板】窗口的【大图标】模式下，单击【Windows 防火墙】图标，如下图所示。

❷ 打开【Windows 防火墙】窗口，然后在左侧列表中单击【打开或关闭 Windows 防火墙】链接，如下图所示。

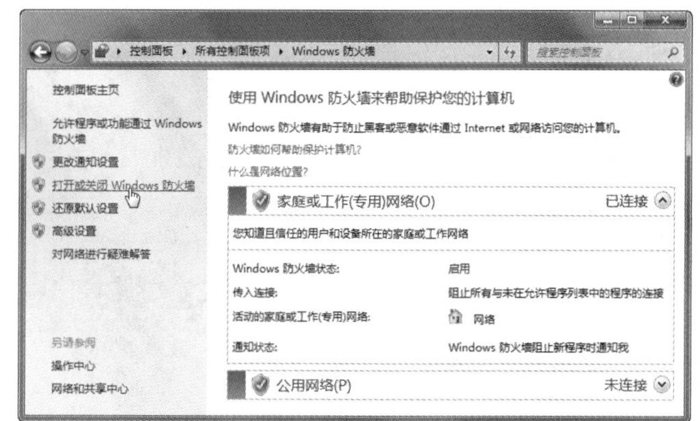

❸ 打开【自定义设置】窗口。分别在【家庭或工作(专用)网络位置设置】和【公用网络位置设置】组中选中【关闭 Windows 防火墙(不推荐)】单选按钮，再单击【确定】按钮，关闭 Windows 防火墙，如下图所示。

学以致用系列丛书

网络上的机器都有唯一确定的 IP 地址，给目标 IP 地址发送一个数据包，对方就要返回一个同样大小的数据包，根据返回的数据包可以确定目标主机的存在，也可以初步判断目标主机的操作系统等。

长见识

2. ping 工具的使用

使用网络的前提是网络硬件已经连接好了。如果网线没有插好，做再多的努力也是白费。

首先确信网络已经正确连接。如果显示已经连接却无法使用网络，可以尝试使用命令行的 ping 工具。

操作步骤

1. 选择【开始】|【所有程序】|【附件】|【运行】命令，弹出【运行】对话框，如下图所示。在【打开】下拉列表框中输入 cmd 命令，再单击【确定】按钮。

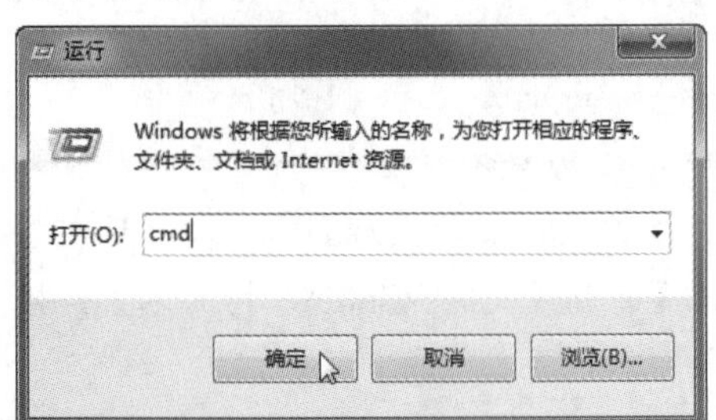

2. 打开如下图所示的命令行窗口。这是一个模拟 DOS 系统运行的界面，虽然看起来简单却很实用。在 DOS 提示符后输入“ping 192.168.1.100”命令，再按 Enter 键。

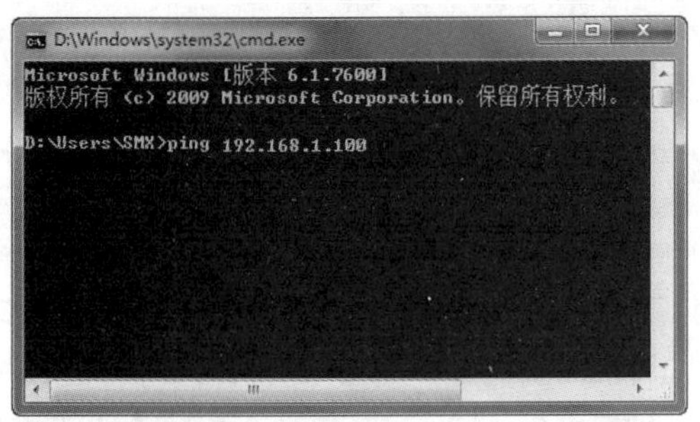

3. “ping”后的数字是要访问的计算机的 IP 地址，如果得到下图所示的结果，表示网络正常。屏幕显示数据包测试结果为“Packets: Sent = 4, Received = 4, Lost = 0 (0% loss)”，说明发送了 4 个数据包，收到 4 个，没有丢失。

7.3 家庭网接入 Internet

计算机有两台，上网线路却只有一条，能不能简单设置一下后共线上网？当然能，而且不需要安装其他的软件，但必须安装调制解调器。

7.3.1 调制解调器的安装和使用

下面介绍调制解调器的安装和使用方法。

1. 安装调制解调器

调制解调器的安装并不复杂，如果是 PCI 总线的，安装方法与 PCI 网卡一样。如果是 USB 式的安装更简单，按产品说明书将调制解调器一端接入计算机 USB 接口，再将电话线插入调制解调器上的 LINE 接口就行了。

内置式的调制解调器不需要安装，但别忘了把电话线插上。

2. 调制解调器的驱动

多数 USB 式的调制解调器 Windows 10 能自动识别驱动，有些 PCI 式调制解调器 Windows 10 不能驱动，需要手动安装驱动程序。

操作步骤

1. 在【控制面板】窗口的【大图标】模式下，单击【电话和调制解调器】图标，如下图所示。

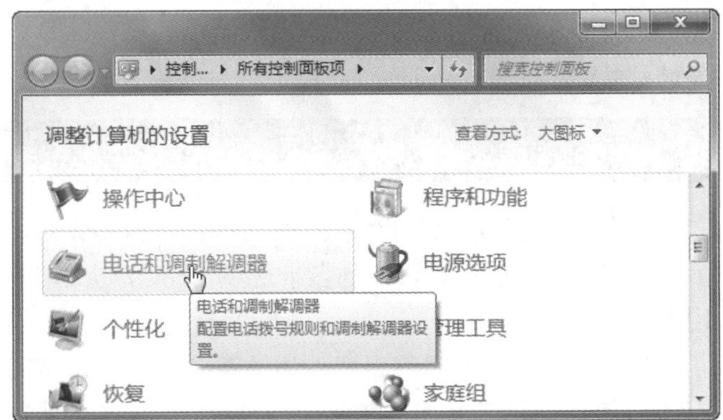

2. 弹出【电话和调制解调器】对话框。切换到【调制解调器】选项卡，然后单击【添加】按钮，如下图所示。

快速打开局域网中另一台主机的共享资源，可以选择在 IE 地址栏中输入“//IP”即可打开对方的主机共享资源，如“//192.168.0.232”。还可以单击【开始】按钮，选择【运行】命令，输入相同的内容来打开。

❸ 弹出【添加硬件向导】对话框。选中【不要检测我的调制解调器；我将从列表中选择】复选框，再单击【下一步】按钮，如下图所示。

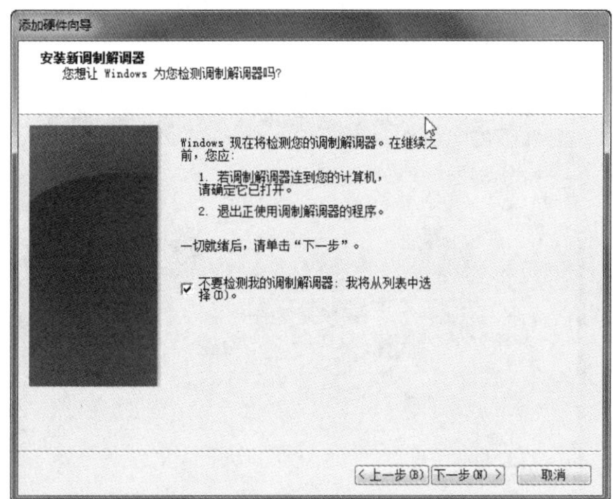

❹ 进入【安装新调制解调器】对话框。在列表中选择硬件型号，再单击【下一步】按钮，如下图所示。

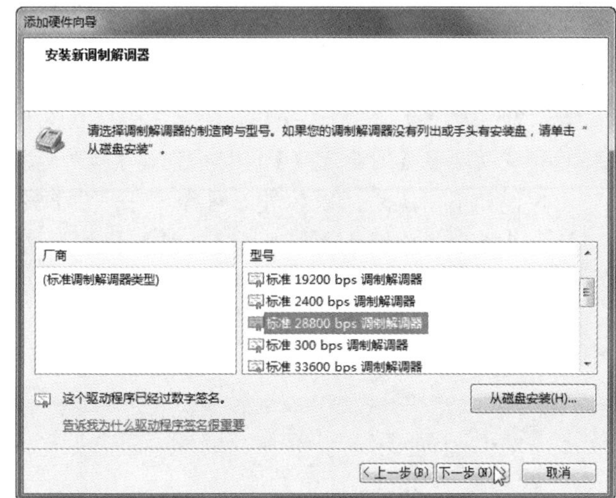

❺ 接着在进入的对话框中选中【选定的端口】单选按钮，并在列表框中选择要使用的端口，再单击【下一步】按钮，开始安装调制解调器，如下图所示。

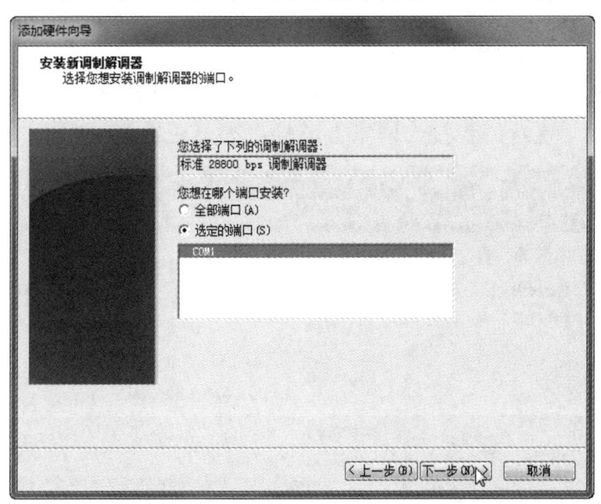

❻ 调制解调器安装完成后，单击【完成】按钮，如下图所示。

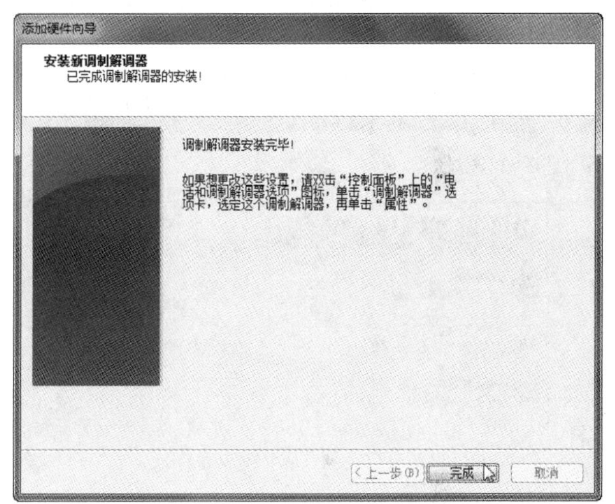

❼ 返回【电话和调制解调器】对话框。在列表框中选择新添加的调制解调器，单击【属性】按钮。可以更改其设置，若单击【删除】按钮，可以将该硬件删除，如下图所示。

3. 创建网络连接

安装了调制解调器后，还需要建立一个到互联网的

tracert，跟踪路由信息命令，使用该命令可以查出数据从本地机器传输到目标主机所经过的所有途径。这对了解网络布局和结构很有帮助。

网络连接才能使用互联网。

操作步骤

❶ 在【网络和共享中心】窗口的右侧窗格中，单击【设置新的连接或网络】链接，如下图所示。

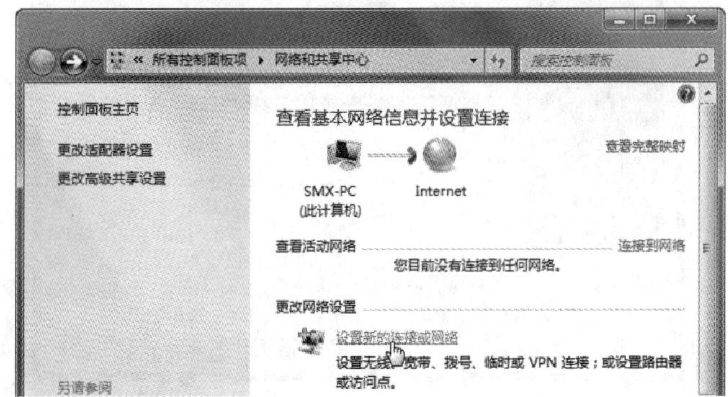

❷ 弹出【设置连接或网络】对话框。在列表框中选择【连接到 Internet】选项，再单击【下一步】按钮，如下图所示。

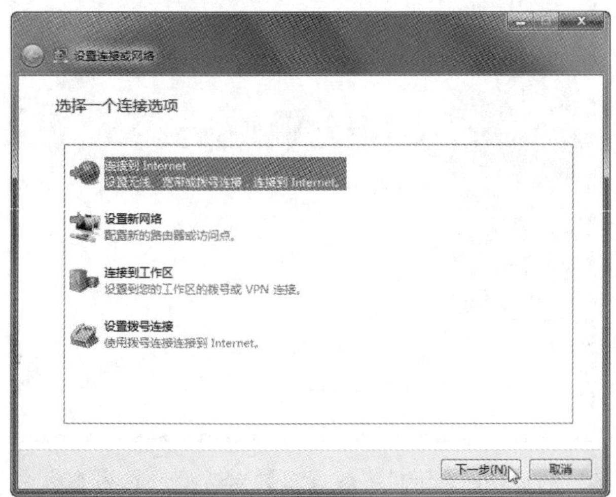

❸ 进入【连接到 Internet】对话框，单击【宽带(PPPoE)(R)】选项，如下图所示。

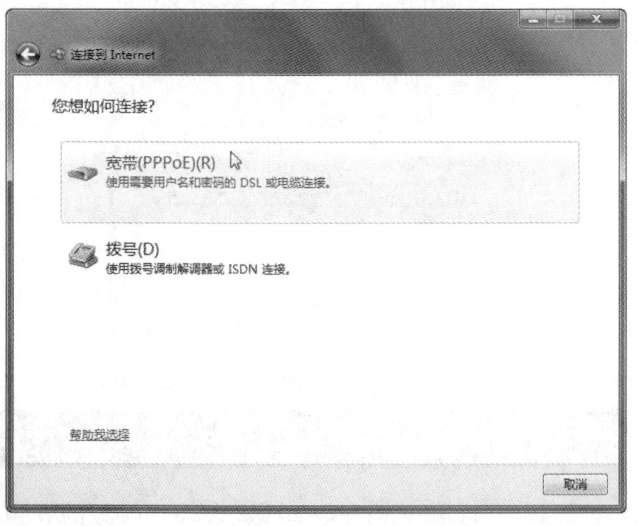

❹ 在弹出的对话框中输入 Internet 服务提供商提供的信息，包括【用户名】、【密码】、【连接名称】等参数，再单击【连接】按钮，如下图所示。

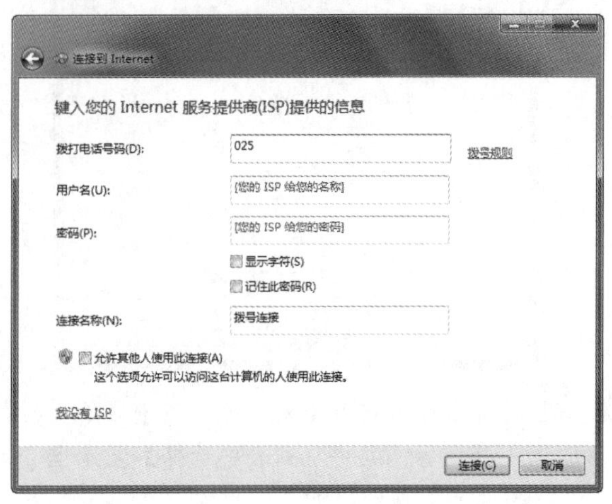

❺ 开始进行网络连接，并弹出如下图所示的对话框，稍等片刻。

4. 拨号上网

接下来让我们使用拨号上网吧！

操作步骤

❶ 连接成功会在【网络连接】窗口中创建【拨号连接】图标，如下图所示。以后进入网络，可以右击该图标，从弹出的快捷菜单中选择【连接】命令。

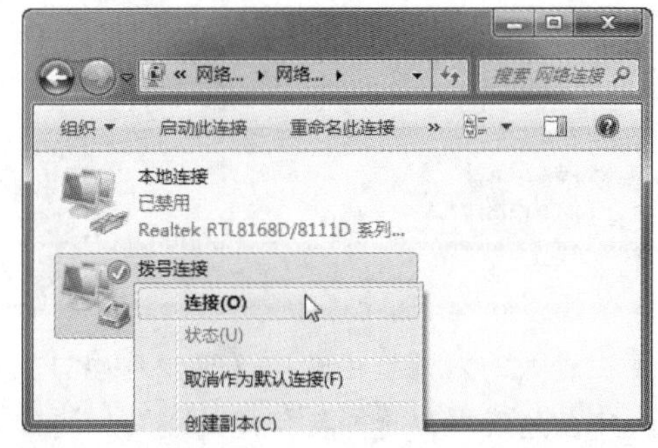

学以致用系列丛书

长见识 上网时在地址栏内输入网址，系统会记录下来，虽然方便以后不用再重复输入，不过如果是公用计算机，不想让别人知道自己到过哪些地方，可以按 Ctrl + O 快捷键，弹出【打开】对话框。在地址栏输入网址，就不会被记录下来。

❷ 弹出【连接 拨号连接】对话框。再次输入用户名和密码等信息，单击【拨号】按钮，如下图所示。

❸ 系统开始拨号连接，如下图所示。若要中止就单击【取消】按钮。

❹ 连接成功后，在任务栏通知区单击【网络和共享中心】图标，从弹出的列表中右击要共享的网络，并从弹出的快捷菜单中选择【属性】命令，如下图所示。

❺ 弹出【拨号连接 属性】对话框。单击【常规】选项卡，然后单击【配置】按钮，如下图所示。

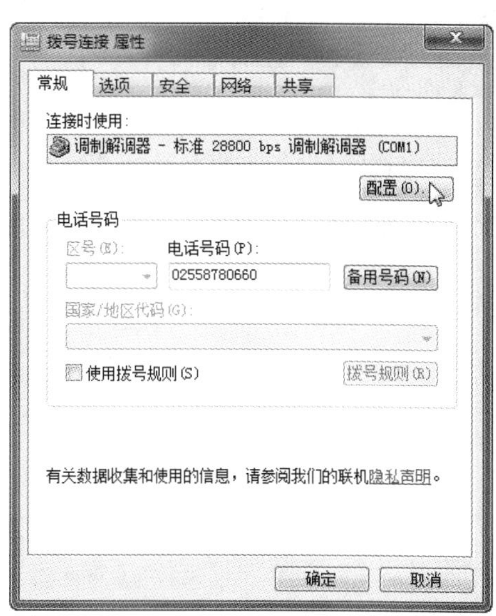

❻ 弹出【调制解调器配置】对话框，如下图所示。取消选中【启用调制解调器扬声器】复选框，再单击【确定】按钮。这样，下次拨号时调制解调器扬声器就不会发出声音了。

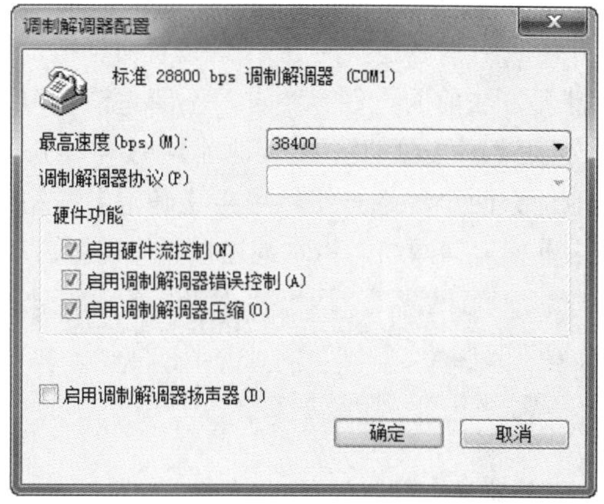

7.3.2 共线主机的设置

为了实现共线上网，需要对网络中两台计算机都做一些设置。原理很简单，将拨号网络设置为共享就行了，操作上比文件共享复杂一些。

首先设置共线主机。所谓主机，就是安装了调制解调器的那台计算机。在本章的例子中，就是计算机 A。方法是：在计算机 A 中打开【网络连接】窗口，右击【拨号连接】图标，从弹出的快捷菜单中选择【属性】命令，打开如下图所示的对话框。切换到【共享】选项卡，接着将【Internet 连接共享】下面的 3 个复选框全部选中，最后单击【确定】按钮。

at 命令的作用是安排在特定日期或时间执行某个特定的命令和程序。知道远程主机的当前时间，就可以利用此命令让其在以后的某个时间执行某个程序和命令，具体用法：at time command \\computer。

长见识

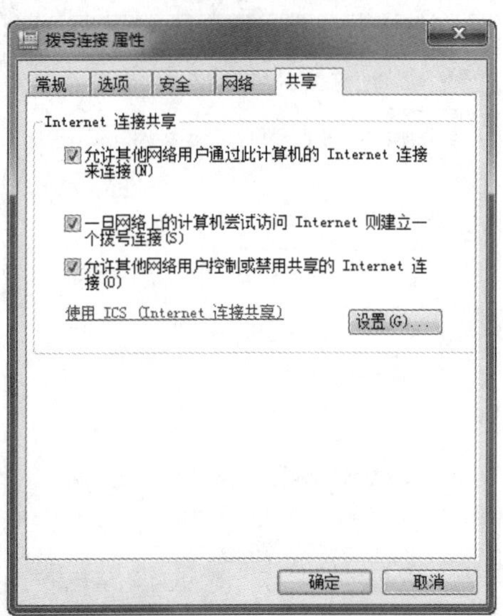

7.3.3 共线从机的设置

下面对共线从机，即不能直接接入互联网的计算机进行设置。在本章的例子中，共线从机是计算机 B。

打开局域网本地连接的 IP 地址设置对话框，如下图所示。打开方法前面已经介绍过，不清楚请复习本章前部分的内容。选中【自动获得 IP 地址】和【自动获得 DNS 服务器地址】两个单选按钮，单击【确定】按钮。如果有必要应重新启动网络，将本地连接先停用再启动。

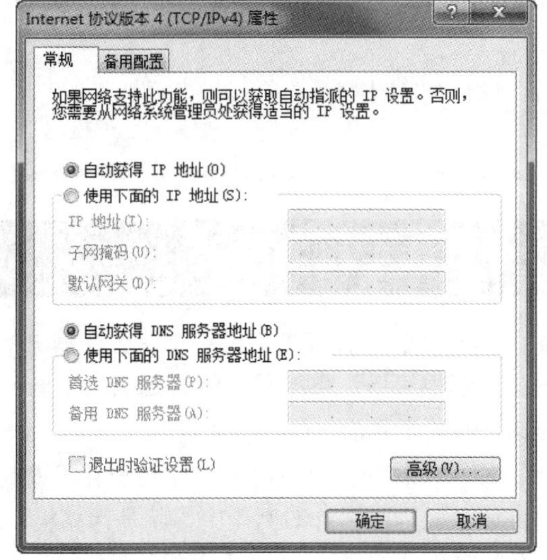

到此网络共享设置全部完成了，主机上网时从机也可以上网了。在没有网络连接的时候，从机也可以打开主机上的拨号连接。

必须注意，Windows 10 自带的 DHCP 服务并不稳定，如果发现故障，请确保两台计算机处于同一网段，子网掩码和 IP 地址前部分相同，同时从机的【默认网关】设置为主机的 IP 地址就行了。

7.4 家庭网络的应用

家庭网络组建起来之后，除了游戏和文字处理，还可以用它做很多事情，为我们的生活带来方便和乐趣！

下面介绍家庭网络日常应用的几个方面。

7.4.1 网页浏览

浏览网页可以说是互联网最基本、最方便，也是最普遍的应用。很多人接触互联网就是从浏览网页开始的。

哪怕用户根本不了解互联网，也不了解互联网应用的其他方面，只要使用鼠标轻轻单击，就能在互联网上畅游。最基本的打开网页的方式就是使用 IE 浏览器。

目前，在传统的 Windows 10 自带的 IE 11 浏览器是用户使用最多的浏览器。

操作步骤

1. 选择【开始】|【所有程序】| Internet Explorer 命令，启动 IE 程序，然后在地址栏输入百度网址，并按 Enter 键打开百度网页，如下图所示。

2. 在文本框中输入搜索关键字(例如输入“优化大师”)，再单击【百度一下】按钮，将会在弹出的网页中显示搜索结果，如下图所示。单击某链接，打开相应的网页。

IE 历史记录了用户在最近一段时间内浏览过的网页。单击 IE 窗口工具栏里的【历史】按钮，就可以查看用户上网的历史记录。

❸ 进入如下图所示的网页。可以查看优化大师软件的信息，也可以单击【立即下载】按钮，下载该软件。

7.4.2 收发电子邮件

电子邮件(E-mail)相比传统邮件有许多优点，使用方便，传送快又不花钱，迅速得到了人们的喜爱，成为人际沟通的重要方式，许多办公场合甚至将它作为主要联系方式。

相信接触网络的人都会有自己的电子邮箱。很多人都习惯于使用网页来收发邮件，但那样不仅麻烦，而且不安全。特别是费尽力气终于写完了满满一页的信件，单击发送却提示发送失败，打好的邮件也灰飞烟灭，一切需要从头再来，叫人十分恼火。

如果有固定的计算机，使用电子邮件程序来收发邮件就能将这些烦恼一扫而光。常用的电子邮件收发程序有与 Windows 10 系统配套的 Windows E-mail 和 Microsoft Outlook。若要使用 Windows E-mail 程序，需要下载安装 Windows live 软件包。Microsoft Outlook 软件是 Office 自带的组件之一。为了避免在系统中安装过多的软件，下面将以 Microsoft Outlook 为例，介绍如何收发电子邮件。

操作步骤

❶ 首先必须拥有一个邮件服务器能支持 POP3 功能的电子邮箱。如果没有，请到各大网站如新浪、Tom 网等申请一个，免费的或收费的邮箱都可以。如果是收费邮箱，会获得更大的邮箱空间和更多的使用功能。另外，为保证速度和安全性，最好选择服务器在国内的邮箱。

❷ 选择【开始】|【所有程序】|Microsoft Office|Microsoft Outlook 2010 命令，如下图所示。

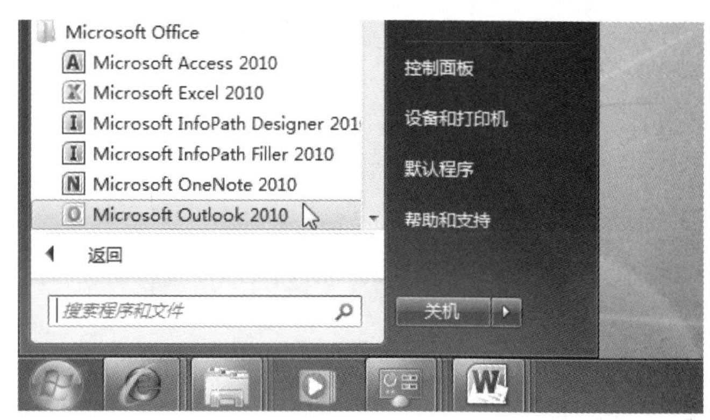

❸ 弹出【添加新账户】对话框。单击【下一步】按钮，进入如下图所示的对话框。设置用户姓名、电子邮箱地址和密码，再单击【下一步】按钮。

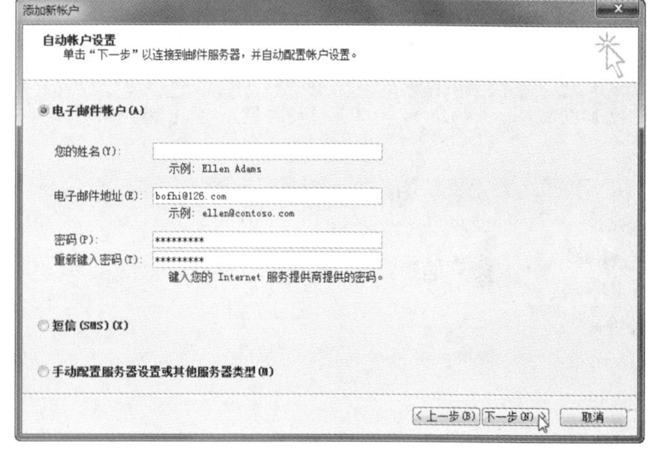

❹ 开始配置账户，弹出如下图所示的进度对话框，稍等片刻。

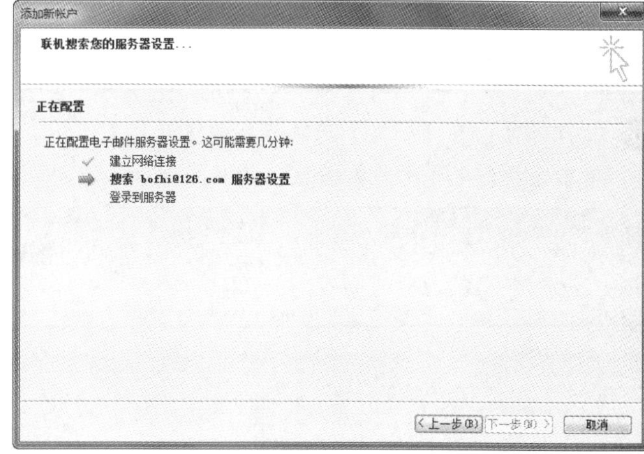

❺ 账户配置完成后，单击【完成】按钮，即可进入 Outlook 2010 窗口，如下图所示。

长见识：nbtstat 命令使用 TCP/IP 上的 NetBIOS 显示协议统计和当前 TCP/IP 连接，使用该命令可以得到远程主机的 NetBIOS 信息，如用户名、所属的工作组、网卡的 MAC 地址等。

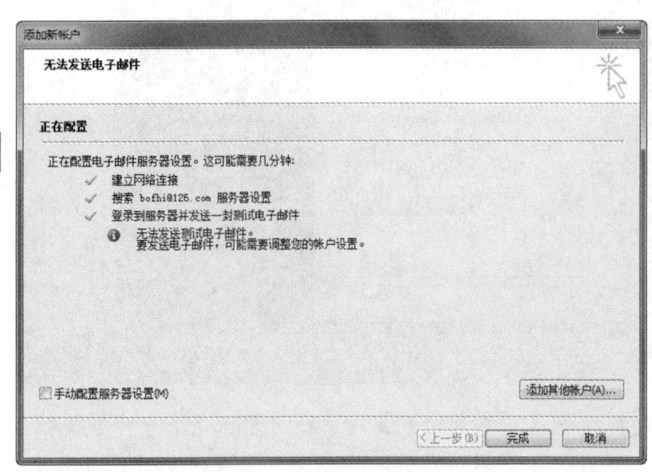

提示

若要继续添加其他邮箱，可以选择【文件】|【信息】命令。单击【添加账户】按钮，弹出【添加新账户】对话框。添加另一个邮件账户，如下图所示。

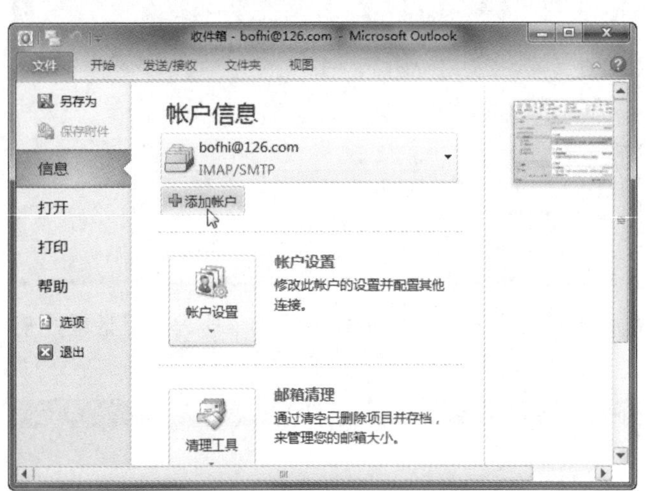

❻ 新建邮件。在【开始】选项卡下的【新建】组中，单击【新建电子邮件】按钮，如下图所示。

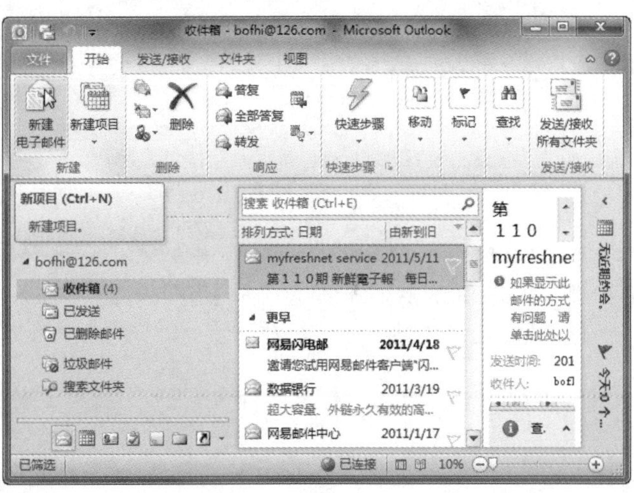

❼ 弹出如下图所示的窗口。设置收件人地址、邮件主题以及邮件正文等内容。

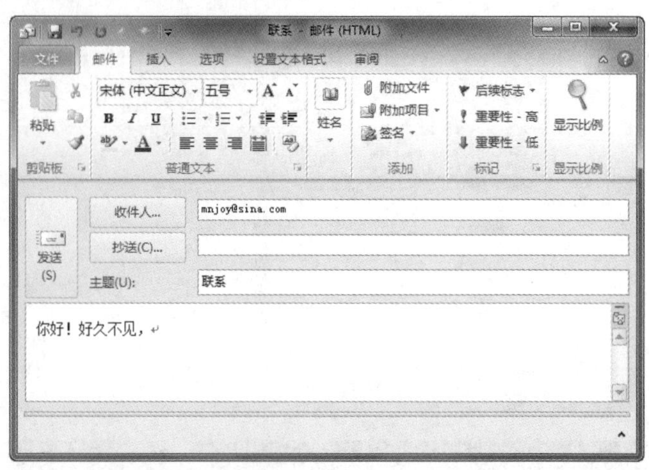

❽ 在【插入】选项卡的【添加】组中，单击【附加文件】按钮，如下图所示。

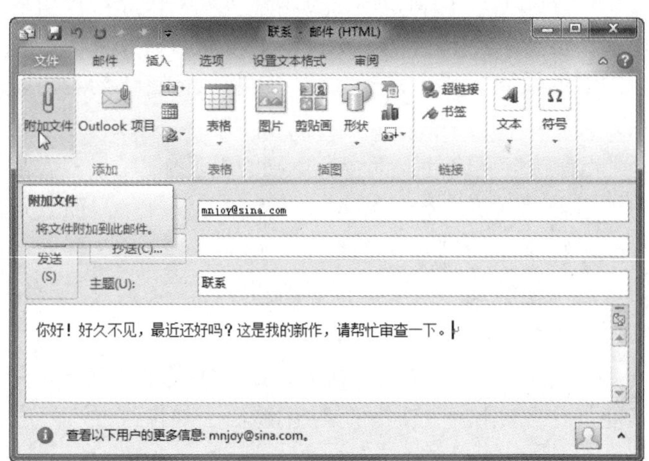

❾ 弹出【插入文件】对话框。选择要添加的附件，再单击【插入】按钮，如下图所示。

❿ 返回邮件窗口，然后单击【发送】按钮，即可将邮件发送给对方，如下图所示。

长见识 在浏览网页时，遇到喜欢的网页可以放到收藏夹中。收藏夹不仅可以保存网页信息，还可以让用户在脱机状态下浏览这些网页。

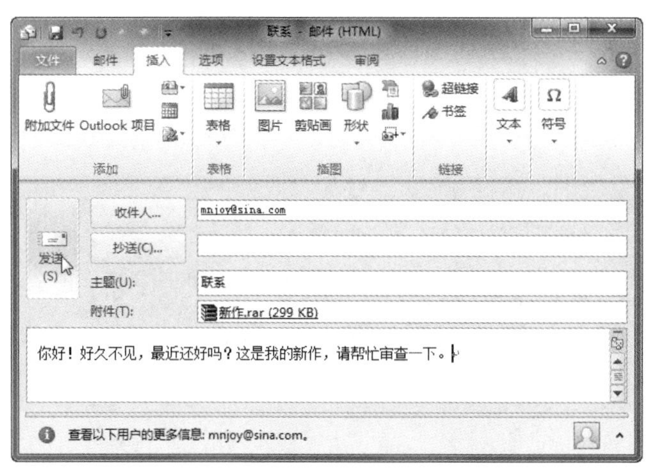

⑪ 收发邮件。在【开始】选项卡的【发送/接收】组中，单击【发送/接收所有文件夹】按钮，如下图所示。

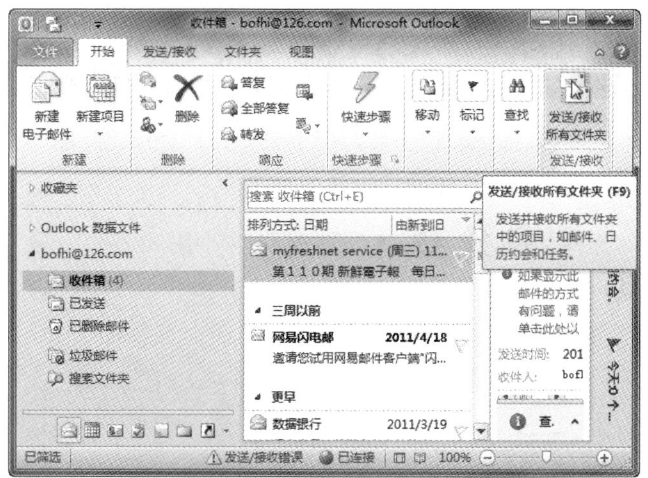

⑫ 在左侧列表中单击【收件箱】选项，接着在中间窗格中双击要阅读的邮件，如下图所示。

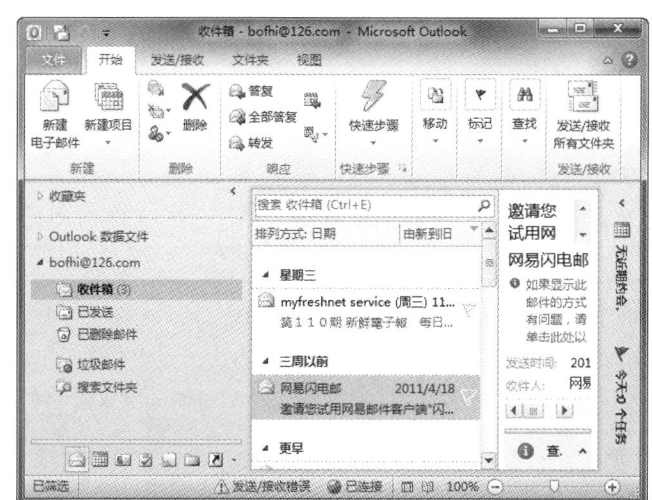

⑬ 打开如下图所示的邮件窗口。可以阅读邮件内容，若要给对方回复信息，可以在【邮件】选项卡的【响应】组中，单击【答复】按钮，如下图所示。

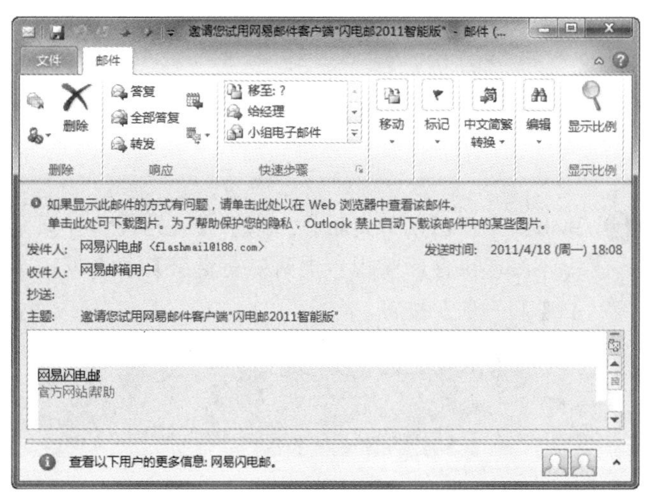

⑭ 在打开的窗口中设置回复信息，再单击【发送】按钮，如下图所示。

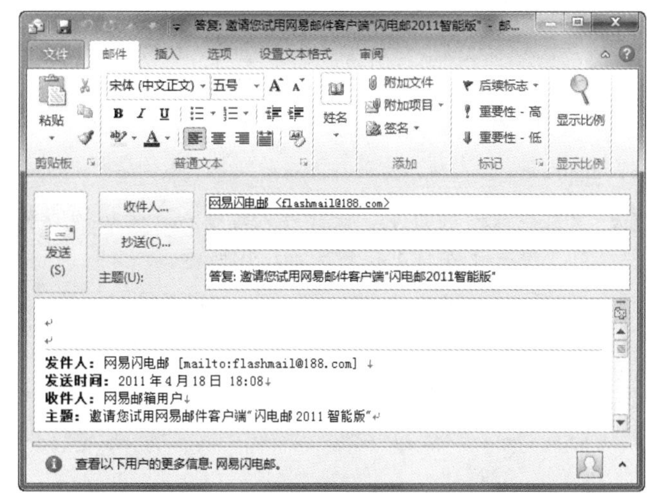

7.4.3　网络电话

计算机网络传输信号的能力远比电话网络强，而且用来传输语音信号在技术是上完全可行的。所以用计算机网络打电话不失为一个好方法。

下面我们介绍当下热门的网络电话 Skype。

要使用 Skype，计算机上必须安装全双工声卡和耳机、麦克风等。为保证顺利使用语音服务，最好拥有较大的带宽。

1. 软件安装

安装 Skype 的操作步骤如下。

操作步骤

❶ 从网上下载 Skype 程序，然后在解压后的文件夹中双击安装程序，如下图所示。

IE 为用户设置了更改主页的功能，该功能使得用户一打开 IE 就出现需要的网页。具体操作是：选择【工具】菜单，再选择【Internet 选项】命令。选择【常规】选项卡，在【主页】选项组中输入想要设置的网页地址。

❷ 弹出如下图所示的对话框。选中【我已阅读并同意软件许可协议和青少年上网安全指引】复选框，单击【下一步】按钮。

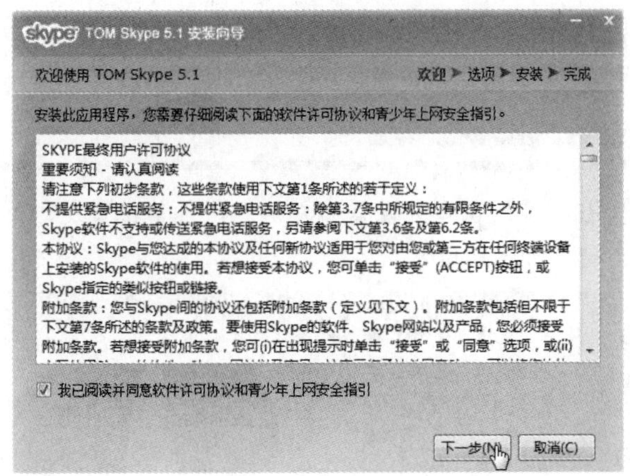

❸ 设置程序安装目录、快捷方式选项、安全选项等参数，单击【安装】按钮，如下图所示。

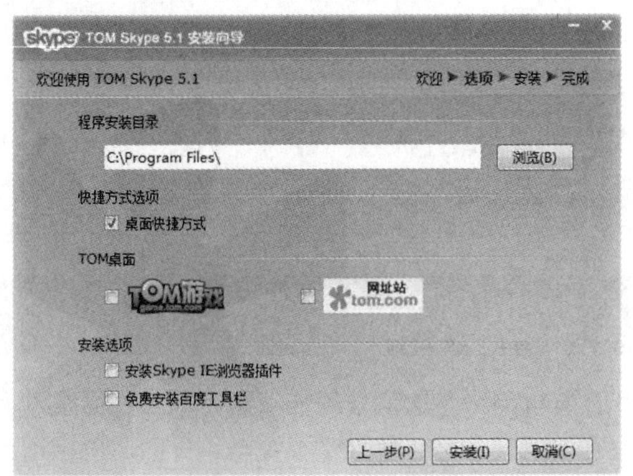

❹ 开始安装程序，弹出如下图所示进度对话框，稍等片刻。

❺ 程序安装完成后，单击【完成】按钮，如下图所示。

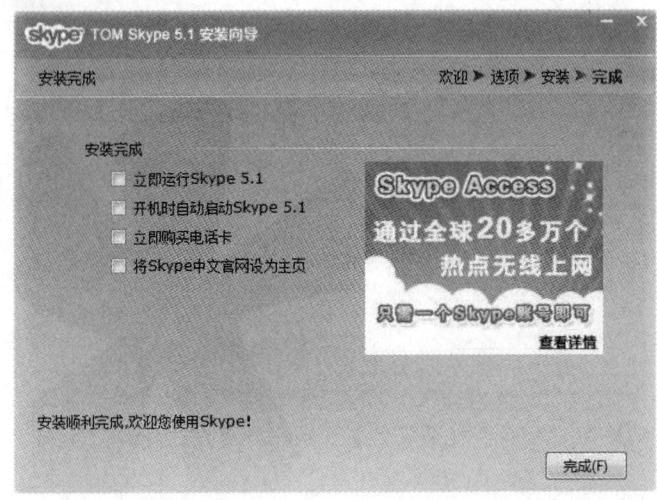

2. 使用 Skype

安装 Skype 程序后，接下来打开、登录该程序，给好友打电话，具体操作步骤如下。

操作步骤

❶ 在桌面上双击 Skype 程序图标，启动该程序，如下图所示。

❷ 第一次启动该程序时会弹出如下图所示对话框，设置账号信息，再单击【我同意-创建账户】按钮。

❸ 将会创建一个新的 Skype 账号，并利用该账号自动登录 Skype 窗口，如下图所示。在【联系人】窗格中选择要联系的好友，单击【拨打】按钮，即可与对方进行“电话”聊天了。

RSS 是英文 Rich Site Summary(丰富站点摘要)或者 Really Simple Syndication(真正简单的整合)的首字母缩写，它是一种用于共享新闻标题和其他 Web 内容的 XML 格式标准。通常在时效性比较强的内容上使用 RSS 订阅能快速地获取信息。网站提供 RSS 输出，有利于让用户获取网站内容的最新更新。

注意

如果要拨打报警或急救电话，请使用普通电话。因为通过 Skype 无法确定用户的具体地点。

7.4.4　网上娱乐

工作之余，用计算机听听音乐，看看视频，放松一下心情是个不错的主意。

1. 听音乐

虽然在 Windows 10 系统中捆绑安装了 Windows Media Player，但这个播放器启动和关闭都太慢，占用大量内存。RealOne Player 的广告太多。这里向大家介绍一个优秀的国产音乐播放软件——千千静听，它是一款完全免费的音乐播放软件，拥有自主研发的全新音频引擎，集播放、音效、转换、歌词等众多功能于一身。它小巧精致，操作简捷，功能强大，深得用户喜爱。

提示

用户可以在官方网站 www.ttplayer.com 下载千千静听的最新版本，同时也可以在国内大型的软件下载站点下载该软件，如华军软件园 www.onlinedown.net、非凡软件站 www.crsky.com 等。

1)　搜索在线音乐

操作步骤

❶ 在计算机桌面上选择【开始】|【所有程序】|【千千静听】命令，启动千千静听程序。首次启动界面如下图所示。

❷ 在音乐窗口上方的搜索框内输入音乐名，本例中以周杰伦的《稻香》为例，如下图所示。

❸ 单击【搜索】按钮，得到搜索结果如下图所示。

❹ 选择要播放的文件，单击【播放】按钮，即可播放该歌曲，如下图所示。

提示

千千静听 5.2.0 及以上版本增加了千千音乐窗功能，集合了千千推荐、排行榜、歌手库、搜索、下载等丰富的音乐内容和功能，并及时更新。千千音乐窗的打开和关闭是通过主控窗口的音乐窗按钮来控制的，也可以使用快捷键 F11 操作。

利用浏览器的地址栏可以调试简短的 HTML 代码。方法：在地址栏输入 about:abc 回车，即可看到效果。

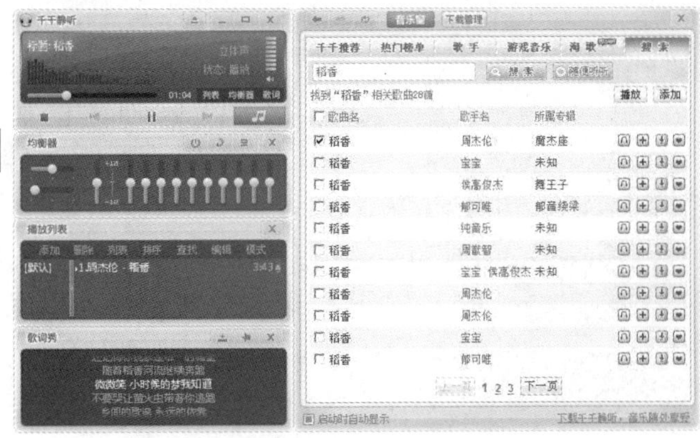

2) 播放本地音乐

操作步骤

❶ 在计算机桌面上双击【千千静听】快捷方式图标，启动千千静听程序。

❷ 单击播放列表窗口的【添加】按钮，在弹出的菜单中选择【文件】选项，弹出【打开】对话框，如下图所示。

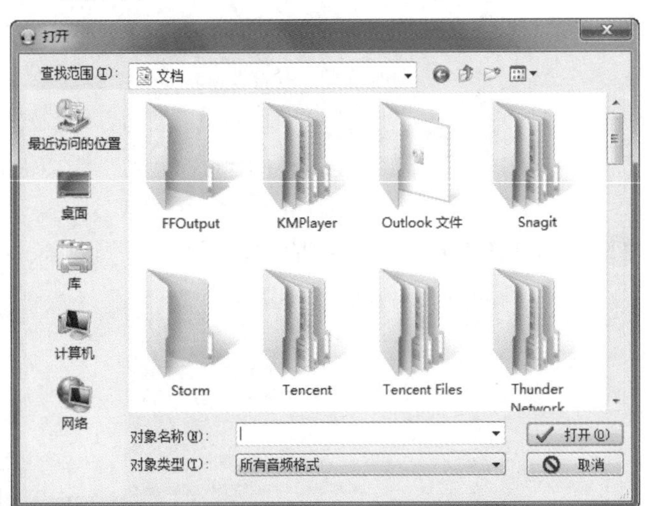

❸ 选择要播放的音乐文件，单击【打开】按钮，返回播放器界面。该音乐文件已被添加到播放列表，如下图所示。

❹ 在曲目列表中双击该歌曲，即可播放，如下图所示。

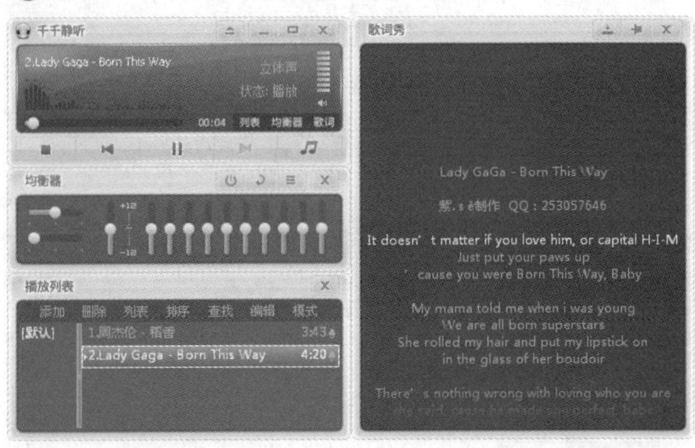

2. 看电影

除了听音乐，用电脑看电影、电视剧、球赛、综艺节目、新闻、DV视频等，人们不用担心错过节目时间，尽享形形色色的视频内容。

注意

在使用和传播视频、音频的过程中注意不要侵犯他人版权或触犯国家法律，如传播国家明令禁止的视频内容。未获得使用授权而将明确表明版权保护的音乐或视频用于盈利目的将受到法律起诉。

想要方便地观看我们找到的诸多视频资源，个人认为Windows Media Player是不太适合的。这里为大家介绍一款比较热门的视频播放软件——暴风影音。该软件内置了齐全的解码组件，几乎能播放当前所有格式的视频。其界面简洁，启动迅速，占用系统资源少，是当前装机必备的软件之一。

暴风影音是一款基于GNU通用公共许可的免费软件（与Linux一样），从新浪、天极等网站均能下载，中文官方网站地址是 http://www.baofeng.com。下面介绍暴风影音的安装和使用。

1) 播放现有的视频文件

暴风影音的功能非常强大，可以播放绝大部分的多媒体文件。本节以播放视频文件为例，介绍其播放过程。

操作步骤

❶ 选择【开始】|【所有程序】|【暴风影音】|【暴风影音】命令，或双击桌面上的【暴风影音】快捷方式图标，启动暴风影音程序，如下图所示。

搜索引擎能为用户提供检索服务，起到信息导航作用。它能够在互联网上搜集、发现信息，并对信息进行理解、提取、组织和处理，帮助用户快速寻找到想要的内容，摒弃无用信息。

❷ 单击播放器中的【打开文件】按钮，弹出【打开】对话框，然后在查找范围中选择需要播放的视频文件，再单击【打开】按钮，如下图所示。

这样就可以用暴风影音播放该视频了，如下图所示。

提示

此外，用户可以在上图所示的暴风影音中对视频进行控制，例如拖动视频位置、播放音频文件或者调节音量大小等。

2) 在线搜索更多视频

比起较早的版本，如今的暴风影音不仅可以播放本地视频，而且还提供在线视频服务，新增加的暴风盒子能够为用户提供包括新闻、电影、电视剧、动漫、综艺、体育等几乎所有的互联网视频点播、直播服务。同时，通过软件自身的优化，它提供了最快、最流畅的在线视频服务。

特别是暴风影音2012版，它不仅聚合了土豆网、激动网、搜狐网、新浪网等国内众多知名网站的视频资源，还提供了数千万的视频内容库，并且以每日数百倍的速度递增，让在线视频点播服务功能异常强大。

暴风盒子的界面只显示了少数的推荐资源，更多的视频可以通过暴风盒子顶部的搜索框进行搜索。

下面以搜索视频“社交网络”为例，介绍在线视频的搜索方法。

操作步骤

❶ 选择【开始】|【所有程序】|【暴风影音】|【暴风影音】命令，或双击桌面上的【暴风影音】快捷方式图标，启动暴风影音程序。

❷ 单击暴风影音右下角的【暴风盒子】按钮，打开暴风盒子，如下图所示。

❸ 在搜索框内输入电影名“社交网络”，如下图所示。

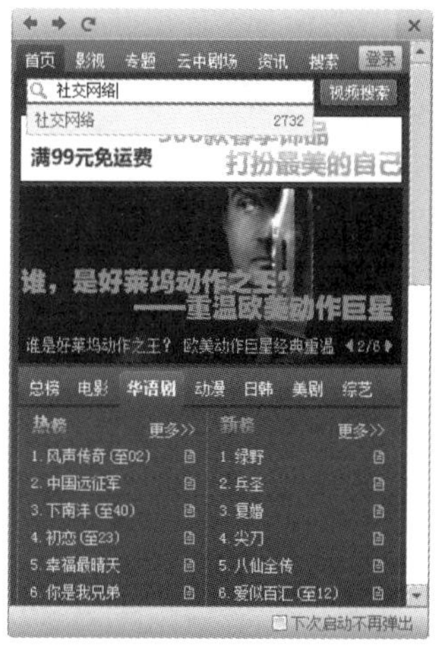

4 单击搜索框右侧的【视频搜索】按钮，得到搜索结果，如下图所示。

5 单击【播放本专辑】按钮，即可播放电影《社交网络》，如下图所示。

对视频的搜索，不仅可以搜索视频的名字，还可以通过搜索作者的名字等相关词汇来搜索视频。

新版的暴风盒子对搜索做了进一步的优化，可以更快、更及时、更准确地帮您找到想看的视频。

7.5 思考与练习

一、选择题

1. 组建一个双机对等网，________硬件是必不可少的。

A. 网卡　　B. 调制解调器
C. 声卡　　D. 路由器

2. 在局域网共享中，______的共享无法实现。

A. 文件夹　　B. DVD 光驱
C. 操作系统　　D. 互联网连接

3. 普通调制解调器一般不具备_____的接口。

A. 与 PCI 总线连接　　B. 与电话线连接
C. 与双绞线连接　　D. 与 USB 总线连接

二、简答与操作题

1. 双机联机线和普通网线有什么不同？
2. 同一局域网内 IP 地址应符合什么条件？
3. 如何设置共享？共享资源如何访问？
4. 共享上网主机有几个 IP 地址，各有什么作用？
5. 练习安装 IE 11，尝试它的新功能。

长见识

电子邮件的协议主要有 SMTP、POP3 和 IMAP。其中 SMTP(简单邮件传输协议)主要用于电子邮件应用程序向邮件服务器传送邮件和邮件服务器之间传送邮件，POP3 和 IMAP 主要用于从邮件服务器中读取邮件。

第 8 章 宿舍自主组网

本章微课

在校园内，越来越多的大学生为了学习和娱乐购置了计算机，同一个宿舍往往有多台计算机。本章将介绍如何在宿舍内组建一个小型、实用的局域网，并实现自己的私人网盘。

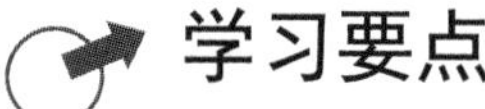

学习要点

- 宿舍局域网的用途;
- 宿舍局域网的硬件需求;
- 宿舍局域网的布线与安装;
- 通信协议的安装与配置;
- 一线多机上网的实现;
- 收看网络视频;
- 宿舍个人私有网盘的实现。

学习目标

本章主要学习宿舍内多台计算机的局域网组建和维护及一些日常应用，如网络视频、网络下载的相关知识，以及如何构建自己的私有网盘。

8.1 组网方案概述

在这个高速发展的信息时代，网络使人们的生活变得更精彩。随着信息技术对校园的冲击和渗透，上网聊天、查询资料、休闲娱乐已经成为学生学习生活中不可缺少的一部分。使用计算机网络已经成为大学生的基本技能之一，广大大学生现在也成为网络上最活跃的一个群体。

无论在哪个大学校园，随便找个宿舍，都能看见一台或者多台计算机摆在桌上。

大学生永远是勇于探索的，他们不会满足于一台计算机的孤岛时代。可能不需要看本书，他们中就有许多人已经摸索出了组建网络的奥秘。

不过为了广大读者方便起见，尽量少走弯路，我们仍要介绍宿舍局域网的组建方法。

如果只有两台计算机，可以参看第 7 章家庭双机组网的方法；如果想组建无线网络，可以参看第 11 章中集中式无线网络的组建方法。

宿舍多机局域网的结构大体如下。

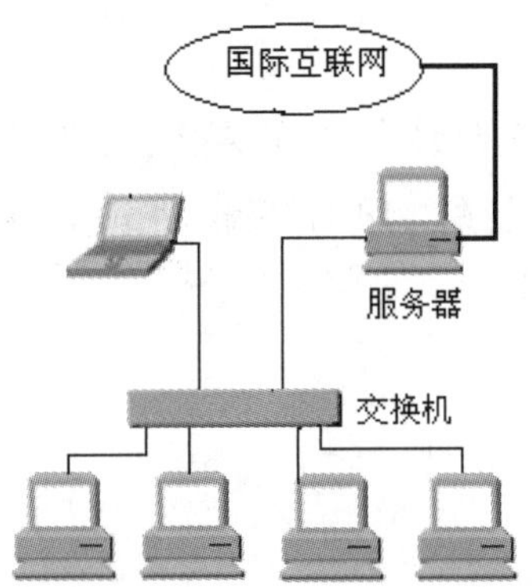

各计算机用交换机或路由器连接。如果需要上网，用一台安装了双网卡的计算机作为代理服务器即可上网，有条件的话也可以使用路由器。

8.1.1 宿舍网的特点

在大学校园的宿舍，许多学生都自己购置了计算机，同一幢楼或同一层宿舍都有许多的计算机。随着操作水平和应用需求的不断提高，大家不再满足于单机的方式，组建宿舍局域网成为必然选择。

大学宿舍局域网以学习、娱乐为主，其他方面不太需要。

宿舍局域网的主要特点如下。

(1) 资源共享。各种电影、音乐文件目不暇接，一台计算机的硬盘往往存放不下，大家每人存一部分，共享起来，就能相得益彰。有了好影片用局域网很快就传送完了，不用像移动硬盘那样费时费力。

(2) 共线上网。校园宽带共线上网，有福同享，花费平分，既节约了银子又有效利用了资源。

(3) 学习交流。大学生最重要的还是学习。有什么资料可以迅速分发，有问题探讨解决，充分利用宿舍局域网进行文档、视频交流，促进学习效率的提高。

(4) 与外界沟通。如果接入了互联网，收发 E-mail、上网就更方便了。

(5) 宿舍局域网一般是由学生自发组织、自筹资金，自己动手组建的。一边学习，一边实践，既增长了计算机方面的知识，还获得了最宝贵的财富——实践经验。

8.1.2 硬件需求

下面介绍宿舍多机组网所需的各种硬件。

1. 计算机

现在个人计算机已经进入四核、六核、八核处理器时代，处理器的性能不再唯频率马首是瞻，而是强调综合性能。

大学生动手能力强，有什么问题总可以找到高人解决。选购计算机时推荐选择组装机，与同价位的品牌机相比，整体性能更高。另一方面，可以根据自身需求选购配件，不仅可以了解 DIY 市场上最新的产品，还能锻炼自己的动手能力。

像酷睿、AMD 多核 CPU，DDR4 内存，AGP 8X 显卡，SATA 接口硬盘，DVD 刻录光驱，这些硬件大学生可以考虑。当然应该根据需求和资金来决定，而不应该跟风。

如果只是普通的文字处理，看看电影、上上网，一般的配置即可胜任。许多大学生往往是狂热的游戏迷，想体验最新的三维大作，或者学习上需要运行一些大型的工程软件，就需要关注市场的最新动态，选择性价比高、性能好的配件。

另外，大学生自己组装计算机应仔细甄别，避免被不良商家欺诈。最好事先做好了解和计划，并请有经验的同学一同前往。

2. 网卡

现在的主板差不多都集成了网卡，新一点的主板还

GIF 是网络上使用广泛的图片格式，它是一种无损压缩格式；JPG 是一种有损压缩格式。这两种图像保存的空间要求较低，一般不超过 200KB，正好与 FTP 上传工具的要求一致。

配置了千兆网卡，所以网卡基本上没有问题。以 RJ-45 接口的 1000Mb/s 网卡为主。

3. 网线

宿舍内架设网络，网线经常需要改动，有的网线甚至经常被踩踏踢动，质量必须过硬。应该选择质量好、性价比高的产品，一般超五类双绞线就能满足需要。有能力的话可以自己制作网线接头以节约成本。网线铺设时尽量保持整洁。

4. 交换机/路由器

当前小型的交换机、路由器价格几乎都在百元左右，性能也相当稳定，足以胜任宿舍的组网需求。

8.1.3 组建准备

我们举例的宿舍多机局域网主要需要以下设备。

- 个人计算机 3～8 台。计算机性能、配置可以各不相同，只要它们都安装了 RJ-45 接口的网卡即可。
- 1000Mb/s 的以太网交换机或路由器一台，接口数量应该不少于计算机数量。
- 双绞线网线若干，数量和长度应该满足能将所有的计算机连接起来。

如果使用 ADSL 上网，还需要一台 ADSL 调制解调器。如果使用宽带上网，需要一台安装了双网卡的性能较好的计算机充当默认网关。有条件的话也可以买一台低端的路由器。

网卡的选购请参考第 2 章。

操作系统的选择请参考第 3 章。本例中所有计算机均选择使用 Windows 10 系统。

操作系统的安装请参考第 6 章。

网卡的安装和驱动以及网线的制作请参考第 5 章。

交换机或路由器本身是一个硬件设备，没有任何软件选项需要设置。只需要用网线将计算机和交换机或路由器连接，为其接上电源即可。

8.2 组网方法及步骤

如果宿舍里有几台计算机，想与室友分享各自的学习资料、电影、杂志和音乐，在学习之余一起玩玩游戏，甚至架设自己的游戏服务器，那就请仔细阅读以下的内容吧。

8.2.1 IP 与共享设置

在多机局域网中，IP 地址和共享资源的设置在前一章已经讲解过，这里不再赘述。

IP 地址必须保证所有的计算机都在同一网段内，但要避免重复，下图所示的例子，网关地址和 DNS 地址都设置成服务器连接局域网的网卡地址。

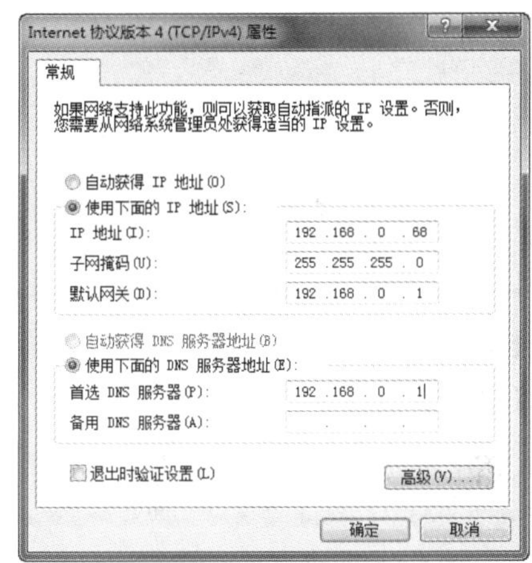

为提高网络效率减少不明故障，最好将 Windows 内置的实用价值不高的防火墙关闭，如下图所示。如果对安全有要求，可以安装其他防火墙软件。

共享设置很简单，具体步骤参考第 7 章。将一些公共的文件夹设置为共享，而存储个人资料的文件应注意保密工作，必要的话可以用系统软件加锁保存起来。

8.2.2 配置通信协议

某些情况下，有的用户可能因为一些操作而将通信

要保存网页上的图片，可在图片上右击，出现快捷菜单，选择【图片另存为】命令。选择保存路径，输入文件名，单击【保存】按钮即可。

协议卸载了，或者有的程序需要添加一些其他的通信协议。添加协议的操作步骤如下。

操作步骤

❶ 在计算机桌面上选择【开始】|【控制面板】命令，打开【控制面板】窗口，然后设置【查看方式】为【大图标】。在此模式下单击【网络和共享中心】图标，如下图所示。

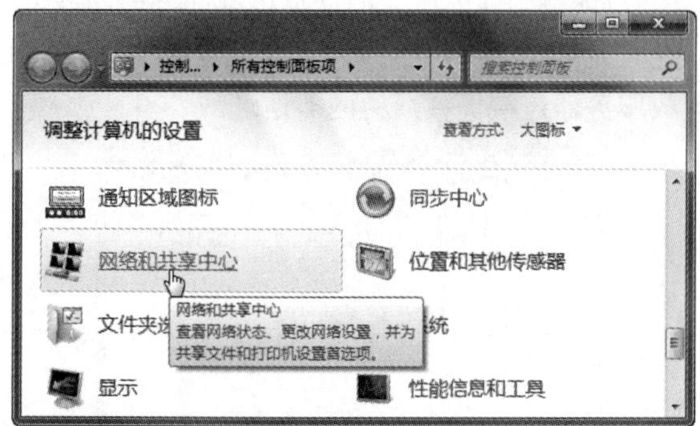

❷ 打开【网络和共享中心】窗口，然后在左侧列表中单击【更改适配器设置】链接，如下图所示。

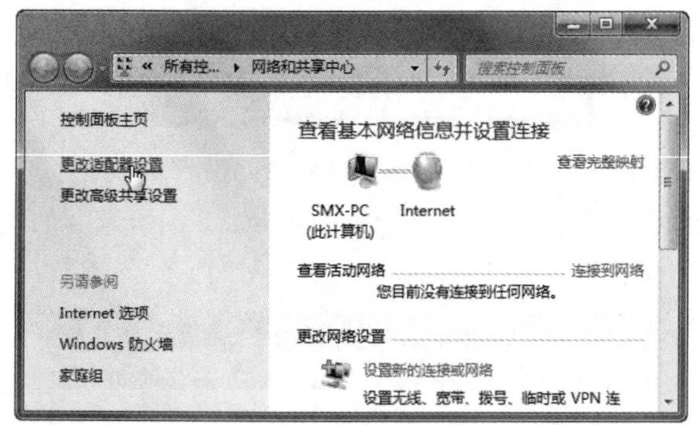

❸ 打开【网络连接】窗口，然后右击【本地连接】选项，从弹出的快捷菜单中选择【属性】命令，如下图所示。

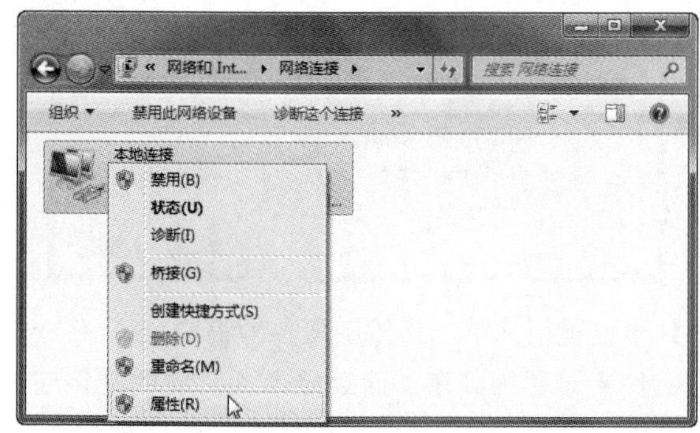

❹ 弹出【本地连接 属性】对话框。在【此连接使用下列项目】列表框中单击【Internet 协议版本4(TCP/IPv4)】选项，再单击【安装】按钮，如下图所示。

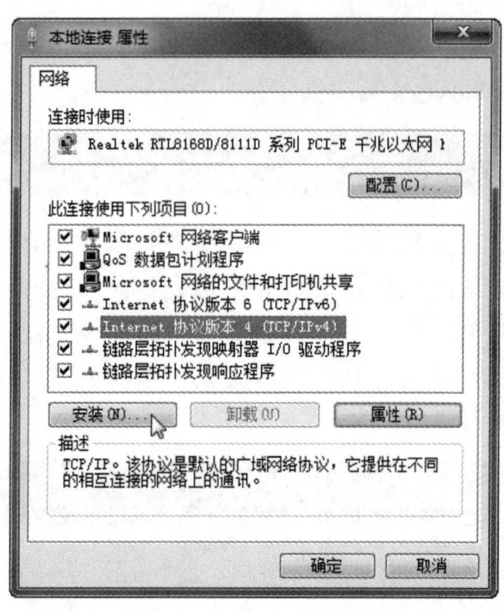

❺ 弹出【选择网络功能类型】对话框。选择要安装的组件类型，如下图所示。这里选择【协议】选项，单击【添加】按钮。

❻ 在列表框中选择要添加的网络协议，再单击【确定】按钮，如下图所示。

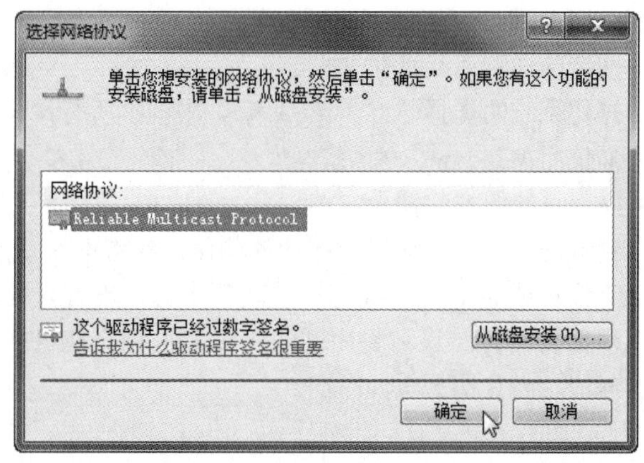

❼ 如果不再需要此项目，在【本地连接 属性】对话框中选中相应组件，单击【卸载】按钮，如下图所示。

长见识

ADSL是一种非对称DSL(Digital Subscriber Line，数字用户线路)技术，可在现有任意双绞线上传输，误码率低。ADSL支持上行速率512Kb/s～1Mb/s，下行速率1.5 Mb/s～8Mb/s，有效传输距离为3～5km。ADSL接入互联网有两种方式：专线接入和虚拟拨号。

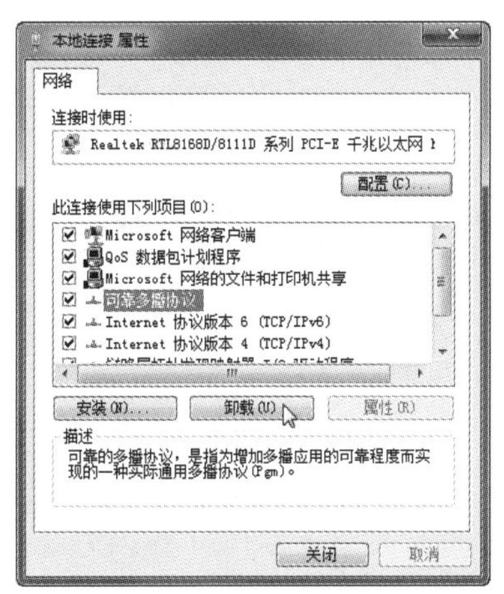

❽ 在弹出的对话框中单击【是】按钮，确认删除，如下图所示。

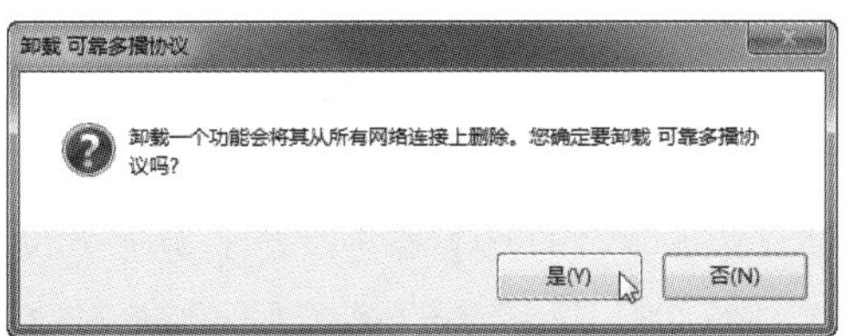

8.2.3　安装 Internet 信息服务器(IIS)

如果您在学习网络方面的课程，自己设计了许多漂亮的网页，只是存在计算机里未免太可惜了。发布到网站上又太麻烦，有的还要收费。在局域网内架设网站，计算机容量有限，安装一个 Windows Server 2019 占用空间，又不便于平时学习和娱乐，怎么办呢？

其实，在 Windows 系统中已经集成了一些服务器程序，只是我们平时没有注意罢了。安装操作系统时这些服务一般默认不启动，需要手动安装。

如果使用的是 Linux 系统，架设网站服务器更简单，安装相应的软件包就行了。

这里介绍如何在 Windows 7 系统下安装 Internet 信息服务器，具体操作步骤如下。

操作步骤

❶ 在【控制面板】窗口的【大图标】模式下，单击【程序和功能】图标，如下图所示。

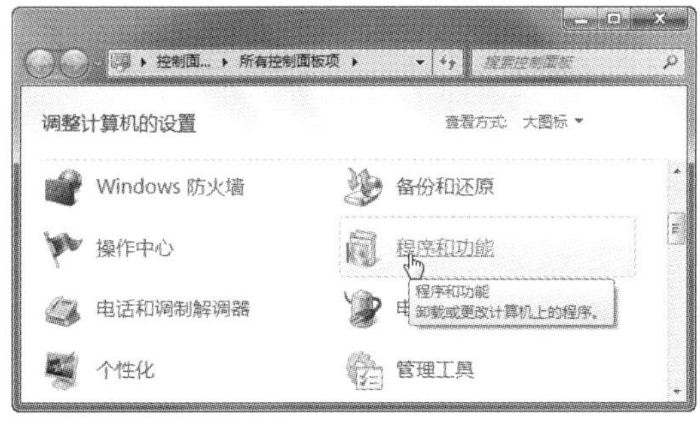

❷ 打开【程序和功能】窗口，如下图所示。单击左侧的【打开或关闭 Windows 功能】图标。

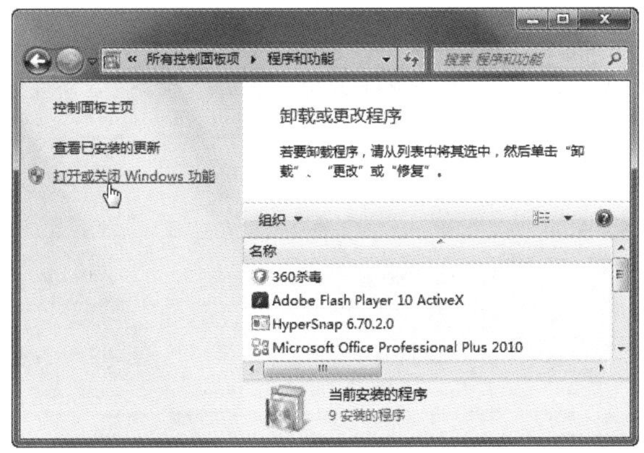

❸ 弹出【Windows 功能】对话框。选中【Internet 信息服务】复选框，再单击【确定】按钮，如下图所示。

❹ 开始更改 Windows 组件，弹出如下图所示的对话框，稍等片刻。

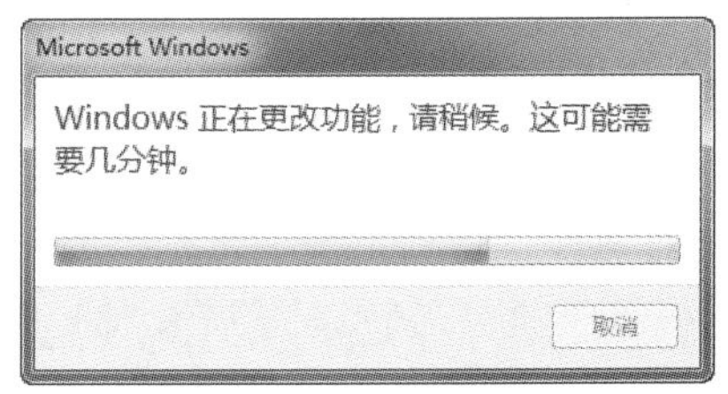

❺ 安装完成后，在【控制面板】窗口中单击【管理工具】图标，如下图所示。

学以致用系列丛书

TCP(Transmission Control Protocol)协议，即传输控制协议。在 IP 协议提供的服务基础上，它为应用程序提供一个可靠的面向连接的全双工的数据流传输服务。

长见识

❻ 打开【管理工具】窗口。双击【Internet 信息服务(ISS)管理器】图标，如下图所示。

❼ 打开【Internet 信息服务(ISS)管理器】窗口。展开左侧窗格中的目录树，可以看到系统已经自动建立了一个站点，如下图所示。

❽ 在左侧窗格中右击网站名称，从弹出的快捷菜单中选择【添加应用程序】命令，如下图所示。

❾ 弹出【添加应用程序】对话框。设置程序名称及物理路径，最后单击【确定】按钮，添加应用程序，如下图所示。

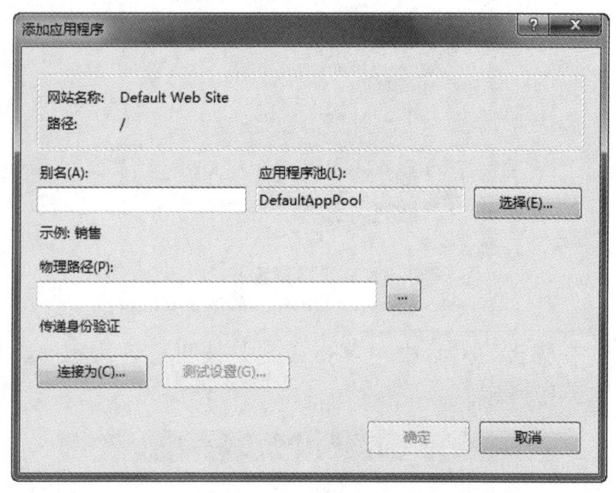

❿ 在左侧窗格中右击网站名称，从弹出的快捷菜单中选择【添加虚拟目录】命令，如下图所示。

⓫ 弹出【添加虚拟目录】对话框。设置别名及物理路径，最后单击【确定】按钮，添加虚拟目录，如下图所示。

学以致用系列丛书

长见识 UDP(User Datagram Protocol)协议，即用户数据报协议，它提供了不可靠的无连接的数据报传输服务，常用于数据量较少的数据传输。

8.3　宿舍私有云方案

2016 年，新浪微盘、金山快盘、腾讯微云、华为网盘和 360 网盘……大量云盘面临破产，对在云盘空间有大量个人数据的用户来说，不是备份的问题，而是取舍的问题，把个人认为重要的东西下载下来，重新放回自己的计算机硬盘，而有限的计算机硬盘无法全部保存来自云盘的数据，只能无可奈何花落去，一江春水向东流。

在体会云盘的种种方便之后，用户对云盘式的文件共享和管理已经产生了依赖，于是用户开始架设属于自己的云盘的尝试，随着网络技术和手机 4G、5G 技术的发展，拥有自己的私有云已经变得切实可行。作为高校的学生群体，这个群体当中的主力军第一有需求，第二有技术，第三有精力，第四有时间，而且 DIY 的成本也不高。

NAS(Network Attached Storage)，又称网络附加储存、网络连接储存装置、网络储存服务器。NAS 其实就是一台计算机，更精确来说它是一个服务器。按字面来说，NAS 就是连接在网络上，具备资料存储功能的装置，因此也称为网络存储器。它是一种专用数据存储服务器，以数据为中心，将存储设备与服务器彻底分离，集中管理数据，从而释放带宽，提高性能，降低总拥有成本，保护投资。其成本远远低于服务器存储，效率却远远高于后者。目前国际著名的 NAS 企业有 Netapp、EMC、OUO 等。有了 NAS，用户就拥有了自己的云服务。

私有云能做什么呢？商业云能做的，它基本都能实现。只要把电子产品，例如手机、笔记本电脑、IP CAM 以及另一个 NAS 连接到网络当中就可以存取 NAS 的资料，可以同步多个装置的资料，甚至可以为不同的使用者开设账号和设置权限，但每个人只可以存取自己的档案。想分享档案给其他人，就像 Google Drive、Dropbox 等网上储存空间一样，分享档案连接就可以让其他用户下载 NAS 中的档案，结构如下图所示。

简单来说，NAS 就是一个自己的网盘，这是 NAS 的核心功能。方便存储，数据安全性高，运用场景就是存文件、备份数据、收藏经典高清电影等。宿舍或者家中的所有设备都可以方便快捷地共享访问。

8.3.1　越大牌越省心

用户应该购买有一定品牌影响力的现成产品，建议买品牌产品。群晖科技(Synology)创立于 2000 年，专注于打造高效能、可靠、功能丰富且绿色环保的 NAS 服务器，是全球少数几家单纯提供网络存储解决方案而获得世界认同的华人企业。下图所示为他们的高性价比产品 DS218+。

该产品采用 Intel 双核 2.0GHz(还可以超频)，内存较上一代升级到了 2GB，更关键的是内存可以自己升级(拥有两个内存插槽，可自行升级笔记本内存)，硬件配置基本能满足小型办公和家用的需求，支持 4K 解码。单个支持 12TB 的硬盘，最大支持 24TB，后期还可以接 DX517 扩充箱扩充到 7 个硬盘，超低功耗 17W，超静音智能风扇，如下图所示。

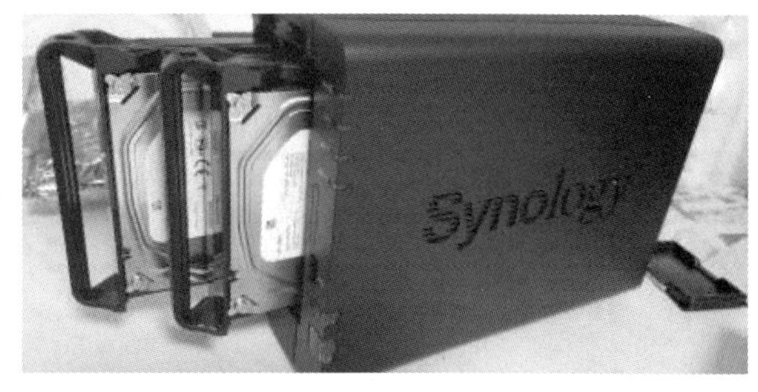

一般情况下，品牌设备会安装完善的软件系统。下图所示为 DSM6.1 智慧型桌面系统，用户可以使用该系统开设自己的私有云服务。

可以配置 NAS 系统，让用户通过互联网访问自己的私有云，但不安全，除非必要否则不建议打开此功能。

8.3.2 配置及应用场景

该产品的硬件配置和性能如下表所示。

处理器型号	Intel Celeron J3355
处理器架构	64 位
处理器频率	双核心 2.0GHz burst up to 2.5GHz
系统内存	2GB DDR3L
预安装内存模块	2GB (1×2GB)
内存插槽总数	2
内存可扩充	6GB (2GB + 4GB)
磁盘槽数量	2
兼容磁盘类型	3.5" SATA HDD 2.5" SATA HDD 2.5" SATA SSD
内部总存储容量	24TB (12TB drive×2)
电源供应器、变压器	60W
最大联机数	20
Office 最大用户数	200

从这个配置表不难看出，设备的硬件要求并不是传统意义上的“高配置”，主要考量存储性能、网络性能、功耗以及静音效果，差不多价位的产品基本上也是这样的配置。这种 NAS 到底能做什么呢？它的应用场景大概有以下几点。

1. 文件备份

文件备份是 NAS 的基础功能，主要备份类型有以下几种。

(1) 相机照片备份。对摄影爱好者而言这是一个极好的功能。采风归来，取出相机的 SD 卡，插入 NAS 前面板的 SD 卡槽。通常 SDCopy 会自动备份照片到指定位置然后弹出 SD 并有声音提醒用户备份成功，用户可以挑选、整理照片。

(2) NAS 数据冷备份。NAS 的硬盘在长期开机使用过程中，难免会有损耗，为确保数据安全性，还需要定期进行冷备份。用户可以定期将移动硬盘插入 NAS 前面板的 USB 口，通常 USBCopy 会自动导出之前预设的文件目录到移动硬盘中，完成后弹出移动硬盘。

(3) 手机和平板照片及文件备份。虽然手机厂商以及其他的商业云都提供了备份手机数据的功能，但是个人的信息还是放在自己手里更放心。通常 DS Photo 可以非常方便地将家人所有的手机和平板拍的照片及时上传至 NAS，需要时还可以使用 DS File 读取和存入文件。

2. 系统备份

无论是苹果操作系统还是微软操作系统的用户都曾经历过系统重装的痛苦经历，所以系统备份非常重要。建议使用 NAS 备份操作系统。

时间机器 Time Machine 在 NAS 中新建了 Mac 专用账户，分配 256GB 空间用于 Time Machine 备份，只要用 Time Machine 备份，用户的 Mac 从系统设定、文件、照片、网页记录、账号密码、下载与安装过的 Mac 软件，都会被保存起来，将来 Mac 出事时重启一切，完美重生。

NAS 系统数据备份套件 Hyper Backup 支持将任意数据备份到任意目的地，它是一个全能的数据保护工具。使用 Hyper Backup 组件定期备份 NAS 的设置及套件数据，确保 NAS 损毁时可以无损迁移到新 NAS 中。Hyper Backup 能自动、定期执行备份计划。按照循环方案，保存关键历史节点、足够数量的备份，以便用户恢复系统。在存在多个历史版本的前提下，它将尽可能地压缩备份数据占用的空间，降低备份成本。

3. 同步与应用

为确保经常使用的文件能够在多个终端同步，用户通常需要一个“同步”盘。商业云盘当然会提供同步盘功能，但是考虑到个人隐私，或者同步盘的个人信息比较重要，则应将数据放在自己的同步盘中。

(1) NAS 文件同步。使用 NAS 的 Cloud Station Server 组件，可以统一管理所有终端的文件状态，同时启用尽可能多的备份版本，以确保文件的安全。为了安全，不应打开 NAS 的外网访问功能，这会影响同步及时性。

(2) NAS 照片浏览。NAS 提供的 Photo Station 服务，可供全家人坐在电视机前观看旅行的照片。

(3) NAS 音视频播放。手机和计算机容量往往有限，如果想随时播放之前辛苦收集的音视频文件，可以使用

搜索引擎是一个提供信息检索服务的网站，它使用某些软件程序把 Internet 上的信息归类或者人为地把某些数据归入某个类别，形成一个可供查询的大型数据库。

NAS提供的Audio Station服务收听音乐以及用Kodi(电视或计算机端)播放电影。

8.3.3 越省钱越开心

对技术人员而言，省钱并不是最终的目的，为了省钱花去的精力和时间的价值可能远远超过省下的钱。

用户可以自己动手做 NAS，价格自然便宜很多，下图是一款性价比很高的产品。

具体配置：四核 CPU(英特尔 J1900 四核 CPU，2.0GHz 主频)、4GB 内存(DDR3 PC3L-12800S 1600MHz)、16GB 固态硬盘、500GB 企业级 SATA 硬盘、两个千兆网口、一个 VGA 接口、一个 HDMI 接口、两个 USB 3.0 接口、4 个 USB 2.0 接口、四个热插拔 SATA 3 硬盘位(最大支持单盘 10TB 的 SATA 硬盘)。有时商家会把 NAS 系统安装好，就是大家比较熟悉的常用系统，当然用户也可以自己安装。

1. 开源 NAS 系统

市面上能见到的 NAS 操作系统很多，FreeNAS 就是开源免费的。也有完全商业的闭源版本，更有黑群晖之类的破解版本。NAS 系统的迭代是一个大浪淘沙的过程，留存下来的系统在功能上逐渐趋同，这代表了市场的普遍需求。常见开源 NAS 操作系统如下。

(1) FreeNAS，目前最受欢迎的开源免费 NAS 操作系统之一。以安全和稳定著称的 FreeBSD 系统，由 ixsystems 公司的技术团队维护，如下图所示。

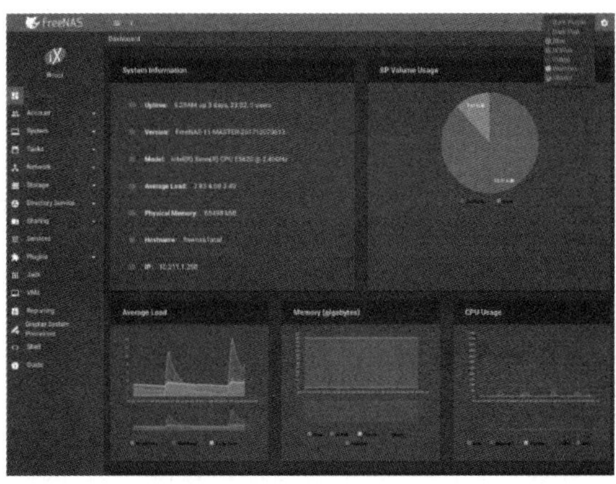

(2) NAS4Free，基于 FreeNAS 0.7 开发的一个分支，由原 FreeNAS 系统开发者发起创建，安装要求没有 FreeNAS 高，版本更新却很及时。NAS4Free 正式更名为 XigmaNAS，如下图所示。

(3) OpenMediaVault，由原 FreeNAS 核心开发成员 Volker Theile 发起的基于 Debian Linux 的开源 NAS 操作系统，主要面向家庭用户和小型办公环境。

(4) Openfiler，一款基于浏览器管理的开源 NAS 操作系统，它基于 rPath Linux 开发。2013 年以后，这款 NAS 系统的开源版本再没有更新。

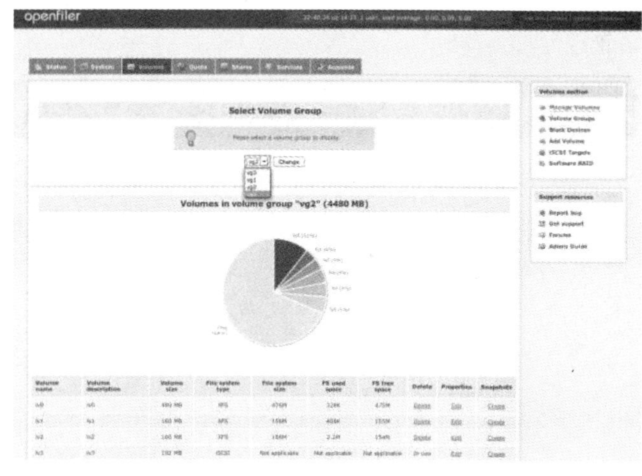

(5) NexentaStor，基于 OpenSolaris 开发，与 FreeNAS 一样采用强大的 ZFS 文件系统。该系统由 Nexenta Systems 公司技术团队维护，同时提供社区开原版和商业付费版本，社区开源版有 18TB 的存储容量限制。

(6) RockStor，一款基于 Linux 的开源 NAS 系统，采用企业级文件系统 BTRFS，提供 SMB/CIFS、NFS 以及 SFTP 常见的共享方式，第一个 ISO 镜像发布于 2014 年 10 月 2 日。

(7) EasyNAS，另一款非常年轻的 NAS 系统，与 RockStor 很像，同样采用企业级文件系统 BTRFS，但官方网站和文档会略逊一筹，第一个 ISO 镜像发布于 2014 年 5 月 10 日。

NAS 网络存储服务器是一款特殊设计的备份服务器，它能够将网络中的数据资料合理有效、安全地管理起来，并且作为备份设备将数据库和其他的应用数据随时自动备份到 NAS 上。

(8) NASLite-2，是少数基于 Linux 的商用 NAS 操作系统，由 Server Elements 公司推出，需要支付 29.95 美元才能下载 ISO 镜像文件。

(9) NanoNAS，同样出自 Server Elements 公司，它是 NASLite-2 的精简版，需支付为数不多的钞票才可以下载 ISO 镜像文件。

(10) CryptoNAS，以前叫 CryptoBox，是一个专注于磁盘加密的项目，提供基于 Linux 的 LiveCD，它整合了 NAS 服务器加密功能，可直接安装到现有 Linux 服务器上，为磁盘加密提供友好的浏览器管理界面。

(11) Webmin，它不是 NAS 操作系统，但可以实现基本的 samba 共享功能。Webmin 是目前功能最强大的基于浏览器的 UNIX 系统管理工具，可以安装在几乎所有的类 UNIX 操作系统上。

(12) GlusterFS，由 Zresearch 公司负责开发，最近非常活跃，文档也较齐全，不难上手。GlusterFS 通过 Infiniband RDMA 或 TCP/IP 协议将多台廉价的 x86 主机通过网络互联成一个并行的网络文件系统。

(13) Lustre，为解决海量存储问题而设计的全新文件系统，是下一代的集群文件系统，可支持 10000 个节点，PB 级的存储量，100GB/S 的传输速度，较高的安全性和可管理性。

2. 安装某个 NAS 系统

首先要下载 NAS 系统所需要的软件，通常需要准备：

- U 盘，8GB 足够使用。为方便后期维护，该 U 盘需要永久插在计算机上作为引导。
- Win32DiskImager，用于写入镜像文件到优盘。
- ChipEasy 芯片无忧 V1.6 Beta3，用于查看优盘 vid/pid。
- DSM 各型号引导文件及相关软件。
- 适合运行 NAS 的设备。

操作步骤

1. 将相关型号的引导镜像文件写到 U 盘。下载相应型号的引导及相关工具，解压备用。打开 Win32 Disk Image File，选择对应型号的 synoboot.img。Device 选择 U 盘盘符，不能选错，单击 Write，如下图所示。

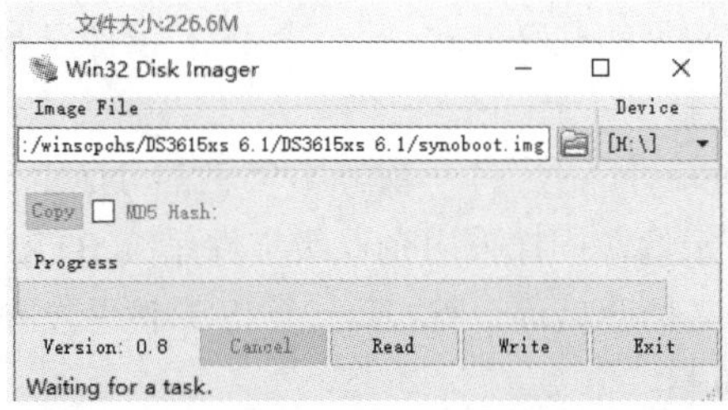

2. 用芯片无忧 ChipEasy V1.6 Beta3，查看并记录 U 盘的 pid/vid。

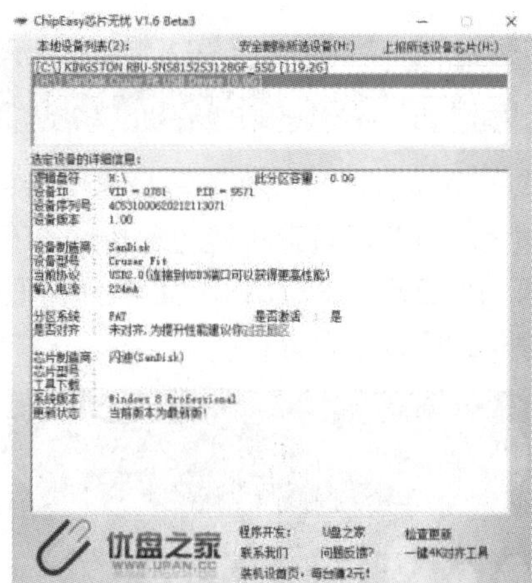

3. 打开 DiskGenius(最好断网使用)，找到 U 盘所在的盘符，选择第一个分区，找到\grub\grub.cfg，使用 Notepad++或者记事本打开它。用查出的实际 pid 和 vid 值替换保存(替换时，记得把前面那个 0x 留着，要不然会影响后续安装)，同时用正确的 sn、mac 替换 U 盘里 grub.cfg 的 sn / mac1 值，然后保存。把修改好的 grub.cfg 文件复制到 DiskGenius 覆盖即可。

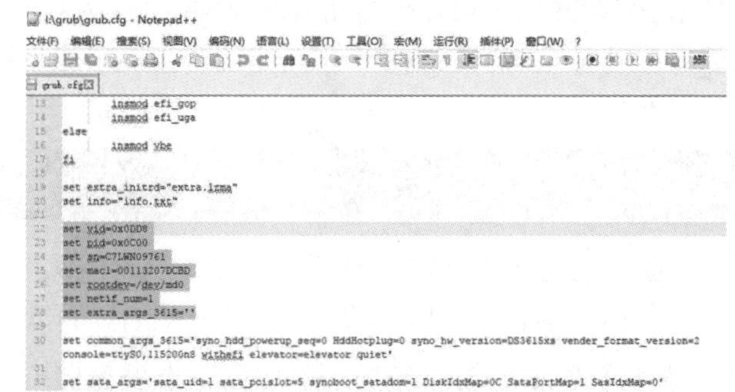

复制

```
set vid=0x0DD8     //修改 0DD8 为你U盘的VID 保留前面的0x
set pid=0x0C00     //修改 0C00 为你U盘的PID 保留前面的0x
set sn=C7LWN09761     //此处为序列号 如你有的洗白需求的话可修改
set mac1=00113207DCBD //此处为网卡MAC修改为和你NAS一致的MAC 洗白的话需要001132开头 需要该硬件MAC
```

4. 准备安装 NAS 的设备接上一个显示器，U 盘插到 NAS 设备上，引导开机。先不连接硬盘，只插入引导 U 盘，出现如下画面后，计算机上运行 Synology Assistant(群晖助手)或计算机输入 https://find.synology.cn，查找新安装的群晖系统。

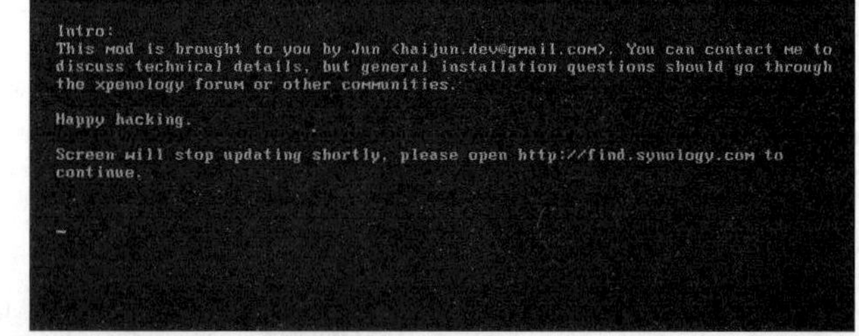

网上卖家鱼龙混杂，有些 NAS 主机虽然便宜，但是都是用过的，如果资金足够，应购买品牌产品。

❺ 搜索到设备后会自动打开网页，建议使用谷歌浏览器，如下图所示。

如果有问题，也可以选择手动安装，如下图所示。

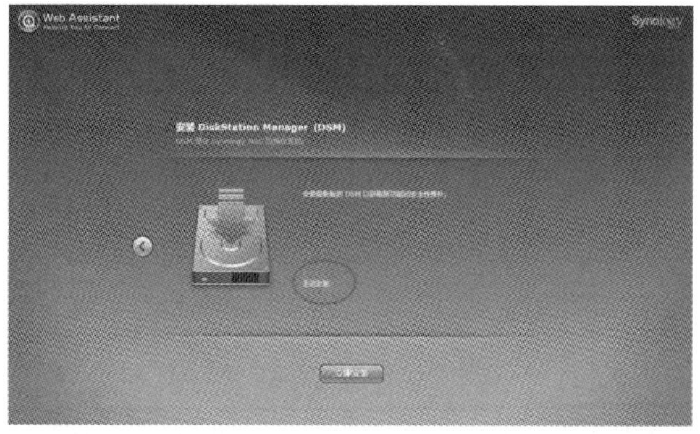

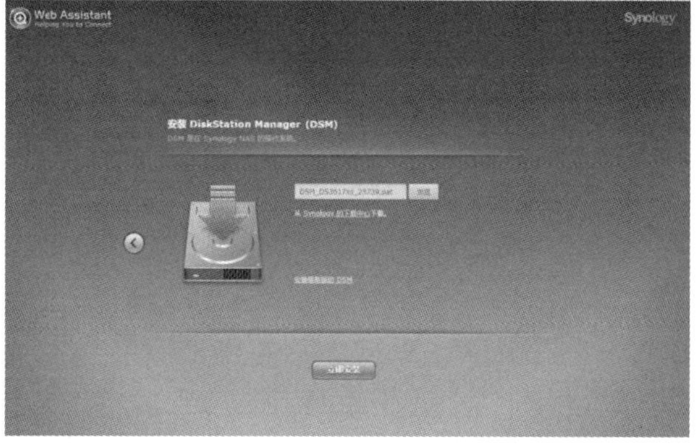

一切正常的情况下，进入安装状态，如下图所示。

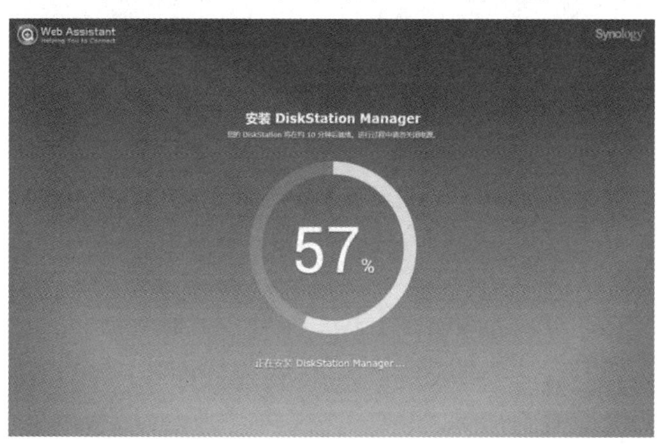

❻ 系统会自动重启，稍后会跳转到设置页面，如下图所示。

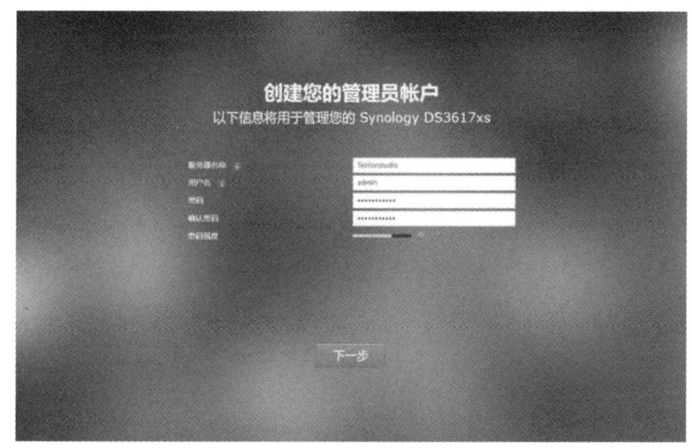

经过设置以后，可以进入 NAS 系统，如下图所示。

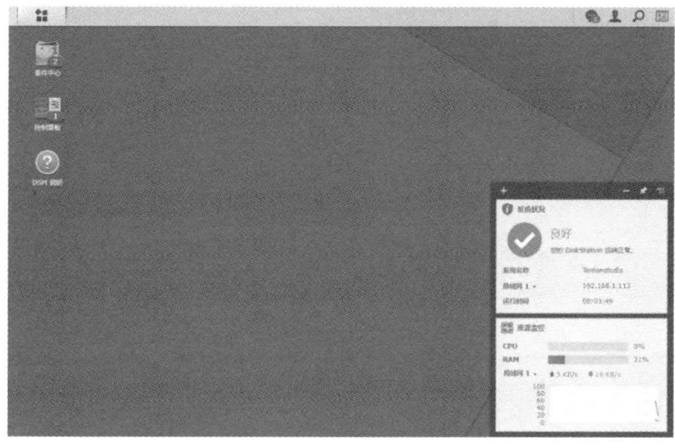

该 NAS 系统安装好以后，就可以投入应用。使用 NAS，管理员能够有效、合理地安排和管理内部数据资料，使数据文件从其他网络机器上分离出来，实现数据资料的分散存储，统一管理数据资料系统。

长见识：NAS 主机可以使用 SSD 硬盘以及 SATA 硬盘，这样可以安装群晖和 Windows 10，方便使用。

8.4 思考与练习

一、选择题

1. 一个宿舍有7台计算机，它们要组成一个局域网，最好选用________拓扑结构。

A. 总线型　　B. 星形
C. 环形　　D. 网形

2. NAS开源系统不包括________。

A. FreeNAS　　B. NAS4Free
C. NexentaStor　　D. 群晖

3. 在局域网主机的设置中，主机IP为192.168.0.1，默认网关为192.168.0.1，则以下从机中可以通过主机上网的网关IP是______。

A. 192.168.0.4　　B. 192.168.0.3
C. 192.168.0.2　　D. 192.168.0.1

4. 使用BT下载与传统HTTP下载相比，_______。

A. 同时下载的人数越多，下载速度越慢
B. 同时下载的人数越多，下载速度越快
C. 同时下载的人数越少，下载速度越慢
D. 同时下载的人数越少，下载速度越快

二、操作题

1. 组建一个宿舍局域网，设置主机和从机的通信协议和IP地址，实现一线多机上网。

2. 从网上下载迅雷的安装文件，将其安装到计算机上，然后从网上下载一首MP3歌曲和一部电影。

3. 从网上下载爱奇艺的安装文件，将其安装到计算机上，然后试着收看网络电视。

4. 试着安装某一款NAS系统。

5. 将本地硬盘内的一个文件夹设置成共享文件夹，并且设置共享访问权限。

长见识

群晖之类的NAS所带软Raid的可靠性及性能不太让人满意。如果你的群晖是双盘位，不建议使用Raid，而应使用两块独立硬盘(Basic模式)，除非你不考虑数据安全。

第9章 组建网吧

网吧是信息时代兴起的娱乐场所，是我们消遣、放松、聊天的地方。知道怎么组建、维护一个网吧局域网吗？通过本章的学习，会在轻松的阅读中学会怎样筹划、组建、管理网吧。

本章微课

学习要点

- 网吧局域网的组建条件；
- 网吧局域网组建方案的设计；
- 网吧管理软件的使用；
- 网吧硬件、系统维护；
- 还原卡的应用；
- 无盘工作站的安装；
- 常用软件的安装与更新。

学习目标

本章主要介绍组建、管理和维护网吧局域网的方法。

网吧局域网不同于其他网络，其娱乐性、商业性非常强。用户不会参与网吧维护，所有的组建、维护工作都必须由管理员来完成，因此对管理员技术水平和耐心的要求非常高。

组建和维护网吧局域网，不仅要考虑网络的通畅，更需要在分析用户需求上下功夫，以顾客的喜好为导向来设置网络环境。

9.1 组建方案概述

曾有一段时间，网吧像雨后春笋般疯长。那么网吧有什么功能呢？

9.1.1 网吧局域网的特点

网吧是20世纪新兴的娱乐场所，它是一种商业运行模式，肯定要考虑成本。组建网吧要考虑成本与效益的问题。网吧的工作站一部分可以是无盘工作站，这样可以省下不少的硬盘成本，同时还可以减轻维护工作，因为无盘工作站没有硬盘，维护相对容易。

另外，网吧局域网还需要实现如下功能：

① 一线多机上网；

② 联机玩本地、网络游戏；

③ 即时通信、购物，如QQ、淘宝等；

④ 方便进行网吧的日常维护。

9.1.2 硬件需求

组建网吧，投资是一件很重要的事。对不了解计算机行情的人来说，制定一个廉价的配机方案有利于网吧的生存和发展，但要考虑到计算机将来的升级。然而，资金影响到硬件，硬件又影响到网吧局域网的组建类型、结构选型。

1. 网吧组建结构

现有网吧的典型组网方案如下图所示。

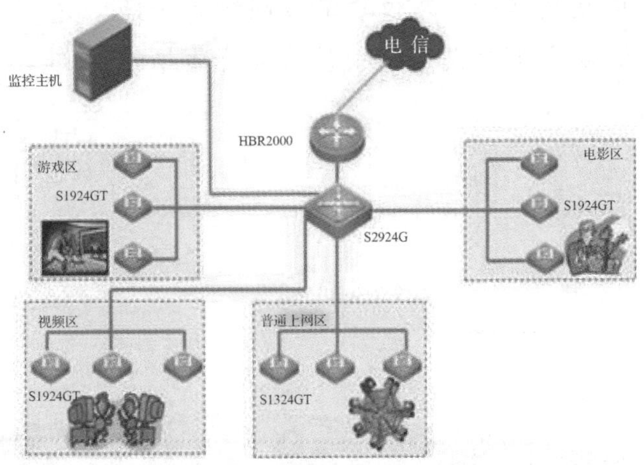

网吧是一个集游戏和上网于一体的公共场所，组建网吧时可以采用Windows 7/10对等网、Windows Server无盘工作站形式。

2. 硬件需求

我们以组建一个小型网吧(15台计算机)为例。

对于机器数目少，通信量也不大的网络，可以采用1000Mb/s以太网技术。现在的网吧游戏对网络通信量的要求越来越高，因此我们采用1000Mb/s以太网。那采用什么网络结构呢？现在流行的网络布线拓扑是星形。星形网络以交换机为中心，使用双绞线呈放射状连接各台计算机。交换机上有许多指示灯，遇到故障时很容易发现出故障的计算机，而且一台计算机或线路出现问题不会影响其他计算机，这样网络的可靠性和可用性都大大地增强。此外，增加计算机，只需使用双绞线将计算机连接到交换机上就行，很容易地扩充网络。

首先，根据场地画出施工简图，确认每台计算机的摆放方式和地点，然后在图上标明每台计算机的摆放位置，根据计算机的分布确定交换机的摆放地点。要注意，网关服务器的位置要配合上网电话线的入户位置，因为电话入户线越短越好(入户之后采用平行电缆，其通信效果较差)。

安装计算机前，需要考虑网络设备的选择和施工方案。网络基础设备的选择是比较重要的，网吧局域网其稳定性是第一位的，所以必须保证网络设备的可靠性和稳定性。组建小型网吧所需的网络设备选择如下。

(1) 交换机。小型网吧一般不超过15台计算机，可以选择D-link或者TP-link 16口1000Mb/s交换机。

(2) 网卡16片，可以选择D-link或TP-link等性价比较高的1000Mb/s的PCI接口的以太网卡。

(3) 双绞线一箱(按30m^2算)，使用AMP的五类网线布线。

(4) RJ-45水晶头40个。

具体硬件的连接方式在办公室、宿舍局域网组建内容中已详细叙述，这里不再赘述。

9.2 组建步骤

当准备好组建网吧的硬件设备后，下面可以进行组建了，具体分为以下三步。

(1) 实施网络方案。

实施网络方案也分为三步。

① 确定网络拓扑结构。一般采用星形网，也就是通过网络交换机将每台计算机连接起来。

② 布线前的准备工作。在开始网络布线之前，首

长见识

网吧客户端计算机配置不能太低，因为现在的上网用户对计算机的配置要求越来越高。

先要画一张施工简图，确认每台计算机的摆放方式和地点，然后在图上标明节点位置，并根据节点的分布确定网络交换机的摆放地点。注意网关服务器的放置要配合上网电话线的入户方向。

③ 开始布线。

(2) 向电信部门申请线路，办理相关手续。

向电信部门申请线路，办理相关手续，具体流程可以到电信部门咨询。

(3) 将计算机接入互联网。

跟电信运营商申请线路接入 Internet 后，接下来是具体的联网工作，包括物理连通和计算机操作系统的对等互联。判断计算机的物理连通与否很简单：查看网卡的指示灯或者网络交换机上对应的指示灯是否正常就知道了。一般网卡上绿灯亮表示网络连通。只是网络物理连通还不能使整个网络运作起来，必须对每一台计算机进行网络配置。

接着检测网络是否连通，可以打开一个网页试试。

9.3 网络设置与管理

网吧的目的是赚钱，但赚钱必须要有条件，就是地理位置要好，设备不能落后，价格合理等。还有一个重要的条件，就是网络的稳定性。日常硬件管理要考虑以下几个方面。

(1) 系统的稳定性。

由于计算机系统本身就有许多不稳定因素，每当系统长时间没有重新安装时，很可能会不稳定。有些用户有意或者无意删除了系统的重要文件，导致系统不能启动。因此，每天都必须对网吧的系统进行维护。

(2) 使用方便性。

上网的用户不一定具有很高的计算机操作水平，所以，计算机上的所有供用户使用的应用软件必须非常方便操作，否则，不但影响了客人上网的兴致，另一方面也加重了管理人员的负担——不时有人来问您很多软件的问题。

(3) 计费问题。

这是网吧管理最重要、最麻烦的事，需要使用附加软件来完成。

9.3.1 常用网吧管理计费软件

基于网吧管理的要求，很多公司都开发有网吧管理软件，这类软件将管理与计费集于一体。常见的网吧管理软件有美萍网管大师、浩艺网管大师、金牛网管大师、万象网管大师。下面我们详细介绍美萍网管大师的安装与使用。

9.3.2 美萍网管大师

现在先来认识一下美萍网管大师吧！

1. 软件介绍

美萍网管大师是由郑州美萍网络技术有限公司开发的专门用于网吧管理的功能强大的管理系统。

美萍网管大师软件是一款集计时、计费、记账于一体的软件，它可单独用于网吧的计费管理，也可以配合安全卫士远程控制整个网络的所有计算机。可对任意机器进行开通、停止、限时、关机、热启动等操作，并且具有会员制管理、网吧商品管理、每日费用统计等众多功能，是管理网吧、计算机游戏厅、培训中心等复杂场合的纯软件管理解决方案。

它是使用 IPX 协议进行网络通信的，所以不需要服务器，使用对等网即可。

2. 软件的获取与组成

目前，美萍网管大师的最新版本 10.1，用户可以到华军软件园、天空软件站等大型网站下载该软件。

美萍网吧管理系统由两套程序组成，其中美萍网管大师是服务器端程序，用做网吧的计费端；美萍安全卫士是网吧的客户端，需要在每台机器上安装。在下载的程序中，sconinst.exe 是美萍网管大师安装程序，是美萍网吧管理系统的服务器端，smenuinst.exe 是美萍安全卫士安装程序，是美萍网吧管理系统的客户端。

3. 网络设置

该软件的远程控制利用 IPX/SPX 协议，因此必须先在 Windows 系统上安装 IPX 协议，然后进行下述设置。

操作步骤

1. 参考前面方法，打开【本地连接 属性】对话框，然后在【此连接使用下列项目】列表框中单击【Internet 协议版本 4(TCP/IPv4)】选项，再单击【安装】按钮，如下图所示。

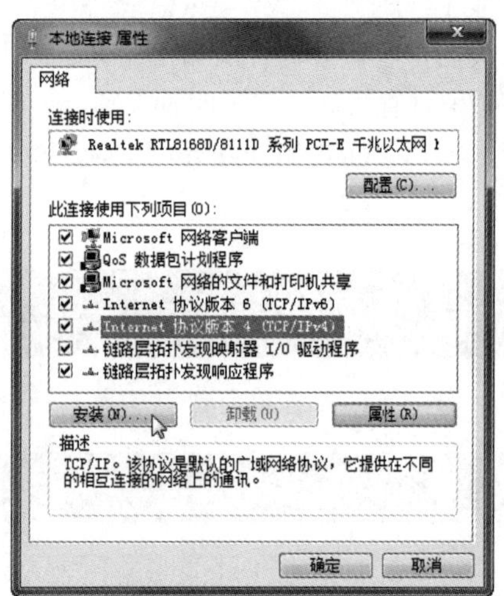

② 弹出【选择网络功能类型】对话框，选择要安装的组件类型，如下图所示。这里选择【协议】选项，单击【添加】按钮。

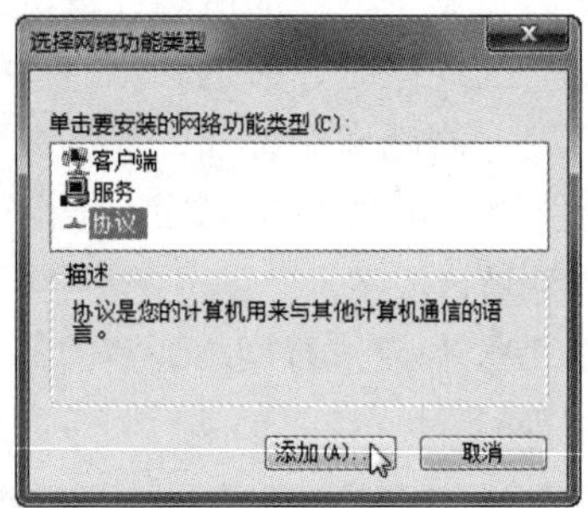

③ 在列表框中选择要添加的网络协议，再依次单击【确定】按钮，如下图所示。

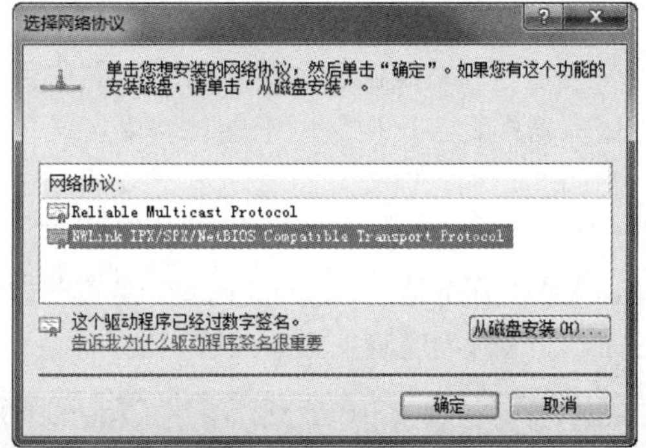

4. 安装美萍网管大师

美萍网管大师是服务器端软件，安装作为管理机即可。如果需要远程控制和管理，则需要在每台客户机上安装美萍安全卫士。

操作步骤

① 选定一台配置较好的机器作为管理机，运行美萍网管大师安装程序 sconinst.exe。在【授权协议】对话框中单击【我同意】按钮，如右上图所示。

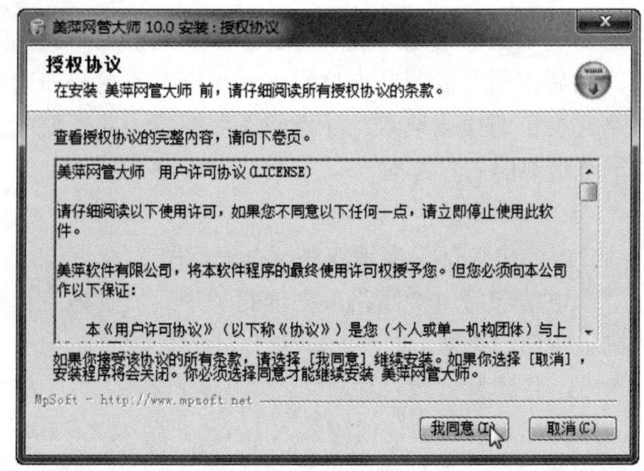

② 弹出【选择安装组件】对话框，选择安装组件的位置，单击【下一步】按钮继续，如下图所示。

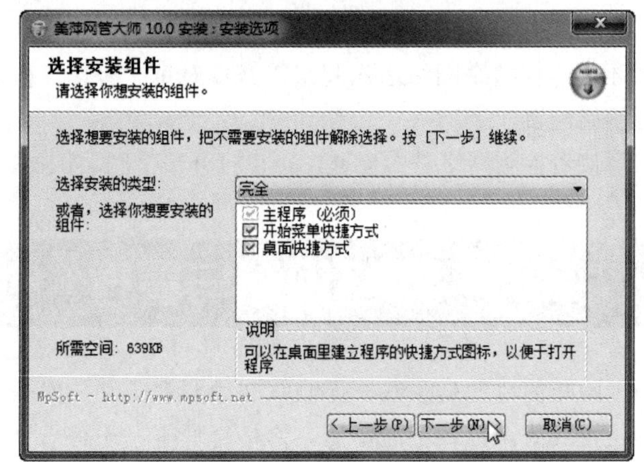

③ 弹出如下图所示的对话框，单击【浏览】按钮，选择安装路径，默认路径是“c:\scon”。单击【安装】按钮继续。

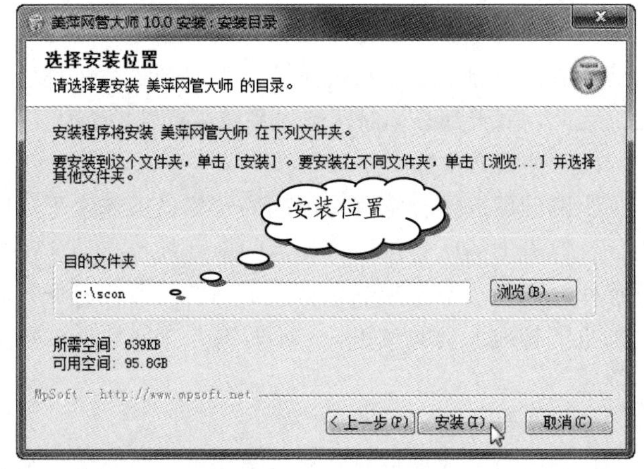

④ 安装程序开始复制程序，安装结束后，单击【关闭】按钮，如下图所示。

二层交换机作为整个网吧的核心层交换机，它提供端口带宽管理、端口开关(屏蔽)功能，支持端口 VLAN，能够通过限制广播域和内部网段流量来控制网络风暴，从而有效改善网络环境。

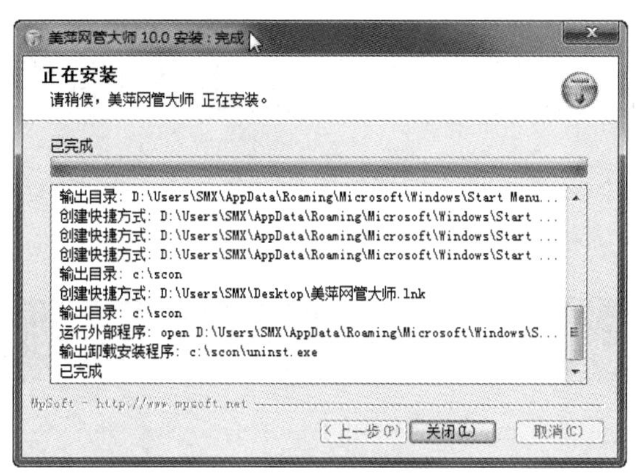

❺ 在弹出的提示框中单击【否】按钮，完成美萍网管大师的安装，如下图所示。

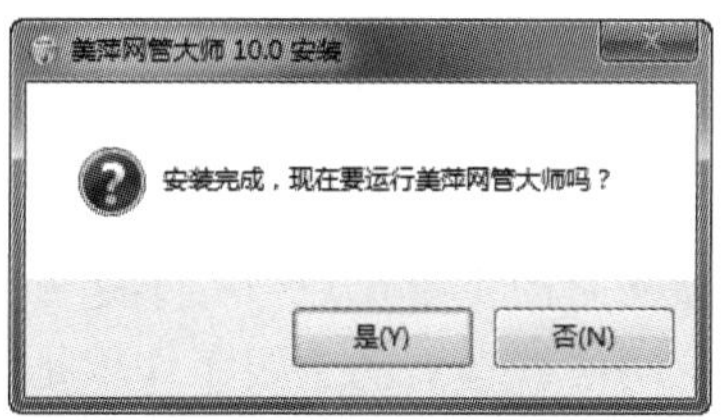

5. 配置和管理美萍网管大师

美萍网管大师安装完成后，接着要配置和管理美萍网管大师，具体操作步骤如下。

操作步骤

❶ 在计算机桌面上双击美萍网管大师快捷图标，启动该程序，如下图所示。

❷ 打开【美萍网管大师】窗口，选择【系统设置】|【系统设置】命令，如下图所示。

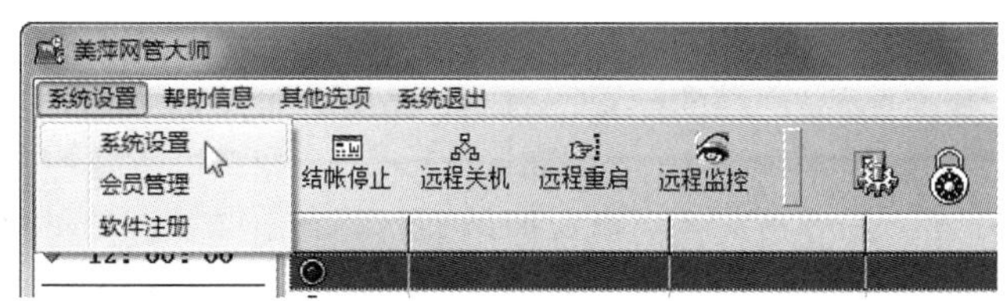

❸ 弹出【信息】对话框，要求输入系统设置密码，第一次使用时没有密码，直接单击【确定】按钮。

❹ 弹出【美萍软件设置】对话框。在这里可以对美萍网管大师全局参数进行设置，如下图所示。

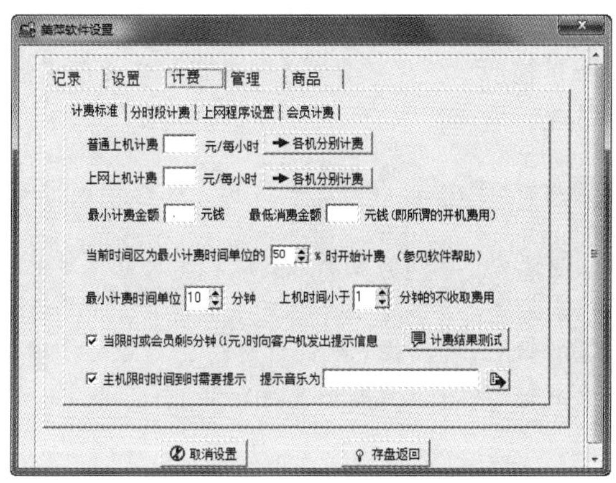

❺ 客户基本管理。在软件主菜单的管理信息列表中选定某台机器，右击会弹出一个快捷菜单，通过此菜单进行常用的管理工作，如下图所示。

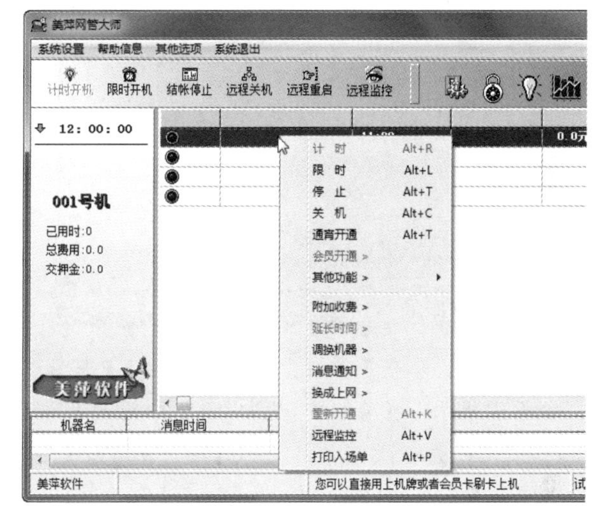

提示

现详细介绍一下其功能。【计时】、【限时】、【停止】、【关机】功能同最上面的按钮，这里不再赘述。

❖ 【附加收费】：可把用户买的茶点、饮料等算在附加费中。

❖ 【延长时间】：用在限时方式下，可增加这台机器的限时时间。

❖ 【调换机器】：可把两台机器的所有信息任意对调。

❖ 【消息通知】：给客户机发送消息。

❖ 【重新开通】：如果此机器在计费状态，而客户端因为死机停止了，可用此命令重新开通客户端。

❖ 【远程监控】：远程控制和显示客户端屏幕。选中此选项后，就能远程控制客户机的鼠标和键盘。

客户机电源灯不亮，显示器不显示，应该首先确认电源线连接是否正常，电源插座工作是否正常，再检查计算机保险丝是否完好。

❻ 收费管理。右击某台机器图标，在弹出的快捷菜单中选择【停止】命令，会出现【计费窗口】对话框，如下图所示。程序会把应付费用和实收费用都记录下来。

提示

在记录中，收费显示为负值表示此台机器把费用转移给其他机器了。这样保证计算费用总和时不会多出费用来，又能反映此机的计费情况。(费用转移功能用于多人上机一人结账的情况)

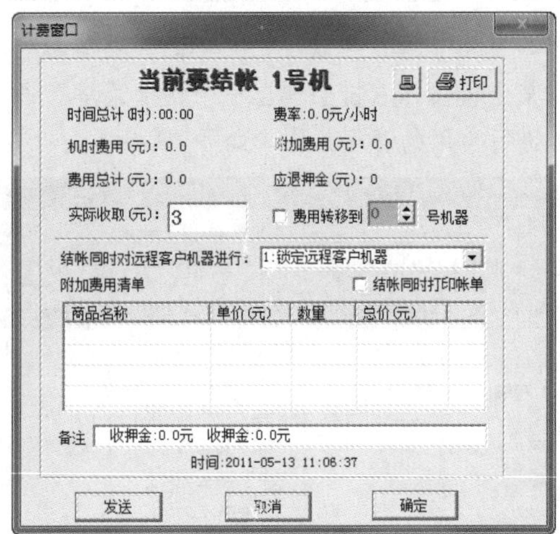

❼ 会员管理。单击工具栏上的【系统设置】按钮，如下图所示。接着在弹出的对话框中输入管理密码(初使密码为空)后，可以进入【会员制管理】界面，关联会员。

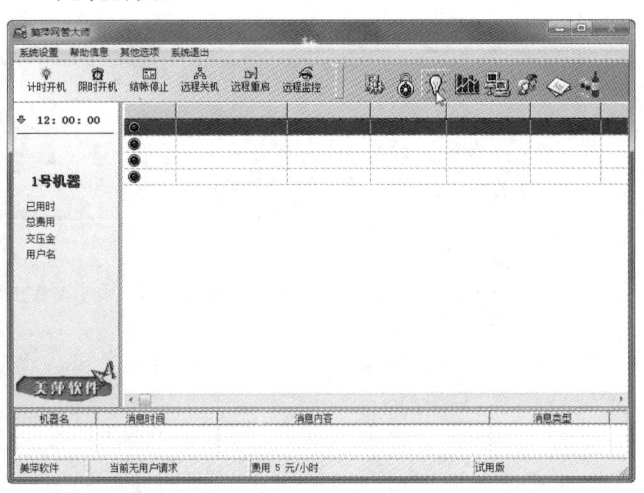

技巧

对会员的管理包括新增会员、资料修改、会员查询、会员充值等。

9.4 无盘工作站

什么是无盘工作站？为什么使用无盘网络、无盘网吧系统？什么是无盘网络？

9.4.1 解读无盘工作站

简而言之，一个网络中的所有工作站上都不安装硬盘，全部通过服务器来启动，这样的网络就是无盘网络，这些工作站称为无盘工作站。

没接触过无盘网络的人可能会很快对这样的网络产生兴趣，每台工作站省掉一个硬盘，一个六七十台机器的网络省下的钱相当可观，这可能是每个刚接触无盘网络的人的第一印象。的确，省钱是无盘网络的一大重要优点，但无盘网络的主要优点却并不是省钱，而是易于管理和维护。网络管理员的主要工作就是保证网络能正常运行。一个普通的有盘网络，如一个中型网吧机器在60 台左右，如果网络中的工作站出了问题，开不了机，上不了网，或者网络中的软件要升级，比如网吧要安装一个最新的游戏，而且所有机器都装上，如果管理员逐一去安装、调试，还不得累死！而利用无盘工作站则能轻而易举地解决这个问题。

无盘网络的本意一是为了降低工作站的成本，二是为了管理和维护工作方便。现在，利用名智无盘网吧系统可以很快配置好一套无盘网络，管理维护上也不再有任何麻烦，所有管理和维护操作都在服务器上完成，只要工作站硬件没有问题，整个无盘网络的运行就不会有任何问题。软件升级更方便，只要在一台工作站上安装好所需的软件，网络中所有的工作站都可以使用新的软件了，这对网络管理员来说的确是福音。

简而言之，无盘网吧系统集成多种解决方案，在解决无盘原有问题的同时，运用卓越的设计思想和先进技术，对无盘网络的配置、启动、运行、管理和维护提供了全面的系统服务。它不但使原本复杂烦琐的网络配置管理过程变得极其简单方便，为充分利用现有资源组建和改造无盘网络提供了最大的可行性，而且真正能够达到省钱、省时、省力的目的。

下面介绍 VENTURCOM 公司的 BXP 软件，通过该软件可以实现 Windows 7/Server 2008 的无盘工作站。

9.4.2 无盘工作站的安装与设置

也许有人会说“无盘？现在谁还用无盘，那么慢”

长见识

TFTP 全称为 Trivial File Transfer Protocol，中文名叫简单文件传输协议。从名称可以看出，它适合传送“简单”的文件。与 FTP 不同的是，它使用的是 UDP 的 69 端口，因此它可以穿越许多防火墙。不过它也有缺点，比如传送不可靠、没有密码验证等。

“管理也不方便，太费事”“安装太困难，一般人做不了”。实际上，无盘并不代表低速，而且利用一些专用软件，安装无盘工作站也非常容易。

1. 系统需求

BXP 服务器端可以安装在 Windows 系统的高版本中，例如安装在 Windows 7 系统上，推荐采用 4GB 以上的内存、高速硬盘、1000Mb/s 网卡。如果将 BXP 安装在工作站版本的系统上，需要安装 BXP 内置的 DHCP 服务器，安装在服务器版本的系统上则没有此项要求。

BXP 客户端则安装在支持 Windows Server 2008 和 Windows Server 2012 的系统上，带有 PXE 引导芯片的 1000Mb/s 网卡。BXP 客户端的虚拟网络磁盘空间不能大于 8024MB(NTFS 格式)或 4095MB(FAT 格式)。

下面以在 Windows Server 2008 服务器上实现无盘工作站为例进行介绍。

2. BXP 3.0 服务端的安装

下面以在 Windows Server 2008 系统中安装BXP服务端为例，具体操作步骤如下。

操作步骤

1. 在服务器上安装 Windows Server 2008，设置网卡 IP 地址为 192.168.1.1。安装配置 DHCP 服务器，配置作用域为 192.168.1.10 到 192.168.60.200。
2. 从 www.vci.com 上下载 BXP 3.0 软件包，按照默认值进行安装。出现 setup type 对话框时，选择 Full Server；在 Select Components 对话框中，选中 Embedded Tools; 在 BXP Product Registration 对话框中，单击 Cancel 按钮；在 BXP License info 对话框中，单击 OK 按钮。
3. 在安装的过程中，会出现【硬件安装】对话框，并提示安装的软件没有经过 Windows 认证。此时单击【仍然继续】进行安装。在随后的【找到新的硬件向导】对话框中，选择【自动安装软件】即可。
4. 安装完成后，打开【资源管理器】窗口，右击 My Licenses，从出现的菜单中选择 Import License，将 BXP 3.0 的授权文件导入计算机。

提示

在安装 BXP 3.0 以前，如果服务器上有 3Com 的 DABS 软件或者 VLD 软件，请卸载这些软件后重新启动计算机，方可安装 BXP 3.0。

3. BXP 3.0 服务端的配置

1) 配置启动类别

选择【开始】|【程序】|【管理工具】|【服务】命令，在【服务】窗口中将下面几个服务的启动类别设置为【自动】：3COM PXE、BXP Adaptive Boot Server、BXP IO Service、BXP Login Service、BXP Managed、Disk Server、BXP TFTP Service、BXP Write Cache I/O Server。

2) 配置 BXP IO 服务

在一个具有足够空间(2GB 以上可用)的分区中创建一个文件夹，这个文件夹将用来保存无盘 Windows 2000 的镜像文件。选择【开始】|【程序】| enturcom BXP 执行 BXP IO Service Preferences 程序，单击 Browse 按钮，选择刚才创建的目录，然后勾选 IP addersses for this 下面的网卡地址，确认 Port 值为 6911。

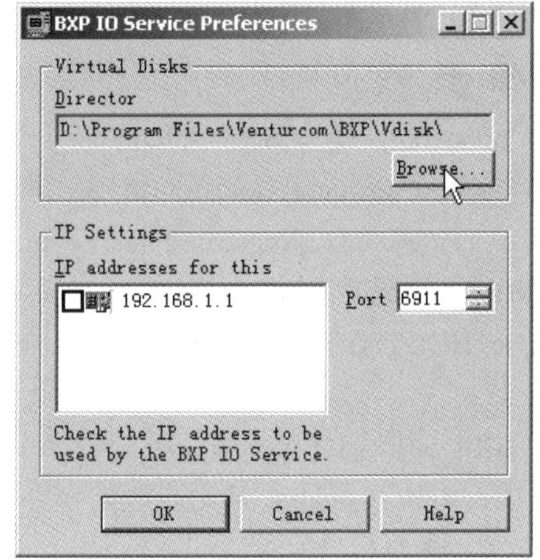

3) 配置 BXP 登录服务

从 Venturcom BXP 中运行 BXP Login Service Preferences，选中 Add new clients to data 并勾选 IP addresses for this 下面的网卡地址。

4) 配置 DHCP 服务

运行 Intel PXE PDK 程序(这个程序可以从 Intel PXE PDK 安装程序包中获取，是一个名为 pxereg60，大小约为 157KB 的程序)。该程序只能运行在 Windows 2000 下，如要在 Windows Server 2008 下运行此程序，需要将此程序设置为兼容 Windows 2000 方式。进入【PxeReg60.exe 属性】对话框，切换到【兼容性】选项卡，勾选【用兼容模式运行这个程序】，并从下拉列表中选择兼容系统。运行 PxeReg60.exe，先单击 Add option 60 按钮，等光标正常后单击 Set 60 as PXEClient 按钮，然后单击 Exit 按钮退出。

以上几个步骤配置完成后，重新启动 Windows Server 2008 服务器。

对等网与主从网是目前常见的两大网络模式。对等网是一种点对点的网络模式，主从网则有客户机和服务器的概念。对于普通的小范围局域网(8 台以下机器)，使用对等网比较合适。

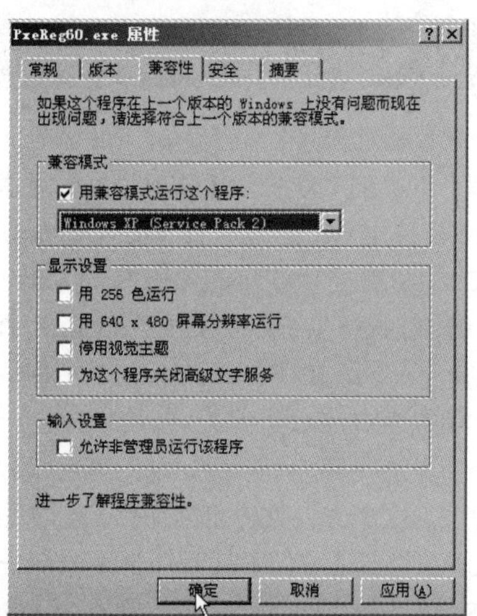

4. BXP 3.0 服务端管理

在 BXP 3.0 服务端运行中，还需要不断进行监管。

操作步骤

❶ 配置 Bootstrap。运行 BXP Administrator，从 Tools 菜单中选择 Configure Bootstrap 命令。单击 Browse 按钮，选择"C:\Program Files\Venturcom\BXP\TFTPBoot"目录中的 VLDRMI13.BIN 文件。接着勾选 Use BOOTP/DHCP Resolved 和 Use Database Values。

❷ 添加 BXP 3.0 的 IO 服务器。在 BXP Administrator 程序中，右击 Clients，从出现的菜单中选择 New Server 命令。在弹出的对话框的 name 文本框中输入服务器的计算机名称，然后单击 Resolve 按钮，最后单击 OK 按钮。

❸ 创建一个虚拟磁盘。右击刚才新添加的服务器，从出现的菜单中选择 New Disk 命令。在 Virtual disk size in MB 栏输入一个数值，这个数值即是新建立的虚拟磁盘的大小；在 Disk name 栏输入文件名称，在 Description 栏输入描述信息。

❹ 创建第一个客户端，右击 Clients，从弹出的快捷菜单中选择 New Client 命令。在 data 选项卡的 name 文本框中输入一个名称如 w1，在 MAC 文本框中输入第一台无盘工作站的 MAC 地址。进入 Disks 选项卡，单击 change 按钮，选择第❸步创建的虚拟磁盘。在 Boot order 中选择 Hard Disk First。

提示

只有第一台工作站需要设置为硬盘启动，其他工作站需要设置为 Virtual Disk First。

❺ 添加其他无盘工作站。按照第❹步，可以添加其他无盘工作站。在 Data 选项卡中，添加不同的名称和相应的 MAC 地址，并在 Disks 选项卡中添加同一虚拟磁盘，并设置 Boot Order 为 Virtual Disk Firs。

5. 在客户机上安装 Windows 7

如果想体验一下 Windows 系统的老版本，那就安装 Windows 7 吧！具体操作方法如下。

操作步骤

❶ 在第一台无盘工作站上安装 Windows 7 系统和相应驱动、相应补丁程序以及相应软件。注意要把所有软件安装在 C 盘，然后安装网卡及 PXE 引导芯片，设置引导顺序为 LAN 最先引导，使用 PXE 芯片引导计算机。

❷ 运行 BXP 3.0 安装程序，在 Setup Type 中选择 Client。安装完成之后，重新启动计算机。

❸ 以系统管理员账号登录，系统中将会"多出"一块磁盘，这块磁盘就是 BXP 虚拟的磁盘，将这块新磁盘格式化。

❹ 运行 Venturcom BXP 组中的 Image Builder 程序，单击 Browse 按钮，浏览选择 BXP 的虚拟磁盘。单击 Build 按钮，上传 Windows 7。

❺ 上传完成之后回到服务器端，进入 BXP 3.0 的管理程序，配置第一台无盘工作站的客户机端的引导顺序为 Virtual Disk First 引导。

❻ 重启动，拆掉硬盘、光驱的客户机端，即可在没有硬盘(即无盘)的状态下进入 Windows 7 了。

9.5 网吧系统的维护

由于网吧计算机工作时间很长，而且顾客对计算机知识不甚了解，长时间的工作会导致网吧硬件、系统等出现很多异常情况，所以需要网吧管理人员进行日常的管理和维护。

9.5.1 硬件维护

计算机长时间工作会加重硬件的负担，因此必须经常对硬件进行必要的维护。下面主要介绍硬件维护中常见的问题和注意事项。

(1) 在连接 IDE 设备时，应遵循红红相对的原则，

最大传输单元(MTU)定义了通过网络的每一帧可以传输的一个包(分组报文)的最大容量，如以太网的最大传输单元为 1500 字节。

让电源线和数据线红色的边缘相对，这样才不会因插反而烧坏硬件。

(2) 在安装硬件设备时，如果接口一直插不进去，应检查有无方向插反、插错。

(3) 当打开机箱面板对主机内部硬件进行维修时，应首先切断电源，并将手放置到墙壁或水管一会，以防自身静电。

(4) 硬件中断冲突会导致黑屏，当更换显卡、内存后仍不正常时，应考虑更换插槽位置。在重新安装显卡驱动或拔插显卡后，应重新设置显示器的刷新率。

(5) 对于由灰尘引起的显卡、内存氧化层故障，应用橡皮或棉花蘸上酒精清洗。

(6) 清洁光盘和显示器屏幕时，千万不要用酒精，只能用镜头布或绒布。

(7) 光驱、硬盘等硬件设备在安装时，一定要上足、上稳螺丝，以避免读盘或其他振动对硬件造成的影响。

9.5.2 使用维护工具维护系统

由于系统长时间运行及用户的不当使用等造成系统垃圾文件增加，严重影响了计算机的运行速度。

通常，系统维护一般由软件操作，如超级兔子、Windows 优化大师等。下面主要介绍 Windows 优化大师的功能及使用。

1. Windows 优化大师的功能介绍

Windows 优化大师软件从系统信息检测到调校，从系统清理到维护，为用户提供比较全面的解决方案。Windows 优化大师适用于 Windows 各类型的操作系统，提供了全面有效、简便安全的系统检测、系统清理、系统维护、系统优化等功能，让用户的计算机始终保持在最佳状态。

Windows 优化大师的主要特点如下。

1) 系统信息检测

Windows 优化大师深入系统底层，分析用户计算机，提供详细准确的硬件、软件信息，并根据检测结果向用户提供系统性能进一步提高的建议。

2) 系统优化选项

磁盘缓存、桌面菜单、文件系统、网络、开机速度、系统安全、后台服务等能够优化的方方面面，并提供简便的自动优化向导，能够根据检测分析用户计算机软、硬件配置信息进行自动优化。所有优化项目均提供恢复功能，用户若对优化结果不满意可以一键恢复。

3) 强大的清理功能

- ❖ 注册信息清理：快速安全清理注册表。
- ❖ 垃圾文件清理：清理选中的硬盘分区或指定目录中的无用文件。
- ❖ 冗余 DLL 清理：分析硬盘中的冗余动态链接库文件，并在备份后予以清除。
- ❖ ActiveX 清理：分析系统中冗余的 ActiveX/COM 组件，并在备份后予以清除。
- ❖ 软件智能卸载：自动分析指定软件在硬盘中关联的文件以及在注册表中登记的相关信息，并在备份后予以清除。
- ❖ 备份恢复管理：所有被清理删除的项目均可从 Windows 优化大师自带的备份与恢复管理器中进行恢复。

4) 系统维护模块

- ❖ 驱动智能备份：让用户免受重装系统时寻找驱动程序之苦。
- ❖ 系统磁盘医生：检测和修复非正常关机、硬盘坏道等磁盘问题。
- ❖ Windows 系统医生：修复操作系统软件错误。
- ❖ Windows 内存整理：轻松释放内存。释放过程中 CPU 占用率低，并且可以随时中断整理进程，让应用程序有更多的内存可以使用。
- ❖ Windows 进程管理：应用程序进程管理工具。
- ❖ Windows 文件粉碎：彻底删除文件。
- ❖ Windows 文件加密：文件加密与恢复工具。

2. 系统优化

Windows 优化大师的系统优化功能包括磁盘缓存优化、桌面菜单优化、文件系统优化、网络系统优化、开机速度优化、系统安全优化、系统个性设置以及后台服务优化等。

1) 磁盘缓存优化

操作步骤

❶ 选择【开始】|【所有程序】|【Windows 优化大师】|【Windows 优化大师】命令，或双击桌面上的【Windows 优化大师】快捷方式图标，启动 Windows 优化大师程序，其主界面如下图所示。

学以致用系列丛书

数字电视采用数字信号方式。节目从摄制、编辑、播出、发射到接收的整个过程都采用数字化技术实现，包括数字摄像、数字制作、数字编码、数字调制和数字接收等，从而达到高质量传送电视信号的目的。

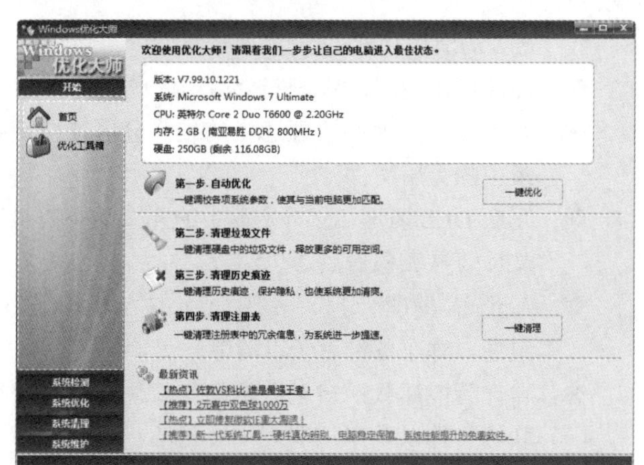

❷ 切换到【系统优化】选项卡，进入系统优化面板，如下图所示。

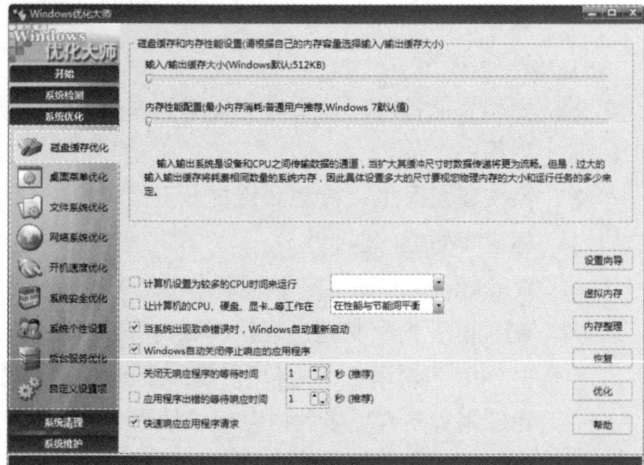

提示

输入/输出系统是设备和 CPU 之间传输数据的通道，扩大磁盘缓存会使数据传输得更顺畅。但是过大的缓存将耗费大量的内存。因此，设定输入/输出缓存值时要视计算机内存和要完成的任务的数量而定。

❸ 在【磁盘缓存优化】面板中设置磁盘缓存最小值、内存性能配置、系统出错重启、关闭无响应程序的等待时间以及快速响应应用程序请求等。单击【虚拟内存】按钮，弹出【虚拟内存设置】对话框，如下图所示。

❹ 为每个分区设置虚拟内存的最大值、最小值以及虚拟内存的保存路径。设置完毕单击【确定】按钮，返回主界面，然后单击【内存整理】按钮，弹出【Wopti 内存整理】对话框，如下图所示。

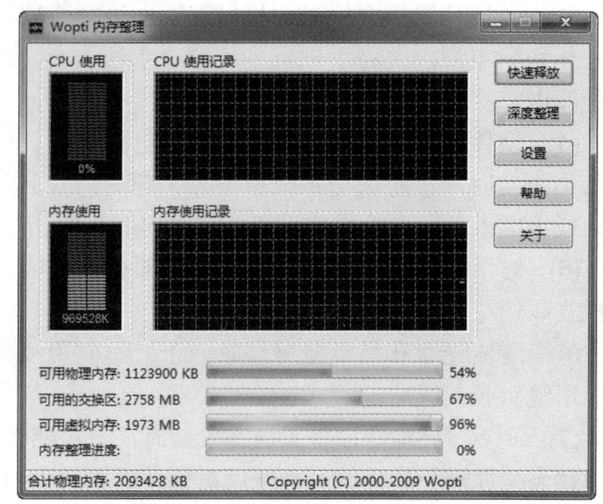

❺ 单击【快速释放】按钮，开始释放内存。单击【深度整理】按钮，弹出警告对话框，如下图所示。

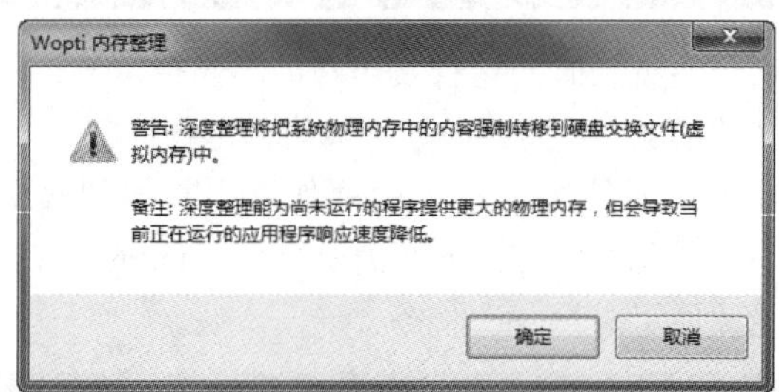

❻ 单击【确定】按钮，开始整理内存。单击【设置】按钮，弹出【Wopti 内存整理】对话框，如下图所示。

❼ 设置整理的方式。设置完毕单击【确定】按钮，返回【Wopti 内存整理】对话框。关闭【Wopti 内存整理】对话框，返回主界面。单击【恢复】按钮，弹出【Windows 优化大师】提示对话框，如下图所示。

Windows 优化大师 v7.99 版本改进了系统性能测试模块：全面改进了评估算法；增加了整数/浮点运算、单线程 Wopti π、双线程 Wopti π和四线程 Wopti π评估指标；全面支持四核等多核处理器性能评估。

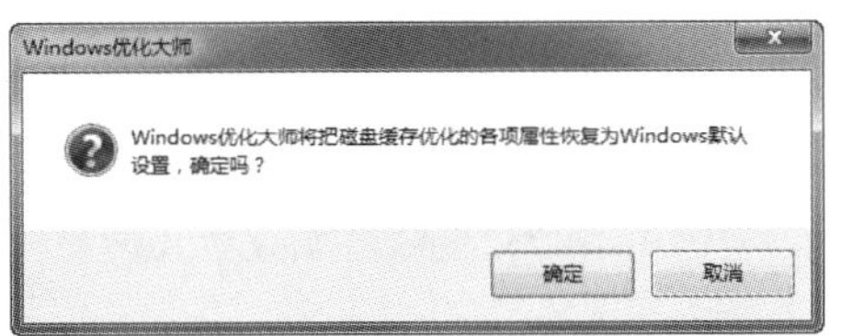

8 单击【确定】按钮即可将设置恢复成默认设置。单击主界面上的【优化】按钮，可以优化磁盘缓存。

2) 文件系统优化

Windows 优化大师针对不同的用户类型提供了 7 种文件系统优化方式，包括 Windows 标准用户适用于 Windows 的所有没有特殊需求的用户、计算机游戏爱好者用户适用于经常玩 CS 等 3D 游戏的用户、系统资源紧张用户适用于开机后系统资源可用空间较小的用户、多媒体爱好者适用于经常运行多媒体程序的用户、大型软件用户适用于经常同时运行几个大型程序的用户、光盘刻录机用户适用于经常进行光盘刻录的用户及录音设备用户适用于经常进行音频录制和转换的用户。

操作步骤

1 在主界面上单击【系统优化】组中的【文件系统优化】按钮，主界面上将显示文件系统优化的选项，如下图所示。

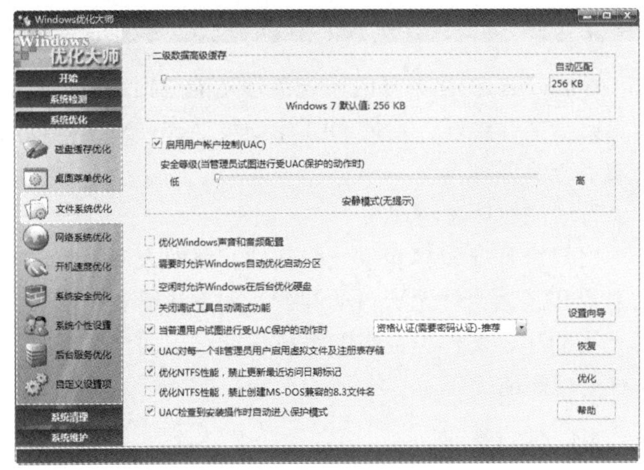

2 设置二级数据高级缓存的大小、启用用户账号控制设置以及其他一些复选项。单击【设置向导】按钮，弹出【文件系统优化向导】对话框，如下图所示。

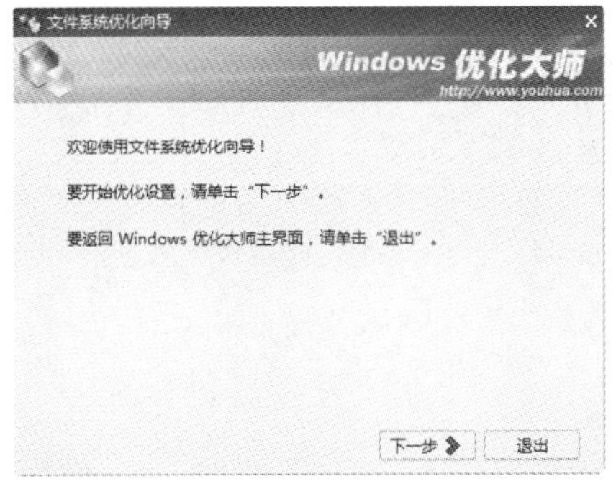

3 单击【下一步】按钮按步骤进行设置，设置完毕单击【完成】按钮，返回主界面。单击【恢复】按钮，弹出【Windows 优化大师】确认对话框，如下图所示。

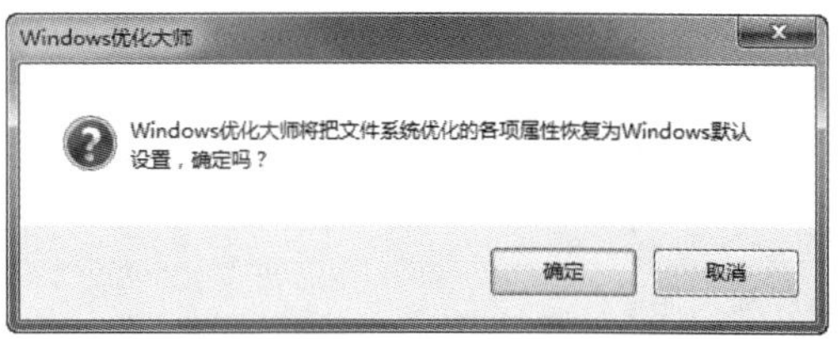

4 单击【确定】按钮即可恢复默认设置。

5 返回主界面，单击【优化】按钮，就可以按照用户设置优化文件系统了。

3) 开机速度优化

Windows 优化大师对开机速度的优化主要是通过减少引导信息停留时间和取消不必要的开机自运行程序来提高计算机的启动速度。

操作步骤

1 在主界面上的【系统优化】组中单击【开机速度优化】按钮，主界面将显示开机速度优化的选项，如下图所示。

2 拖动滑块可以调节启动信息停留时间，还可以设置预读方式以及异常时启动磁盘错误检查等待的时间等。在【启动项】列表中，选中不需要开机启动的项，然后单击【增加】按钮，弹出【增加开机自动运行的程序】对话框，如下图所示。

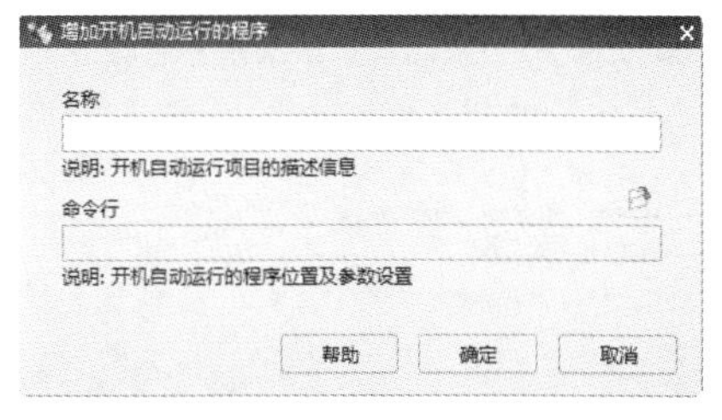

学以致用系列丛书

Windows 优化大师 v7.99 版本改进了网络系统优化：全面支持 Windows 7/10，IE 及其他设置模块中增加了对 IE 11 的一些选项。

3 单击(打开)按钮，弹出【请选择系统启动时需自动运行的程序】对话框，如下图所示。

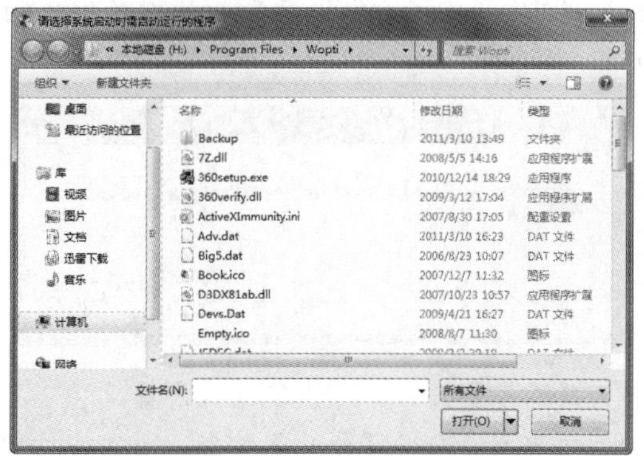

4 选中要启动的程序，然后单击【打开】按钮，返回【增加开机自动运行的程序】对话框。在【名称】文本框中输入程序名称，然后单击【确定】按钮，弹出【Windows 优化大师】提示对话框，如下图所示。

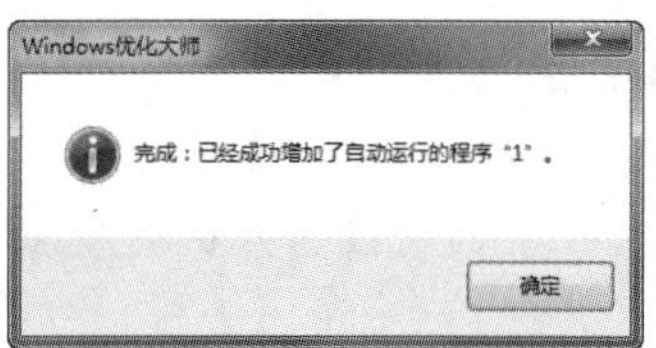

5 单击【确定】按钮，返回主界面。单击【恢复】按钮，弹出【备份与恢复管理】对话框，如下图所示。

6 在【备份列表】选项卡中选中要恢复的备份，然后单击【恢复】按钮。单击【备份选项】标签，切换到【备份选项】选项卡，如下图所示。

7 设置压缩算法和备份文件的保存路径，设置完毕单击【确定】按钮，弹出确认提示框，如下图所示。

8 单击【确定】按钮，返回主界面，如下图所示。

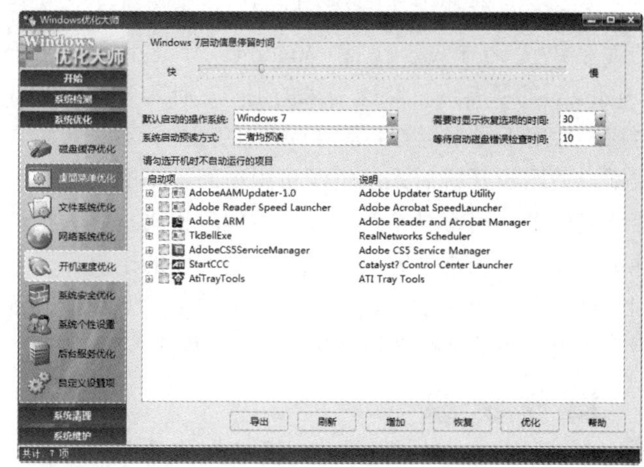

9 单击【优化】按钮。

3. 系统清理

Windows 优化大师的系统清理功能包括注册信息清理、磁盘文件管理、冗余 DLL 清理、ActiveX 清理以及历史痕迹清理等。

1) 注册信息清理

用户经常安装和卸载一些软件，然而大多数软件的注册表和其他文件无法自动卸载。如果注册表中包含大量无用的注册文件也会影响系统性能，下面介绍如何进行注册信息清理。

操作步骤

1 在主界面上单击【系统清理】选项卡，然后在【系统清理】组中单击【注册信息清理】按钮，主界面将显示要扫描的项目，如下图所示。

学以致用系列丛书

长见识 由于死机、非正常关机等原因，Windows 可能会出现一些系统故障，如交叉链接的文件。在 DOS/Windows 9x 中，Microsoft 提供了 Scandisk。Windows 2000 以及后续版本操作系统通常是在启动时发现此类问题后要求用户运行 Chkdsk 进行检查，一些用户却选择了跳过检查，长此以往问题可能会越来越严重，甚至导致系统崩溃。

❷ 选中要扫描的目标，然后单击【扫描】按钮，开始扫描。待扫描结束后，在列表中将显示冗余的注册信息，如下图所示。

❸ 选中要删除的注册信息，然后单击【删除】按钮即可。也可以单击【全部删除】按钮，弹出【Windows优化大师】提示框，单击【是】按钮，将所有选项删除，如下图所示。

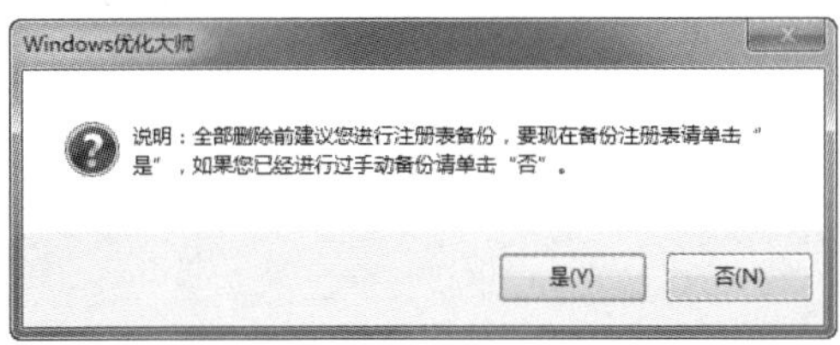

❹ 单击【备份】按钮，可以将注册表进行备份。单击【恢复】按钮，弹出【备份与恢复管理】对话框，如下图所示。

❺ 选中要恢复的备份，然后单击【恢复】按钮即可恢复，若单击【删除】按钮即可将选中的备份删除。

❻ 单击【退出】按钮，返回主界面。

2) 冗余 DLL 清理

一部分软件在卸载后，并没有将安装的动态链接库文件也从系统中删除。随着用户安装/卸载的程序越来越多，硬盘上可能会有冗余的动态链接库存在。下面将介绍如何清理冗余 DLL。

操作步骤

❶ 在主界面上的【系统清理】组中单击【冗余 DLL 清理】按钮，将显示要分析的分区，如下图所示。

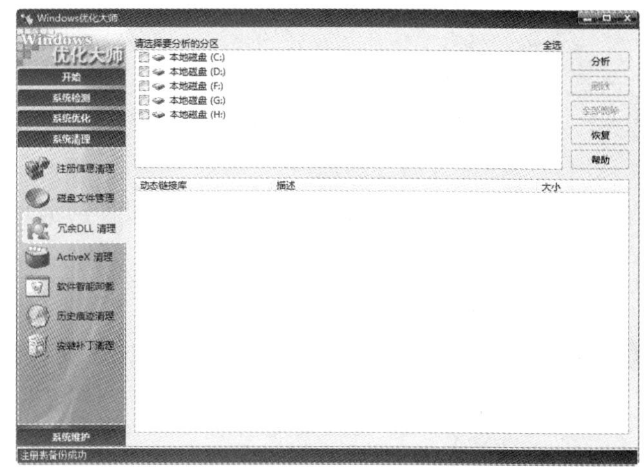

❷ 在分区列表中选中要查询的分区，然后单击【分析】按钮，开始查找冗余 DLL。待扫描结束后，主界面将显示扫描结果，如下图所示。

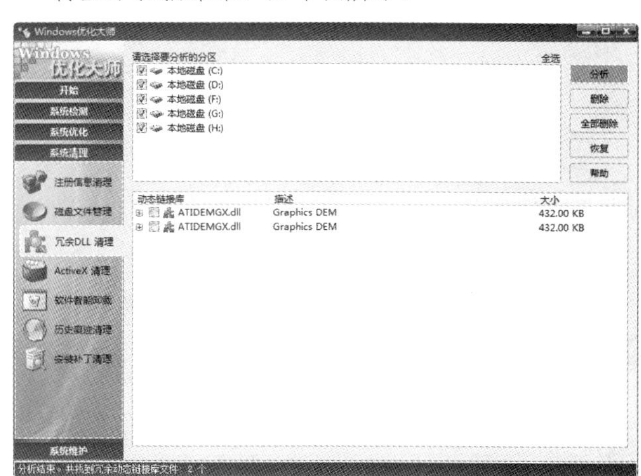

❸ 选中要删除的 DLL，然后单击【删除】按钮。也可以单击【全部删除】按钮，将所有扫描结果中显示的 DLL 文件删除。

❹ 若在删除 DLL 文件后出现一些程序不能使用的问题，可以单击【恢复】按钮，从弹出的对话框中选择要恢复的备份，如下图所示。

❺ 单击【恢复】按钮即可恢复备份。若单击【删除】按钮，可删除一些备份。单击【退出】按钮，退出窗口。

Windows 优化大师 v7.99 版本改进了系统安全优化，修正了附加工具中的端口分析模块在 Windows 7/10 下无法获取进程与端口的对应关系的问题。

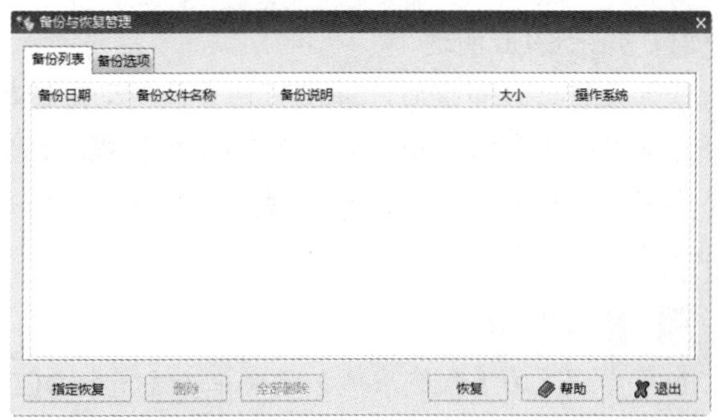

3) ActiveX 清理

由于越来越多的应用程序开始使用 ActiveX/COM 组件来扩展自身的业务逻辑、事务处理和应用服务的范围，因此，系统中安装的 ActiveX/COM 组件越来越多，而很多应用程序在卸载时没有同时删除这些组件。因此，Windows 优化大师提供了 ActiveX/COM 组件的清理功能。

操作步骤

❶ 在主界面上的【系统清理】组中单击【ActiveX 清理】按钮，接着在右侧窗格中单击【分析】按钮，开始分析 ActiveX 信息，如下图所示。

❷ 待分析结束后，主界面上将显示 ActiveX 信息，如下图所示。

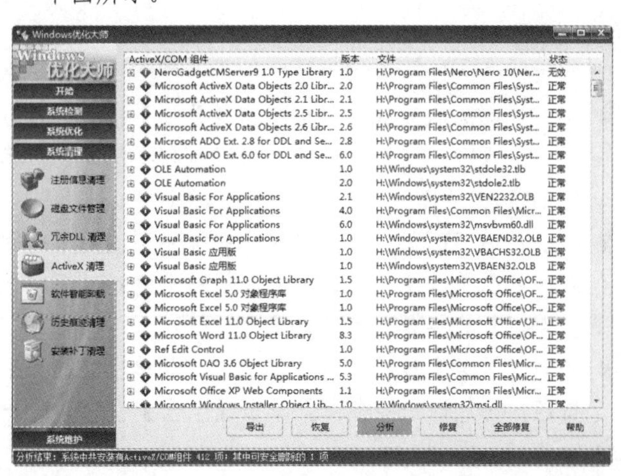

> **提示**
>
> 在分析结果列表中，不同的图标代表不同的含义。
>
> ❖ 绿色图标表示该 ActiveX/COM 组件有问题，Windows 优化大师允许修复。
>
> ❖ 红色图标表示该 ActiveX/COM 组件正常，Windows 优化大师在安全模式下不允许修复。
>
> ❖ 蓝色图标表示 Windows 优化大师无法判断该组件是否有效，Windows 优化大师在安全模式下不允许修复。

❸ 选中要修复的 ActiveX 组件，然后单击【修复】按钮进行修复，也可以单击【全部修复】按钮修复所有绿色的 ActiveX 组件。单击【导出】按钮，弹出【导出 ActiveX 扫描结果为文件】对话框，如下图所示。

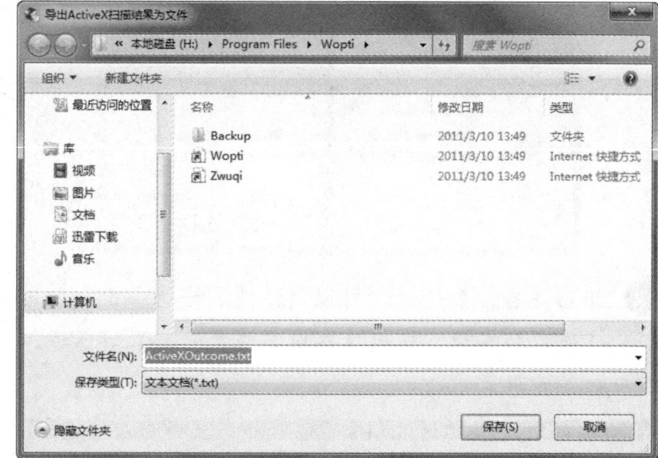

❹ 选择保存路径后单击【保存】按钮。

> **提示**
>
> Windows 优化大师只在安全模式下才能修复绿色的 ActiveX 组件。

4) 历史痕迹清理

利用 Windows 优化大师的历史痕迹清理功能可以清理上网留下的痕迹、Windows 使用留下的痕迹以及应用软件留下的痕迹。

操作步骤

❶ 在主界面上的【系统清理】组中单击【历史痕迹清理】按钮，将显示要扫描的项目，如下图所示。

长见识 Windows 优化大师 v7.99 版本改进了磁盘碎片整理：①全新的磁盘碎片整理引擎；②全面兼容 Windows 7/10；③Windows 7/10 下，提供整理速度全面超越系统自带磁盘碎片整理工具的自主知识产权的极速磁盘碎片整理模块。

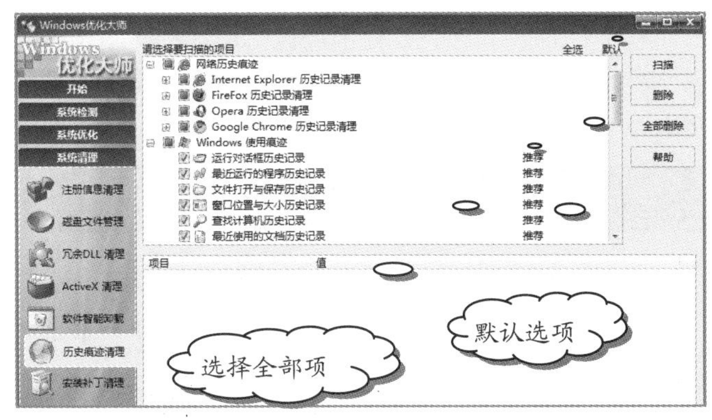

❷ 在【请选择要扫描的项目】列表中选择要扫描的项目，然后单击【扫描】按钮开始扫描。待扫描结束后，主界面将显示扫描结果，如下图所示。

❸ 选中要删除的项，然后单击【删除】按钮，也可以单击【全部删除】按钮，删除所有项。

4. 使用磁盘医生维护系统

Windows 优化大师提供检测系统磁盘错误以及修复错误的功能。

操作步骤

❶ 在主界面上选择【系统维护】选项卡，然后在【系统维护】组中单击【系统磁盘医生】按钮，将显示要检查的分区，如下图所示。

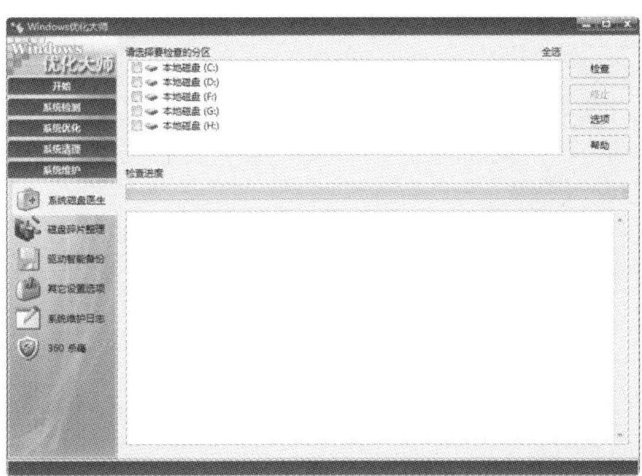

❷ 在分区列表中选中要检查的分区，然后单击【检查】按钮，弹出说明对话框，如下图所示。

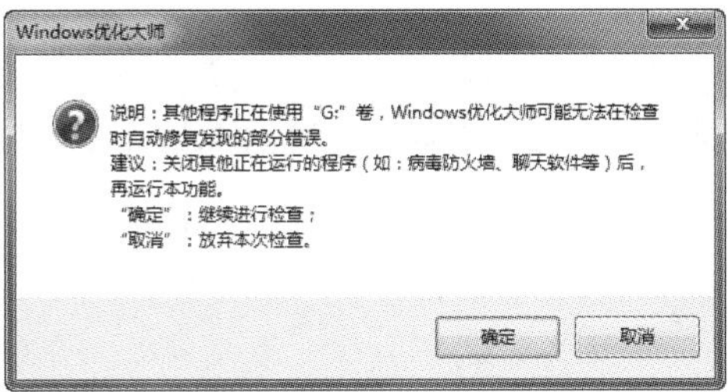

❸ 单击【确定】按钮，开始检测磁盘，如下图所示。

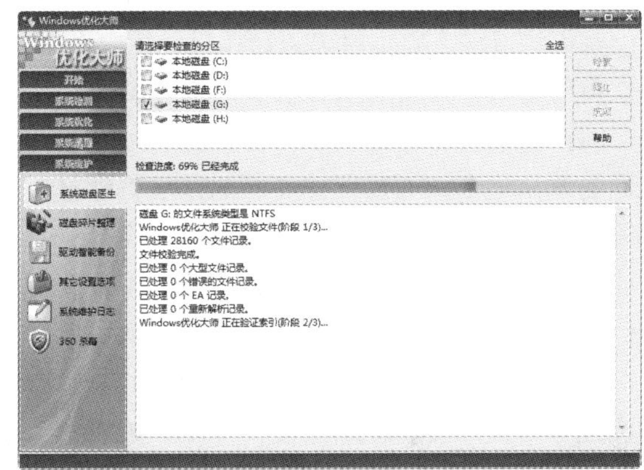

❹ 待检测完毕，主界面将显示检测和操作结果，如下图所示。

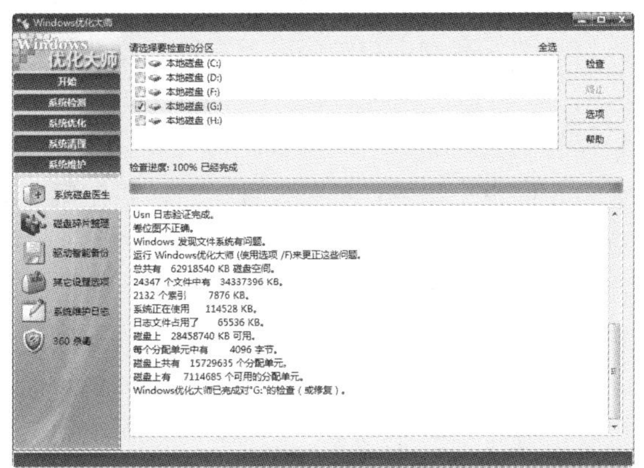

❺ 单击【选项】按钮，进入【系统磁盘医生设置】面板，设置系统磁盘医生选项，如下图所示。

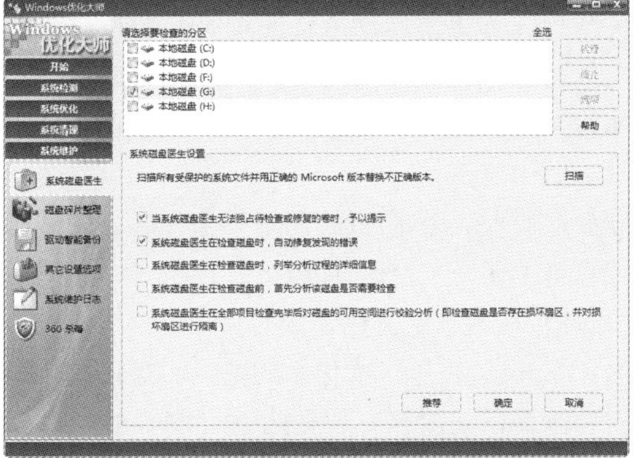

长见识

Windows 优化大师 v7.99 版本改进了磁盘文件管理：①兼容 Windows 7/10；②提高了安全性。

❻ 还可以单击【推荐】按钮，选择推荐操作，最后单击【确定】按钮。

9.5.3 使用还原卡维护系统

为什么要使用还原卡？首先是计算机病毒问题，有些病毒非常厉害，像冲击波病毒和震荡波病毒，只要联网，就有可能中毒，防不胜防。要确保防病毒软件始终有效地保护用户的计算机，就要每天上网更新病毒数据库。道高一尺，魔高一丈，在防病毒软件发现新病毒并开发出杀毒的方法之前，用户的计算机已经中毒了。

任何病毒最终都要进入计算机硬盘才能真正感染计算机，因此将硬盘保护好是非常关键的。还原卡正是利用病毒的这一特性，通过硬件还原的办法将计算机硬盘保护起来，彻底解决病毒感染问题。即使没有安装杀病毒软件，或者没有及时更新病毒数据库，不管病毒对硬盘做什么形式的修改，只要拥有还原卡，就可以轻松清除掉病毒，再也不用担心计算机会因感染病毒而出故障。

1. 还原卡的工作原理

还原卡插在主板上，与硬盘的主引导扇区协同工作。接管 BIOS 的 INT13 中断，将 FAT、引导区、CMOS、向量表等信息都保存到卡内的临时储存区或是在硬盘的隐藏扇区中，用自带的中断向量表替换原始的中断向量表。将信息保存到临时储存区，用来应付对硬盘内数据的修改，最后在硬盘中找到一部分连续的空磁盘空间，将修改的数据保存到其中即硬盘中隐藏的储存单元、还原卡的储存单元和临时储存单元。

每当向硬盘写入数据时，并没有真正修改硬盘中的 FAT。由于保护卡接管了 INT13，当发现写操作时，便将原先数据的地址重新指向先前的(保存以后的)连续空磁盘空间，并将先前备份的第二份 FAT 中被修改的相关数据指向这片空间。当读取数据时，和写操作相反，当某程序访问某文件时，保护卡先在第二份备份的 FAT 中查找相关文件，如果是启动后修改过的，便在重新定向的空间中读取，否则在第一份 FAT 中查找并读取相关文件。删除和写入数据相同，就是将文件的 FAT 记录从第二份备份的 FAT 中删除。

硬盘还原卡大多是 PCI 即插即用设备。安装时把卡插入计算机中任一个空闲的 PCI 扩展槽中，开机后检查 BIOS 以确保硬盘参数正确，同时将 BIOS 中的病毒警告设置为 Disable。在进入操作系统前，硬盘还原卡会自动跳出安装画面，先放弃安装直接进入 Windows，确保计算机当前硬件和软件已经处于最佳工作状态，建议检查一下计算机病毒，确保安装还原卡前系统无病毒。最好先在 Windows 里对硬盘数据进行碎片整理。

2. 还原卡的安装

当前市场上的还原卡很多，如小哨兵还原卡、永嘉一键还原卡、冠景金盾还原卡等。下面详细介绍永嘉一键还原卡的安装及使用。

提示

安装前的准备工作。

- 确认计算机有一个空余的 PCI 插槽。
- 如果安装有其他的还原软件，请先将其卸载，否则可能跟永嘉一键还原卡发生冲突。
- 建议把【我的文档】路径指向 C 盘以外的磁盘。
- 请用 Windows 自带的磁盘管理工具对硬盘进行一次完整的碎片整理。

操作步骤

❶ 将还原卡插入 PCI 插槽里。

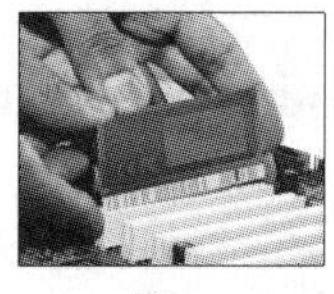
<1>

<2>

<3>

注意

装上永嘉一键还原卡后，计算机开机自检过程中，会显示永嘉一键还原卡图片或出现如下提示条。

按 F9 键安装永嘉一键还原卡...

❷ 第一次安装还原卡，开机按 F9 键后，计算机系统会自动检测并显示出还原卡的安装界面，如下图所示。

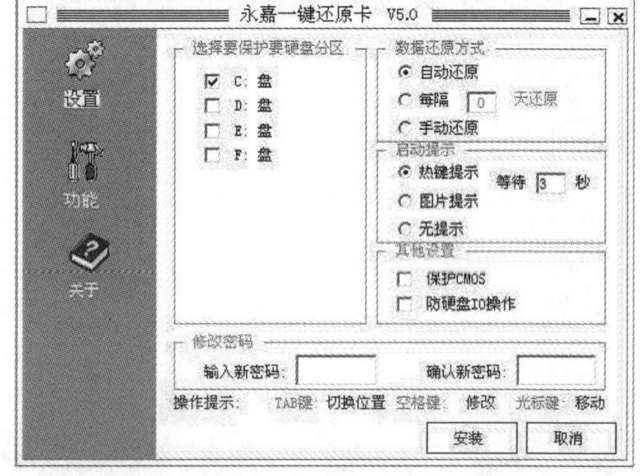

长见识 线路故障常见的情况就是线路不通，诊断这种情况首先检查该线路上流量是否还存在，然后用 ping 命令检查线路远端的路由器端口能否响应，用 tracert 命令检查路由器配置是否正确，找出问题逐个解决。

注意

若安装界面没有出现，请关闭计算机电源，检查还原卡与主板PCI插槽是否接触良好或者是否已安装驱动程序。故障排除请参考“使用及注意事项”。

3. 计算机系统自动检测并显示还原卡的安装界面，按Enter键即可完成快速安装。

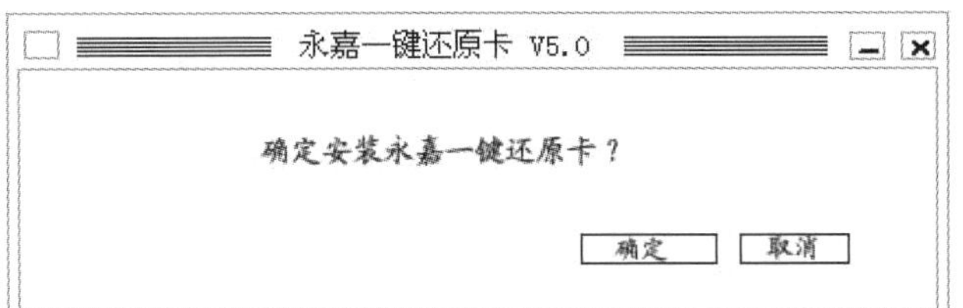

注意

快速安装还原卡后，将获取以下功能。

例如，只保护硬盘的第一个分区即C盘。

每次启动都还原C盘数据，任何对C盘数据产生影响的操作都将在系统重启后被自动彻底消除。其他分区的数据因不在保护范围内，各种数据修改将被正常保存下来。

4. 若用户需要定制安装还原卡，则进入还原卡的系统设置界面，根据自己的实际需求设置还原卡的工作参数，如下图所示。

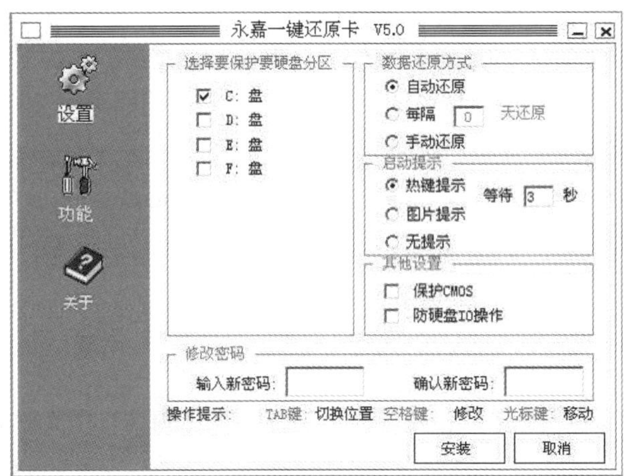

提示

各项参数设置完成后，单击【安装】按钮，系统提示确定安装。之后，计算机自动重启，进入还原卡热键提示画面(或开机图片)。如无键盘输入，3秒后自动进入操作系统。

5. 在操作系统中安装永嘉一键还原卡驱动程序，请运行光盘中的SetupNT_XP.EXE文件。

提示

安装还原卡后，重启计算机，在显示热键提示画面(或开机图片)时，3秒内按F9键，输入正确的用户密码之后，可以进入还原卡系统设置界面。

3. 还原卡的设置

设置还原卡的操作方法如下。

操作步骤

1. 进入永嘉一键还原卡系统设置界面，如下图所示。如果没有设置密码，将无密码框提示。

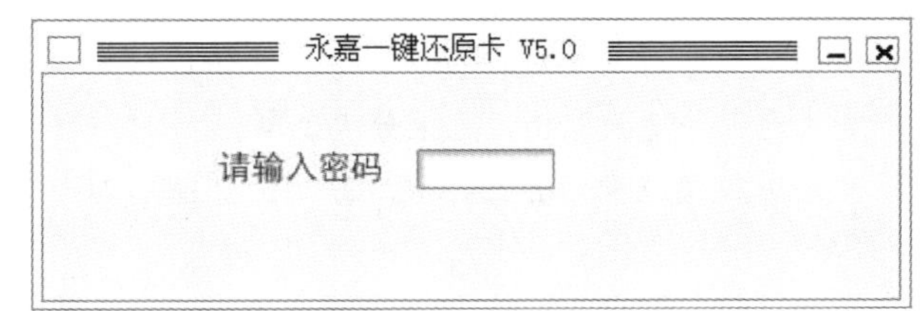

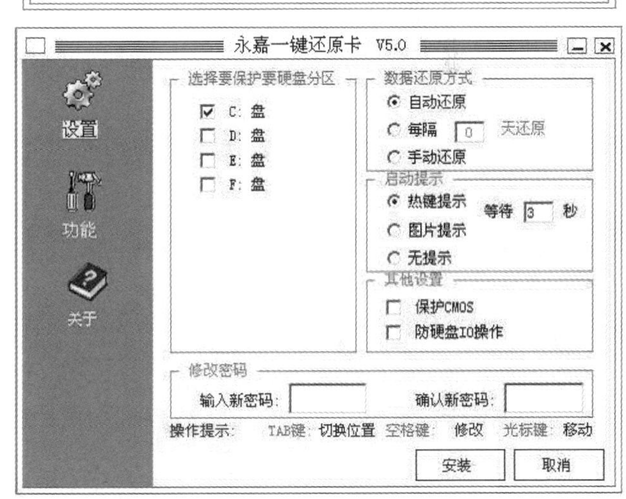

2. 选择要保护的分区。可以自行设定需要保护的分区，选择分区界面中列出了硬盘的所有分区信息，只要选择需保护的分区信息前的复选框即可将对应的分区设为保护，建议只对系统盘进行保护。使用空格键可切换复选框的状态。

3. 选择数据还原方式。选中【自动还原】单选按钮，每次启动计算机都还原数据；选中【每隔X天还原】单选按钮，每隔X天还原一次，还原卡每次启动都检测是否到了还原时间，一到间隔时间就自动还原数据。每隔0天还原即为自动还原(每次启动都还原数据)。选中【手动还原】单选按钮，每次启动时，在还原卡热键提示画面按F9键进入设置。

主机故障常见的现象就是主机的配置不当，像主机的IP地址与其他主机冲突，或IP地址根本不在子网范围内，由此导致主机无法连通。主机的另一故障就是安全故障。

技巧

手动选择还原功能给用户提供了一个新的机会，可将若干次系统启动至关机间的数据变化在最后统一做出保存或丢弃的处理。非常方便用户探索式安装与使用各类软件，特别是来历不明的软件。

❹ 其他设置。选中【保护 CMOS】复选框，还原卡将在计算机每次启动时检查 CMOS 数据，一旦发现 CMOS 数据被修改，将用上次用户的 CMOS 备份自动恢复；选中【防硬盘 I/O 操作】复选框，设置此项参数，还原卡将防止黑客、非法用户通过 I/O 直接存取方式破坏硬盘数据。

❺ 修改密码。此项供用户修改还原卡用户密码，输入要设置的密码，再保存就可以了。密码可以是数字或字母，不能为空格，且区分大小写。

❻ 单击左侧的【功能】图标，选择相应功能，如下图所示。

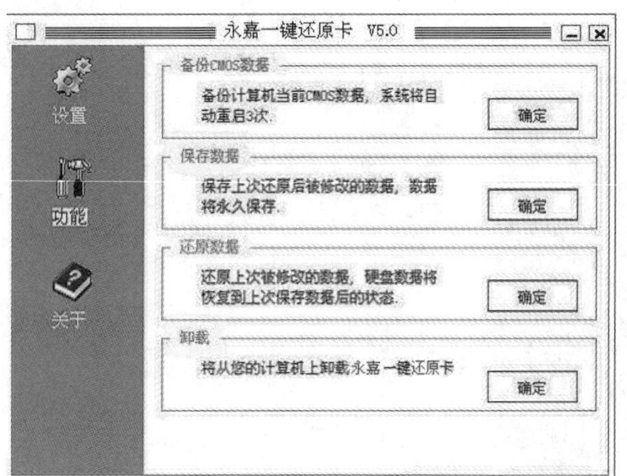

提示

此项目下可以执行以下操作。

- 备份 CMOS 数据：还原卡将此时的 CMOS 数据保存起来，定期检查 CMOS 数据是否发生改变，选择这项功能，保存的时候计算机将重启 3 次。
- 保存数据：上次对硬盘所作的操作(被保持在缓冲区内的数据)将被正式存储到硬盘上。
- 还原数据：保存在缓冲区内的数据将被丢弃。建议不要在缓存区中保存过多的数据，如果保存数据过多并接近缓存区的大小，系统将报警并重新启动计算机。
- 卸载：卸载还原卡后，还原卡对硬盘数据不起任何保护作用。

注意

如果不将还原卡从计算机中取出，计算机启动时将会重新出现还原卡的安装界面。

4. 使用及注意事项

1) 使用还原卡的常见问题

(1) 什么时候需要使用永嘉一键还原卡的“还原数据”功能？

① 当系统不稳定的时候。比如感染了病毒，上网的时候主页或其他参数被恶意网页脚本修改了，被某些网站自动安装了不想要的插件等。只要计算机发生了用户不希望发生的变化，您都可以按 F9 键恢复到原来稳定的状态。

② 当您认为保护的分区(逻辑盘)上新增的数据不再需要的时候。比如保护了 C 和 D 盘，然后在 D 盘上安装了一些游戏，玩了一段时间以后不想玩了。按 F9 键，进入设置菜单执行还原操作后，这个游戏就被还原掉了，就像从来没有安装过一样，根本不用担心安装这个游戏对您的计算机会有什么影响。

(2) 如何应用永嘉一键还原卡的“还原数据”功能？

计算机启动过程中，显示永嘉一键还原卡图片或提示行的时候，按 F9 键，移动箭头进入【功能】界面。按方向键将光标移动到【还原数据】按钮上，按 Enter 键，就会显示下图所示的操作提示界面，提醒所有受保护的分区(逻辑盘)将会被恢复到上次保护起来的状态，并提示您上次执行保护操作的时间。

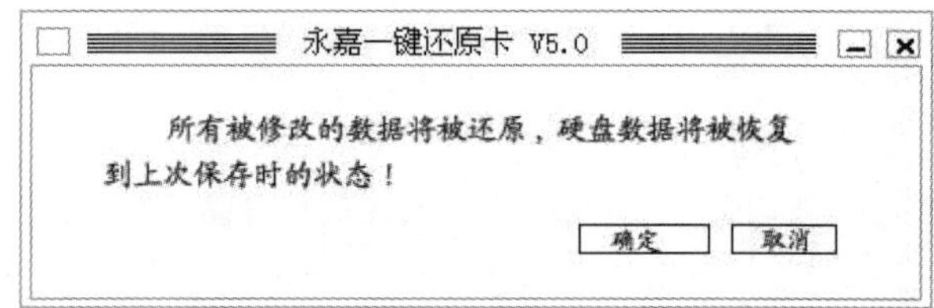

如果不想进行还原操作，移动光标到【取消】按钮上并按 Enter 键。执行还原操作后，设置为受保护的分区(逻辑盘)就会被恢复到上次保护的状态，数据恢复速度非常快。还原操作完成后，出现下图所示的提示界面。

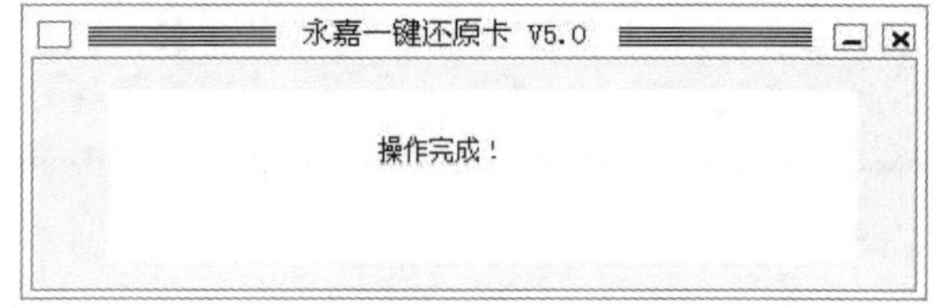

(3) 什么时候需要使用永嘉一键还原卡的“保存数

长见识　网络故障的诊断过程应该沿着 OSI 七层模型从物理层开始向上进行。首先检查物理层，然后检查数据链路层，以此类推，设法确定通信失败的故障点，直到系统通信正常为止。

据”功能？

当安装了一些有用的软件，确认其对系统没有不良的影响，需要将其永久保护起来的时候，应使用“保存数据”功能。

比如设置 C 盘和 D 盘受保护。在 C 盘上安装了 Office 软件，用 Office 软件写了一些文档存放在 D 盘。觉得 Office 软件运行稳定，对计算机没有不良影响，撰写的文档也不希望不小心被恢复掉，就可以执行“保存数据”功能，将新安装的 Office 软件和撰写的文档保护起来，下次即使执行“还原数据”操作，这些内容也不会被还原掉了。

(4) 如何执行永嘉一键还原卡的“保存数据”功能？

计算机启动过程中，显示永嘉一键还原卡图片或提示行的时候，按 F9 键，进入上述功能界面。按方向键将光标移动到【保存数据】按钮上，按 Enter 键。如果有新数据可供保存，就会显示以下提示界面。

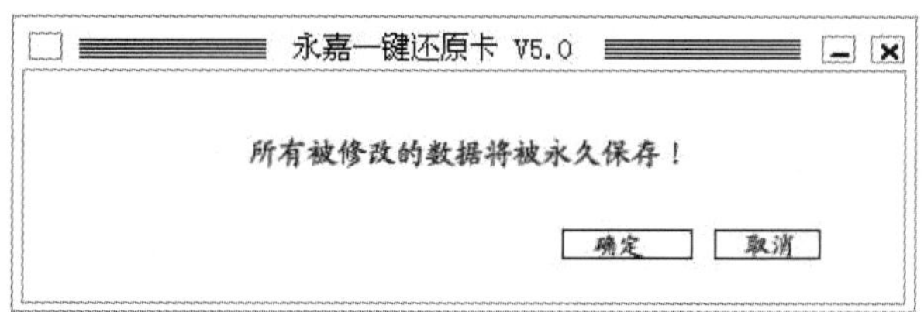

移动光标到【确定】按钮上并按 Enter 键，保护卡将进行【保存数据】操作，并显示保存数据进度提示。

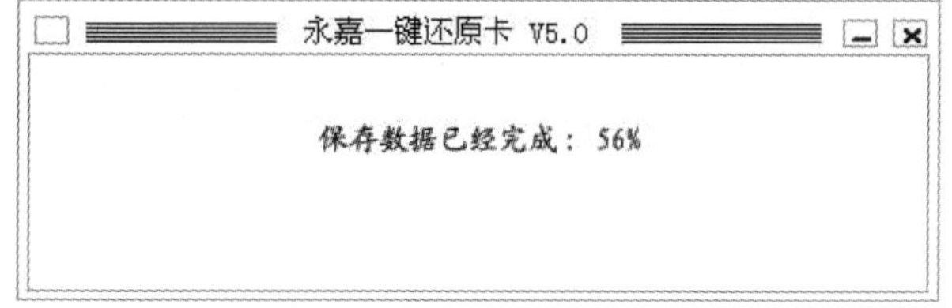

保存数据所需时间由新增数据的量决定，新增数据量越大，所需的时间越长。

(5) 如何备份 CMOS 数据？

计算机启动过程中，显示永嘉一键还原卡图片或提示行的时候，按 F9 键，移动箭头进入【功能】界面，按方向键将光标移动到【备份 CMOS 数据】按钮上，按 Enter 键，就会显示下图所示的操作提示界面，提醒将备份当前的 CMOS 数据。选择这项功能，保存的时候计算机将重启 3 次，设置成功。

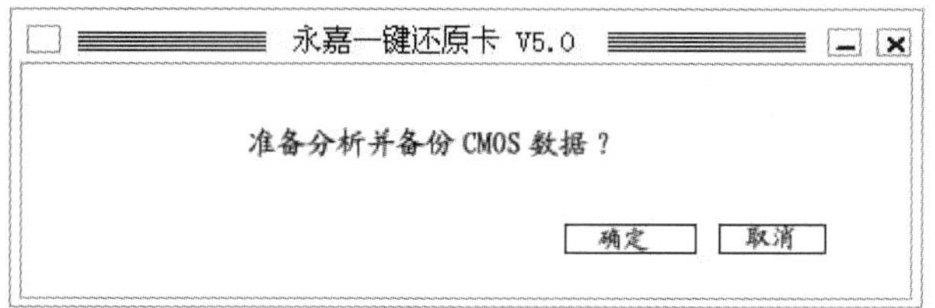

(6) 找不到还原卡怎么办？

- ❖ 检查 CMOS 中的设置，将启动顺序的第一项改成从 LAN/NETWORK 启动。
- ❖ 如果之前安装过还原卡，请在计算机自检后按 F9 键，可能之前安装还原卡时在参数设置中把还原卡的界面屏蔽了。
- ❖ 打开机箱，检查还原卡是否已经插好，或者把还原卡拔出来，重新换个 PCI 插槽。

(7) 蓝屏死机怎么办？

在进入 Windows 操作系统的过程中蓝屏，按以下方法解决。

- ❖ 请在还原卡操作界面下将还原卡卸载，然后进入操作系统，运行工具盘上的 Uninstall.EXE 文件，重新安装还原卡。
- ❖ 请检查操作系统中各硬件的驱动是否已经安装好，可以使用硬件设备管理器，查看是否有设备打上惊叹号或者问号。
- ❖ 请将系统中交换数据量比较大的分区取消保护。

(8) 没有保护功能怎么办？

- ❖ 在 Windows 7/10 操作系统下，请检查是否安装了还原卡的驱动程序。
- ❖ 请检查在还原卡参数设置中是否设置了想要的还原方式。
- ❖ 请检查还原卡硬盘保护设置中是否将需要保护的硬盘选上了。

(9) 忘记密码或者密码不正确怎么办？

请登录到 http://www.nagayoshijp.com 网站下载 CLEAR.EXE 工具，关机后请将卡直接取出，在 Windows 98/Me 下可直接执行 CLEAR.EXE 将系统密码清除，Windows 2000/XP/7/10 下则要在 DOS 环境下执行 CLEAR.EXE，重新安装卡后，会回到原安装界面。

(10) 出现 overflow(溢出)的蓝屏提示和连续多声响铃怎么办？

- ❖ 硬盘剩余空间太少，当硬盘写操作较多时，还原卡因为没有足够的动态缓冲区而强制系统停机。建议整理一下硬盘上的数据，即进行碎片整理。
- ❖ 安装了兼容性较差的实时病毒监控或者系统安全监控软件，导致系统不稳定，将其监控功能关闭或者完全卸载即可。

(11) 设置了开机图片提示，而开机的时候没有图片提示怎么办？

- ❖ 请确认已经安装了软件驱动程序，否则无法显示。
- ❖ 如果使用的是集成显卡，则无法显示图片。

普通还原卡安装在主板插槽里，在卡上有一片 ROM 芯片，根据 PCI 规范，该 ROM 芯片的内容在计算机启动时将最先得到控制权，然后它接管 BIOS 的 INT 13 中断。

(12) 进入菜单无密码提示是怎么回事？

设置了密码以后，如果想取消密码，请先对系统做一次保存数据操作，然后卸载掉还原卡，再进行一次完整的安装操作，下次按热键进入菜单就没有输入密码提示框了。

(13) 卸载还原卡后，进入 Windows 7/10 时会有报警声音是什么原因？

这是因为未卸载还原卡的 Windows 7/10 驱动程序而导致系统报警。请执行驱动盘上的 Uninstall.EXE 文件，选择卸载即可。

(14) 安装一些软件后重新启动计算机，无法进入 Windows 或者会出现缓冲区已满 80%的提示，什么原因？

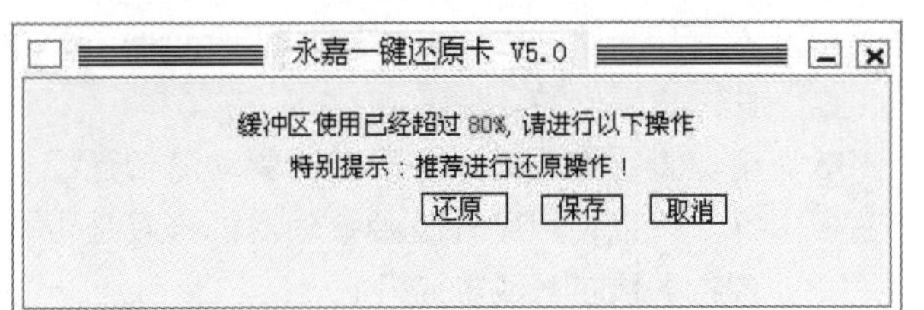

这是因为计算机磁盘碎片太多，请执行一次还原操作后，做一次碎片整理，然后重新安装软件。

(15) 安装计算机外部设备后，重启计算机，出现无法进入 Windows 或出现蓝屏，是什么原因？

执行还原操作后，卸载还原卡和还原卡的驱动程序。新外部设备及驱动程序安装好后再重新安装还原卡及还原卡驱动程序。

2) 注意硬盘空间

大多数厂商说自己的还原卡不占用硬盘空间，其实不是这样的，硬盘可用空间很少时，还原卡工作就不正常了。因为硬盘剩余空间太少，当硬盘写操作较多时，因为没有足够的缓冲区而强制系统停机。建议使用保护卡时不要将硬盘空间占满，至少剩余几百兆可用空间给还原卡存储临时数据。

3) 慎用还原卡的多分区引导

有些还原卡提供了多重引导分区的功能，要注意利用还原卡进行特殊分区会破坏原有硬盘的所有内容与信息，删除这些分区时也会破坏所有的信息，在操作时一定要做好对重要数据的备份。各个多引导分区之间并不可见，各系统不能相互访问。

4) 还原卡的安全性

保证数据的安全是还原卡最重要的功能之一。实际上，当隐藏扇区中保护卡保存的数据受到损坏或硬盘本身受到了物理损坏时，硬盘很容易出现问题，如发生硬盘死锁、无法读取数据等现象。另外，由于大部分还原卡的原理都是修改中断向量表来接管 INT13 中断，所以很容易通过找到 Int13h 的原始 BIOS 中断向量值，恢复 INT13 的 BIOS 中断向量，达到屏蔽还原卡的效果。

还有就是还原卡密码的安全性也不是很好。网上有人提供了某些品牌还原卡的破解工具，部分品牌的还原卡本身带有通用密码，还有一部分厂商提供了还原卡的密码清除工具或还原卡安装信息清除工具(可能是厂商怕用户不慎忘记密码而设置的)，这样就降低了数据的安全性。

还原卡虽然给日常工作提供了便利，但永远不要相信还原卡是万能的！

5) 还原卡的选择

首先要选择兼容性好的还原卡。由于操作系统、主板类型的不同，不可能保证还原卡百分之百与主机兼容。选购时应注意，是否全面支持 DOS、Windows、Linux 等常见操作系统，并让系统在真正的 32 位或 64 位系统下工作，而不是 MS-DOS 兼容方式；是否不占系统中断及其他资源；有无冲突的问题；最大支持硬盘的数量。

9.6 网吧常用软件

网吧的计算机需要安装很多常用的游戏软件。下面将为大家介绍一些常用的网吧软件。

9.6.1 UTalk 通信软件

网吧客户中，很多是“战斗型”游戏玩家，他们在“战斗”过程中要进行指挥与协同，要是有一个专用“对讲机”该有多好呀！

新浪公司开发的 UTalk 就是一款主要针对网络游戏用户和局域网游戏用户的团队语音通话工具。UTalk 具有小巧灵活、专业、全中文界面、上手简单等优点。即使在拨号上网情况下，UTalk 也能以极小的带宽占用，穿越防火墙，提供清晰高质的语音服务。UTalk 为用户提供服务器/客户端软件。通过服务器端软件，用户可以自由建立 UTalk 服务器并管理该服务器。客户端软件除提供专业的语音功能外，也提供基本的好友管理、服务器管理、用户管理和文本聊天等常用功能。

1. UTalk 服务器的安装与管理

尽管游戏玩家可以使用外网的语音服务器，但这要增加网络流量。可以自己架设 UTalk 服务器，这样网吧内部就可以进行“对讲”了。

安全模式是为解决严重的硬件或软件冲突而设置的。安全模式就是 Windows 启动为最小模式，不运行没用的程序，当计算机无法正常进入系统时，可以尝试进入安全模式，以排除正常模式不能排除的问题。

架设 UTalk 服务器不需要专用服务器，只需要能流畅运行网络游戏的计算机即可。普通用户均可自行架设 UTalk 服务器，而且这个软件是完全免费的。

操作步骤

❶ 首先从网上下载最新的 UTalk 服务器端软件，然后双击安装程序，如下图所示。

❷ 弹出如下图所示的安装向导对话框，单击【下一步】按钮，然后根据提示进行操作。

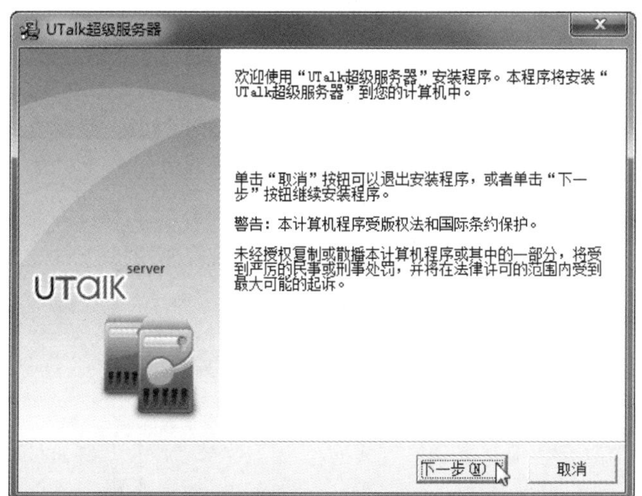

❸ 安装完成后，将在桌面上生成一个快捷方式图标 。双击该图标，启动 UTalk 服务器程序，将看到如下图所示的界面。

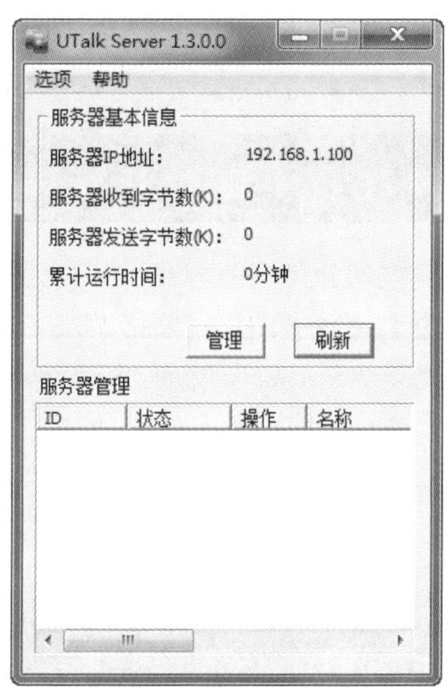

❹ 单击界面上的【管理】按钮，输入超级管理员的 UC 号及密码，如下图所示。

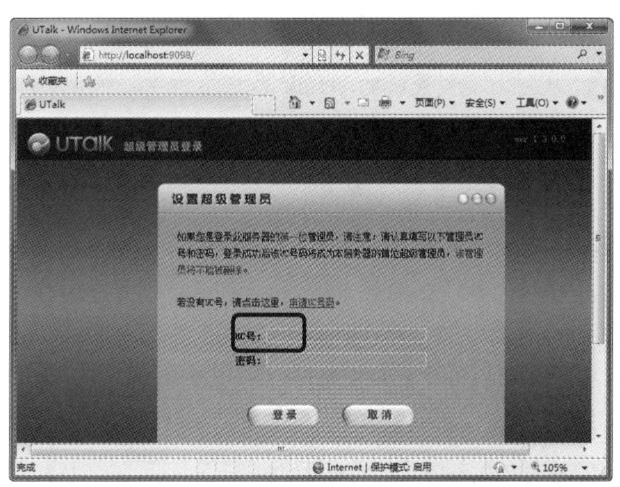

提示

第一次管理这台 UTalk 服务器，必须有一个 UC 号码，用该 UC 号码登录后，你将成为这台 UTalk 服务器的首位超级管理员，该管理员不能被删除。如果还没有 UC 号码，抓紧去申请一个吧。申请的网址是 http://www.utalk.com.cn/UT_reg/agreement.html。

❺ 进入 UTalk 服务器的 Web 服务器管理界面(如下图所示)，创建语音服务器，并对服务器的相关参数进行设置。

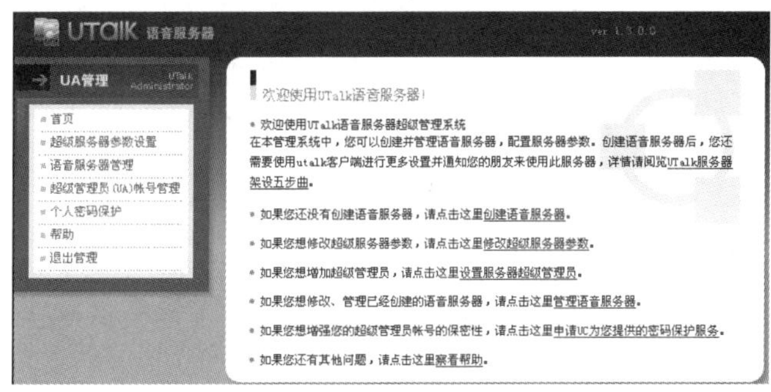

❻ 单击【创建语音服务器】链接，创建一个语音服务器。创建完毕，单击【管理语音服务器】链接，可以看到新建的语音服务器，如下图所示。请记住【服务器 ID】和【占用 IP 和端口号】，客户端登录时需要这两个参数。

语音服务器管理　帮助

服务器ID	服务器名称	占用 IP 和端口号	操作
482949	语音服务器	218.185.197.170:9001	停止 删除 修改

添加新语音服务器
找回语音服务器

2. 配置与使用 UTalk 客户端

是不是很想现在使用 UTalk 呀？别急。在使用 UTalk 之前，要先配置一下 UTalk 客户端。具体操作步骤

地址解析协议 (Address Resolution Protocol，ARP)的基本功能就是通过目标主机的 IP 地址，查询目标主机的 MAC 地址，从而实现 IP 地址到 MAC 地址的映射，保证通信的顺利进行。

如下。

1. 从网上下载最新的 UTalk 客户端软件，然后双击安装程序，如下图所示

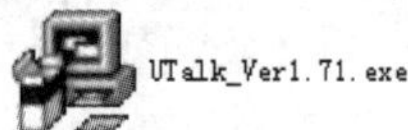

2. 弹出如下图所示的安装向导对话框，单击【下一步】按钮，然后根据提示进行操作。

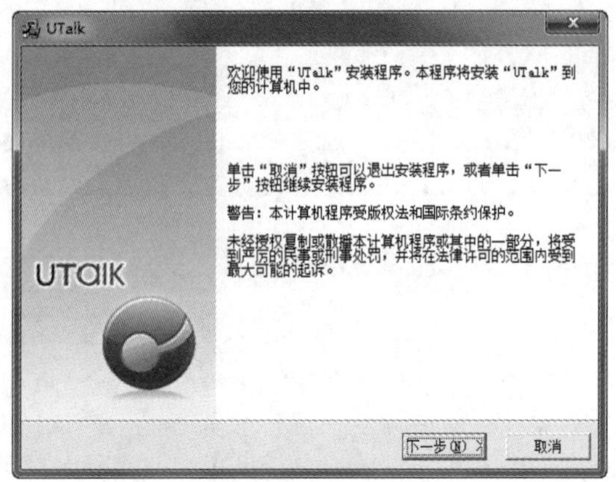

3. 安装完成后，将在桌面上生成一个快捷方式图标。双击该图标，启动 UTalk 程序，将看到如下图所示的界面。

4. 使用正确的 UC 号码和密码，以及语音服务器 ID 或 URL 进行登录。每个服务器都会有一个默认频道，用户进入服务器后都会默认进入这个频道。登录成功后的界面如下图所示。

> **提示**
>
> 这时已经登录到自己创建的语音服务器了，可以通过邮件、电话或 IM 软件将服务器 ID 发送给好友。

下面简要介绍一个获得服务器 ID 的方法。

5. 选择【查看】|【查看语音服务器】命令，如下图所示。

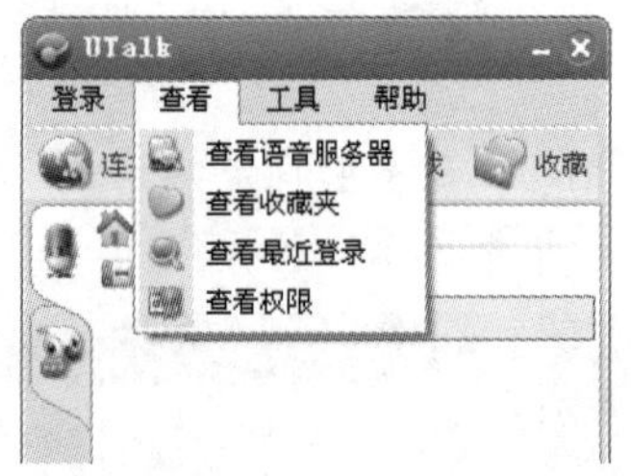

6. 在【服务器资料】对话框(如下图所示)中，可以看到服务器的 ID。也可以直接将频道 URL 发给好友，好友可以通过频道 URL 直接登录并进入频道。

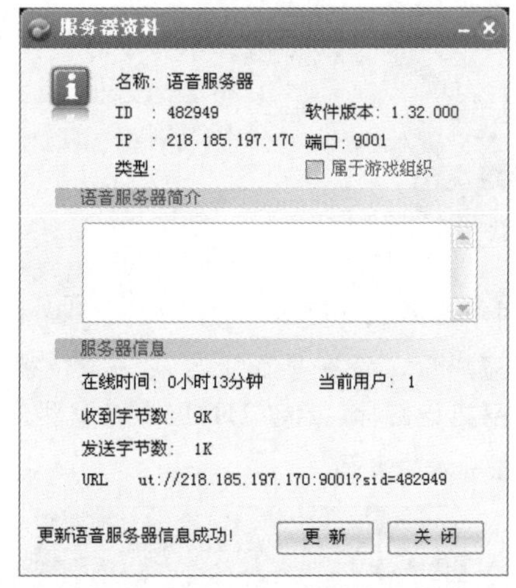

9.6.2 网络、本地游戏软件

网吧顾客大部分是网络游戏玩家，为了网吧的良好经营，应尽量安装较多的流行网络游戏，以满足顾客的需要，比如魔兽争霸、CS、大话西游、梦幻西游、魔兽世界、传奇、奇迹、跑跑卡丁车等。

这些游戏都有固定的运营商，安装软件包可以在官方网站下载，或者购买相应游戏的安装盘。下面我们主要演示 CS 反恐精英及魔兽的安装。

1. CS 反恐精英的安装

该游戏是多人亦可是单机游戏，可以局域网对战，亦可网络对战，深受广大网民的喜爱。该游戏是电子竞技参赛项目之一，其安装步骤如下。

低功耗广域网络是一种适用于物联网应用的节能型低带宽网络，能够支持需要长电池寿命的设备，该网络一般覆盖城市，甚至整个国家等超大面积区域。

操作步骤

❶ 将游戏光盘放入光驱，这时会自动运行光盘中的游戏软件，并弹出如下图所示的对话框。单击【下一步】按钮继续。

❷ 在【许可协议】界面，单击【我同意】按钮继续，如下图所示。

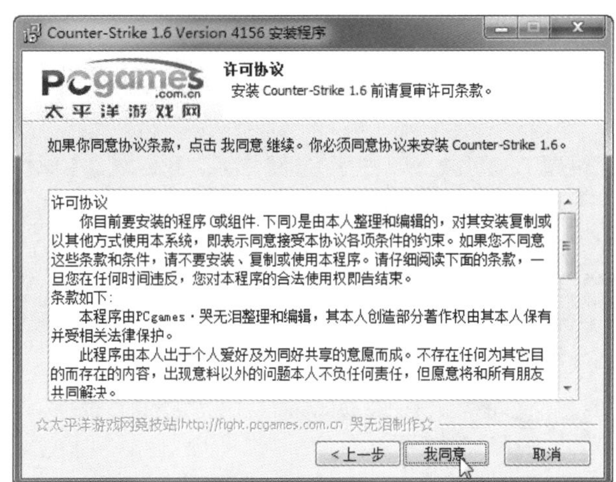

❸ 进入【游戏版本说明】界面，直接单击【下一步】按钮，如下图所示。

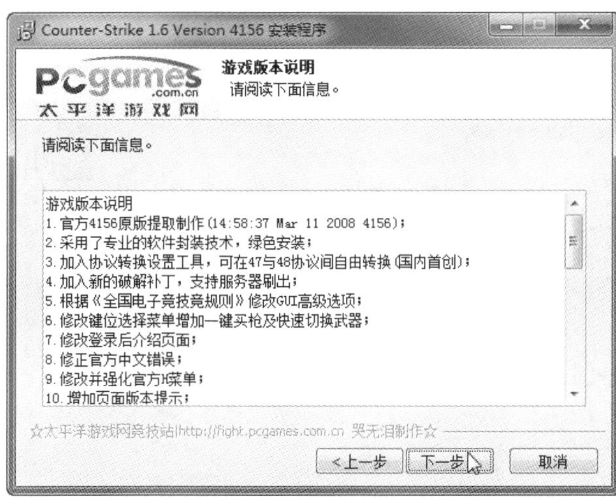

❹ 进入【选择安装位置】界面，选择游戏安装位置，再单击【下一步】按钮继续，如下图所示。

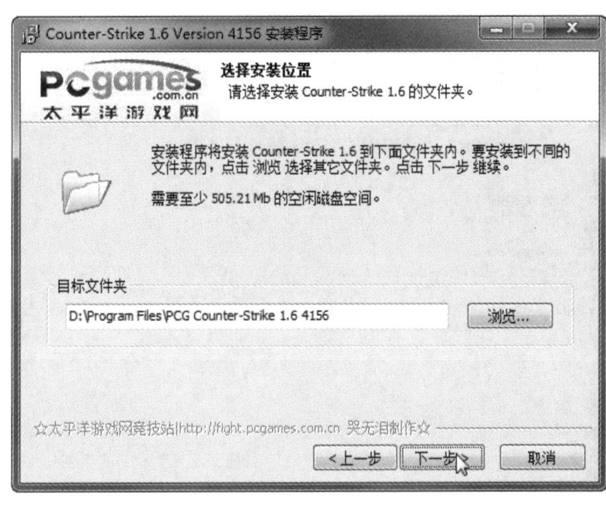

❺ 选择开始菜单所使用的文件夹。这里取消选中【不创建快捷方式】复选框，单击【下一步】按钮继续，如下图所示。

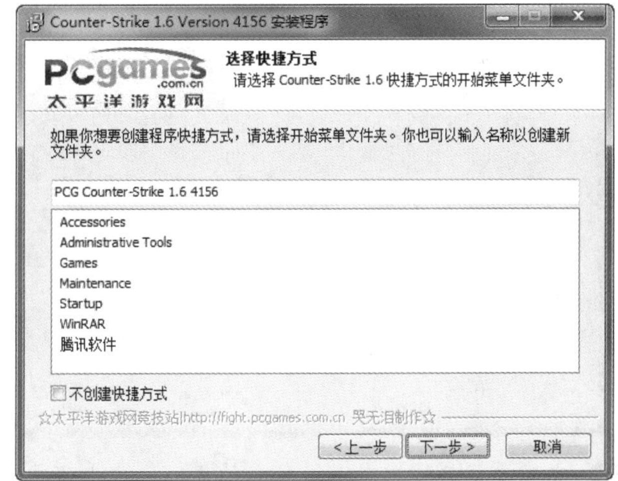

❻ 选择要创建的快捷方式，再单击【下一步】按钮继续，如下图所示。

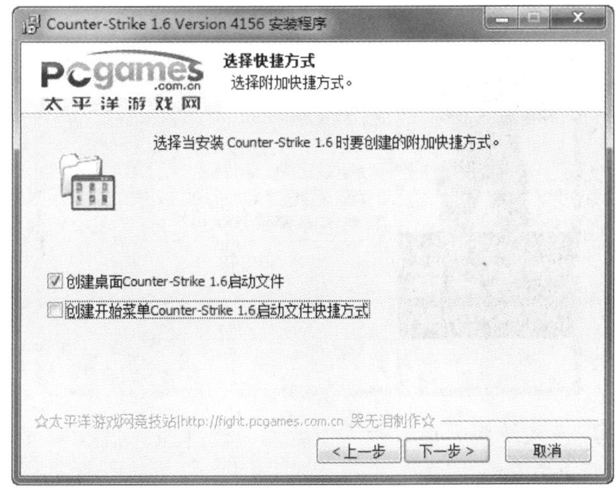

Internet 控制报文协议(Internet Control Message Protocol，ICMP)是 IP 协议的附属协议，属于网络层协议，其报文封装在 IP 协议数据单元中进行传送，主要用于网络设备和节点之间的控制和差错报告报文的传输。

长见识

❼ 进入【准备安装】界面，查看程序设置，确认无误后单击【安装】按钮，如下图所示。

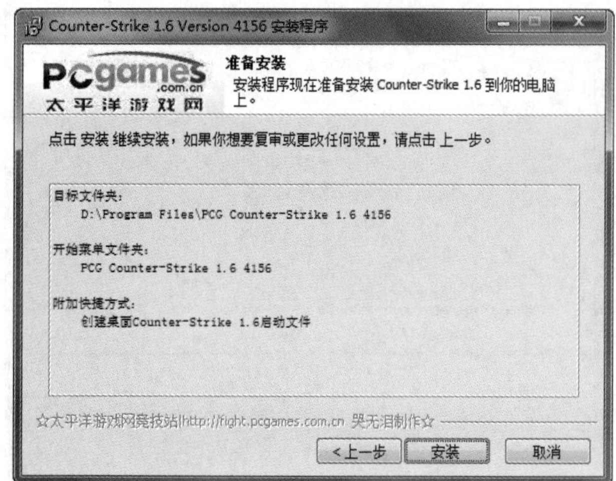

❽ 开始安装程序，并弹出如下图所示的进度对话框，稍等片刻。

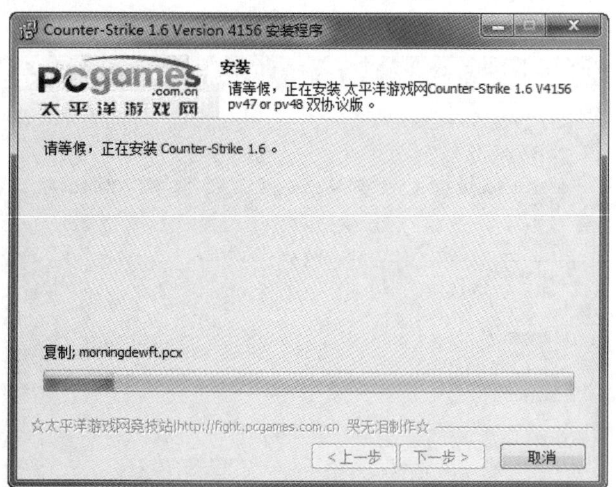

❾ 安装完成后进入如下图所示的界面。选中【启动Counter-Strike 1.6】复选框，单击【完成】按钮。

❿ 进入游戏界面，如下图所示。选择服务器后即可开始玩游戏。

2. 魔兽争霸的安装

该游戏由暴雪公司推出，是网吧里最受欢迎的本地游戏和浩方网络对战游戏，也是电子竞技参赛项目之一。玩好该游戏对玩家的键盘、鼠标操作以及玩家的心理素质有较高的要求。

操作步骤

❶ 插入购买的安装盘，双击应用程序文件魔兽争霸.exe，进入欢迎界面。单击【下一步】按钮继续，如下图所示。

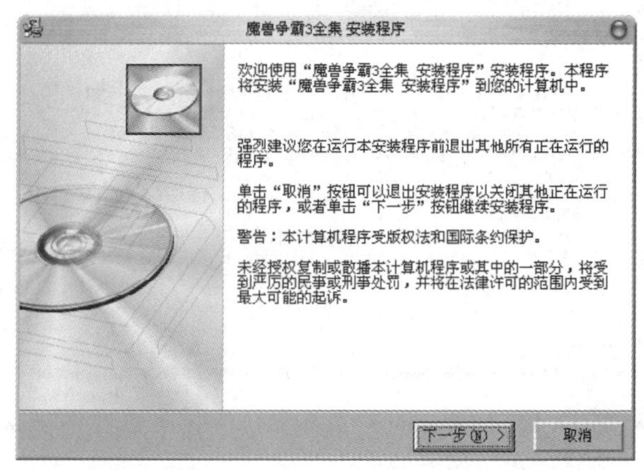

❷ 选择安装目录，单击【下一步】按钮继续，如下图所示。

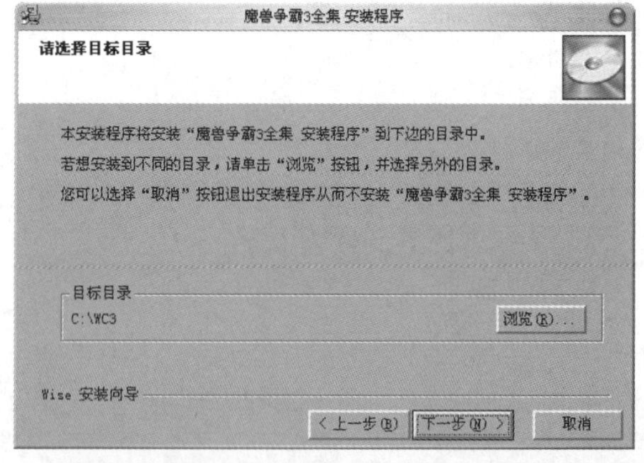

FTP 使用两条 TCP 连接来完成文件传输：一条连接用于传送控制信息(命令和响应)，另一条连接用于数据发送。在服务器端，控制连接的默认端口号为 21，数据连接的默认端口号为 20。

❸ 选择程序管理器组位置，单击【下一步】按钮继续，如下图所示。

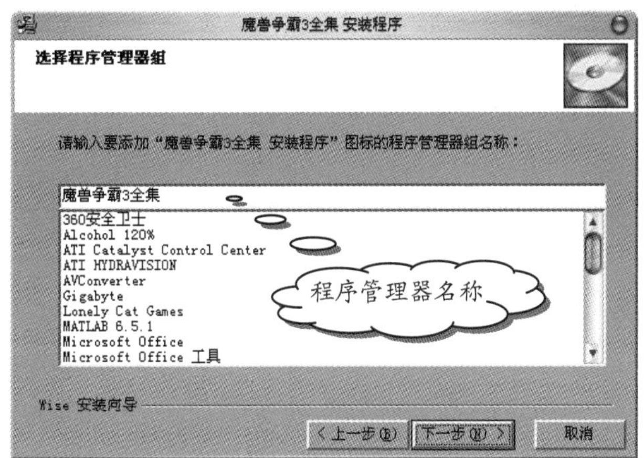

❹ 提示开始安装，单击【下一步】按钮，如下图所示。

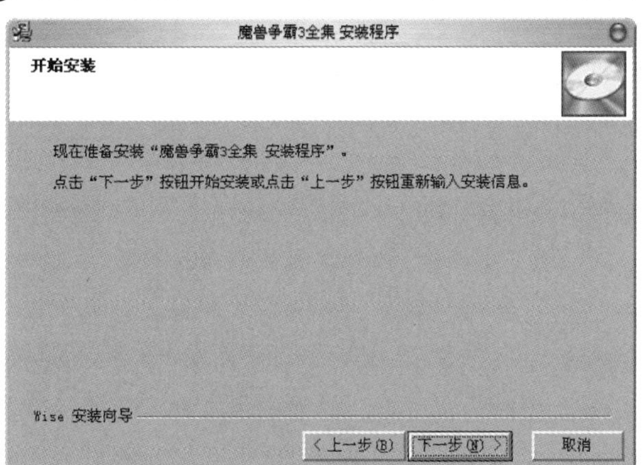

提示

整个安装过程大概需要几分钟，这要根据系统的配置而定。安装完成后需要重新启动计算机

❺ 系统提示安装程序已经成功安装，单击【完成】按钮完成安装，如下图所示。

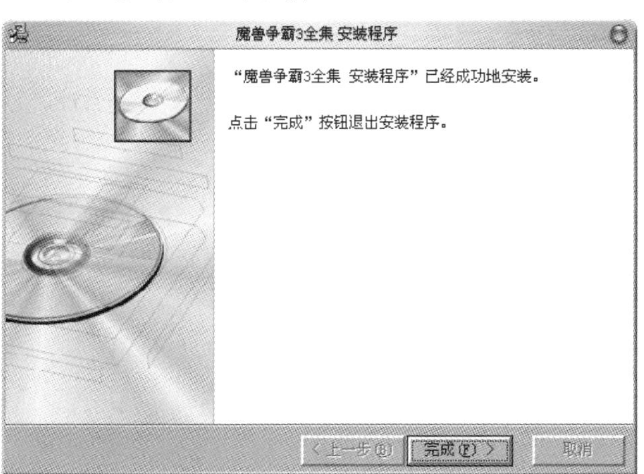

9.6.3 软件自动更新

由于网吧软件比较多、杂，而现在的软件更新速度比较快，需要经常下载补丁等对软件加以更新。如果人工操作，必然会很费时间、精力，这在以营利为目的的网吧是不允许的。因此，需要通过软件来实现软件的自动更新。更新软件必须具备下述功能。

- 定时更新：可以定时段更新，避免高峰时间复制，导致服务器速度缓慢。
- 稳定性强：客户机出现意外(死机、断电、客户关机等)造成复制停止的，下次开机会从出错的地方开始继续复制。
- 设置简单：只需要在任何一台客户端添加一个项目，选择需要更新的计算机就可以完成所有工作，不需要操作服务器。
- 智能判断：目录更加智能化，可以对比客户端多余的文件自动删除，发现文件相同的跳过不复制等。
- 更新速度快，操作方便。

目前市面上的管理软件更新的软件比较多，常用的有网吧网管助手、软件自动更新(LiveUpdate)、e盾通用软件自动更新系统GUS、搜搜软件自动更新引擎等。这些软件都带有自己的使用帮助文件，这里就不再详细介绍了。若要更新Windows系统，可以使用系统自带的Windows Update程序自动进行更新。

9.7 思考与练习

一、选择题

1. 网吧管理软件应该考虑________。
   A. 系统的稳定性　　B. 使用方便性
   C. 计费问题　　D. 强大的管理功能
2. 软件自动更新应满足________。
   A. 稳定性强　　B. 定时更新，速度快
   C. 操作、使用简单　　D. 智能判断
3. Outlook在设置邮件收发时服务器一般设置为________。
   A. POP3　　B. SMTP
   C. 163.com　　D. yahoo.com

第三层交换机是将传统交换机与传统路由器结合起来的网络设备，它既可以完成传统交换机的端口交换功能，又可完成部分路由器的路由功能。第三层交换利用第三层协议中的信息来加强第二层交换功能的机制。

二、简答与操作题

1. 网吧网络与其他网络有何不同?
2. 无盘网络有何优缺点?
3. 学习网吧计费系统的安装和管理。
4. 学习系统还原卡的设置。
5. 练习安装一个小型无盘工作站。
6. 练习一个网吧网络软件的安装。

长见识 凡是通过 Internet 协议进行电话语音传输的通信方式均可统称为 IP 电话。

第 10 章 组建办公局域网

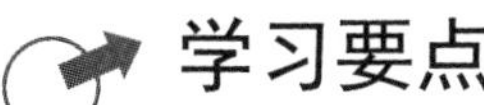

本章微课

随着信息时代的来临，越来越多的办公场所配备了计算机。组建一个办公局域网，能实现资源的充分利用，最大限度地提高办公效率。

学习要点

- ❖ 办公网络的分析与设计；
- ❖ 办公网络的组建；
- ❖ 办公网络的配置；
- ❖ 域控制器的安装与配置；
- ❖ DNS 服务器；
- ❖ Web 服务器；
- ❖ FTP 服务器；
- ❖ DHCP 服务器；
- ❖ 流媒体服务器。

学习目标

本章我们将系统学习办公网络的结构选择、组建和日常应用。

本章的重点内容是各种办公服务器的架设和配置，主要有域控制器、Web 服务器、流媒体服务器等。

办公网络比家庭网络和宿舍网络更复杂，组建难度更大，但过程相似，特别是服务器的安装过程，读者只要举一反三，都能很好地理解。

10.1 组建方案概述

单纯从局域网的角度来讲，宿舍网络、办公网络、网吧网络等，若添加一台服务器，那么它们的组网思路和方法都是类似的，而仅仅是各自的用途不同。读者应举一反三，活学活用，而不能生搬硬套。

10.1.1 办公局域网的特点

随着计算机和网络的普及，利用计算机实现自动化、信息化办公已经成为时代潮流。在发达地区，各企事业单位，无论大小，办公场所几乎都配备了计算机。然而如何让这些计算机发挥最大效用，提高办公效率，为企业创造价值？搭建一个办公局域网一定是大多数人的选择。

办公网络的易用性、稳定性一定要好。因为架设办公网络是为了提高办公效率，而不是用来锻炼员工耐心。另一个重点是安全，企业内部资料一旦泄密，会给企业带来很大损失。有的企业甚至不惜重金购买安全服务器，将所有的文件锁定在局域网内部，不管是网络还是USB接口，都严密监控，不容半点闪失。

一个办公局域网应该具备以下几项功能。

(1) 共享宽带互联网接入。多数企业为方便办公都开通了固定IP地址的宽带网络，让所有员工都能方便地在安全监控下上网是办公网络的重要功能。

(2) 共享网络打印机。计算机上许多文件需要打印出来才直观可靠，办公室内打印任务总会十分繁忙，将打印机通过网络共享才能实现资源的最优化利用。

(3) 共享文件。许多重要文件，特别是数据，既需要保持版本的唯一性和安全性，又必须保证能让需要的人及时获得文件，对共享文件的管理有更多的要求。

(4) 内部电子邮件收发。方便、快捷、免费、环保使电子邮件成为公司内部交流的重要途径。

(5) 软件协同工作。不管是软件工程还是工业工程，许多大型工程的设计都需要许多人的共同劳动才能完成。一些软件能让用户在局域网上就能协同工作，而不必用其他途径交流信息，既节省了精力，又保证了工程质量。

10.1.2 硬件需求

办公网络有大有小，这里以一个拥有二十多台计算机的办公网络为例，介绍办公局域网的组建和相关知识。

前面两章组建的都是小型网络，功能上以娱乐性、综合性为主。本章组建的办公网络以实用性、安全性和稳定性为主。

办公网络的结构如下图所示。

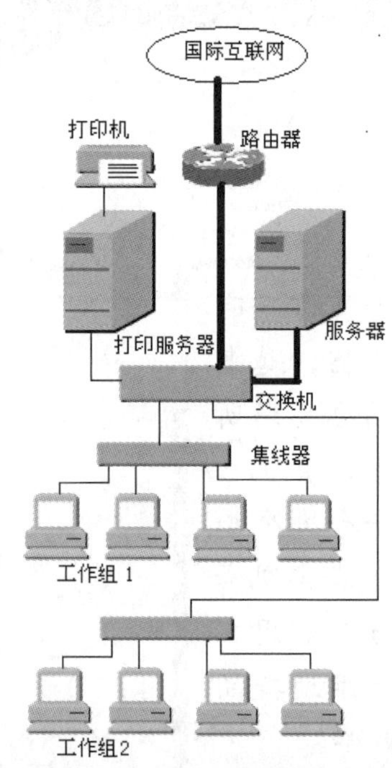

1. 计算机

商务用计算机不会有追赶新技术的风潮，大多以实用、稳定的成熟技术为主，永远把安全放在第一位。

对一般办公用途而言，一款中规中矩配置的机型已经足够。为节约采购成本，一般不需独立显卡，CPU、内存要求也不高。硬盘最值得重视，尽量选择市场反映良好的成熟产品以保证数据的安全性。

如果办公需要运行的行业软件对计算机有特殊要求，如图像处理或程序设计，应根据需要调整重点。一定要保证计算机的使用对办公效率的提高有促进作用，而不应成为效率的瓶颈。

服务器方面更应该仔细考虑。服务器价格往往在采购成本中占很大比例。选择服务器不仅要考虑性能，更要保证适合应用需求。如文件服务器最好能组建磁盘RAID阵列，最大限度保证数据安全。运行关键进程的服务器，如果不能停机的话应选用容错服务器或双机冗余方案，有必要的话可以考虑服务器集群。

服务器根据配置和应用的不同分出许多型号，性能也千差万别，购买时一定要了解清楚。

对办公网络而言，尽量选择质量过硬，售后服务及时的品牌机，以减少系统故障带来的损失，必要时还应该配备专业的网络管理员。像DELL、联想等品牌在业内

学以致用系列丛书

服务器成功运行后，如果只需要进行远程管理的话，可以把鼠标、键盘和显示器等取消，只通过网络来管理服务器。

口碑都非常好，售后服务完善，值得考虑。

2. 网线

网线往往容易被忽视，实际上网线在网络中的地位非常重要。不合格的网线往往容易引起许多奇怪的故障，网络规模很小时可以很快查出问题所在，而在办公网络这种大型网络中，网线出现故障会很棘手，重新布线十分麻烦。

办公网络的网线尽量选择大厂的超五类双绞线，并且要求网线材料具有良好的阻燃性，材料尽量选择无毒性的，毕竟员工的健康和安全也不容忽视。

网线一定要有备用线。关键的服务器连接还应该有冗余线路。

3. 交换机

本例中，工作组计算机按位置就近与交换机连接，各交换机之间也通过交换机连接。服务器为保证带宽，直接连接到交换机上。

交换机吞吐能力一定要过硬，成本上不能太节约，有些低端产品虽然接口数量很多，但是全部连接后会出现工作不稳定的情况。网络负荷尽量均匀分布，最好留有备用接口。交换机数量较多的话最好放在专门的机柜中并保持良好的散热。

4. 路由器

用户可根据实际情况选择服务器路由还是路由器设备。选择硬件路由器应注意路由器推荐的连接计算机数量是否与本网络相符。有些路由器容量小，网络中计算机太多容易造成频繁掉线。

5. 打印机

打印器材属于易耗品，在满足需要的情况下一定要注意成本控制，要综合考虑打印机的价格和墨盒的价格。许多打印机虽然便宜，但标配的墨盒十分昂贵，而且不支持兼容墨盒，最后反而会贵出许多。

10.1.3 组建准备

办公网络的组建是比较浩大的工程。需要比较多的时间和精力，如果由多人完成，一定要注意做好交流和协作。

由于办公网络不像宿舍网络那么简单和便于调试，组建网络之前一定要做好规划，写出计划书，画出示意图，按计划一步步完成。如果经验不是很丰富应该边组建边调试，将网络划分为不同的区域块。各区域先独立组建调试，确认没有问题后再组成一个整体。做好工作笔记，发现问题一定要及时分析并做好记录，以免重复犯错，尽量少走弯路。

组建办公网络一般应遵循以下步骤。

① 安装操作系统。如果计算机配置相同，使用 Ghost 可以极大地减少工作量。操作系统的选择请参考第 3 章。本例中全部选择 Windows 7 或 Windows Server 2008。

② 摆放好工作站计算机，确定集线器的位置和网线布置。网线的铺设最好在房屋装修前进行。如果计算机比较密集可以采用悬空地板，将网线铺设在地板下，注意避开市电线缆以免干扰。网线制作和布线相关知识参考第 5 章。

③ 分块调试网络。

④ 安装服务器。重要服务器最好有专门的机柜和机房，若服务器线缆较多还需要请专业布线工程师来铺设。

⑤ 总体连接调试。

⑥ 互联网接入调试。

有关网络的调试与障碍排除第 14 章有详细介绍。

10.2 配置域环境网络

本例的域控制器是通过活动目录 Active Directory 来实现的，可能读者会对这些术语感到无所适从。下面我们来解释一下这些概念。

工作组的概念大家都很了解，对域的概念却很陌生。一个局域网中可以有多个工作组，为了访问方便，把需要经常互相访问的计算机分为一个工作组，这样在网上邻居窗口中就能方便地访问。工作组中各计算机地位是对等的，各工作站可以自由加入或更改所在的工作组。

域可以看作是一类特殊的工作组，功能与工作组类似。但域中必须有一台服务器作为管理机，域中各工作站的加入需要管理机的批准。

域中的每个成员称为组织单元(OU)。

如果有多个域在一起，如一层楼上的多个办公室，将这些域组成一个域树(Tree，也叫父域)，多个域树又可以组成一个域林(Forest)，还可以继续组织下去。

这种像树枝一样分叉的结构就叫活动目录。活动目录必须由域控制器来管理，任何组织单元的加入和改动

注意计算机及各外设之间连线接触良好，不要无故拔插电缆。如果计算机不能识别某个设备，有可能是电缆的接触问题。

都需要域控制器的批准。域控制器对活动目录中的每个共享资源为各工作站指定不同的权限。当某工作站访问域中的共享资源时，域控制器会验证它的密码和权限。这样，可最大限度地保证数据的安全，也方便管理网络结构。

域控制器管理的对象主要有两种：计算机和用户账号。两者有何区别呢？计算机是指具体的某一台计算机，可能会有多个用户使用不同的账号登录同一台计算机，但它们具有不同的权限。

10.2.1　域控制器的安装

下面来介绍域控制器的安装。

操作步骤

❶ 进入安装好的 Windows Server 2008 服务器系统中，然后在任务栏上右击【服务器管理器】图标，从弹出的快捷菜单中选择【以管理员身份运行】命令，如下图所示。

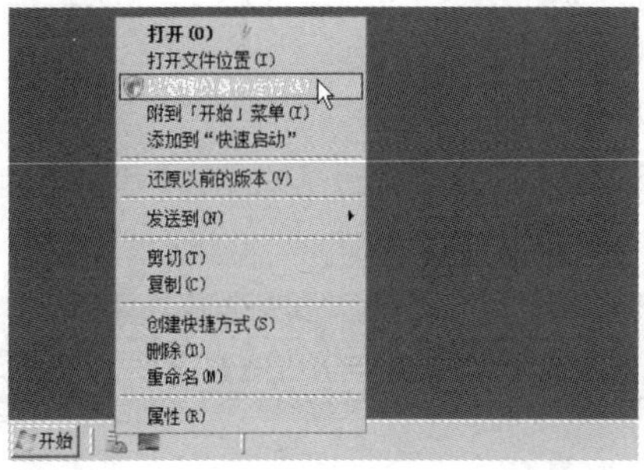

❷ 弹出【用户账户控制】对话框，单击【继续】按钮，如下图所示。

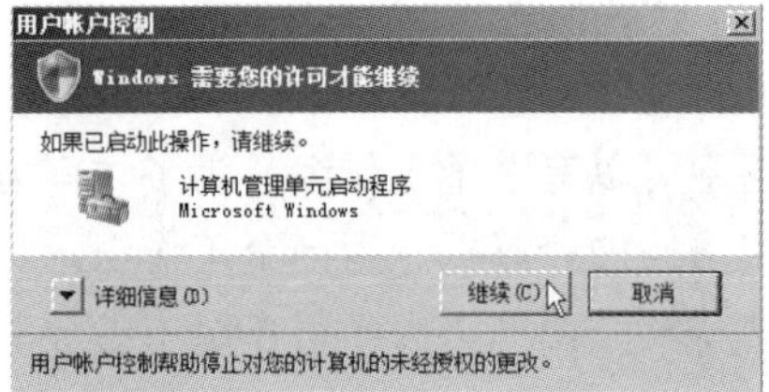

❸ 打开【服务器管理器】窗口，然后在左侧窗格中单击【角色】选项，接着在右侧窗格中单击【添加角色】链接，如下图所示。

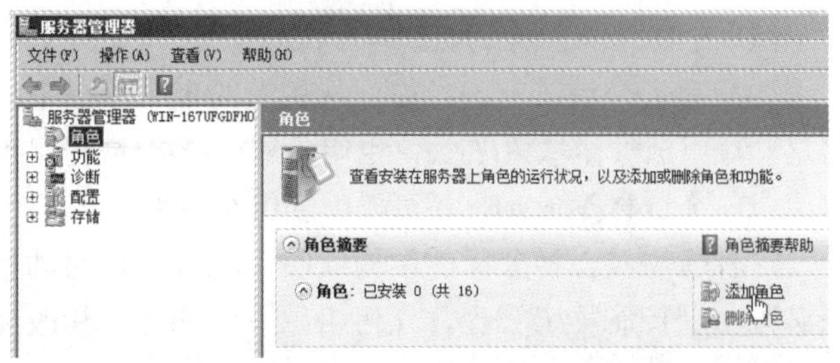

❹ 弹出【添加角色向导】对话框，直接单击【下一步】按钮继续，如下图所示。

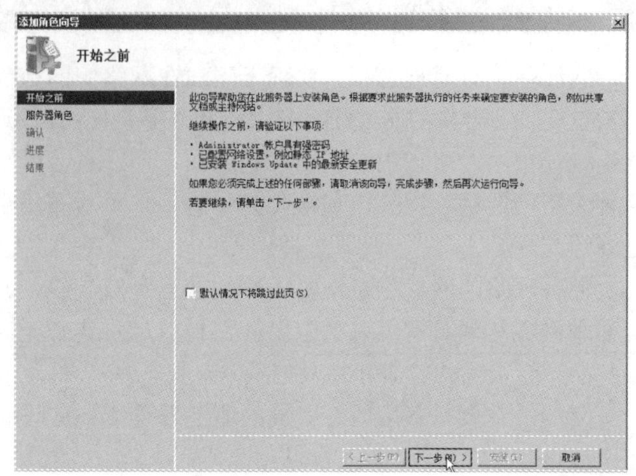

❺ 进入【选择服务器角色】界面，选择要安装的服务器，这里选中【Active Directory 域服务】复选框，再单击【下一步】按钮，如下图所示。

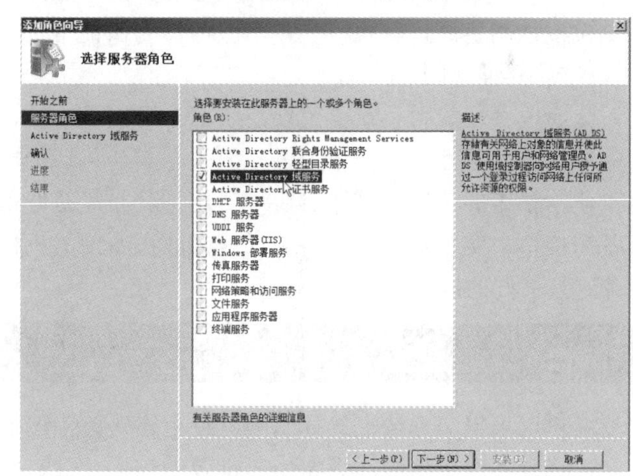

提示

如果你对 Active Directory 域服务还不是很了解，可以单击右侧的【Active Directory 域服务(AD DS)】超链接，将弹出帮助文档，如下图所示。

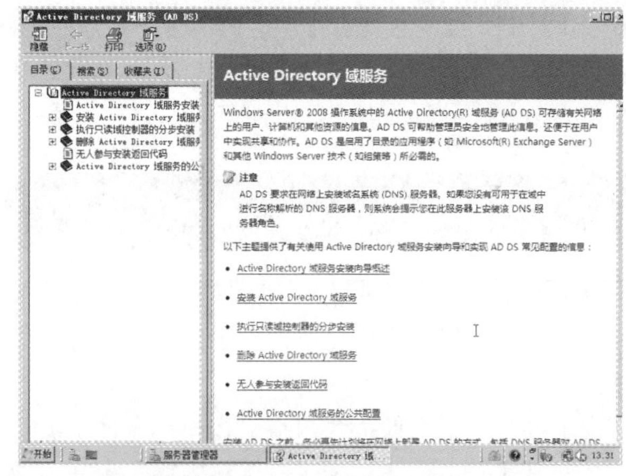

长见识

在 Windows 网络操作系统中有三种服务器类型：主域控制器 PDC、备份域控制器 BDC 和成员服务器。在每个域中只能有一台 PDC 和多台 BDC。

❻ 进入【Active Directory 域服务】界面，单击【下一步】按钮，如下图所示。

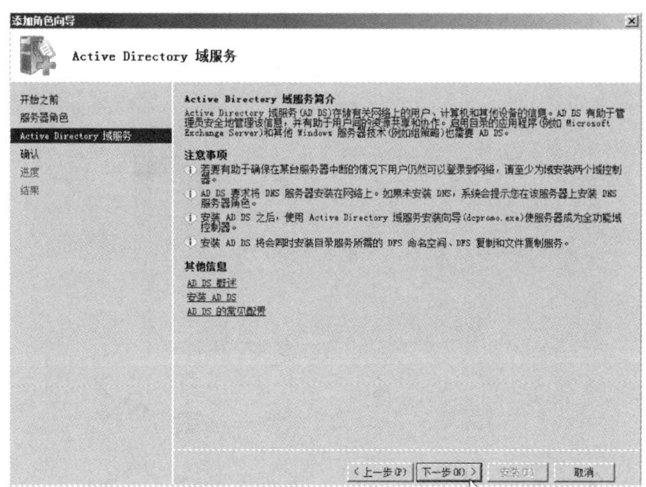

❼ 进入【确认安装选择】界面，查看角色设置，确认无误后单击【安装】按钮，如下图所示。

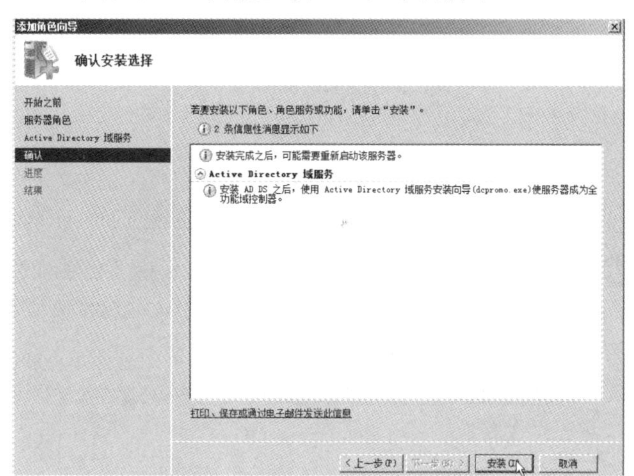

❽ 开始安装 Active Directory 域服务，弹出如下图所示的【安装进度】界面，稍等片刻。

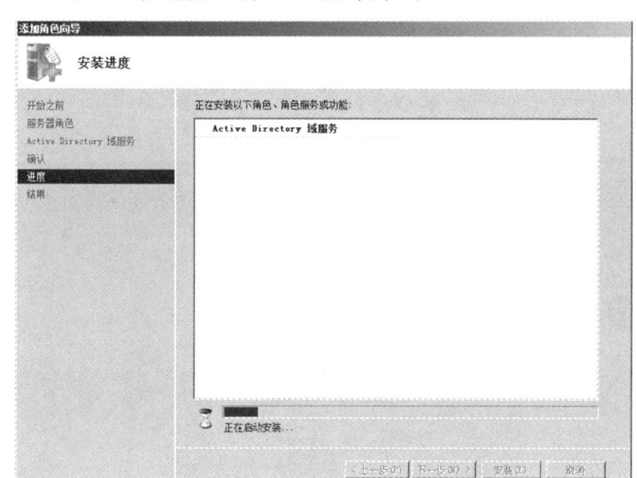

❾ 安装成功后进入如下图所示的【安装结果】界面。在右侧列表框中单击【关闭该向导并启动 Active Directory 域服务安装向导(dcpromo.exe)】链接。

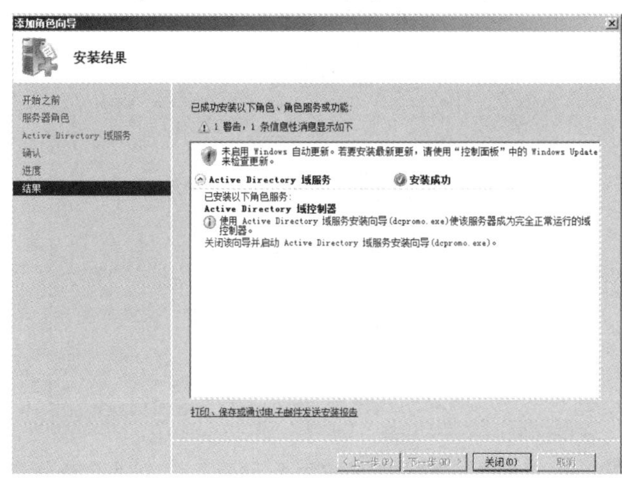

❿ 弹出【Active Directory 域服务安装向导】对话框，单击【下一步】按钮，如下图所示。

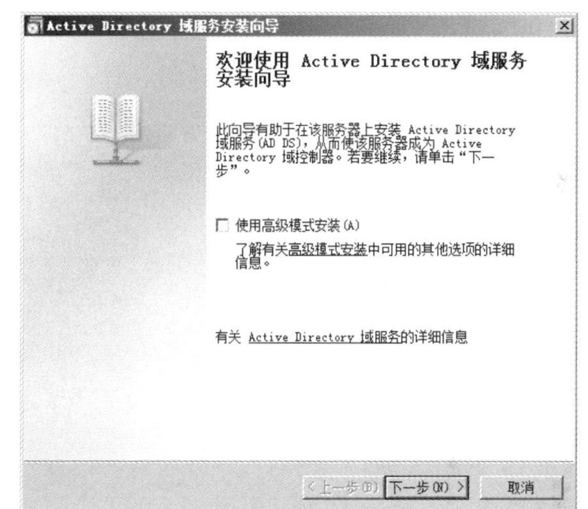

技巧

若在步骤❾中直接单击【关闭】按钮，则会返回【服务器管理器】窗口，如下图所示。在【角色】选项下单击新安装的【Active Directory 域服务】选项，接着在右侧窗格中单击【运行 Active Directory 域服务安装向导(dcpromo.exe)】链接，也可以打开【Active Directory 域服务安装向导】对话框。

⓫ 进入【操作系统兼容性】界面，直接单击【下一步】按钮，如下图所示。

在 PDC 中存储着域账号数据库，用于对用户进行认证。在每个 BDC 中都保存着一个账号数据库的副本，BDC 通过定期的数据库同步过程以保证数据库副本与 PDC 中的主数据库保持一致。成员服务器中不存储账号数据库的副本，它主要用于处理各种专项工作任务，如打印服务、文件服务、邮件服务等。

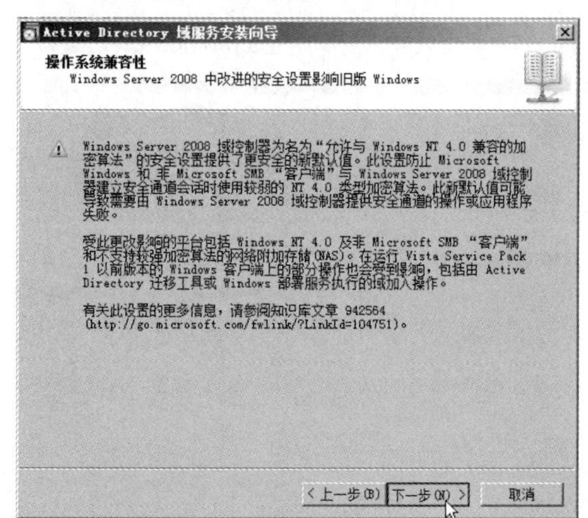

⑫ 进入【选择某一部署配置】界面，选中【在新林中新建域】单选按钮，再单击【下一步】按钮，如下图所示。

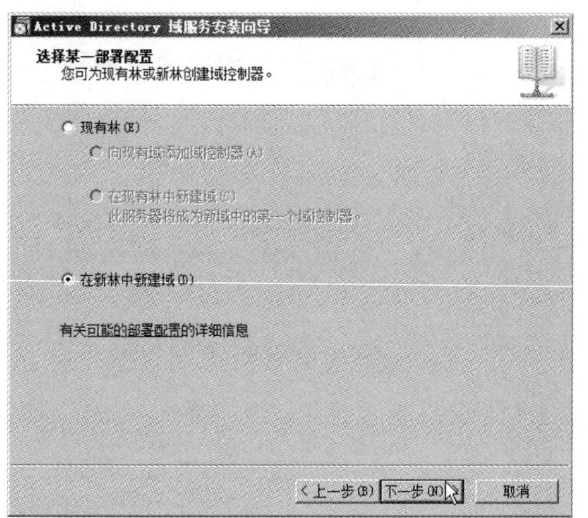

⑬ 进入【命名林根域】界面，然后在【目录林根级域的 FQDN】文本框中键入新域名称。可以根据单位名称和网络特点指定一个清晰易记的 DNS 域名，这里输入测试域名“abc.com.cn”，再单击【下一步】按钮，如下图所示。

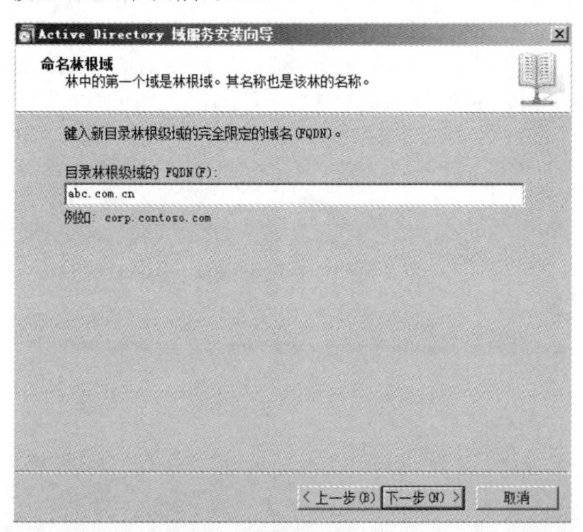

⑭ 开始检查新建的林根域的名称是否与已经在使用的林名称重复，如下图所示。

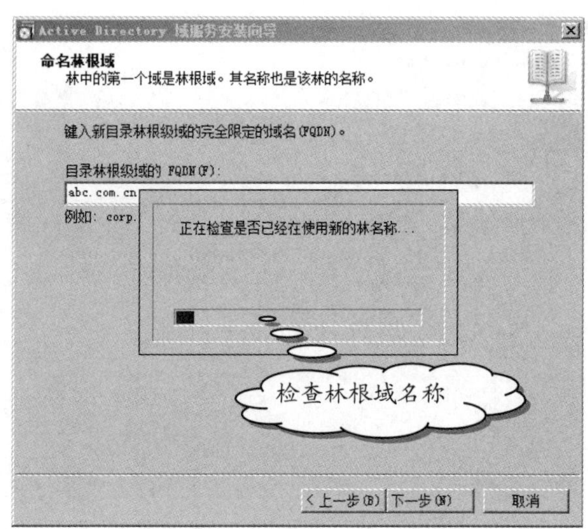

⑮ 名称检查完成后，接着验证 NetBIOS 名称，如下图所示。

⑯ 进入【设置林功能级别】界面，然后在【林功能级别】下拉列表框中选择 Windows Server 2008 选项，再单击【下一步】按钮，如下图所示。

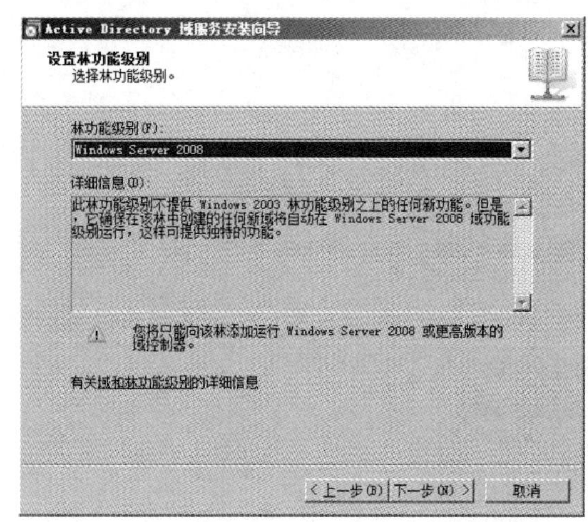

⑰ 开始检查 DNS 配置，如下图所示。

长见识 DoS 攻击就是把请求客户端的 IP 和端口弄成与主机的 IP 和端口相同，发送给主机，使得主机给自己发送 TCP 请求和连接，这样主机的漏洞会很快把资源消耗光，直接导致当机。实施 DoS 攻击最主要的就是构造需要的 TCP 数据，充分利用 TCP 协议，这种伪装对一些身份认证系统威胁较大。

⑱ 进入【其他域控制器选项】界面，选中【DNS 服务器】复选框，再单击【下一步】按钮，如下图所示。

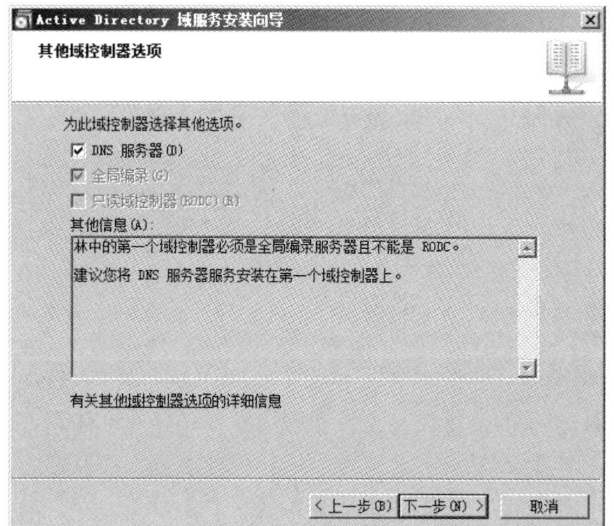

⑲ 弹出【静态 IP 分配】对话框，选择【否，将静态 IP 地址分配给所有物理网络适配器】选项，如下图所示。

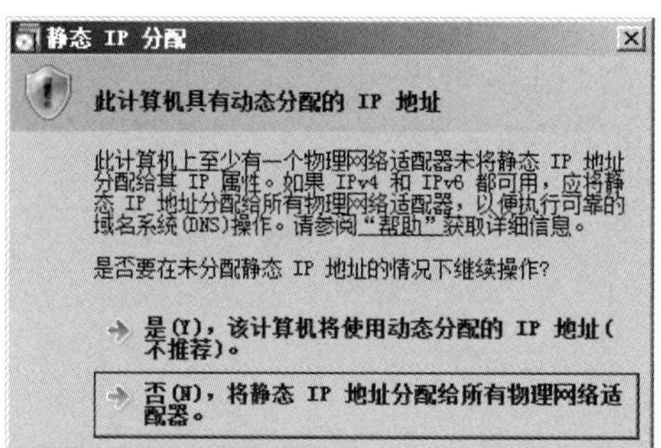

⑳ 进入【数据库、日志文件和 SYSVOL 的位置】界面，指定将包含 Active Directory 域控制器数据库、日志文件以及 SYSVOL 的文件夹的存储位置，再单击【下一步】按钮，如下图所示。

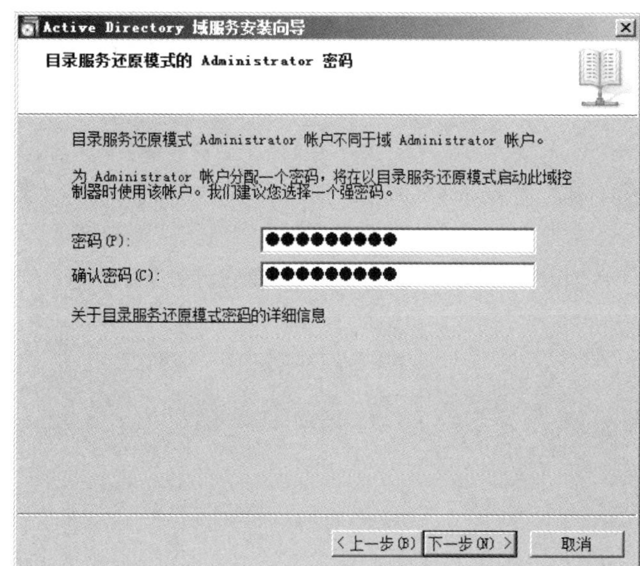

㉑ 进入【目录服务还原模式的 Administrator 密码】界面，设置密码及确认密码，再单击【下一步】按钮，如下图所示。

注意

为了加强安全，这里要求设置强密码，其结构要求如下。

- 长度至少为八个字符。
- 不包含用户名、真实姓名或公司名称。
- 不包含完整的单词。
- 与先前的密码截然不同。

除了满足以上结构要求外，强密码还必须满足以下条件。

- 至少包含一个大写字母。
- 至少包含一个小写字母。
- 至少包含一个数字。
- 至少包含一个键盘上的符号(键盘上所有未定义为字母和数字的字符)或者空格。

若设置的密码不符合强密码要求，则会弹出如下图所示的提示框，要求重新输入一个更强的密码。

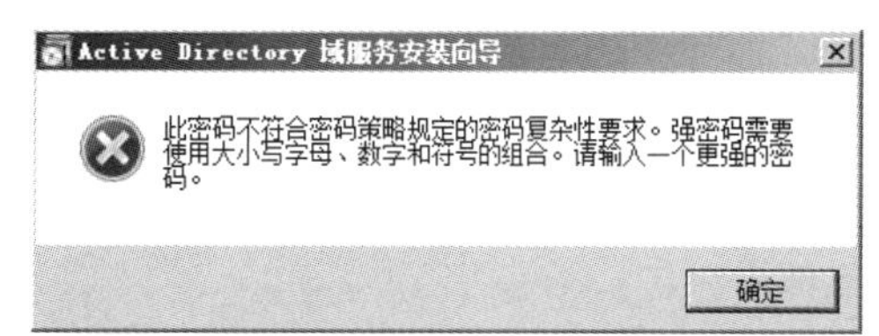

㉒ 系统开始启动配置 Active Directory 域服务，如下图所示。此过程可能需要几分钟到几个小时，请耐心等待。

长见识

单主域模型至少由两个以上的域组成，每个域都有自己的域控制器。其中一个域作为主域，其他的域作为资源域。所有的用户账号信息保存在主域控制器上，而资源域只维护文件、目录和打印机等资源。用户按主域上的账号登录，所有的资源都安装在资源域中，每个资源域都与主域(也称账号域)建立单向的委托关系，使得主域中所有账号的用户可以使用其他域中的资源。

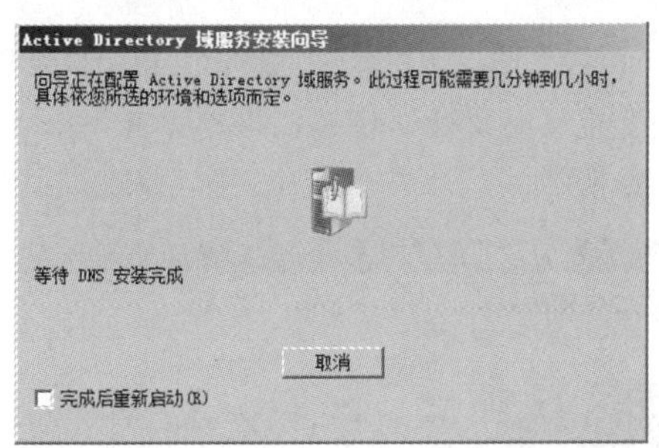

㉓ 相关文件复制完成后，系统提示 Active Directory 安装向导完成，如下图所示；单击【完成】按钮。

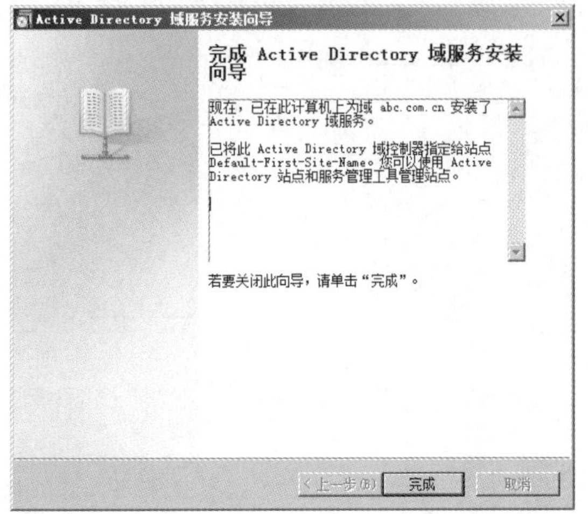

㉔ Active Directory 服务必须重新启动才能生效，系统将询问是否立即重新启动服务器。单击【立即重新启动】按钮，重新启动计算机，如下图所示。

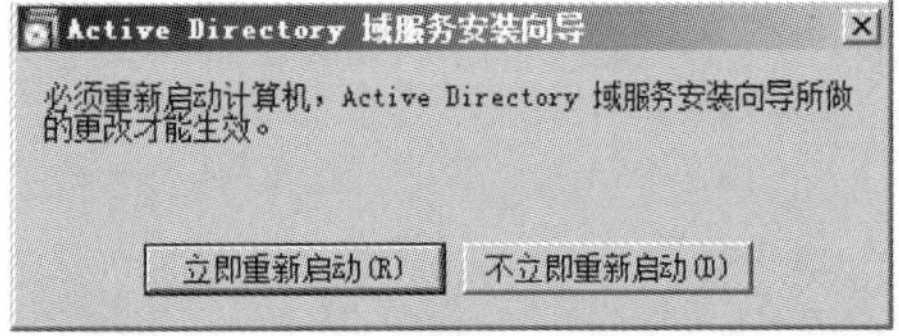

10.2.2 域用户与计算机的管理

在域环境下，我们需要增加、修改、删除和管理用户和计算机账户、组和组织单位等对象，还可以在活动目录上发布和管理资源。

1. 域用户的创建与管理

与电子邮件类似，要想在域环境中管理计算机，首先要创建域用户，具体操作如下。

操作步骤

❶ 在【服务器管理器】窗口的左侧窗格中，依次展开【Active Directory 用户和计算机】| abc.com.cn | User 选项，如下图所示。

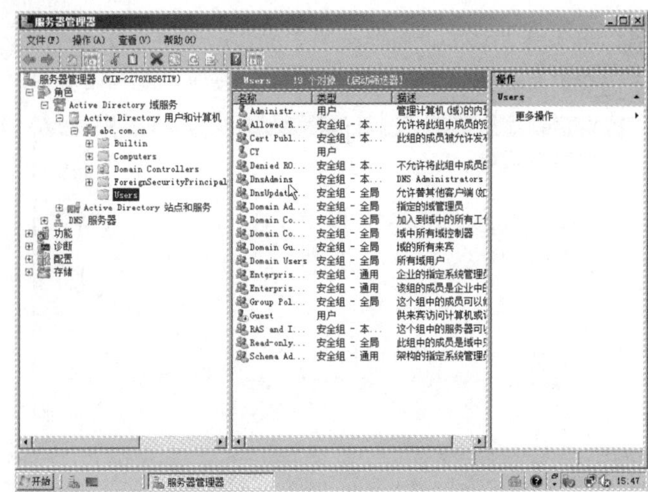

❷ 在右侧窗格中显示当前域中默认已经建立的用户和组，如下图所示。在右侧空白处右击，并从弹出的快捷菜单中选择【新建】|【用户】命令。

❸ 打开【新建对象-用户】对话框，如下图所示。依次填入用户的各项信息，再单击【下一步】按钮。

❹ 接着设置账号和密码。如果是为局域网其他用户设置私人账号，选中【用户下次登录时须修改密码】复选框；如果是公共账号，选中【密码永不过期】复选框，但两者不能同时选择。如果不想让用户自

长见识

满足强密码要求的密码不一定都是强密码，也有可能是弱密码。例如，密码 Hello2U!满足强密码的 4 个条件，但由于它包含完整的单词，不满足强密码结构，仍然为弱密码。

已修改密码，选中【用户不能更改密码】复选框；如果暂时不使用此账户，应选择【账户已禁用】复选框。设置完毕单击【下一步】按钮，如下图所示。

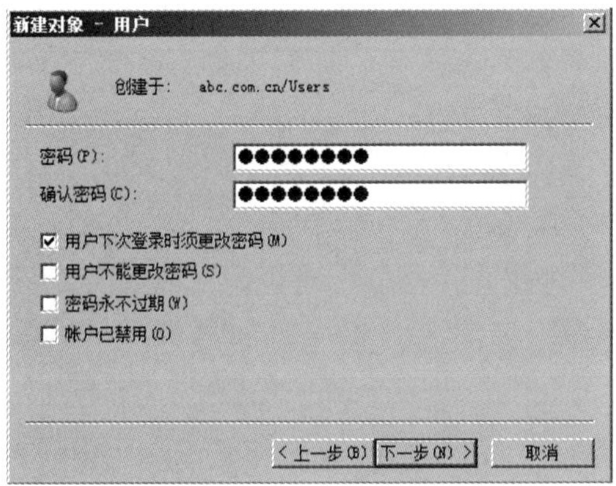

❺ 系统显示创建用户成功，如下图所示。单击【完成】按钮，关闭对话框。

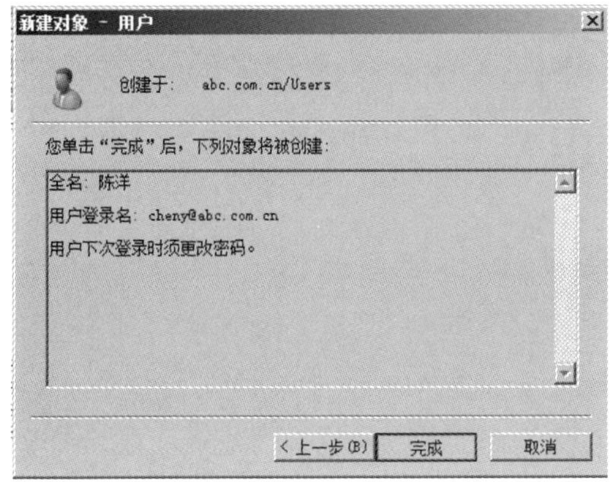

❻ 返回【服务器管理器】窗口，在 Users 目录下可以看到新建的用户，如下图所示。右击用户名，在弹出的快捷菜单中选择【属性】命令。

❼ 弹出如下图所示的对话框，在这里列出了更详细的控制功能和信息，可以切换各选项卡进行设置，如下图所示。

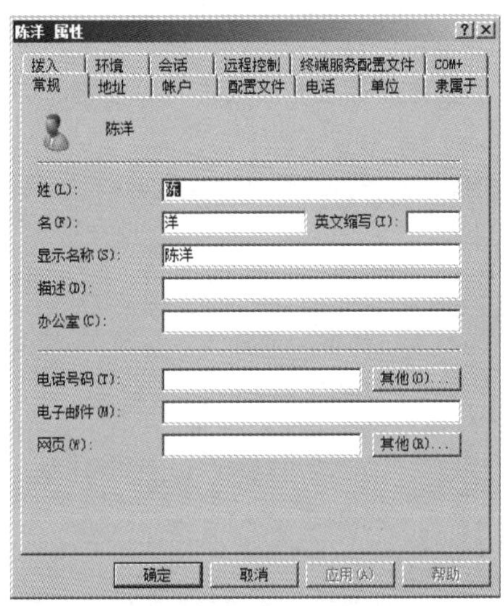

2. 用户组的创建与管理

一个组中可以有多个用户，他们都具有相同的权限。当读者建立一个用户后，如果他和已有组的权限相同，不必费神为他单独指定权限，把他加入对应的组就行了。

在用户组中，包括具有相同权限和属性的用户账号，如果将某用户加入一个组中，那么该组所具有的权利也将赋予该用户，这样可简化资源权限的分配。

在 Windows Server 2008 活动目录中，已经内置了一个组，但可能无法满足安全性和灵活性的需要，这就涉及组的创建和管理。下面演示如何在域控制器中创建用户组，向用户组中添加成员，删除用户。

操作步骤

❶ 创建用户组。在 Users 目录下，右击右侧窗格的空白处，从弹出的快捷菜单中选择【新建】|【组】命令，如下图所示。

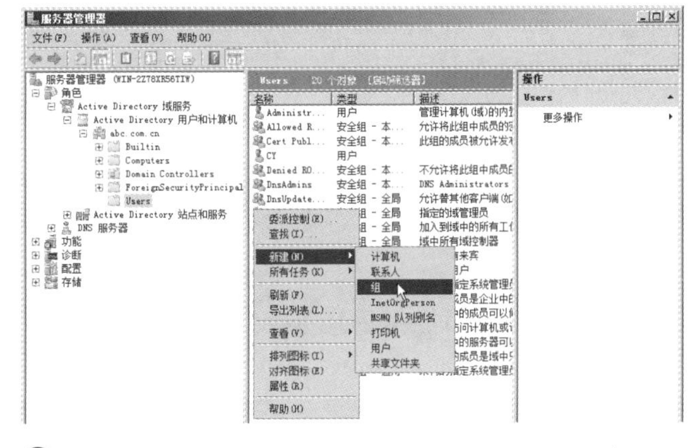

❷ 打开【新建对象-组】对话框，如下图所示。在【组名】文本框中输入要创建的组名，在【组作用域】选项组中选择新建组的应用领域，即确定新建的用户组是本地组还是全局组。在【组类型】选项组中

什么是多主域模型？有多个主域用于定义用户账号，每个主域通过双向委托关系与其他主域相连。每个资源域通过单向委托关系委托每个主域。因为每个用户账号总存在于某个主域中，并且每个资源域又委托每个主域。因此，在任意一个主域中都可以使用任何一个用户账号。

长见识

选择新建组的类型，即确定新建的用户组是安全组还是通信组。最后单击【确定】按钮，完成用户的创建。

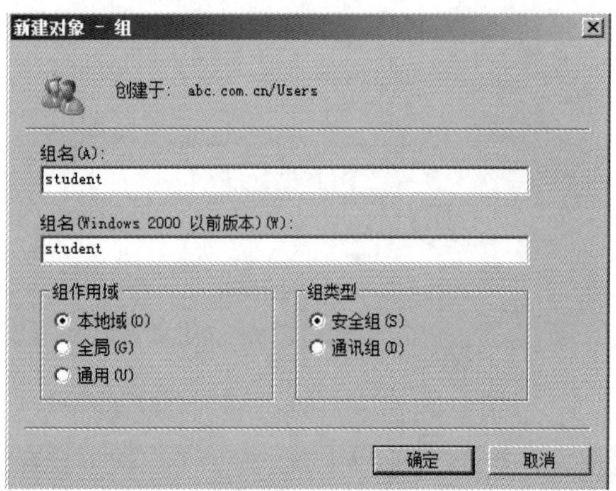

提示

Windows 的组有以下两种类型。

① 安全组，主要用来设置权限，从而简化网络的维护和管理。例如，可以设置某个安全组对一些文件具备“读取”的权限，则组成员都对这些文件具有“读取”权限。

② 通信组，只能用于与安全(如权限设置等)无关的任务。例如，将电子邮件发送给一个通信组，则组成员都将收到该电子邮件。

❸ 这时可在 Users 目录下看到新添加的组，如下图所示。右击组名称，从弹出的快捷菜单中选择【属性】命令。

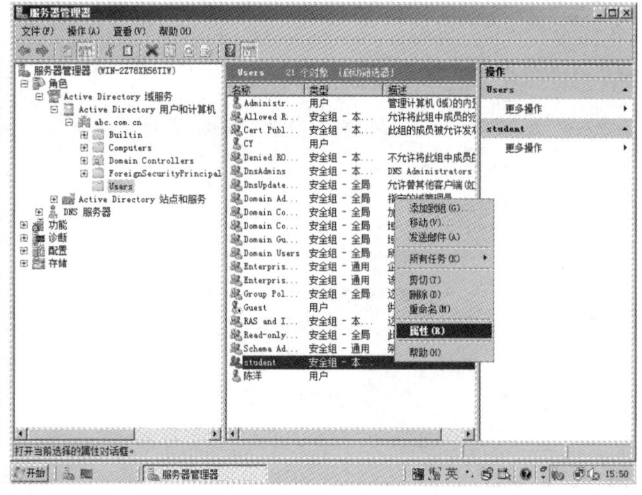

❹ 弹出如下图所示的对话框，在【常规】选项卡下可以修改组作用域和组类型等参数。

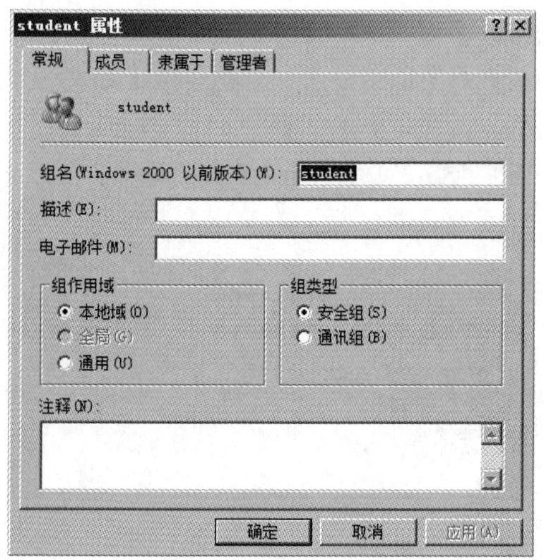

❺ 单击【成员】选项卡，在这里可以添加或删除用户组中的成员。例如要添加成员，可以单击【添加】按钮，如下图所示。

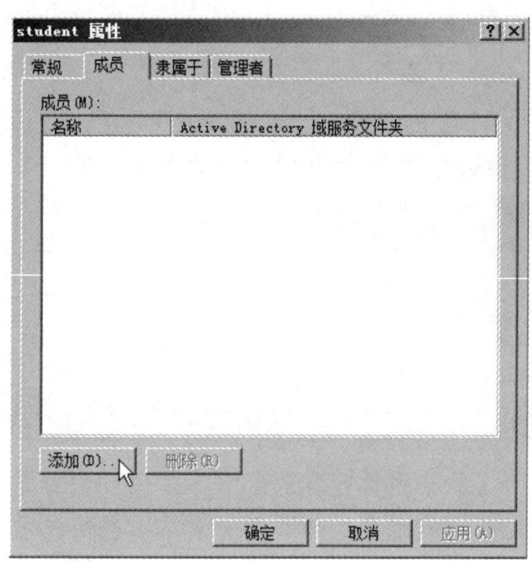

❻ 弹出【选择用户、联系人、计算机或组】对话框，在【输入对象名称来选择】文本框中输入要添加的用户名称，如下图所示。

❼ 若不确定对象名称，可以单击【高级】按钮，打开用户查找对话框，如下图所示。从查找到的成员列表中选择要添加的用户，再单击【确定】按钮。如果希望添加多个组和成员，可以重复上述操作。

使用目录服务的目的是让用户通过目录很容易找到所需的资源，是 Windows Server 网络操作系统的核心服务之一。

8 返回到【成员】选项卡，单击【确定】按钮，关闭该用户组的属性对话框。

9 若要删除一个用户组，可以在 Users 目录下右击要删除的用户组名称，在弹出的快捷菜单中选择【删除】命令，如下图所示。

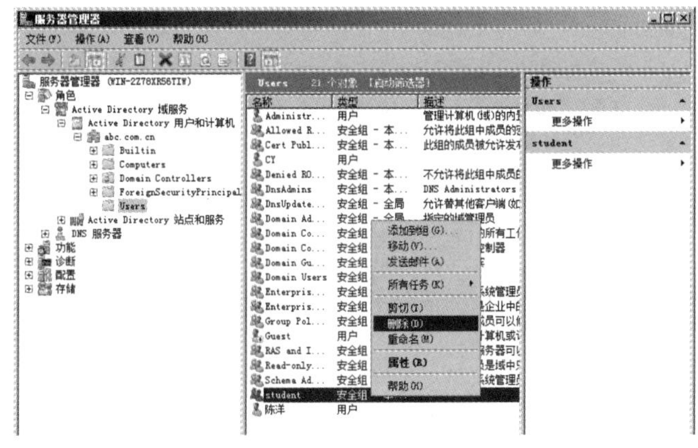

10 弹出【Active Directory 域服务】提示对话框，单击【是】按钮，确认删除用户组，如下图所示。

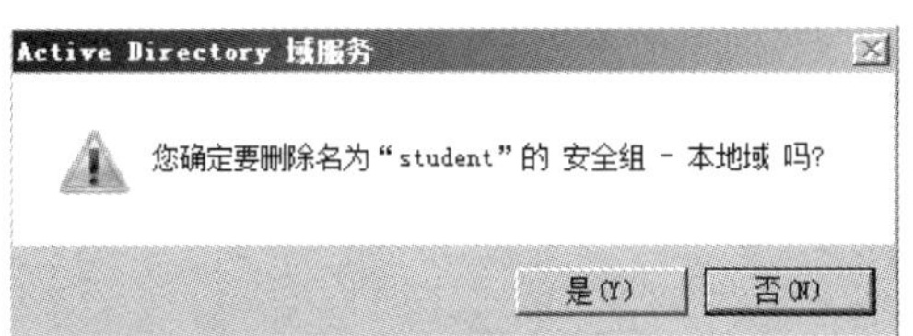

3. 组织单位的创建与管理

组织单位是目录容器对象，可包含用户、组、计算机、打印机、共享文件夹以及其他组织单位。组织单位的主要用途是实现活动目录内各种资源的层次化管理。例如，可以通过组织单位来反映单位的人事关系、设备关系和营销关系等。

操作步骤

1 创建组织单位。在【服务器管理器】窗口的左侧窗格中，依次展开【Active Directory 用户和计算机】| abo.com.cn 选项，接着右击 abc.com.cn 根结点，在弹出的快捷菜单中选择【新建】|【组织单位】命令，如下图所示。

2 弹出【新建对象-组织单位】对话框，然后在【名称】文本框中输入要创建的组织单位的名称，再单击【确定】按钮，完成组织单位的创建，如下图所示。

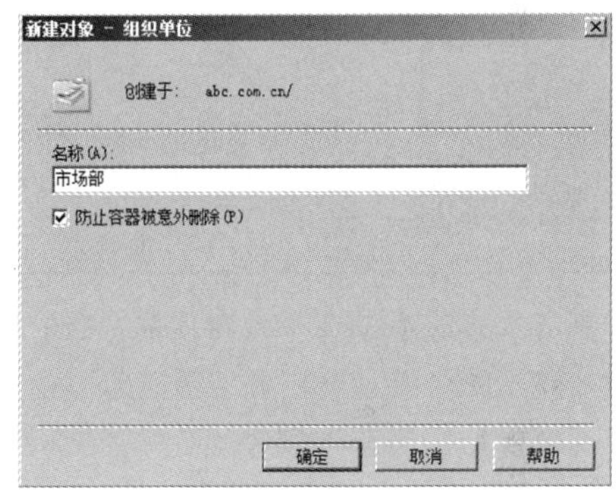

3 删除组织单位。当域中某个组织单位中包含的所有用户、计算机、联系人和组织单位不能发挥作用时，管理员可将其删除。方法是在左侧目录树中右击相应的组织单位图标，从弹出的快捷菜单中选择【删除】命令，如下图所示。

学以致用系列丛书

什么是域树？一个域可以是其他域的子域或父域，这些子域、父域构成了一棵树，称之为域树。域树实现了连续的域名空间，域树上的域共享相同的 DNS 域名后缀。域树的第一个域是该域树的根，域树中的每一个域共享共同的配置、模式对象、全局目录。

长见识

❹ 弹出【Active Directory 域服务】提示对话框，单击【是】按钮，确认删除组织单位，如下图所示。

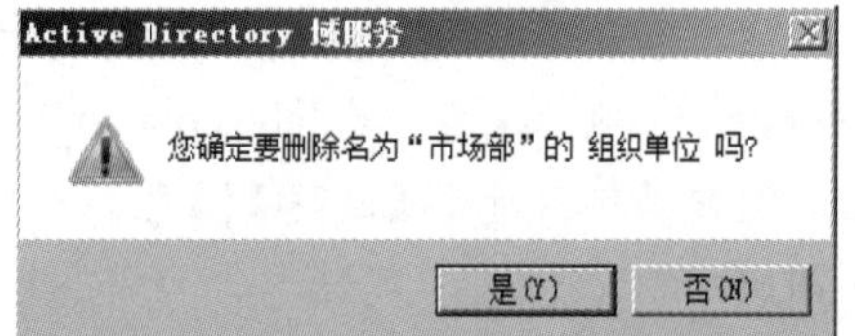

❺ 设置组织单位属性。方法是右击左侧目录树中相应的组织单位图标，从弹出的快捷菜单中选择【属性】命令，系统会打开相应的对话框，如下图所示。在【常规】选项卡中，根据实际情况输入组织单位的一个常规的描述信息。

❻ 切换到【管理者】选项卡，在这里可以增加、清除或更改组织单位管理员，如下图所示。设置完毕后单击【确定】按钮进行保存即可。

4. 计算机账户的创建与管理

与用户账号类似，计算机账号提供一个验证和审核计算机访问网络以及域资源的方法。与用户账号不同的是，连接到网络上的每一台计算机都只能有自己唯一的计算机账号，而用户可以拥有多个用户账号进行网络登录。

操作步骤

❶ 在【服务器管理器】窗口的左侧窗格中，依次展开【Active Directory 用户和计算机】| abc.com.cn | Computers 选项，接着在右侧窗格中右击空白处，从弹出菜单中选择【新建】|【计算机】命令，如下图所示。

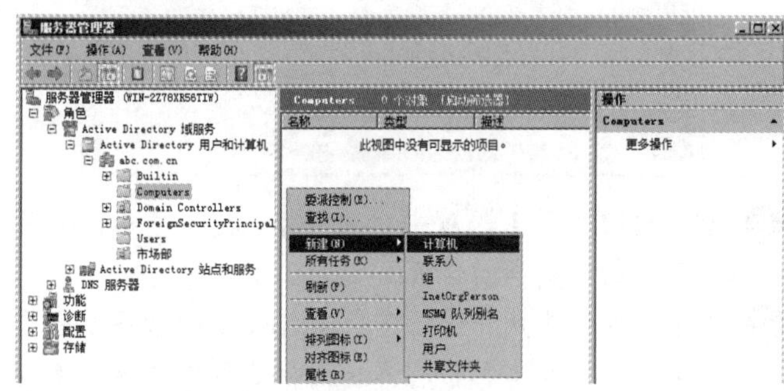

❷ 弹出【新建对象 - 计算机】对话框，键入计算机名，再单击【确定】按钮，如下图所示。

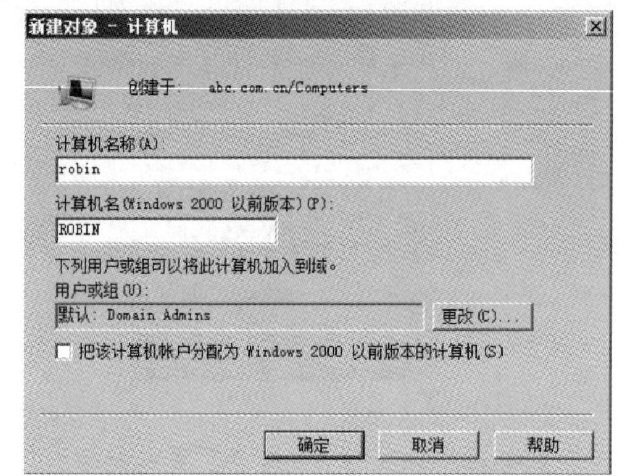

❸ 返回 Computers 目录，即可看到新创建的计算机，如下图所示。右击该计算机名称，从弹出的快捷菜单中选择【属性】命令。

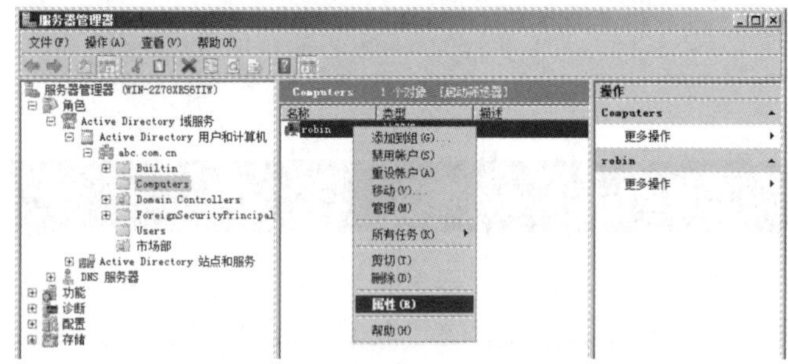

❹ 弹出如下图所示的对话框，单击不同选项卡，可以修改该计算机对象的配置。最后单击【确定】按钮，保存修改。

学以致用系列丛书

什么是域森林？多棵域树就构成了森林。森林中的域树不共享连续的命名空间。森林中的每一棵域树都拥有自己唯一的命名空间。在森林中创建的第一棵域树默认被创建为该森林的根树。

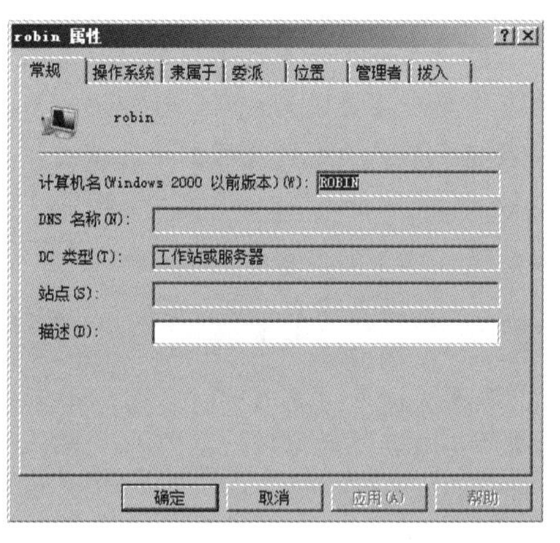

10.2.3　从客户机登录到域网络

Windows Server 2008 独立服务器或 Windows 7 计算机在加入域后，便可以登录网络参与域的管理，访问域内的共享资源。用户可以在安装操作系统时就加入到某个域，也可以在安装完成后再加入域。下面演示操作系统安装完成后加入域的过程。

注意

让计算机加入域应该在域控制器设置完成后进行。域控制器必须先为此计算机添加账户和密码。

本章中所讲述的客户端都使用 Windows 7 操作系统，服务器端使用 Windows Server 2008 操作系统。

操作步骤

1. 在工作站计算机中，右击桌面上的【计算机】图标，在弹出的快捷菜单中选择【属性】命令，打开【系统】窗口。在左侧列表中单击【高级系统设置】链接，如下图所示。

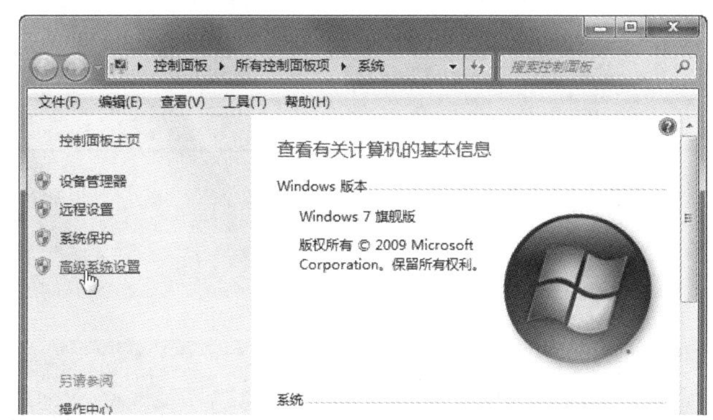

2. 弹出【系统属性】对话框，然后单击【计算机名】选项卡，在这里可以有两种方法加入域，分别通过单击【网络 ID】或【更改】按钮进行设置，如下图所示。下面我们先单击【网络 ID】按钮。

3. 弹出【加入域或工作组】对话框，选中【这台计算机是商业网络的一部分，用它连接到其他工作中的计算机】单选按钮，再单击【下一步】按钮，如下图所示。

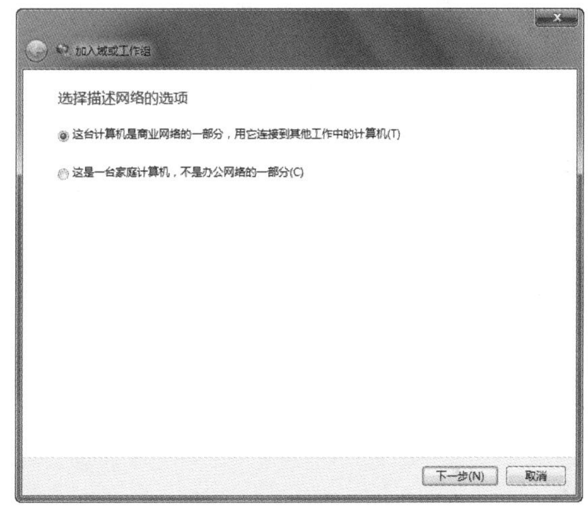

4. 接下来，选中【公司使用带域的网络】单选按钮，再单击【下一步】按钮，如下图所示。

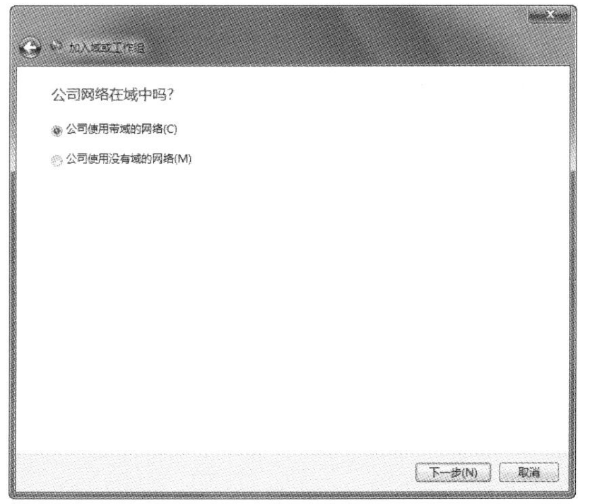

5. 系统提示用户需要哪些信息才能完成设置，单击【下一步】按钮继续，如下图所示。

学以致用系列丛书

什么是容器？容器也叫容区，与对象相似，有自己的名称，也是属性的集合。但它并不代表一个实体。容器内可以包含一组对象及其他的容器。组织单位 OU(Organization Units)就是活动目录内的一个容器。

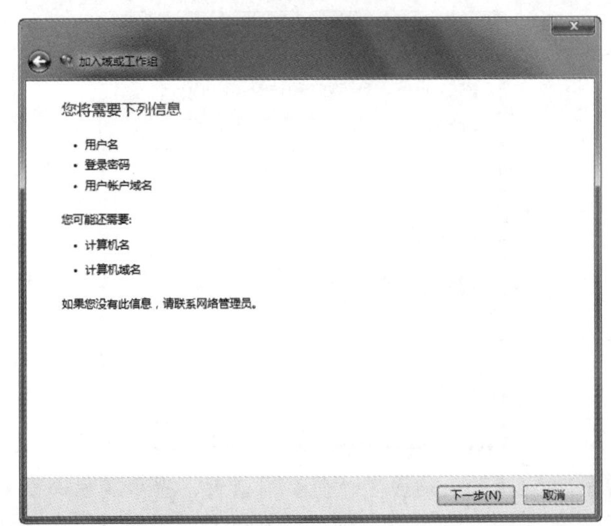

❻ 输入在域控制器中设定的用户名、密码和域名。注意这里的域是用户域，可能会与计算机的域不同。

❼ 输入计算机名称和计算机加入的域的名称，单击【下一步】按钮继续，如下图所示。待域控制器验证通过后，这台计算机就能成为域中的成员了。

❽ 也可以在【系统属性】对话框的【计算机名】选项卡中直接单击【更改】按钮。在弹出的对话框中选择【隶属于】选项组的【域】单选按钮，并在文本框中输入域名“abc.com.cn”或“ABC”。单击【确定】按钮，待域控制器验证确认，如下图所示。

注意

计算机加入哪个域必须先由域控制器设定好，而在工作站上设置是没有用的。如果没有域控制器，域是无法建立起来的。

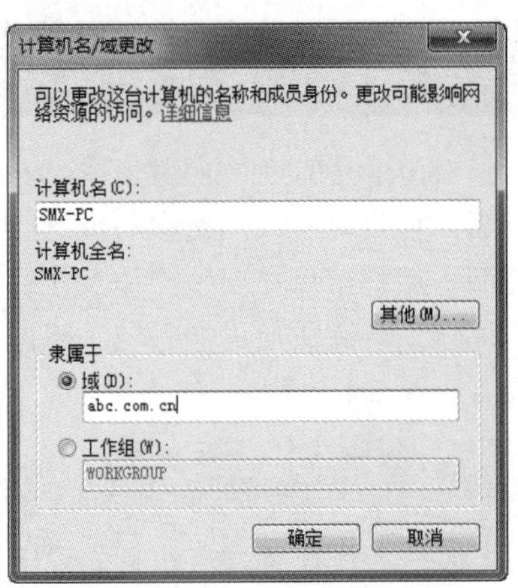

❾ 重新启动客户机，将会出现类似 Windows Server 2008 的登录窗口，如下图所示。按 Ctrl+Alt+Delete 组合键进入用户登录界面，选择登录用户进行登录。

10.2.4 域环境下文件夹的共享与发布

在前面已经介绍了共享文件夹、打印机等的方法。其实在 Windows Server 2008 域环境下，设置也是类似的。下面我们演示上述功能。

关闭计算机的顺序是：关闭主机电源，关闭外设电源(如磁盘阵列，磁带库等)，关闭其他设备电源和机柜电源。最后关闭总电源。与开机顺序正好相反。

1. 文件夹共享

启用文件夹共享后，服务器会自动启用文件服务器，为共享文件提供更好的管理策略。

操作步骤

❶ 右击需要共享的文件夹，从弹出的快捷菜单中选择【属性】命令，如下图所示。

❷ 打开如下图所示的对话框，然后单击【共享】选项卡，接着单击【高级共享】按钮。

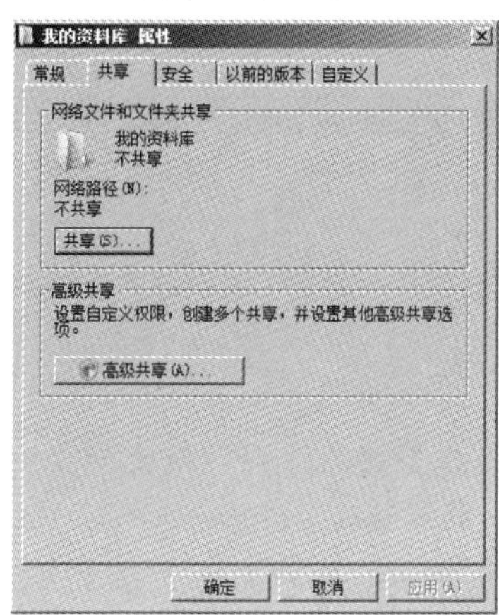

❸ 弹出【高级共享】对话框。选中【共享此文件夹】复选框，接着设置文件夹共享名，如下图所示。为了保护共享文件夹的安全，单击【权限】按钮，指定共享权限。

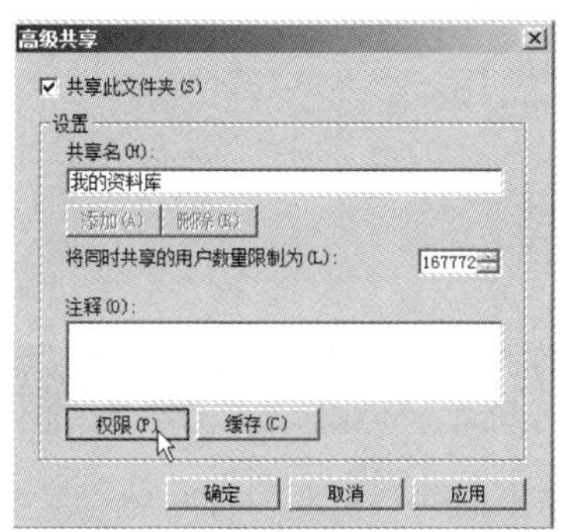

❹ 弹出【我的资料库 的权限】对话框，单击【添加】按钮，如下图所示。

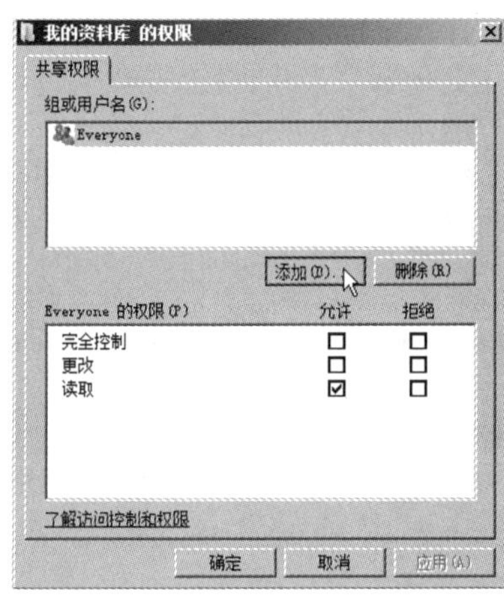

❺ 弹出【选择用户、计算机或组】对话框，然后在【输入对象名称来选择】列表框中添加允许共享的用户，再单击【确定】按钮，如下图所示。

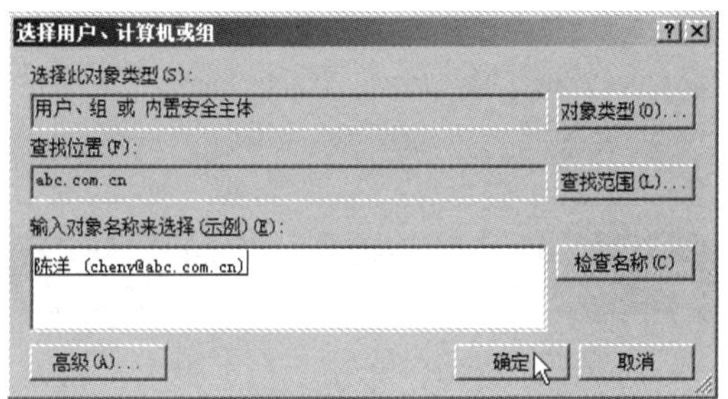

❻ 返回【我的资料库 的权限】对话框，在下方的列表中勾选权限复选框，为用户指定权限，最后单击【确定】按钮，如下图所示。

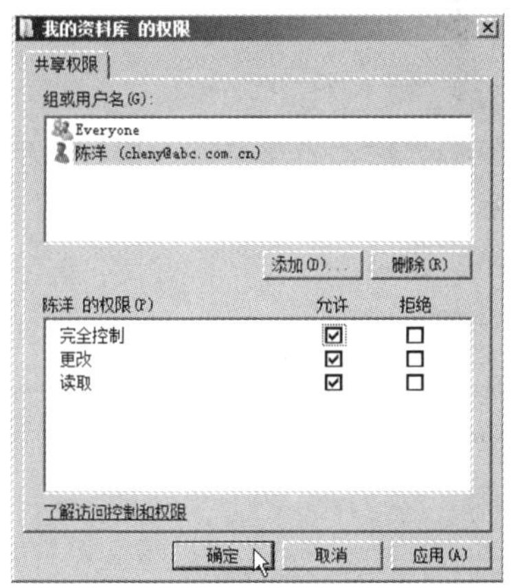

注意

权限的分配服从规则越具体越优先的原则。比如说此用户是属于 Everyone 组的，但 Everyone 组没有更改文件的权限，单独为此用户指定了更改的权限，那么此用户就可以更改文件。

共享文件夹时，在共享名后面加个“$”可以把共享文件夹隐藏，只有知道文件夹名称的人才能访问这个文件夹。

技巧

可以右击要共享的文件夹，从弹出的快捷菜单中选择【共享】命令，弹出如下图所示的对话框，然后在文本框中输入允许共享的用户名，并单击【添加】按钮，将其添加到下方的列表框中。接着在【权限级别】列表中设置用户权限，再单击【共享】按钮，即可将文件夹设置为共享文件夹。

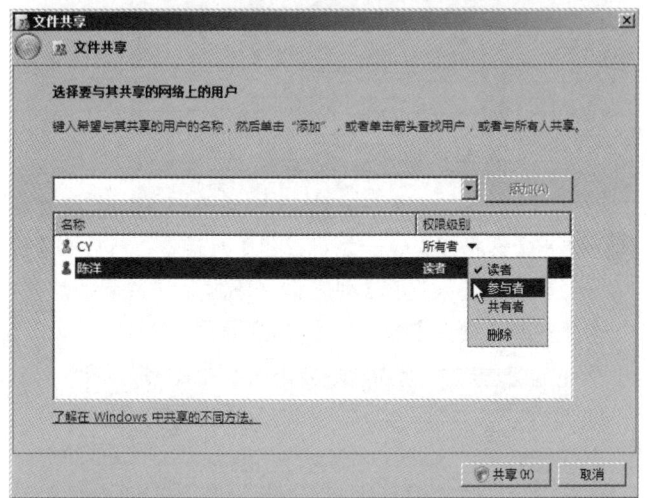

2. 将共享文件夹发布到活动目录

在一个大型网络中，共享文件夹很多，如果要用传统的访问共享文件夹的方法可能不现实，这就需要将共享文件夹发布到活动目录中。这样，用户可通过查找工具快速定位到共享目录，而不需要了解共享文件夹的实际位置。

操作步骤

❶ 在【服务器管理器】窗口的左侧列表框中依次展开【角色】|【Active Directory 域服务】| abc.com.cn |【市场部】选项，如下图所示。

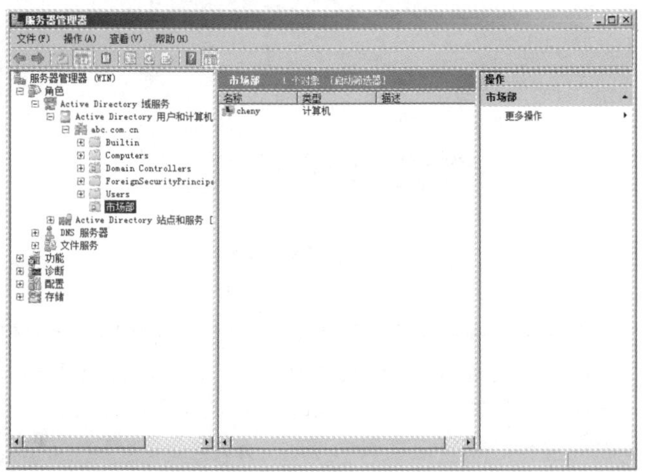

❷ 在右侧窗口的空白处右击，从弹出的快捷菜单中选择【新建】|【共享文件夹】命令，如下图所示。

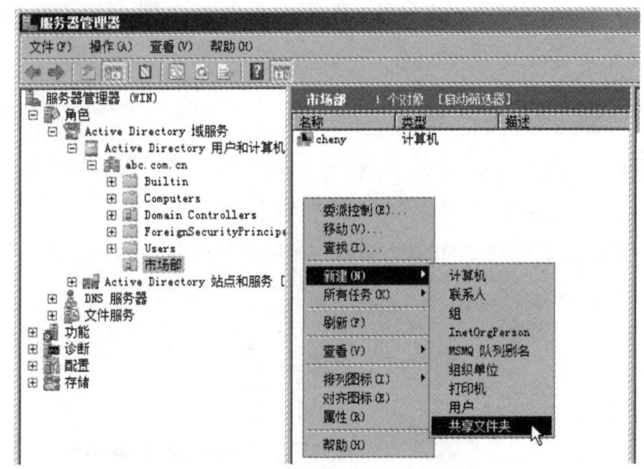

❸ 弹出【新建对象-共享文件夹】对话框，如下图所示。在【名称】文本框中为其在 Active Directory 内设置一个唯一的共享名，在【网络路径】文本框中输入共享文件所在的网络路径，其格式是"\\计算机名或 IP 地址\文件夹的共享名"。

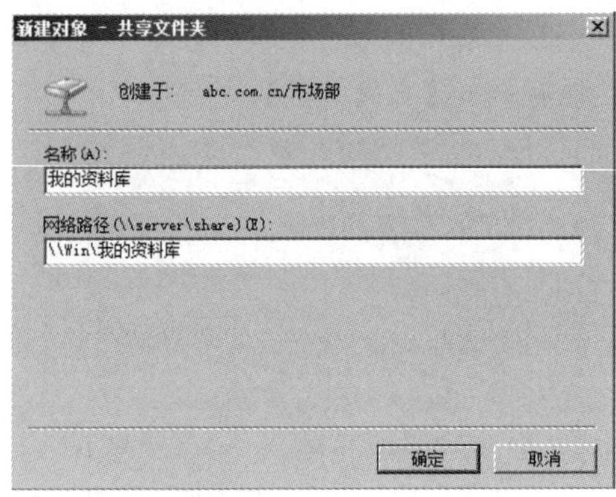

❹ 单击【确定】按钮，将共享文件夹发布到 Active Directory 中，如下图所示。

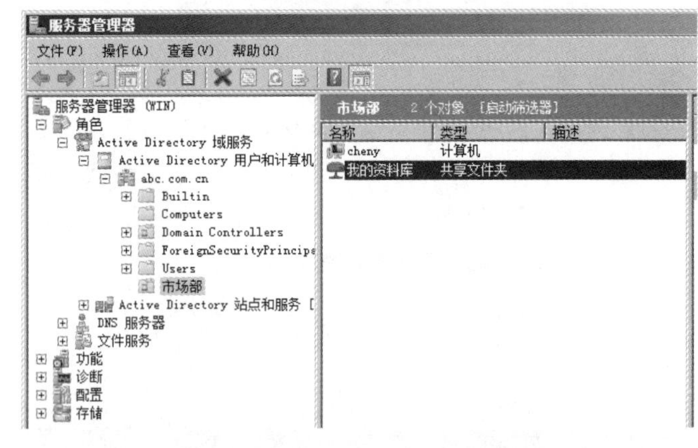

3. 通过目录服务来访问共享资源

将服务器上的共享资源设置好后，就可以在工作站

在 Windows Server 2008 中，系统的 C 盘、D 盘……，默认情况下是共享的，由于共享名是以$结尾，所以用户是看不见的。通过系统管理员账号，在浏览器的地址栏中输入"\\计算机名\C$"就可以访问该共享了。

上访问共享资源了。当然前提是用户账户和计算机具有足够的权限。最简单的方法是在资源管理器地址栏输入服务器 IP 地址或服务器名称，如“\\NUAA-KATE”或“\\192.168.226.131”，按 Enter 键就可以访问共享资源了。

既然已经把共享文件夹发布到活动目录中，那么就可以通过活动目录来访问文件夹，其最大的优点是用户不需要了解共享文件夹的实际位置。

操作步骤

1. 在客户机上，通过域账号登录到域中。
2. 打开【网络】窗口，单击窗口左侧的【搜索 Active Directory】按钮，如下图所示。

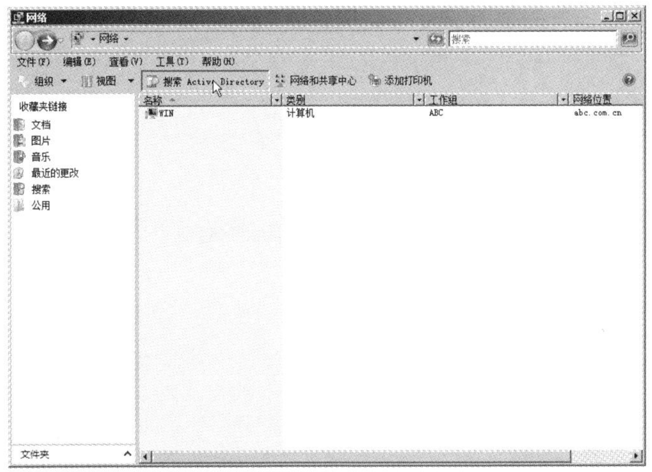

3. 弹出【查找 共享文件夹】对话框。在【查找】下拉列表框中选择【共享文件夹】选项，再单击【开始查找】按钮。这时在下面的列表框中显示发布到活动目录的共享文件夹，如下图所示。

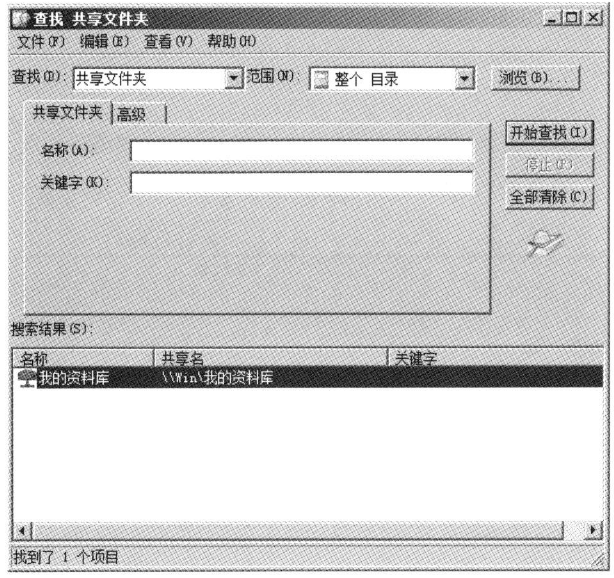

10.3 服务器应用

本例中组建的办公网络的核心是服务器，安装的操作系统为 Windows Server 2008。这里我们将详细介绍几种服务器应用的安装和设置方法。

10.3.1 架设 DNS 服务器

用户与 Internet 上某台主机通信时，不愿意使用很难记忆的长达 32 位的二进制主机 IP 地址，相反，大家愿意使用某种易于记忆并有一定含义的主机名字。

域名系统(DNS)能实现 IP 地址和域名之间的映射，它是 TCP/IP 协议族中的一种标准服务。

注意

如果使用前面创建的域控制器的 Windows Server 2008 来配置 DNS 服务器，那么在前面安装域控制器时已经安装了 DNS 服务，并创建了作用域。

1. 创建 DNS 正向解析区域

必须在 DNS 服务器内创建区域与区域文件，以便将位于该区域内的主机数据存储到区域文件内。

操作步骤

1. 选择【开始】|【管理工具】| DNS 命令，打开【DNS 管理器】窗口，如下图所示。

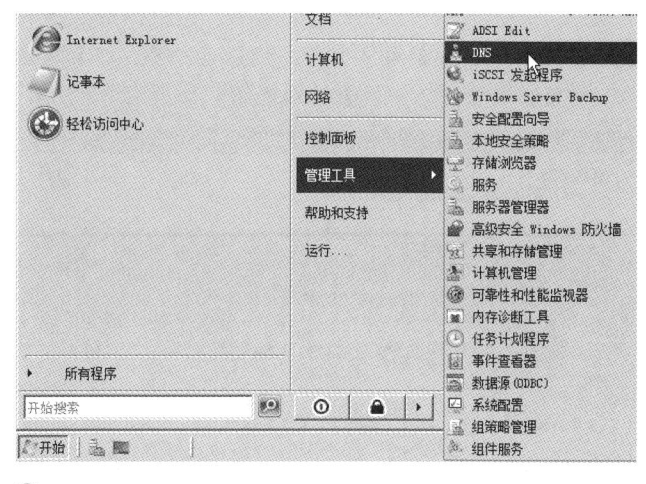

2. 右击【正向查找区域】图标，在弹出的快捷菜单中选择【新建区域】命令，如下图所示。

Internet 的域名是具有一定层次结构的。它实际上是一株倒过来的树，树根在最上面。Internet 将所有联网的主机的域名称空间划分为许多不同的域，树根下是顶级域。每一个顶级域又被分成一系列二级域，三级域和更低级域又是二级域的树枝。

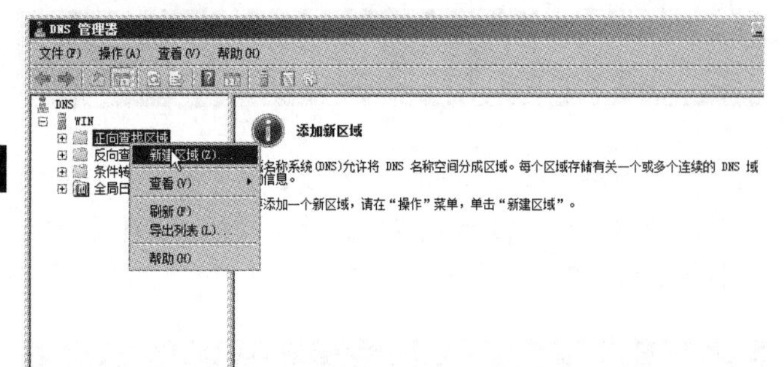

提示

DNS 服务器有两种搜索区域。

- ❖ 正向搜索区域：让 DNS 客户端利用主机的域名查询其 IP 地址。
- ❖ 反向搜索区域：让 DNS 客户端利用 IP 地址查询主机的域名。

❸ 弹出【新建区域向导】对话框，直接单击【下一步】按钮，如下图所示。

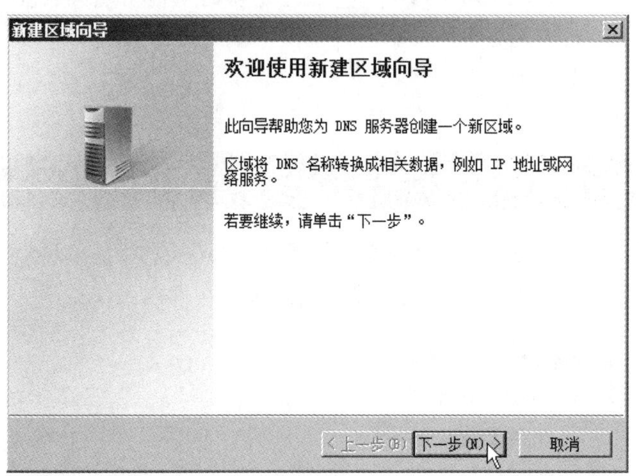

❹ 在【区域类型】对话框中，选择【主要区域】单选按钮，单击【下一步】按钮继续，如下图所示。

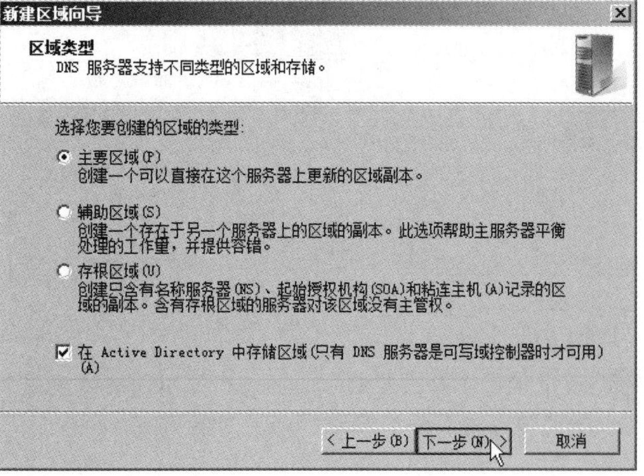

提示

DNS 服务器支持下述四种区域类型。

- ❖ 主要区域：用来存储此区域内所有主机数据的正本。
- ❖ 辅助区域：用来存储此区域内所有主机数据的副本，副本数据是从主要区域服务器利用区域传送的方式复制过来的。
- ❖ 存根区域：不负责任何域的域名解析，主要是一个域名解析的高速缓存。
- ❖ Active Directory 存储区域：只能创建在有活动目录的网络环境中，将此区域的主机数据存储在域控制器的活动目录内，这份数据会自动被复制到其他域控制器内。

❺ 弹出【Active Directory 区域传送作用域】对话框。选择如何复制区域数据，再单击【下一步】按钮，如下图所示。

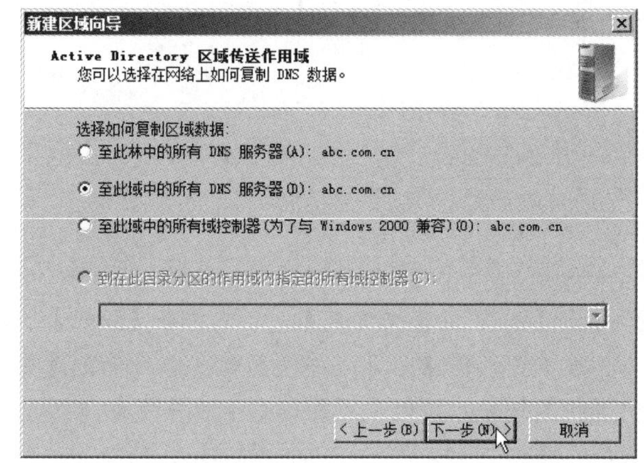

❻ 弹出【区域名称】对话框。设置区域名称，这里输入"abc.com.cn"，再单击【下一步】按钮，如下图所示。

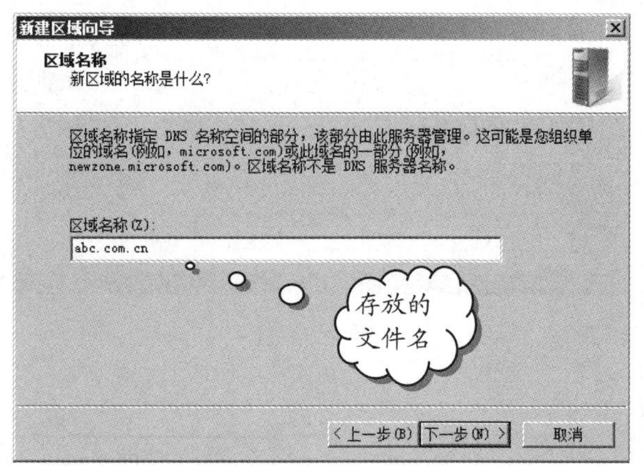

❼ 在【动态更新】对话框中，指定这个 DNS 区域是否接受安全、不安全或动态更新，单击【下一步】按钮继续，如下图所示。

DNS 顶级域规定了国际通用的域名，采用两种划分模式：一是组织模式，如 com 为商业机构，edu 为教育机构等；二是地理模式，如 cn 代表中国，us 代表美国，uk 代表英国，jp 代表日本，ru 代表俄罗斯等。

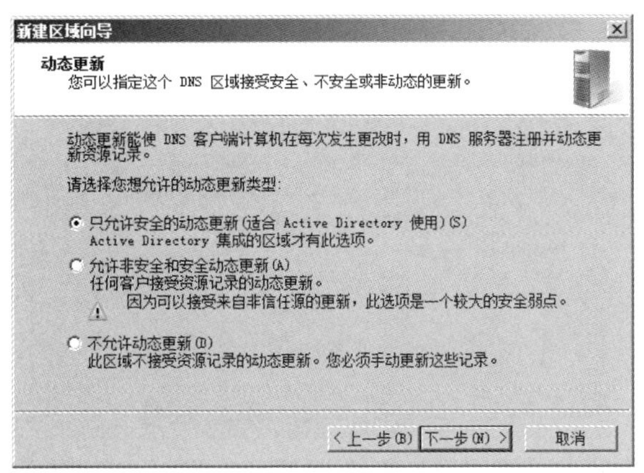

❽ 弹出【正在完成新建区域向导】对话框，系统显示用户对新建区域进行配置的信息，如下图所示。如果用户认为某项配置需要调整，可单击【上一步】按钮，返回到前面的对话框中重新配置。如果确认配置正确，可单击【完成】按钮，即完成对 DNS 正向解析区域的创建，返回 DNS 控制台。

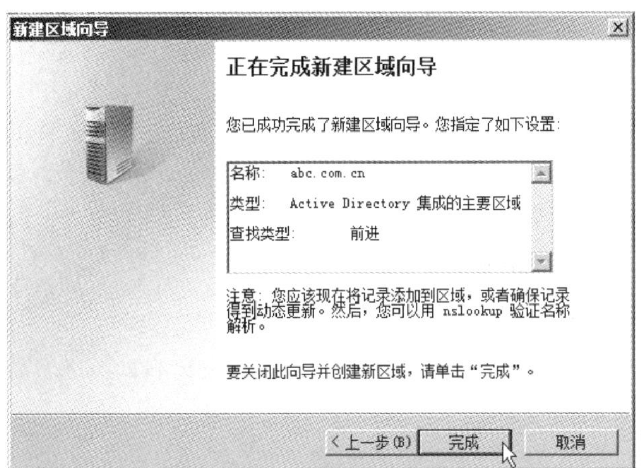

2. 创建 DNS 反向解析区域

反向搜索区域可以让DNS客户端利用IP地址查询其主机名称。反向搜索区域并不是必要的，但在某些情况下会用到。

提示

反向区域中，区域名前半段是其网络 ID 反向书写，而区域后半段必须是“in-addr.arpa”。例如，如果要针对网络 ID 为“192.168.10.0”的 IP 地址提供反向解析功能，则此反向区域的名称必须是“10.168.192.in-addr.arpa”。

操作步骤

❶ 在 DNS 服务器上，依次选择【开始】|【管理工具】| DNS 命令，打开 DNS 控制台，如下图所示。

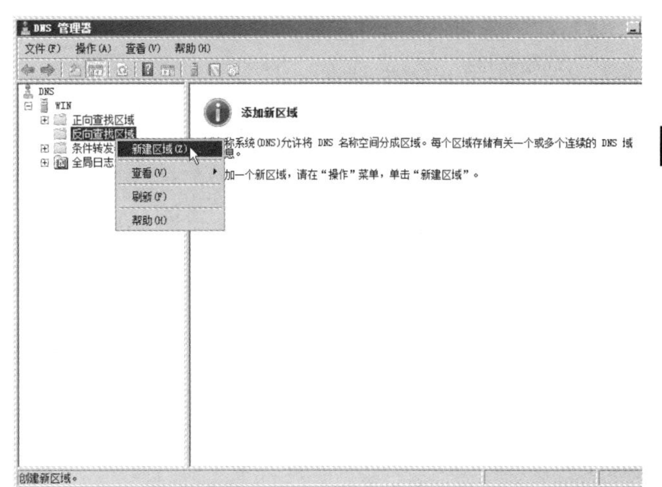

❷ 右击【反向查找区域】，在弹出的快捷菜单中选择【创建新区域】命令，打开【新建区域向导】的【欢迎使用新建区域向导】界面，如下图所示。单击【下一步】按钮继续。

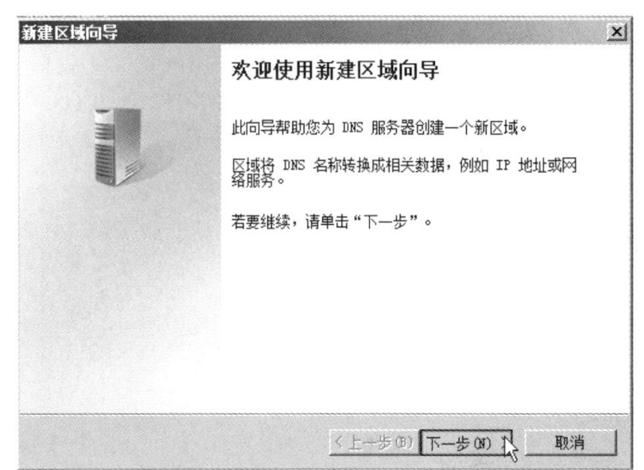

❸ 在【区域类型】界面中，选中【主要区域】单选按钮，单击【下一步】按钮继续，如下图所示。

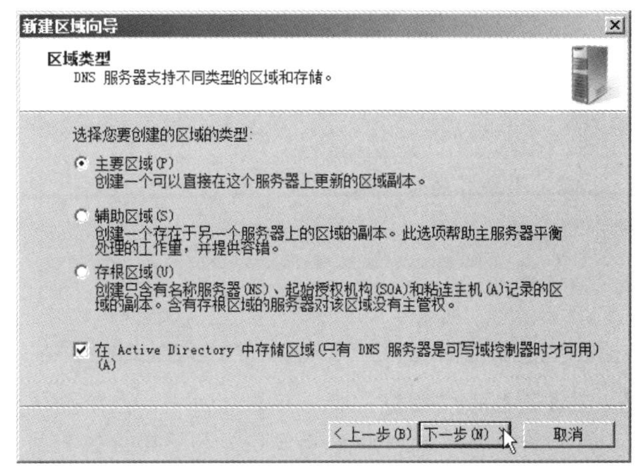

❹ 进入【反向查找区域名称】界面，选中【IPv4 反向查找区域】单选按钮，再单击【下一步】按钮，如下图所示。

中文域名是含有中文的域名，同英文域名一样，是互联网上的门牌号码。中文域名属于互联网的基础服务，注册后可以对外提供 WWW、E-mail、FTP 等服务。

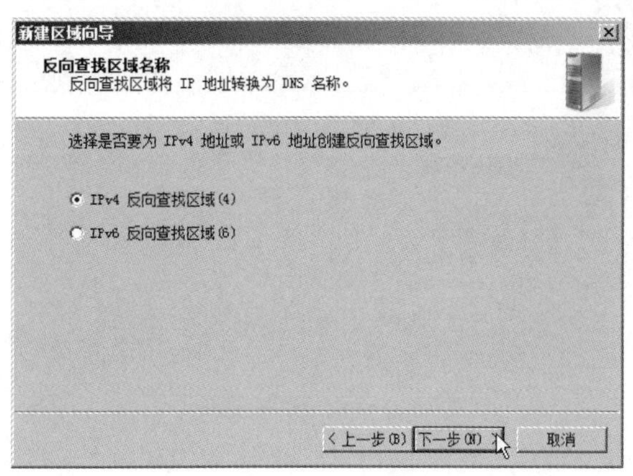

❺ 进入如下图所示的界面，选中【网络 ID】单选按钮，然后在文本框中输入此区域所支持的反向查询的网络 ID，它会自动在【反向查找区域名称】处设置区域名称，最后单击【下一步】按钮。

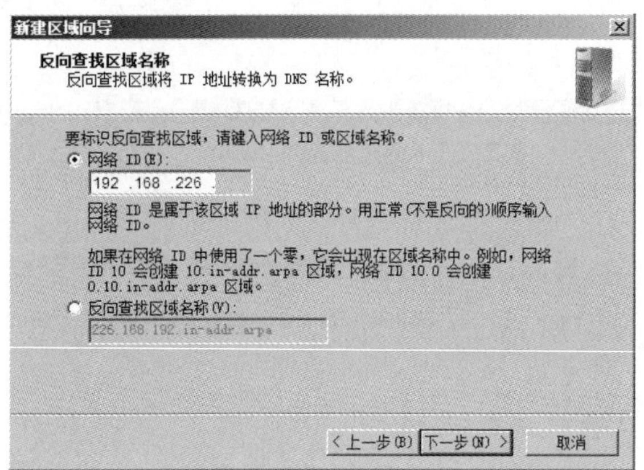

❻ 在【动态更新】界面中，指定这个 DNS 区域是否接受安全、不安全或动态更新。单击【下一步】按钮，如下图所示。

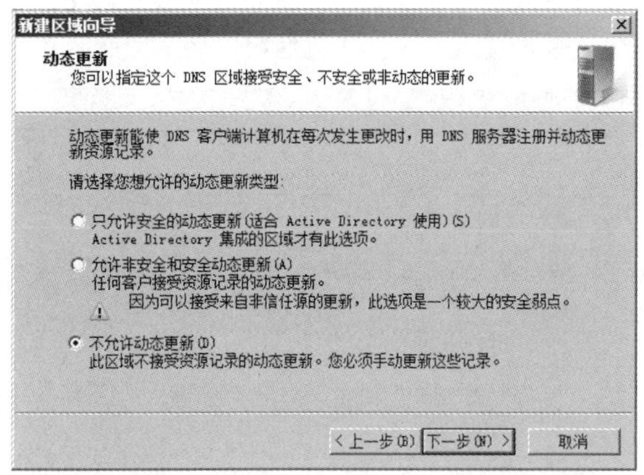

❼ 在【正在完成新建区域向导】界面中，系统显示用户对新建区域进行配置的信息，如果用户认为某项配置需要调整，可单击【上一步】按钮，返回到前面的界面中重新配置；如果确认配置正确，可单击【完成】按钮，完成对 DNS 反向解析区域的创建。返回 DNS 控制台以查看区域的状态，如下图所示。

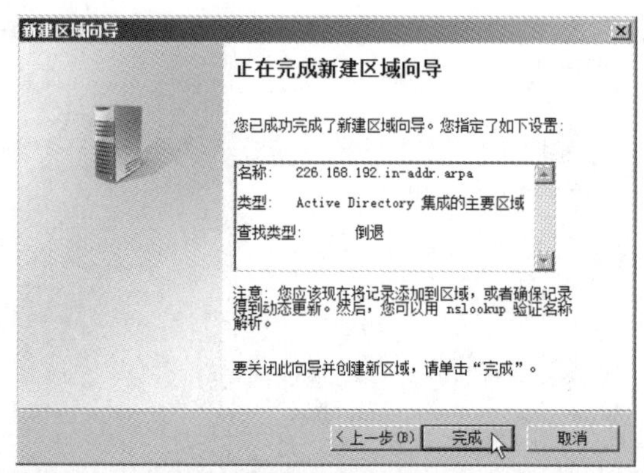

3. 新建资源记录

在区域内可以新建新主机的相关数据，这些数据称为资源记录。新建资源记录的步骤如下。

提示

常见的资源类型有以下几种。

- 主机记录(A)：实现主机域名到 IP 地址的映射。
- 主机别名记录(CNAME)：在某些情况下，需要为区域内的一台主机创建多个主机名称。例如，一台主机同时是 Web 服务器与 FTP 服务器，则可以为该主机取两个不同的名称。
- 邮件交换器记录(MX)：指定哪些主机负责接收该区域的电子邮件。
- 指针记录(PTR)：实现 IP 地址到主机域名的映射。

操作步骤

❶ 在 DNS 服务器上，依次选择【开始】|【管理工具】|DNS 命令，打开【DNS 管理器】窗口。

❷ 新建主机记录。在【正向查找区域】列表中右击 abc.com.cn 选项，在弹出的快捷菜单中选择【新建主机】命令，如下图所示。

长见识：注册的中文域名至少需要含有一个中文文字。可以选择中文、字母(A～Z，a～z，大小写等价)、数字(0～9)或符号(-)命名中文域名，但最多不超过 20 个字符。目前有".CN"".中国"".公司"".网络"四种类型的中文顶级域名供用户注册，例如中国互联网络信息中心.中国、中国互联网络信息中心.CN。

3 打开【新建主机】对话框。在【名称】文本框中输入主机的主机名(不需要填写域名)，在【IP 地址】文本框中填写该主机对应的 IP 地址，最后单击【添加主机】按钮，如下图所示。

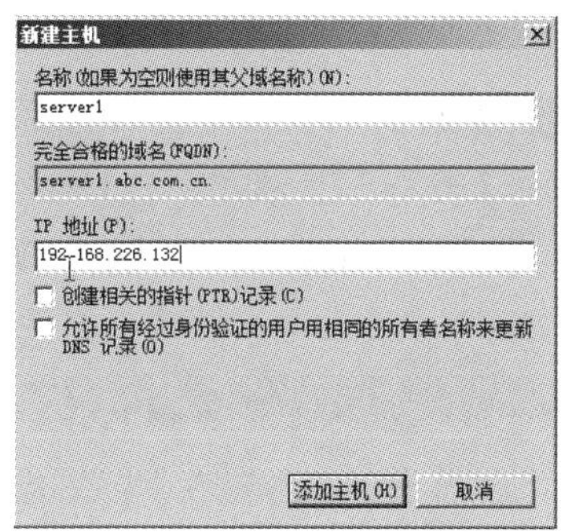

4 弹出 DNS 提示框，提示成功创建主机，如下图所示。单击【确定】按钮，即可发现新建的主机记录显示在主窗口右侧的列表中。

5 新建别名记录。在【正向查找区域】列表中右击 abc.com.cn 选项，从弹出的快捷菜单中选择【新建别名】命令，如下图所示。

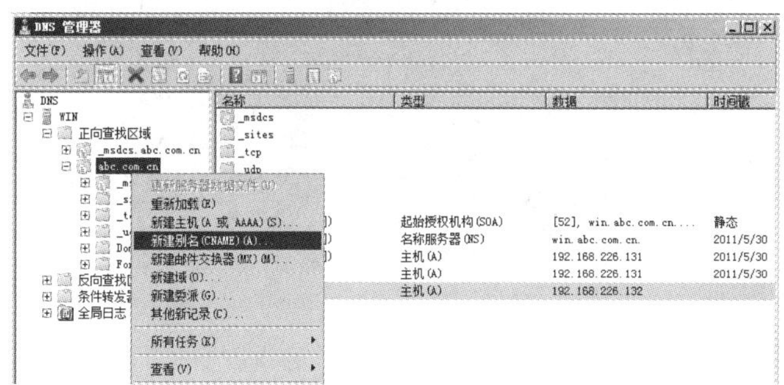

6 弹出【新建资源记录】对话框。设置主机的别名与目标主机的完全合格的域名，最后单击【确定】按钮，新建的别名记录将显示在主窗口右侧的列表中，如下图所示。

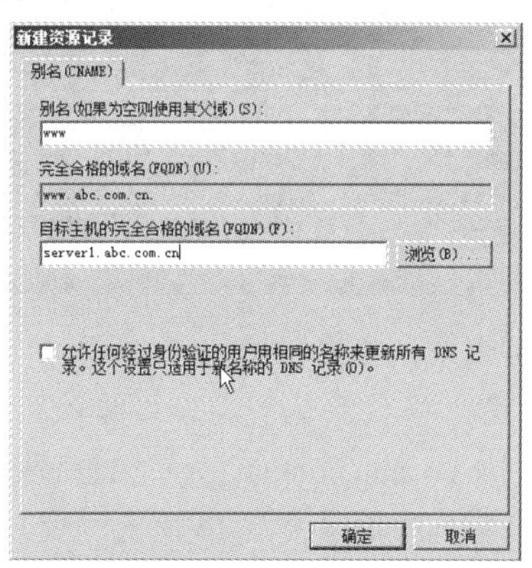

7 新建邮件交换器记录。在【正向查找区域】列表中右击 abc.com.cn 选项，从弹出的快捷菜单中选择【新建邮件交换器】命令，如下图所示。

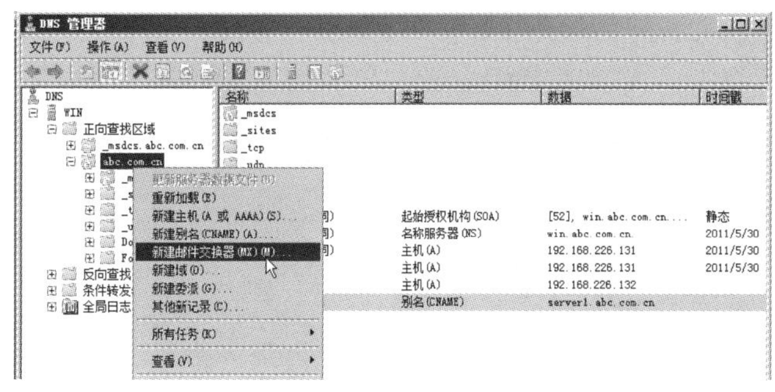

8 弹出【新建资源记录】对话框，如下图所示。分别在【主机或子域】【邮件服务器优先级】文本框中输入完全合格的主机名及邮件服务器优先级，最后单击【确定】按钮。新建的邮件交换器记录将显示在主窗口右侧的列表中。

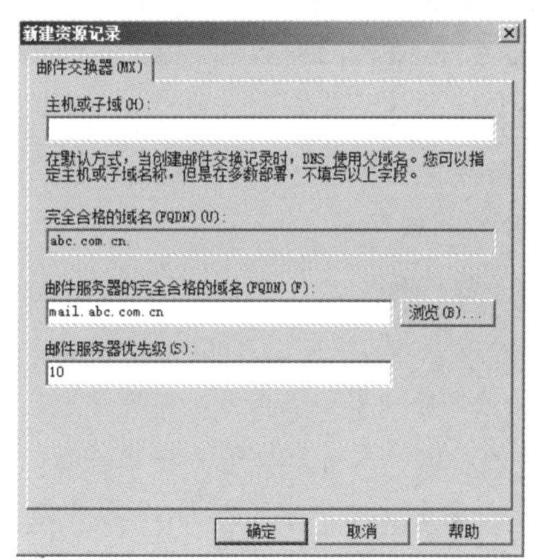

9 新建指针记录。在【反向查找区域】列表中右击前面添加的区域，从弹出的快捷菜单中选择【新建指针】命令，如下图所示。

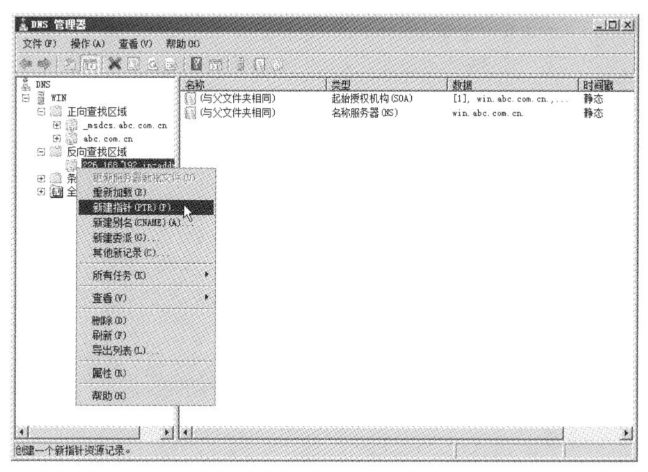

10 弹出【新建资源记录】对话框，如下图所示。在【主机 IP 地址】文本框中键入主机 IP 地址，在【主机

学以致用系列丛书

如何使用中文域名？如果用户没有安装中文域名客户端插件，直接在 IE 地址栏输入“http://中文上网.cn”即可到达对应的网站。如果已经安装中文域名客户端插件，直接在 IE 地址栏键入您要访问的中文域名，即可到达对应的网站。

名】文本框中键入DNS主机的完全合格域名，该计算机使用此指针记录提供反向搜索(把IP地址解析为域名)。最后单击【确定】按钮，建立指针，新建的指针记录将显示在主窗口右侧的列表中。

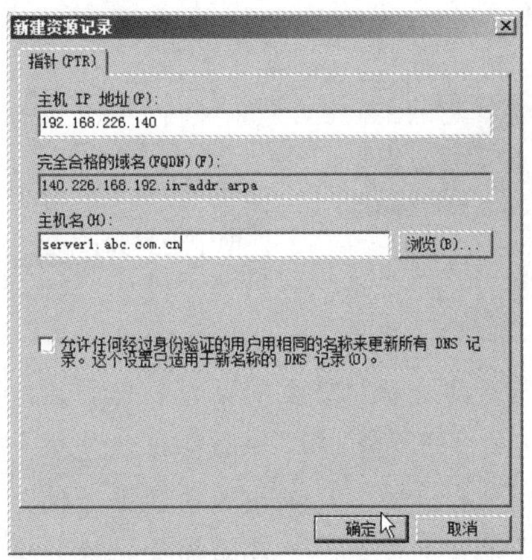

4. 配置DNS客户端

在计算机世界里，提供服务的一方我们称为服务器端(Server)，而接受服务的另一方我们称作客户端(Client)。下面配置DNS的客户端。

操作步骤

1. 在客户端计算机上，打开【Internet 协议版本4(TCP/IPv4)属性】对话框，如下图所示。选择【使用下面的DNS服务器地址】单选按钮，在【首选DNS服务器】文本框中输入DNS服务器IP地址。如果网络中还有其他的DNS服务器提供服务，在【备用DNS服务器】文本框中输入DNS服务器IP地址。

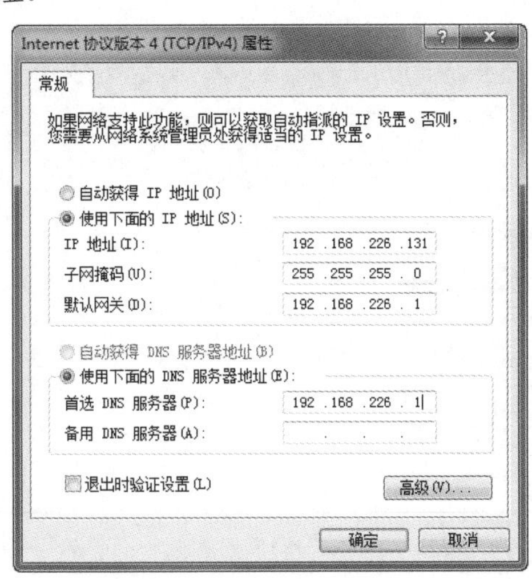

2. 单击【确定】按钮，完成DNS客户端的设置。

5. 测试DNS服务器

对已经建好的DNS服务器区域和资源记录，需要进行测试，用户可以利用Windows系统提供的nslookup诊断工具来测试域名服务器的信息，具体操作步骤如下。

操作步骤

1. 单击【开始】按钮，选择【运行】命令，弹出【运行】对话框，如下图所示。在【打开】下拉列表框中输入“cmd”命令后单击【确定】按钮。

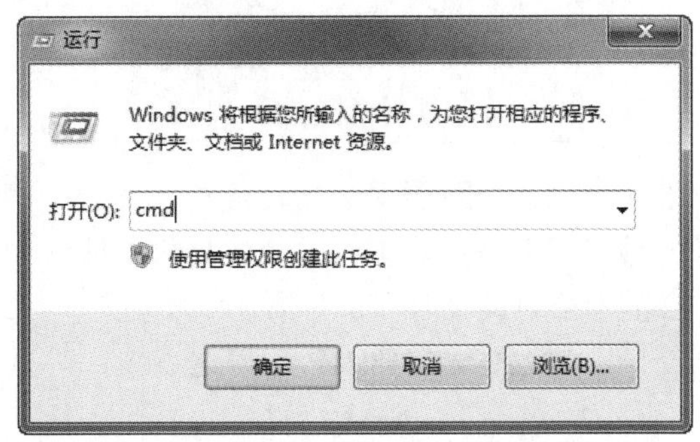

2. 打开命令行窗口，在DOS提示符后输入“nslookup”命令，再按Enter键，如下图所示。

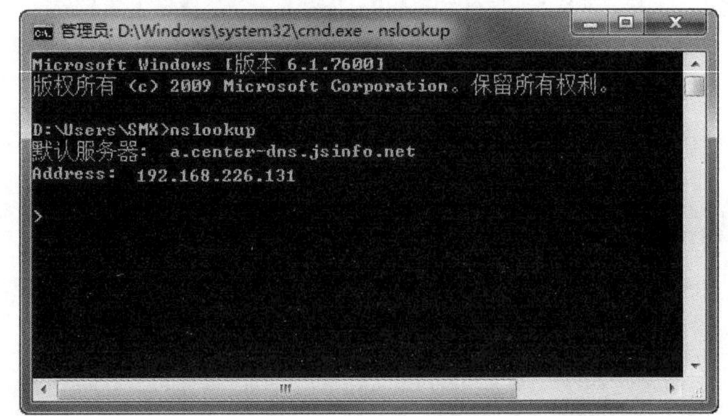

3. 测试主机记录。在提示符“>”后输入要测试的主机域名，如“server1.abc.com.cn”。这时将显示该主机域名对应的IP地址，如下图所示。

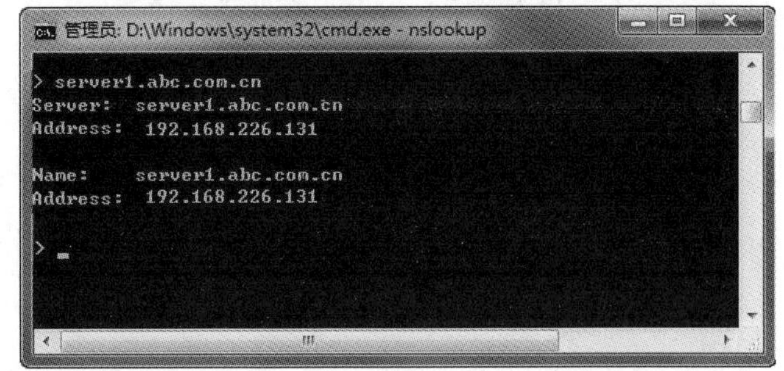

4. 测试别名记录。在提示符“>”后先输入“set type=cname”命令修改测试类型，再输入测试的主机别名，如“www.abc.com.cn”。这时将显示该别名对应的真实主机的域名及其IP地址，如下图所示。

长见识：网络实名是第三代中文上网方式。企业将公司、品牌、产品等名字注册为网络实名后，用户就无须记忆复杂的域名网址，直接在地址栏输入中文，即可简单方便地直达企业网站，或搜索相关信息。

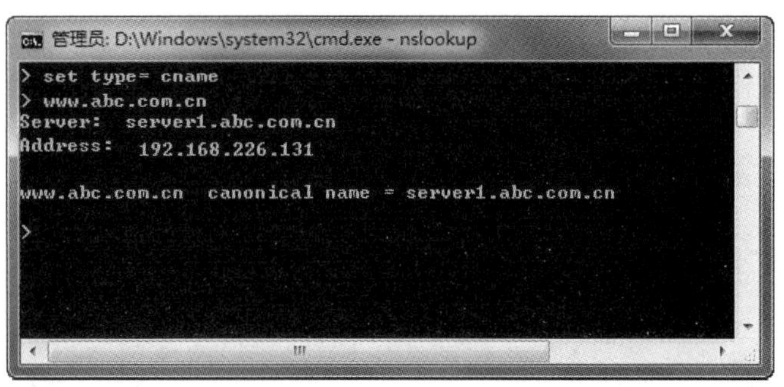

❺ 测试邮件交换器记录。在提示符“>”后先输入“set type= mx”命令修改测试类型，再输入邮件交换器的域名，如“mail.abc.com.cn”。这时将显示该邮件交换器对应的真实主机的域名、IP 地址及其优先级，如下图所示。

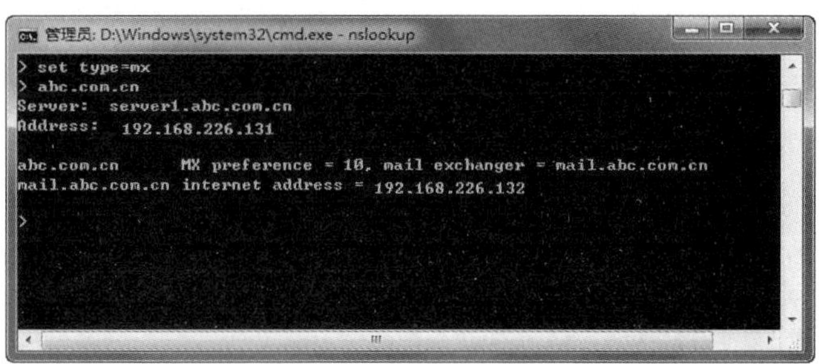

❻ 测试指针记录。在提示符“>”后先输入“set type= ptr”命令修改测试类型，再输入主机的 IP 地址，如“192.168.226.140”。这时将显示该主机对应的域名，如下图所示。

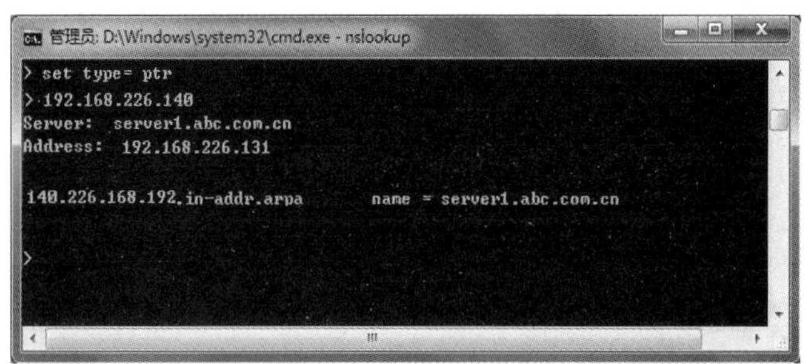

10.3.2　架设 Web 服务器

办公网络内用户比较多的时候，架设一个 Web 服务器，组建一个内部网站，用来发布信息，交流资源，对日常工作是大有益处的。

如果企业有固定 IP，还可以申请一个域名，架设一个互联网网站，用来对外宣传企业形象和承接网络业务，与客户沟通，通过网络信息化有效促进企业发展。

1. 安装 Web 服务器

Windows Server 2008 包含 Internet Information Services(IIS，Internet 信息服务)，它可以让用户架设 Web 网站、FTP 服务器、SMTP 服务器、NNTP 服务器等。Windows Server 2008 默认并不会自动安装 IIS，需要手动安装。

操作步骤

❶ 选择【开始】|【管理工具】|【服务器管理器】命令，打开【服务器管理器】窗口，如下图所示。

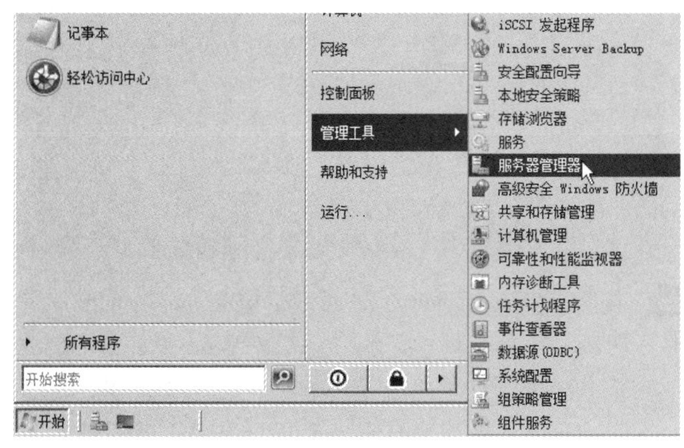

❷ 在左侧窗格中单击【角色】选项，接着在右侧窗格中单击【添加角色】链接，如下图所示。

❸ 弹出【添加角色向导】对话框，直接单击【下一步】按钮继续，如下图所示。

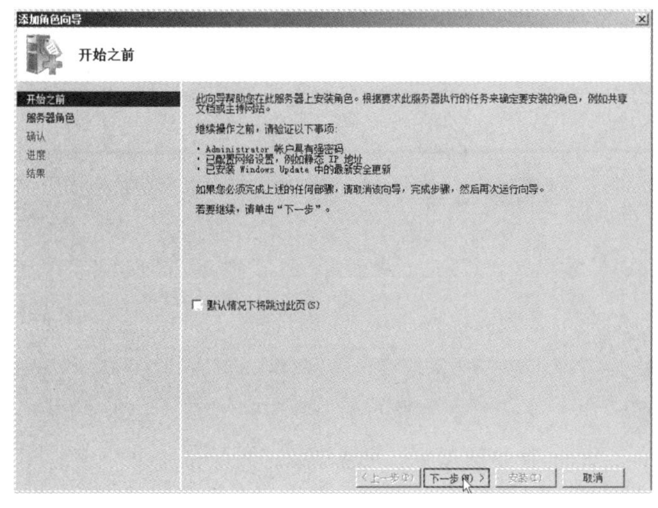

❹ 进入【选择服务器角色】对话框，选择要安装的服

务器。这里选择【Web 服务器(IIS)】复选框，如下图所示。

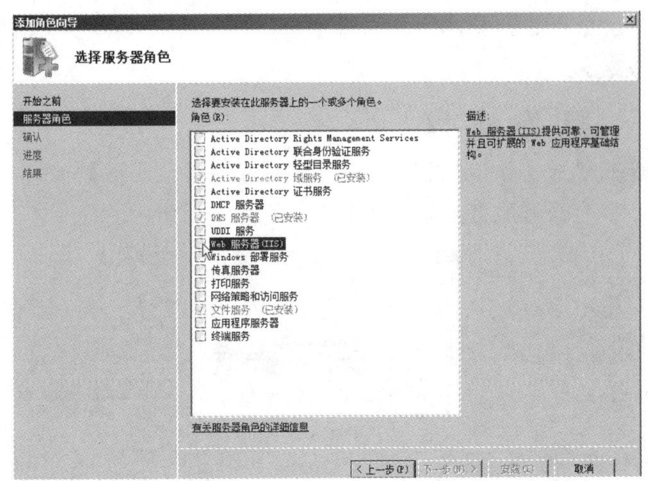

5 若没有安装 Windows 进程激活服务，则会弹出如下图所示的对话框，提示必须安装 Windows 进程激活服务功能。这里单击【添加必需的功能】按钮，返回【选择服务器角色】对话框，再单击【下一步】按钮。

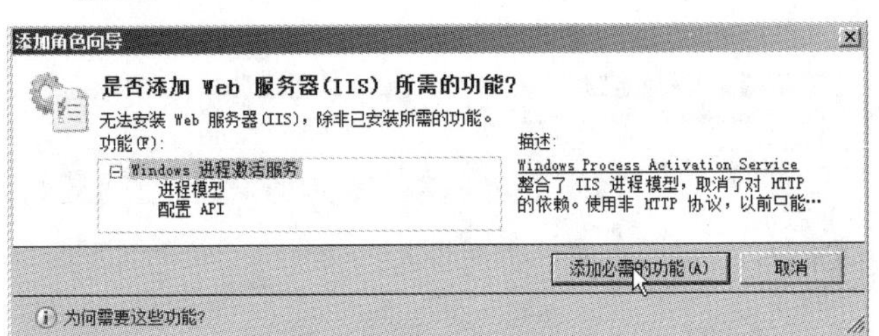

6 进入【Web 服务器(IIS)】对话框，单击【下一步】按钮，如下图所示。

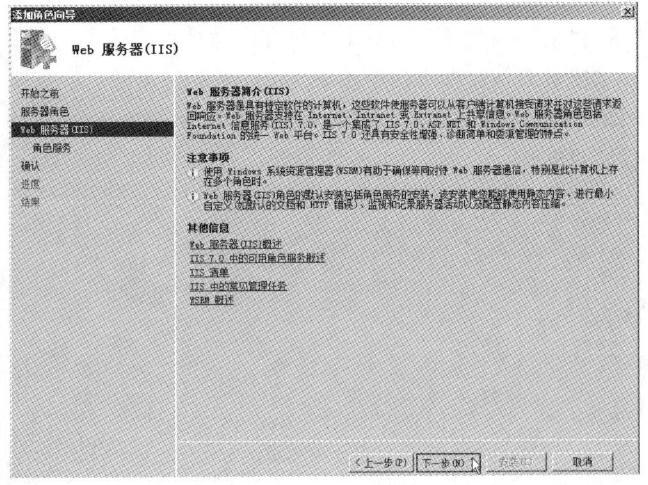

7 进入【选择角色服务】对话框。在列表框中选择为 Web 服务器安装的角色服务，再单击【下一步】按钮，如下图所示。

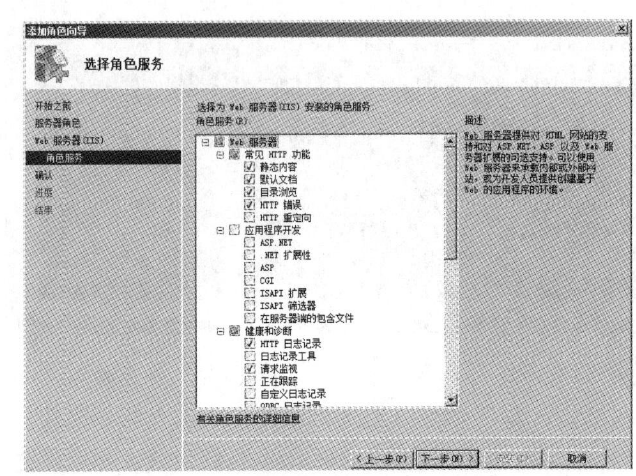

注意

在上图中向下拖动【角色服务】列表框右侧的滑块，选中【FTP 服务器】复选框。这时会弹出如下图所示的提示框，要求必须同时安装其他需要的角色服务，单击【添加必需的角色服务】按钮。

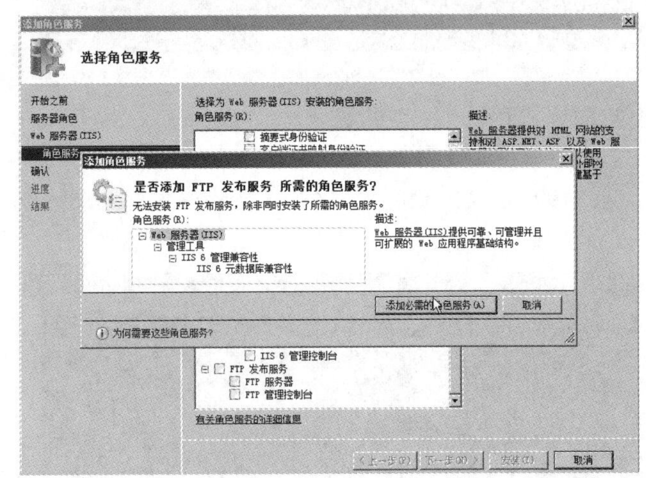

8 进入【确认安装选择】对话框。查看角色设置，确认无误后单击【安装】按钮，如下图所示。

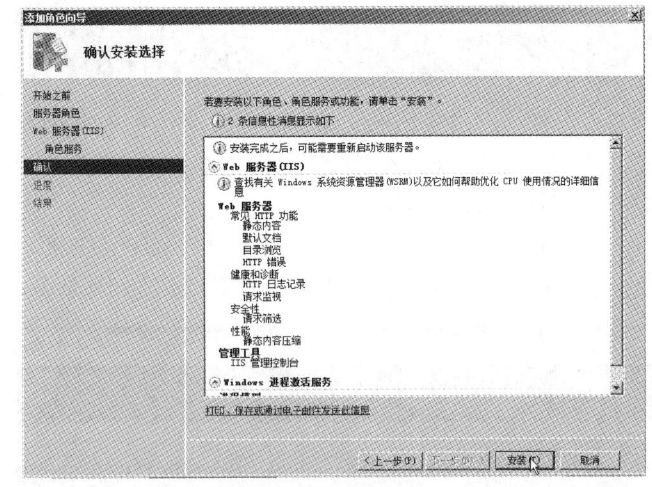

长见识　中国的最高域名为 cn。二级域名分为用户类型域名(如 com.cn 表示工、商、金融等企业，edu.cn 表示教育机构，gov.cn 表示政府机构等)和省、市、自治区域名(如 bj.cn 代表北京市，sh.cn 代表上海市，ah.cn 代表安徽省等)两类。

❾ 开始安装 Web 服务器和 Windows 进程激活服务，弹出如下图所示的进度对话框，稍等片刻。

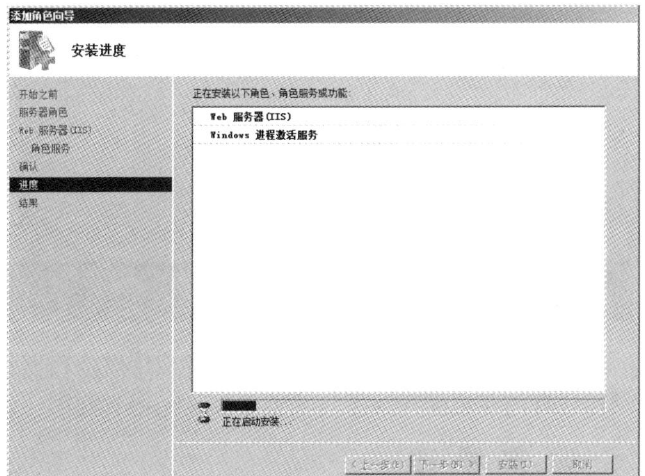

❿ 安装成功后进入如下图所示的对话框，单击【关闭】按钮。

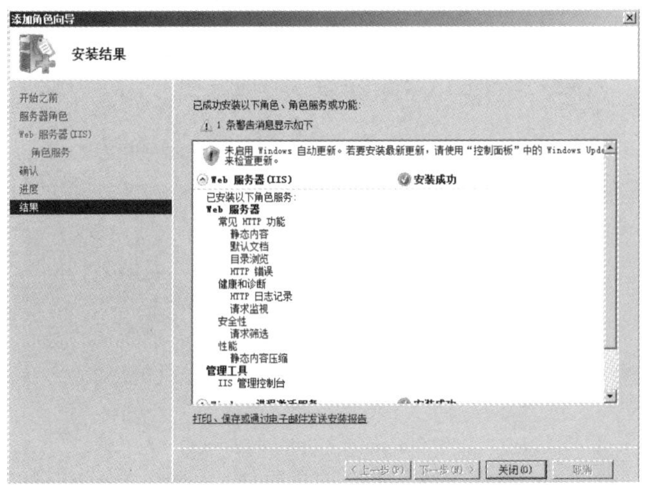

2. 新建 Web 站点

Web 服务器安装后已经创建一个默认站点。为了掌握 Web 技术，我们来新建一个 Web 网站，假设这台服务器的 IP 地址是 192.168.226.1。

操作步骤

❶ 在计算机硬盘中创建一个文件夹，用来存放 Web 站点要发布的信息，例如“C:\myweb”，并在该文件夹下新建一个文本文件，在文件中输入如下图所示的内容。

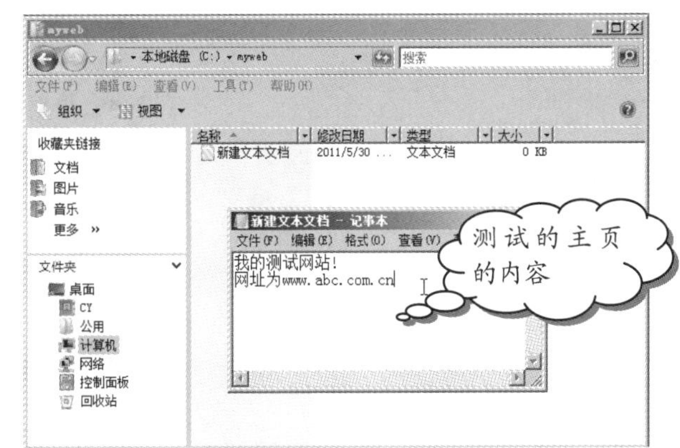

❷ 将创建的文本文件更名为“default.htm”，注意文件名一定要是 default，扩展名一定要是 HTM。更名后该文本文件的图标应是 IE 浏览器的图标，如下图所示。

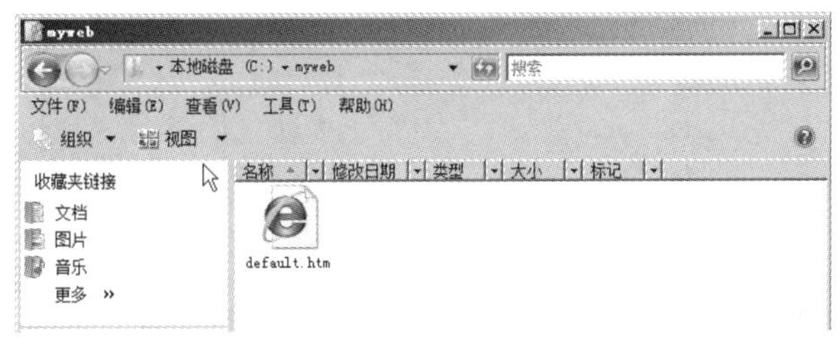

❸ 选择【开始】|【管理工具】|【Internet 信息服务(IIS)管理器】命令，如下图所示。

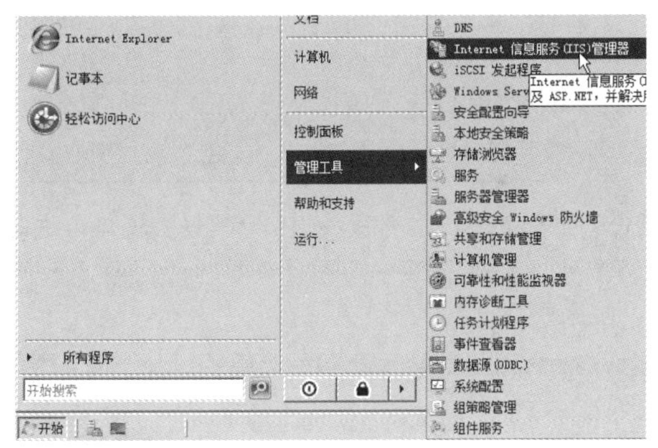

❹ 弹出【用户账户控制】对话框，单击【继续】按钮，如下图所示。

❺ 打开【Internet 信息服务(IIS)管理器】窗口，然后在左侧窗格中右击【网站】选项，在弹出的快捷菜单中选择【添加网站】命令，如下图所示。

服务器不会在每次接收到 SYN 请求就立刻同客户端建立连接，而是为连接请求分配内存空间，建立会话，并放到一个等待队列中。如果等待的队列满了，那么服务器就不再为新的连接分配任何东西，直接丢弃新的请求。到了这样的地步，服务器就是拒绝服务了。

6 弹出【添加网站】对话框，设置【网站名称】【物理路径】【主机名】等参数，如下图所示。最后单击【确定】按钮。

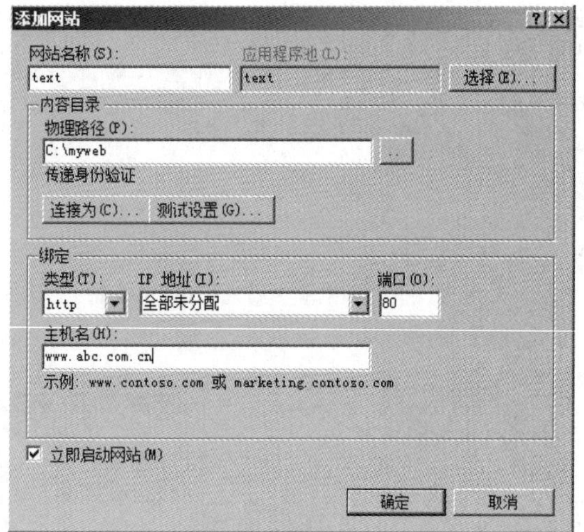

7 返回【Internet信息服务(IIS)管理器】窗口，这时在【网站】选项下可以看到新添加的网站，如下图所示。

8 在局域网中另一台计算机上打开浏览器，在地址栏输入“http://192.168.226.1”，就可以看到刚才创建的网页内容了，如下图所示。接下来就可以用其他网页工具制作网页，丰富网站内容，具体方法请参看相关书籍。

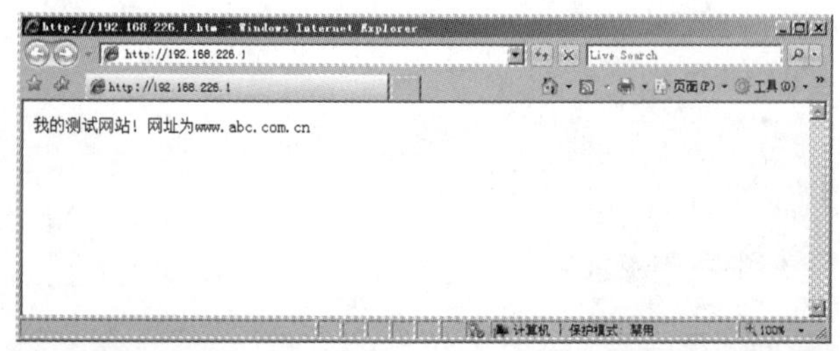

3. 管理Web站点

对于前面已成功添加的网站，实际应用时还需对该网站的有关参数进行调整，以便对该网站进行管理。

操作步骤

1 在【网站】选项下右击要管理的网站，这里右击test选项，从弹出的快捷菜单中选择【管理网站】命令，接着从弹出的子菜单中选择【重新启动】【启动】【停止】等命令来控制网站，如下图所示。

2 若选择【高级设置】命令，则会弹出如下图所示的对话框。在这里可以调整网站的常规设置和行为，最后单击【确定】按钮。

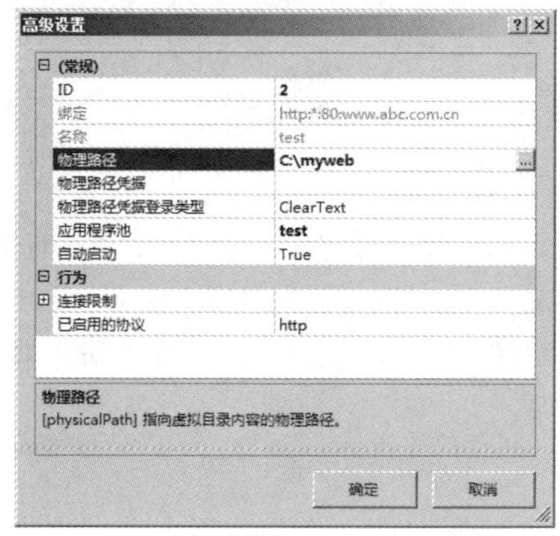

3 编辑网站权限。右击test选项，从弹出的快捷菜单中选择【编辑权限】命令，如下图所示。

长见识 超文本传输协议(Hypertext Transfer Protocol，HTTP)用于从WWW服务器传输超文本到本地浏览器，它可以使浏览器更加高效。

❹ 弹出如下图所示的对话框。在这里可以调整网站的基本配置，最后单击【确定】按钮，保存设置。

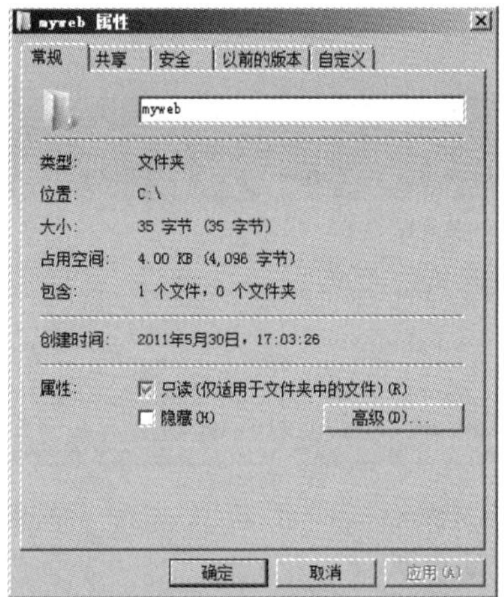

4. 创建虚拟目录

虚拟目录是将一个 URL 以非标准方式映射到一个目录文件名，也就是说，可以将文档存储在服务器定义的主目录以外的位置。

操作步骤

❶ 在计算机的 C 盘下创建一个名称为“音乐”的文件夹，然后在该文件夹中创建一个文本文档，并在文档中输入如下图所示的内容，接着将文本文档更名为“default.htm”。

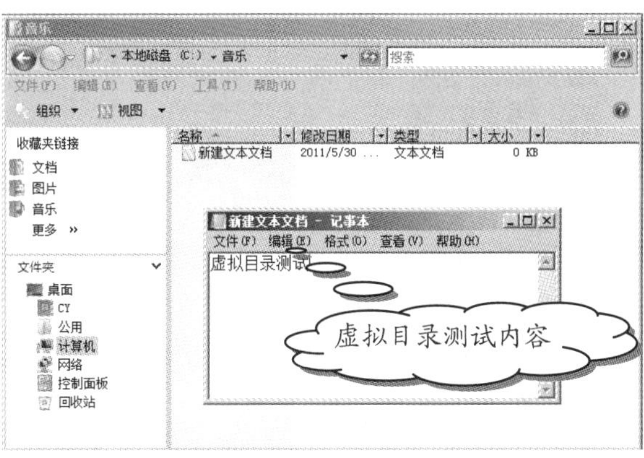

❷ 在【Internet 信息服务(IIS)管理器】窗口的左侧窗格中右击 test 选项，从弹出的快捷菜单中选择【添加虚拟目录】命令，如下图所示。

❸ 弹出【添加虚拟目录】对话框。设置【别名】、【物理路径】等参数，最后单击【确定】按钮进行保存，如下图所示。

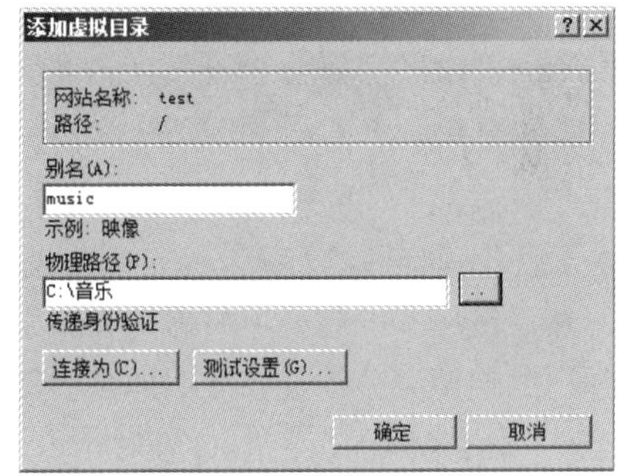

提示

别名与虚拟目录文件夹的真实名称没有任何关系，别名仅用于在 IIS 中识别虚拟目录。这样，看上去虚拟目录好像是在主目录下以别名命名的实际文件夹一样。

❹ 成功添加虚拟目录后，会在 test 选项下看到该目录，如下图所示。

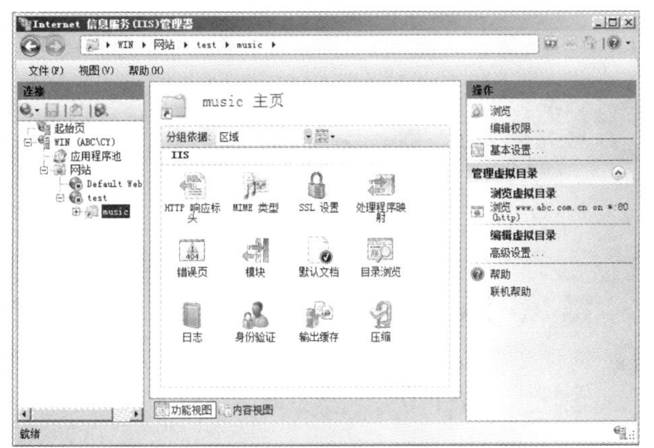

Web 非常流行的一个很重要的原因就在于它可以在一页上同时显示色彩丰富的图形和文本。在 Web 之前 Internet 上的信息只有文本形式，Web 具有将图形、音频、视频信息集合于一体的特性。

长见识

❺ 在局域网中另一台计算机上打开浏览器，在地址栏输入“http://192.168.226.1/ music /”，就可以看到在虚拟目录中的默认主页的内容了，如下图所示。

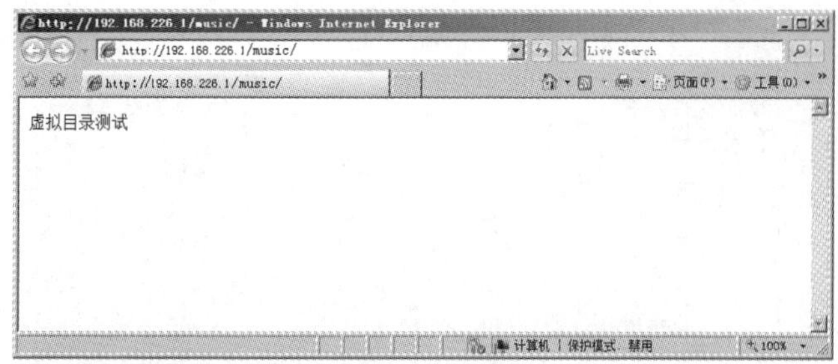

10.3.3　架设 FTP 服务器

FTP 即文件传输协议，用来在网络上高速传输文件。其惊人的传输速度是 HTTP 协议所无法比拟的，特别是在传输影音多媒体等大型文件方面，FTP 具有无可替代的作用。

1. 安装 FTP 服务器

如果用户在安装 Web 服务器时没有选择 FTP 服务器，可以在【服务器管理器】窗口的左侧列表中单击【角色】选项，然后在展开的列表中右击【Web 服务器(IIS)】选项，从弹出的快捷菜单中选择【添加角色服务】命令，如下图所示。弹出【添加角色服务】对话框，根据向导提示进行添加即可。

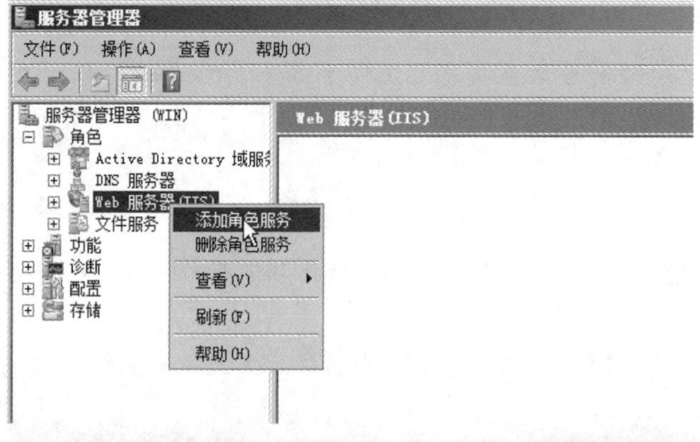

2. 创建 FTP 站点

下面先来创建一个公共的 FTP 站点，具体操作步骤如下。

操作步骤

❶ 在计算机桌面上选择【开始】|【管理工具】|【Internet 信息服务(IIS)6.0 管理器】命令，如下图所示。

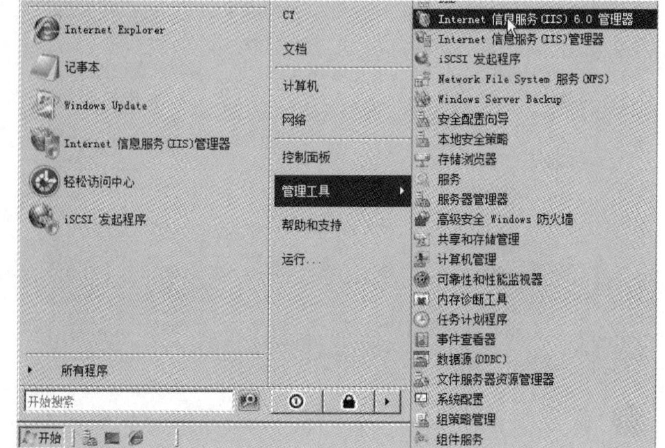

❷ 弹出【用户账户控制】对话框，单击【继续】按钮，如下图所示。

❸ 打开【Internet 信息服务(IIS)6.0 管理器】窗口，然后在左侧窗格中右击【FTP 站点】选项，从弹出的快捷菜单中选择【新建】|【FTP 站点】命令，如下图所示。

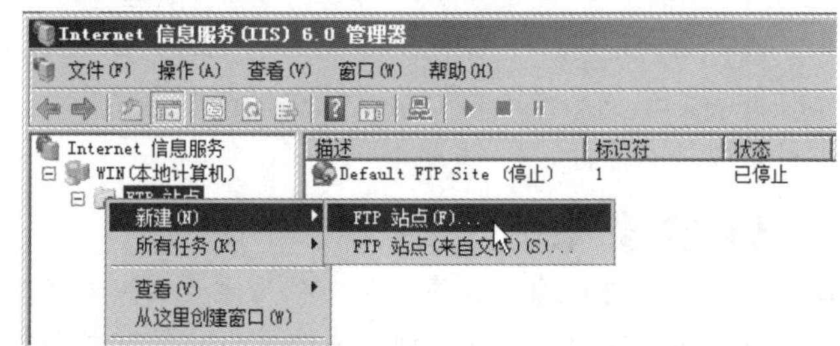

❹ 弹出【FTP 站点创建向导】对话框，直接单击【下一步】按钮，如下图所示。

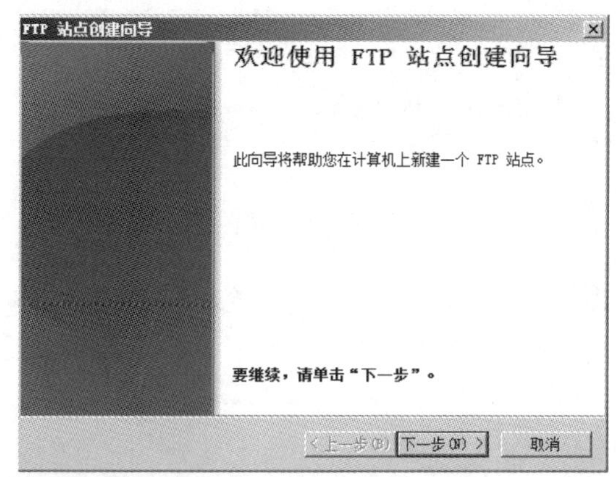

学以致用系列丛书

长见识　网站(Website)是指在因特网上，根据一定的规则，使用 HTML 等工具制作的用于展示特定内容的相关网页的集合。简单地说，网站是一种通信工具，就像公告栏一样，用户可以通过网站来发布或收集信息。

5 为 FTP 站点输入描述。这里想要建立一个音乐下载站点，所以输入“ftp-music”，再单击【下一步】按钮继续，如下图所示。

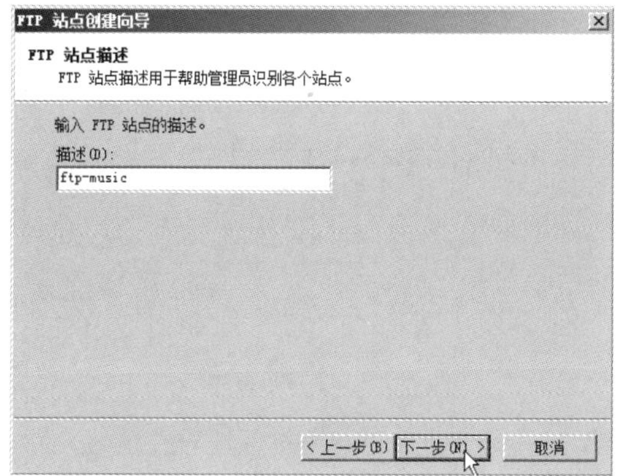

6 为 FTP 服务指定 IP 地址和端口号。IP 地址保留默认设置，端口号也保留默认设置的“21”，再单击【下一步】按钮继续，如下图所示。

7 进入【FTP 用户隔离】界面，选择用户隔离模式。如果选择【隔离用户】单选按钮，则每个用户都只能访问各自的文件目录，相当于为每个用户建立了一个网络硬盘；选择【用 Active Directory 隔离用户】单选按钮，只有活动目录中的用户才可以访问此 FTP 站点。由于这里要建立一个公共的 FTP，所以选择【不隔离用户】单选按钮，再单击【下一步】按钮，如下图所示。

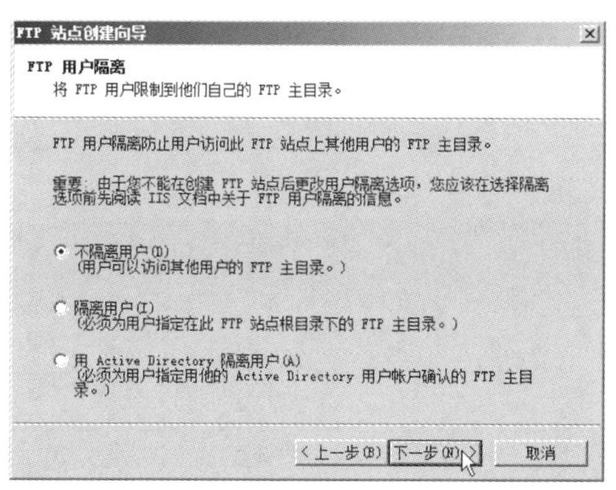

8 为 FTP 站点指定一个根目录。单击【浏览】按钮，可以更改目录位置，例如设置为“C:\myftproot”，再单击【下一步】按钮继续，如下图所示。

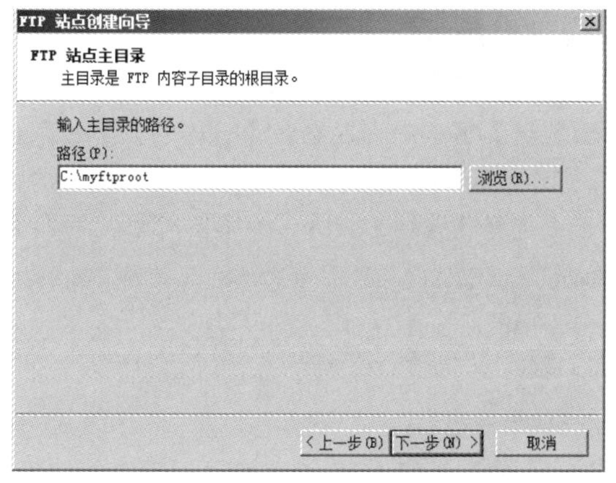

9 选择站点访问权限。选中【读取】复选框，表示用户可以下载文件；选中【写入】复选框，表示用户可以上传文件。这里把两个功能都勾选，再单击【下一步】按钮继续，如下图所示。

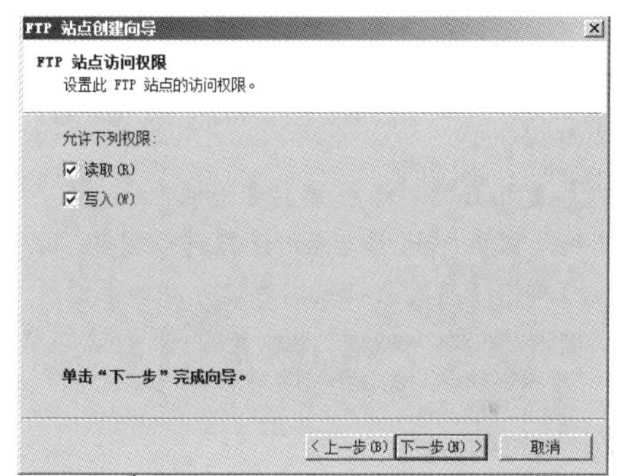

10 创建站点完成，单击【完成】按钮结束设置，如下图所示。

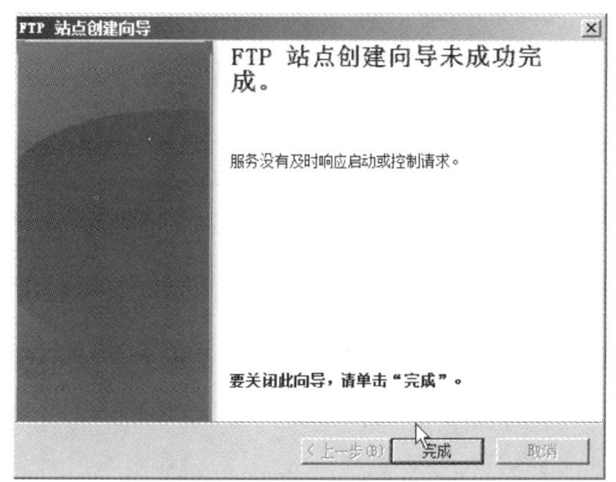

11 向 FTP 根目录“C:\myftproot”文件夹中存放一些文件，然后在局域网中另一台计算机上打开浏览器，在地址栏输入“ftp://<服务器的 IP 地址>”，即可看到 myftproot 文件夹中的文件了。

学以致用系列丛书

长见识

XML 不是 HTML 的替代品，XML 和 HTML 是两种不同用途的语言。XML 是用来描述数据的，重点是什么数据，如何存放数据。HTML 是用来显示数据的，重点是显示数据以及如何显示数据更好。HTML 与显示信息相关，XML 则与描述信息相关。

3. 配置 FTP 站点

创建好 FTP 站点后，还需要对 FTP 站点进行配置。

操作步骤

1 网站成功创建以后，在【Internet 信息服务(IIS)6.0 管理器】窗口中可以看到【FTP 站点】目录下多了一个 ftp-music 站点。右击该选项，在弹出的快捷菜单中选择【属性】命令，如下图所示。

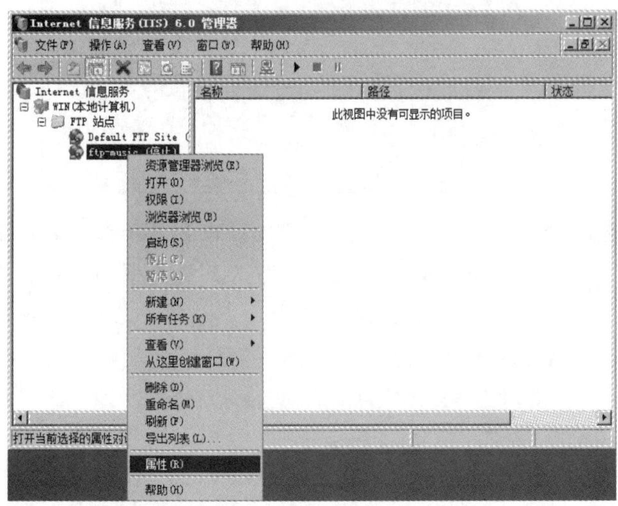

2 打开【ftp-music(停止)属性】对话框后，在各个选项卡中，可以对 FTP 站点的参数进行调整，改变设置后，单击【确定】按钮保存设置，如下图所示。

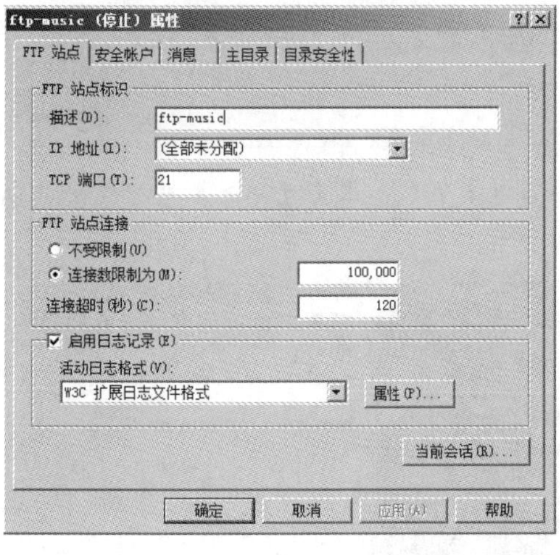

3 安全账户设置。切换到【安全账户】选项卡，若选中【允许匿名连接】复选框，表示所有人员不通过用户名和密码就可以访问该 FTP 站点；若不选中该复选框，则表示用户在访问该 FTP 站点时需要用户名和密码认证。用户账号可以通过【计算机管理】(工作组环境)或【Active Directory 用户和计算机】(域环境)控制台创建。如果这个 FTP 站点是一个全部内容公开的站点，选中【只允许匿名连接】复选框。改变设置后，单击【应用】按钮保存设置，如下图所示。

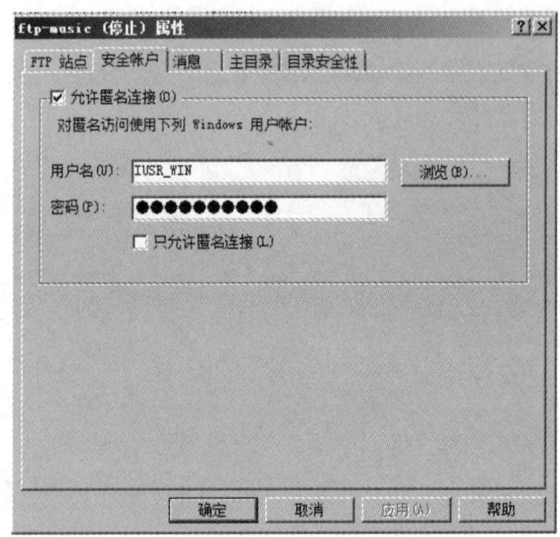

4 消息设置。消息是指 FTP 用户访问或退出时服务器给用户返回的提示或欢迎信息。切换到【消息】选项卡，在各个文本框中填入相应的内容后，单击【应用】按钮保存设置，如下图所示。

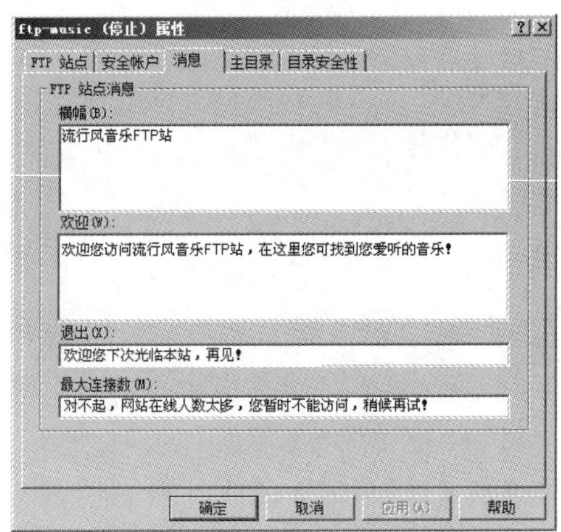

5 主目录设置。切换到【主目录】选项卡，设置 FTP 站点的根目录及访问权限，单击【应用】按钮保存设置，如下图所示。

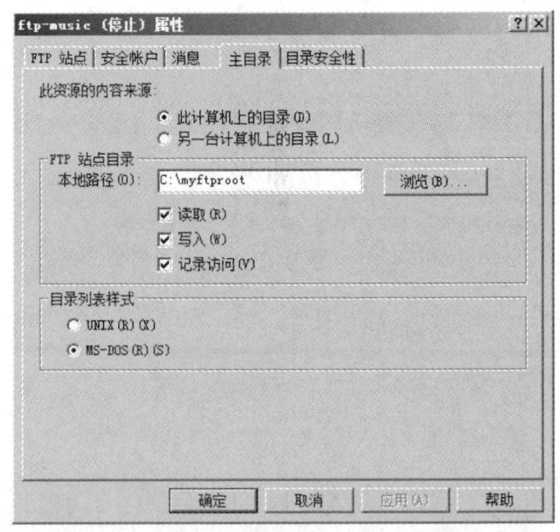

XML 是 EXtensible Markup Language 的缩写，它是一种类似于 HTML 的标记语言，用来描述数据。XML 的标记不是在 XML 中预定义的，用户必须定义自己的标记。XML 使用文档类型定义(DTD)或者模式(Schema)来描述数据。

❻ 目录安全性设置。切换到【目录安全性】选项卡，设置哪些网络用户允许(或拒绝)访问该 FTP 站点。例如，下图所示的设置的含义是，除 IP 地址为 192.168.0.1～192.168.0.254 的客户机可以访问该 FTP 站点外，其他用户都不能访问该 FTP 站点。设置完毕，单击【应用】按钮保存设置。

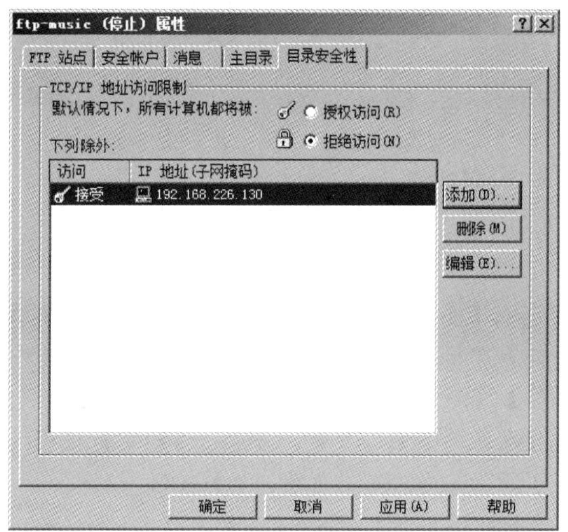

10.3.4 架设 DHCP 服务器

在 TCP/IP 网络中，所有计算机都必须具有 IP 地址，网络才能正常工作。可以在每台计算机中手动配置 IP 地址，也可以安装一个 DHCP 服务器，该服务器可以自动为网络中的每台客户端分配 IP 地址租约。大多数客户端操作系统都会在默认情况下寻求 IP 地址租约，因此客户端计算机上无须任何配置即可实现启用了 DHCP 服务的网络。

提示

DHCP 是动态主机分配协议的英文缩写，它是一个简化主机 IP 地址分配管理的 TCP/IP 标准协议。

DHCP 是基于客户机/服务器模型设计的，DHCP 客户端和 DHCP 服务器之间通过收发 DHCP 消息进行通信。在使用 DHCP 时，整个网络至少有一台服务器上安装了 DHCP 服务，其他要使用 DHCP 功能的工作站设置成利用 DHCP 获得 IP 地址。

作为 DHCP 服务器，它的 IP 地址必须是固定的，不能通过 DHCP 获得。

1. 安装 DHCP 服务器

安装 DHCP 服务器的步骤如下。

操作步骤

❶ 打开【服务器管理器】窗口，然后在左侧窗格中单击【角色】选项，接着在右侧窗格中单击【添加角色】链接，如下图所示。

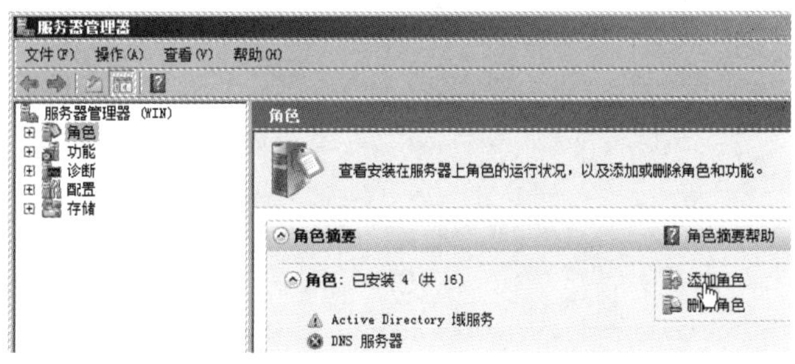

❷ 弹出【添加角色向导】对话框，直接单击【下一步】按钮继续，如下图所示。

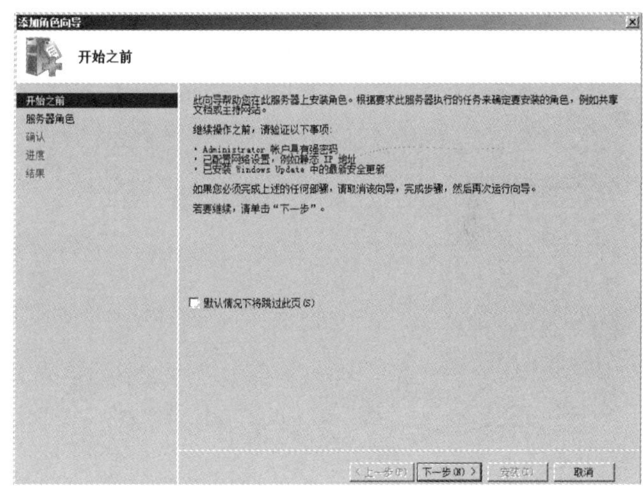

❸ 进入【选择服务器角色】界面，选择要安装的服务器。这里选择【DHCP 服务器】复选框，再单击【下一步】按钮，如下图所示。

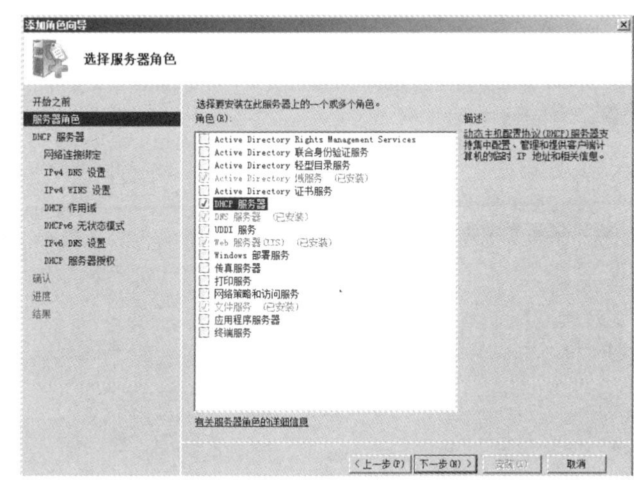

❹ 进入【DHCP 服务器】界面，直接单击【下一步】按钮，如下图所示。

学以致用系列丛书

文字与图片是构成网页的两个最基本的元素。可以简单地理解为：文字，就是网页的内容；图片，就是网页的美观。除此之外，网页的元素还包括动画、音乐、程序等。

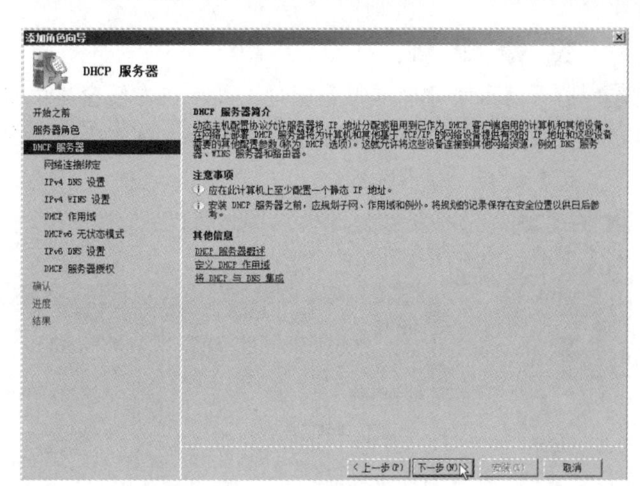

❺ 进入【选择网络连接绑定】界面，然后在【网络连接】列表框中选择要绑定的 IP 地址，再单击【下一步】按钮，如下图所示。

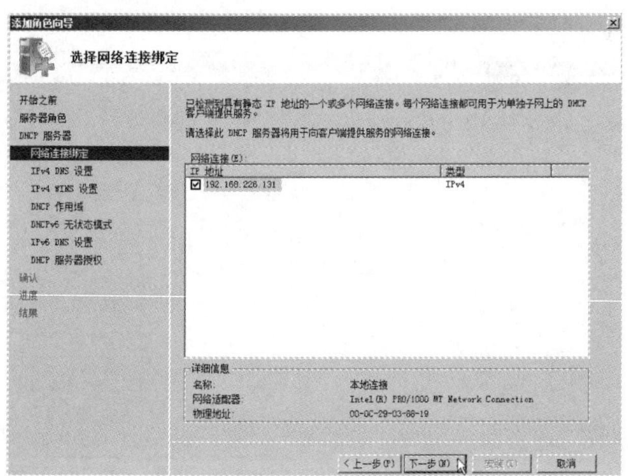

❻ 进入【指定 IPv4 DNS 服务器设置】界面，在【父域】文本框中输入“abc.com.cn”，在【首选 DNS 服务器 IPv4 地址】文本框中输入“192.168.226.131”，再单击【下一步】按钮，如下图所示。

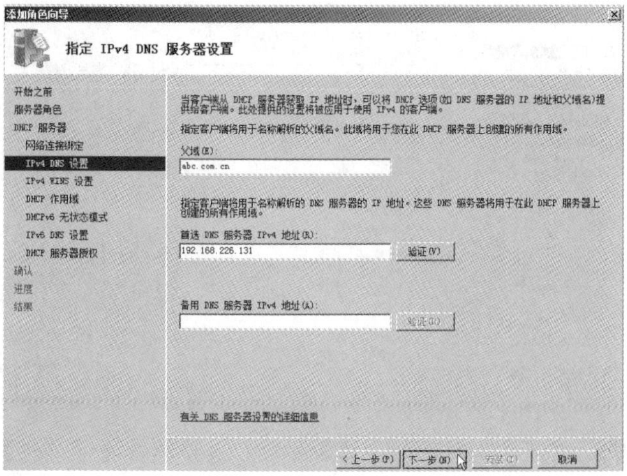

❼ 进入【指定 IPv4 WINS 服务器设置】界面，选中【此网络上的应用程序不需要 WINS】单选按钮，再单击【下一步】按钮，如下图所示。

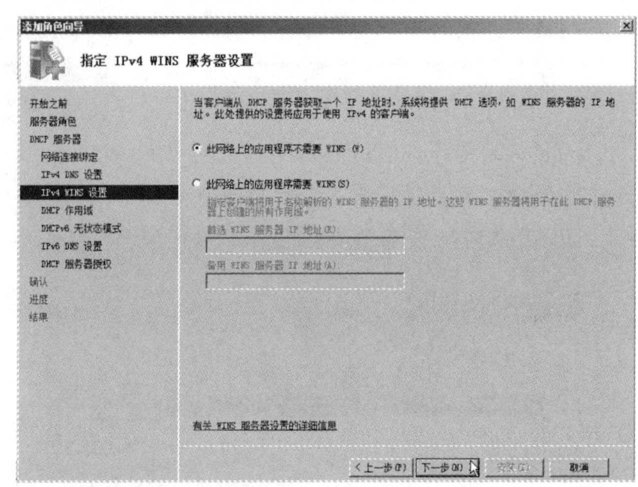

❽ 进入【添加或编辑 DHCP 作用域】界面，单击【添加】按钮，接着在弹出的对话框中设置【作用域名称】【起始 IP 地址】【结束 IP 地址】【子网掩码】【默认网关】等参数，并单击【确定】按钮，如下图所示。最后单击【下一步】按钮。

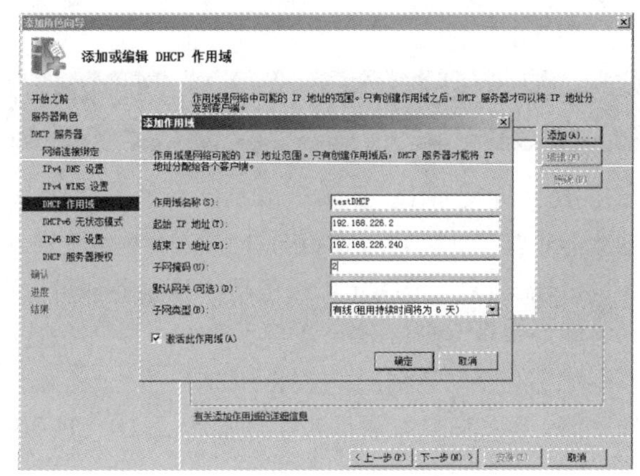

❾ 进入【配置 DHCPv6 无状态模式】界面，选中【对此服务器禁用 DHCPv6 无状态模式】单选按钮，再单击【下一步】按钮，如下图所示。

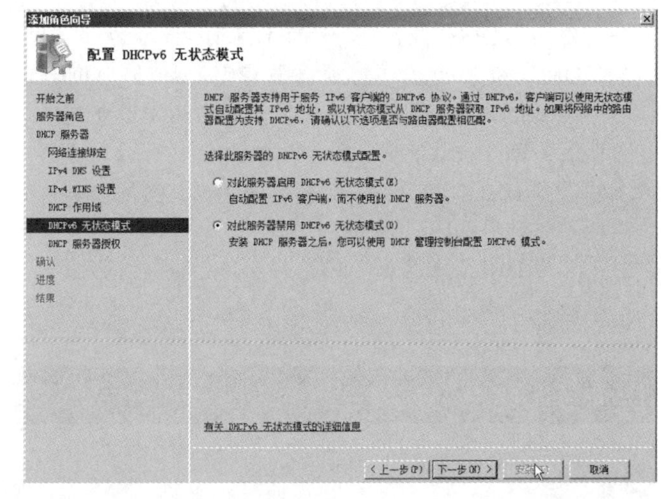

长见识 什么是二进制传输模式？在二进制传输中，保存文件的位序，以便原始和复制时逐位一一对应，即使目的地机器上包含位序列的文件是没有意义的。例如，Macintosh 以二进制方式传送可执行文件到 Windows 系统，但在对方系统上，此文件不能执行。

10 进入【授权 DHCP 服务器】界面，选中【使用当前凭据】单选按钮，再单击【下一步】按钮，如下图所示。

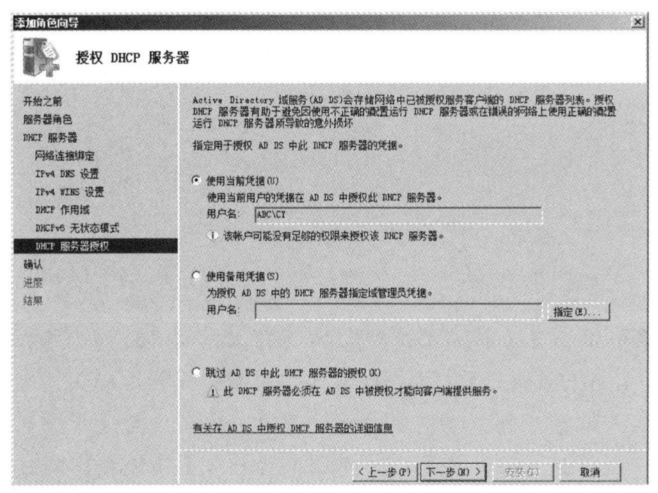

11 进入【确认安装选择】界面，查看角色设置，确认无误后单击【安装】按钮，如下图所示。

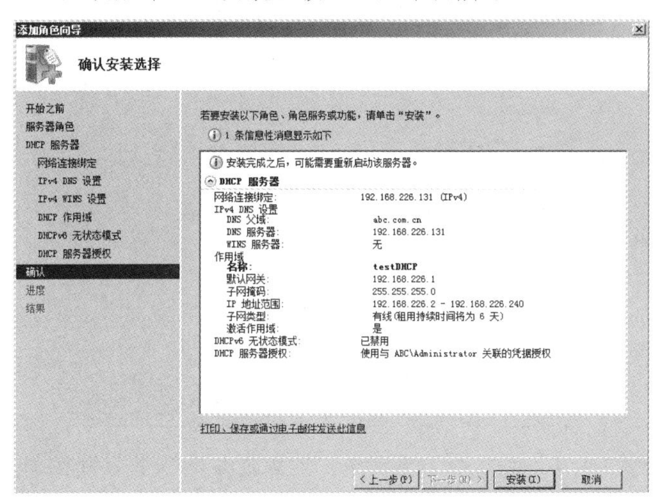

12 开始安装 DHCP 服务器，进入如下图所示的【安装进度】界面，稍等片刻。

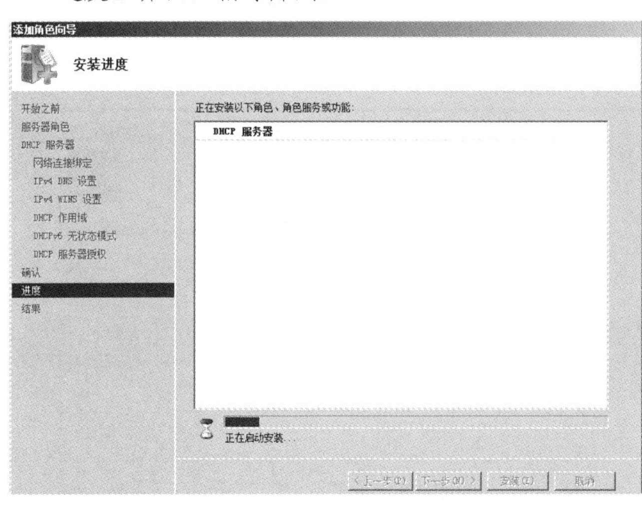

13 安装成功后进入如下图所示的对话框，单击【关闭】按钮即可。

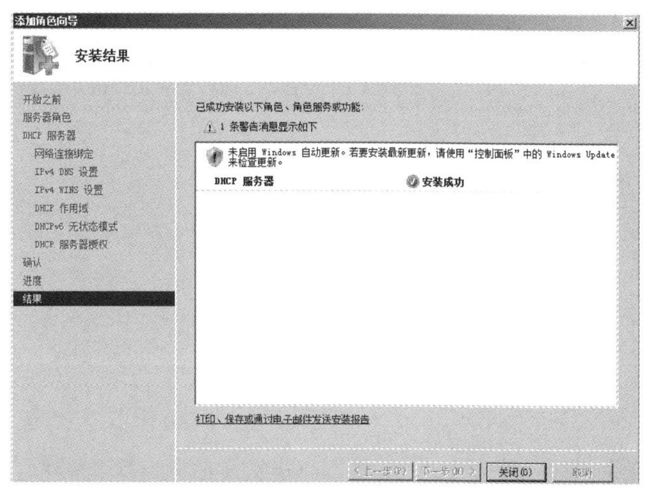

2. 创建作用域

在 DHCP 服务器开始为客户端计算机租借 IP 地址之前，必须创建并激活作用域。作用域是网络的可用 IP 地址的范围。创建作用域前，请确保要使用的 IP 地址范围能为网络中的所有计算机提供足够的 IP 地址。另外，还要确定网络中是否有任何设备(如 DNS 服务器、WINS 服务器或打印机)需要使用静态 IP 地址。如果有需要使用静态 IP 地址的设备，请在 IP 地址范围的开头创建一个 IP 地址排除范围。排除范围是 DHCP 服务器不会租借给客户端计算机的一组 IP 地址。一旦定义了该排除范围，即可从该排除范围为所有静态配置设备指定 IP 地址。

操作步骤

1 在计算机桌面上选择【开始】|【管理工具】| DHCP 命令，如下图所示。

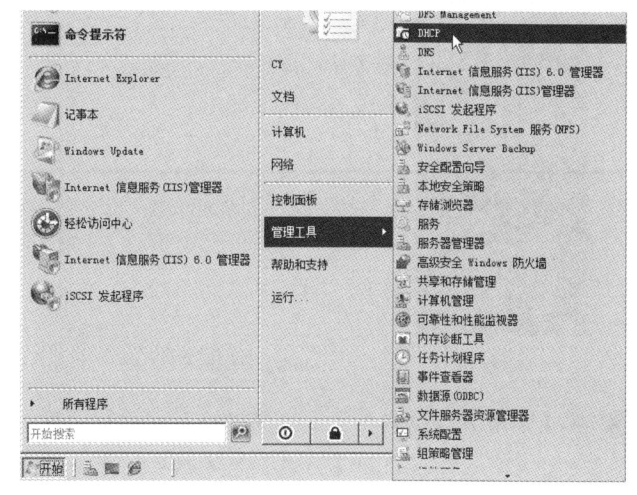

2 打开 DHCP 窗口。在左侧窗格中单击 IPv4 选项，即可在列表中看到添加 DHCP 服务器时设置的作用

什么是匿名 FTP？匿名 FTP 是指在登录 FTP 服务器时，用户名采用"anonymous"，口令为自己的 E-mail 地址就可以登录。可以看出，匿名 FTP 对任何用户都是敞开的，但登录后用户的权限很低，一般只能从服务器下传文件，而不能上传或修改服务器上的内容。它可以有效地帮助网站的拥有者提供文件或软件供 Internet 用户下传。

域，如下图所示。

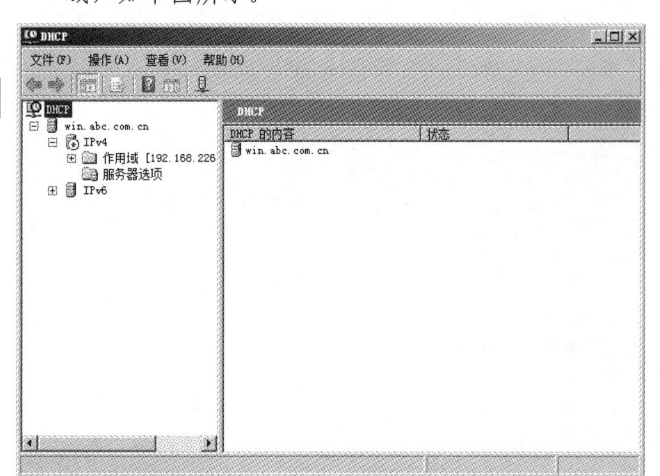

❸ 右击 IPv4 选项，从弹出的快捷菜单中选择【新建作用域】命令，如下图所示。

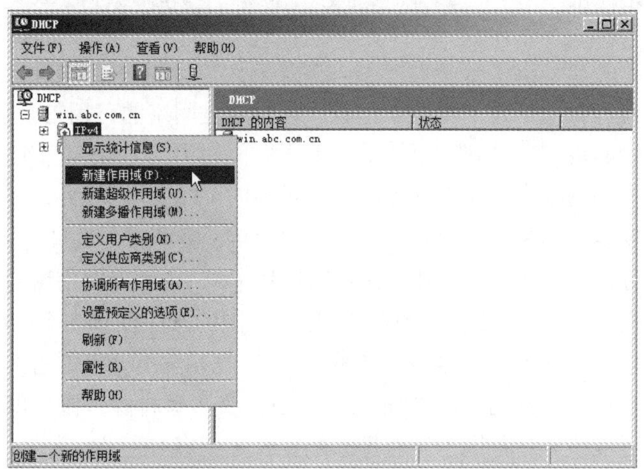

❹ 弹出【新建作用域向导】对话框，直接单击【下一步】按钮，如下图所示。

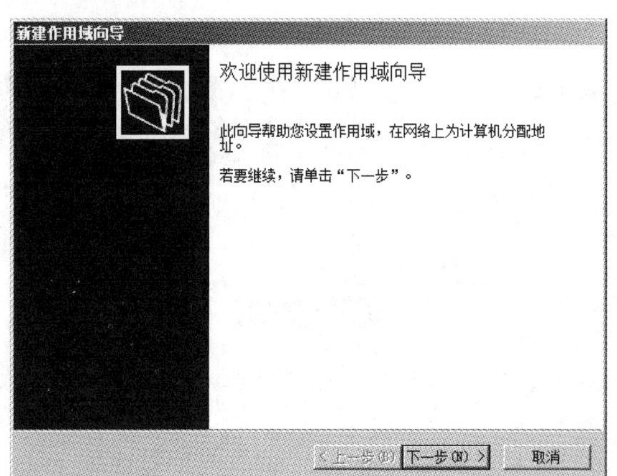

❺ 在【作用域名称】界面中的【名称】文本框中输入作用域的名称，并在【描述】文本框中输入一些作用域的说明性文字，单击【下一步】按钮继续，如下图所示。

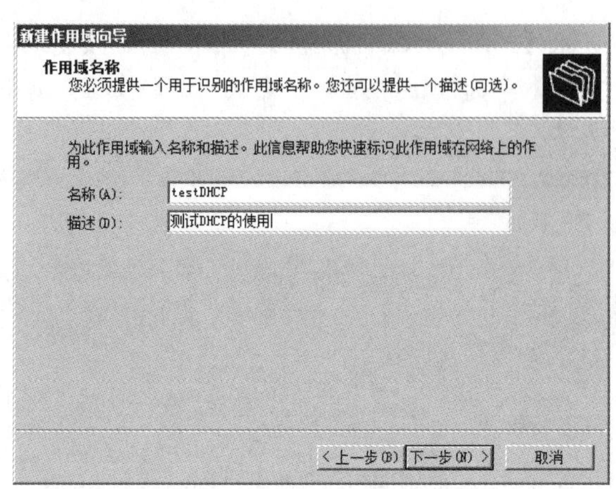

❻ 进入【IP 地址范围】界面，在【起始 IP 地址】和【结束 IP 地址】文本框中输入作用域的起始地址和结束地址，指定作用域的地址范围。接着设置【子网掩码】选项，还可以通过调整【长度】微调框中的数值来完成子网掩码的设置。最后单击【下一步】按钮，如下图所示。

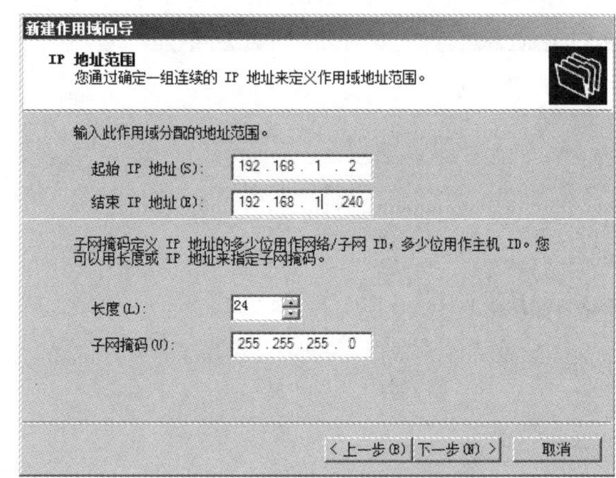

❼ 在【添加排除】界面中，定义服务器不分配的 IP 地址。排除范围应当包括所有手工分配给其他 DHCP 服务器、非 DHCP 客户机、无盘工作站或 RAS 和 PPP 客户机的 IP 地址。如果有要排除的 IP 地址，按下述方法定义它们。单击【下一步】按钮继续，如下图所示。

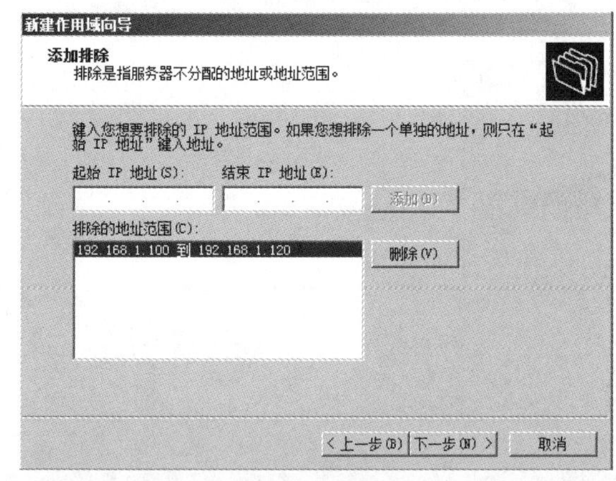

什么是 POP3 协议？ POP3 是 Post Office Version 3 的缩写，即邮局协议 3，一般是用户用来接收邮件时采用的协议。它是一个离线协议，能提供信息存储功能，为用户保存收到的电子邮件，直到用户下载取回，对使用电子邮件的用户来说，它是一个简单实用的信息传送协议。

❽ 在【租用期限】界面中，设置 IP 地址的租约期限。租约期限指定了客户机使用 DHCP 服务器所分配的 IP 地址的时间，即两次分配同一个 IP 地址的最短时间。当一个工作站断开后，如果租约期没有满，服务器不会把这个 IP 分配给别的计算机，以免引起混乱。如果网络中计算机更换比较频繁，租约期应设置短一些，不然 IP 地址很快就不够用了。设置好时间后，单击【下一步】按钮继续，如下图所示。

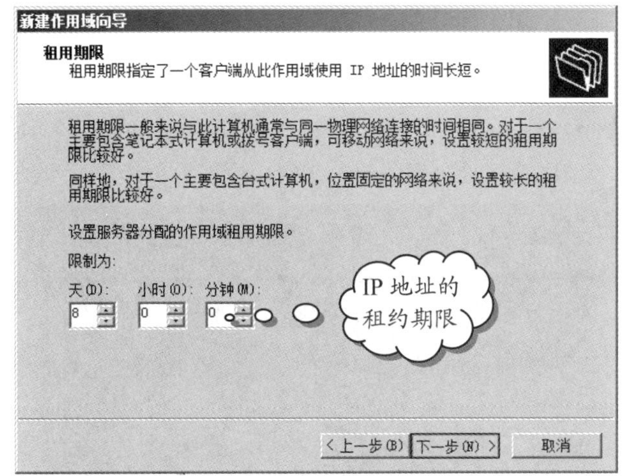

❾ DHCP 服务器不仅能为计算机分配 IP 地址，还能告诉工作站默认网关和 DNS 服务器的地址。在【配置 DHCP 选项】界面中，选择【是，我想现在配置这些选项】单选按钮，单击【下一步】按钮继续，如下图所示。

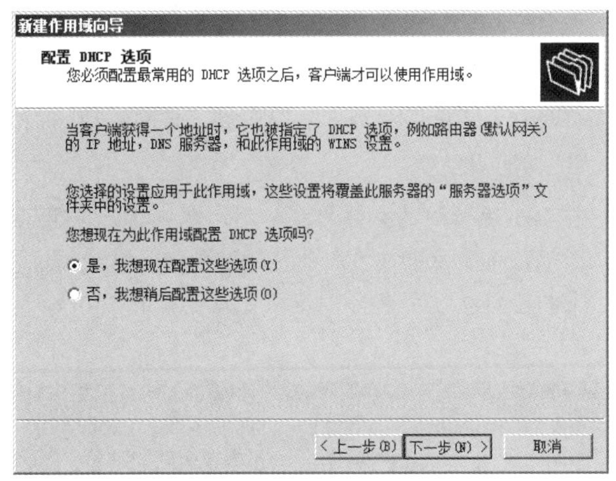

❿ 在【路由器(默认网关)】界面中配置作用域的网关(或路由器)。在【IP 地址】文本框中输入网关地址并单击【添加】按钮，添加网关。要删除已有的网关，可在网关列表框中选中该网关地址，然后单击【删除】按钮。设置完毕，单击【下一步】按钮继续，如下图所示。

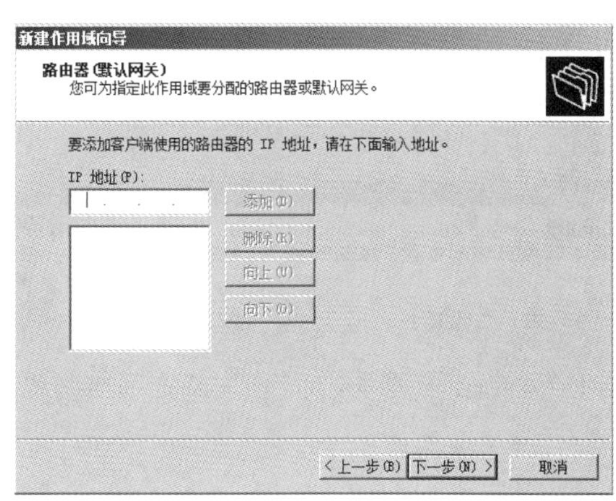

⓫ 进入【域名称和 DNS 服务器】界面(如下图所示)，指定父域的名称和服务器的 IP 地址。在【父域】文本框中，输入父域的名称。如果本机为根域的控制器，没有父域存在，可以直接输入本地域名。在【IP 地址】文本框中输入网络的 DNS 服务器的 IP 地址，单击【添加】按钮，使该地址加入到 DNS 服务器列表中，再单击【下一步】按钮继续。

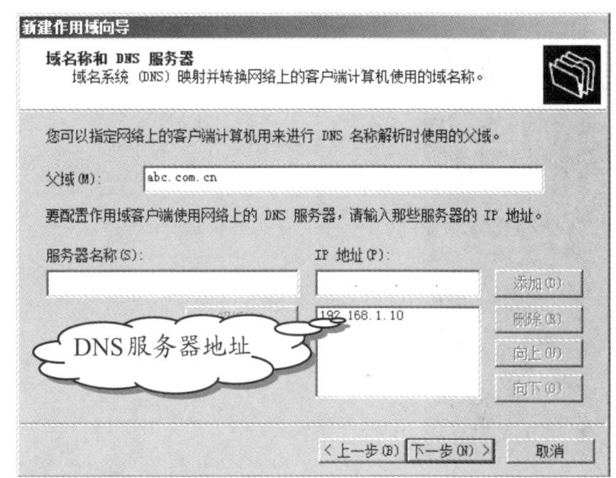

⓬ 在【WINS 服务器】界面中，指定 WINS 服务器名称和地址。一般情况下可以不配置，单击【下一步】按钮继续，如下图所示。

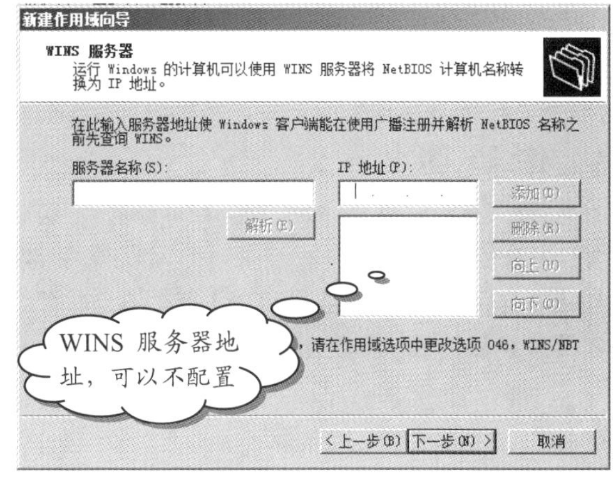

什么是 IMAP 协议？IMAP 为 Internet Message Access Protocol 的简称，即 Internet 报文存取协议。它是用于访问服务器上所存储的邮件的 Internet 协议。IMAP 允许用户可以有选择地下载电子邮件，甚至只下载部分邮件，可以实现客户端到服务器的文件夹及其内容的完全同步，以及允许利用邮箱作为信息存储工具。

长见识

⓭ 在【激活作用域】界面中，选择【是，我想现在激活此作用域】单选按钮，立即激活此作用域。单击【下一步】按钮继续，如下图所示。

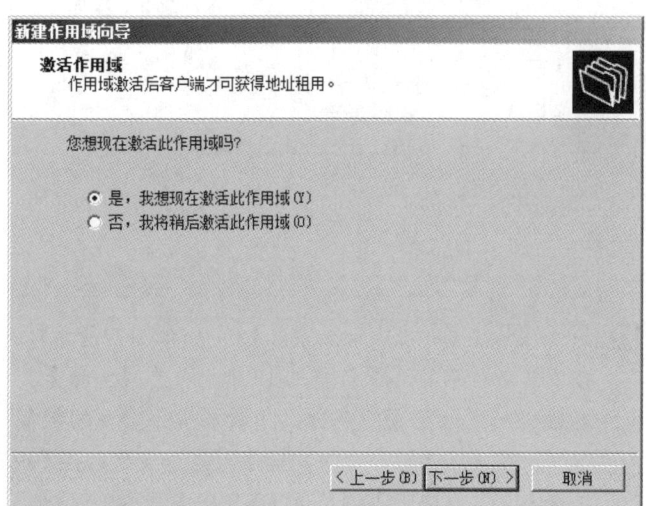

⓮ 在【正在完成新建作用域向导】界面中，单击【完成】按钮，如下图所示。

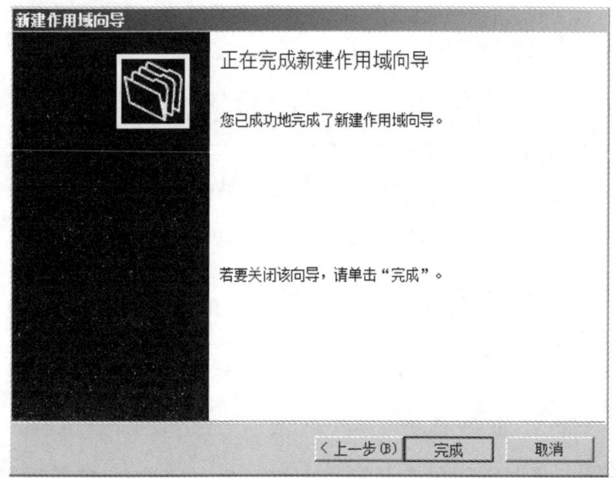

3. 配置 DHCP 客户机

安装好 DHCP 服务器的同时已经创建并激活了一个作用域，这时这台 DHCP 服务器就可以为其他计算机分配 IP 地址了。还等什么，找一台计算机来试一下。

操作步骤

❶ 在客户机中，打开本地连接的【Internet 协议版本 4(TCP/IPv4)属性】对话框。选择【自动获得 IP 地址】和【自动获得 DNS 服务器地址】两个单选按钮，单击【确定】按钮，如下图所示。

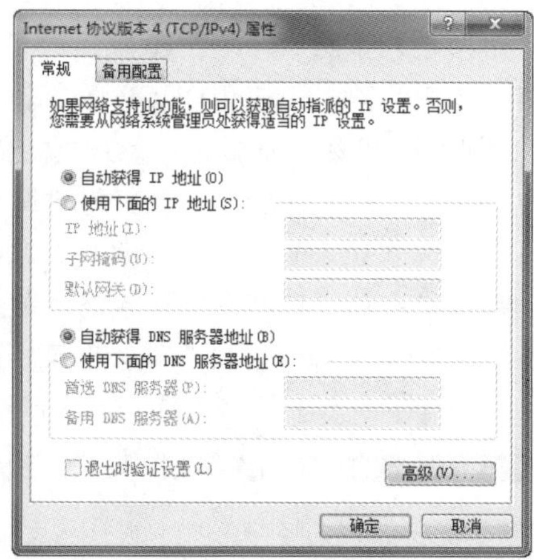

❷ 打开命令提示符窗口，执行“ipconfig/all”命令，就可以看到这台客户机的 IP 地址的租约情况。

4. 监视和配置 DHCP 服务器

这时，DHCP 服务器已经能为客户机分配 IP 地址了，DHCP 的基本配置已经完成，但还有一些高级功能。

操作步骤

❶ 在 DHCP 窗口的左侧目录树中，单击【地址租用】图标，将显示当前域中已经分配的 IP 地址状况，如果物理链接已经断开，可以手动将其释放，如下图所示。

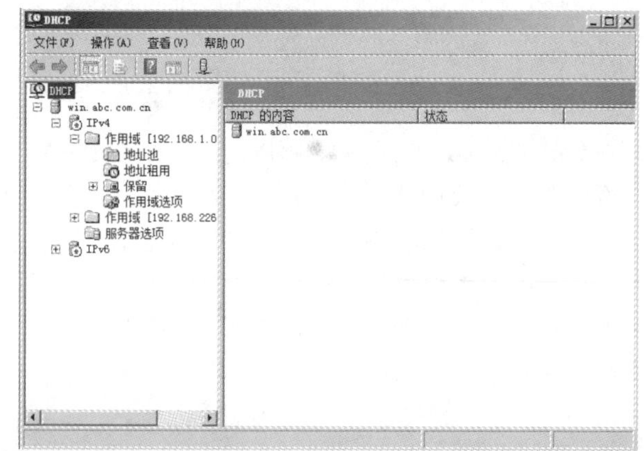

长见识 DHCP 是一个基于广播的协议，它的操作可以归结为四个阶段，这些阶段是 IP 租用请求、IP 租用提供、IP 租用选择、IP 租用确认。

❷ 右击【作用域】选项，在弹出的快捷菜单中选择【属性】命令。

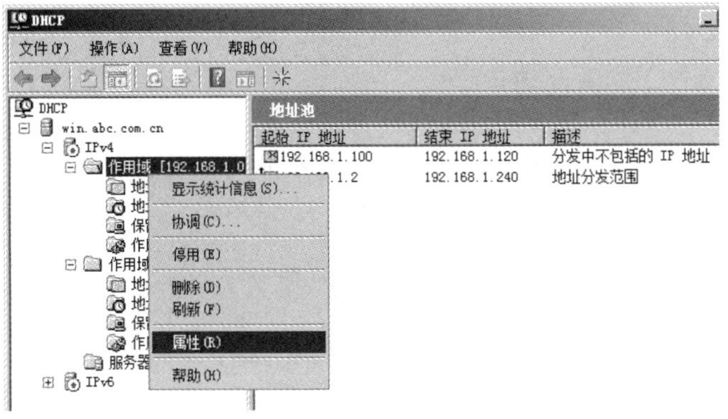

❸ 弹出如下图所示的对话框，在这里可以对作用域各项设置进行修改，最后单击【确定】按钮，保存设置。

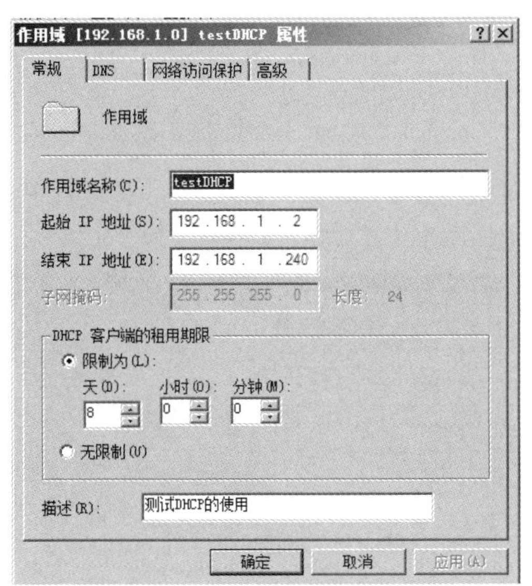

❹ 在作用域下右击【保留】选项，在弹出的快捷菜单中选择【新建保留】命令，如下图所示。

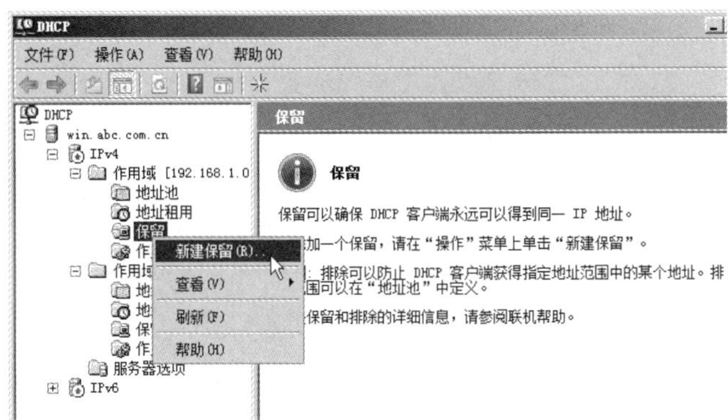

❺ 弹出【新建保留】对话框，如下图所示，输入保留名称、IP 地址和 MAC 地址。设置后只有 MAC 地址为这个值的网卡才会被服务器分配这个 IP 地址，别的网卡都无法使用这个 IP 地址。单击【添加】按钮，添加此保留项目。添加完成后单击【关闭】按钮。

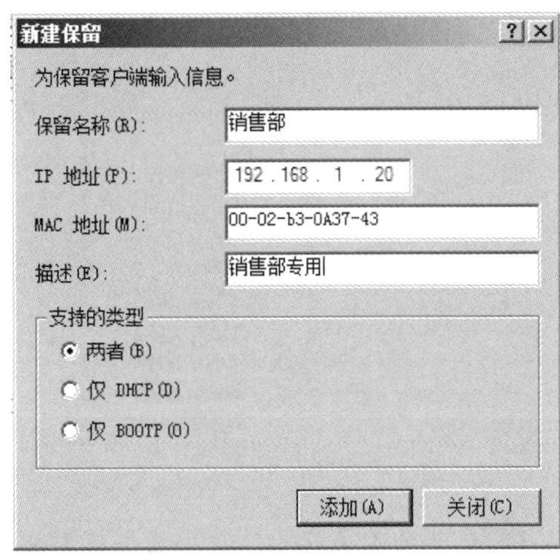

10.3.5　架设流媒体服务器

流媒体服务器，听起来有点陌生，但在线视频大家一定很熟悉。架设流媒体服务器就是为了给大家发布在线视频。

有一部好电影希望大家分享，或有一段重要录像需要让大家收看，此时就使用流媒体服务器去完成。其实流媒体服务器用得最多的还是娱乐功能，像网吧内部或网站上的视频点播服务，就是通过流媒体服务器来实现的。

1. 下载安装 Windows Media Services 服务

Windows Media Services(Windows 媒体服务，简称 WMS)是微软用于在企业 Intranet 和 Internet 上发布数字媒体内容的平台，通过 WMS，用户可以便捷地构架媒体服务器，实现流媒体视频以及音频的点播、播放等功能。WMS 作为一个系统组件，只是集成在以前的 Windows Server 系统中。在 Windows Server 2008 系统中，WMS 不再作为一个系统组件，而是作为一个免费系统插件，需要用户下载后进行安装，具体操作步骤如下。

操作步骤

❶ 在 IE 浏览器的地址栏输入 http://www.microsoft.com/downloads/en/details.aspx?FamilyId=9CCF6312-723B-4577-BE58-7CAAB2E1C5B7&displaylang=en，按 Enter 键打开如下图所示的网页。根据操作系统情况选择正确的下载文件，再单击【下载】按钮。

DCHP 客户机在请求一个地址租约时，使用的源 IP 地址和目标地址分别是什么？由于该客户计算机并不知道 DHCP 服务器的地址，所以会用 255.255.255.255 作为目标地址，源地址使用 0.0.0.0。

❷ 弹出【文件下载】对话框，单击【保存】按钮，如下图所示。

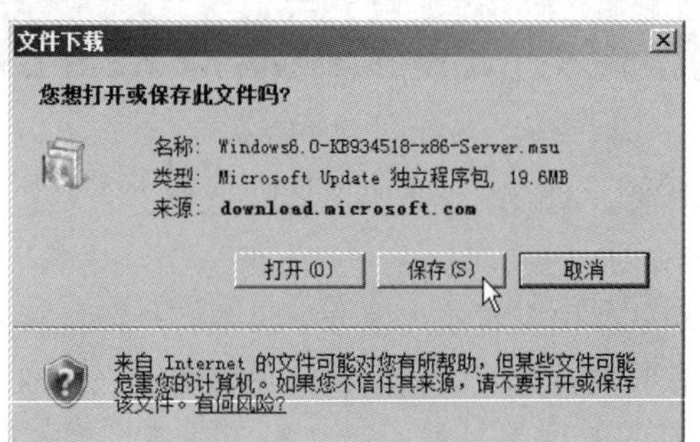

❸ 弹出【另存为】对话框，选择文件保存位置，再单击【保存】按钮，如下图所示。

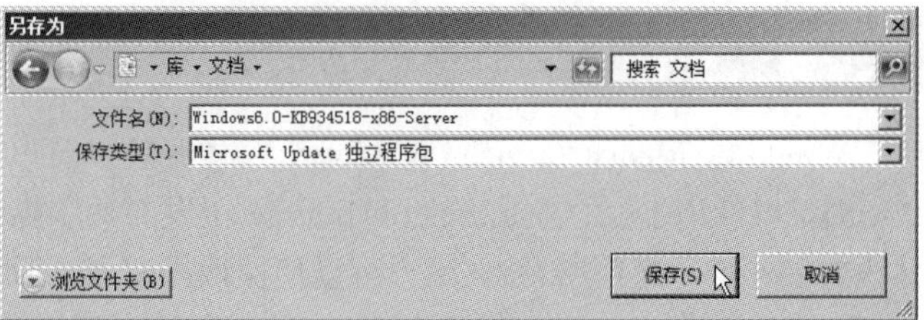

❹ 开始下载文件，弹出如下图所示的进度对话框，稍等片刻。

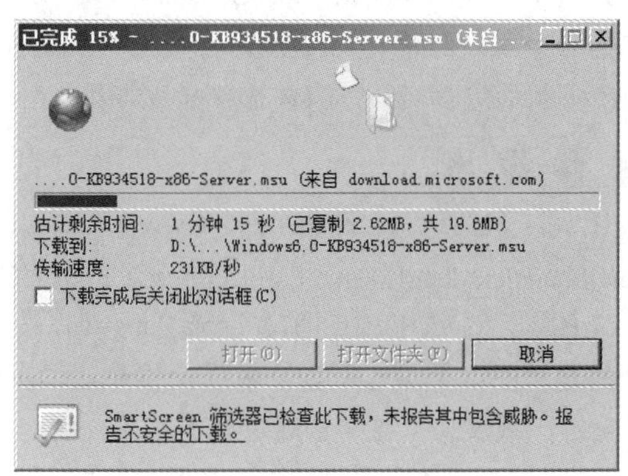

❺ 下载完成后单击【打开】按钮，搜索更新程序，如下图所示。

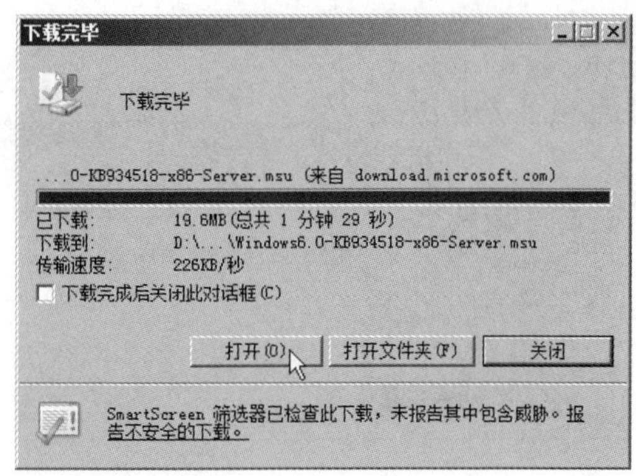

❻ 弹出【Windows 更新独立安装程序】提示对话框，单击【确定】按钮，确认安装程序，如下图所示。

❼ 弹出【下载并安装更新】对话框，阅读程序的许可协议，再单击【我接受】按钮，如下图所示。

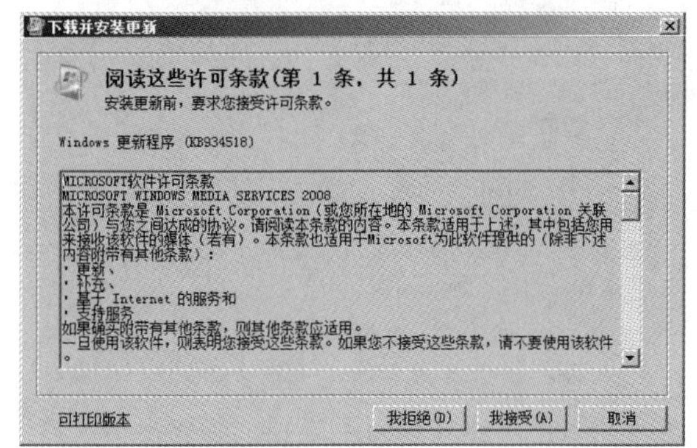

❽ 开始安装更新程序，弹出如下图所示的进度对话框，稍等片刻。

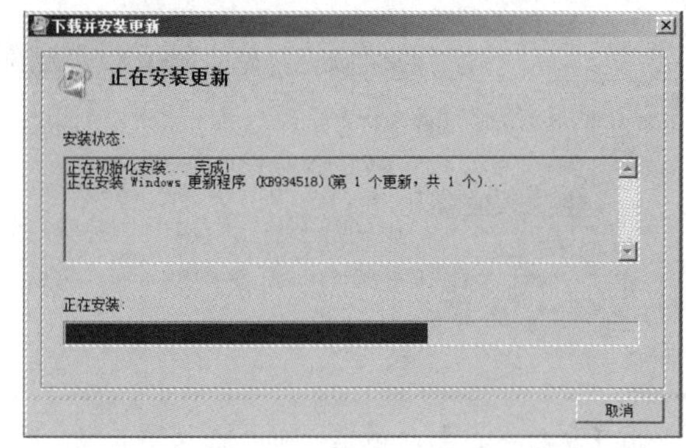

❾ 安装完成后，单击【关闭】按钮，如下图所示。

如果网络中没有 DHCP 服务器，DHCP 客户机能否获得 IP 地址？能。当 DHCP 客户机无法找到 DHCP 服务器时，它从 B 类网段 169.254.0.0 中挑选一个 IP 地址作为自己的 IP 地址，子网掩码为 255.255.0.0。

2. 安装流媒体服务器

Windows Media Services 安装完成后，下面就可以在 Windows Server 2008 服务器上安装流媒体服务器了，具体操作步骤如下。

操作步骤

❶ 选择【开始】|【管理工具】|【服务器管理器】命令，打开【服务器管理器】窗口，然后在左侧窗格中单击【角色】选项，接着在右侧窗格中单击【添加角色】链接，如下图所示。

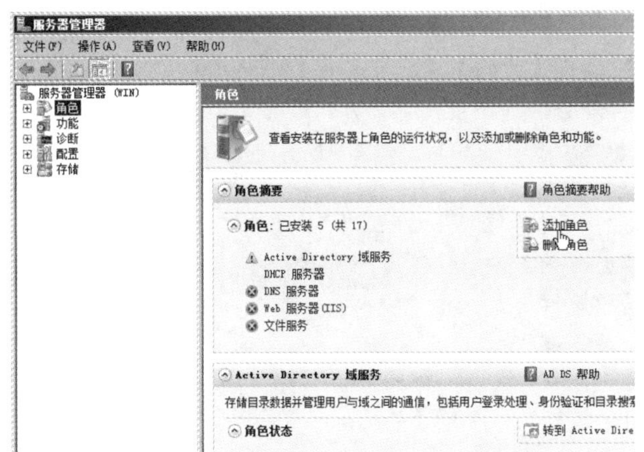

❷ 弹出【添加角色向导】对话框，直接单击【下一步】按钮继续，如下图所示。

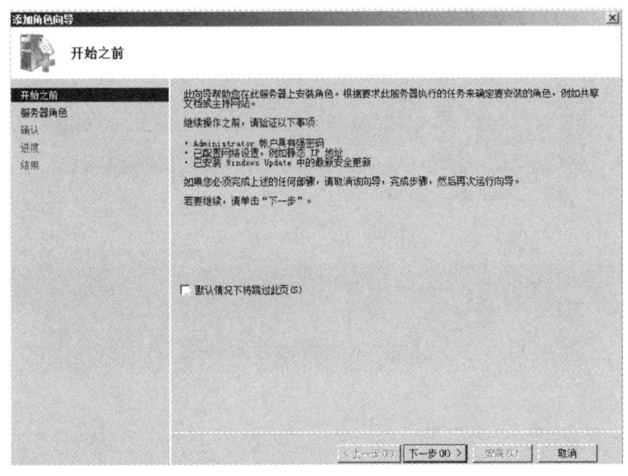

❸ 进入【选择服务器角色】界面，选择要安装的服务器。这里选择【流媒体服务】复选框，再单击【下一步】按钮，如下图所示。

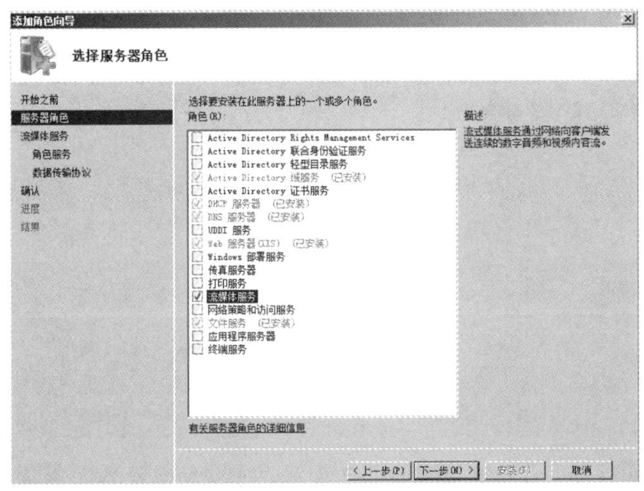

❹ 进入【流媒体服务】界面，直接单击【下一步】按钮，如下图所示。

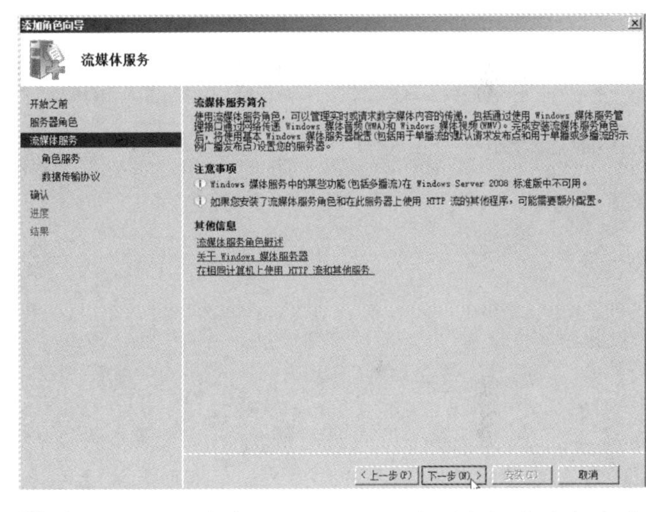

❺ 进入【选择角色服务】界面，在列表框中选择为流媒体服务安装的角色服务，再单击【下一步】按钮，如下图所示。

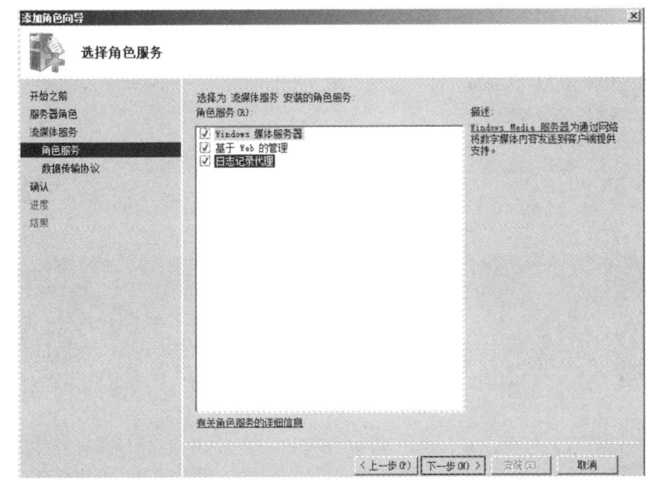

学以致用系列丛书

为什么要使用 DHCP 中继代理？DHCP 客户使用 IP 广播来寻找同一网段上的 DHCP 服务器。当服务器和客户端处在不同网段，即被路由器分割开来时，路由器是不会转发这样的广播包的。为了让路由器帮助转发广播请求数据包，就需要在两个网段之间架设一个 DHCP 中继代理服务器。

长见识

6 接着选择数据传输协议，再单击【下一步】按钮，如下图所示。

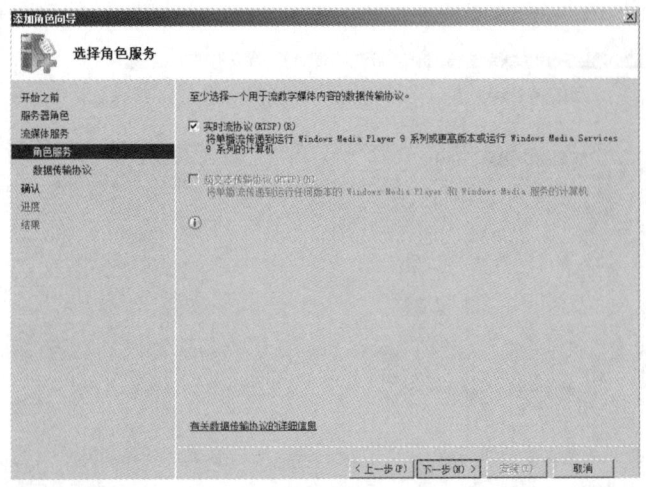

7 进入【确认安装选择】界面，查看角色设置，确认无误后单击【安装】按钮，如下图所示。

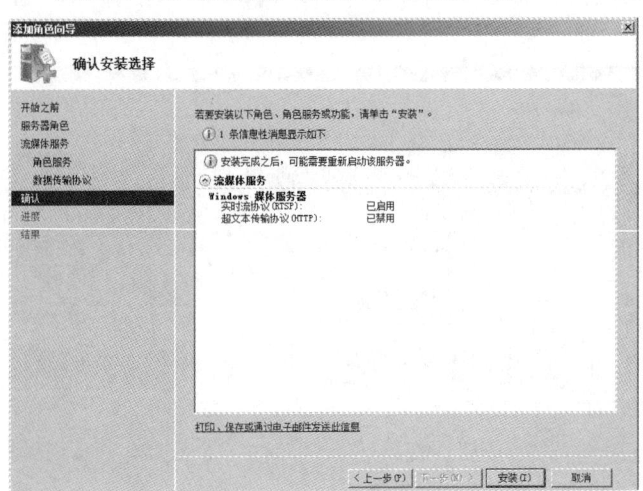

8 开始安装流媒体服务器，进入如下图所示的【安装进度】界面，稍等片刻。

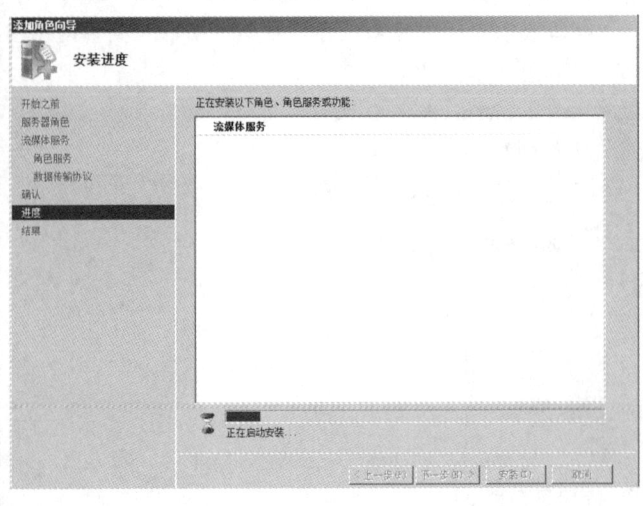

9 安装成功后进入如下图所示的对话框，单击【关闭】按钮。

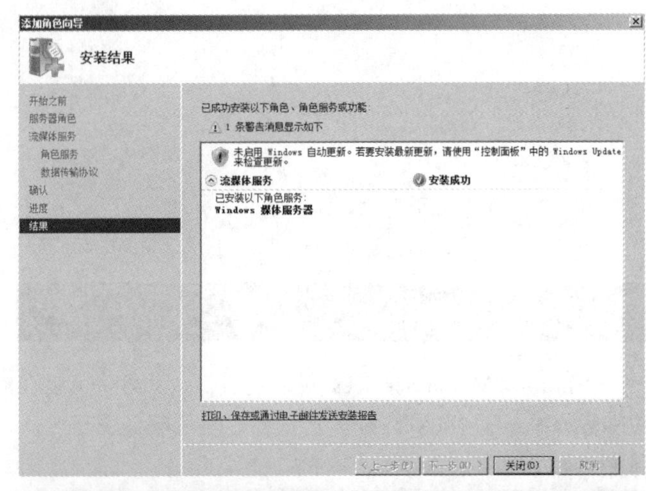

3. 添加发布点

尽管已经在服务器上安装了流媒体服务器，但系统并不知道要发布的视频存放的位置，需要为流媒体服务器添加发布点。

操作步骤

1 选择【开始】|【管理工具】|【Windows Media 服务】命令，如下图所示。

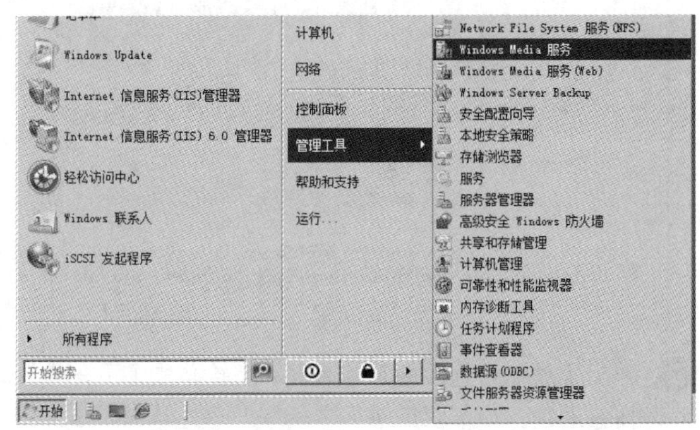

2 弹出【用户账户控制】对话框，单击【继续】按钮，如下图所示。

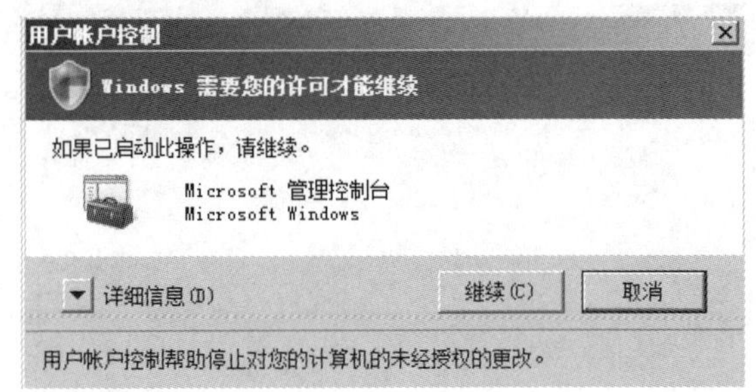

长见识　DHCP 超级作用域是可用于支持相同物理子网上多个逻辑 IP 子网的作用域的管理性分组。超级作用域仅包含可一起激活的成员作用域或子作用域。超级作用域不能用于配置有关作用域使用的其他详细信息，如果想配置超级作用域内使用的多数属性，需要单独配置成员作用域。

❸ 打开【Windows Media 服务】窗口，然后在左侧窗格中右击【发布点】选项，从弹出的快捷菜单中选择【添加发布点(向导)】命令，如下图所示。

❹ 弹出【添加发布点向导】对话框，直接单击【下一步】按钮继续，如下图所示。

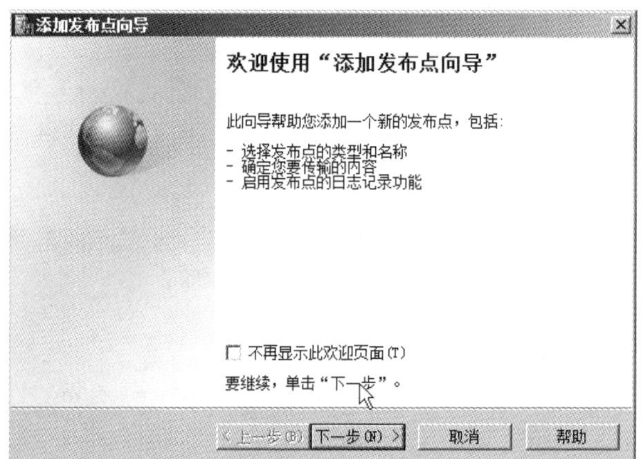

❺ 为发布点取一个响亮的名字，输入“凌云剧场”，再单击【下一步】按钮继续，如下图所示。

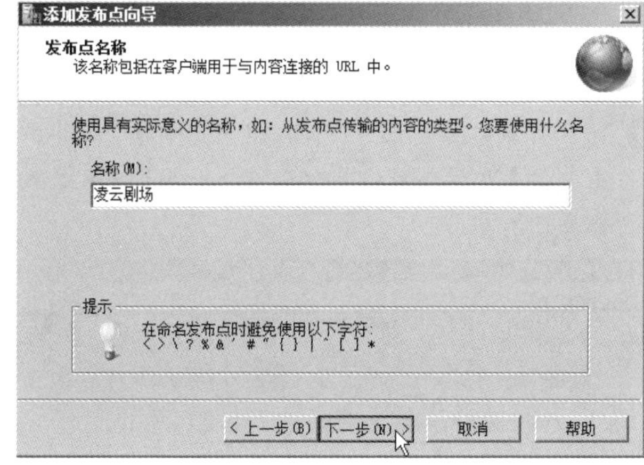

❻ 选择发布内容。若选择【编码器】单选按钮，则可以选择来自摄像机或摄像头的视频信号实现现场直播。这里我们选择【目录中的文件】单选按钮，再单击【下一步】按钮继续，如下图所示。

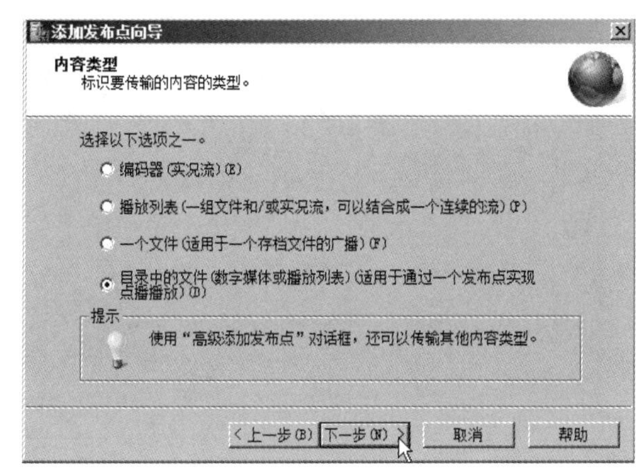

❼ 选择发布点类型。【广播发布点】方式就像电视节目一样，用户不能控制进度。这里我们要建立一个在线视频点播，选择【点播发布点】单选按钮，再单击【下一步】按钮继续，如下图所示。

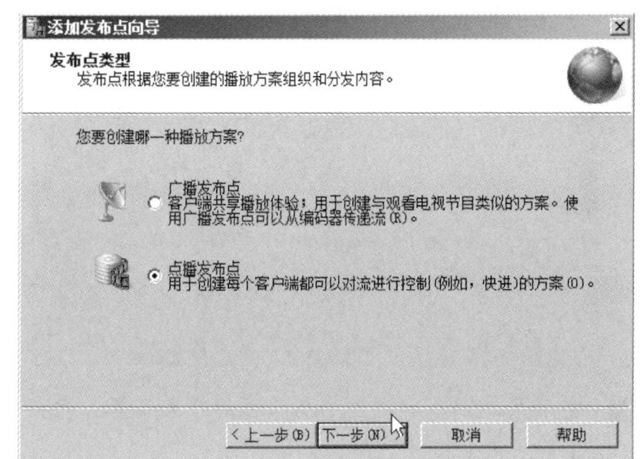

❽ 选择视频内容的目录。这里将目录指向“C:\视频”，再单击【下一步】按钮继续，如下图所示。

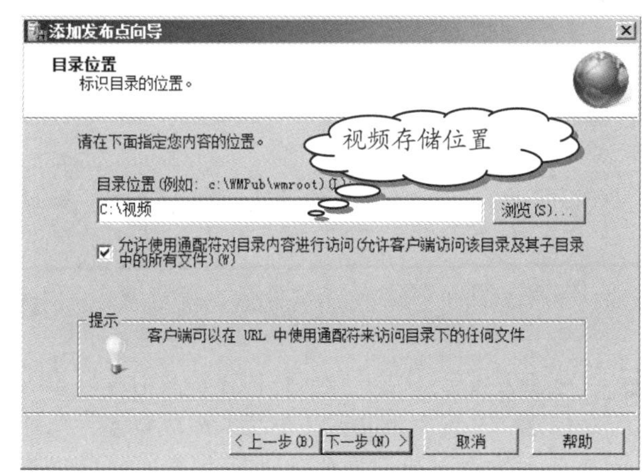

❾ 选择是否循环播放或无序播放，再单击【下一步】按钮继续，如下图所示。

为什么选择 XML？HTML 固定语意的标记不能够提供良好的文档结构，也不易于网络间的数据交换，但 XML 实现了数据和现实的分离，而且数据具有自描述性，非常易于页面数据交换。

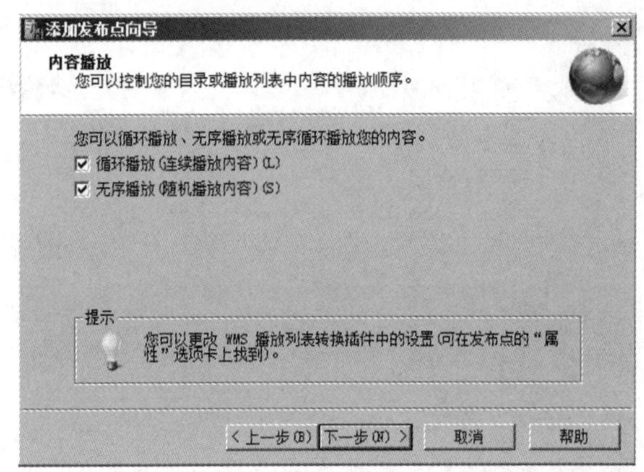

⑩ 选择是否启用日志文件。启用日志文件有助于管理员了解站点被访问的情况，再单击【下一步】按钮继续，如下图所示。

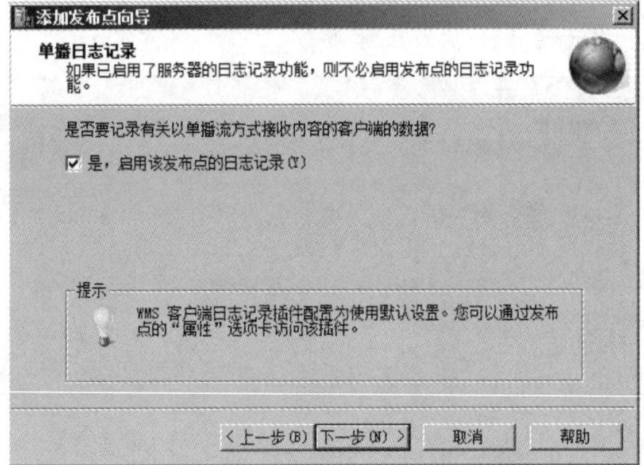

⑪ 发布点设置完成，显示发布点的相关信息，再单击【下一步】按钮继续，如下图所示。

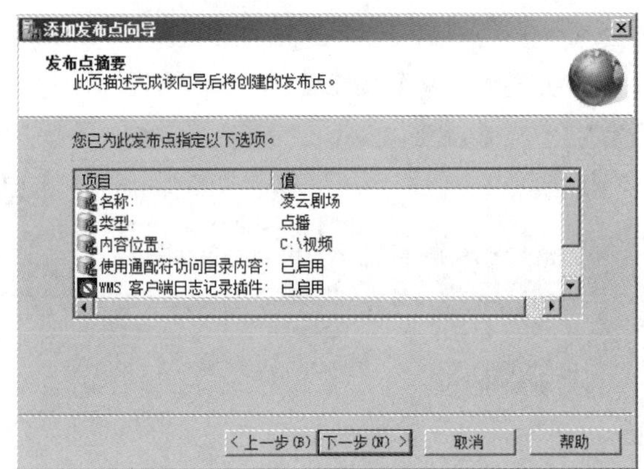

⑫ 发布点建立后，用户如何访问呢？我们可以为发布点建立一个网页，在网页中插入超级链接指向此站点。我们建立的站点的地址是向导界面上显示的"mms://PBXY-MANAGER/凌云剧场/"，其中"PBXY-MANAGER"是这台服务器的名称(最好用服务器的 IP 地址代替服务器的名称)，"凌云剧场"是发布点名称。直接在客户机上的播放器中输入这个地址，就可以观看在线视频了。

4. 创建公告网页

下面演示创建公告网页。

❶ 选中【完成向导后】复选框，选择【创建公告文件或网页】单选按钮，再单击【完成】按钮，如下图所示。

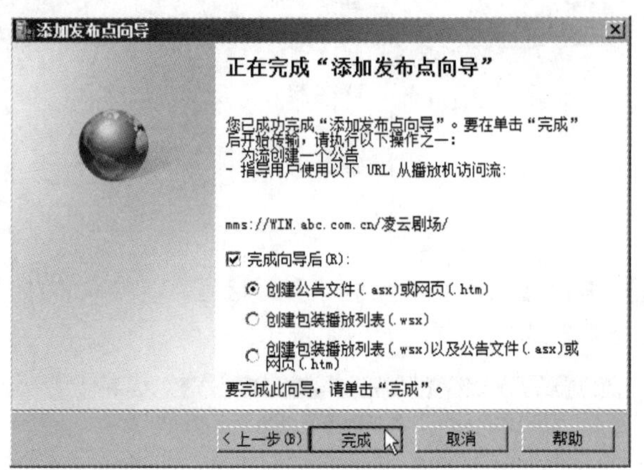

❷ 弹出【单播公告向导】对话框，直接单击【下一步】按钮继续，如下图所示。

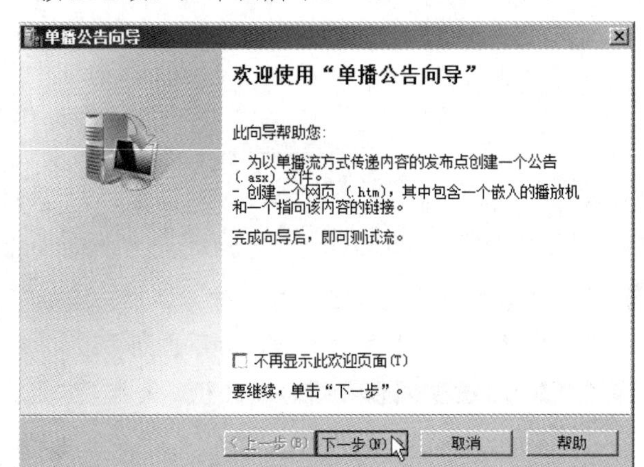

❸ 选择目录中要发布的文件，这里选中【目录中的所有文件】单选按钮，再单击【下一步】按钮继续，如下图所示。

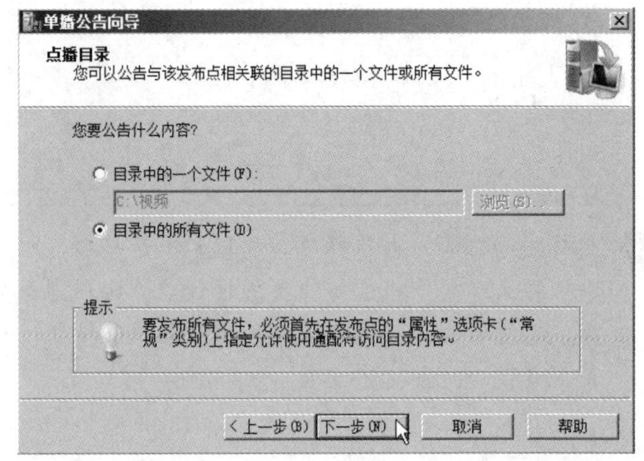

流媒体是指采用流式传输方式在 Internet/Intranet 播放的媒体格式，如音频、视频或多媒体文件。流媒体在播放前并不下载整个文件，只将开始部分内容存入内存，在计算机中对数据包进行缓存并使媒体数据正确地输出。

❹ 显示发布内容地址，再单击【下一步】按钮继续，如下图所示。

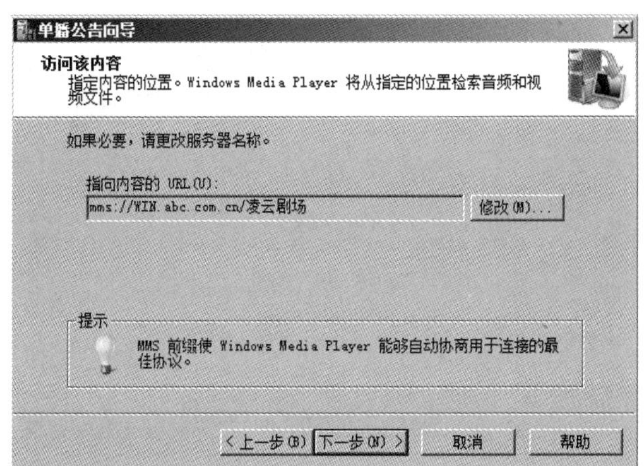

❺ 为发布点创建的网页文件将保存在指定目录中。单击【下一步】按钮继续，如下图所示。

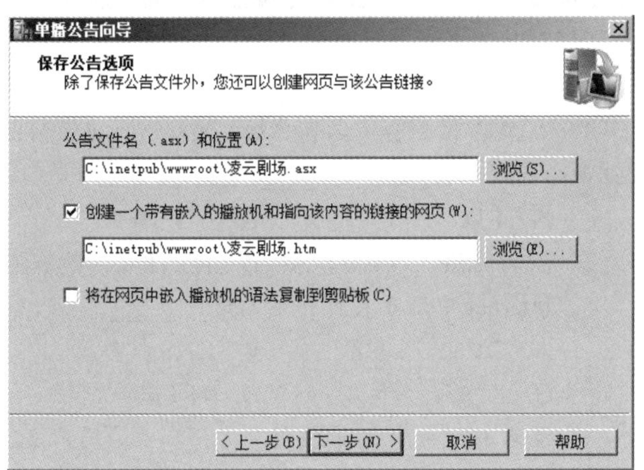

❻ 这里可以设置播放器播放视频时显示的其他信息，可根据需要添加。添加完毕单击【下一步】按钮继续，如下图所示。

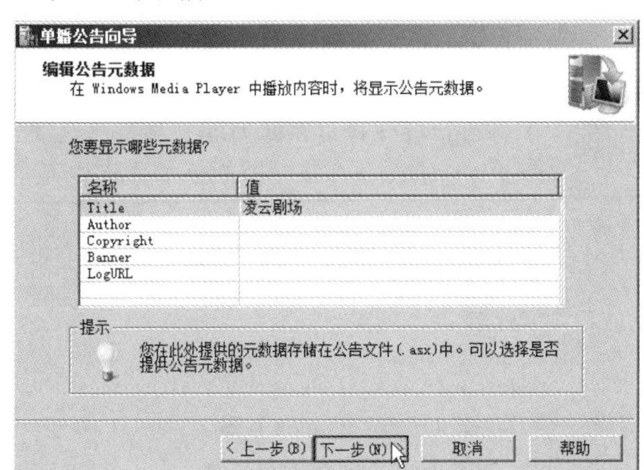

❼ 弹出【测试单播公告】对话框。单击【测试带有嵌入的播放机的网页】选项右侧的【测试】按钮，如下图所示。

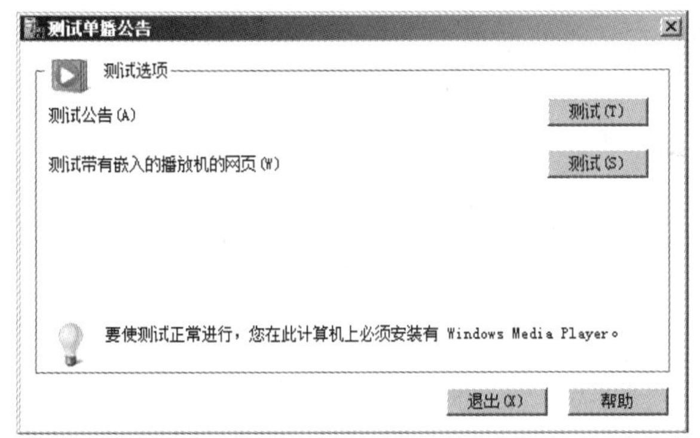

❽ 测试流媒体服务器的设置效果，弹出如下图所示的网页。

5. 配置流媒体服务器

如果弹出的网页能正常播放视频内容，我们的工作就可以告一段落了。如果视频主目录下不止一个文件，可能会导致发布的内容无法访问。这时我们需要做一些其他的设置。

操作步骤

❶ 在【Windows Media 服务】窗口的左侧窗格中单击【凌云剧场】图标，接着在右侧窗格中单击【属性】选项卡，如下图所示。

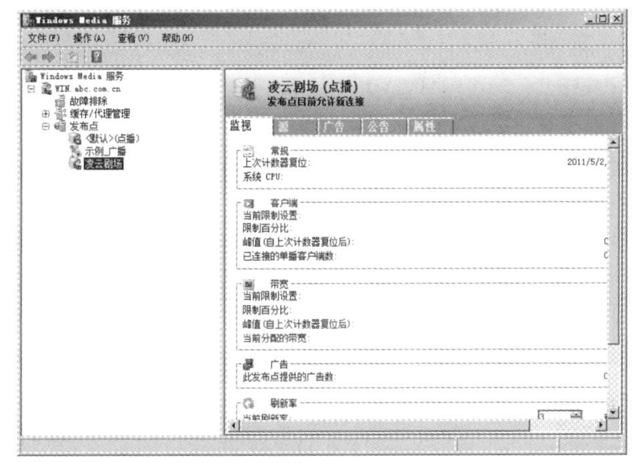

实现流媒体的关键技术是流式传输，流式传输主要指将整个音频、视频、三维媒体等媒体文件经过特定的压缩方式解析成一个个压缩包，由视频服务器向用户计算机顺序或实时传送。

长见识

❷ 在【属性】选项卡下右击某功能，从弹出的快捷菜单中选择【启用】或【禁用】命令，可启用或禁用该功能，如下图所示。

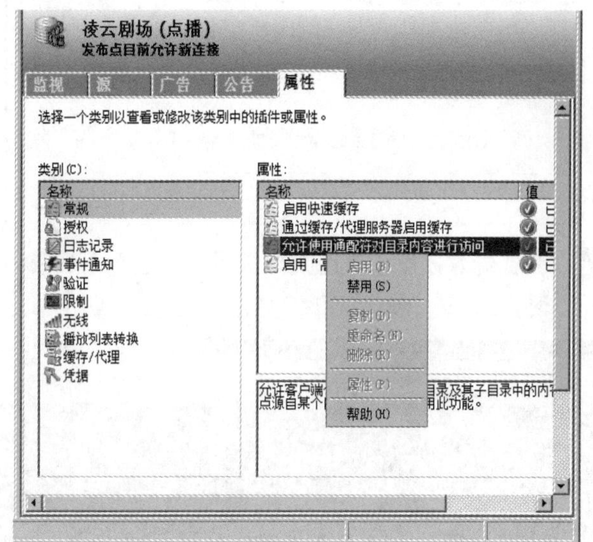

❸ 例如，如果不想让用户保存视频内容，则将属性中的【启用快速缓存】禁用。这样用户将无法把流媒体播放的视频保存下来，如下图所示。

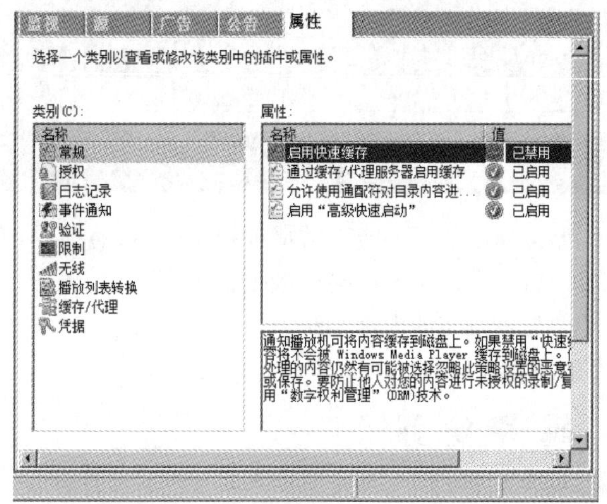

❹ 如果想修改发布视频的内容或文件夹，可以单击【源】选项卡，接着单击【更改】按钮，如下图所示。

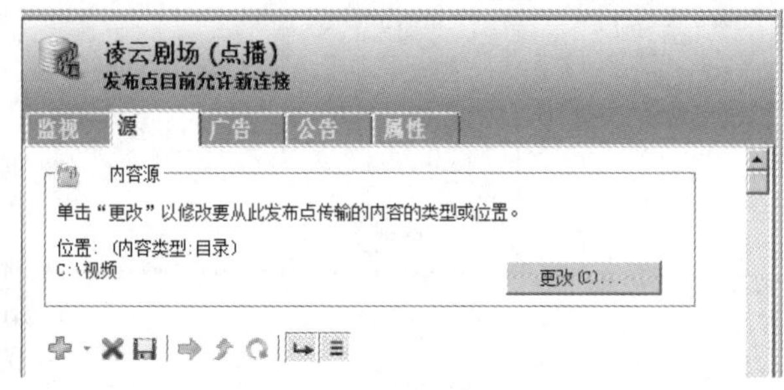

❺ 在弹出的对话框中改变发布的内容和类型，最后单击【确定】按钮保存即可，如下图所示。

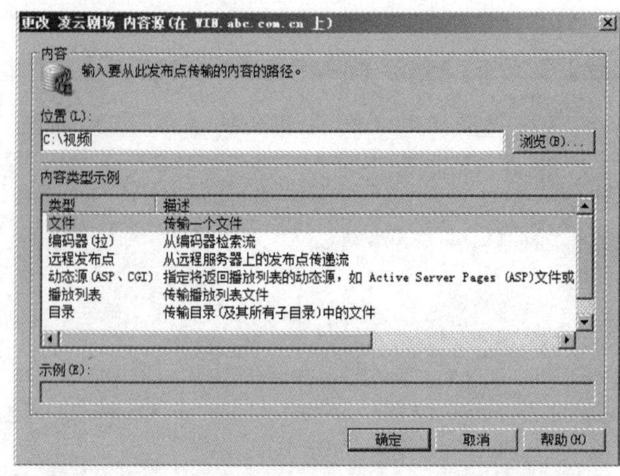

10.4 思考与练习

一、选择题

1. 在WWW服务器与客户机之间发送和接收HTML文档时，使用的协议是________。

   A. FTP　　B. GOPHER
   C. HTTP　　D. NNTP

2. Internet中用于文件传输的是________。

   A. DHCP服务器　　B. DNS服务器
   C. FTP服务器　　D. 路由器

3. 匿名FTP访问通常使用________作为用户名。

   A. guest　　B. E-mail地址
   C. anonymous　　D. 主机id

4. 在Windows命令窗口中输入________命令来查看DNS服务器的IP。

   A. DNSserver　　B. Nslookup
   C. DNSconfig　　D. DNSip

5. 在Windows 7操作系统的客户端可以通过________命令查看DHCP服务器分配给本机的IP地址。

   A. config　　B. ifconfig
   C. ipconfig　　D. route

二、操作题

1. 学习安装和配置DNS服务器。
2. 学习安装和配置Web服务器。
3. 学习创建虚拟目录和虚拟主机。
4. 配置FTP服务器。
5. 学习安装和配置DHCP服务器。
6. 学习安装和配置流媒体服务器。

超文本链接是一种全局性的信息结构，它将文档中的不同部分通过关键字建立链接，使信息得以用交互方式搜索。

组建无线局域网

本章微课

想彻底摆脱恼人的线缆的束缚吗？想自由自在地学习和办公吗？想让网络管理与维护工作变得更加轻松吗？无线局域网能实现您的愿望！

学习要点

- ❖ 无线局域网的概念；
- ❖ 无线局域网需要的硬件；
- ❖ 802.11 标准；
- ❖ 无线路由器设置；
- ❖ 无线网卡设置；
- ❖ 无线对等网络；
- ❖ 无线漫游网络。

学习目标

通过对本章内容的学习，读者应该了解无线局域网的概念，同时对无线局域网所采用的标准也应有一定的了解。知道组建一个无线局域网需要哪些硬件，以及无线局域网如何组建、配置和维护。

11.1 无线局域网概述

相对来讲，无线局域网是一个比较新的概念，也是一个热门的话题。无线网络，顾名思义，就是没有通信线缆的网络。无线局域网与有线局域网本质上并没有多大区别，只是无线局域网采用的传输介质不同而已。读者可以用固定电话与移动电话的区别来作类比，应该不难理解。

现阶段的无线局域网用无绳电话来形容似乎更确切，但要想真正达到移动电话那样的便捷性还有待于技术的提高。

11.1.1 认识无线局域网

无线局域网(Wireless LAN，WLAN)是利用无线技术实现快速接入以太网的技术。

无线局域网是计算机网络与无线通信技术相结合的产物。最早是利用射频(Radio Frequency，RF)技术取代双绞线所构成的有线局域网络。简单地说，无线局域网就是在不采用传统电缆线的同时，提供传统有线局域网的所有功能，省去了网络建设中最烦琐的步骤——布线，并且还能够随着用户需要移动或变化。

11.1.2 无线局域网的特点

无线局域网的优点如下。

(1) 安装十分方便，不需要布线，无须破坏原有环境结构，省去了布线、钻洞等一系列工作，只需配置一套无线设备即可组建网络。

(2) 无线网络相比有线网络具有非常高的灵活性，让用户真正体会到网络无处不在，不再受工作台的束缚。

(3) 无线局域网管理简便。一般只需要通过浏览器就可以设置管理，实现网络管理、用户管理等功能。

(4) 无线局域网拆装方便，不需要在计算机移动后重装布线，节约了改建网络的成本。

(5) 无线局域网重建快速，扩展网络简单，不受交换机接口数量限制，只需多加无线网卡即能满足要求。

无线局域网也不是完全没有缺点。相比较而言，当前无线局域网传输速度不是很快，稳定性无法保证，覆盖范围比较小，成本高，这些都制约了无线局域网的推广。

11.1.3 硬件条件

无线局域网与有线网络所使用的传输介质不同，设备也有所不同。组建无线局域网一般需要以下硬件。

1. 无线网卡

无线网卡相当于有线网络中的以太网卡。对于台式计算机，可以选择PCI或USB接口的无线网卡；对于笔记本电脑，则可以选择内置的MiniPCI接口，以及外置的PCMCIA和USB接口的无线网卡。

2. 无线AP

相当于有线网络中的集线器或交换机。有的无线AP还带有几个RJ-45接口，作用与普通集线器一样，可以组建有线与无线混合网络。

3. 无线路由器

无线路由器是无线AP与路由器的结合，除了集线功能，还能管理用户和网络，分配IP地址和实现共享上网。

有关硬件知识在第2章有详细的介绍，如有不明请参考前文。

11.1.4 应用领域

无线局域网由于其独特的灵活性，一般用于以下几种场合：

(1) 需要移动办公的场合，如仓库、物流中心等；

(2) 临时需要网络的场所，如会场；

(3) 用户不确定的场所，如宾馆、图书馆；

(4) 难以布线的环境，如野外基地；

(5) 用户希望体验无线的自由，如家庭网络；

(6) 其他有特殊要求的专用网络。

11.1.5 常见网络结构

通过前面的学习，相信读者已经对网络结构有了一定的了解，无线网络的结构其实与有线网络没什么区别。常见的有以下几种形式。

1. 对等式无线网络

对等式无线网络与有线双机对等网类似。结构简单，组建方便，但功能较弱，容纳计算机数量少。

WLAN的发射功率较手机要微弱许多，发射功率约60～70mW，手机约200mW，但使用方式并非像手机那样直接接触人体，因此不会危及人身健康。

网络信息由无线网卡直接传给另一台计算机的无线网卡。覆盖范围受网卡功率限制。

组建无线对等网络只需要无线网卡就够了，不需要其他无线设备，一般用于两三台计算机之间的无线连接，其结构原理如下图所示。

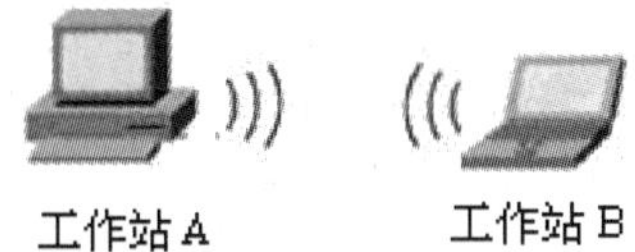

2. 集中式无线网络

集中式无线网络类似于用一个集线器和多台计算机组建的以太网。由一个无线路由器和若干台安装了无线网卡的计算机组成，其结构原理如下图所示。

所有网络信息由计算机网卡发给无线路由器，再由路由器转发到别的计算机。但信息不能直接由计算机发送给计算机。

所有计算机的无线网卡都必须位于无线路由器覆盖范围内，传输距离受路由器功率限制。

3. 漫游式无线网络

漫游式无线网络是集中式无线网络的扩展，类似于移动电话网络。拥有多个无线 AP 或路由器，可组成无缝连接的大覆盖范围网络。

用户工作站在任一位置都可以接入网络，并且可以自由地在网络覆盖范围内移动。无线网卡会根据信号的强弱自动在无线 AP 间切换，而不需要用户手动配置，也不会引起网络中断。

漫游式无线网络弥补了无线局域网的最大缺陷——覆盖范围小。在 IP 地址足够的情况下，可以接入任意多的无线 AP，将网络覆盖范围扩大到所需要的大小，其结构原理如下图所示。

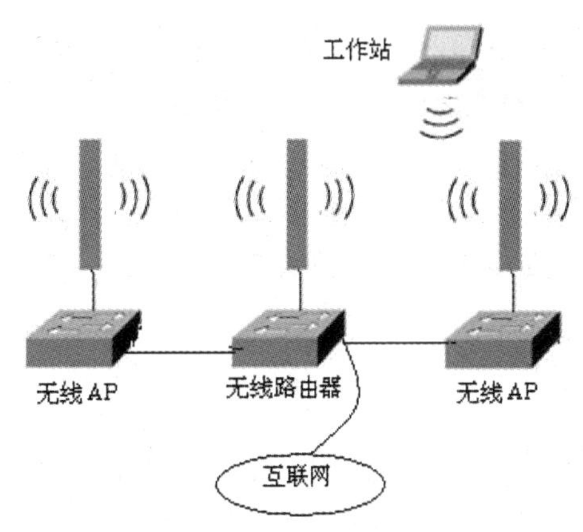

11.2　无线网络标准

无线网络从硬件电气参数上规范了设备应该遵循的标准。只有采用同一个标准制造的设备彼此之间才能实现网络互联。

了解无线网络标准有助于用户理解设备的配置，评估网络的性能。通过无线产品的标准就能了解设备的带宽和兼容性，这一点在选择网络设备时特别重要。

说到无线网络，不得不提到 802.11 标准。

802.11 标准是 IEEE 为无线以太网络制定的标准。纵观现在的市场，从 IEEE 802.11、IEEE 802.11a、IEEE 802.11b 再到目前的 IEEE 802.11g 无线技术标准，在性能、价格方面均全面压倒了其他网络技术，逐渐成为无线以太网的代名词。

11.2.1　802.11 标准

802.11 标准包括一个系列，现阶段使用的主要有 802.11b、802.11a 和 802.11g。

1997 年，IEEE 组织发布了 802.11 协议，这是无线局域网领域第一个被国际社会共同遵守的协议。两年后，作为对 802.11 协议的补充，802.11b High Rate 协议被提出。802.11b 中新增加了 5.5Mb/s 和 11Mb/s 两个传输速率。

802.11b 迅速得到了用户和厂商的拥护，在世界范围内普及开来。利用 802.11b，无线网络用户能够获得类似于有线以太网一样的性能和网络速率。

802.11 定义了两种类型的设备：一种是无线站，即带有无线网卡的计算机、打印机或其他设备；另一种被称为无线接入点(Access Point，AP)，用来提供无线和有线网络之间、无线设备之间的桥接。一个无线接入点通常由一个无线输出口和一个有线网络接口(802.3 接口)构成，类似于以太网中的集线器。

无线网络所使用的频段是 ISM 2.4GHz 的高频率范围，和日常生活或办公室所用电器不会相互干扰，因频率差异甚多，而且无线网络本身共有 12 个信道可供调整，不必担心外界干扰影响网络传输。

11.2.2 802.11b 标准

IEEE 802.11b 又称为 Wi-Fi，使用开放的 2.4GHz 序列扩频，最大数据传输速率为 11Mb/s，也能根据信号强弱把传输速率调整为 5.5Mb/s、2Mb/s 和 1Mb/s 带宽。直线传播传输范围为室外最大 300 米，室内有障碍的情况下最大 100 米，是现在使用得最多的传输协议。

11.2.3 802.11a 标准

由于 802.11b 的速度不尽如人意，802.11a 被提出。

802.11a 工作在不同于 IEEE 802.11b 的 5.2GHz 频段，避开了当前微波、蓝牙以及大量工业设备广泛采用的 2.4GHz 频段，网络在无线数据传输过程中所受到的干扰大为降低，抗干扰性大为提高，传输速率最高可达 54Mb/s。

由于频率的改变，802.11a 不能兼容 802.11b，广大厂商为了节省成本，不愿意放弃已经成熟的 802.11b 标准。此外，5.2GHz 频段在很多国家被卫星设备采用，因而在这些国家得不到使用批准。这些原因限制了 802.11a 标准的推广，使 802.11a 成为一个技术上领先、应用上落后的标准。

11.2.4 802.11g 标准

可喜的是，无线网络并没有停留在 11Mb/s 上。2003 年 6 月，802.11g 被提出。802.11g 的工作频段并不是 802.11a 的 5.2GHz，而是回到了 2.4GHz 频段上，技术上实现了对 802.11b 的兼容。这样用户的老设备不至于立即被淘汰，因而受到了市场的认可，这就是 802.11g 标准获得成功的原因所在。

由于采用了新的正交分频多任务(OFDM)模块设计，802.11g 标准产品的传输速率也能达到 54Mb/s。除了高传输速率和兼容性上的优势，802.11g 所工作的 2.4GHz 频段的信号衰减程度比 5.2GHz 要好，802.11g 还具备更优秀的穿透障碍的能力，能适应更加复杂的使用环境。

但在覆盖范围方面，802.11g 依然没有太大的提高，这也是 802.11g 的最大硬伤。

11.2.5 WAPI 标准

长期以来，无线标准都被 IEEE 的 802 系列把持。为了增强无线局域网的安全性和保密性，中国在 802.11b 的基础上开发了 WAPI 标准，但在 2006 年 3 月 8 日的国际投票中败给了 802.11i 标准。这意味着 WAPI 失去了成为国际标准的机会，但中国并不打算放弃它。WAPI 在技术上并不劣于 802.11i，但西方国家长期以冷战的眼光看待中国，加上 Intel 公司在幕后的阻击，使得 WAPI 在投票中落败。

虽然在国际化的道路上遭受了无情的挫折，但在国内，WAPI 反而在升温。出于对国家战略安全的考虑，中国政府决定对 WAPI 实行强行推广，对相关产品政府出台政策愿意优先采购。WAPI 产业联盟成立以来，随着联想、华为等大型企业的加入，WAPI 阵营越来越强大。可以预见，中国市场上必然由 WAPI 标准所主导。

WAPI 标准只是中国标准战略走出去的第一步，相信在不久的将来，我们能用到更多中国自己的标准。

11.2.6 802.11 后续

技术的发展并非与人们的设想符合。802.16 迟迟不能实现，原有的 802.11 却不能满足人们的需要。

继 802.11g 后，802.11 系列又出现了 802.11ay 标准。IEEE 802.11ay 标准是 802.11ad 的衍生，目前已经进入 Version 0.2 的修订阶段，它同样使用 60GHz 频段，不过速率从 802.11ad 的 8Gb/s 提升至 176Gb/s，相当于后者的 20 倍以上，按字节计算的话就是 22GB/s，也就是说理论上一部 40GB 的蓝光电影只需 2 秒即可完成下载。

11.3 无线局域网的配置

无线局域网虽然已经逐渐深入人心，但在网络规划、系统配置等方面仍有不少用户似懂非懂。接下来将为大家讲解如何配置无线局域网。

11.3.1 无线网卡的安装

无线局域网彻底摆脱了通信线缆的束缚，让网络管理和维护工作变得更加轻松，因此无线网络受到很多用户的青睐。接下来将为大家讲解如何配置无线局域网，这里介绍几种常见无线网卡的安装方法。

中档以上的笔记本电脑一般都有内置的无线网卡。内置的当然就不用安装了，只需要在 Windows 下正确驱动就行了。

USB 接口无线网卡的安装最为简单，直接插入计算机的 USB 接口中即可。相对来说，安装 PCI 接口网卡需

一般无线网络所能覆盖的范围应视环境的开放与否而定。在开放环境中不加外接天线，覆盖范围约为 250m；若在半开放空间中有障碍物阻挡，则只能传输 35～50m。

要打开机箱，稍微复杂一点。

1. USB 无线网卡的安装

既然无线局域网能彻底摆脱通信线缆的束缚，还等什么？让我们使用最简单的方法安装配置局域网吧！

操作步骤

1 如下图所示，这是主机箱背后的 USB 接口。

2 如下图所示，这是无线网卡上的 USB 接口。

3 如下图所示，这是连接用的 USB 延长线，注意接口的方向。

4 将无线网卡(见下图)放在平坦处，旁边最好不要有障碍物，可调整方向以获得最佳接收效果。

2. PCMCIA 无线网卡的安装

PCMCIA 无线网卡是笔记本电脑接口专用的无线网卡，支持 AD-HOC(无中心点)和 Infrastructure(有中心点)无线网络模式。它提供高标准、高品质的安全移动方案，适用于现今高节奏的移动办公，彻底摆脱办公室、电缆的羁绊，让用户安全高速遨游在“无线”的网络之中。下面来看一下 PCMCIA 无线网卡的安装方法。

操作步骤

1 如下图所示，这是一块 PCMCIA 无线网卡。

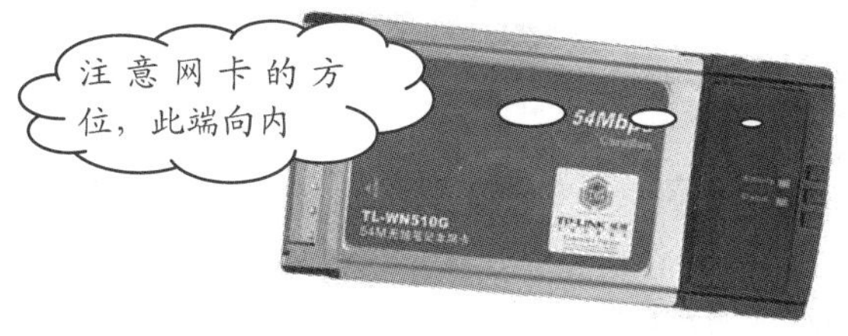

2 如下图所示，这是笔记本电脑侧面的 PCMCIA 插槽。

3 将无线网卡水平、正面向上插入插槽，如下图所示。

4 轻轻用力将网卡插到底，天线留在外面，如下图所示。

学以致用系列丛书

理论上一个无线 AP 可以支持 127 个无线设备，但为了让工作站有足够的频宽可利用，一般建议一台 AP 支持工作站的数量为 20～30 个。

3. PCI 无线网卡的安装

PCI 无线网卡的安装(见下图)与前面 PCI 以太网卡的安装方法相同，可参考前面章节。

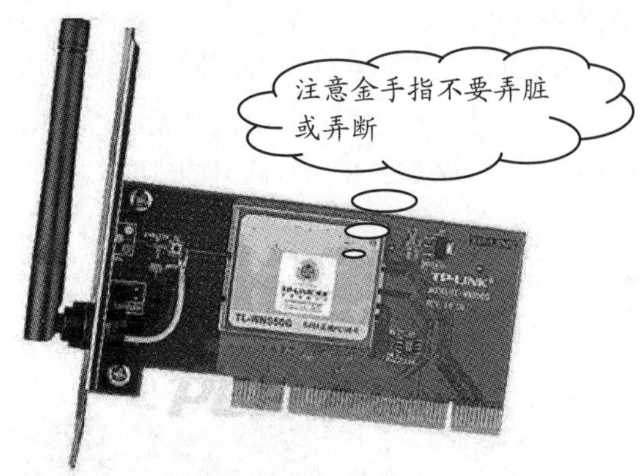

Windows 10 对无线网络的支持非常好，常见的无线网卡都能够识别驱动。当然，用户也可以通过安装光盘安装无线网卡的驱动程序，这里不再一一介绍。

4. 无线路由器的安装

无线路由器实际上就是一个无线接入点(AP)与路由器功能的集合，其内部集成了管理软件，使用十分简单。

无线 AP 的接法与无线路由器相同，由于功能较少，操作更简单，希望读者能举一反三，在此不另行介绍。

操作步骤

1. 将互联网接入服务商提供的网线插入最左边的接口中(见下图)。可以是宽带专线，也可以是从 ADSL 调制解调器上接来的网线。

2. 除无线工作以外，如果还有其他使用有线以太网的计算机或设备，请接在中间的以太网接口上。
3. 将电源适配器的直流输出端插入电源接口中。

注意

特别要注意 ADSL Modem 或宽带接口与路由器的 WAN 接口之间不能使用普通网线，而应该使用组建双机对等网时使用的那种交叉接法的网线。

11.3.2 组建对等式无线局域网

如果没有无线路由器或无线接入点(AP)，只有两台都有无线网卡的计算机，这时可以组建对等式无线局域网。

操作步骤

1. 安装好网卡驱动后，在【控制面板】窗口的【大图标】模式下，单击【网络和共享中心】图标，接着在窗口的左侧列表中单击【管理无线网络】链接，如下图所示。

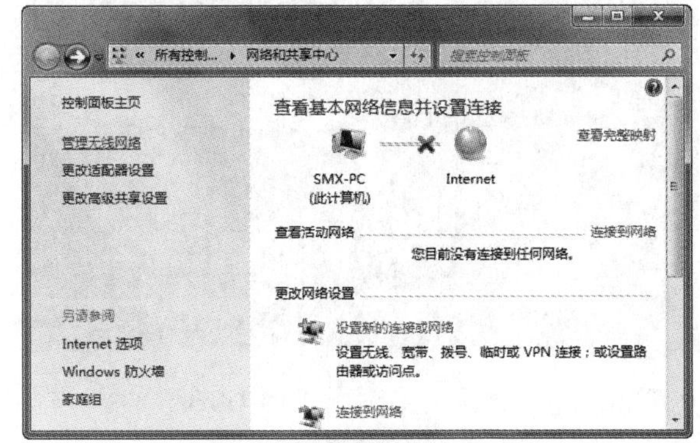

2. 打开【管理无线网络】窗口，然后在工具栏中单击【添加】按钮，如下图所示。

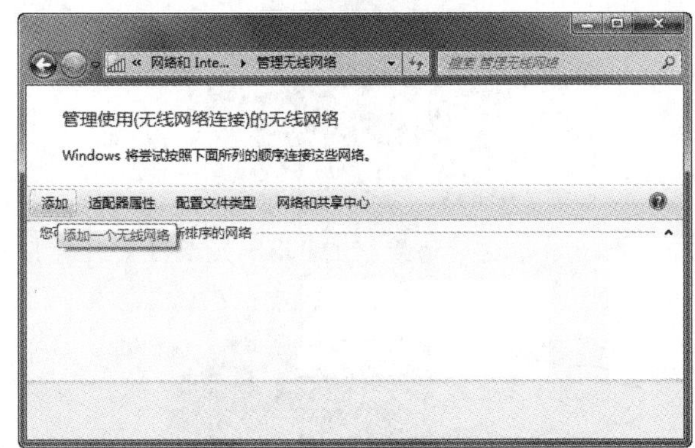

3. 弹出【手动连接到无线网络】对话框。单击【手动创建网络配置文件】选项，如下图所示。

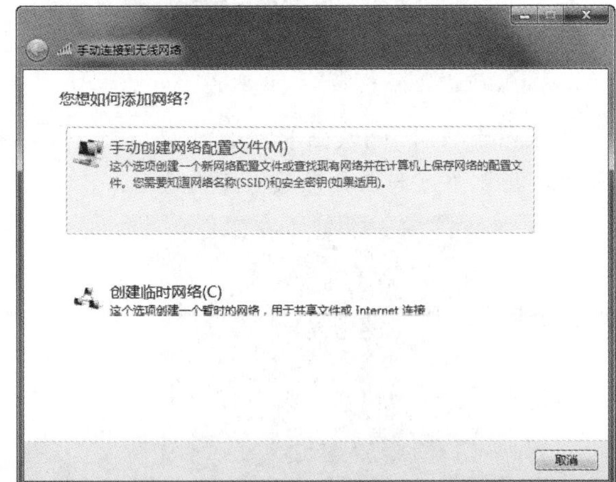

长见识　Wi-Fi(无线高保真)是制造商(Wi-Fi 联盟)为了推广 IEEE 802.11b 等无线局域网而创造的商标名，其实质就是无线局域网接入。

❹ 接着在进入的对话框中设置无线网络信息，包括网络名、安全类型、加密类型以及安全密钥等信息，再单击【下一步】按钮，如下图所示。

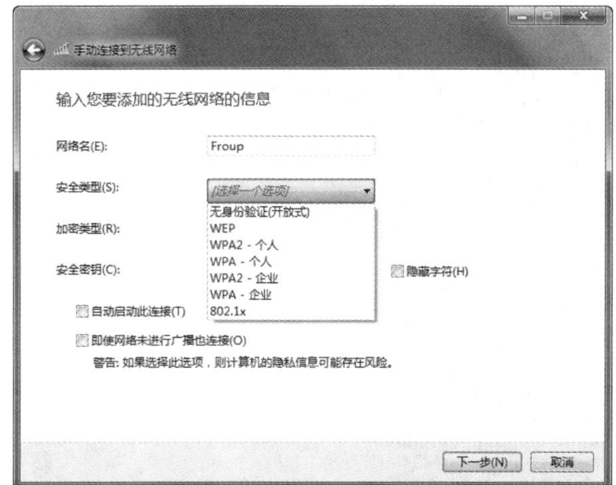

❺ 成功添加网络，单击【关闭】按钮，返回【管理无线网络】窗口，如下图所示。若要更改网络设置，可以单击【更改连接设置】选项。

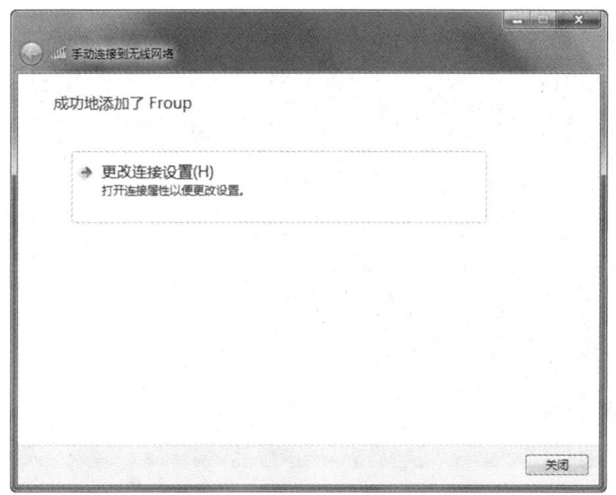

❻ 弹出如下图所示的对话框。在【连接】选项卡中可以查看网络信息，如下图所示。

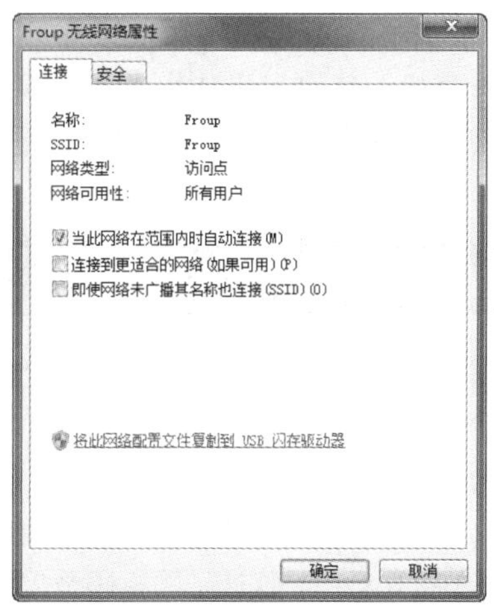

❼ 切换到【安全】选项卡，在这里可以调整网络的安全类型、加密类型以及网络安全密钥等参数，如下图所示。最后单击【确定】按钮。

❽ 在【网络和共享中心】窗口的左侧列表框中单击【更改适配器设置】链接，打开【网络连接】窗口，接着右击【无线网络连接】图标，在弹出的快捷菜单中选择【属性】命令，如下图所示。

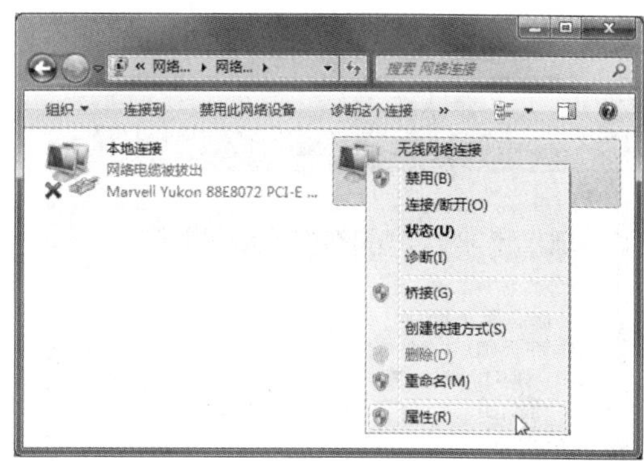

❾ 弹出【无线网络连接 属性】对话框。切换到【网络】选项卡，在【此连接使用下列项目】列表框中选择【Internet 协议版本 4(TCP/IPv4)】选项，单击【属性】按钮，如下图所示。

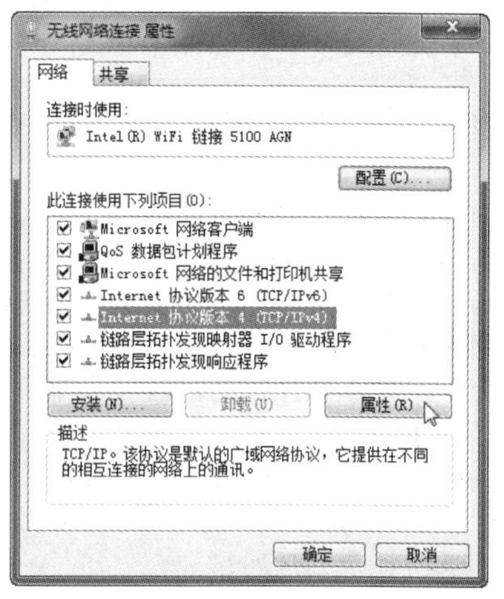

学以致用系列丛书

蓝牙(Bluetooth)技术实际上是一种短距离无线通信技术，其目的是取代电缆，用电磁波来实现手机、PC 和手持终端等移动通信设备之间的通信。

⑩ 弹出【Internet 协议版本 4(TCP/IPv4)属性】对话框，然后选中【使用下面的 IP 地址】单选按钮，并在【IP 地址】文本框中指定要使用的 IP 地址，接着设置【子网掩码】参数，最后单击【确定】按钮，如下图所示。

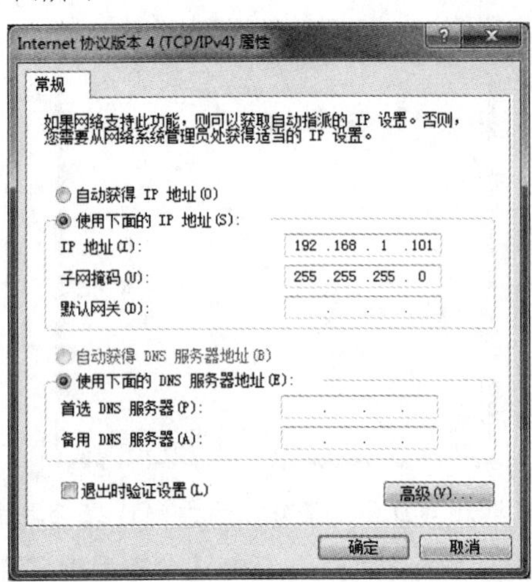

⑪ 在另一台已经安装好无线网卡并正确安装驱动程序的计算机上，同样执行❶~❿步的操作，仅仅在设置 IP 地址时，设置一个不同的 IP 地址，如下图所示。

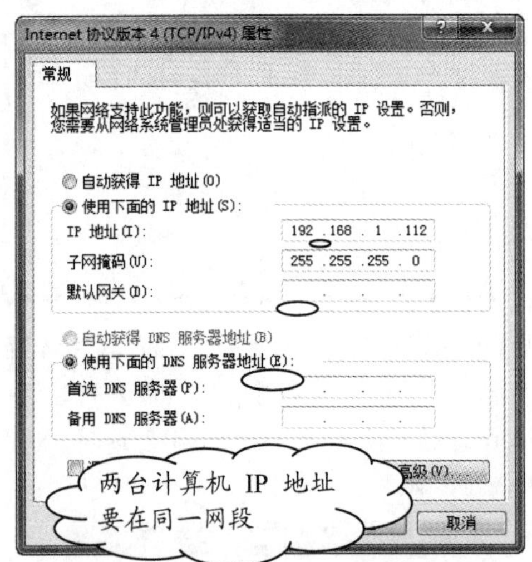

技巧

在第一台计算机中配置好网络后，可以将网络配置文件复制到 USB 闪存驱动器中，方法是将 USB 闪存驱动器插入计算机，然后在【管理无线网络】窗口中右击新添加的网络连接，从弹出的对话框中选择【属性】命令，接着在弹出的对话框中单击【连接】选项卡，单击【将此网络配置文件复制到 USB 闪存驱动器】链接，再将 USB 闪存驱动器插入另一台计算机，这时将会自动运行 USB 闪存驱动器中的网络配置文件，根据提示创建网络即可。

⑫ 网络配置完毕，在任务栏通知区单击【网络】图标，在打开的列表中单击新建网络的名称，接着单击【连接】按钮，连接网络，如下图所示。

⑬ 可以用 ping 命令来测试一下网络，如下图所示。

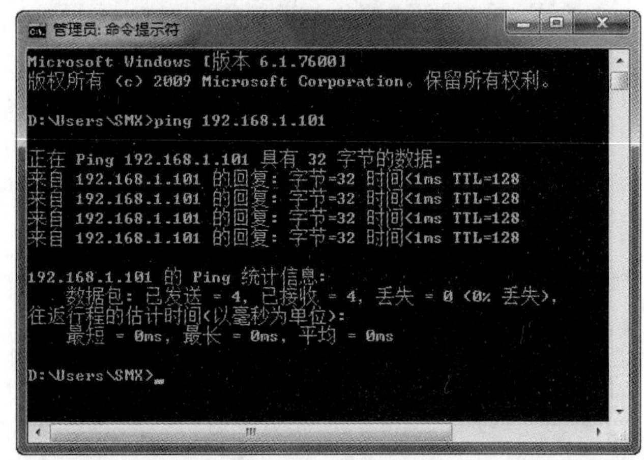

11.3.3 组建集中式无线局域网

如果有无线路由器或无线接入点(AP)，而且还有配置无线网卡的计算机，就可以组建集中式无线局域网了。配置工作主要有无线路由器(或 AP)配置和无线客户机配置两个方面。

1. 无线路由器配置

无线路由器内部已经被厂商设定好，一般不需要另加驱动。但一些基本的配置还是需要手动设定。

在第一次配置无线路由器前，说明书上会给出默认的 IP 地址。无线路由器默认的 IP 地址一般是 192.168.1.1(或 192.168.0.1)，默认子网掩码是 255.255.255.0。

长见识 蓝牙技术是一种无线数据和语音通信开放的全球性规范，它是基于低成本，为固定和移动设备建立近距离无线连接的通信环境。

路由器没有显示屏，也没有显示接口，需要从计算机上用浏览器登录到路由器进行设置。也有部分无线路由器产品带有微型液晶显示屏，可以进行简单的设置，请参考说明书进行设置，具体操作步骤如下。

注意

由于大多数无线路由器的设置界面都是基于浏览器的，用户必须先建立正确的网络设置才能登录。

操作步骤

1. 关闭网络中的所有无线设备以避免干扰。很多时候，用户没有关闭未使用的设备往往会产生 IP 地址冲突，造成一些莫名其妙的故障。
2. 用一台安装有有线网卡的计算机作为管理机，通过直通双绞线与无线路由器上的以太网口相连，然后打开无线路由器的电源开关。
3. 根据无线路由器的说明书，将管理机的 IP 地址设置为与无线路由器在同一网段上，例如 192.168.1.xx (xx 的范围是 2～254)，子网掩码为 255.255.255.0，默认网关为 192.168.1.1(即路由器地址)，如下图所示。

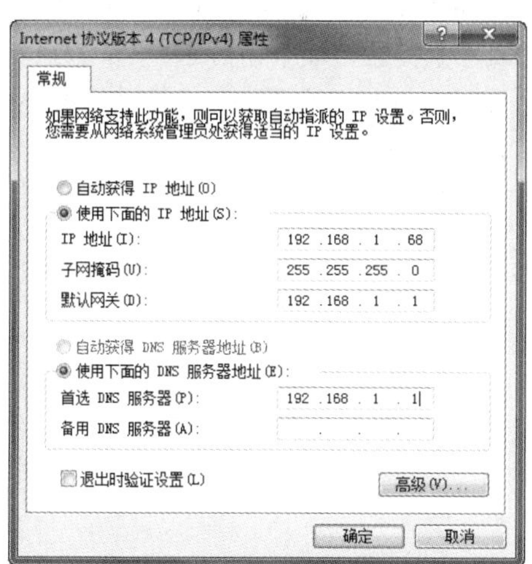

提示

若无线路由器具有 DHCP 功能，并已经打开，那么管理机的 IP 地址可设置为“自动获得 IP 地址”。这样，路由器内置的 DHCP 服务器会自动为管理机分配 IP 地址，这个地址一定是与无线路由器在同一网段上。

4. 在管理机上打开 IE 浏览器窗口，在地址栏输入“http://192.168.1.1”并回车，就会进入路由器管理登录界面，自动弹出【Windows 安全】对话框。输入默认的用户名、密码(在无线路由器的说明书或路由器的背面可以找到)，再单击【确定】按钮，如下图所示。

5. 登录成功后，将出现如下图所示的管理界面。为了方便用户，网站会自动启动【设置向导】功能来完成无线路由器配置，单击【下一步】按钮。

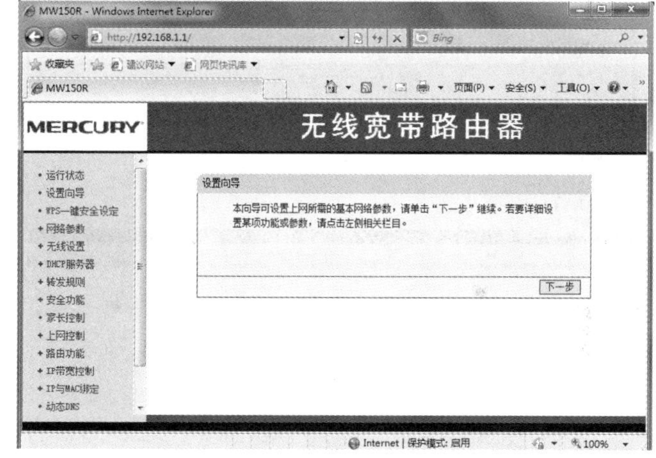

6. 选择上网方式，这里选中【让路由器自动选择上网方式(推荐)】单选按钮，让路由器自动选择最合适的上网方式，再单击【下一步】按钮，如下图所示。

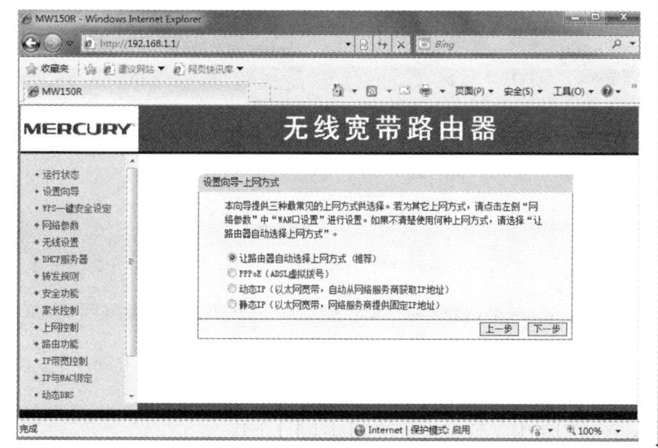

WAP(无线通信协议)是在数字移动电话、互联网或其他个人数字助理机(PDA)、计算机应用乃至未来的信息家电之间进行通信的全球性开放标准。

❼ 开始检测网络环境，请稍等片刻，如下图所示。

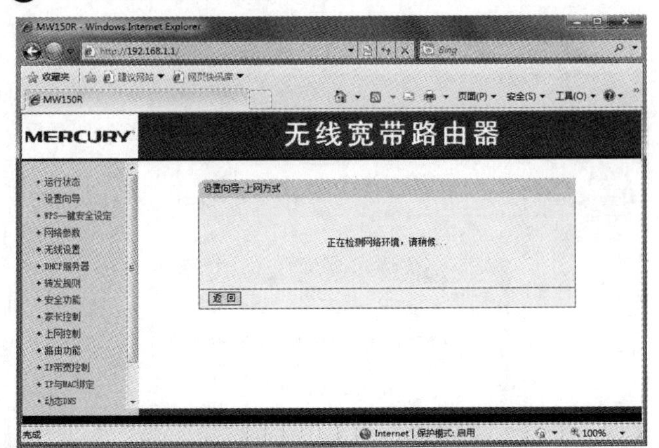

❽ 环境检测完成后，进入如下图所示的网页。填写网络服务商提供的 ADSL 上网账号及口令，再单击【下一步】按钮。

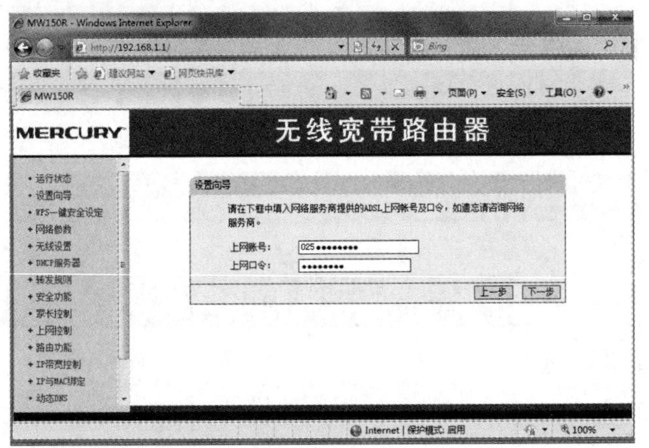

❾ 接着在进入的网页中设置路由器无线网络的基本信息及无线安全，如下图所示。设置完毕后单击【下一步】按钮继续。

❿ 进入如下图所示的网页，单击【完成】按钮，完成无线宽带路由器设置。

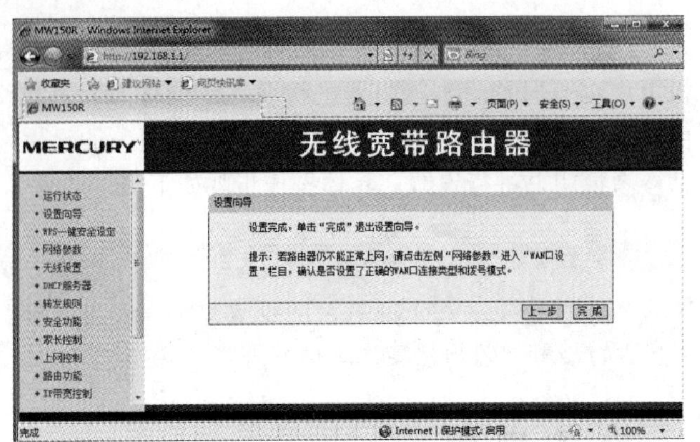

此外，无线路由器还有一些高级的设置，如 WPS 一键安全设定、DHCP 服务器、安全功能等，可直接在管理界面中进行设置。

2. 无线工作站的配置

在组建集中式无线局域网时，无线工作站的配置与组建对等式无线局域网的方法基本相同，但略有区别。

操作步骤

❶ 打开【无线网络连接 属性】对话框，切换到【网络】选项卡，接着在【此连接使用下列项目】列表框中选择【Internet 协议版本 4(TCP/IPv4)】选项，再单击【属性】按钮，如下图所示。

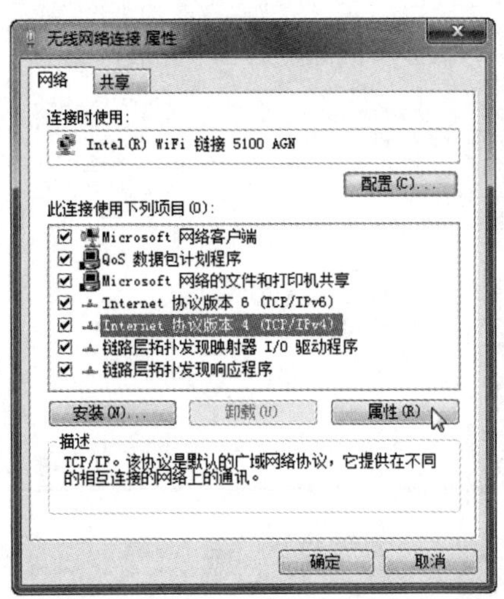

❷ 弹出【Internet 协议版本 4(TCP/IPv4)属性】对话框，切换到【常规】选项卡。在这里设置无线网卡的 IP 地址，如果无线路由器开启了 DHCP 功能，只需要选中【自动获得 IP 地址】和【自动获得 DNS 服务器地址】单选按钮(见下图)，从无线路由器上获取配置信息即可。如果没有开启，需要为网卡设置一个与路由器在同一网段的 IP 地址，设置方法与前面介绍的基本相同，这里不再赘述。设置完毕单击【确定】按钮。

PPP 是点对点协议(Point to Point Protocol)的缩写，它是 TCP/IP 网络协议包的一个成员。PPP 是 TCP/IP 的扩展，它增加了两个额外的功能组：一是可以通过串行接口传输 TCP/IP 包；二是它可以安全登录。

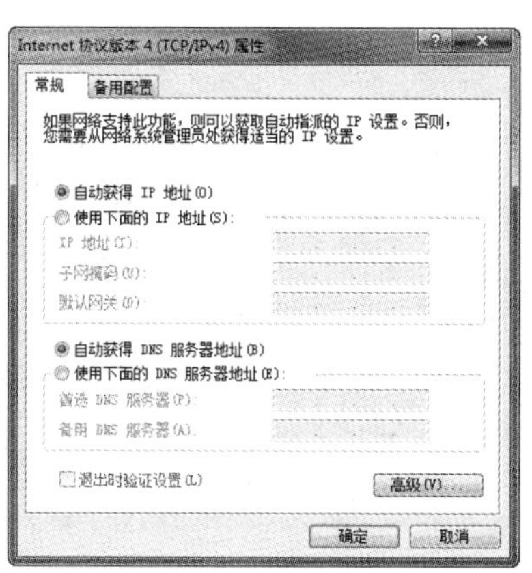

❸ 如果路由器的连接信号没有问题，新设置的网络会显示在可用网络中。下面使用该网络进行联网，方法是在任务栏通知区单击【网络】图标，接着在打开的列表中单击网络名称，并从打开的列表中单击【连接】按钮，如下图所示。

提示

若要调整网络的安全功能，可以在通知区单击【网络】图标，然后在打开的列表中单击要调整网络的名称，并从打开的列表中选择【属性】命令，如下图所示。在弹出的对话框的【安全】选项卡下进行设置，最好单击【确定】按钮，保持修改。

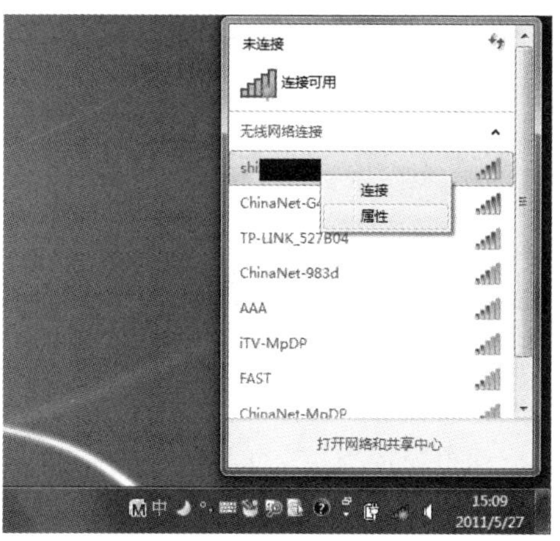

❹ 开始连接到互联网，弹出如下图所示的对话框。联网成功后，通知区中的【网络】图标将由“未连接”状态变成“连接可用”状态。

注意

如果是其他用户通过该无线网络进行上网，在单击【连接】按钮后，则会弹出如下图所示的对话框。在【安全密钥】文本框中输入已设置的无线网络安全密钥，再单击【确定】按钮，即可开始联网。

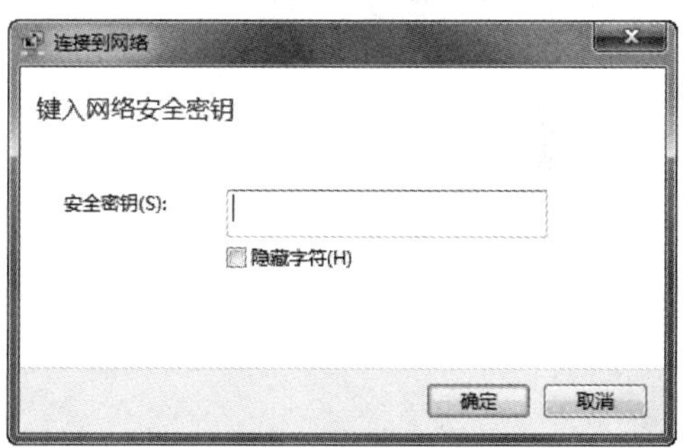

❺ 同时弹出【设置网络位置】对话框。选择网络的位置，这里单击【工作网络】选项，如下图所示。

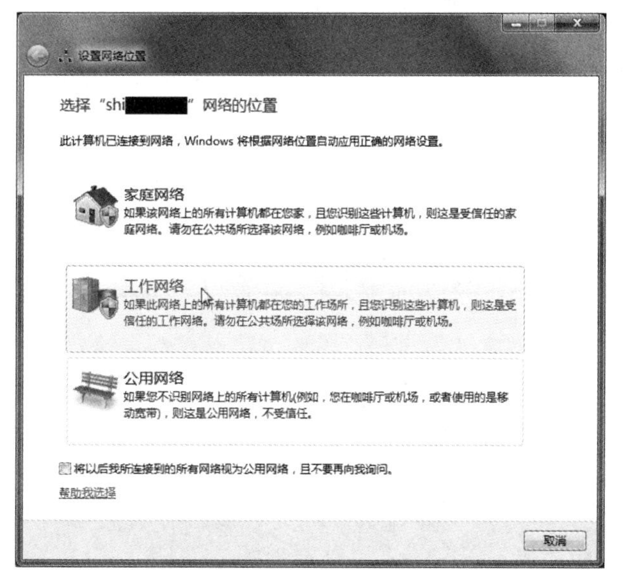

❻ 网络位置设置完毕，单击【关闭】按钮，如下图所示。

蓝牙的连接过程中涉及多次信息传递与验证，表面上来看似乎并不能让使用者感受到复杂的连接程序，但是，反复的数据加/解密和每次连接都需进行的身份验证过程，却是对设备计算资源的极大浪费。

长见识

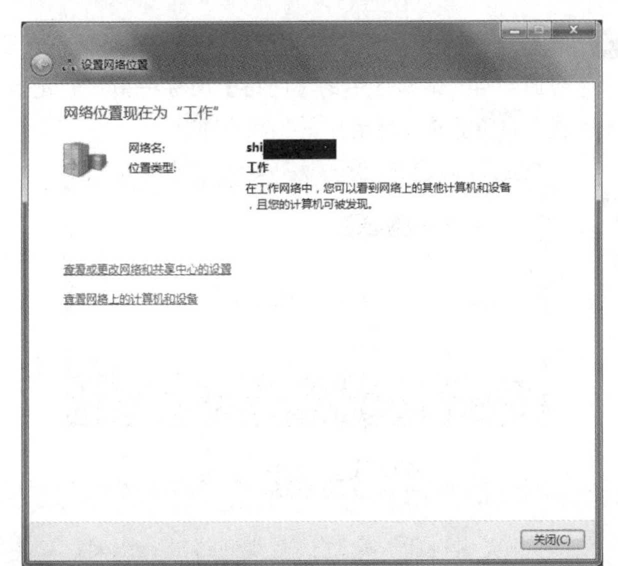

❼ 打开【网络和共享中心】窗口，在这里可以查看网络的基本信息及联网情况，如下图所示。

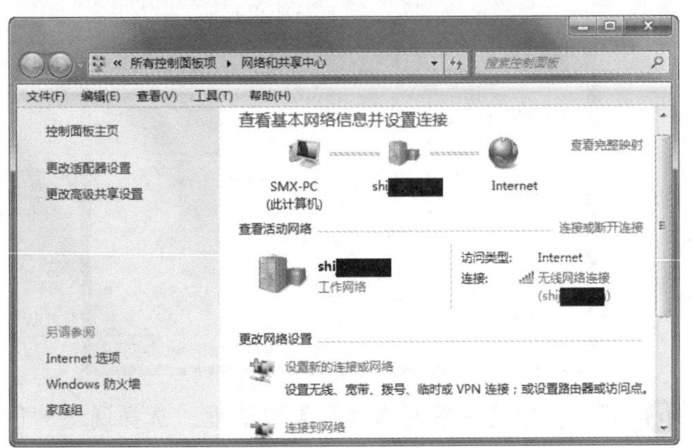

❽ 以管理员身份打开【命令提示符】窗口，然后在提示符后面输入“ipconfig”命令，按Enter键确认后，可以看到无线网卡从无线路由器中租用到IP地址信息，如下图所示。

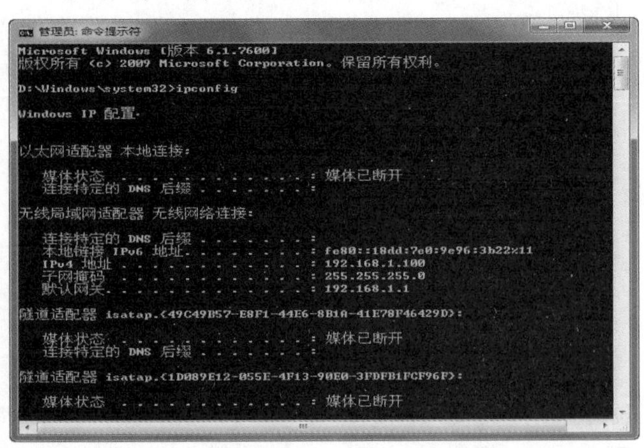

❾ 在提示符后输入“ping 192.168.1.1”命令，可以看出无线工作站已经能与无线路由器进行通信了，如下图所示。

11.3.4 漫游式网络的配置

漫游式无线网络中有多个无线AP或路由器，其中一个设置为中心节点与互联网连接。

漫游式无线网络与集中式无线网络的设置基本一样，需要注意以下几点。

(1) 所有无线AP的网络名SSID必须相同。

(2) 所有无线AP的网络标准必须一致。

(3) 相邻的AP使用的频率必须相异。不用担心无线频道不够用，根据地图学上的四色原理，只需要4种频道，就能组建有任意多路由器的漫游网络。最好先画一张设计图，事先分配好频率以免混乱。

(4) 所有无线AP的IP地址必须在同一网段中，但不能相同。同时子网掩码和默认网关必须相同，默认网关设置为接入互联网的无线路由器的IP地址。

(5) 实现漫游最重要的一点，无线AP间必须互通。一般用双绞线将各无线AP集线到中心路由器上。

(6) 为便于管理，应该给每个无线AP设置一个不同的名称。

11.4 其他注意事项

无线局域网与以往的基本蜂窝电话网、专用分组交换网以及使用其他技术的无线计算机通信相比，有着本质上的区别。因此，在配置无线局域网时，还要考虑以下几方面的问题。

1. 无线网络辐射问题

既然是无线网络，很多读者自然会关心电磁辐射的问题，诸如会不会对孕妇和儿童造成伤害等。

我国无线电管理委员会规定：无线局域网产品的发射功率不能超过10mW，而一般手机在功率大的时候可

HFC(Hybrid Fiber-coaxial Cable，光纤到同轴电缆的混合网)是以现有的有线电视网(CATV)为基础，采用模拟频分复用技术，综合应用模拟和数字传输技术、射频技术和计算机技术所产生的一种宽带接入网技术。

以达到 1W，绝大多数无线路由器的发射功率在 50～100mW，而无线网卡的发射功率一般在 10mW 以下。

与其他电磁设备相比，无线网络辐射在可接受范围内，但孕妇和儿童还是应该尽量避免在电磁辐射比较大的环境中活动。

2. 无线 AP 或路由器的安放位置

为了获得较好的信号覆盖范围，在条件允许的情况下，把 AP 和路由器尽量安置在比较高的位置。如果有多个无线设备，无线 AP 应该安放在它们的地理中心。

无线网卡与无线 AP 间尽量不要有墙体阻隔，虽然有的无线 AP 号称能穿透多层墙壁，但那样会导致信号严重衰减。

如果无线 AP 在室外，请做好防水和防雷工作。

3. 无线 AP 共享上网

由于无线 AP 自身并没有路由功能，不能把 ADSL 或者宽带直接接到无线 AP 上，这样无法实现共享上网。如果要使用无线 AP 共享上网，需要用双绞线把无线 AP 与一台充当路由服务器的计算机连接。

如果原先有一个已经连接到互联网的有线局域网，只需要用一根普通网线把无线 AP 连接到集线器的接口上即可。

4. 无线信号是否容易受干扰

有线信号经常会被干扰，更何况无线信号。

802.11b 和 802.11g 无线网络使用的都是开放频道 2.4GHz，很多其他民用设备也使用这个频道，所以它们之间的干扰是不可避免的。如果家里安装了无线网络，请尽量远离其他频段在 2.4GHz 的设备，数字无绳电话和微波炉都可能产生干扰，工业电焊机也会带来一定的干扰。

5. 无线网络的传输速率

网络带宽的单位是 b/s，而我们平时传输文件采用的单位是 B/s，请注意 B 代表 byte(字节)，b 代表 bit(比特二进制位)，1byte=8bit，标明 54M 的产品理论上传输速率是 54/8MB/s，接近 7MB/s，而 108M 产品理论上传输速率是 108/8MB/s，约为 13MB/s。理论速率方面 108Mb/s 是 54Mb/s 的两倍。

网络带宽的真正意义是传输速率会接近这个值而永远不会超过这个值。根据经验，带宽达到标称值的 60%就算是正常的，而达到 80%已经是很理想了。

6. 无线局域网能否玩游戏

无线连接似乎给人一种不可靠的感觉，要是游戏进行到一半就掉线未免太扫兴了。实际上，只要干扰不大，用无线局域网玩游戏丝毫没有延迟现象。局域网游戏只是对带宽和协议有一定的要求，没有网线的羁绊，玩起来更爽快。

11.5 思考与练习

一、选择题

1. IEEE 802.11 标准定义了______。
   A. 无线局域网技术规范
   B. 电缆调制解调器技术规范
   C. 光纤局域网技术规范
   D. 宽带网络技术规范
2. 无线局域网通常由______组成。
   Ⅰ. 无线网卡　　Ⅱ. 无线接入点
   Ⅲ. 以太网交换机　　Ⅳ. 计算机
   A. Ⅰ、Ⅱ和Ⅲ　　B. Ⅱ、Ⅲ和Ⅳ
   C. Ⅰ、Ⅱ和Ⅳ　　D. Ⅰ、Ⅲ和Ⅳ
3. IEEE 802.11b 定义了使用跳频技术的无线局域网标准，它的最高传输速率可以达到______。
   A. 2Mb/s　　B. 5.5Mb/s
   C. 11Mb/s　　D. 54Mb/s

二、操作题

1. 练习组建对等式无线网络。
2. 练习无线路由器的安装和设置。
3. 尝试用两个无线 AP 组建一个无线漫游网络。
4. 学习组建无线与有线混合局域网。
5. 实现无线网络与互联网连接。

5G(第五代移动通信技术，5th generation mobile networks 或 5th generation wireless systems、5th-Generation)是最新一代蜂窝移动通信技术，也是继 4G(LTE-A、WiMax)、3G(UMTS、LTE)和 2G(GSM)系统之后的延伸。5G 的性能目标是高数据速率，减少延迟，节省能源，降低成本，提高系统容量和大规模设备连接。

第12章 组建虚拟专用网络

本章微课

在组建局域网之前，我们还应该学习一些网络基础知识。这样才不至于对本书后面章节中的各种概念和术语感到陌生。

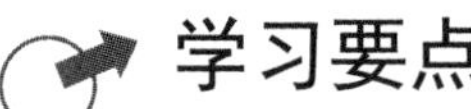

学习要点

❖ 虚拟局域网；
❖ 虚拟专用网；
❖ VPN 服务器组建；
❖ VPN 服务器配置；
❖ 访问 VPN 网络。

学习目标

通过对本章内容的学习，读者应该掌握虚拟局域网(VLAN)、虚拟专用网(VPN)的定义，虚拟专用网的结构、虚拟专用网服务器的安装与配置，以及如何访问虚拟专用网。

12.1 虚拟专用网概述

说到虚拟专用网，不得不谈谈虚拟局域网。虚拟专用网算是虚拟局域网的扩充，也算是虚拟局域网的特例。下面先讲讲虚拟局域网。

12.1.1 虚拟局域网

虚拟局域网(Virtual Local Area Network，VLAN)严格的解释是，在交换局域网的基础上，采用网络管理软件构建的可跨越不同网段、不同网络的端到端的逻辑网络。一个 VLAN 组成一个逻辑子网，即一个逻辑广播域，它可以覆盖多个网络设备，允许处于不同地理位置的网络用户加入逻辑子网中。

传统的局域网都是按照物理连接来划分的，组建网络的时候这台计算机连在哪个局域网它就会一直位于这个网络中。随着网络规模的发展，可能一个企业后来又新组建了一些局域网，这些局域网之间也需要互相通信。如果企业体制结构做了一些调整，原有的网络结构不能满足需求，重新组建网络成本太大，该怎么办呢？

人们想出了虚拟局域网的办法。将所有的实际局域网合并成一个大的逻辑局域网。我们知道，以太网采用广播方式进行通信，局域网规模太大会引起广播风暴，严重影响局域网通信。这个时候可以用技术手段将这个大的逻辑局域网按要求划分成多个虚拟局域网。

这是一个从分到合，再从合到分的过程。它包含两个关键的技术：局域网的逻辑合并和局域网的虚拟分割。

有些场合的虚拟局域网只使用了其中的一项技术，将多个局域网合并或者只是单纯地将一个大型局域网划分为多个虚拟局域子网。

划分虚拟局域网有多种方式，比较原始的是利用交换机端口，后来发展为利用网卡 MAC 地址或 IP 地址划分。各种划分方式所采用的技术层次不同，对设备的要求也有所不同。随着域控制技术的发展，计算机的分组管理域控制器能方便地完成。现在虚拟局域网技术已经较少采用，但在特殊的场合还有其用途。

12.1.2 虚拟专用网

虚拟专用网(Virtual Private Network，VPN)是指通过公用网络(如互联网)建立一个安全的私有连接，将工作站计算机连接到企业内部局域网上，好像这台计算机真正连接在这个局域网内一样。

与虚拟局域网不同，虚拟专用网只是把一台计算机虚拟加入已有的局域网中。

虚拟专用网的出现基于什么考虑呢？比如说某个企业内部已经建立了一个比较成熟的网络，现在因发展需要又在外面建立了一个办事处，办事处每天需要和企业交流许多重要的资料，如果直接通过网络传递不安全也不方便，单独铺设一条线路也不太现实。这个时候 VPN 就能派上用场了。

又如喜欢在家办公的 SOHO 一族，使用 VPN 登录办公网络，在家办公更方便。

其实，VPN 大家并不陌生，相信喜欢玩计算机游戏的读者都知道著名的网络对战平台——浩方平台。实际上这就是一个巨大的虚拟专用网络。玩家登录浩方平台后，可以和互联网上的玩家进行原本只能在局域网中进行的联机游戏。虽然网络载体是互联网，但游戏中的通信协议却是基于局域网的。

12.1.3 虚拟专用网的结构

虚拟专用网是典型的主从式网络，而且必须是主从式网络。虚拟专用网由三个部分组成：虚拟专用网服务器、客户机和公用网络。

作为虚拟专用网的核心，虚拟专用网服务器必不可少。虚拟专用网服务器可以安装在真实局域网内，但要求服务器必须具有独立的静态的外部 IP 地址。一般虚拟专用网服务器有两个活动网络连接：一个与真实局域网相连，一个与公用网络相连。有的虚拟专用网服务器甚至没有真实局域网，它只为虚拟客户端服务。

虚拟专用网的客户端计算机也必须有公用网络连接，可以是静态 IP 地址，也可以是动态 IP 地址。为保证连接质量和服务的及时响应，网络带宽最好能达到一定要求。

公用网络一般使用互联网，有些特殊企业也使用其专用网络。

12.2 虚拟专用网的组建

虚拟专用网的组建并不复杂，其关键点是虚拟专用网服务器的安装。

12.2.1 架设虚拟专用网

使用虚拟专用网，只需安装一台服务器便可以为多

通常情况下，VPN 网关采取双网卡结构，外网卡使用公网 IP 接入 Internet。

个公司或个人提供域名、IP 地址以及某些服务器管理功能。那么，如何安装虚拟专用网服务器呢？其操作步骤如下。

操作步骤

❶ 在任务栏通知区单击【网络】图标，从弹出的列表中单击【打开网络和共享中心】链接，如下图所示。

❷ 打开【网络和共享中心】窗口，然后在左侧列表中单击【更改适配器设置】链接，如下图所示。

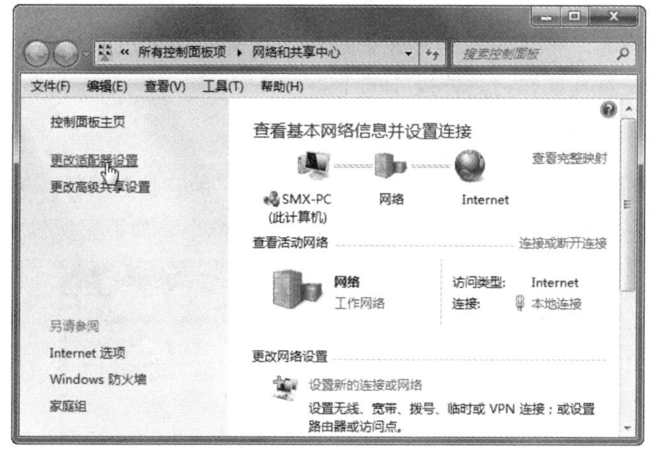

❸ 打开【网络连接】窗口，然后在工具栏中选择【组织】|【布局】|【菜单栏】命令，显示出菜单栏，如下图所示。

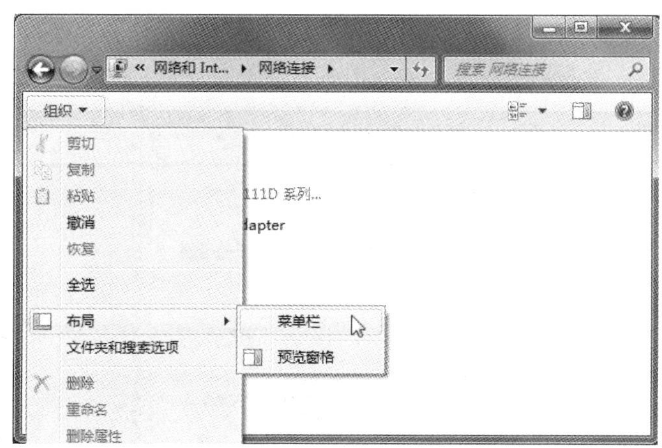

❹ 从菜单栏中选择【文件】|【新建传入连接】命令，如下图所示。

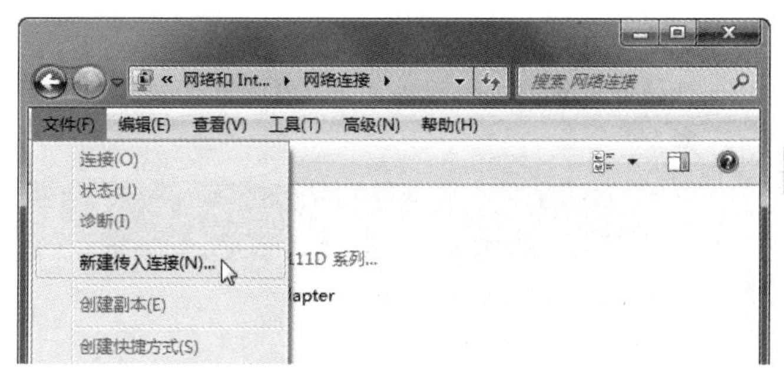

❺ 弹出【允许连接这台计算机】对话框，然后在【此计算机上的用户账户】列表框中选择允许使用 VPN 连接到本机的用户，再单击【下一步】按钮，如下图所示。

❻ 进入【其他人如何连接此计算机】界面，设置其他用户连接 VPN 的方式。这里选中【通过 Internet】复选框，再单击【下一步】按钮，如下图所示。

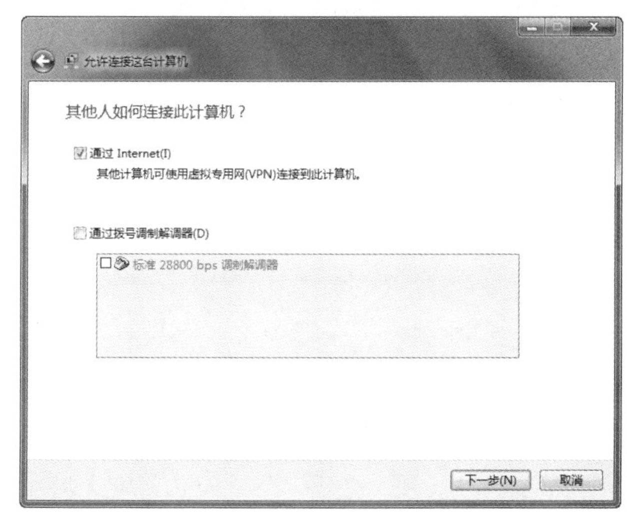

❼ 进入【网络软件允许此计算机接受其他类型计算机的连接】界面，单击【属性】按钮，在弹出的【传入的 IP 属性】对话框中设置网络参数。如果对方

学以致用系列丛书

VPN 能提供高水平的网络安全，使用高级加密和身份识别协议可以有效保护数据不受到窥探，阻止数据窃贼和其他非授权用户接触这种数据。

长见识

连接后可以使用本地网络的 DHCP 服务器，则可以跳过此设置，直接单击【允许访问】按钮，如下图所示。

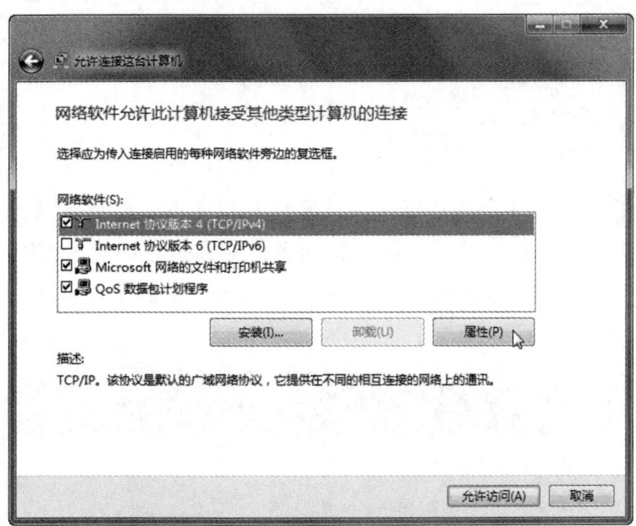

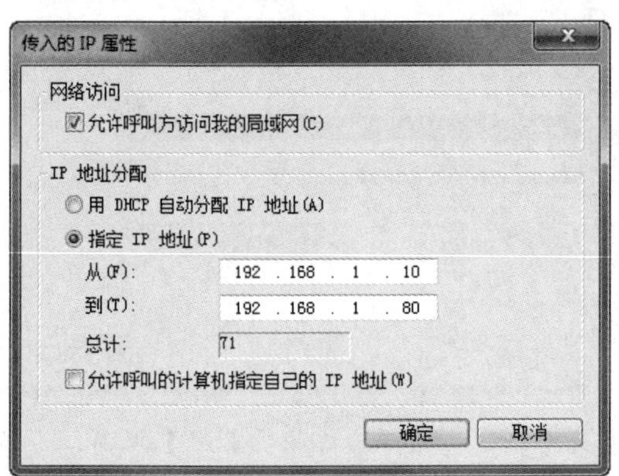

❽ 开始为选择的用户赋予访问权限，如下图所示。

❾ 其他用户即可利用该计算机名及 IP 地址通过 VPN 连接到你的网络了，最后单击【关闭】按钮，如下图所示。

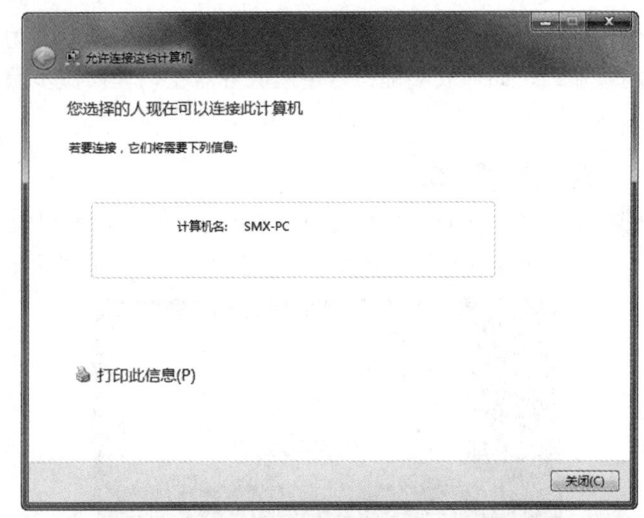

12.2.2 虚拟专用网的配置

虚拟专用网架设完成后，会在【网络连接】窗口中添加一个【传入的连接】图标，用户可以通过下述操作调整其属性，具体操作如下。

操作步骤

❶ 在【网络连接】窗口中右击【传入的连接】图标，从弹出的快捷菜单中选择【属性】命令，如下图所示。

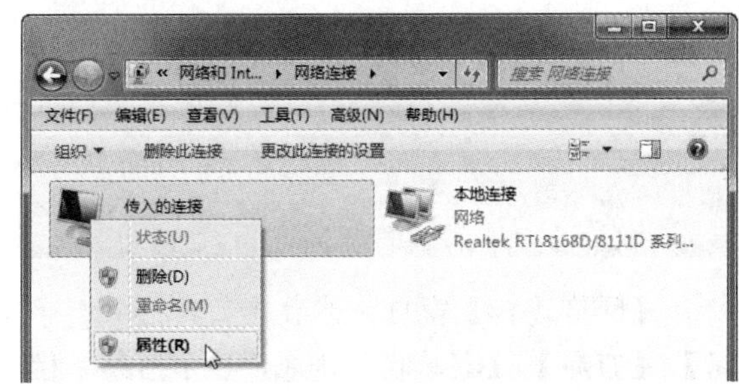

❷ 弹出【传入的连接 属性】对话框，切换到【常规】选项卡。在这里可以调整连接所使用的设备和虚拟专用网络权限，如下图所示。

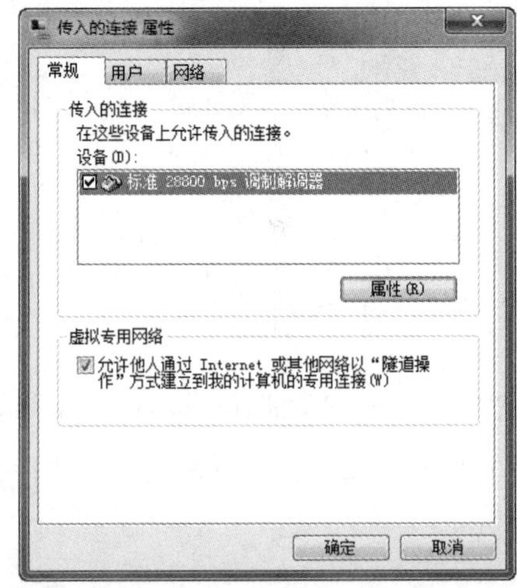

长见识 不同厂商的 VPN 产品和解决方案总是不兼容的，因为许多厂商不愿意或者不能遵守 VPN 技术标准。因此，混合使用不同厂商的产品可能会出现技术问题。另一方面，使用一家供应商的设备可能会提高成本。

❸ 切换到【用户】选项卡，然后在【允许连接的用户】列表框中添加或删除允许的用户，如下图所示。

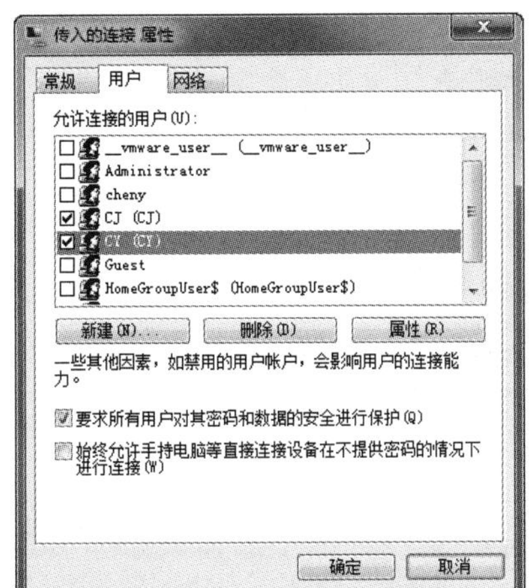

❹ 选中某用户名，然后单击【属性】按钮，接着在弹出的对话框中切换到【回拨】选项卡，并选中【不允许回拨】单选按钮，再单击【确定】按钮，如下图所示。

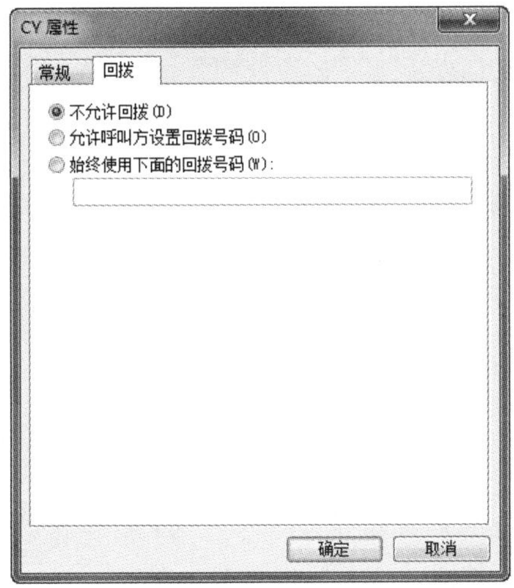

❺ 返回【传入的连接 属性】对话框，切换到【网络】选项卡，设置网络参数，如下图所示。设置完毕单击【确定】按钮保存。

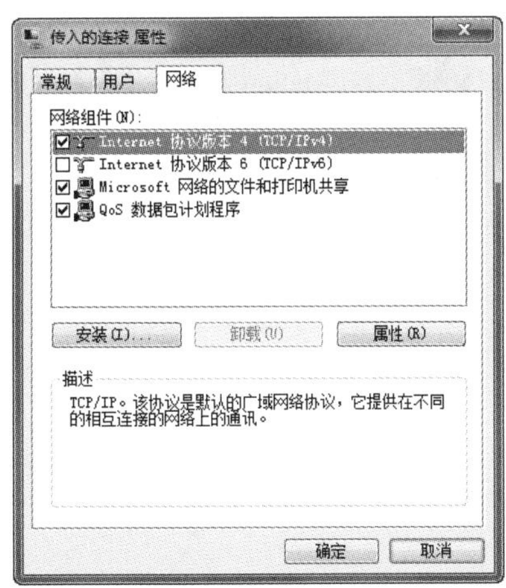

❻ 返回【网络连接】窗口，然后在菜单栏中选择【高级】|【远程访问首选项】命令，如下图所示。

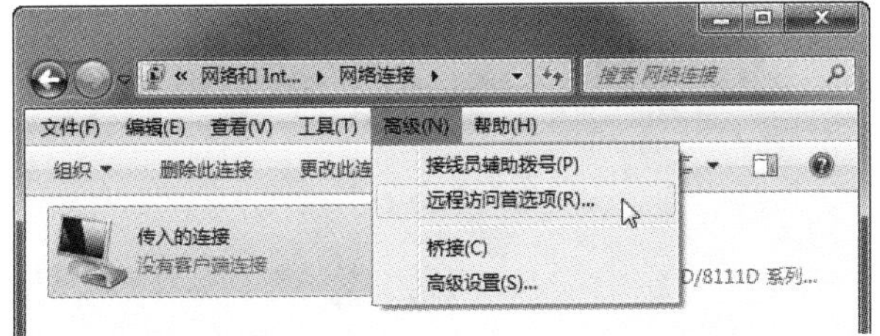

❼ 弹出【远程访问首选项】窗口，在【自动拨号】选项卡下设置自动拨号位置，接着选中【在自动拨号前始终询问我】复选框，如下图所示。

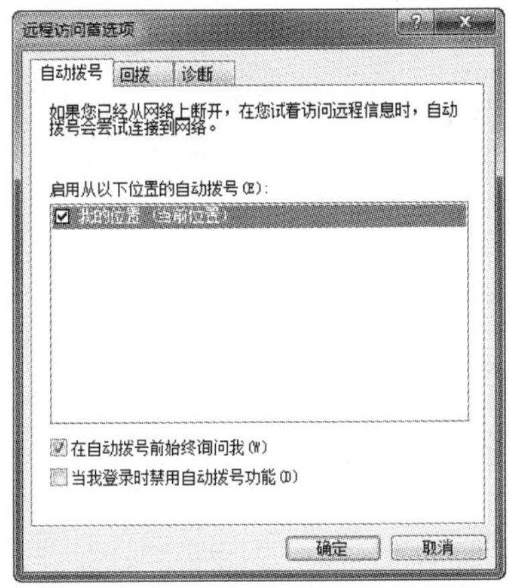

❽ 切换到【回拨】选项卡，选中【不回拨】单选按钮，如下图所示。最后单击【确定】按钮并保存设置。

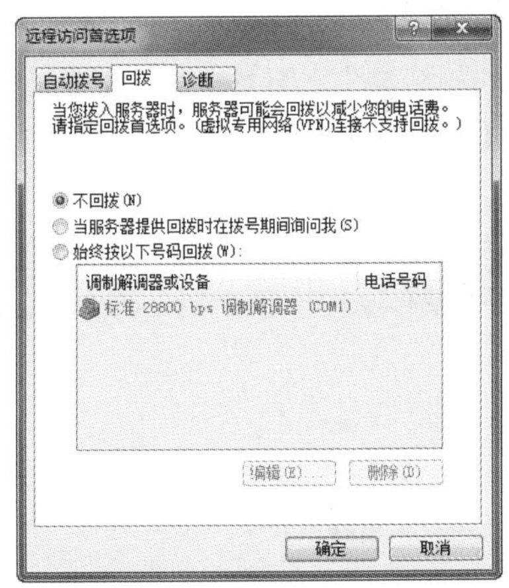

12.2.3 接入虚拟专用网

接下来就可以将其他计算机接入 VPN 网络了，具体操作步骤如下。

操作步骤

❶ 打开【网络和共享中心】窗口，然后单击【设置新的连接或网络】链接，如下图所示。

学以致用系列丛书

使用无线设备时，VPN 有安全风险。在接入点之间漫游特别容易出问题。当用户在接入点之间漫游的时候，任何使用高级加密技术的解决方案都可能被攻破。

长见识

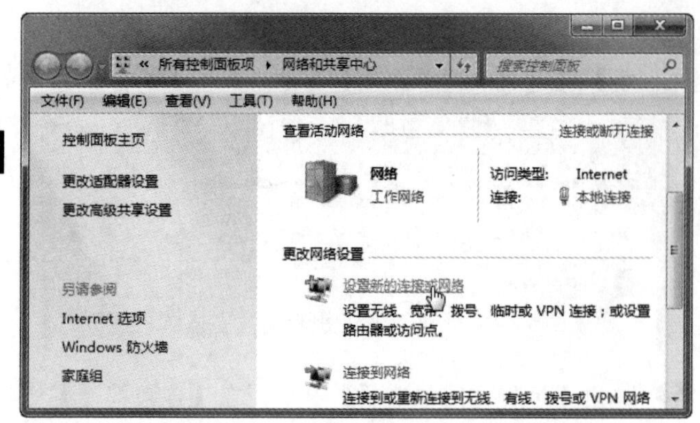

❷ 弹出【设置连接或网络】对话框，选择连接选项。这里单击【连接到工作区】选项，再单击【下一步】按钮，如下图所示。

❸ 弹出【连接到工作区】对话框，选择连接方式。这里单击【使用我的 Internet 连接(VPN)】选项，如下图所示。

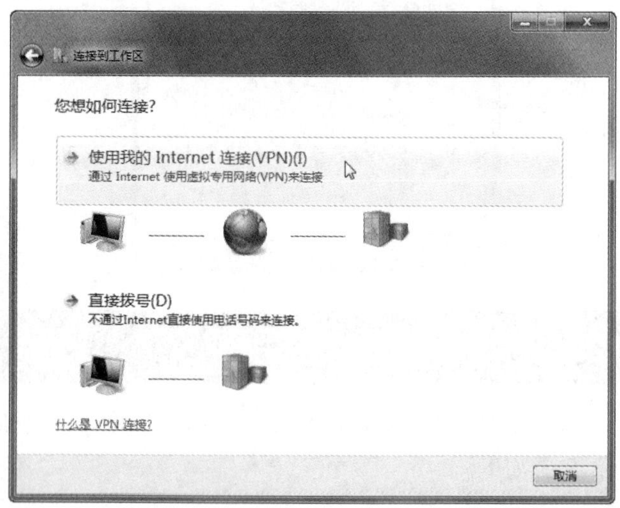

❹ 进入【键入要连接的 Internet 地址】界面。设置 Internet 地址和目标名称，再单击【下一步】按钮，如右上图所示。

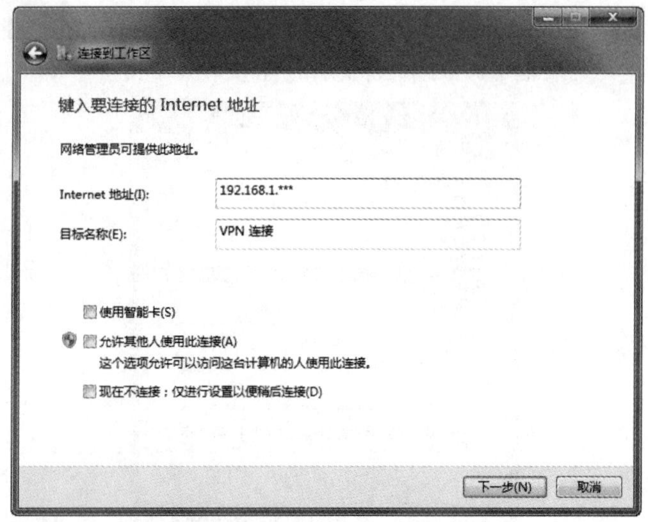

❺ 在下一个界面中键入用户名和密码，再单击【连接】按钮，开始验证用户名和密码，如下图所示。

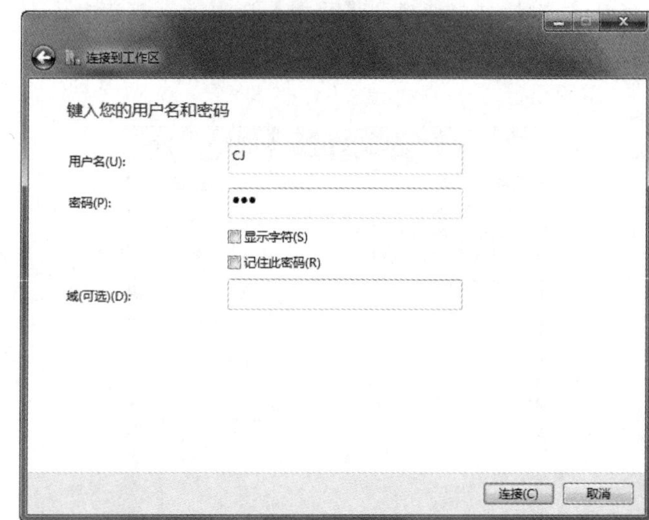

❻ 验证通过后自动开始连接到 VPN 连接，如下图所示。连接成功后关闭该对话框即可。

长见识

企业不能直接控制基于互联网的 VPN 的可靠性和性能。机构必须依靠提供 VPN 的互联网服务提供商以保证服务的运行，这需要企业与互联网服务提供商签署一个服务级协议，其中包含保证各种性能的具体事项。

12.3 思考与练习

一、选择题

1. 在 VLAN 的划分中，不能按照______方法定义其成员。

   A. 交换机端口　　B. MAC 地址
   C. 操作系统类型　　D. IP 地址

2. VPN 的含义是______。

   A. 虚拟广域网　　B. 虚拟专用网
   C. 虚拟局域网　　D. 虚拟拨号网

二、操作题

1. 通过安装向导安装虚拟专用网服务器。
2. 为虚拟专用网服务器配置身份验证和 IP 地址。
3. 通过公用网来接入虚拟专用网。

对于需要加密的数据，VPN 设备将其整个数据包（包括要传输的数据、源 IP 地址和目的 IP 地址）进行加密并附上数据签名，并加上新的数据报头（包括目的地 VPN 设备需要的安全信息和一些初始化参数）重新封装。

长见识

第13章 局域网安全攻略

本章微课

网络在使通信和信息共享变得更为容易的同时，也将机构更多的数据和信息暴露在损坏和攻击当中。因此，保障网络安全十分重要。

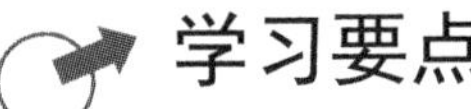

学习要点

- ❖ 网络的安全漏洞；
- ❖ 互联网的主要安全威胁；
- ❖ 局域网的主要安全威胁；
- ❖ 互联网的一般安全措施；
- ❖ 局域网的一般安全措施；
- ❖ 病毒的防护；
- ❖ 防火墙的设置；
- ❖ 防雷措施；
- ❖ 静电屏蔽措施。

学习目标

通过对本章内容的学习，读者应该掌握网络安全的定义、互联网的主要安全威胁、局域网的主要安全威胁、互联网的一般安全措施、局域网的一般安全措施、病毒的防护、防火墙的设置、防雷措施、静电屏蔽措施等知识，以全面提高自己保障网络安全的能力。

13.1 局域网安全攻略概述

随着计算机网络的不断扩大和各种网络的集成，人们对网络的依赖也极大地增加了。网络在使通信和信息共享变得更为容易的同时，也将机构的网络系统和数据更多地暴露在损坏与攻击当中。

网络通常通过电子公告板、Internet和计算机网线集成之类的方法与外部世界相连。TCP/IP是Internet的标准协议族，所有传统的TCP/IP网络应用都建立在它的基础上，包括万维网(WWW)、电子邮件(E-mail)、文件传输(FTP)等。TCP/IP除了用于广域网(WAN)外，也经常应用在局域网(LAN)中，使得由广域网入侵局域网变得非常容易。网络安全是指网络系统的硬件、软件及其系统中的数据应受到保护，不因偶然或者恶意的原因而遭到破坏、更改、泄露，系统能够连续、可靠、正常地运行，网络服务不应中断。

网络安全就其本质而言是网络上的信息安全，它涉及的领域相当广。从广义上讲，凡是涉及网络上信息的保密性、完整性、可用性、真实性和可控性的相关技术和理论，都是网络安全的研究领域。简单来讲，网络安全包括如下三个部分。

(1) 系统不被侵入。

(2) 数据不丢失。

(3) 网络中的计算机不被病毒感染。

13.1.1 认识网络安全

下面介绍网络安全的评价标准、特征和结构层次。

1. 网络安全的标准

1) 运行系统安全

运行系统安全用于保证信息处理和传输系统的安全，主要包括计算机系统机房环境的保护、法律政策的保护、计算机结构设计上的安全、硬件系统的运行安全、计算机操作系统和应用软件的安全、数据库系统的安全、电磁信息泄漏的防护等。它侧重于保证系统的正常运行，避免由于系统崩溃和损坏而对系统存储、处理和传输的信息造成破坏和损失，避免由于电磁泄漏，产生信息泄露或干扰他人。运行系统安全的本质是保护系统的合法操作和正常运行。

2) 网络上系统信息的安全

网络上系统信息的安全主要包括用户口令鉴别、用户存取权限控制、数据存取权限控制、方式控制、安全审计、安全问题跟踪、计算机病毒防治、数据加密等。其本质是保护系统信息。

3) 网络上信息传播的安全

信息传播后的安全，包括信息过滤等。它侧重于防止和控制非法、有害的信息进行传播，以避免公用通信网络上大量自由传输的信息失控。其本质是维护道德、法则或国家利益。

4) 网络上信息内容的安全

网络上信息内容的安全即狭义的“信息安全”。它侧重于考虑信息的保密性、真实性和完整性，避免攻击者利用窃听、冒充和诈骗等手段实施有损于合法用户权益的行为。其本质是保护用户的利益和隐私。

2. 网络安全的特征

网络安全应具有以下几个方面的特征。

(1) 保密性。信息不泄露给非授权用户、实体或过程，或不允许被非授权者利用。

(2) 完整性。数据未经授权不能进行改变，即信息在存储或传输过程中保持不被修改、不被破坏和丢失。

(3) 可用性。信息可被授权实体访问并按需求使用，即需要时能顺利存取所需的信息。网络环境中的服务封锁、破坏网络和有关系统的正常运行等行为都属于对可用性的攻击。

(4) 可控性。对信息的传播范围及内容具有控制能力。

(5) 可审查性：出现安全问题时提供依据与手段。

3. 网络安全的结构层次

网络的安全层次分为物理安全、控制安全、服务安全和协议安全。

1) 物理安全

物理安全包括以下几个方面的内容。

(1) 自然灾害(如雷电、地震、火灾等)、物理损坏(如硬盘损坏、设备使用寿命到期等)的预防与处置。

(2) 设备故障(如停电、电磁干扰等)、意外事故等。其解决方案是：采取有效的防护措施、制定健全的安全制度、及时对数据进行备份等。

(3) 电磁泄漏、信息泄露、干扰他人、受他人干扰、乘虚而入(如进入安全进程后半途离开)、痕迹泄露(如口令密钥等保管不善)。其解决方案是：辐射防护、屏幕口令保护、隐藏销毁等。

(4) 操作失误(如删除文件、格式化硬盘、线路拆除等)及意外疏漏。其解决方案是：状态检测、报警确认、

在浏览Internet上的网页时，难免会受到不良站点的骚扰，包括带有黄色内容的站点、带有反动信息的站点等。为了避免浏览到这些站点，用户可事先在Internet Explorer的安全设置选项中设置安全级别，使浏览器能够自动过滤掉这些站点。

应急恢复等。

(5) 计算机系统机房环境的安全漏洞。其特点是：可控性强，损失也大。其解决方案是：加强机房管理、运行管理、安全组织和人事管理。

2) 控制安全

控制安全包括下列基本内容。

(1) 计算机操作系统的安全控制，主要用于保护存储在磁盘上的信息和数据，如用户开机口令(某些微机主板有“万能口令”)、对文件读写的控制(如UNIX系统中的文件属性控制机制)等。

(2) 网络接口模块的安全控制。在网络环境下对来自其他机器的网络通信进程进行安全控制，主要包括身份认证、客户权限设置与判别、审计日志等。

(3) 网络互联设备的安全控制。对整个子网内所有主机的传输信息和运行状态进行安全监测和控制，主要通过网管软件或路由器配置实现。

3) 服务安全

服务安全包括对等实体认证服务、访问控制服务、数据加密服务、数据完整性服务、数据源点认证服务、禁止否认服务等。

4) TCP/IP协议安全

TCP/IP协议安全主要用于解决下列问题：

① TCP/IP协议数据流采用明文传输；

② 源地址欺骗或IP欺骗；

③ 源路由选择欺骗；

④ 路由信息协议攻击(RIP Attacks)；

⑤ 鉴别攻击；

⑥ TCP序列号欺骗攻击(TCP SYN Flooding Attacks)；

⑦ 易欺骗性。

13.1.2 网络安全的威胁

这里首先介绍主要的网络安全威胁，再介绍这些威胁的内外部因素。

1. 主要的网络安全威胁

1) 网络安全威胁的表现形式

网络安全的威胁有多种表现形式，具体如下。

(1) 自然灾害，意外事故。

(2) 计算机犯罪。

(3) 人为行为，例如使用不当、安全意识差等。

(4) 黑客行为，由于黑客的入侵或侵扰，例如非法访问。

(5) 内部泄密。

(6) 外部泄密。

(7) 信息丢失。

(8) 电子谍报，例如信息流量分析、信息窃取等。

(9) 信息战。

(10) 网络协议缺陷，例如TCP/IP协议的安全问题等。

2) 网络安全威胁的特征

网络中的主机可能会受到非法入侵者的攻击，网络中的敏感数据有可能泄露或被修改，从内部网向公共网传送的信息可能会被他人窃听或篡改等。攻击者主要利用TCP/IP协议的安全漏洞和操作系统的安全漏洞进行破坏。

影响网络安全的因素是多方面的，威胁可能来自网络外部，也可能来自局域网络内部。归纳起来，网络安全的威胁常表现为下列特征。

(1) 窃听：攻击者通过监视网络数据，获得敏感信息。

(2) 重传：攻击者事先获得部分或全部信息，其后将此信息发送给接收者。

(3) 伪造：攻击者将伪造的信息发送给接收者。

(4) 篡改：攻击者对合法用户间的通信信息进行修改、删除、插入，再发送给接收者。

(5) 服务封锁攻击：攻击者通过某种方法使系统响应变慢，甚至瘫痪，其目的是阻止合法用户获得服务。

(6) 行为否认：通信实体否认已经做出的行为。

(7) 假冒合法用户：利用各种假冒或欺骗手段非法获得合法用户的使用权，以达到占用合法用户资源的目的。

(8) 非授权访问：没有预先经过授权，就使用网络中的资源。主要形式有假冒、身份攻击，以及非法用户进入网络系统进行违法操作，合法用户以未授权方式进行操作等。

(9) 干扰系统的正常运行：改变系统正常运行的目的，以及延长系统的响应时间。

(10) 破坏数据完整性：通过各种方式破坏传输数据的完整性。

(11) 传播病毒：通过网络传播计算机病毒，其破坏性非常高，而且用户很难防范，如众所周知的CIH、“爱虫”病毒等，均具有极大的破坏性。

2. 威胁网络安全的因素

计算机网络安全受到的威胁包括黑客的攻击、计算

长见识

蓝牙首次配对需要用户通过PIN码验证，PIN码一般仅由数字构成，且位数很少，一般为4～6位。PIN码生成后，设备会自动使用蓝牙自带的E2或者E3加密算法来对PIN码进行加密，然后传输进行身份认证。在这个过程中，黑客可能通过拦截数据包，伪装成目标蓝牙设备进行连接或者采用“暴力攻击”方式来破解PIN码。

机病毒和服务封锁攻击等。威胁网络安全的因素是多方面的。

1) 内部因素

(1) 操作系统的脆弱性。

网络操作系统通过内置于系统中的访问控制、授权和选择性控制等特性来帮助用户维护系统的安全。但无论哪种操作系统，其体系结构本身就是一种不安全因素。由于操作系统的程序是可以动态连接的，包括I/O驱动程序与系统服务程序都可以用打补丁的方法升级和进行动态连接。该产品的生产商可以使用这种方法，黑客自然也可以使用，这种动态连接正是计算机病毒产生的温床。因此，使用打补丁与渗透方式开发的操作系统是不可能从根本上解决安全问题的。但是，操作系统所支持的程序动态连接与数据动态交换是现代系统集成和系统扩展的必备功能，因此，这是相互矛盾的两个方面。

操作系统不安全的另一个原因在于它可以创建进程，即使在网络节点上同样可以进行远程创建与激活。更令人不安的是，被创建的进程具有可以继续创建过程的权力。操作系统支持在网络上传输文件，并且能够在网络上加载程序，上述两个条件使得在远程服务器上安装"间谍"软件成为可能。如果把这种"间谍"软件以打补丁的方式"打"入合法的用户程序，尤其是"打"入特权用户所能运行的程序，那么系统进程与作业监视程序根本监测不到"间谍"的存在。

UNIX与Windows中的Daemon软件，实质上是一些系统进程，这些进程通常在等待某些条件的出现，一旦有满足要求的条件出现，程序便开始运行。这样的软件正好被黑客利用。更令人深感不安的是，Daemon具有与操作系统核心层软件同等的权力。

网络操作系统提供的远程过程调用(RPC)服务以及它所支持的无口令入口也是黑客进入系统的通道。

这些不安全因素充分暴露了操作系统在安全性方面的脆弱性，对网络安全构成了威胁。

(2) 计算机系统的脆弱性。

计算机系统的脆弱性主要来自操作系统的不安全性。DOS、Windows 9x和Windows 2000和Windows XP等操作系统的安全级别较低，基本没有安全防护措施，就像一个门户大开的屋子，只能用于一般的桌面计算机，而不能用于对安全性要求较高的服务器。UNIX、Windows 7及以后Windows系统的安全性远远高于Windows XP操作系统，但此类系统也存在安全漏洞，因为这两种系统中都存在超级用户(UNIX中的root和Windows中的Administrator)，如果入侵者得到了超级用户口令，整个系统将完全受控于入侵者。现在，人们正在研究一种新型的操作系统，在这种操作系统中没有超级用户，也就不会有超级用户带来的问题。现在很多系统都使用静态口令来保护系统，但口令被破解的可能性很大，而且蹩脚的口令维护制度会导致口令被窃取。口令丢失也就意味着安全系统的全面崩溃。

世界上没有能永久运行的计算机，计算机可能会因硬件故障或软件故障而停止运转，或被入侵者利用并造成损失。硬盘故障、电源故障和芯片、主板故障都是常见的硬件故障，软件故障则可能出现在操作系统或应用软件中。

(3) 协议安全的脆弱性。

当前，广泛应用于计算机网络系统的TCP/IP、SMTP、FTP、Telnet、POP、NNTP等协议都存在许多安全隐患。这些协议都未对其传输的数据加密。换言之，数据包途经的所有路由器都可分析，甚至存储由它所传递的任何数据包。同一局域网的用户也可利用特殊软件截取其他用户联网时收发的数据包。这些数据包内很可能含有用户的账号、密码、机密或个人隐私数据，由于未经加密，任何人都可由这些数据包轻易解读他人的秘密。

(4) 数据库管理系统安全的脆弱性。

由于数据库管理系统(DBMS)对数据库的管理是建立在分级管理概念上的，因此DBMS的安全性可想而知。对数据库管理系统构成威胁的行为主要有篡改、损坏和窃取等。另外，DBMS的安全必须与操作系统的安全配套，这是其明显的先天不足。

(5) 人为因素。

任何网络系统都离不开人的管理，但多数网络系统缺少安全管理员，特别是高素质的安全管理员。此外，缺少网络安全管理的技术规范，缺少定期的安全测试与检查，更缺少安全监控。令人担忧的是，许多网络系统尽管使用了多年，但网络管理员与用户的注册账号、口令等仍然处于默认状态。

2) 各种外部威胁

(1) 物理威胁。

物理安全是指保护计算机硬件和存储介质的安全。不让别人拿走自己的东西，也不让他们窥探自己的东西。常见的物理安全问题有偷窃、废物搜寻和间谍活动等。物理安全是计算机安全的重要方面。

像打字机和家具一样，办公计算机也是偷窃者的目标。不同于打字机和家具，计算机被偷窃所造成的损失可能数倍于被偷设备的价值。通常，计算机中存储数据的价值远远超过计算机本身的价值，所以必须采取严格

"流氓"软件是介于病毒和正规软件之间的软件，同时具备正常功能(下载、媒体播放等)和恶意行为(弹广告、开后门)，有时给用户带来实质性危害。

的防范措施以确保不会被人盗取。入侵者可能会像小偷一样潜入用户的机房，窃取计算机里的机密信息，也可能化装成计算机维修人员，趁管理人员不注意，进行偷窃。当然，内部职员也有可能偷窃机密信息，并将其卖给商业竞争对手。

废物搜寻者就像一个捡破烂的人，但这种人所需要的是一些机密信息。可能听起来很荒唐，谁愿意在一堆破烂里翻来翻去呢？事实上，这是很有可能的。用户的秘书可能会将一些打印错误的文件扔入废纸篓中，而不对其进行任何安全处理，如不把这些文件销毁，那么这些文件就有可能落入“捡破烂的”手中，从而造成信息泄密。

间谍活动是人们不能忽视的一种因素，现在商业间谍很多，一些商业机构可能会为击败对手而采取任何不道德的手段。另一方面，物理安全还包括通信设备的安全，如果网络通信设备发生了故障或被破坏，那么网络也就被损坏了，整个网络随之不可用。

(2)　网络威胁。

计算机网络的使用对数据造成了新的安全威胁。首先，在网络上存在着电子窃听。分布式计算机网络的特征是各种分立的计算机通过一些媒介相互通信，而且局域网一般是广播式的，人人都可以收到发向任何人的信息。当然，可以通过加密来解决这个问题，但现在强大的加密技术还没有在网络上广泛应用，况且密文也有可能被破译。

拨号入网时，调制解调器也存在安全问题，入侵者可能通过电话线侵入用户网络，从而对网络安全构成威胁。

最后，在因特网上存在着很多冒名顶替的现象，这种冒名顶替也是多种多样的，如一个公司可能会谎称一个站点是他们公司的站点，在通信中有的人可能冒充别人或冒充另一台机器访问某站点。

用于连接网络的双绞线、同轴电缆、电线或其他有线媒介容易毁坏和受到攻击。居心叵测者总有办法将这些线缆切断或摧毁，或对这些媒介中的数据进行窃听。另一方面，像微波、无线电波以及红外线等无线媒介也存在相应的问题。尽管这些技术不使用物理线缆，但受天气和大气层的影响，而且对外部干扰十分敏感，很容易被窃听或受带宽的限制。如果传输的信息是高度敏感的，那么采用无线媒介也会导致许多安全问题。

网络各部分之间媒介连接的安全是非常关键的，因为敏感信息有可能从此处泄露，从而导致问题，即使网络其他部分非常安全也是枉然。

(3)　身份鉴别。

身份鉴别是计算机判断用户是否有权使用它的一种方法。身份鉴别同样有多种实现形式，有的可能十分强大，有的比较脆弱。口令就是一种比较脆弱的鉴别手段，但它实现起来简单，所以被广泛采用。

口令圈套是靠欺骗来获取口令的手段，是一种十分简单的技巧。骗子会写出一个代码模块，运行起来像登录屏幕一样。如果将该模块插入到登录过程之前，则用户就会把用户名和口令告知这个程序，此程序则会把用户名和口令保存起来。此外，该代码模块还会告诉用户登录失败，并启动真正的登录程序，这样用户就不容易发现其中的诡计。

另一种得到口令的方法是用密码字典或其他工具软件来破解口令。有些人选用的口令十分简单，如生日、名字或字典中的单词，这样就很容易被破解。因此，应对用户的口令进行严格审查，并应用相关工具来检查口令是否妥当。

(4)　病毒感染。

病毒是一种暗中侵入计算机并且能够自主繁殖的可执行程序。具有恶意的程序也可称为病毒，不论这些程序能否自主繁殖。显然，病毒不是人们所希望的计算机或者网络的组成部分，即使不具有明显的破坏性，病毒也会干扰用户工作，占用系统的资源。

病毒不是单纯的群体，不同的病毒程序有不同的行为。根据其类型不同，分别使用不同的攻击方法。但是多数病毒程序都有如下共同的特征。

- ❖　自我复制。
- ❖　破坏性代码。
- ❖　进行条件判断以确定何时执行破坏性代码。
- ❖　隐蔽方法。

病毒可以传播、完成一些例行活动(不论是何种活动)，并且对自身进行隐藏，以便瞒天过海干自己的肮脏勾当。不是所有的病毒都包括以上特征，如纯粹的特洛伊木马程序可能看起来好像屏幕保护程序，但是它最终会清除用户硬盘中的数据，因此没有机会进行自我复制。同样，蠕虫程序可能只是不断地运行，不断地自身复制以吞噬计算机资源，却不会进行隐藏。

3. 计算机病毒概述

1)　计算机病毒的分类

通常，计算机病毒可分为如下几类。

(1)　文件病毒。该病毒在操作系统运行可执行文件时取得控制权并使自己寄生于正常的可执行文件上，当正常的可执行文件运行时，病毒会调出自己的代码来执行，接着返回正常执行序列。通常，这些情况发生得很

“流氓”软件之广告软件是指未经用户允许，下载并安装在用户计算机上，或与其他软件捆绑，通过弹出式广告等形式谋取商业利益的程序。此类软件往往会强制安装，难以卸载，在后台收集用户信息，危及用户隐私；频繁弹出广告，消耗系统资源，使其运行变慢等。

快，以致用户根本不知道病毒代码已被执行。

(2) 引导区病毒。该病毒会潜伏在磁盘的引导扇区，或硬盘的主引导记录中，如果计算机从被感染的磁盘引导，病毒就会把自己的代码调入内存。触发引导区病毒的典型事件是系统日期和时间。

(3) 混合型病毒。它是文件和引导扇区病毒的混合体，同时具有文件病毒和引导扇区病毒的特点。

(4) 秘密病毒。这种病毒通过挂接中断把它所进行的修改和自己的真面目隐藏起来，具有很强的欺骗性。例如，当某系统函数被调用时，病毒能够“伪造”结果，使一切看起来非常正常。

(5) 异形病毒。这是一种能变异的病毒，随着感染时间的不同而改变其形式。不同的感染操作会使病毒以不同的方式出现，传统的模式匹配查毒法对此显得软弱无力。

(6) 宏病毒。它可以感染非执行文件。宏病毒是利用宏语言编写的，不面向操作系统，所以它不受操作平台的约束，可以在DOS、Windows、UNIX、Mac甚至在OS/2系统中传播。这意味着宏病毒能被传到任何可以运行宏语言的机器中。宏病毒是病毒制造技术的一次“革命”。随着E-mail、WWW的迅速发展以及宏语言的广泛应用，宏病毒正逐渐泛滥成灾。

2) 计算机病毒的传播方式

计算机病毒通过某个入侵点进入系统来感染该系统。最明显也是最常见的入侵点是在工作站间传递的存储介质，如U盘。在计算机网络系统中，可能的入侵点还包括服务器、E-mail附件、BBS上下载的文件、WWW站点、FTP服务、共享网络文件及常规的网络通信、盗版软件、示范软件等。病毒进入系统以后，通常用以下两种方式传播。

(1) 通过磁盘的关键区域传播，主要感染工作站。

(2) 通过可执行文件传播，主要感染服务器。

3) 计算机病毒的工作方式

病毒的工作方式主要有如下几种。

(1) 变异：病毒可以创建类似于自己，但又不同于自身的“品种”，以逃过病毒扫描程序的检测。

(2) 触发：计算机病毒往往预先设置一些触发条件，一旦条件具备，病毒便被启动而立刻“工作”。

(3) 破坏：计算机病毒可以破坏文件系统，也可以删除系统文件。

4) 计算机病毒的特征

计算机病毒具有下列显著特征。

(1) 感染性：这是判别一个程序是否为计算机病毒的最重要条件。

(2) 未经授权性：正常程序的运行一般对用户是可见的、透明的；病毒具有正常程序的一切特征，但它隐藏在正常程序中，先于正常程序执行，其动作、目的对用户而言是未知的，是未经用户允许的。

(3) 隐蔽性：病毒通常躲在正常程序或磁盘中较隐蔽的地方，也有个别病毒以隐含文件形式出现，目的是不让用户发现它。一般在没有防护措施的情况下，计算机病毒程序取得系统控制权后，可以在很短的时间内感染大量程序，受感染后，计算机系统通常仍能正常运行，用户不会感到有任何异常。

(4) 潜伏性：大部分病毒感染系统之后，一般不马上发作，它可长期隐藏在系统中，只有在满足某种特定条件时才启动其破坏(表现)性模块。唯有如此，它才可以进行广泛传播。如令人难忘的4月26日发作的CIH病毒。这些病毒在平时隐藏得很好，只有在发作日才暴露其本来面目。

(5) 破坏性：任何病毒只要侵入系统，都会对系统及应用程序产生影响。轻者会降低计算机的工作效率，重者可以导致系统崩溃。

5) 计算机病毒的破坏行为

计算机病毒的常见破坏行为如下。

(1) 攻击系统数据区。

(2) 攻击文件。

(3) 干扰系统运行。

(4) 干扰键盘输入或屏幕显示。

(5) 攻击CMOS。

(6) 干扰打印机的正常工作。

(7) 网络病毒破坏网络系统，非法使用网络资源，破坏电子邮件，发送垃圾信息，占用网络带宽等。

6) 网络病毒的特点

Internet的迅速发展和广泛应用给病毒提供了新的传播途径，网络正逐渐成为病毒的第一传播途径。Internet带来了两种不同的安全威胁：一种威胁来自文件下载，这些被浏览或通过HTTP下载的文件有可能存在病毒；另一种威胁来自电子邮件，大多数Internet邮件系统提供了在网络间传送附件的功能。因此，感染了病毒的文档或文件就可能通过邮件服务器进入网络，网络使用的简易性和开放性使得这种威胁越来越严重。在网络环境下，计算机病毒具有如下一些新的特点。

(1) 感染方式多。病毒入侵网络的主要途径是通过工作站传播到服务器硬盘，再由服务器的共享目录传播到其他工作站。病毒的感染方式比较复杂，常见的有引

“流氓”软件之间谍软件是一种能够在用户不知情的情况下，在其计算机上安装后门，收集用户信息的软件。用户的隐私数据和重要信息会被“后门程序”捕获，并被发送给黑客、商业公司等。这些“后门程序”甚至能使用户的计算机被远程操纵，组成庞大的“僵尸网络”，这是目前网络安全的重要隐患之一。

导型病毒对工作站或服务器的硬盘分区表或 DOS 引导区进行感染；通过在有盘工作站上执行带毒的程序，从而感染服务器镜像盘上的文件。由于 LOGIN.EXE 文件是用户登录入网后首先被调用的可执行文件，因此该文件最易被病毒感染。一旦 LOGIN.EXE 文件被病毒感染，则每个工作站在使用它登录时便会被感染，并进一步感染服务器共享目录。服务器上的程序若被病毒感染，则所有使用这个带毒程序的工作站都将被感染。混合型病毒有可能感染工作站上的硬盘分区表或 DOS 引导区。病毒通过工作站的复制操作进入服务器，进而在网上感染。利用多任务可加载模块进行感染。

(2) 感染速度快。在单机上，病毒只能通过可移动磁盘从一台计算机感染另一台计算机。在网络中病毒则可通过网络通信机制迅速扩展。由于病毒在网络中感染速度非常快，故其扩展范围很大，不但能迅速感染局域网内的所有计算机，还能通过远程工作站将病毒瞬间传播到千里之外。

(3) 清除难度大。在单机上，再顽固的病毒也可通过删除带病毒文件、低级格式化硬盘等措施将病毒清除。网络中只要有一台工作站未消灭病毒就可使整个网络被病毒感染，甚至刚刚完成杀毒工作的工作站也可能被网上另一台工作站的带病毒程序感染。

(4) 破坏性强。网络上的病毒将直接影响网络的工作状况，轻则降低速度，影响工作效率；重则造成网络瘫痪，破坏服务系统的资源，使多年工作成果毁于一旦。

(5) 激发形式多样。可用于激发网络病毒的条件较多，可以是内部时钟、系统的日期和用户名，也可以是网络的一次通信等。一个病毒程序可以按照设计者的要求，在某个工作站上激活并发起攻击。

(6) 潜在性。网络一旦感染了病毒，即使病毒已被清除，其潜在的危险也是巨大的。有研究表明，病毒被清除后，85%的网络在 30 天内会被再次感染。

7) 常见的网络病毒

计算机网络的主要特点是资源共享。一旦共享资源感染了病毒，网络各节点间信息的频繁传输会把病毒传播到所有使用该共享资源的机器上，这样一台机器可能被多个病毒交叉感染。网络病毒的传播、再生、发作将造成比单机病毒更大的危害。

常见的网络病毒有以下几种。

(1) 电子邮件病毒。有毒的通常不是邮件本身，而是其附件，例如扩展名为 EXE 的可执行文件，或者是 Word、Excel 等可携带宏程序的文档。

(2) Java 程序病毒。Java 因为具有良好的安全性和跨平台执行能力，成为网页上最流行的程序设计语言。由于它可以跨平台执行，因此不论是 Windows 还是 UNIX 工作站，甚至是 CRAY 超级计算机，都可被 Java 病毒感染。

(3) ActiveX 病毒。ActiveX 是微软为 Internet 环境设计的插件，其扮演的角色与 Java 颇为类似，也是在浏览器中实现交互。当使用者浏览含有病毒的网页时，就可能通过 ActiveX 控件将病毒下载至本地计算机上。

(4) 网页病毒。上面介绍过 Java 及 ActiveX 病毒，它们大部分都保存在网页中。对这种类型的病毒而言，当用户浏览含有病毒程序的网页时，并不会受到感染。如果用户将网页存储到磁盘中，则使用浏览器浏览这些网页就有可能受到感染。

8) 网络对病毒的敏感性

(1) 对文件病毒的敏感性。

文件病毒可通过几种不同的途径进入文件服务器。用户将感染病毒的文件复制到文件服务器，用户在工作站上执行一个可直接操作文件的病毒代码，然后这种病毒就会感染网络上的可执行文件。用户在工作站上执行驻留内存的病毒代码，当访问服务器上的可执行文件时就对其进行感染。这里的每一种感染情况都会使文件病毒传播到网络文件服务器内的文件中。病毒渗透到文件服务器后，其他访问者可能在他们的工作站上执行被感染的程序。结果，病毒就可能感染用户本地硬盘中的文件和网络服务器上的其他文件。文件服务器成为可执行文件病毒的载体后，受病毒感染的程序便可能驻留网络中，除非这些病毒经过特别设计与网络软件集成在一起，否则它们只能从客户的机器上被激活。如果一个标准的 LOGIN.EXE 文件被一个内存驻留程序感染，某用户登录到网络之后，就会自动启动病毒，并且感染其他工作站的每一个程序。此外，那些开放了写权限的服务器中的文件也可能感染病毒。

文件病毒可以通过 Internet 毫无困难地发送。虽然可执行文件病毒不能通过 Internet 在远程站点上感染文件，然而 Internet 可以作为文件病毒的载体。

(2) 对引导区病毒的敏感性。

除混合型病毒外，引导区病毒也不能通过计算机网络传播。引导区病毒受到阻碍是因为它们被设计成使用低级的基于 ROM 的系统服务完成感染。这些系统服务不能通过网络调用。

混合型病毒既可以感染引导记录也可以感染可执行文件。尽管这些病毒不能通过网络传播而改写其他引导记录，但是可以通过感染了病毒的文件传播。一个受病

"流氓"软件之浏览器劫持软件是一种恶意程序，通过浏览器插件、BHO(浏览器辅助对象)、Winsock LSP 等形式对用户的浏览器进行篡改，使浏览器配置不正常，被强行引导到商业网站。用户在浏览网站时会被强行安装此类插件，普通用户根本无法将其卸载。被劫持后，用户只要上网就会被强行引导到其指定的网站，严重影响正常上网浏览。

毒感染的可执行文件可以通过网络发送到另一个客户机中执行。这样病毒就可以感染客户机硬盘的引导记录，或者在客户访问可移动磁盘时感染它。此外，病毒还可以感染客户机中的可执行文件。

(3) 对宏病毒的敏感性。

宏病毒可以在网络环境中生存。宏病毒不仅可以通过网络传播，而且可感染共享程度较高的文档文件。文档文件不同于程序文件，它通常是动态性的，所以不能对其进行写保护，这就为宏病毒肆虐打开了方便之门。此外，宏病毒还是独立于平台的，这一特性使得它对大量计算机用户构成了威胁。

就网络服务器而言，用户经常会把文档存放在文件服务器上，这样其合作者就可以读取或更新文档。如果这些文档用严格的访问限制保护起来，用户就不能更新其内容。因此，看到文档文件既有读权限又有写权限是再正常不过的事情。这样的文档很容易被感染。存放在服务器上的文档被感染后，其他用户通过宿主应用程序的本地副本访问这些文件时，其本地应用程序宏环境将很容易被病毒感染。

就 Internet 而言，被感染的文档可以很容易地通过 Internet 以几种不同的方式发送，如电子邮件、FTP 或 Web 浏览器。宏病毒也像文件病毒一样，无法通过 Internet 感染远程站点上的文件。因此，Internet 只能作为被感染数据文件的载体。

4. 系统漏洞

系统漏洞也称为陷阱，它通常是由操作系统开发者有意设置的，这样他们就能在用户失去了所有访问权时进入系统。就像汽车上的安全门，平时不用，在发生灾难或正常门被封死的情况下，人们可以使用安全门逃生。例如，AMS 操作系统中隐藏了一个维护账号和口令，这样软件工程师就可以在用户忘掉了自己的账号和口令时进入系统进行维修。又如，一些 BIOS 有万能口令，维护人员用这个口令就可以进入计算机。

广为使用的 TCP/IP 存在着很多安全漏洞，一些服务本身就是不安全的，如“r”开头的一些应用程序 Rlogin、rsh 等。Web 服务器的 Includes 功能也存在安全漏洞，入侵者可利用它执行一些非授权的命令。

许多操作系统和应用程序都存在安全漏洞，这些安全漏洞都源于代码。有时候人们编写一些攻击代码来测试系统的安全性，同样，黑客也可以利用一些代码来摧毁一个站点。例如，一个 CGI 程序的漏洞可能会被入侵者利用，以获得系统的口令文件。

5. 网络攻击的形式

在网络安全问题中，网络遭受攻击也许是最令人关心的问题。下面简单介绍网络受到各种攻击的形式。

网络遭受的攻击主要包括服务封锁攻击、电子邮件攻击、缓冲区溢出攻击、网络监听攻击、IP 欺骗攻击、扫描程序与口令攻击、计算机病毒攻击、木马攻击、路由和防火墙技术引发的攻击等。

1) 服务封锁攻击

服务封锁攻击是指一个用户占有大量的共享资源，使系统没有剩余的资源为其他用户提供服务的一种攻击方式。服务封锁攻击的结果是降低系统资源的可用性，这些资源可以是可用磁盘空间、Modem、打印机，甚至是系统管理员的时间。

服务封锁攻击是针对 IP 的核心进行的，它可以出现在任何一个平台上。UNIX 系统中的一些服务封锁攻击方式，完全可能出现在 Windows 和其他系统中，其攻击方式和原理大同小异。

服务封锁攻击是新兴攻击方式中最令人厌恶的攻击方式之一。这种攻击主要用来攻击域名服务器、路由器以及其他网络服务。网络遭到攻击后，往往无法正常运行和工作，甚至会瘫痪。

服务封锁攻击的方式很多，如可以向域名服务器发送大量垃圾请求数据包，使其无法完成来自其他主机的解析请求；制造大量的信息包，占据网络的带宽，减慢网络的传输速率，从而造成不能正常服务等。

2) 电子邮件攻击

电子邮件攻击是一种让人厌烦的攻击。传统的电子邮件攻击大多只是简单地向邮箱内扔去大量的垃圾邮件，从而充满邮箱，大量占用系统的可用空间和资源，使机器暂时无法正常工作。现在进行电子邮件攻击的工具在网络中随处可以找到，不但如此，更令人担心的是这些工具往往会让一些刚刚学会上网的人利用，因为它很简单。这些工具有很好的隐藏性，能保护攻击者的地址。过多的邮件垃圾往往会加重网络的负载和消耗大量的存储资源，还将使系统的 LOG 文件变得很大，甚至可能溢出，从而给 UNIX、Windows 等系统带来危险。

除了系统有崩溃的可能之外，大量的垃圾信件还会占用大量的 CPU 时间和网络带宽，从而降低正常用户的访问速度。例如，如果同时间内有近百人向一个大型军事站点发去大量的垃圾信件，这样很可能会使这个站点的邮件服务器崩溃，甚至造成整个网络中断。

“流氓”软件之行为记录软件是指未经用户许可，窃取并分析用户隐私数据，记录用户使用计算机的习惯、网络浏览习惯等个人行为的软件，它危及用户隐私，更可能被黑客利用来进行网络诈骗。

3)　缓冲区溢出攻击

缓冲区溢出是一个非常危险的漏洞，它是一个不论什么系统、什么程序都可能存在的漏洞。

由缓冲区溢出引发的安全漏洞最为常见，也是被黑客利用得最多的漏洞。因此，了解缓冲区溢出方面的知识很有必要。

缓冲区是内存中存放数据的地方。在程序试图将数据放到机器内存中的某一个位置的时候，如果没有足够的空间就会引发缓冲区溢出。故意引发缓冲区溢出是有一定企图的，攻击者可以设置一个超过缓冲区长度的字符串，然后植入缓冲区，向一个空间有限的缓冲区植入超长字符串可能会出现两个结果：一是过长的字符串覆盖了相邻的存储单元，引起程序运行失败，严重时可导致系统崩溃；另一个结果就是利用这种漏洞可以执行任意指令，甚至可以取得系统超级权限。大多数造成缓冲区溢出的原因是程序中没有对用户输入参数进行仔细检查。

4)　网络监听攻击

在网络中，当信息正在传播的时候，可以利用某种工具，将网络接口设置在监听模式，从而截获网络中正在传播的信息，然后进行攻击。

黑客一般都是通过网络监听来截获用户口令的。例如，当黑客占领一台主机之后，若再想将“战果”扩大到这个主机所在的整个局域网，监听往往是其选择的捷径。

13.1.3　网络安全防范措施

网络的安全防范措施有许多种形式。这些形式相互加强，如果一层失败，其他层还可以防止或者最大限度地减少损害。

1. 保护策略

1)　用备份和镜像技术提高数据可靠性

备份的意思是在另一个地方制作一份原件的副本，这个副本将被保存在一个安全的地方，以备在失去原件后使用。

应该有规律地进行备份，以避免因为硬件故障而导致数据损失。提高可靠性是提高安全性的一种方法，它可以保障今天存储的数据明天还可以使用。这类事件中的破坏者可能是有故障的芯片或者是无效的电源，甚至是天灾。

备份对防范人为破坏也至关重要。如果计算机的数据已经备份，就可以在另一台计算机上恢复。如果黑客攻破计算机系统后删掉所有文件，备份机制将能够把它们恢复。

但是备份也存在潜在的安全问题。备份数据是间谍偷窃的目标，因为它们含有秘密信息的精确副本。由于备份存在安全漏洞，一些计算机系统允许用户的特别文件不进行系统备份。

备份是最常用的提高数据完整性的措施，备份工作可以手工完成，也可以自动完成，现有的操作系统，如NetWare、Windows 和许多种类的 UNIX 系统都自带备份系统，但这种备份系统比较初级。如果对备份要求较高，应购买一些专用的备份系统。

镜像就是两个部件执行完全相同的操作，若其中一个出现故障，则另一个仍可以继续工作。这种技术一般用于磁盘子系统当中。

2)　创建安全的网络环境

监控以及授权用户能在系统中做什么，使用访问控制、身份识别/授权、监视路由器、使用防火墙程序以及其他一些方法，如口令/指纹鉴别、视网膜鉴别等。

3)　数据加密

借助网络，侵入者可以进入用户的系统并偷窃数据。可以使用防止非法进入的防黑软件来防范，也可以通过对信息进行加密来防范。这样，即使数据被偷走也很难识别。

4)　防治病毒

定期检查病毒，及时更新杀毒软件。注意病毒流行动向，及时发现流行病毒并采取相应的措施。对移动磁盘或下载的软件和文档加以安全控制。

5)　安装补丁程序

及时安装各种安全补丁程序，不要给入侵者以可乘之机。系统的安全漏洞若不及时修正，后果难以预料。现在，一些大公司的网站上都有这种系统安全漏洞的说明，并附有解决方法，应经常访问这些站点以获取有用的信息。

6)　仔细阅读日志

仔细阅读日志，有助于发现被入侵的痕迹，以便及时采取补救措施，或追踪入侵者。对可疑的活动一定要进行仔细分析，如有人在试图访问一些安全的服务端口，利用 Finger、TFTP、Debug 访问用户的邮件服务器等，都可视为可疑活动。其中最典型的情况就是有人多次企图登录到用户的机器上但多次失败，特别是试图以通用账号登录。

“流氓”软件之恶意共享软件是指某些共享软件为了获取利益，采用诱骗手段、试用陷阱等方式引诱用户注册，或在软件内捆绑各类恶意插件，未经允许即将其安装到用户机器里。软件集成的插件可能会造成用户浏览器被劫持、隐私被窃取等。

7) 提防虚假的安全

虚假的安全只是一种假象，通常侦测不到入侵，直到发生了重要损害或者入侵者被发现。发现了损害，管理员没有其他选择，只有安装新的安全系统。

8) 构筑防火墙

构筑防火墙是一种很有效的防御措施，但一个缺乏维护的防火墙也不会有很大的作用，所以还需要有经验的防火墙维护人员。虽然防火墙是网络安全体系中极为重要的一环，但并不是唯一的一环，绝不能因为有防火墙而高枕无忧。

事实上，许多黑客事件和因特网的关系很小。一些用来传送数据的电话线也可能成为侵入内部网络的途径。内部人员可能滥用访问权，由此导致的事故占全部事故的一半以上。防火墙不能防止内部的攻击，因为它只是在网络的边缘构筑了防御体系。防火墙不能解决的另一个问题是带有恶意的代码——病毒和特洛伊木马。虽然现在有些防火墙可以检查病毒和特洛伊木马，但这些防火墙只能阻挡已知的木马程序，而对新的特洛伊木马却无能为力。特洛伊木马不仅来自网络，也可能来自移动磁盘，所以应制定相应的策略，对进入系统的移动磁盘给予严格的检查。

如果不制定信息安全制度，如将信息分类、作标记、用口令保护工作站、实施反毒措施，以及对移动介质的使用情况进行跟踪等，即使拥有最好的防火墙也没有用。有些组织在连接局域网前不做好 PC 的安全措施，当其局域网连入因特网后，也就没有安全性可言。

2. 专用网络的保护

专用网络似乎是比较安全的，因为专用网络自成一体，不属于任何公用网络，没有与外部计算机的连接，甚至不连接 Internet。

然而，有一项统计表明，在侵犯计算机系统的人中，80%是在职员工，7%是前员工，只有 13%是外来者。由此可见，专用网络也存在安全隐患。

专用网络管理者需要关注下列几个问题。

1) 窃听与监视

普通的网络是比较容易被窃听的，例如通过电话线拨入网络时，窃贼可以窃听各种信息；通过终端及一些精巧的软件还可以监视键盘输入。因此，数据加密及基于会话层的密码体系对专用网络同样重要。

2) 身份鉴别

一般的网络系统缺乏鉴别身份的工具设备，一个窃贼通过各种手段获得密码以后，便可进入系统，肆意破坏。

3) 局域网的漏洞

有些网络的主机系统的安全设施比较完备，但局域网却存在许多漏洞。例如，密码太简单、地址混乱、物理线路不清等，所有这些都是有碍网络安全的因素。

4) 过分复杂的安全配置

没有安全配置自然无安全可言，但过分复杂地配置安全系统，也往往会出现问题。一个安全方案的逻辑过于复杂，层次嵌套过多，难免顾此失彼，自相矛盾，从而在自认为最安全之处可能出现漏洞。

5) 管理失误

管理失误是最严重的问题。技术上的问题往往比较容易解决，但管理上的问题则防不胜防。例如，员工安全意识不强，管理人员分工不明确或权限过大，对外来人员管理不严等。

以上都是专用网络管理者需要仔细考虑的问题，所涉及的技术复杂性并不很高，主要是管理问题。

对于要与公用网络连接的网络来讲，必须采取安全防范措施，通过一些已有的技术可以使大部分安全问题得以解决，其中最重要的技术便是防火墙技术和数据加密技术。

3. 个人计算机系统的保护

对网络中的普通用户而言，计算机即使连入 Internet，因其本身并没有什么秘密资源及敏感数据，网络安全与其关系不大。的确，普通用户不会有那么严重的安全问题，但应对以下几个方面的问题予以关注。

1) 防备来自网络的病毒

通过网络传播的形形色色的网络病毒大都是有害的，它们会使个人计算机甚至整个网络染上瘟疫。对于计算机病毒，一般的杀毒软件就能较好地解决。不过，由于不断有新病毒出现，杀毒软件也要经常更新。

2) 不运行来历不明的软件

除了病毒之外，还有许多黑客程序，这些程序企图通过攻击网络来破坏或操纵用户的计算机。从黑客程序的运行原理来看，黑客的服务程序必须由客户的程序激活。运行来历不明或盗版软件，很可能激活它。因此，用户不要随便从 Internet 上下载软件，尤其是不要轻信那些莫名其妙的 FTP 站点。现在的黑客程序可以轻易地捆绑在任何文件上，而用一般的手法又不能发现它，用户一旦运行它，就可能成为受害者。

另外，用户要时时提高警惕，对于电子邮件附件，打开前应该检查是否有黑客程序，以绝后患。不要随便

蓝牙的设计目标是为设备间组成一个无基站式局域网(类似于 WLAN 的 AdHoc 模式)，以便进行多设备间的近距离通信。为了保证私密性和安全性，蓝牙协议要求每次连接前必须进行身份认证。

关闭浏览器的安全警告，不要随意回答一些网页提出的关于用户个人的问题。尽可能把用户浏览器的 Cookie 功能关闭，因为很难判断别人将在 Cookie 中存放什么。

任何黑客入侵都是有一定迹象的，所以积极学习如何识别系统的异常现象，如何追踪入侵者，掌握正确的上网知识都是很有必要的。在进行加密或数据备份时，最好处于离线状态。

3)　加强计算机密码管理

加强对密码的管理，需注意以下几点。

(1)　不要将密码写在纸上。

(2)　不要在运行某个重要程序的过程中离开计算机，退出相关程序后再离开。

(3)　存放密钥的磁盘要妥善保管。

(4)　不要使用易被猜出的密码。例如，不要用生日或年龄等数字，最好是几项信息的一种组合，这样的密码既容易记忆又不易被猜测到。

4. 上网防护措施

用户在上网时，计算机系统往往会在不知不觉中受到侵害。例如，一些网站为了达到宣传自己网站的目的，会利用 IE 浏览器的漏洞来修改访问者的注册表信息，擅自修改 IE 浏览器的启动首页、标题栏、右键菜单等内容。有些甚至为了防止访问者修改注册表内相关的信息而改变注册表的访问权限。虽然用户可以通过修改注册表将大部分改动还原，但如此亡羊补牢，不但麻烦，而且可能造成一些不可挽回的损失，所以最好采取主动防范措施，防患于未然。

1)　设置警告提示

因为修改注册表设置一般用的是 JavaScript 脚本语言，所以只须禁用它即可。如果完全禁用，有些正常页面的提示可能会受到影响，所以可以将相应的选项设置为【提示】。

操作步骤

❶ 打开 IE 浏览器窗口，然后在工具栏中选择【工具】|【Internet 选项】命令，如下图所示。

❷ 弹出【Internet 选项】对话框，切换到【安全】选项卡，然后在【选择要查看的区域或更改安全设置】列表框中单击 Internet 选项，接着单击【自定义级别】按钮，如下图所示。

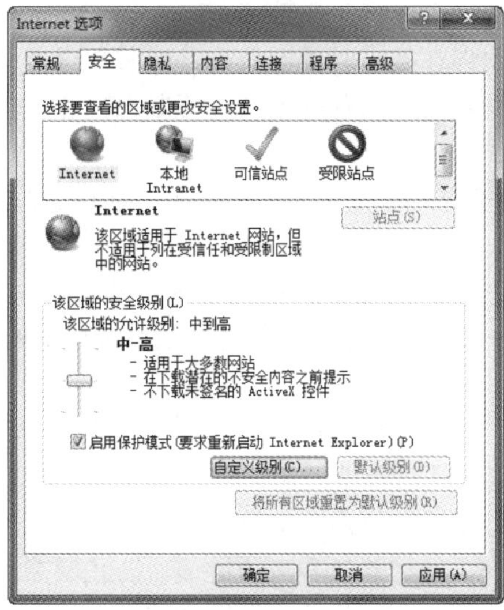

❸ 打开【安全设置-Internet 区域】对话框。在【设置】列表框【脚本】下的【Java 小程序脚本】选项组中选中【提示】单选按钮，再单击【确定】按钮，如下图所示。

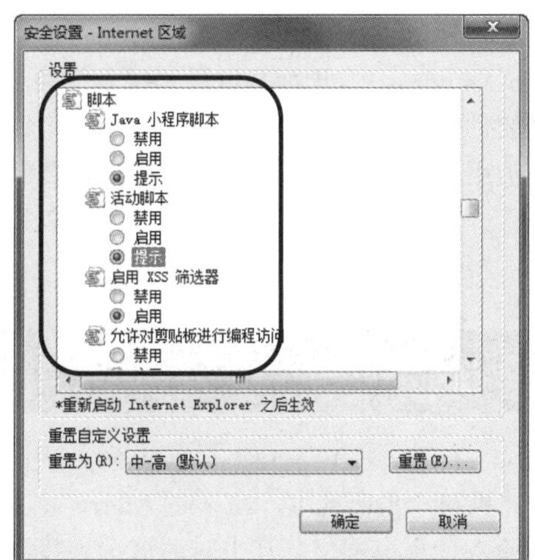

❹ 弹出【警告】提示框，提示是否要更改该区域的设置，如下图所示。单击【是】按钮，确认更改。

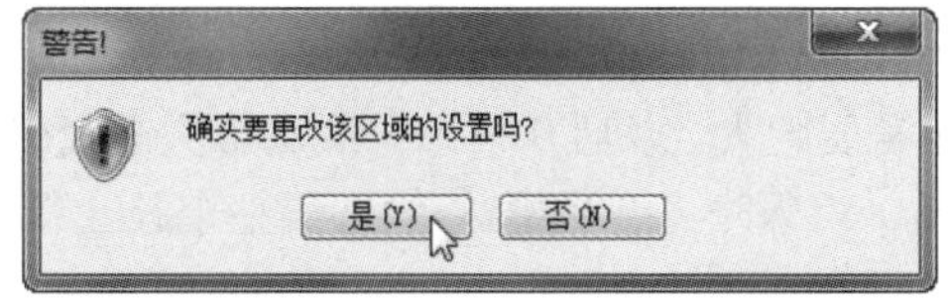

2)　使用多种浏览器软件

现在，除了常用的 IE 和 Netscape 浏览器软件外，还有很多浏览器软件，每种软件都有其独到之处，都有其存在的理由。可以试试那些单窗口多页面的浏览器，如 Net Captor、My IE 等。因为这些浏览器软件往往能更方便地切换脚本设置，像很多人比较喜欢的 Net Captor，通过工具栏上的【安全】按钮即可方便地设置是否启用脚

学以致用系列丛书

IPSec(IP Security，IP 安全)是指 IETF 以 RFC 形式公布的一组安全 IP 协议集，是在 IP 包级为 IP 业务提供保护的安全协议标准，其基本目的是把安全机制引入 IP 协议，通过使用现代密码学方法支持加密性和认证性服务，使用户能有选择地使用，得到所期望的安全服务。

长见识

本、ActiveX 和 Cookie 等。

3) 及时进行软件升级

每种软件在推出时都有缺陷，随着软件的使用这些缺陷被逐渐发现，软件开发者也不断推出相应的补丁来弥补这些缺陷。

IE 浏览器同样存在这样的问题。为了保证上网的安全，要及时升级 IE 浏览器版本或者下载补丁程序，因为这些修改都是针对 IE 浏览器漏洞的，所以升级版本或者相应补丁包在一定程度上能减少这些非法修改情况的发生。

4) 手工修改注册表

对注册表比较熟悉的用户，可手工修改注册表，以防止注册表被非法修改。

用户可以通过注册表编辑器或其他注册表编辑软件打开注册表。通过修改相应的键值以防止其启动页、标题栏被修改，也可以设置注册表的安全选项不被修改。建议在修改注册表前先对注册表进行备份，以免造成不必要的损失。

5) 使用病毒检测防护软件

现在许多病毒防护软件都具有网络检测和防护功能，能够有效地防止计算机被攻击。常见有瑞星杀毒软件、Norton Antivirus、卡巴斯基以及一些专门的防火墙软件，这些软件能对一些可疑代码进行拦截，可以在一定程度上保护用户的计算机。需要注意的是，要经常对这些软件进行升级，否则再好的防护软件也难以抵御新的破坏技术。

13.1.4 病毒防护

1988 年 11 月 2 日下午 5 时 1 分 59 秒，美国康奈尔大学的计算机科学系研究生，23 岁的 Morris 将其编写的蠕虫程序输入计算机网络。几小时后这个连接着大学、研究机关的约 155000 台计算机的网络严重堵塞，整个网络全部瘫痪。这件事就像计算机世界的一次大地震，震惊了全世界，引起了人们对计算机病毒的恐慌。从此，“病毒”成为计算机界一个令人惶恐的词语，而病毒队伍也不断发展壮大。以后几乎每一次病毒大爆发(CIH、I Love You、欢乐时光、尼姆达等)都给整个社会带来了重大损失。

病毒不仅可以对单独的计算机造成损坏，还会对局域网甚至 Internet 造成不可估量的损坏。网络是病毒传播的重要途径，本节主要针对局域网应用中应该注意的病毒防护进行叙述。

1. 选购反病毒软件

要使计算机时刻保持正常状态，最主要的是对病毒的预防。因此，选用一款专业的反病毒软件非常必要。面对目前反病毒软件市场异常火爆的景象，用户应如何选购反病毒软件呢？下面从使用、服务等方向为用户选购反病毒软件提供一些建议。

1) 使用方面

反病毒软件首先应有一个友好的用户界面，方便使用和管理。全面的在线帮助手册和病毒资料不可缺少。其次，对鼠标右键功能的支持虽是一个小功能，却很好地利用了 Windows 资源管理器功能，用户可以方便地随时就单个文件和目录进行扫描，还能在 Windows 点对点连接中对其他 PC 进行扫描。历史日志的记录也是不可缺少的，通过它可以清楚地了解过去系统所做的工作，便于管理。

反病毒软件的安装和卸载均应以向导形式进行，并提供多种选择。这样，可以方便用户同时使用两种以上的反病毒软件，在某些功能上根据各软件的特点加以取舍。软件还应具备自动卸载功能。另外，系统已经感染病毒之后，在安装反病毒软件时，反病毒软件应该能够自动查出内存中存在的病毒；在安装过程中，自动将病毒隔离；在重新启动机器后，自动清除病毒，并保持自身的完整，时刻监视自身不被病毒感染。

创建急救盘对挽救用户系统至关重要。急救盘将用户宝贵的系统文件资料进行备份，以便在系统受病毒侵犯而崩溃时进行恢复。急救盘必须包括本机的 DOS/Windows 启动文件，能够正确备份和恢复主引导记录和引导扇区。

2) 服务方面

病毒的产生日新月异，每天都有新病毒产生。反病毒软件主要依靠病毒特征代码库来发现程序是否中毒，它能够搜集绝大多数病毒的特征代码，其病毒特征代码的升级平均每周一次。当前通过 Internet 进行病毒定义升级已成为潮流，好的反病毒软件可直接在线进行升级，或者从 Web 或 FTP 站点升级。因此，要求反病毒软件厂家提供及时、快捷、简便的升级服务。

由于反病毒软件将在不同的计算机环境下被不同水平的计算机用户使用，这就要求反病毒软件厂家为用户提供及时的服务。诸如解答用户在安装、卸载和软件使用过程中遇到的问题，以及用户对计算机异常现象的处理等。就像医院一样，反病毒软件厂家应为用户提供有关病毒防治的24小时服务。

3) 选购反病毒软件的建议

首先，对反病毒软件的选择，用户应根据自己的使用条件及应用环境选择服务及信誉优秀的厂家和经销商，以确保质量及售后服务。

SSL 协议建立在可靠的 TCP 传输控制协议之上，并且与上层协议无关，各种应用层协议(如 HTTP、FTP、Telnet 等)能通过 SSL 协议进行透明传输。

其次，从正规渠道购买正版反病毒软件。只有这样才可获得售后服务。

不看广告，看疗效，这也是选择反病毒软件的一条经验。以别人的使用体会作为判断依据，还可直接询问商家详细了解产品的功能。

最后，价格因素。反病毒软件的价格是不同的，它是制约用户购买的一个因素。太便宜的产品可能功能差或售后服务不佳，太贵的产品可能用户难以接受或有些功能用户不需要。

因此，用户购买反病毒软件时必须要搞清其真正的技术含量。

反病毒软件市场上常见的有瑞星、金山毒霸、Norton、卡巴斯基、赛门铁克防病毒工具等。

2. 典型杀毒软件介绍

这里笔者介绍一款功能十分强大的杀毒软件——卡巴斯基反病毒软件 2011 版，该软件为计算机的信息安全提供了组合解决方案，可使用户的计算机免受各种网络威胁。

用户可从官方网站 www.kaspersky. com.cn 下载卡巴斯基的最新版本，也可以从国内大型的软件下载站点下载该软件，如华军软件园 www.onlinedown.net、天空软件站 www.Skycn.com 等。程序的安装相当简便，这里不再赘述。下面介绍该软件的使用细节。

1)　激活软件

仅仅安装完卡巴斯基反病毒软件并不能正常使用它的功能，还需要激活程序。下面介绍其操作步骤。

操作步骤

1. 安装完程序后，会弹出配置向导对话框，如下图所示。选中【激活商用版本】单选按钮，接着在文本框中输入激活码，再单击【下一步】按钮，开始激活软件。

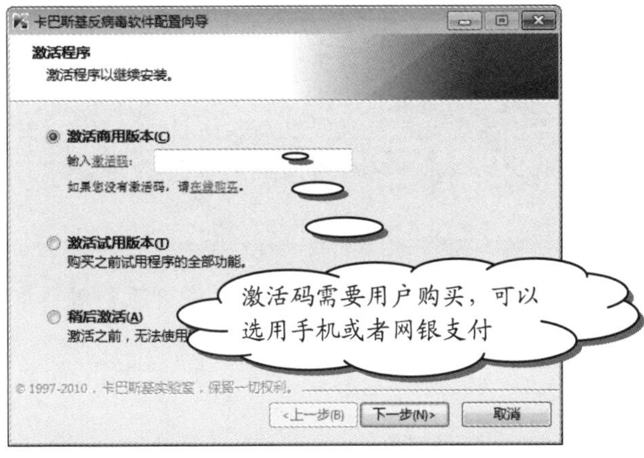

提示

如果用户没有激活码，想要体验一下卡巴斯基的功能，此时可以选中【激活试用版本】单选按钮或者选中【稍后激活】单选按钮。之后的操作与激活商用版本的操作一样，这里不再一一赘述。

2. 激活成功后，弹出如下图所示的对话框，单击【下一步】按钮。

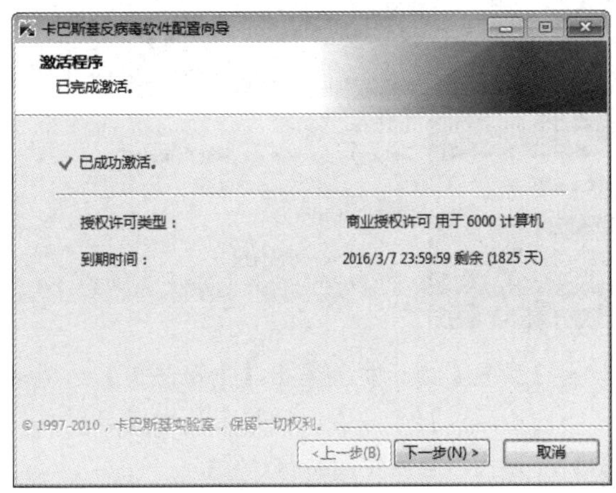

3. 开始收集、分析系统信息，显示分析进度，并弹出【系统分析】界面，如下图所示。

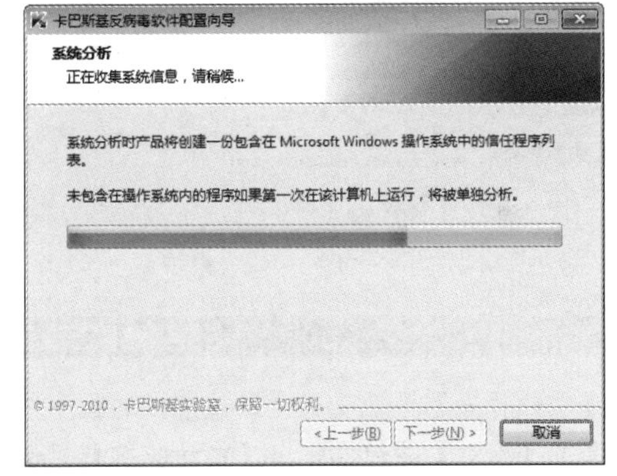

4. 系统分析完成后，弹出【安装完成】界面。单击【完成】按钮，完成激活，如下图所示。

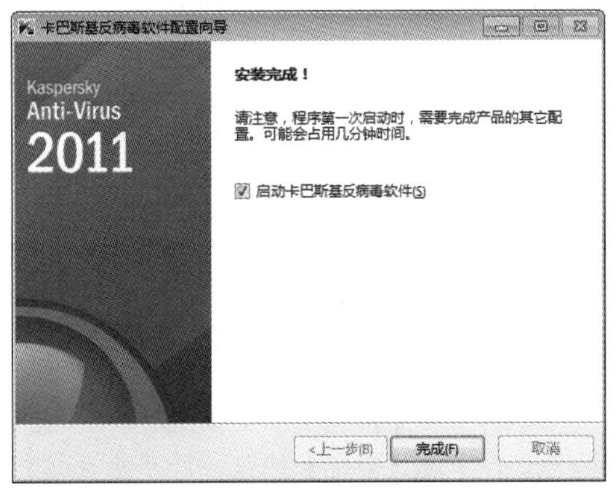

AAA 是 Authentication Authorization Accounting(验证、授权和记账)的简称，主要目的是管理哪些用户可以访问网络服务器，具有访问权的用户可以得到哪些服务，如何对正在使用网络资源的用户进行记账。

2) 主动防御

卡巴斯基反病毒软件的主动防御功能可以有效地阻止未知安全威胁的干扰。

操作步骤

❶ 双击系统托盘上的卡巴斯基图标，启动卡巴斯基程序，然后在主界面上单击【设置】按钮，如下图所示。

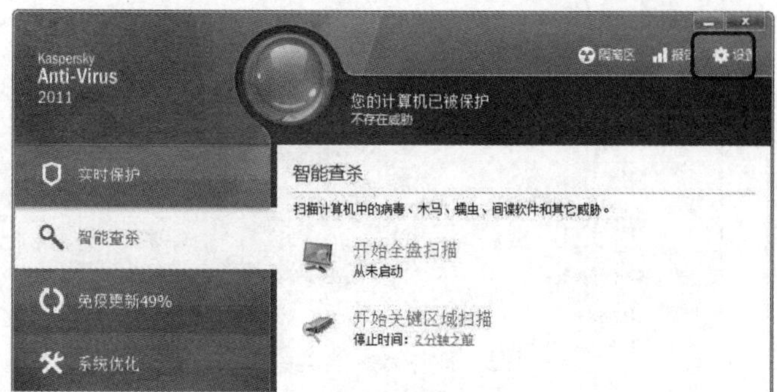

❷ 弹出【设置】对话框。单击【主动防御】选项卡，如下图所示。接着在右侧窗格中选中【启用主动防御】复选框，启用主动防御。

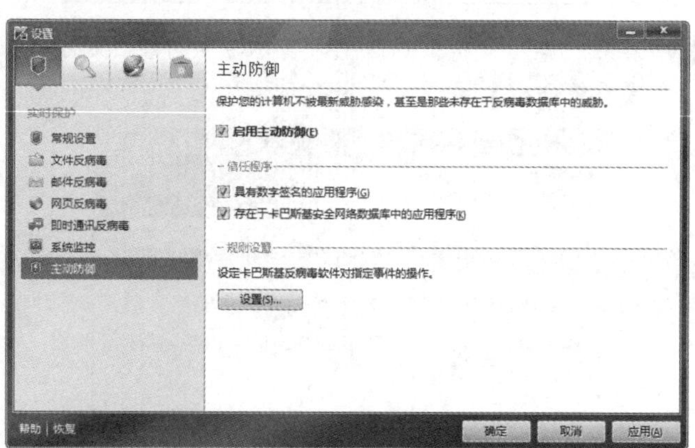

❸ 在【信任程序】区域设置可以被信任的程序选项，再单击【设置】按钮，弹出【主动防御】对话框，如下图所示。在列表框中选择一项事件，接着在【规则描述】区域单击【提示操作】链接。

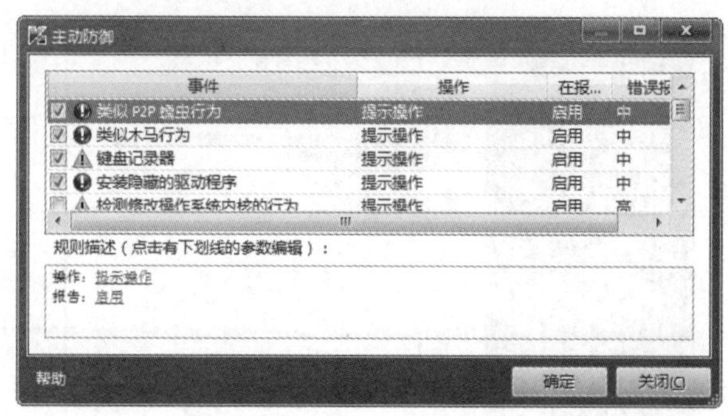

❹ 弹出【选择操作】对话框，如下图所示。选择此事件的操作，单击【确定】按钮，则可关闭对此事件的防御。

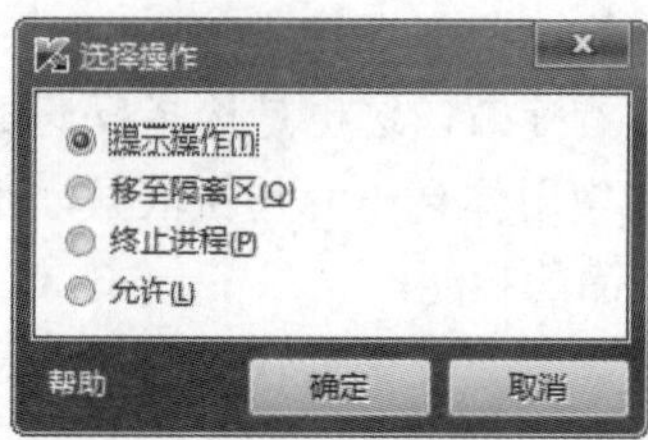

❺ 查看主动防御的方法同上面两者相同。

3) 更新病毒库

为了使病毒库保持最新，用户需要经常更新病毒库，具体操作步骤如下。

操作步骤

❶ 启动卡巴斯基程序，然后在主界面上选择【免疫更新】选项，打开其选项卡，如下图所示。

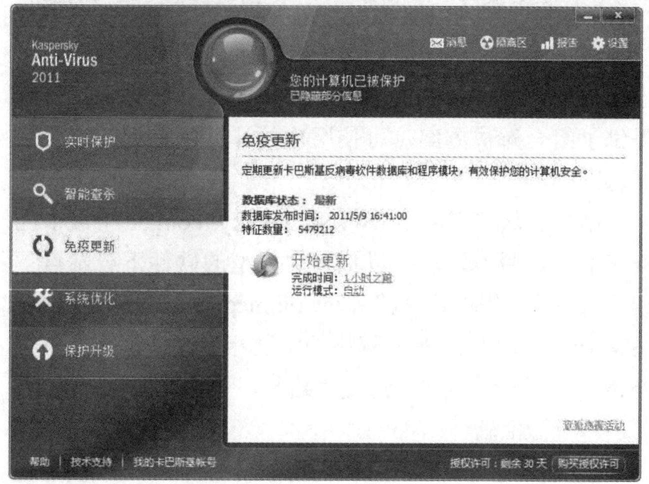

❷ 单击【开始更新】按钮，开始更新，如下图所示。

免疫更新

定期更新卡巴斯基反病毒软件数据库和程序模块，有效保护您的计算机安全。

数据库状态：最新
数据库发布时间：2011/5/9 16:41:00
特征数量：5479212

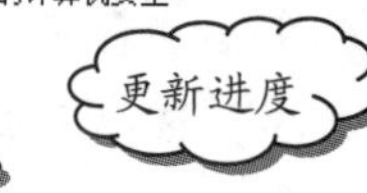

正在更新 7%
状态：下载文件
已下载：20.1 KB

技巧

右击系统托盘处的卡巴斯基反病毒软件图标，从弹出的快捷菜单中选择【更新】命令，也可以更新病毒库。

❸ 在更新进度处单击，弹出【免疫更新】对话框，如下图所示。

长见识

笔记本电脑在不插电的情况下，可以将卡巴斯基设为节电模式，该模式可以禁用计划扫描和更新任务，以节省电量。

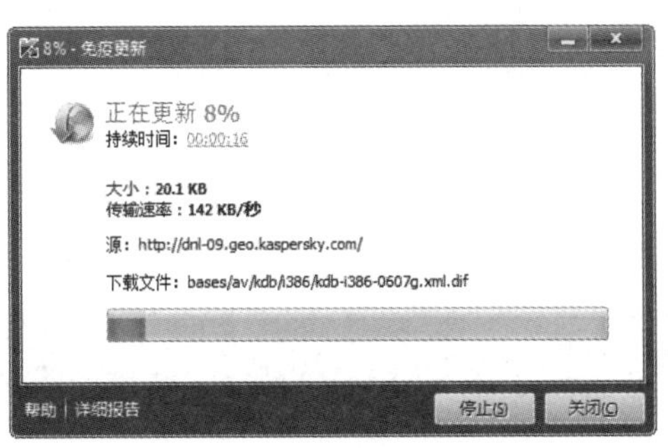

❹ 待更新完毕，数据库状态显示为“最新”。

注意

如果更新失败，在【免疫更新】选项卡右侧将会出现【恢复到上一次更新】选项，单击该选项可以恢复病毒库，如下图所示。

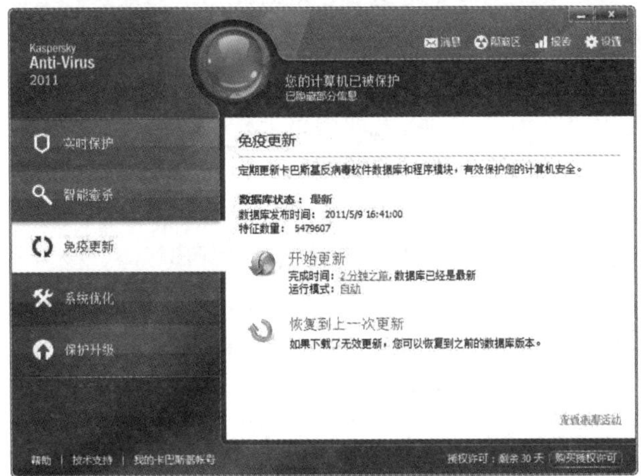

技巧

除了使用上述方法手动更新软件外，还可以设置更新计划。方法是：在主界面上单击【设置】按钮，然后在弹出的对话框中单击免疫更新图标，接着在左侧列表中单击【更新设置】选项，再在右侧列表中设置更新程序的运行模式和更新源等参数，最后单击【确定】按钮，如下图所示。

4) 扫描病毒

卡巴斯基反病毒软件为广大用户提供了三种病毒扫描方法，分别是关键区域扫描、全盘扫描和自定义扫描，其功能如下。

(1) 关键区域扫描：指对计算机中的系统、内存以及进程等关键内容进行查毒。这些关键区域的安全对计算机的运行至关重要。

(2) 全盘扫描：对计算机磁盘中的所有文件进行彻底的扫描，以检测隐藏于其他磁盘或文件中的病毒。

(3) 自定义扫描：若对上面两种扫描方式都不满意，可以通过自定义扫描功能，指定扫描区域。

下面一起来学习如何扫描关键区域，具体操作步骤如下。

操作步骤

❶ 启动卡巴斯基程序，然后在主界面上单击【智能查杀】选项，接着在右侧窗格中单击【开始关键区域扫描】选项，如下图所示。

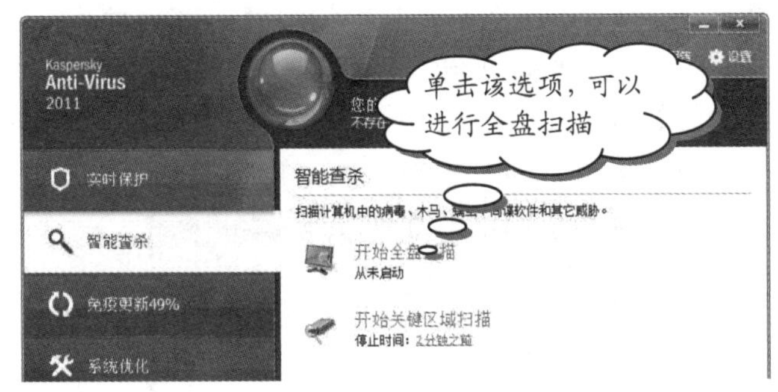

❷ 开始关键区域扫描，如下图所示。

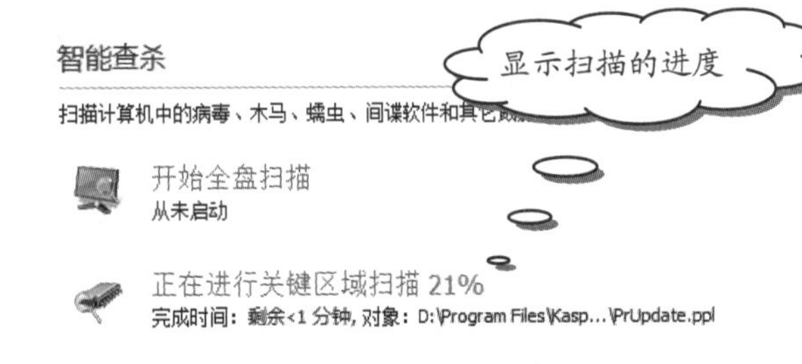

❸ 这时单击【正在进行关键区域扫描】选项，弹出如下图所示的【关键区域扫描】对话框。

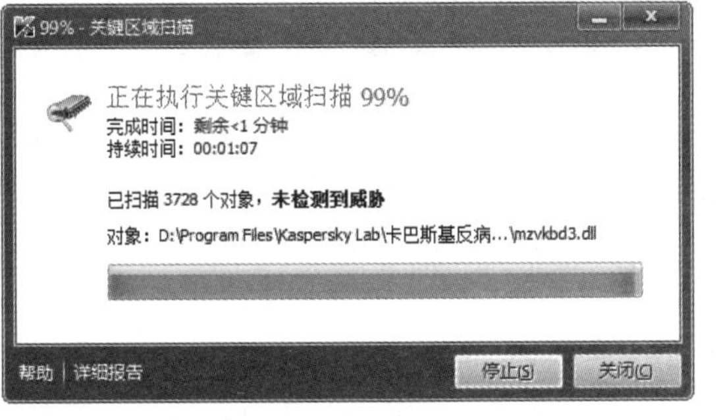

卡巴斯基反病毒软件提供了安全键盘功能，这是一个虚拟的键盘，防止一些木马程序通过监控键盘操作的情况而盗取用户账号。

长见识

4. 单击【停止】按钮，终止本次扫描；单击【关闭】按钮，关闭该对话框。
5. 若要对【关键区域扫描】的扫描范围等进行设置，单击【设置】按钮，弹出【设置】对话框，切换到【关键区域扫描】选项卡，如下图所示。

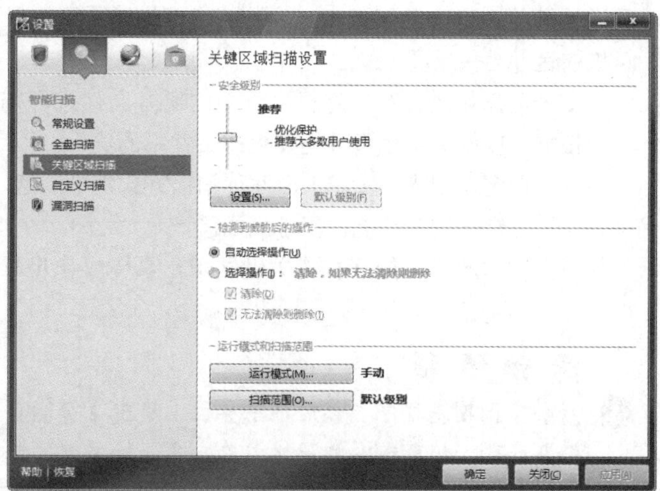

6. 设置【安全级别】、【运行模式】、【扫描范围】等参数。单击任何一个按钮，打开【关键区域扫描】对话框，如下图所示，可以进行关键区域扫描的设置。

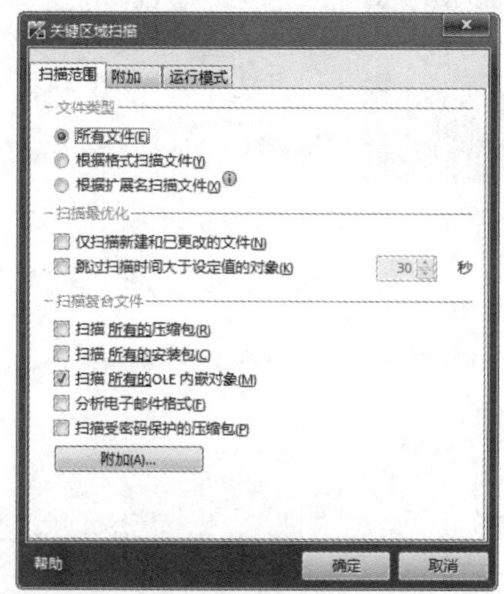

13.2 黑客

黑客(Hacker)一词被赋予了太多的含义。从某种程度上讲，早期计算机技术和网络的发展应该得益于这些勇于探索和钻研的人物，正是他们无私的奉献成就了UNIX、Internet、WWW和许许多多其他的软件与技术。在信息安全领域，黑客既用来指代未经许可侵入他人系统的入侵者(Cracker)，也包括进行计算机安全系统调试和分析的人员。主流社会常把黑客看作计算机罪犯，因为媒体时常会报道他们的违法行为。下面统一使用“黑客”这一名称来指代从互联网发动攻击的入侵者或破坏分子。

13.2.1 黑客攻击的常用手段

黑客会为了获取想要的资料而攻击网络上的计算机，破坏分子经常会使用各种入侵工具和方法。普通用户了解一些常见的攻击手段，可以有针对性地使用各种防御措施来保障系统安全。

(1) 利用系统漏洞：黑客会通过各种工具扫描网络上的计算机，试图找出系统中可利用的安全漏洞。由于软件的安全问题不可避免，应对此手段的最好方法仍是使用Windows Update及时安装最新的安全补丁。

(2) 获取用户口令：常用的方法包括伪造登录界面、使用监听程序或设备截取网络上传输的用户口令，以及使用专门的软件强行破解登录密码。应对措施包括提高自己的安全意识(如及时注销用户与清除历史记录)，必要时使用加密连接，为账户创建强密码等。

(3) 放置木马：用户访问一些被植入代码的网页，或是打开来源不明的文件与链接时，黑客散布的木马就可能在系统中安家落户，而木马可以在用户未察觉的情况下将黑客所需的任何信息传输出去。除了警惕来源不明的数据和使用防火墙外，用户应当定期使用安全工具扫描系统以清除潜在的威胁。

用户应注意的其他事项包括停止系统中的危险服务，关闭特定的端口等。

13.2.2 如何防范黑客攻击

1. 加强网络安全

随着互联网技术的不断发展，黑客攻击网站的情况频繁出现，为广大计算机用户带来巨大的损失。针对目前这种局势，网管人员可以从以下几点加强网络安全。

(1) 对重要数据和资料进行备份，并将备份所用的存储设备单独放置，而不是连在互联网上。这是网站或系统遭到恶意攻击后最好的解救方法。

(2) 特别重要的网站要做到24小时有网络管理员值班，并采取技术措施循环检查系统日志，以及动态IP的变化。

(3) 无人值守网站时，关闭一切连在互联网上的供工作人员使用的计算机终端设备，因为绝大多数黑客攻

蓝牙使今天的一些便携式移动设备和计算机设备能够无线接入互联网。

击时往往从这些防范薄弱的计算机终端侵入，从中找到网站或系统的弱点，进而取得管理员用户密码，夺取网站管理的超级权限，借此攻击网站系统内的其他机器。

(4) 检查所有用户口令，特别是管理员的超级权限口令，尽量做到口令中同时含有数字、大小写字母、符号等。因为口令的组合多，解码将是相当困难的，而且口令长度不得小于 8 位。另外，还要经常去有关的安全站点下载系统补丁程序，尽可能地将系统的漏洞补上。

2. 防范黑客攻击的措施

加强网络安全后，下面介绍几点防范黑客攻击的措施。

(1) 设置密码时，选用安全的口令。口令应该包括大小写字母，有控制符更好；口令不要太常规，尽量设置复杂无规律的密码；应保守秘密并经常更换。

(2) 将整个内网通过 VLAN 进行划分隔离，缩小安全问题的影响范围。

(3) 使用 NIDS，及时侦测网络中的异常并确定异常的来源，以帮助管理员迅速解决。

(4) 网络设备本身的安全使用，如管理账号密码的安全，严格的访问控制，功能的合理设置等。

(5) 重要的网络连接应通过 IPSec(Internet 协议安全)进行加密，防止网络侦听。

(6) 要对网络进行流量分析、带宽控制，以满足关键性业务运行的要求。

(7) 对网络的接入设备进行审核，防止非法接入，确保安全接入，如是否为企业内部设备，是否安装了防病毒软件，是否更新了关键补丁等。

(8) 加强网络行为的管理，避免网络被滥用而影响正常的业务。

(9) 核心的交换设备应实现完全冗余。

13.3 防火墙

防火墙指的是一个由软件和硬件设备组合而成，在内部网和外部网之间、专用网与公共网之间的界面上构造的保护屏障。它是一种获取安全性方法的形象说法，它是一种计算机硬件和软件的结合，在互联网之间建立起一个安全网关，从而保护内部网免受非法用户的侵入。

13.3.1 认识防火墙

TCP/IP 协议在互联网中的迅速崛起，使得 Internet 风靡全球。然而，最初主要应用于学术研究的 Internet 以及通信协议，使得当时用户和主机之间互相信任，可以进行自由开放的信息交换。如今 Internet 上的每个人都可能遇到安全风险，以各种非法手段企图侵入计算机网络的黑客，随着网络覆盖范围的扩大而增加，从而使网络安全成为任何一个计算机系统必须考虑的因素。Internet 的安全问题成了关注的焦点。早在 1994 年，在 IAB (Internet 体系结构理事会)的一次研讨会上，扩充与安全就是当时讨论的最重要的两个问题。

为了保障计算机系统的安全，尤其在 Internet 环境中，网络安全体系结构的考虑和选择显得尤为重要。采用传统的防火墙网络安全体系结构不失为一种简单有效的方案。防火墙在因特网与内部网中的位置如下图所示。

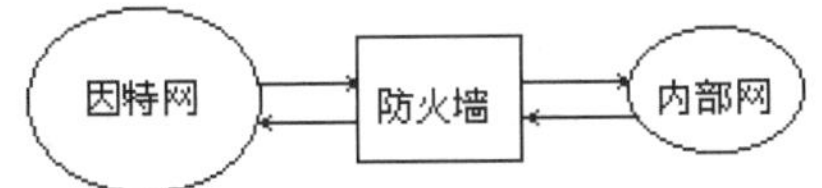

1. 防火墙的定义

古时候，当人们在构筑和使用木质结构房屋的时候，为防止火灾的发生和蔓延，往往将坚固的石块堆砌在房屋周围作为屏障，这种防护构筑物称为防火墙。当今的电子信息世界借用这个概念，使用防火墙来保护敏感的数据不被窃取或篡改，不过这些防火墙是由先进的计算机系统构成的。

防火墙犹如一道护栏隔在被保护的内部网与不安全的非信任网络之间，这道屏障的作用是阻断来自外部的对本网络的威胁和入侵，保护本网络的安全。

一般说来，防火墙是指设置在不同网络(如可信任的企业内部网和不可信的公共网)或网络安全域之间的一系列部件的组合。它是不同网络或网络安全域之间信息的唯一出入口，能根据网络的安全策略控制(允许、拒绝、监测)出入网络的信息流，本身具有较强的抗攻击能力。它是提供信息安全服务、实现网络和信息安全的基础设施。

防火墙是一种非常有效的网络安全模型，通过它可以隔离风险区域(即 Internet 或有一定风险的网络)与安全区域(局域网)的连接，同时不会妨碍人们对风险区域的访问。防火墙可以监控进出网络的通信量，仅让安全、核准了的信息进入，同时抵制对局域网构成威胁的数据。随着安全问题上的失误和缺陷越来越普遍，对网络的入侵不仅来自高超的攻击手段，也有可能来自配置上的低级错误或不合适的口令选择。防火墙的作用就是防止不希望的未经授权的信息进出被保护的网络。因此，作为

软件的可靠性是指软件在特定的环境条件下，在给定的时间内，不发生故障的性质；或者指软件在规定的时间和规定的条件下，能正常地完成规定的功能而无差错。

第一道安全防线，防火墙已经成为世界上用得最多的网络安全产品之一。

在逻辑上，防火墙是一个分离器、一个限制器，也是一个分析器，它有效地监控内部网和Internet之间的任何活动，保证内部网络的安全。从具体实现上来看，防火墙是一个独立的进程，运行于路由器或服务器上，控制经过它们的网络应用服务及传输的数据。安全、管理、速度是防火墙的三大要素。

2. 防火墙的优点

防火墙能提高主机的整体安全，因而给局域网带来了众多的好处。它主要有以下几方面的优点。

1) 防火墙是网络安全的屏障

一个防火墙(作为阻塞点、控制点)能极大地提高一个内部网络的安全，并通过过滤不安全的服务降低风险。由于只有经过精心选择的应用协议才能通过防火墙，所以网络环境变得更安全。如防火墙可以禁止众所周知的不安全的NFS协议进出受保护的网络，这样外部攻击者就不可能利用这些脆弱的协议来攻击内部网络。防火墙可以保护网络免受基于路由的攻击，如IP选项中的源路由攻击和ICMP重定向中的重定向路径。防火墙可以拒绝所有以上类型攻击的报文并通知防火墙管理员。

2) 控制对主机系统的访问

防火墙有能力控制对主机系统的访问。例如，某些主机系统可以由外部网络访问，而其他主机系统则能被有效地封闭起来，以防止有害的访问。通过配置防火墙，允许外部主机访问WWW服务器和FTP服务器的服务，而禁止外部主机对内部网络上其他系统的访问。

3) 监控和审计网络访问

如果所有的访问都经过防火墙，那么防火墙就能记录这些访问并做出日志记录，同时也能提供网络使用情况的统计数据。当发生可疑动作时，防火墙能进行适当的报警，并提供网络是否受到监测和攻击的详细信息。另外，收集一个网络的使用和误用情况也是非常重要的，可以清楚防火墙是否能够抵挡攻击者的探测和攻击，并且清楚防火墙的控制是否充足。

4) 防止内部信息外泄

通过利用防火墙对内部网络的划分，可实现内部网重点网段的隔离，从而限制局部重点或敏感网络安全问题对全局网络造成的影响。另外，使用防火墙可以隐蔽那些会泄露内部细节的服务，如Finger、DNS等。

5) 部署NAT机制

防火墙可以部署NAT机制，用来缓解地址空间短缺的问题，也可以隐藏内部网络的结构。

3. 防火墙的弱点

虽然防火墙是网络安全体系中极为重要的一环，但并不是唯一的一环，也不能因为有了防火墙就认为可以高枕无忧了。信息安全专家发现他们经常需要和人们的错误观念做斗争，这种错误观念来自于人们的美好愿望，而不是实际的情况。例如，人们可能认为只要有一个防火墙，所有的安全问题都解决了。事实上，尽管防火墙应当受到人们的充分重视，但仍然有一些威胁是防火墙解决不了的。

(1) 防火墙不能防范来自内部网络的攻击。

目前防火墙只提供对外部网络用户攻击的防护。对来自内部网络用户的攻击只能依靠内部网络主机系统的安全措施。

(2) 防火墙不能防范不经由防火墙的攻击。

如果允许从受保护网内部不受限制地向外拨号，一些用户可以形成与Internet的直接连接，从而绕过防火墙，造成一个潜在的后门攻击渠道。例如，在一个被保护的网络上有一个没有限制的拨出存在，内部网上的用户就可以直接通过SLIP或PPP连接进入Internet，这就为后门攻击创造了极大的可能。要使防火墙发挥作用，它必须成为整个机构安全架构中不可分割的一部分。

(3) 防火墙不能防范感染了病毒的文件的传输。

防火墙不能有效地防范病毒的入侵。在网络上传输二进制文件的编码方式很多，并且有太多的病毒。目前，已经有一些防火墙厂商将病毒检测模块集成到防火墙系统中，并通过一些技术手段解决由此产生的效率和性能问题。

(4) 防火墙不能防范数据驱动式攻击。

当有些表面上看来无害的数据邮寄或复制到内部网的主机上并被执行时，可能会发生数据驱动式的攻击。

(5) 防火墙不能防范利用标准网络协议中的缺陷进行的攻击。

一旦防火墙准许标准网络协议，将不能防止利用该协议中的缺陷进行的攻击。

(6) 防火墙不能防范利用服务器系统漏洞进行的攻击。

黑客利用防火墙准许的访问端口对该服务器的漏洞进行攻击，防火墙将视而不见。

(7) 防火墙不能防范新的网络安全问题。

防火墙是一种被动式的防护手段，它只能对现在已知的网络威胁起作用。随着网络攻击手段的不断更新和一些新的网络应用的出现，不可能依靠一次性的防火墙

限制技术就是对用户将要进行的一系列操作通过某种手段进行确认，典型的限制技术有口令和存取控制，即弄清楚是谁，具有什么特征，拥有什么权限。

设置来解决永远的网络安全问题。

(8)　防火墙限制了有用的网络服务。

防火墙为了提高被保护网络的安全，限制或关闭了很多有用但存在安全缺陷的网络服务。由于绝大多数网络服务设计之初根本没有考虑安全问题，只考虑使用方便和资源共享，所以都存在安全问题。这样防火墙一旦全部限制这些网络服务，就等于从一个极端走到另一个极端。

综上所述，防火墙只是整体安全防范策略中的一部分。这种安全策略必须包括公开的以便用户知道自身责任的安全准则、人员培训计划，以及与网络访问、当地和远程用户认证、拨出拨入呼叫、磁盘和数据加密以及病毒防护有关的策略。

4. 防火墙的结构

防火墙由以下两部分组成。

(1)　包过滤器：它根据特定的标准(包的来源、传输类型)来决定网络传输的通与断。

(2)　链路级网关、应用级网关或代理服务器：它将合法用户对某一服务的请求传送给提供该服务的服务器。

典型的防火墙如下图所示。

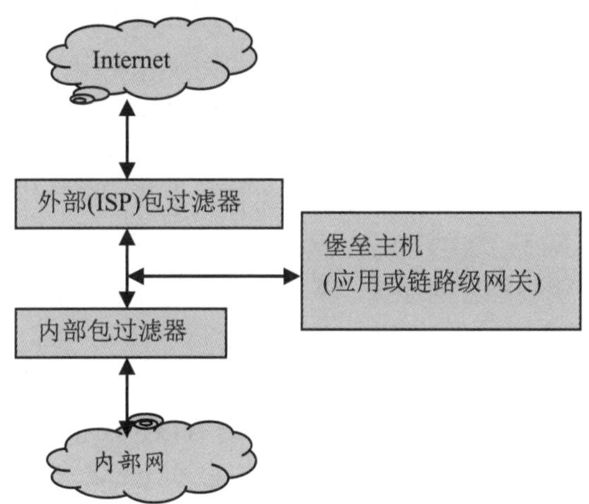

外部包过滤器通常是一个路由器，该路由器被配置为外部用户只能看到堡垒主机。外部包过滤器由Internet服务提供商(ISP)来配置，用户只能设置其中有限的选项，堡垒主机用作应用级或链路级网关，提供代理服务。根据网络传输的类型和数量，可以配置多台堡垒主机，内部包过滤器被配置为只接收来自访问堡垒主机的传输，或将传输传给堡垒主机或外部包过滤器。

许多企业将包过滤器、链路级网关、应用级网关结合起来使用，因为没有一个单一的方法能满足所有的要求。

13.3.2　防火墙的分类与发展

这里先介绍防火墙的分类，再分析各类防火墙的优缺点。

1. 防火墙的类型

1)　包过滤防火墙

第一代防火墙检查每一个通过的网络包，或者丢弃，或者放行，取决于所建立的一套规则，称为包过滤防火墙。

本质上，包过滤防火墙是多址的，表明它有两个或两个以上网络适配器或接口。例如，作为防火墙的设备可能有两块网卡(NIC)，一块连到内部网络，一块连到Internet。防火墙的任务就是作为“通信警察”，放行正常数据包和截住那些有危害的数据包。包过滤防火墙的原理如下图所示。

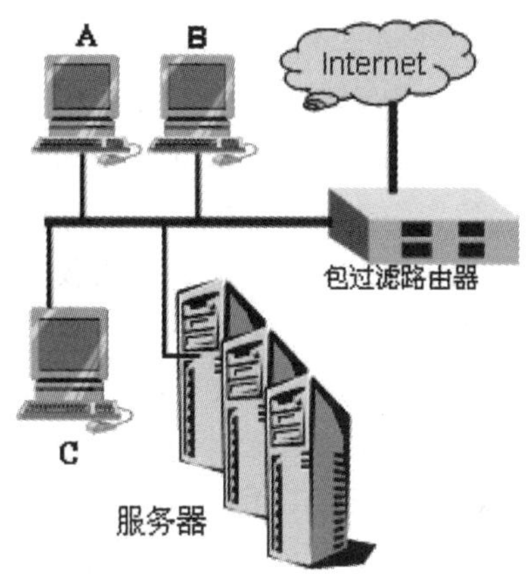

包过滤防火墙检查每一个传入包，查看包中可用的基本信息(源地址和目的地址、端口号、协议等)，然后将这些信息与设立的规则相比较。如果已经设立了阻断Internet连接，而包的目的端口是23，那么该包就会被丢弃；如果允许传入Web连接，而目的端口为80，则包就会被放行。

多个复杂规则的组合也是可行的。如果允许Web连接，但只针对待定的服务器，目的端口和目的地址二者必须与规则相匹配，才可以让该包通过。通常，为了安全起见，与传入规则不匹配的包就会被丢弃，如果需要让该包通过，就要建立规则来处理它。

建立包过滤防火墙规则的例子如下。

对于来自专用网络的包，只允许来自内部地址的包通过，因为其他包包含不正确的包头信息。这条规则可以防止网络内部的任何人通过欺骗性的源地址发起攻击。如果黑客对专用网络内部的机器具有非法的访问权，

参数网络是在内外部网之间另加的一层安全保护网络层。如果入侵者成功地闯过外层保护网到达防火墙，参数网络就能在入侵者与内部网之间再提供一层保护。

这种过滤方式可以阻止黑客从网络内部发起攻击。

在公共网络，只允许目的地址为80端口的包通过。这条规则允许传入的连接为Web连接，也允许与Web连接使用相同端口的连接，所以它并不十分安全。

丢弃从公共网络传入的却具网络内的源地址的数据包，从而减少IP欺骗攻击。

丢弃包含源路由信息的包，以减少源路由攻击。要记住，在源路由攻击中，传入的包包含路由信息，它覆盖了包通过网络应采取的正常路由，可能会绕过已有的安全程序。通过忽略源路由信息，防火墙可以减少这种方式的攻击。

2) 状态/动态检测防火墙

状态/动态检测防火墙，试图跟踪通过防火墙的网络连接和包，这样防火墙就可以使用一组附加的标准，以确定允许或拒绝通信。它是在使用了基本包过滤防火墙的通信上应用一些技术来做到这点的。

包过滤防火墙见到的每一个网络包都是孤立存在的，并没有防火墙所关心的历史信息或未来状态。允许或拒绝包的决定完全取决于包自身所包含的信息，如源地址、目的地址、端口号等。包中没有包含任何描述它在信息流中的位置的信息，则该包被认为是无状态的。

防火墙检测跟踪一个有状态包不仅仅是包中包含的信息，为了跟踪包的状态，防火墙还记录有用的信息以帮助识别包，例如已有的网络连接、数据的传出请求等。如果传入的包包含视频数据流，而防火墙可能已经记录了有关信息，比如位于特定IP地址的应用程序最近向发出包的源地址请求视频信号的信息。如果传入的包是要传给发出请求的系统，防火墙进行匹配后，包就可以通过。

状态/动态检测防火墙可截断所有传入的通信，而允许所有传出的通信。因为防火墙跟踪内部出去的请求，所有按要求传入的数据都允许通过，直到连接被关闭为止。只有未请求的传入通信被截断。

如果防火墙内正运行一台服务器，配置就会变得稍微复杂一些，但状态包检查是很有力的技术。例如，可以将防火墙配置成只允许通信从特定端口进入，并且只可传到特定服务器。如果正在运行Web服务器，防火墙只将80端口传入的通信发到指定的Web服务器。

状态/动态检测防火墙可提供的其他的服务：TCP包、UDP包，连接状态跟踪，重定向连接等。

将某些类型的连接重定向到审核服务。例如，到专用Web服务器的连接，在Web服务器连接允许之前，可能被发到Secure ID服务器(使用一次性口令)。

拒绝携带某些数据的网络通信，如带有附加可执行程序的传入电子消息或包含ActiveX程序的Web页面。

跟踪连接状态的方式取决于包通过防火墙的类型。

TCP包。当建立起一个TCP连接时，通过的第一个包标有SYN标识。通常情况下，防火墙丢弃所有来自外部主机的连接，除非已经建立起某条特定规则来处理它们。对于内部主机发起的连接到外部主机的连接请求，防火墙会注明连接包、允许响应包及随后在两个系统之间的包通过，直到连接结束为止。在这种方式下，传入的包只有在它响应一个已建立的连接时，才会允许通过。

UDP包。比TCP包简单，因为它们不包含任何连接或序列信息。它们只包含源地址、目的地址、校验和携带的数据。这种信息的缺乏使得防火墙确定包的合法性很困难，因为没有打开的连接可利用，以测试传入的包是否允许通过。若传入包所使用的地址和UDP包所携带的协议与传出的连接包请求匹配，则该包允许通过。和TCP包一样，没有传入的UDP包允许通过，除非它是响应传出的请求或已经建立了指定规则来处理它。其他种类的包，情况和UDP包类似。防火墙仔细跟踪传出的请求，记录所使用的地址、协议和包的类型，然后对照保存的信息核对传入的包，以确保这些包是请求的。

3) 应用程序代理防火墙

应用程序代理防火墙不允许在它连接的网络之间直接通信，它只接受内部网络特定用户应用程序的通信，然后建立与公共网络服务器连接。网络内部用户不直接与外部服务器通信，所以服务器不能直接访问内部网的任何部分。

另外，如果不为特定的应用程序安装代理程序，这种服务是不会被支持的，不能建立任何连接。拒绝任何没有明确配置的连接，从而提高了额外的安全性和控制性。

例如，一个用户的Web浏览器可能在80端口，也可能在1080端口，连接到内部网络的HTTP代理防火墙。防火墙会接受这个连接请求，并把它转到所请求的Web服务器。这种连接和转移对该用户来说是透明的，因为它完全由代理防火墙自动处理。

代理防火墙通常支持一些常见的应用程序：HTTP、HTTPS/SSL、SMTP、POP3、IMAP、NNTP、TELNET、FTP、IRC。

应用程序代理防火墙可以配置成允许来自内部网络的任何连接，也可以配置成要求用户认证后才能建立连接。后者只为已知的用户建立连接，提高了额外的安全保证。如果网络受到危害，这个特征使得从内部发动攻击的可能性大大减少。

物理加密的原理是在盘片上人为造成一个或多个坏区，在应用程序被执行前，多次验证这些坏扇区，以确定当前盘是否为钥匙盘。若是，则执行应用程序，否则中止进程。

4)　个人防火墙

现在网络上有很多个人防火墙软件，它们都是应用程序级的。个人防火墙是一种能够保护个人计算机系统安全的软件，它可以直接在用户的计算机上运行，使用与状态/动态检测防火墙相同的方式，保护一台计算机免受攻击。通常，这些防火墙安装在计算机网络接口的较低级别上，可以监视传入/传出网卡的所有网络通信。

一旦安装上个人防火墙，就可以把它设置成“学习模式”。这样，对遇到的每一种新的网络通信，个人防火墙都会提示用户一次，询问如何处理这种通信。个人防火墙便记住响应方式，并应用于以后遇到的相同的网络通信。

例如，如果用户已经安装了一台个人 Web 服务器，个人防火墙可能将第一个传入的 Web 连接加上标志，并询问用户是否允许它通过。用户可能允许所有的 Web 连接，也可能只允许来自某些特定 IP 地址范围的连接，个人防火墙会把这条规则应用于所有传入的 Web 连接。

基本上，可以将个人防火墙想象成在用户计算机上建立了一个虚拟网络接口。使得用户计算机不再是操作系统直接通过网卡进行通信，而是操作系统通过和个人防火墙对话，仔细检查网络通信，然后再通过网卡通信。

2. 各类防火墙的优缺点

1)　包过滤防火墙

(1)　使用包过滤防火墙的优点有以下几个方面。

①　防火墙对每条传入和传出网络的包实行低水平控制。

②　每个 IP 包的字段都被检查，例如源地址、目的地址、协议、端口等。

③　信息应用过滤规则。

④　防火墙可以识别或丢弃带欺骗性源 IP 地址的包。

⑤　包过滤防火墙是两个网络之间访问的唯一途径。因为所有的通信必须通过防火墙，绕过是困难的。

⑥　包过滤通常包含在路由器中，所以不需要额外的系统来处理。

(2)　使用包过滤防火墙的缺点有以下几方面。

①　配置困难。因为包过滤防火墙很复杂，人们经常会忽略建立一些必要的规则，或者错误配置了已有的规则，在防火墙上留下漏洞。然而，在市场上许多新版本的防火墙对这个缺点正在改进，如开发者实现了基于图形化用户界面的配置和更直接的规则定义。

②　为特定服务开放的端口存在危险，可能会被用于其他应用的传输。例如，Web 服务器默认端口为 80，而计算机上又安装了 RealPlayer，那么它会搜寻允许连接到 RealAudio 服务器的端口，而不管这个端口是否被其他协议使用，RealPlayer 正好使用了 80 端口搜寻。无意中，RealPlayer 就利用了 Web 服务器的端口。

③　可能还有其他方法绕过防火墙进入网络，例如拨入连接。这并不是防火墙自身的缺点，因此不应该在网络安全上单纯依赖防火墙。

2)　状态/动态检测防火墙

(1)　状态/动态检测防火墙的优点如下。

①　检查 IP 包的每个字段的能力，并遵从基于包中信息的过滤规则。

②　识别带有欺骗性源 IP 地址包的能力。

③　基于应用程序信息验证一个包的状态的能力，例如基于一个已经建立的 FTP 连接，允许返回的 FTP 包通过。

④　记录每个包的详细信息的能力。基本上，防火墙用来确定包状态的所有信息都可以被记录，包括应用程序对包的请求，连接的持续时间，内部和外部系统所做的连接请求等。

(2)　状态/动态检测防火墙的缺点：唯一的缺点就是所有记录、测试和分析工作可能造成网络连接的迟滞，特别是同时有许多连接激活的时候，或者有大量的过滤网络通信的规则存在时。可是，硬件速度越快，这些问题就越不易察觉，而且防火墙的制造商一直致力于提高产品的运行速度。

3)　应用程序代理防火墙

(1)　使用应用程序代理防火墙的优点如下。

①　指定对连接的控制，例如允许或拒绝基于服务器 IP 地址的访问，或者允许或拒绝基于用户所请求连接 IP 地址的访问。

②　通过限制某些协议的传出请求，以减少网络中不必要的服务。

③　大多数代理防火墙能够记录所有的连接，包括地址、持续时间和发生未授权访问的事件，这些信息对追踪攻击是很有用的。

(2)　使用应用程序代理防火墙的缺点如下。

①　必须在一定范围内定制用户的系统，这取决于所用的应用程序。

②　一些应用程序可能根本不支持代理连接。

4)　个人防火墙

(1)　个人防火墙的优点如下。

①　增加了保护级别，不需要额外的硬件资源。

局域网中有用户大批量下载时，其他用户的网络速度会大大下降，网管应使用防火墙把 6999～9999 端口关闭。不过，他们还会使用别的端口，可以用防火墙的监视功能看他们用哪个端口就关闭哪个。这样才能保证所有用户都能有比较高的网络速度。

② 个人防火墙除了可以抵挡外来攻击，还可以抵挡内部的攻击。

③ 个人防火墙对公共网络中的单个系统提供了保护。例如，一个家庭用户使用的是 Modem 或 ISDN/ADSL 上网，可能一个硬件防火墙太昂贵或者太麻烦了。而个人防火墙已经能够为用户隐蔽暴露在网络上的信息，比如 IP 地址之类的信息等。

(2) 个人防火墙的缺点：对公共网络只有一个物理接口。要记住，真正的防火墙应当监视并控制两个或更多的网络接口之间的通信。个人防火墙本身容易受到威胁，因为网络通信可以绕过防火墙的规则。

上面我们已经介绍了几类防火墙，并讨论了每种防火墙的优缺点。任何一种防火墙只是为网络通信或者数据传输提供了更好的安全保障，但是不能完全依赖防火墙。在依靠防火墙来保障安全的同时，也要提高系统的安全，增强自身的安全意识。这样，数据和通信以及 Web 站点就会更有安全保障。

3. 防火墙的发展

1986 年美国 Digital 公司在 Internet 上安装了全球第一个商用防火墙系统，提出了防火墙的概念。如今，防火墙技术得到了飞速的发展。现在防火墙技术正成为安全领域发展最快的技术之一。防火墙技术先后经历了如下几个发展阶段。

1) 第一代防火墙

第一代防火墙又称包过滤路由器或屏蔽路由器，即通过检查经过路由器的数据包的源地址、目的地址、TCP 端口号、UDP 端口号等参数来决定是否允许该数据包通过，并对其进行路由选择转发。例如，Cisco 路由器提供的防火墙功能是接入控制表。这种防火墙很难抵御地址欺骗等攻击，而且审计功能差。

第一代防火墙产品的特点如下。

(1) 利用路由器进行分组解析，以访问控制表方式实现对分组的过滤(过滤判决的依据可以是地址、端口号、IP 旗标及其他网络特征)。

(2) 只有分组过滤的功能，且防火墙与路由器是一体的。对安全要求低的网络采用路由器附带防火墙功能的方法，对安全要求高的网络则可单独利用一台路由器作为防火墙。

(3) 路由协议十分灵活，本身具有安全漏洞。外部网络要探测内部网络十分容易。例如，在使用 FTP 协议时，外部服务器容易在 20 号端口与内部网相连，即使在路由器上设置了过滤规则，外部网络仍可探测到内部网络的 20 端口。

(4) 路由器上的分组过滤规则和配置存在安全隐患。路由器中过滤规则和配置十分复杂，它涉及规则的逻辑一致性。作用端口的有效性和规则集的正确性，一般网络系统管理员难以胜任，加之一旦出现新的协议，管理员就得加上更多的规则去限制，这往往会带来很多错误。

(5) 攻击者可以“假冒”地址。由于信息在网络上是以明文传送的，黑客可以在网络上伪造假的路由信息欺骗防火墙。

(6) 路由器的主要功能是为网络访问提供动态、灵活的路由，防火墙则要对访问行为实施静态、固定的控制，这是一对难以调和的矛盾，防火墙的规则会大大降低路由器的性能。

2) 代理防火墙

第二代防火墙也称代理服务器，用来提供应用服务级的控制，起到当外部网络向被保护的内部网申请服务时中间转接的作用。内部网只接受代理服务器提出的服务请求，拒绝外部网络其他节点的直接请求。代理服务器可以根据服务类型对服务的操作内容等进行控制，可以有效地防止对内部网络的直接攻击。对于每种网络应用服务都必须为其设计一个代理软件模块来进行安全控制，而每种网络应用服务的安全问题各不相同，分析困难，因此实现也比较困难。同时代理的时间延迟一般比较大。

作为第二代防火墙产品，一般具有以下特征。

(1) 将过滤功能从路由器中独立出来，并加上审计和告警功能。

(2) 针对用户需求，提供模块化的软件包。

(3) 软件可通过网络发送，用户可自己动手构造防火墙。

由于是纯软件产品，第二代防火墙产品无论在实现还是在维护上都对系统管理员提出了相当高的要求：配置和维护过程复杂、费时；对用户的技术要求高；全软件实现，安全性和处理速度均有局限。实践表明，使用中出现差错的情况很多。

3) 第三代防火墙

第三代防火墙是建立在通用操作系统上的商用防火墙产品，近年来被广泛应用。它具有以下特点。

(1) 第三代防火墙产品是批量上市的专用防火墙产品。

(2) 第三代防火墙产品包括分组过滤或者借用路由器的分组过滤功能。

RADIUS(Remote Authentication Dial In User Service，远程认证拨号用户服务)协议是实现 AAA 认证授权和计费的方法之一。使用 RADIUS 可以实现集中化的认证和记费功能，可以减少管理的负担和费用，还可以实现很多扩展功能，如用户拨号时间的限定，用户拨号时间的配额，根据用户分配特定 IP 地址等。

(3) 装有专用的代理系统，监控所有协议的数据和指令。

(4) 保护用户编程空间和用户可配置内核参数的设置。

(5) 安全性和速度大为提高。

第三代防火墙有以纯软件实现的，也有以硬件方式实现的，并且已得到广大用户的认同。随着安全需求的变化和使用时间的推延，仍存在不少问题，比如作为基础的操作系统及其内核往往不为防火墙管理者所知。由于源码保密，其安全性无从保证；由于大多数防火墙厂商并非通用操作系统的厂商，通用操作系统厂商不会对防火墙中使用的操作系统的安全负责。

用户必须依赖两方面的安全支持：一是防火墙厂商，一是操作系统厂商。

4) 第四代防火墙

(1) 第四代防火墙是具有安全操作系统的防火墙。

首先，它建立在安全操作系统的基础上。安全操作系统有两种方法可以实现：一种是通过许可证向操作系统软件提供商获得操作系统的源码，然后对其进行改进，去掉一些不必要的系统特性和网络服务，加上内核特性，强化安全保护，实现安全内核，并通过固化操作系统内核来提高可靠性；另外一种是编制一个专用的防火墙操作系统，保密系统内核细节，增强系统的安全性。

其次，各种新的信息安全技术广泛应用在防火墙系统中，比如用户身份鉴别技术等。

网络环境下的身份鉴别是防火墙系统实现访问控制的关键技术。新一代防火墙技术采用了一些主动的网络安全技术，比如网络安全分析，网络信息安全监测等。

(2) 由此建立的防火墙系统具有以下特点。

① 防火墙厂商具有操作系统的源代码，并可实现安全内核。

② 对安全内核实现加固处理，去掉不必要的系统特性，加上内核特性，强化安全保护。

③ 对每个服务器、子系统都做了安全处理，一旦黑客攻破了一个服务器，将会被隔离在此服务器内，不会对网络的其他部分构成威胁。

④ 在功能上包括分组过滤、应用网关、电路级网关，且具有加密鉴别功能。

⑤ 透明性好，易于使用。

(3) 第四代防火墙产品将网关与安全系统合二为一，具有以下功能。

① 双端口或三端口的结构。

② 透明的访问方式。

③ 灵活的代理系统。

④ 网络地址转换技术。

⑤ Internet 网关技术。

⑥ 安全服务网络(SSN)。

⑦ 用户鉴别和加密。

⑧ 用户定制服务。

⑨ 审计和告警。

4. 技术展望

考虑到Internet发展的迅猛势头和防火墙产品的更新步伐，要全面展望防火墙技术发展的趋势是不可能的。但是，从产品及功能来说，却能看出一些动向和趋势。

1) 多级过滤技术

所谓多级过滤技术，是指防火墙一般采用多级过滤措施，并辅以鉴别手段。在分组过滤(网络层)一级，过滤掉所有的源路由分组和假冒的 IP 源地址；在传输层一级，遵循过滤规则，过滤掉所有禁止出入的协议和有害数据包，如 nuke 包、圣诞树包等；在应用网关(应用层)一级，能利用 FTP、SMTP 等各种网关，控制和监测 Internet 提供的通用服务。

过滤深度不断加强，从目前的地址及服务过滤发展到 URL 过滤、内容过滤、ActiveX 过滤、Java Applet 过滤，并具备清除病毒的能力。

多级过滤技术其实就是现在防火墙已经广泛使用的技术。之所以把它提出来是因为这个说法比较科学，在分层上比较清楚，而且从这个概念出发，又有很多内容可以扩展。

2) 网络安全产品的系统化

现在有一种说法，叫作建立“以防火墙为核心的网络安全体系”。这种说法主要是随着目前网络安全产品的不断推出和防火墙在实际使用中表现出越来越大的局限性而提出的。

一般情况下，为了降低网络传输延迟，不得不将设备(还有病毒检测设备等)置于内外网交界的位置，其他设备(如 IDS)置于旁路位置。实际使用中，IDS 的任务不仅在于检测，在发现入侵行为以后，也需要 IDS 本身对入侵及时进行遏止。显然，要让处于旁路侦听的 IDS 完成这个任务非常困难，同时主链路上又不能串接太多的类似设备。在这种情况下，如果防火墙能和 IDS、病毒检测等相关安全产品联合起来，充分发挥各自的长处，协同配合，共同建立一个有效的安全防范体系，那么系统网络的安全性就能得到明显提升。

目前主要有两种解决办法：一种是直接把 IDS、病毒

RADIUS 是基于 UDP 的一种客户机/服务器协议。RADIUS 客户机是网络访问服务器(NAS)，它通常是一个路由器、交换机或无线访问点。RADIUS 服务器通常是一个在 UNIX、Linux、Windows 服务器上运行的监护程序。RADIUS 协议的认证端口是 1812，计费端口是 1813。

检测部分“做”到防火墙中，使防火墙具有简单的 IDS 和病毒检测设备的功能；另一种是各个产品分立，但是通过某种通信方式形成一个整体，即相关检测系统专职某一类安全事件的检测，一旦发现安全事件，立即通知防火墙，由防火墙完成过滤和报告。第一种方法似乎前途不明确，因为它本身也是一个非常复杂的系统，且不说能不能“做”到防火墙里边去，即使能成为防火墙的一部分，这样一个防火墙的效率也很难预料。第二种方法实现起来困难一些，很明显，IDS、病毒检测设备必须置于防火墙之外，如果置于防火墙之内，就起不到相应效果了。这样一来，IDS 等设备本身的安全性又是一个研究的重点。

对网络攻击的监测和告警将成为防火墙的重要功能。可疑活动的日志分析工具将成为防火墙产品的一部分。防火墙将从目前被动防护状态转变为智能、动态地保护内部网络，并集成目前的各种信息安全技术。

3) 管理的通用化

这一点主要是针对国内防火墙而言的。国外的防火墙已经非常成熟，一般防火墙都不是作为一个特殊网络产品，而是纳入通用网络设备管理体系。防火墙就是防火墙，需要单独管理，乃至单独培训。不过这种情况目前已经有所改观，正在向网络化、通用化发展。

防火墙业界对防火墙技术的发展普遍存在两种观点，即所谓的“胖瘦”防火墙之争。一种观点认为，要采取分工协作，防火墙应该做得精瘦，只做防火墙的专职工作，可采取多家安全厂商联盟的方式来解决；另一种观点认为，把防火墙做得尽量的胖，把所有安全功能尽可能多地附加在防火墙上，成为一个集成化的网络安全平台。

从概念上讲，所谓“胖”防火墙是指功能大而全的防火墙，它力图将安全功能尽可能多地包含在内，从而成为用户网络的一个安全平台；所谓“瘦”防火墙是指功能少而精的防火墙，它只做访问控制的专职工作，对于综合安全解决方案，则采用多家安全厂商联盟的方式来实现。

13.3.3 防火墙的标准与测试

防火墙的技术标准和测试规范，直接影响防火墙技术和产品的发展。

1. 防火墙标准和测试的意义

在我国，防火墙作为一种信息安全产品，其进入市场并不是随意的，需要遵循相关的国家标准，获得相应认证中心的认证。

1994 年 2 月 18 日，中华人民共和国国务院令(第 147 号)发布《中华人民共和国计算机信息系统安全保护条例》规定：国家对计算机信息系统安全专用产品的销售实行许可证制度。具体办法由公安部会同有关部门制定(第二章第十六条规定)。

中华人民共和国公安部于 1997 年颁布了《计算机信息系统安全专用产品检测和销售许可证管理办法》规则。

近几年，防火墙产品在许多信息技术应用领域得到了广泛应用。由于防火墙产品在网络中一直处于单一接入的重要位置，防火墙不但要对通过的数据包按照访问规则进行严格控制，发挥安全网关的重要作用，而且要保证防火墙的应用不能成为网络新的瓶颈。因此，防火墙厂商想方设法，应用各种新技术来提高产品的性能，促使防火墙技术较快地经历了几代的发展。这些技术主要包括 IP 包过滤技术、应用代理技术、状态检测包过滤技术、NP 技术等。怎样正确评价一款防火墙系统，如何对一款防火墙进行正确测试，一直是信息安全领域非常关心的问题。通过正确测试，用户才能更好地了解产品特点，选择适合自己应用需求的产品。

从目前对防火墙的评价体系来看，主要包括 4 个方面：可管理特性、实现功能、能够达到的性能指标以及在安全性上的具体表现。理论上，防火墙的可管理性越简单，逻辑关系越清楚越好，功能越多越好，性能越高越好，安全性越强越好。实际上，这 4 个方面之间往往相互矛盾。比如功能多管理就不能非常简单，安全性好且功能多的防火墙往往对性能产生影响。因此，几乎所有研发防火墙产品的厂商都专门成立防火墙测试组，通过对产品的全方位测试后才定型并投放市场面向用户。最终用户却无法了解整个产品的技术指标，当系统全部安装上防火墙后才知道能不能满足自己的网络应用。这样，在厂商和用户之间就需要一个双方都信赖的测试机构进行网络应用的评估和产品测试，基于第三方的测试客观地了解产品的特性，选择最终产品。例如银行、证券、保险等行业都成功地采用了这种方式来选择防火墙。

防火墙的测试涉及的内容较多，包括测试的网络环境、测试的方法、测试的工具以及测试的规则等。研发过程中的测试各个厂商都在进行，但由于测试环境和测试工具的限制，大多只能进行一些功能实现、管理界面的设置和调整等，对吞吐能力、数据延迟以及抵抗攻击等方面还不能进行完全测试，因此，也不能保证对自己产品的完全了解。

对于第三方测试机构的测试，虽然也建立了测试环境，具有较高端的测试工具、测试方法和准则，但只能

蓝牙工作在全球通用的 2.4GHz ISM(即工业、科学、医学)频段，使用 IEEE 802.11 协议。作为一种新兴的短距离无线通信技术，正有力地推动着低速率无线个人区域网络的发展。

对产品的应用进行测试，无法对系统代码进行测试。例如，代码编写时由于疏漏可能出现缓存溢出漏洞等。因此，第三方的测试主要是应用测试，深层次的测试仍然无法进行。

总体来说，防火墙测试在国内还是一个新的领域，测试方法和手段仍不完善，专门测试机构仍在探索科学的测试方法和测试工具。无论如何，通过测试，能够检测出防火墙系统存在的某些问题，可以帮助厂商完善防火墙系统，推动防火墙新技术的推广和应用。

2. 防火墙系统的测试

1) 端口检查

端口扫描程序可以系统地对每个TCP/IP端口进行检查和扫描，这对黑客和维护者来说都是一个很好的工具，它表明哪些合法的服务可能被攻击。

一些自动测试工具集成了这种扫描功能，独立的基于UNIX或Windows平台的自由扫描软件也很容易得到。

端口扫描的用途就在于根据它的输出，确保只有合法的服务在运行。例如，检查每个合法服务开放在哪个端口，从而确定是否存在非法的对话和服务。

(1) 常规检查。

在防火墙正式应用之前，应该对防火墙进行基准测试。对防火墙和其他的网络设备施行一次初始状态的测试，可以把得到的初始状态当作一种基准，当由于正常或非法的活动导致网络状态变化时，就很容易探测和发现这种变化，便于进一步分析导致这种变化的原因。

(2) 多位置扫描。

在多个位置进行端口扫描是切实需要的，例如受保护网络的一个典型用户的位置和一个外部的主机等。

(3) 多端口扫描。

尽管扫描所有的端口太耗时，这却是很重要的。如果只扫描1000以下的端口，那么就会有大片的未监控区域，这些区域可能正是黑客的隐身之处。

(4) 系统扫描。

对所有的系统和设备进行扫描，以确保所有的服务都被记录下来而且被仔细地分析，这对保护站点的整体安全作用很大。

(5) 保存测试记录。

应该把测试的结果妥善地保存起来以备应用。特别是在系统出现问题，需要比对测试结果和分析故障原因的时候。

2) 在线测试

大部分的网络监测可以对网络上发生的事件做出一定的分析。有些网络监测是作为操作系统的一部分发行的，如snoop就是随SUN公司的Solaris操作系统发行的。Tcpdum就是一个广泛使用在UNIX平台上的开放源代码的免费软件。这些网络监测软件一般适用于以太网。

(1) 静态观测。

在网络处于平静状态时，应尽量熟悉网络的各种行为。除了那些被激活的等待连接的端口，还应注意那些广播信息的服务，如RIP广播和ARP广播。对于不同的连接点，不同的配置(如主机和路由器不同，路由器和防火墙不同)，可以看到不同类型的网络流量。

(2) 控制测试。

作为一种控制方式，应该仔细观察源于内部客户机并穿过防火墙的出站连接的记录。不同的防火墙会有不同的源地址。例如，一些防火墙提供NAT功能，把出站的数据包的源地址都改成防火墙的IP地址。这种方式可以防止内部主机的真实IP地址为外部所知。

观察入站的连接，不管是提供的服务还是禁止的服务，都可以增强对网络流量情况的掌握。一个很好的方法就是在执行端口扫描时，观察网络监控软件的变化。

(3) 动态观测。

在一个繁忙的主干网络上，网络监控软件会极快地输出大量的数据信息。如果在ISP或主干网络上出现问题，能够观测到通过防火墙的数据流的方向和种类，这对分析故障是很有帮助的。当防火墙日志和报警系统发现异常活动时，通过网络监控软件来观察、分析和记录这些活动，是一种十分必要的安全手段。

13.3.4 攻击方法与防火墙防御

常见的网络攻击方法有很多种，那么防火墙是如何防御的呢？

1. 常见攻击与防火墙防御方法

1) 拒绝服务攻击

拒绝服务攻击是最容易实施的攻击。攻击者企图通过使用户的服务计算机崩溃或把它压垮来阻止为用户提供服务，主要包括以下几种攻击行为。

(1) 死亡之ping攻击。

概述：早期的许多操作系统在TCP/IP栈的实现中，将ICMP包的最大尺寸规定为64KB，并且在对包的包头进行读取之后，要根据该包头里包含的信息来为有效载荷生成缓冲区。

畸形的ICMP包的尺寸超过64KB上限，会出现内存

电路层网关防火墙：在电路层网关中，包被提交给应用层处理。电路层网关用来在两个通信的终点之间转换包。电路层网关防火墙的特点是将所有跨越防火墙的网络通信链路分为两段。

分配错误，导致TCP/IP堆栈崩溃，致使接收方死机。

防御：现在所有的标准TCP/IP实现都能处理超大尺寸的包，并且大多数防火墙能够自动过滤这些攻击，Windows 98之后的Windows NT(Service Pack 3之后)、Linux、Solaris和Mac OS都具有抵抗一般死亡之ping攻击的能力。此外，对防火墙进行配置，阻断ICMP以及任何未知协议，都能防止此类攻击。

(2) 泪滴攻击。

概述：泪滴攻击是利用TCP/IP堆栈对IP碎片的包头所包含信息的信任来实现攻击的。IP分段含有指示该分段所包含的是信息原包的哪一段信息，某些TCP/IP栈在收到含有重叠偏移的伪造分段时将导致崩溃。

防御：服务器应用最新的服务包，或者设置防火墙不直接转发分段包，而是对它们进行重组。

(3) UDP洪水攻击。

概述：假冒攻击利用简单的TCP/IP服务，在两台主机之间生成足够多的无用数据流，从而导致带宽耗尽。

防御：关掉不必要的TCP/IP服务，或者对防火墙进行配置，阻断来自Internet的UDP请求服务。

(4) SYN洪水攻击。

概述：一些TCP/IP栈只能等待从有限数量的计算机发来的ACK消息，因为它们只有有限的内存缓冲区用于创建连接，如果缓冲区充满了虚假连接信息，该服务器就会对接下来的连接停止响应，直到缓冲区里的连接超时。SYN洪水就是利用该原理进行攻击的。

防御：在防火墙上过滤来自同一主机的后续连接。

(5) Land攻击。

概述：在Land攻击下，一个特别打造的SYN包的源地址和目标地址都被设置成某一个服务器地址，这将导致接收服务器向它自己的地址发送SYN-ACK消息，结果又发回ACK消息并创建一个空连接，每一个这样的连接都将保留直到超时。许多UNIX系统遭受Land攻击而崩溃，Windows NT系列则变得极其缓慢。

防御：打最新的补丁，或者在防火墙上进行配置，将那些来自外部网络却含有内部源地址的数据包过滤掉。

(6) Smurf攻击。

概述：Smurf攻击是将ICMP应答请求的回复地址设置成受害网络的广播地址，最终导致该网络的所有主机都对此ICMP应答请求作出答复，大量数据包将导致网络阻塞，比死亡之ping攻击的流量高出一两个数量级。更加复杂的Smurf攻击将源地址改为第三方受害主机，最终导致第三方主机崩溃。

防御：为了防止黑客利用用户的网络攻击他人，应关闭外部路由器或防火墙的广播地址特性，或者在防火墙上设置规则，丢弃ICMP包。

(7) Fraggle攻击。

概述：Fraggle攻击对Smurf攻击作了简单的修改，使用的是UDP应答消息而不是ICMP。

防御：在防火墙上过滤掉UDP应答消息。

(8) 电子邮件炸弹攻击。

概述：电子邮件炸弹是最古老的匿名攻击之一，通过设置一台机器不断地大量地向同一地址发送电子邮件，攻击者能够耗尽接收者网络的带宽。

防御：对邮件地址进行配置，自动删除来自同一主机的过量或重复的消息。

(9) 畸形消息攻击。

概述：各类操作系统上的许多服务都存在此类问题，由于这类服务在处理信息之前没有进行正确的错误校验，在收到畸形的信息时可能会崩溃。

防御：打最新的服务补丁。

2) 利用型攻击

利用型攻击是一类试图直接对用户的机器进行控制的攻击，常见的有三种。

(1) 口令猜测。

概述：一旦黑客识别了一台主机而且发现基于NetBIOS、Telnet或NFS等服务的可利用的用户账号，成功的口令猜测可以提供对机器的控制。

防御：要选用难猜测的口令，比如字母和标点符号的组合。确保像NetBIOS、Telnet或NFS等服务不暴露在公共范围，如果这些服务支持锁定策略，就进行锁定。

(2) 特洛伊木马攻击。

概述：特洛伊木马是一种被其他使用者秘密安装到目标系统中的程序。一旦安装成功并取得管理员权限，安装此程序的使用者就可以直接远程控制目标系统。恶意程序包括NetBus、Back Orifice、BO2K，用于控制系统的良性程序如netcat、VNC、PC Anywhere。

防御：避免下载可疑程序并拒绝执行，运用网络扫描软件定期监视内部主机上的TCP监听服务。

(3) 缓冲区溢出攻击。

概述：很多服务程序中使用了没有进行有效边界检查的函数，这可能导致恶意用户编写一小段程序并将该代码放在缓冲区末尾，当发生缓冲区溢出时，返回指针指向恶意代码，这样系统的控制权就会被夺取。

防御：利用SafeLib、TripWire等程序保护系统，或者浏览最新的安全公告，不断更新操作系统。

3) 信息收集型攻击

信息收集型攻击并不对目标本身造成危害，这类攻击用来为进一步入侵提供有用的信息。主要包括扫描技

应用层网关防火墙主要保存Internet上那些常用和最近访问过的内容。在Web上，代理首先试图在本地寻找数据，如果没有，再到远程服务器上去查找，以便为用户提供更快的访问速度，并且提高了网络安全。应用层网关防火墙最突出的优点就是安全，缺点就是速度相对较慢。

术、体系结构探测以及利用信息服务。

(1) 扫描技术。

地址扫描：运用 ping 探测目标地址，对此作出响应，则表示其存在。

防御：在防火墙上过滤掉 ICMP 应答消息。

端口扫描：通常使用一些软件，向大范围的主机连接一系列的 TCP 端口。扫描软件报告它成功连接了主机所开的端口。

防御：许多防火墙能检测到是否被扫描，并自动阻断扫描企图。

反向映射：黑客向主机发送虚假消息，然后根据返回“host unreachable”这一消息特征判断出哪些主机是存在的。目前由于正常的扫描活动容易被防火墙侦测到，黑客转而使用不会触发防火墙规则的常见消息类型，这些类型包括 RESET 消息、SYN-ACK 消息、DNS 响应包。

防御：NAT 和非路由代理服务器能够自动抵御此类攻击，也可以在防火墙上过滤“host unreachable”ICMP 应答。

慢速扫描：由于一般扫描侦测器的实现是通过监视某个时间帧里一台特定主机发起的连接的数目来决定是否正在被扫描，这样黑客可以使用扫描速度慢一些的扫描软件进行扫描。

防御：通过引诱服务来对慢速扫描进行侦测。

(2) 体系结构探测。

黑客使用具有已知响应类型的数据库的自动工具，对来自目标主机的响应数据包进行检查。由于每种操作系统都有其独特的响应方法(例如 NT 和 Solaris 的 TCP/IP 堆栈的具体实现有所不同)，通过将此独特的响应与数据库中的已知响应进行对比，黑客能够确定目标主机所运行的操作系统。

防御：去掉或修改各种操作系统和应用服务的 Banner，阻断用于识别的端口。

(3) 利用信息服务。

DNS 域转换：DNS 协议不对转换请求进行身份认证，使得该协议被人以一些不同的方式加以利用。一台公共的 DNS 服务器，黑客只需实施一次域转换操作就能得到所有主机的名称以及内部 IP 地址。

防御：在防火墙处过滤掉域转换请求。

Finger 服务：黑客使用 Finger 命令来探测一台 Finger 服务器以获取关于该系统的用户信息。

防御：关闭 Finger 服务并记录尝试连接该服务的对方 IP 地址，或者在防火墙上进行过滤。

LDAP 服务：黑客使用 LDAP 协议窥探网络内部的系统和它们的用户信息。

防御：对于探测内部网络的 LDAP 进行阻断并记录，如果在公共机器上提供 LDAP 服务，应把 LDAP 服务器放入 DMZ。

4) 假消息攻击

用于攻击目标配置不正确的消息，主要包括 DNS 高速缓存污染，伪造电子邮件。

DNS 高速缓存污染：由于 DNS 服务器与其他名称服务器交换信息的时候并不进行身份验证，使得黑客可以将不正确的信息掺进来，把用户引向黑客自己的主机。

防御：在防火墙上过滤入站的 DNS 更新。

伪造电子邮件：由于 SMTP 并不对邮件发送者的身份进行鉴定，因此黑客可以对内部客户伪造电子邮件，声称是来自某个客户认识并相信的人，并附带可安装的特洛伊木马程序，或者一个引向恶意网站的链接。

防御：使用 PGP 等安全工具，并安装电子邮件证书。

2. 攻击防火墙的主要手段

1) IP 地址欺骗

突破防火墙系统常用的方法是 IP 地址欺骗，它也是其他攻击方法的基础。入侵者利用伪造的 IP 发送地址产生虚假的数据包，伪装成来自内部站分组。这种类型的攻击是非常危险的。只要系统发现发送地址在合法的范围之内，则它就把该分组按内部通信对待并让其通过。

2) TCP 序号攻击

TCP 序号攻击是绕道基于分组过滤方法的防火墙系统的最有效、最危险的方法之一。利用互联网协议中的这种安全漏洞，可以使那些访问管理依赖于分析 IP 地址的安全系统上当。这种攻击基于在建立 TCP 连接时使用的三步握手序列。

3) IP 分段攻击

通常采用数据分组分段的办法来支持网络给定的最大 IP 分组长度。一旦被发送，并不立即重新组装单个的分段，而是把它们路由到最终目的地，这时才把它们重组成原始的 IP 分组。除了 IP 头之外，每个分组包含的全部东西就是一个 ID 号和一个分组补偿值，用来清楚地识别各分段及其顺序。因此，被分段的分组是对基于分组过滤防火墙系统的一个威胁，它们把路由判决建立在 TCP 端口号上。因为只有第一个分段标有 TCP 端口号，而没有 TCP 号的分段是不能被滤除的。如果第一个分组没有一个分段顺序，则目标站抛弃到达的任何另外的分组分段，但可以使用修改过的 TCP 实现来分析不完整的分段序列，借此绕过防火墙系统。

设置防火墙的要素：高级的网络策略定义了允许和禁止的服务以及如何使用服务，低级的网络策略描述防火墙如何限制和过滤在高级策略中定义的服务。

4) 基于附加信息的攻击

基于附加信息的攻击是一种较先进的攻击方法，它使用端口80(HTTP端口)传送内部信息给攻击者。这种攻击完全可以通过防火墙，因为防火墙允许HTTP通过，又没有一套完整的安全办法确定HTTP报文和非HTTP报文之间的差异。目前已有黑客利用这种攻击对付防火墙，但还不是很广泛。

5) 基于堡垒主机Web服务器的攻击

黑客可以设想利用堡垒主机Web服务器，避开防火墙内外部路由器。它也可用于发动针对下一层保护的攻击，观察或破坏防火墙网络内的网络通信量，或者在防火墙只有一个路由器的情况下完全绕过防火墙。这种技术已被广泛应用并证明有效。

6) IP隧道攻击

IP隧道攻击即在端口80发送能产生穿过防火墙的IP隧道程序。如果人们利用互联网加载程序(例如经过互联网加载音频网关)，则可能引入产生IP隧道的特洛伊木马，造成在互联网和内部网之间无限制的IP访问。IP隧道攻击是黑客在实际攻击中已经实现的一种防火墙攻击技术。

7) 计算机病毒攻击

计算机病毒是一种把自身复制为更大的程序并加以改变的代码段。它只是在程序开始运行时执行，然后复制其自身，并在复制中影响其他程序。病毒可以通过防火墙，它们可以保存在传送给网络内部主机的E-mail内。

8) 特洛伊木马攻击

特洛伊木马是藏匿在某一合法程序内完成伪装预定功能的代码段。它可以藏匿计算机病毒、蠕虫或其他恶意程序，但多数时间用于绕过诸如防火墙这样的安全屏障。

9) 前缀扫描攻击

黑客和攻击者可以利用军用拨号器扫描调制调解器线路，这些调制解调器线路绕过网络防火墙，可以作为闯入系统的后门。有些公司在安全软件上花了大量的钱财，到头来对各种攻击仍然束手无策，其原因是忘记了保护所有调制解调器。

10) 数据驱动攻击

黑客或攻击者把一些具有破坏性的数据藏匿在普通数据中传送到因特网主机上，当这些数据被激活时就会发生数据驱动攻击。例如，修改主机中与安全有关的文件，留下下次更容易进入该系统的后门。

11) 报文攻击

黑客或攻击者有时利用重定向报文进行攻击。重定向报文可改变路由器，路由器根据这些报文建议主机走另一条“更好”的路径。黑客或攻击者利用重定向报文把连接转向一个黑客或攻击者控制的主机，或使所有报文通过他们控制的主机来转发。

12) 电污染攻击

据有关资料显示，有九成计算机出现的误码、死机、芯片损坏等现象来自“电污染”。究其原因，电流在传导过程中会受到诸如电磁、无线电等因素的干扰，形成电子噪声，导致可执行文件或数据文件出错；有时由于电流突然回流，造成短时间内电压急剧升高，出现电浪涌现象。这种电浪涌不断冲击会导致设备元件出现故障，所以恶意攻击者可以利用“电污染”手段损坏或摧毁防火墙。

13) 社会工程攻击

社会工程攻击有时又叫系统管理员失误攻击。黑客或攻击者同公司内部人员套近乎，获取有用信息。尤其是系统管理人员因失误扩大了普通用户的权限，给黑客或攻击者以可乘之机。

13.3.5 防火墙产品的选购

如何在众多的防火墙产品中选择适合自己应用的一款产品呢？本节主要介绍防火墙选型的基本原则，并详细介绍防火墙选型的具体标准，最后描述防火墙产品的基本功能。

1. 防火墙选型的基本原则

作为一类比较成熟的安全产品，市场上已经有很多种品牌的防火墙产品，例如Check Point的Firewall-1、Cisco的PIX等。每一类防火墙都有它独特的功能特点和技术个性，Check Point的GUI界面是一大特色，Cisco以性能著名，NAI以独特的技术为名，这些防火墙都有自己的定位。再加上国内的品牌，如此众多的防火墙产品让用户眼花缭乱。不同种类的防火墙的实现技术细节各不相同，在产品宣传上引进很多新的概念和术语，使用户很难选择。下图是某型号硬件防火墙。

一般说来，防火墙选型的基本原则有如下几点。

(1) 明确自己的安全和功能要求，从而决定所期望的防火墙产品的安全性。

长见识

扫描器是自动检测远程或本地主机安全弱点的程序。通过使用扫描器可以不留痕迹地发现远程服务器的各种TCP端口的分配、提供的服务和软件版本，这就能间接或直观地了解到远程主机存在的安全问题。

(2) 明确自己的投资范围和标准，以此来衡量防火墙的性价比。

(3) 在相同的基准和条件下，比较不同防火墙的各项指标和参数。

(4) 综合考虑自己的安全管理人员的经验、能力和技术素质，考查防火墙产品管理和维护的手段及方式。

(5) 根据实际应用的需求，了解防火墙附加功能的定义以及日常系统的维护手段和策略。

考虑了以上基本因素后，针对自己的具体需求，选择合适于自己环境和需求的防火墙产品。

需要强调的是，虽然防火墙在当今 Internet 上是有生命力的，但它不能替代其他的安全措施，它不是解决所有网络安全问题的万能药方，只是网络安全政策和策略中的一个基本组成部分。这是用户在决定购买防火墙产品之前应该明确的道理。

2. 防火墙产品选型的具体标准

防火墙作为一种系统和网络安全的主要手段，其定位是实现网络边界的访问控制，阻止来自外部的攻击和破坏。因此，防火墙产品的选择，首先要考查它主要的安全功能和特性，然后才是其他的功能和特点。下面就防火墙产品选择时的几个重要指标做简单描述。

1) 防火墙自身是否安全

作为一种安全设备，防火墙的本职功能就是保障安全，因此，衡量和选择防火墙首先要考虑它自身的安全。目前，防火墙的实现技术有三种：包过滤、应用层网关、状态检测。也有三者的混合技术。传统的观念是应用层网关最安全、包过滤最不安全，这种描述不一定准确。应该是应用层网关的控制粒度最细，包过滤的控制粒度最粗，关键要看这种粒度控制是否适合用户的网络环境和安全需要。

不同防火墙系统和厂商的防火墙产品是不一样的。防火墙系统包括防火墙产品、防火墙的运行平台和环境、相应的防火墙安全控制策略、防火墙的审计策略及防火墙的管理手段等。防火墙产品只是防火墙系统中的重要部分，也就是厂商提供的部分。防火墙系统的安全性和防火墙产品的安全性不是等同的。一般来说，厂商所说的防火墙的安全性是指产品本身的安全性，而不等同于客户环境下防火墙系统的安全性。各个评测机构所说的哪个防火墙最安全，指的是测试环境下防火墙系统的安全性，它体现了防火墙及其合理、坚固、安全配置的安全性，包含测试安装人员的经验和技术。

防火墙的实现方式有两种：一种是基于专用硬件和操作系统的硬件防火墙；另一种是基于商用操作系统的防火墙。

基于商用操作系统的防火墙系统，其安全性包括操作系统本身的安全性、防火墙的安全性、配置和策略的合理性及管理的安全性。一般来说，商用操作系统本身并不是为防火墙的安全目的而设计的，它是通用的，提供各类服务。有大量的与安全有关的补丁，Internet 上对它的攻击方式也最多。要保证这一类防火墙系统的安全，必须花大量的时间来加固防火墙运行的操作系统的安全。投入运行后，时刻关注新的补丁并及时加固。这类防火墙，对用户的要求比较高，要求熟悉操作系统的各个方面，并不断地更新和加固。

只要合理地配置，这类防火墙也是安全的。

基于专用硬件和操作系统的防火墙系统，安全性只和防火墙产品及安全策略相关。

操作系统是专门为防火墙而设计的，充分考虑了操作系统的安全，无须打补丁和加固。这类防火墙的安全只和管理有关系。

对客户来说，所需要的是防火墙系统的安全性，而不是防火墙产品本身的安全性。

只有保证了防火墙产品本身的安全性，才能进一步实现防火墙系统的安全性。

防火墙的性能包含以下几个方面的指标。

① 防火墙的并发连接数。和同时访问的用户数有关。

② 防火墙的包速率。每秒包转发速率，与包的大小有关。

③ 防火墙的转发速率。每秒通信吞吐量。

④ 防火墙的延时。由防火墙带来的通信延时。

防火墙的性能衡量基准是与没有防火墙时的网络比较而言，即与直接连接通信时比较。

在应用中，防火墙系统的性能和防火墙产品的性能是不一样的，客户需要的是防火墙系统的性能而不是防火墙产品本身的性能。

影响防火墙系统性能的相关因素有以下几个方面。

① 防火墙产品；

② 防火墙所运行的硬件环境；

③ 防火墙的安全策略；

④ 防火墙的附加功能等。

基于商用操作系统的防火墙产品，直接与运行的硬件平台和操作系统相关。由于商用操作系统和硬件并不是专门为防火墙设计的，它是通用平台。要保证这类防火墙的高性能，需要对操作系统的软硬件配置进行优化，

防火墙设计策略：取消危险的系统调用，限制命令的执行权限，取消 IP 的转发功能，检查每个分组的接口，采用随机连接序号，驻留分组过滤模块，取消动态路由功能，采用多个安全内核等。

使之适合于防火墙的应用。防火墙的硬件与内存、硬盘、CPU 数量、主频等有关。基于硬件的防火墙系统，其性能与所选用的型号和部署的安全策略有关。

性能指标对选择防火墙产品具有十分重要的意义。例如，并发连接数是防火墙最常见的参数。在厂家的产品说明书中，大家经常可以看到，从低端设备的 500 个并发连接，一直到高端设备的数十万个并发连接，存在巨大的差异。那么，什么是并发连接数？是不是选择并发连接数越大的防火墙越好？

并发连接数指的是防火墙或代理服务器对其业务信息流的处理能力，是防火墙能够同时处理的点对点连接的最大数目，它反映防火墙对多个连接的访问控制能力和连接状态跟踪能力。这个参数的大小可以直接影响防火墙所能支持的最大信息点数。

需要阐明的是，在“并发连接数”概念陈述中提到的“连接”和“点对点连接”并没有局限于狭义的 TCP 连接和“信息点—信息点”的通信，而是泛指 IP 层或 IP 层以上传输层、会话层、应用层信息流，所以它同样也包括 UDP 会话。另外，多址广播组的通信通常按照多播组地址的形态归纳成一个连接进行处理。

并发连接表是防火墙用于存放并发连接信息的地方，将由启动后的防火墙动态地在内存空间中分配，该表的大小就是防火墙所能支持的最大并发连接数。

大的并发连接表允许防火墙支持更多的客户终端，但过大的并发连接表会带来以下负面影响。

① 造成大量内存空间的消耗。

② 不考虑客户网络客观情况而盲目增大系统并发连接表，会造成表空间及内存资源的大量闲置浪费。

③ 由于并发连接表对内存的占用，会造成防火墙系统本身得不到足够的内存资源。尽管虚拟内存可以解决内存的紧张问题，但虚拟内存依赖硬盘与内存页之间的数据映射切换，在读写速度上难以与物理真实内存相提并论。

高并发连接数的防火墙设备通常需要客户更多的设备投资，因为并发连接数的增大牵扯到数据结构、CPU、内存、系统总线和网络接口等多方面因素。

在利用并发连接数指标选择防火墙产品的同时，产品的综合性能、厂家的研发力量、资金、实力、企业的商业信誉和经营风险以及产品线的技术支持和售后服务体系等都应当纳入网络设计人员的视野，要将多方面的因素结合起来进行综合考虑，切不可盲目听信某些厂家对大并发连接数的宣传，而要根据自己的业务系统、企业规模、发展空间、自身实力等因素从多方面考虑。

防火墙的性能永远和投资有关系。防火墙系统的性能和投资成正比，和策略数、策略的复杂性、功能成反比。只有在同样的投资情况下比较防火墙的性能才是合理的。

为较低的需求采用高端的防火墙设备将造成投资的浪费，而为较高的客户需求而采用低端设备将无法达到预计的性能指标。因此，我们在考虑防火墙的性能的时候，首先考虑我们需要的性能是什么，需要的功能是什么，避免单纯对某一参数“愈大愈好”的盲目追求，以选择最合适的防火墙。

2) 防火墙是否稳定可靠

就一个成熟的产品来说，系统的稳定性是最基本的要求。如果防火墙尚未最后定型或未经过严格的大量的测试就推向市场，它的稳定性就很难保证。防火墙的稳定性从厂商的宣传材料中是看不出来的，但可以从以下几个渠道获得。

① 国家权威的测评认证机构，如中国公安部计算机安全产品检测中心和中国国家信息安全测评认证中心。

② 与其他产品相比，是否获得更多的国家权威机构的认证、推荐和入网证明(书)。

③ 实际调查。这是最有效的办法，考查这种防火墙是否已经有了使用单位，其用户量至关重要，特别是用户对该防火墙的评价。如有可能，最好咨询一下那些对稳定性要求较高的重要单位的用户，如政府机关、国家部委、证券或银行系统、军队用户等。

④ 自己试用，先在自己的网络上进行一段时间的试用(一个月左右)，如果在试用期间时常有死机现象，这种产品就完全不用考虑了。

⑤ 厂商开发研制的历史，这也是一个重要方面。通过以往的经验，一般来说，如果没有两年以上的开发经历恐怕很难保证产品的稳定性。

⑥ 厂商的实力，这一点也应该着重考虑，如资金、技术开发人员、市场销售人员和技术支持人员多少等。相信一家注册资金几百万，人员不过二三十人的公司是不可能保证产品稳定性的。

防火墙的安全定位是控制不同网络之间的访问，并不是隔断网络。可靠性对防火墙类访问控制设备来说尤为重要，其直接影响受控网络的可用性。尤其是关键业务的网络，网络的通畅是第一位的，不允许由于防火墙而导致网络不畅，只有畅通加安全才是客户需要的。

防火墙系统的可靠性和防火墙的组成有关系，是各个组件的可靠性的综合。基于通用平台的防火墙系统，可靠性和运行的主机硬件、操作系统、防火墙软件本身

网络监听工具是提供给管理员的一类管理工具。使用这种工具，可以监视网络的状态、数据流动情况以及网络上传输的信息。网络监听工具也是黑客常用的工具。

有关系。在这类防火墙系统中，系统的不可靠因素比较多。基于专用硬件和操作系统的防火墙系统的组件比较少，不可靠因素相对少一些。

从系统设计上，提高可靠性的措施一般是提高本身部件的强健性、增大设计阈值和增加冗余部件。这要求有较高的生产标准和设计冗余度，如使用工业标准、电源热备份、系统热备份等。不过，可靠性和投资直接相关，没有绝对可靠的产品。在选型时，考虑适度的可靠和投资的匹配，以达到最小的投资，最大的可靠。

3)　防火墙的管理是否便捷

网络技术发展很快，各种安全事件不断出现，这就要求安全管理员经常调整网络安全策略。对于防火墙类访问控制设备，除安全控制策略的不断调整外，业务系统访问控制的调整也很频繁。这些都要求防火墙的管理在充分考虑安全需求的前提下，必须提供方便灵活的管理方式和方法。防火墙系统的管理要考虑管理的易用性、简单性和可用性。对大型企业来说，对管理的重视程度更高。管理的内容有日常维护、防火墙的配置、策略制定、监控、日志和报告等。

目前，防火墙系统的管理特性包括以下几个方面：

①　集中管理、配置、监控和报告；

②　组模式管理，复用配置和策略信息；

③　安全的远程管理；

④　基于浏览器的管理；

⑤　GUI 管理界面；

⑥　防火墙的日常维护和审计。

在考虑防火墙的管理特性时，充分考虑以上的因素，同时注意管理实现的复杂性。

4)　防火墙是否易用

防火墙的易用性与客户的投资直接相关，易用性主要从网络安全管理的日常工作着手，主要表现在以下几个方面。

①　是否易于安装和部署，充分考虑防火墙系统建立对原有网络的改动和影响，衡量这种工作量的负担和复杂性。

②　是否易于日常使用，对最终用户的感觉是否有使用上的影响，是否会影响用户的日常使用习惯。

③　防火墙系统是否易于日常维护。

5)　防火墙是否可以抵抗拒绝服务攻击

在当前的网络攻击中，拒绝服务攻击是使用频率最高的方法。拒绝服务攻击可以分为两类：一类是由于操作系统或应用软件本身设计或编程上的缺陷造成的，由此带来的攻击种类很多，只有通过打补丁的办法来解决；另一类是由于 TCP/IP 协议本身的缺陷造成的，只有少数的几种，但危害性非常大，如 Synflood 等。

要求防火墙解决第一类攻击显然是强人所难。系统缺陷和病毒不同，没有病毒码可以作为依据，因此在判断到底是不是攻击时常常出现误报现象。目前，国内外的入侵检测产品对这类攻击的检测至少有 50%的误报率。这类攻击检测产品不能装在防火墙上，否则防火墙可能把合法的报文认为是攻击。防火墙能做的是对付第二类攻击，当然要彻底解决这类攻击也是很难的。抵御拒绝服务攻击应该是防火墙的基本功能之一，目前有很多防火墙号称可以抵御拒绝服务攻击。严格地说，它应该是可以降低拒绝服务攻击的危害而不是抵御这种攻击。因此在采购防火墙时，应该详细考查这一功能的真实性和有效性。

6)　防火墙是否具有可扩展性、可升级性

用户的网络不是一成不变的，现在可能主要是在公司内部网和外部网之间做过滤，随着业务的发展，公司内部可能具有不同安全级别的子网，这就需要在这些子网之间做过滤。目前市面上的防火墙一般标配三个网络接口，分别接外部网、内部网和 SSN。在购买防火墙时必须问清楚，是否可以增加网络接口，因为有些防火墙只支持三个接口，不具有扩展性。

随着用户业务的扩展和网络技术的发展以及黑客攻击手段的变化，防火墙也必须不断地进行升级，所以要充分考虑防火墙系统的升级问题。防火墙系统的升级包括运行平台的升级和防火墙软件本身的升级。一般要求升级工作量和复杂性不要太大。

选择升级时，一般应考虑以下内容：

①　升级方式，远程还是本地；

②　升级工作量；

③　升级复杂性；

④　升级对运行中的防火墙系统的影响；

⑤　是否可以集中升级；

⑥　是否需要重新安装；

⑦　升级程序是否自动化；

⑧　是否需要重新配置。

7)　防火墙是否能适应复杂环境

防火墙工作模式常见的有三种：路由模式、透明模式和混合模式。所谓混合模式是指将一台防火墙当作两台来用，这样的防火墙存在路由和透明两种工作模式。防火墙只支持前两种工作模式已经不能适应复杂网络的安全需求，解决方案就是用两台防火墙来完成：一台工作在路由模式，另一台工作在透明模式。但是这样会使用户成倍地增加防火墙的投资。

IP 电子欺骗是一种伪造某台主机的 IP 地址的技术，其实质是让一台机器来扮演另一台机器，以达到蒙混过关的目的。被伪造的主机往往具有某种特权或者被另外的主机信任。IP 欺骗通常要用程序来实现。

在防火墙基本功能和安全性满足要求的时候，我们还要考虑对于复杂网络的适应性。国内有相当多的网络没有考虑安全问题，网络先运行一段时间之后，才考虑增加安全设备。存在很多这样的现象：先建网络，后增加防火墙。这势必给防火墙提出了一个要求——让防火墙去适应各种各样的网络环境。举一个例子，在用户已经运行的网络中，对外开放的服务器采用 C/S 结构，将与之通信的外网 IP 地址写到应用程序中，这个时候，我们要求防火墙支持透明模式。整个防火墙工作是既有路由，又有透明的混合工作模式。这样，本来需要两个防火墙完成的工作，就可以由一台支持混合模式的防火墙来完成。

再者，对于一个较大的网络，防火墙能否通过简单的配置，实现复杂网络的安全需求。对于用户、IP、服务都可以定义相应的组，从而简化安全规则数目。

3. 典型防火墙产品介绍

1) 3Com Office Connect Firewall

新增的网络管理模块使技术经验有限的用户也能保障他们的商业信息的安全。

Office Connect Internet Firewall 25 使用全静态数据包检验技术来防止非法的网络接入和来自 Internet 的“拒绝服务”攻击，它还可以限制局域网用户对 Internet 的不恰当使用。Office Connect Internet Firewall DMZ 可支持 100 个局域网用户，使局域网上的公共服务器可以被 Internet 访问，又不会使局域网遭受攻击。

3Com 公司所有的防火墙产品很容易通过 Getting Started Wizard 进行安装。它们使整个办公室可以共享 ISP 提供的一个 IP 地址，因而节省了开支。

2) Cisco PIX 防火墙的特点

(1) 实时嵌入式操作系统。

(2) 保护方案基于自适应安全算法(ASA)，可以确保最高的安全性。

(3) 用于验证和授权的“直通代理”技术。

(4) 最多支持 250000 个同时连接。

(5) URL 过滤。

(6) HP Open View 集成。

(7) 通过电子邮件和寻呼机提供报警和告警通知。

(8) 通过专用链路加密卡提供 VPN 支持。

(9) 符合委托技术评估计划(TTAP)，经过美国安全事务处(NSA)的认证，同时通过中国公安部安全检测中心的认证(PIX520 除外)。

13.3.6 个人软件防火墙的安装与设置

这里介绍的是瑞星个人防火墙，它是一款功能十分强大的安全网关软件。从 2010 版开始使用“智能云安全”技术，防御能力有很大提升。下面介绍如何使用瑞星个人防火墙 2019 版抵御黑客攻击，具体操作步骤如下。

1. 网络防护

瑞星防火墙 2019 提供了全方位的网络防护，包括程序联网控制、网络攻击拦截、恶意网址拦截、IP 规则设置等方面。

1) 程序联网控制

程序联网控制功能可以控制计算机中的程序对网络的访问。

操作步骤

❶ 选择【开始】|【所有程序】|【瑞星个人防火墙】|【瑞星个人防火墙】命令，启动瑞星个人防火墙 2019 程序，其界面如下图所示。

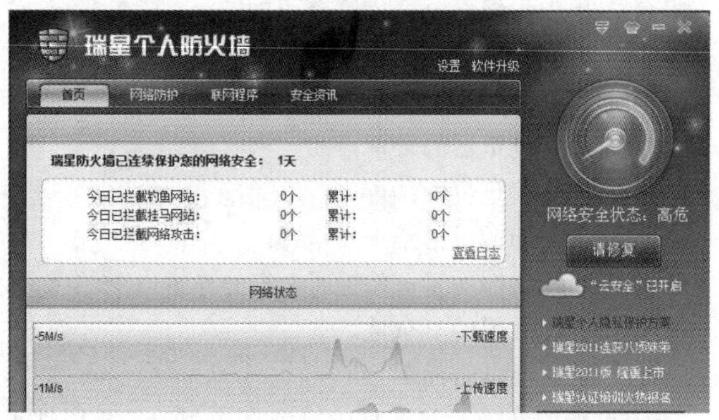

❷ 单击【网络防护】按钮，切换到【网络防护】选项卡，如下图所示。

长见识

通过 TCP/IP 协议进行网络游戏已经成为网络游戏软件的技术主流，然而由于网络游戏软件的特殊性，传统防火墙一般不能识别它们，从而使得网络游戏的互联不顺畅，所以在玩游戏的时候，一般要关闭个人防火墙软件。

❸ 选中【程序联网控制】选项，单击【开启】按钮，启用该项功能。单击【设置】按钮，弹出【瑞星个人防火墙设置】对话框，如下图所示。

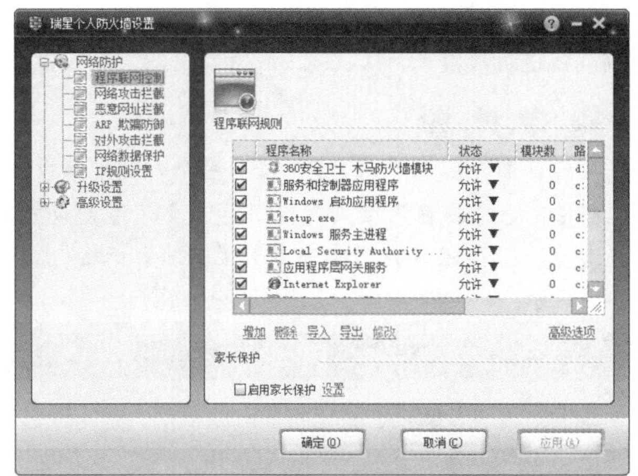

❹ 单击【增加】按钮，可以增加一个程序，对其联网进行控制。单击【删除】按钮，删除对一个程序的联网控制。单击【导入】按钮，导入以前设置的联网控制规则；单击【导出】按钮，导出当前的联网控制规则；单击【修改】按钮，弹出【应用程序访问规则设置】窗口，如下图所示。可以设置联网控制模式和软件类型。

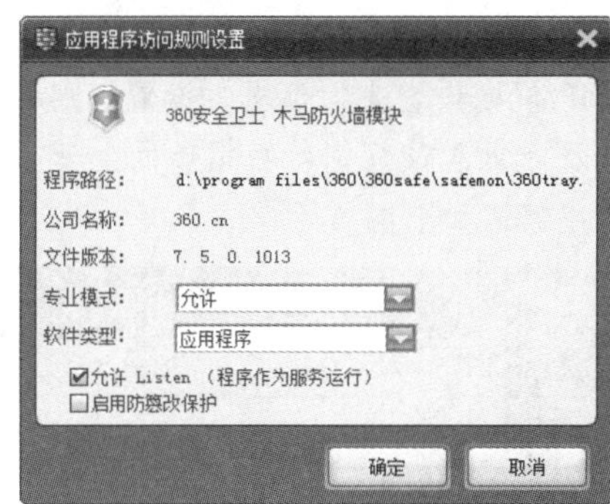

❺ 单击【高级选项】链接，弹出【程序联网控制高级选项】对话框。设置【功能选项】参数，以及不在上述规则内的软件联网时的操作，最后单击【确定】按钮，如下图所示。

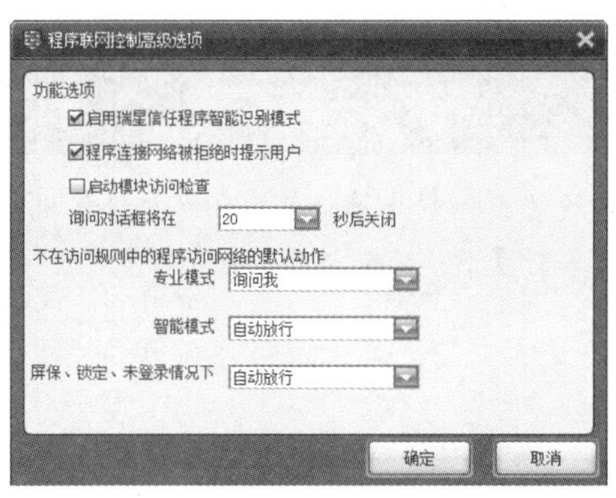

❻ 选中【启用家长保护】复选框，单击【设置】链接，弹出【家长保护高级设置】对话框，如下图所示，可以对上网时间和上网内容进行控制。

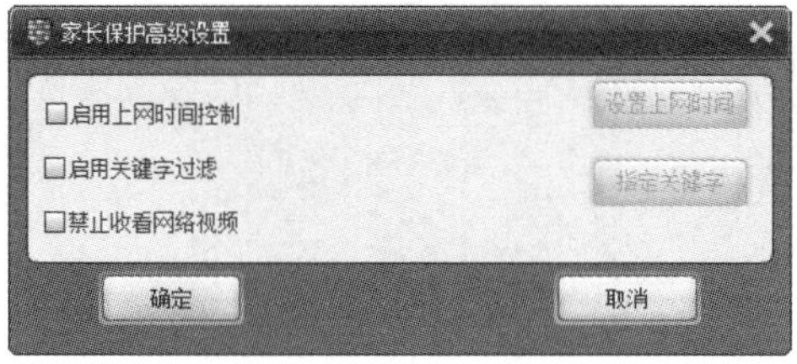

❼ 设置完成后，单击【确定】按钮，保存设置。

2)　网络攻击拦截

网络攻击拦截功能依托瑞星“智能云安全”网络分析技术，有效拦截各种网络攻击。

操作步骤

❶ 参考前面介绍的方法，打开【瑞星个人防火墙设置】对话框。

❷ 在左侧列表框中单击【网络攻击拦截】选项，即可在【规则名称】列表框中查看各种网络攻击规则。选中其前面的复选框，则拦截此类型的攻击；默认是全部都选。在【自动屏蔽攻击来源】后的文本框中设置屏蔽时间。选中【启用声音报警】复选框，则遇到攻击时会发出报警声。设置完成后，单击【确定】按钮，保存设置，如下图所示。

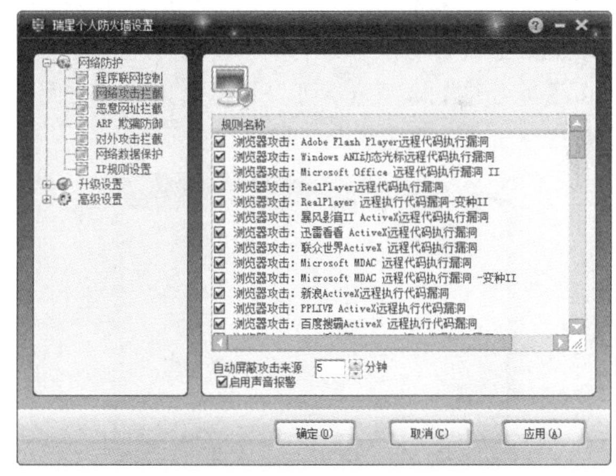

3)　恶意网址拦截

恶意网址拦截功能同样依托瑞星“智能云安全”网络分析技术，有效拦截钓鱼、挂马网站，保护个人信息安全。

操作步骤

❶ 参考前面介绍的方法，打开【瑞星个人防火墙设置】对话框，然后在左侧列表框中单击【恶意网址拦截】选项，接着在右侧窗格中单击【添加】链接，如下图所示。

许多 TCP/IP 程序可以通过因特网启动，这些程序大都是面向客户端/服务器的程序。当主机接收到一个连接请求时，它便启动一个服务，与请求客户服务的机器通信。为简化这一过程，每个应用程序(如 FTP、Telnet)被赋予一个唯一的地址，这个地址称为端口。

长见识

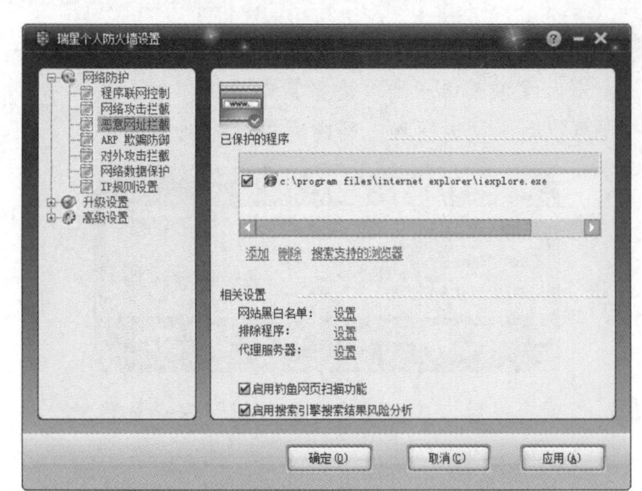

❷ 弹出【打开】对话框。选择要保护的软件，再单击【打开】按钮，如下图所示。

❸ 在【相关设置】组中单击【网站黑白名单】选项右侧的【设置】按钮，打开【网站黑白名单设置】对话框。在【白名单】选项卡下设置可信任的网页，在【黑名单】选项卡下可以添加禁止访问的网页，最后单击【确定】按钮，如下图所示。

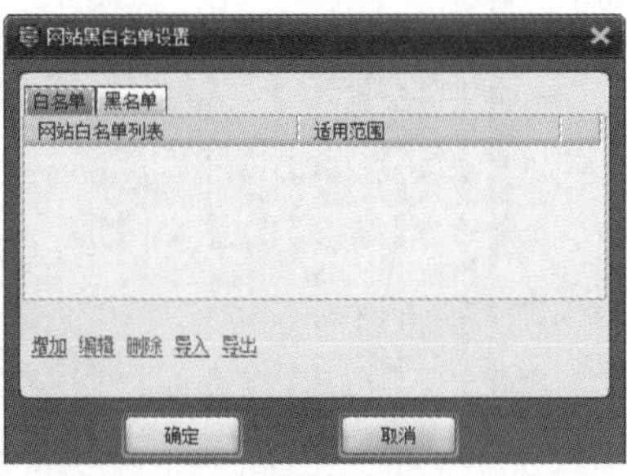

❹ 在【相关设置】组中单击【排除程序】选项右侧的【设置】按钮，弹出如下图所示的对话框。在这里添加的程序在访问网络时瑞星将不监控。

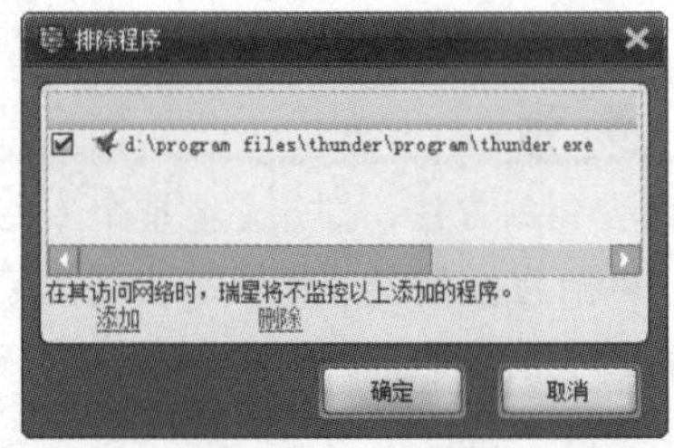

❺ 设置完成后，单击【确定】按钮，关闭【瑞星个人防火墙设置】对话框。

4) IP 规则设置

IP 规则设置功能可根据相关规则，对进出计算机的 IP 数据包进行过滤。

操作步骤

❶ 参考前面介绍的方法，打开【瑞星个人防火墙设置】对话框，然后在左侧列表框中单击【IP 规则设置】选项，接着在右侧窗格中单击【增加】链接，如下图所示。

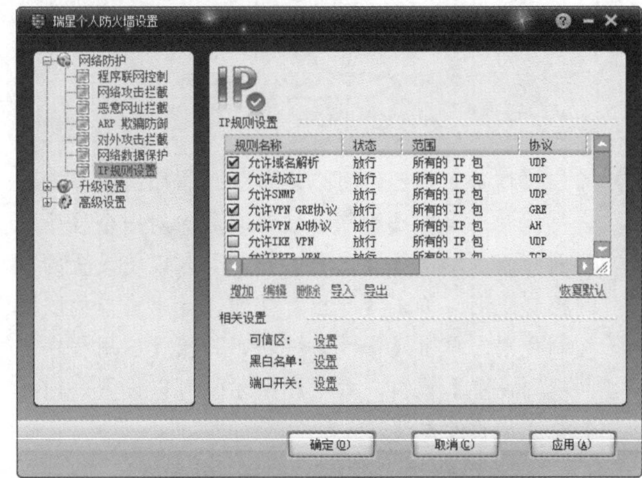

❷ 弹出【IP 规则设置】对话框。设置规则名称和应用范围以及对触犯该规则的数据包的处理，单击【下一步】按钮，如下图所示。

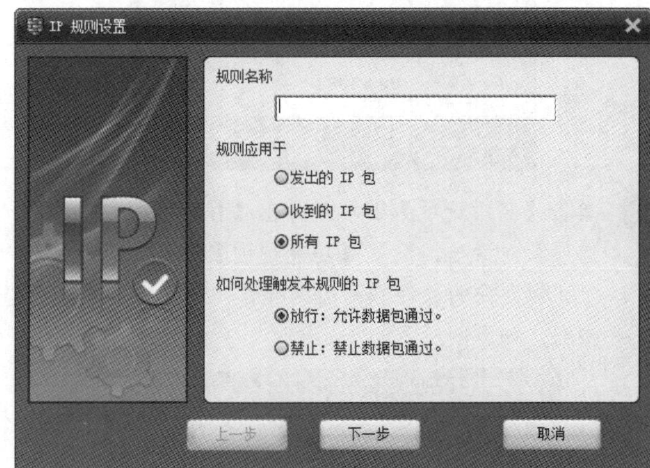

❸ 接着设置通信的本地计算机和远程计算机的 IP 地址，单击【下一步】按钮，如下图所示。

长见识 防火墙技术可根据防范的方式和侧重点不同而分为很多种类型，总体来讲可分为两大类：分组过滤和应用代理。

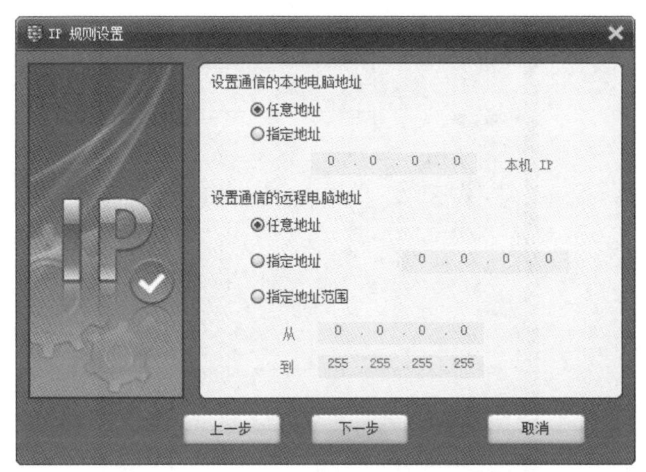

4. 进入如下图所示的对话框。选择通信协议和通信的端口，再单击【下一步】按钮。

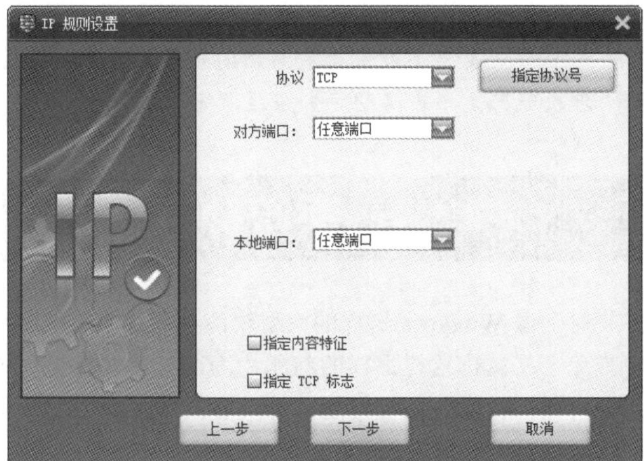

5. 在对话框中设置匹配成功后的报警方式，再单击【完成】按钮，完成 IP 规则设置，如下图所示。

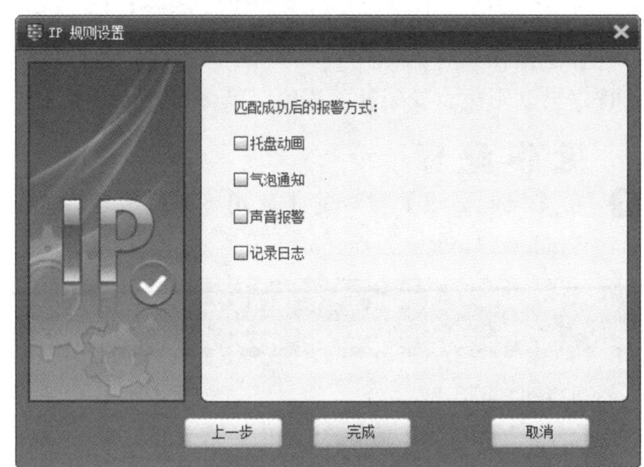

6. 返回【瑞星个人防火墙设置】对话框。其余的【可信区】、【黑白名单】和【端口开关】设置适用于对计算机安全知识有所了解的用户，一般无须设置。

2. 流量监控

流量监控可以让我们清楚地知道计算机上的程序与网络交换数据的情况，对于查杀木马病毒很有用。

操作步骤

1. 在【瑞星个人防火墙】窗口中切换到【首页】选项卡，然后在【网络状态】组中可以看到【下载速度】、【上传速度】和【带宽占用】三条动态曲线，反映了当前网络使用情况，如下图所示。

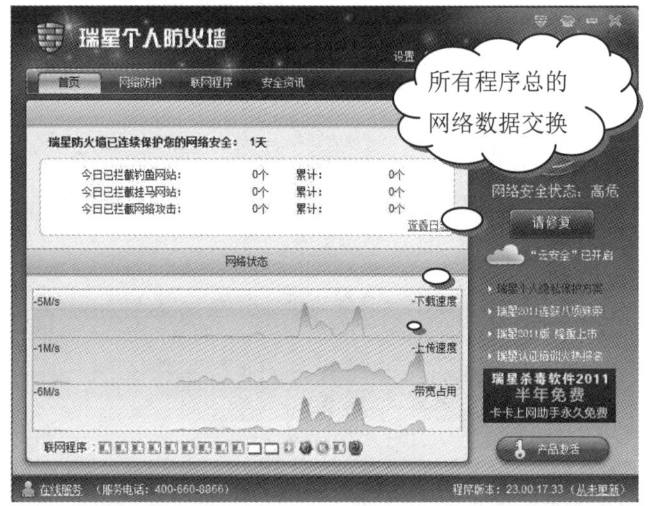

2. 若想确切地知道每个程序的联网情况，单击【联网程序】按钮，切换到【联网程序】选项卡，如下图所示。

名称	安全等级	总流量	连接数	管理
System Idle Process	安全	0B	1	
System	安全	36.47K	3	
RSTRAY.EXE	安全	0B	1	
KuGoo.exe	安全	55.98M	5	
wininit.exe	安全	0B	1	
services.exe	安全	0B	1	
lsass.exe	安全	0B	1	
svchost.exe	安全	201.98K	1	
svchost.exe	安全	15.87K	8	

3. 在上图的列表中列出了所有联网程序，以及它们的流量数和连接数。双击某个选项，弹出【程序信息】对话框，列出此程序的相关信息，如下图所示。

一个防火墙系统通常由屏蔽路由器和代理服务器组成。屏蔽路由器是一个多端口的 IP 路由器，它通过对每一个到来的 IP 包按照一组规则进行检查，判断是否对之进行转发；代理服务器是防火墙系统中的一个服务器进程，它能够代替网络用户完成特定的 TCP/IP 功能。

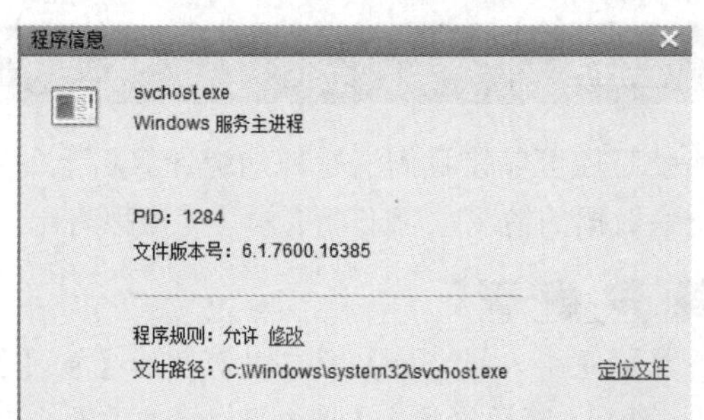

❹ 选中某个选项，出现一个扳手一样的标志。单击该图标，弹出如下图所示的下拉菜单，可以对该程序进行管理。

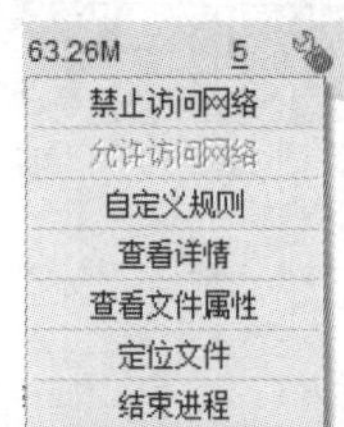

提示

选中 System 选项，不会出现扳手标志。该进程是系统核心进程，不可以被用户更改。

3. 启用密码保护

瑞星个人防火墙提供了密码保护功能，防止他人更改瑞星防火墙的设置。启用该项功能的步骤如下。

操作步骤

❶ 参考前面方法，打开【瑞星个人防火墙】对话框，然后在左侧列表框中单击【高级设置】下的【软件安全】选项，如下图所示。

❷ 选中【启用瑞星密码保护】单选按钮，启用密码保护功能，选择【使用密码】复选框，弹出【设置密码】对话框，如下图所示。

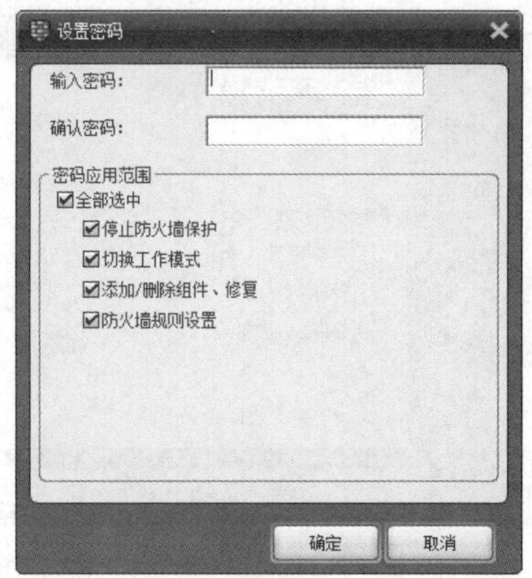

❸ 输入密码，并设置密码应用的范围，单击【确定】按钮，返回【软件安全】选项卡。在【瑞星启动时账户模式】栏下设置瑞星启动时是普通账户还是管理员账户。单击【确定】按钮，完成设置。

13.4 系统补丁

对于像 Windows 这样的大型软件系统，在使用过程中难免会暴露出这样那样的问题，为黑客和病毒提供了入侵可能。针对这些小问题，开发者发布了解决的小程序，这就是大家常说的补丁。

13.4.1 设置更新选项

补丁是由软件的原作者制作的，用户可以通过设置让程序自动下载、安装补丁程序。具体设置步骤如下。

操作步骤

❶ 在【控制面板】窗口的【大图标】模式下，单击 Windows Update 图标，如下图所示。

长见识 防火墙不能有效地防范像病毒这类东西的入侵，即通过将某种东西邮寄或复制到内部主机中，然后再在内部主机中运行的攻击。

❷ 打开 Windows Update 窗口，然后在左侧列表框中单击【更改设置】链接，如下图所示。

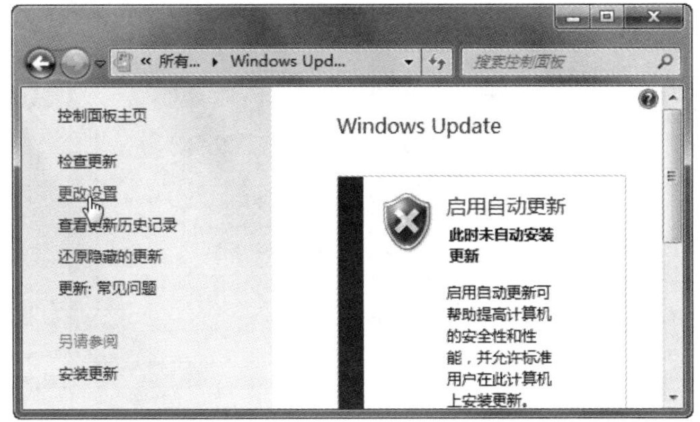

❸ 打开【更改设置】窗口，然后在【重要更新】组中单击【请选择一个选项】下拉按钮，从打开的列表中选择【自动安装更新(推荐)】命令，如下图所示。最后单击【确定】按钮，接下来程序将开始搜索、安装系统补丁程序。

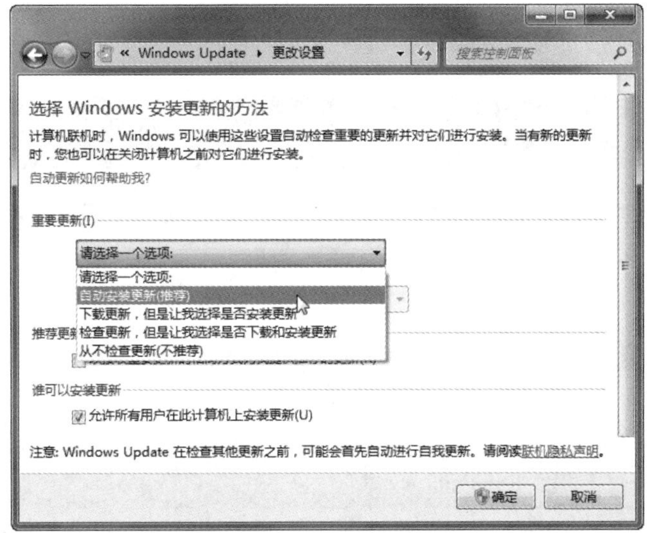

13.4.2　安装系统补丁

过多的软件不仅占用磁盘空间，也会影响系统速度。因此，在安装系统补丁程序时，用户可以通过选择安装一些危险性比较高的程序，具体操作步骤如下。

操作步骤

❶ 在计算机桌面上选择【开始】|【所有程序】| Windows Update 命令，如下图所示。

❷ 打开 Windows Update 窗口，然后在右侧窗格中单击【检查更新】按钮，开始检查更新程序，如下图所示。

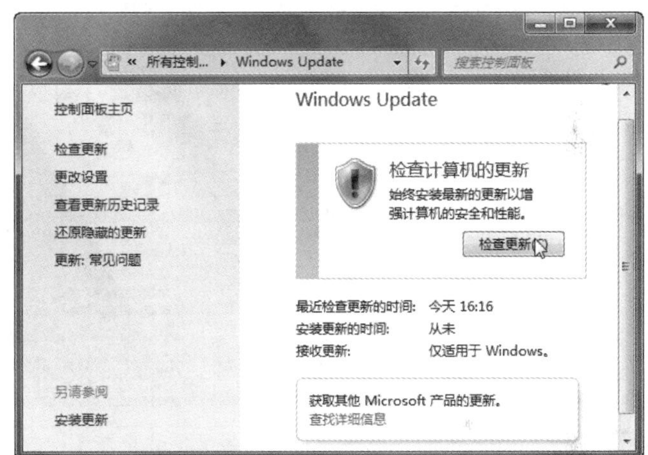

❸ 检查完成后会在窗口中显示结果，单击检查结果，这里单击【59 个重要更新 可用】链接，如下图所示。

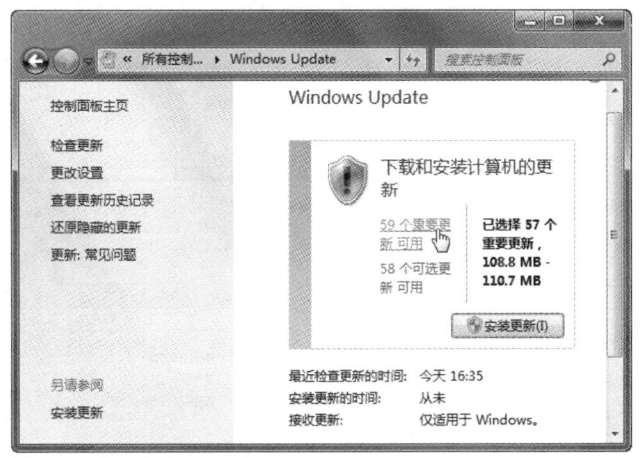

❹ 打开【选择要安装的更新】窗口，在左侧列表中选择某更新程序，接着在右侧浏览该程序描述，再确定是否安装该更新程序，如下图所示。

SET(Secure Electronic Transaction，安全电子交易)是用于电子商务的行业规范，是一种应用在 Internet 上，以信用卡为基础的电子付款系统规范，目的是保证网络交易的安全。

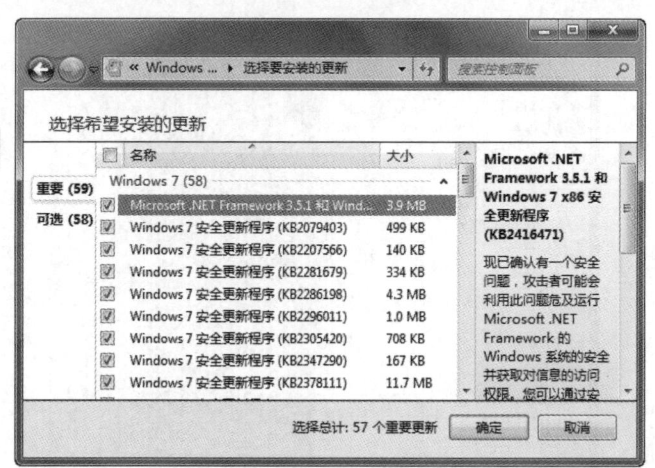

❺ 单击【可选(58)】选项，可以在该选项下选择可选更新程序，选择完成后，单击【确定】按钮，如下图所示。

❻ 返回 Windows Update 窗口，单击【安装更新】按钮，开始下载、安装更新程序，如下图所示。同时会在任务栏的通知区显示系统补丁下载图标。

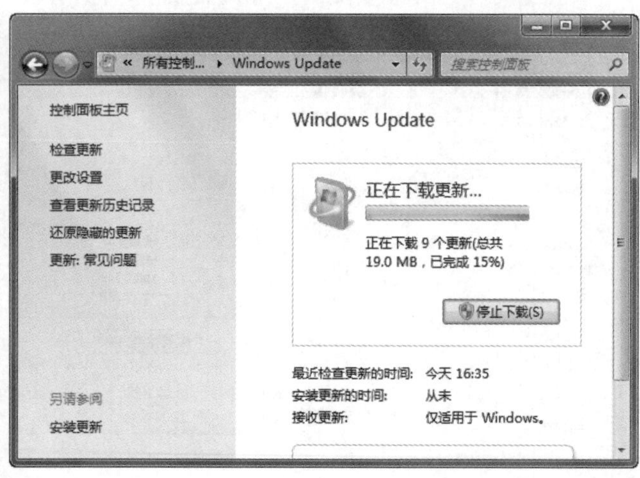

❼ 更新程序安装完成后，单击【立即重新启动】按钮，重新启动系统，如下图所示。

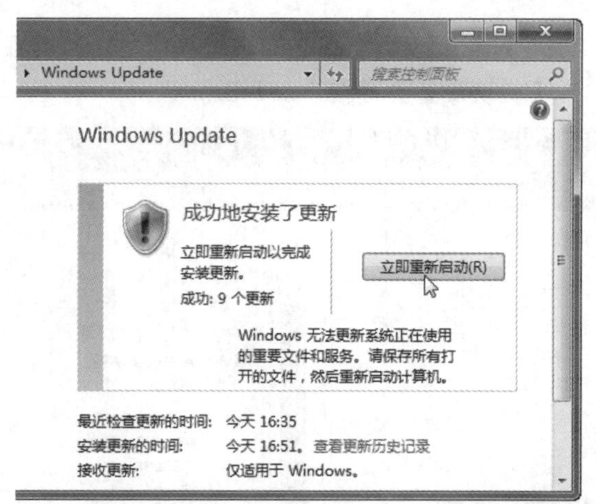

13.5 IE 浏览器高级设置

网络作为信息高速公路，广泛应用于人们的生活、学习和工作中，同时也为病毒传播提供了方便。那么，作为网管，该如何设置浏览器的安全呢？下面一起来研究一下吧。

13.5.1 清除网络记录

上网记录保存有大量的用户信息，建议用户在上网后将其删除，具体操作步骤如下。

操作步骤

❶ 在【控制面板】窗口的【大图标】模式下，单击【Internet 选项】图标，如下图所示。

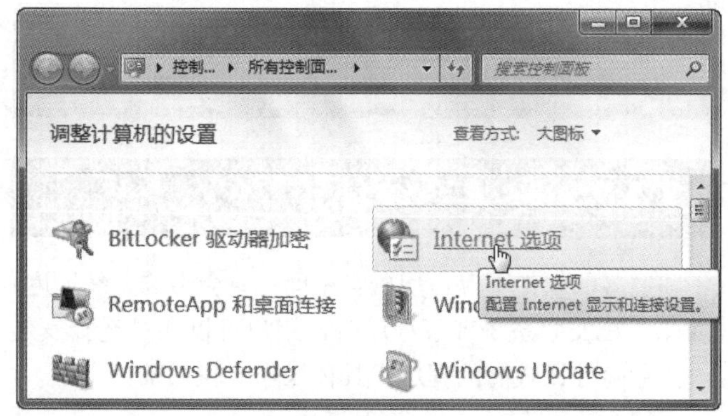

❷ 弹出【Internet 属性】对话框。切换到【常规】选项卡，然后在【浏览历史记录】组中选中【退出时删除浏览历史记录】复选框，再单击【确定】按钮，如下图所示。这样在每次退出 IE 程序时会自动删除上网记录。

长见识 Kerberos 系统可为分布式计算环境提供一种对用户双方进行验证的认证方法。它使网络上进行通信的用户相互证明自己的身份，同时又可有选择地防止窃听或中继攻击。

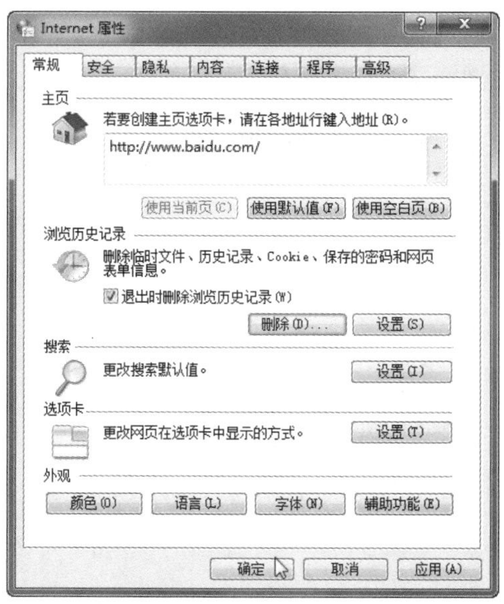

技巧

若是个人用户，可以在【常规】选项卡下的【浏览历史记录】组中单击【删除】按钮，接着在弹出的【删除浏览的历史记录】对话框中选中【Internet 临时文件】、Cookie、【历史记录】、【表单数据】、密码、【InPrivate 筛选数据】等复选框，再单击【删除】按钮，可以删除在此之前的上网记录，如下图所示。

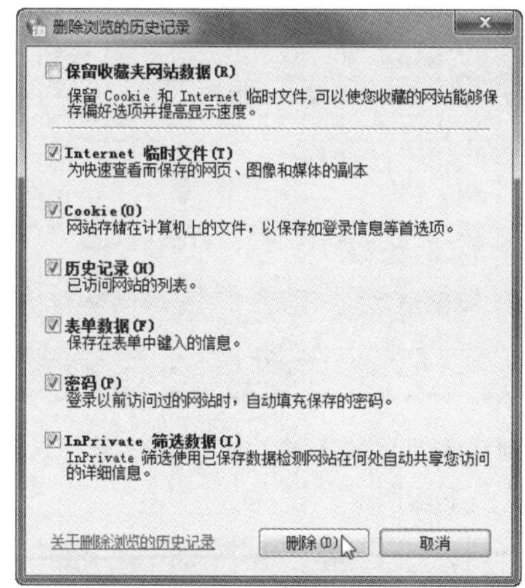

13.5.2 更改 IE 浏览器的安全设置

通过更改 IE 浏览器的安全级别，可以应对不同环境下的网络安全问题，同时允许其他用户从网站中搜索下载资源。具体设置方法如下。

操作步骤

❶ 首先启动 IE 浏览器，从菜单栏选择【工具】|【Internet 选项】命令，然后在弹出的对话框中单击【安全】选项卡，接着在【选择要查看的区域或更改安全设置】列表中单击 Internet 图标，再设置该区域的安全级别，如下图所示。

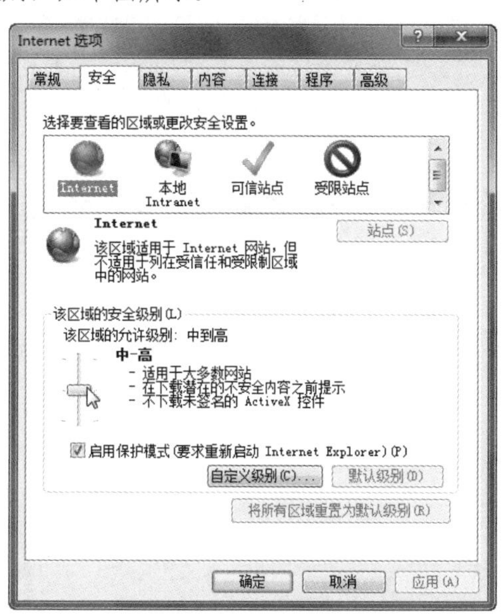

❷ 单击【自定义级别】按钮，弹出【安全设置-Internet 区域】对话框，然后在列表框中找到【文件下载】选项，选中【启用】单选按钮，再单击【确定】按钮，如下图所示。

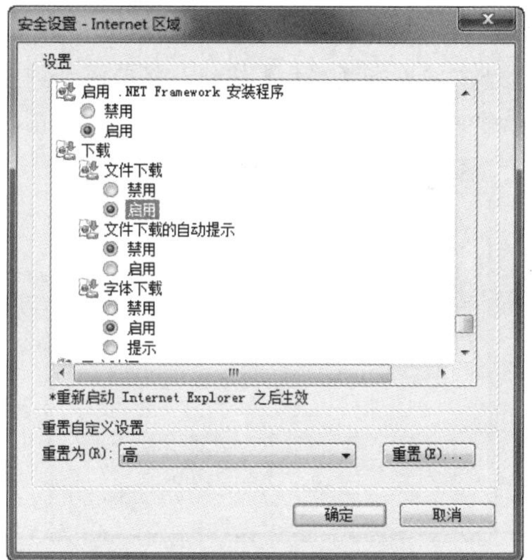

技巧

对于个人用户，只要将安全级别设置为【中-高】或【高】，通常不会遇到问题，不需要再进行自定义设置。若尝试了自定义设置，可以通过在【安全】选项卡下单击【将所有区域重置为默认级别】按钮来恢复默认值。

❸ 弹出【警告】对话框，单击【是】按钮，确认更改该区域的设置，如下图所示。

Kerberos 系统的安全机制：首先对发出请求的用户进行身份验证，确认其是否为合法用户，若是合法用户再审核该用户是否有权利对其所请求的服务器或主机进行访问。

长见识

❹ 在【选择要查看的区域或更改安全设置】列表中单击【受限站点】图标，接着设置该区域的安全级别，如下图所示。

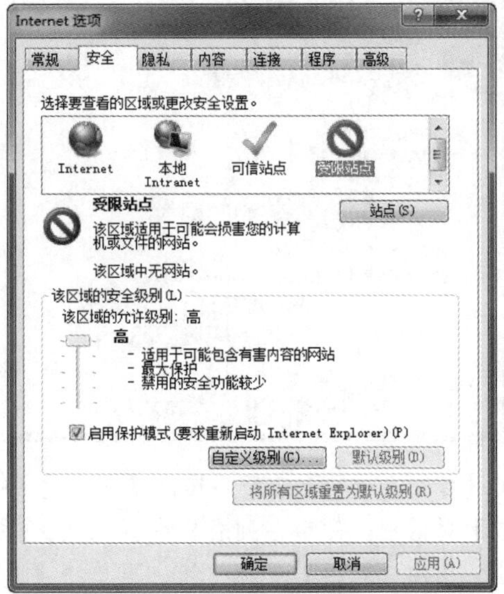

❺ 单击【站点】按钮，弹出【受限站点】对话框。在【将该网站添加到区域】文本框中输入要限制的网站地址，并单击【添加】按钮，将其添加到【网站】列表框中，最后单击【关闭】按钮，如下图所示。

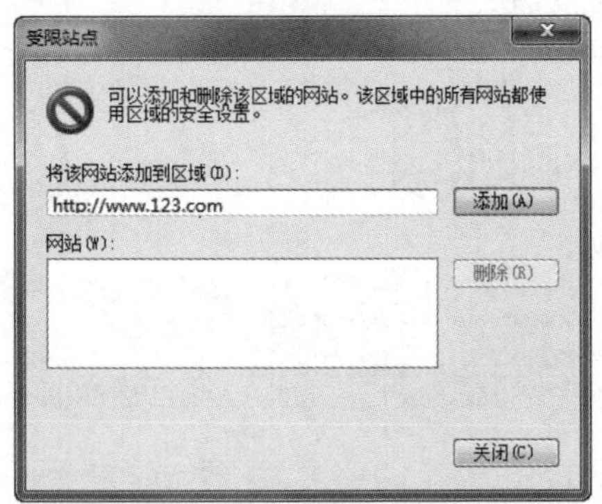

❻ 参考上述方法，还可以设置本地Internet和可信站点两个区域的安全级别，最后单击【确定】按钮。

13.5.3 启用内容审查程序

使用内容分级审查程序可以帮助用户控制在该计算机上看到的Internet内容，具体设置方法如下。

操作步骤

❶ 参考前面的方法，打开【Internet选项】对话框，并切换到【内容】选项卡，接着在【内容审查程序】组中单击【启用】按钮，如下图所示。

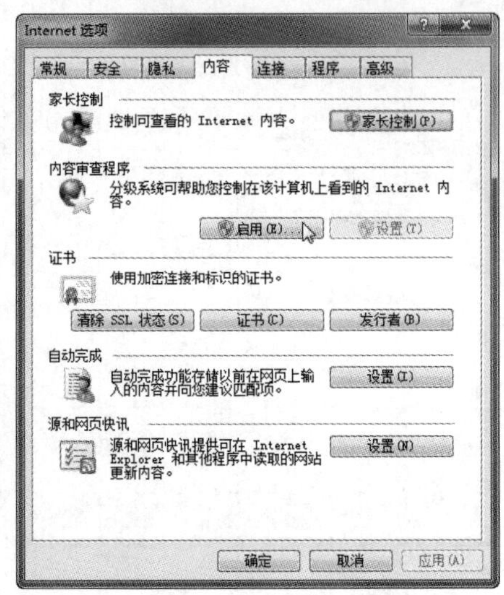

❷ 弹出【内容审查程序】对话框，切换到【分级】选项卡，然后在【请选择类别，查看分级级别】列表框中选择要设置的级别，并调节下方的滑块，指定允许查看的内容，如下图所示。

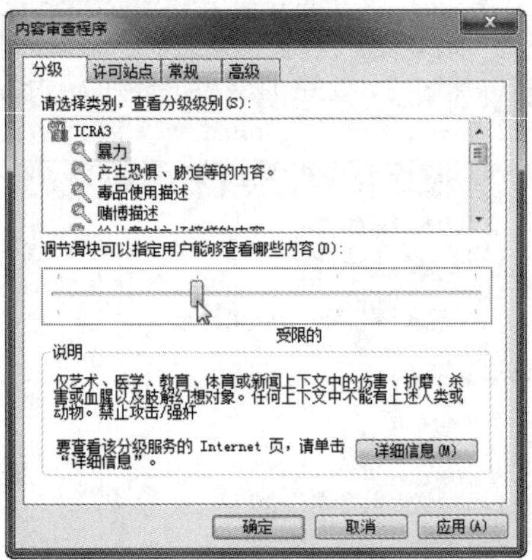

❸ 切换到【许可站点】选项卡，在这里可以添加信任站点，如下图所示。

长见识

PGP(Pretty Good Privacy)是一个完整的电子邮件安全软件包，包括加密、鉴别、电子签名和压缩等技术。PGP并没有使用什么新的概念，它只是将现有的一些算法如MD5、RSA以及IDEA等综合在一起而已。

❹ 切换到【常规】选项卡，设置用户选项，如下图所示。

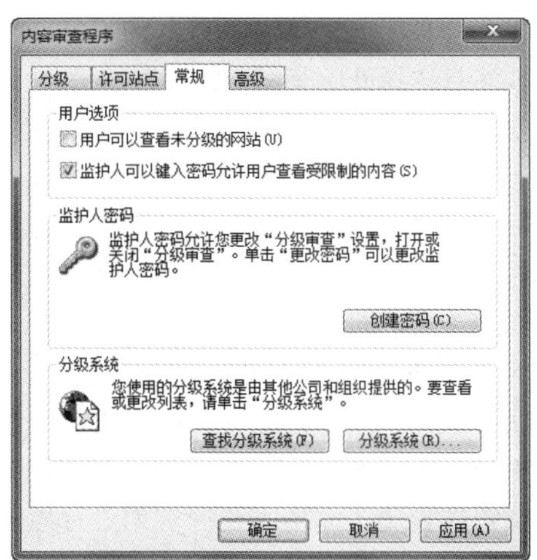

提示

若是个人用户，还可以设置监护人密码。方法是在上图中单击【创建密码】按钮，接着在弹出的对话框中设置密码及提示问题，再单击【确定】按钮，如下图所示。

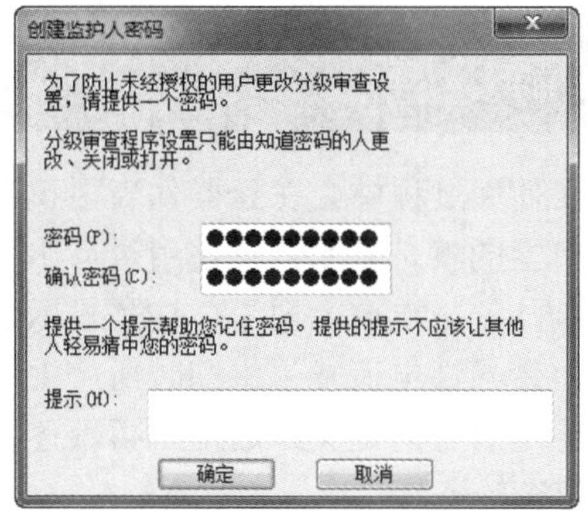

❺ 设置完毕，单击【确定】按钮，返回【Internet 选项】对话框。在【内容审查程序】组中单击【禁用】按钮，可以关闭内容审查程序，如下图所示。若单击【设置】按钮，则在随后弹出的对话框中设置内容审查程序。

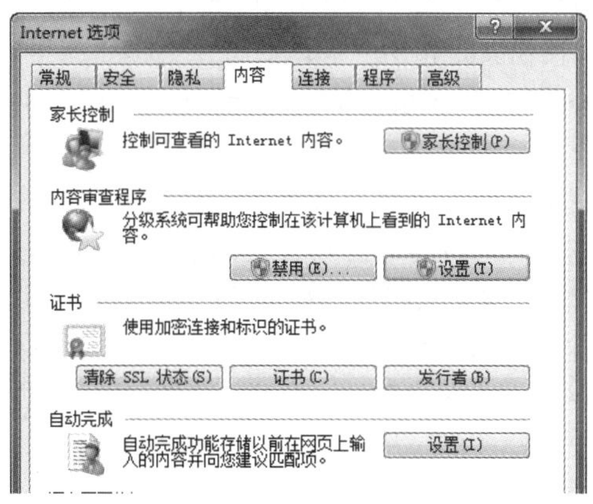

13.5.4　保护用户隐私

目前，包括微软在内的网络公司均有收集网民的习惯，以此作为显示何种广告的依据。Windows 7 系统推出 IE8 浏览器之后，则允许用户访问网站后不会在计算机上储存网站名单，以便保护用户隐私。用户可以通过设置进行控制。

方法是在【Internet 选项】对话框中选择【隐私】选项卡，然后在【设置】组中拖动滑块，设置隐私级别，接着在 InPrivate 组中选中【不收集用于 InPrivate 筛选的数据】复选框，最后单击【确定】按钮，如下图所示。

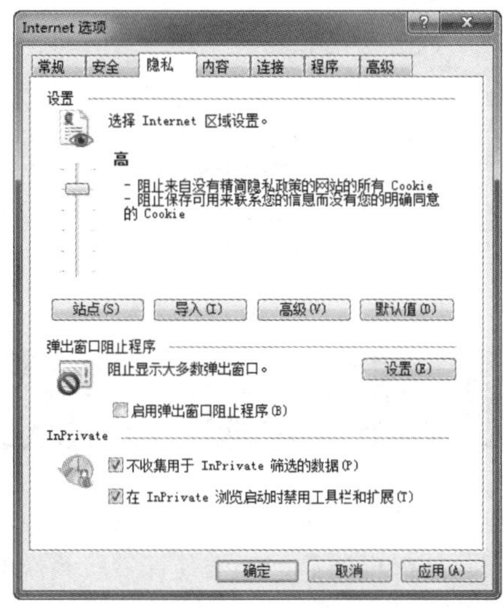

13.5.5　阻止网页弹出广告窗口

IE8 浏览器还提供了阻止网页弹出广告窗口功能，包括微软自己的广告平台提供的一些广告。启用该功能方法如下。

操作步骤

❶ 在【Internet 选项】对话框中切换到【隐私】选项卡，然后在【弹出窗口阻止程序】组中单击【启用弹出窗口阻止程序】复选框，如下图所示。

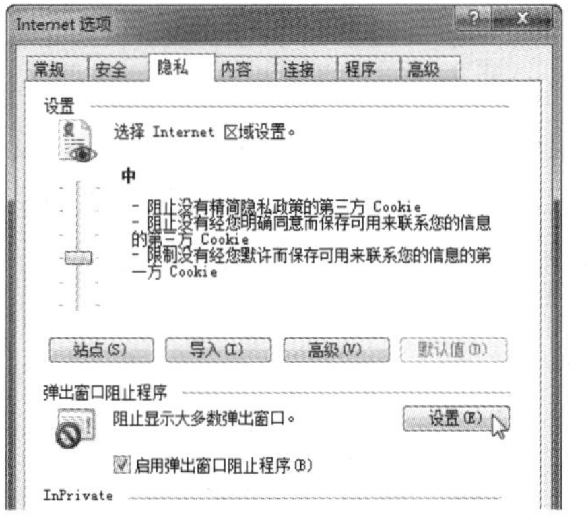

长见识

同步数字系列(Synchronous Digital Hierarchy，SDH)是一个将复接、线路传输及交换功能结合在一起并由统一网络管理系统进行管理操作的综合宽带信息网。SDH 是实现高效、智能化、维护功能齐全、操作管理灵活的现代电信网的基础，是信息高速公路的重要组成部分。

❷ 单击【设置】按钮，打开【弹出窗口阻止程序设置】对话框。在这里可以添加信任站点，设置通知选项和阻止级别，最后单击【关闭】按钮，如下图所示。

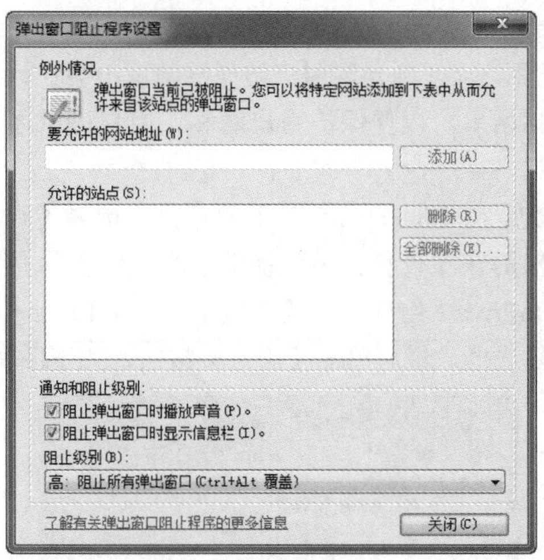

❸ 返回【Internet 选项】对话框，单击【确定】按钮，保存设置。

13.6 防雷与静电屏蔽

雷电与静电是计算机系统最大的物理威胁。做好计算机的防雷与防静电措施，将会使计算机系统的平稳运行得到初步保障。

13.6.1 计算机防雷

雷电灾害是联合国公布的10种最严重的自然灾害之一，也是目前中国十大自然灾害之一。近年来，社会经济、信息技术特别是计算机网络技术发展迅速，城市高层建筑日益增多，雷电危害造成的损失也越来越大。

雷电对计算机网络的危害主要是雷击电磁脉冲，轻者可以造成数据丢失、设备误操作、死机，重者会造成计算机系统毁坏，甚至危及操作人员的生命。因此，在多雷暴发生的夏季，注意计算机系统的防雷风险显得尤为重要。

计算机网络防雷，不但与系统本身的配置、使用条件、场所、周围环境有关，而且与其连接的网络线缆、电源紧密相关，因此计算机网络系统的防雷应采取综合措施，在雷电有可能侵入的各个关口层层设防。一般应从以下几个方面考虑。

(1) 在建网初期，尤其是综合布线时，就要考虑防雷问题。综合布线大有文章可做，合理地综合布线是非常必要的，一定要按照综合布线的规范和标准施工。

(2) 提高计算机、网络设备自身的抗扰能力。采购设备时，要注意选择品质有保证的厂家的产品。

(3) 安装防雷设备设施的方法要科学。首先对计算机系统合理地安装避雷器，其次是加装信号线路和天线避雷器。如果大楼信息系统的设备配置中有计算机中心机房、程控交换机房及机要设备机房，那么在总电源处要加装电源避雷器。同时，计算机中心的Modem、路由器甚至集线器(Hub)等出户的线路都应加装信号避雷器。计算机机房应采用共用接地系统，机房内的设备金属外壳等外露可导电物体均应进行均压等电位连接。

(4) 防雷装置施工完毕，还应定期进行检测检查和维护维修，特别是在每年雷雨季节前应对接地系统进行检查和维护，杜绝因防雷装置老化和人为破坏所造成的事故隐患。

(5) 普通用户要养成良好的防雷习惯。在雷击发生期间尽量不要使用计算机，未使用计算机时，应拔掉计算机电源和网络连接线，以免计算机及网络设备遭受雷击损坏。

13.6.2 静电屏蔽

计算机在使用过程中会在元器件表面积聚大量的静电电荷。最典型的就是显示器在使用过后用手触摸显示屏幕会发生剧烈的静电放电现象。这是显示器屏幕上的电荷与人体所带异性电荷发生中和时所产生的静电放电现象。至于静电放电的定义，这里不再叙述，有兴趣的读者可以自行查阅资料。

由于静电放电过程是电位、电流随机瞬间变化的电磁辐射，所以不管是放电能量较小的电晕放电，还是放电能量较大的火花放电，都可以产生电磁辐射。计算机包含大量的高电磁灵敏度电路以及元器件，在使用过程中如果遇到静电放电现象(ESP)，后果是不可预测的。

静电放电对计算机的危害可分为硬性损伤和软性损伤，硬性损伤就是指由于静电放电过于强烈而导致显卡、CPU、内存等电磁灵敏度很高的元器件被击穿，从而无法正常工作甚至彻底报废。静电放电所造成的硬性损伤的破坏程度主要取决于静电放电的能量及元器件的静电敏感度，也和危害源与敏感器件之间的能量耦合方式、相互位置有关。软性损伤是指由于静电放电时产生的电磁干扰(其电磁脉冲频谱可达 GHz 级别)造成的存储器内部存储错误，比特数位移位，从而产生死机、非法操作、文件丢失、硬盘坏道等隐性错误，相对于硬性损伤，它更难被发现。

长见识 使用光纤作为传输介质，误码率极低，能实现近似无差错传输，减少进行差错校验的开销，提高了网络的吞吐量。帧中继是一种宽带分组交换技术，帧中继不适合于传输诸如语音、电视等实时信息，它仅限于传输数据。

如何消除静电危害是工业领域十分重要的课题。为了我们的爱机，我们要努力消除机器上的静电。

首先，要消除我们自身的静电。

静电具有电压高、电场强的特点，在干燥的低温环境下，对地绝缘良好的人在脱衣服时，人体就带有数万伏的电压。有人曾经做过试验，当一个人在覆盖有 PVC 薄膜的椅子上面快速地坐下站立之后，他身体上所带静电电压为 18kV，远远超出了计算机芯片所能承受的抗静电放电的耐压值。人体对地泄漏电阻越大，人体静电越容易积聚，形成较高的人体静电电位，这时人体的静电放电和静电危害就越易发生。消除人体静电很简单，只要用手摸一下大地或与大地相连的导体就可以释放掉身体上的静电。

计算机上的静电如何消除？静电消除的最好结果是实现正负电荷中和，主要途径有两条：一是通过空气，使物体上的电荷与大气中的异性电荷中和；二是通过带电体自身与大地相连的物体的传导作用使电荷向大地泄漏，与大地中的异性电荷发生中和，又称静电接地。我国有关标准(GJB 2527—95)和文献对静电接地做了严格的定义：所谓静电接地是指物体通过导电、防静电材料或其他制品与大地在电气上可靠连接，确保静电导体与大地的电位相近。

静电学上对静电接地的方法及用料要求也有严格的规定，规定接地装置由接地体、接地干线和接地支线组成，并对接地材料的长度、宽度都有严格的规定。其实，一根铁丝就是最好的材料，具体的接地方法这里就不细说了，不管怎样接地，有一点必须注意，那就是一定要保证接地体与大地在电气上相连。居住在楼房里的人，直接把导体引入土壤是不现实的，我们可以将铁丝接于自来水管上。现在有的楼房布有专门的接地线，这样更好。至于暖气片，要看它的管道是否与大地相通。为防止机器漏电，就在地线上串联一只开关，想让静电消散的时候只要一扳开关就行，非常省心。

13.7　思考与练习

一、选择题

1. 下列不属于网络安全标准的是________。

   A. 网络上系统信息的安全

   B. 网络上信息传播的安全

   C. 系统不被侵入

   D. 网络上信息内容的安全

2. 下列不属于病毒特征的是________。

   A. 传染性　　B. 未经授权性

   C. 潜伏性　　D. 协议安全的脆弱性

3. 要打开【Internet 选项】对话框，应在 IE 页面中单击________菜单。

   A. 【文件】　　B. 【编辑】

   C. 【工具】　　D. 【帮助】

4. 要在 McAfee VirusScan Enterprise 中设置防火墙功能，应在【VirusScan 控制台】中双击________打开其设置对话框。

   A. 【缓冲区溢出保护】

   B. 【新扫描】

   C. 【有害程序策略】

   D. 【访问保护】

二、简答与操作题

1. 网络安全的含义是什么？
2. 网络安全的标准是什么？
3. 网络安全有哪些特征？
4. 威胁网络安全的因素是什么？
5. 网络安全有哪些结构层次？
6. 网络遭受攻击有哪些形式？
7. 如何保护网络的安全？
8. 怎样进行专用网络的保护？
9. 在 McAfee VirusScan Enterprise 中将 Remon.exe 设置为病毒，并对计算机所有磁盘驱动器进行病毒查杀。
10. 计算机网络防火墙有哪些种类？
11. 在 McAfee VirusScan Enterprise 中设置端口保护。
12. 计算机网络怎样防雷？
13. 计算机怎样消除静电？

静电是由物体间相互摩擦、接触而产生的。静电产生后，由于它不能泄放而保留在物体内，产生很高的电位(能量不大)。静电放电时易产生火花，造成火灾或损坏芯片。

第14章 局域网维护与优化

本章微课

俗语说“创业容易，守业难”，建立了一个局域网后，要让它长期高效、稳定地工作不是一件容易的事情。本章我们来学习局域网维护的相关知识。

学习要点

❖ 局域网的维护;
❖ 操作系统的维护;
❖ 局域网优化;
❖ 局域网远程监控。

学习目标

本章我们将系统学习局域网组建后日常维护中应该注意的一些问题，以及如何优化网络结构，查找网络故障，从而保证局域网能长期高效地运行，为用户的工作和生活带来便利。

14.1 局域网维护

硬件资源是局域网的基础，是用户资金的主要投入点，维护好局域网中的硬件设备是保证局域网运行的前提。

14.1.1 计算机硬件的维护

下面从几个不同的角度讲述计算机硬件使用中应该注意的问题。

1. 计算机的放置与散热

计算机主机箱和显示器一定要安装在稳定结实的工作台上。尽量不要把机箱安放在狭窄桌面的边缘以免被碰下来。

主机与显示器的四周要留有一定的空间，绝对不允许挤得严严实实。主机两侧设有进风口，侧面的空间不能小于 10mm，后方作为主要的散热面，空间不能小于300mm。有些机箱底部还设有通风口，因此不允许把机箱放置在柔软的台面如毛毯或泡沫塑料上。

显示器后方散热孔上不允许覆盖其他物品，否则容易导致显示器烧坏或引起火灾。有些用户喜欢把报纸随手放在显示器上，或在使用时长期将防静电罩套在显示器上，这些都是不好的习惯。许多用户认为液晶显示器不会发热，这种观点是绝对错误的。LCD 显示器也会发热，只是功率比较小，由于 LCD 显示器的体积小，散热也非常重要。

如果计算机本身散热不是很好(特别是在夏天)而又急需使用，可以考虑用电风扇直吹计算机散热面，但吹风方向不能与计算机风扇风向相抵触。

2. 防振和避免受力

计算机硬件设备应该尽量避免振动，特别是使用的时候。计算机应该安放在远离会产生较大振动设备的地方。有的用户在计算机运转不畅的时候喜欢敲击拍打显示器或机箱，要知道计算机不是收音机或电视机，这样做很容易导致计算机硬件损坏。

使用过程中不允许随意搬动计算机，笔记本电脑也是如此。有的用户认为笔记本电脑就是移动着用的，这里的移动指的是计算机的便携性，计算机运行的时候，硬盘处于高速转动中，轻微的震动也容易导致硬盘损毁。

许多用户的计算机机箱安放位置很低，特别是在网吧。应该注意机箱不应太靠前，否则容易被桌椅或顾客的脚碰到。

机箱上不允许长期压放其他物品，更不允许踩在机箱上，因为增加的重量会导致主板和其他元件变形而引起损坏，还会改变机箱的共振频率。

计算机上连接的各类线缆不允许随意用力拉扯或长期保持紧绷状态，这样很容易引起主板接口的损坏。有的用户喜欢把键盘拉得很远，需要注意连接线不是缆绳，绝对不允许受力，如果需要远距离操作，请选择无线键盘和鼠标。

液晶显示器最怕的就是按压，尽量不要用手接触 LCD 显示器屏幕，移动时也要避免其他东西碰到屏幕，否则很容易产生坏点。

3. 防潮与防腐蚀

再一个比较重要的就是化学环境，计算机不能安放在潮湿的环境中，不能用湿抹布擦计算机，更不允许直接向计算机泼水。有腐蚀性或导电性的液体和化学物品应该远离计算机。很多用户喜欢在用计算机时吃泡面或喝汽水，万一将汤水洒到计算机内也是很麻烦的事情，还好现在有了防水键盘。

显示器上方包括不与显示器接触的部分不允许放置任何液体，因为显示器上部是开放性的，液体泼下来会进入显示器内部使显示器损坏。笔者曾经有一位朋友将果汁放在显示器后面的书架上，果汁泼下导致显示器直接报废。

4. 防辐射和防静电

磁场对显示器的影响比较大，尽量不要把强磁场设备(如大功率扬声器)过于靠近显示器。另外，手机在使用的时候也会产生很强的电磁场，严重干扰显示器画面。

虽然显示器一般都具有消磁功能，但长期或过于频繁地使用此功能会导致显示器损坏。

特别是在干燥天气，静电问题比较突出，机箱的接地线路一定要保证接通。使用计算机前要将人体上的静电释放掉。一般机房尽量不要铺地毯，地毯在冬天无异于一个巨大的静电刷。天气干燥时有条件可以考虑使用空气加湿机。

5. 供电与断电

计算机的供电电源一定要充足，特别是计算机数量比较多的机房或网吧。计算机的开机要逐个进行，一次打开太多的负载会引起严重的电网电压跳变，产生容易

LCD 显示器也有辐射，只是它的辐射比较低罢了。一般液晶显示器的辐射标准都符合国家的标准，所以可以认为是无辐射产品。

损害供电设备的波形。稳压电源、供电线路和限流保险闸一定要符合功率要求，过大或过小都不行，否则不能有效避免事故。

断电时，也应该逐个进行，尽量使用操作系统的关机功能，绝对不允许直接断电。这样会导致硬盘损坏，待所有计算机都安全关机后再切断主电源，平时不要轻易按下计算机重启按钮。

服务器设备或正在运行重要程序的计算机最好配备 UPS 不间断供电设备，以免突然停电带来损失。

6. 防火与防盗

这似乎不是技术上该讨论的问题，却是很现实的问题。计算机设备造价不菲，又不易搬动，一旦发生火灾，后果必定严重。在大型机房和网吧，计算机密集，发热量大，火灾隐患不容小视。这里我们不讨论具体如何防火，只是提醒用户不能忽视这个问题。

计算机价值比较高，往往容易成为犯罪分子的目标。特别是笔记本电脑，重量轻携带方便，一定要做好防护工作。在网吧，鼠标或耳机往往容易被居心不良的人顺手牵羊。另外，有些犯罪分子会打开计算机机箱偷窃内存和 CPU，所以公共场合的计算机最好将机箱锁上。

计算机上最大的安全隐患是人为因素，最好的防护也是人。

7. 移动和保存

计算机需要移动时，应该将所有的接线先拔下来，运到目的地后再组装起来。如果是远程运输，还应装箱捆绑，用泡沫塑料固定以防止振动。

计算机长期不用，应断开电源，用遮蔽物覆盖防尘。遮蔽前先保证计算机已经散热充分。长期闲置不利于计算机维护，最好每隔一两个月开机一次，为计算机热热身。

8. 除尘和润滑

计算机长期使用后，内部会积累很多灰尘，影响散热。必要时可以自己打开机箱除尘。

(1) 首先断开电源，将所有的线缆拔掉。

(2) 取出机箱，将机箱横放在地上或宽大的桌面上。

(3) 拧下固定螺丝，取下侧面板，注意开箱前要把手上的静电释放干净。各类螺丝最好放在一个小盒子里以免丢失。

(4) 拧下各类扩展卡和显卡的螺丝，把它们拔下来。注意只能向插槽外拔，绝对不允许左右摇晃。

(5) 将取下来的元件分开平放在桌面上，不允许堆在一起。

(6) 拧下风扇螺丝，拔下风扇电线，取下风扇。

(7) 用小软刷(如干毛笔)刷去附着在计算机内的灰尘，用吹风机将浮尘吹掉。除尘方向要与计算机散热风扇方向一致，特别是 CPU 和显卡的散热片，除尘一定要干净，但不要取下散热片。

(8) 如果风扇转动不良，可将风扇轴上不干胶揭开小缝，注入几滴高纯度润滑油，重新贴上不干胶，转动风扇使润滑油均匀分布，如果风扇严重运转不灵最好更换风扇。

(9) 用橡皮擦轻轻擦除元件金手指上的污垢，严禁手指直接接触金手指。

(10) 将风扇和板卡安回原处，拧上固定螺丝。不要拧得太紧，保证固定效果即可。

(11) 盖上机箱侧面板，拧上螺丝。

(12) 把机箱放回原处，接上线缆。

(13) 接通电源，开机检查计算机是否能正常启动。

注意

如果改变了扩展卡安装的插槽位置，操作系统可能会要求重新安装驱动程序。

9. 安装和更换硬件

如果在机箱内部安装或更换了硬件，需要打开机箱，其步骤与除尘和润滑类似。下面补充几点。

(1) 安装 PCI 扩展卡时，尽量不要使用最靠近显卡的插槽，以免影响散热和产生地址冲突。

(2) 如果 PCI 设备不能正常工作，可能是地址冲突或插槽进了灰尘，清洁接口并换一个插槽试试。

(3) 安装硬盘和光驱时，硬件间应留出空间便于散热，并注意 IDE 接口的主从跳线关系。

(4) 机箱内部接线时注意先后顺序，先里后外，不然插起来很不方便。

(5) 安装完毕须整理内部线缆，将电源线捆扎起来，不要四处散开影响散热。

注意

如果用户不具备专业知识和相关的经验最好不要带电操作，安全第一。

10. 光驱使用注意事项

光驱属于易耗品，使用时也要小心。

在关机状态下，显示器和主板还是有一部分元件在通电运行。关机后最好断开电源，一来可以节约用电，二来可以延长设备使用寿命。

(1) 光驱托盘只能承受光盘重量，不要把其他物品放在托盘上。

(2) 光盘请平放在指定位置，不要试图同时放入两张光盘。

(3) 不要用手阻止光驱托盘退回。

(4) 请使用完整、干净的光盘，光盘表面有污垢可用特定的软海绵清洁。

(5) 不要用 DVD 清洁盘来清洁光驱，会对光驱造成损害。

(6) 如果光盘上的数据损坏，系统读取光盘内容时会停止响应。请耐心等待或退出光盘，不要用鼠标漫无目的地乱点或尝试关闭窗口，这样很容易造成系统崩溃。光盘退出后系统很快会恢复。

(7) 因停电或其他原因使光驱无法退出时，不要用器具撬光驱托盘。光驱前面板上有个小孔，将拉直的曲别针插入小孔即可退出光驱托盘。

11. U 盘使用注意事项

现在 U 盘和移动硬盘的使用相当普遍，在使用中有几点需要注意。

(1) 一定要做好杀毒工作。现在 U 盘已经成为仅次于网络的病毒传播途径，许多病毒和木马都是通过 U 盘来传播。

(2) 如果发现 U 盘双击或右击无法打开，请尝试使用资源管理器的目录树功能。删除 U 盘根目录下不明来源的 INF 后缀的隐藏文件。

(3) 尽量先卸载后再拔出 U 盘，以免产生系统错误。

(4) 一台计算机同时连接多个 U 盘容易产生冲突，特别是同一型号的 U 盘。

(5) 发现 U 盘上文件无法删除时，请先确认写保护锁是否打开，然后再怀疑是否为病毒。

14.1.2 计算机软件的维护

使用 Windows 操作系统的用户，软件故障要比硬件故障多很多倍，其中一半以上是操作系统故障。

1. 启动过程

计算机无法启动，特别是刚刚安装新程序或驱动程序后，最先想到的是看能否进入安全模式。

进入安全模式的方法是在系统启动时按下 F8 功能键，然后在菜单中做出选择。

注意平时最好保留操作系统还原盘，以及与 Windows 自带的系统还原与 Ghost 镜像相结合。系统还原无法解决时再使用 Ghost 恢复，能最大限度地保证用户数据不受损坏。

如果故障仍然无法解决，有一个万能的方法，即重新安装操作系统。

2. 用户数据备份和还原

重新安装操作系统后，一切又需要重来。有的用户会觉得十分不便，为此，Windows 系统提供了一个数据备份和还原工具。在 Windows 系统中，使用该工具不仅可以备份计算机中的数据文件，还可以创建系统映像和系统修复光盘，在系统被损坏时使用这些文件进行修复，还原重要文件。

1) 设置数据备份与还原

操作步骤

❶ 在计算机桌面上选择【开始】|【所有程序】|【维护】|【备份和还原】命令，如下图所示。

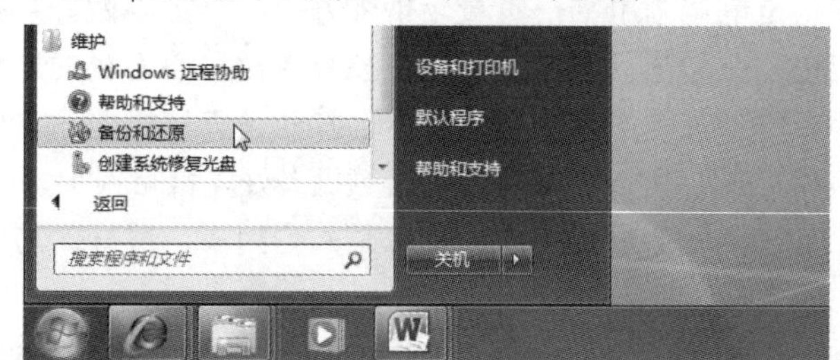

❷ 打开【备份和还原】窗口。单击【设置备份】链接，如下图所示。

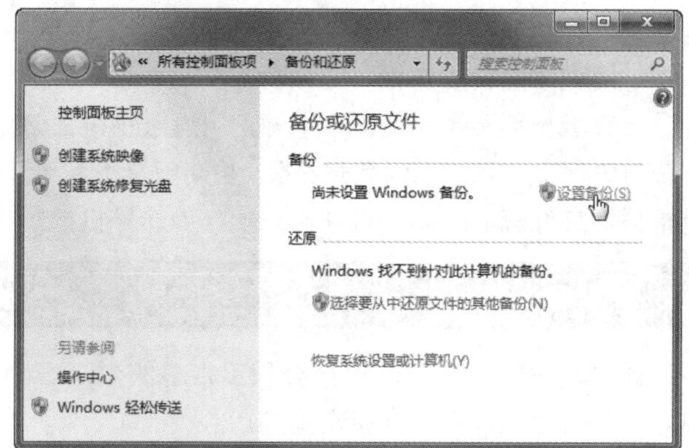

❸ 开始启动 Windows 备份工具，弹出如下图所示的对话框。

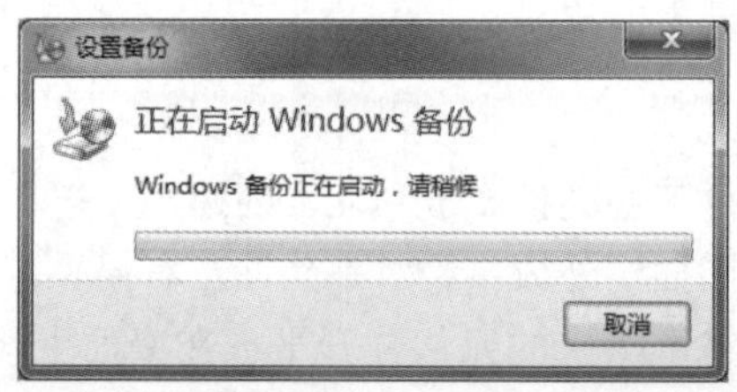

数据备份用来防止硬件或媒体失效或者其他损坏事件而丢失数据。如果系统中的数据丢失，则可通过备份实用程序方便地从存档中恢复数据，将系统从各种故障中恢复正常。

❹ Windows 备份工具启动后会弹出【设置备份】对话框。在列表框中选择用于保存备份文件的位置，再单击【下一步】按钮，如下图所示。

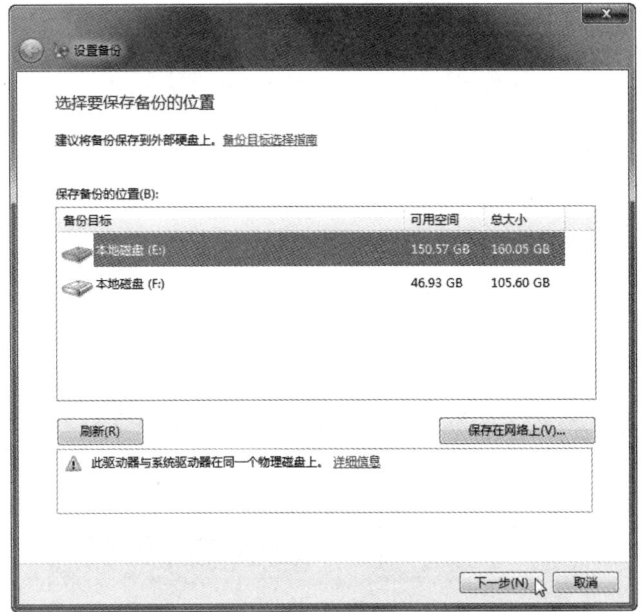

❺ 进入【您希望备份哪些内容】界面，选中【让我选择】单选按钮，再单击【下一步】按钮继续，如下图所示。

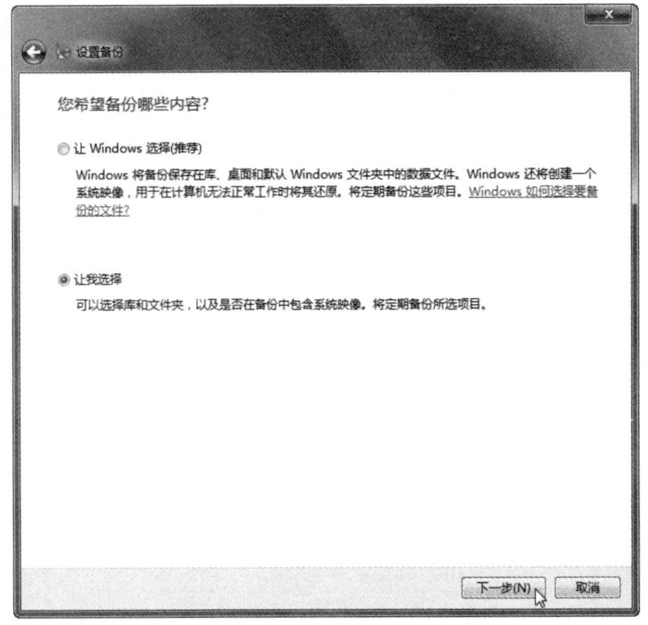

❻ 在弹出的对话框中选择要备份的文件和文件夹，再单击【下一步】按钮，如右上图所示。

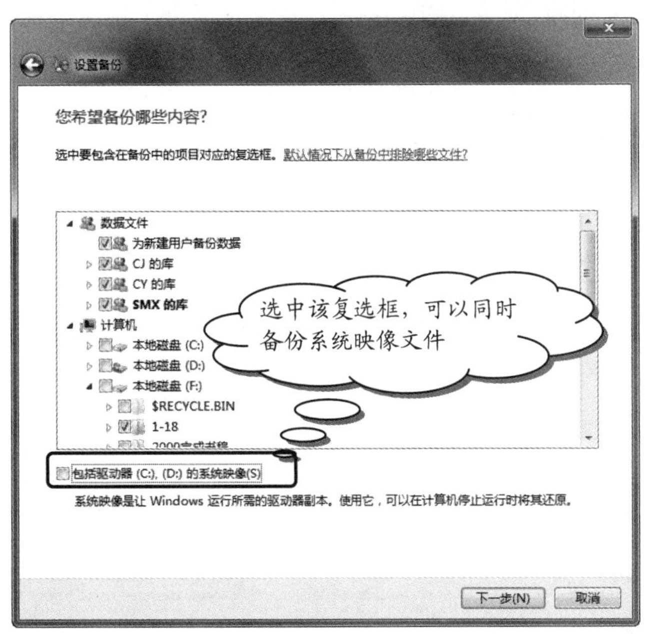

❼ 进入【查看备份设置】界面，查看数据备份设置信息，确认无误后单击【保存设置并运行备份】按钮，如下图所示。

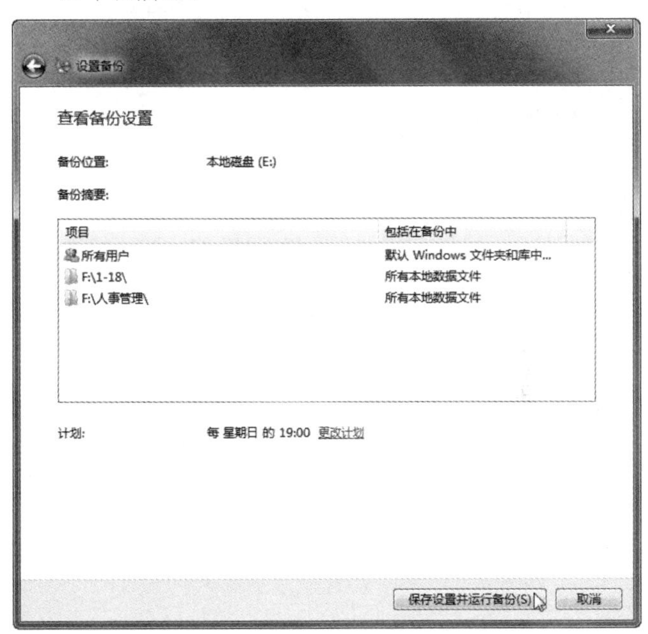

提示

在上图中单击【更改计划】链接，则会弹出如下图所示的对话框。在这里可以设置文件备份计划的频率、哪一天和时间等参数，再单击【确定】按钮。

软件错误是指在软件生存期内不希望或不可接受的人为错误，其结果是导致软件缺陷的产生。可见，软件错误是一种人为过程，相对于软件本身，是一种外部行为。

长见识

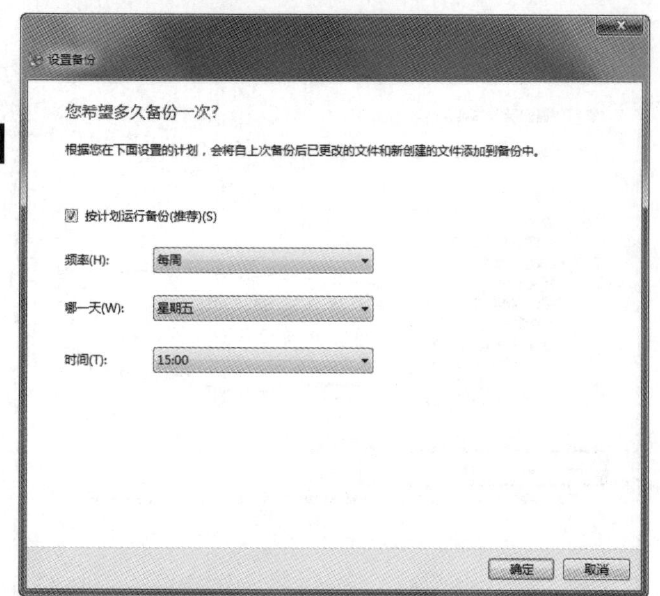

8 系统开始备份选择的文件，根据内容大小需要的时间不同，如下图所示。

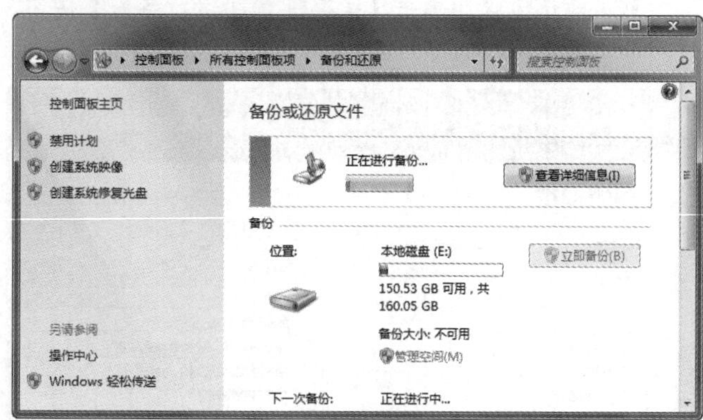

9 备份完成后，显示相关信息，如下图所示。

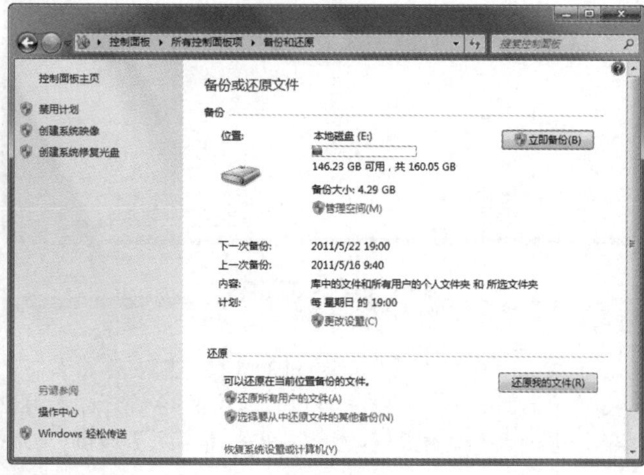

10 当数据被损坏后，可以使用备份文件将其还原。方法是在【备份和还原】对话框中单击【还原我的文件】按钮，接着在弹出的【还原文件】对话框中单击【浏览文件夹】按钮，如右上图所示。

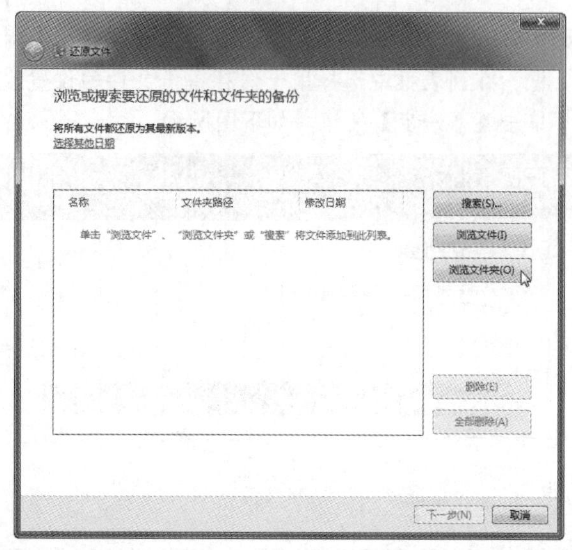

11 弹出【浏览文件夹或驱动器的备份】对话框。选择要使用的备份文件夹，再单击【添加文件夹】按钮，如下图所示。

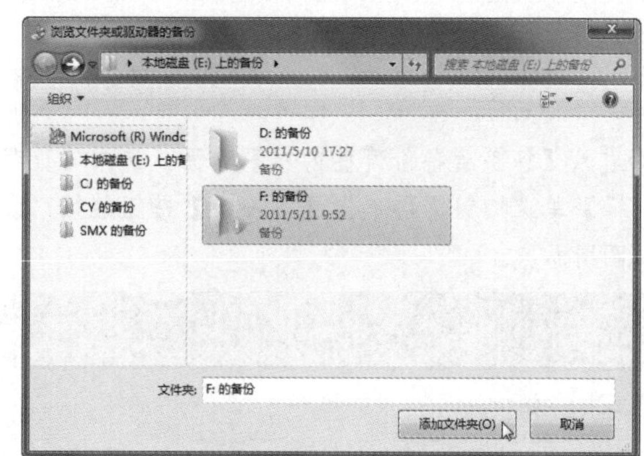

12 返回【还原文件】对话框，单击【下一步】按钮。

13 进入【您想在何处还原文件】对话框，单击【浏览】按钮，选择存放还原文件的目标位置，接着选中【将文件还原到它们的原始子文件夹】复选框，再单击【还原】按钮，如下图所示。

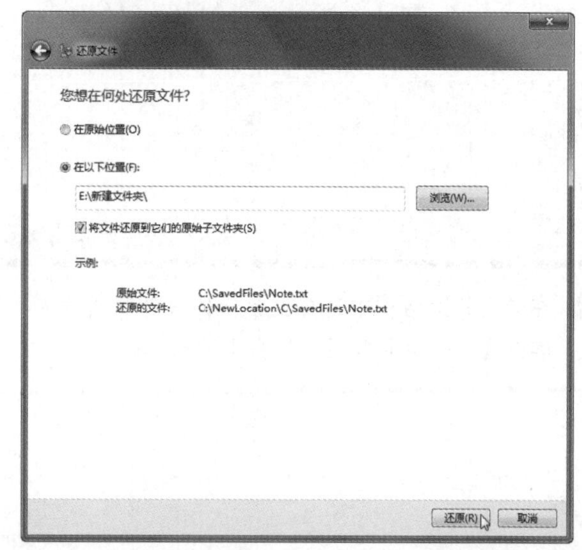

长见识

备份策略描述每天的备份以什么方式、使用什么备份介质进行，是系统备份方案的具体实施细则。制定备份策略完毕，应严格按照制度进行日常备份，否则将无法达成备份方案的目标。

14 开始还原文件，弹出如下图所示的进度对话框，稍等片刻。

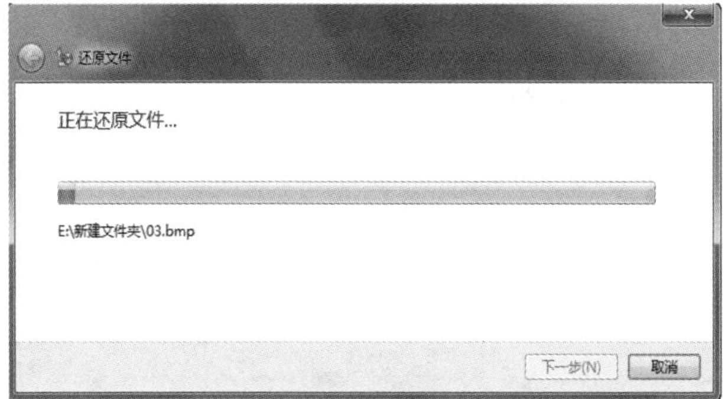

提示

在还原过程中，若正在还原的文件与目标文件夹中的文件有同名的，则会弹出如下图所示的对话框。单击【复制和替换】选项，替换目标文件夹中的同名文件。若单击【不要复制】选项，将跳过该同名文件；若单击【复制，但保留这两个文件】选项，可以将该同名文件复制到目标文件夹中，并重新命名。

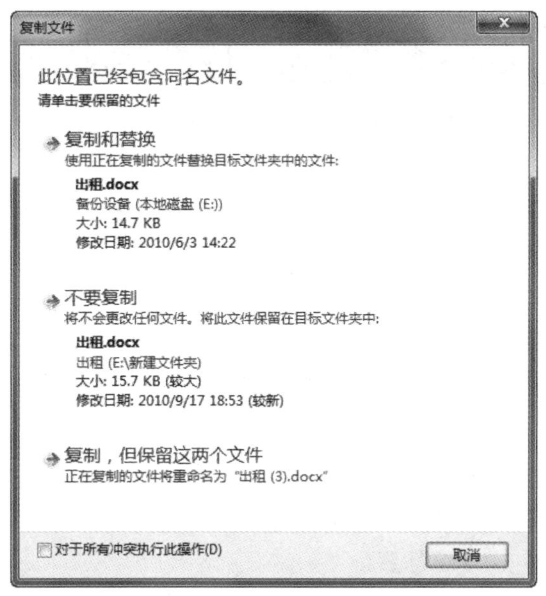

15 文件还原完成后，单击【完成】按钮即可，如下图所示。

2) 设置数据备份与还原并创建系统映像

操作步骤

1 在【控制面板】窗口的【大图标】模式下，单击【备份和还原】图标，如下图所示。

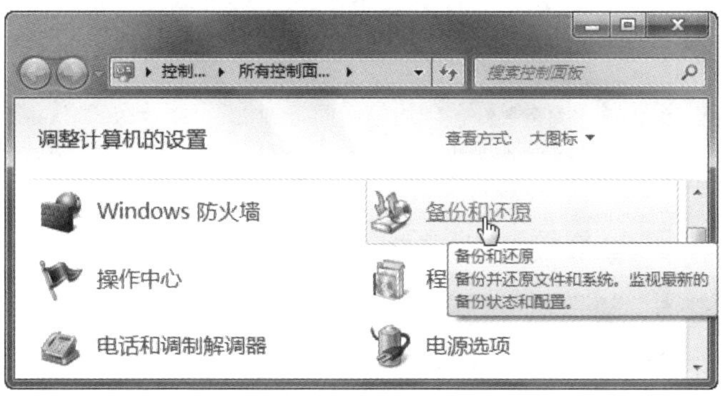

2 打开【备份和还原】对话框。在左侧列表中单击【创建系统映像】链接，如下图所示。

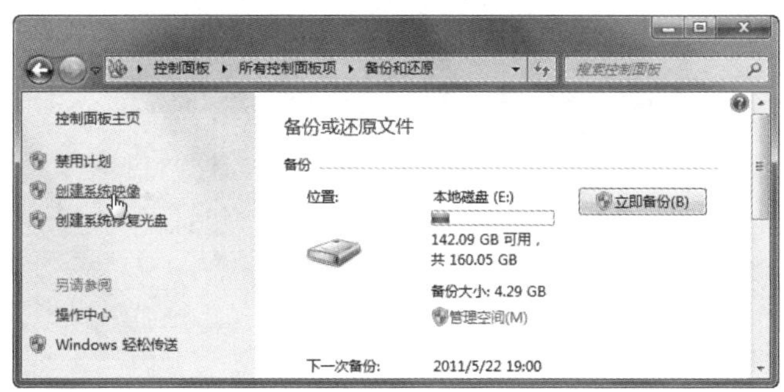

3 弹出【创建系统映像】对话框。选中【在硬盘上】单选按钮，并在下拉列表中选中系统映像文件的存放位置，再单击【下一步】按钮，如下图所示。

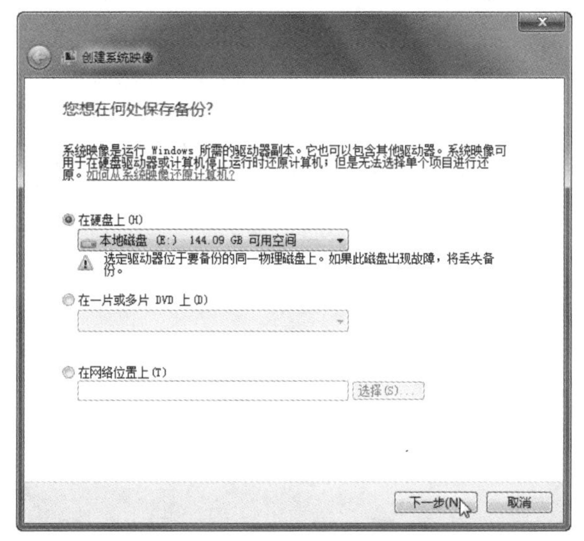

4 进入【您要在备份中包括哪些驱动器】界面，在列表中选中要备份的系统盘，再单击【下一步】按钮，如下图所示。

软件缺陷是存在于软件(文档、数据、程序)之中的那些不希望或不可接受的偏差，如少一个逗号、多一条语句等。其结果是软件运行于某一特定条件时出现软件故障，这时称软件缺陷被激活。 长见识

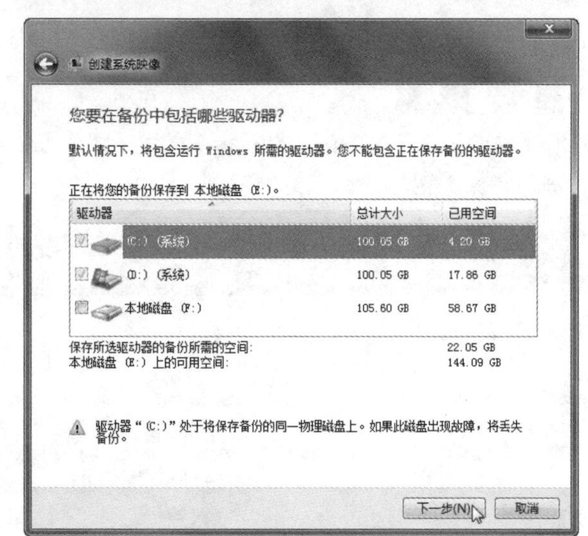

5 进入【确认您的备份设置】界面，查看备份设置信息，确认无误后单击【开始备份】按钮，如下图所示。

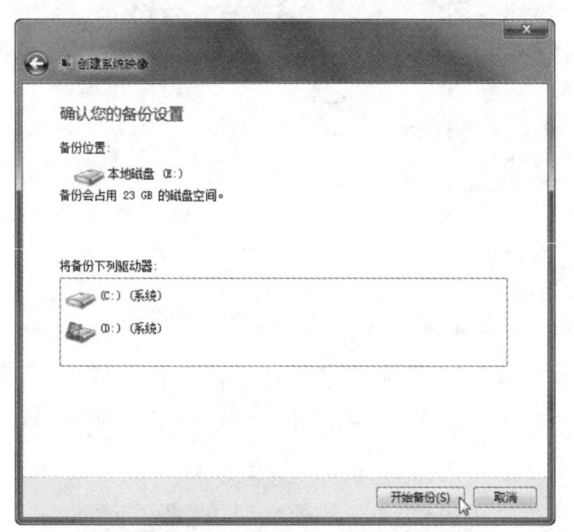

6 开始创建系统映像文件，弹出如下图所示的进度对话框，稍等片刻。

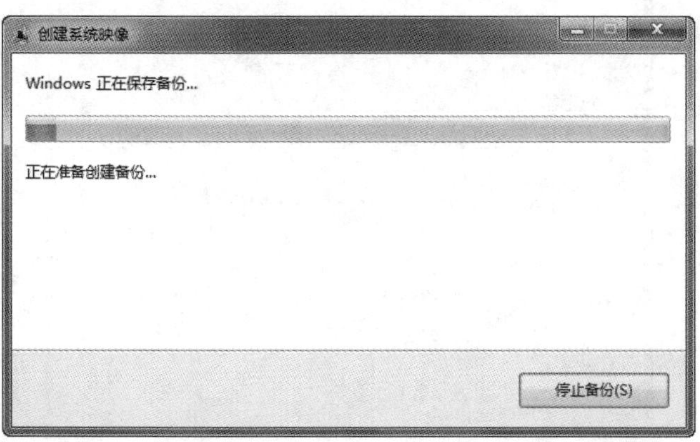

7 系统映像文件创建完成后，会弹出如下图所示的提示框，询问是否要创建系统修复光盘。单击【是】按钮，可以继续创建系统修复光盘。这里单击【否】按钮，如下图所示。

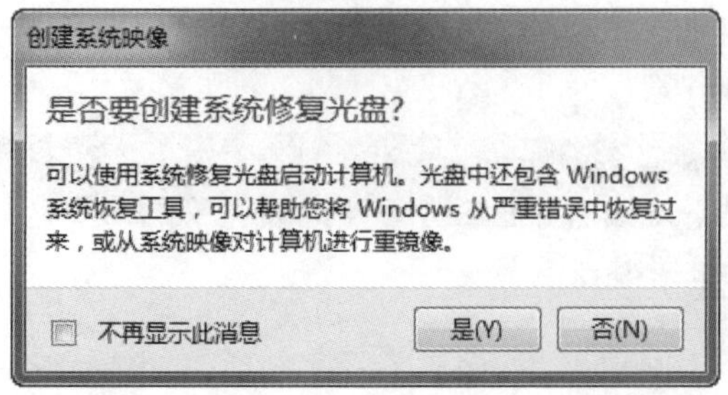

8 在【创建系统映像】对话框中单击【关闭】按钮，完成创建系统映像文件操作，如下图所示。

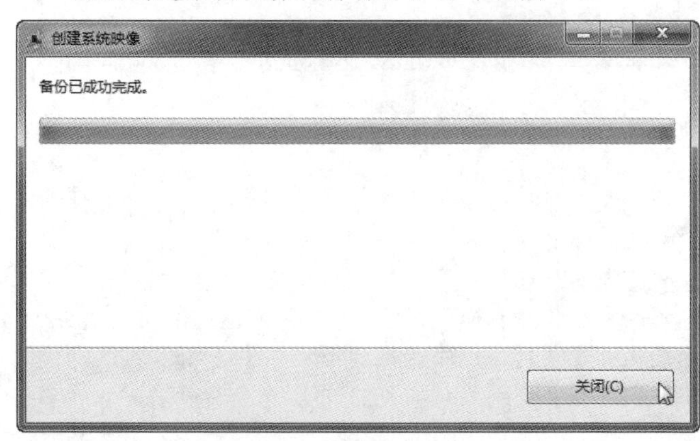

3. 注册表的备份和还原

注册表是 Windows 操作系统的生命线，注册表损坏往往会导致操作系统崩溃。

对注册表进行修改是很危险的工作。有许多注册表工具可以帮助你设置注册表，但用户也需要了解一些注册表的知识，方便更好地维护系统。我们可以使用一些工具(如 Windows 优化大师)来清理注册表中的无用信息。

修改注册表前，最好先备份注册表。下面演示如何进行注册表备份和还原操作。

操作步骤

1 在计算机桌面上选择【开始】|【所有程序】|【附件】|【运行】命令，如下图所示。

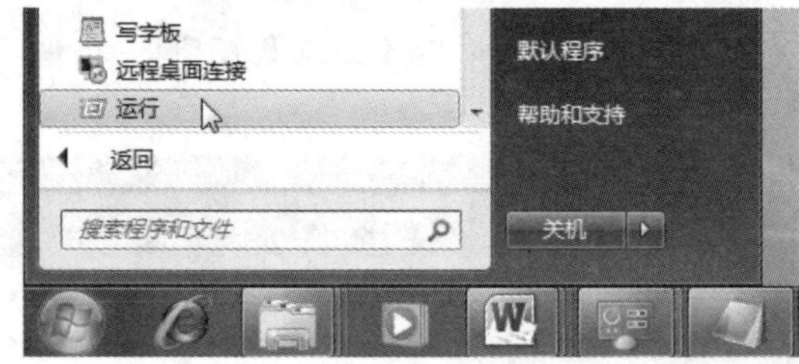

2 弹出【运行】对话框，然后在【打开】文本框中输入“regedit”命令，再单击【确定】按钮，如下图所示。

正常备份是将选定的文件都备份下来，并把每一个文件都标记为已经备份。换句话说，就是要设置档案文件的位置。对于正常备份，只需要最新的备份文件或磁盘的副本，以便还原所有的文件。通常情况下，首次创建备份设置时应进行正常备份。

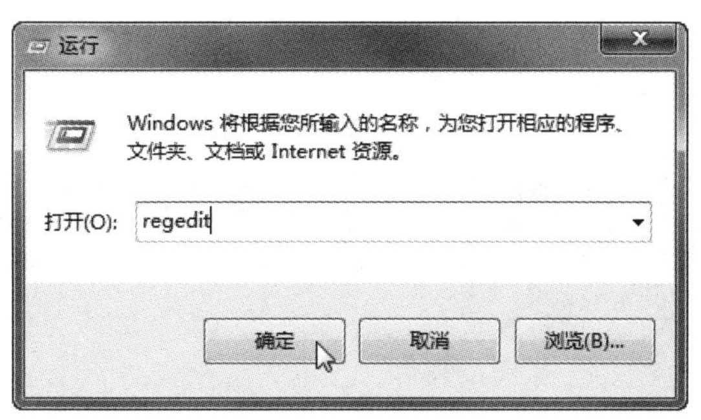

❸ 打开【注册表编辑器】窗口，然后在菜单栏选择【文件】|【导出】命令，如下图所示。

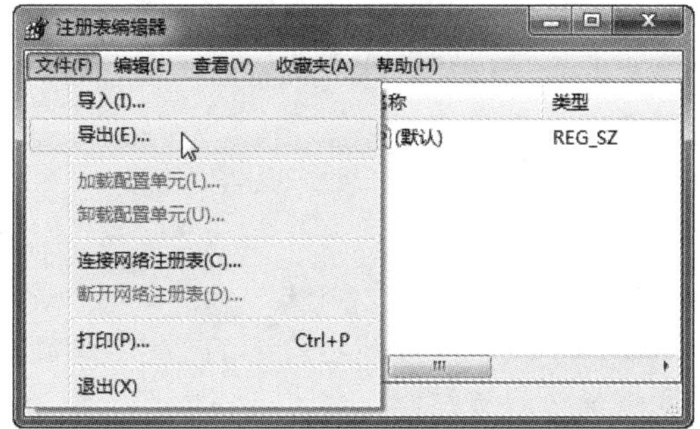

❹ 弹出【导出注册表文件】对话框，然后在【保存在】下拉列表框中选择备份文件的存放位置，接着在【文件名】文本框中输入文件名，再单击【保存】按钮，如下图所示。

提示

若要备份某个分支项，可以在【导出注册表文件】对话框中选中【所选分支】单选按钮，接着在文本框中输入分支项位置，再单击【保存】按钮。

❺ 将生成的注册表文件保存好，在需要恢复的时候双击文件图标，如下图所示。

❻ 弹出如下图所示的提示框，询问是否将此信息添加到系统注册表中。单击【是】按钮，确定要将注册表还原。

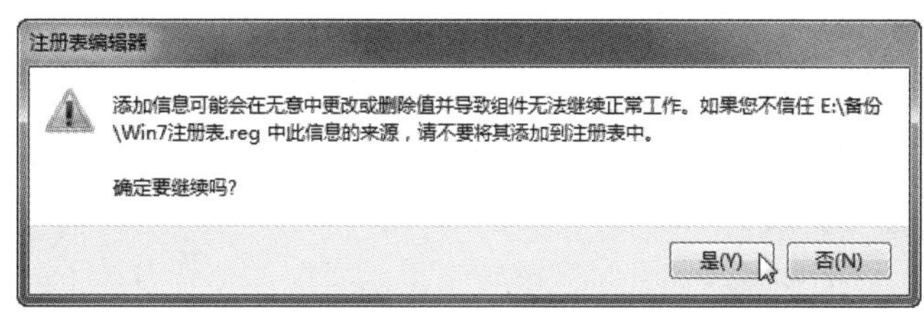

对软件系统的维护操作方法还有很多，限于篇幅在此无法一一介绍，读者有兴趣可参考本出版社出版的其他书籍。

14.1.3 网络设备的维护

这里的网络设备指除了计算机设备外为组建网络而增添的设备，如交换机、双绞线等。

1. 交换设备的安放

交换机应该安装在网络的中心部分，即所有网络节点到交换机的距离都不应该太短。

如果网络规模比较大，交换机、路由器、网关等设备最好有专门的机柜和安放场所。设备应用螺钉牢固地固定在机柜内，设备之间留出足够的空间以便于散热。

这些设备上一般都没有显示器，靠各种不同的指示灯来显示当前的工作状态，因此要保证这些指示灯能被清楚地看到，而不应被其他物体遮挡。机柜门最好采用透明设计，这样管理员不必打开机柜就可以观察设备工作状态。

交换设备的弱电信号线缆要与电源供电线分开敷设和捆扎，以免引起干扰。

其他方面，与计算机设备的环境要求类似，尽量避免潮湿、振动、过热和承受较大外力。详细情况可以参考14.1.1小节内容。

复制备份是备份选定的所有文件，但不对正在被备份的每一个文件都做标记。换句话说，就是不设置档案文件的位置。如果读者希望在正常备份和增量备份之间备份文件，复制备份是非常有效的，因为不影响其他备份操作。

2. 网线的维护管理

网线，特别是双绞线，是局域网连接用的主要介质，直接关系网络的性能，敷设和使用时也有很多问题需要注意。

网线最好预先敷设在建筑物的内部，如果是后来敷设，可以选择悬空地板或线槽。除临时用途外，不要让网线裸露在人们活动的区域。胡乱拉设的网线影响环境的整洁，给他人带来不便，长期被踢踩会引起网线断裂，带来网络故障，即使是临时用途用完后也应该马上收起来。

网线长度要与实际距离相符，不应太长也不应太短。多出来的电缆也不要捆扎成一圈，以免产生电磁干扰。

如果网线太短请重新制作网线，不要在中间做一个接头，也不允许强行拉扯网线。

固定在线槽和墙内的网线尽量使用塑料固定件，不允许用铁丝捆扎，更不要捆得太紧。

网线经过的环境要保持干燥无腐蚀，无外力，千万不能泡在水中。在室外或地下布线网线外要有保护物，如金属管道或PVC管。

网线不能以太小角度弯曲，弯曲弧形的直径不能小于网线的最小弯曲半径(8芯UTP双绞线该半径为线缆直径的4倍，50芯线该半径为线缆直径的10倍)，一般不允许为固定网线而把线缆环绕在柱子上，更不能把网线打结。

网线端部的拉力不能超过规定值，常用双绞线一般能承受100N左右拉力。如果需要远距离悬空布线，可以参考电话线架线方法，先拉一条承重线，再将网线搭在承重线上。

网线敷设应该平行，不能过度扭曲线缆。

网线的走线要远离高温高热源，如热水管、舞台灯等。

许多电气设备都会产生电磁场，而普通UTP网线是没有屏蔽层的，很容易受到外磁场的干扰。布线时应该避开这些设备：微波炉、发电机、电焊机、电动机、电扇、空调等。不允许把网线和电力线一起敷设，靠近时必须采取保护措施。

此外，要注意日光灯的电感部分也会产生强烈的电磁干扰，网线与日光灯、霓虹灯的距离不能小于15厘米。

14.2 局域网优化

有的时候我们能成功地建立一个局域网，但并不能保证发挥了它最大的性能，这个时候就需要对它进行优化。网络的优化有几个方面，包括设备优化、软件优化和布局优化等。

14.2.1 设备优化

对系统设备的优化包括传输介质的优化、计算机系统的优化和集线器的优化等。设备的性能很大程度上决定了网络系统的性能。

1. 网线选择

网线看似普通，所占成本的比例也不高，但它对整个网络性能起着非常重要的作用。网线选择不好，接口制作不当，都会影响网络性能的发挥。

许多用户并不明白各种网线之间的区别，认为都是网线，只要能导通就行了，这样的认识是很片面的。为了降低信号的干扰，双绞线电缆中的每一线对都是由两根绝缘的铜导线相互扭绕而成，而且同一电缆中的不同线对扭绕圈数也不一样。在绕线方向上标准双绞线电缆中的线对是按逆时针方向进行扭绕。一些不法商家生产的缆线为节约成本、简化工艺，电缆中所有的扭绕密度相同。有的线对的扭绕方向不符合要求，扭绕方向为顺时针方向，还有的线对中两根绝缘导线的扭绕密度太小。这些不合格之处将引起双绞线中严重的近端串扰，从而使传输距离过短。

实际购买时，用户光凭肉眼不易发现这些问题，但有些方面还是可以区别的。好的双绞线较粗且较软，所印字符很清晰，劣质产品为了节约成本，通常较细较硬，字符也较粗糙。三、四类双绞线一般使用在10Mb/s的因特网中，只有五类双绞线能满足100Mb/s的因特网要求。用户应该尽量购买五类双绞线或超五类双绞线，以便将来网络升级。正规厂家生产的网线在包装的封皮上都会标示出型号，如三类线标示为“3cable”，五类线标示为“5cable”，超五类线一般标示为“5e(或5E)cable”。这些细节用户一定要注意，最好不要贪图便宜购买杂牌网线，否则网络速度很难接近设计带宽。

2. 网线接头的优化

网络接头选择水晶头时，尽量选择比较好的品牌。杂牌的水晶头插针与RJ-45插孔接触面比较小，容易造成接触不良。优质水晶头上的插针所采用的金属材料阻抗小，不易氧化或生锈。还要注意水晶头的生产工艺，插针绝不应该有氧化变色，接触面看起来要够大够光亮。另外，水晶头的扣位弹性要好，不易折断或变形，将扣

差异备份是指从最后一次正常备份或增量备份以来创建或经过修改的文件。同样，差异备份后也不将文件标记为已经做过备份。

位压下后能很快复位，声音清脆有力，否则很容易扣不紧而引起接触不良。

网线的接头接法对网络速度也有很大的影响，一般有以下两种方法。

1)　平行接法

所有线在两端接线顺序相同，同一对线相邻连接。

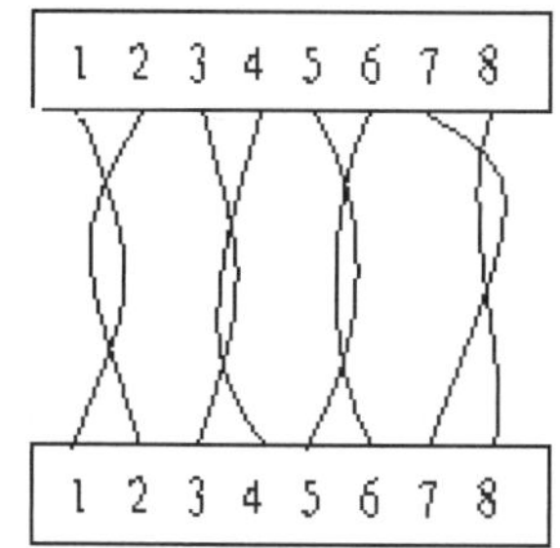

2)　标准 T568A/B 接法

T568 是国际组织规定的标准接法，虽然也是一一对应，但每一脚的颜色是固定的，从左到右具体是(T568B)：1—黄白，2—黄，3—绿白，4—蓝，5—蓝白，6—绿，7—棕白，8—棕。

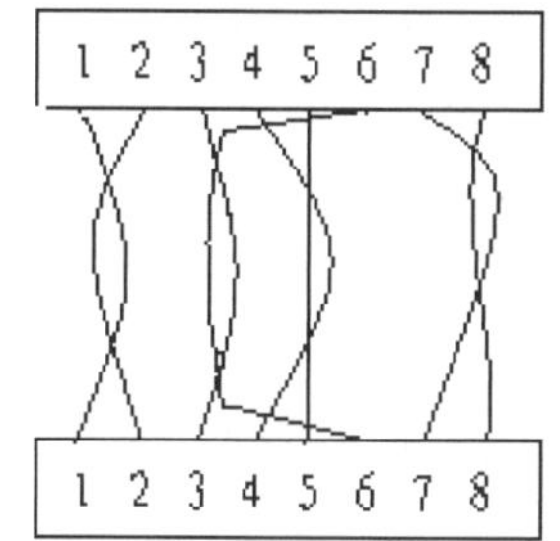

平行接法虽然制作简单，其实是不符合网络规范的。在 10Mb/s 网络中可能没有影响，但在网络繁忙或传输距离比较远时往往会产生异常，采用 T568A/B 接法才能发挥五类线的效率。

3. 选择优质全双工网卡

网卡，特别是服务器端的网卡可以说是整个网络带宽的一个总出口。服务器端网卡应尽量选择 1000Mb/s 或 10000Mb/s 产品，必要时可以安装多网卡。杂牌网卡一般采用很差的 PCB 板来作为电路板，加工工艺十分粗糙。购买时，要看一下网卡的板材质量和加工工艺，一般要求网卡电路板为铜双面或三层以上板，铜线、焊点有光泽。

另外，如果网卡能支持全双工传输模式，应为网卡安装官方的驱动程序，在网卡属性中打开全双工模式。如果网卡是 100/1000Mb/s 自适应网卡，相连的交换机是 1000Mb/s 或更高速度的端口，应该在网卡属性中设置成 1000Mb/s 传输模式。

4. 优化交换设备

集线器和交换机价格差异很大，在小型网络中往往无法看出区别，但在大规模的网络中，特别是进行设备级联的时候，数据交换量很大，区别就体现出来了。注意集线器的带宽是所有端口共用的，因此每个端口实际利用的带宽是应用总带宽(如 1000Mb/s)除以所用端口数。一般不用集线器来级联，而是将集线器连接在交换机端口上，因为交换机所指的带宽就是每个端口的实际可用带宽。在一个 1000M 交换机中，每个端口的带宽都是 1000M。每个端口带宽是具体端口独享的，而不受交换机所用端口数的限制。

举例来说，将一个集线器连接在有 1000Mb/s 带宽的集线器端口上，当这个集线器使用了 10 个端口时，实际上下层集线器的总带宽大概只有 100Mb/s 了，这样就影响了连接在下层集线器上的工作站。而将集线器连在一个交换机的 1000Mb/s 端口上，这个集线器分配到的带宽为 1000Mb/s，所以集线器级联一般最多为两层。

交换机与全双工的网卡结合可以获得更佳的效果。比如一台服务器用全双工 1000Mb/s 网卡直接连接到 1000Mb/s 交换机，则主干网络的最高理论带宽为 2000Mb/s(上行 2000Mb/s 带宽，下行也是 2000Mb/s 带宽)，性能提升十分惊人。服务器如果用半双工网卡连接到 1000Mb/s 的集线器，假设集线器使用了 10 个端口，服务器理论带宽只有 100Mb/s。

需要注意的是，组建全双工网络时，网卡和交换机的全双工模式都要打开，否则会产生莫名其妙的错误。

5. 服务器硬盘的优化

我们使用局域网访问其他计算机上的资源的时候，读取文件的速度有时会非常慢，这时我们往往会错误地认为导致网速降低的原因可能是网络中的某些设备产生了瓶颈，例如网卡、交换机、集线器等，其实对网速影响最大的还是服务器硬盘的速度。网络设备的速度都能达到 100Mb/s，因此理论上传输文件的速度是 12.5Mb/s，但实际上读取文件时很少能达到这个速度。因为数据归根结底存储在硬盘上，硬盘内部读取数据的速度远远跟不上网络，真正的瓶颈在于硬盘，特别是多个用户同时在一个机器上读取文件时，读取速度下降得更为严重。因此，正确地选择局域网中服务器的硬盘，将能有效改善局域网的网络性能。

我们选择服务器硬盘时，应该考虑到如下几点。

增量备份只备份自从最后一次正常备份或做增量备份以来又创建或修改过的文件。增量备份将文件标记为已经做过备份，换句话说，就是要设置档案文件的位。

1) 硬盘转速

硬盘转速要尽量快，转速越快，寻道时间越短，读取数据的效率也越高。服务器硬盘的转速一般应该至少是10000r/min的。

2) 接口类型

服务器硬盘的接口最好是SCSI接口。SCSI接口采用并行传输数据模式来发送和接收数据，传输数据速度IDE接口要快一个数量级。但SCSI接口硬盘的价格也很高，现在选择SATA 3.0接口的硬盘性价比也非常高。

3) 磁盘阵列

当前许多主板都支持磁盘阵列(RAID)技术。用4块相同规格的SATA硬盘组建一个RAID0+1的磁盘阵列，读取速度和数据安全性都能得到双倍的提升。

6. 设备布局优化

局域网中的设备不是孤立的，合理设计网络设备间的配合才能更好地实现网络性能。

1) 网络结构优化

将局域网中交换数据频繁的计算机安排在同一个网段内，或接在同一个交换机或集线器上，避免中途环节太多。

将吞吐量比较大的服务器和工作站直接接在主干网络上，可有效提高网络的效率。

考虑下图这种布局，是不太合理的。

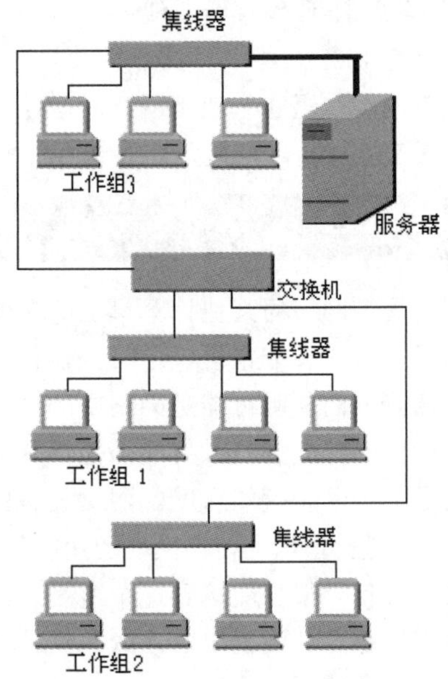

不要增加任何硬件，只需要对网络的结构做小小的改动，就能使网络性能得到飞跃提升，如下图所示。

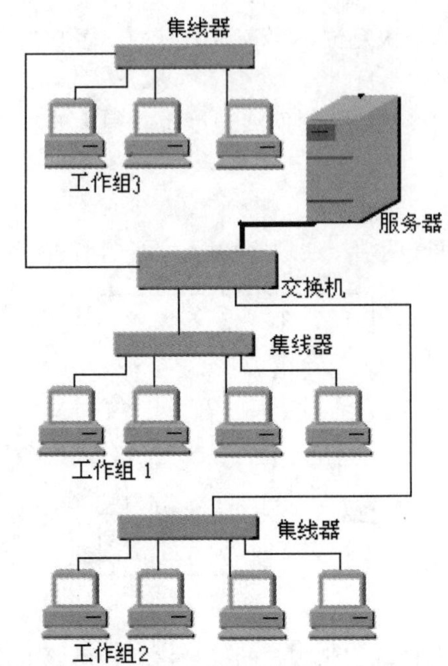

设计局域网结构时，一定要充分考虑各部分数据流量的来源及去向，画出流量分布图，合理安排数据节点，使网络各线路不要太繁忙，也不要太空闲。利用好每部分带宽，避免交通堵塞。如果线路太过拥挤，就需要考虑将部分数据吞吐量较大的节点移走，使数据流量分流或扩大此部分网络带宽。网络中大量的带宽长期闲置同样是对投资的浪费。

2) 消除带宽瓶颈

网络中数据的传输一般是这样一个流程，如下图所示。

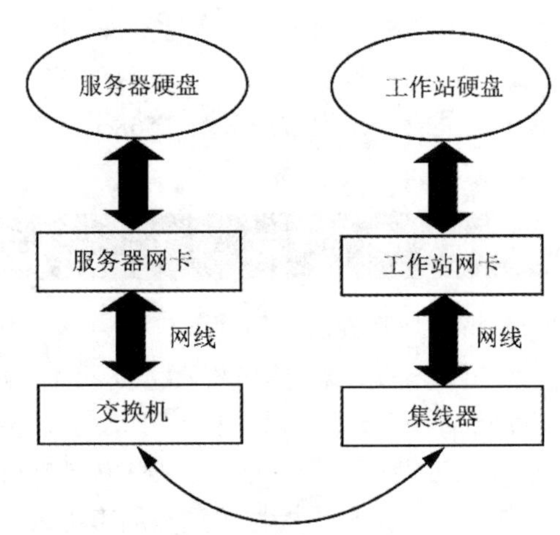

流程中任何一个环节都会影响到整个过程。类似于木桶理论，整个网络速度取决于流程中速度最慢的那一个，可见一味添加新硬件并不能彻底解决问题。硬件之间必须互相配合，消除短板。

所谓好钢用在刀刃上，需要改善网络硬件时应该先画出网络结构图，标出性能最弱的环节，这样才能对症

定期备份是把选定的已经修改的所有文件按事先安排的日期进行定期复制，备份的文件也不必标记为已经被备份。

下药，用最少的钱获得最佳的效果。

在一个局域网中，网卡、交换机、集线器都是 100Mb/s 带宽，而网线还使用廉价的四类线，网络性能显然难以满足需要。盲目决策，即使花钱将所有的集线器更换为 1000Mb/s 的交换机后，网络性能也不会有所提升。如果能找出症结所在，只需使用很少的资金将网线更换为超五类线，网络性能立即会得到质的飞跃。

3)　控制网络流量

网络规模比较大，控制网络流量就成为维护局域网的首要工作。太多的工作站会产生大范围的广播风暴，诸多无用的数据包充斥着网络，严重阻塞网络的带宽。

控制网络流量一般有两种方法。

(1)　划分网段：用子网掩码将网络划分为多个较小的网段，交流频繁的工作站分在同一个网段内，这样可以减少一定的低效网络流量，使邻近的网点快速地通信，但对主干网络的效果不是很明显。

(2)　建立虚拟局域网：虚拟局域网(VLAN)能有效遏制机构范围内的广播和组广播。在一个大型的局域网中，如果不进行虚拟局域网的管理，各网络节点发送数据包之前都向网络上全部节点广播，查询目的地的物理地址。当所有的节点都这么做的时候，网络会变得极其拥堵。有时候许多数据包只是发送到同一个节点，却会被传输到所有其他网段，使得其他计算机几乎无法正常传输数据，一直处于无休止的等待中。

采用虚拟局域网可以使数据包只在指定的网段中传播，其他部分网络的传输不受干扰。虽然需要增加一定的成本，网络的性能却能得到大幅度的提高。虚拟局域网的另一个优点是，修改网络节点需要的管理工作量大大减少。尤其是在多网络服务器和多网络操作系统的情况下，网络上发生添加用户或移动用户物理位置的事件的时候，网络管理员只需要对服务器进行设置就行了。

4)　网络信号优化

在 100Mb/s 以太网中，双绞线的最大传输距离为 100m。实际上，超过 50m 后，网络信号的衰减已经很严重了，由于电气信号的失真导致数据包丢失，网卡不得不反复发送同一个数据包，这样网络的传输速率会很低，即使采用的是 100Mb/s 标准的硬件，网络实际带宽也只有 10Mb/s。

各节点间网线长度适度留有余量，不要太长，多余部分不要捆成圈，最好剪掉。

如果需要长距离传输，可根据情况安装信号中继器。网络中集线器、交换机的安放位置要科学，所有节点间距离都不要太远。

14.2.2　软件优化

软件是网络系统的灵魂，优化软件系统，能让硬件功能高效地发挥。

1. 服务器虚拟内存

服务器是局域网中的 VIP，服务器高效的工作能力是网络通畅的关键。

服务器应该配备多大虚拟内存呢？人们普遍的经验是，虚拟内存是物理内存的 1.5 倍。现在内存价格便宜，服务器一般都配备了很大的内存，盲目设置虚拟内存反而会导致系统性能降低。

在 32 位操作系统中，最大支持 4GB 的内存，也就是说，物理内存和虚拟内存相加最多不能超过 4GB。虽然现在 CPU 都能支持 64 位运算，但还需要操作系统和应用软件的支持，所以虚拟内存不要设置得过大。

一般可以通过性能查看器统计出服务器运行时需要的内存大小，最好根据这个数据安装物理内存，并留出一定冗余空间。

即使操作系统没有把物理内存分配完，它也会把一部分数据存放到虚拟内存中，而虚拟内存在硬盘上，硬盘的工作速度显然远远赶不上内存。如果 2GB 的内存已经够用，再设置虚拟内存反而会引起系统性能的降低。对于大内存的服务器，要根据实际使用设置虚拟内存大小。

2. 服务器磁盘格式

服务器磁盘格式最好选择 NTFS 格式。

许多用户死抱着FAT32不放是因为DOS系统下只能识别 FAT32 格式。一旦系统无法启动，FAT32 格式更便于恢复系统。其实，为了防范可能的故障而放弃现实的性能是完全不值得的。

现在许多 DOS 系统都能加载 NTFS 格式的驱动，FAT32 的这一微弱优势已经不复存在。微软当初推出 NTFS 文件系统就是为了弥补 FAT 文件系统的一些不足，其中最大的改进是容错性和安全性能。NTFS 文件系统可以自动地修复磁盘错误而不会显示出错信息。Windows 向 NTFS 分区中写文件时，会在系统内存中保留文件的一份副本，然后检查向磁盘中所写的文件是否与内存中的一致。如果两者不一致，Windows 就把相应的扇区标为坏扇区而不再使用它。

NTFS 的使用效率与 FAT32 相比也有较大的提高，最大的优势在于其强大的磁盘配额和用户权限设置功能，使得服务器上数据的安全有了更好的保证。

域名服务是一个 Internet 和 TCP/IP 的服务，用于映射网络地址号码，即寻找 Internet 域名并将它转化为 IP 地址的系统。域名是有意义的容易记忆的 Internet 地址，域名和 IP 地址是分布式存放的。DNS 请求首先到达地理上较近的 DNS 服务器，如果寻找不到此域名，主机会将请求向远方的 DNS 服务器发送。

3. 服务器硬盘分区分配

服务器由于其安全上的特殊性，其硬盘分区大小和功能分配也很有讲究。

一般至少分为 3 个分区，在硬盘分工上要注意按需分配。C 盘作为操作系统所在盘，除驱动程序和系统工具外一般不安装其他服务程序。C 盘设置多大呢？操作系统一般占用 3GB 空间，虚拟内存页面文件、内存映射文件要占用 1GB，其他程序占用 1GB。此外，还有程序运行时产生的一些临时文件，因此 C 盘设置至少为 10GB 比较合适，否则系统运行会很不流畅，管理员还应定期清理临时文件和日志文件。

在 D 盘安装应用服务程序，E 盘存放数据文件，F 盘存放备份文件，各个硬盘大小设置以应用需要为准。

4. 服务器网络协议设置

服务器网络协议的安装要根据网络内工作站操作系统来定，不同的操作系统默认使用不同的网络协议，不同意味着不通。如工作站中有使用 Windows XP 操作系统，服务器上需要安装 NetBEUI 协议；工作站中有使用 NetWare 系统，则需在服务器上安装 IPX/SPX 协议。但多安装一个网络协议就多占用一份系统资源，网络协议太多，服务器响应速度也会下降。一般来讲，工作站最好使用同一类型操作系统。

TCP/IP 协议是使用最广的网络协议，打开网卡的 TCP/IP 属性，在【高级】选项卡中，选择【设成默认的通信协议】。在 IP 地址设置方面，按照 TCP/IP 栈的设计，最快的 IP 地址是 125。计算机查找网络上其他计算机时，最先询问的是 125，而不是 1 或 255，所以将服务器 IP 设置为 125，网络性能也许会有一定的改善。

5. 工作站的优化

工作站的优化可以借助 Windows 优化大师或超级兔子来实现，在前面的章节中有相关介绍，这里不再赘述。

工作站设置中比较容易被用户忽略的一点是驱动程序的安装。Windows 系统集成了大量的硬件驱动程序，许多硬件都能被识别，很多用户安装操作系统后就不再安装驱动程序，但 Windows 自带的驱动只能保证硬件能工作。要让硬件最高效地工作，最好安装硬件自带的驱动程序或比较优秀的第三方驱动。

14.3 思考与练习

一、选择题

1. 排除网络系统故障一般可使用_______ 。(多选)

   A. 最小系统法　　B. 替换法

   C. 逐步排除法　　D. 电检法

   E. 观察法

2. 计算机内部_________对网络传输数据速率的影响最小。

   A. 硬盘　　B. 网卡

   C. CPU　　D. 内存

3. Windows Server 2003 服务器最适合采用_____分区格式。

   A. EXT3　　B. FAT16

   C. NTFS　　D. FAT32

二、思考题

1. 简述网卡常见的故障和排除方法。
2. 四类线与五类线主要有什么区别？
3. 简述排除硬件故障的一般流程。
4. 什么是全双工网卡？
5. 交换机和集线器各有什么优势？

长见识　即使配备了 UPS 电源，也不能确保万无一失，因为 UPS 也可能会出故障。对于非常重要的设备，可以为它配备多个 UPS。

第15章 局域网升级

本章微课

多媒体、实时视频和图像的传输、迅雷下载等大吞吐量的信息传输越来越多，使得网络传输速率成为计算机之间进行信息交换的瓶颈，并且这种矛盾会越来越突出。通过升级局域网可以很好地解决这些问题。

学习要点

- ❖ 网络带宽的分配；
- ❖ 硬件的升级；
- ❖ 软件的升级；
- ❖ 提升访问网络速度的方法。

学习目标

通过对本章内容的学习，读者应该掌握局域网中网络带宽的分配、局域网硬件设备的升级、局域网软件的升级，以及如何提高计算机访问网络的速度等知识。

需要注意各种硬件和软件设施的运行状况，以及网络的实时速度。本章以网络速度为主线，以网络的结构为基础，全面地分析和介绍目前中小型局域网的升级方案，并对局域网的优化进行分析，提出了相应的改善网络性能的意见。

15.1 网络带宽的分配

中小型以太网中有关网络带宽的分配和占用主要有三个方面：首先是网络的带宽，即网络的最大运行速度；其次是网络带宽的分配特点，在现有网络通道上按什么样的规律享用网络的带宽；最后是同时传输数据的方向，即网络是否为全双工工作模式。

15.1.1 百兆网与千兆网

百兆高速以太网和千兆以太网开启了一个新概念，即每个网络设备到中心交换机之间都使用专用介质。LAN 的带宽无论是被所有站点共享，还是被某一个站点专用(无论是共享式还是交换式交换机)，都为每个设备分配一根电缆，以太网并非一直如此，最初的设计只使用公共的共享的介质——同轴电缆。

在 10BaseT 成功之后，IEEE 802.3u(快速以太网)任务组又提出了快速以太网布线和设备互联模型，并把信道速率提高到 100Mb/s。在开发快速以太网时，LAN 布线模型已经转向结构化布线，所以快速以太网没有提供共享介质选项。10BaseT 提供了在共享信道结构中使用结构化布线的方法。在 100Mb/s 数据传输速率下，使用的介质只支持结构化布线模型。这些系统已经非常普及，表明结构化布线系统的优点远远超过了价格上的劣势。

在以太网中 10Mb/s 网大都采用 10BaseT 的星形结构，传输介质使用双绞线。100BaseT 有四种标准，分别是 100BaseTX、100BaseFX、100BaseT4 和 100BaseT2。其中 10BaseTX/T2/T4 支持长度为 100m 的双绞线，与 10BaseT 相同，而 100BaseFX 支持单模和多模光纤。

在 100Mb/s 以太网的实际组建中，当传输距离较短时一般采用 100BaseFX 标准，传输介质使用较高性能的五类 UTP 布线；要求传输距离较远时或在一些较大型网络的主干段使用 100BaseFX 标准，相应的传输介质为光缆。

千兆位操作代表了以太网技术中的一种演进，而不是一次革命。自原始 10Mb/s 单一粗同轴电缆介质以来，对以太网的改进几乎是不断的，从 10BaseT 到快速以太网，再到当前的千兆以太网。

与千兆以太网相比，尽管 100Mb/s 以太网严格地说并不是可选的技术，但它也是一个可选的技术方案。它们的主要区别是带宽，即千兆以太网比快速以太网提供了更高的数据传输速率和更低的延迟，但代价是成本更高。

1. 总容量与吞吐量

千兆链路所增加的容量能否产生切实的效益，取决于使用它的应用和设备以及它连接的是什么。对于端站交换接入(例如，一个服务器连接)，如果它不能占满 100Mb/s 的链路，使用千兆以太网链路就更得不到什么好处。也就是说，只有当链路本身是吞吐量的限制因素时，增加链路容量才有意义。

在交换、折叠式主干环境中，100Mb/s 以太网链路可能产生拥塞，因为会有多个流量源聚集到信道上。在这种环境中，总负载不会限制于单个服务器或应用数据流产生的负载。使用千兆以太网减少了跨越主干的延迟，包括主干交换机/路由器里的帧传输时间和排队延迟。

这里有一个辩证观点在起作用。许多以太网的设计背后有这样一个思想：如果带宽“真正便宜”，那么用户能负担得起“过量供应”的网络，即购买比实际需求更高的容量。如果有足够的信道容量，当从站或网络互联设备访问网络时，排队延时可以被减小或消除；相对于 100Mb/s 链路，千兆以太网队列清空的速度要快 10 倍。唯一的延时是信号传播延时(1～3km 的主干链路数量级为 5～15ms，与数据传输速率无关)和帧传输时间(在 1000Mb/s 数据传输速率上最大长度的帧传输时间为 12.3ms)。

共享千兆以太网提供的聚集容量为 1Gb/s (或略少一些，这取决于帧长度和流量模式)。最大数据流吞吐量(例如，对于 LAN 上工作站之间的文件传输)是全 1000Mb/s 数据传输速率。

交换式快速以太网提供的聚集容量随着交换机上的端口数目呈线性增加。因此，在端口数大于 10 的情况下，交换式 100Mb/s 主干能提供比共享式千兆以太网更高的容量。另一方面，任何通信双方的端站可获得的最大吞吐量仍为 100Mb/s。

因此，目标应用需求决定了哪种系统能提供最优的性能。如果 LAN 中有能支持超过 100Mb/s 吞吐量的设备(例如，服务器后端网络)，但 LAN 只是偶尔在这些设备之间进行高速传输，那么共享千兆以太网提供的延时比交换式 100Mb/s 系统低。如果网络用于聚集大量低吞吐量设备的应用数据流(例如，工作组主干)，那么交换式 100Mb/s 网络则能提供所需的更高容量。

2. 距离限制

千兆以太网有一个不错的地方，即根据标准，它工作的链路可长达 5km(使用单模光纤或长波激光)，而并非

IEEE 于 1990 年 9 月通过了双绞线介质的以太网(10BaseT)标准，该标准很快成为办公自动化应用中首选的以太网技术。

标准 100Mb/s 以太网的 2km(使用多模光纤和 LED)。

然而，很多销售商提供外部收发器，允许标准 100Mb/s 以太网接口驱动甚至比千兆以太网更长的距离。这些外部收发器使用长波激光和单模光纤达到 100Mb/s，可支持的距离达 100km 或更长，因而有效地消除了千兆以太网的任何距离优势。

当然，由于缺乏互操作标准，而且链路必须工作在全双工模式下，因此收发器必须从同一个销售商处成对购买。它所支持的长度可实现城域范围的交换式 100Mb/s 以太网。

3. 成本与产品成熟性

成本也是应考虑的一个方面。接入站和交换式交换机上的 1000Mb/s 端口已经成熟，高层次集成和激烈的竞争使价格大为下降。至少在初始阶段，端站和交换机上的千兆以太网端口都非常昂贵。事实上，权衡一下增强的性能和付出的代价可能会发现不太合算。根据产品和销售商的不同，千兆以太网接口要比快速以太网贵 10 倍以上。有两个因素与此相关：一是千兆位速率的系统接口要比百兆速率复杂得多；二是千兆以太网产品还不太成熟。假设市场足够大，通过高层次集成和竞争，最终有望实现在增加 10 倍速率的前提下，千兆以太网与快速以太网相比花费不超过 2～3 倍。在市场成长期间，当高速接口的花费超过所获得的性能时，聚集或“捆绑”多个低速端口可以提供更好的性价比。这恰恰是快速以太信道的思想。

4. 共享与交换

在此打个比喻：同样是 10 车道或 100 车道的道路，如果没有给道路标明行车道，那么车辆只能在无序的状态下抢道、占道通行，易发生交通堵塞和反向车辆的对撞，使通行能力降低。为了避免上述情况的发生，就需在道路上标明行车道，保证每一车辆各行其道，互不干扰。

共享式网络就相当于前述的无序状况，当数据的传输量和用户数的增加超出一定限量时就会造成碰撞冲突，使网络性能衰退。交换式网络则避免了共享式网络的不足，它可提供给每个节点专用的带宽，从而不必与其他节点在时间上共享带宽，也绝不会出现碰撞和冲突。由此可见，交换网络的性能要远远优于共享式网络。当然交换式网络的实现也必须要在交换设备——交换式交换机(或称网络交换机)上进行。交换式网络比共享式网络具有明显的优点。

- ❖ 不必与其他许多工作站在时间上共享带宽。
- ❖ 在理想条件下网络的利用率可接近 100%，经济投入较少。

15.1.2 升级局域网络

最初的百兆网络大都是共享网络，本节首先介绍如何将百兆网络从共享模式转为交换模式，然后简单介绍百兆网络升级到千兆网络。

1. 将百兆共享网升级到千兆交换网

交换式和快速以太网总是一对亲密的伴侣。如果从 10Mb/s 升级到 100Mb/s 共享以太网实现了第一次速率的飞跃，那么从 100Mb/s 共享网升级到 1000Mb/s 交换网则是第二次速率的腾飞。

1000Mb/s 交换式以太网的升级比较简单，只需在共享式 100Mb/s 网的基础之上，将原来的共享式交换机换成交换式交换机即可。像 100Mb/s 共享式以太网一样，在 100Mb/s 交换式网络中也可连接一些低速的设备或工作站，让其运行在 10Mb/s 工作方式下。

2. 将百兆网升级到千兆网

目前，很多大学和其他比较大一点的单位都已经实现了千兆以太网的运行。

过去曾有人认为，以太网的数据传输速率不可能突破 10Mb/s 的界限，后来却出现了 100Mb/s 的高速以太网。刚过一段时间，许多销售、制造商又大肆宣传千兆位以太网，而且向 IEEE 建议将千兆以太网定为一种局域网的标准，它可以支持 1000Mb/s 的数据传输速率，并作为高速以太网环境中的基干网来使用。

由于各种应用对网络速率的要求越来越高，尤其是高性能交互式网络应用需要千兆位网络。千兆位以太网已成为人们关注和议论的热点，千兆位以太网究竟是什么呢？

现今社会，随着复杂和实时计算机应用的日益增长，高速网络应用层出不穷，千兆位以太网则是其中的佼佼者。千兆位以太网使用简单的以太网机制，为网络提供超过 1000Mb/s 的传输速率。它允许用户通过简单的改变，使得现有网络自然升级到千兆位，其费用远远低于其他网络技术。

千兆位以太网使用了与其前代相同的 CSMA/CD 协议、相同的帧结构及帧长，对网络用户而言，这意味着不需要大的网络投资，也不需要增加网络协议和重新培训就可以扩展全千兆位的传输速率。

如果不需要共享文件，可以这样移除它：进入注册表的 HKEY_LOCAL_MACHINE/SOFTWARE/Microsoft/Windows/CurrentVersion/Explorer/MyComputer/Namespace/DelegateFolders，删除键值。

提示

因为本书不是纯粹意义介绍网络带宽的专著，所以如果读者对千兆以太网有兴趣，可以参阅其他专业书籍，如果需要升级到千兆位的以太网，可向相关专业单位招标。

15.2 提升上网速度

在一个网络无处不在的社会，许多人都打算上网，更有人为了上网才买计算机；许多人组建了一个局域网，实现“资源共享”。本节就为大家介绍访问 Internet 的速度优化。

现在有一款很流行的软件可以实现对访问 Internet 的优化——上网提速王，该软件采用国内先进的上网提速方案，可以全面提高计算机的网速。同时，还可以使用该软件修复网速不稳定、上网经常掉线等疑难杂症，给用户一种稳定和高速的上网享受。

操作步骤

1. 将软件下载到本地硬盘后，将文件包解压缩，然后双击 bnsetup 程序，如下图所示。接着根据提示安装上网提速工具。

2. 软件安装完成后运行该软件，弹出如下图所示的对话框。输入注册码，再单击【确认】按钮。

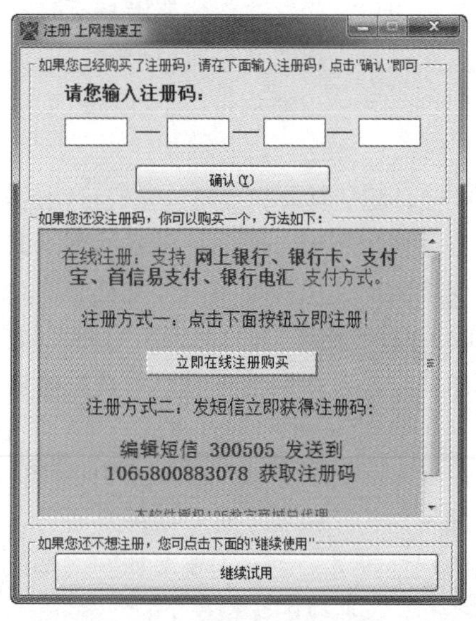

3. 进入【上网提速王】窗口，单击【网络自动优化提速】选项，如下图所示。

4. 弹出【上网提速王--上网提速向导】对话框。选择当前计算机的联网方式，再单击【下一步】按钮，如下图所示。

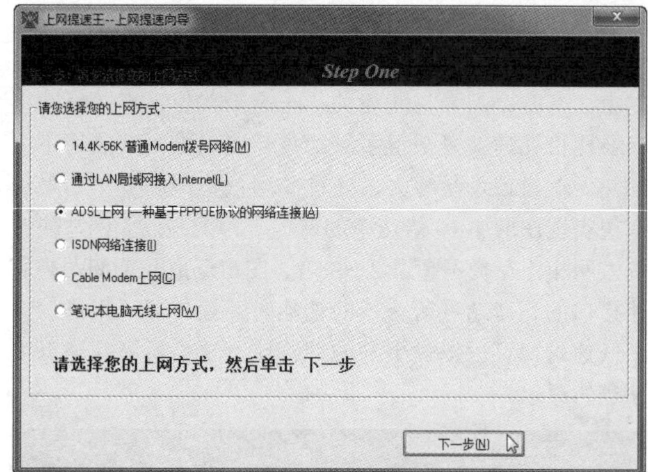

5. 进入【第二步：请选择提速优化程度】界面，选中【全面提速优化(强烈推荐)】单选按钮，再单击【下一步】按钮，如下图所示。

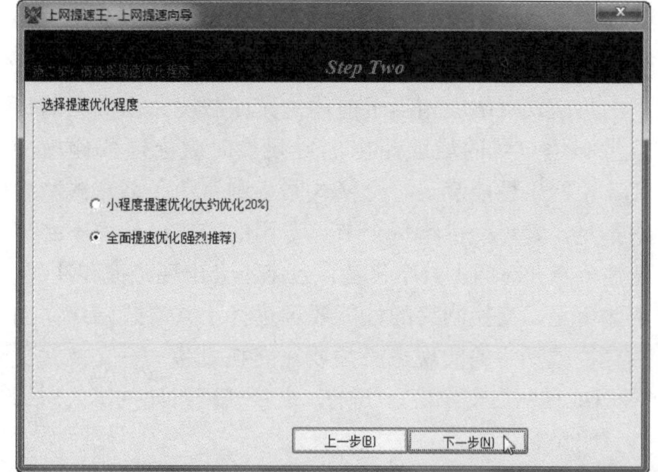

长见识 IEEE 802.3 定义了一种缩写符号来表示以太网的某一标准实现。某个以太网实现被称为：n-信号-物理介质。其中：n，以兆位每秒为单位的数据率，如 100、1000；信号，如果采用的信号是基带的，即物理介质是由以太网专用的，则表示成 BASE；物理介质，表示介质类型，“介质”表示以 m 为单位的最大电缆段长度(以 100m 为基数)。

注意

如果是未注册用户，在执行第五步操作后将会弹出如下图所示的提示框。单击【否】按钮，返回【第二步：请选择提速优化程度】对话框。选中【小程度提速优化(大约优化 20%)】单选按钮，进行小程度提速优化。

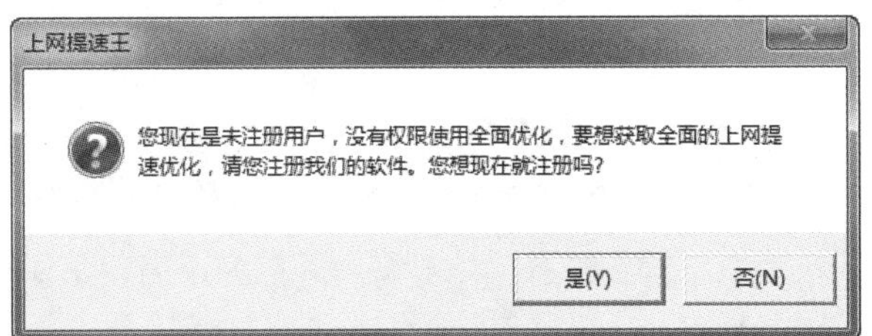

6 进入【第三步：执行网络提速优化】界面，正在获取当前系统信息，如下图所示。

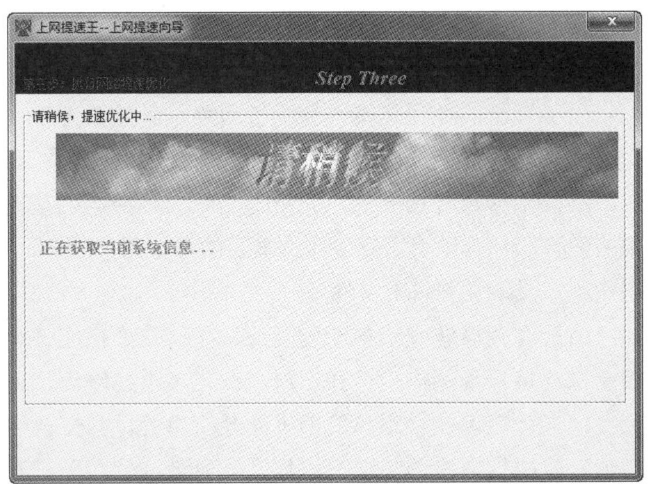

7 接着执行 ADSL 上网(一种基于 PPPOE 协议的网络连接)的提速优化方案，如下图所示。

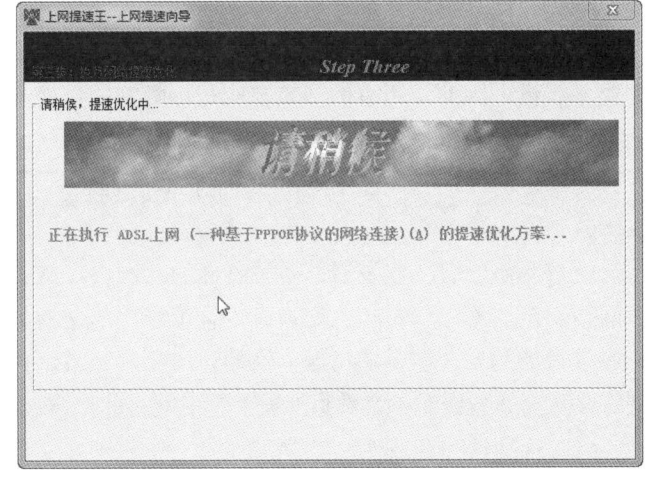

8 网络提速优化完成后进入【第四步：完成网络提速优化】界面，选中【立即重新启动计算机】单选按钮，再单击【完成】按钮，重新启动计算机，如下图所示。

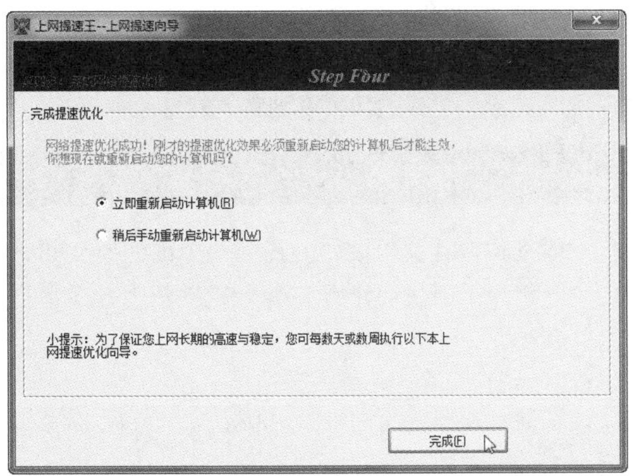

技巧

还可以在【上网提速王】窗口中单击【IE 超级设置】选项，弹出如下图所示的对话框，接着单击【上网提速优化】按钮，开始优化网速。

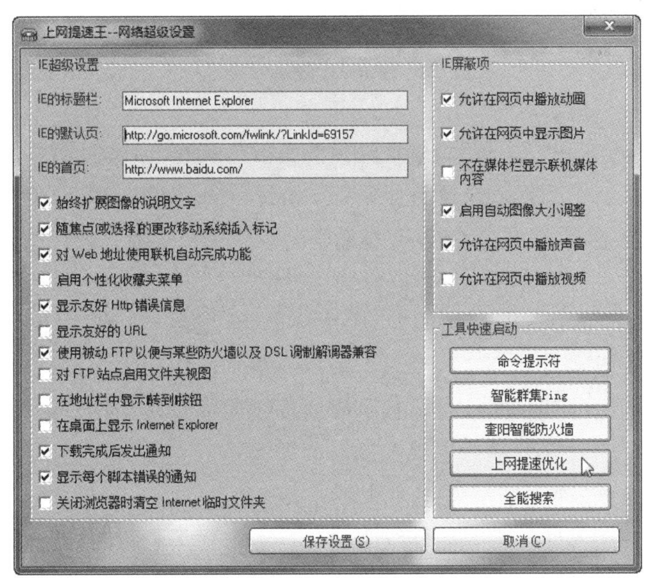

15.3　硬件和软件的升级

局域网硬件和软件设备的维护和升级是必不可少的，没有网络设备(包括硬件与软件)的维护和升级更是不可想象的。

15.3.1　硬件设备的升级

硬件升级包括两个方面：一是硬件本身的升级，一般是指选用功能更强大的新硬件换掉原来的老硬件或者

上网提速王软件支持各种上网接入方式，如 14.4～56Kb/s 拨号网络、ISDN 网络连接、ADSL(基于 PPPOE 协议)、Cable Modem、局域网(LAN)接入因特网、笔记本无线上网等。

在旧机器上直接加上新硬件，这类升级花费比较大；二是硬件驱动程序的升级，即将硬件的驱动程序升级到更高的版本，以便能更好地驱动硬件设备。驱动程序一般硬件厂商都会免费提供，可以到官方网站上去下载。

1. 工作站(PC)的升级

一般来说，计算机硬件的任何一个部件改动都可以称之为升级。下面我们介绍(工作站)PC 机上几个最常见的部件升级。

1) CPU

作为整个计算机的运算、控制中心，CPU 的速度制约着整个 PC 的速度，因此，CPU 是计算机上最常见的升级部件。升级 CPU 很简单，只要注意新的 CPU 是否能被旧的主板支持，如果支持，将原来的 CPU 从主板上取下来，换上新的 CPU 即可。

还有一种常见的升级方法，就是直接调整 CPU 的外频。大家知道，现在的 CPU 倍频已经在出厂时锁定了，而 CPU 的主频率=外频×倍频，所以可以通过 CMOS 调整 CPU 的外频来使主频提高，不过这样收效不大，所以笔者不推荐这种做法。

CPU 的升级特别要注意的是散热问题，一般 CPU 超频使用的话散热量都会提高，稍有不慎就有可能将 CPU 烧毁，因此要给 CPU 升级最好同时购买一个较好的风扇。

2) 内存

除了 CPU 外，内存也是整个 PC 的重要部件，由于一般主板上都有两个以上的内存插槽，因此用户可以任意加内存到主板上，直到内存插槽用完为止。在升级内存的时候要注意主板上的内存插槽是否支持所购买的新内存，特别是一些老主板千万要注意。

另外，内存的升级必须注意老内存条和新内存条是否兼容，除了要考虑二者之间的频率差异外，还得注意二者的品牌差异，因为品牌和频率都可能造成内存条不兼容。

3) 硬盘

PC 三大件(CPU、内存、硬盘)中只有硬盘对整机速度影响不大，不过由于人们对硬盘容量及转速的要求越来越高，因此很多用户都愿意重新购买一块大容量的高速硬盘来替换掉原来的小硬盘。升级硬盘同样要注意主板是否支持大容量硬盘，或者说能不能支持很高的传输速率，要不然会造成一种浪费。

4) 显卡

现代软件的发展对硬件的要求越来越高，这点在显卡上表现得异常突出。举个例子：一块显卡，跑游戏会觉得很慢，主要是在图形显示上跟不上速度。不仅在游戏方面，很多大型图形软件也要求有专业的显卡来支持，比如著名的 3D 绘图软件 3ds Max，要制作一个漂亮的 3D 动画，非得专业的 3D 加速卡才能胜任。因此，拥有一块高质量的显卡是很多游戏爱好者和图形工作者的梦想。升级显卡也比较简单，只用将新买来的显卡换下老显卡即可，如果是主板集成显卡则需要在 CMOS 中进行屏蔽。

2. 网络设备的升级

在为网络升级选择网络设备时，应当遵循以下原则。

1) 性能

作为骨干网络节点，中心交换机、汇聚交换机和用户区交换机必须能够提供完全无阻塞的多层次交换性能，以保证业务的顺畅。

2) 可靠性

由于升级的往往是核心和骨干网络，其重要性不言而喻，一旦瘫痪则影响巨大，将会造成巨大的损失。因此，必须十分重视可靠性，无论是品牌的选择，还是设备的配置，都必须将可靠性作为重要的考虑因素。

3) 灵活性和可扩展性

由于许多局域网结构十分复杂，需要交换机能够承接全系列接口，例如广口和电口，百兆、千兆端口，以及多模光纤接口和长距离的单模光纤接口等。其交换结构也应能根据网络的扩展灵活地扩大容量，软件应具有独立的知识产权，应保证其后续研发和升级以确保对未来新业务的支持。

4) 可管理性

一个大型网络可管理程度的高低直接影响运行成本和业务质量。因此，所有的节点都应是可网管的，而且需要一个强有力且简洁的网络管理系统，能够对网络的业务流量、运行状况等进行全方位的监控和管理。

5) 安全性

随着网络的普及和发展，各种各样的攻击也在威胁着网络安全。不仅仅是接入交换机，骨干层次的交换机也应该考虑到安全防范的问题，例如访问控制、带宽控制等，从而有效控制不良数据对整个骨干网络的侵害。

6) 标准性和开放性

网络往往是一个具有多种厂商设备的环境，因此，所选择的设备必须能够支持业界通用的开放标准和协议，以便能够和其他厂商的设备有效兼容。

在 Windows 中设置远程访问连接服务器(RAS)：进入注册表的 HKEY_LOCAL_MACHINE/SOFTWARE/Microsoft/Windows NT/CurrentVersion/Winlogon，新建字符串值 KeepRasConnections，将其值修改为 1 即可。

7) QoS 能力

随着网络上的多媒体业务流(语音、视频等)越来越多，用户对核心交换节点提出了更高的要求，不仅要能进行一般的线速交换，还要能根据不同的业务流的特点，对它们的优先级和带宽进行有效控制，从而保证重要业务和时间敏感业务的顺畅。

8) 性价比

在满足网络需求和网络应用的基础上，还应当充分考虑设备的性价比，以达到最大的投资回报率。

关于具体网络硬件设备的升级，我们已经在各个局域网组建实例中加以介绍，这里不再赘述。

15.3.2 软件的升级

软件的升级也是比较重要的，尤其是操作系统及杀毒软件的升级。

Windows 操作系统的升级一般都是自动进行的，这在相关的章节中都做了相应介绍，希望读者能够自行掌握，因为这是很重要的知识。

杀毒软件的升级视用户所使用的杀毒软件品牌而定，跟操作系统的升级一样，杀毒软件的升级一般也是自动进行的，用户需要定期登录所使用软件厂商的官方网站，下载最新的升级包，并安装升级包。

其他应用软件的升级，比如媒体播放软件，一般在一些大型的下载站点都可以找到，比如 www.skycn.com。用户可以自行下载安装最新版本的软件，体验信息时代的便利与舒适。

15.4 思考与练习

一、选择题

1. ________支持单模和多模光纤。

   A. 100BaseTX　　B. 100BaseFX

   C. 100BaseT4　　D. 100BaseT2

2. 千兆以太网有一个不错的地方，即根据标准，它工作的链路可长达________。

   A. 5km　　B. 10km

   C. 20km　　D. 25km

3. 个人计算机(PC)的内存、CPU、硬盘对运行速度影响最小的是 ________。

   A. CPU　　B. 内存

   C. 硬盘

4. 为网络升级选择网络设备时，________因素是最重要的。

   A. 可管理性　　B. 可靠性

   C. 性价比　　D. QoS 能力

二、操作题

1. 从网络上下载 NetScream，并用它设置您的计算机，提升访问网络的速度。
2. 将操作系统设置为自动更新。
3. 将计算机上的内存条拔下，并重新安装；清扫计算机的主板。
4. 将计算机上的杀毒软件设置为自动更新，对所有本地存储设备进行杀毒。

删除系统备份文件：在各种软硬件安装妥当之后，其实系统需要更新文件的时候就很少了。选择【开始】|【运行】命令，输入 sfc.exe /purgecache，然后按 Enter 键。

第16章 软件定义网络

本章微课

SDN 的本质是网络软件化，提升网络可编程能力，这是一次网络架构的重构，而不是一种新特性、新功能。SDN 能够比原有网络架构更好、更快、更简单地实现各种功能特性。

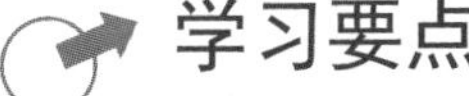

学习要点

- ❖ 软件定义网络的产生背景；
- ❖ SDN 分类；
- ❖ SDN 网络架构的三层模型；
- ❖ SDN 网络部署方式。

学习目标

通过对本章内容的学习，读者应该初步了解应用软件定义网络的意义，掌握 SDN 的特点及应用，并能够应用于实践，解决实际问题。

16.1 SDN概述

2006年，以斯坦福大学教授Nike Mckewn为首的团队提出了OpenFlow的概念，并基于OpenFlow技术实现网络的可编程能力(OpenFlow只是实现SDN的一个协议)，使网络像软件一样灵活编程，SDN技术应运而生。2012年7月，SDN代表厂商Nicira被VMware以12.6亿美元收购，随后Google宣布成功在其全球10个IDC网络中部署SDN，促使SDN引起业界的强烈关注。

16.1.1 什么是SDN

SDN(Software Defined Network)字面意思是软件定义网络，其试图摆脱硬件对网络架构的限制，这样便可以像升级、安装软件一样对网络进行修改，便于更多的APP(应用程序)能够快速部署到网络上。

如果把现有的网络看成手机，那么SDN的目标就是做出一个网络界的Android系统，可以在手机上安装升级，同时还能安装更多更强大的手机APP。

过去30年里，IP网络一直是全分布式的，战功卓著，解决了各种客户需求。今天SDN是为了未来更好、更快地实现用户需求，相对于传统方法，SDN可以做得更快、更好、更简单。

SDN的本质是网络软件化，提升网络可编程能力，是一次网络架构的重构，而不是一种新特性、新功能。SDN将比原来网络架构更好、更快、更简单地实现各种功能特性。

16.1.2 SDN解决什么问题

IP网络的生存能力很强，得益于其分布式架构。看看IP的历史，当年美国军方希望在遭受核打击后，整个网络能够自主恢复。这样就不允许网络集中控制，不存在中心节点，否则在这个中心节点丢一颗“核弹”，整个网络就瘫痪。正是这种全分布式架构导致了许多问题。

现在的IP网络管理很复杂，例如运营商部署VPN：要配置MPLS、BFD、IGP、BGP、VPNV4，要绑定接口等，并且需要在每个PE上配置。当新增加一个PE时，还需要回去修改每个涉及的PE。

现在各厂家的网络设备都非常复杂。如果准备成为某个厂商设备的“百事通”，需要用户掌握的命令行可能要超过10000条，而其数量还在增加。如果你准备成为IP骨灰级专家，就需要阅读网络设备相关RFC 2500篇，如果一天阅读一篇，要看多久能看完？6年多！这只是整个RFC的1/3，其数量还在增加。

此外，这些协议标准都是在解决各种各样的控制面需求，这些需求都需要经过需求提出、定义标准、互通测试、现网设备升级来完成部署，一般要3～5年才能完成。这样的速度，已经Hold不住网络上运营业务OTT们的各种快速网络调整需求，必须想办法解决这个问题。

基于以上问题，SDN应运而生，它是目前系统性解决以上问题的最好方法。

16.2 SDN的分类

SDN的分类在于其实现的是控制与转发分离，还是管理与控制分离。

(1) SDN的分类：

❖ 控制与转发分离(超广义)；

❖ 管理与控制分离(广义)。

(2) SDN的三个主要特征。

❖ 转控分离。网元的控制平面在控制器上，负责协议计算，产生流表；而转发平面只在网络设备上。

❖ 集中控制。设备网元通过控制器集中管理和下发流表，这样就不需要对设备进行逐一操作，只需要对控制器进行配置即可。

❖ 开放接口。第三方应用只需要通过控制器提供的开放接口，通过编程方式定义一个新的网络功能，然后在控制器上运行即可。

SDN控制器既不是网管，也不是规划工具。网管不能实现转控分离，网管只负责管理网络拓扑、监控设备告警和性能、下发配置脚本等操作，这些仍然需要设备的控制平面负责产生转发表项。

规划工具的目的和控制器不同，规划工具是为了下发一些规划表项。这些表项并非用于路由器转发，而是一些为网元控制平面服务的参数，比如IP地址、VLAN等。控制器下发的表项是流表，用于转发器转发数据包。

16.3 SDN网络架构

SDN是对传统网络架构的一次重构，由原来分布式控制的网络架构重构为集中控制的网络架构。

SDN是网络虚拟化的一种实现方式，其核心技术OpenFlow通过将网络设备的控制面与数据面分离开来，从而实现网络流量的灵活控制，使网络作为管道变得更加智能，为核心网络及应用的创新提供了良好的平台。

16.3.1　SDN 网络架构的三层模型及接口

1. SDN 网络的分层模型

SDN 网络分为三层：协同应用层、控制层和转发层。

1)　协同应用层

体现用户意图的各种上层应用程序，此类应用程序称为协同层应用程序，典型的应用包括 OSS(Operation Support System，运营支撑系统)、Openstack 等。

❖　OSS：负责整网的业务协同；

❖　Openstack：在数据中心负责网络、计算、储存的协同。

传统的 IP 网络具有转发平面、控制平面和管理平面，SDN 网络架构同样包含这三个平面，只是传统的 IP 网络是分布式控制的，而 SDN 网络架构下是集中控制的。

2)　控制层

控制层是系统的控制中心，负责网络的内部交换路径和边界业务路由的生成，并负责处理网络状态变化事件。当网络发生状态变化，比如链路故障、节点故障、网络拥塞时，控制层会根据这些网络状态的变化调整网络交换路径和业务路由，使网络始终处于一个正常的服务状态。

控制层的实现实体是 DNS 控制器，同时也是 SDN 网络架构下最核心的部件。控制层是 SDN 网络系统的大脑，是决策部件，其核心功能是实现网络内部交换路径的计算和边界业务路由计算。控制层的接口主要是通过南向控制接口和转发层交互，北向业务接口和协同应用层交互。

3)　转发层

转发层主要由转发器和连接器的线路构成基础转发网络，这一层负责执行用户数据的转发，转发过程中需要的转发表项是由控制层生成的。

转发层是系统执行单元，本身通常不做决策，其核心部件是系统转发引擎，由转发引擎负责根据控制层下发的转发数据进行报文转发。该层和控制层之间通过控制接口交互，转发层一方面上报网络资源信息和状态，另一方面接收控制层下发的转发信息。

SDN 网络的分层模型如下图所示。

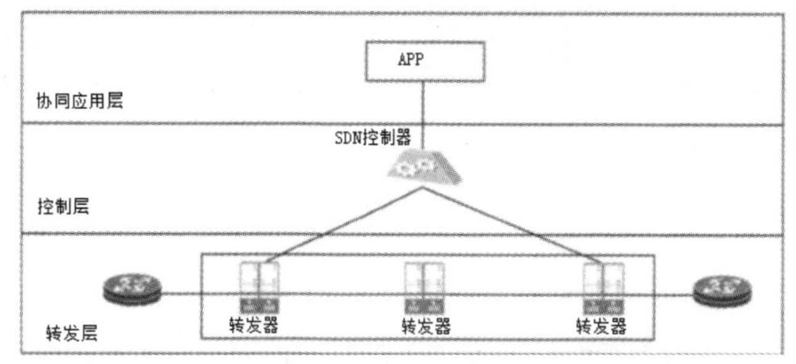

2. SDN 网络架构的接口

SDN 网络架构接口有三种：北向接口、南向接口和东西向接口。

1)　北向接口(NBI)

该接口是一个管理接口，它与传统设备提供的管理接口形式和类型是一样的，只是提供的接口内容有所不同。传统设备提供单个设备的业务管理接口称为配置接口，而控制器提供的是网络业务管理接口。实现这种 NBI 的协议通常包括 RESTFUL 接口、Netconf 接口、CLI 接口等传统网络管理接口协议。

2)　南向接口(SBI)

该接口主要用于控制器和转发器之间的数据交互，包括从设备收集拓扑信息、标签资源、统计信息、告警信息等，也包括控制器下发的控制信息，比如各种流表。目前主要 SBI 控制协议包括 OpenFlow 协议、Netconf 协议、PCEP、BGP 等。控制器用这些接口协议作为转控分离协议。

3)　东西向接口

该接口用于 SDN 网络和其他网络进行互通，尤其是对传统网络进行互通。SDN 控制器必须和传统网络通过传统路由协议对接，需要 BGP(跨域路由协议)。也就是说，控制器要实现类似传统的各种跨域协议，以便能够和传统网络进行互通。

SDN 的接口模型如下图所示。

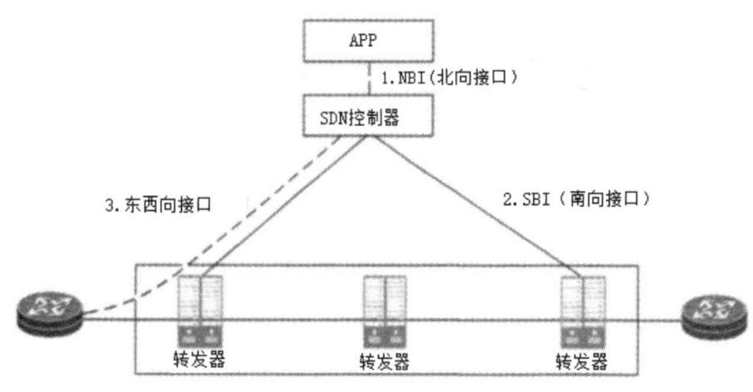

长见识

VXLAN(虚拟扩展本地局域网)是一种网络虚拟化技术，可以改进大型云计算在部署时的扩展问题，是对 VLAN 的一种扩展。VXLAN 是一种功能强大的工具，可以穿透三层网络对二层进行扩展。它可通过封装流量并将其扩展到第三层网关，以解决 VMS(虚拟内存系统)的可移植性限制，使其可以访问外部 IP 子网上的服务器。

16.3.2 SDN 网络的部署方式

随着云计算、大数据、移动互联网等新技术的普及，部署大量虚拟机成为一种必然趋势。解决这些虚拟机迁移问题的理想方案是在传统单层网络(Underlay)基础上叠加(Overlay)一层逻辑网络，将网络分成两个组成部分。Overlay 网络和 Underlay 网络是相互独立的，Overlay 网络使用 Underlay 网络点对点传递报文，而报文如何传递到Overlay网络的目的节点完全取决于Underlay网络的控制平面和数据平面，报文在 Overlay 网络进出节点的处理则完全由 Overlay 网络的封装协议来决定。

1. Underlay 网络

以太网从最开始设计出来就是一个分布式网络，没有中心控制节点，网路中的各个设备之间通过协议传递的方式学习网络的可达信息，由每台设备自己决定要如何转发，这导致没有整体观念，不能从整个网络的角度对流量进行调控。由于要完成所有网络设备之间的互通，就必须使用通用的语言，这就是网络协议，RFC 就是网络协议的规范，基本保证了整个网络世界的正常运行。Underlay 就是当前数据中心网路基础转发架构的网络，只要数据中心网络上任意两点路由可达即可，指的是物理基础层。可以通过物理网络设备本身的技术改良、扩大设备数量、带宽规模等完善 Underlay 网络，其包含一切现有的传统网络技术。

2. Overlay 网络

在网络技术领域，Overlay 是一种网络架构上叠加的虚拟化技术模式，对基础网络不进行大规模修改的条件下，实现应用在网络上的承载，并能与其他网络业务分离。它是建立在已有网络上的虚拟网，用逻辑节点和逻辑链路构成 Overlay 网络。Overlay 网络具有独立的控制和转发平面，对连接在 Overlay 边缘设备之外的终端系统来说，物理网络是透明的。通过部署 Overlay 网络，可以实现物理网络向云和虚拟化的深度延伸，使云资源池化能力可以摆脱物理网络的重重限制，是实现云网融合的关键。Overlay 网络也是一个网络，不过是建立在 Underlay 网络之上的网络。Overlay 网络的节点通过虚拟的或逻辑的链接进行通信，每一个虚拟的或逻辑的链接对应于 Underlay 网络的一条路径，由多个前后衔接的链接组成。Overlay 技术可以分为网络 Overlay、主机 Overlay 和混合式 Overlay 三大类。

16.4 思考与练习

一、选择题

1. ________接口主要用于控制器和转发器之间的数据交互。

   A. 北向　　　　B. 南北向

   C. 东西向

2. 关于 SDN 网络部署方式，以下________说法是错误的。

   A. Overlay 网络和 Underlay 网络可以是相互独立的两个网络

   B. Overlay 可以是建立在 Underlay 网络之上的网络

   C. Underlay 可以是建立在 Overlay 网络之上的网络

二、思考题

1. 软件定义网络(SDN)跟传统网络相比，有哪些优点？

2. SDN 网络的部署方式主要有哪几种，有何区别？

第17章 网络测试与验收

本章微课

网络工程测试是依据相关的规定和规范，采用相应的技术手段，利用专用的网络测试工具，对网络设备及系统集成等部分的各项性能指标进行检测，是网络系统验收工作的基础。升级局域网可以很好地解决这个问题。

学习要点

- ❖ 网络测试与信息安全;
- ❖ 综合布线系统的测试;
- ❖ 网络系统工程验收;
- ❖ 局域网测试与验收。

学习目标

本章介绍网络工程测试的相关方法和步骤，希望读者通过对本章内容的学习，能够采用专用测试设备进行严格的测试，并真实、详细、全面地写出分段测试报告及总体质量检测评价报告。

17.1 网络工程测试

一般来说，网络工程测试包含以下5项内容：

- ❖ 网络系统测试；
- ❖ 计算机系统测试；
- ❖ 应用服务系统测试；
- ❖ 综合布线系统测试；
- ❖ 网络系统的集成测试。

1. 网络系统测试

网络系统测试主要包括网络设备测试和网络系统的功能测试，其目的是保证用户能够科学而公正地验收供应商提供的网络设备，以及系统集成商提供的整套系统，也是保证供应商和系统集成商能够准确无误地提供合同所要求的网络设备和网络系统。

(1) 网络设备测试：主要包括交换机的测试、路由器的测试等。

(2) 网络系统的功能测试：主要是测试网络系统的整体性能，包括VLAN的性能测试及连通性测试。

2. 计算机系统测试

计算机系统测试包括计算机硬件设备测试与系统软件的测试。

1) 设备的系统保证

设备的系统保证不仅包括硬件制造的质量，还包括硬件结构设计和软件系统的设计。

2) 系统的性能

系统性能的基本标准是系统的响应时间。一般情况下，好的响应性能是在1s时间内可以做出响应。

3. 应用服务系统测试

应用服务系统测试主要包括网络服务系统、安全系统、网管系统、防毒系统及数据库系统等方面。

1) 网络服务系统测试

网络服务系统测试主要是指各种网络服务器的整体性能测试，通常包括系统完整性测试和功能测试两部分。

2) 安全系统测试

安全系统测试是保证网络系统安全、网络服务系统安全及网络应用系统安全的重要手段，安全系统测试主要包括系统完整性测试、入侵检测功能测试及安全功能测试。

3) 网管系统测试

网管系统测试主要包括系统完整性测试和网络管理功能测试两项内容。

4) 防毒系统测试

防毒系统测试主要包括系统完整性测试和防毒功能测试。

5) 数据库系统测试

数据库系统测试主要通过数据库设计评审来实现。

4. 综合布线系统测试

从工程的角度来说，可以将综合布线系统的测试分为验证测试和认证测试两类。

验证测试一般是在施工的过程中由施工人员边施工边测试，以保证所完成的每一个连接的正确性。

认证测试是指对布线系统依照标准进行逐项检测，以确定布线能达到设计要求，包括连接性能测试和电气性能测试。

5. 网络系统的集成测试

网络系统的集成测试是按照系统集成商提供的测试计划和方法进行的测试，目的是保证最终交付用户的计算机系统和网络系统是一个集成的计算机网络平台，用户可以在网络的任意一个节点，通过网络，透明地使用各种网络资源及相关的网络服务。

17.1.1 网络设备测试

IP网络发展历史较短，在短短的十几年内从无到有，进而发展成覆盖全球的数个公众网络。在发展初期，IP设备只是作为企业级设备，IP网络基本不盈利，也无法保证安全与服务质量，所以IP网络设备测试并不在议程之内。随着IP网络蓬勃发展，IP网络已成为重要的电信网络，有必要保证网络安全及一定程度的服务质量。对于IP网络设备及测试标准，我国制定了下列设备技术规范。

- ❖ 《路由器测试规范——高端路由器》(YD/T 1156—2009)：主要规定了高端路由器的接口特性测试、协议测试、性能测试、网络管理功能测试等。
- ❖ 《千兆位以太网交换机测试方法》(YD/T 1141—2007)：规定了千兆位以太网交换机的功能测试、性能测试、协议测试和常规测试。
- ❖ 《接入网设备测试方法——基于以太网技术的

综合布线系统工程验收是网络工程验收的随工验收内容之一，也是全面考核工程的建设工作，检验设计水平和确保工程质量的重要环节。

宽带接入网设备》(YD/T 1240—2002)：规定了基于以太网技术的宽带接入网设备的接口、功能、协议、性能和网管的测试方法，适用于基于以太网技术的宽带接入网设备。

❖ 《IP 网络技术要求——网络性能测量方法》(YD/T 1381—2005)：规定了 IPv4 网络性能测量方法，并规定了具体性能参数的测量方法。

❖ 《公用计算机互联网工程验收规范》(YD/T 5070—2005)：主要规定了基于 IPv4 的公用计算机互联网工程的单点测试、全网测试和竣工验收等方面的方法和标准。

17.1.2　测试方法

网络系统的测试方法主要有以下两种。

(1) 主动测试。

主动测试是在选定的测试点上，利用测试工具有目的地主动产生测试流量注入网络，并根据测试数据流的传送情况分析网络的性能。

(2) 被动测试。

被动测试是指在链路或设备(如路由器和交换机等)上对网络进行监测，而不需要产生流量的测试方法。

17.1.3　网络测试的安全性

根据防范安全攻击的安全需求，以及需要达到的安全目标，对应安全机制所需的安全服务等因素，参照 SSE-CMM(系统安全工程能力成熟模型)和 ISO 17799(信息安全管理标准)等国际标准，综合考虑可实施性、可管理性、可扩展性、综合完备性、系统均衡性等方面，网络对测试方法的安全性要求包括以下内容。

(1) 网络对测试方法的安全性要求。

采用主动测试方法时，需要将测试流量注入网络，所以会对网络造成影响。

对于被动测试技术，由于需要采集网络上的数据分组，因此会将用户数据暴露给无意识的接收者，对网络服务的客户造成潜在的安全问题。

(2) 测试方法自身的安全性要求。

在网络中，测试活动也可以看作网络所提供的一种特殊的服务，因此要防止网络中的破坏行为对测试主机的攻击。

17.1.4　测试结果统计

对网络系统测试结果的统计包括以下内容。

(1) 统计方式测试结果的统计。

按时间方式，即把测试的结果按时间顺序进行统计(抽样)得到一个时间段上网络性能的分布和变化情况。

按空间方式，就是把测试的结果按测试点在网络中所处的空间位置进行统计(抽样)，以得到网络性能在空间上的分布。

(2) 统计方法。

统计测试结果的方法就是对测试结果进行统计的不同算法，以及对结果的表示方法。

17.1.5　测试工具

1. 综合布线测试工具

Fluke DSP-100 测试仪用来测试综合布线中电缆(双绞线)传输系统的性能。

Fluke DSP-FTK 光缆测试仪用来测试综合布线中光缆传输系统的性能。

2. 网络测试工具

Fluke 67X 局域网测试仪用于计算机局域网安装调试、维护和故障诊断。它将网络协议分析仪和电缆测试仪的主要功能完美结合起来，形成一个新颖的网络测试仪器，可以迅速查出电缆、网卡(NIC)、集线器(Hub)、桥(Bridge)、路由器(Router)等故障。Fluke 67X 网络测试仪分为 F670(令牌环网)、F672(以太网)和 F675(以太和令牌环网)三种型号。以下是两种其他的网络测试工具。

❖ Fluke 68X 系列企业级局域网测试仪。

❖ EtherScope Series II 系列网络通。

17.2　网络测试与信息安全

17.2.1　网络测试前的准备

(1) 综合布线工程施工完成，并严格按工程合同的要求及相关的国家或部门颁布的标准整体验收合格。

(2) 成立网络测试小组。小组成员主要以使用单位为主，施工方参与(如有条件，可以聘请专业测试的第三方参与)，明确各自的职责。

(3) 制订测试方案。双方共同商讨，细化工程合同的测试条款，明确测试所采用的操作程序、操作指令及步骤，制订详细的测试方案。

网络性能测试通常周期很长，因此将会得到大量的数据，但单纯地罗列数据意义不大，必须对结果进行统计计算，即在大量的数据中找到其相互间的关联，得到有意义的分析数据，以清楚地反映网络某一方面的性能。

(4) 确认网络设备的连接及网络拓扑符合工程设计要求。

(5) 准备测试过程中需要使用的各种记录表格及其他文档材料。

(6) 供电电源检查。直流供电电压为 48V，交流供电电压为 220V。

(7) 设备通电前，应对下列内容进行检查：

① 设备应完好无损；

② 设备的各种熔丝、电气开关规格及各种选择开关状态无损或无误；

③ 机架和设备外壳应接地良好，地线上应无电压存在。逻辑地线不能与工作地线、保护地线混接；

④ 供电电源回路上应无电压存在，测量其电源线对地应无短路现象；

⑤ 设备在通电前应在电源输入端测量主电源电压，确认正常后，方可进行通电测试；

⑥ 各种文字符号和标签应齐全正确，粘贴牢固。

17.2.2 硬件设备检测

1. 路由器设备检测

路由器设备检测主要包括以下内容：

① 检查路由器，包括设备型号、出厂编号及随机配套的线缆；检测路由器软、硬件配置，包括软件版本、内存大小、MAC 地址、接口板等信息；

② 检测路由器的系统配置，包括主机名、各端口 IP 地址、端口描述、加密口令、开启的服务类型等；

③ 检测路由器的端口配置，包括端口类型、数量、端口状态等；

④ 路由器内的模块(路由处理引擎、交换矩阵、电源、风扇等)具有冗余配置时，测试其备份功能。

对上述各种检测数据和状态信息做详细记录。

2. 交换机设备检测

交换机设备检测主要包括以下内容：

① 检查交换机的设备型号、出厂编号及软硬件配置；

② 检测交换机的系统配置，包括主机名、加密口令及 VLAN 的数量、VLAN 描述、VLAN 地址生成树配置等；

③ 检测交换机的端口，包括端口类型、数量、端口状态等；

④ 在交换机内的模块(交换矩阵、电源、风扇等)具有冗余配置时，测试其备份功能。

对上述各种检测数据和状态信息做详细记录。

3. 服务器设备检测

服务器设备检测主要包括以下内容：

① 检测服务器设备的主机配置，包括 CPU 类型及数量、总线配置、图形子系统配置、内存、内置存储设备(硬盘、光驱、磁带机)网络接口、外存接口等；

② 检测服务器设备的外设配置，例如显示器、键盘、海量存储设备(外置硬盘、磁带机等)、打印机等；

③ 检测服务器设备的系统配置，包括主机名称、操作系统版本、所安装操作系统补丁情况；检查服务器中所安装软件的目录位置、软件版本；

④ 检查服务器的网络配置，如主机名、IP 地址、网络端口配置、路由配置等；

⑤ 在服务器内的模块(电源、风扇等)具有冗余配置时，测试其备份功能。

对上述各种检测数据和状态信息做详细记录。

4. 网络安全设备检测

网络安全设备检测主要包括以下内容：

① 检测安全设备的硬件配置是否与工程要求一致；

② 检测安全设备的网络配置，如名称、IP 地址、端口配置等；

③ 检测设置的安全策略是否符合用户的安全需求。

对上述各种检测数据和状态信息做详细记录。

17.2.3 子系统测试

1. 节点局域网测试

若节点局域网中存在几个网段或要进行虚拟网(VLAN)划分，则应测试各网段或 VLAN 之间的隔离性，不同网段或 VLAN 之间应不能进行监听；检查生成树协议(STP)的配置情况。

2. 路由器基本功能测试

对路由器的测试可使用终端从路由器的控制端口接入或使用工作站远程登录。

① 检查路由器配置文件的保存；

② 检查路由器所开启的管理服务功能(DNS、SNMP 等)；

③ 检查路由器所开启的服务质量保证措施。

Fluke 公司自推出极其成功的 F67X 系列网络测试仪后，后来开发出企业级网络测试仪 F68X 系列。这种手持式的网络测试工具可以在 5 分钟之内解决 80%的网络问题。

3. 服务器基本功能测试

根据服务器所用的操作系统，测试其基本功能。例如，系统核心、文件系统、网络系统、输入/输出系统等。

① 检查服务器启动的进程是否符合此服务器的服务功能要求；

② 测试服务器中应用软件的各种功能；

③ 在服务器有高可用集群配置时，测试其主备切换功能。

4. 节点连通性测试

节点连通性测试包括以下内容：

① 测试节点各网段中的服务器与路由器的连通性；

② 测试节点各网段间的服务器之间的连通性；

③ 测试本节点与同网内其他节点、与国内其他网络、与国际互联网的连通性。

5. 节点路由测试

节点路由测试包括以下内容。

① 检查路由器的路由表，并与网络拓扑结构，尤其是本节点的结构比较。

② 测试路由器的路由收敛能力，先清除路由表，检查路由表信息的恢复。

③ 路由信息的接收、传播与过滤测试。根据节点对路由信息的需求及节点中路由协议的设置，测试节点路由信息的接收、传播与过滤，检查路由内容是否正确。

④ 路由的备份测试。当节点具有多于 1 个以上的出入口路由时，模拟某路由的故障，测试路由的备份情况。

⑤ 路由选择规则测试。测试节点对路由选择规则的实现情况，对业务流向安排是否符合设计要求的流量疏通的负载分担实现情况，网络存在多个网间出入口时流量疏通对出入口的选择情况等。

6. 节点安全测试

1) 路由器安全配置测试

路由器安全配置测试主要包括以下内容：

① 检查路由器的口令是否加密；

② 测试路由器操作系统口令验证机制，屏蔽非法用户登录的功能；

③ 测试路由器的访问控制列表功能；

④ 对于接入路由器，测试路由器的反向路径转发(RFP)检查功能；

⑤ 检查路由器的路由协议配置，是否启用了路由信息交换安全验证机制；

⑥ 检查路由器上应该限制的一些不必要的服务是否关闭。

2) 服务器安全配置测试

服务器安全配置测试主要包括以下内容：

① 测试服务器的重要系统文件基本安全性能，如用户口令应加密存放，口令文件、系统文件及主要服务配置文件的安全，其他各种文件的权限设置等；

② 测试服务器系统被限制的服务应被禁止；

③ 测试服务器的默认用户设置及有关账号是否被禁止；

④ 测试服务器中所安装的有关安全软件的功能；

⑤ 测试服务器其他安全配置内容。

17.2.4 网络工程信息安全等级划分

橘皮书是美国国家安全局(NSA)的国家计算机安全中心(NCSC)颁布的官方标准，其正式的名称为“受信任计算机系统评价标准”(Trusted Computer System Evaluation Criteria，TCSEC)。2015 年，橘皮书是权威的计算机系统安全标准之一，它将一个计算机系统可接受的信任程度给予分级，依照安全性从高到低划分为 A、B、C、D 四个等级，这些安全等级不是线性的，而是指数级上升的。橘皮书标准(Dl、C1、C2、B1、B2、B3 和 A1 级)中，D1 级是不具备最低安全限度的等级，C1 和 C2 级是具备最低安全限度的等级，B1 和 B2 级是具有中等安全保护能力的等级，B3 和 A1 级属于最高安全等级。

17.3 综合布线系统的测试

为保证布线系统测试数据准确可靠，对测试环境、测试温度、测试仪表都有严格的规定。

1. 测试环境

综合布线测试现场应无产生严重电火花的电焊、电钻和产生强磁干扰的设备作业，被测综合布线系统必须是无源网络，测试时应断开与之相连的有源、无源通信设备。

2. 测试温度

综合布线测试现场的温度在 20～30℃，湿度宜在 30%~80%。由于衰减指标的测试受测试环境温度影响较

EtherScope Series II 系列网络通是由 Fluke 公司推出的一款便携式集成网络测试工具，用于提供有线/无线局域网(LAN)的安装、监测和故障诊断等方面各种关键的性能量度，其自动测试特性可以快速地验证物理层的性能，搜索网络和设备，找出配置和性能问题。

大，当测试环境温度超出上述范围时，需要按有关规定对测试标准和测试数据进行修正。

3. 测试仪表的精度要求

测试仪表的精度表示综合布线电气参数的实际值与仪表测量值的差异程度，测试仪的精度直接决定测量数值的准确性，综合布线现场测试仪表至少应满足实验室二级精度。

4. 测试程序

在开始测试之前，应该认真了解布线系统的特点与用途，以及信息点的分布情况，确定测试标准，选定测试仪后按下述步骤进行。

(1) 测试仪测试前自检，确认仪表是正常的。

(2) 选择测试连接方式。

(3) 选择设置线缆类型及测试标准。

(4) NVP 值核准(核准 NVP 线缆长度不短于 15m)。

(5) 设置测试环境湿度。

(6) 根据要求选择“自动测试”或“单项测试”。

(7) 测试后存储数据并打印。

(8) 发生问题后修复，然后进行复测。

17.3.1 综合布线系统测试种类

综合布线系统测试从工程的角度分为验证测试和认证测试两种。验证测试一般在施工的过程中由施工人员边施工边测试，以保证所完成的每一个部件连接的正确性；认证测试是指对布线系统依照一定的标准进行逐项检测，以确定布线全部达到设计要求。它们的区别是：验证测试只注重综合布线的连接性能，主要是现场施工时施工人员穿缆、连接相关硬件的安装工艺，常见的连接故障有电缆标签错、连接短路、连接开路、双绞线连接图错等。事实上，施工人员不可避免地会发生连接出错，尤其是在没有测试工具的情况下。因此，施工人员应边施工边测试，即“随装随测”，每完成一个信息点就用测试工具测试该点的连接性，发现问题及时解决，既可以保证质量又可以提高施工效率。

认证测试仪既注重连接性能测试，又注重电气性能的测试，它不能提高综合布线的通道传输性能，只是确认安装的线缆及相关硬件连接、安装工艺是否达到设计要求。除了正确地连接外，还要满足有关的标准，如电气参数是否达到有关规定的标准，这需要用特定的测试仪器(如 Fluke 的 620/DSP100 等)按照一定的测试方法进行测试，并对测试结果按照一定的标准进行比较分析。

目前综合布线主要有两大标准：一是北美的 EIA/TIA 568A(由美国制定)；二是国际标准，即 ISO/IEC 11801。中国工程建设标准化协会于 1997 年颁布了《CEC89:97 建筑与建筑群综合布线系统施工和验收规范》和《CEC72:97 建筑与建筑群综合布线系统设计规范》两项行业规范，该规范是以 TIA/EIA 568A 的 TSB-67 的标准要求，全面包括电缆布线的现场测试内容、方法及对测试仪器的要求，主要包括长度、接线图、衰减、近端串扰等内容。

17.3.2 综合布线系统链路测试

TSB-67 定义了两种标准的链路测试模型：基本链路测试和通道测试。如果传输介质是光纤，还需要进行光纤链路测试。基本链路是建筑物中的固定电缆部分，它不含插座至末端的连接电缆。基本链路测试用来测试综合布线中的固定部分，它不含用户端使用的线缆，测试时使用测试仪提供的专用软线电缆，它包括最长为 90m 的水平布线，两端可分别有一个连接点且各有一条测试用 2m 长连接线，被测试的是基本链路设施。通道是指从网络设备至网络设备的整个连接，即用户电缆被当成链路的一部分，必须与测试仪相连。通道测试用来测试端到端的链路整体性能，它是用户连接方式，又称用户链路，用于验证包括用户跳线在内的整体通道性能，它包括不超过 90m 长的水平线缆，1 个信息插座、1 个可选的转接点、配线架和用户跳线。通道总长度不得超过 100m。

1. 链路连接性能测试

该项测试关注的是线缆施工时连接的正确性，不关心布线通道的性能，通常采用基本连接测试模型。根据《建筑与建筑群综合布线系统工程验收规范》(GB/T 50312—2016)的要求，综合布线线缆进场后，应对相应线缆进行检验，具体线缆的检验要求如下。

(1) 工程使用的对绞电缆和光缆型式、规格应符合设计的规定和合同要求。

(2) 电缆所附标志、标签内容应齐全、清晰。

(3) 电缆外护线套须完整无损，电缆应附有出厂质量检验合格证。如用户要求，应附有本批量电缆的技术指标。

(4) 电缆的电气性能抽验应从本批量电缆的任意三盘中各截出 100m 长度，加上工程中所选用的接插件进行抽样测试，并作测试记录。

导通测试是在施工过程中由施工人员边施工边简单测试线缆是否连通，可以保证所完成的每一个连接都正确。导通测试注重综合布线的连接性能，不关心综合布线的电气特性。

测试中发现的主要问题包括链路开路或短路、线对反接、线对错对连接和线对串扰连接。其中造成链路开路或短路的原因，主要是由于施工时的工具或工具使用技巧，以及墙内穿线技术问题产生。线对反接通常是由于同一对线在两端针位接反。线对错对连接是指将一对线接到另一端的另一对线上。线对串扰是指在接连时没有按照一定标准而将原有的两个线对拆开又分别组成了新的两对线，从而产生很高的近端串扰，对网络产生严重的影响。

2. 电气性能测试

电气性能测试检查布线系统中链路的电气性能指标是否符合标准。对于双绞线布线，一般需要测试连接图、线缆长度、近端串扰(NEXT)、特性阻抗、直流环路电阻、衰减、近端串扰与衰减差(ACR)、传播时延、回波损耗、链路脉冲噪声电平等项目。

1) 连接图

测试的连接图显示出每条线缆的 8 芯线与接线端的连接端的实际连接状态是否正确。

2) 线缆长度

长度指链路的物理长度。测试长度应在测试连接图所要求的范围内，基本链路为 90m，通道链路为 100m。

3) 近端串扰(NEXT)

近端串扰是指在一条链路中，处于线缆一侧的某发送线对，对于同侧的其他相邻(接收)线对，通过电力感应所造成的信号耦合(以 dB 为单位)。近端串扰是决定链路传输能力的重要参数，近端串扰必须进行双向测试，它应大于 24dB，值越大越好。

4) 特性阻抗

特性阻抗指布线线缆链路在所规定的工作频率范围内呈现的电阻。无论哪一种双绞线，包括六类线，其每对芯线的特性阻抗在整个工作带宽范围内应保持恒定、均匀。布线线缆链路的特性阻抗与标称值之差不大于 20Ω。

5) 直流环路电阻

布线线缆每个线对的直流环路电阻，无论哪种链路方式均不大于 30Ω。

6) 衰减

衰减是指信号在线路上传输时能量的损失。衰减量的大小与线路的类型、链路方式、信号的频率有关。例如，超五类线在基于信道的链路方式下，信号频率为 100MHz 时，其最大允许衰减值为 24dB。

7) 近端串扰与衰减差(ACR)

ACR 是在受相邻信号线对串扰的线对上，其串扰损耗与本线传输信号衰减值的差。ACR 体现的是电缆性能，也就是在接收端信号的富裕度，因此 ACR 值越大越好。

8) 传播时延

表示一根电缆上最快线对与最慢线对间传播延迟的差异。一般要求在 100m 链路内的最长时间差异为 50ns，但最好在 35ns 以内。

9) 回波损耗(RL)

由线路特性阻抗和链路接插件偏离标准值导致功率反射而引起回波损耗。RL 为输入信号幅度和由链路反射回来的信号幅度的差值。回波损耗对使用全双工方式传输的应用非常重要，显然，RL 值越大越好。

10) 链路脉冲噪声电平

它是由设备间大功率设备的突然停启而造成的对布线系统的电脉冲干扰。

3. 光纤链路测试

对于光纤或光纤系统，基本的测试内容为连续性和衰减/损耗、测量光纤输入/输出功率、分析光纤的衰减/损耗、确定光纤的连续性和发生光损耗的部位等。光缆开盘后应先检查光缆外表有无损伤，光缆端头封装是否良好。综合布线系统工程采用光缆时，应检查光缆合格证及检验测试数据，必要时，可测试光纤衰减和光纤长度，测试要求如下。

- 衰减测试。宜采用光纤测试仪进行测试。测试结果如超出标准或与出厂测试数值相差太大，应用光功率计测试，并加以比较，断定是测试误差还是光纤本身衰减过大。
- 长度测试。要求对每根光纤进行测试，测试结果应一致，如果在同一盘光缆中，光缆长度差异较大，则应从另一端进行测试或做通光检查以判定是否有断纤现象存在。

光纤接插软线(光跳线)检验应符合下列规定：

- 光纤接插软线两端的活动连接器(活接头)端面应装配有合适的保护盖帽；
- 每根光纤接插软线中光纤的类型应有明显的标记，选用应符合设计要求。

光纤的连续性测试是光纤基本的测试之一，通常把红色激光、发光二极管(LFD)或者其他可见光注入光纤，在末端监视光的输出，同时光通过光纤传输后功率会发生变化，由此可测出光纤的传导性能，即光纤的衰减/损耗。光纤链路损耗一般为 1.5dB/km，连接器损耗为 0.75dB/个，一次连接衰减应小于 3dB。可用光损耗测试仪现场测试安装的链路，检验损耗是否低于“规定的”损耗预算；用光时域反射计(OTDR)诊断未能通过损耗测

通常，综合布线的通道性能不仅取决于布线的施工工艺，还取决于采用的线缆及相关连接硬件的质量，所以综合布线必须做认证测试。

试的链路，识别缺陷的成因和位置，查看散射回来的光，测量反射系数，确定故障位置；用光纤放大镜检验带连接器的光纤两端，连接打磨和清洁程度。在问题诊断中，通常第一步是使用放大镜进行清洁和目视检查。

17.3.3 施工后测试

硬件施工完毕，对工程安装质量进行检测。缆线敷设和终接的检测应符合《建筑与建筑群综合布线系统工程验收规范》(GB/T 50312)中第 5.1.1、6.0.2、6.0.3 条的规定，对以下项目进行检测：

- ❖ 缆线的弯曲半径；
- ❖ 预埋线槽和暗管的敷设；
- ❖ 电源线与综合布线系统缆线应分隔布放，缆线间的最小净距应符合设计要求；
- ❖ 建筑物内电、光缆暗管敷设及与其他管线之间的最小净距；
- ❖ 对绞电缆芯线终接；
- ❖ 光纤连接损耗值。

建筑群子系统采用架空、管道、直埋敷设，电、光缆的检测要求应按照本地网通信线路工程验收的相关规定执行。机柜、机架、配线架安装的检测，除应符合 GB/T 50312 规定外，还应符合以下要求。

- ❖ 卡入配线架连接模块内的单根线缆色标应和线缆的色标相一致，大多数电缆按标准色谱的组合规定进行排序。
- ❖ 端接于 RJ-45 口的配线架的线序及排列方式按有关国际标准规定的两种端接标准(T568A 或 T568B)之一进行端接，但必须与信息插座模块的线序排列使用同一种标准。
- ❖ 信息插座安装在活动地板或地面上时，接线盒应严密防水，防尘。
- ❖ 缆线终结应符合 GB/T 50312 中第 6.0.1 条的规定。
- ❖ 各类跳线的终结应符合 GB/T 50312 中第 6.0.4 条的规定。

机柜、机架、配线架安装，除应符合 GB/T 50312 第 4.0.1 条的规定外，还应符合以下要求：

- ❖ 机柜不应直接安装在活动地板上，应按设备的底平面尺寸制作底座，底座直接与地面固定，机柜固定在底座上，底座高度应与活动地板高度相同，然后敷设活动地板，底座水平误差每平方米不应大于 2mm；
- ❖ 安装机架面板，架前应预留 800mm 空间，机架背面离墙距离应大于 600mm；
- ❖ 背板式跳线架应经配套的金属背板及接线管理架安装在墙壁上，金属背板与墙壁应紧固；
- ❖ 壁挂式机柜底面距地面不宜小于 300mm；
- ❖ 桥架或线槽应直接进入机架或机柜内；
- ❖ 接线端子各种标志应齐全；
- ❖ 信息插座的安装要求应执行 GB/T 50312 第 4.0.3 条的规定；
- ❖ 光缆芯线终端的连接盒面板应有标志。

17.4 网络系统工程验收

网络系统工程验收过程如下。

① 检查试运行期间的所有运行报告及各种测试数据，确定各项测试验收合格。

② 验收测试，主要是抽样测试。

③ 出具《最终验收报告》。

④ 向用户移交所有技术文档。

随工验收是在工程施工的过程中，对综合布线系统的电气性能、隐蔽工程等进行跟踪测试。在竣工验收时，一般不再对隐蔽工程进行复查。

初步验收又称交工验收，是在网络工程施工全部完成后，由建设单位组织相关人员根据系统设计的要求，对综合布线系统、网络设备及全网进行全面测试，开验收各种技术文档。初步验收合格才可以对网络系统进行试运行，并确定试运行的时间。

竣工验收是网络系统试运行后，根据试运行的情况，对网络系统进行综合测验的过程。

17.4.1 初步验收

1. 初步验收工作程序

(1) 在进行初步验收测试之前，必须完成随工验收，并有相关的输入记录。

(2) 初验前由施工单位按照相关规定，整理好各种文件和技术文档，并向建设单位提出初步验收报告。建设单位接到报告后成立验收小组。

(3) 验收小组首先审阅施工方移交的各种技术文档，详细了解网络系统的结构、功能、配置，以及工程的施工情况，然后根据相关标准、规范及系统设计的要求，制订网络系统测试验收方案。

(4) 对网络系统进行全面测试，并写出初验报告。

网络工程的测试与验收是网络工程建设的最后阶段，关系到整个网络工程的质量能否达到预期设计指标及用户的要求。

2. 技术文档

1) 网络设计与配置文档
- ❖ 工程概况；
- ❖ 网络规划与设计书；
- ❖ 网络实施(施工)方案；
- ❖ 网络系统拓扑结构图；
- ❖ 子网划分、VLAN 划分和 IP 地址分配方案；
- ❖ 交换机、路由器、服务器、防火墙等各种网络设备的配置；
- ❖ 交换机、路由器、服务器、防火墙等各种网络设备的登录用户名和口令。

2) 综合布线系统文档
- ❖ 综合布线系统规划与设计书；
- ❖ 综合布线系统图、平面图及各种施工图；
- ❖ 信息点编号与配置表；
- ❖ 电信间、设备间、进线间和网络中心机房各种配线架连接对照表；
- ❖ 网络设备分布表，包括编号、品牌名称、安装位置以及承担的功能作用与范围；
- ❖ 综合布线测试报告，包括具有工程中各项技术指标和技术要求的测试记录，如缆线的主要电气性能、光缆的光学传输特性、信息点测试等各种测试数据。

3) 设备技术文档
- ❖ 各种设备、机柜、机架和主要部件明细表，包括编号、品牌名称、型号、规格、数量以及硬件配置；
- ❖ 设备使用说明书；
- ❖ 设备操作维护手册；
- ❖ 设备保修单；
- ❖ 厂商售后服务承诺书。

4) 施工过程各种签收表单

主要是工程建设方、施工方和监理方共同签收各种表单清单，具体设计参见签收表单编制样例。

5) 用户培训及使用手册
- ❖ 用户培训报告；
- ❖ 用户操作手册。

17.4.2 竣工验收

1. 试运行要求

试运行阶段应从工程初验合格后开始，试运行时间应不少于 3 个月。

试运行期间的统计数据是验收测试的主要依据。试运行的主要指标和性能应达到合同中的规定，方可进行工程最终验收。

如果主要指标不符合要求或对有关数据发生疑问，经过双方协商，应从次日开始重新试运行 3 个月，对有关数据重测，以资验证。

试运行期间，应接入一定容量的业务负荷联网运行。

2. 竣工验收要求

验收要求如下：
- ❖ 凡经过随工检查和阶段验收合格并已签字的，在竣工验收时一般不再进行检查；
- ❖ 试运行期间主要指标和各项功能、性能应达到规定要求，方可进行工程竣工验收，否则应追加试运行期，直到指标合格为止；
- ❖ 验收中发现质量不合格的项目，应由验收组查明原因，分清责任，提出处理意见。

3. 工程竣工验收的内容

- ❖ 确认各阶段测试检查结果；
- ❖ 验收组认为必要项目的复验；
- ❖ 设备的清点核实；
- ❖ 对工程进行评定和签收。

17.5 局域网测试与验收

17.5.1 系统连通性

所有联网的终端都应按使用要求全部连通，系统连通性测试结构示意图如下图所示。

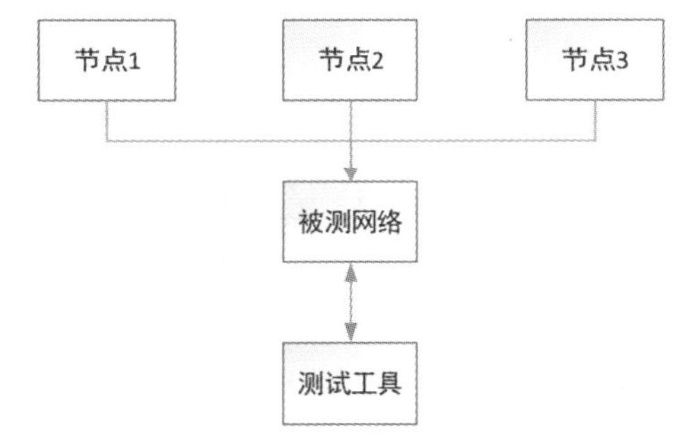

1. 测试步骤

将测试工具连接到选定的接入层设备的端口，即测

初步验收后，施工方应在向建设单位移交的技术文档里包括各种网络设备的登录用户名、口令和 IP 地址。建设单位应派专人负责口令管理工作，接到移交来的登录用户名和口令后，用户应检查所有的系统口令、设备口令等设置，并根据有关规定重新进行设定，重新设定的口令必须与原口令不同，所有的系统口令、设备口令应做好记录，并妥善保存，防止泄密。

试点。

用测试工具对网络的关键服务器和核心层的关键网络设备(如交换机和路由器)，进行10次ping测试，每次间隔 1s，以测试网络连通性。测试路径要覆盖所有的子网和VLAN。

移动测试工具到其他测试点，重复上个步骤，直到遍历所有测试抽样设备。系统连通性测试结构如上图所示。

2. 抽样规则

以不低于设备总数 10%的比率进行抽样测试，抽样少于10台设备的，全部测试。每台抽样设备中至少选择一个端口，即测试点，测试点应能够覆盖不同的子网和VLAN。合格判据如下。

(1) 单项合格判据。测试点到关键服务器的 ping 测试连通达到100%时，则判定该测试点符合要求。

(2) 综合合格判据。所有测试点的连通性都达到100%时，则判定局域网系统的连通性符合要求。

17.5.2 链路传输速率

链路传输速率是指设备间通过网络传输数字信息的速率。

1. 测试步骤

① 将用于发送和接收的测试工具分别连接到被测网络链路的源和目的交换机端口或末端集线器端口上。

② 对于交换机，测试工具1在发送端口产生100%满线速流量；对于集线器，测试工具 1 在发送端口产生50%线速流量(为保证前后统一，建议将帧长度设置为1518字节)。

③ 测试工具 2 在接收端对收到的流量进行统计，计算其端口利用率。

链路传输速率测试结构如下图所示。

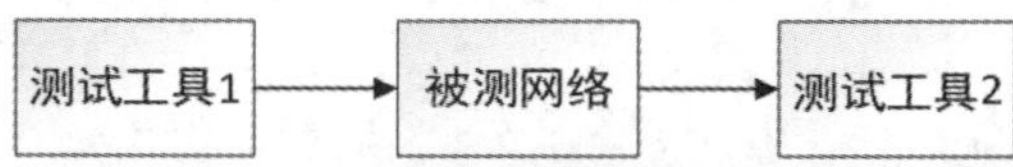

2. 抽样规则

对于核心层的骨干链路，应进行全部测试；对于接入层到核心层的上连链路，以不低于 10%的比率进行抽样测试。抽样链路数不足 10 条时，按 10 条进行计算或者全部测试。

3. 合格判据

发送端口和接收端口的利用率应符合规定。

17.5.3 吞吐率

测试必须在空载网络下分段进行，包括接入层到核心层链路及经过接入层和核心层的用户到用户链路。

1. 测试步骤

① 将两台测试工具分别连接到被测网络链路的源和目的交换机端口上。

② 先从测试工具1向测试工具2发送数据包。

③ 用测试工具 1 按照一定的帧速率，均匀地向被测网络发送一定数据的数据包。

④ 如果所有的数据包都被测试工具 2 正确收到，则增加发送的帧速率，否则减少发送的帧速率。

⑤ 重复步骤③，直到测出被测网络/设备在丢包的情况下，能够处理的最大帧速率。

⑥ 分别按照不同的帧大小(包括64、128、256、512、1024、1280、1518Byte)，重复步骤②～④。

⑦ 从测试工具 2 向测试工具 1 发送数据包，重复步骤③～⑥。

吞吐率测试结构如下图所示。

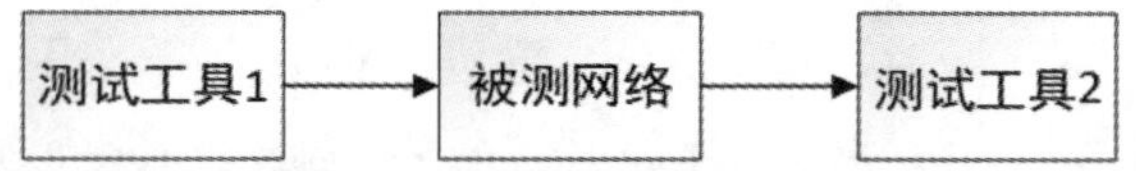

2. 抽样规则

应对核心层的骨干链路进行全部测试。对于接入层到核心层的上连链路，应以不低于 10%的比率进行抽样测试，抽样链路数不足 10 条时，按 10 条进行计算或者全部测试；对于端到端的链路(即经过接入层和核心层的用户到用户的网络路径)，应以不低于终端用户数量 5%比率进行抽测，抽样链路数不足 10 条时，按 10 条进行计算或者全部测试。

3. 合格判据

从网络链路两个方向测得的最低吞吐率应满足以下的吞吐率要求，如下表所示。

长见识 凡是涉及网络通信应用出了问题，直接从位于中间的网络层开始排查，首先测试网络连通性，如果网络不能连通，再从物理层（测试线路）开始排查；如果网络能够连通，再从应用层（测试应用程序本身）开始排查。

测试帧长（字节）	10M以太网		100M以太网		1000M以太网	
	帧/秒	吞吐率	帧/秒	吞吐率	帧/秒	吞吐率
64	≥14731	99%	≥104166	70%	≥1041667	70%
128	≥8361	99%	≥67567	80%	≥633446	75%
256	≥4483	99%	≥40760	90%	≥362318	80%
512	≥2326	99%	≥23261	99%	≥199718	85%
1024	≥1185	99%	≥11853	99%	≥107758	90%
1280	≥951	99%	≥9519	99%	≥91345	95%
1518	≥804	99%	≥8046	99%	≥80461	99%

17.5.4　传输时延

1. 测试步骤

① 将测试工具分别连接到被测网络链路的源和目的交换机端口上。

② 先从测试工具 1(发送端口)向测试工具 2(接收端口)均匀地发送数据包。

③ 向被测网络发送一定数目的 1518 字节的数据帧，使网络处于最大吞吐率。

④ 由测试工具 1 向被测网络发送特定的测试帧，在数据帧的发送和接收时刻都打上相应的时间标记。测试工具 2 接收到测试帧后，将其返回给测试工具 1；测试工具通过发送端口发出带有时间标记的测试帧，在接收端口接收测试帧。

⑤ 测试工具 1 计算发送和接收的时间标记之差，便可得一次结果。

⑥ 重复步骤③～④20 次，传输时延是 20 次测试结果的平均值。

2. 抽样规则

应对核心层的骨干链路进行全部测试。对于接入层到核心层的上连链路，应以不低于 10%的比率进行抽样测试，抽样链路数不足 10 条时，按 10 条进行计算或者全部测试；对于端到端的链路(即经过接入层和骨干层的用户到用户的网络路径)，以不低于终端用户数量 5%比率进行抽测，抽样链路数不足 10 条时，按 10 条进行计算或者全部测试。

3. 合格判据

若系统在 1518 字节帧长情况下，从两个方向测得的最大传输时延都不超过 1 毫秒，则判定为合格。

17.5.5　丢包率

丢包率是由于网络性能问题造成部分数据包无法被转发的比率。

1. 测试步骤

① 将两台测试工具分别连接到被测网络的源和目的交换机端口上。

② 由测试工具 1 向被测网络加载 70%的流量负荷；测试工具 2 接收负荷，测试数据帧丢失的比例。

③ 分别按照不同的帧大小(包括 64、128、256、512、1024、1280、1518 字节)重复步骤。

丢包率的测试结构如下图所示。

2. 抽样规则

应对核心层的骨干链路进行全部测试。对于接入层到核心层的上连链路，应以不低于 10%的比率进行抽样测试，抽样链路数不足 10 条时，按 10 条进行计算或者全部测试；对于端到端的链路(即经过接入层和骨干层的用户到用户的网络路径)，以不低于终端用户数量 5%比率进行抽测，抽样链路数不足 10 条时，按 10 条进行计算或者全部测试。

3. 合格判据

所有被测链路满足下表要求则判定为合格，判断要求如下表所示。

测试帧长（字节）	10M以太网		100M以太网		1000M以太网	
	流量负荷	丢包率	流量负荷	丢包率	流量负荷	丢包率
64	70%	≤0.1%	70%	≤0.1%	70%	≤0.1%
128	70%	≤0.1%	70%	≤0.1%	70%	≤0.1%
256	70%	≤0.1%	70%	≤0.1%	70%	≤0.1%
512	70%	≤0.1%	70%	≤0.1%	70%	≤0.1%
1024	70%	≤0.1%	70%	≤0.1%	70%	≤0.1%
1280	70%	≤0.1%	70%	≤0.1%	70%	≤0.1%
1518	70%	≤0.1%	70%	≤0.1%	70%	≤0.1%

17.6　思考与练习

一、选择题

1. ________是保证网络系统安全、网络服务系统安全及网络应用系统安全的重要手段。

A. 网管系统测试

B. 网络服务系统测试

C. 数据库系统测试

D. 安全系统测试

为了降低设计的复杂性，增强通用性和兼容性，计算机网络都设计成层次结构。网络的层次结构为用户分析和排查故障提供了非常好的组织方式。由于各层相对独立，所以按层次排查能够有效地发现和隔离故障。

2. 橘皮书标准(Dl、C1、C2、B1、B2、B3和A1级)中________属于最高安全等级。

A. C1和C2级　　B. B1和B2级

C. B3和A1级　　D. D1级

3. 在进行综合布线系统测试时，综合布线测试现场相对适合的温度是 ________。

A. 20～30℃　　B. 10～30℃

C. 30～40℃　　D. 10～20℃

二、思考题

1. 综合布线与传统布线相比具有哪些特点？

2. 硬件设备检测主要包含哪几方面？

长见识

网关是路由器的IP地址。如果网关不能连接则说明网络已经不能用，这时有可能会是代码问题或者是网络IP地址获取方式的问题。

第18章 网络故障检测与排除

本章微课

器欲尽其能，必先得其法。利用特定的故障排除工具及技巧在具体的网络环境下观察故障现象，细致分析，最终必然可以查找出一个或多个引发故障的原因，进而予以完善和修复。

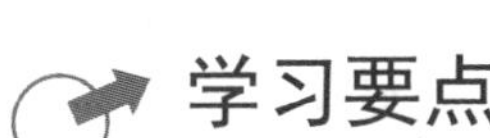

学习要点

- ❖ 使用命令诊断和排除网络故障；
- ❖ 使用命令查看网络统计和路径信息软件的升级；
- ❖ 常用网络管理工具软件的使用。

学习目标

通过对本章内容的学习，读者应该了解网络发生故障时的各种现象、故障管理的方法和步骤。通过不同的命令查找故障发生的原因，进而找到解决方案，全面提高网络故障检测和排查的能力。

18.1 网络故障的相关内容

网络环境越复杂，发生故障的可能性就越大，引发故障的原因也就越难确定。网络故障往往具有特定的故障现象，这些现象可能比较笼统，也可能比较特殊。一旦能够确定引发故障的根源，都可以通过一系列的步骤得到有效的处理。完整的故障解决机制包括如下内容：

- ❖ 网络故障管理方法；
- ❖ 网络连通性故障检测与排除；
- ❖ 网络整体状态统计；
- ❖ 本机路由表检查与更改；
- ❖ 路由故障检测与排除；
- ❖ 使用 Sniffer Pro 诊断网络。

18.2 网络故障管理方法

网络故障即网络不能提供服务，局部的或全局的网络功能不能实现。用户面对的是应用层的服务不能实现，但应用层的服务依赖于其下面几层的正确配置和连接，不仅仅依靠服务器，也需要客户端的正确配置。故障(失效)管理是网络管理中最基本的功能之一。用户希望有一个可靠的计算机网络，当网络中某个组件失效时，网络管理系统必须迅速找到故障，及时排除。

分析网络故障原因是网络故障管理的核心内容，对故障的处理包括故障检测、故障定位、故障重新配置、修复或替换失效部分，使系统恢复正常状态。

1. 故障管理功能

1) 故障警告功能

由管理对象主动向管理主机报告出现的异常情况，称为故障警告。警告必须包含足够多的信息，详细说明出现异常的地点、原因、特征以及能采取的应对措施等。

2) 事件报告管理功能

事件报告管理功能的目的是对管理对象发出的通知进行先期的过滤处理并加以控制，以决定通知是否转发给其他有关管理系统，是否需要转发给后备系统，以及控制转发的频率等。它有两个管理对象：一是区分器，主要作用是对管理对象发出的通知进行测试和过滤；另一个是事件转发区分器，主要用于确定转发的目标。

3) 运行日志控制功能

管理对象发出的通知和事件报告应该存储在运行日志中，供以后分析使用。它定义了两个管理对象类，即运行日志和日志记录。管理对象发出的通知通过本地处理形成日志记录，日志记录存储在本地运行日志文件中。

4) 测试管理功能

管理主机有一个叫作测试指挥员的应用进程，而代理有一个叫作测试执行者的应用进程。指挥员可以向执行者发出命令，要求进行某种测试；执行者根据指挥员的命令完成测试。测试结果可以立刻返回给指挥员，也可以作为事件报告存储在运行日志中，待以后分析用。

5) 确认和诊断测试的分类

确认和诊断测试可分为连接测试、可连接测试、数据完整测试、端连接测试、协议完整性测试、资源界限测试、资源自测以及测试基础设施的测试。用故障标签对故障的整个生命周期进行跟踪。所谓故障标签就是一个监视网络问题的前端进程，它对每一个可能形成故障的网络问题，甚至偶然事件都赋予唯一的编号，自始至终对其进行监视，并且在必要时调用有关系统管理功能以解决问题。

2. 故障管理的方法与步骤

1) 发现问题

与出现故障的用户交流，通过交流了解网络故障征兆、网络软件系统的版本和是否及时升级(打补丁)、网络硬件是否存在问题等。

2) 划定界限

了解自从网络系统最后一次正常到现在，都做了哪些变动；故障发生时，还在运行何种服务及软件，故障是否可以重现。

3) 追踪可能的途径

如果平时建立了故障库，则检查故障库和支持厂商的技术服务中心库，以便使用有效的方法排除故障。

4) 故障方法执行

做好这种方法无效的最坏打算，是否备份关键系统或应用文件。

5) 检验成功

如果所采用的方法是成功的，那么这种故障能否重新出现；如果是，则可以帮助用户了解该如何处理。

6) 做好收尾工作

一旦确定该故障与用户关系密切，及时进行总结。

网络上的机器都有唯一的 IP 地址，给目标 IP 地址发送一个数据包，对方就要返回一个同样大小的数据包，根据返回的数据包我们可以确定目标主机的存在，还可以初步判断目标主机的操作系统等。

18.3　网络连通性故障检测与排除

1．ping 命令的应用

在网络管理中，ping 命令有助于验证网络层的连通性。管理员在进行故障排除时，可以使用 ping 命令向目标计算机名或 IP 地址发送 ICMP 回显请求，目标计算机会返回回显应答，如果目标计算机不能返回回显应答，说明源计算机和目标计算机之间的网络通路存在问题，需进一步检查解决。

ping 是 Windows 操作系统中集成的一个 TCP/IP 协议探测工具，它只能在有 TCP/IP 协议的网络中使用。

ping 命令的格式：ping[参数 1][参数 2][…]目的地址

如果不知道 ping 命令有哪些参数，只要在命令提示符中键入 ping 命令，就能得到详细的 ping 参数，如下图所示。

```
C:\Windows\system32\cmd.exe
C:\Users\win8>ping

用法: ping [-t] [-a] [-n count] [-l size] [-f] [-i TTL] [-v TOS]
            [-r count] [-s count] [[-j host-list] | [-k host-list]]
            [-w timeout] [-R] [-S srcaddr] [-c compartment] [-p]
            [-4] [-6] target_name

选项:
    -t             Ping 指定的主机，直到停止。
                   若要查看统计信息并继续操作，请键入 Ctrl+Break;
                   若要停止，请键入 Ctrl+C。
    -a             将地址解析为主机名。
    -n count       要发送的回显请求数。
    -l size        发送缓冲区大小。
    -f             在数据包中设置"不分段"标记(仅适用于 IPv4)。
    -i TTL         生存时间。
    -v TOS         服务类型(仅适用于 IPv4。该设置已被弃用，
                   对 IP 标头中的服务类型字段没有任何
                   影响)。
    -r count       记录计数跃点的路由(仅适用于 IPv4)。
    -s count       计数跃点的时间戳(仅适用于 IPv4)。
    -j host-list   与主机列表一起使用的松散源路由(仅适用于 IPv4)。
    -k host-list   与主机列表一起使用的严格源路由(仅适用于 IPv4)。
    -w timeout     等待每次回复的超时时间(毫秒)。
    -R             同样使用路由标头测试反向路由(仅适用于 IPv6)。
                   根据 RFC 5095，已弃用此路由标头。
                   如果使用此标头，某些系统可能丢弃
                   回显请求。
    -S srcaddr     要使用的源地址。
    -c compartment 路由隔离舱标识符。
    -p             Ping Hyper-V 网络虚拟化提供程序地址。
    -4             强制使用 IPv4。
    -6             强制使用 IPv6。
```

用 ping 命令测试时，首先测试本机 TCP/IP 配置是否正确，然后再测试本机与默认网关的连通性，最后测试本机与远程计算机的连通性。

下面是故障检测和故障排除的基本步骤，这里假如本地网段为 192.168.1.0/24，默认网关为 192.168.1.254。

1)　用 ping 命令测试环回地址

验证本地计算机上的 TCP/IP 配置是否正确，如果测试结果不通，应检查本地计算机的 TCP/IP 协议是否安装。Windows 系列操作系统默认情况下已经安装，一般情况下，测试环回地址都能通过，如果测试不成功，则需重新安装 TCP/IP 协议，然后再进行测试。测试命令如下：

```
C:\>ping 127.0.0.1(127.0.0.1 为环地址)
```

测试结果如下图所示。

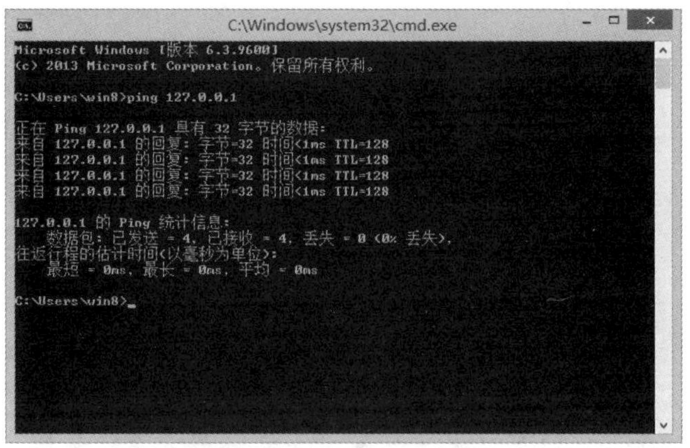

2)　用 ping 命令测试本计算机的 IP 地址

用 ping 命令测试本计算机的 IP 地址，可以测试出本计算机的网卡驱动是否正确，IP 地址设置是否正确，本地连接是否被关闭。如果能正常 ping 通，说明本计算机网络设置没有问题，如果不能正常 ping 通，则要检查本计算机的网卡驱动是否正确，IP 地址设置是否正确，本地连接是否被关闭。以上几点一一排查，直到能正常 ping 通本计算机的 IP 地址为止。下面是具体的例子，假如本计算机的 IP 地址是 113.251.174.73。

```
C:\>ping 113.251.174.73(取决于你自己的 IP 地址)
```

测试结果如下图所示。

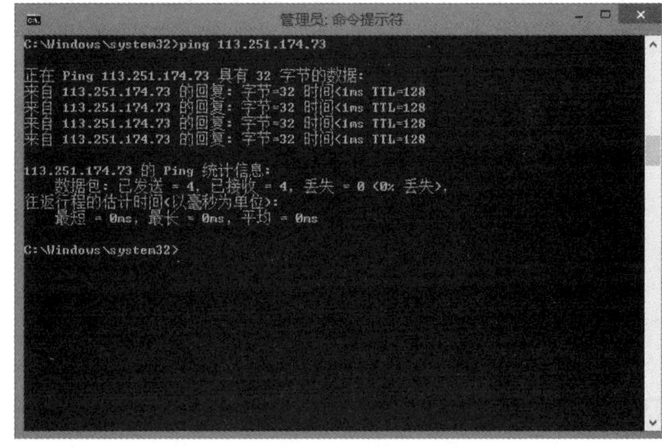

3)　用 ping 测试默认网关

用 ping 测试默认网关的 IP 地址，可以验证默认网关是否运行以及默认网关能否与本地网络上的计算机通信。如果能正常 ping 通，说明默认网关正常运行，本地网络的物理连接正常；如果不能正常 ping 通，则要检查默认网关是否正常运行，本地网络的物理连接是否正确，需要分别检查，直到能正常 ping 通默认网关为止。用 ping 测试默认网关的 IP 地址时，在 ping 命令后面跟默认网关的 IP 地址就可以了。下面的例子假如默认网关的 IP

检测网络故障时，可以用 ipconfig 和 ping 命令来查看自己的网络配置并判断是否正确，可以用 netstat 查看别人与我们所建立的连接，找出使用者所隐藏的 IP 信息，可以用 arp 查看网卡的 MAC 地址。

地址是 172.18.144.1，具体命令如下：

```
C:\>ping 172.18.144.1
```

测试结果如下图所示。

```
管理员: 命令提示符
C:\Windows\system32>ping 172.18.144.1

正在 Ping 172.18.144.1 具有 32 字节的数据:
来自 172.18.144.1 的回复: 字节=32 时间=5ms TTL=254
来自 172.18.144.1 的回复: 字节=32 时间=2ms TTL=254
来自 172.18.144.1 的回复: 字节=32 时间=1ms TTL=254
来自 172.18.144.1 的回复: 字节=32 时间=1ms TTL=254

172.18.144.1 的 Ping 统计信息:
    数据包: 已发送 = 4, 已接收 = 4, 丢失 = 0 (0% 丢失),
往返行程的估计时间(以毫秒为单位):
    最短 = 1ms, 最长 = 5ms, 平均 = 2ms

C:\Windows\system32>

搜狗拼音输入法 全 :
```

4)　用 ping 命令测试远程计算机的 IP 地址

用 ping 命令测试远程计算机的 IP 地址可以验证本地网络中的计算机能否通过路由器与远程计算机正常通信。如果能正常 ping 通，说明默认网关(路由器)可以正常路由。假如远程计算机的 IP 地址是 119.75.217.109(百度首页 IP)，命令实现如下图所示。

```
管理员: 命令提示符
C:\Windows\system32>ping 119.75.217.109

正在 Ping 119.75.217.109 具有 32 字节的数据:
来自 119.75.217.109 的回复: 字节=32 时间=55ms TTL=56
来自 119.75.217.109 的回复: 字节=32 时间=54ms TTL=56
来自 119.75.217.109 的回复: 字节=32 时间=59ms TTL=56
来自 119.75.217.109 的回复: 字节=32 时间=54ms TTL=56

119.75.217.109 的 Ping 统计信息:
    数据包: 已发送 = 4, 已接收 = 4, 丢失 = 0 (0% 丢失),
往返行程的估计时间(以毫秒为单位):
    最短 = 54ms, 最长 = 59ms, 平均 = 55ms

C:\Windows\system32>
```

通过以上 4 个步骤的检测和修复，本地局域网内部和路由器存在的问题通常可以解决，本地局域网内部计算机可以正常与网络中的其他计算机进行通信。

2. ping 命令在网络诊断中的应用

除了以上应用外，ping 命令还有很多其他应用。下面是在网络诊断过程中经常用到的几个典型应用。

1)　用 ping 命令测试计算机名与 IP 地址解析

用 ping 命令测试计算机名与 IP 地址解析可以判断网络中 DNS 服务器工作是否正常。如果正常，应能正确解析，如果不正常则不能正确解析，需要网络管理员对 DNS 服务器进行维护。测试计算机名与 IP 地址解析直接用 ping 命令，后面跟上计算机名称即可。假如 192.168.128.205 主机的名称是 20030217-2032，按照下面的命令格式测试。

```
C:\>ping 20030217-2032
```

测试结果如下图所示。

```
C:\Documents and Settings\Administrator>ping 20030217-2032

Pinging 20030217-2032 [192.168.128.205] with 32 bytes of data:

Reply from 192.168.128.205: bytes=32 time<1ms TTL=128
Reply from 192.168.128.205: bytes=32 time<1ms TTL=128
Reply from 192.168.128.205: bytes=32 time<1ms TTL=128
Reply from 192.168.128.205: bytes=32 time<1ms TTL=128

Ping statistics for 192.168.128.205:
    Packets: Sent = 4, Received = 4, Lost = 0 (0% loss),
Approximate round trip times in milli-seconds:
    Minimum = 0ms, Maximum = 0ms, Average = 0ms

C:\Documents and Settings\Administrator>
```

2)　用 ping 命令测试网络对数据包的处理能力

默认情况下，Windows 只发送 4 个数据包，通过 ping 命令可以自定义发送的数目，对衡量网络速度很有帮助。比如想测试发送 50 个数据包返回的平均时间，最快时间为多少，最慢时间为多少，可以用 ping 命令的“-n”参数实现。另外，还可以指定发送数据包的大小，用 ping 命令的“-l”参数实现。假如要发送 50 个回响请求消息来验证目的地 192.168.128.204，且每个消息的“数据”字段长度为 1000 字节，可以用如下命令：

```
C:\>ping -n 50 -l 192.168.128.204
```

测试结果如下图所示。

```
Microsoft Windows XP [版本 5.1.2600]
(C) 版权所有 1985-2001 Microsoft Corp.

C:\Documents and Settings\Administrator>ping -n 10 -l 1000 192.168.128.204

Pinging 192.168.128.204 with 1000 bytes of data:

Reply from 192.168.128.204: bytes=1000 time<1ms TTL=64
Reply from 192.168.128.204: bytes=1000 time<1ms TTL=64
Reply from 192.168.128.204: bytes=1000 time<1ms TTL=64
Reply from 192.168.128.204: bytes=1000 time<1ms TTL=64
Reply from 192.168.128.204: bytes=1000 time<1ms TTL=64
Reply from 192.168.128.204: bytes=1000 time<1ms TTL=64
Reply from 192.168.128.204: bytes=1000 time<1ms TTL=64
Reply from 192.168.128.204: bytes=1000 time<1ms TTL=64
Reply from 192.168.128.204: bytes=1000 time<1ms TTL=64
Reply from 192.168.128.204: bytes=1000 time<1ms TTL=64

Ping statistics for 192.168.128.204:
    Packets: Sent = 10, Received = 10, Lost = 0 (0% loss),
Approximate round trip times in milli-seconds:
    Minimum = 0ms, Maximum = 0ms, Average = 0ms

C:\Documents and Settings\Administrator>
```

还可以用 ping 命令的“-t”参数，该命令将一直执行下去，只有用户按下 Ctrl+C 组合键才能中断。根据命令执行的结果，可以查看网络对数据包的处理能力(例如丢包率、响应时间等)，测试结果如下图所示。

要查询远程计算机的系统信息必须具备两个条件，远程计算机 rpc 服务要开启，同时要知道对方管理员账号及密码。

```
(C) 版权所有 1985-2003 Microsoft Corp.

C:\Documents and Settings\xin>ping -t 192.168.1.2

Pinging 192.168.1.2 with 32 bytes of data:

Reply from 192.168.1.2: bytes=32 time<1ms TTL=128
Reply from 192.168.1.2: bytes=32 time<1ms TTL=128
Reply from 192.168.1.2: bytes=32 time<1ms TTL=128
Reply from 192.168.1.2: bytes=32 time<1ms TTL=128
Reply from 192.168.1.2: bytes=32 time<1ms TTL=128
Reply from 192.168.1.2: bytes=32 time<1ms TTL=128
Reply from 192.168.1.2: bytes=32 time<1ms TTL=128
Reply from 192.168.1.2: bytes=32 time<1ms TTL=128
Reply from 192.168.1.2: bytes=32 time<1ms TTL=128
Reply from 192.168.1.2: bytes=32 time<1ms TTL=128
Reply from 192.168.1.2: bytes=32 time<1ms TTL=128

Ping statistics for 192.168.1.2:
    Packets: Sent = 11, Received = 11, Lost = 0 (0% loss),
Approximate round trip times in milli-seconds:
    Minimum = 0ms, Maximum = 0ms, Average = 0ms
Control-C
^C
C:\Documents and Settings\xin>
```

3)　用 ping 命令探测 IP 数据包经过的路径

为了弄清网络结构，了解数据包经过的路径，以便排除网络故障，可以通过 ping 命令的“-r”参数探测 IP 数据包经过的路径。此参数可以设定探测经过路由的个数，不过最多只能是 9 个，也就是说，只能跟踪到路径上 9 个路由器。下面例子是验证目的计算机 192.168.100.100 并记录路径上 4 个路由器的命令：

```
C:\>ping -r 4 192.168.100.100
```

用 ping 命令探测 IP 数据包经过的路径，测试结果如下图所示。

```
C:\Documents and Settings\Administrator>ping -r 4 192.168.100.100

Pinging 192.168.100.100 with 32 bytes of data:

Reply from 192.168.100.100: bytes=32 time=1ms TTL=127
    Route: 192.168.100.254 ->
           192.168.100.100 ->
           192.168.128.254
Reply from 192.168.100.100: bytes=32 time=2ms TTL=127
    Route: 192.168.100.254 ->
           192.168.100.100 ->
           192.168.128.254
Reply from 192.168.100.100: bytes=32 time=1ms TTL=127
    Route: 192.168.100.254 ->
           192.168.100.100 ->
           192.168.128.254
Reply from 192.168.100.100: bytes=32 time=1ms TTL=127
    Route: 192.168.100.254 ->
           192.168.100.100 ->
           192.168.128.254

Ping statistics for 192.168.100.100:
    Packets: Sent = 4, Received = 4, Lost = 0 (0% loss),
Approximate round trip times in milli-seconds:
    Minimum = 1ms, Maximum = 2ms, Average = 1ms
```

4)　用 ping 命令判断目的计算机操作系统的类型

有时为了弄清目的计算机操作系统的类型，便于远程维护，可以通过 ping 命令返回的 TTL 值大小，粗略判断目的计算机的操作系统是 Windows 系列还是 UNIX 或 Linux 系列。一般情况下，Windows 系列操作系统返回的 TTL 值在 100～130，而 UNIX 或 Linux 系列操作系统返回的 TTL 值在 240～255。当然，TTL 值在对方的主机里是可以修改的。用 ping 命令判断目的计算机操作系统的类型，测试结果如下图所示。

```
C:\Documents and Settings\xin>ping 192.168.1.2

Pinging 192.168.1.2 with 32 bytes of data:

Reply from 192.168.1.2: bytes=32 time<1ms TTL=128
Reply from 192.168.1.2: bytes=32 time<1ms TTL=128
Reply from 192.168.1.2: bytes=32 time<1ms TTL=128
Reply from 192.168.1.2: bytes=32 time<1ms TTL=128

Ping statistics for 192.168.1.2:
    Packets: Sent = 4, Received = 4, Lost = 0 (0% loss),
Approximate round trip times in milli-seconds:
    Minimum = 0ms, Maximum = 0ms, Average = 0ms
```

根据TTL值判断计算机操作系统类型

3. ipconfig 命令的应用

对网络进行故障排除时，通常要检查出现问题的计算机的 TCP/IP 配置。管理员可以使用 ipconfig 命令获得计算机的配置信息，这些信息包括 IP 地址、子网掩码、默认网关以及网络接口(网卡)的 MAC 地址等。可以根据这些信息来判断网络连接出现了何种问题，还可以直接通过 ipconfig 命令解决网络故障问题。

1)　用 ipconfig 命令查看计算机 TCP/IP 配置信息

使用带“/all”选项的 ipconfig 命令可以查看所有网络接口(网卡)的详细配置报告，根据该命令的输出结果，进一步调查 TCP/IP 网络问题。例如，如果计算机配置的 IP 地址与现有的 IP 地址重复，则子网掩码显示为 0.0.0.0 等问题。

下面在运行 Windows 系统的计算机上使用 ipconfig/all 的命令输出该计算机的 TCP/IP 配置信息，结果如下图所示。

```
C:\Documents and Settings\Administrator>ipconfig /all

Windows IP Configuration

        Host Name . . . . . . . . . . . . : 20030217-2032
        Primary Dns Suffix  . . . . . . . :
        Node Type . . . . . . . . . . . . : Unknown
        IP Routing Enabled. . . . . . . . : No
        WINS Proxy Enabled. . . . . . . . : No

Ethernet adapter 本地连接:

        Connection-specific DNS Suffix  . :
        Description . . . . . . . . . . . : Realtek RTL8139/810x Family Fast Eth
ernet NIC
        Physical Address. . . . . . . . . : 00-0A-EB-25-00-30
        Dhcp Enabled. . . . . . . . . . . : No
        IP Address. . . . . . . . . . . . : 192.168.128.205
        Subnet Mask . . . . . . . . . . . : 255.255.255.0
        Default Gateway . . . . . . . . . : 192.168.128.254
        DNS Servers . . . . . . . . . . . : 211.155.23.88
                                            211.155.23.203
```

2)　用 ipconfig 命令刷新 TCP/IP 配置信息

(1)　使用 ipconfig 命令释放配置信息。

如果计算机是通过 DHCP 服务器动态获取 IP 地址及其他网络设置，ipconfig 命令的“/release”参数能取消正在使用的 IP 并删除所有网络设置。使用 ipconfig 命令释放配置信息，结果如下图所示。

```
C:\Documents and Settings\Administrator>ipconfig /release

Windows IP Configuration


Ethernet adapter 本地连接:
```


TTL 值全称是“生存时间(Time To Live)”，简单地说它表示 DNS 记录在 DNS 服务器上缓存的时间。如果 TTL=128，表示目标主机可能是 Windows；如果 TTL=250，则目标主机可能是 UNIX。

长见识

(2) 使用 ipconfig 命令刷新配置。

对网络进行故障排除时，管理员如果发现问题出在计算机的 TCP/IP 配置方面，而用户计算机是从网络中 DHCP 服务器获得的配置，这时需要使用 ipconfig 命令的“/renew”参数更新现有配置或者获得新配置来解决问题。使用 ipconfig 命令刷新配置，结果如下图所示。

```
C:\Documents and Settings\Administrator>ipconfig /renew

Windows IP Configuration
```

(3) 用 ipconfig 命令修复 TCP/IP 配置信息。

TCP/IP 配置参数出错，导致用户不能正常使用网络，修复 TCP/IP 配置参数是排除这一网络故障常用的方法。可以用 ipconfig 命令的“/repair”参数修复当前计算机的 TCP/IP 配置参数。ipconfig 命令的“/repair”参数及其对应的命令行如下表所示。

repair 参数调用的命令与其对应的命令行

修复项目（命令?）	对应的其他命令行工具
检查是否启用了 DHCP，如果已启用，则签发广播更新来刷新 IP 地址。	无对应的命令行工具
刷新 ARP 缓存	arp -d *
刷新 NetBIOS 缓存	nbtstat -R
刷新 DNS 缓存	ipconfig /flushdns
重新注册 WINS	nbtstat -RR
重新注册 DNS	ipconfig /registerdns

3) 用 ipconfig 命令刷新 DNS 缓存

用 ipconfig 命令刷新 DNS 缓存，解决域名解析故障如下图所示。

```
C:\Documents and Settings\xin>ipconfig /flushdns

Windows IP Configuration

Successfully flushed the DNS Resolver Cache.
```

运行结果显示

4) 用 ipconfig 命令启用 DNS 名称动态注册

在网络使用过程中，有时出现 DNS 名称(域名)注册错误，用户不能正常通过 DNS 名称(域名)方式访问某些计算机。这个问题可以将计算机的 DNS 名称(域名)和 IP 地址向 DNS 服务器注册来解决。ipconfig 命令的“/registerdns”参数提供了该功能，该命令还可以刷新所有的 DHCP 地址租约，并注册由客户端配置和使用的所有相关 DNS 名称。

4. 使用 arp 命令解决网络故障

有时，由于网络中计算机的 IP 地址和 MAC 地址解析出错，造成用户不能相互访问，这时可以用 arp 命令查看解决。arp 命令可以显示和修改地址解析协议(ARP)缓存中的项目。arp 缓存中包含一个或多个表，它们用于存储 IP 地址及其经过解析的 MAC 地址。计算机上安装的每一个网卡都有自己单独的表。arp 命令对于查看 ARP 缓存和解决地址解析问题非常有用。下面是典型的 arp 命令应用案例。

1) 使用 arp 命令查看本计算机的 ARP 表项

查看本计算机的 ARP 表项可以用 arp 命令的“-a”参数。在命令提示符下，键入“arp - a”即可。例如，如果最近使用过 ping 命令测试并验证从这台计算机到 IP 地址为 192.168.1.3 的主机的连通性，ARP 缓存显示如下图所示。

```
C:\Documents and Settings\xin>arp -a

Interface: 192.168.1.2 --- 0x10003
  Internet Address      Physical Address      Type
  192.168.1.1           00-1d-60-5e-43-b2     dynamic
  192.168.1.3           00-00-00-00-01-fe     dynamic
  192.168.200.1         00-10-c6-11-8f-3a     dynamic
```

在此例中，缓存项说明 IP 地址为 192.168.1.3 的远程主机 MAC 地址为 00-00-00-00-01-fe。

2) 使用 arp 命令在本计算机中添加静态 ARP 缓存条目

ARP 协议采用广播的方式实现 IP 地址和 MAC 地址的解析，广播会占用网络大量的带宽。为了减少 ARP 协议的广播，可以采用静态 ARP 缓存项目，手动添加 ARP 缓存条目。添加静态 ARP 缓存条目可以用 arp 命令的“-s”参数，命令格式为“arp -s ip_address mac_address”。其中“ip_address”指本地(在同一子网)某计算机的 IP 地址，“mac_address”指本地某计算机上安装和使用网卡的 MAC 地址。

例如，为 IP 地址是 10.0.0.200，MAC 地址是 00-10-54-CA-E1-40 的本计算机添加静态 ARP 缓存条目的命令如下：

```
C:\>arp -s 10.0.0.200 00-10-54-CA-E1-40
```

18.4 网络整体状态统计

netstat 命令用于显示与 IP、TCP、UDP 和 ICMP 协议相关的统计数据，用于检验本机各端口的网络连接情况。假如用户计算机有时候接收到的数据分组会导致出错、数据删除或故障，TCP/IP 能够容许这些类型的错误，并自动重发数据分组。假如累计出错情况数目占接收数据分组相当大的比例，或它的数目正迅速增加，那么就应该使用 netstat 命令进行诊断，查一查网络出了什么问题。

netstat 命令可以显示活动的 TCP 连接、计算机侦听的端口、以太网统计信息、IP 路由表、IPv4 统计信息(对

静态 ARP 缓存条目一旦添加，就一直有效，直到重新启动计算机为止。要想让静态 ARP 缓存项保持不变，可以用 ARP 命令将其添加到系统启动时运行的批处理文件中。

于 IP、ICMP、TCP 和 UDP 协议)以及 IPv6 统计信息(对于 IPv6、ICMPv6、通过 IPv6 的 TCP 以及通过 IPv6 的 UDP 协议)。

常用的 netstat 命令如下。

netstat -n 命令，显示本地计算机的 NetBIOS 名称表。

netstat -c 命令，NetBIOS 名字高速缓存的内容，用于存放和本计算机最近进行通信的其他计算机的 NetBIOS 名字和 IP 地址对。

netstat -R 命令，清除名称缓存，然后从 Lmhosts 文件重新加载。

netstat -RR 命令，释放 WINS 服务器上注册的 NetBIOS 名称，然后更新它们的注册。

netstat -a name 命令，显示名字为“name”的计算机的 MAC 地址和名字列表，所显示的内容就像对方计算机自己运行 nbtstat -n 一样。例如，显示计算机名为“CORP07”的远程计算机的 NetBIOS 名称表的命令为“netstat -a CORP07”。

netstat -a IP 命令，可以查询本计算机所提供的网络共享资源名称，也可查询计算机的网卡地址。

1. 使用 netstat 命令显示以太网统计信息

使用 netstat 命令，可以显示以太网统计信息，如发送和接收的字节数、数据包数、错误数据包和广播的数量等。得知网络工作的状况和网络整体流量，对于解决网络阻塞，制定不同业务数据流的优化策略很重要。下面是用 netstat 命令的“-e”参数显示以太网统计信息的具体的例子，如下图所示。

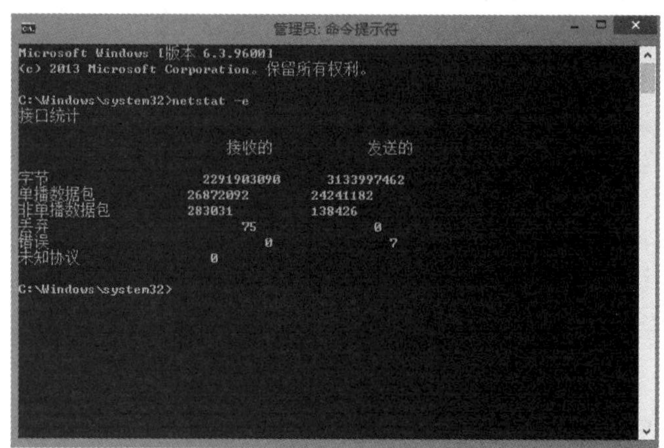

若接收错和发送错接近零或全为零，网络的接口没有问题。当这两个字段有 100 个以上的出错分组时就可以认为是高出错率了。高发送出错表示本地网络饱和或在计算机与网络之间有不良的物理连接，高接收出错表示整体网络饱和、本地计算机过载或物理连接有问题。

可以用 ping 命令的“-t”参数统计误码率，进一步确定故障的程度。netstat -e 和 ping 命令结合使用能解决大部分网络故障。

2. 使用 netstat 命令显示活动的 TCP 连接

显示活动的 TCP 连接可以根据网络 TCP 连接状况，判断一些连接是否为非法连接，如查看是否存在木马等。

(1) 用 netstat 命令以数字形式显示地址和端口号。

可以运用 netstat 命令的“-n”和“-o”参数，其中“-n”参数是以数字形式显示地址和端口号，“-o”参数显示每个连接的进程 ID (PID)，如下图所示。

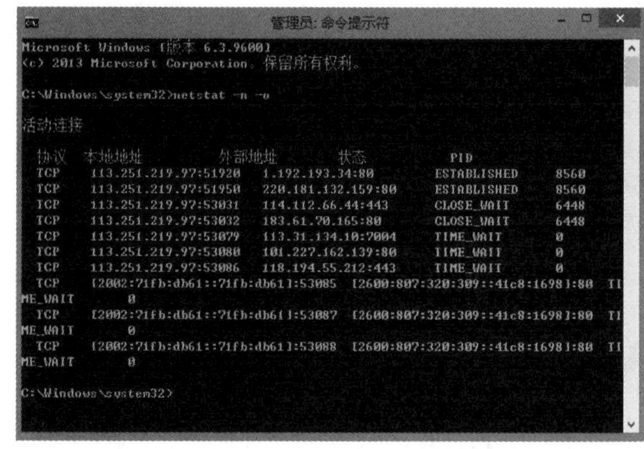

上面例子中显示本计算机和远程计算机的连接状况。例如“TCP 113.251.219.97:51920 1.192.193.34:80 ESTABLISHED 8560”一行表示 IP 地址为 113.251.219.97 的本计算机通过 TCP 的 51920 端口与 IP 地址为 1.192.193.34，端口号为 80 的远程计算机连接，状态为“ESTABLISHED”(创建连接)，当前进程为 8560。

(2) 用 netstat 命令显示所有活动的 TCP、UDP 连接以及计算机侦听的 TCP 和 UDP 端口。

可以用 netstat 命令的“-a”参数显示所有的有效连接信息列表，包括已建立的连接(ESTABLISHED)，也包括监听连接请求(LISTENING)的那些连接，断开连接(CLOSE_WAIT)或者处于联机等待状态的(TIME_WAIT)等。了解这些信息很重要，一方面可以了解网络连接状况，另一方面可以发现木马，及时对木马进行查杀，特别是对于一些不明的 IP 地址连接和状态是“TIME_WAIT”的连接更要特别关注。用 netstat 命令显示所有活动的 TCP、UDP 连接以及计算机侦听的 TCP 和 UDP 端口，如下图所示。

计算机“端口”是计算机与外界通信的出口，其中硬件端口又称接口，如 USB 端口、串行端口等。软件端口一般指网络中面向连接服务和无连接服务的通信协议端口，是一种抽象的软件结构，包括一些数据结构和 I/O(基本输入/输出)缓冲区。

长见识

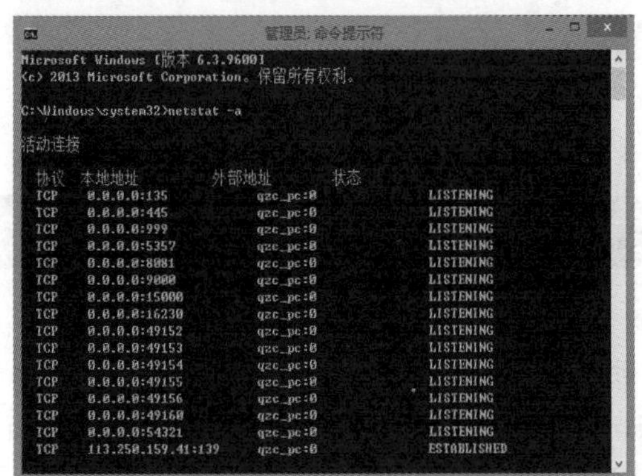

上例中显示了连接的状况，现以“TCP 0.0.0.0:135 qzc_pc:0 LISTENING”一行进一步解释。“0.0.0.0:135”表示本计算机“0.0.0.0”端口号为135，正在监听远程计算机“qzc_pc”的0端口。

(3) 使用netstat命令显示协议统计信息。

可以利用netstat命令的“-s”参数显示TCP、UDP、ICMP和IP协议的统计信息，如果计算机应用程序(如Web浏览器)运行速度较慢，或者不能显示Web页之类的数据，那么可以用该命令查看一下所显示的信息，仔细查看统计数据的各行，找出出错的关键字，进而确定问题所在，然后根据具体错误解决问题。

下面是具体命令显示内容的解释。

```
C:\>netstat -s
    IPv4 Statistics (IP统计结果)
    Packets Received = 369492(接收包数)
    Received Header Errors = 0(接收头错误数)
    Received Address Errors = 2(接收地址错误数)
    Datagrams Forwarded = 0(数据报递送数)
    Unknown Protocols Received = 0(未知协议接收数)
    Received Packets Discarded = 4203(接收后丢弃的包数)
    Received Packets Delivered = 365287(接收后转交的包数)
    Output Requests = 369066(请求数)
    Routing Discards = 0(路由丢弃数 )
    Discarded Output Packets = 2172(包丢弃数)
    Output Packet No Route = 0(不路由的请求包)
    Reassembly Required = 0(重组的请求数)
    Reassembly Successful = 0(重组成功数)
    Reassembly Failures = 0(重组失败数)
    Datagrams Successfully Fragmented = 0(分片成功的数据报数)
    Datagrams Failing Fragmentation = 0(分片失败的数据报数)
    Fragments Created = 0(分片建立数)
ICMPv4 Statistics     Received    Sent(ICMP统计结果，包括Received和Sent两种状态)
    Messages                285         784(消息数)
    Errors                  0           0(错误数)
    Destination Unreachable 53          548(无法到达主机数目)
    Time Exceeded           0           0(超时数目)
    Parameter Problems      0           0(参数错误)
    Source Quenches         0           0(源夭折数)
    Redirects               0           0(重定向数)
    Echos                   25          211(回应数)
    Echo Replies            207         25(回复回应数)
    Timestamps              0           0(时间戳数)
    Timestamp Replies       0           0(时间戳回复数)
    Address Masks           0           0(地址掩码数)
    Address Mask Replies    0           0(地址掩码回复数)
TCP Statistics for IPv4(TCP统计结果)
    Active Opens = 5217(主动打开数)
    Passive Opens = 80(被动打开数)
    Failed Connection Attempts = 2944(连接失败尝试数)
    Reset Connections = 529(复位连接数)
    Current Connections = 9(当前连接数目)
    Segments Received = 350143(当前已接收的报文数)
    Segments Sent = 347561(当前已发送的报文数)
    Segments Retransmitted = 6108(被重传的报文数目)
UDP Statistics for IPv4(UDP统计结果)
    Datagrams Received = 14309(接收的数据包)
    No Ports = 1360(无端口数)
    Receive Errors = 0(接收错误数)
    Datagrams Sent = 14524(数据包发送数)
```

该命令显示了IPv4、ICMPv4、TCP、UDP的统计信息，其中ICMPv4的统计信息包含发送和接收两部分内容。用户可以根据具体的统计信息进一步分析网络运行情况，解决可能存在的问题。

(4) 使用netstat命令显示某一特定协议的连接状态信息。

在检查网络协议过程中，有时只想对某一种特定的协议进行检查，这时可以用netstat命令的“-p”参数，参数后面直接跟具体的协议就可以显示具体协议的连接状态信息。下面是显示TCP协议连接状态信息的例子，如下图所示。

长见识

当对方用户通过QQ或其他工具与我们相连时(例如给对方发一条QQ信息或对方给我们发一条信息)，立刻在DOS命令提示符下输入netstat -n或netstat -a就可以看到对方上网时所用的IP或ISP域名，甚至连所用的Port都完全暴露。

(5)　使用 netstat 命令显示路由表。

当用户网络中的计算机不能与其他网络中的计算机进行通信时，可以通过查看路由表来判断网络中的路由有没有问题。查看路由表可以运用 netstat 命令的“-r”参数实现，如下图所示。

```
C:\Users\70722>netstat -r
===========================================================================
接口列表
  9...fc 45 96 a0 02 3e ......Realtek PCIe GBE Family Controller
 50...........................Netkeeper
 19...c8 21 58 5e dc 42 ......Intel(R) Dual Band Wireless-AC 7265
 22...ca 21 58 5e dc 42 ......Microsoft Wi-Fi Direct Virtual Adapter
 17...c8 21 58 5e dc 43 ......Microsoft Wi-Fi Direct Virtual Adapter #4
 21...00 50 56 c0 00 01 ......VMware Virtual Ethernet Adapter for VMnet1
 16...00 50 56 c0 00 08 ......VMware Virtual Ethernet Adapter for VMnet8
  1...........................Software Loopback Interface 1
===========================================================================

IPv4 路由表
===========================================================================
活动路由:
网络目标        网络掩码          网关       接口   跃点数
          0.0.0.0          0.0.0.0      172.23.22.1    172.23.22.228   4506
          0.0.0.0          0.0.0.0            在链路上   113.251.171.223     26
  113.251.171.223  255.255.255.255            在链路上   113.251.171.223    281
        127.0.0.0        255.0.0.0            在链路上         127.0.0.1   4556
        127.0.0.1  255.255.255.255            在链路上         127.0.0.1   4556
  127.255.255.255  255.255.255.255            在链路上         127.0.0.1   4556
      172.23.22.0    255.255.255.0            在链路上     172.23.22.228   4506
    172.23.22.228  255.255.255.255            在链路上     172.23.22.228   4506
    172.23.22.255  255.255.255.255            在链路上     172.23.22.228   4506
     192.168.92.0    255.255.255.0            在链路上      192.168.92.1   4516
     192.168.92.1  255.255.255.255            在链路上      192.168.92.1   4516
   192.168.92.255  255.255.255.255            在链路上      192.168.92.1   4516
    192.168.186.0    255.255.255.0            在链路上     192.168.186.1   4516
    192.168.186.1  255.255.255.255            在链路上     192.168.186.1   4516
  192.168.186.255  255.255.255.255            在链路上     192.168.186.1   4516
        224.0.0.0        240.0.0.0            在链路上         127.0.0.1   4556
        224.0.0.0        240.0.0.0            在链路上     192.168.186.1   4516
        224.0.0.0        240.0.0.0            在链路上      192.168.92.1   4516
        224.0.0.0        240.0.0.0            在链路上     172.23.22.228   4506
        224.0.0.0        240.0.0.0            在链路上   113.251.171.223     26
  255.255.255.255  255.255.255.255            在链路上         127.0.0.1   4556
  255.255.255.255  255.255.255.255            在链路上     192.168.186.1   4516
  255.255.255.255  255.255.255.255            在链路上      192.168.92.1   4516
  255.255.255.255  255.255.255.255            在链路上     172.23.22.228   4506
  255.255.255.255  255.255.255.255            在链路上   113.251.171.223    281
===========================================================================
永久路由:
  网络地址          网络掩码  网关地址  跃点数
          0.0.0.0          0.0.0.0      172.23.22.1     默认
===========================================================================

IPv6 路由表
===========================================================================
活动路由:
 接口跃点数网络目标                网关
  1    331 ::1/128                  在链路上
  9    281 fdb2:936a:cfae::/48      fe80::c404:15ff:fe9d:9c70
  9    281 fdb2:936a:cfae::/64      在链路上
  9    281 fdb2:936a:cfae:0:59bc:c08e:ac21:7827/128
                                    在链路上
  9    281 fdb2:936a:cfae:0:9104:31e9:b045:71ce/128
                                    在链路上
  9    281 fdd2:b823:db35::/48      fe80::a62b:b0ff:fed8:e5c1
  9    281 fdd2:b823:db35::/64      在链路上
  9    281 fdd2:b823:db35::ce2/128  在链路上
  9    281 fdd2:b823:db35:0:59bc:c08e:ac21:7827/128
                                    在链路上
  9    281 fdd2:b823:db35:0:9104:31e9:b045:71ce/128
                                    在链路上
  9    281 fdd6:4596:7e3b::/48      fe80::a62b:8cff:fe08:dcfc
  9    281 fdd6:4596:7e3b::/64      在链路上
  9    281 fdd6:4596:7e3b:0:59bc:c08e:ac21:7827/128
                                    在链路上
  9    281 fdd6:4596:7e3b:0:9104:31e9:b045:71ce/128
                                    在链路上
 21    291 fe80::/64                在链路上
 16    291 fe80::/64                在链路上
  9    281 fe80::/64                在链路上
 21    291 fe80::10df:21cd:b9bd:54a8/128
                                    在链路上
  9    281 fe80::59bc:c08e:ac21:7827/128
                                    在链路上
 16    291 fe80::8015:9083:bc1b:860a/128
                                    在链路上
  1    331 ff00::/8                 在链路上
 21    291 ff00::/8                 在链路上
 16    291 ff00::/8                 在链路上
  9    281 ff00::/8                 在链路上
===========================================================================
永久路由:
  无
```

18.5　本地路由表检查与更改

route 命令主要用来管理本机路由表，可以查看、添加、修改或删除路由表条目。可以用该命令对路由表进行维护，解决网络路由问题，它是网络维护、网络故障解除常用的命令。

1. 使用 route 命令检查本机的路由表信息

检查本机的路由表信息可以用 route 命令的 print 子命令实现，该命令可以显示本机路由表的完整信息，用户可以通过观察路由表的信息来判断网络路由故障，例如网关的设置是否正确，通过观察、判断，进一步解决网络路由问题。下面是显示本机路由表的具体命令，如下图所示。

```
C:\Users\70722>route print
===========================================================================
接口列表
  9...fc 45 96 a0 02 3e ......Realtek PCIe GBE Family Controller
 50...........................Netkeeper
 19...c8 21 58 5e dc 42 ......Intel(R) Dual Band Wireless-AC 7265
 22...ca 21 58 5e dc 42 ......Microsoft Wi-Fi Direct Virtual Adapter
 17...c8 21 58 5e dc 43 ......Microsoft Wi-Fi Direct Virtual Adapter #4
 21...00 50 56 c0 00 01 ......VMware Virtual Ethernet Adapter for VMnet1
 16...00 50 56 c0 00 08 ......VMware Virtual Ethernet Adapter for VMnet8
  1...........................Software Loopback Interface 1
===========================================================================

IPv4 路由表
===========================================================================
活动路由:
网络目标        网络掩码          网关       接口   跃点数
          0.0.0.0          0.0.0.0      172.23.22.1    172.23.22.228   4506
          0.0.0.0          0.0.0.0            在链路上   113.251.171.223     26
  113.251.171.223  255.255.255.255            在链路上   113.251.171.223    281
        127.0.0.0        255.0.0.0            在链路上         127.0.0.1   4556
        127.0.0.1  255.255.255.255            在链路上         127.0.0.1   4556
  127.255.255.255  255.255.255.255            在链路上         127.0.0.1   4556
      172.23.22.0    255.255.255.0            在链路上     172.23.22.228   4506
    172.23.22.228  255.255.255.255            在链路上     172.23.22.228   4506
    172.23.22.255  255.255.255.255            在链路上     172.23.22.228   4506
     192.168.92.0    255.255.255.0            在链路上      192.168.92.1   4516
     192.168.92.1  255.255.255.255            在链路上      192.168.92.1   4516
   192.168.92.255  255.255.255.255            在链路上      192.168.92.1   4516
    192.168.186.0    255.255.255.0            在链路上     192.168.186.1   4516
    192.168.186.1  255.255.255.255            在链路上     192.168.186.1   4516
  192.168.186.255  255.255.255.255            在链路上     192.168.186.1   4516
        224.0.0.0        240.0.0.0            在链路上         127.0.0.1   4556
        224.0.0.0        240.0.0.0            在链路上     192.168.186.1   4516
```

2. 使用 route 命令添加路由

添加默认网关地址为 192.168.12.1 的默认路由：

```
route add 0.0.0.0 mask 0.0.0.0 192.168.12.1
```

添加目标为 10.41.0.0，子网掩码为 255.255.0.0，下一个跃点地址为 10.27.0.1 的路由：

```
route add 10.41.0.0 mask 255.255.0.0 10.27.0.1
```

添加目标为 10.41.0.0，子网掩码为 255.255.0.0，下一个跃点地址为 10.27.0.1，跃点数为 7 的路由:

```
route add 10.41.0.0 mask 255.255.0.0 10.27.0.1
metric 7
```

3. 使用 route 命令删除路由

删除目标为 10.41.0.0，子网掩码为 255.255.0.0 的路由：

```
route delete 10.41.0.0 mask 255.255.0.0
```


利用 netstat -an 命令能看到所有和本计算机建立连接的 IP，它包含四个部分：proto(连接方式)、local address(本地连接地址)、foreign address(和本地建立连接的地址)、state(当前端口状态)。通过这个命令的详细信息，用户可以完全监控计算机上的连接，从而达到控制计算机的目的。

删除 IP 路由表中以 10.开始的所有路由：

```
route delete 10.*
```

4. 使用 route 命令修改路由

将目标为 10.41.0.0，子网掩码为 255.255.0.0 的路由的下一个跃点地址由 10.27.0.1 更改为 10.27.0.25 的具体例子，route 命令为：

```
route change 10.41.0.0 mask 255.255.0.0 10.27.0.25
```

route 是一个常用的查看和维护路由的命令，应根据网络故障的具体情况灵活选用其子命令进行维护。

18.6 路由故障检测与排除

tracert(跟踪路由)是路由跟踪实用程序，用于确定 IP 包访问目标所经过的路径，是解决网络路径错误非常有用的工具。通常用该命令跟踪路由，确定网络中某一个路由器节点是否出现故障，然后进一步解决该路由器节点故障。

1. tracert 的工作原理

在 Internet 网络中，每一个路由器在接到一个 IP 包后，均会将该 IP 包的 TTL 值减 1(TTL 值是 IP 包包头中的一个字段，共 1 字节，该字段名称是"Time To Live"，即经常称的 TTL)。当 IP 包上的 TTL 减为 0 时，路由器将"ICMP Time Exceeded"消息发回源计算机，这时源计算机就获得了路由器的 IP 地址。

tracert 命令首先发送 IP 包 TTL 值为 1 的回显数据包，并在随后的每次发送过程中将 TTL 递增 1，直到目标响应或 TTL 达到最大值，中间路由器返回"ICMP 超时"消息与目标返回"ICMP 回显应答"消息为止。tracert 命令据此按顺序打印出返回"ICMP Time Exceeded"消息的路由器接口列表，从而确定到达目的的路径。默认情况下，路由器节点最大值是 30(可使用 tracert 命令的"－h"参数指定)。但是某些路由器不会为 TTL 值为 0 的 IP 包返回"已超时"消息，而且这些路由器对 tracert 命令不可见，在这种情况下，将为该路由器节点显示一行星号。

2. tracert 的应用实例

在下例中，IP 包必须通过路由器(113.250.152.1)才能追踪下去，主机的默认网关是 113.250.152.1。请求超时的原因可能是相关节点做了安全设置，禁止 ICMP 协议，具体如下图所示。

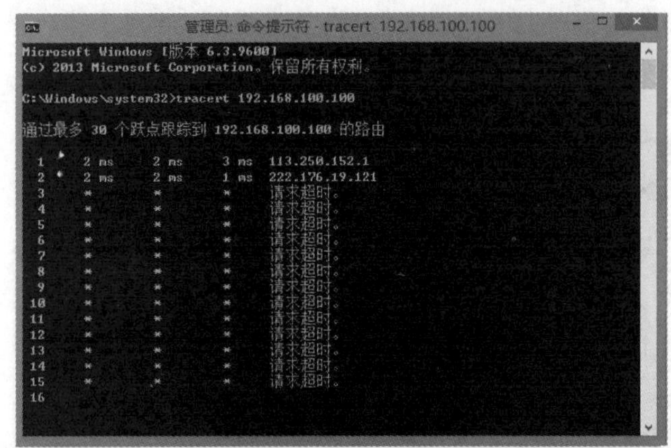

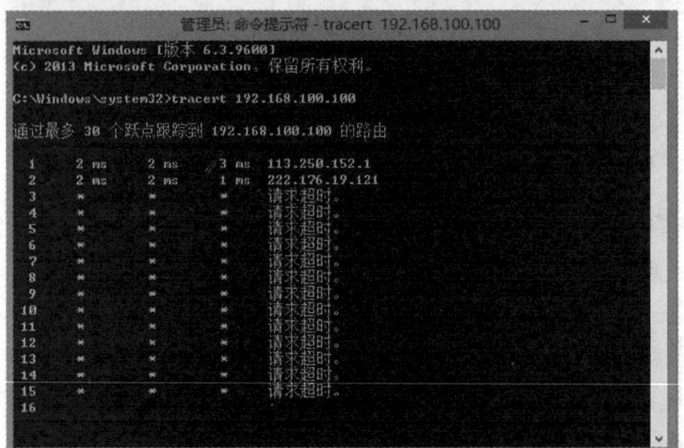

3. 用 tracert 命令进行路由故障检测

网络质量不好、不稳定的因素很多，如何快捷查找故障点呢？可以通过 tracert 命令来跟踪反馈路径所有的时间来确定故障位置。

比如，我们访问网站 www.163.com 时快时慢，在排除计算机自身原因及局域网线路原因外，我们可以利用 tracert 进行跃点跟踪，利用反馈时间来判断故障出在什么地方。在第一个节点内(通常是局域网中的路由器或三层交换机问题)、在第二个节点外延迟大就是外线问题，具体如下图所示。

```
C:\Users\Administrator>tracert www.163.com

通过最多 30 个跃点跟踪
到 www.163.com.lxdns.com [220.164.146.58] 的路由:

  1    <1 毫秒   <1 毫秒   <1 毫秒 192.168.0.1
  2     6 ms      6 ms      5 ms  100.64.8.1
  3     8 ms      9 ms      8 ms  222.219.125.38
  4    15 ms     15 ms     15 ms  106.60.0.185
  5    27 ms     19 ms     21 ms  106.60.0.54
  6    31 ms     31 ms     31 ms  106.60.62.230
  7    25 ms     26 ms     27 ms  106.60.63.146
  8    23 ms     23 ms     23 ms  220.164.146.58

跟踪完成。

C:\Users\Administrator>
```

长见识

使用 tracert 命令可以追踪 IP 包在网络上的停止位置，从而确定 IP 包从源计算机到目的计算机路径上哪一路由器节点故障。如果默认网关返回信息"Destination net unreachable"(目的网络不可达)，说明到达目的计算机没有有效路径，这可能是路由器配置的问题。

4．使用 pathping 命令测试路由器

pathping 命令是一个路由跟踪工具，该命令将 ping 命令和 tracert 命令的功能结合起来，反映数据包从源主机到目标主机所经过的路径、网络延时以及丢包率。用户可据此确定可能导致网络问题的路由器或链路(两个相邻路由器节点之间的数据传输路径)，以便解决网络问题。默认情况下，完成一次 pathping 操作会花几分钟时间。

pathping 命令常用的参数选项及含义如下。

- pathping -n 不显示每一台路由器的主机名。
- pathping -h value 设置跟踪到目的地的最大路由器节点数量，默认值是 30 个节点。
- pathping -w value 设置等待应答的最多时间(按毫秒计算)。
- pathping -p 设置在发出新的 ping 命令之前等待的时间(以毫秒计算)，默认值是 250 毫秒。
- pathping -q value 设置 ICMP 回显请求信息发送的数量，默认是 100。

下面是 pathping 命令追踪 www.163.com 的典型应用，该命令中用了“-n”和“-p”两个参数，如下图所示。

```
管理员: 命令提示符
C:\Windows\system32>pathping -n -p 100 www.163.com

通过最多 30 个跃点跟踪
到 163.xdwscache.ourglb0.com [119.84.86.94] 的路由:
  0  113.250.155.69
  1  113.250.152.1
  2  222.176.19.117
  3  222.176.20.6
  4     *        *        *
正在计算统计信息，已耗时 30 秒...
            指向此处的源   此节点/链接
跃点  RTT    已丢失/已发送 = Pct  已丢失/已发送 = Pct  地址
  0                                           113.250.155.69
                                0/ 100 =  0%   |
  1    0ms     0/ 100 =  0%     0/ 100 =  0%  113.250.152.1
                                0/ 100 =  0%   |
  2    0ms     0/ 100 =  0%     0/ 100 =  0%  222.176.19.117
                              100/ 100 =100%   |
  3   ---    100/ 100 =100%     0/ 100 =  0%  222.176.20.6

跟踪完成。

C:\Windows\system32>
```

上面例子中共 5 栏，其含义分别如下。

- 越点(Hop)：跳，即网络中的路由器节点。
- RTT：往返时间。
- 指向此处的源已丢失/已发送 = Pct：从源到此的丢包率，是各跳的丢包率总和。
- 此节点/链接已丢失/已发送 = Pct：此节点和链路的丢包率，其中链路丢包率(在最右边的栏中标记为“|”一行)表明路径转发时的丢包情况，从而说明链路拥挤情况，丢包率越高说明链路越拥挤；节点丢包率(在最右边的栏中标记为 IP 地址一行)表明该路由器的 CPU 负荷情况，丢包率越高说明路由器的 CPU 负荷越重。
- 地址(Address)：标记为“|”和 IP 地址。

从上面命令运行结果可以看出，当运行 pathping 命令时，首先显示路径信息，此路径与 tracert 命令所显示的路径相同。接着，将显示约 30 秒(该时间随着路由器节点数的变化而变化)的繁忙消息。在此期间，命令会从先前列出的所有路由器及其链接之间收集信息，结束时将显示测试结果。本例中显示的结果统计如下。

- 第 0 跳：本机。
- 第 1 跳：到 113.250.152.1，所有丢包率为 0%，即没有丢包。
- 第 2 跳：到 222.176.19.117，所有丢包率为 0%，即没有丢包。
- 第 3 跳：到 222.176.20.6，本链路丢包率为 0，本节点丢包率为 100%，总丢包率为 0%+100%=100%。
- 第 4 跳：到下一跳，无数据包。

18.7　网络诊断工具 Sniffer Pro

1．Sniffer 嗅探技术

Sniffer 就是一个网络上的抓包工具，它还可以对抓到的包进行分析。以太网的数据传输基于“共享”原理，同一子网范围内的计算机共同接收到相同的数据包，这意味着计算机直接的通信都是透明可见的，正因如此，以太网卡构造了硬件的“过滤器”，这个过滤器将忽略一切和自己无关的网络信息。事实上，它忽略了与自身 MAC 地址不符合的信息。嗅探程序正是利用了这个特点，Sniffer 主动地关闭这个嗅探器，因此，嗅探程序能够接收到整个以太网段内的网络数据。

当一个网络出现故障时，需要由网络管理员查找故障并及时进行修复。但局域网一般有几十台到几百台计算机，以及多个服务器、交换机、路由器等设备，管理员需要检查这些设备，检查各个端口的连接等，检查是不是黑客或者木马所为，工作量非常大，而且排除故障也非常麻烦。Sniffer Pro 是一款一流的便携式网管和应用故障诊断分析软件，不管是在有线网络还是在无线网络中，它都能够给予网络管理员实时的网络监视、数据包捕获以及故障诊断分析能力。在现场进行快速的网络和应用问题故障诊断，能够让用户获得强大的网管和应用故障诊断功能。

2．Sniffer Pro 使用详解

使用 Sniffer 捕获数据时，由于网络中传输的数据量

特别大，如果安装 Sniffer 的计算机内存太小，会导致系统交换到磁盘，从而使性能下降。如果系统没有足够的物理内存来执行捕获功能，很容易造成 Sniffer 系统死机或者崩溃。因此，网络中捕获的流量越多，Sniffer 系统就应该运行得更快，功能更强。因此，建议 Sniffer 系统应该有一个速度尽可能快的处理器，以及尽可能大的物理内存。

1) Sniffer Pro 计算机的连接

要使 Sniffer 正常捕获网络中的数据，安装 Sniffer 的连接位置非常重要。必须将它安装在网络中合适的位置，才能捕获到内、外部网络之间数据的传输。如果随意安装在网络中的任何一个地址段，Sniffer 就不能正确抓取数据，而且有可能丢失重要的通信内容。一般来说，Sniffer 应该安装在内部网络与外部网络通信的中间位置，如代理服务器上，也可以安装在笔记本电脑上。当哪个网段出现问题时，直接带着笔记本电脑连接到交换机或者路由器上，就可以检测到网络故障，非常方便。

(1) 监控 Internet 连接共享。

如果网络中使用了代理服务器，局域网借助代理服务器实现 Internet 连接共享，并且交换机为傻瓜交换机，可以直接将 Sniffer Pro 安装在代理服务器上。这样，Sniffer Pro 就可以非常方便地捕获局域网和 Internet 之间传输的数据。

如果核心交换机为智能交换机，那么最好的方式是采用端口映射，将局域网出口(连接代理服务器或者路由器的端口)映射为另外一个端口，并将 Sniffer Pro 计算机连接至该映射端口。例如，在交换机上，与外部网络连接的端口为 A，连接笔记本电脑的端口为 B，将笔记本电脑的网卡与 B 端口连接，然后将 A 和 B 做端口映射，使得 A 端口传输的数据可以从 B 端口监测到。这样，Sniffer 就可以监测整个局域网中的数据了。

(2) 监控某个 VLAN 或者端口。

若欲监控某个 VLAN 中的通信，应将 Sniffer Pro 计算机添加至该 VLAN，使其成为该 VLAN 中的一员，从而监控该 VLAN 中的所有通信。

若欲监控某个或者某几个端口的通信，可以采用端口映射的方式，将被监控的端口(或若干端口)映射为 Sniffer Pro 计算机所连接的端口。

2) 设置监控网卡

如果计算机上安装了多个网卡，在首次运行 Sniffer Pro 时，需要选择要监控的网卡，应该选择代理网卡或者连接交换机端口的网卡。当下次运行时，Sniffer Pro 就会自动选择同样的代理。

Sniffer 安装完成以后，从【开始】菜单运行，显示【设置】对话框。在【选择监听的网络接口】列表框中选择要监控的网卡，单击【确定】按钮，Sniffer 就会监控该网卡中传输的数据，如下图所示。

如果没有出现或要改变监控设置则单击【新建】按钮，同样会出现该对话框，如下图所示。

- ❖ Description：为该网卡设置一个名称，可以是关于该网卡的描述。
- ❖ Network：该下拉列表中列出了本计算机的所有网卡，可以选择要使用的网卡。
- ❖ Netpod Configuration：可以设置高速以太网 Pod。为了使以太网可以全双工模式工作，在 Netpod 下拉列表中选择 Full Duplex Pod(全双工 Pod)选项，在 Netpod IP 框中输入 SnifferPro 系统的网络适配器的 IP 地址再加 1。例如，Sniffer Pro IP 地址为 192.168.1.1，Netpod IP 地址必须设置为 192.168.1.2。全双工 Pod 要求有静态 IP 地址，所以应该禁用 DHCP。
- ❖ Copy settings：在该下拉列表中显示了本计算机中以前定义过的网卡设置，可以选择一种配置，将其复制到该新添加的网卡中。

设置完成以后单机 OK 按钮，添加到 Settings 对话框中，然后就可以选择监控该网卡了。

3. 监控网络状况

Sniffer 的运行界面并不复杂，通过工具栏和菜单栏

如果计算机速度无缘无故变慢，不管怎么优化都慢，用杀毒软件也查不出问题，这时很可能是别人通过入侵计算机后开放了特别的服务，比如 IIS 信息服务等，这样杀毒软件无法查出。可以通过 net start 来查看系统中究竟有什么服务在开启，如果发现不是自己开放的服务，可以有针对性地禁用这个服务，方法就是直接输入 net start 来查看服务，再用 net stop server 来禁止服务。

就可以完成大部分操作，并在当前窗口中显示出所监测的效果，如下图所示。

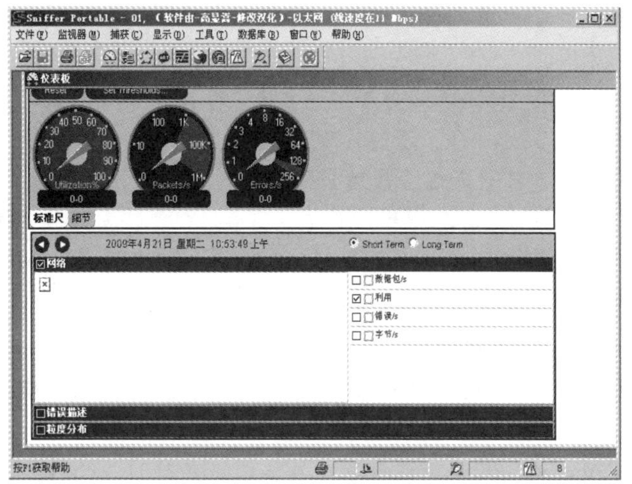

在Sniffer主窗口中，默认会显示Dashboard(仪表盘)窗口，共显示三个仪表盘：Utilization%、Packets/s和Errors/s，分别用来显示网络利用率、传输的数据和错误统计。

1)　Utilization%(利用率百分比)

用传输量与端口能处理的最大带宽值的比值来表示线路使用带宽的百分比。表盘的红色区域表示警戒值，表盘下方有两个数字，第一个数字代表当前利用率百分比，第二个是最大的利用率百分比数值。监控网络利用率是网络分析中很重要的部分。但是，网络数据流通常都是突发性的，一个几秒钟内爆发的数据流和能在长时间保持活性数据流的重要性是不同的。表示网络利用率的理想方法要因网络不同而改变，而且很大程度上取决于网络的拓扑结构。在以太网端口，利用率到40%，效率可能已经很高了，但是在全双工可转换端口，80%的利用率才是高效的。

2)　Packets/s(每秒传输的数据包)

显示当前数据包的传输速度。同样，红色区域表示警戒值，下方的数字显示当前的数据包传输速度及其峰值。根据数据包速率可以得出网络上流量类型的一些重要信息。例如，如果网络利用率很高，而数据包传输速度相对较低，则说明网络上的帧比较大；如果网络利用率很高，数据包传输速率也很高，则说明帧比较小。通过查看规模分布的统计结果，可以更详细地了解帧的大小。

3)　Errors/s(每秒产生的错误)

该表盘可显示当前出错率和最大出错率。不过，并非所有的错误都产生故障。例如，以太网中经常会发生冲突，并不一定会对网络造成影响，但过多的冲突就会带来问题。

如果要重新设定仪表盘的值，可以单击仪表盘窗口上方的Reset(重置)按钮。

4. 查看捕获数据

通过Sniffer Pro监控网络程序以进行网络和协议分析，需要先使Sniffer Pro捕获网络中的数据。在工具栏上单击【开始】按钮，或者选择【捕获】菜单中的【开始】选项，查看捕获面板对话框。此时，Sniffer便开始捕获局域网与外部网络所传输的所有数据，如下图所示。

18.8　思考与练习

一、选择题

1. 排除网络故障时不常使用的命令是________。

A. ping　　B. netstat

C. traceroute　　D. dir

2. 网络故障管理的步骤一般为发现故障、判断故障症状、________故障、修复故障、记录故障的检修过程及其结果。

A. 跟踪　　B. 隔离

C. 测试　　D. 纠正

3. 网络管理中只允许被选择的人经网络管理者授权才能访问网络的功能属于_______功能。

A. 设备管理　　B. 计费管理

C. 安全管理　　D. 性能管理

4. 所谓网络管理解决方案中的零管理，是指_______。

A. 网管不再进行网络管理，放任网络自主运行

B. 网管不再介入网络管理，完全由智能化的网络管理软件完成

C. 完全由事件驱动的网络管理代替SNMP的轮询方式，将网络管理占用带宽降至最低

恶意攻击者喜欢使用克隆账号来控制远程计算机，通常采用的方法就是激活一个系统中的默认账户，但这个账户不常用，然后使用工具把这个账户提升到管理员权限。从表面上看来，这个账户还是和原来一样，但是这个克隆的账户却是系统中最大的安全隐患，攻击者可以通过这个账户任意地控制远程计算机。

D. 将网络管理一次性完成，以后再也不进行网络管理工作

二、思考题

1. 故障管理包括哪些功能？

2. 如何利用网络日志排除故障？

3. 某局域网采用的是以太网协议，将4台PC和一台文件服务器通过一个10Mb/s的集线器相连，形成一个如下图所示的星形的拓扑结构。

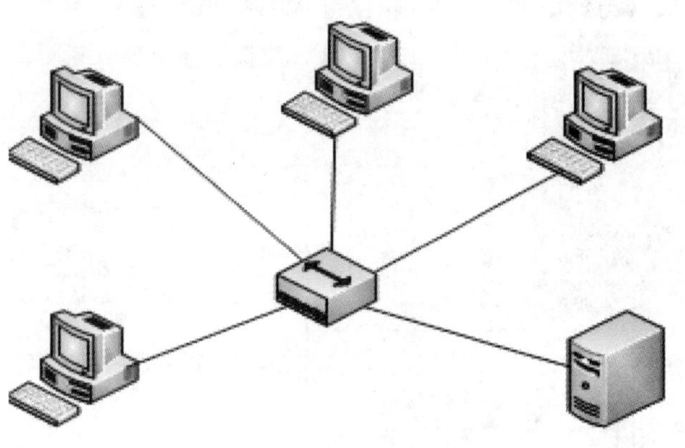

问题1：后来市场部增加了一台笔记本电脑，连接到集线器后发现虽然能够ping通其他机器，但是却无法在网上邻居中看到其他机器，可能存在什么问题？简要说明原因。

问题2：随着公司规模的扩大，连接在集线器上的机器达到了16台。这时发现连接文件服务器的速度慢下来，这是什么原因，应该如何解决？

问题3：某些计算机上发现一个怪现象，有时会突然与网络断开，但别的机器上却能够ping通它的IP地址。这是什么原因，有什么好办法来杜绝这样的问题？

4. 某用户计算机接入小区宽带，小区采用光纤到楼宇，100Mb/s交换机到用户，用户桌面100Mb/s的网络结构。使用一块普通10Mb/s/100Mb/s自适应网卡，在Windows 2000的网络配置中按要求将IP地址、子网掩码、网关地址、DNS地址等信息正确配置。虽然网络连接成功，但上网速度非常慢，使用QQ聊天时经常和服务器断开连接，打开网页时经常无法正常打开，进行文件传输时经常是传输一部分就出错或终止传输。

问题：分析网络故障的原因以及处理方法。

长见识

网络故障排查时，往往都采用折中的方式，凡是涉及网络通信的应用出了问题，直接从位于中间的网络层开始排查，首先测试网络连通性，如果网络不能连通，再从物理层(测试线路)开始排查；如果网络能够连通，再从应用层(测试应用程序本身)开始排查。

第19章 网络性能管理

本章微课

网络性能评估主要是监测网络带宽的使用率，将网络带宽利用最大化是保证网络性能的基础。由于网络设计不合理、网络存在安全漏洞等原因，都会导致网络带宽利用率不高，因此需要掌握相关网络性能评估工具和使用方法。

学习要点

- ❖ 网络性能管理的基本概念；
- ❖ 网络性能的评价指标；
- ❖ 网络性能管理工具；
- ❖ 网络性能测试方法。

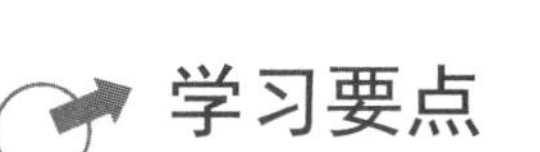

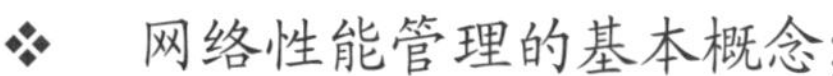

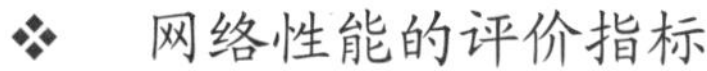

学习目标

通过对本章内容的学习，读者需要掌握局域网中网络性能管理的基本概念、网络性能的指标以及网络性能管理的常见工具。

网络性能管理工具既有硬件工具，也有软件工具，既有常见 Windows 平台上的工具，也有 Linux 平台上的工具，而网络性能测试的方法也多种多样。

19.1 网络性能管理概述

网络性能管理(Network Performance Management)是指评价系统资源的运行状况及通信效率等系统性能，包括监视和分析被管网络及其提供服务的性能机制。性能分析的结果可能触发某个诊断测试过程或重新配置网络并维持网络的性能。性能管理收集分析有关被管网络当前状况的数据信息，并维持和分析性能日志。

典型的网络性能管理可以分为性能监测和网络控制，其中性能监测是对网络工作状态信息的收集和整理，网络控制则是为改善网络设备的性能而采取的动作和措施。性能监测是网络监视中最主要的部分，但要准确地测出对网络管理有用的性能参数却不容易。

网络性能管理的功能主要包括以下几个方面：

- ❖ 从管理对象中收集并统计有关数据；
- ❖ 分析当前统计数据以检测性能故障，产生性能警报，报告性能事件；
- ❖ 维护和检查系统状态历史的日志，以便用于规划和分析；
- ❖ 确定自然和人工状态下系统的性能；
- ❖ 形成并改进性能评价准则，改变系统操作模式以进行性能管理操作；
- ❖ 对管理对象和管理对象群进行控制，以保证网络的优越性能。

19.1.1 网络性能指标

根据《计算机网络》权威阐述，计算机网络性能指标主要包含速率、带宽、吞吐量、时延……

1. 连通性

互联网具有两个重要特点：连通性和共享。计算机网络由若干节点和连接这些节点的链路组成。系统连通性表示所有联网的终端都应按使用要求全部连通。计算机网络，从连通性方面可视为“从一组节点和链路构造的连通图，这里任何一对节点可以通过由一系列联系起来的节点和链路组成的路径到达彼此”。人们之间需要连通性以便于交换消息或加入谈话，应用程序之间需要连通性以便于维护网络操作，或者在用户和应用程序之间需要连通性以便于访问数据或服务。可以使用各种媒体和设备建立节点之间的连通性，设备可以是集线器、交换机、路由器或网关，媒体可以是有线的或无线的。

2. 吞吐率

即单位时间内通过网络传送的数据量。空载网络在没有丢包的情况下，被测网络链路所能达到的最大数据包转发速率。吞吐率测试须按照不同的帧长度(包括 64 B、128 B、256 B、512 B、1024 B、1280 B、1518 B)分别进行测量。

3. 带宽

即单位时间内所能传送的比特数。带宽本质上包含两种含义：某个信号具有的频带宽度。信号的带宽是指该信号所包含的各种不同频率成分所占据的频率范围。例如，在传统的通信线路上传送的电话信号的标准带宽是 3.1kHz(从 300Hz 到 3.1kHz，即声音的主要成分的频率范围)，这种意义的带宽的单位是赫兹。以前通信主干线路传送的是模拟信号(即连续变化的信号)。因此，表示通信线路允许通过的信号频带范围即为线路的带宽。

在计算机网络中，带宽用来表示网络通信线路所能传送数据的能力。网络带宽表示在单位时间内从网络的某一点到另一点所能通过的“最高数据量”。这种意义的带宽的单位是 b/s(比特每秒)，单位前面通常加上千(K)、兆(M)、吉(G)、太(T)这样的倍数。

4. 包转发率

即单位时间内转发的数据包数量。路由器的包转发率，也称端口吞吐量，是指路由器在某端口进行的数据包转发能力，单位通常使用 pps(包每秒)。一般来讲，低端路由器的包转发率只有几千到几万 pps，而高端路由器则能达到几十 Mpps(百万包每秒)甚至上百 Mpps。小型办公选购转发速率较低的低端路由器即可，大中型企业部门建议选购性能好的高端路由器。

5. 信道利用率

即一段时间内信道被占用状态的时间与总时间的比值，信道利用率并非越高越好。根据排队的理论，当某信道的利用率增大时，该信道引起的时延随之迅速增加。

如果 D0 表示网络空闲时的时延，D 表示当前网络时延，可以用公式(D=D0/(1−U))来表示 D、D0 和利用率 U 之间的关系，U 在 0～1 范围内。当网络的利用率接近最大值 1 时，网络的时延就趋近于无穷大。

6. 信道容量

信道容量指信道的极限带宽，即信道能无错误传送

Iperf 是一款基于 TCP/IP 和 UDP/IP 的网络性能测试工具，可以用来测量网络带宽和网络质量，还可以提供网络延迟抖动、数据包丢失率、最大传输单元等统计信息。网络管理员可以根据这些信息了解、判断网络性能问题，从而定位网络瓶颈，解决网络故障。

的最大信息率。

对于只有一个信源和一个信宿的单用户信道，信道容量的单位是比特每秒或比特/符号，代表每秒或每个信道符号能传送的最大信息量，或者说小于这个数的信息率必能在此信道中无错误地传送。对于多用户信道，当信源和信宿都是两个时，它是平面上的一个封闭环，坐标 R1 和 R2 分别是两个信源所能传送的信息率,也就是 R1 和 R2 落在这个封闭环内部时能无错误地传送。当有 m 个信源和信宿时，信道容量将是 m 维空间中一个凸区域的外界“面”。

7. 带宽利用率

带宽利用率指实际使用的带宽与信道容量的比率，表示网络的流量情况、繁忙程度，它是衡量网络状况的基本参数。

带宽利用率的计算公式通常为：

带宽利用率=网络总流量/(理论带宽×时间)

从公式可以看出，利用率实际上是一个时间段的概念。在分析时，时间段选择非常重要，不同的分析需求，时间段的确定是不一样的。分析突发流量，时间越短越好；分析流量趋势，时间应延长。

利用率和网络服务质量成反比，利用率越低，网络服务质量越好，反之亦然。通常，网络利用率高是引起网络丢包、拥塞、延迟的主要原因。值得注意的是，实际情况往往与理论计算结果相左，造成失去控制的通信阻塞，应该设法避免，所以需要更精确的分析技术。响应时间随相对负载呈指数上升情况，如下图所示。

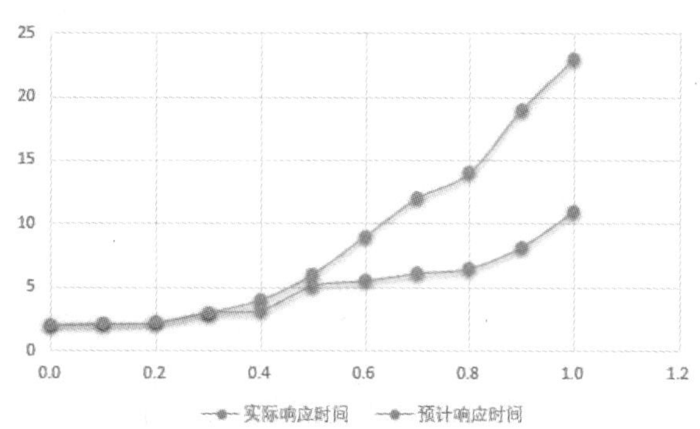

8. 包损失

包损失指在一段时间内网络传输及处理中丢失或出错的数据包数量。数据在 Internet 上是以数据包为单位传输的，每包若干 KB，不多也不少。这就是说，不管网络线路有多好、网络设备有多强，数据都不会以线性(就像打电话一样)传输，中间总是有空洞的。数据包的传输，不可能百分之百完成，由于各种原因，总会有一定的损失。碰到这种情况，Internet 会自动地让双方计算机根据协议补包和重传该包。如果网络线路好、速度快，包的损失会非常小，补包和重传工作相对较易完成，因此可以近似地将所传输数据看作是无损的。但是，如果网络线路较差，数据损失量就会非常大，补包工作又非百分百完成。在这种情况下，数据的传输就会出现空洞，造成丢包。

9. 包损失率

包损失率指在某时段内两点间传输中丢失分组与总分组发送量的比率，它是反映网络状况最直接的指标。无拥塞时路径丢包率为 0%，轻度拥塞时丢包率为 1%～4%，严重拥塞时丢包率为 5%～15%。一般来讲，丢包的主要原因是路由器的缓存队列溢出。与丢包率相关的指标是差错率、误码率。

10. 传输时延

传输时延指数据分组在网络传输中的延迟时间。网络时延由以下几部分组成。

1)　发送时延

发送时延也称为传输时延，是主机或路由器发送数据帧所需的时间。从发送数据帧的第一个比特算起，到该帧的最后一个比特发送完毕所需时间。发送时延=数据帧长度(bit)/发送速率(b/s)。

网络中，发送时延并非固定不变，而是与发送的帧长成正比，与发送速率成反比。

2)　传播时延

传播时延是电磁波在信道中传播一定距离时花费的时间。传播时延=信道长度(m)/电磁波在信道上的传播速率(m/s)。电磁波在自由空间的传播速率是光速，即 3.0×10^5 km/s。电磁波在网络传输媒体中的传播速率比在自由空间低一些，在铜线电缆中的传播速率约为 2.3×10^5 km/s，在光纤中的传播速率约为 2.0×10^5 km/s。

3)　处理时延

主机或路由器在收到分组时需要花费一定的时间处理。分析分组首部，从分组中提取数据部分，进行差错检验，查到适当路由等，这就产生了处理时延。

4)　排队时延

分组经过网络传输时，要经过许多路由器。分组在进入路由器后要先在输入队列中排队等待处理。路由器确定转发接口后，还要在输出队列中排队等待转发，这就产生了排队时延。

测试目的通常是测试几个值，包括 IP 包传输往返时延(RTT)、IP 包时延变化(抖动)、IP 包丢失率(Lost Rate)、IP 业务可用性及带宽。

排队时延通常取决于网络当时的通信量，数据在网络中经历的总时延：总时延=传播时延+发送时延+重传时延+分组交换时延+排队时延。

11. 时延抖动

时延抖动指数据包从发送方到达接收方所经历的时间的长短变化。引起时延抖动的原因较多，有网络系统本身缺陷，也可能由网络的硬件或软件引起，常见是由网络自身的流量传输状况引起。

19.1.2 网络性能管理工具

网络性能管理工具主要包括网络性能分析测试工具SmartBits、网络流量检测工具 MRTG、网络性能测试工具 Netperf。

1. 网络性能分析测试工具 SmartBits

思博伦通信(Spirent Communications)的 SmartBits 网络性能分析系统为以太网、ATM、POS、光纤、帧中继网络的性能测试，以及网络设备的高端口密度测试提供了行业标准。

作为一种强健而通用的平台，SmartBits 提供了测试 xDSL、调制解调器、IPQoS、VoIP、MPLS、IP 多播、TCP/IP、IPv6、路由、SAN 和 VPN 的测试应用。

利用 SmartBits 可以测试、仿真、分析、开发和验证网络基础设施并查找故障。从网络最初的设计到对最终网络的测试，SmartBits 提供了产品生命周期各个阶段的分析解决方案。

SmartBits 产品线包括便携和高密度机架，支持不同技术、协议和接口的模块，以及软件应用程序和脚本。旗舰级 SMB-6000B 在一个机架中可支持 96 个 10/100Mbit/s 以太网端口、24 个千兆以太网端口、6 个万兆以太网端口、24 个光纤通道端口、24POS 端口或上述端口的任意组合，如下图所示。

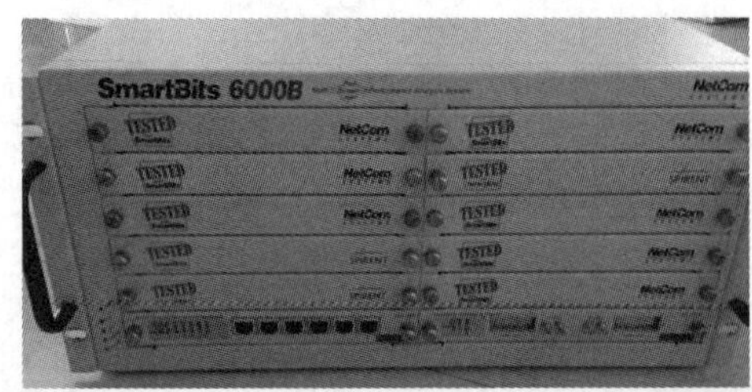

2. 网络流量检测工具 MRTG

MRTG(Multi Router Traffic Grapher)是一个监控网络链路流量负载的工具软件，它通过 SNMP 协议从一个设备得到另一个设备的流量信息，并将流量负载以包含 PNG 格式的图形 HTML 文档方式显示给用户，直观地显示流量负载。

作为目前通用的网络流量监控软件，MRTG 具有可移植性、源码开放、高可移植性的 SNMP 支持、支持 SNMPv2C、可靠的接口标识、常量大小的日志文件、自动配置功能、PNG 格式图形和可定制性等特点。

使用 MRTG 实现网络设备和服务器的流量监控，必须先做好准备工作：安装 Web 服务，安装 ActivePerl，启用服务器上的 SNMP 服务，配置网络设备的 SNMP 服务。网卡监控流量如下图所示。

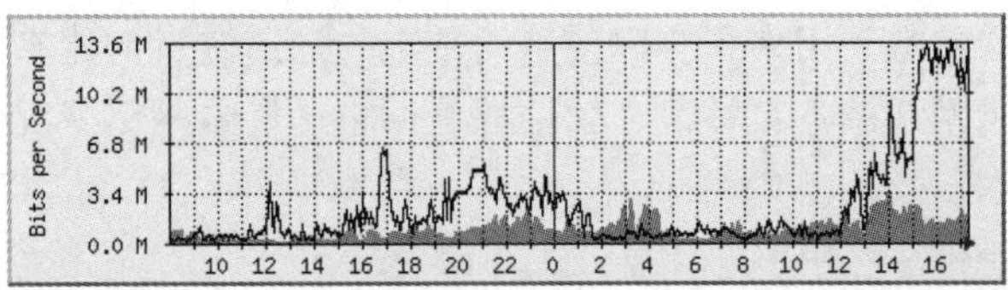

3. 网络性能测试工具 Netperf

Netperf 可以测试服务器的网络性能，主要针对基于 TCP 或 UDP 的传输。Netperf 根据应用的不同，可以进行不同模式的网络性能测试，即批量数据传输(Bulk Data Transfer)模式和请求/应答(Request/Response)模式。Netperf 测试结果反映的是一个系统能以多快速度向另一个系统发送数据，以及另一个系统能以多快速度接收数据。

Netperf 工具以 Client/Server 方式工作，Server 端是 Netserver，用来侦听来自 Client 端的连接，Client 端是 Netperf，用来向 Server 发起网络测试。在 Client 与 Server 之间，首先建立一个控制连接，传递有关测试配置的信息以及测试结果。当控制连接建立并传递了测试配置信息后，Client 与 Server 之间会再建立一个测试连接，用来传递特殊的流量模式，以测试网络的性能。

网络性能对服务器系统来说尤其重要，有些服务器为节省成本，采用桌面级的网络芯片，这时 Netperf 工具就可发挥作用。

以上介绍的这几款测试工具都是非商业软件，可免费从网上下载，其测试结果均得到行业认可，用户可以根据需求选择相应软件进行测试。

提示

背对背指在一段较短时间内，以合法的最小帧间隙在传输介质上连续发送固定长度的包而不引起丢包时的包数量，IEEE 规定的以太网帧间的最小帧间隙为 96 比特。

按照《中华人民共和国信息产业部令》第 36 号规定，往返时延平均值≤200 毫秒，时延变化平均值≤80 毫秒。

19.2　网络性能测试类型与方法

1. 性能测试类型

性能与缩放性测试的目的是，在不同的负载条件下监视和报告网络的行为。这些数据用来分析网络的运行状态，并根据对额外负载的期望值安排今后的项目发展。根据所需要的容量和网络目前的性能，还可以用这些数据计算与项目发展计划有关的成本。

网络性能测试分为以下几个类别。

1) 负载测试

负载测试的主要目的是验证业务或系统在给定负载条件下的处理性能，可以理解为确定所要测试的业务或系统的负载范围，然后对其进行测试。负载测试还需要关注响应时间、TPS 和其他相关指标。

2) 压力测试

压力测试可以看作负载测试的一种，即高负载下的负载测试，可以理解为没有预期的性能指标，不断地加压，看系统什么时候崩溃，以此来确定系统的瓶颈或者不能接受的性能拐点，以获得系统的最佳并发数、最大并发数。

3) 稳定性测试

稳定性测试就是长时间运行，在这段时间内观察系统的出错概率、性能变化趋势等，进而大大减少系统上线后的崩溃等现象，一般持续的时间为 N×24 小时。

稳定性测试需要注意：稳定性测试需要在系统成型后进行，并且没有严重的 bug 存在；场景的设计以模拟真实用户的实际操作为佳。

4) 基准性测试

基准性测试是一种衡量和评估软件性能指标的活动。用户可以在某个时候通过基准测试建立一个已知的性能水平(称为基准线)，当系统的软硬件环境发生变化之后再进行一次基准测试，以确定哪些变化对性能有影响。

与基准性测试相关的配置：

❖ 服务器硬件和服务器数量；
❖ 数据库大小；
❖ 测试客户机在网络中的位置；
❖ 两种影响负债的因素；
❖ SSL 与非 SSL；
❖ 图像检索。

2. 性能测试方法

1) 客户机

该系统用于模拟多个用户访问网络，通常通过负载测试工具进行测试，可以使用测试参数(如用户数量)进行配置，从而得到响应时间的测试结果(最少、最多、平均)。负载测试工具可以模拟处于不同层的用户，从而有效地跟踪和报告响应时间。此外，为了确保客户机没有过载，而且服务器上有足够的负载，应当监视客户机 CPU 的使用情况。

2) 服务器

网络的 Web 应用程序和数据库服务器应当使用某个工具来监视，如 Windows Server Monitor(性能监视器)。有一些负载测试工具为了完成这一任务还内置了监视程序。对全部服务器平台进行性能测试的重点：CPU，占全部处理器时间的百分比；内存，用字节数(千字节)和每秒出现的页面错误率表示；硬盘，占硬盘时间的百分比；网络，每秒的总字节数。

3) Web 服务器

除服务器介绍的几项外，所有 Web 服务器还应包含文件字节/秒、最大的同时连接数目和误差测量等性能测试项目。

4) 数据库服务器

所有数据库服务器都应包含访问记录/秒和缓存命中率这两种性能测试项目。

5) 网络

为了确保网络没有瓶颈，监视网络及其任何子网的带宽非常重要。可以使用各种软件包或硬件设备(如 LAN 分析器)来监视网络。在交换式以太网中，因为每两个连接之间相对独立，因此必须监视每个单独服务器连接的带宽。

注意

与网络吞吐量不同，网络带宽容量指的是在网络的两个节点之间的最大可用带宽。这是由组成网络的网络设备和网络通道的能力所决定的。例如，交换机的 GigabitEthernet 接口可以提供千兆比特每秒的带宽，而 FastEthernet 接口通常只能提供百兆比特每秒的带宽。

19.3　网络性能优化

从行业发展看，设备市场增长较为平缓，而服务市场利润较高，这是未来行业重点发展的市场。据《2013—

网络可用性是指网络能正常通信，路径可达，可以在终端计算机上用 ping 命令来测试网络的连通性。

2017 年中国网络优化行业发展前景与投资预测分析报告》统计，2010 年，网络优化行业规模超过 300 亿元，其中，测评系统市场为 72 亿元，占比为 23%；网络优化服务市场为 136 亿元，占比为 45%；覆盖设备市场为 100 亿元，占比为 32%。未来，随着设备投资额回落，服务市场所占份额将进一步提升，其优化方向包括两个方面：增强网络各主要单元的性能、速度以及有效利用现有设备。

让同一台物理主机既做 Web Server，又做 DB Server，会占用大量的 CPU、内存、磁盘 I/O，可以分别用不同的服务器主机来提供服务，以分散压力，提高负载承受能力。 此外，二者若在同一网段，应尽量用内网 Private IP 进行访问，而不要用 Public IP 或主机名称，因此建议 Web Server 用 CPU 配置高些的普通个人计算机即可，而 DB Server 应尽量买高级服务器，要有 RAID5/6 的磁盘阵列(硬件的 RAID 性能远比操作系统或软件做的 RAID 好)，4GB 以上的大容量内存。操作系统、数据库都用 64 位版本，内存可配置 64GB。

1) 硬件

硬件解决方案称第 4 层交换，可将业务流分配到合适的 AP Server 进行处理，知名产品如 Alteon、F5 等，这些硬件产品虽比软件解决方案要贵得多，但是物有所值，通常能提供远比软件优秀的性能，以及方便、易于管理的 UI 界面，供管理人员快速配置。

2) 软件

Apache 是一款众所周知的 HTTP Server，其具有双向 Proxy/Reverse Proxy 功能，亦可达成 HTTP 负载均衡功能，但其效率不算特别好。HAProxy 就是专门用来处理负载均衡的软件，而且具有简单的缓存功能，以操作系统内置的负载均衡功能来讲，UNIX 有 SUN 的 Solaris 支持，Linux 上常用 LVS(Linux Virtual Server)，而微软的 Windows Server 则有 NLB(Network Load Balance)。

大型网站中，常会为了将来的可扩展性、源代码维护方便，而将前台的展示(HTML、Script)，以及后台的商业逻辑、数据库访问(.NET/C#、SQL)切成多层。Layer 是指逻辑上的分层，Tier 是指物理分层。

19.4 思考与练习

一、选择题

1. 下面描述的内容，属于性能管理的是________。

A. 监控网络和系统的配置信息

B. 跟踪和管理不同版本的硬件和软件对网络的影响

C. 收集网络管理员指定的性能变量数据

D. 防止非授权用户访问机密信息

2. 在网络管理中，通常需要监视网络吞吐率、利用率、错误率和响应时间。监视这些参数主要是以下__________功能域的主要工作？

A. 配置管理　　B. 性能管理

C. 安全管理　　D. 故障管理

3. 下列属于网络管理协议的是_________。

A. HTTP　　B. Linux

C. TCP/IP　　D. SNMP

4. 网络管理中，通常在图形报告中使用颜色标识网络设备的运行状态。在配色方案中，表示设备处于错误状态使用的颜色为________。

A. 绿色　　B. 红色

C. 黄色　　D. 蓝色

二、思考题

1. 简述网络性能管理的流程。

2. 简述从网络上获得网络性能指标数据的方法。

3. 网络性能管理工具主要包括哪几种？

长见识

网络抖动是指分组迟延的变化程度。如果网络发生拥塞，排队迟延将影响端到端的迟延，导致通过同一连接传输的分组迟延各不相同。

第20章 常见问题与疑难解答

本章微课

在上网的过程中会遇到很多故障，为了使系统能够正常运行，满足不同的网民需要，掌握一些网络常见故障的判断与处理方法是十分必要的。特别是一些以营利为目的的网吧，一旦网络出现故障，收益将直接受损。

学习要点

- 网络故障疑难解答;
- Windows 系统相关疑难解答;
- 无盘工作站相关疑难解答;
- 上网疑难解答。

学习目标

通过对本章内容的学习，读者应该了解常见的计算机故障，并对常见的网络、Windows 系统等故障能及时正确地处理，让网络高效地工作。

20.1 网络故障疑难解答

在网络正常运行的情况下，对网络基础设施的管理主要包括以下内容。

- ❖ 确保网络传输的正常。
- ❖ 掌握网吧主干设备的配置及配置参数变更情况，备份各个设备的配置文件。这里的设备主要指交换机和宽带路由。
- ❖ 负责网络布线配线架的管理，确保配线合理有序。
- ❖ 掌握内部网络连接情况，以便发现问题迅速定位。
- ❖ 掌握与外部网络的连接配置，监督网络通信情况，发现问题后与有关机构及时联系。
- ❖ 实时监控整个网吧内部网络的运转和通信流量情况。

维护网络运行环境的核心任务之一是操作系统的管理。这里指服务器的操作系统。为确保服务器操作系统工作正常，应该能够利用操作系统提供的和从网上下载的管理软件，实时监控系统的运转情况，优化系统性能，及时发现故障征兆并进行处理。必要的话，要对关键的服务器操作系统建立热备份，以免发生致命故障使网络陷入瘫痪状态。

网络应用系统的管理主要针对为网吧提供服务的功能服务器的管理。这些服务器主要包括代理服务器、游戏服务器、文件服务器。要熟悉服务器的硬件和软件配置，并对软件配置进行备份。要对游戏软件、音频和视频文件进行时常的更新，以满足用户的需求。

网络安全管理应该说是网络管理中难度比较高，令管理员头疼的问题。因为用户可能会访问各类网站，并且安全意识比较淡薄，所以感染病毒是难免的。一旦某台机器感染，就会起连锁反应，致使整个网络陷入瘫痪。一定要防患于未然，为服务器设置好防火墙，对系统进行安全漏洞扫描；安装杀毒软件，并且使病毒库是最新的，还要定期进行病毒扫描。

计算机系统中最重要的是数据，数据一旦丢失，那损失将会是巨大的。网吧的计费数据和重要的网络配置文件都需要备份，这就需要在服务器的存储系统中做镜像，对数据加以保护，进行容灾处理。

下面谈谈网吧中比较常见的故障，并对其加以分析。解决网络故障，主要靠经验，遇到和解决的故障多了，自然就成了高手。

故障1　网吧网速变慢。

故障现象：网吧网速变慢了。

分析与排除：在众多的网络故障中，最让人头疼的就是网络是连通的，但网速很慢。遇到这种问题，往往会让人束手无策。以下是引起此故障常见的原因及排除方法。

① 网络自身问题。想要连接的目标网站所在的服务器的带宽不足，或是负荷过大。可以换个时间段上网或是换其他目标网站。

② 网线问题。双绞线是由四对线严格而合理地紧密绕合在一起的，以减少背景噪声的影响。不按正确标准制作的网线，存在很大的隐患，有的刚开始使用时网速就很慢，有的开始网速正常，但过一段时间后性能下降网速变慢。

> **提示**
>
> 在T568A标准和T568B标准中仅使用了双绞线的1、2和3、6四条线，其中，1、2用于发送，3、6用于接收，而且1、2必须来自一个线对，3、6必须来自一个线对。只有这样，才能最大限度避免串扰，保证数据传输。

③ 回路问题。当网络规模较小，涉及的节点数不多，结构不复杂时，这种情况很少发生。但在一些比较复杂的网络中，容易构成回路，数据包会不断发送和校验数据，从而影响整体网速，并且查找比较困难。为避免这种情况的发生，要求布线时一定要养成良好的习惯。

④ 广播风暴。作为发现未知设备的主要手段，广播在网络中有着非常重要的作用。然而，随着网络中计算机数量的增多，广播包的数量会急剧增加。当广播包的数量达到30%时，网络传输效率会明显下降。当网卡或网络设备损坏后，会不停地发送广播包，从而导致广播风暴，使网络通信陷于瘫痪。

⑤ 端口瓶颈。实际上，路由器的广域网端口和局域网端口、服务器网卡都可能成为网络瓶颈。网络管理员可以在网络使用高峰时段，利用网管软件查看路由器、交换机、服务器端口的数据流量，以确定网络瓶颈的位置，并设法增加其带宽。

⑥ 蠕虫病毒。蠕虫病毒对网络传输速率的影响越来越严重。这种病毒导致被感染的用户只要一连上网就不停地往外发邮件，病毒选择用户计算机中的随机文档附加在用户通讯簿的随机地址上进行邮件发送。垃圾邮

计算机故障按其产生的原因一般可分为硬件故障和软件故障，虽然软件故障也会导致硬件故障，但毕竟不会对计算机产生物理性的直接损坏。

件排着队往外发送，有的被成批地退回堆在服务器上。造成个别骨干互联网出现明显拥塞，局域网近于瘫痪。因此，管理员要时常注意各种新病毒通告，了解各种病毒特征；及时升级所用的杀毒软件，安装系统补丁程序；卸载不必要的服务，关闭不必要的端口，以提高系统的安全性和可靠性。

⑦　使用过多的防火墙。过多使用防火墙也可导致网速变慢。因此，一台计算机上保留一个功能强大的防火墙即可，卸载其他不需要的防火墙。

⑧　系统资源不足。可能是后台加载了太多程序。解决的方法是合理加载软件，删除无用的程序及文件，空出系统资源，以提高网速。

故障 2　局域网中有两个网段，其中一个网段的所有计算机都不能上网。

故障现象：局域网中有两个网段，其中一个网段的所有计算机都不能上网。

分析与排除：若局域网是通过 Hub 或交换机连接两个网段，可能是两个网段的干线断了或干线两端的接头接触不良。再检查服务器中对该网段的设置项。

故障 3　整个局域网上的所有计算机都不能上网。

故障现象：整个局域网上的所有计算机都不能上网。

分析与排除：检查服务器系统工作是否正常，检查服务器是否掉线了，查看调制解调器工作是否正常，局端工作是否正常。

故障 4　局域网中除了服务器能上网其他客户机都不能上网。

故障现象：局域网中除了服务器能上网其他客户机都不能上网。

分析与排除：检查 Hub 或交换机工作是否正常，检查服务器与 Hub 或交换机连接的网络部分(包含网卡、网线、接头、网络配置)工作是否正常，检查服务器上代理上网的软件是否正常启动运行，设置是否正常。

故障 5　在【网络和共享中心】窗口能看到网络连接完整，但就是不能上网。

故障现象：局域网中某台客户机在【网络和共享中心】窗口中能看到网络连接完整，但就是不能上网。

分析与排除：检查这台客户机 TCP/IP 协议的设置(如下图所示)，检查客户机中 IE 浏览器的设置，检查服务器中有关对这台客户机的设置项。

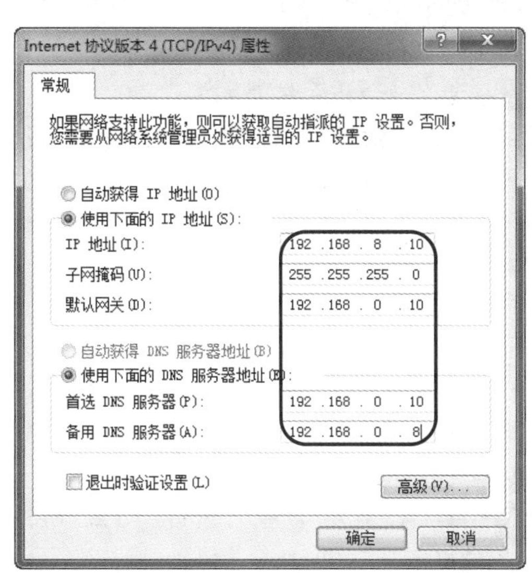

故障 6　进行拨号上网操作时，Modem 没有拨号声音，始终连不上网，Modem 指示灯也不闪。

故障现象：进行拨号上网操作时，Modem 没有拨号声音，始终连不上网，Modem 指示灯也不闪。

分析与排除：检查电话线路是否占线，接 Modem 的服务器的连接(含连线、接头)是否正常。检查电话线路是否正常，有无杂音干扰，拨号网络配置是否正确。Modem 的配置设置是否正确，检查拨号音的音频或脉冲方式是否正常。

故障 7　系统检测不到 Modem。

故障现象：系统检测不到 Modem(若 Modem 是正常的)。

分析与排除：重新安装一遍 Modem，注意通信端口的正确位置。

故障 8　连接因特网速度过慢。

故障现象：连接因特网速度过慢。

分析与排除：检查服务器系统设置在“拨号网络”中的端口连接速度是否设置为最大值，线路是否正常。可通过优化 Modem 的设置来提高连接的速度，通过修改注册表也可以提高上网速度。上网的客户机是否很多，若是很多，连接速度过慢是正常现象。

故障 9　电话上网时出现“The computer you are dialing into is…”的提示。

故障现象：电话上网时出现“The computer you are dialing into is not answering. Try again later”的提示。

分析与排除：电话系统出故障或是线路忙，可以等一会儿再拨号试试。

故障 10　计算机屏幕上出现“错误 678”或“错误 650”的提示。

故障现象：计算机屏幕上出现“错误 678”或“错误 650”的提示。

POST(Power On Self Test，加电自检)是计算机接通电源后，系统进行的一个自我检查的例行程序，它几乎要对系统中的所有硬件进行检测。

分析与排除：一般是所拨的服务器线路较忙、占线，暂时无法接通，一会儿后继续重拨。

故障 11　计算机屏幕上出现“错误 680：没有拨号音。请检测调制解调器是否正确连到电话线。”的提示。

故障现象：计算机屏幕上出现“错误 680：没有拨号音。请检测调制解调器是否正确连到电话线。”或者“There is no dialtone. Make sure your Modem is connected to the phone line properly”的提示。

分析与排除：检测调制解调器工作是否正常，是否开启；检查电话线路是否正常，是否正确接入调制解调器，接头有无松动。

故障 12　计算机屏幕上出现“The Modem is being…”的提示。

故障现象：计算机屏幕上出现 “The Modem is being used by another Dial-up Networking connection or another program.Disconnect the other connection or close the program，and then try again”的提示。

分析与排除：检查是否有另一个程序在使用调制解调器，调制解调器与端口是否有冲突。

故障 13　计算机屏幕上出现“Connection to xx.xx.xx. was…？”的提示。

故障现象：计算机屏幕上出现“Connection to xx.xx.xx. was terminated. Do you want to reconnect？”的提示。

分析与排除：电话线路中断使拨号连接软件与 ISP 主机的连接被中断，过一会儿重试。

故障 14　计算机屏幕上出现“The computer is not receiving…”的提示。

故障现象：计算机屏幕上出现“The computer is not receiving a response from the Modem. Check that the Modem is plugged in, and if necessary, turn the Modem off, and then turn it back on”的提示。

分析与排除：检查调制解调器的电源是否打开，与调制解调器连接的线缆是否正确连接。

故障 15　计算机屏幕上出现“Modem is not responding”的提示。

故障现象：计算机屏幕上出现“Modem is not responding”的提示。

分析与排除：表示调制解调器没有应答。检查调制解调器的电源是否打开，与调制解调器连接的线缆是否正确连接，调制解调器是否损坏。

故障 16　计算机屏幕上出现“NO CARRIER”的提示。

故障现象：计算机屏幕上出现“NO CARRIER”的提示。

分析与排除：表示无载波信号，这多为非正常关闭调制解调器应用程序或电话线路故障。检查与调制解调器连接的线缆是否正确连接，调制解调器的电源是否打开。

故障 17　计算机屏幕上出现“No dialtone”的提示。

故障现象：计算机屏幕上出现“No dialtone”的提示。

分析与排除：表示无拨号声音。检查电话线与调制解调器是否正确连接。

故障 18　计算机屏幕上出现“Disconnected”的提示。

故障现象：计算机屏幕上出现“Disconnected”的提示。

分析与排除：表示终止连接。若该提示是在拨号时出现，检查调制解调器的电源是否打开；若该提示是使用过程中出现，检查电话是否在被人使用。

故障 19　计算机屏幕上出现“ERROR”的提示。

故障现象：计算机屏幕上出现“ERROR”的提示。

分析与排除：出错信息。检查调制解调器工作是否正常，电源是否打开，正在执行的命令是否正确。

故障 20　计算机屏幕上出现“A network error occurred unable…”的提示。

故障现象：计算机屏幕上出现“A network error occurred unable to connect to server(TCP Error: No router to host)The server may be down or unreachable. Try connecting again later”的提示。

分析与排除：表示是网络错误，可能是 TCP 协议错误；没有路由到主机，或者是该服务器关机而导致不能连接，这时只有重试了。

故障 21　计算机屏幕上出现“The option timed out”的提示。

故障现象：计算机屏幕上出现“ The option timed out”的提示。

分析与排除：表示连接超时，多为通信网络故障，或被叫方忙，或输入网址错误。向局端查询通信网络工作情况是否正常，检查输入网址是否正确。

故障 22　计算机屏幕上出现“The line id busy，Try again later”或“BUSY”的提示。

故障现象：计算机屏幕上出现“The line id busy, Try again later”或“BUSY”的提示。

分析与排除：表示占线，这时只能重试。

故障 23　计算机屏幕上出现“Another program is dialing…”的提示。

故障现象：计算机屏幕上出现“Another program is

死机现象一般表现为系统不能启动、黑屏、显示停滞、键盘不能输入及软件运行非正常中断等，它可能由软件和硬件两方面的原因引起。

dialing the selected connection”的提示。

分析与排除：表示有另一个应用程序已经在使用拨号网络连接，只有停止该连接后才能继续拨号连接。

故障 24 在用 IE 浏览器浏览中文站点时出现乱码。

故障现象：在用 IE 浏览器浏览中文站点时出现乱码。

分析与排除：IE 浏览器中英文软件不兼容造成汉字显示为乱码，可试用 NetScape 浏览器看看。国内使用的汉字内码是 GB，而台湾使用的是 BIG5，若是这个原因造成汉字显示为乱码，可用 RichWin 变换内码试试。

故障 25 浏览网页的速度较正常情况慢。

故障现象：浏览网页的速度较正常情况慢。

分析与排除：电话线路问题，线路质量差。调制解调器的工作不正常，影响上网的稳定性。

故障 26 能正常上网，但总是时断时续。

故障现象：能正常上网，但总是时断时续。

分析与排除：电话线路问题，线路质量差。调制解调器的工作不正常，影响上网的稳定性。

故障 27 用拨号上网时，听不见拨号音，无法进行拨号。

故障现象：用拨号上网时，听不见拨号音，无法进行拨号。

分析与排除：检查调制解调器工作是否正常，电源是否打开，电缆线是否接好，电话线路是否正常。

故障 28 在拨号上网的过程中，计算机屏幕上出现“已经与您的计算机断开，双击‘连接’重试。”的提示。

故障现象：在拨号上网的过程中，计算机屏幕上出现“已经与您的计算机断开，双击‘连接’重试。”的提示。

分析与排除：电话线路质量差，噪声大造成的，可以拨打电信公司的服务电话报修；也可能是病毒造成的，用杀毒软件查杀病毒。

故障 29 在创建家庭组时，无法使用【创建家庭组】按钮。

故障现象：在创建家庭组时，【创建家庭组】按钮处于灰显，不可以用状态。

分析与排除：

- ❖ 首先检查网络连接和设置，确保计算机正确连接到网络。
- ❖ 其次检查网络位置是否为“家庭网络”，若不是，重新设置网络位置。方法是在【控制面板】窗口中单击【网络和共享中心】图标，然后在打开的窗口中的【查看活动网络】组中单击当前网络位置的名称，接着在弹出的对话框中单击【家庭网络】选项，如下图所示。

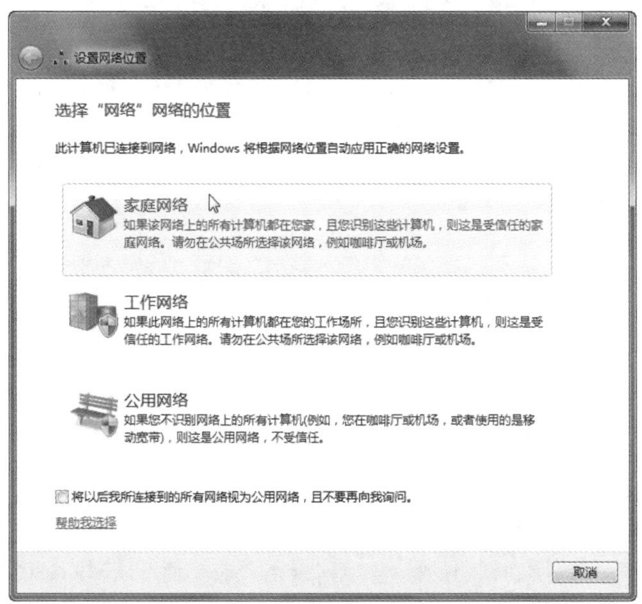

故障 30 在【家庭组】窗口里找不到其他人员。

故障现象：在【家庭组】窗口中找不到其他人员。

分析与排除：

- ❖ 该家庭组中没有加入其他机器。
- ❖ 家庭组中的机器都处于关闭或睡眠状态。
- ❖ 家庭组中其他成员的网线断路或是网卡接触不良，或是 Hub 有问题。

故障 31 安装网卡后，计算机启动的速度慢了很多。

故障现象：安装网卡后，计算机启动的速度慢了很多。

分析与排除：可能在 TCP/IP 设置中设置了【自动获取 IP 地址】，这样每次启动计算机时，都会主动搜索当前网络中的 DHCP 服务器，所以计算机启动的速度会大大降低。解决的方法是指定静态的 IP 地址。

故障 32 在【家庭组】窗口中能够看到其他机器，但不能读取机器上的数据。

故障现象：在【家庭组】窗口中能够看到其他机器，但不能读取机器上的数据。

分析与排除：解决这一故障的操作方法如下。

操作步骤

1. 必须设置好资源共享，然后打开【网络和共享中心】窗口，接着在左侧导航窗格中单击【更改高级共享设置】链接。
2. 打开【高级共享设置】窗口，然后在【文件和打印机共享】组中选中【启用文件和打印机共享】单选按钮，再单击【保存修改】按钮，如下图所示。

BIOS 的升级能使用户获得许多新的功能，还能解决一些莫名其妙的计算机故障。因此，应该在必要的时候对 BIOS 进行升级、刷新。

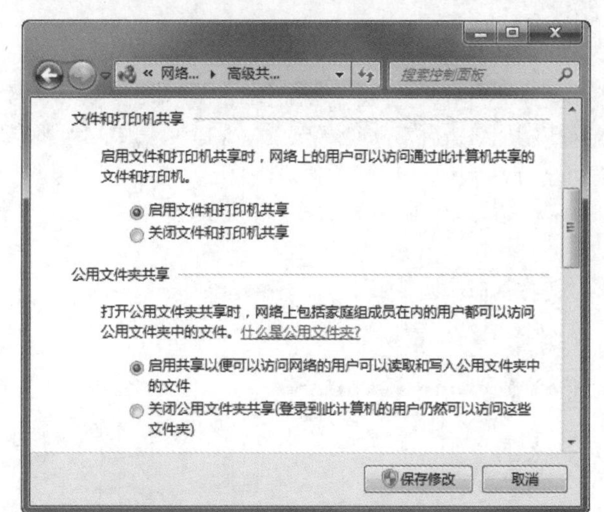

❸ 在【网络和共享中心】窗口的【查看活动网络】组中单击【本地连接】链接，接着在打开的对话框中的【此连接使用下列项目】列表框中选中【Microsoft 网络的文件和打印机共享】和【Microsoft 网络客户端】复选框，再单击【确定】按钮，如下图所示。

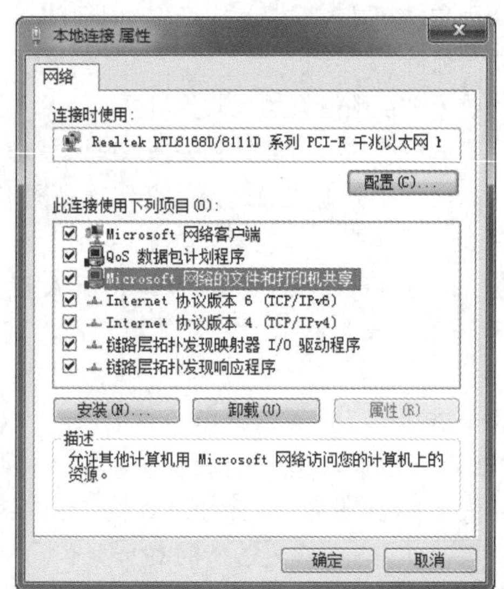

故障 33　已经安装了网卡和各种网络通信协议，但【启用文件和打印机共享】单选按钮仍为灰色不可用状态。

故障现象：已经安装了网卡和各种网络通信协议，但【启用文件和打印机共享】单选按钮仍为灰色不可用状态。

分析与排除：原因是没有安装【Microsoft 网络的文件和打印机共享】网络功能。方法是在【本地连接 属性】对话框的【此连接使用下列项目】列表框中选中【Microsoft 网络的文件和打印机共享】复选框，单击【安装】按钮，弹出【选择网络功能类型】对话框。接着在列表框中选择【服务】选项，单击【添加】按钮，弹出【选择网络服务】窗口。在列表框中选中【Microsoft 网络的文件和打印机共享】复选框，再单击【确定】按钮。系统可能要求插入 Windows 安装光盘并重新启动系统。

故障 34　客户机无法登录到网络。

故障现象：从客户机无法登录到网络。

分析与排除：

❖ 检查计算机上是否安装了网络适配器，该网络适配器的工作是否正常。
❖ 确保网络通信正常，即网线等连接设备完好。
❖ 确认网络适配器的中断和 I/O 地址没有与其他硬件冲突。
❖ 网络设置可能有问题。

故障 35　有时 ADSL 的访问速度较平时慢。

故障现象：有时 ADSL 的访问速度较平时慢。

分析与排除：原因很多，可能是出口带宽及对方站点配置情况等影响，也可能是线路的质量问题，还有可能是接入局端设备问题。

故障 36　用分机电话线上网，开机后(未开 Modem 电源)，家里的电话一直处于忙音状态。

故障现象：用分机电话线上网，Modem 为实达网上之星，上网连接速度最快才 48000b/s。还有，将 Modem 放在主机箱侧，开机后(未打开 Modem 电源)，家里的电话一直处于忙音状态。

分析与排除：第一个问题跟分机电话线或接头质量有很大关系。另外，如果 Modem 的速度平常都能接近 48000b/s，也不要太在意，应该重点看一下它的实际下载速度是否令您满意。第二个问题，肯定和主机电源的电磁辐射强和屏蔽效果差有关，最好用物体在主机和 Modem 之间进行屏蔽，或将 Modem 远离主机。

20.2　Windows 疑难解答

Windows 7 是目前常用的操作系统，虽然在系统研发过程中做了很多改进，但仍然免不了出现一些问题，给用户带来麻烦。为此，下面介绍一些 Windows 7 系统的常见问题及解决方法。

故障 1　升级程序停在 62%。

故障现象：从 Windows Vista 系统升级到 Windows 7 系统的过程中，在 62%位置时无限期地不响应，升级操作停止。

分析与排除：打开安装程序日志文件，查看故障所在，发现是 Iphlpsvc 服务在升级过程中停止响应造成的，解决的方法如下。

声卡安装不恰当，轻则无声，重则引起资源的严重冲突，使其他设备无法正常使用。因此安装声卡时务必细心。也可以通过 Windows 自带的测试声音进行检测。

操作步骤

1. 返回 Windows Vista 系统，在计算机桌面上右击【计算机】图标，从弹出的快捷菜单中选择【属性】命令，然后在打开的【系统属性】窗口中单击左侧列表中的【高级系统设置】链接，接着在弹出的对话框中切换到【高级】选项卡，再单击【环境变量】按钮，如下图所示。

2. 弹出【环境变量】对话框，然后在【系统变量】列表框下方单击【新建】按钮，如下图所示。

3. 弹出【新建系统变量】对话框，在【变量名】文本框中键入 MIG_UPGRADE_IGNORE_PLUGINS，在【变量值】文本框中键入 IphlpsvcMigPlugin.dll，接着依次单击【确定】按钮，如下图所示。

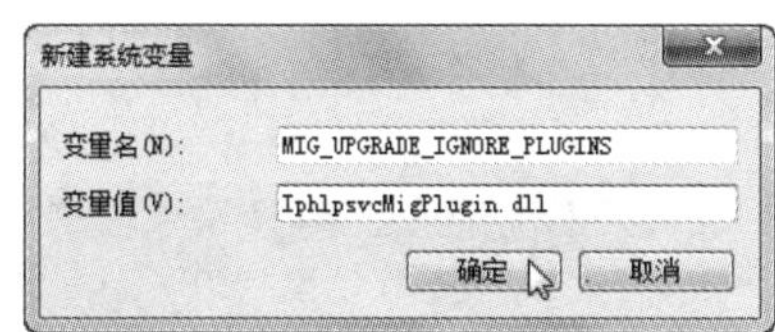

4. 再次启动升级安装程序，开始升级系统。

故障 2　DVD 驱动未找到。

故障现象：在 BIOS 的主板设置中可以看到 DVD 驱动器，但在 Windows 7 系统中却找不到光驱。

分析与排除：添加光驱驱动器号，具体操作步骤如下。

操作步骤

1. 在计算机桌面上右击【计算机】图标，从弹出的快捷菜单中选择【管理】命令，如下图所示。

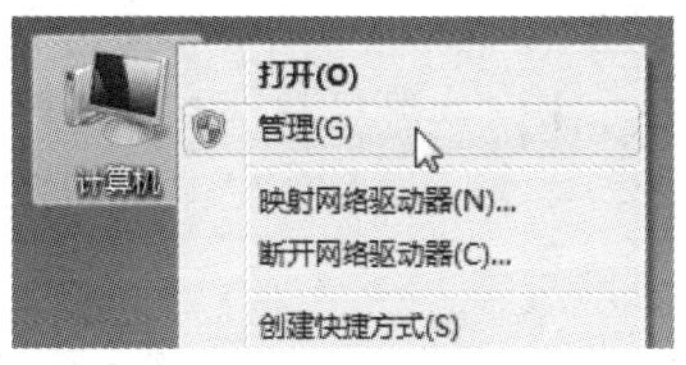

2. 打开【计算机管理】窗口，然后在左侧窗格中单击【存储】下的【磁盘管理】选项，接着在右侧窗格中右击存在问题的光驱选项，从弹出的快捷菜单中选择【更改驱动器号和路径】命令，如下图所示。

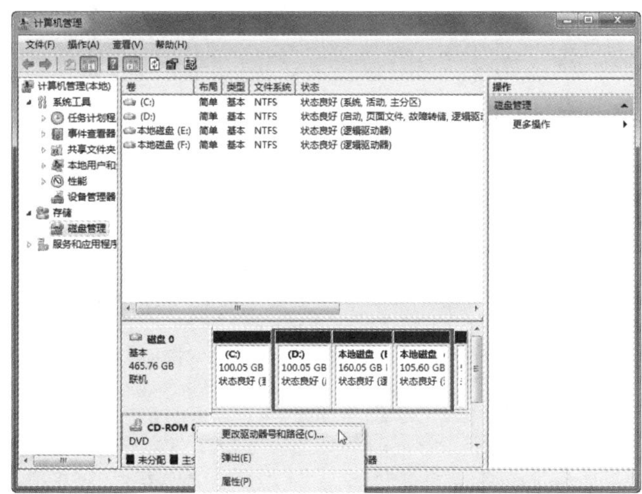

3. 在弹出的对话框中单击【添加】按钮，如下图所示。

4. 弹出【添加驱动器号或路径】对话框。选中【分配以下驱动器号】单选按钮，设置驱动器号为 G，再单击【确定】按钮，如下图所示。

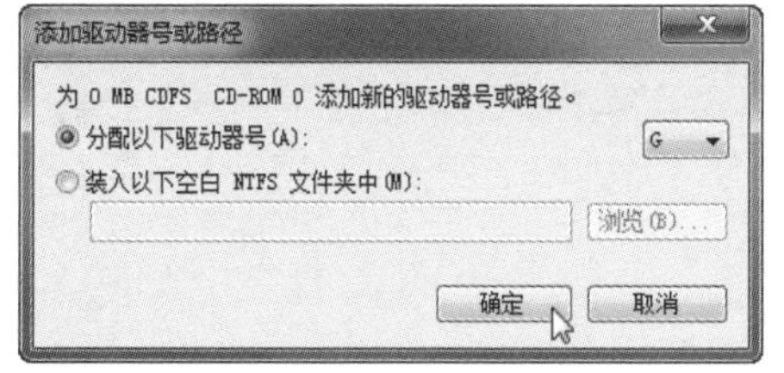

5 重新启动计算机，使设置生效。

故障3　Aero特效无法正常工作。

故障现象：系统升级到Windows 7后，系统中的Aero特效无法正常工作。

分析与排除：修复Aero特效，具体操作步骤如下。

操作步骤

1 单击【开始】按钮，在展开的菜单中的【搜索】文本框中输入aero，这时将会在菜单中列出搜索结果。单击【查找并修复透明和其他视觉效果存在的问题】链接，如下图所示。

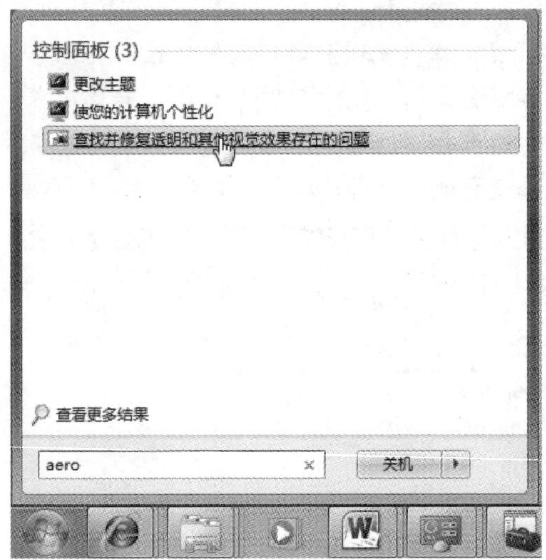

2 弹出Aero对话框，单击【下一步】按钮，开始检测问题，如下图所示。

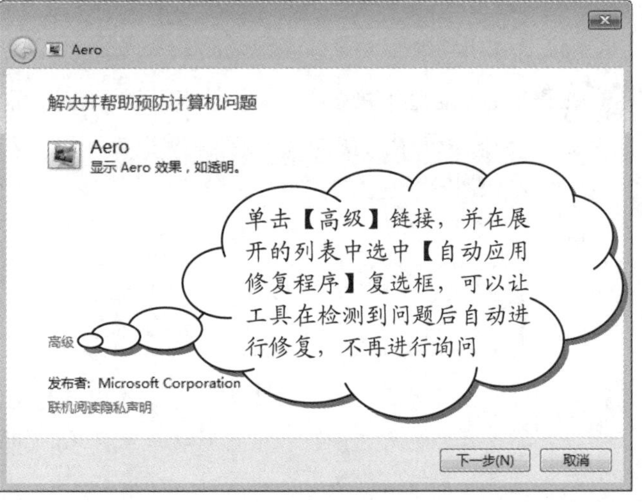

3 检查完成后，会弹出如下图所示的对话框。选择要应用的修复程序，再单击【下一步】按钮。

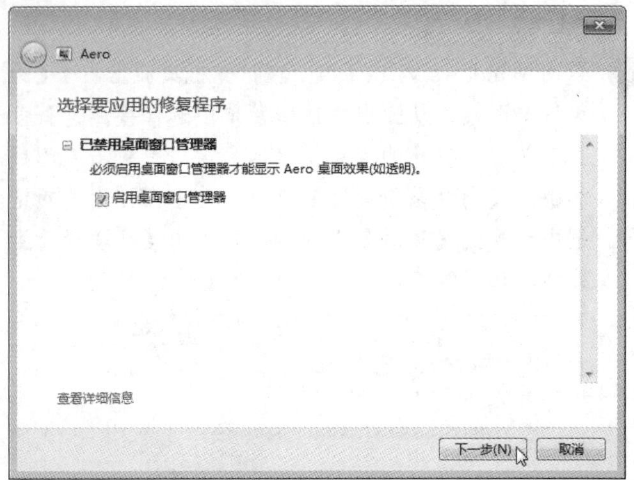

4 修复完成后，会弹出如下图所示的对话框，单击【关闭】按钮。

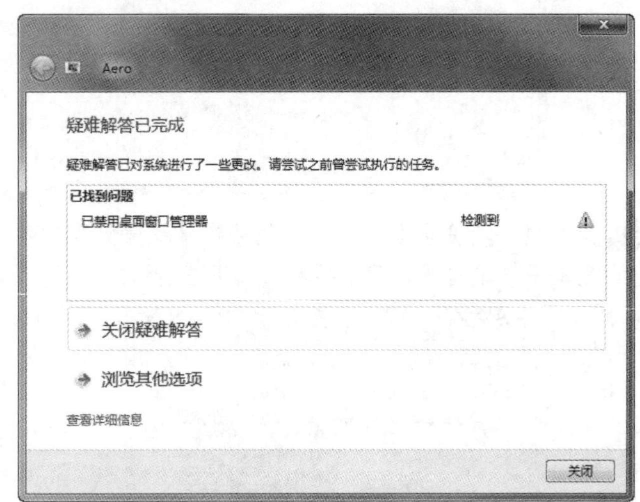

故障4　iPhone无法同步。

故障现象：Windows 7无法与iPhone进行信息同步操作，特别是64位系统中经常出现类似的问题。

分析与排除：禁止USB电源管理功能，具体操作步骤如下。

操作步骤

1 单击【开始】按钮，接着在展开的菜单中的【搜索】文本框中输入devmgmt.msc，并按Enter键，如下图所示。

2 打开【设备管理器】窗口，然后单击【通用串行总线控制器】选项前面的三角按钮▷，接着在展开的列表中右击USB Root Hub(USB 控制器的逻辑集线

学以致用系列丛书

升级Windows 7系统到更高版本之后，即可享有该版本包含的所有功能，但其中的某些功能可能需要附加硬件或硬件支持。用户可以使用Windows 7升级顾问来确定当前计算机配置是否支持更高版本Windows的某些特定功能。

器)选项，从弹出的快捷菜单中选择【属性】命令，如下图所示。

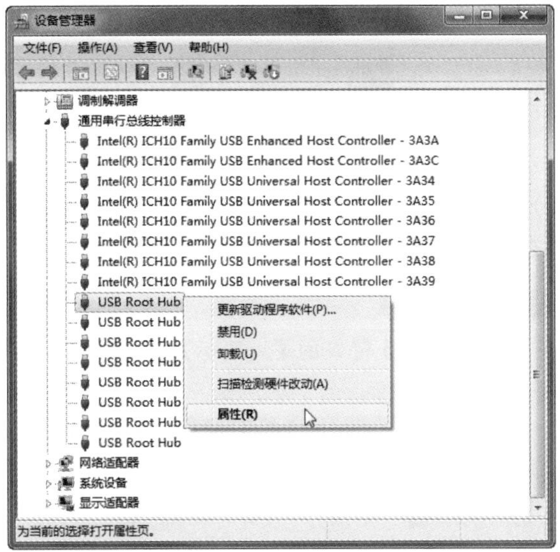

❸ 在弹出的对话框中选择【电源管理】选项卡，接着选中【允许计算机关闭此设备以节约电源】复选框，再单击【确定】按钮，如下图所示。最后重新启动计算机。

故障 5　个性设置被主题破坏。

故障现象：从微软官方网站下载安装 Windows 7 的酷炫主题和壁纸，每次更换回收站的图标后，重启计算机，主题默认把其还原为最初的样子。

分析与排除：修复个性化主题的方法如下。

操作步骤

❶ 在计算机桌面的空白处右击，从弹出的快捷菜单中选择【个性化】命令。接着在打开的窗口的左侧列表中单击【更改桌面图标】链接，如下图所示。

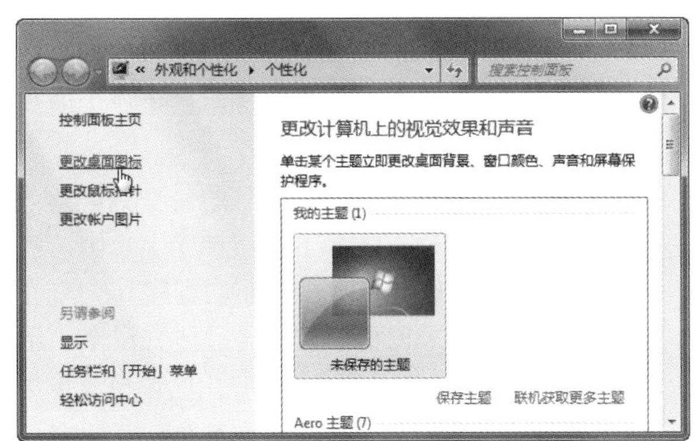

❷ 弹出【桌面图标设置】对话框。取消选中【允许主题更改桌面图标】复选框，再单击【确定】按钮，如下图所示。

故障 6　XP 模式失效。

故障现象：在 Windows 7 系统下无法体验 XP 模式。

分析与排除：失效的原因有以下三点。

❖ XP 模式需要 CPU 支持。用户可以使用微软提供的硬件虚拟化辅助工具检测计算机配置是否符合虚拟化要求。

❖ 必须在 BIOS 的主板设置中将 AMD-V、Intel VT、VIA VT 的虚拟化功能激活。

❖ 某些 OEM 厂商出于安全的考虑禁止了 XP 模式，用户可以在防火墙记录中查看是否被禁止。

如果上述三点都被排除，建议下载 VirtualBox 等专业虚拟化软件，可以实现在 Windows 7 中运行 XP 的愿望。

故障 7　显卡不兼容 Windows 7 系统。

故障现象：将新买的显卡安装到主机箱中，系统提示让修复，修复后重新启动计算机，同样出现此现象。换回原来的旧显卡，系统恢复正常。把重新买的显卡装上，换到 Windows XP 系统，系统运行正常。

分析与排除：这应该是驱动的问题。建议先在【设备管理器】窗口中卸载显卡的驱动程序，然后安装新显卡的驱动程序。

将 Windows 7 升级到高版本之后，如果需要回到升级之前的版本，可以通过全新安装方式重新安装原来的 Windows 7 版本的系统，这意味着不会保留当前的文件和程序设置。在全新安装之前，注意备份系统中的重要文件及设置。

故障8　安装 Windows 7 系统后字体不清晰。

故障现象：安装 Windows 7 系统后，字体不清晰，桌面出现闪烁、抖动现象。

分析与排除：出现这种情况的原因有以下几点。

- 系统中安装的 ATI 显卡驱动程序不正确，建议用户安装 ATI 显卡自带的驱动程序。
- 桌面分辨率未调整至显示器最佳分辨率。用户可以在桌面空白处右击，从弹出的快捷菜单中选项【屏幕分辨率】命令，接着在打开的窗口中调整分辨率，如下图所示。单击【确定】按钮，再在弹出的对话框中单击【保留更改】按钮。

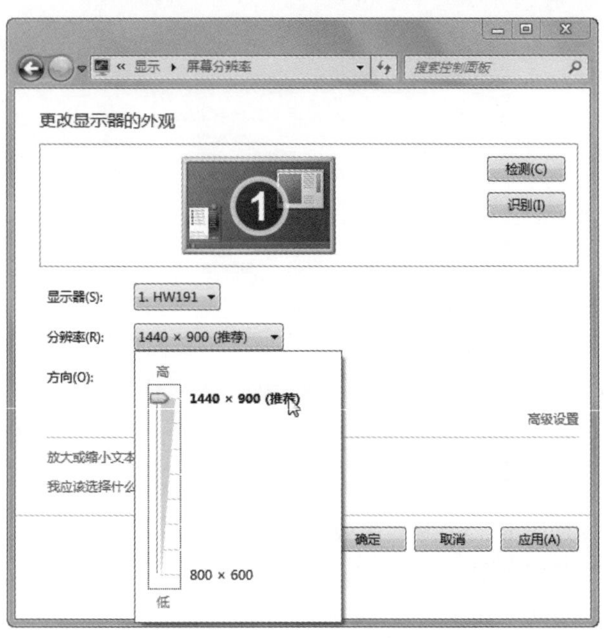

- 屏幕刷新频率过低。调整屏幕刷新频率的方法是在【屏幕分辨率】窗口中单击【高级设置】链接，然后在弹出的对话框中选择【监视器】选项卡，接着在【屏幕刷新频率】下拉列表中选择【75 赫兹】选项，再单击【确定】按钮，如下图所示。

故障9　侧边栏天气无法显示。

故障现象：在中文版的 Windows 7 系统中添加天气侧边栏小工具，提示无法使用服务，如下图所示。

分析与排除：这是因为区域设置不正确，可以按以下步骤进行调整。

操作步骤

1. 在【控制面板】窗口的【大图标】模式下，单击【区域和语言】图标，如下图所示。

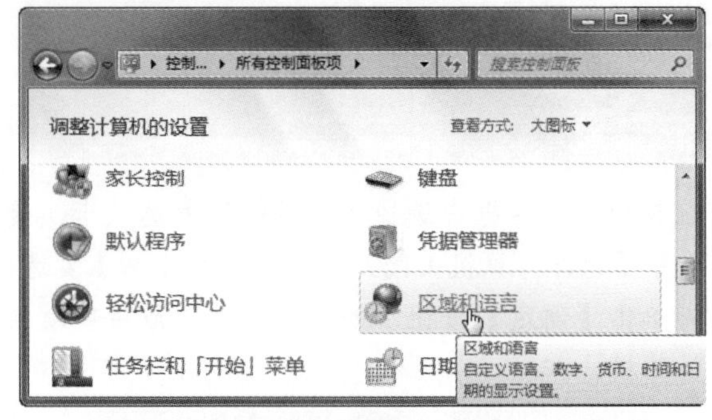

2. 弹出【区域和语言】对话框，切换到【格式】选项卡，接着在【格式】下拉列表中选择【英语(美国)】选项，如下图所示。

3. 切换到【位置】选项卡，然后在【当前位置】下拉列表中选择【美国】选项，如下图所示。

长见识

屏幕刷新频率越低，图像闪烁和抖动越厉害，眼睛疲劳就越快。有时会引起眼睛酸痛、头晕目眩等症状。因为 60Hz 正好与日光灯的刷新频率相近，所以当显示器处于 60Hz 刷新频率时会产生令人难受的频闪效应。采用 70Hz 以上的刷新频率可基本消除闪烁。因此，70Hz 的刷新频率是在显示器稳定工作时的最低要求。

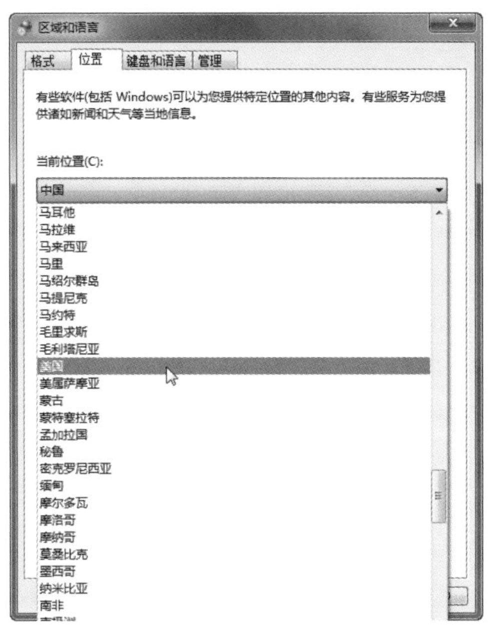

❹ 单击【管理】选项卡，然后单击【更改系统区域设置】按钮，如下图所示。

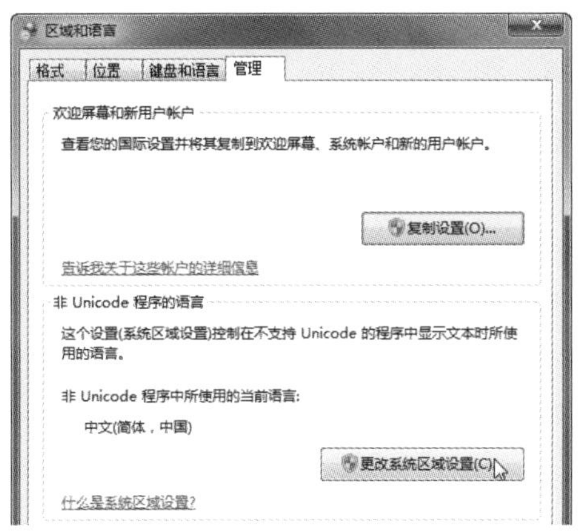

❺ 弹出【更改区域选项】提示框，单击【应用】按钮，如下图所示。

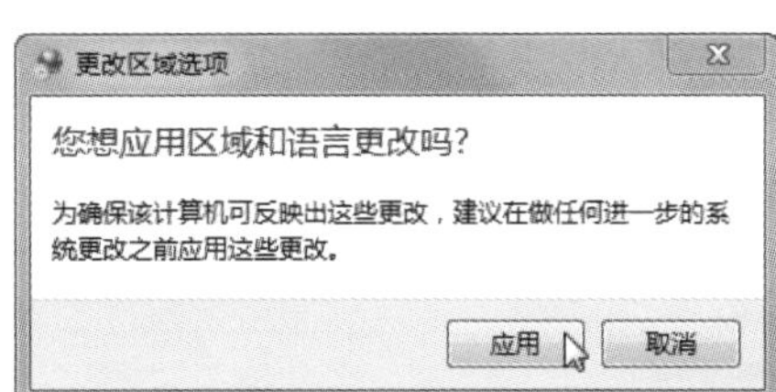

❻ 弹出【区域和语言设置】对话框，然后在【当前系统区域设置】下拉列表中选择【英语(美国)】选项，再单击【确定】按钮，如下图所示。

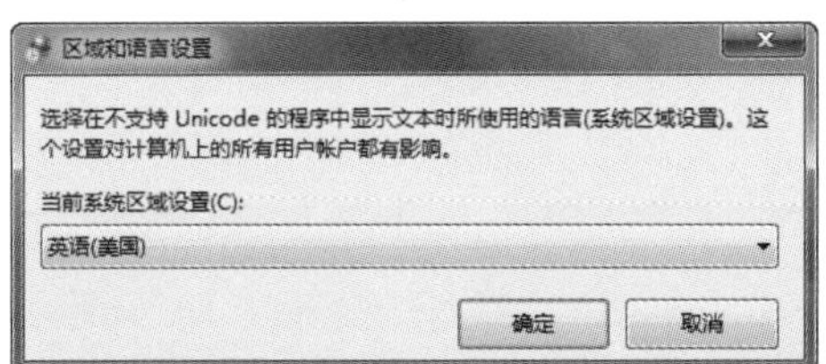

❼ 弹出【更改系统区域设置】提示框。单击【现在重新启动】按钮，重新启动计算机，使设置生效，如下图所示。

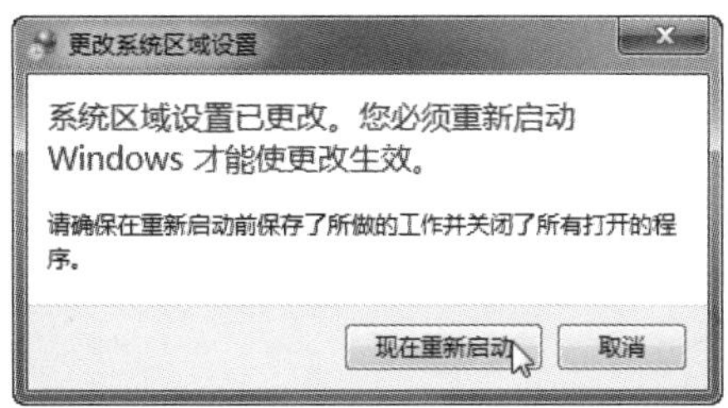

❽ 重新启动系统后，单击天气小工具右侧的【选项】按钮，在弹出的对话框中的【选择当前位置】文本框中使用汉语拼音输入要查找的城市名称，再单击【确定】按钮，即可查看相应城市的天气了。

注意

将区域设置为美国后，会发现有些软件无法正常显示中文，这时可以到微软官方网站下载安装相应的补丁程序来解决该问题。

故障 10　截图花屏。

故障现象：显示器显示正常，但是在按 Print Screen 键或者使用其他截图工具进行截图时，得到的图片中会有一部分花屏，有时是一条，有时是一块。

分析与排除：主要是 Windows 7 自带的显卡驱动程序不完善所造成的，解决方法是下载并安装最新版的显卡驱动程序。

故障 11　盘符错乱。

故障现象：在安装 Windows 7 操作系统时，将其安装在 D 盘，安装完成后发现系统所在的分区设为 C 区，并根据管理排列其他分区。

分析与排除：要解决这类问题需要先在【磁盘管理】窗口中手动指定盘符，然后再重新全新安装一次操作系统。旧的 Windows 7 系统文件会被安装程序自动备份到一个 Windows.old 文件夹中，删掉该文件夹即可。

故障 12　计算机没有声音。

故障现象：在 Windows 7 系统下，计算机没有声音。

分析与排除：导致这种情况的原因很多。例如，音频设备没有接入计算机，设备处于静音状态，设备被 Windows 禁用等。为了避免用户遗漏可能存在的原因，建议使用 Windows 7 系统内置的诊断工具检测问题根源，并指导用户修复问题，具体操作步骤如下。

操作步骤

❶ 在【控制面板】窗口的【类别】模式下，单击【系

计算机使用中，最容易出现问题且最不好修理的设备就是硬盘，硬盘故障可分为使用故障和硬件故障。使用故障一般只是磁道记录格式、文件分配表、启动文件被破坏等原因造成系统无法启动；硬件故障一般是由于误操作或病毒造成，可以借助硬盘修复工具来修复。

统和安全】组中的【查找并解决问题】链接，如下图所示。

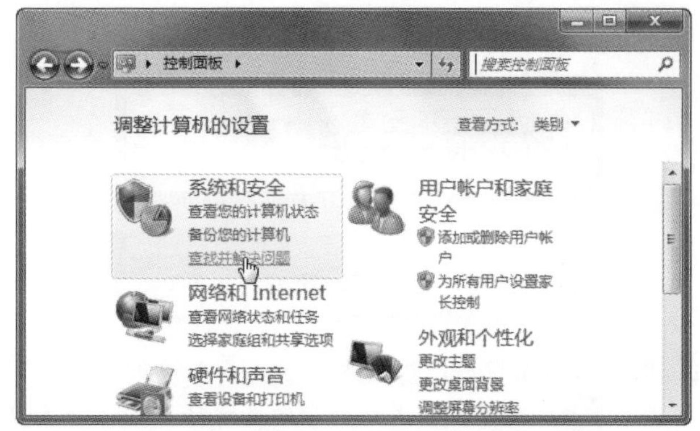

❷ 打开【疑难解答】窗口，单击【硬件和声音】链接，如下图所示。

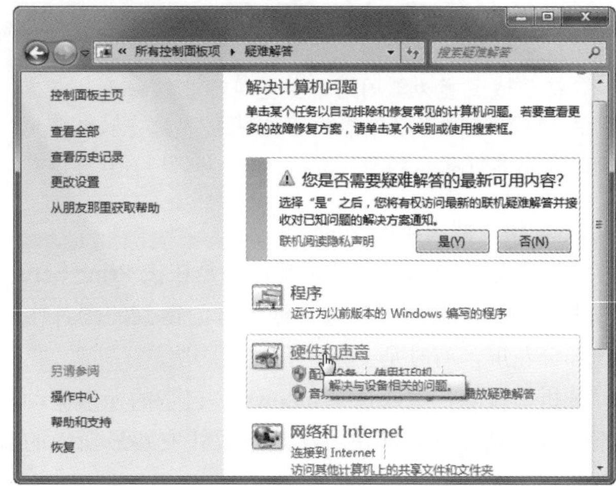

❸ 打开【硬件和声音】窗口，单击【播放音频】链接，如下图所示。

❹ 弹出【播放音频】对话框。单击【下一步】按钮，开始检测问题，如下图所示。

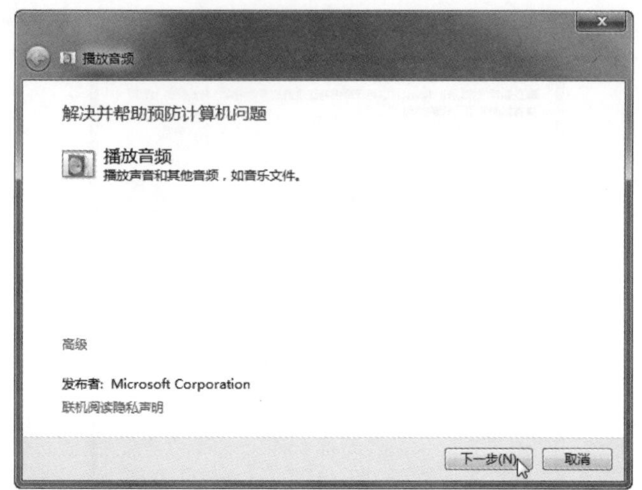

❺ 当检测到问题后，会在对话框中列出，并给出问题解决方法。根据该提示进行修改，如下图所示。单击【下一步】按钮。

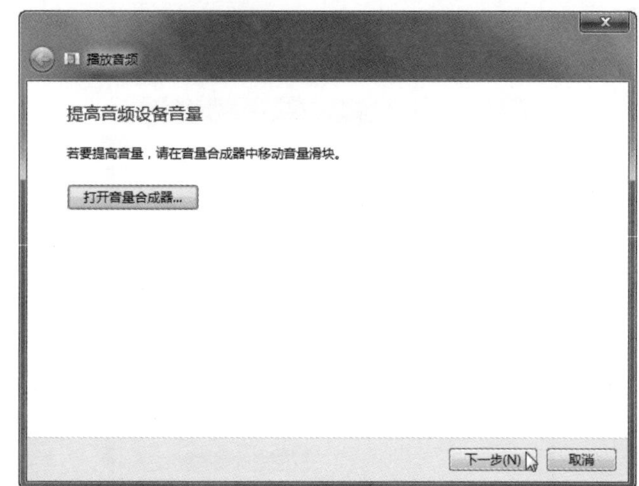

❻ 再次检测计算机，若没有其他问题，会弹出如下图所示的对话框，单击【关闭】按钮。

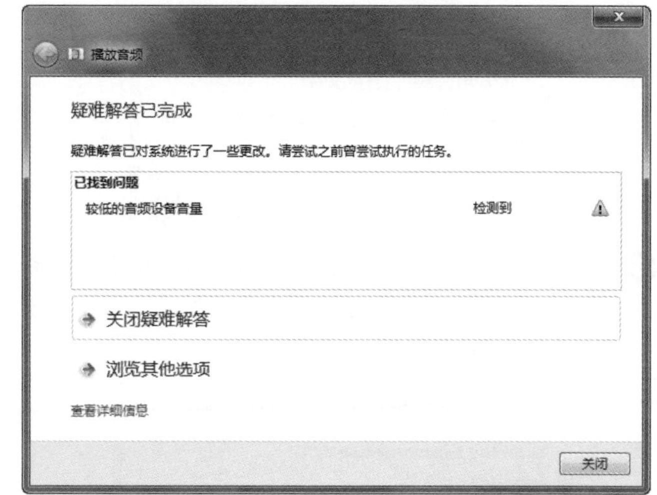

长见识

光驱最常见的故障是机械故障，其次是电路引起的故障。在拆解或维护光驱设备时，不要随便调整光驱内部各种电位器，注意碰撞及静电对光驱内部元器件的损坏。

故障 13　应用程序在 Windows 10 系统中无法正确安装。

故障现象：很多在 Windows 7 系统下可以运行的程序，在 Windows 10 系统中却无法正确安装。

分析与排除：该问题一般是应用程序与 Windows 10 系统不兼容造成的。除此之外，还可能是与其他应用程序冲突引起的。用户可以通过下述操作进行排查并修复问题。

操作步骤

1. 右击要安装的应用程序，从弹出的快捷菜单中选择【兼容性疑难解答】命令，如下图所示。

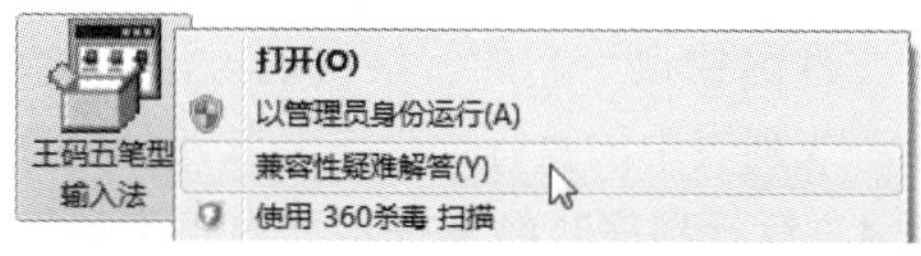

2. 开始检测问题，弹出【程序兼容性】对话框，稍等片刻，如下图所示。

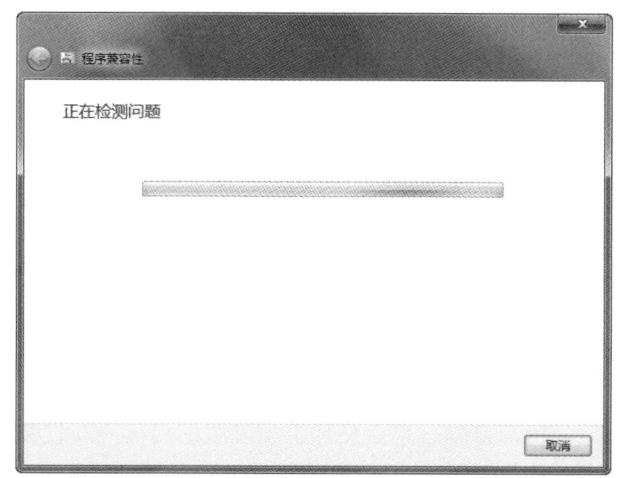

3. 检测完成后会在对话框中显示故障排除选项，如下图所示。单击【尝试建议的设置】选项。

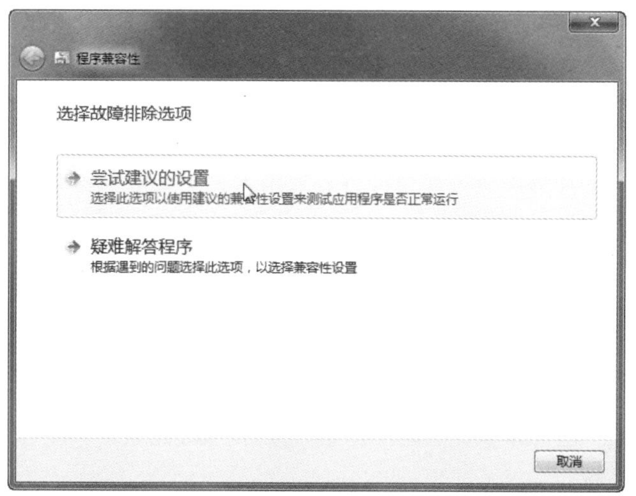

4. 进入【测试程序的兼容性设置】界面，单击【启动程序】按钮，即可开始运行程序了。

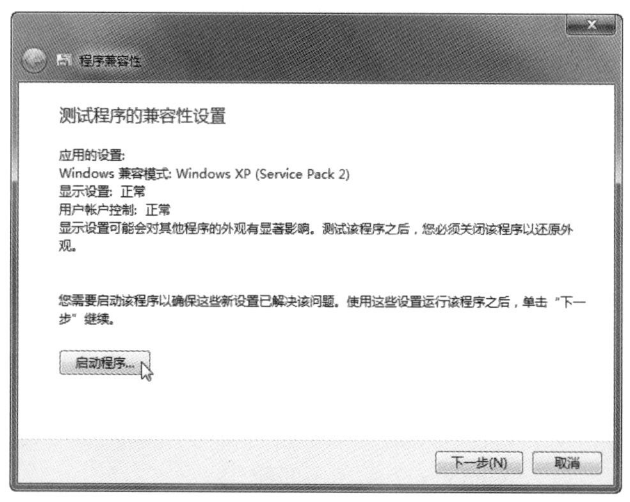

技巧

如果某程序需要经常运行，并且每次都必须以兼容模式才能运行，可以先设置程序的兼容性，以后每次运行时都是兼容模式。方法是右击该程序，从弹出的快捷菜单中选择【属性】命令，然后在弹出的对话框中选择【兼容性】选项卡，接着选中【以兼容模式运行这个程序】复选框，并在下拉列表中选择 Windows 兼容模式，再单击【确定】按钮，如下图所示。

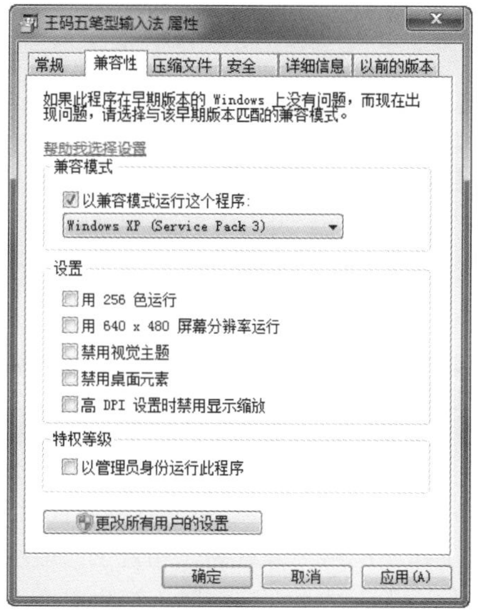

故障 14　激活 Windows 7 系统时收到“0xC004F061”错误提示。

故障现象：在安装 Windows 7 过程中输入产品密钥后，收到“0xC004F061”错误提示。

分析与排除：这个问题是在 Windows 7 的升级版本

学以致用系列丛书

软件失效是指软件运行时产生的一种不希望或不可接受的外部行为。软件失效的机理可描述为：软件错误→软件缺陷→软件故障→软件失效。

长见识

使用产品密钥时，计算机中没有以前的 Windows 版本(Windows Vista 或 Windows XP 系统)引起的。如果在启动安装过程之前对驱动器进行格式化，则无法使用升级产品密钥激活 Windows 7。要激活 Windows 7，需要安装以前版本的 Windows 系统，接着再重新安装 Windows 7。

故障 15　激活 Windows 7 系统时提示“产品密钥无效”。

故障现象：在安装 Windows 7 的过程中输入产品密钥后，收到“产品密钥无效”的错误提示。

分析与排除：出现这种情况的可能原因有以下几点。

- ❖ 产品密钥输入错误。可以尝试再次输入正确的产品密钥。
- ❖ 当前使用的产品密钥可能与计算机上安装的 Windows 7 版本不匹配。
- ❖ 该产品密钥适合于 Windows 7 的升级版本，并且在安装 Windows 7 时计算机上没有以前版本的 Windows 或是在安装过程中被格式化了。

建议用户在输入产品密钥之前要验证，可以在计算机或Windows包装盒内查找产品密钥不干胶标签(如果是在线购买的 Windows 7 系统，可以在确认电子邮件中查找产品密钥)。

如果仍找不到产品密钥，则需要购买一个新的产品密钥以激活 Windows。用户可以购买同一版本 Windows 7 的其他副本，其中包含可以使用的产品密钥。

注意

如果没有收到错误消息，却无法输入产品密钥，可以不输入产品密钥，直接单击【下一步】按钮，继续完成安装操作。这样安装的 Windows 7 系统只能使用 30 天，用户必须在 30 天内激活 Windows 7 的副本，否则 30 天后系统将黑屏，无法再使用系统。

20.3　无盘工作站疑难解答

Windows 7 的欢乐华丽主题和优异的性能管理，对于创建无盘工作站网络十分有利，相对于一般网络，其故障发生的机会大大减少。但故障一产生就会影响整个网络，而且这些故障在一般网络中很难出现。

故障 1　开机出现红色检测硬盘对话框。

故障现象：工作站开机出现红色检测硬盘对话框。

分析与排除：问题可能是工作站主板上有还原卡功能所引起的。解决方法是关闭还原功能。

故障 2　游戏图标变成同样的计算机图标。

故障现象：进入游戏菜单，发现游戏图标均为同样的计算机图标。

分析与排除：引起这个问题的原因有以下几点。

- ❖ 可能是游戏盘共享名设置不对引起的，可以重新设置并修复。
- ❖ 可能是因为硬盘已接上，主从没有设置对。
- ❖ 工作站接有本地硬盘。

故障 3　游戏菜单不可用。

故障现象：进入游戏菜单，发现游戏图标可以看到，但是部分不可用，双击无法启动。

分析与排除：这个问题可能是由游戏路径不正确或游戏执行文件名错误引起的。解决的方法是检查游戏路径，核对游戏列表中的执行文件名及其路径是否正确。

故障 4　运行程序时经常提示“内存不足”。

故障现象：工作站运行程序时经常提示“内存不足”。

分析与排除：引起这个问题的原因有以下几点。

- ❖ 服务器感染病毒。使用杀毒软件对服务器进行杀毒。
- ❖ 服务器硬盘工作速度跟不上引起的。请更换系统盘。
- ❖ 网卡速度跟不上引起的。换个网卡。
- ❖ 网线质量不行。这是一个较严重的问题，建议用户在购买网线时，不要贪图便宜，应该购买质量好的网线。

故障 5　服务器没有死机，工作站全部死机。

故障现象：服务器没有死机，工作站全部死机。

分析与排除：检查交换机、硬盘的温度是否过热，网卡驱动是否正确。

故障 6　服务器能上网，工作站不能上网。

故障现象：服务器能上网，工作站不能上网。

分析与排除：请检查服务器的 IP 地址和工作站的网关，还有代理软件设置。

故障 7　在事件查看器中报告“从鼠标设备检测到意外的 Reset”。

故障现象：在事件查看器中报告“从鼠标设备检测到意外的 Reset”。

分析与排除：引起这个问题的原因有以下两点。

- ❖ 鼠标有问题或质量不好。建议更换鼠标。
- ❖ 软件报告错误，重新启动计算机。

故障 8　启动工作站时报告*.vxd 错误。

故障现象：启动工作站时报告*.vxd 错误，不能进入系统。

硬盘、硬件故障即物理故障，是由于硬盘自身的机械零件或电子元器件损坏而引起，剧烈的震动、频繁开关机、电路短路、供电电压不稳等都可能造成此类故障，这种故障一般无法自行维修。

分析与排除：出现这个问题是因为注册表被损坏，可能是安装了驱动程序后造成的。解决的方法是更换 WXP.SRC，然后注销或重建工作站。

故障 9　将 Intel 1000Mb/s 网卡插在 1000Mb/s 的交换机上后不能启动工作站。

故障现象：现购买一个 Intel 1000Mb/s 网卡，将其插在 1000Mb/s 的交换机上，发现工作站不能启动。将网卡插在交换机 100Mb/s 接口上，可以启动工作站。

分析与排除：这是 Intel 1000Mb/s 网卡本身有问题造成的，建议换一个网卡。

故障 10　从工作站进游戏盘没有声音，但是用 Winamp 播放 MP3 文件有声音。

故障现象：从工作站进游戏盘没有声音，但是用 Winamp 播放 MP3 文件有声音。

分析与排除：引起这个问题的原因有以下两点。

- ❖ 声卡驱动本身有问题。建议换驱动。
- ❖ 可能是在工作站打包时，将声卡驱动包含进去了。在打包之前，可以将声卡驱动删除。

故障 11　与电影盘连接时无法启动系统。

故障现象：为工作站配备有三个硬盘，分别是系统盘、游戏盘和电影盘，不论将哪个盘接上电影盘时，系统都不能启动。

分析与排除：从故障现象可以发现问题出在电影盘上。仔细检测电影盘，发现硬盘接数据线有一根针陷进去了，请将硬盘送修。

故障 12　大海战游戏在打包后双击没反应。

故障现象：打包之前，大海战游戏可以玩，打包之后双击没反应。

分析与排除：这是打包时将显卡驱动程序包含进去之后造成的，所以打包之前，应将显卡驱动删除。

故障 13　连接交换机后就立即死机。

故障现象：安装网卡后重新启动服务器，一插上交换机的网线就死机。

分析与排除：仔细检查启动系统前网卡之间的中断，发现网卡与 USB 端口冲突，将 USB 关掉即可。

故障 14　安装网卡后重新启动服务器到桌面就死机。

故障现象：安装网卡后，重新启动服务器，当启动到桌面时就死机。

分析与排除：仔细检查启动系统前网卡之间的中断，网卡发生冲突，将不使用的 USB、串口关掉即可，并且调整 PNP/PCI 中断。

故障 15　计算机使用几小时后出现卡机，随后死机。

故障现象：某网吧的机器在使用几个小时后出现卡机现象，随后死机。

分析与排除：此问题一般是网卡有问题，笔者碰到过两次，用的是千兆网卡，一次是网卡的中断出现冲突，另外一次是千兆网卡本身出现的问题而引起的死机。

故障 16　交换机出现回路。

故障现象：四台交换机，有一台交换机所带的机器进不去。

分析与排除：经过仔细检查，原来是两台交换机之间多了一根线，造成交换机回路，把多余的线去掉即可。

故障 17　Modem 与线路不兼容

故障现象：一网吧出现工作站玩游戏与下载速度慢。

分析与排除：出现此问题除了中病毒，只有查线路与换 Modem，后来经查是 Modem 与线路不兼容，造成速度慢。

故障 18　Netware 3.X 与 4.X 和 5.X 无法集成在同一物理网络中。

故障现象：Netware 3.X 与 4.X 和 5.X 无法集成在同一物理网络中。

分析与排除：由于 3.X 没有目录服务功能，因此无法将其纳入目录树中，常与 4.X 和 5.X 产生冲突，使客户无法登录到 3.X 服务器，从而出现 3.X 服务器被“压倒”的现象。建议把已有的 3.X 升级为 4.X 以上的版本，然后将其集成到一个目录树上，以克服版本差别造成的故障。同一物理网上的所有服务器的逻辑网络号必须一样(不是 IPX 内部网络号)，否则将造成路由检测故障。

故障 19　无盘工作站节点问题。

故障现象：工作站节点不能扩大，当无盘工作站超过 255 台时，出现后续无盘站不能建立正常的网络连接，只有部分无盘站在任何时候都可以上网，以及部分无盘站先开机可以上网，一会儿就不能上网等问题。

分析与排除：这是由于无盘站网卡上的启动芯片(Boot Prom)定义的连接号的位数不同所致。早期的无盘工作站启动芯片(即 IPX Remote Boot Prom)绝大部分用 8 位表示，最多可连接 255 台，而现在市场上供应的增强型启动芯片(即 Enhanced Remote Boot Prom)用 16 位表示，就不存在这个问题。旧的 IPX 芯片在初始化启动时，会使用 802.3 帧格式发出一个“Get Nearest Server”帧到网上，用户可以在服务器控制台上运行 TRACK ON 命令观察这条信息，以确定使用的芯片是否为旧的 IPX 启动芯片。这种旧的 IPX 芯片不需要服务器端设置 RPL 支持，但在制作客户端启动软盘时，必须在 LSL.COM 命令后运行 RPLODI.COM，然后再执行网卡驱动程序(如 NE2000.COM)。

增强型启动芯片在初始化时，全使用 802.2 帧格式发出一个“FIND”帧，这时看不到 Get Nearest Server 信息，

键盘按键失灵通常是因为在线路板或导电塑胶上有污垢，从而导致两者之间无法正常连通，其他因素如键盘插头损坏、主板损坏等，一般不是主要原因，因此只须清理掉污垢即可。

通过 802.2 格式的“找－找到(find－found)”方式连接到服务器上。这种芯片不能使用 RPLODI.COM，在服务器端需设置 RPL 协议支持，即需要在 Autoexec. ncf 中添加“Load RPL, Bind rpl to <ne2000> frame=<ethernet_802.2>”。

网卡型号多，购买时间不同，应制作多个远程启动映像文件，并配置 Bootconf.sys。在服务器上，对每一块网卡都安装“Ethernet－802.2”和 802.3 帧类型。

故障 20　无盘工作站不能正常登录服务器。

故障现象：无盘工作站不能正常登录服务器。

分析与排除：有以下几种情况。

- 工作站屏幕上出现“Error opening boot disk image file ‘OR’ unable to open image file”可能是连了一个没有包含远程启动映像文件的服务器。把启动映像文件复制到服务器的 Login 目录下.如果使用的是多远程启动映像文件，检查 Bootconf.sys 中是否对工作站进行了正确设置，应确保网络地址和节点地址正确，如果以上都正确，那么可能是远程启动映像文件有问题，可以测试生成启动映像文件的软盘能否正常启动有盘工作站。若不行，可以运行一下 RPLFIX 实用程序。
- 工作站屏幕上出现“Error Finding Server”。在确保硬件线路连接没问题的前提下，检查服务器上是否安装了“Ethernet_802.3”帧类型，远程启动映像文件的 net.cfg 中是否包含 Ethernet_802.3。这就是前面所说的旧的 IPX 芯片，它不支持 Ethernet－802.2 帧。按照相应的帧类型重新制作启动映像文件。
- 工作站在从远程启动映像文件装入网卡驱动时挂起，屏幕显示类似信息“Ethernet card is improperly install or net connected the network.”。这也是前面所说的旧的 IPX 芯片在 Netware 4.X 以上使用时，在远程启动映像文件中没有 RPLODI.com 或远程启动映像文件的批处理文件 ISL.COM 下没有 RPLODI.COM 行。
- 工作站显示 “Loading MS－DOS”并挂起。这是由于远程启动映像文件使用了 DOS 5.0 或 5.0 以上版本，对远程启动映像文件运行 RPLFIX 实用程序。
- 屏幕上出现“batch file missing”。出现这个消息是由于 autoexec.bat 或其他批处理文件(对多个远程启动映像所使用的批处理)没有同时存在于 LOGIN 目录和用户登录目录下造成的。

故障 21　工作站启动时提示找不到 cmd.exe。

故障现象：工作站启动提示找不到 cmd.exe，重建会在刷新进度处卡住。

分析与排除：由于受 Trojan.QQSender.flash2 病毒感染，在服务器 D:\system\windows\system 目录下生成假的 Rundll32.exe 文件，而真正的 Rundll32.exe 在 D:\system\windows\下面。如果假的 Rundll32.exe 文件不清除，就会卡住。病毒在每个工作站的目录下都有一个 cmd.exe 文件，用于调入单机的启动项。

解决办法是，重启服务器或者断开所有用户，先删除所有工作站目录和引导记录，把 D:\system\windows\rundll32.exe 和 D:\system\windows\ rundll.exe 两个文件复制到 D:\system\windows\system\下，并且把这两个文件设置为拒绝访问。

故障 22　仅给某个普通终端用户赋予关机的权限。

在服务器端用管理员身份(Administrator)登录后，进行如下操作即可。

操作步骤

1. 在【控制面板】窗口中单击【管理工具】图标，然后在打开的【管理工具】窗口中双击【本地安全策略】图标，如下图所示。

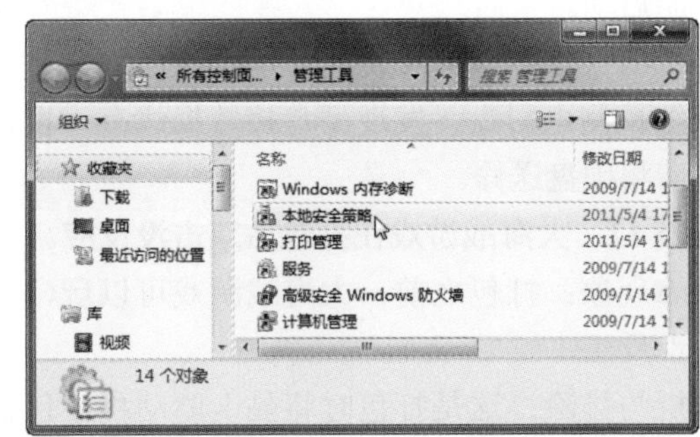

2. 打开【本地安全策略】窗口，然后在左侧窗格中选择【本地策略】|【用户权限分配】选项，接着在右侧窗格中双击【从远程系统强制关机】选项，如下图所示。

长见识　接入 Internet 的用户必须设置好防火墙，安装杀毒软件，以防止黑客、木马程序对系统的侵扰，造成计算机的崩溃，带来不必要的损失。

❸ 弹出【从远程系统强制关机 属性】对话框。单击【添加用户或组】按钮添加用户，最后单击【确定】按钮，如下图所示。

20.4　上网疑难解答

用户在家里通过宽带上网，常常会遇到各种各样的问题，比如系统启动变慢，IP 地址冲突，主机名重复，有的站点可以访问而有些不行……产生这些问题的原因多种多样，可能是服务商的原因也可能是自身机器的设置问题，不可一概而论。下面列出较为常见的问题并逐个加以分析，以便大家在上网遇到问题时有一个检测的方向，更好地解决问题。

故障 1　同一个网吧中两个联众用户不能同一桌玩游戏。

故障现象：一个网吧，当有两个用户同时进联众，并且进同一桌玩游戏时，只能进一个人。

分析与排除：出现此种问题，只有另外一个人使用代理的 IP 进入，可以用 SOCKS 代理。

故障 2　用户申请装了宽带后，系统启动就变慢。

故障现象：用户申请安装了宽带后，系统启动就变慢了。

分析与排除：默认情况下，Windows 启动时会对网卡等网络设备进行自检，如果发现网卡的 IP 地址等未配置好就会对其进行设置。这是导致系统启动变慢的原因，解决这一现象的操作方法如下。

操作步骤

❶ 打开【本地连接 属性】对话框，并切换到【网络】选项卡，接着在列表框中选中【Internet 协议版本 4(TCP/IPv4)】复选框，再单击【属性】按钮，如下图所示。

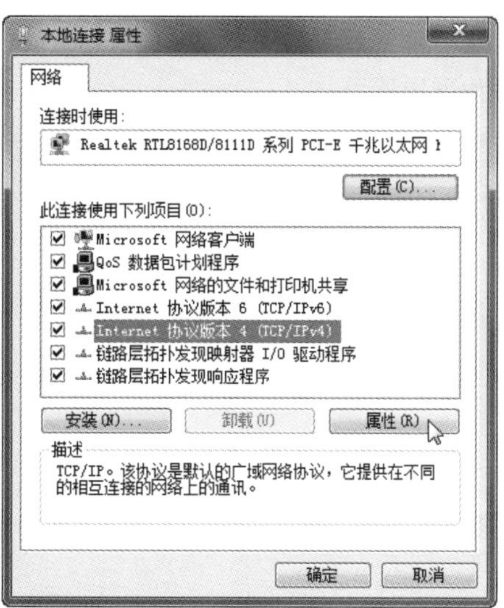

❷ 打开【Internet 协议版本 4(TCP/IPv4)属性】对话框。选中【使用下面的 IP 地址】单选按钮，接着将网卡的 IP 地址配置为一个在公用地址中尚未使用的数值，如 190.168.1.x，x 取值范围是 2～255，子网掩码设置为 255.255.255.0，设置默认网关和 DNS 可不设置，如下图所示。

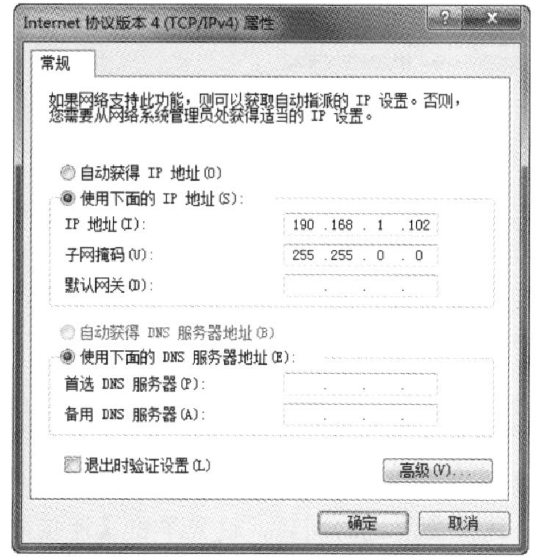

故障 3　Windows 7 旗舰版无法上网。

故障现象：进入 Windows 7 旗舰版，显示本地连接无法识别，也无法上网。

分析与排除：遇到这类情况，可以通过【疑难解答】工具进行检测并修复，具体操作步骤如下。

操作步骤

❶ 在任务栏通知区单击【网络和共享中心】图标，从弹出的菜单中选择【疑难解答】命令，如下图所示。

当显示器出现故障时，如开机后不亮等，首先应检查显示器的电源线、信号线连接是否正确。如果正确，可以将显示器连接到其他主机上，如仍有问题，可确认显示器故障。

❷ 打开【疑难解答】对话框。单击【Internet 连接】选项，如下图所示。

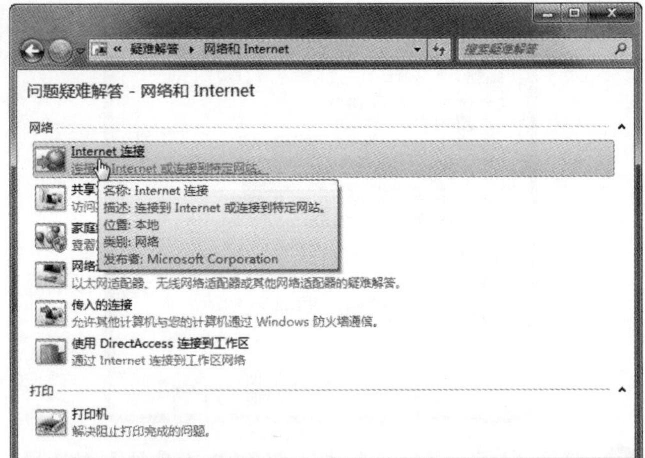

❸ 弹出【Internet 连接】对话框。单击【下一步】按钮，开始检查网络问题，如下图所示。

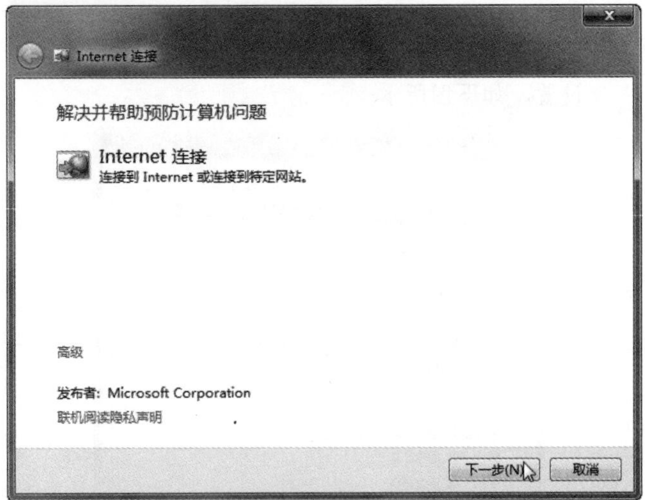

❹ 检查完成后会在对话框中列出检查结果，如下图所示。选择要解决的问题，这里单击【连接到 Internet 的疑难解答】选项。

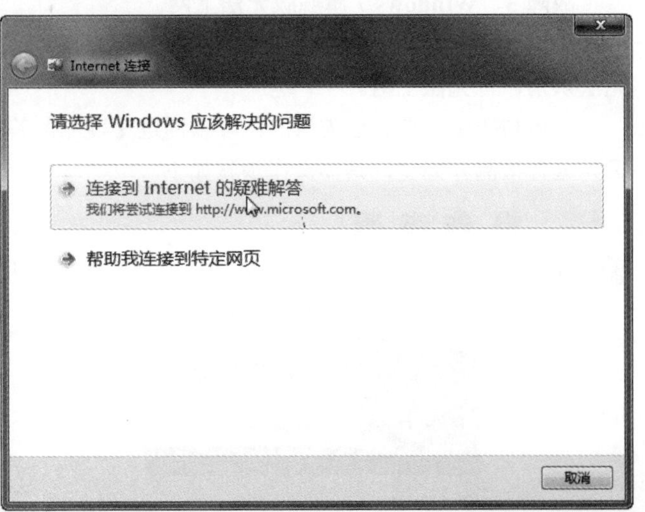

❺ 根据显示的问题解决方法，解决网络问题，再单击【下一步】按钮。

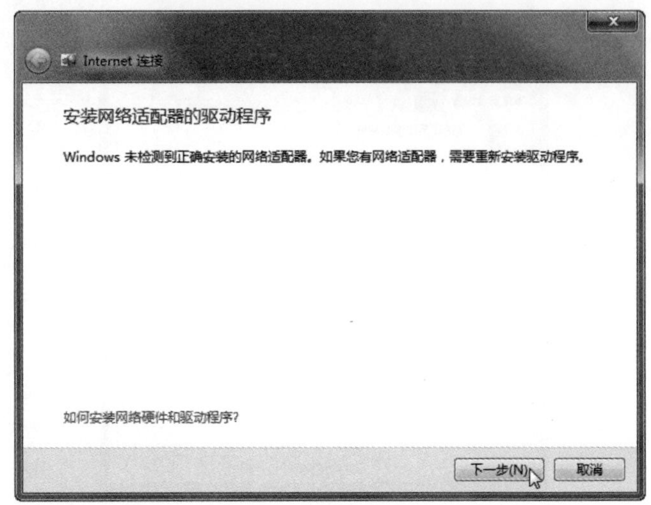

❻ 疑难解答完成后，单击【关闭】按钮，如下图所示。

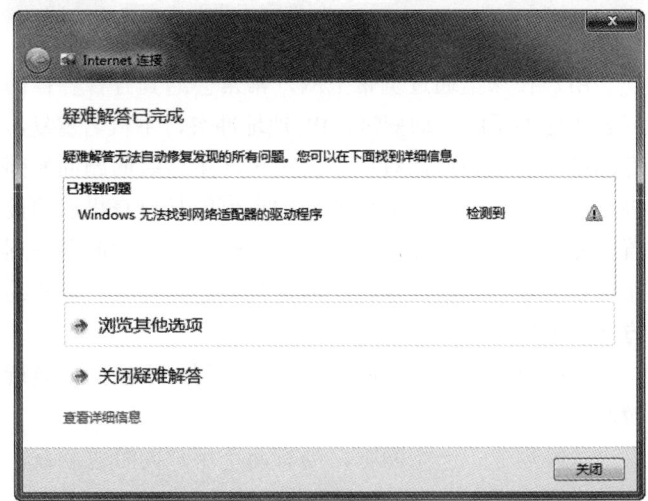

故障 4　提示“Windows 系统错误！IP 地址与硬件冲突”无法上网。

故障现象：提示“Windows 系统错误！IP 地址与硬件冲突”无法上网。

分析与排除：这是操作系统报错，有些用户将自己计算机的 IP 地址与默认网关设置成固定值，从而使计算机不能从局端取得 IP 地址与默认网关。可在【网上邻居】|【属性】|【TCP/IP 协议属性】对话框中选中【自动获取 IP 地址】单选按钮，在【网关】一栏中确认没有网关，如下图所示。如出现“COUNT=0”，则可能是网卡有问题。如确定网卡是好的，可重换一个插槽试试。

长见识　经常清洁计算机硬件，保持环境湿度、温度在合适的范围，以免引起硬件因潮湿导致线路连接不正常，或者因温度过高引起硬件老化等问题。

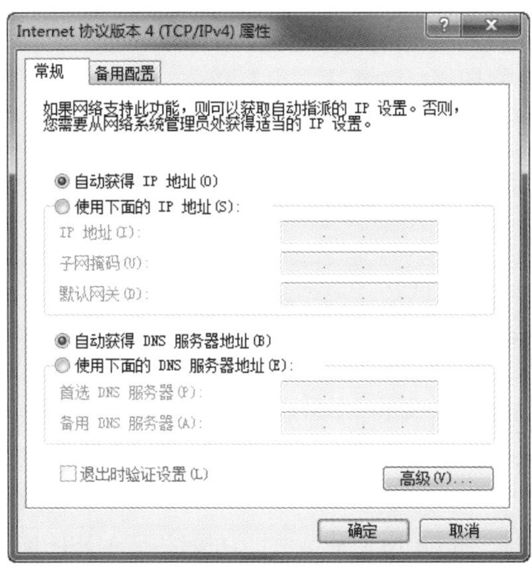

故障 5　提示“IP 地址和网络上的其他地址相冲突”。

故障现象：计算机提示“IP 地址和网络上的其他地址相冲突”。

分析与排除：这属于网络报错，只要填写了 ISP 分配的固定 IP 基本都能解决这类报错。

故障 6　计算机提示“……网络重名”。

故障现象：计算机提示 “……网络重名”。

分析与排除：主要原因是使用了盗版系统，用户可以通过下述操作来解决这一问题。

操作步骤

1. 右击【计算机】图标，从弹出的快捷菜单中选择【属性】命令，打开【系统】窗口。接着在左侧列表中单击【系统保护】链接，如下图所示。

2. 弹出【系统属性】对话框。单击【计算机名】选项卡，如下图所示，再单击【更改】按钮。

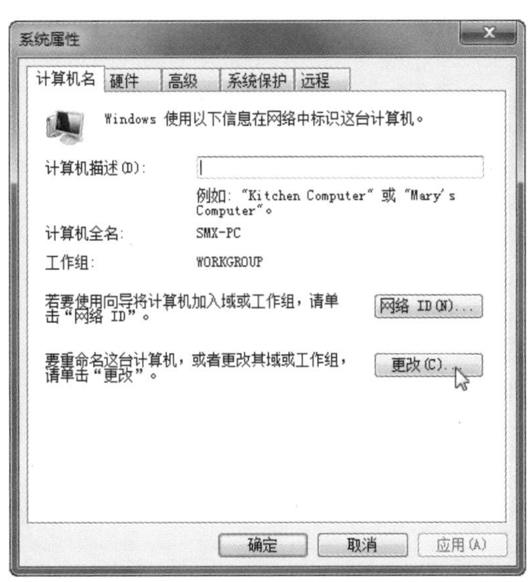

3. 弹出【计算机名/域更改】对话框。输入新计算机名称，再单击【确定】按钮，如下图所示。

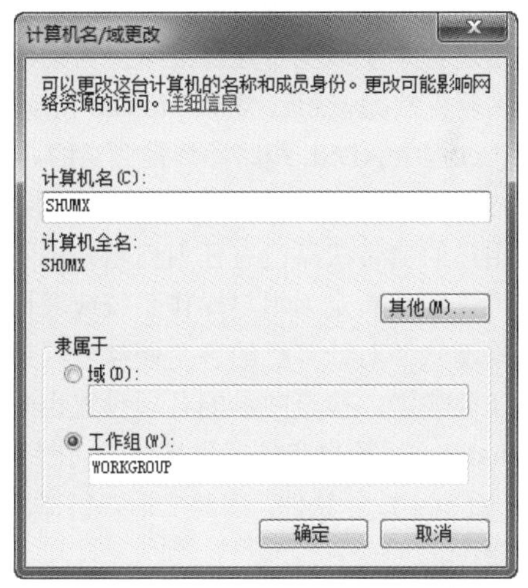

故障 7　计算机显示器提示“不能连接到网关……”。

故障现象：计算机显示器提示“不能连接到网关……”。

分析与排除：只要把网关设置去除即可。操作方法是：打开【本地连接 属性】对话框，切换到【常规】选项卡，然后选中【Internet 协议版本 4(TCP/IPv4)】选项，单击【属性】按钮。接着在打开的【Internet 协议版本 4(TCP/IPv4)属性】对话框中单击【高级】按钮，打开【高级 TCP/IP 设置】对话框，去除网关设置即可，如下图所示。

数据容灾是指建立一个异地的数据系统。为了保护数据安全和提高数据的持续可用性，企业要从 RAID 保护、冗余结构、数据备份、故障预警等方面考虑，将数据库的必要文件复制到存储设备备份。备份是系统管理员需要考虑的最重要的事项，并将其列入系统的整个规划之中。

长见识

故障 8　宽带连接经常会自动断开。

故障现象：一台刚刚购买的品牌机，申请了宽带之后，在使用过程中发现宽带连接经常会自动断开，重新拨号即可恢复正常。掉线后，观察 Modem 指示灯的状态，发现断线的过程中 ADSL 线路始终是激活的。

分析与排除：ADSL 宽带掉线时，线路始终是激活状态，表明用户的宽带线路没有任何问题。由于是无规律地掉线，可以初步断定为用户操作系统或者设置不当引发。使用杀毒软件对计算机的各个硬盘分区进行扫描，没有发现任何病毒。检查网卡的各项设置也一切正常，难道是 Windows 系统自带的拨号软件的问题？在网上下载了 Ethernet 500 拨号软件，安装之后，仍然出现无规律的掉线故障。

既然不是操作系统和软件设置的问题，难道是网卡与宽带 Modem 的兼容问题？打开机箱，准备更换一块网卡，意外地发现机箱上居然有很大的静电，这可能是引发 ADSL 宽带无规律掉线的真正凶手。由于大量存在静电，可能会影响网卡与宽带 Modem 的通信，一旦网卡与宽带 Modem 的通信受到影响，ADSL 拨号服务器会默认用户已经下线，自动挂断用户的拨号连接。虽然是品牌机，却没有完善的接地措施，无奈之下，只能在机箱螺丝上拧上一根地线，然后接到暖气管道上。接地措施安装完成后，再拨号上网，故障解除。

故障 9　解决京江热线上网计时比实际上网时间长的问题。

故障现象：用户反映京江热线上面查上网时长不准，上网一分钟，到京江热线上查有 3～4 分钟。

分析与排除：经了解，用户使用星空极速拨号软件，下网时使用关闭 Modem 电源的方法，在机房观察此时该用户还在线。用户下网时应先右击计算机右下角的互联星空上网图标，选择【退出】命令。这样，上下网时间就相符了。

注意

安装宽带时，一定要了解正确的使用方法，特别是包时上网用户，由于使用不当，会引起不必要的纠纷。

故障 10　安装 ADSL 后，来电话振铃只响一次。

故障现象：安装 ADSL 后，来电话振铃只响一次。

分析与排除：该故障一般为线路接触不良或话机故障，检查方法是用正常电话机直接接在 ADSL 的分离器上后，试试是否正常，若正常，检查室内线路；若不正常，再接在 ADSL 分离器前端(LINE 进线)，如果正常，则分离器有故障，否则在门口接线盒上试试，不正常请拨 112 或 10000 请求修理。

故障 11　安装 ADSL 后，电话无来电显示。

故障现象：安装 ADSL 后，电话无来电显示。

分析与排除：由于 ADSL 的信号是在普通电话线上进行传输的，影响了原来的音频信号的传递，只要电话机通过分离器，所有已申请的电信业务都能恢复正常使用。

故障 12　用户认证问题。

故障现象：有时用户能正常通过认证上网，但查不到用户在线的记录，或者当天的上网历次记录。重启该认证系统还是查询不到。

分析与排除：主要是省认证系统的数据库有时会出现死锁现象，这时认证服务器会改为直通，就是不认证用户的密码，也不会将用户的上网起始包入库，因此会查不到用户在线记录，待数据库正常的时候系统会恢复。

故障 13　怎样通过修改注册表优化 ADSL。

对 ADSL 的优化可通过更改系统的 MTU(Maximum Transmission Unit)来实现，即通过 TCP/IP 协议所传输的数据包最大字节数。PPPoE 接入方式的 ADSL MTU 值是 1492，其余各种宽带的 MTU 值标准设置都是 1500。Windows 操作系统中默认的 TCP/IP 数据包最大值也是 1500，而某些站点的 MTU 值设定大于 1492，所以造成站点不能访问或访问速度慢。可通过修改 Windows 系统的注册表，降低 MTU 值来解决这个问题。

长见识　失效转移是一种备份操作模式，当主要组件由于失效或预定关机时间的原因而无法工作时，这种模式中的系统组件(如处理机、服务器、网络或数据库)的功能就被转嫁到二级系统组件。

技巧

选择【开始】菜单中的【运行】命令，输入 regedit 并按 Enter 键，进入注册表。依次展开{HKEY_LOCAT_MACHINE\System\CurrentControlSet\Services\Class\NetTrans\}，会看到包含几个 000X 的子项，寻找含有键名为 DriverDesc，键值为 TCP/IP 的 000X 主键，该键里有网络属性设置，如 IP 地址 192.168.0.XX、网关 192.168.0.17、子网掩码 255.255.255.0 等。在该键下新建 DWORD 值，命名为 MaxMtu，修改键值为十进制的 1450。设置完毕，重新启动计算机。

故障 14　ADSL 用户在夜间经常断网问题。

故障现象：有些用户的 ADSL 是 24 小时开着的，反映有个奇怪的现象，断网经常发生在凌晨 1 点钟左右。

分析与排除：这个问题可能是由于以下几个方面的问题造成的。

- 为防止用户上网产生超长话单，电信 Radius 服务器在用户上网后会向宽带接入服务器 BRAS 发送一个限制上网时长最大为 48 小时的包，从而每 48 小时会自动断开用户宽带拨号连接。
- 电信公司在凌晨 1 点钟左右有时会进行小规模的网络优化、调整。
- 用户的个人计算机终端感染病毒。

20.5　思考与练习

一、选择题

1. 某工作站无法访问域名为 www.test.com 的服务器，使用 ping 命令对该服务器的 IP 地址进行测试，响应正常，但是对服务器域名进行测试时出现超时错误，可能出现的问题是_______。

   A. 线路故障　　　　B. 路由故障

   C. 域名解析故障　　D. 服务器网卡故障

2. 当出现网络故障时，一般首先检查_______。

   A. 系统病毒　　　　B. 路由配置

   C. 物理连通性　　　D. 主机故障

3. 某校园网用户无法访问外部站点 210.102.58.74，管理人员在 Windows 操作系统下可以使用________判断故障发生在校园网内还是校园网外。

   A. ping 210.102.58.74

   B. tracert 210.102.58.74

   C. netstat 210.102.58.74

   D. arp 210.102.58.74

二、简答和操作题

1. 在查看【网上邻居】时，会出现无法浏览网络，网络不可访问的现象，原因是什么？
2. 为什么从【网上邻居】中能够看到别人的机器，但不能读取别人计算机上的数据？
3. 计算机无法启动的原因有哪些？
4. 计算机无故重启、死机的原因有哪些？
5. 登录 Windows 2000 服务器时，系统提示“没有登录此会话的权限”。为用户设置了在本机登录的权限还是不行。为什么？
6. 计算机提示：不能连接到网关……为什么？
7. 计算机提示“IP 地址和网络上的其他地址相冲突”，该怎么办？
8. 计算机提示“Windows 系统错误！IP 地址与硬件冲突”无法上网，该怎么处理？

使用微软拼音可以进行繁体字输入，可在系统中选择微软拼音输入法，单击【选项】并在其中选中简、繁转换项，这时输入法状态条中就会有简、繁转换按钮，需要使用它切换即可进行繁体字输入了。

各章选择题参考答案

第 1 章

1. C　2. D　3. A　4. A

第 2 章

1. A　2. C　3. D

第 3 章

1. A　2. B　3. C　4. D

第 4 章

1. A　2. B　3. A　4. B　5. A　6. C

第 5 章

1. A　2. C　3. C　4. A　5. B

第 6 章

1. C　2. B　3. A

第 7 章

1. A　2. C　3. C

第 8 章

1. B　2. B　3. D　4. B

第 9 章

1. ABC　2. ABCD　3. AB

第 10 章

1. C　2. C　3. C　4. B　5. C

第 11 章

1. A　2. C　3. C

第 12 章

1. C　2. B

第 13 章

1. A　2. D　3. C　4. D

第 14 章

1. ABCE　2. A　3. C

第 15 章

1. B　2. A　3. C　4. C

第 16 章

1. B　2. A

第 17 章

1. D　2. C　3. A

第 18 章

1. D　2. B　3. C　4. B

第 19 章

1. C　2. B　3. D　4. B

第 20 章

1. C　2. C　3. B